中文版 PowerPoint 制作宝典

崔亚量 编著

北京日报出版社

图书在版编目（CIP）数据

中文版 PowerPoint 制作宝典/ 崔亚量编著. -- 北京
北京日报出版社, 2015.12
ISBN 978-7-5477-1981-7

Ⅰ. ①中… Ⅱ. ①崔… Ⅲ. ①图形软件 Ⅳ.
① TP391.41

中国版本图书馆 CIP 数据核字(2015)第 314399 号

中文版 PowerPoint 制作宝典

出版发行：北京日报出版社
地　　址：北京市东城区东单三条 8-16 号 东方广场东配楼四层
邮　　编：100005
电　　话：发行部：（010）65255876
　　　　　总编室：（010）65252135-8043
网　　址：www.beijingtongxin.com
印　　刷：北京凯达印务有限公司
经　　销：各地新华书店
版　　次：2016 年 3 月第 1 版
　　　　　2016 年 3 月第 1 次印刷
开　　本：787 毫米×1092 毫米　1/16
印　　张：32. 5
字　　数：673 千字
定　　价：98.00 元(随书赠送 DVD 一张)

前 言

1 软件简介

PowerPoint 2013 是 Microsoft 公司推出的一款演示文稿软件，具有强大的绘图、设计功能，它不仅提供了高效的图形图像、文本声音、播放幻灯片等基本功能，还提供了自定义动画、自定义切换等高级功能。本书立足于这款软件在教学、营销、财务、计划等领域的应用，通过大量案例演练，让读者在最短的时间内成为 PowerPoint 操作高手。

2 本书的主要特色

全面内容：5 大篇幅内容安排＋ 18 章软件技术精解＋ 130 多个专家提醒＋ 1860 多张图片全程图解。

功能完备：书中详细讲解了 Power Point 2013 的工具、功能、命令、菜单、选项，做到完全解析、完全自学，读者可以即查即用。

案例丰富：4 大领域专题实战精通＋近 260 个技能实例演练＋近 480 分钟视频播放＋近 330 个素材文件，帮助读者步步精通，成为演示文稿软件行家！

3 本书内容

第 1~3 章，为入门篇，主要介绍了 PowerPoint 2013 快速入门的基础知识。

第 4~6 章，为提高篇，主要介绍了美化文本内容、精美图片制作、编辑与美化图形对象等内容。

第 7~11 章，为攻略篇，主要介绍了 SmartArt 图形、表格、图表、外部媒体文件、幻灯片主题等内容。

第 12~14 章，为应用篇，主要介绍了幻灯片母版、超链接、动画设计、动画放映、打印与打包等内容。

第 15~18 章，为案例篇，主要介绍了工作应用、生活应用、教学应用、营销宣传应用的效果制作。

4 作者售后

本书由卓越编著，在编写的过程中，得到了杨侃滢、李瑶等人的帮助，在此表示感谢。由于作者知识水平有限，书中难免有错误和疏漏之处，恳请广大读者批评、指正，联系邮箱：itsir@qq.com。

5 版权声明

本书及光盘中所采用的图片、模型、音频、视频和赠品等素材，均为所属公司、网站或个人所有，本书引用仅为说明（教学）之用，绝无侵权之意，特此声明。

编者

内容提要

本书是一本 PowerPoint 的学习宝典，全书通过近 260 个实战案例，以及近 480 分钟全程同步语音教学视频，帮助读者从入门、进阶、精通软件，到成为应用高手！

书中内容包括：PowerPoint 2013 快速入门、演示文稿的基本操作、幻灯片的基本操作、美化文本内容、编辑与美化图形对象、精美图片效果制作、SmartArt 图形对象的应用、表格对象特效的设计、创建与编辑图表对象、外部媒体文件的应用、幻灯片的主题设置、幻灯片母版设置与超链接、幻灯片的动画设计与放映、打包与打印演示文稿、工作应用案例、生活应用案例、教学应用案例、营销宣传应用案例。

本书适合 PowerPoint 的初、中级读者，以及办公人员、行政人员、商务人员、财会人员、教职人员等阅读，还可作为各类计算机培训中心、中职中专、高职高专等院校相关专业的辅导教材。

CONTENTS 目录

入门篇

PowerPoint 2013 快速入门

学习提示

PowerPoint 2013 是 Office 2013 的重要组成部分之一，使用 PowerPoint 2013 可以制作出集文字、图形、图像、声音及视频等为一体的多媒体演示文稿。本章主要向读者介绍 PowerPoint 2013 的基本知识，帮助读者快速入门。

本章案例导航

- 实战——启动 Power Point 2013
- 实战——花的结构
- 实战——海洋石油污染
- 实战——退出 Power Point 2013
- 实战——青花瓷
- 实战——透视

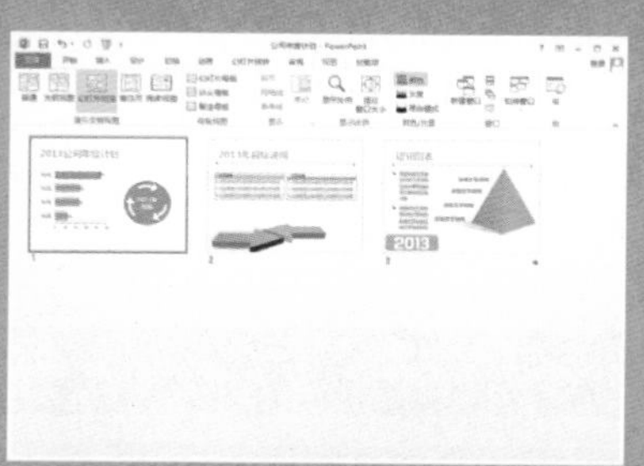

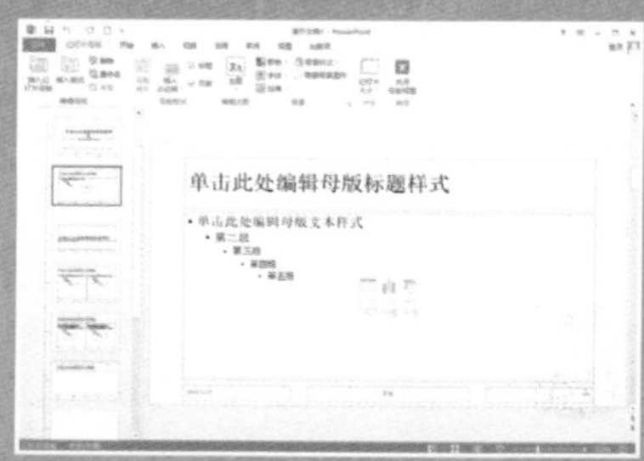

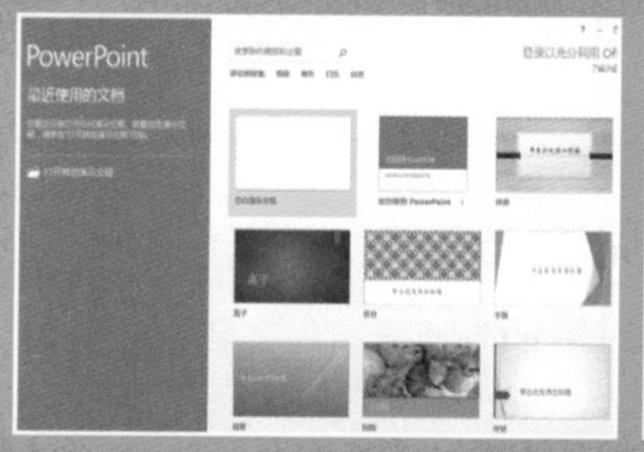

1.1 PowerPoint 2013 基础知识

Microsoft Office 2013 是美国微软公司于 2012 年发布的版本，其中 Microsoft PowerPoint 2013 是 Microsoft Office 2013 办公套装软件中的一个重要组成部分，它主要是用来设计和制作信息展示领域的各种电子演示文稿，使演示文稿的编制更为简洁、直观，它也是人们日常生活、工作、学习中使用最多、最广泛的幻灯演示软件。

1.1.1 PowerPoint 应用特点

PowerPoint 2013 和其他 Office 2013 应用软件一样，使用方便，界面友好。具体来说，PowerPoint 2013 具有如下特点：

* 简单易用：作为 Office 软件中的一员，PowerPoint 在选项卡、工作界面的设置上和 Word、Excel 类似，各种工具的使用也相当简单，一般情况下，用户只需经过短时间的学习就可以制作出具有专业水准的多媒体演示文稿。

* 帮助系统：在制作演示文稿的过程中，可以通过使用 PowerPoint 帮助系统得到各种提示，从而协助用户进行幻灯片的制作，提高工作效率。

* 与他人协作：PowerPoint 使连接因特网和共享演示文稿变得更加简单，地理位置分散的用户在自己的办公地点就可以很好地与他人进行合作。

* 多媒体演示：使用 PowerPoint 制作演示文稿可以应用于不同的场合，演示的内容可以是文字、图形、图像、声音以及视频等多媒体信息。另外，PowerPoint 还提供了多种控制自如的放映方式和变化多样的画面切换效果，在放映时还可以方便地使用鼠标箭头或笔迹指示以演示重点内容或进行标示和强调。

* 发布应用：在 PowerPoint 中，可以将演示文稿保存为 HTML 格式的网页文件，然后发布到因特网上，这样异地的观众可直接使用浏览器观看发布者发布的演示文稿。

* 支持多种格式的图形文件：Office 的剪辑库中收集了多种类别的剪贴画，通过自定义的方法，可以向剪辑库中增加新的图形。此外，PowerPoint 还允许在幻灯片中添加 JPEG、BMP、EMF 和 GIF 等图形文件，对于不同类型的图形对象，可以设置动态效果。

* 输出方式多样化：用户可以根据制作的演示文稿，选择输出供观众使用的讲义或者供演讲者使用的备注文档。

专家指点

在 PowerPoint 2013 中，用户不仅可以将制作好的幻灯片，输出为多种方式，还可以将幻灯片的大纲通过打印机打印出来。

1.1.2 PowerPoint 常见术语

PowerPoint 2013 引入了一些特有的专业术语，了解这些术语，更有利于创建和操作演示文稿。

1. 演示文稿和幻灯片

演示文稿是 PowerPoint 所创建的文档，如图 1-1 所示；而幻灯片则是演示文稿中的一个页面，如图 1-2 所示。演示文稿由若干张幻灯片组成，这些幻灯片能以图、表、音和像并茂的多媒体形式来演示广告宣传、产品介绍、业绩报告、学术演讲、电子教学、销售简报和商务办公等内容。

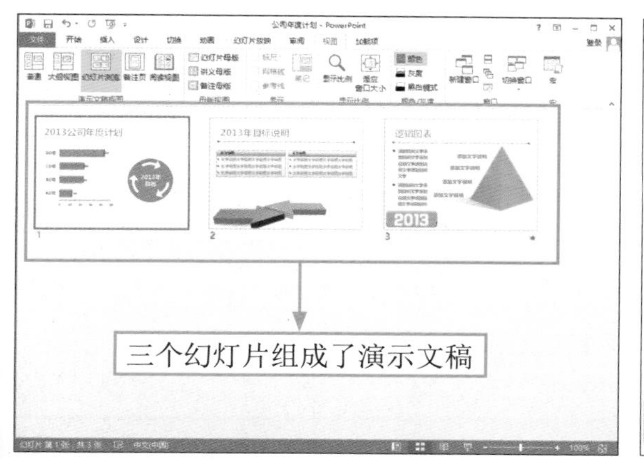

图 1-1 《公司年度计划》的演示文稿

图 1-2 演示文稿中的一张幻灯片

2. 主题

PowerPoint 2013 的主题是由“主题颜色”、“主题字体”和“主题效果”组成的，“主题字体”是指应用在演示文稿中的主要字体和次要字体的集合；“主题颜色”是指演示文稿中使用的颜色集合；“主题效果”是指应用在演示文稿中元素的视觉属性集合。主题可以作为一套独立的选择方案应用于演示文稿中，如图 1-3 所示。

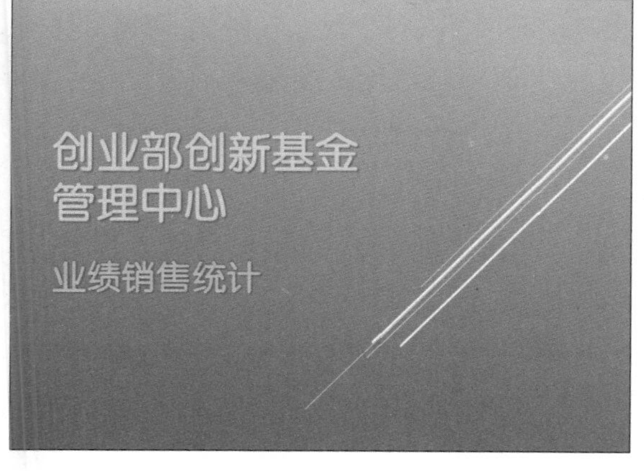

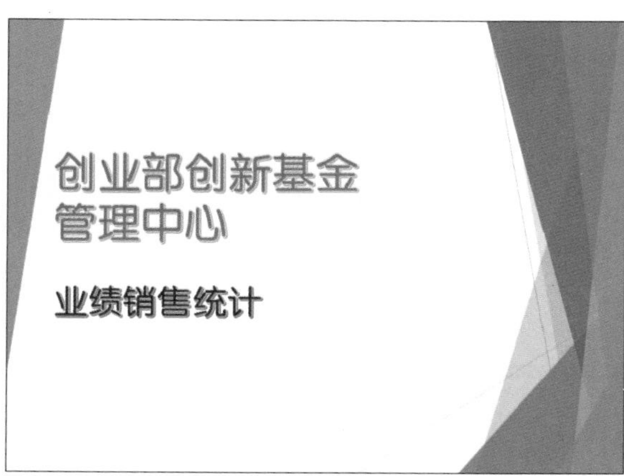

图 1-3 两种不同主题的效果应用

3. 模板

在 PowerPoint 2013 中，模板记录了对幻灯片母版、版式和主题组合所进行的设置，由于模板所包含的结构构成了已完成演示文稿的样式和页面布局，因此可以在模板的基础上快速创建出外观和风格相似的演示文稿，如图 1-4 所示。

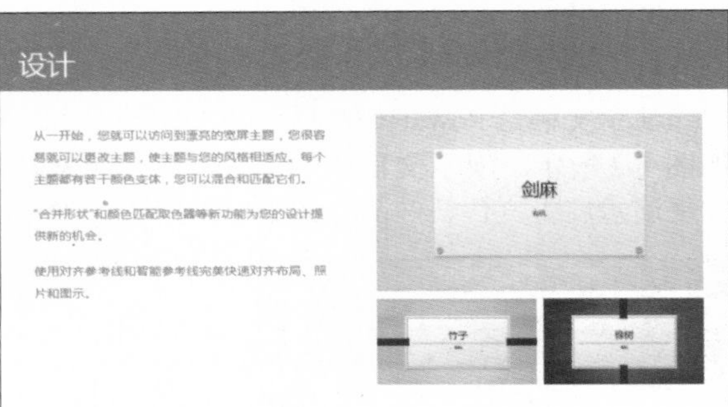

图 1-4 创建“欢迎使用 PowerPoint”演示文稿

专家指点

在“打开”选项卡中右侧的“最近使用的演示文稿”选项区中，显示了最近打开过的演示文稿，如果用户需要再次打开某一个使用过的演示文稿，则可以直接双击文件名实现打开操作。

4．母版

母版是模板的一部分，其中储存了文本和各种对象在幻灯片上的放置位置、文本或占位符的大小、文本样式、背景、颜色主题、效果和动画等信息，母版包括幻灯片母版、讲义母版和备注母版，最常用的是幻灯片母版，它可以定义在幻灯片中要放置和显示内容的位置信息，如图 1-5 所示。

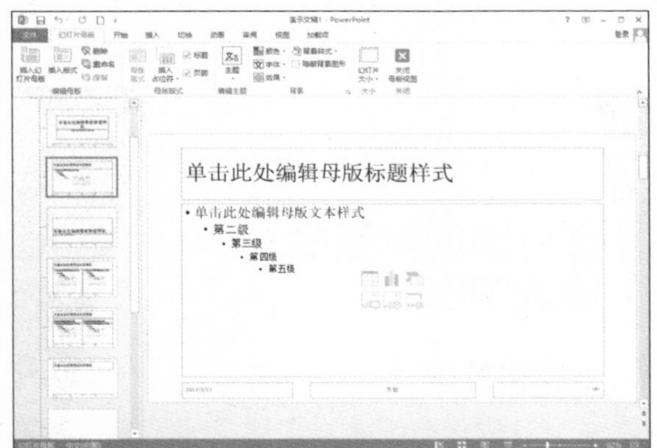

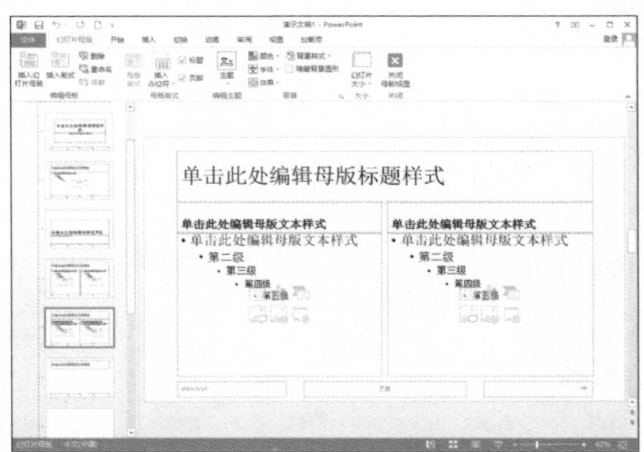

图 1-5 两种不同的母版效果

1.2 PowerPoint 2013 基本操作

PowerPoint 是在 Windows 环境下开发的应用程序，和启动 Microsoft Office 软件包中的其他应用程序一样，可以采用以下几种方法来启动 PowerPoint。

1.2.1 启动 PowerPoint 2013

如果用户要使用 PowerPoint 2013 顺利制作出精彩纷呈的演示文稿，首先要启动 PowerPoint

2013，才能对演示文稿进行各种对象的添加和设置操作。和启动 Microsoft Office 软件包中的其他应用程序一样，PowerPoint 可以采用多种方法来启动。

	素材文件	无
	效果文件	无
	视频文件	光盘 \ 视频 \ 第 1 章 \1.2.1 启动 PowerPoint 2013.mp4

实战 启动 PowerPoint 2013

步骤 01 单击“开始”按钮，在弹出的“开始”菜单中单击“所有程序”|Microsoft Office 2013|PowerPoint 2013 命令，如图 1-6 所示。

步骤 02 执行操作后，即可启动 PowerPoint 2013，如图 1-7 所示。

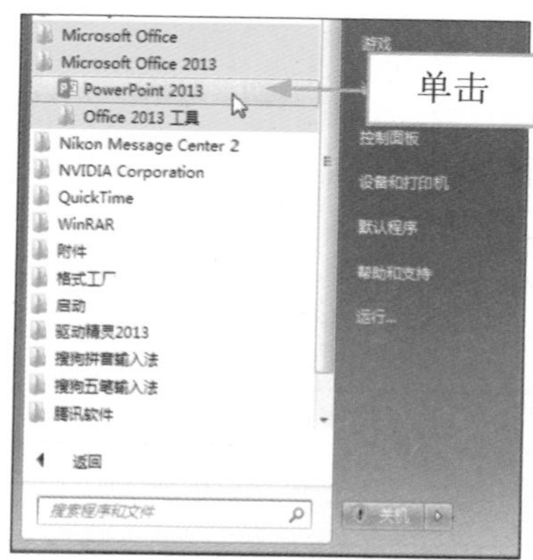

图 1-6 单击 PowerPoint 2013 命令

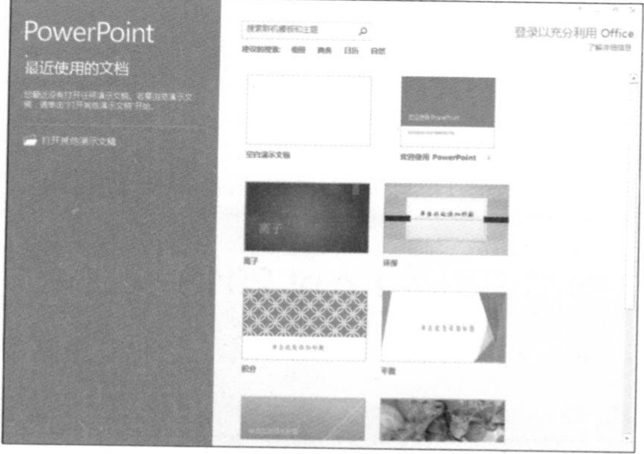

图 1-7 启动 PowerPoint 2013

专家指点

除了可以运用上述所说的操作方法外，用户还可以使用双击图标的操作方法。

（1）双击桌面 PowerPoint 2013 程序图标

在桌面上双击 PowerPoint 2013 程序图标，如图 1-8 所示。执行操作后，用户即可在打开的窗口中新建演示文稿，如图 1-9 所示。

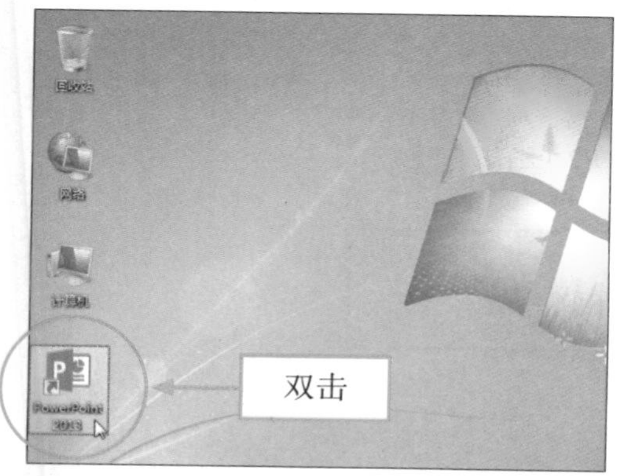

图 1-8 双击 PowerPoint 2013 程序图标

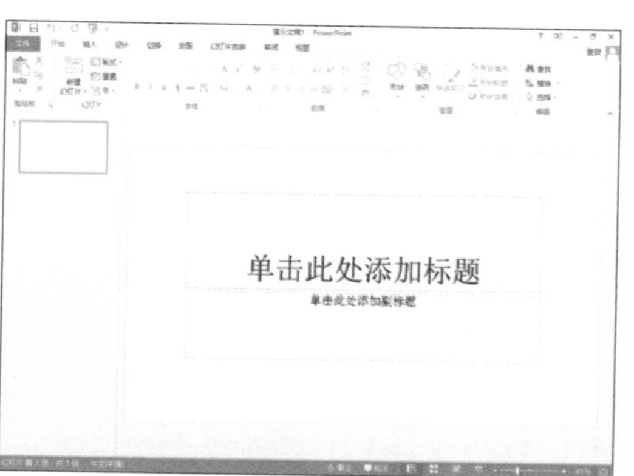

图 1-9 新建演示文稿

（2）快捷菜单启动 PowerPoint 2013

在桌面窗口中的空白区域单击鼠标右键，在弹出的快捷菜单中选择“新建”|“Microsoft PowerPoint 演示文稿”选项，如图 1-10 所示。

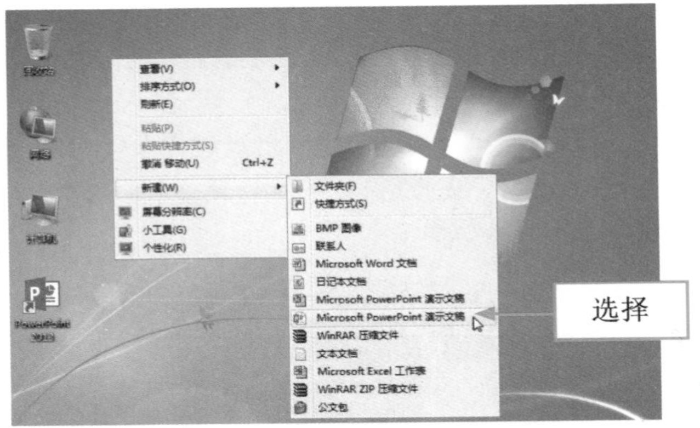

图 1-10 选择“Microsoft PowerPoint 演示文稿”选项

执行操作后，用户即可在打开的窗口中新建演示文稿。

1.2.2 退出 PowerPoint 2013

PowerPoint 2013 的退出方法非常多，它也是最基本的入门知识，下面向用户介绍具体的操作方法。

	素材文件	无
	效果文件	无
	视频文件	光盘 \ 视频 \ 第 1 章 \1.2.2 退出 PowerPoint 2013.mp4

实战 退出 PowerPoint 2013

步骤 01 启动 PowerPoint 2013，创建一个空白文档，如图 1-11 所示。

步骤 02 单击快速访问工具栏中的 按钮，如图 1-12 所示。

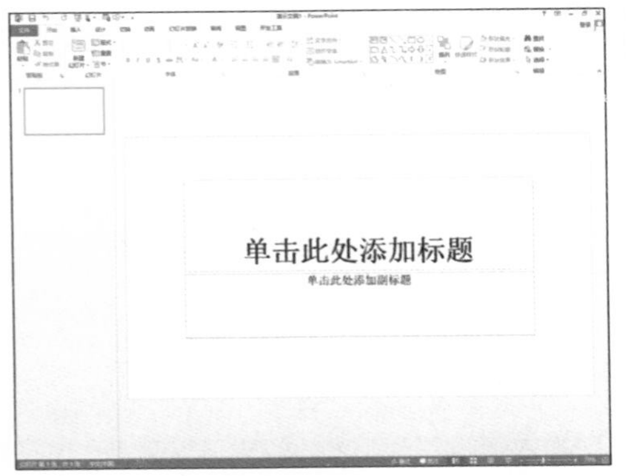

图 1-11 创建一个空白文档

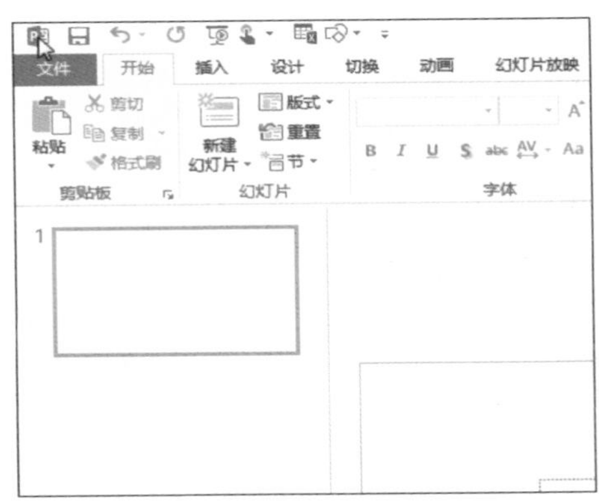

图 1-12 单击 PowerPoint 图标

步骤 03 弹出列表框，选择“关闭”选项，即可退出 PowerPoint 2013，如图 1-13 所示。

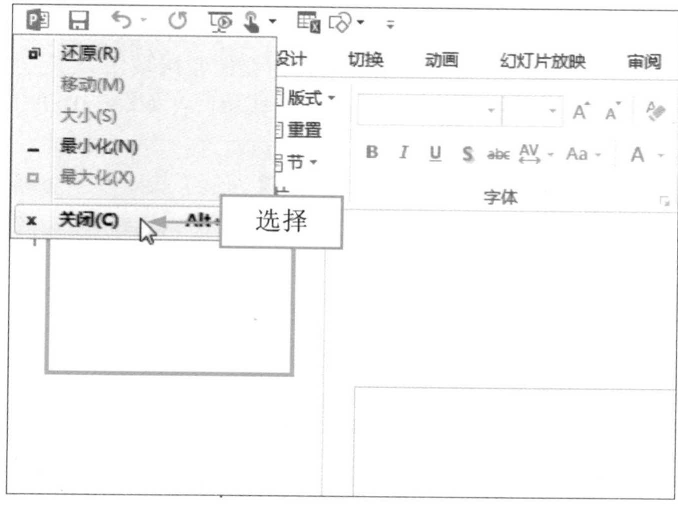

图 1-13 选择“关闭”选项

专家指点

在 PowerPoint 2013 中的退出方法中，相比较于 PowerPoint 2010，PowerPoint 2013 减少了通过命令退出演示文稿的方法。

1.3 认识 PowerPoint 2013 工作界面

PowerPoint 2013 的工作界面和以往的 PowerPoint 2010 区别不是特别大，它主要包括快速访问工具栏、标题栏、功能区、编辑区、状态栏、备注栏、大纲与幻灯片窗格等部分，如图 1-14 所示。

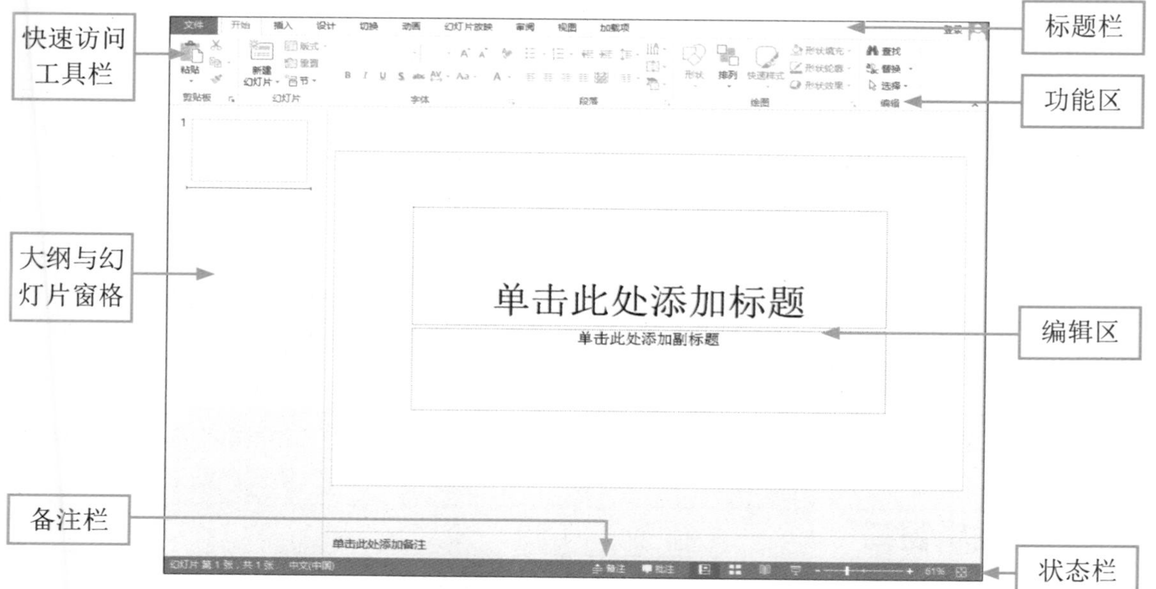

图 1-14 PowerPoint 2013 工作界面

1.3.1 快速访问工具栏

在默认情况下，快速访问工具栏位于 PowerPoint 窗口的顶部，如图 1-15 所示。用户可以自行设置软件操作窗口中快速访问工具栏中的按钮，可将需要的常用按钮显示其中，也可以将不需要的按钮删除，利用该工具栏可以对最常用的工具进行快速访问，如图 1-16 所示。

图 1-15 快速访问工具栏

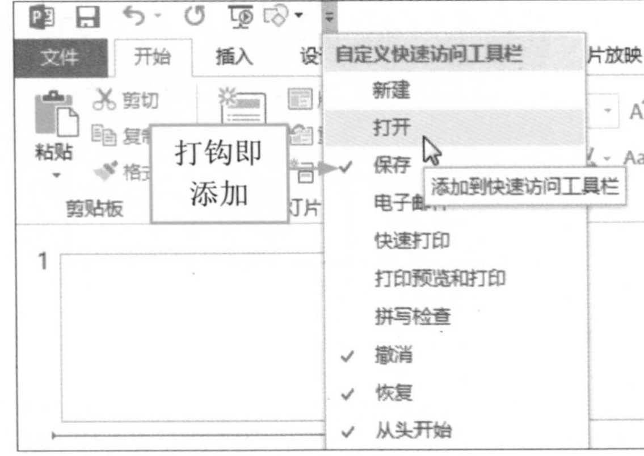

图 1-16 自定义快速访问工具栏及其列表框

1.3.2 功能区

功能区由面板、选项板和按钮 3 部分组成，如图 1-17 所示，下面分别介绍这 3 个部分。

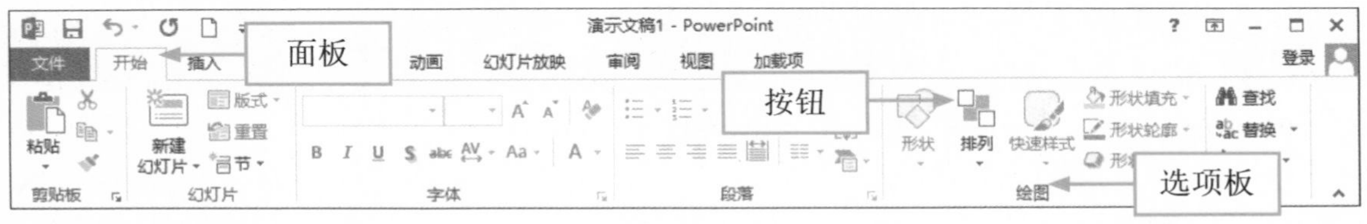

图 1-17 功能区

1．面板

面板位于功能区顶部，各个面板都围绕特定方案或对象进行组织，例如“开始”面板中包含了若干常用的控件。

2．选项板

选项板位于面板中，用于将某个任务细分为多个子任务控件，并以按钮、库和对话框的形式出现，比如“开始”面板中的“幻灯片”选项板、“字体”选项板等。

3．按钮

选项板中的按钮用于执行某个特定的操作，例如在“开始”面板中的“段落”选项板中有“文本左对齐”、“文本右对齐”和“居中”按钮等。

1.3.3 编辑窗口

PowerPoint 2013 主界面中间最大的区域即为幻灯片编辑区，用于编辑幻灯片的各项内容，当幻灯片应用了主题和版式后，编辑区将出现相应的提示信息，提示用户输入相关内容，如图 1-18 所示。

图 1-18 幻灯片编辑区

1.3.4 大纲与幻灯片窗格

幻灯片编辑窗口左侧即为“幻灯片”，“幻灯片”窗格以缩略图的形式显示演示文稿内容，使用缩略图能更方便地通过演示文稿导航并观看更改的效果，如图 1-19 所示。

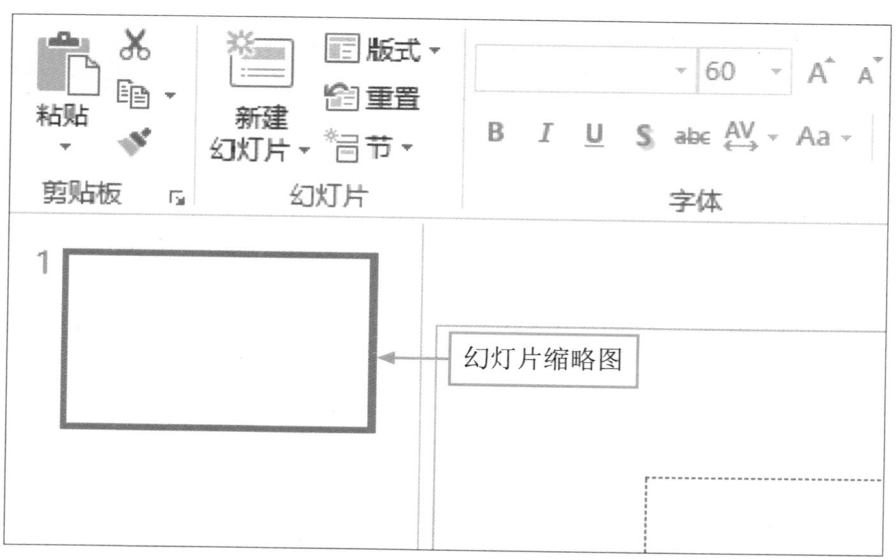

图 1-19 “幻灯片”窗格

专家指点

PowerPoint 2013 窗口标题栏右端的按钮，从右至左分别为“关闭”按钮、“向下还原”按钮、“最小化”按钮、“功能区显示选项”按钮和“Microsoft PowerPoint 帮助（F1）”按钮。

* “关闭”按钮×：单击该按钮，可将 PowerPoint 2013 的窗口关闭。

＊ “向下还原”按钮：单击该按钮，可将 PowerPoint 2013 的窗口放大到整个屏幕，也可以将屏幕还原成原来的大小。

＊ “最小化”按钮：单击该按钮，可将 PowerPoint 2013 的窗口收缩为任务栏中的一个图标，单击该图标又可将其放大为窗口。

＊ “功能区显示选项”按钮：单击该按钮，弹出列表框，在其中包含有 3 种选项，分别为“自动隐藏功能区”、“显示选项卡”以及“显示选项卡和命令”。

＊ “Microsoft PowerPoint 帮助（F1）”按钮：单击该按钮，将弹出“PowerPoint 帮助”窗口，用户可以在“搜索”文本框中，输入需要了解的 PowerPoint 问题。

1.3.5 备注栏

备注栏位于幻灯片编辑窗口的下方，用于显示幻灯片备注信息，方便演讲者使用，用户还可以打印备注，将其分发给观众，也可以将备注包括在发送给观众或在网页上发布的演示文稿中。

1.3.6 状态栏

状态栏位于 PowerPoint 工作界面底部，用于显示当前状态，如页数、字数及语言等信息，状态栏的右侧为“视图切换按钮和显示比例滑竿”区域，通过视图切换按钮可以快速切换幻灯片的视图模式，显示比例滑竿可以控制幻灯片在整个编辑区的显示比例，达到理想效果，在状态栏中还包括有“备注”和“批注”按钮。

1.4 PowerPoint 2013 常用视图

在演示文稿制作的不同阶段，PowerPoint 提供了不同的工作环境，称为视图。在 PowerPoint 中，给出了 4 种基本的视图模式：普通视图、幻灯片浏览视图、幻灯片放映视图和备注页视图。在不同的视图中，可以使用相应的方式查看和操作演示文稿。

1.4.1 普通视图

普通视图是 PowerPoint 2013 的默认视图，也是使用最多的视图，普通视图可以同时观察到演示文稿中某张幻灯片的显示效果、大纲级别和备注内容，普通视图主要用于编辑幻灯片总体结构，也可以单独编辑单张幻灯片或大纲。

单击大纲窗口上的“幻灯片”选项卡，进入普通视图的幻灯片模式，如图 1-20 所示。

专家指点

幻灯片模式是调整、修饰幻灯片的最好显示模式，在幻灯片模式窗口中显示的是幻灯片的缩略图，在每张图的前面有该幻灯片的序列号和动画播放按钮。单击缩略图，即可在右边的幻灯片编辑窗口中进行编辑修改，单击“播放”按钮，可以浏览幻灯片动画播放效果，还可拖曳缩略图，改变幻灯片的位置，调整幻灯片的播放次序。

图 1-20 普通视图的幻灯片模式

大纲模式下编辑幻灯片时，则可以在大纲窗格中跳走，如图 1-21 所示。

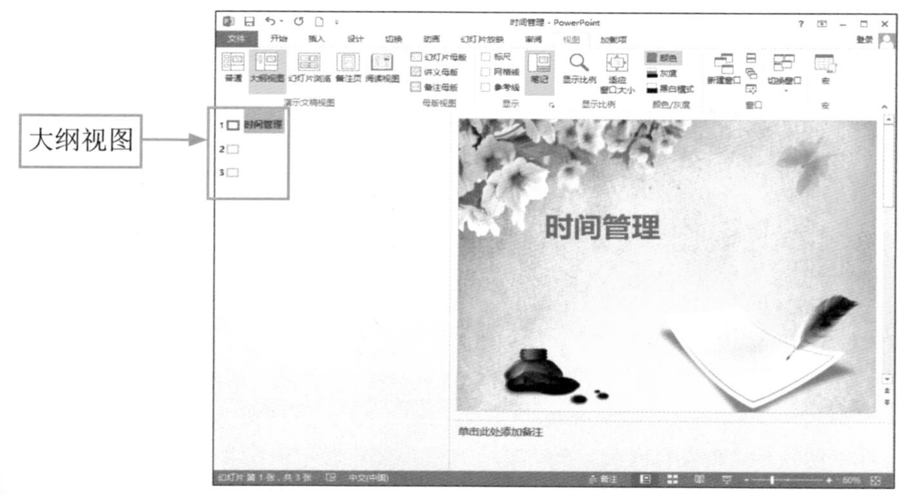

图 1-21 大纲模式

专家指点

在“演示文稿视图”选项板中，单击“大纲视图”按钮，进入普通视图的大纲模式，由于普通视图的大纲方式具有特殊的结构和大纲工具栏，因此在大纲视图模式中，更便于文本的输入、编辑和重组。

1.4.2 备注页视图

备注页视图用于为演示文稿中的幻灯片提供备注，单击“视图”面板中的“备注页”按钮，如图 1-22 所示，可以切换到备注页视图。

在备注页视图模式下，可以通过文字、图片、图表和表格等对象来修饰备注，如图 1-23 所示。

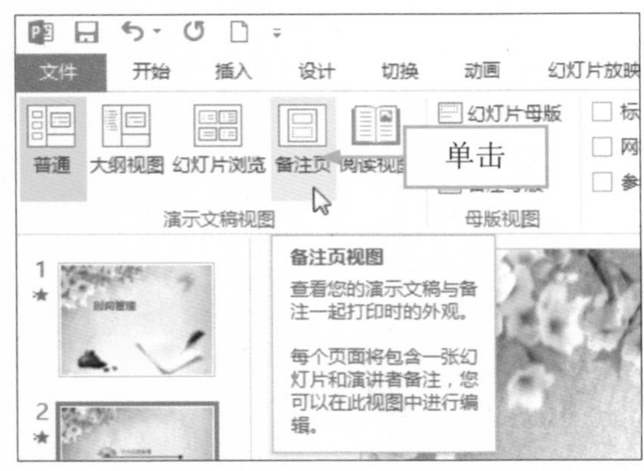

图 1-22 单击“备注页”按钮

图 1-23 通过文字修饰备注

专家指点

切换至备注页视图以后，编辑区中仅显示备注编辑区域，而幻灯片中本身的背景图片将不会显示出来。

1.4.3 幻灯片浏览视图

在幻灯片浏览视图中，演示文稿中所有的幻灯片都以缩略图方式整齐地显示在同一窗口中，在该视图中可以查看幻灯片的背景设计、配色方案，检查幻灯片之间是否协调、图标的位置是否合适等问题。

同时，幻灯片浏览视图还可以快速地在幻灯片之间添加、删除和移动幻灯片的前后顺序以及对幻灯片之间的动画进行切换。

单击状态栏右边的“幻灯片浏览”按钮，可将视图模式切换到幻灯片浏览视图模式。

专家指点

另外，用户还可以切换至“视图”面板，在“演示文稿视图”选项板中单击“幻灯片浏览”按钮，如图 1-24 所示，同样可以切换到幻灯片浏览视图模式，如图 1-25 所示。

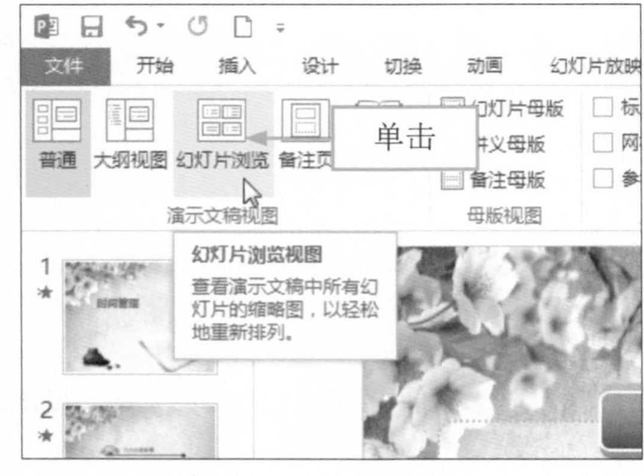

图 1-24 单击“幻灯片浏览”按钮

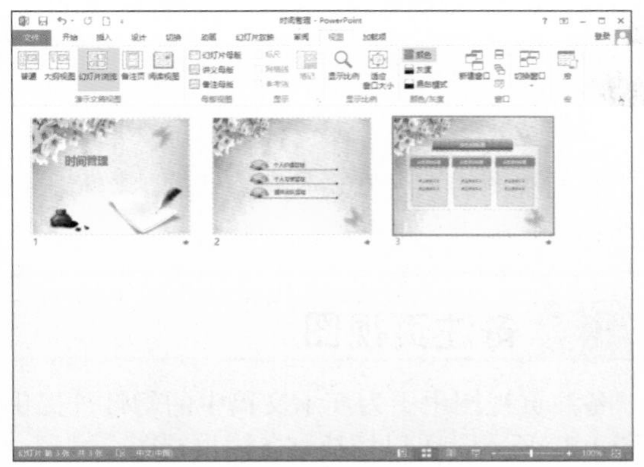

图 1-25 幻灯片浏览视图

1.4.4 幻灯片放映视图

幻灯片放映试视图是在电脑屏幕上完整播放演示文稿的专用视图，在该视图模式下，可以观看演示文稿的实际播放效果，还能体验到动画、声音和视频等多媒体效果，单击状态栏上的“幻灯片放映”按钮，即可进入幻灯片放映视图，如图 1-26 所示。

图 1-26 幻灯片放映视图

专家指点

在放映幻灯片时，幻灯片按顺序全屏幕播放，可以单击鼠标一张张切换幻灯片，也可以设置自动放映。

放映完毕后，视图将恢复到原来的状态。

1.4.5 幻灯片母版视图

“幻灯片母版”视图包括幻灯片、讲义和备注，使用“幻灯片母版”视图能够将演示文稿关联的每个幻灯片、备注页或讲义做整体样式的改动。

素材文件	光盘 \ 素材 \ 第 1 章 \ 花的结构 .pptx
效果文件	无
视频文件	光盘 \ 视频 \ 第 1 章 \1.4.5 幻灯片母版视图 .mp4

实战 花的结构

步骤 01 在 PowerPoint 2013 中，打开演示文稿，如图 1-27 所示。

步骤 02 单击“视图”命令，切换至“视图”功能区，在“演示文稿视图”选项区中，单击“幻灯片母版”按钮，如图 1-28 所示。

步骤 03 执行操作后，即可切换到“幻灯片母版”视图，如图 1-29 所示。

专家指点

幻灯片母版是幻灯片层次结构中的顶层幻灯片，通过修改幻灯片的背景、颜色、字体、效果、占位符大小和位置，可更改幻灯片母版下所有版式的相应内容，从而达到快速统一演示文稿整体风格的目的。

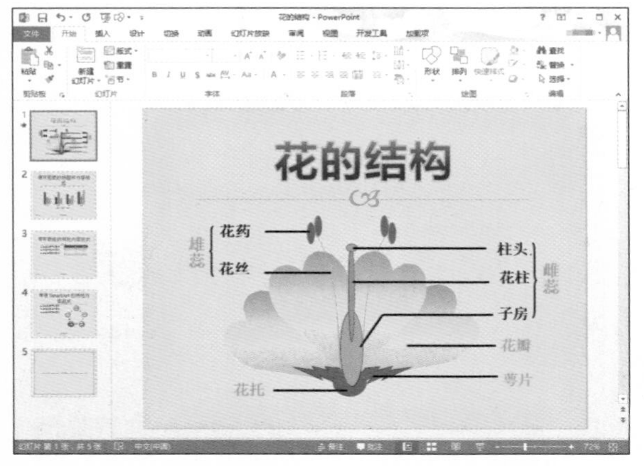

图 1-27 打开演示文稿

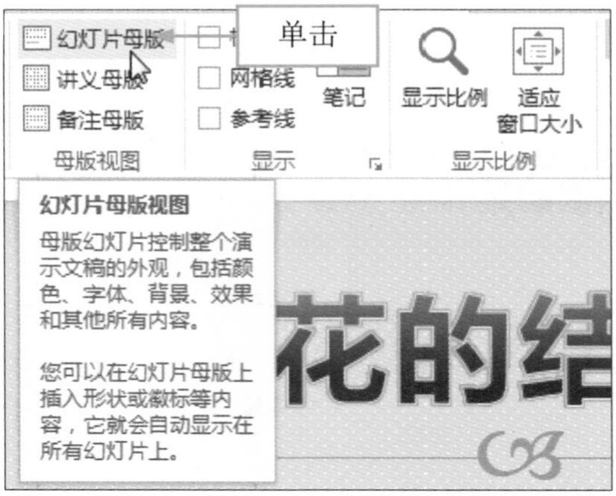

图 1-28 单击“幻灯片母版”按钮

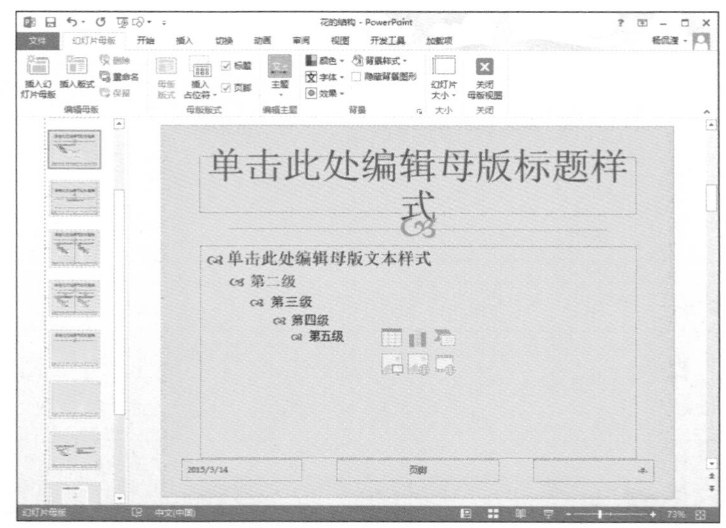

图 1-29 幻灯片母版视图

1.4.6 幻灯片讲义母版视图

讲义母版的作用主要是可以按讲义的格式打印演示文稿，可供听众在以后的会议中使用。打印预览允许选择讲义的版式类型和查看打印版本的实际外观。

	素材文件	光盘 \ 素材 \ 第 1 章 \. 财务状况 .pptx
	效果文件	无
	视频文件	光盘 \ 视频 \ 第 1 章 \1.4.6 幻灯片讲义母版视图 .mp4

实战 财务状况

步骤 01 在 PowerPoint 2013 中，打开演示文稿，如图 1-30 所示。

步骤 02 单击“视图”命令，切换至“视图”功能区，在“演示文稿视图”选项区中，单击“讲义母版”按钮，如图 1-31 所示。

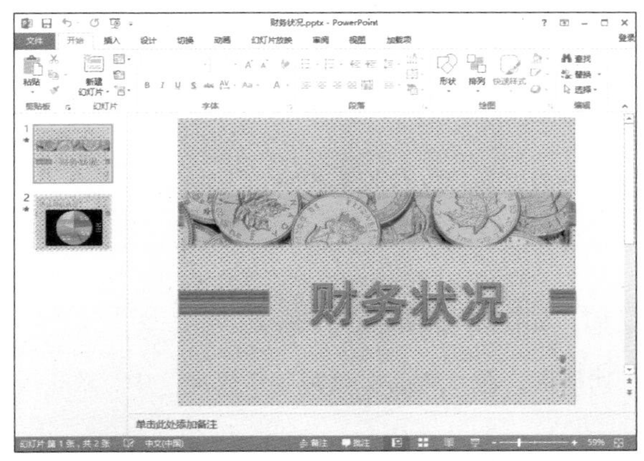

图 1-30 打开演示文稿

图 1-31 单击“讲义母版”按钮

步骤 03 执行操作后，即可切换到“讲义母板”视图，如图 1-32 所示。

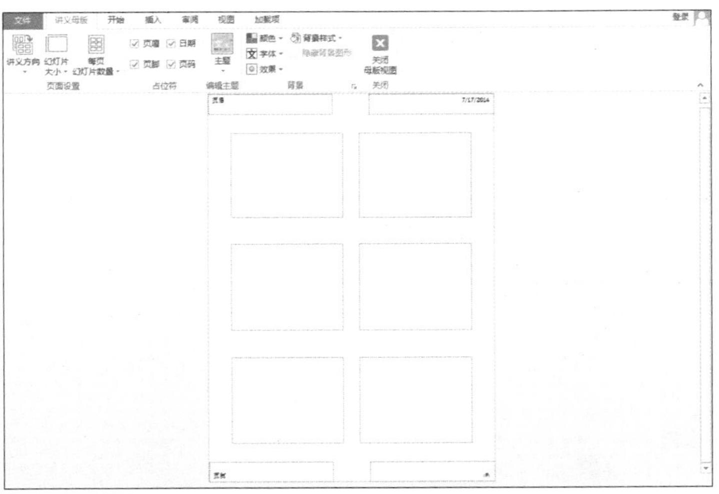

图 1-32 讲义母板视图

专家指点

在 PowerPoint 2013“讲义母版”视图的功能区，包括页面设置、占位符、编辑主题、背景和关闭功能组。

* 页面设置：设置讲义方向、幻灯片大小和每页幻灯片的数量。通过更改每页幻灯片的数量可以更改幻灯片占位符的大小。

* 占位符：是否显示占位符，包括页眉、页脚、日期、和页码，并可以调整这些占位符大小。

* 编辑主题：修改主题以及主题元素。

* 背景：设置背景样式。

* 关闭：执行关闭讲义母版视图的操作。

1.4.7 幻灯片备注母版视图

与“讲义母版”不同，“备注母版”视图是以一张幻灯片和一张备注页的形式显示，对备注母版所做的更改会显示在打印备注的所有页面上。

	素材文件	光盘 \ 素材 \ 第 1 章 \. 青花瓷 .pptx
	效果文件	无
	视频文件	光盘 \ 视频 \ 第 1 章 \1.4.7 幻灯片备注母版视图 .mp4

实战 青花瓷

步骤 01 在 PowerPoint 2013 中，打开演示文稿，如图 1-33 所示。

步骤 02 单击“视图”命令，切换至“视图”功能区，在“演示文稿视图”选项区中，单击“备注母版”按钮，如图 1-34 所示。

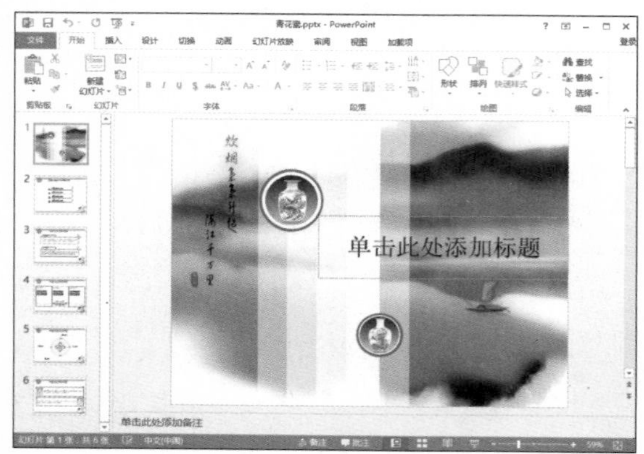

图 1-33 打开演示文稿

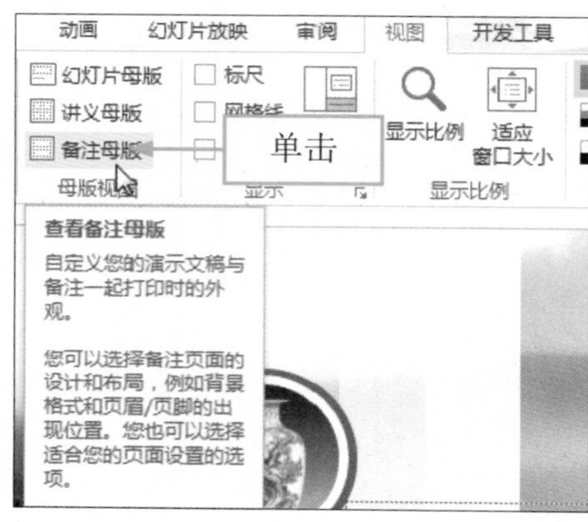

图 1-34 单击“备注母版”按钮

步骤 03 执行操作后，即可切换到“备注母版”视图，如图 1-35 所示。

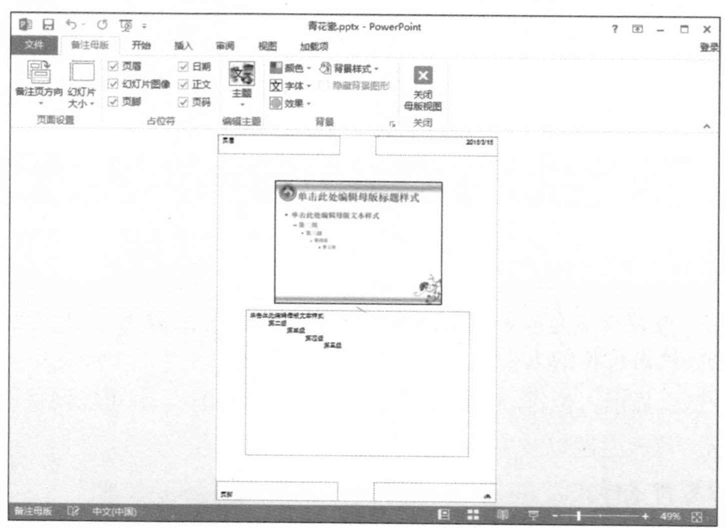

图 1-35 备注母版视图

1.4.8 幻灯片大纲视图

在大纲视图中，在界面的左侧显示演示文稿的大纲，因此可更方便地掌握演示文稿的主题，可直观地安排每个主题中的文本。在大纲视图中，普通视图的缩略图窗格中会显示大纲窗格。

素材文件	光盘 \ 素材 \ 第 1 章 \ 海洋石油污染 .pptx
效果文件	无
视频文件	光盘 \ 视频 \ 第 1 章 \1.4.8 幻灯片大纲视图 .mp4

实战 海洋石油污染

步骤 01 在 PowerPoint 2013 中，打开演示文稿，如图 1-36 示。

步骤 02 单击“视图”命令，切换至“视图”功能区，在“演示文稿视图”选项区中，单击“大纲视图”按钮，如图 1-37 所示。

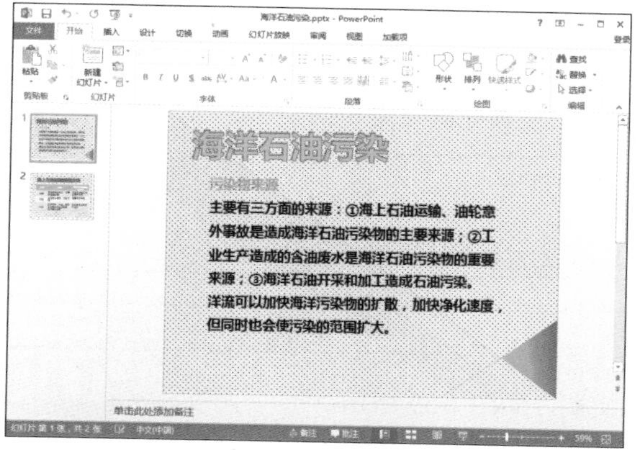

图 1-36 打开演示文稿

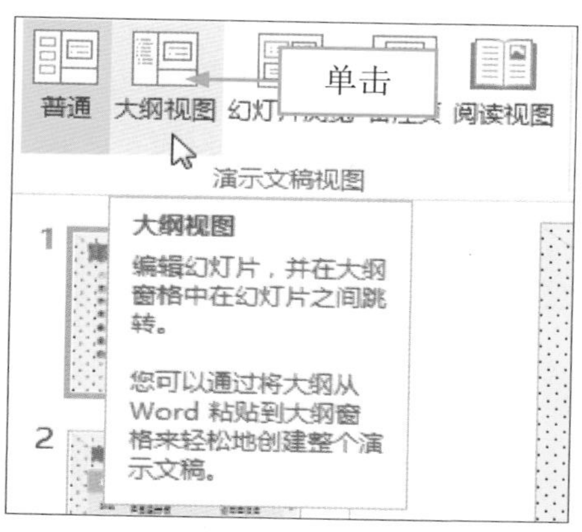

图 1-37 单击“大纲视图”按钮

步骤 03 执行操作后，即可切换到大纲视图，如图 1-38 所示。

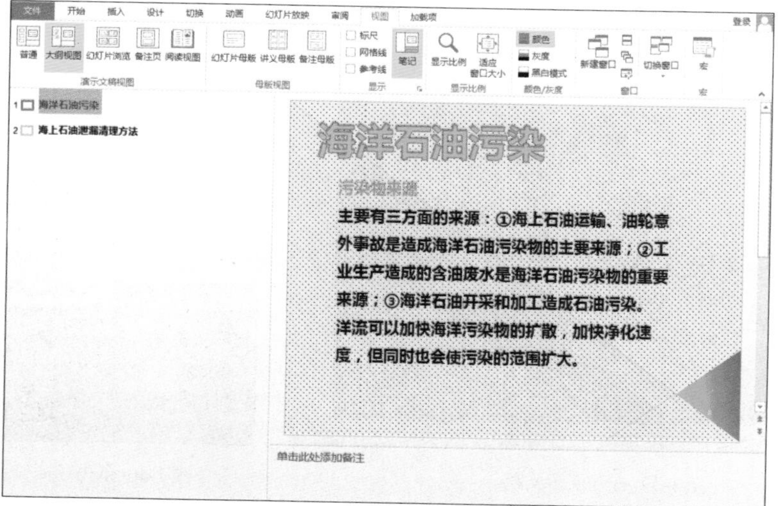

图 1-38 大纲视图

专家指点

大纲视图主要包含的 3 个区域是：大纲窗格、幻灯片窗格和备注窗格。

＊ 大纲窗格：在大纲窗格中以大纲形式显示幻灯片，在这里可以编写幻灯片的内容，轻松查看幻灯片的结构，而不受幻灯片版式等内容的干扰。

＊ 幻灯片窗格：用于处理、查看和设计单张幻灯片的窗格。

＊ 备注窗格：为幻灯片添加备注，可将其打印出来，也可以作为演讲时的参考。

在大纲视图中的大纲窗格中输入文本，可实现以下操作。

＊ 输入文本：输入标题文本以及幻灯片中不同级别的内容文本。

＊ 添加新的幻灯片：在上一张幻灯片一级标题的末尾处，按【Enter】键，创建新的幻灯片。

＊ 轻松更改标题的级别：可以在同一张幻灯片中输入多个级别的内容，使用【Tab】键和【Shift ＋ Tab】组合键进行升级和降级即可。

1.4.9 幻灯片阅读视图

在阅读视图中，用户可以随意调整窗口的大小，使其能满足用户的要求。

素材文件	光盘 \ 素材 \ 第 1 章 \ 透视 .pptx
效果文件	无
视频文件	光盘 \ 视频 \ 第 1 章 \1.4.9 幻灯片阅读视图 .mp4

实战 透视

步骤 01 在 PowerPoint 2013 中，打开演示文稿，如图 1-39 所示。

步骤 02 单击“视图”命令，切换至“视图”功能区，在“演示文稿视图”选项区中，单击“阅读视图”按钮，如图 1-40 所示。

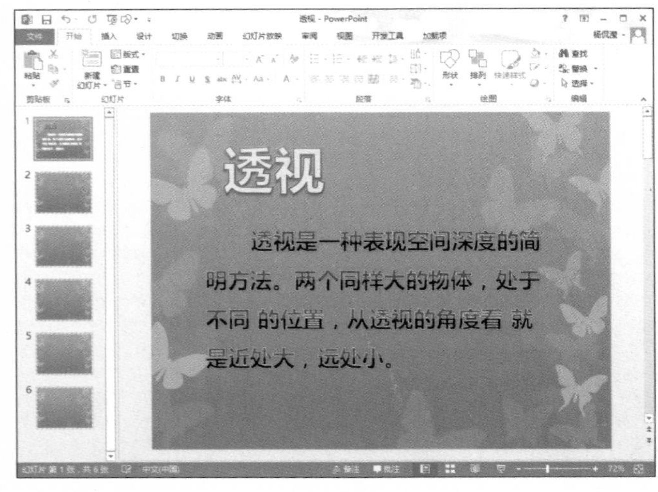

图 1-39 打开演示文稿

图 1-40 单击“阅读视图”按钮

步骤 03 执行操作后，即可切换到阅读视图，如图 1-41 所示。

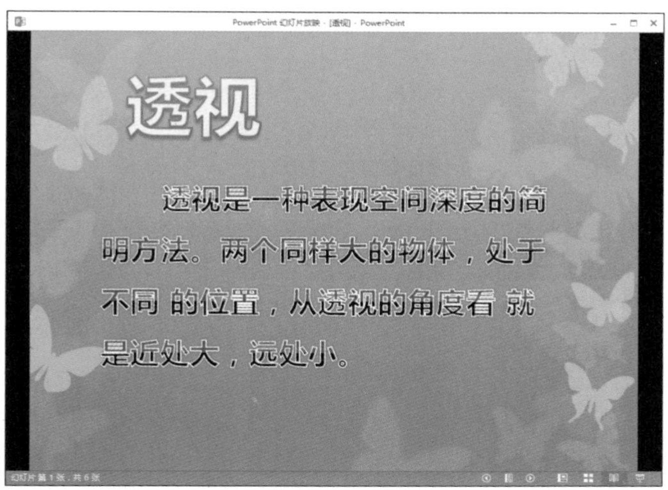

图 1-41 阅读视图

专家指点

使用“阅读视图”播放演示文稿时，用户可在电脑屏幕上同时编辑或查看其他内容。在阅读视图窗口的状态栏中包含一些简单的控件，使用户能够对其进行简单的操作，如查看下一张或者上一张幻灯片等。

1.5 PowerPoint 2013 新增特性

Microsoft PowerPoint 2013 具有全新的外观，使用起来更加简洁，适合在平板电脑和台式电脑上使用，因此可以在演示文稿中轻扫并点击。演示者视图可自动适应投影设置，甚至可以在一台监视器上使用它。下面向读者介绍 PowerPoint 2013 的部分新增功能。

1.5.1 新增使用模板

PowerPoint 2013 提供了许多种方式来使用模板、主题、最近的演示文稿、历史演示文稿或空白演示文稿来启动下一个演示文稿，而不是直接打开空白演示文稿，如图 1-42 所示。

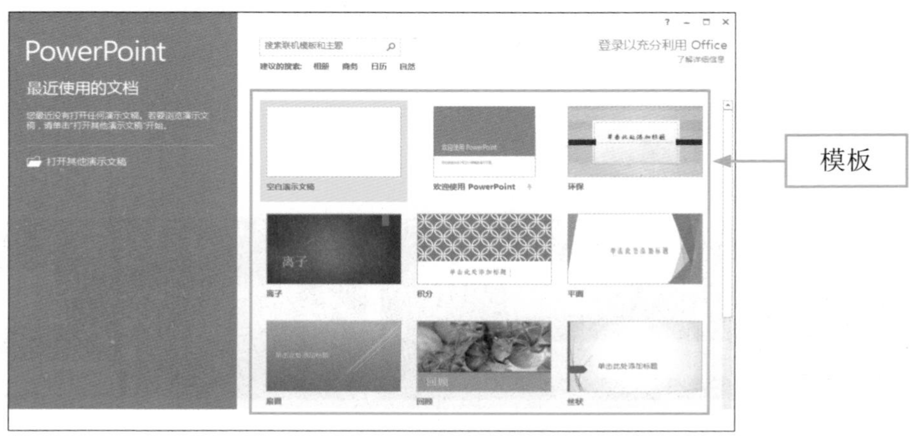

图 1-42 新增使用模板

1.5.2 新增简易演示者视图

在以往的 PowerPoint 中设置演示者视图时可能会出现问题，但是在 PowerPoint 2013 中已有很大改进。只需连接监视器，PowerPoint 将自动设置。在演示者视图中，用户可以在演示时看到本身的备注，而观众只能看到幻灯片，如图 1-43 所示。

图 1-43 演示者视图

专家指点

如果用户在一台监视器上使用 PowerPoint，并且想要显示演示者视图，需要在“幻灯片放映”视图中的左下角的控制栏上单击，然后单击“显示演示者视图”按钮。

在演示者视图中，用户还可以进行以下操作。

* 若要移动到上一张幻灯片或下一张幻灯片，单击“上一张”或“下一张”按钮，如图 1-44 所示。

图 1-44 单击“上一张”或“下一张”按钮

* 若要查看演示文稿中的所有幻灯片，单击“查看所有幻灯片”按钮，如图 1-45 所示。

* 若要近距离查看幻灯片中的细节，单击“放大幻灯片”按钮，然后指向需要查看的部分，如图 1-46 所示。

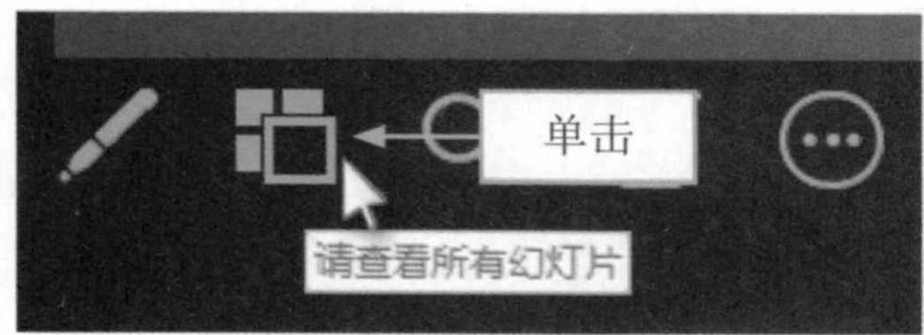

图 1-45 单击“查看所有幻灯片”按钮

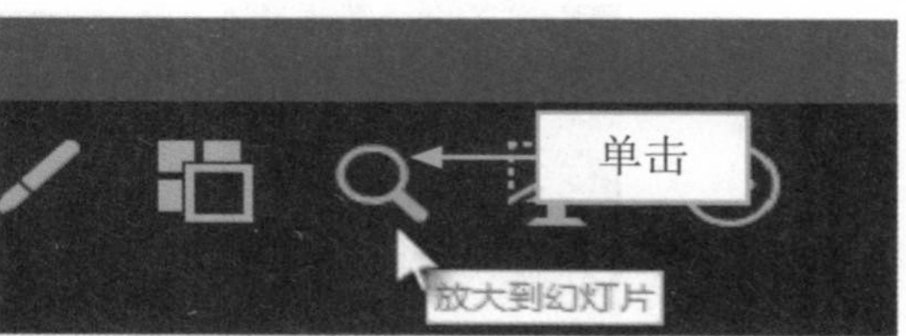

图 1-46 单击“放大幻灯片”按钮

✻ 若要在演示时指向幻灯片或在幻灯片上书写，单击“笔和激光笔工具”按钮，如图 1-47 所示。

✻ 若要在演示文稿中隐藏或取消隐藏当前幻灯片，单击“变黑或还原幻灯片放映”按钮，如图 1-48 所示。

图 1-47 单击“笔和激光笔工具”按钮

图 1-48 单击“变黑或还原幻灯片放映”按钮

1.5.3 新增友好宽屏显示

世界上的许多电视和视频都采用了宽屏和高清格式，PowerPoint 2013 也增加了宽屏的显示，如图 1-49 所示。PowerPoint 2013 宽屏版式的显示比例为 16：9，新的主题设计基本上都利用了宽屏。

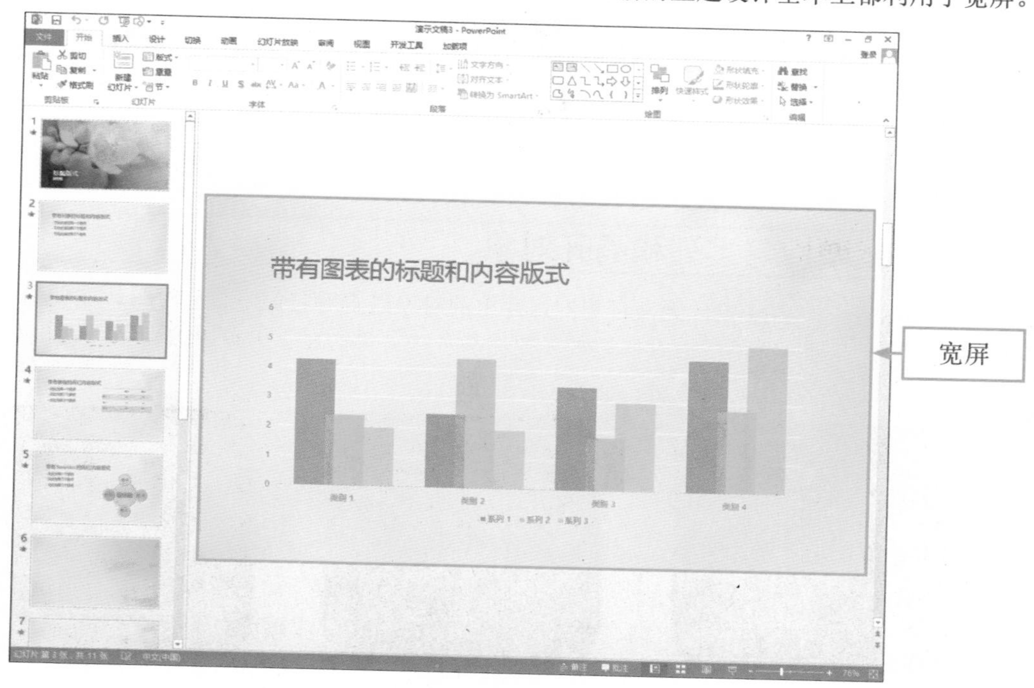

图 1-49 宽屏显示

1.5.4 新增主题变体

PowerPoint 2013 的主题提供了一组变体，例如，同一组主题有不同的调色板和字体系列，如图 1-50 所示。

此外，PowerPoint 2013 还提供了新的宽屏主题以及标准大小，从启动屏幕或“设计”面板中，可以选择一个主题和变体，如图 1-51 所示。

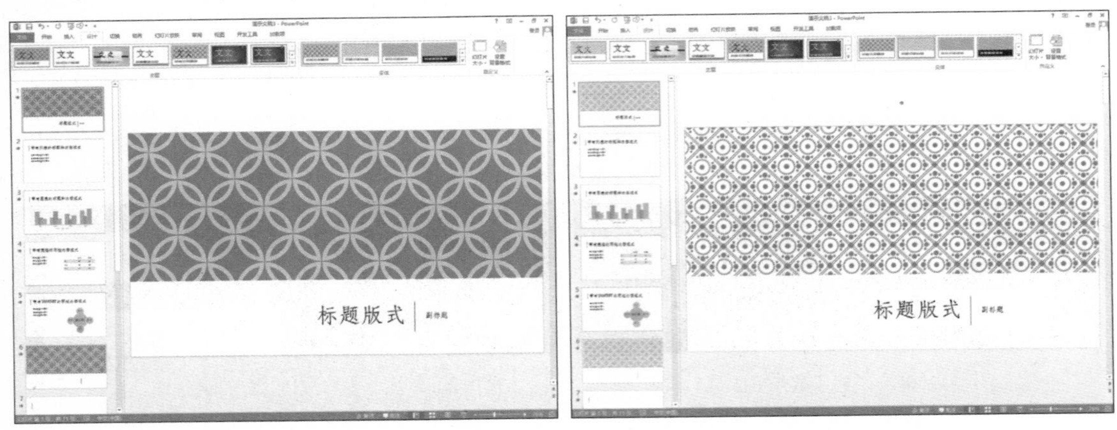

图 1-50 主题（左）和变体（右）

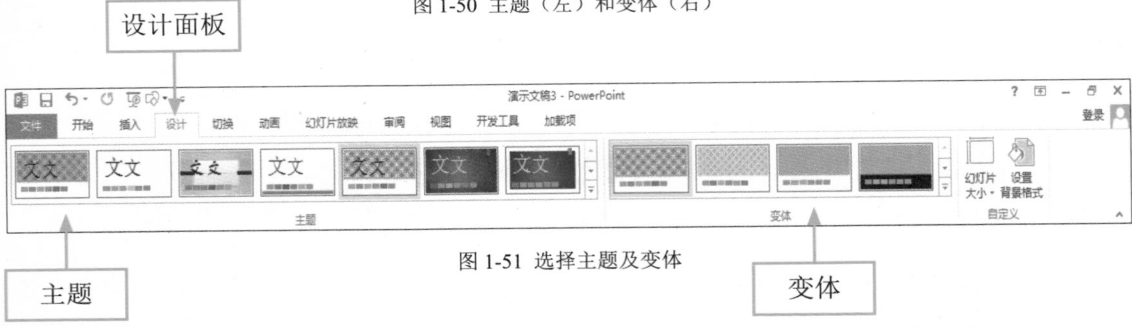

图 1-51 选择主题及变体

1.5.5 新增均匀排列和隔开对象

在 PowerPoint 2013 中，无需目测幻灯片上的对象以查看它们是否已对齐，在使用的对象（例如图片、形状等等）距离较近且均匀时，智能参考线会自动显示出对象的间隔，如图 1-52 所示。

图 1-52 均匀地排列和隔开对象

1.5.6 新增动作路径改进

在 PowerPoint 2013 中创建动作路径时，PowerPoint 会显示对象的结束位置，原始对象始终存在，而“虚影”图像会随着路径一起移动到终点，如图 1-53 所示。

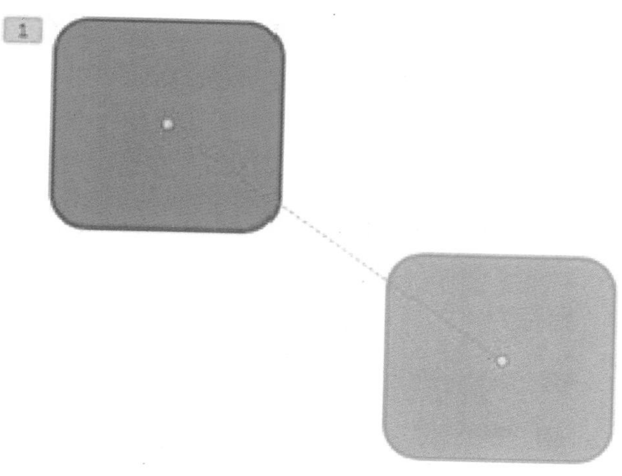

图 1-53 动作路径改进

1.5.7 新增取色器

双击要匹配颜色的形状或其他对象，然后单击任一种颜色选项，例如位于“绘图工具”下方“格式”选项卡上的“形状样式”组中的“形状填充”，如图 1-54 所示；使用取色器，单击要匹配的颜色并将其应用到所选形状或对象，如图 1-55 所示；将指针在不同颜色周围移动时，将显示颜色的实时预览，将鼠标悬停或暂停在一种颜色上以查看其 RGB（红、绿、蓝）色坐标，如图 1-56 所示；单击所需的颜色，当很多颜色聚集在一起时，要获得所需的精确颜色，更准确的方法是按【Enter】或空格键选择颜色。

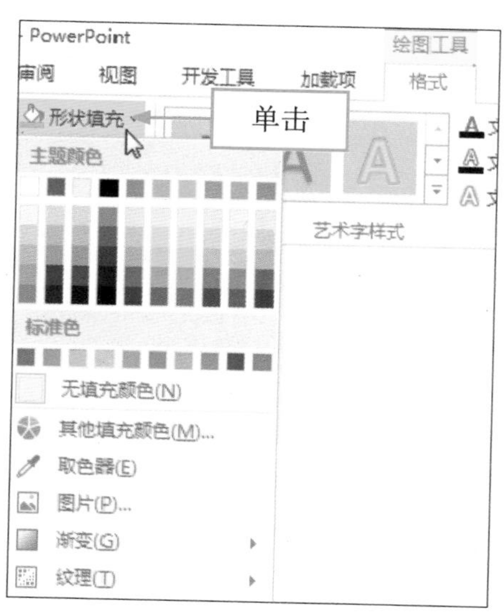

图 1-54 “形状填充”列表框

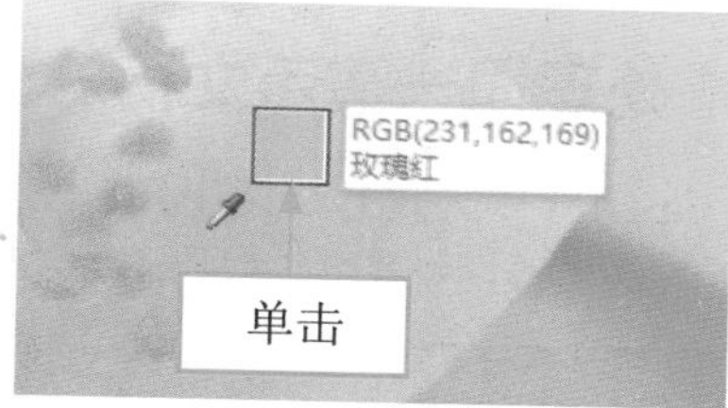

图 1-55 单击需要的颜色

图 1-56 查看颜色坐标

专家指点

在 PowerPoint 2013 中，若要取消取色器而不选取任何颜色，则可以按【Esc】键取消。

1.5.8 新增文件共享与云保存

在 PowerPoint 2013 中可以将演示文稿保存到 Microsoft One Drive，以便在云中更轻松地访问、存储和共享文件。

在 PowerPoint 中，单击“文件”|“另存为”|“One Drive”按钮，如图 1-57 所示，可以将需要保存的演示文稿另存到 One Drive 中。

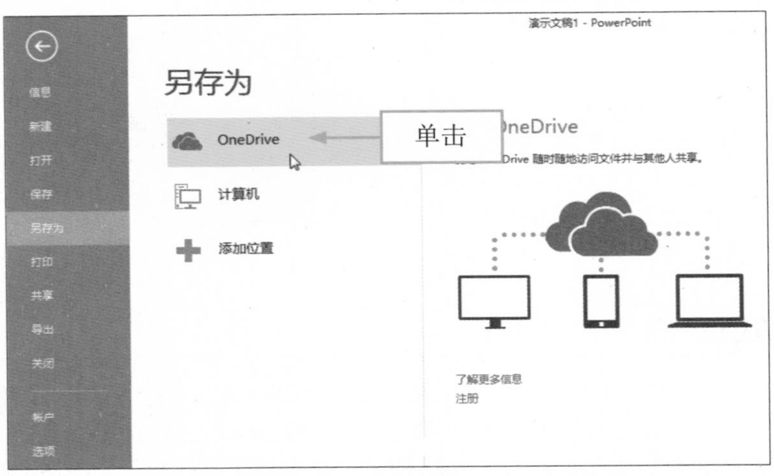

图 1-57 将演示文稿保存到 Microsoft One Drive

专家指点

在 PowerPoint 2013 中，若要设置免费的 One Drive 帐户，必须拥有 Microsoft 帐户。

1.5.9 新增处理同一演示文稿

在 PowerPoint 2013 中，可以使用 PowerPoint 的“共享”|“联机演示”处理同一演示文稿，并查看共享者所做的更改，如图 1-58 所示。

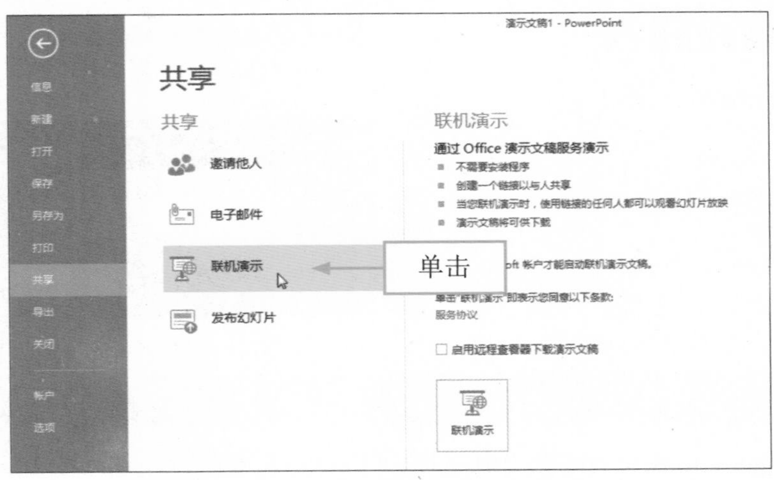

图 1-58 单击“联机演示”按钮

02 演示文稿的基本操作

学习提示

演示文稿是用于介绍和说明某个问题和事件的一组多媒体材料，也是 PowerPoint 生成的形式，学习 PowerPoint 2013 之前，应从演示文稿的建立开始，演示文稿的建立包括创建文稿、打开文稿和保存文稿等。本章主要向读者介绍创建演示文稿、保存演示文稿和制作个性化工作界面等内容。

本章案例导航

- 实战——创建空白演示文稿
- 实战——打开演示文稿
- 实战——保存演示文稿
- 实战——春暖花开
- 实战——水墨风格
- 实战——创意花园

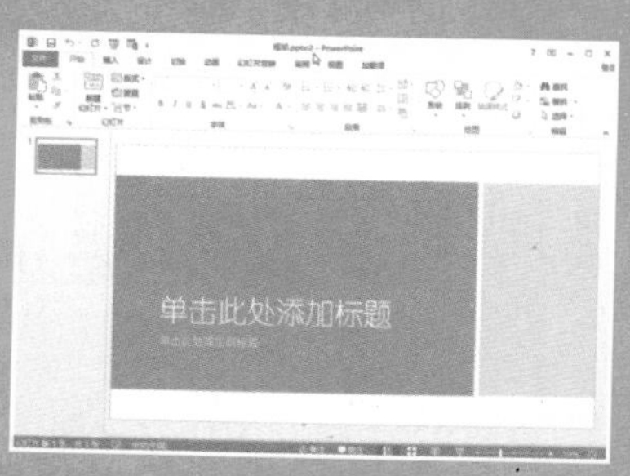

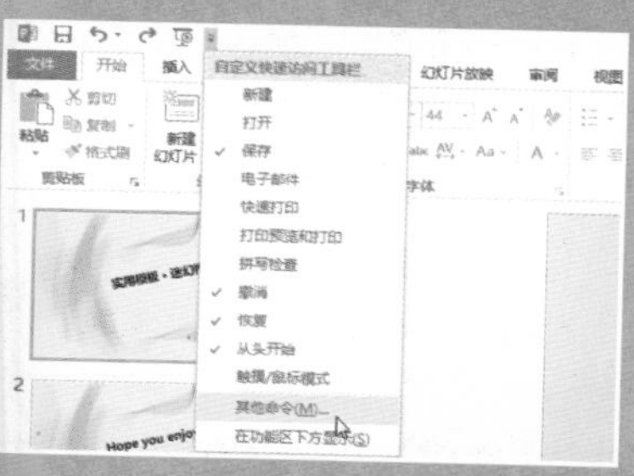

2.1 演示文稿的创建

新建演示文稿的方法包括新建空白演示文稿、根据已有演示文稿新建和通过模板新建演示文稿等，用户可以在空白的幻灯片上设计出具有鲜明个性的背景色彩、配色方案、文本格式和图片等内容。本节主要向读者介绍创建演示文稿的操作方法。

2.1.1 创建空白演示文稿

空白演示文稿即没有任何初始设置的演示文稿，它仅显示一张标题幻灯片，并且标题幻灯片中仅有标题占位符，但是该演示文稿中仍然包含默认的版式，如标题和内容、节标题等，可使用这些版式快速添加幻灯片。

素材文件	无
效果文件	无
视频文件	光盘 \ 视频 \ 第 2 章 \2.1.1 创建空白演示文稿 .mp4

实战 创建空白演示文稿

步骤 01 启动 PowerPoint 2013 程序后，系统将进入一个新界面，在右侧区域中，选择“空白演示文稿”选项，如图 2-1 所示。

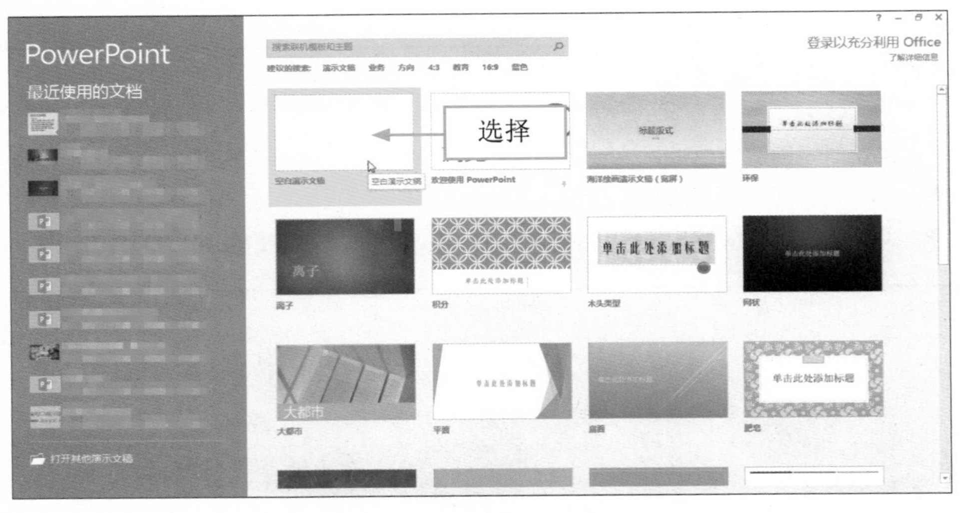

图 2-1 选择“空白演示文稿”选项

步骤 02 执行操作后，即可创建空白演示文稿。

专家指点

PowerPoint 是一个功能强大的演示文稿制作软件，该软件能够协助用户独自或联机创建永恒的视觉效果。它增强了多媒体支持功能，利用 Power Point 制作的文稿，可以通过不同的方式播放，也可将演示文稿打印成一页一页的幻灯片，使用幻灯片机或投影仪播放，可以将用户的演示文稿保存到光盘中以进行分发，并可在幻灯片放映过程中播放音频流或视频流。

在创建空白演示文稿中，用户还可以进行以下方法操作。

在打开的演示文稿演中，单击“文件”命令，进入相应界面，在左侧的橘红色区域，选择“新建”选项，如图 2-2 所示。切换至“新建”选项卡，在右侧的“新建”选项区中，选择“空白演示文稿”选项，如图 2-3 所示，即可创建空白演示文稿。

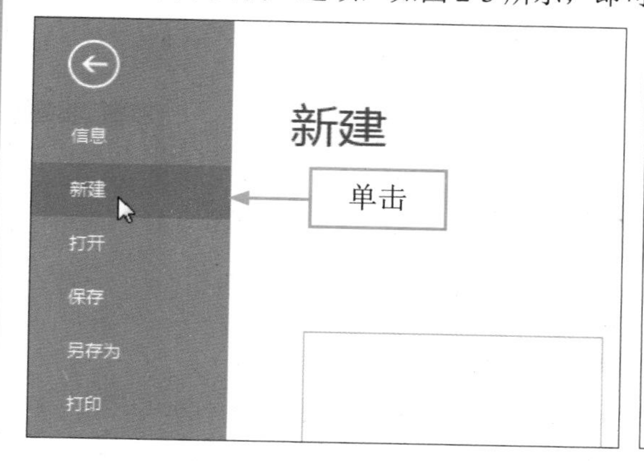

图 2-2 选择“新建”选项

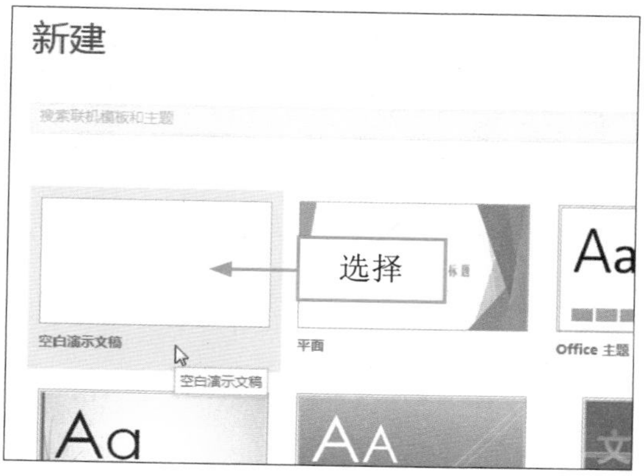

图 2-3 选择“空白演示文稿”选项

2.1.2 运用模板演示文稿创建

在 PowerPoint 2013 中，当遇到一些内容相似的演示文稿时，用户可以根据已安装的主题创建。

	素材文件	无
	效果文件	无
	视频文件	光盘 \ 视频 \ 第 2 章 \2.1.2 运用模板演示文稿创建 .mp4

实战 运用模板演示文稿创建

步骤 01 在打开的 PowerPoint 2013 编辑窗口中，单击“文件”命令，如图 2-4 所示。

步骤 02 进入相应界面，在左侧区域，单击“新建”命令，切换至“新建”选项卡，在“新建”选项区中，选择“丝状”选项，如图 2-5 所示。

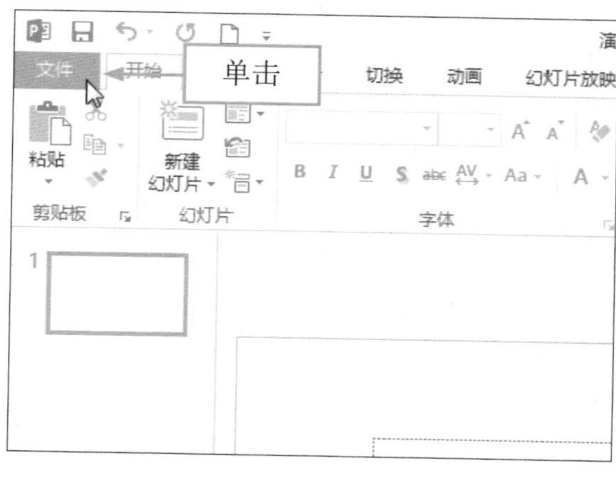

图 2-4 单击“文件”命令

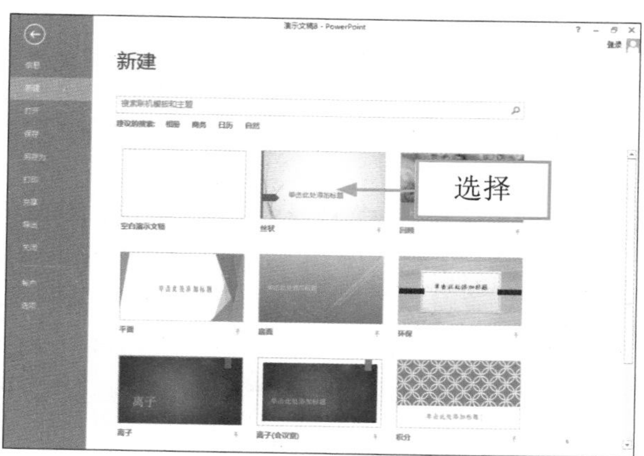

图 2-5 选择“丝状”选项

步骤 03 执行操作后，弹出一个滑动窗口，如图 2-6 所示。

步骤 04 在“丝状”选项区中，选择相应选项，如图 2-7 所示。

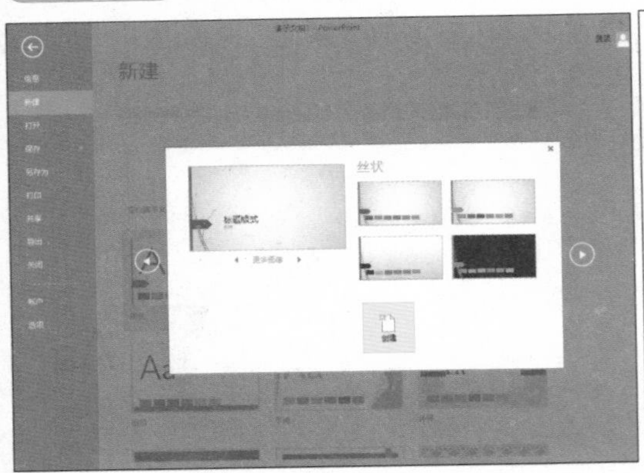

图 2-6 弹出滑动窗口

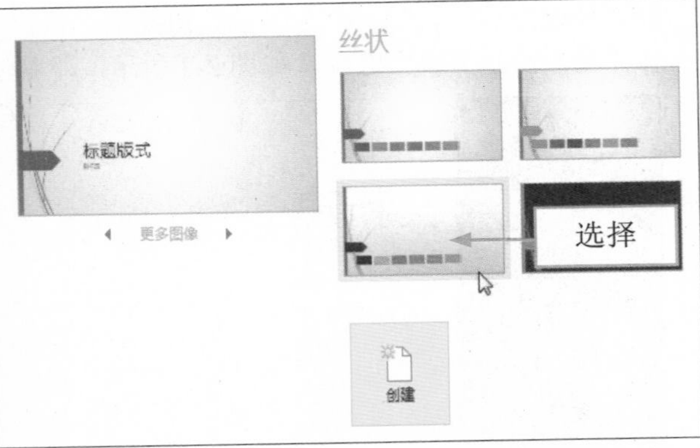

图 2-7 选择相应选项

步骤 05 在左侧幻灯片缩略图的下方，单击向右按钮▶，选择合适的幻灯片样式，单击“创建”按钮，如图 2-8 所示。

步骤 06 执行操作后，即可运用已安装的模板创建演示文稿，如图 2-9 所示。

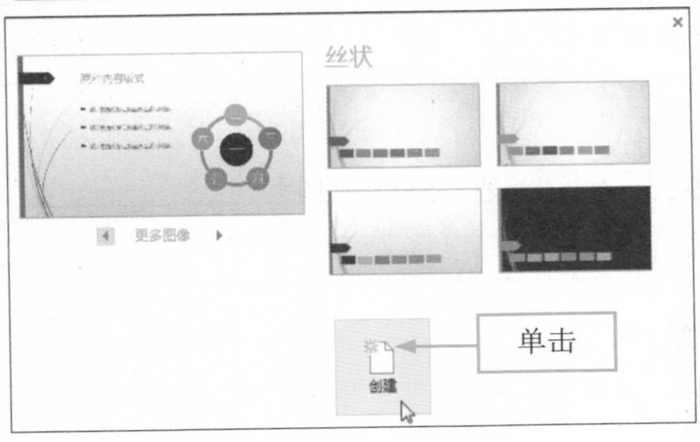

图 2-8 单击“创建”按钮

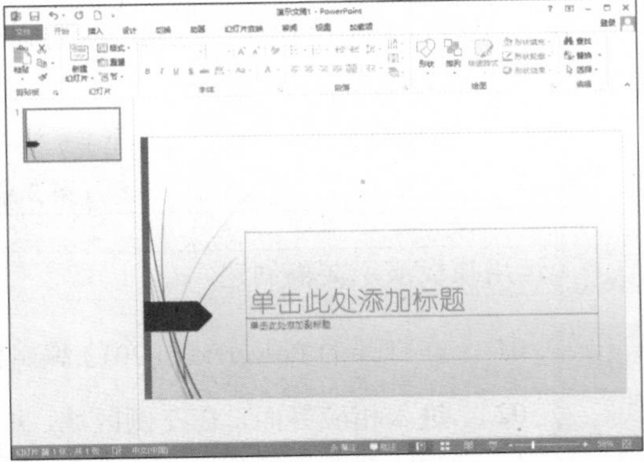

图 2-9 创建演示文稿

专家指点

在 PowerPoint 2013 中，演示文稿和幻灯片是两个不同的概念，利用 PowerPoint 2013 做出的最终整体作品叫做演示文稿，演示文稿是一个文件，而演示文稿中的每一张页面则是幻灯片，每张幻灯片都是演示文稿中既相互独立又相互联系的内容。

一套完整的 PowerPoint 文稿一般包含：片头动画、PPT 封面、前言、目录、过渡页、图表页、图片页、文字页、封底以及片尾动画等。

而在 PowerPoint 文稿中所采用的素材一般有文字、图片、图表、动画、声音、影片等。

在 PowerPoint 2013 的“新建”选项区中，还包括了“平面”（如图 2-10 所示）、“扇面”（如图 2-11 所示）、“离子”（如图 2-12 所示）、“积分”（如图 2-13 所示）、“肥皂”（如图 2-14 所示）以及“环保”（如图 2-15 所示）在内的多种模板供用户选择。

图 2-10 “平面”模板

图 2-11 “扇面”模板

图 2-12 “离子”模板

图 2-13 “积分”模板

图 2-14 “肥皂”模板

图 2-15 “环保”模板

2.1.3 运用网络主题演示文稿创建

PowerPoint 模板的存在为工作提供了极大的方便，一个合适的模板可以节省很多的时间，提高工作效率。今天的互联网上不同风格范本已经非常多，下面介绍网络主题模板的搜索和使用方法。

素材文件	无
效果文件	无
视频文件	光盘 \ 视频 \ 第 2 章 \2.1.3 运用网络主题演示文稿创建 .mp4

实战 运用网络主题演示文稿创建

步骤 01 启动 PowerPoint 2013，系统进入新界面，单击白色区域搜索栏“搜索联机模板和主题”文字，如图 2-16 所示。

步骤 02 在搜索框内按需要输入关键词，如“会议”，按【Enter】键，如图 2-17 所示。

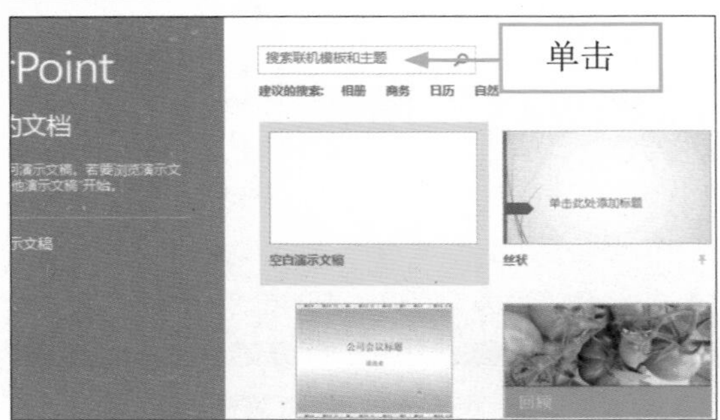

图 2-16 单击“搜索连接主题和模板”

图 2-17 输入关键词

步骤 03 执行操作后，即可看到相关主题和模板，如图 2-18 所示。

步骤 04 用户可单击主题放大预览，如符合工作所需则可单击“创建”按钮，直接应用该主题即可，如图 2-19 所示。

图 2-18 主题和模板

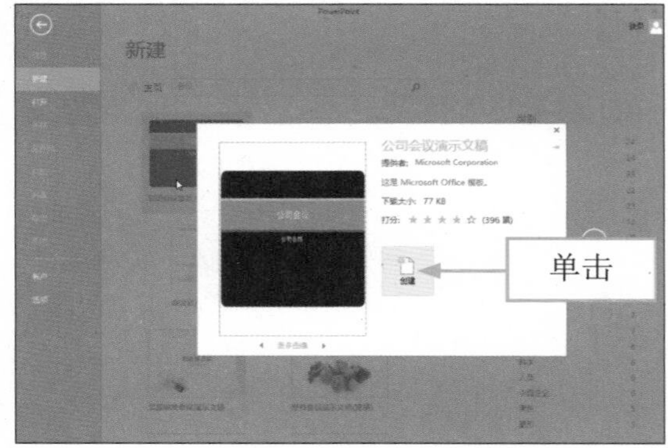

图 2-19 单击“创建”按钮

步骤 05 单击“创建”按钮后，则会迅速下载，然后即可运用网络下载的主题创建演示文稿，如图 2-20 所示。

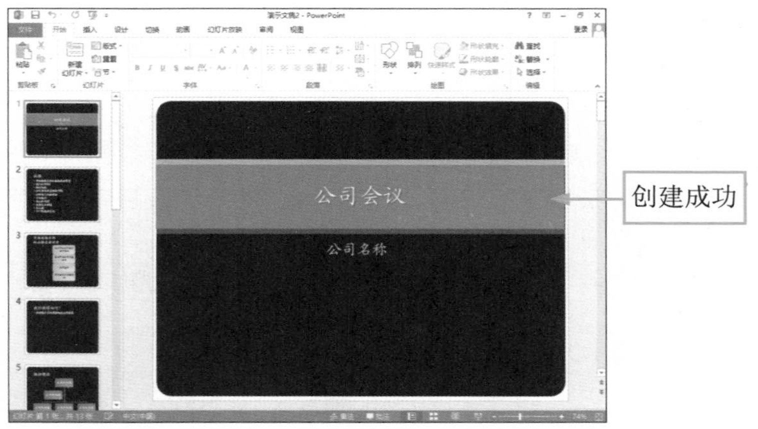

图 2-20 创建主题

专家指点

PowerPoint 2013 的网络主题和模板非常丰富，可以用户根据需要灵活选用，用户在输入关键词时，可以直接在它所提供的关键词去选择，其中包括“相册”（如图 2-21 所示）、“商务”（如图 2-22 所示）、“日历”（如图 2-23 所示）、“自然”（如图 2-24 所示）。

图 2-21 “相册”主题

图 2-22 “商务”主题

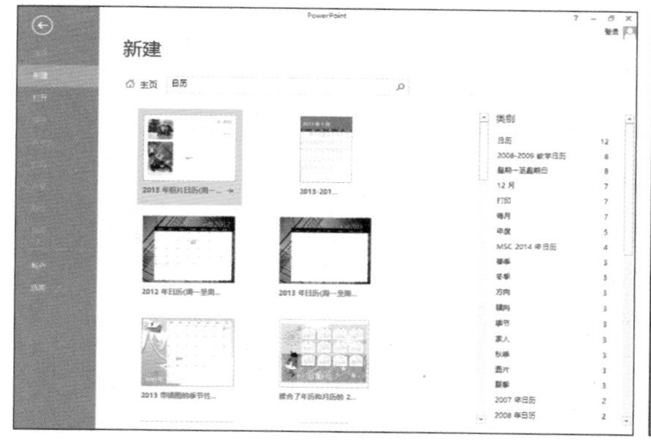

图 2-23 “日历”主题

图 2-24 “自然”主题 2.1.4 运用现有演示文稿创建

2.1.4 运用现有演示文稿创建

PowerPoint 除了创建最简单的演示文稿外，还可以运用现有演示文稿创建。下面介绍运用现有演示文稿创建的操作方法。

	素材文件	光盘 \ 素材 \ 第 2 章 \ 春暖花开 .pptx
	效果文件	无
	视频文件	光盘 \ 视频 \ 第 2 章 \2.1.4 运用现有演示文稿创建 .mp4

实战 春暖花开

步骤 01 在 PowerPoint 2013 编辑窗口中，单击“文件” | “打开”命令，如图 2-25 所示。

步骤 02 在“打开”选项区中，选择“计算机”选项，在“计算机”选项区中，单击“浏览”按钮，如图 2-26 所示。

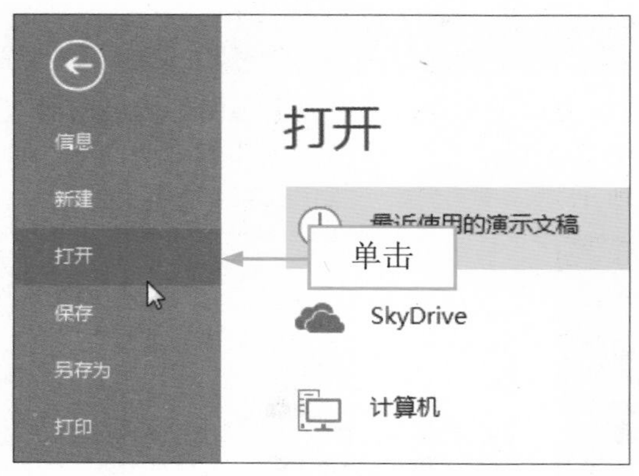

图 2-25 单击“打开”选项

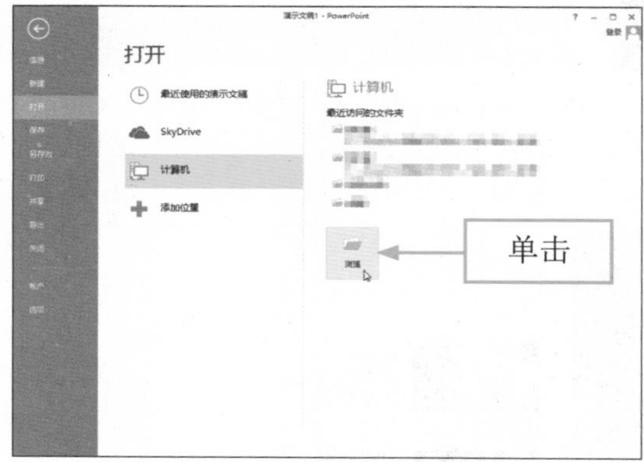

图 2-26 单击“浏览”按钮

步骤 03 执行操作后，弹出“打开”对话框，在计算机中的合适位置，选择“春暖花开”文件，如图 2-27 所示。

步骤 04 单击“打开”按钮，即可运用现有演示文稿创建，如图 2-28 所示。

图 2-27 选择相应选项

图 2-28 运用现有演示文稿创建

专家指点

使用现有模板创建的演示文稿一般都拥有漂亮的界面和统一的风格，以这种方式创建的演示文稿一般都拥有背景或装饰图案，用于帮助用户在设计时随时调整内容的位置等，以获得较好的画面效果。

2.2 打开和关闭演示文稿

在 PowerPoint 2013 中，演示文稿的操作就是对文件的基本操作，通常有打开和关闭等操作。本节将向读者介绍打开或关闭演示文稿的相关操作方法。

2.2.1 打开演示文稿

在 PowerPoint 2013 中，用户可以通过最近使用过的演示文稿记录实现打开操作。下面介绍打开最近使用的演示文稿的操作方法。

素材文件	光盘 \ 素材 \ 第 2 章 \ 春暖花开 .pptx
效果文件	无
视频文件	光盘 \ 视频 \ 第 2 章 \2.2.1 打开演示文稿 .mp4

实战 打开演示文稿

步骤 01 启动 PowerPoint 2013，进入相应界面，如图 2-29 所示。

步骤 02 在“PowerPoint 最近使用的文件”菜单中，选择第一个“春暖花开”选项，如图 2-30 所示。

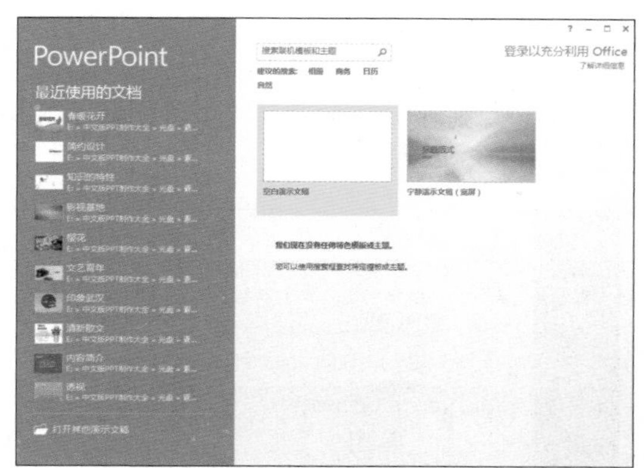

图 2-29 进入相应界面

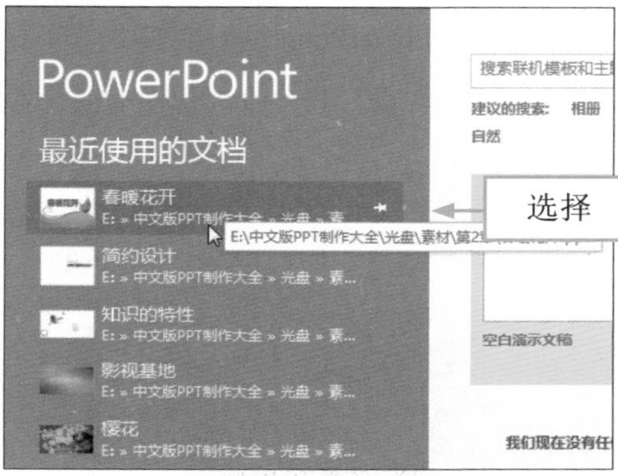

图 2-30 选择“春暖花开”选项

步骤 03 执行操作后，即可打开最近使用的文件。

专家指点

除了上述方法可以打开使用的演示文稿外，用户还可以运用以下方法打开演示文稿。

打开的演示文稿中，单击“文件”|“打开”命令，如图 2-31 所示。在“打开”选项区中，选择“最近使用的演示文稿”选项，然后在右边的“最近使用的演示文稿”选项区中，显示了最近打开或编辑过的演示文稿，用户可以在其中选择任意演示文稿，即可打开，如图 2-32 所示。

图 2-31 选择“打开”选项

图 2-32 选择“最近使用的演示文稿”选项

2.2.2 关闭演示文稿

在编辑完演示文稿并保存后，关闭文档可以减小系统内存的占用空间。关闭演示文稿的方法有以下几种。

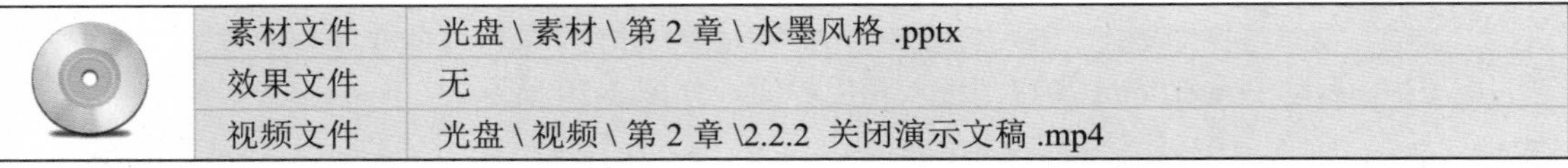

素材文件	光盘 \ 素材 \ 第 2 章 \ 水墨风格 .pptx
效果文件	无
视频文件	光盘 \ 视频 \ 第 2 章 \2.2.2 关闭演示文稿 .mp4

实战 水墨风格

步骤 01 在 PowerPoint 编辑窗口中，单击“文件”命令，如图 2-33 所示。

步骤 02 执行操作后，进入相应界面，在左侧区域单击“关闭”命令，即可关闭演示文稿，如图 2-34 所示。

图 2-33 单击“文件”命令

图 2-34 单击“关闭”命令

如果在关闭演示文稿前未对编辑的文稿进行保存，系统将弹出信息提示框询问用户是否保存文稿，单击“保存”按钮，将保存文稿，单击“不保存”按钮将不保存文稿，单击“取消”按钮将不关闭文稿，如图 2-35 所示。

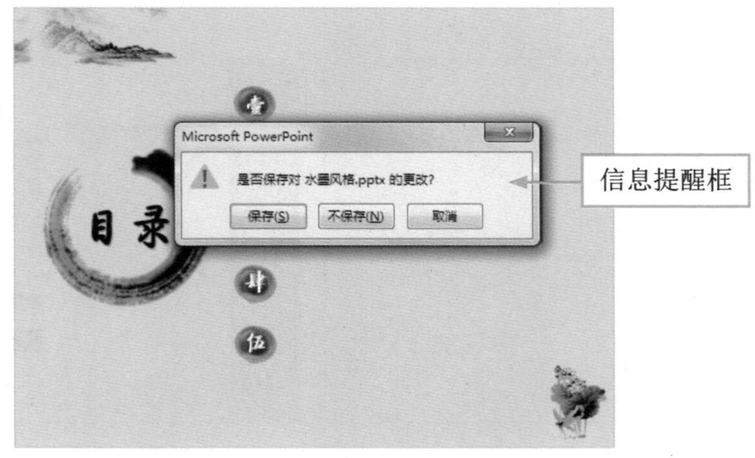

图 2-35 信息提醒框

专家指点

除了上述方法可以关闭演示文稿以外，用户还可以运用以下方法关闭演示文稿。

* 按【Ctrl + W】组合键：可快速关闭演示文稿。
* 按【Alt + F4】组合键：可直接退出 PowerPoint 应用程序。
* 单击标题栏右侧的“关闭”按钮 ×：可关闭演示文稿。

2.3 保存演示文稿

保存演示文稿时需要设置保存的格式、位置等信息，若将“保存演示文稿”设置为需要的格式、位置等信息，可以为演示文稿的保存节约不少时间。

2.3.1 保存演示文稿

PowerPoint 2013 提供了多种保存演示文稿的方法和格式，用户可以根据演示文稿的用途来进行选择。

	素材文件	无
	效果文件	无
	视频文件	光盘 \ 视频 \ 第 2 章 \2.3.1 保存演示文稿 .mp4

实战 保存演示文稿

步骤 01 在打开的 PowerPoint 2013 演示文稿中，单击“文件”|“保存”命令，如图 2-36 所示。

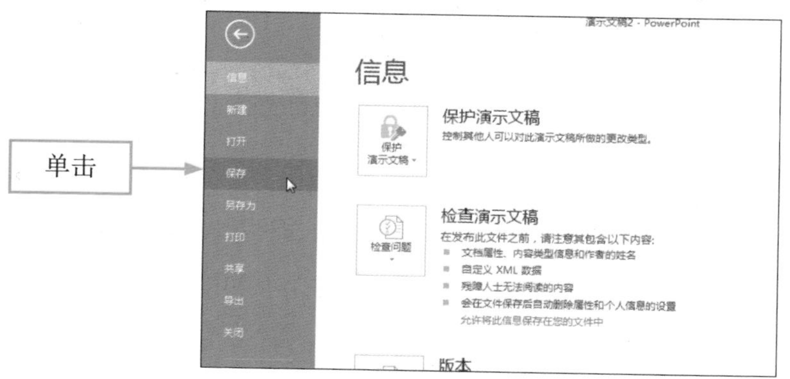

图 2-36 单击“保存”命令

步骤 02 执行操作后，即可保存演示文稿。

专家指点

在实际工作中，一定要养成经常保存的习惯。在制作演示文稿的过程中，保存的次数越多，因意外事故造成的损失就越小。

除了上述方法可以关闭演示文稿以外，用户还可以运用以下方法关闭演示文稿：

* 单击“自定义快速访问工具栏”中的“保存”按钮：如图 2-37 所示。

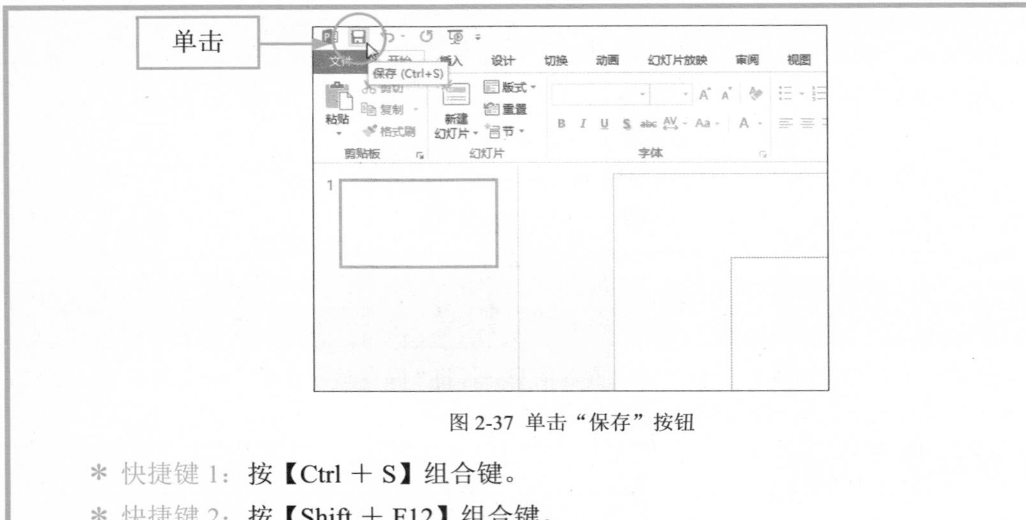

图 2-37 单击“保存”按钮

* 快捷键 1：按【Ctrl + S】组合键。
* 快捷键 2：按【Shift + F12】组合键。
* 快捷键 3：按【F12】键。
* 快捷键 4：依次按【Alt】、【F】和【S】键。
* 快捷键 5：依次按【Alt】、【F】和【A】键。

2.3.2 另存为演示文稿

在 PowerPoint 2013 中进行文件的常规保存时，可以在快速访问工具栏中，单击“另存为”按钮，将制作好的演示文稿进行另存。

	素材文件	光盘 \ 素材 \ 第 2 章 \ 雨雾 .pptx
	效果文件	无
	视频文件	光盘 \ 视频 \ 第 2 章 \2.3.2 另存为演示文稿 .mp4

实战 雨雾

步骤 01 在制作好的演示文稿中，单击“文件”命令，如图 2-38 所示。

步骤 02 进入相应界面，在左侧的区域，单击“另存为”命令，如图 2-39 所示。

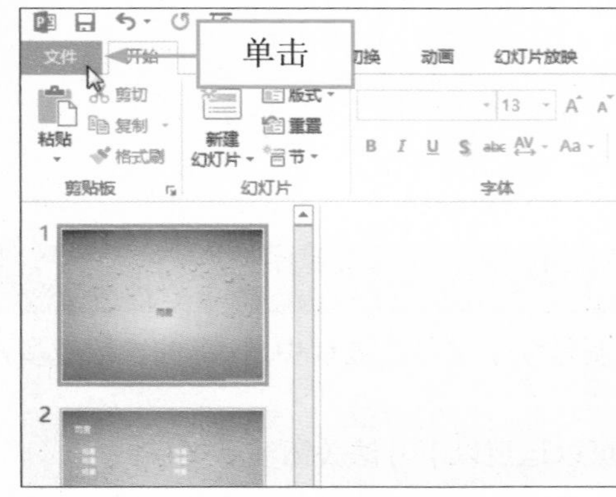

图 2-38 单击“文件”命令

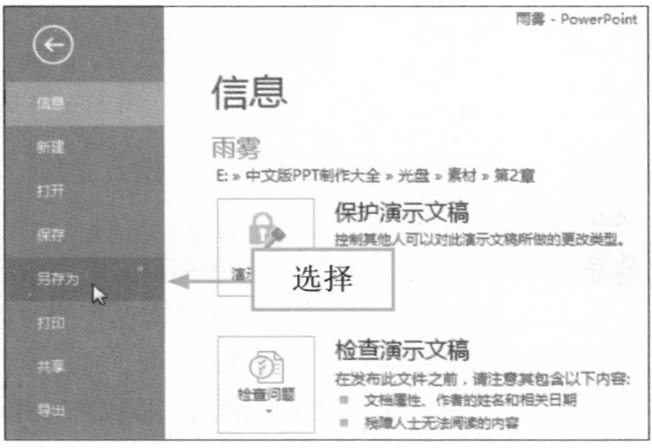

图 2-39 选择“另存为”选项

步骤 03 执行操作后，切换至“另存为”选项卡，在“另存为”选项区中，选择“计算机”选项，在右侧的“计算机”选项区中，单击“浏览”按钮，如图 2-40 所示。

步骤 04 弹出“另存为”对话框，选择该文件的保存位置，在“文件名”文本框中输入相应标题内容，单击“保存”按钮，即可另存为演示文稿，如图 2-41 所示。

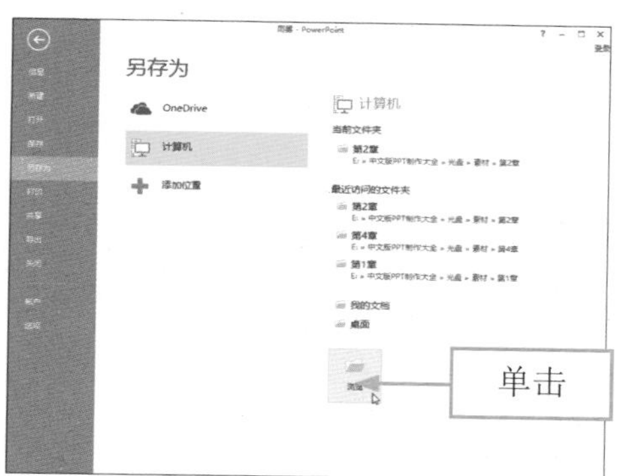

图 2-40 单击“浏览”按钮

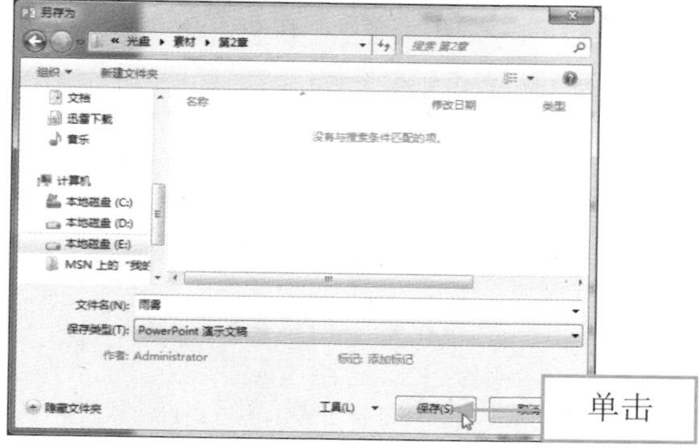

图 2-41 单击“保存”按钮

专家指点

在“另存为”对话框中，用户可设置保存路径、文件名和保存类型，选项的含义如下。

* “文件名”文本框：输入文本的名称。
* “保存类型”下拉列表框：用于选择演示文稿所需要的文件格式。

如果需要再次保存这个文件时，只需要单击快速访问工具栏上的“保存”按钮或按【Ctrl ＋ S】组合键即可，不会再弹出“另存为”对话框。

2.3.3 存为低版本格式演示文稿

当要把 PowerPoint 的早期版本通过 PowerPoint 2013 的格式打开时，需要安装适合 PowerPoint 2013 的 Office 兼容包才能完全打开，用户可以将演示文稿保存为兼容格式，从而能直接使用早期版本的 PowerPoint 来打开文档。

	素材文件	光盘 \ 素材 \ 第 2 章 \ 雨雾 .pptx
	效果文件	光盘 \ 效果 \ 第 2 章 \ 雨雾 .pot
	视频文件	光盘 \ 视频 \ 第 2 章 \2.3.3 存为低版本格式演示文稿 .mp4

实战 存为低版本格式演示文稿

步骤 01 打开 2.3.2 的素材文件，单击文件菜单，调出“另存为”对话框，如图 2-42 所示。

步骤 02 选择该文件的保存位置，单击“保存类型”右侧的下拉按钮，在弹出的下拉列表框中选择“PowerPoint 97-2003 演示文稿”选项，如图 2-43 所示。

专家指点

PowerPoint 2013 制作的演示文稿不向下兼容，如果需要在以前版本中打开 PowerPoint 2013

制作的演示文稿，就要将该文件的“保存类型”设置为“PowerPoint 97-2003 演示文稿”，PowerPoint 97-2003 演示文稿的扩展名是 .pot。

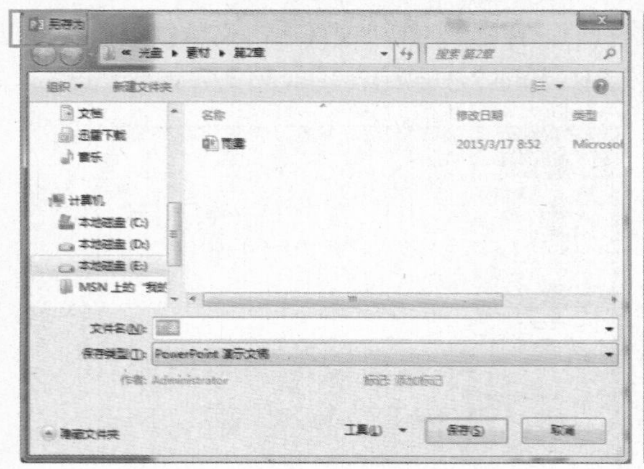

图 2-42 调出“另存为”对话框

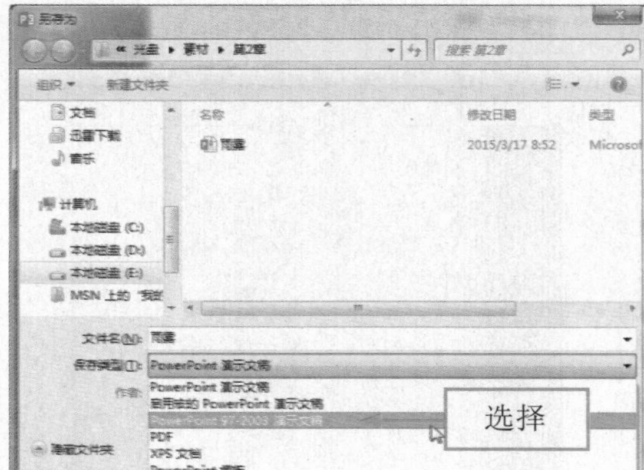

图 2-43 选择“PowerPoint 97-2003 演示文稿”选项

步骤 03 执行操作后，单击“保存”按钮，如图 2-44 所示。

步骤 04 返回到演示文稿工作界面，在标题栏中将显示兼容模式，如图 2-45 所示。

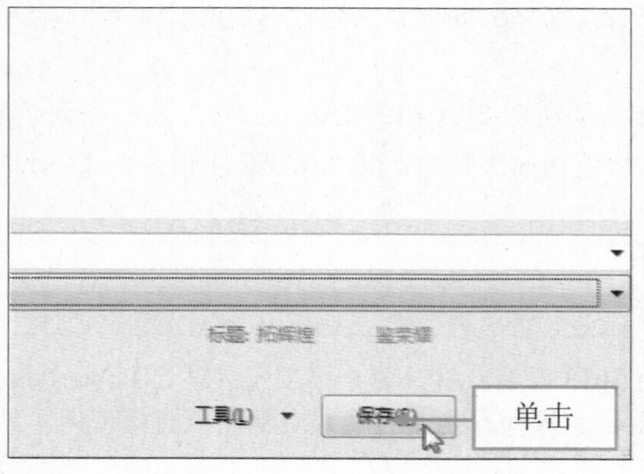

图 2-44 单击“保存”按钮

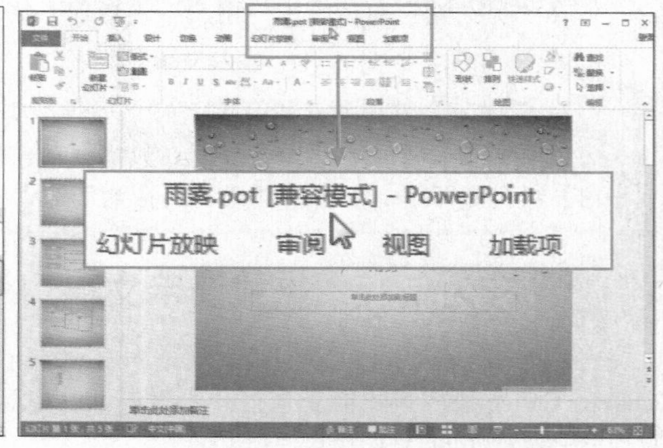

图 2-45 显示兼容模式

2.3.4 设置自动保存演示文稿

设置自动保存可以每隔一段时间自动保存一次，即使出现断电或死机的情况，当再次启动时，保存过的文件内容也依然存在，而且避免了手动保存的麻烦。

素材文件	无
效果文件	无
视频文件	光盘 \ 视频 \ 第 2 章 \2.3.4 设置自动保存演示文稿 .mp4

实战 设置自动保存演示文稿

步骤 01 在打开的 PowerPoint 2013 中，单击“文件”|“选项”命令，如图 2-46 所示。

步骤 02 弹出“PowerPoint 选项”对话框，切换至“保存”选项卡，在“保存演示文稿”选项区中，选中“保存自动恢复信息时间间隔”复选框，并在右边的文本框中设置时间间隔为 10 分钟，如图 2-47 所示，单击“确定”按钮，即可设置自动保存演示文稿。

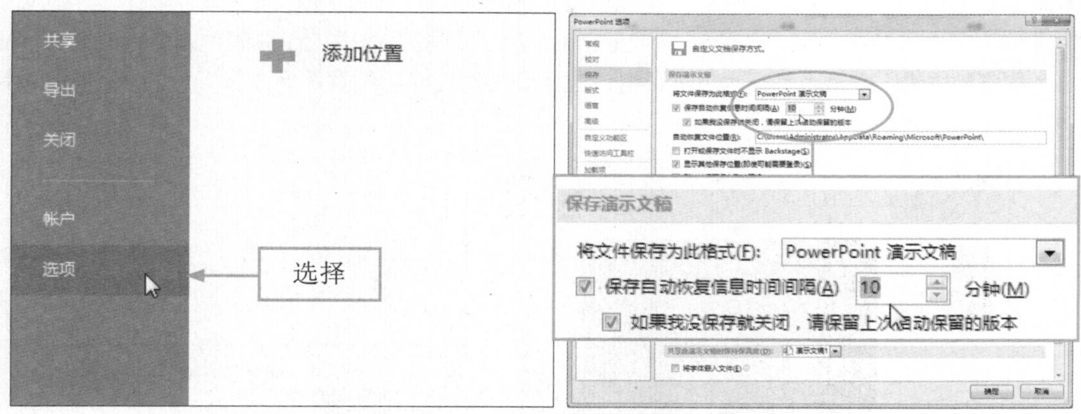

图 2-46 单击“选项”命令　　图 2-47 设置时间间隔

专家指点

在“另存为”对话框中单击“工具”按钮右侧的下拉按钮，在弹出的列表框中选择“保存选项”选项，如图 2-48 所示，也可以弹出“PowerPoint 选项”对话框。

图 2-48 选择“保存选项”选项（文件路径）

2.3.5 加密保存演示文稿

加密保存演示文稿，可以防止其他用户随意打开或修改演示文稿，一般的方法就是在保存演示文稿的时候设置权限密码。当用户要打开加密保存过的演示文稿时，此时 PowerPoint 将弹出“密码”对话框，只有输入正确的密码才能打开该演示文稿。

	素材文件	光盘 \ 素材 \ 第 2 章 \ 新春年会 .pptx
	效果文件	光盘 \ 效果 \ 第 2 章 \ 新春年会 .pptx
	视频文件	光盘 \ 视频 \ 第 2 章 \2.3.5 加密保存演示文稿 .mp4

实战 新春年会

步骤 01 在制作好的演示文稿中，单击“文件”命令，如图 2-49 所示。

步骤 02 进入相应界面，依次选择“另存为”|“计算机”选项，在右侧“计算机”选项区中，单击“浏览”按钮，弹出“另存为”对话框，选择该文件的保存位置，单击右下角的“工具”按钮，如图 2-50 所示。

图 2-49 单击“文件”命令

图 2-50 单击“工具”按钮

步骤 03 弹出列表框，选择“常规选项”选项，如图 2-51 所示。

步骤 04 执行操作后，弹出“常规选项”对话框，在“打开权限密码”文本框和“修改权限密码”文本框中输入相应密码（123456），如图 2-52 所示。

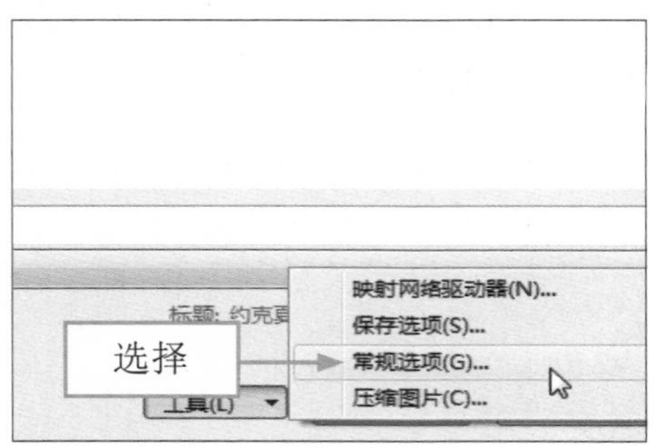

图 2-51 选择“常规选项”选项

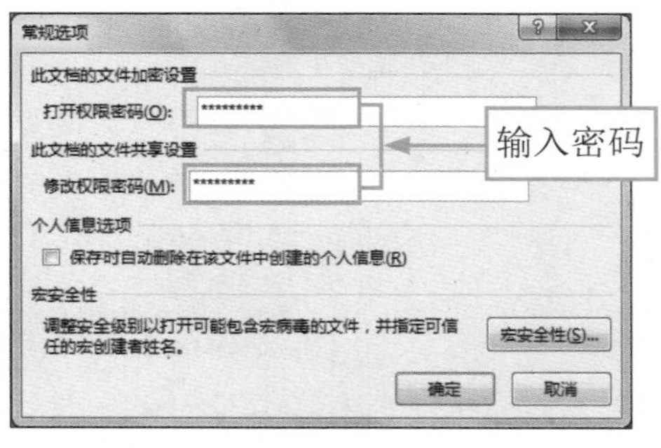

图 2-52 输入密码

步骤 05 单击“确定”按钮，弹出“确认密码”对话框，如图 2-53 所示。

步骤 06 重新输入打开权限密码，单击“确定”按钮，再次弹出“确认密码”对话框，再次输入密码，如图 2-54 所示。

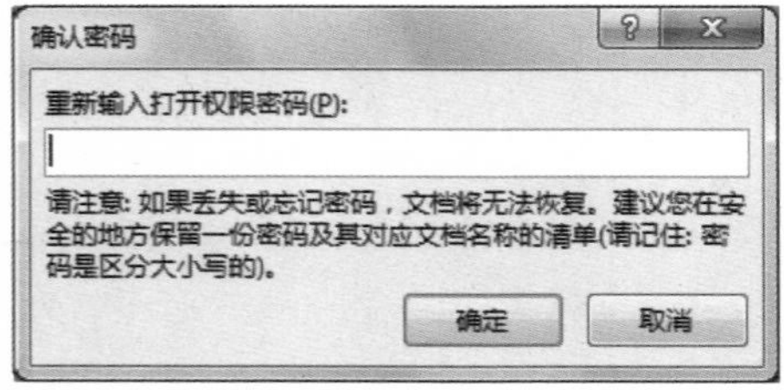

图 2-53 弹出“确认密码”对话框

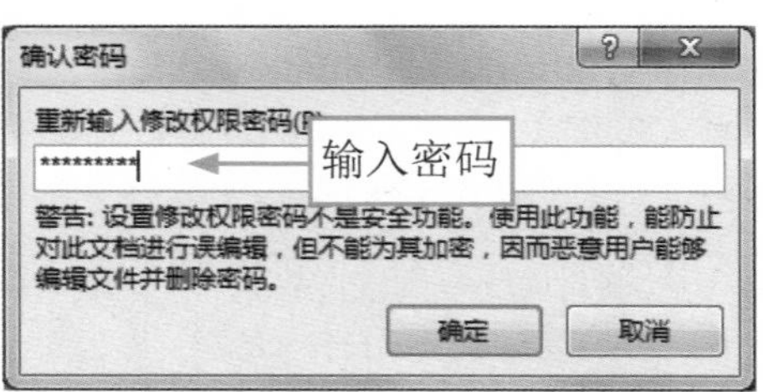

图 2-54 再次输入密码

步骤 07 单击“确定”按钮，返回到“另存为”对话框，单击“保存”按钮，如图 2-55 所示，即可加密保存文件。

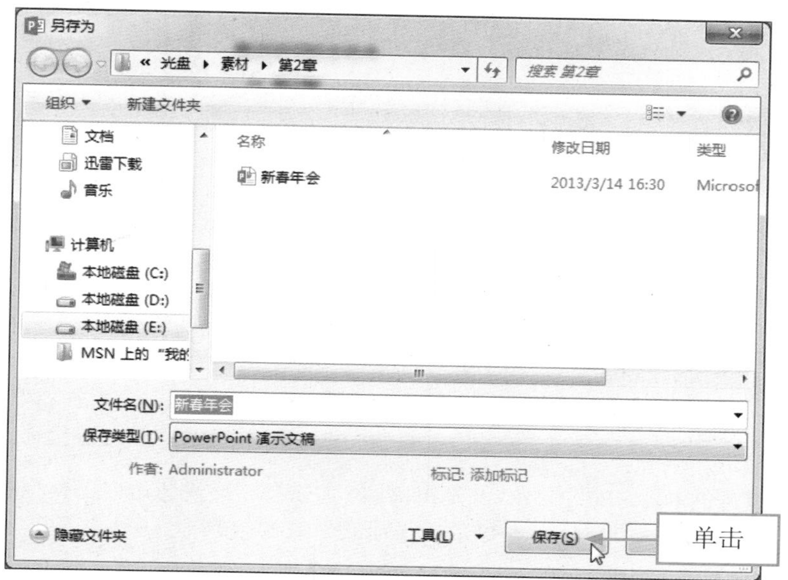

图 2-55 单击“保存”按钮

专家指点

“打开权限密码”和“修改权限密码”可以设置为相同的密码，也可以设置为不同的密码，它们将分别作用于打开权限和修改权限。

当用户要打开加密保存过的演示文稿时，此时 PowerPoint 将弹出“密码”对话框，输入密码，即可打开该演示文稿，如图 2-56 所示。

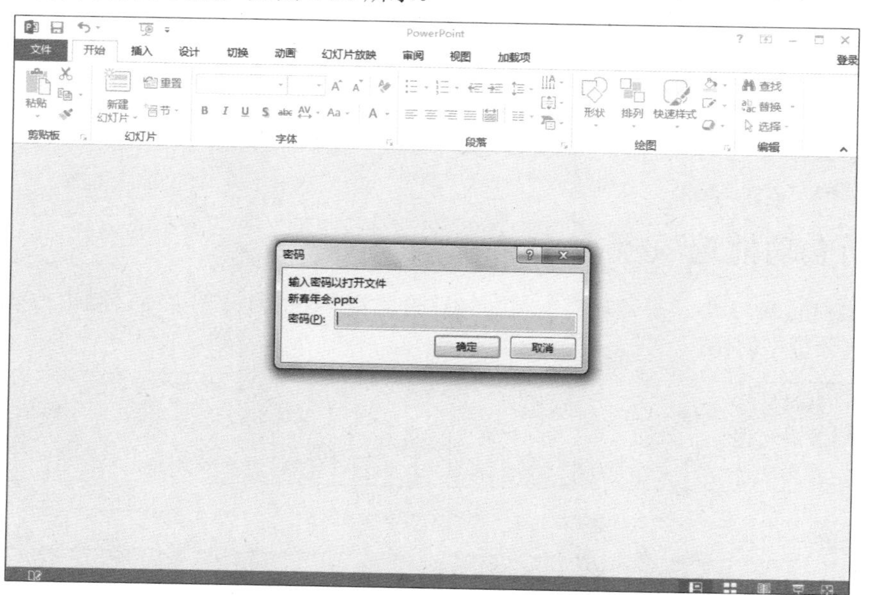

图 2-56 输入密码

2.4 制作个性化工作界面

制作个性化工作界面是把 Power Point 2013 的工作界面设置成自己喜欢或习惯的界面，以提高工作效率，其中包括调整工具栏位置、隐藏功能选项卡区域、显示或隐藏对象和自定义快速访问工具栏等。

2.4.1 调整工具栏位置

在 PowerPoint 2013 中，用户可以根据自身的喜好，调整工具栏的位置。下面介绍调整工具栏位置的操作方法。

素材文件	无
效果文件	无
视频文件	光盘 \ 视频 \ 第 2 章 \2.4.1 调整工具栏位置 .mp4

实战 调整工具栏位置

步骤 01 在打开的 PowerPoint 2013 编辑窗口中，单击自定义快速访问工具栏右侧的下拉按钮，在弹出的列表框中选择“在功能区下方显示”选项，如图 2-57 所示。

步骤 02 执行操作后，即可将快速访问工具栏调整至功能区下方，如图 2-58 所示。

图 2-57 选择“在功能区下方显示”选项

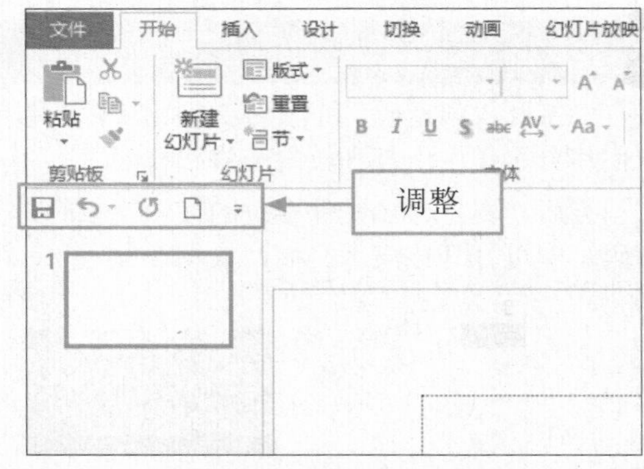

图 2-58 调整工具栏位置

2.4.2 折叠功能选项板

在 PowerPoint 2013 中，隐藏功能选项板的目的是为了使幻灯片的显示区域更加清晰。下面介绍折叠功能选项板中的操作方法。

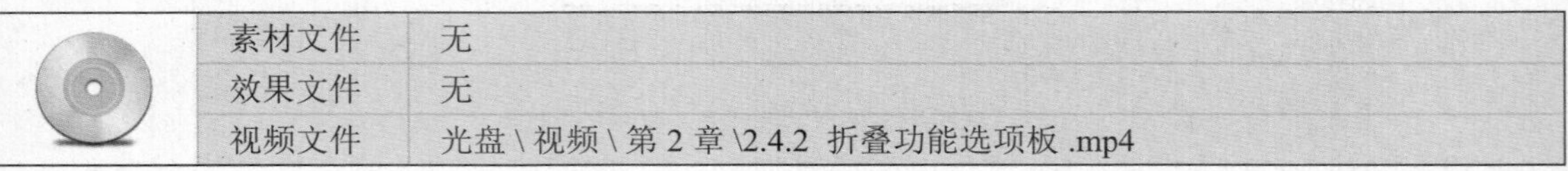

素材文件	无
效果文件	无
视频文件	光盘 \ 视频 \ 第 2 章 \2.4.2 折叠功能选项板 .mp4

实战 折叠功能选项板

步骤 01 在打开的 PowerPoint 2013 编辑窗口中，在菜单栏中的空白区域单击鼠标右键，在弹出的快捷菜单中，选择“折叠功能区”选项，如图 2-59 所示。

步骤 02 执行操作后，即可折叠功能选项板，如图 2-60 所示。

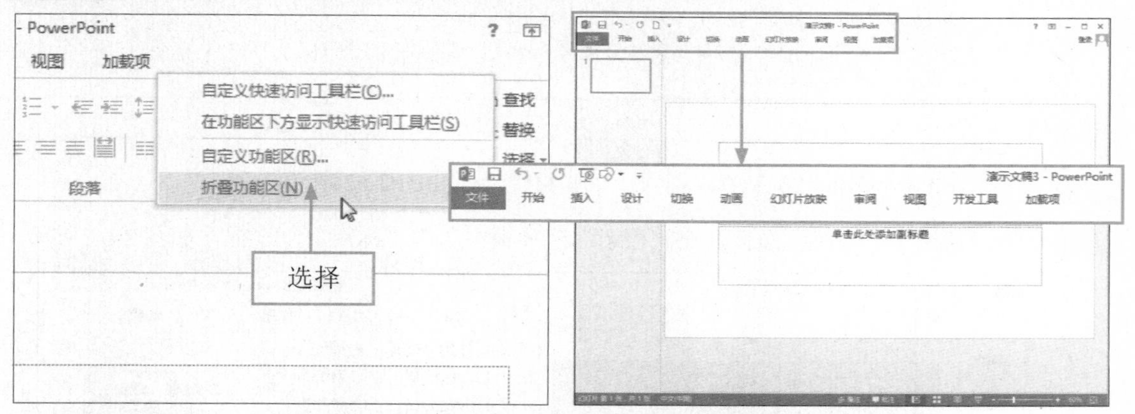

图 2-59 选择“折叠功能区”选项　　图 2-60 折叠功能选项板

专家指点

如要将功能选项板再次显示出来，有以下两种方法。

在菜单栏的空白处单击鼠标右键，在弹出的快捷菜单中选择“折叠功能区”选项即可。

在标题栏中，单击“功能区显示选项”按钮，弹出列表框，选择“显示选项卡和命令”选项即可，如图 2-61 所示。

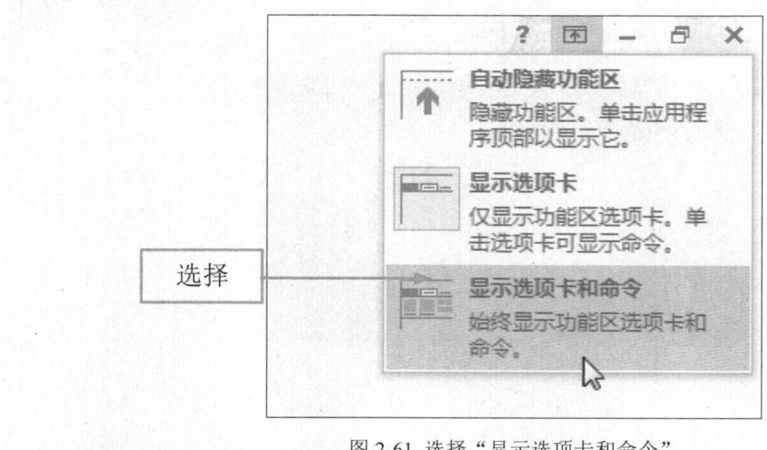

图 2-61 选择“显示选项卡和命令”

2.4.3 显示或隐藏对象

在 PowerPoint 2013 中，选中消息栏将显示出安全警报，提醒用户注意演示文稿中存在的可能不安全的活动内容。如果要隐藏消息栏，用户可以在“视图”面板中的“显示”选项板中取消选中“消息栏”复选框即可。

1. 显示 / 隐藏标尺

在 PowerPoint 2013 中的普通视图模式下，利用标尺可以对齐文档中的文本、图形、表格等对象。下面介绍显示 / 隐藏标尺的操作方法。

	素材文件	光盘 \ 素材 \ 第 2 章 \ 创意花园 .pptx
	效果文件	光盘 \ 效果 \ 第 2 章 \ 创意花园 .pptx
	视频文件	光盘 \ 视频 \ 第 2 章 \2.4.3 显示 / 隐藏标尺 .mp4

实战 创意花园

步骤 01 在 PowerPoint 2013 中，打开一个素材文件，如图 2-62 所示。

步骤 02 切换至“视图”面板，在“显示”选项板中选中“标尺”复选框，如图 2-63 所示。

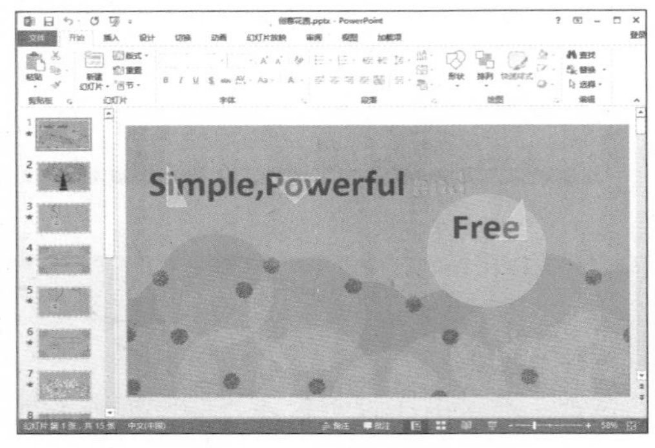

图 2-62 打开一个素材文件

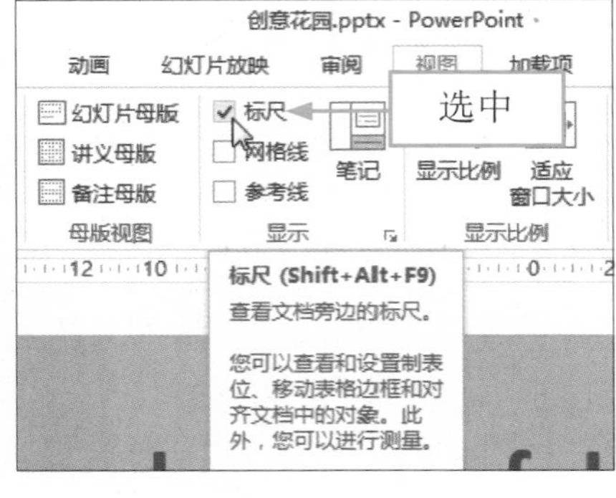

图 2-63 选中“标尺”复选框

步骤 03 执行操作后，即可显示标尺，如图 2-64 所示。

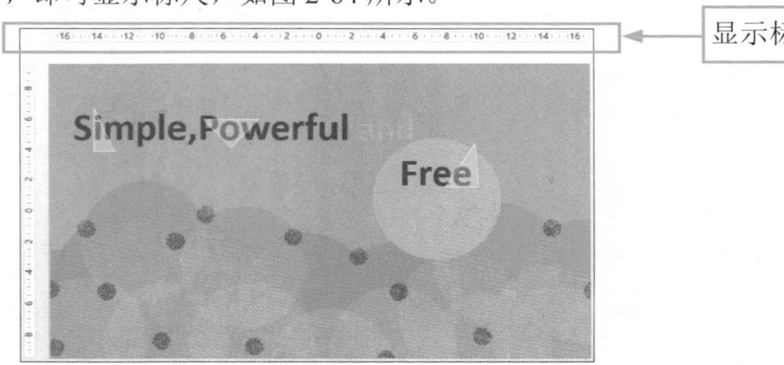

图 2-64 显示标尺

步骤 04 如果想要将标尺进行隐藏，在“显示”选项板中，取消选中“标尺”复选框，如图 2-65 所示。

图 2-65 取消标尺

2. 显示网格线

在 PowerPoint 2013 中，网格线是在普通视图模式下出现在幻灯片编辑区域的一组细线，在打印文稿时网格线不会被打印出来。

	素材文件	光盘 \ 素材 \ 第 2 章 \ 肥皂 .pptx
	效果文件	光盘 \ 效果 \ 第 2 章 \ 肥皂 .pptx
	视频文件	光盘 \ 视频 \ 第 2 章 \2.4.3 显示网格线 .mp4

实战 肥皂

步骤 01 在 PowerPoint 2013 中，打开一个素材文件，如图 2-66 所示。

图 2-66 打开一个素材文件

步骤 02 切换至“视图”面板，单击“显示”选项板右下角的“网格设置”按钮，如图 2-67 所示。

步骤 03 弹出“网格和参考线”对话框，在“网格设置”选项区中，选中“屏幕上显示网格”复选框，如图 2-68 所示。

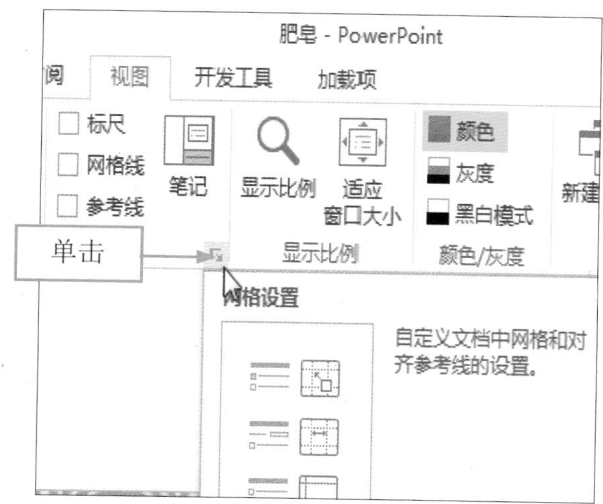

图 2-67 单击“网格设置”按钮

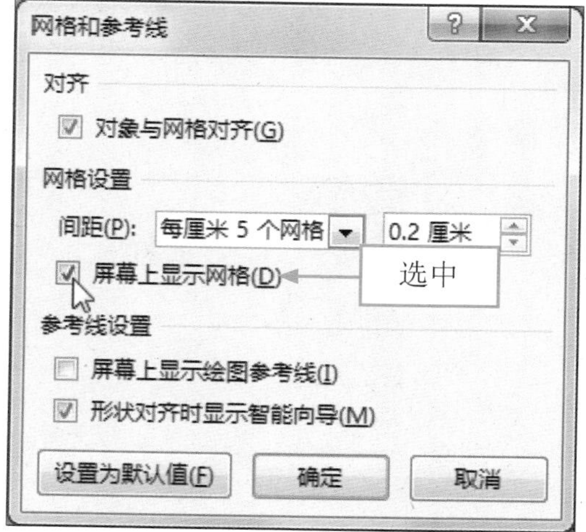

图 2-68 选中“屏幕上显示网格”复选框

步骤 04 单击“确定”按钮，即可显示网格，如图 2-69 所示。

图 2-69 显示网格

专家指点

在 PowerPoint 2013 中，用户还可以通过直接在“显示”选项板中，选中“网格线”复选框或利用【Shift ＋ F9】组合键显示网格，另外如果用户需要隐藏网格线，则可以取消选中“网格线”复选框即可。

3. 显示 / 隐藏参考线

在 PowerPoint 2013 中进行操作时，有时需要超越 PowerPoint 默认网格的限制，微调对象（图片、图形和图表等）的位置，此时可以使用参考线进行辅助操作，使设计的对象更精确，另外参考线在幻灯片放映时是不可见的，而且不会打印出来。

素材文件	光盘 \ 素材 \ 第 2 章 \ 蓝色书架 .pptx
效果文件	光盘 \ 效果 \ 第 2 章 \ 蓝色书架 .pptx
视频文件	光盘 \ 视频 \ 第 2 章 \2.4.3 显示 / 隐藏参考线 .mp4

实战 蓝色书架

步骤 01 在 PowerPoint 2013 中，打开一个素材文件，如图 2-70 所示。

步骤 02 切换至“视图”面板，在“显示”选项板中，选中“参考线”复选框，如图 2-71 所示。

图 2-70 打开一个素材文件

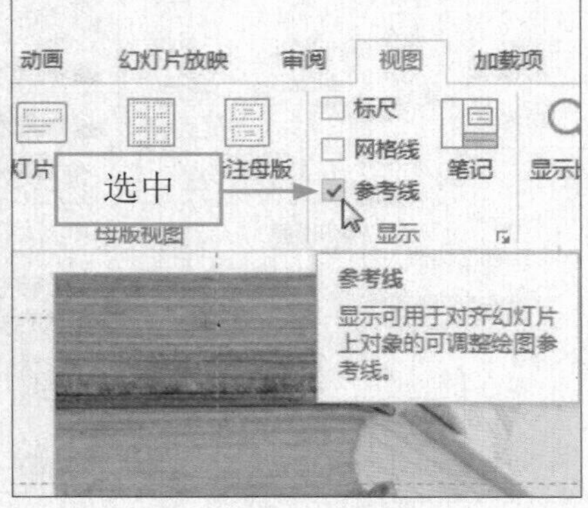

图 2-71 选中“参考线”复选框

步骤 03 执行操作后，即可在编辑窗口中显示参考线，如图 2-72 所示。

步骤 04 如果想要将参考线进行隐藏，在“显示”选项板中，取消选中“参考线”复选框，如图 2-73 所示。

图 2-72 显示参考线

图 2-73 取消参考线

专家指点

用户还可以通过在调出的“网格和参考线”对话框中的“参考线设置”选项区中，选中“屏幕上显示绘图参考线”复选框，显示参考线。

4. 显示 / 隐藏笔记

在 PowerPoint 2013 中，用户可以在幻灯片中添加笔记（即演讲者备注），以便在演示期间快速参考。在普通和大纲演示文稿视图中，演讲者备注窗格将显示在当前幻灯片下方，而在演示者视图中将显示在当前幻灯片旁边。

素材文件	光盘 \ 素材 \ 第 2 章 \ 平面 .pptx
效果文件	光盘 \ 效果 \ 第 2 章 \ 平面 .pptx
视频文件	光盘 \ 视频 \ 第 2 章 \2.4.3 显示 / 隐藏笔记 .mp4

实战 显示 / 隐藏笔记

步骤 01 在 PowerPoint 2013 中，打开一个素材文件，如图 2-74 所示。

步骤 02 切换至“视图”面板，在“显示”选项板中单击“笔记”按钮，如图 2-75 所示。

图 2-74 打开一个素材文件

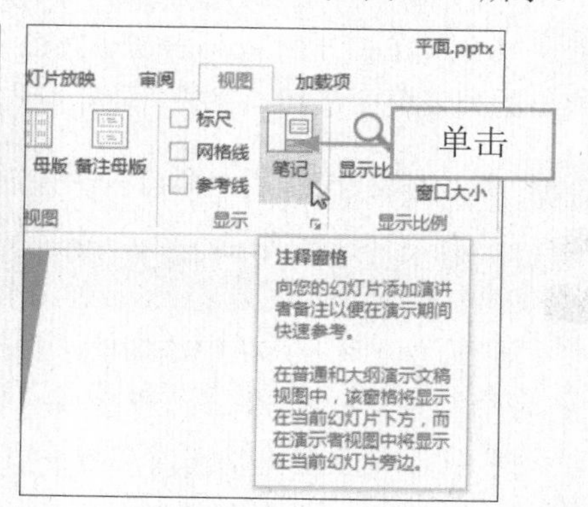

图 2-75 单击“笔记”按钮

步骤 03 执行操作后，即可在编辑窗口下方显示笔记，如图 2-76 所示。

步骤 04 如果想要将笔记进行隐藏，在“显示”选项板中，再次单击“笔记”按钮即可隐藏，如图 2-77 所示。

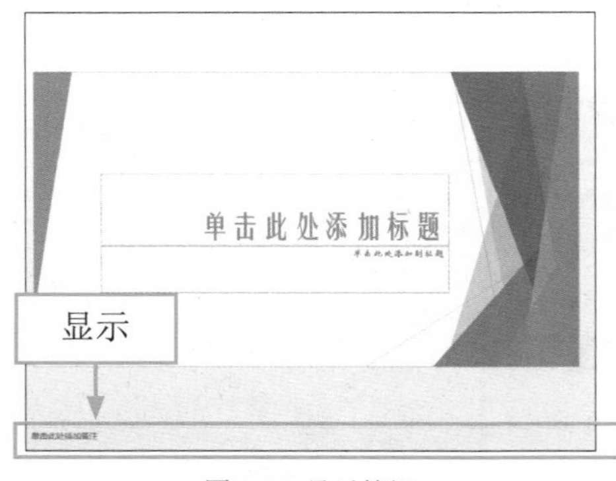

图 2-76 显示笔记

图 2-77 隐藏笔记

专家指点

如需要隐藏笔记，用户不仅可以运用以上的方法，还可以单击状态栏中的“备注”按钮。

2.4.4 自定义快速访问工具栏

在 PowerPoint 2013 中，用户可以根据自己的需要设置“快速访问工具栏”中的按钮，将需要的常用按钮添加到其中，也可以删除不需要的按钮。

1. 在“快速访问工具栏”中添加常用按钮

在 PowerPoint 2013 工作界面中的快速访问工具栏中，用户可以添加一些常用的按钮，以方便制作演示文稿。

素材文件	光盘 \ 素材 \ 第 2 章 \ 职位竞聘 .ppxt
效果文件	光盘 \ 效果 \ 第 2 章 \ 职位竞聘 .ppxt
视频文件	光盘 \ 视频 \ 第 2 章 \2.4.4 自定义快速访问工具栏 .mp4

实战 在“快速访问工具栏”中添加常用按钮

步骤 01 在打开的 PowerPoint 2013 编辑窗口中，单击“自定义快速访问工具栏”下拉按钮，在弹出的列表框中选择“触摸 / 鼠标模式”选项，如图 2-78 所示。

步骤 02 执行操作后，即可在“快速访问工具栏”中显示添加的按钮，如图 2-79 所示。

专家指点

在快速访问工具栏中添加的“触摸 / 鼠标模式”右侧，单击鼠标，弹出列表框，在其中显示“鼠标”和“触摸”两种模式，两种模式的用途分别如下。

* 鼠标：标准功能区和命令，针对鼠标使用进行优化。
* 触摸：命令之间更大间距，针对触摸使用进行优化。

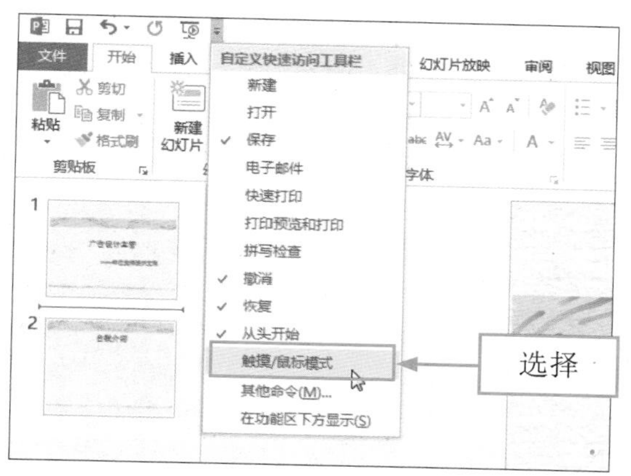

图 2-78 选择“触摸 / 鼠标模式”选项

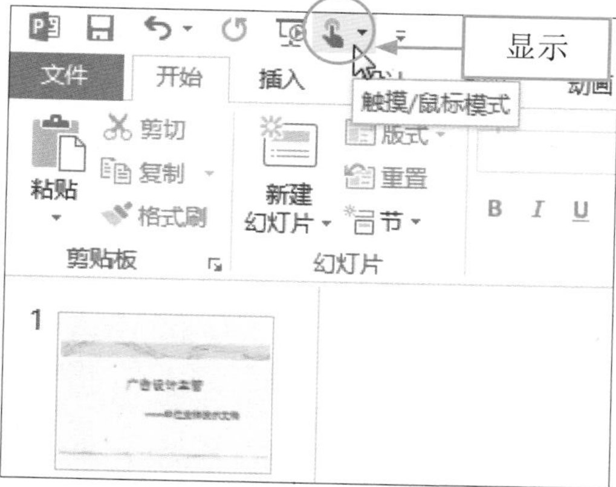

图 2-79 显示添加的按钮

2．在“快速访问工具栏”中添加其他按钮

由于在“自定义快速访问工具栏”中的按钮相对有限，所以用户还可以通过选择“其他命令”选项，在弹出的相应对话框中选择需要添加的按钮。

	素材文件	光盘 \ 素材 \ 第 2 章 \ 橘黄 .ppxt
	效果文件	光盘 \ 效果 \ 第 2 章 \ 橘黄 .ppxt
	视频文件	光盘 \ 视频 \ 第 2 章 \2.4.4 自定义快速访问工具栏 .mp4

实战 在“快速访问工具栏”中添加其他按钮

步骤 01 在打开的 PowerPoint 2013 编辑窗口中，单击“自定义快速访问工具栏”下拉按钮，在弹出的列表框中选择“其他命令”选项，如图 2-80 所示。

步骤 02 弹出“PowerPoint 选项”对话框，在“自定义”选项卡中单击“从下列位置选择命令”下方的下拉按钮，在弹出的下拉列表框中选择“所有命令”选项，如图 2-81 所示。

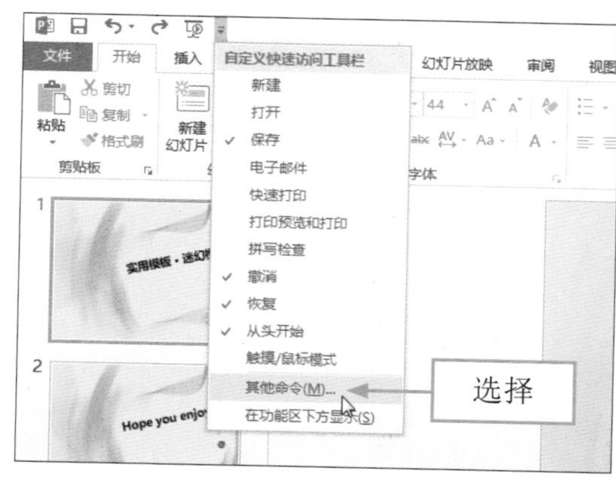

图 2-80 选择“其他命令”选项

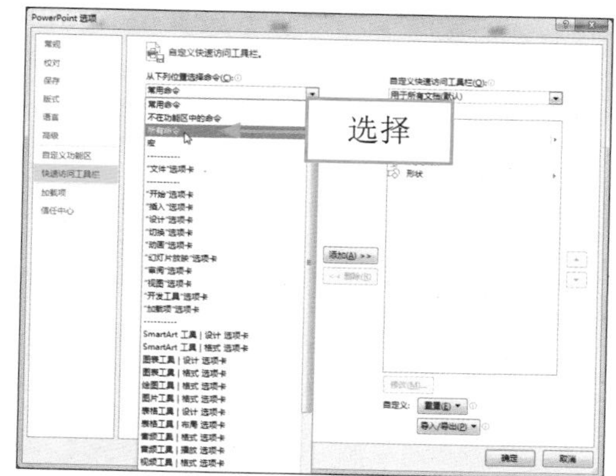

图 2-81 选择“所有命令”选项

步骤 03 在“所有命令”的下拉列表框中选择“Excel 电子表格”选项，如图 2-82 所示。

步骤 04 单击“添加”按钮，即可在右侧的列表框中显示添加的选项，效果如图 2-83 所示。

步骤 05 单击“确定”按钮，如图 2-84 所示，返回到 PowerPoint 2013 工作界面。

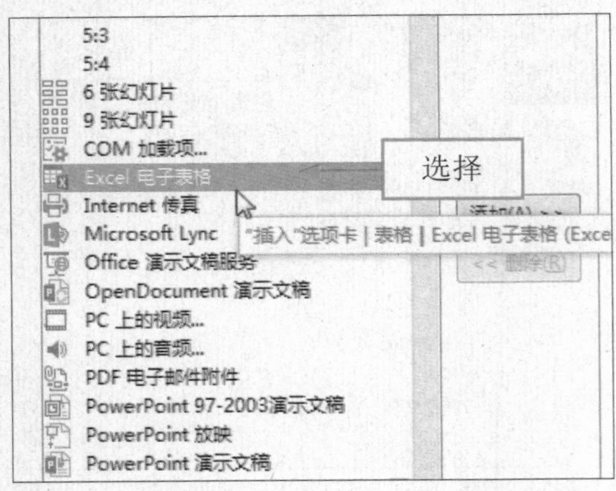

图 2-82 选择“Excel 电子表格”选项

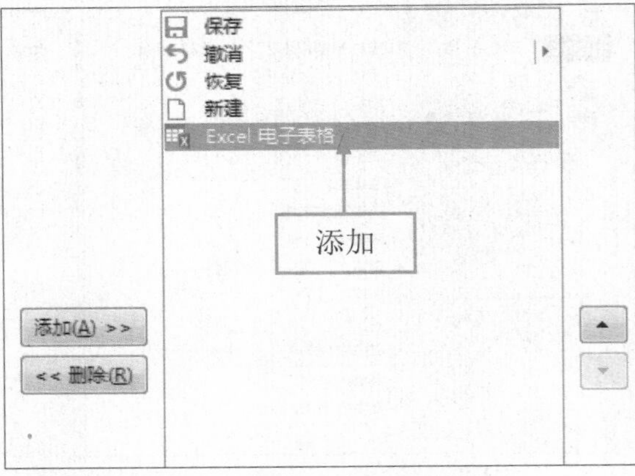

图 2-83 显示添加的选项

步骤 06 执行操作后，即可在快速访问工具栏中显示添加的选项，如图 2-85 所示。

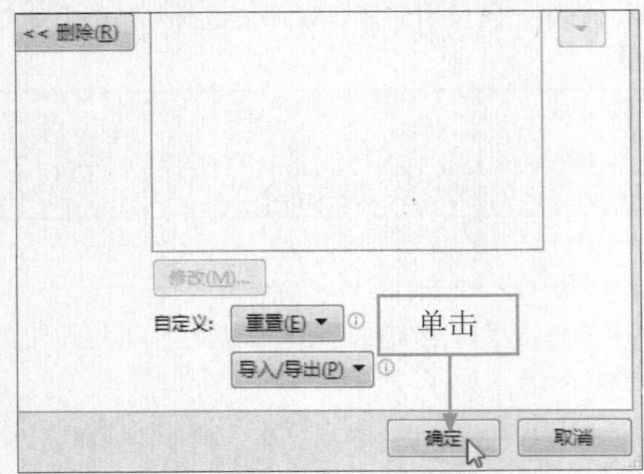

图 2-84 单击“确定”按钮

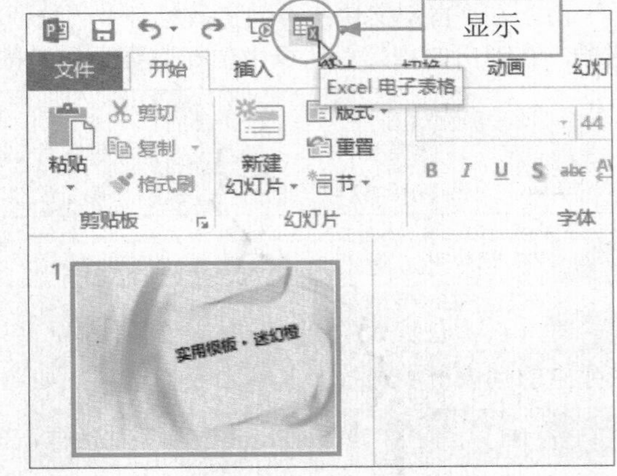

图 2-85 显示添加的选项

2.4.5 调整窗口

窗口是用户界面中最重要的部分，在 PowerPoint 2013 中，用户可以根据制作演示文稿的实际情况，对打开的多个窗口进行相应调整，其中包括“新建窗口”、“全部重排”窗口、“层叠窗口”、“移动拆分”窗口以及“切换窗口”的操作，下面介绍部分窗口的操作方法。

1. 新建窗口

在 PowerPoint 2013 中打开另一个窗口，可以方便用户同时在不同的位置工作。下面介绍新建窗口的操作方法。

素材文件	光盘 \ 素材 \ 第 2 章 \ 框架 .pptx
效果文件	光盘 \ 素材 \ 第 2 章 \ 框架 .pptx
视频文件	光盘 \ 视频 \ 第 2 章 \2.4.5 调整窗口 .mp4

实战 新建窗口

步骤 01 在 PowerPoint 2013 中，打开一个素材文件，如图 2-86 所示。

步骤 02 切换至“视图”面板，单击“窗口”选项板的“新建窗口”按钮，如图 2-87 所示。

图 2-86 打开一个素材文件

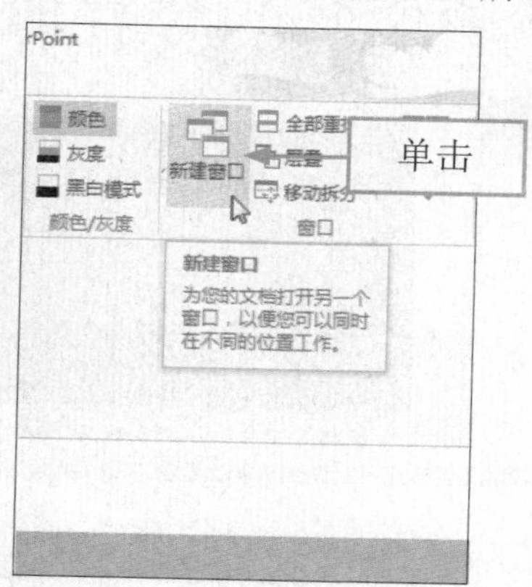

图 2-87 单击“新建窗口”按钮

步骤 03 执行操作后，即可新建“框架”窗口，如图 2-88 所示。

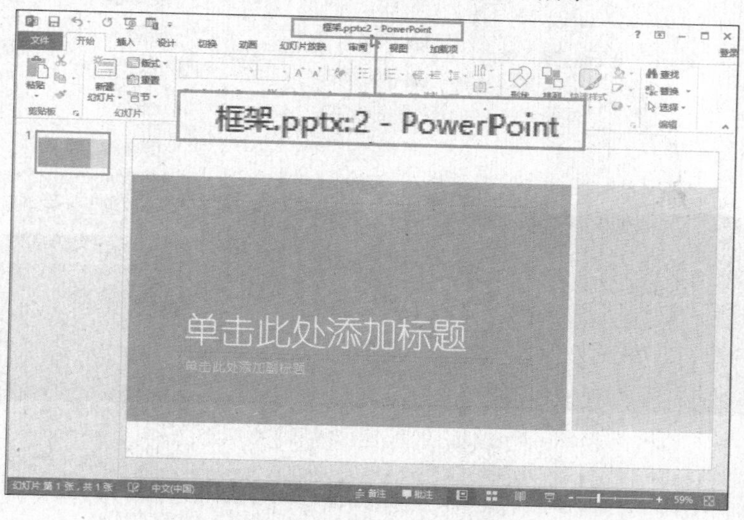

图 2-88 新建“框架”窗口

2. 全部重排窗口

在 PowerPoint 2013 中，制作幻灯片时，如果同时打开了多个文档窗口，可以将打开的多个窗口进行重新排列。

	素材文件	光盘 \ 素材 \ 第 2 章 \ 会议室 .ppxt、分隔 .pptx
	效果文件	无
	视频文件	光盘 \ 视频 \ 第 2 章 \2.4.5 调整窗口 .mp4

实战 窗口重排

步骤 01 在 PowerPoint 2013 中，打开两个素材文件，如图 2-89 所示。

步骤 02 在“会议室”窗口中，切换至“视图”面板，在“窗口”选项板中单击“全部重排”按钮，如图 2-90 所示。

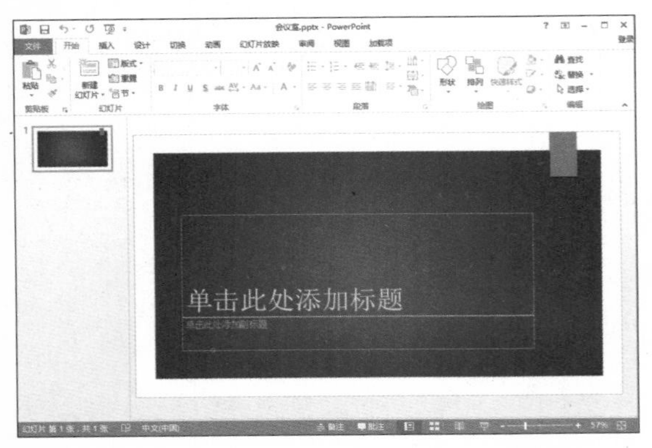

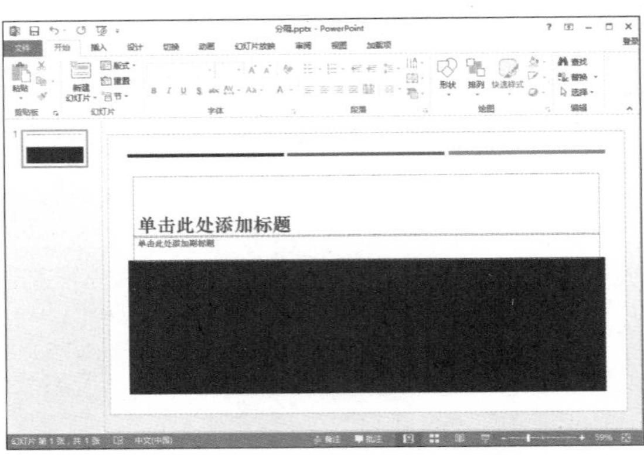

图 2-89 打开两个素材文件

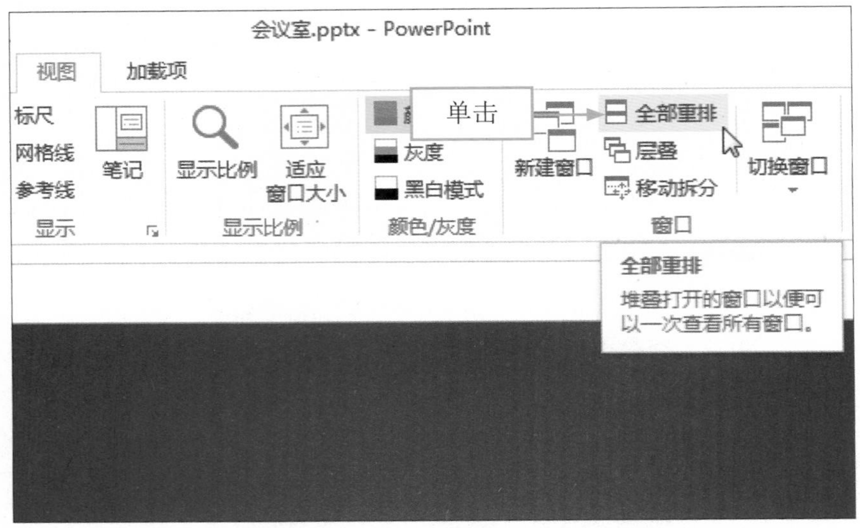

图 2-90 单击“全部重排”按钮

步骤 03 执行操作后，即可重排窗口，效果如图 2-91 所示。

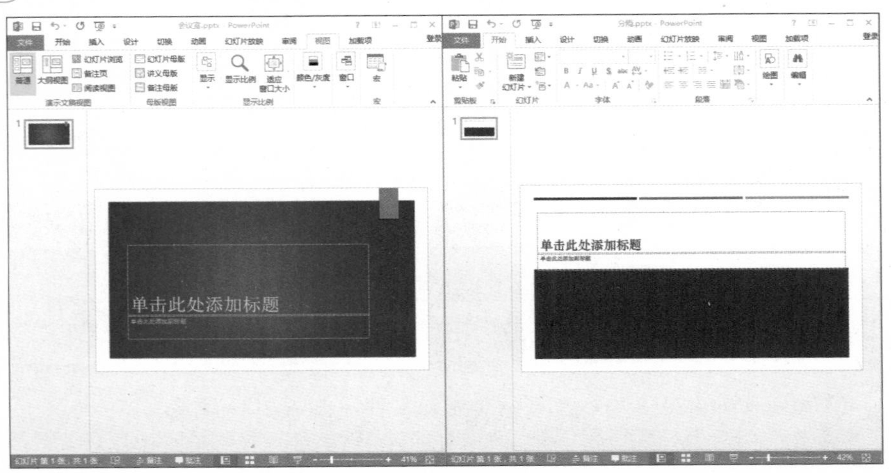

图 2-91 重排窗口

3. 层叠窗口

在 PowerPoint 2013 中，使用层叠窗口，可以将打开的两个或多个窗口在屏幕上进行层叠查看。下面介绍层叠窗口的操作方法。

	素材文件	光盘 \ 素材 \ 第 2 章 \ 贝壳 .ppxt、自然生活 .pptx
	效果文件	无
	视频文件	光盘 \ 视频 \ 第 2 章 \2.4.5 调整窗口 .mp4

实战 层叠窗口

步骤 01 在 PowerPoint 2013 中，打开两个素材文件，如图 2-92 所示。

图 2-92 打开两个素材文件

步骤 02 在“自然生活”窗口中，切换至“视图”面板，在“窗口”选项板中单击“层叠”按钮，如图 2-93 所示。

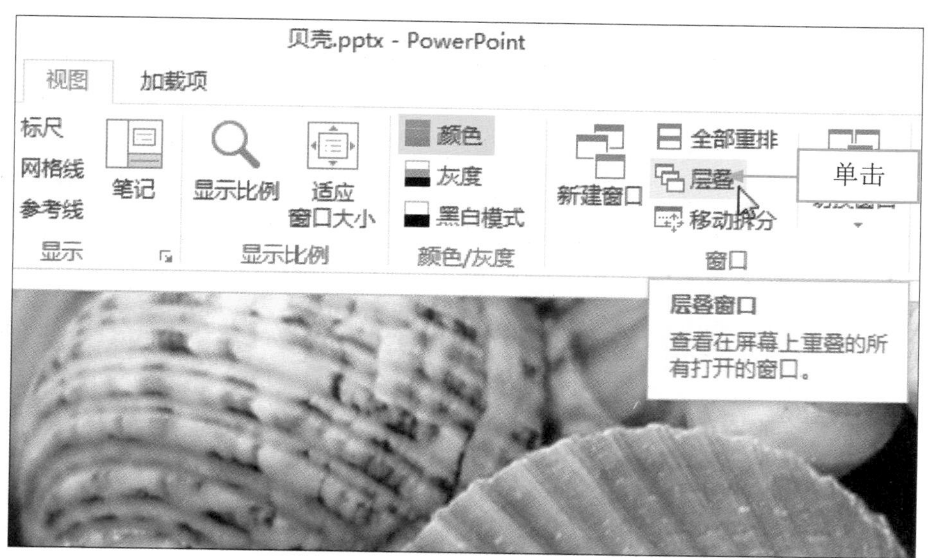

图 2-93 单击“层叠”按钮

步骤 03 执行操作后，即可层叠窗口，效果如图 2-94 所示。

图 2-94 层叠窗口

4. 切换窗口

在 PowerPoint 2013 中，如打开多个窗口，用户可以根据需要在“窗口”选项板中，实现多个窗口之间的切换。

下面介绍切换窗口的操作方法。

	素材文件	光盘 \ 素材 \ 第 2 章 \ 玻璃立方体 .ppxt、货币符号 .pptx
	效果文件	无
	视频文件	光盘 \ 视频 \ 第 2 章 \2.4.5 调整窗口 .mp4

实战 切换窗口

步骤 01 在 PowerPoint 2013 中，打开两个素材文件，如图 2-95 所示。

图 2-95 打开两个素材文件

步骤 02 在“玻璃立方体”中切换至“视图”面板，在“窗口”选项板中单击“切换窗口”下拉按钮，如图 2-96 所示。

步骤 03 弹出列表框，选择“货币符号”选项，如图 2-97 所示。

步骤 04 执行操作后，即可切换窗口，如图 2-98 所示。

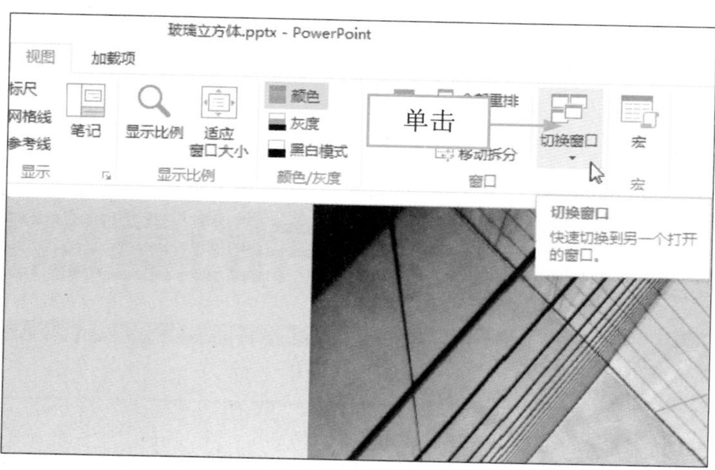

图 2-96 单击“切换窗口”下拉按钮

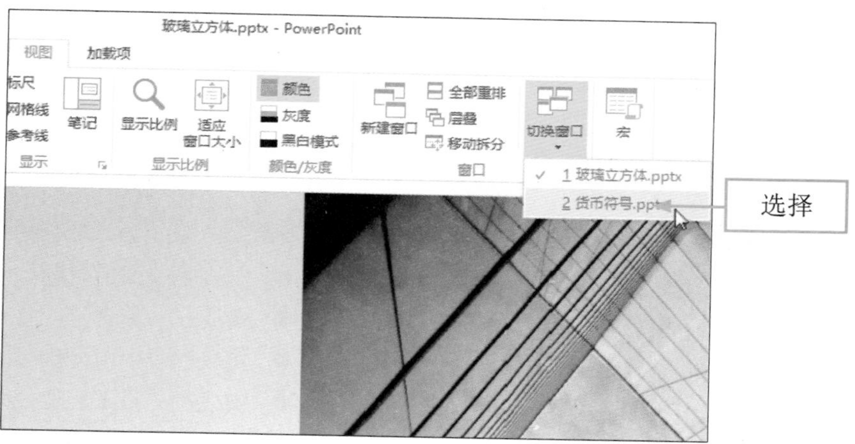

图 2-97 选择“货币符号”选项

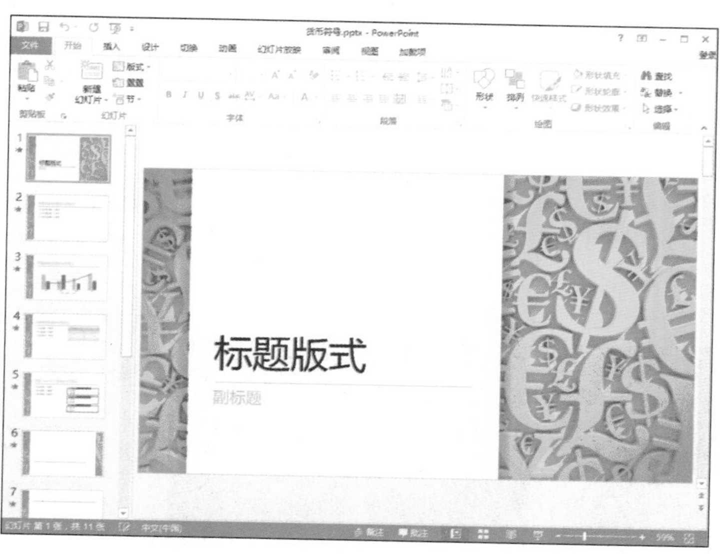

图 2-98 切换窗口

幻灯片的基本操作

学习提示

在 PowerPoint 2013 中，幻灯片的基本操作主要包括插入幻灯片和编辑幻灯片，在对幻灯片的操作过程中，用户还可以修改幻灯片的版式。本章主要向读者介绍插入幻灯片、编辑幻灯片和设置幻灯片段落的基本操作。

本章案例导航

- 实战——财务基本理论
- 实战——橙色电子商务
- 实战——家庭理财
- 实战——答谢会
- 实战——策划方案
- 实战——课后习题
- 实战——美食
- 实战——中国元素
- 实战——员工职业规划
- 实战——酒店开业庆典

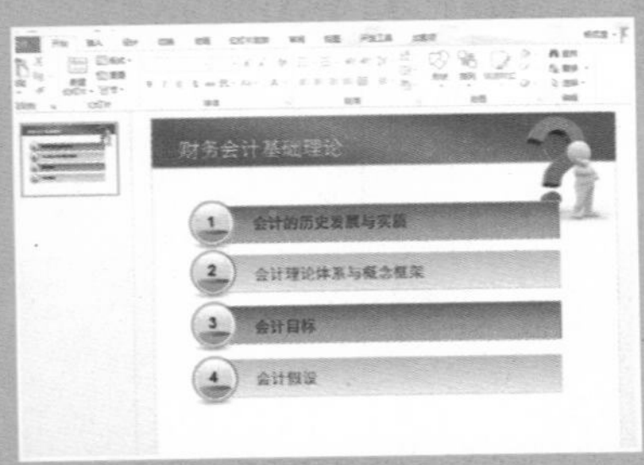

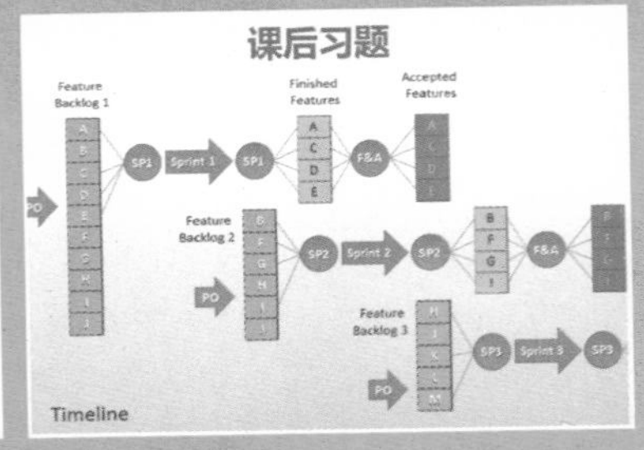

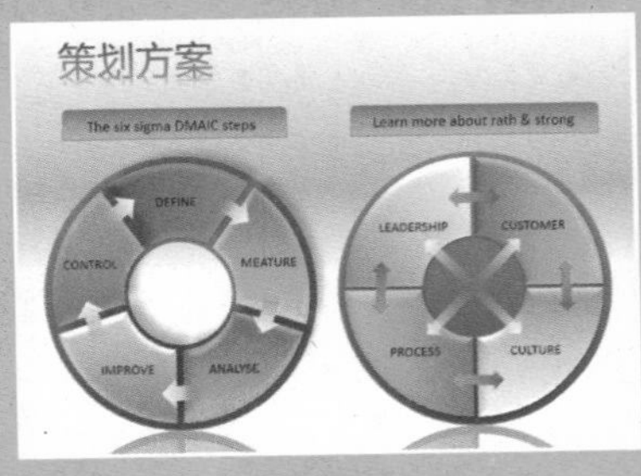

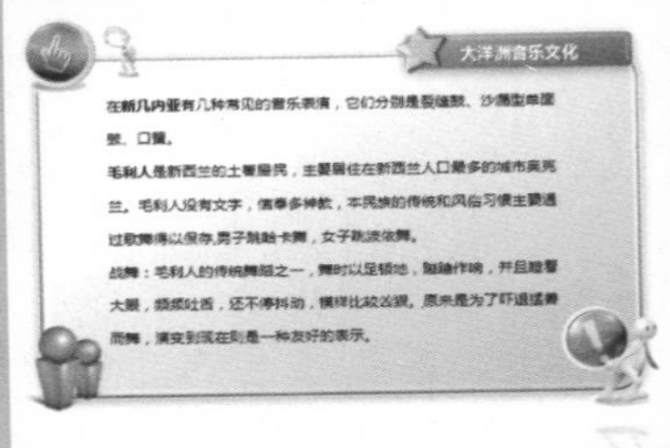

3.1 新建幻灯片

演示文稿是由一张张幻灯片组成的，它的数量是不固定的，用户可以根据需要增加或减少幻灯片数量，如果创建的是空白演示文稿，则用户只能看到一张幻灯片，其他幻灯片都需要自行添加，在 PowerPoint 2013 中，用户可以运用快捷键、命令和选项等插入幻灯片。

3.1.1 选项新建幻灯片

在 PowerPoint 2013 中的“新建幻灯片”列表框中，用户可以新建多种幻灯片。下面向读者介绍通过选项新建幻灯片的操作方法。

	素材文件	光盘 \ 素材 \ 第 3 章 \ 财务基本理论 .pptx
	效果文件	光盘 \ 效果 \ 第 3 章 \ 财务基本理论 .pptx
	视频文件	光盘 \ 视频 \ 第 3 章 \3.1.1 选项新建幻灯片 .mp4

实战 财务基本理论

步骤 01 在 PowerPoint 2013 中，打开一个素材文件，如图 3-1 所示。

步骤 02 在“开始”面板中的“幻灯片”选项板中，单击“新建幻灯片”下拉按钮，如图 3-2 所示。

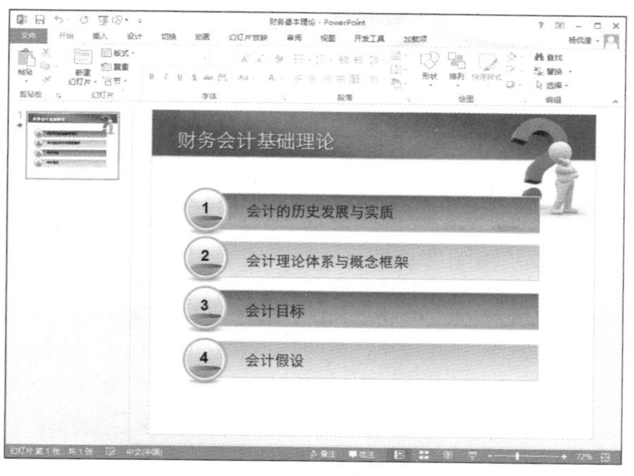

图 3-1 打开一个素材文件

图 3-2 单击“新建幻灯片”下拉按钮

专家指点

在弹出的“新建幻灯片”列表框中还包括“标题幻灯片”、“节标题”、“两栏内容”、“比较”、“仅标题”、“空白”、“内容与标题”、“图片与标题”、“标题和竖排文字”和“垂直排列标题与文本”等 11 种幻灯片样式。新建幻灯片后，有的幻灯片只包含标题，有的包含标题和内容，也可以是图形、表格、剪贴画，或是文件的排列，如果不满意软件提供的版式，用户还可以选择一个相近的版式，然后进行修改。

步骤 03 弹出列表框，选择相应选项，如图 3-3 所示。

步骤 04 执行操作后，即可通过选项新建幻灯片，如图 3-4 所示。

图 3-3 选择相应选项

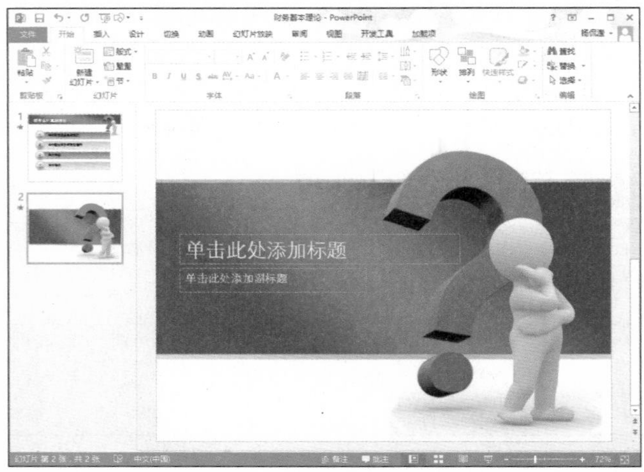

图 3-4 新建幻灯片

3.1.2 按钮新建幻灯片

在幻灯片浏览视图中，用户可以方便地运用按钮新建幻灯片。下面向读者介绍通过按钮新建幻灯片的操作方法。

	素材文件	光盘 \ 素材 \ 第 3 章 \ 课后习题 .pptx
	效果文件	光盘 \ 效果 \ 第 3 章 \ 课后习题 .pptx
	视频文件	光盘 \ 视频 \ 第 3 章 \3.1.2 按钮新建幻灯片 .mp4

实战 课后习题

步骤 01 在 PowerPoint 2013 中，打开一个素材文件，如图 3-5 所示。

步骤 02 切换至"视图"面板，在"演示文稿视图"选项板中，单击"幻灯片浏览"按钮，如图 3-6 所示。

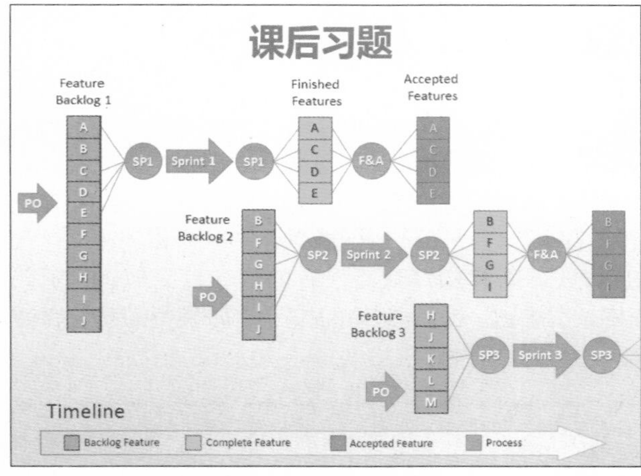

图 3-5 打开一个素材文件

图 3-6 单击"幻灯片浏览"按钮

步骤 03 执行操作后，即可切换到幻灯片浏览视图，在第 1 张幻灯片上单击鼠标右键，弹出快捷菜单，选择“新建幻灯片”选项，如图 3-7 所示。

步骤 04 执行操作后，即可通过按钮新建幻灯片，如图 3-8 所示。

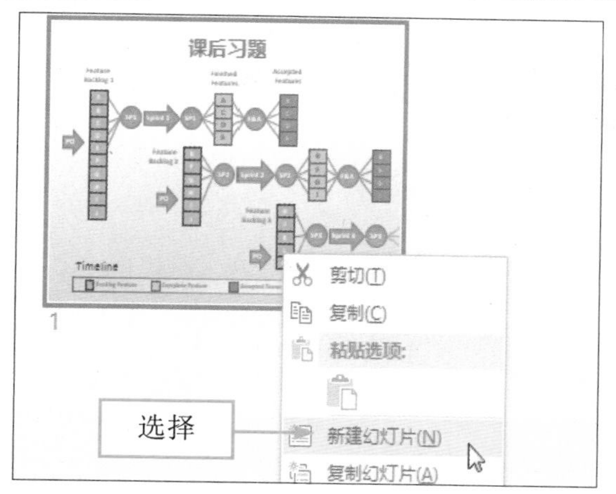

图 3-7 选择“新建幻灯片”选项

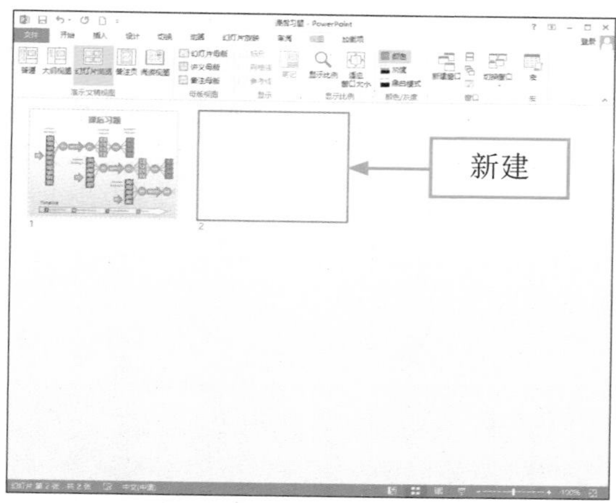

图 3-8 新建幻灯片

3.1.3 快捷键新建幻灯片

在普通视图中，用户可以运用键盘上的【Enter】键快速新建幻灯片。下面向读者介绍通过快捷键新建幻灯片的操作方法。

素材文件	光盘 \ 素材 \ 第 3 章 \ 橙色电子商务 .pptx
效果文件	光盘 \ 效果 \ 第 3 章 \ 橙色电子商务 .pptx
视频文件	光盘 \ 视频 \ 第 3 章 \3.1.3 快捷键新建幻灯片 .mp4

实战 橙色电子商务

步骤 01 在 PowerPoint 2013 中，打开一个素材文件，如图 3-9 所示。

步骤 02 在幻灯片窗口左侧，选择第一张幻灯片的缩略图，如图 3-10 所示。

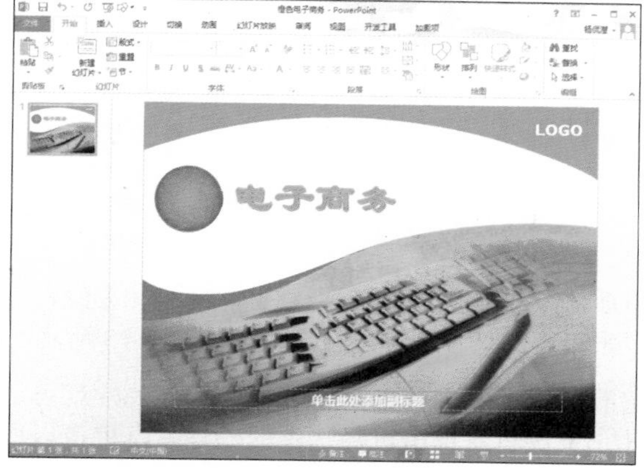

图 3-9 打开一个素材文件

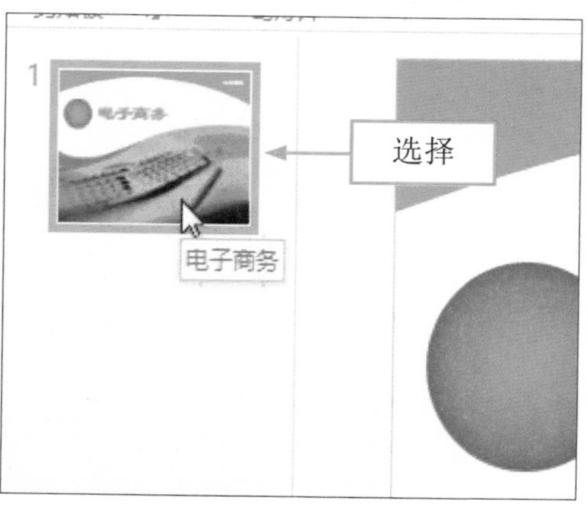

图 3-10 选择第一张幻灯片的缩略图

步骤 03 按键盘上的【Enter】键，即可新建幻灯片，如图 3-11 所示。

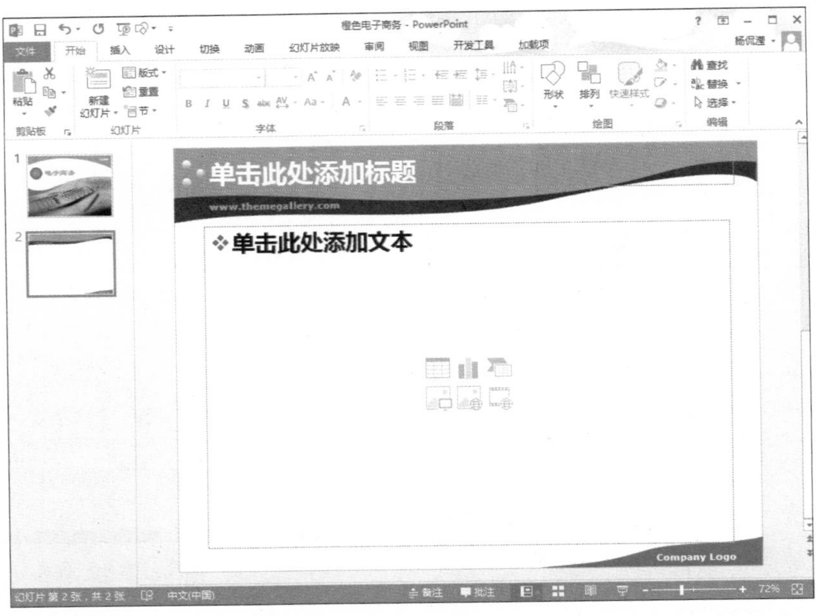

图 3-11 新建幻灯片

专家指点

用户还可以在普通视图的“幻灯片”窗格中，选择任意一张幻灯片，然后按【Ctrl + M】组合键，也可新建幻灯片。

3.2 编辑幻灯片

创建了演示文稿之后，用户可以根据需要对幻灯片进行基本操作。主要包括选择幻灯片、移动幻灯片、复制幻灯片、调整幻灯片顺序、删除幻灯片和播放幻灯片等操作，在对幻灯片的操作过程中，最为方便的视图模式是幻灯片浏览视图，对于小范围或小量的幻灯片操作，也可以在变通视图模式下进行。

3.2.1 选择幻灯片

在 PowerPoint 2013 中，用户可以自行选择一张或多张幻灯片，然后对选中的幻灯片进行编辑，选择幻灯片一般是在普通视图和幻灯片浏览视图下进行操作的，以下是选择幻灯片的 3 种选择方法。

* 选择一张幻灯片：只需单击需要的幻灯片，即可选中该张幻灯片，如图 3-12 所示。
* 选择相连的多张幻灯片：先单击要选中的幻灯片中的第一张，然后按住【Shift】键，再单击最后一张幻灯片，这样，两张幻灯片之间的多张相连幻灯片都可以被选中，如图 3-13 所示。
* 选择不相连的多张幻灯片：按【Ctrl】键的同时，依次单击需要选择的幻灯片，就可以选中单击过的多张幻灯片，如图 3-14 所示，按【Ctrl】键再次单击已经选中的幻灯片，就可以取消选中的幻灯片。

图 3-12 选择一张幻灯片

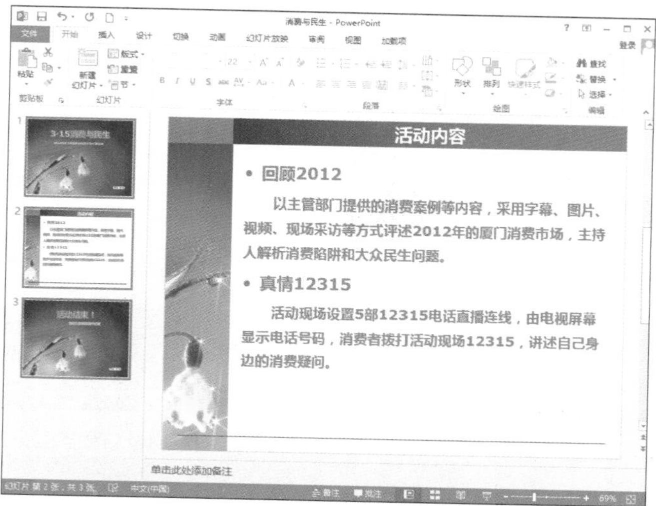

图 3-13 选择相连的多张幻灯片

图 3-14 选择不相连的多张幻灯片

3.2.2 快捷键移动幻灯片

在 PowerPoint 2013 中，用户可以将演示文稿中的幻灯片通过快捷键进行移动。下面向读者介绍运用快捷键移动幻灯片的操作方法。

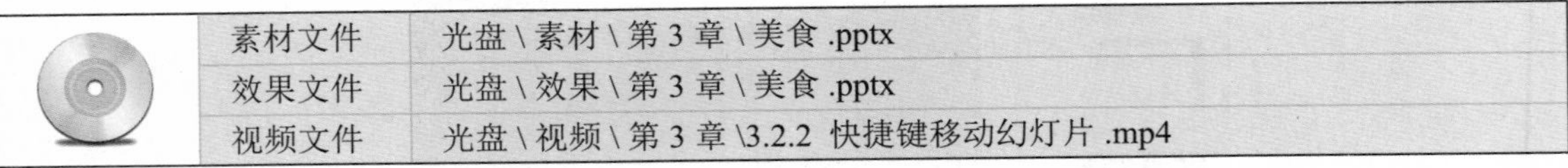

素材文件	光盘 \ 素材 \ 第 3 章 \ 美食 .pptx
效果文件	光盘 \ 效果 \ 第 3 章 \ 美食 .pptx
视频文件	光盘 \ 视频 \ 第 3 章 \3.2.2 快捷键移动幻灯片 .mp4

实战 美食

步骤 01 在 PowerPoint 2013 中，打开一个素材文件，如图 3-15 所示。

步骤 02 按【Ctrl ＋ X】组合键剪切需要的幻灯片，按【Ctrl ＋ V】组合键将剪切的幻灯片粘贴至合适的位置，如图 3-16 所示。

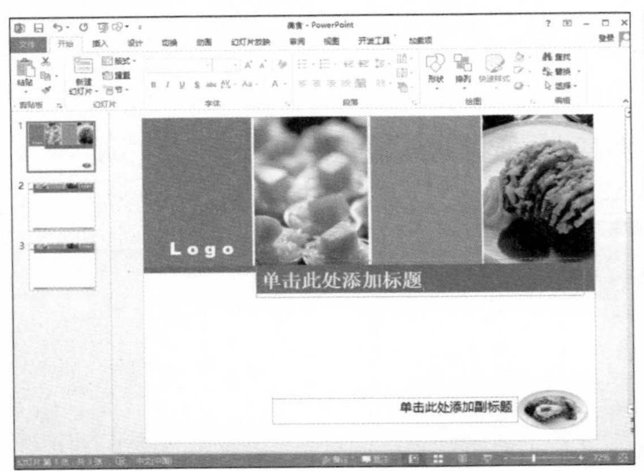

图 3-15 打开一个素材文件

粘贴

图 3-16 粘贴至合适的位置

步骤 03 执行操作后，即可移动幻灯片。

3.2.3 按钮移动幻灯片

运用选项板中的“剪切”和“粘贴”按钮，可以快速移动幻灯片。下面向读者介绍运用按钮移动幻灯片的操作方法。

素材文件	光盘 \ 素材 \ 第 3 章 \ 家庭理财 .pptx
效果文件	光盘 \ 效果 \ 第 3 章 \ 家庭理财 .pptx
视频文件	光盘 \ 视频 \ 第 3 章 \3.2.3 按钮移动幻灯片 .mp4

实战 家庭理财

步骤 01 在 PowerPoint 2013 中，打开一个素材文件，选择需要移动的幻灯片，如图 3-17 所示。

步骤 02 在“开始”面板的“剪贴板”选项板中，单击“剪切”按钮，如图 3-18 所示。

步骤 03 执行操作后，将鼠标指针定位在将要进行移动操作的幻灯片的目标位置，在相应位置将会显示一根红色的线段，如图 3-19 所示。

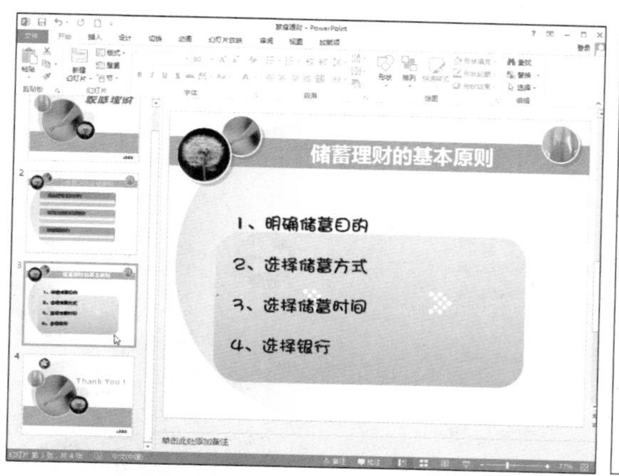

图 3-17 打开一个素材文件

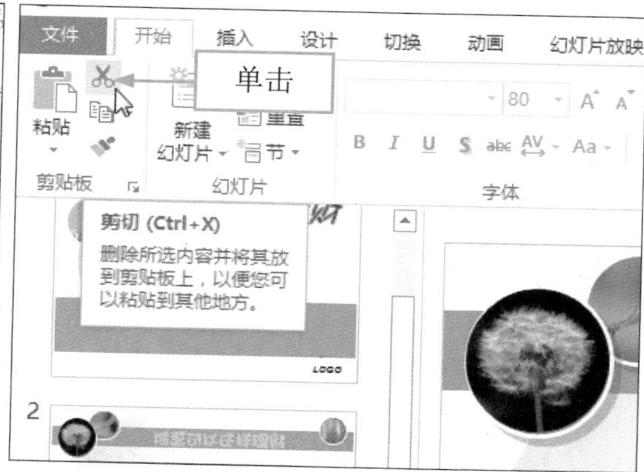

图 3-18 单击“剪切”按钮

步骤 04 在“剪贴板”选项板中，单击“粘贴”按钮，如图 3-20 所示。

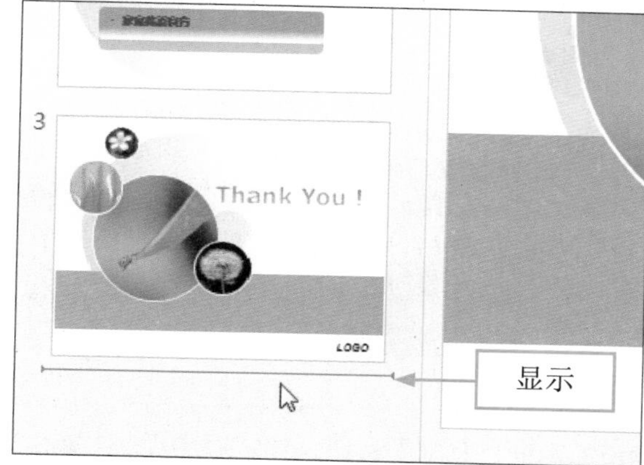

图 3-19 显示红色线段

图 3-20 单击“粘贴”按钮

步骤 05 执行操作后，即可移动幻灯片，如图 3-21 所示。

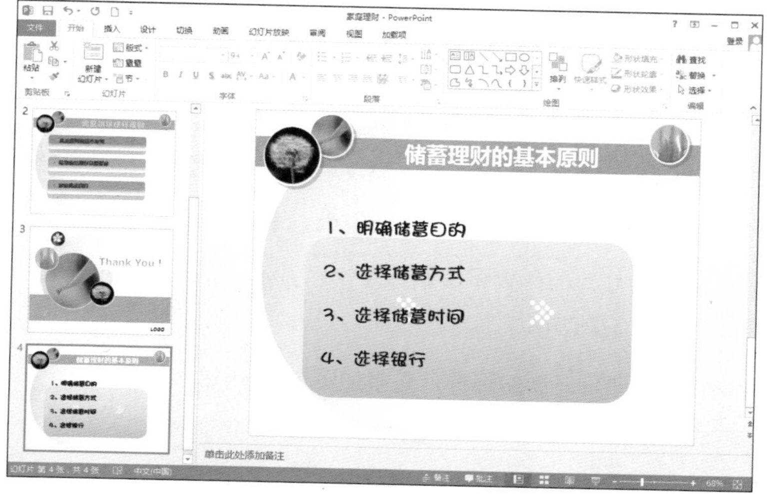

图 3-21 移动幻灯片

3.2.4 鼠标移动幻灯片

选择需要移动的幻灯片，如图 3-22 所示，按住鼠标左键的同时拖曳鼠标，至合适位置后释放鼠标左键即可移动幻灯片，如图 3-23 所示。

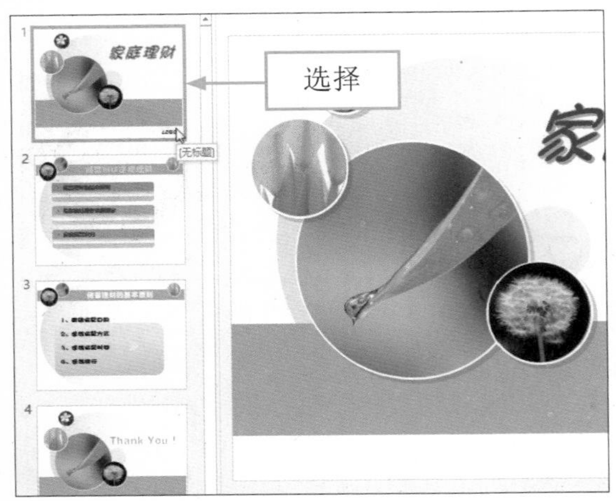

图 3-22 选择需要移动的幻灯片

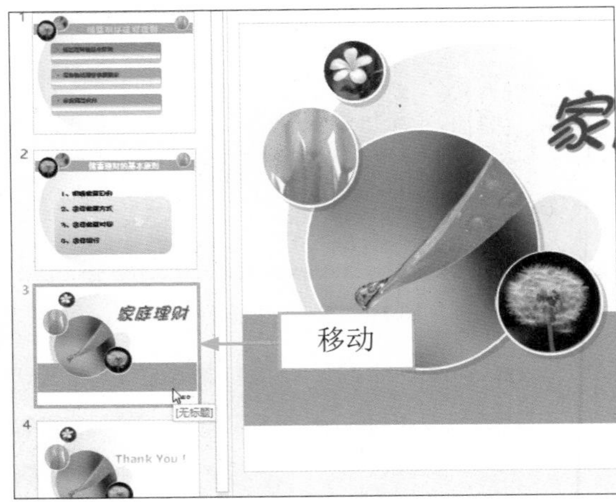

图 3-23 移动幻灯片

专家指点

移动幻灯片后，PowerPoint 将自动对所有幻灯片重新编号，所以在幻灯片的编号上看不出哪张幻灯片被移动，只能通过内容来进行区别。

3.2.5 按钮复制幻灯片

在 PowerPoint 2013 中，用户可以运用“剪贴板”中的“复制”按钮，复制幻灯片。下面向读者介绍运用按钮复制幻灯片的操作方法。

	素材文件	光盘 \ 素材 \ 第 3 章 \ 中国元素 .pptx
	效果文件	光盘 \ 效果 \ 第 3 章 \ 中国元素 .pptx
	视频文件	光盘 \ 视频 \ 第 3 章 \3.2.5 按钮复制幻灯片 .mp4

实战 中国元素

步骤 01 在 PowerPoint 2013 中，打开一个素材文件，选择需要复制的幻灯片，如图 3-24 所示。

步骤 02 在“开始”面板中的“剪贴板”选项板中，单击“复制”按钮，如图 3-25 所示。

步骤 03 在需要复制幻灯片的位置单击鼠标左键，显示一条红色线段，在“剪贴板”选项板中单击“粘贴”按钮，如图 3-26 所示。

步骤 04 执行操作后，即可复制幻灯片，效果如图 3-27 所示。

专家指点

用户也可以选择多张幻灯片进行复制，方法同复制一张幻灯片的方法一样。

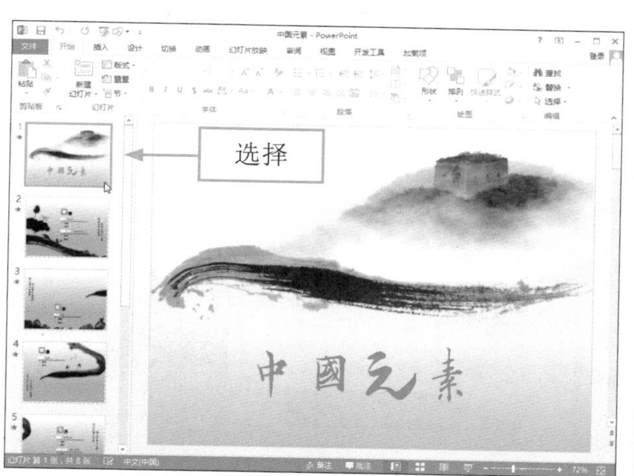

图 3-24 选择需要复制的幻灯片

图 3-25 单击“复制”按钮

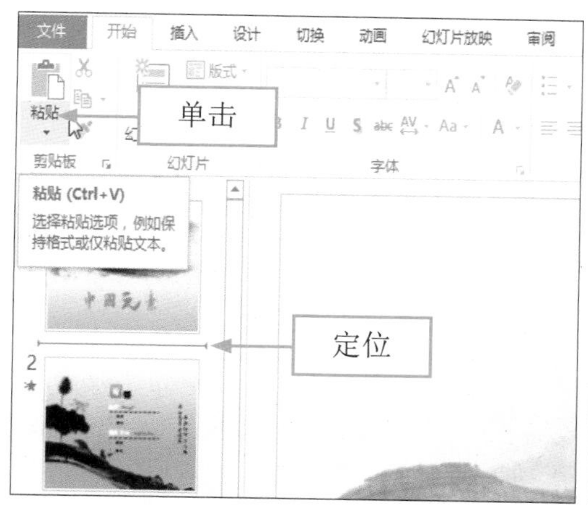

图 3-26 单击“粘贴”按钮

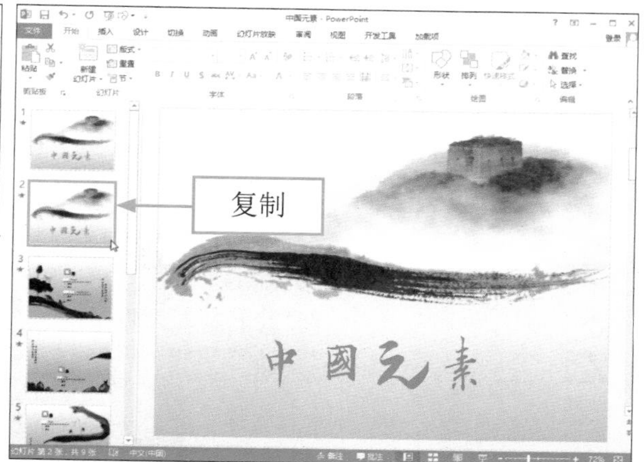

图 3-27 复制幻灯片

3.2.6 选项复制幻灯片

在 PowerPoint 2013 中，用户不但可以运用“剪贴板”中的“复制”按钮，复制幻灯片，还可以通过选项复制幻灯片。

素材文件	光盘 \ 素材 \ 第 3 章 \ 答谢会 .pptx
效果文件	光盘 \ 效果 \ 第 3 章 \ 答谢会 .pptx
视频文件	光盘 \ 视频 \ 第 3 章 \3.2.6 选项复制幻灯片 .mp4

实战 答谢会

步骤 01 在 PowerPoint 2013 中，打开一个素材文件，选择需要复制的幻灯片，如图 3-28 所示。

步骤 02 在“开始”面板中的“幻灯片”选项板中，单击“新建幻灯片”下拉按钮，如图 3-29 所示。

步骤 03 弹出列表框，选择“复制选定幻灯片”选项，如图 3-30 所示。

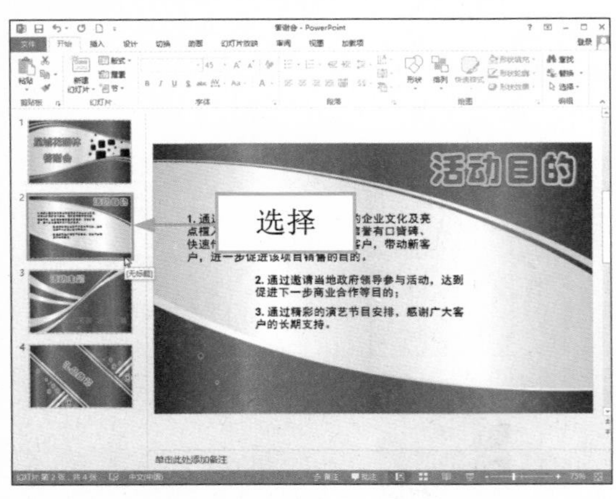

图 3-28 选择需要复制的幻灯片

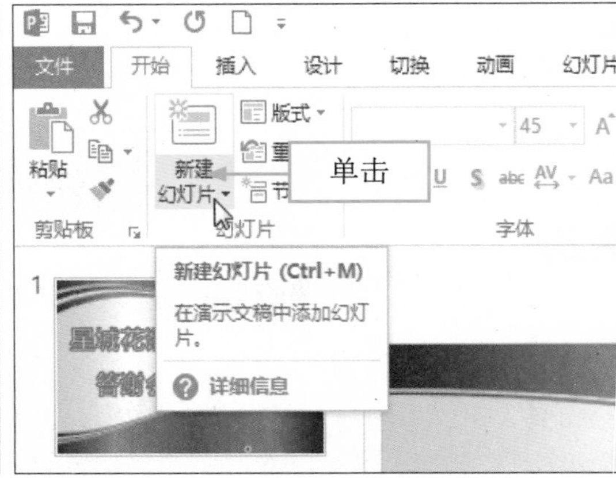

图 3-29 单击“新建幻灯片”下拉按钮

步骤 04 执行操作后，即可复制幻灯片，如图 3-31 所示。

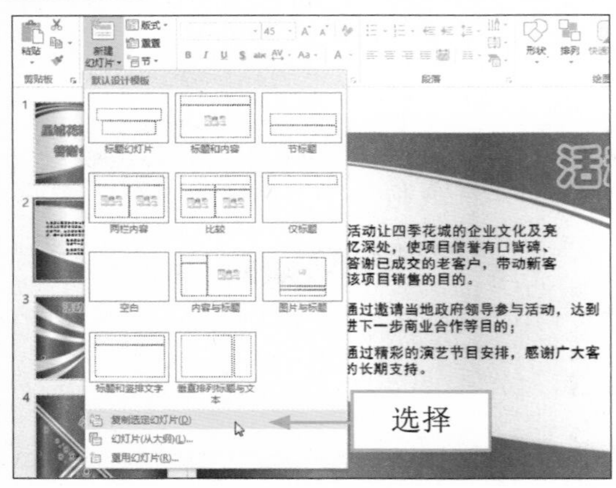

图 3-30 选择“复制选定幻灯片”选项

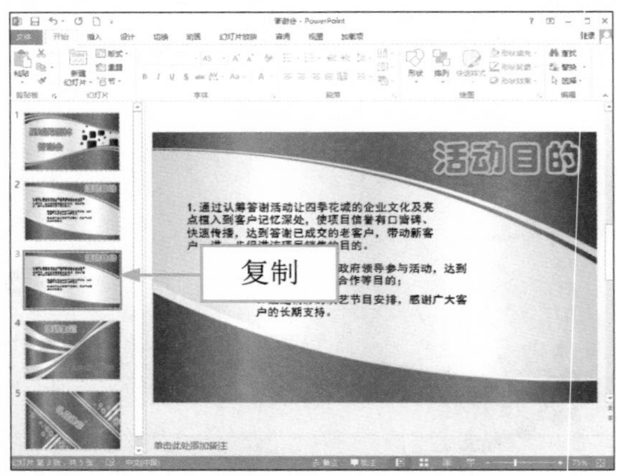

图 3-31 复制幻灯片

3.2.7 快捷键复制幻灯片

在 PowerPoint 2013 中，用户可以运用快捷键快速将需要的幻灯片进行复制。下面向读者介绍运用快捷键复制幻灯片的操作方法。

	素材文件	光盘 \ 素材 \ 第 3 章 \ 员工职业规划 .pptx
	效果文件	光盘 \ 效果 \ 第 3 章 \ 员工职业规划 .pptx
	视频文件	光盘 \ 视频 \ 第 3 章 \3.2.7 快捷键复制幻灯片 .mp4

实战 员工职业规划

步骤 01 在 PowerPoint 2013 中，打开一个素材文件，选择需要复制的幻灯片，如图 3-32 所示。

步骤 02 按【Ctrl ＋ C】组合键，复制所选幻灯片，将鼠标定位在需要复制幻灯片的目标位置，如图 3-33 所示。

步骤 03 按【Ctrl ＋ V】组合键，即可将幻灯片复制到目标位置，如图 3-34 所示。

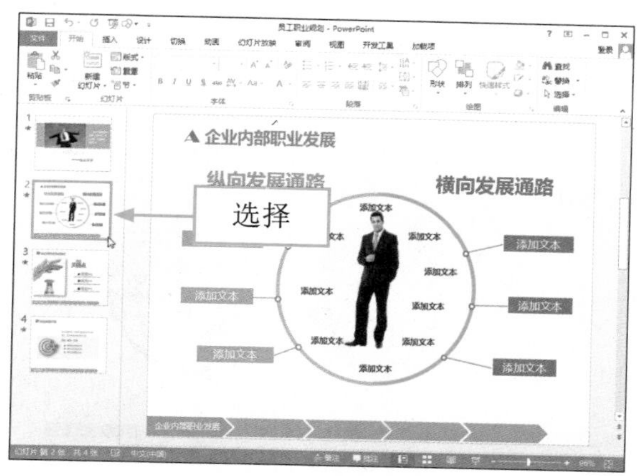

图 3-32 选择需要复制的幻灯片

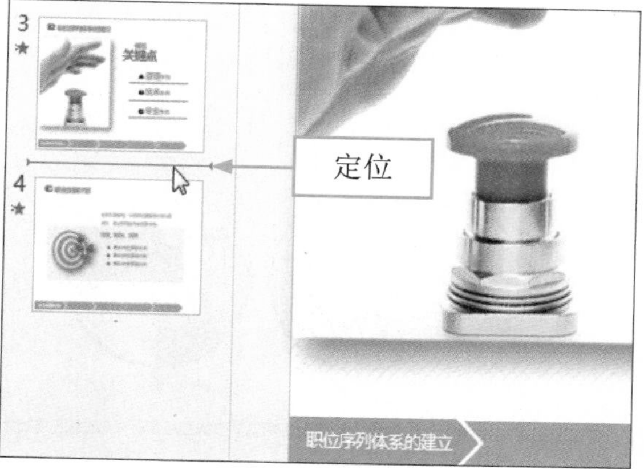

图 3-33 定位鼠标

图 3-34 复制幻灯片到目标位置

3.2.8 拖曳复制幻灯片

除了运用以上几种方法新建幻灯片以外，在 PowerPoint 2013 中，用户还可以通过拖曳演示文稿中的幻灯片，从而复制幻灯片。

	素材文件	光盘 \ 素材 \ 第 3 章 \ 策划方案 .pptx
	效果文件	光盘 \ 效果 \ 第 3 章 \ 策划方案 .pptx
	视频文件	光盘 \ 视频 \ 第 3 章 \3.2.8 拖曳复制幻灯片 .mp4

实战 策划方案

步骤 01 在 PowerPoint 2013 中，打开一个素材文件，选择需要复制的幻灯片，如图 3-35 所示。

步骤 02 单击鼠标左键拖曳幻灯片的同时，按住【Ctrl + Alt】组合键，至合适位置后释放鼠标左键，即可复制幻灯片，如图 3-36 所示。

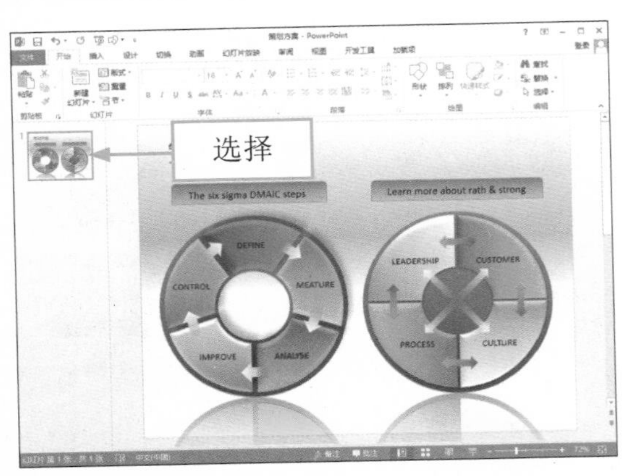

图 3-35 选择需要复制的幻灯片

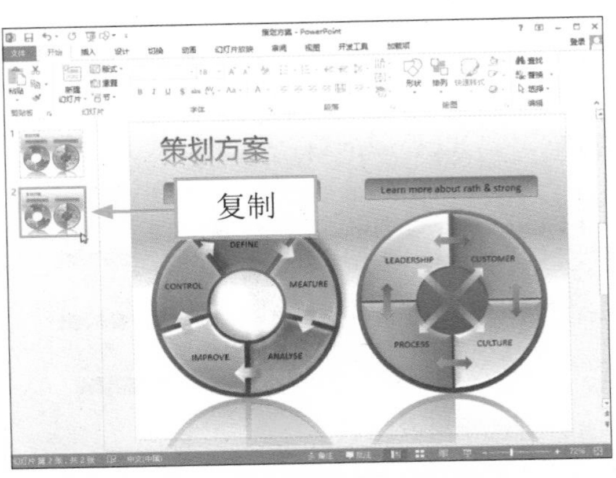

图 3-36 复制幻灯片

3.2.9 删除幻灯片

在编辑完幻灯片后，如果发现幻灯片张数太多了，用户可以根据需要删除一些不必要的幻灯片。在 PowerPoint 2013 中，删除幻灯片的方法主要有以下 3 种。

* 选项 1：打开演示文稿，在需要删除的幻灯片上单击鼠标右键，在弹出的快捷菜单中选择“删除幻灯片”选项，如图 3-37 所示，执行操作后，即可删除幻灯片。

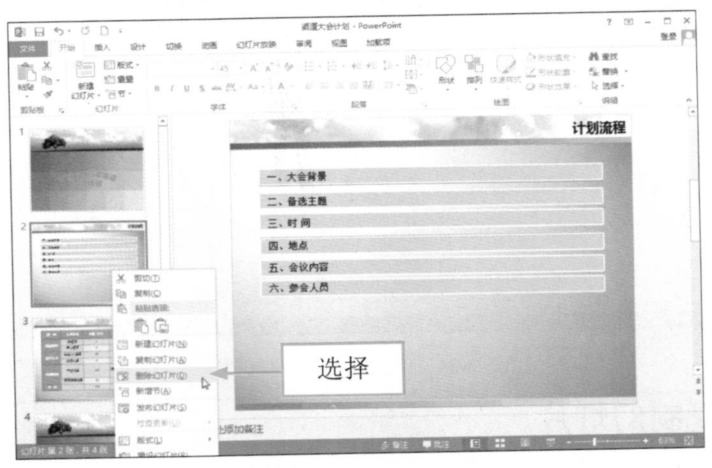

图 3-37 选择“删除幻灯片”选项

* 选项 2：打开演示文稿，切换至“视图”面板，在“演示文稿视图”选项板中单击“幻灯片浏览”按钮，如图 3-38 所示，执行操作后，幻灯片以浏览视图显示，选择第 3 张幻灯片，然后在幻灯片中单击鼠标右键，在弹出的快捷菜单中选择“删除幻灯片”选项，如图 3-39 所示，即可删除幻灯片。

* 快捷键：选择需要删除的幻灯片，按【Delete】键即可。

专家指点

在 PowerPoint 2013 中，用户可以选择多张幻灯片进行删除，使用的方法同删除一张幻灯片的方法一样。

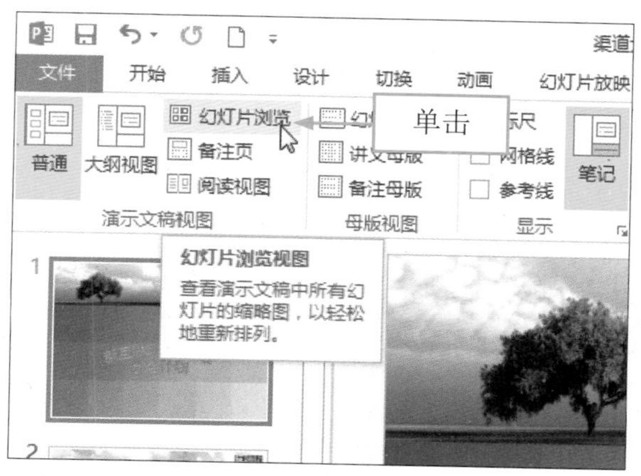

图 3-38 单击“幻灯片浏览”按钮

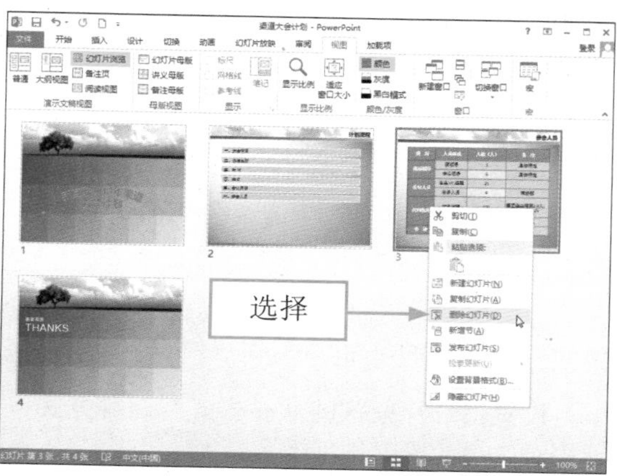

图 3-39 选择“删除幻灯片”选项

3.2.10 播放幻灯片

在幻灯片制作的过程中，可以随时进行幻灯片的放映，观看幻灯片的效果，以方便用户能随时对幻灯片进行编辑和修改。

在 PowerPoint 2013 中，播放幻灯片的方式主要有以下 3 种。

* 从头开始放映：直接按【F5】键或在“幻灯片放映”面板中的“开始放映幻灯片”选项板中单击“从头开始”按钮，如图 3-40 所示，就可以直接进入幻灯片放映模式，并且从头开始放映。

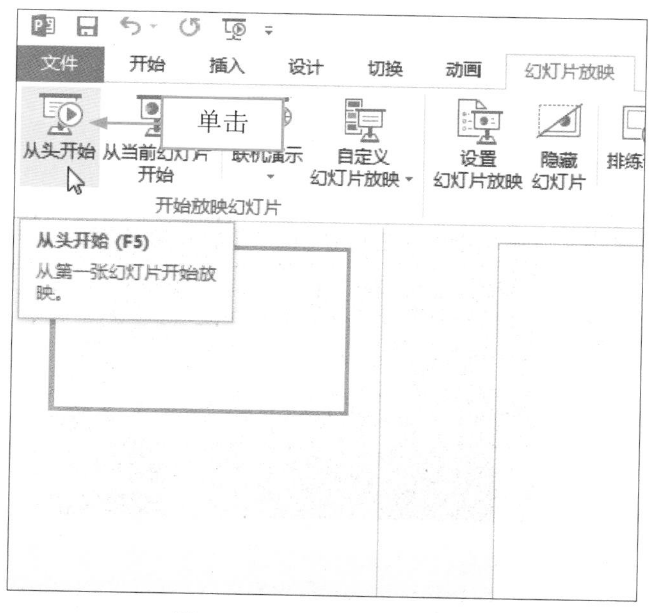

图 3-40 单击“从头开始”按钮

* 从当前幻灯片放映：直接按【Shift + F5】组合键或在“开始放映幻灯片”选项板中单击“从当前幻灯片开始”按钮，方便用户查看当前的编辑效果。

* 自定义幻灯片放映：使用自定义幻灯片放映，可以放映所选择的幻灯片，而不用按顺序依次放映幻灯片。

专家指点

默认的放映幻灯片放映状态是全屏放映，单击鼠标左键或按键盘上的任意键，可播放下一张幻灯片，而按【Esc】键可退出全屏放映。

3.3 幻灯片段落设置

在编辑幻灯片的过程中，为了使文本排版更加美观，可以设置文本段落对齐方式、段落缩进格式、段落行距和间距等。

设置幻灯片段落的对齐方式有两种方式：一是用"段落"选项板来设置；二是用"段落"对话框对选中的段落进行设置。

3.3.1 "段落"选项板设置对齐方式

用户在使用"段落"选项板设置幻灯片段落对齐方式时，首先需要选中幻灯片中的段落文本。下面向读者介绍使用"段落"选项板设置段落对齐方式。

	素材文件	光盘 \ 素材 \ 第 3 章 \ 酒店开业庆典 .pptx
	效果文件	光盘 \ 效果 \ 第 3 章 \ 酒店开业庆典 .pptx
	视频文件	光盘 \ 视频 \ 第 3 章 \3.3.1 "段落"选项板设置对齐方式 .mp4

实战 酒店开业庆典

步骤 01 在 PowerPoint 2013 中，打开一个素材文件，如图 3-41 所示。

图 3-41 打开一个素材文件

步骤 02 切换至第 2 张幻灯片，选择需要设置对齐方式的段落，如图 3-42 所示。

步骤 03 在"开始"面板中的"段落"选项板中，单击"左对齐"按钮，如图 3-43 所示。

步骤 04 执行操作后，即可设置段落左对齐，如图 3-44 所示。

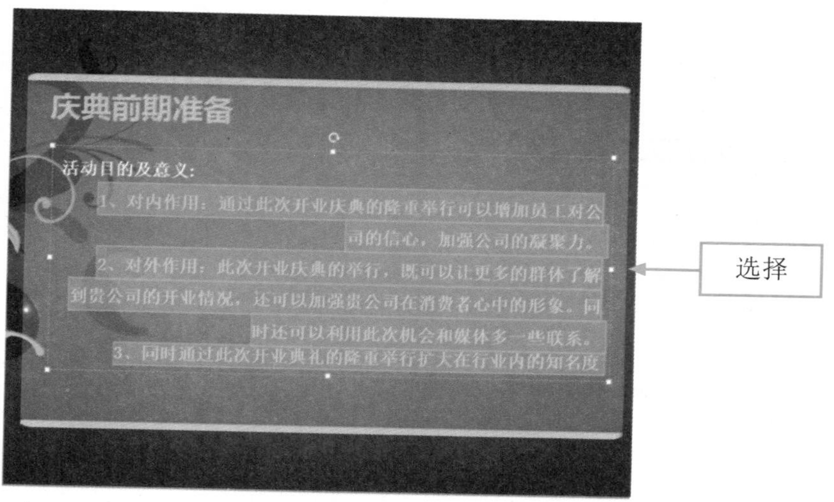

图 3-42 选择相应段落

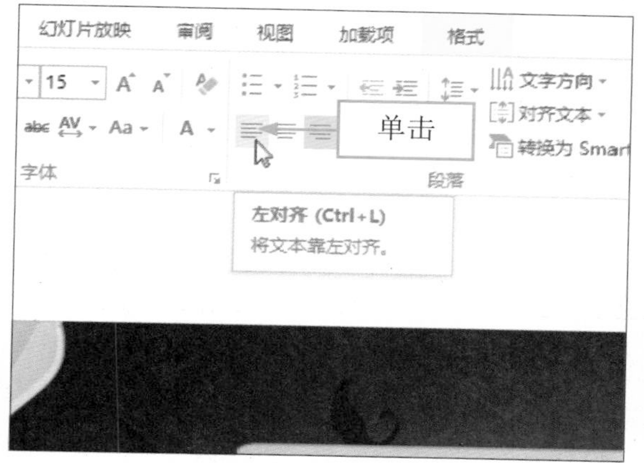

图 3-43 单击“左对齐”按钮

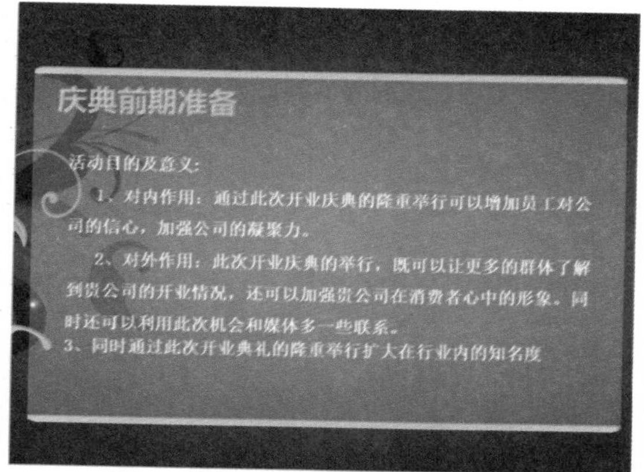

图 3-44 设置段落左对齐

3.3.2 “段落”对话框设置文本对齐方式

在 PowerPoint 2013 中，用户不但可以使用“段落”选项板设置对齐方式，还可以使用“段落”对话框设置文本对齐方式。

素材文件	光盘 \ 素材 \ 第 3 章 \ 政府工作报告 .pptx
效果文件	光盘 \ 效果 \ 第 3 章 \ 政府工作报告 .pptx
视频文件	光盘 \ 视频 \ 第 3 章 \3.3.2 “段落”对话框设置文本对齐方式 .mp4

实战 政府工作报告

步骤 01 在 PowerPoint 2013 中，打开一个素材文件，如图 3-45 所示。

步骤 02 在幻灯片中，选择需要设置对齐方式的段落，如图 3-46 所示。

步骤 03 在“段落”选项板中的右下角，单击“段落”按钮，如图 3-47 所示。

步骤 04 执行操作后，弹出“段落”对话框，如图 3-48 所示。

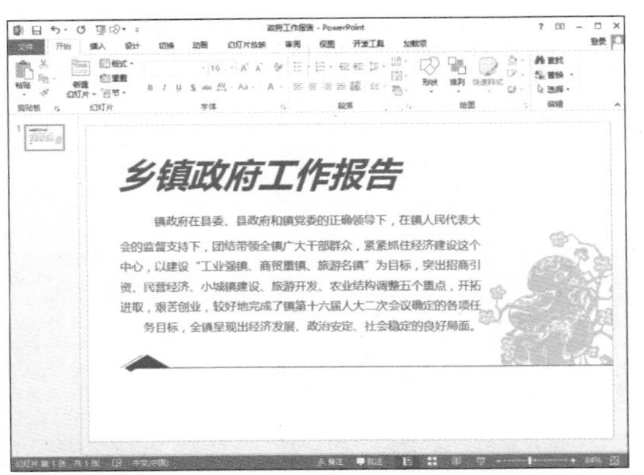

图 3-45 打开一个素材文件

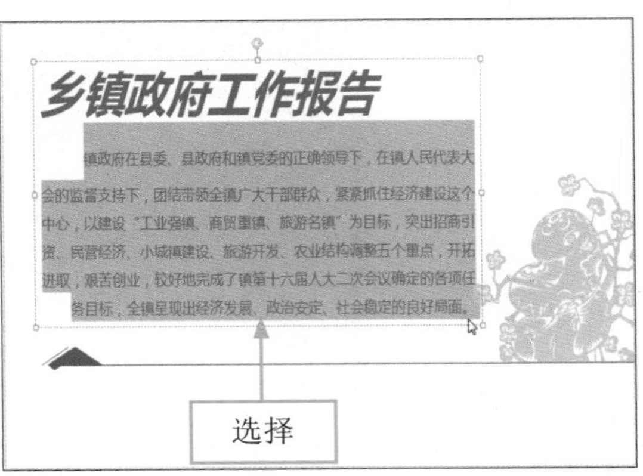

图 3-46 选择相应段落

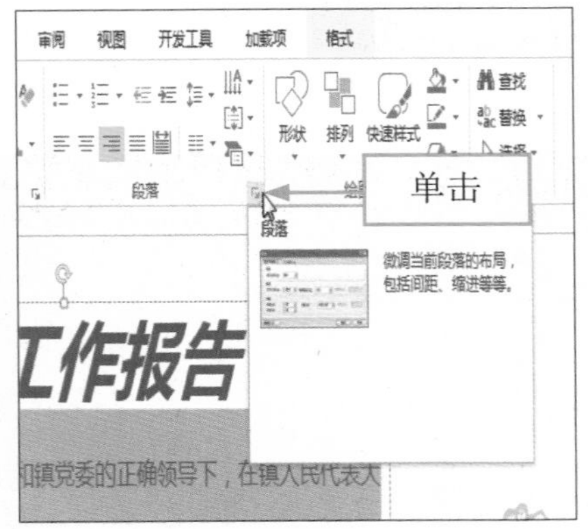

图 3-47 单击“段落”按钮

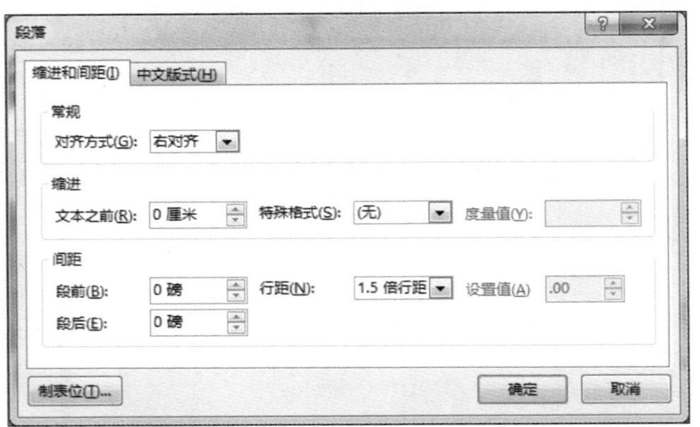

图 3-48 弹出“段落”对话框

步骤 05 在“缩进和间距”选项卡中的“常规”选项区中单击“对齐方式”右侧的下拉按钮，在弹出的列表框中选择“两端对齐”选项，如图 3-49 所示。

步骤 06 单击“确定”按钮，即可设置幻灯片段落两端对齐，如图 3-50 所示。

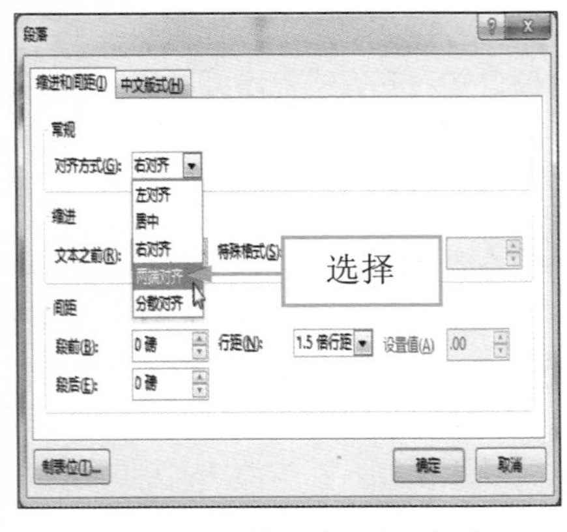

图 3-49 选择“左对齐”选项

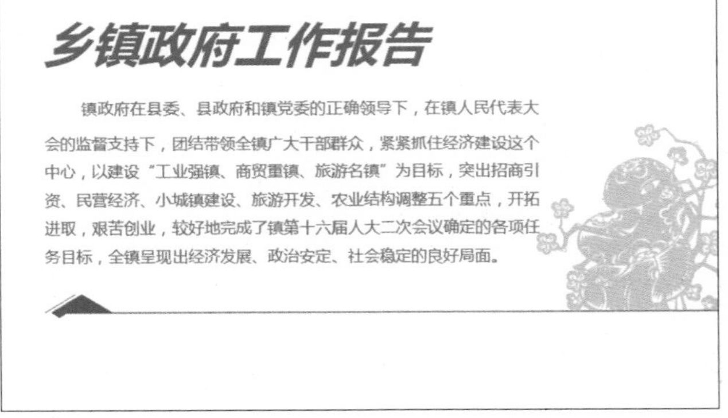

图 3-50 设置幻灯片段落左对齐

选择需要设置对齐的文本，单击鼠标右键，在弹出的快捷菜单中选择“段落”选项，也可弹出“段落”对话框，然后在对话框中设置对齐方式。

3.3.3 幻灯片缩进方式

设置幻灯片段落缩进有助于对齐幻灯片中的文本，对于编号和项目符号都有预设的缩进，段落缩进方式包括首行缩进和悬挂缩进两种。

	素材文件	光盘 \ 素材 \ 第 3 章 \ 音乐文化 .pptx
	效果文件	光盘 \ 效果 \ 第 3 章 \ 音乐文化 .pptx
	视频文件	光盘 \ 视频 \ 第 3 章 \3.3.3 幻灯片缩进方式 .mp4

实战 音乐文化

步骤 01 在 PowerPoint 2013 中，打开一个素材文件，如图 3-51 所示。

步骤 02 在幻灯片中，选择需要设置缩进方式的段落，如图 3-52 所示。

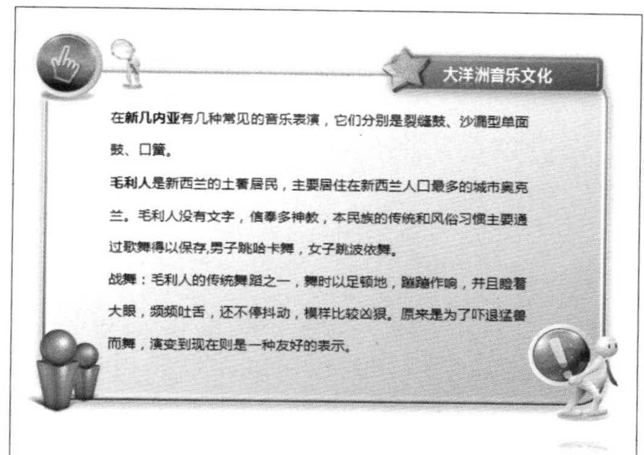

图 3-51 打开一个素材文件

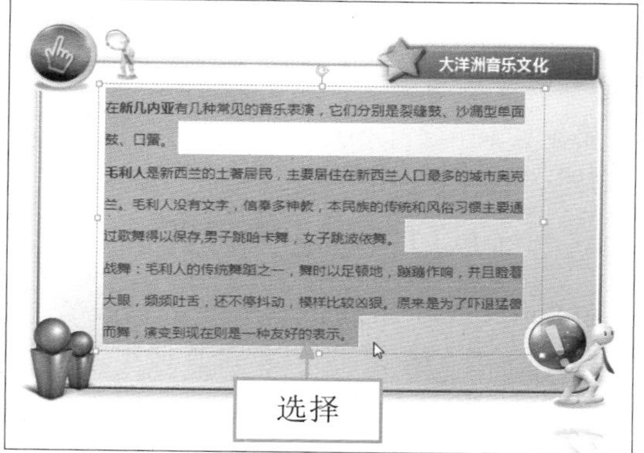

图 3-52 选择相应段落

步骤 03 单击鼠标右键，弹出快捷菜单，选择“段落”选项，如图 3-53 所示。

步骤 04 弹出“段落”对话框，在“缩进”选项区中，设置“特殊格式”为“首行缩进”、“度量值”为“2 字符”，如图 3-54 所示。

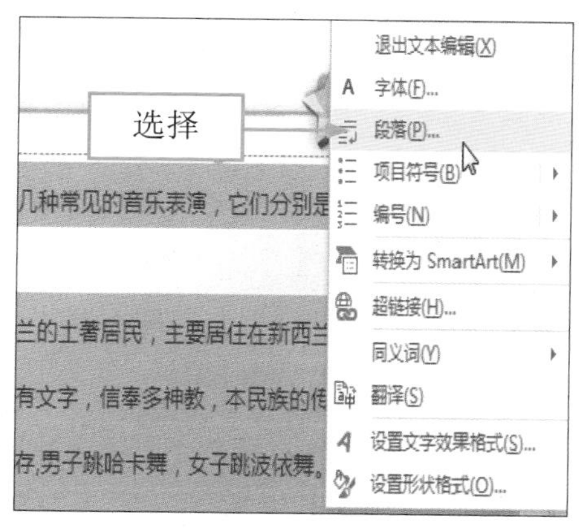

图 3-53 选择“段落”选项

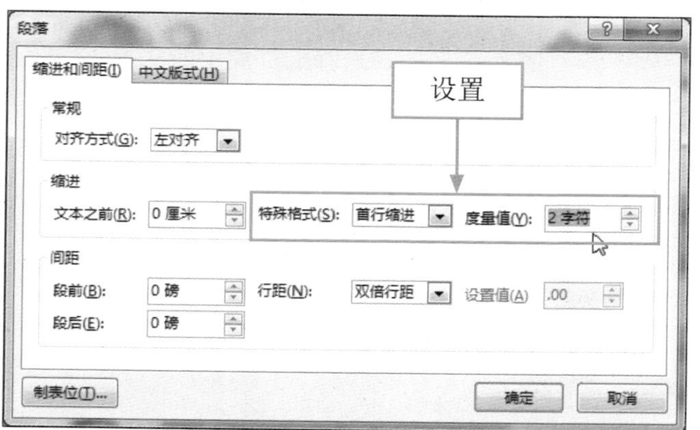

图 3-54 设置各选项

步骤 05 单击“确定”按钮，即可设置幻灯片段落缩进，如图 3-55 所示。

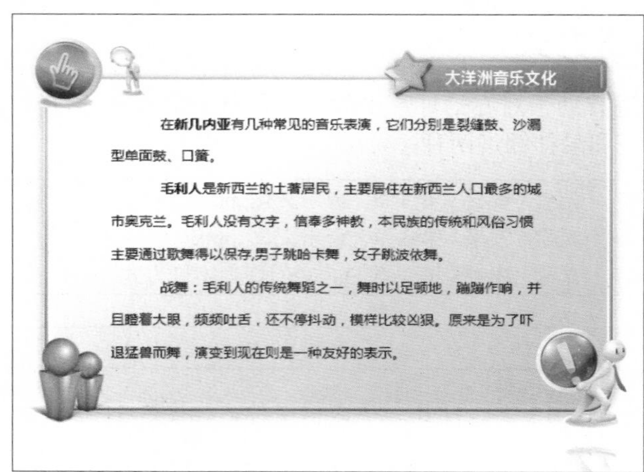

图 3-55 设置幻灯片段落缩进

专家指点

将鼠标移至首行第一个文字前，按【Tab】键，也可设置文本首行缩进效果。

3.3.4 幻灯片间距和行距

在 PowerPoint 2013 中，用户可以设置行距及段落之间的间距大小，设置行距可以改变 PowerPoint 2013 默认的行距，能使演示文稿的内容条理更为清晰；设置段落间距，则可以使文本以用户规划的格式分行。

	素材文件	光盘 \ 素材 \ 第 3 章 \ 春秋吴国争霸 .pptx
	效果文件	光盘 \ 效果 \ 第 3 章 \ 春秋吴国争霸 .pptx
	视频文件	光盘 \ 视频 \ 第 3 章 \3.3.4 幻灯片间距和行距 .mp4

实战 春秋吴国争霸

步骤 01 在 PowerPoint 2013 中，打开一个素材文件，如图 3-56 所示。

步骤 02 在编辑区中，选择幻灯片中的文本，如图 3-57 所示。

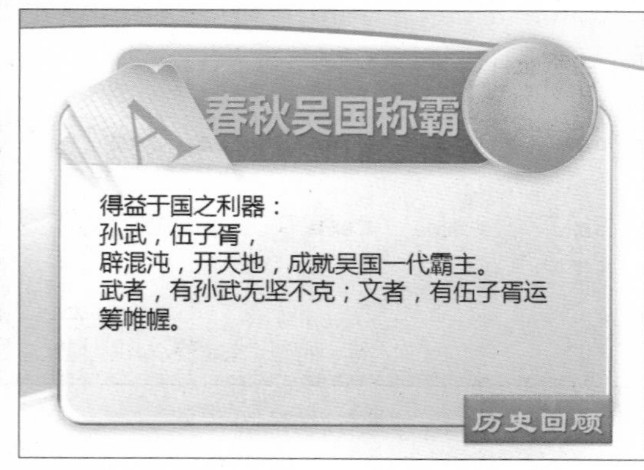

图 3-56 打开一个素材文件

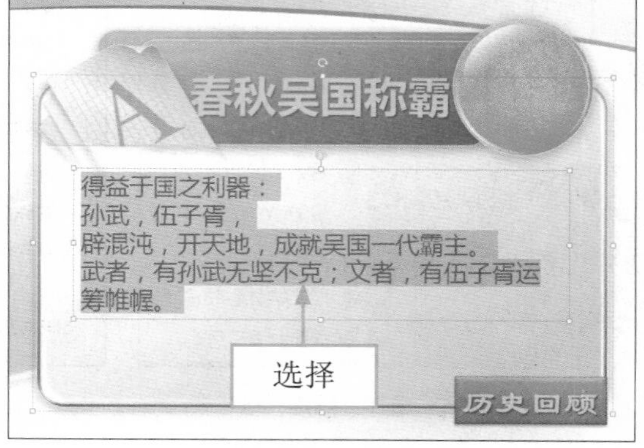

图 3-57 选择幻灯片中的文本

步骤 03 在“开始”面板中单击“段落”选项板右下角的“段落”按钮，如图 3-58 所示。

步骤 04 弹出“段落”对话框，在“缩进和间距”选项卡中的“间距”选项区中设置“段前”和“段后”都为“2 磅”、“行距”为“1.5 倍行距”，如图 3-59 所示。

图 3-58 单击“段落”按钮

图 3-59 设置各选项

步骤 05 单击“确定”按钮，即可设置幻灯片段落行距和间距，如图 3-60 所示。

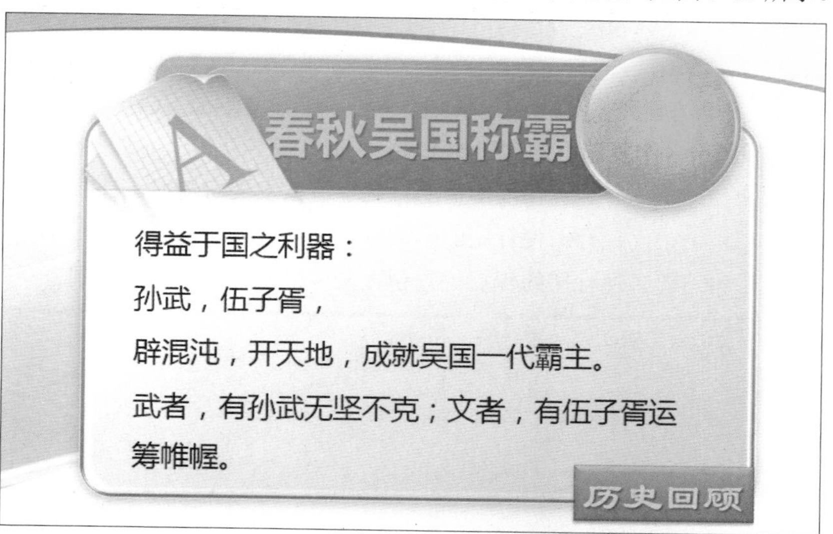

图 3-60 设置幻灯片段落行距和间距

专家指点

在“间距”选项区中各选项的含义如下。

* 段前：用于设置当前段落与前一段之间的距离。
* 段后：用于设置当前段落与下一段之间的距离。
* 行距：用于设置段落中行与行之间的距离，默认的行距是“单倍行距”，用户可以根据需要选择其他行距，并可以通过“设置值”对行距进行设置。

3.3.5 换行格式

选择需要设置换行格式的文本，在调出的“段落”对话框中，切换至“中文版式”选项卡，如图3-61所示，在“常规”选项区中，用户可以选择需要的换行格式。

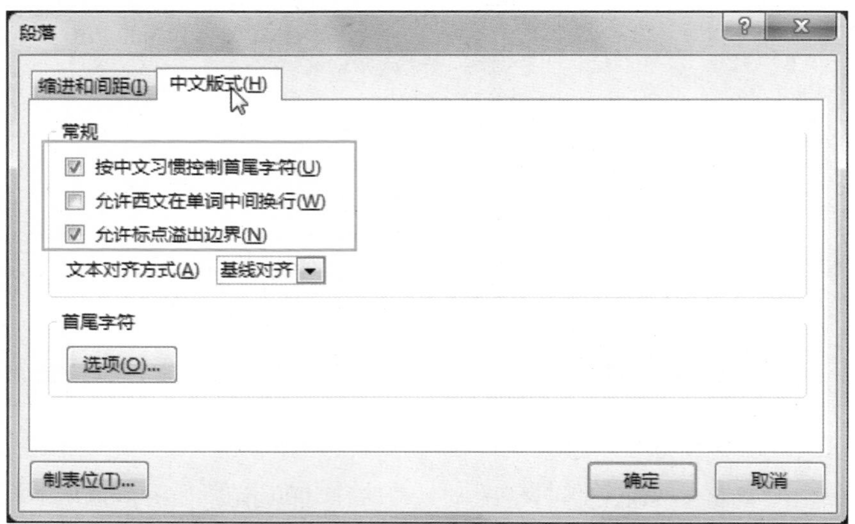

图 3-61 切换至“中文版式”选项卡

专家指点

“常规”选项区中 3 个复选框的含义如下。

* 按中文习惯控制首尾字符：使段落中的首尾字符按中文习惯显示。
* 允许西方在单词中间换行：使行尾的单词有可能被分为两部分显示。
* 允许标点溢出边界：使行尾的标点位置超过文本框边界而不会被换到下一行。

美化文本内容

学习提示

在 PowerPoint 2013 中，文本处理是制作演示文稿最基础的知识，为了使演示文稿更加美观、实用，可以在输入文本后编辑文本对象。本章主要向读者介绍文本的基本操作、编辑文本对象和为文本添加项目符号等内容。

本章案例导航

- 实战——龙纹
- 实战——小学语文
- 实战——作者简介
- 实战——印象武汉
- 实战——樱花
- 实战——知识的特性
- 实战——经验体会
- 实战——文艺青年
- 实战——清新散文
- 实战——四种态度

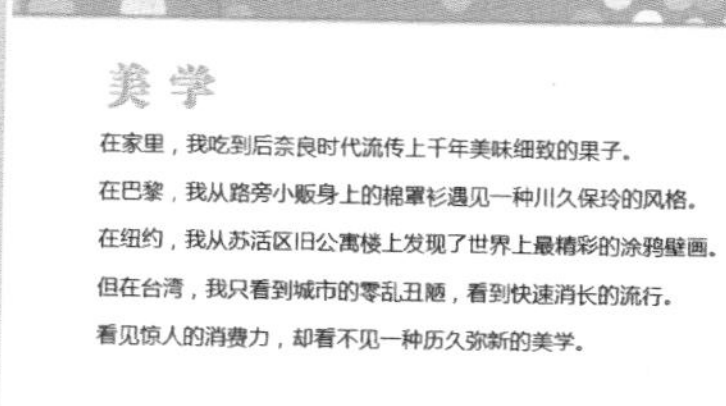

4.1 输入多种文本

文字是演示文稿的重要组成部分，一个直观明了的演示文稿少不了文字说明，无论是新建的空白演示文稿，还是根据模板新建的演示文稿，都需要用户自己输入文字，然后用户可以根据所设计和制作的演示文稿对文本的格式进行设置。

4.1.1 在占位符中输入文本

占位符是一种带有虚线边框的方框，包含文字和图形等内容，大多数在占位符中预设了文字的属性和样式，供用户添加标题文字和项目文字等。

素材文件	光盘 \ 素材 \ 第 4 章 \ 龙纹 .pptx
效果文件	光盘 \ 效果 \ 第 4 章 \ 龙纹 .pptx
视频文件	光盘 \ 视频 \ 第 4 章 \4.1.1 在占位符中输入文本 .mp4

实战 龙纹

步骤 01 在 PowerPoint 2013 中，打开一个素材文件，如图 4-1 所示。

图 4-1 打开一个素材文件

步骤 02 将占位符中的"输入标题"文本框中的文本进行删除，鼠标呈指针形状，如图 4-2 所示。

步骤 03 在占位符中输入相应文本，如图 4-3 所示。

步骤 04 用与上同样的方法，在占位符中输入副标题文本，如图 4-4 所示。

专家指点

默认情况下，在占位符中输入文字，PPT 会随着输入的文本自动调整文本大小以适应占位符，如果输入的文本超出了占位符的大小，PPT 将减小字号和行距直到容下所有文本为止。

图 4-2 删除“输入标题”

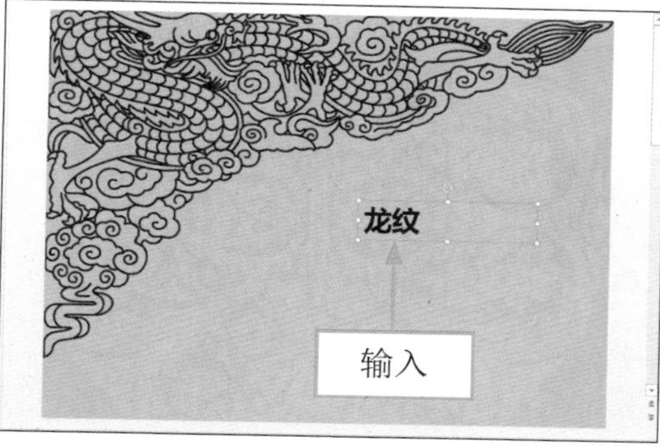

图 4-3 输入相应文本

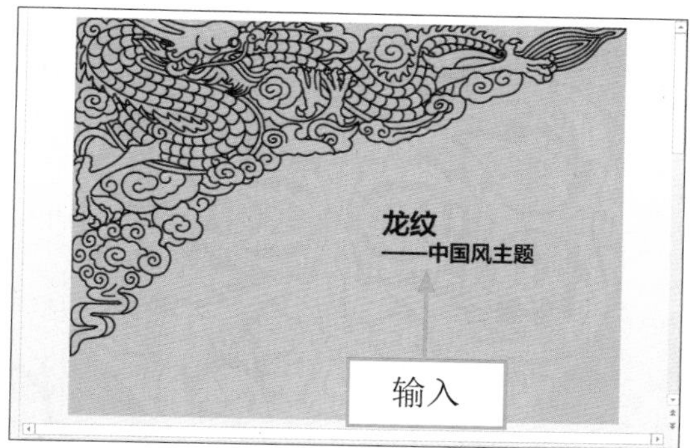

图 4-4 输入副标题文本

4.1.2 在文本框中添加文本

在 PowerPoint 2013 中使用文本框，可以使文字按不同的方向进行排列，从而灵活地将文字放置到幻灯片的任何位置。

	素材文件	光盘 \ 素材 \ 第 4 章 \ 知识的特性 .pptx
	效果文件	光盘 \ 效果 \ 第 4 章 \ 知识的特性 .pptx
	视频文件	光盘 \ 视频 \ 第 4 章 \4.1.2 在文本框中添加文本 .mp4

实战 知识的特性

步骤 01 在 PowerPoint 2013 中，打开一个素材文件，如图 4-5 所示。

步骤 02 切换至“插入”面板，在“文本”选项板中单击“文本框”下拉按钮，在弹出的列表框中选择“横排文本框”选项，如图 4-6 所示。

步骤 03 将光标移至编辑区内，在空白处单击鼠标左键并拖曳，至合适位置后释放鼠标左键，绘制一个横排文本框，如图 4-7 所示。

步骤 04 在文本框中输入相应的文本，并对文本进行调整，如图 4-8 所示。

专家指点

在“文本框”列表框中，如果选择“竖排文本框”选项，则输入的文本内容会按竖排排列。

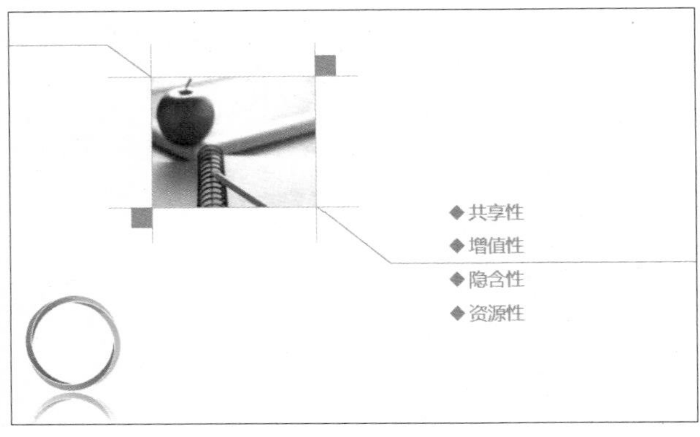

图 4-5 打开一个素材文件

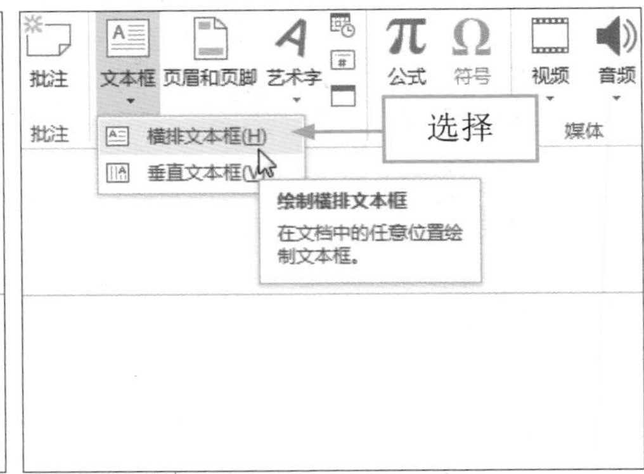

图 4-6 选择“横排文本框”选项

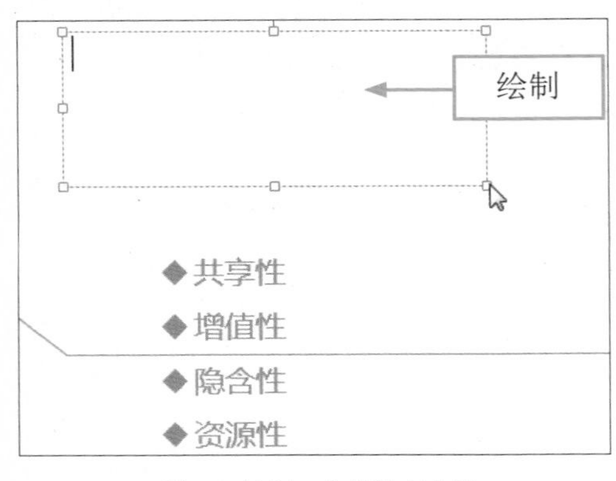

图 4-7 绘制一个横排文本框

图 4-8 输入并调整文本

4.1.3 从外部导入文本

PowerPoint 2013 中除了使用占位符和文本框等输入文本外，还可以从 Word、记事本和写字板等文字编辑软件中直接复制文字到 PowerPoint 中。另外，用户还可以在“插入”面板中单击“对象”按钮，直接将文本文档从外部导入到幻灯片中。

	素材文件	光盘 \ 素材 \ 第 4 章 \ 小学语文 .pptx、小学语文 .doc
	效果文件	光盘 \ 效果 \ 第 4 章 \ 小学语文 .pptx
	视频文件	光盘 \ 视频 \ 第 4 章 \4.1.3 从外部导入文本 .mp4

实战 小学语文

步骤 01 在 PowerPoint 2013 中，打开一个素材文件，如图 4-9 所示。

步骤 02 切换至“插入”面板，在“文本”选项板中，单击“对象”按钮，如图 4-10 所示。

步骤 03 在弹出的“插入对象”对话框中选中“由文件创建”单选按钮，单击“浏览”按钮，如图 4-11 所示。

步骤 04 执行操作后，弹出“浏览”对话框，在相应文件夹中选择需要的选项，如图 4-12 所示。

步骤 05 依次单击“确定”按钮，即可在幻灯片中显示导入的文本文档，如图 4-13 所示。

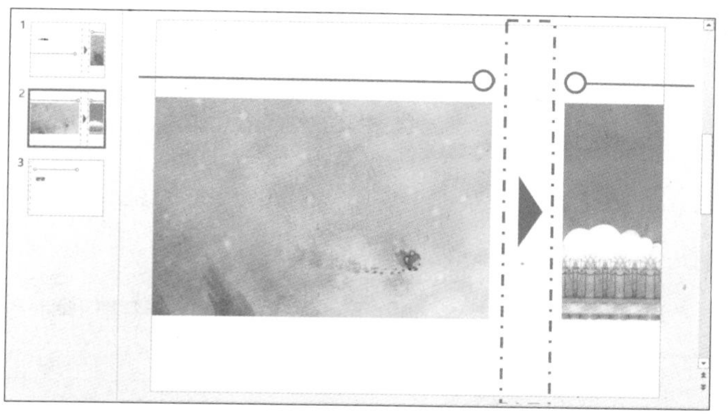
图 4-9 打开一个素材文件

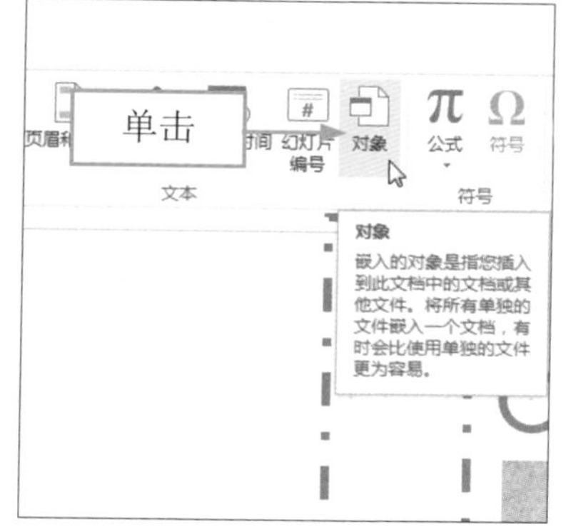

图 4-10 单击“对象”按钮

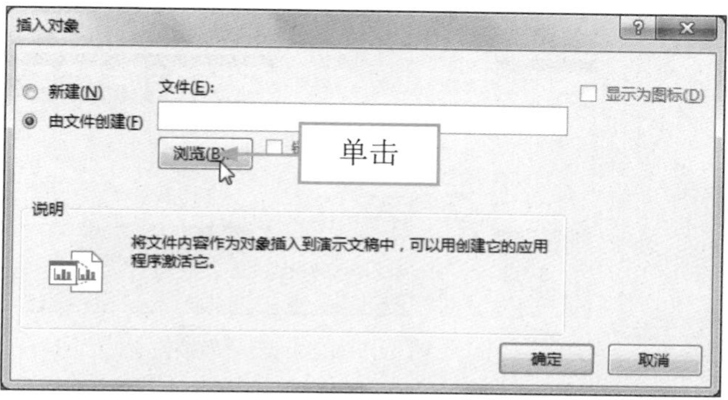

图 4-11 单击“浏览”按钮

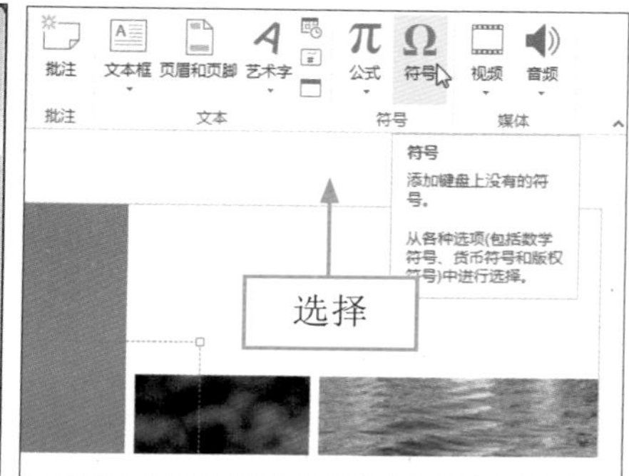

图 4-12 选择需要的选项

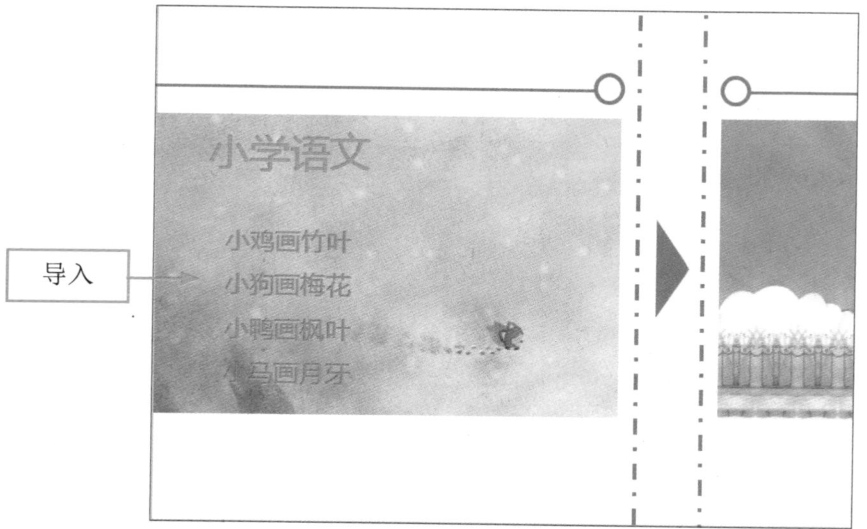

图 4-13 导入文本文档

4.1.4 添加备注文本

在 PowerPoint 2013 中，用户可以在幻灯片中的底部添加备注文本。下面向读者介绍添加备注文本的操作方法。

	素材文件	光盘 \ 素材 \ 第 4 章 \ 经验体会 .pptx
	效果文件	光盘 \ 效果 \ 第 4 章 \ 经验体会 .pptx
	视频文件	光盘 \ 视频 \ 第 4 章 \4.1.1 添加备注文本 .mp4

实战 经验体会

步骤 01 在 PowerPoint 2013 中，打开一个素材文件，如图 4-14 所示。

步骤 02 切换至“视图”面板，在“显示”选项板中单击“笔记”按钮，如图 4-15 所示。

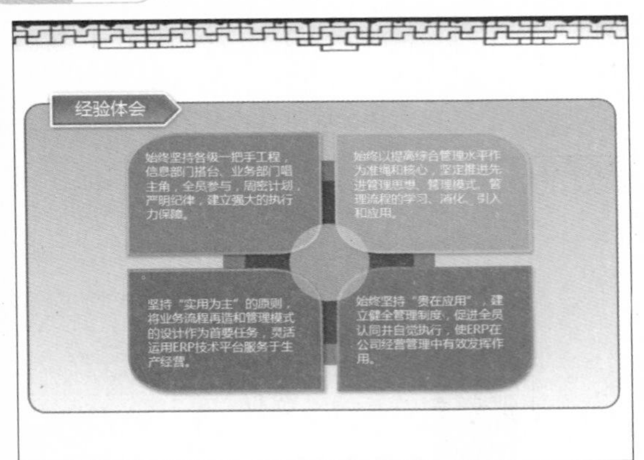

图 4-14 打开一个素材文件

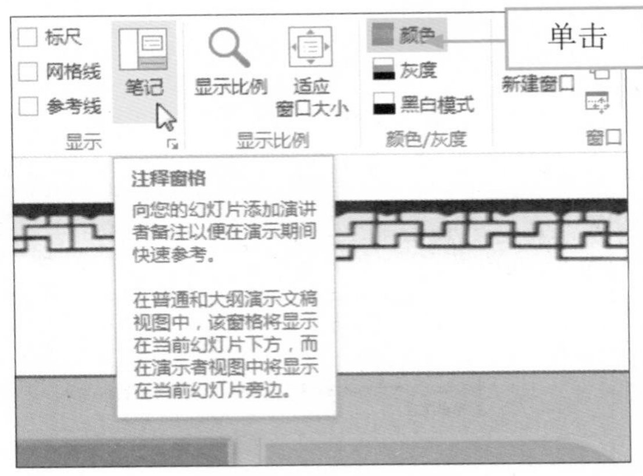

图 4-15 单击“笔记”按钮

步骤 03 执行操作后，在幻灯片编辑窗口中的下方将显示备注区域，在备注区域的上方按住鼠标左键的同时，向上拖曳鼠标至合适位置后，释放鼠标左键，扩大备注区域的编辑范围，如图 4-16 所示。

步骤 04 在备注区域输入相应文本，如图 4-17 所示，即可完成添加备注文本的操作。

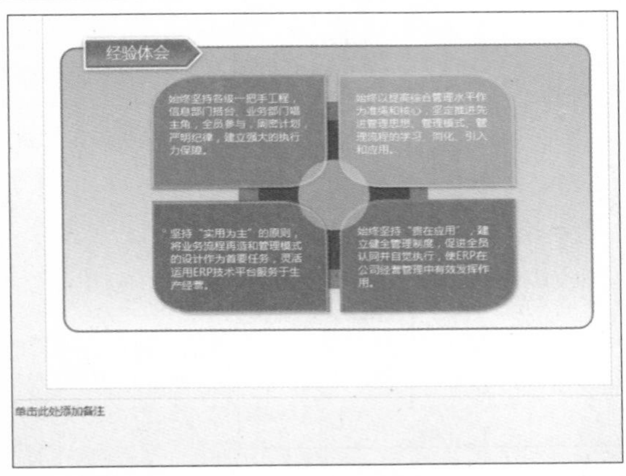

图 4-16 扩大备注区域

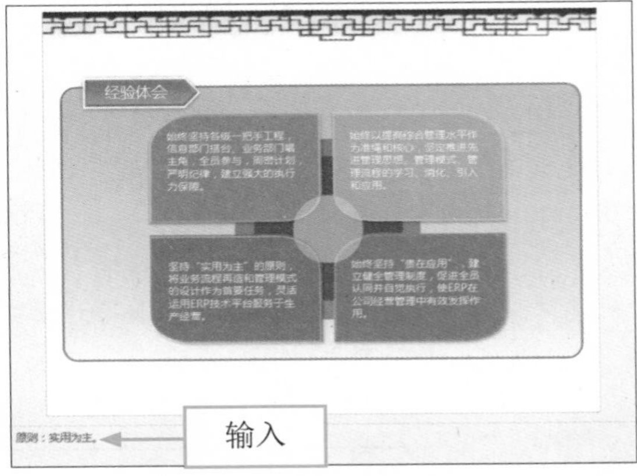

图 4-17 添加备注文本

4.1.5 添加批注文本

在 PowerPoint 2013 中，用户可以为制作的幻灯片添加批注文本，其他被允许编辑该幻灯片的人员也可对其进行添加批注或回复批注内容。下面向读者介绍添加批注文本的操作方法。

素材文件	光盘 \ 素材 \ 第 4 章 \ 作者简介 .pptx
效果文件	光盘 \ 效果 \ 第 4 章 \ 作者简介 .pptx
视频文件	光盘 \ 视频 \ 第 4 章 \4.1.5 添加批注文本 .mp4

实战 作者简介

步骤 01 在 PowerPoint 2013 中，打开一个素材文件，如图 4-18 所示。

步骤 02 切换至“审阅”视图，在“批注”选项板中单击“显示批注”下拉按钮，如图 4-19 所示。

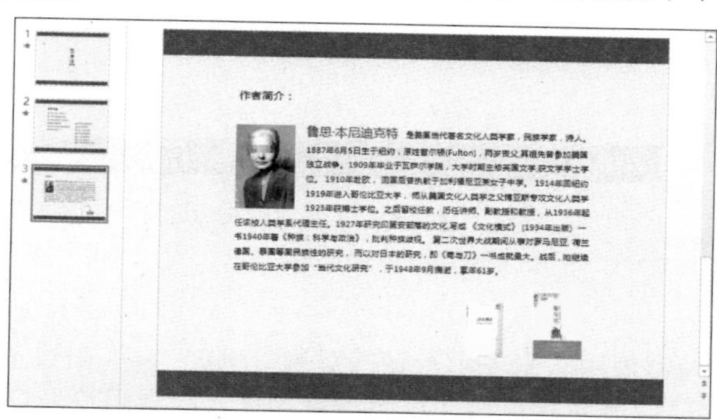

图 4-18 打开一个素材文件

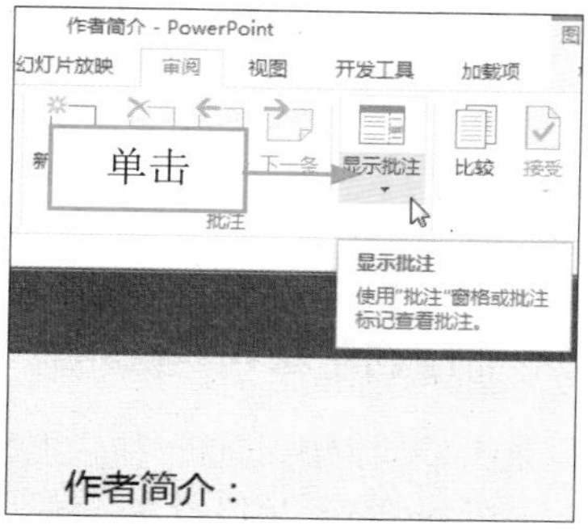

图 4-19 单击“显示批注”下拉按钮

步骤 03 弹出列表框，选择“批注窗格”选项，如图 4-20 所示。

步骤 04 执行操作后，在编辑区的右侧，将弹出“批注”窗格，单击“新建”按钮，如图 4-21 所示。

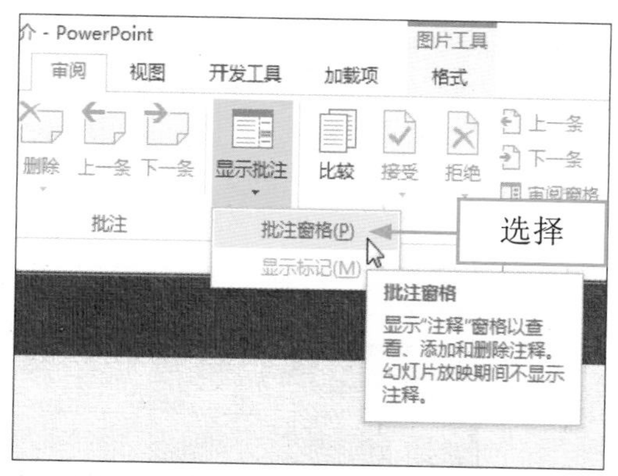

图 4-20 选择“批注窗格”选项

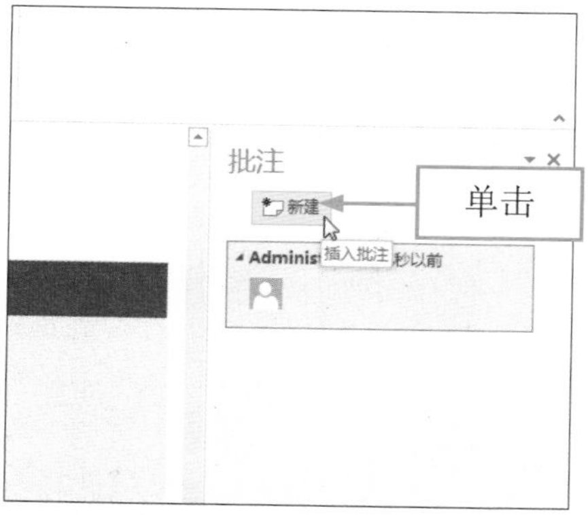

图 4-21 单击“新建”按钮

步骤 05 执行操作后，即可新建一个批注文本框，输入相应文本，如图 4-22 所示。

步骤 06 单击“关闭”按钮，关闭“批注”窗口，在幻灯片中的左上角将显示批注标记，如图 4-23 所示。

专家指点

在批注文本框中输入相应批注以后，在下方将会出现“答复”文本框，其他编辑该幻灯片的用户可以再答复文本框中，进行相应回复。

图 4-22 输入相应文本

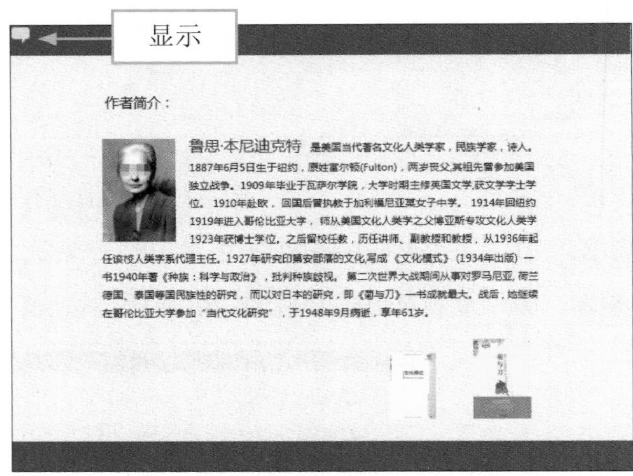

图 4-23 显示批注标记

4.1.6 输入特殊符号

符号是人们共同约定的一种标志物，经常使用它来表示一定的对象，例如“=”在数学中用来表示等价。PowerPoint 2013 提供了大量的符号，既包括可以通过键盘直接输入的常用符号（例如加、减、乘、除号等），也包括一些不常用的符号（如电话、邮件、箭头符号等），这些不常见的符号无法通过键盘输入，需要掌握特定的方法才可将其添加到幻灯片中，下面为大家介绍输入特殊符号的操作方法。

	素材文件	光盘 \ 素材 \ 第 4 章 \ 电话 .pptx
	效果文件	光盘 \ 效果 \ 第 4 章 \ 电话 .pptx
	视频文件	光盘 \ 视频 \ 第 4 章 \4.1.6 输入特殊符号 .mp4

实战 电话

步骤 01 在 PowerPoint 2013 中，打开一个素材文件，如图 4-24 所示。

步骤 02 选择需要插入符号的文本框位置，如图 4-25 所示。

图 4-24 打开一个素材文件

图 4-25 选择需要插入符号的文本框

步骤 03 单击“插入”命令，切换至“插入”功能区，单击“符号”选项区中的“符号”按钮，如图 4-26 所示。

步骤 04 弹出“符号”对话框，在“字体”下拉列表框中选择 Wingdings，在下方的下拉列表框中单击“固定电话”符号，如图 4-27 所示。

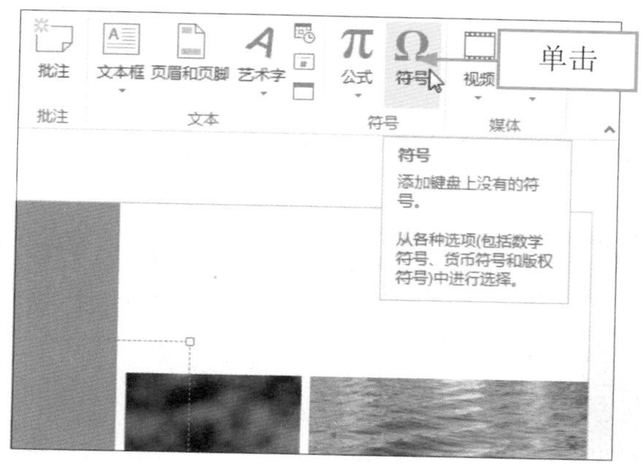

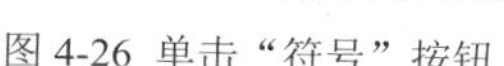
图 4-26 单击“符号”按钮

图 4-27 单击“固定电话”符号

步骤 05 执行操作后，单击“插入”按钮，即可将特殊符号输入文本中，并关闭“符号”对话框，效果如图 4-28 所示。

图 4-28 将特殊符号输入文本中

4.2 设置文本格式

在幻灯片中输入文本以后，用户可以对其进行字体、字号、颜色等方面的设置，通过对文本格式的设置，可以使文本更加美观。

4.2.1 文本字体

设置演示文稿文本的字体是最基本的操作，不同的字体可以展现出不同的文本效果。下面将介绍设置文本字体的操作方法。

	素材文件	光盘 \ 素材 \ 第 4 章 \ 网页 .pptx
	效果文件	光盘 \ 效果 \ 第 4 章 \ 网页 .pptx
	视频文件	光盘 \ 视频 \ 第 4 章 \4.2.1 文本字体 .mp4

实战 网页

步骤 01 在 PowerPoint 2013 中，打开一个素材文件，如图 4-29 所示。

步骤 02 在编辑区中，选择需要修改字体的文本对象，如图 4-30 所示。

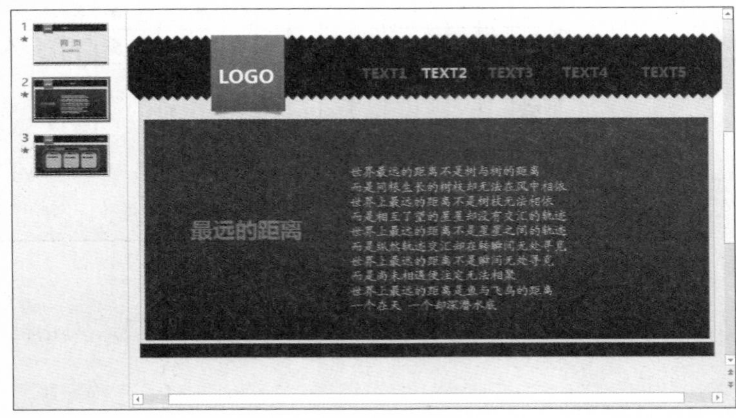

图 4-29 打开一个素材文件

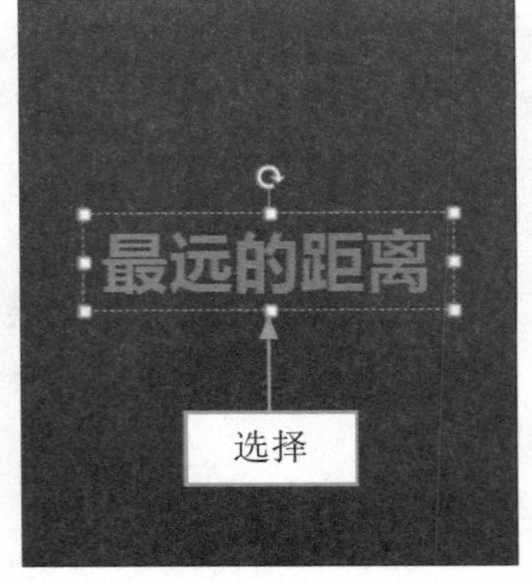

图 4-30 选择需要修改字体的文本对象

步骤 03 在“开始”面板中，单击“字体”右侧的下拉按钮，在弹出的下拉列表框中选择“方正大标宋简体”选项，如图 4-31 所示。

步骤 04 执行操作后，即可设置文本的字体，如图 4-32 所示。

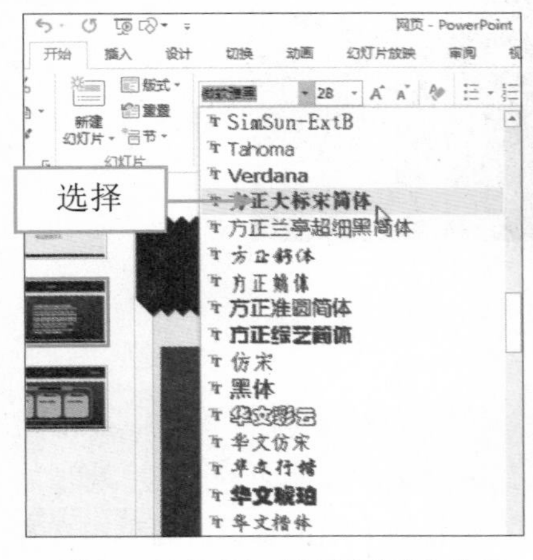

图 4-31 选择“方正大标宋简体”选项

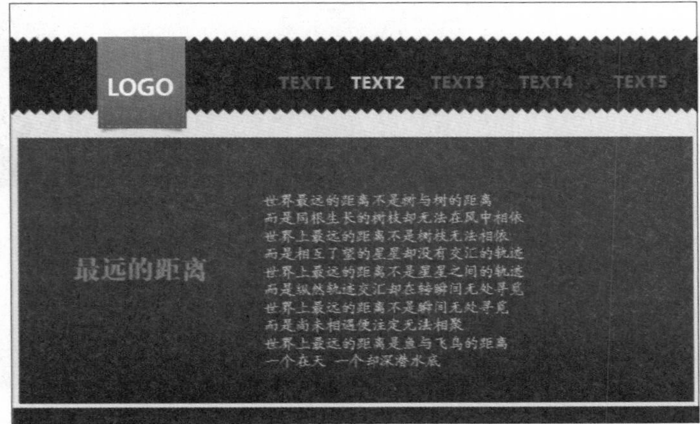

图 4-32 设置文本的字体

专家指点

除了上述方法可以设置文本字体外，用户还可以选择需要更改字体的文本对象，在弹出的浮动面板中单击“字体”下拉按钮，在弹出的下拉列表框中也可设置文本的字体。

4.2.2 文本颜色

在 PowerPoint 2013 中，用户也可以根据需要设置字体的颜色，以得到更好的文本效果。下面介绍设置文本颜色的操作方法。

	素材文件	光盘 \ 素材 \ 第 4 章 \ 知识的交流与分享 .pptx
	效果文件	光盘 \ 效果 \ 第 4 章 \ 知识的交流与分享 .pptx
	视频文件	光盘 \ 视频 \ 第 4 章 \4.2.2 文本颜色 .mp4

实战 知识的交流与分享

步骤 01 在 PowerPoint 2013 中，打开一个素材文件，如图 4-33 所示。

步骤 02 在编辑区中，选择需要设置颜色的文本，如图 4-34 所示。

图 4-33 打开一个素材文件

图 4-34 选择需要设置颜色的文本

步骤 03 在“开始”面板的“字体”选项板中，单击“字体颜色”右侧的下拉按钮，在弹出的列表框中的“标准色”选项区中，选择“紫色”选项，如图 4-35 所示。

步骤 04 执行操作后，即可设置文本的颜色，如图 4-36 所示。

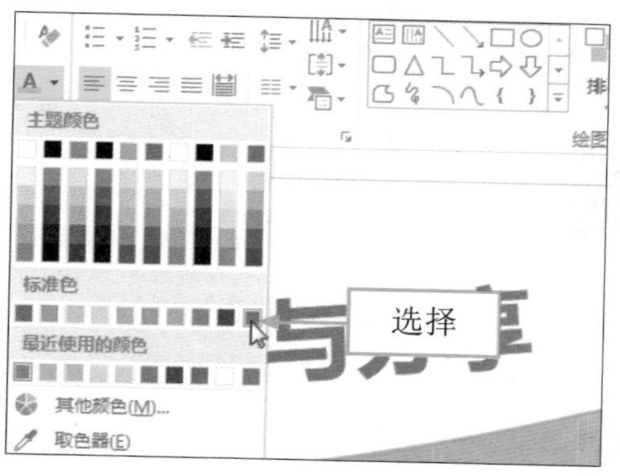

图 4-35 选择“紫色”选项

图 4-36 设置文本的颜色

专家指点

除了上述方法可以设置文本颜色外，用户还可以选择需要更改颜色的文本对象，在弹出的浮动面板中单击“字体颜色”按钮，然后在弹出的列表框中也可设置文本的颜色。

4.2.3 设置文本大小

在 PowerPoint 2013 中，用户可以根据需要设置文本字体大小。如果课件中的文本太小，可以将文本调大；如果文本太大，则可以将文本调小。

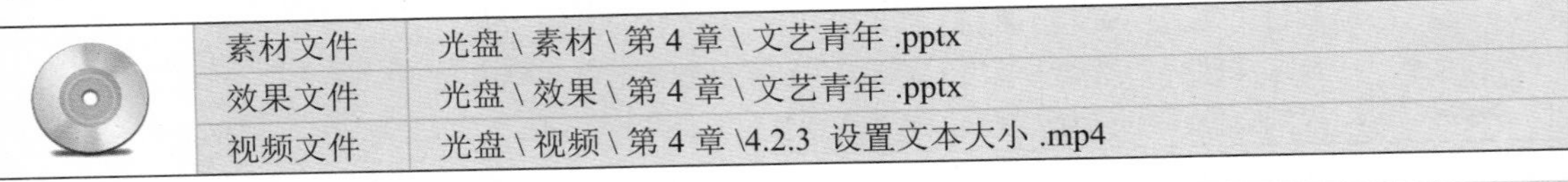

素材文件	光盘 \ 素材 \ 第 4 章 \ 文艺青年 .pptx
效果文件	光盘 \ 效果 \ 第 4 章 \ 文艺青年 .pptx
视频文件	光盘 \ 视频 \ 第 4 章 \4.2.3 设置文本大小 .mp4

实战 文艺青年

步骤 01 在 PowerPoint 2013 中，打开一个素材文件，如图 4-37 所示。

步骤 02 在编辑区中，选择需要设置大小的文本，如图 4-38 所示。

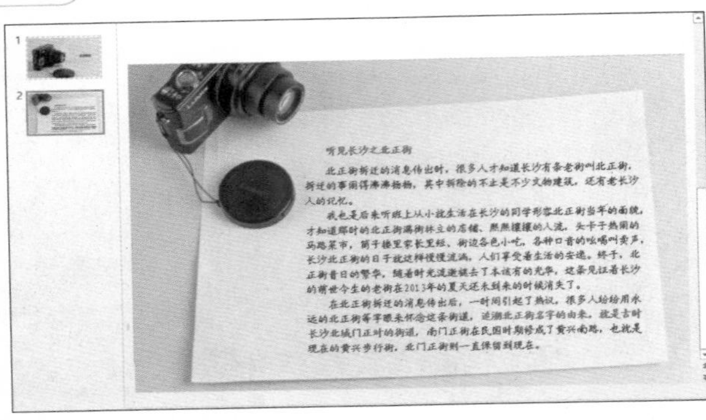

图 4-37 打开一个素材文件

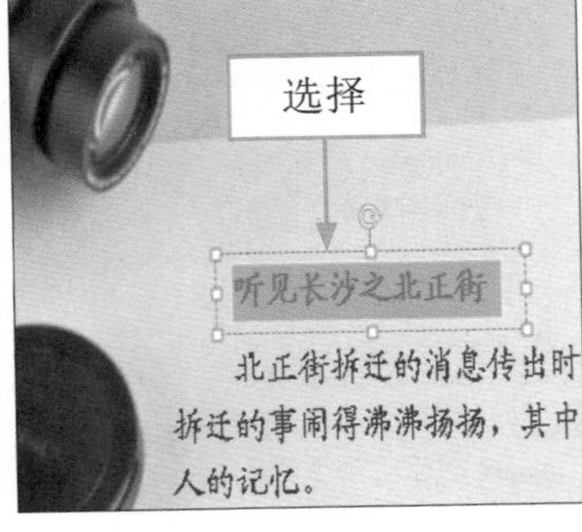

图 4-38 选择需要设置大小的文本

步骤 03 在“开始”面板的“字体”选项板中，单击“字号”右侧的下拉按钮，在弹出的列表框中，选择“24”选项，如图 4-39 所示。

步骤 04 执行操作后，即可设置文本的字体大小，如图 4-40 所示。

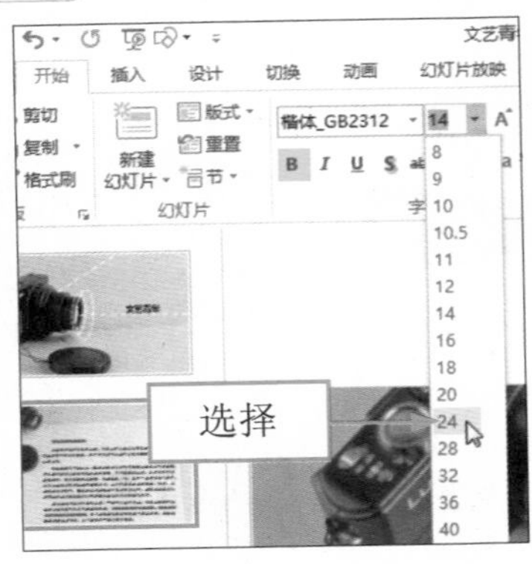

图 4-39 选择 24 选项

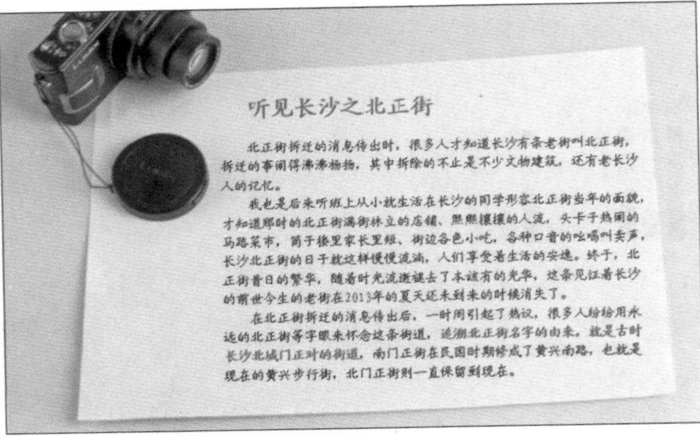

图 4-40 设置文本的字体大小

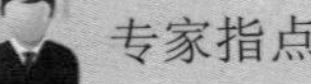

专家指点

除了运用以上方法设置文本字体大小以外，用户还可以在“字体”选项板中的右下角，单击“字体”按钮，在弹出的“字体”选项板中，也可以进行字体大小的设置。

4.2.4 文字下划线

在 PowerPoint 2013 中，用户可以为文本添加下划线，使文本更加突出。下面向读者介绍设置文本下划线的操作方法。

素材文件	光盘 \ 素材 \ 第 4 章 \ 色彩分类 .pptx
效果文件	光盘 \ 效果 \ 第 4 章 \ 色彩分类 .pptx
视频文件	光盘 \ 视频 \ 第 4 章 \4.2.4 文字下划线 .mp4

实战 色彩分类

步骤 01 在 PowerPoint 2013 中，打开一个素材文件，如图 4-41 所示。

步骤 02 在编辑区中，选择需要设置下划线的文本，如图 4-42 所示。

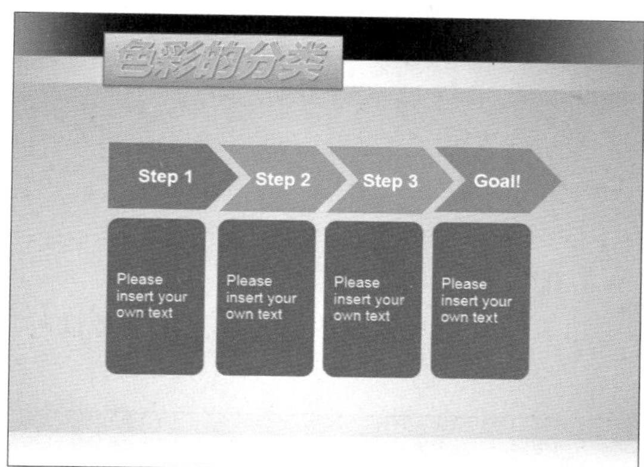

图 4-41 打开一个素材文件

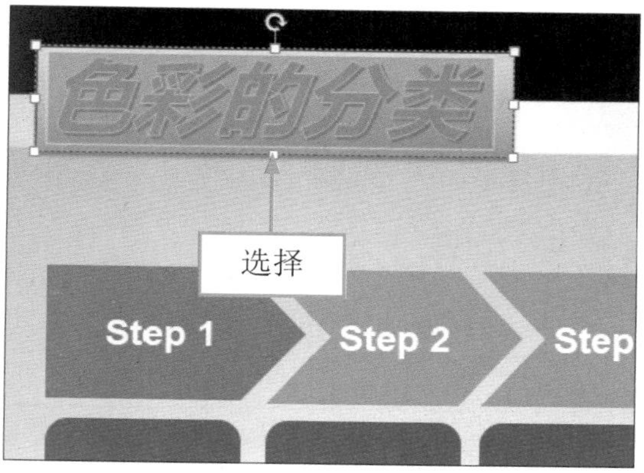

图 4-42 选择需要设置下划线的文本

步骤 03 在“字体”选项板的右下角，单击“字体”按钮，弹出“字体”对话框，如图 4-43 所示。

步骤 04 在“字体”选项卡中的“所有文字”选项区中，设置“下划线线型”为“粗线”、“下划线颜色”为橙色，如图 4-44 所示。

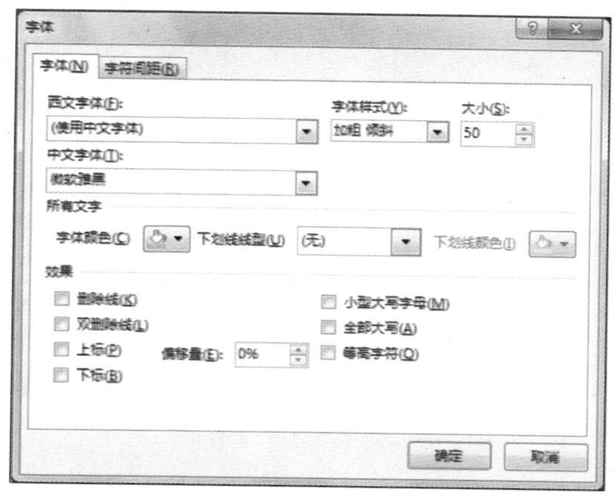

图 4-43 弹出“字体”对话框

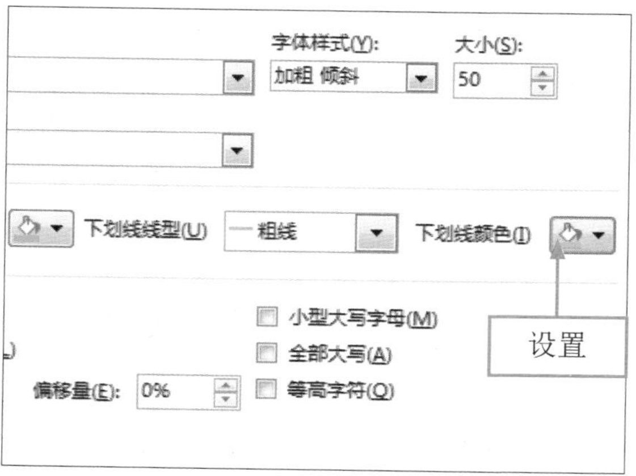

图 4-44 设置各选项

步骤 05 单击“确定”按钮，即可为文本设置下划线，如图 4-45 所示。

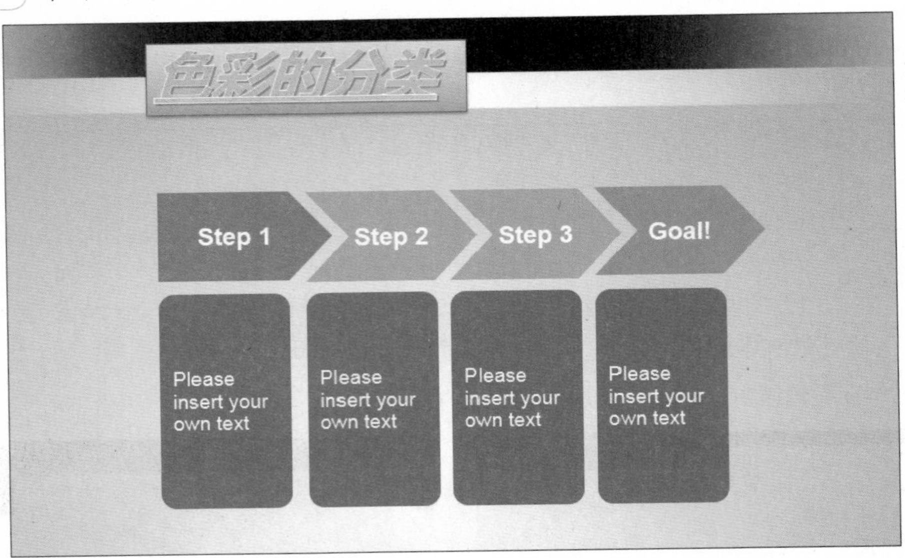

图 4-45 设置文本下划线

4.2.5 文字上标

在 PowerPoint 2013 中，用户可以为文本设置上标和下标效果，使制作出来的演示文稿课件更加具体、形象。

素材文件	光盘 \ 素材 \ 第 4 章 \ 印象武汉 .pptx
效果文件	光盘 \ 效果 \ 第 4 章 \ 印象武汉 .pptx
视频文件	光盘 \ 视频 \ 第 4 章 \4.1.1 文字上标 .mp4

实战 印象武汉

步骤 01 在 PowerPoint 2013 中，打开一个素材文件，如图 4-46 所示。

步骤 02 在编辑区中，选择需要设置上标的文本，如图 4-47 所示。

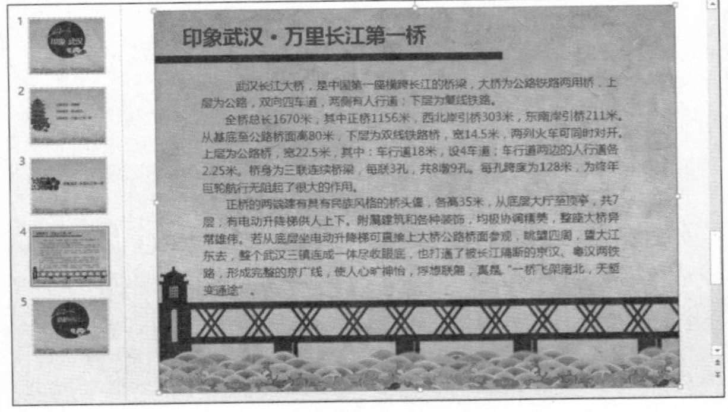

图 4-46 打开一个素材文件

图 4-47 选择需要设置上标的文本

步骤 03 在“开始”面板中的“字体”选项板中的右下角，单击“字体”按钮，如图 4-48 所示。

步骤 04 弹出“字体”对话框，在“字体”选项卡中的“效果”选项区中选中“上标”复选框，如图 4-49 所示。

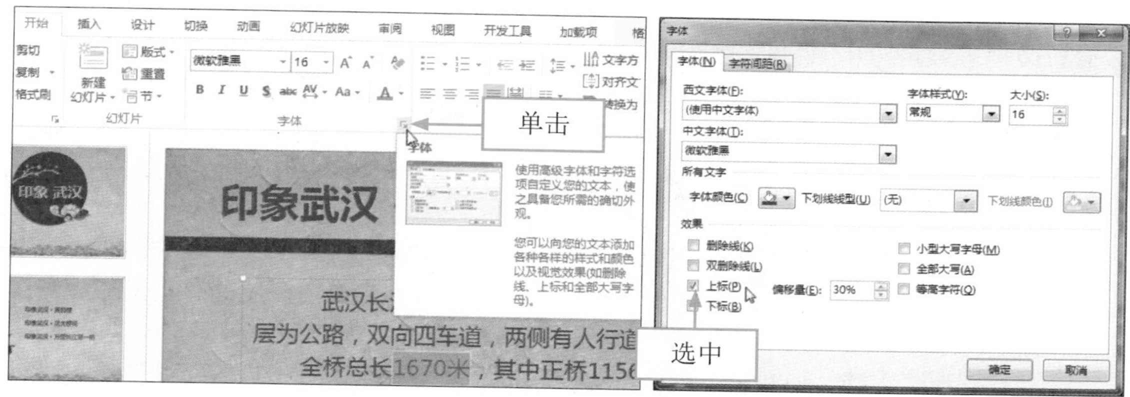

图 4-48 单击“字体”按钮

图 4-49 选中“上标”复选框

步骤 05 单击“确定”按钮，即可设置文本为上标，如图 4-50 所示。

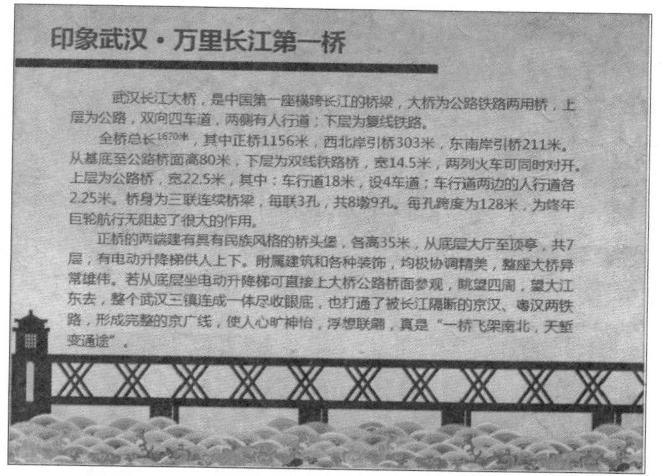

图 4-50 设置文本为上标

专家指点

如果用户需要设置文本为下标，只需在“字体”对话框中的“字体”选项卡中的“效果”选项区中选中“下标”复选框即可。

4.2.6 文字删除线

在 PowerPoint 2013 中，对插入到文稿中的重复内容或是对主体内容没有较多辅助作用的文本，用户可以采取添加删除线的方式进行编辑。

	素材文件	光盘 \ 素材 \ 第 4 章 \ 清新散文 .pptx
	效果文件	光盘 \ 效果 \ 第 4 章 \ 清新散文 .pptx
	视频文件	光盘 \ 视频 \ 第 4 章 \4.2.6 文字删除线 .mp4

实战 清新散文

步骤 01 在 PowerPoint 2013 中，打开一个素材文件，如图 4-51 所示。

步骤 02 在编辑区中，选择需要设置删除线的文本，如图 4-52 所示。

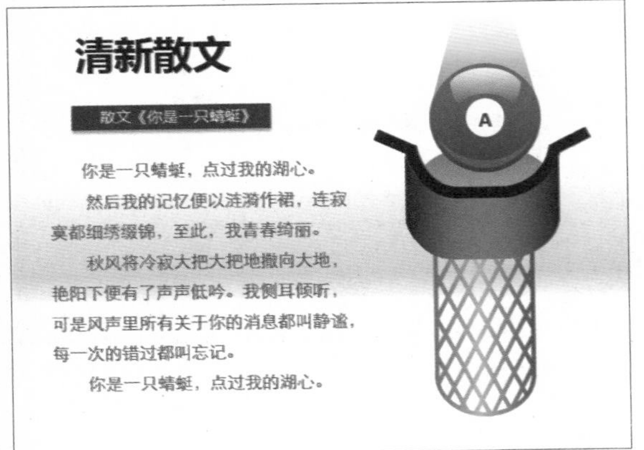

图 4-51 打开一个素材文件

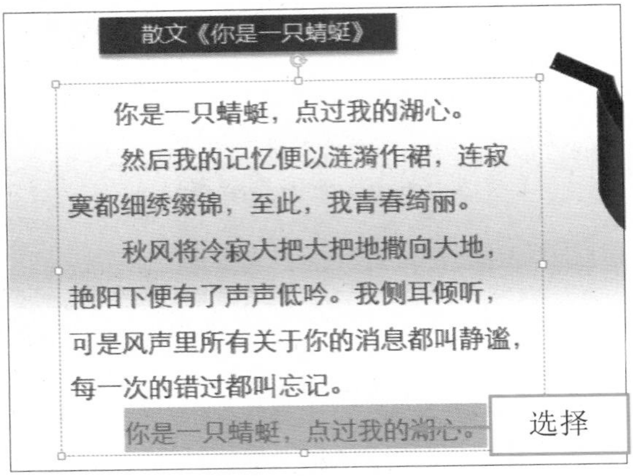

图 4-52 选择需要设置删除线的文本

步骤 03 在“开始”面板的“字体”选项板中，单击右下角的“字体”按钮，弹出“字体”对话框，在“字体”选项卡中的“效果”选项区中，选中“删除线”复选框，如图 4-53 所示，单击“确定”按钮。

步骤 04 执行操作后，即可设置文本删除线，如图 4-54 所示。

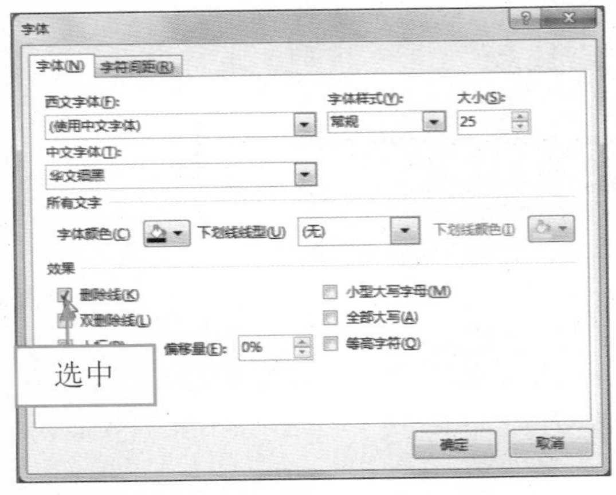

图 4-53 选中“删除线”复选框

图 4-54 设置文本删除线

专家指点

除了运用上述方法可以设置文字删除线外，用户还可以在“字体”选项板中单击“删除线”按钮，也可设置文本删除线。

4.2.7 文字阴影

在 PowerPoint 2013 中，用户还可以对幻灯片中的文本添加阴影效果。下面将向读者介绍设置文字阴影的操作方法。

	素材文件	光盘 \ 素材 \ 第 4 章 \ 樱花 .pptx
	效果文件	光盘 \ 效果 \ 第 4 章 \ 樱花 .pptx
	视频文件	光盘 \ 视频 \ 第 4 章 \4.2.7 文字阴影 .mp4

实战 樱花

步骤 01 在 PowerPoint 2013 中，打开一个素材文件，如图 4-55 所示。

步骤 02 在编辑区中，选择需要设置阴影的文本，如图 4-56 所示。

图 4-55 打开一个素材文件

图 4-56 选择需要设置阴影的文本

步骤 03 在“开始”面板中的“字体”选项板中，单击“文字阴影”按钮，如图 4-57 所示。

步骤 04 执行操作后，即可设置文字阴影，如图 4-58 所示。

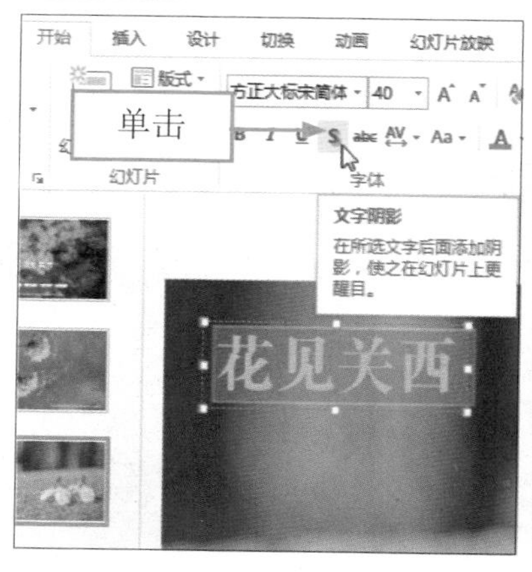

图 4-57 单击“文字阴影”按钮

图 4-58 设置文字阴影

4.2.8 批量修改字体

做一个好的 PowerPoint 文件，不但讲究内容的充实，而且要讲究整体的美观和统一。统一字体就是其中一项，因为很多时候，PowerPoint 文件是很多资料整理过来的，导致字体各异，显然不美观，下面就向用户介绍批量修改字体的方法。

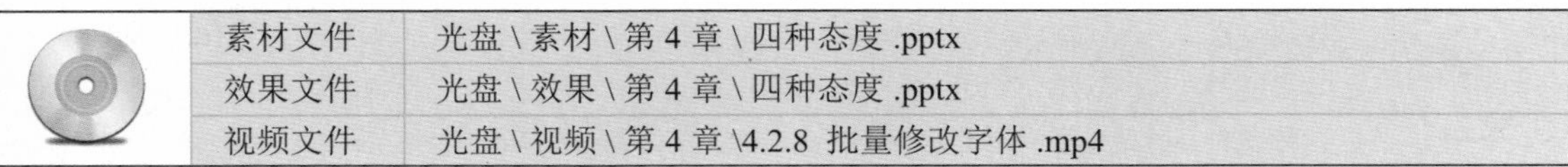

	素材文件	光盘 \ 素材 \ 第 4 章 \ 四种态度 .pptx
	效果文件	光盘 \ 效果 \ 第 4 章 \ 四种态度 .pptx
	视频文件	光盘 \ 视频 \ 第 4 章 \4.2.8 批量修改字体 .mp4

实战 四种态度

步骤 01 在 PowerPoint 2013 中，打开一个素材文件，如图 4-59 所示。

步骤 02 在“开始”功能区中，单击“编辑”选项区中的“替换”下拉按钮，弹出列表框，选择“替换字体”选项，如图 4-60 所示。

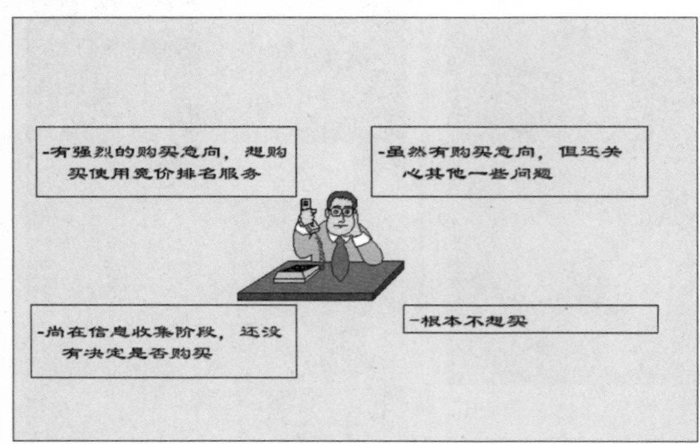

图 4-59 打开一个素材文件

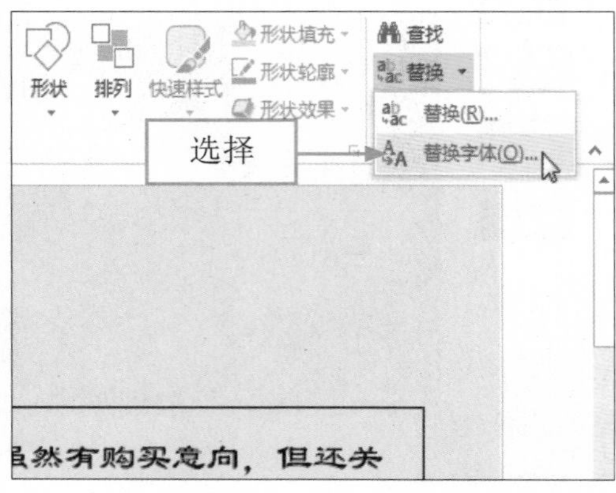

图 4-60 选择“替换字体”选项

步骤 03 执行操作后，弹出“替换字体”对话框，在“替换”下方的下拉列表框中，选择“隶书”选项，如图 4-61 所示。

步骤 04 执行操作后，在“替换为”下方的下拉列表框中，选择“方正大标宋简体”选项，如图 4-62 所示。

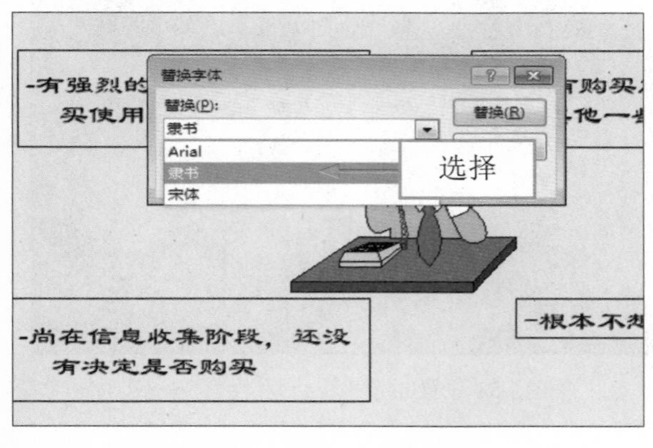

图 4-61 选择“隶书”选项

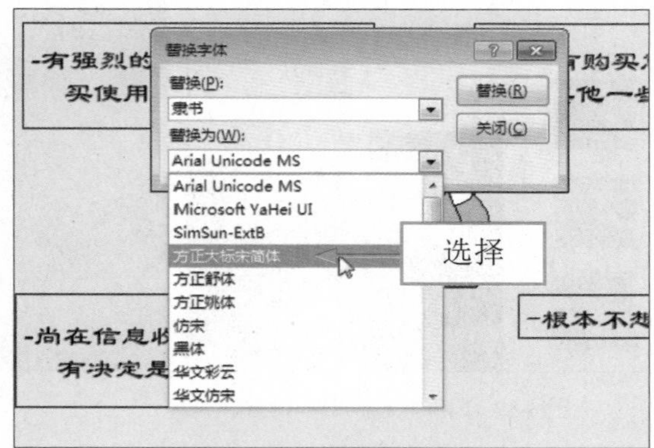

图 4-62 选择“方正大标宋简体”选项

步骤 05 依次单击“替换”和“关闭”按钮，即可替换字体，效果如图 4-63 所示。

图 4-63 替换字体

专家指点

在替换时需要注意：如果需要替换幻灯片中所有文本的字体格式，则在选中幻灯片后进行替换操作；若要替换幻灯片中部分文字的字体格式，则在选中指定文本后进行替换操作，如图 4-64 所示。

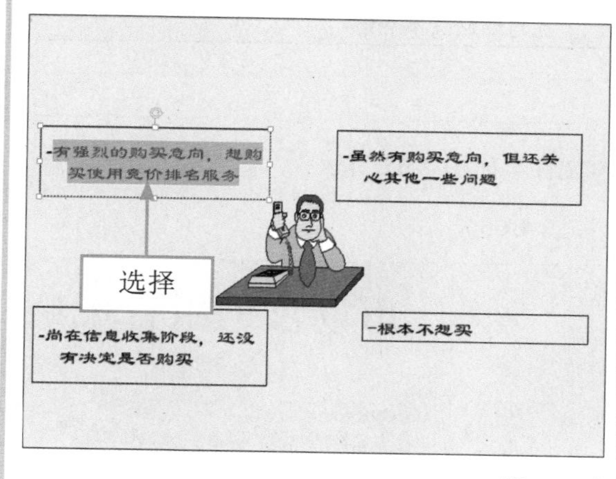

图 4-64 选中部分文本

4.3 编辑文本对象

在幻灯片中简单的输入文本后，要使幻灯片的文字更具有吸引力，更加美观，还必须对输入的文本进行各种编辑操作，以制作出符合用户需要的演示文稿，对文本的基本编辑操作包括选取、移动、恢复、复制粘贴、查找和替换等内容。

4.3.1 选取文本

在 PowerPoint 2013 中，编辑文本之前，先要选取文本，之后才能进行其他的相关操作，选取文本有以下 6 种方法。

* 选择任意数量的文本：当鼠标指针在文本处变为编辑状态时，在要选择的文本位置，单击鼠标左键的同时拖曳鼠标，至文本结束后释放鼠标左键，选择后的文本将以高亮度显示。

* 选择所有文本：在文本编辑状态下，切换至“开始”面板，在“编辑”选项板中单击“选择”按钮，在弹出的下拉列表框中选择“全选”选项，即可选择所有文本。

* 选择连续文本：在文本编辑状态下，将鼠标定位在文本的起始位置，按住【Shift】键，然后选择文本的结束位置单击鼠标左键，释放【Shift】键，即可选择连续的文本。

* 选择不连续文本：按住【Ctrl】键的同时，运用鼠标单击其他不相连的文本，即可选择不连续的文本。

* 运用快捷键选择：按【Ctrl + A】组合键或按两次【F2】键，即可全选文本。

* 选择占位符或文本框中的文本：当要选择占位符或文本框中的文本时，只需单击占位符或文本框的边框即可选中。

4.3.2 复制与粘贴文本

在 PowerPoint 2013 中，用户可以将演示文稿中的文本通过快捷菜单进行复制粘贴。下面向读者介绍运用快捷键复制粘贴文本的操作方法。

素材文件	光盘 \ 素材 \ 第 4 章 \ 市场营销组合策略 .pptx
效果文件	光盘 \ 效果 \ 第 4 章 \ 市场营销组合策略 .pptx
视频文件	光盘 \ 视频 \ 第 4 章 \4.3.2 复制与粘贴文本 .mp4

实战 市场营销组合策略

步骤 01 在 PowerPoint 2013 中，打开一个素材文件，如图 4-65 所示。

步骤 02 在编辑区中，选择需要复制的文本，如图 4-66 所示。

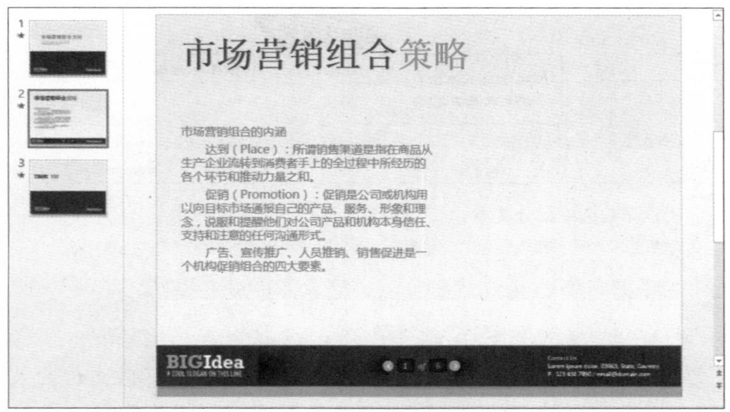

图 4-65 打开一个素材文件

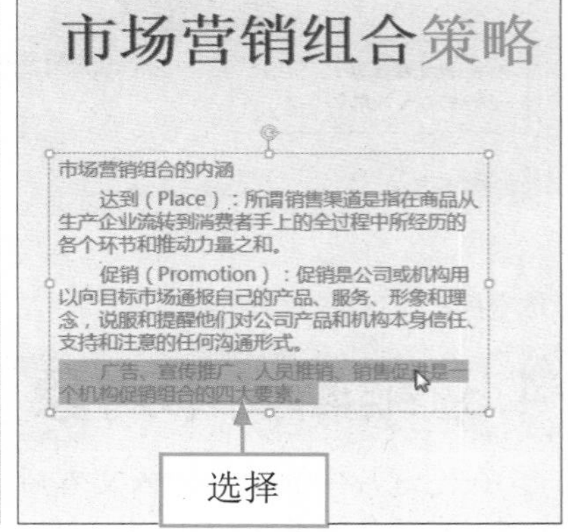

图 4-66 选择需要复制的文本

步骤 03 在选择的文本上，单击鼠标右键，弹出快捷菜单，选择“复制”选项，如图 4-67 所示。

步骤 04 复制文本，将鼠标移至合适位置，再次单击鼠标右键，在弹出的快捷菜单中，单击“粘贴选项”选项区中的“保留源格式”按钮，如图 4-68 所示。

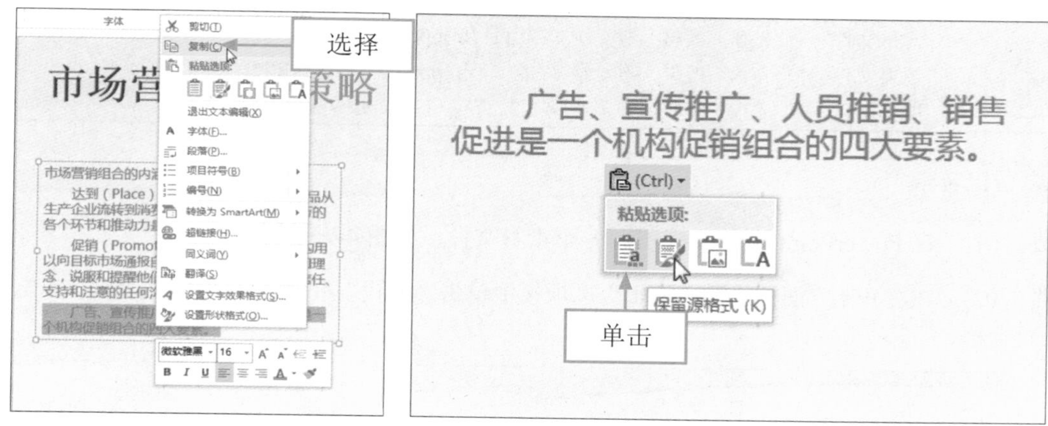

图 4-67 选择“复制”选项　　　　图 4-68 单击“保留源格式”按钮

步骤 05 执行操作后，即可粘贴文本对象，如图 4-69 所示。

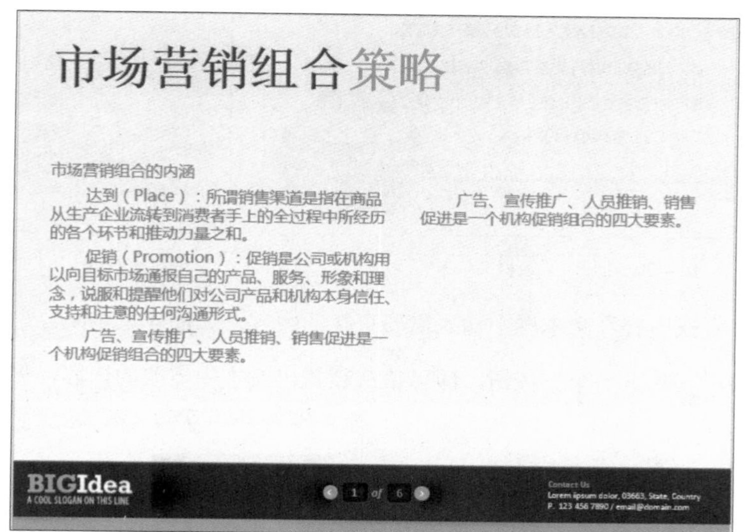

图 4-69 粘贴文本对象

专家指点

在幻灯片中剪切或复制的文本都被保存至剪贴板中。因此，用户可以使用“剪贴板”任务窗格，进行类似的复制和移动操作。

4.3.3 查找与替换文本

当需要在比较长的演示文稿里查找某个特定的内容，或要将查找的内容替换为其他内容时，可以使用“查找”和“替换”功能。

1. 查找文本

当需要在较长的演示文稿中查找某一特定的内容时，用户可以通过“查找”命令来找出某些特定的内容。

	素材文件	光盘 \ 素材 \ 第 4 章 \ 古巴音乐 .pptx
	效果文件	光盘 \ 效果 \ 第 4 章 \ 古巴音乐 .pptx
	视频文件	光盘 \ 视频 \ 第 4 章 \4.3.3 查找与替换文本 .mp4

实战 古巴音乐

步骤 01 在 PowerPoint 2013 中，打开一个素材文件，如图 4-70 所示。

步骤 02 在“开始”面板中的“编辑”选项板中单击“查找”按钮，如图 4-71 所示，弹出“查找”对话框。

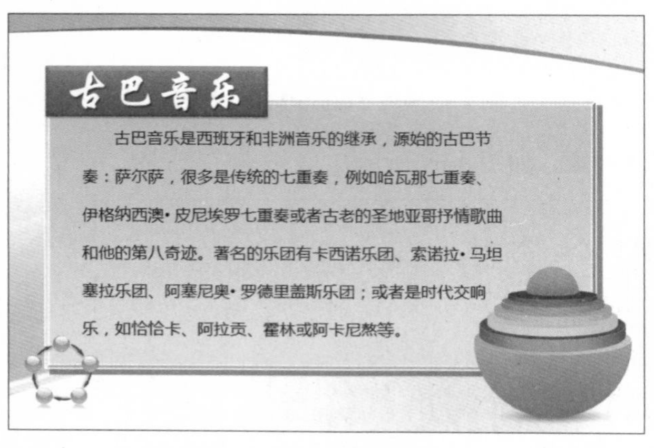

图 4-70 打开一个素材文件

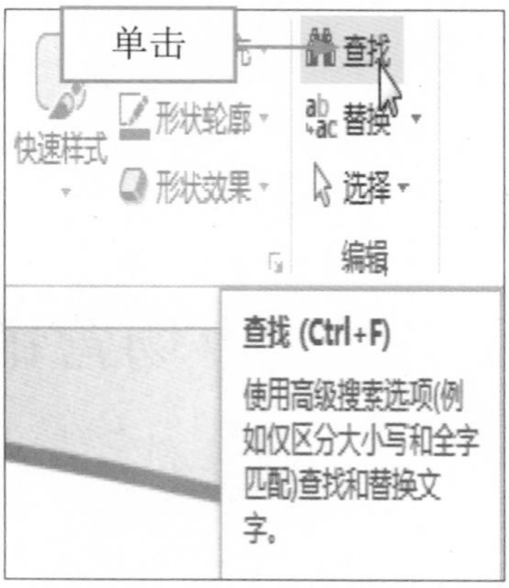

图 4-71 单击“查找”按钮

步骤 03 在“查找内容”文本框中输入需要查找的内容，如图 4-72 所示。

步骤 04 单击“查找下一个”按钮，即可依次查找出文本中需要的内容，如图 4-73 所示。

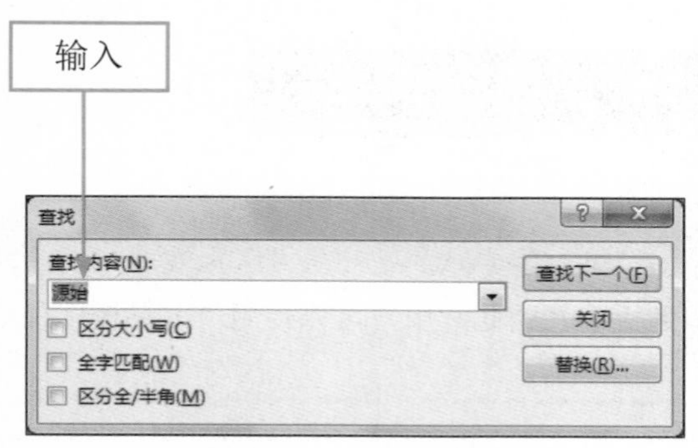

图 4-72 输入需要查找的内容

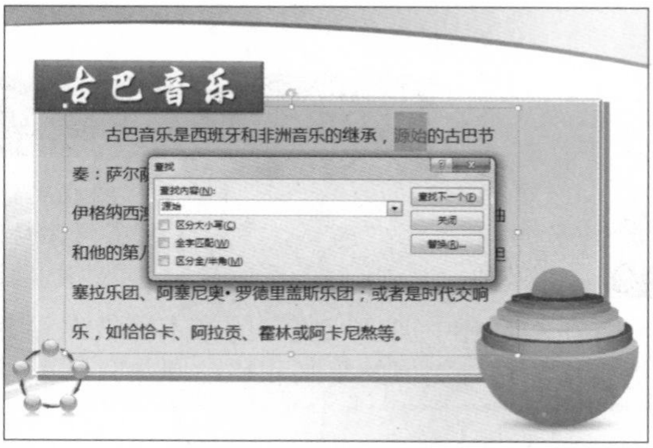

图 4-73 查找出文本中需要的内容

专家指点

“查找”对话框中各复选框的含义如下：

* 区分大小写：选中该复选框，在查找时需要完全匹配由大小写字母组合成的单词。
* 全字匹配：选中该复选框，只查找用户输入的完整单词和字母。
* 区分全 / 半角：选中该复选框，在查找时区分全角字符和半角字符。

2．替换文本

在文本中输入大量的文字后，如果出现相同错误的文字很多，可以使用“替换”按钮对文字进行批量更改，以提高工作效率。

	素材文件	光盘 \ 素材 \ 第 4 章 \ 影视基地 .pptx
	效果文件	光盘 \ 效果 \ 第 4 章 \ 影视基地 .pptx
	视频文件	光盘 \ 视频 \ 第 4 章 \4.3.3 查找与替换文本 .mp4

实战 影视基地

步骤 01 在 PowerPoint 2013 中，打开一个素材文件，如图 4-74 所示。

步骤 02 在“开始”面板的“编辑”选项板中，单击“替换”下拉按钮，在弹出的列表框中选择“替换”选项，如图 4-75 所示。

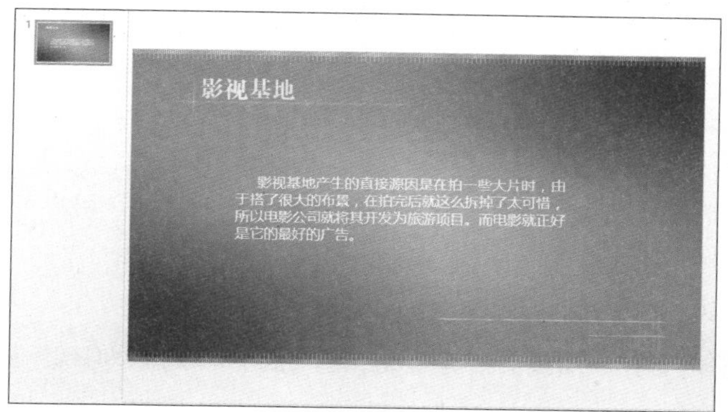

图 4-74 打开素材文件

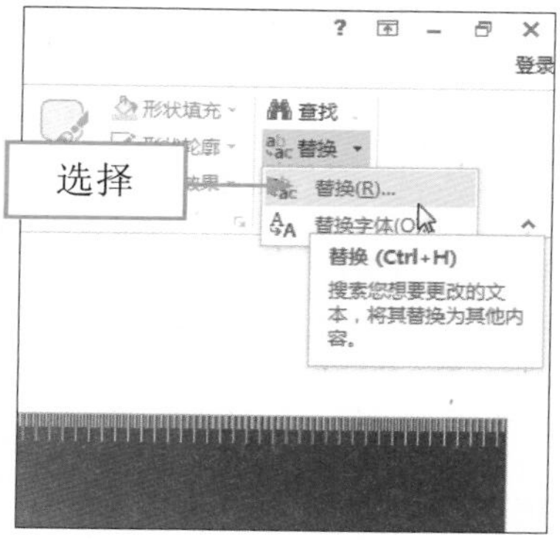

图 4-75 选择“替换”选项

步骤 03 弹出“替换”对话框，在“查找内容”文本框和“替换为”文本框中分别输入相应内容，如图 4-76 所示。

步骤 04 单击“全部替换”按钮，弹出信息提示框，单击“确定”按钮，如图 4-77 所示。

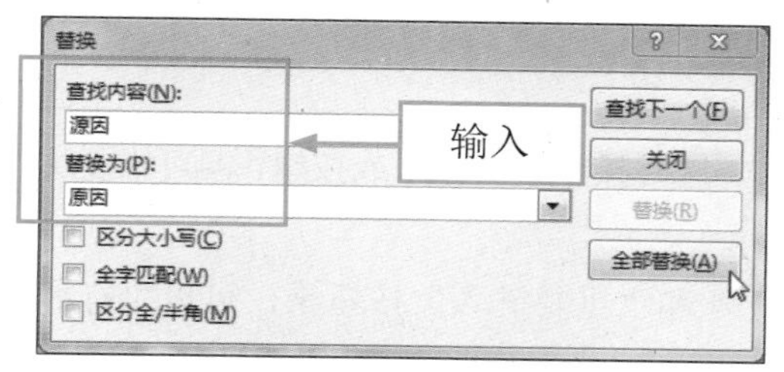

图 4-76 输入相应内容

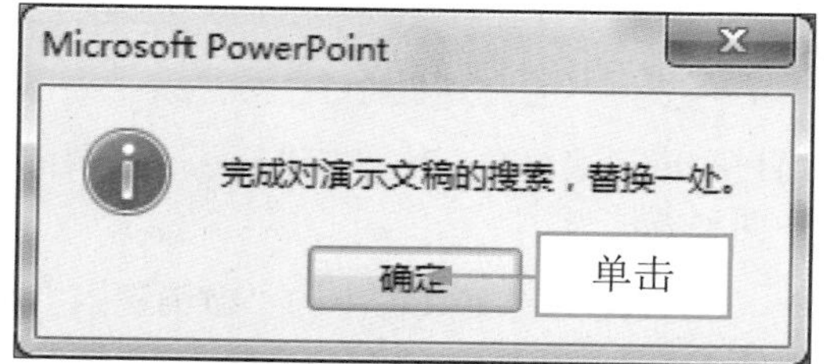

图 4-77 单击“确定”按钮

步骤 05 返回到“替换”对话框，单击“关闭”按钮，即可替换文本，如图 4-78 所示。

专家指点

在 PowerPoint 2013 中，用户还可以在“编辑”选项板中单击“替换”下拉按钮，在弹出的列表框中选择“替换字体”选项，替换文本中的字体。

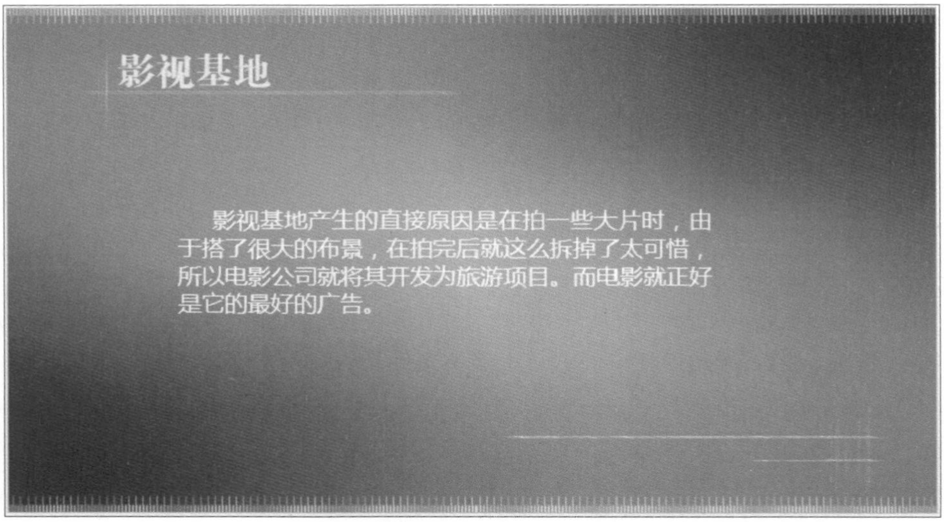

影视基地

影视基地产生的直接原因是在拍一些大片时，由于搭了很大的布景，在拍完后就这么拆掉了太可惜，所以电影公司就将其开发为旅游项目。而电影就正好是它的最好的广告。

图 4-78 替换文本

4.3.4 删除文本

在 PowerPoint 2013 中，删除文本指的是删除占位符中的文字和文本框中的文字，用户可以直接选择文本框或占位符，执行删除操作。

在 PowerPoint 2013 中，可以通过以下两种方法删除文本。

* 按钮：选择需要删除的文本，在“开始”面板的“剪贴板”选项板中，单击“剪切”按钮，即可删除文本。

* 快捷键：选择需要删除的文本，按【Delete】键即可将其删除。

专家指点

选择运用“剪切”按钮删除的文本，再按【Ctrl + V】组合键即可将其恢复。

4.3.5 撤销和恢复文本

用户在进行编辑时，对文本进行了不必要的操作，这时执行某个命令或按钮，即可恢复文本，有以下两种方法。

* 单击快速访问工具栏中的“撤销键入”按钮和“重复键入”按钮，可以执行撤销和恢复操作。

* 按【Ctrl + Z】组合键，即可恢复上一步的操作。

专家指点

在默认情况下，PowerPoint 2013 可以最多撤销 20 步操作，用户也可以根据需要在“PowerPoint 2013 选项”对话框中设置撤销的次数。但是，如果将可撤销的数值设置过大，将会占用软件较大的系统内存，从而影响 PowerPoint 的运行速度。

4.3.6 文字自动换行

在 PowerPoint 的自动换行主要适用于含有文本的形状或文本框，具体指的是当形状或文本框中的显示超过了形状或文本框的宽度时，则 PowerPoint 自动将超出的内容显示到下一行，依次类推，通过自动增加形状或者文本框的高度来保持文本的完全显示。

	素材文件	光盘 \ 素材 \ 第 4 章 \ 博客由来 .pptx
	效果文件	光盘 \ 效果 \ 第 4 章 \ 博客由来 .pptx
	视频文件	光盘 \ 视频 \ 第 4 章 \4.3.6 文字自动换行 .mp4

实战 博客由来

步骤 01 在 PowerPoint 2013 中，打开一个素材文件，如图 4-79 所示。

步骤 02 在文本框上单击鼠标右键，在弹出的快捷菜单中选择“设置形状格式”选项，如图 4-80 所示。

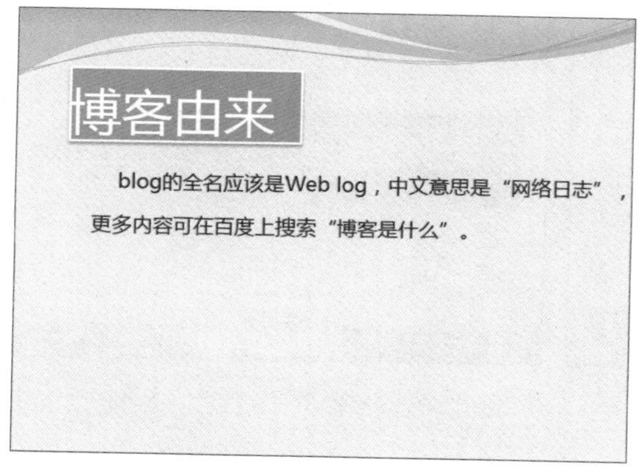

图 4-79 打开一个素材文件

图 4-80 选择“设置形状格式”选项

步骤 03 弹出“设置形状格式”窗格，单击“大小属性”图标，在“文本框”选项区中选中“形状中的文字自动换行”复选框，如图 4-81 所示。

步骤 04 关闭“设置形状格式”窗格，即可使输入的文字自动换行，如图 4-82 所示。

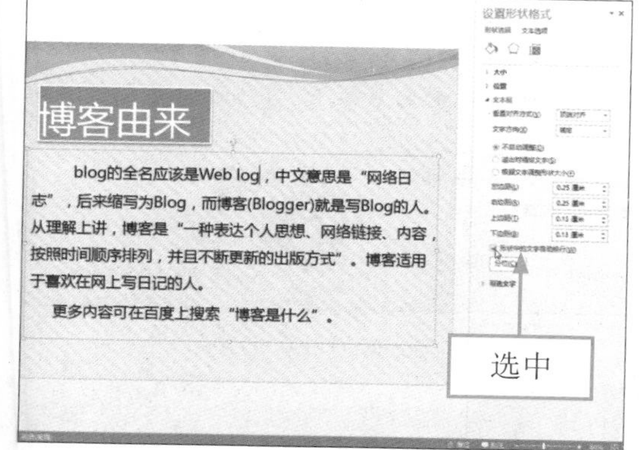

图 4-81 选中“形状中的文字自动换行”复选框

博客由来

blog的全名应该是Web log，中文意思是“网络日志”，后来缩写为Blog，而博客(Blogger)就是写Blog的人。从理解上讲，博客是“一种表达个人思想、网络链接、内容，按照时间顺序排列，并且不断更新的出版方式”。博客适用于喜欢在网上写日记的人。

更多内容可在百度上搜索“博客是什么”。

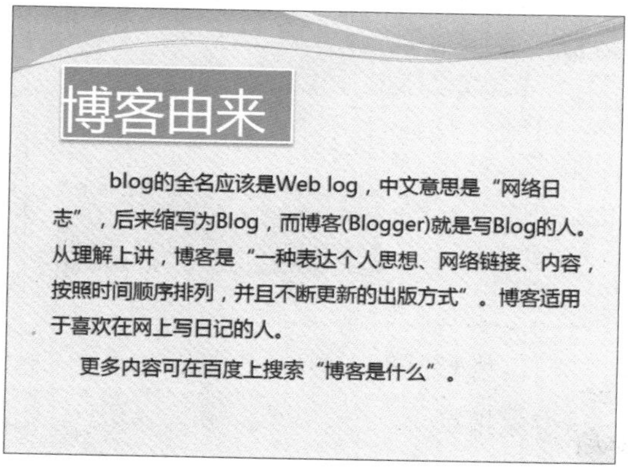

图 4-82 关闭“设置形状格式”窗格

4.3.7 段落行距和间距

在 PowerPoint 2013 中，用户可以设置行距及段落之间的间距大小，设置行距可以改变 PowerPoint 默认的行距，能够使演示文稿的内容条理更为清晰，设置段落间距，可以使文本以用户规划的格式分行。

素材文件	光盘 \ 素材 \ 第 4 章 \ 美学 .pptx
效果文件	光盘 \ 效果 \ 第 4 章 \ 美学 .pptx
视频文件	光盘 \ 视频 \ 第 4 章 \4.3.7 段落行距和间距 .mp4

实战 美学

步骤 01 在 PowerPoint 2013 中，打开一个素材文件，如图 4-83 所示。

步骤 02 在编辑区中，选择需要设置段落间距和行距的文本，如图 4-84 所示。

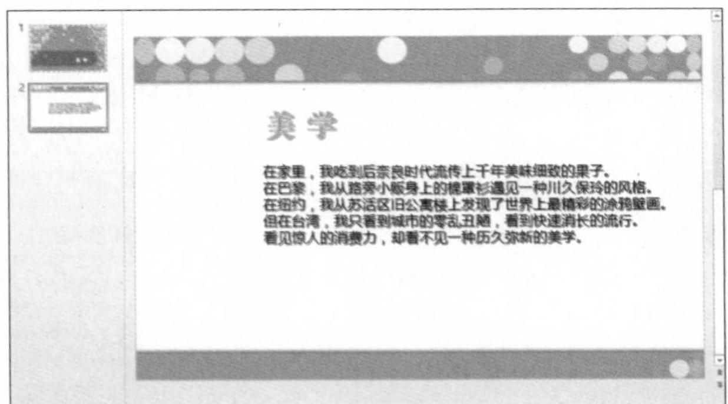

图 4-83 打开一个素材文件

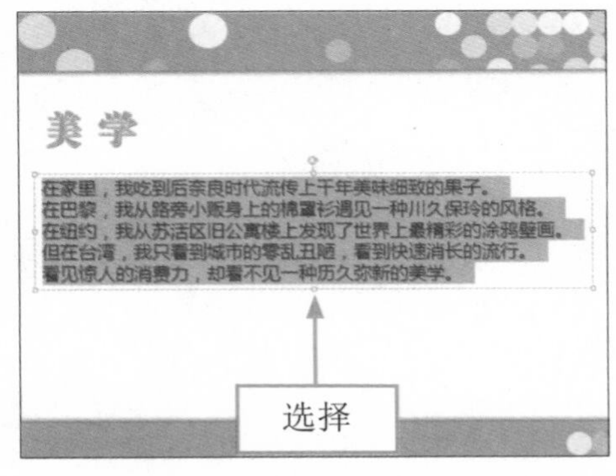

图 4-84 选择幻灯片中的文本

步骤 03 在“开始”功能区单击“段落”选项区右下角的“段落”按钮，如图 4-85 所示。

步骤 04 弹出“段落”对话框，在“缩进和间距”选项卡中的“间距”选项区中设置“段前”和“段后”都为“4 磅”、“行距”为“双倍行距”，如图 4-86 所示。

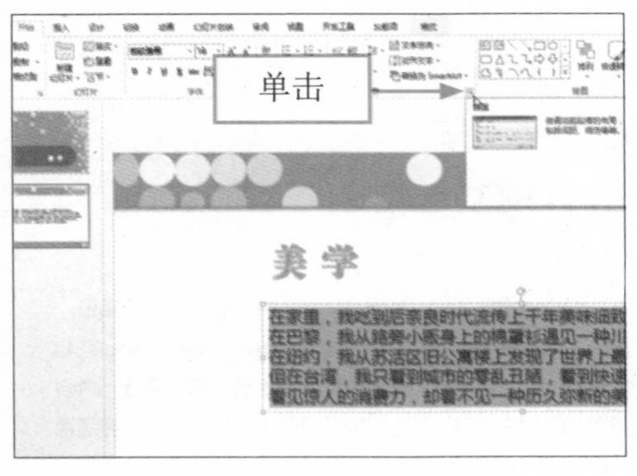

图 4-85 单击“段落”按钮

图 4-86 设置间距、行距

专家指点

在“间距”选项区中各选项的含义如下：

* 段前：用于设置当前段落与前一段之间的距离。
* 段后：用于设置当前段落与下一段之间的距离。
* 行距：用于设置段落中行与行之间的距离，默认的行距是“单倍行距”，用户可以根据需要选择其他行距，并可以通过“设置值”对行距进行设置。

步骤 05 单击“确定”按钮，即可设置段落行距和间距，效果如图 4-87 所示。

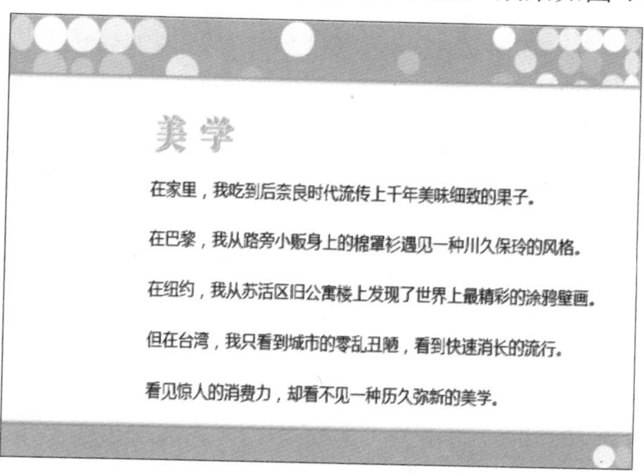

图 4-87 设置段落行距和间距

专家指点

除上述所说的方法外，用户还可以在“开始”功能区的“段落”选项区中，单击“行距”按钮，在弹出的下拉列表中选择 1.5，即可直接设置行距，如图 4-88 所示。

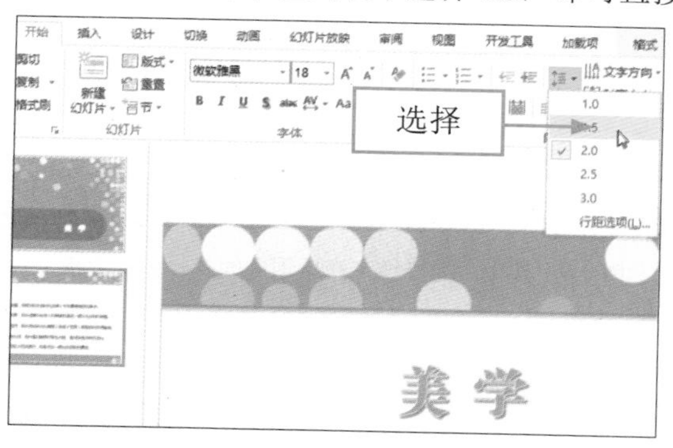

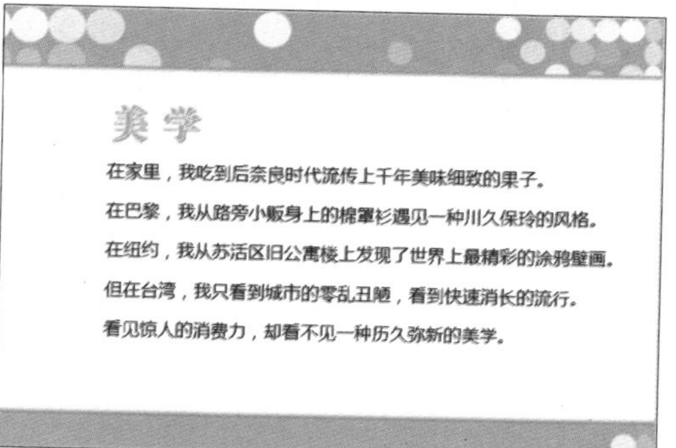

图 4-88 设置行距

4.3.8 换行格式

在 PowerPoint 2013 中，用户可以通过设置换行格式使 PowerPoint 文稿的文本排列达到统一的效果，从而更加美观，下面主要介绍设置换行格式的操作方法。

素材文件	光盘 \ 素材 \ 第 4 章 \ 小学英语 .pptx
效果文件	光盘 \ 效果 \ 第 4 章 \ 小学英语 .pptx
视频文件	光盘 \ 视频 \ 第 4 章 \4.3.8 换行格式 .mp4

实战 小学英语

步骤 01 在 PowerPoint 2013 中，打开一个素材文件，如图 4-89 所示。

步骤 02 切换至第 2 张幻灯片，选择幻灯片中的文本，如图 4-90 所示。

图 4-89 打开一个素材文件

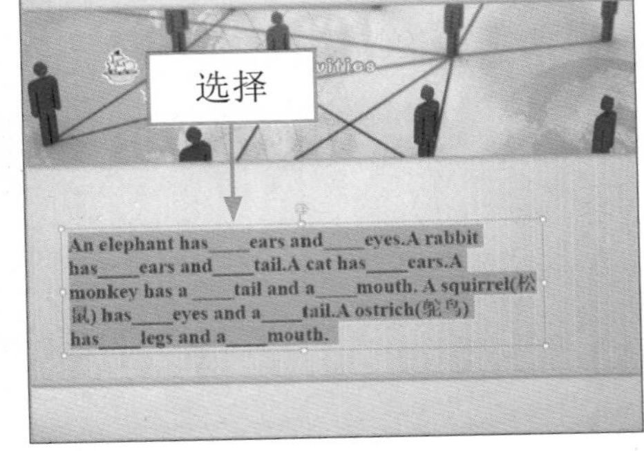

图 4-90 选择幻灯片中的文本

步骤 03 在“开始”功能区，单击“段落”选项区右下角的“段落”按钮，如图 4-91 所示。

步骤 04 弹出“段落”对话框，切换至“中文版式”选项卡，在“常规”选项区中，选中“允许西文在单词中间换行”复选框，如图 4-92 所示。

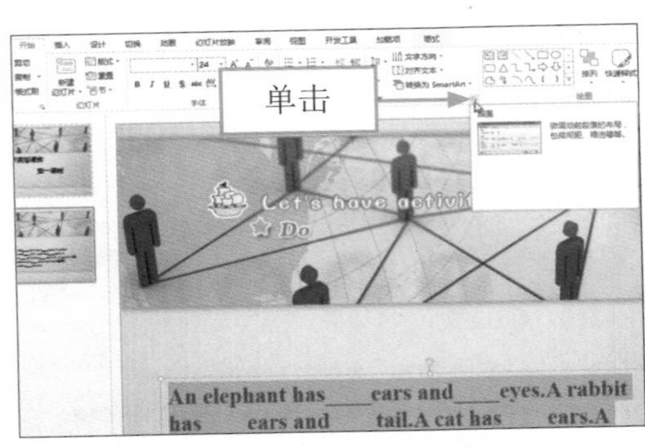

图 4-91 单击“段落”按钮

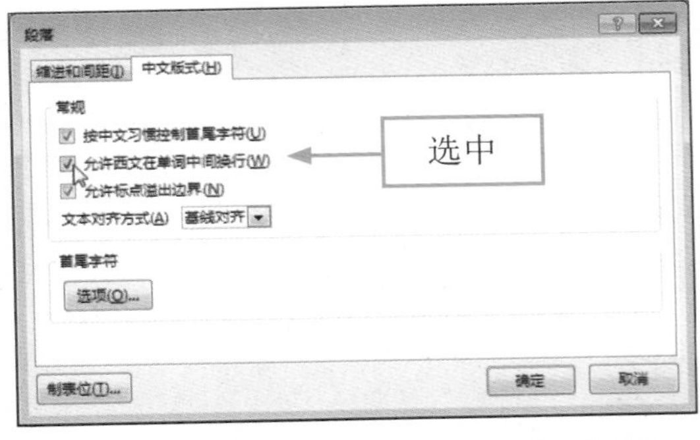

图 4-92 选中“允许西文在单词中间换行”复选框

步骤 05 单击“确定”按钮，即可设置换行格式，如图 4-93 所示。

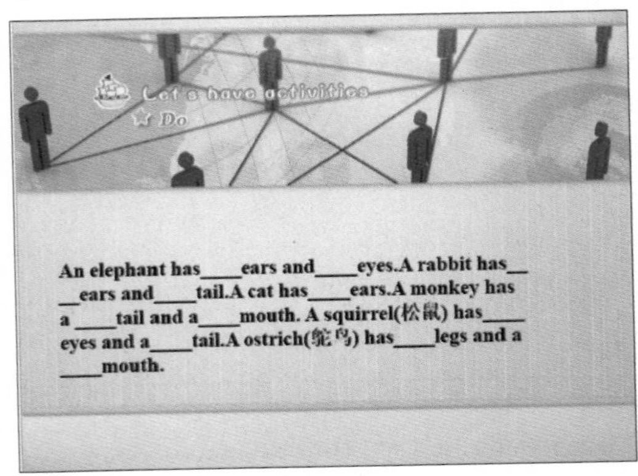

图 4-93 设置换行格式

专家指点

“常规”选项区中 3 个复选框的含义如下：

* 按中文习惯控制首尾字符：使段落中的首尾字符按中文习惯显示。
* 允许西方在单词中间换行：使行尾的单词有可能被分为两部分显示。
* 允许标点溢出边界：使行尾的标点位置超过文本框边界而不会被换到下一行。

4.3.9 段落对齐

在 PowerPoint 2013 中，用户不但可以使用“段落”选项板中的按钮设置对齐方式，还可以使用“段落”对话框设置文本对齐方式。

素材文件	光盘 \ 素材 \ 第 4 章 \ 销售前准备 .pptx
效果文件	光盘 \ 效果 \ 第 4 章 \ 销售前准备 .pptx
视频文件	光盘 \ 视频 \ 第 4 章 \4.3.9 段落对齐 .mp4

实战 销售前准备

步骤 01 在 PowerPoint 2013 中，打开一个素材文件，如图 4-94 所示。

步骤 02 选择幻灯片中需要设置对齐方式的段落，如图 4-95 所示。

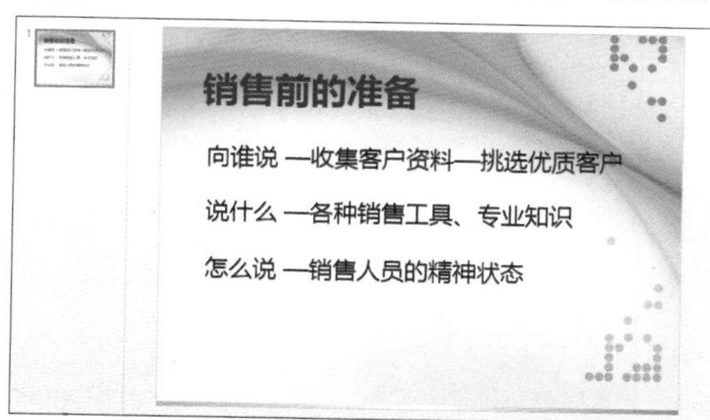

图 4-94 打开一个素材文件

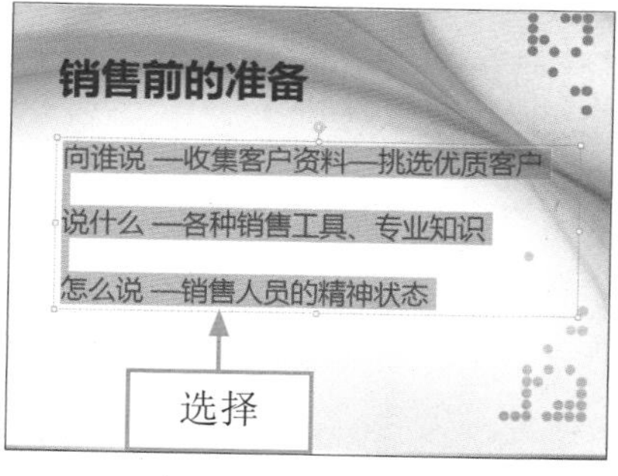

图 4-95 选择需要设置对齐方式的段落

步骤 03 在“开始”功能区，单击“段落”选项区中的“居中”按钮，如图 4-96 所示。

步骤 04 执行操作后，即可设置段落居中对齐，效果如图 4-97 所示。

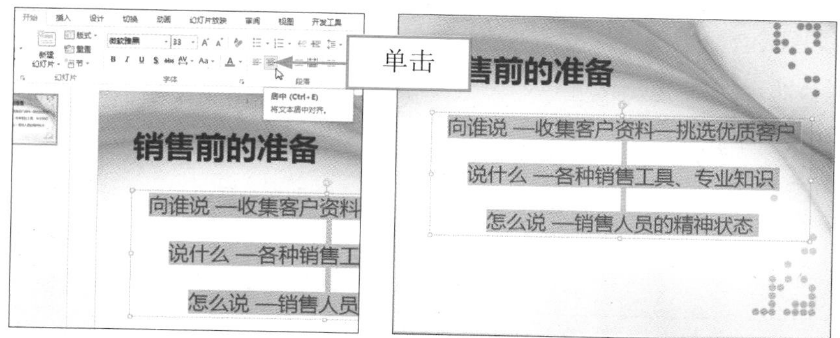

图 4-96 单击“居中”按钮

图 4-97 设置段落居中对齐

专家指点

在 PowerPoint 2013 中，用户不但可以使用“段落”选项区设置对齐方式，还可以使用“段落”对话框设置文本对齐方式，操作方法如下。

在 PowerPoint 2013 中，打开一个素材文件，如图 4-98 所示。在幻灯片中选择需要设置对齐方式的段落，如图 4-99 所示。

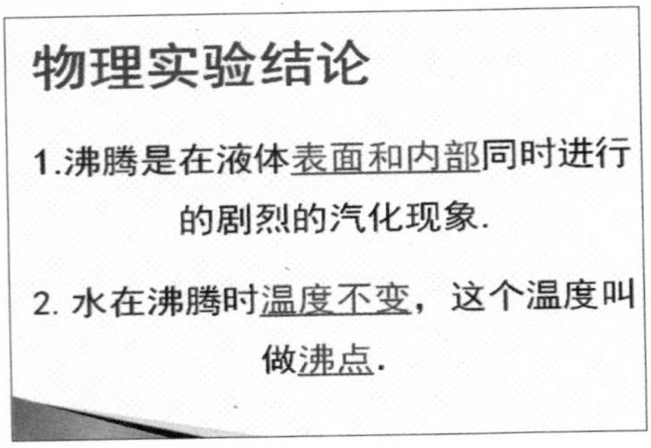

物理实验结论

1.沸腾是在液体表面和内部同时进行的剧烈的汽化现象.

2. 水在沸腾时温度不变，这个温度叫做沸点.

图 4-98 打开一个素材文件

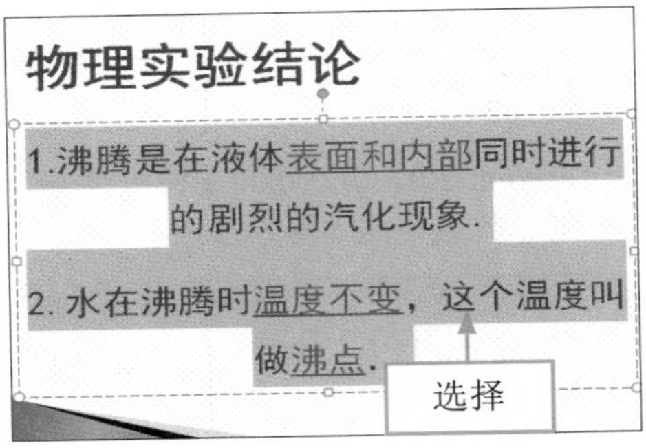

物理实验结论

1.沸腾是在液体表面和内部同时进行的剧烈的汽化现象.

2. 水在沸腾时温度不变，这个温度叫做沸点.

选择

图 4-99 选择需要设置对齐方式的段落

在“开始”功能区，单击“段落”选项区右下角的“段落”按钮，弹出“段落”对话框，如图 4-100 所示。在“缩进和间距”选项卡中的“常规”选项区中，单击“居中”右侧的下拉按钮，如图 4-101 所示。

图 4-100 弹出“段落”对话框

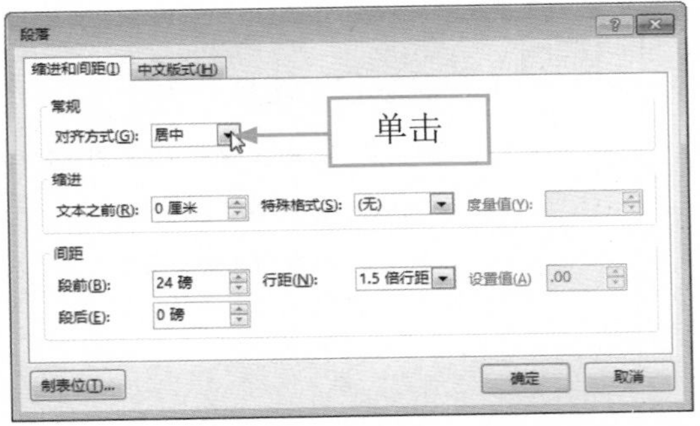

图 4-101 单击“居中”下拉按钮

在弹出的列表框中选择“左对齐”选项，如图 4-102 所示。单击“确定”按钮，即可设置段落的对齐方式，如图 4-103 所示。

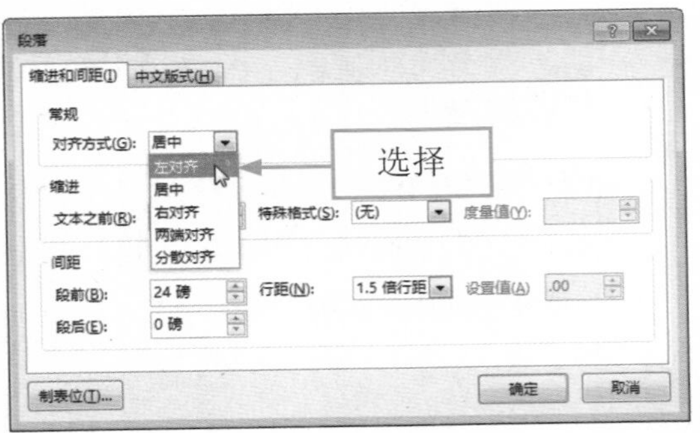

图 4-102 选择“左对齐”选项

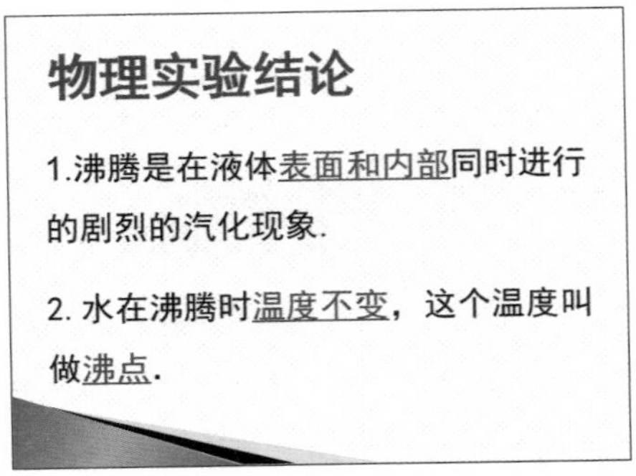

物理实验结论

1.沸腾是在液体表面和内部同时进行的剧烈的汽化现象.

2. 水在沸腾时温度不变，这个温度叫做沸点.

图 4-103 设置段落的对齐方式

“对齐方式”下拉列表框中各对齐方式的含义如下。

* 左对齐：段落左边对齐，右边可参差不齐。
* 居中对齐：段落居中排列。
* 右对齐：段落右边对齐，左边可参差不齐。
* 两端对齐：段落左右两端都对齐分布，但是段落最后不满一行文字时，右边是不对齐的。
* 分散对齐：段落左右两端都对齐，而且当每个段落的最后一行不满一行时，将自动拉开字符间距使该行均匀分布。

4.3.10 段落缩进

段落缩进有助于对齐幻灯片中的文本，对于编号和项目符号都有预设的缩进，段落缩进方式包括首行缩进和悬挂缩进两种。

	素材文件	光盘 \ 素材 \ 第 4 章 \ 年度总结 .pptx
	效果文件	光盘 \ 效果 \ 第 4 章 \ 年度总结 .pptx
	视频文件	光盘 \ 视频 \ 第 4 章 \4.3.10 段落缩进 .mp4

实战 年度总结

步骤 01 在 PowerPoint 2013 中，打开一个素材文件，如图 4-104 所示。

步骤 02 在幻灯片中选择需要设置段落缩进的文本，单击鼠标右键，在弹出的快捷菜单中选择“段落”选项，如图 4-105 所示。

图 4-104 打开一个素材文件

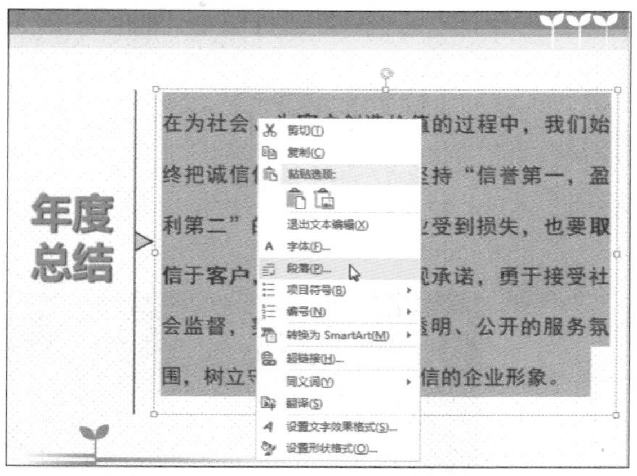

图 4-105 选择“段落”选项

步骤 03 弹出“段落”对话框，在“缩进和间距”选项卡中的“缩进”选项区中，单击“特殊格式”下拉按钮，在弹出的列表框中选择“首行缩进”选项，如图 4-106 所示。

步骤 04 单击“确定”按钮，即可设置段落首行缩进，如图 4-107 所示。

图 4-106 选择“首行缩进”选项

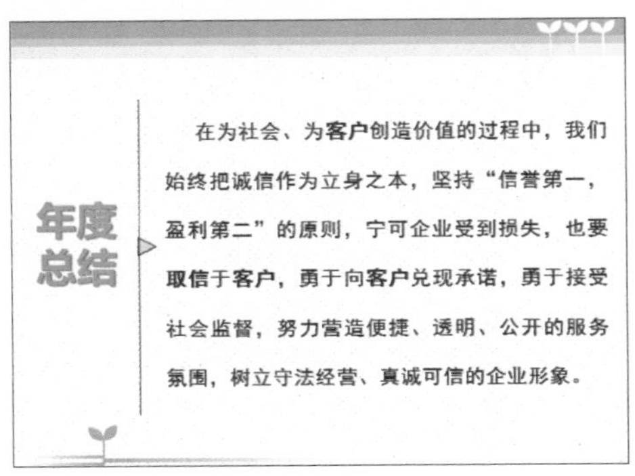

图 4-107 设置段落首行缩进

专家指点

在 PowerPoint 中，缩进是指文本与文本所在的框格边界之间的距离，而间距是指同一段落各行之间以及段落与段落之间的距离。通过合理调整段落的缩进和间距，可以让文本段落适当地留出一些空白，从而形成一种美感。除了上述所说的操作方法外，用户还可以将鼠标移至首行第一个文字前，按【Tab】键，也可设置文本首行缩进效果。

4.3.11 文字对齐

在演示文稿中输入文字后，就可以对文字进行对齐方式的设置，从而使要突出的文本更加醒目、有序。

	素材文件	光盘 \ 素材 \ 第 4 章 \SEM 人员必备基本素质 .pptx
	效果文件	光盘 \ 效果 \ 第 4 章 \SEM 人员必备基本素质 .pptx
	视频文件	光盘 \ 视频 \ 第 4 章 \4.3.11 文字对齐 .mp4

实战 SEM 人员必备基本素质

步骤 01 在 PowerPoint 2013 中，打开一个素材文件，如图 4-108 所示。

步骤 02 在幻灯片中选择需要设置文本对齐的文字，如图 4-109 所示。

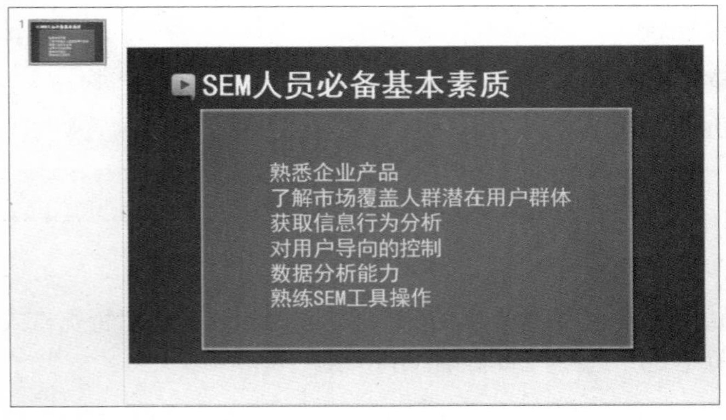

图 4-108 打开一个素材文件

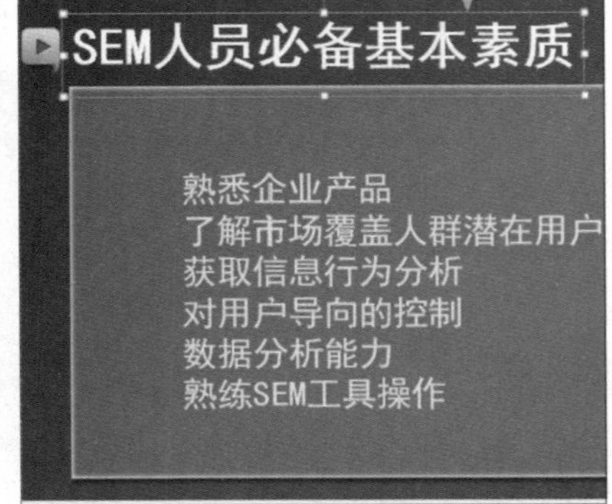

图 4-109 选择需要设置文本对齐的文字

步骤 03 在“开始”功能区，单击“段落”选项区中“对齐文本”下拉按钮，如图 4-110 所示。

步骤 04 在弹出的列表框中选择“中部对齐”选项，如图 4-111 所示。

图 4-110 单击“对齐文本”下拉按钮

图 4-111 选择“中部对齐”选项

步骤 05 执行操作后，即可设置文本中部对齐，如图 4-112 所示。

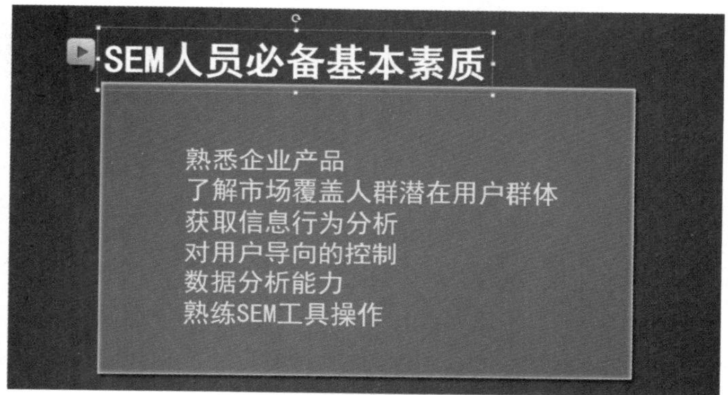

图 4-112 设置文本中部对齐效果

专家指点

在 PowerPoint 2013 中，设置文本对齐是指文本相对于文本框的对齐效果。除了上述所说的设置文本中部对齐效果外，文字的对齐方式还包括顶端对齐，如图 4-113 所示，底端对齐方式，如图 4-114 所示。

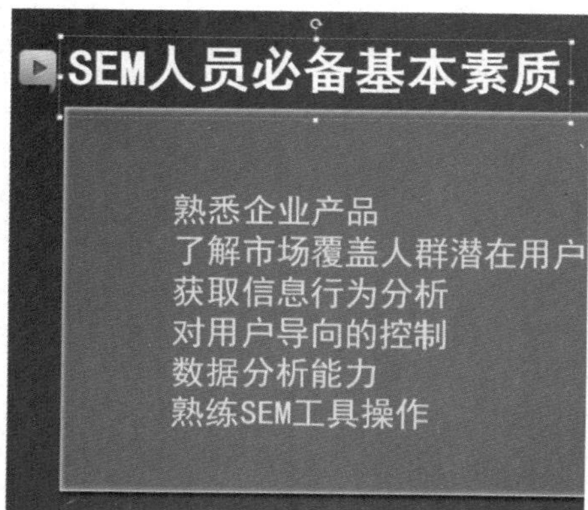

图 4-113 设置文本顶端对齐效果

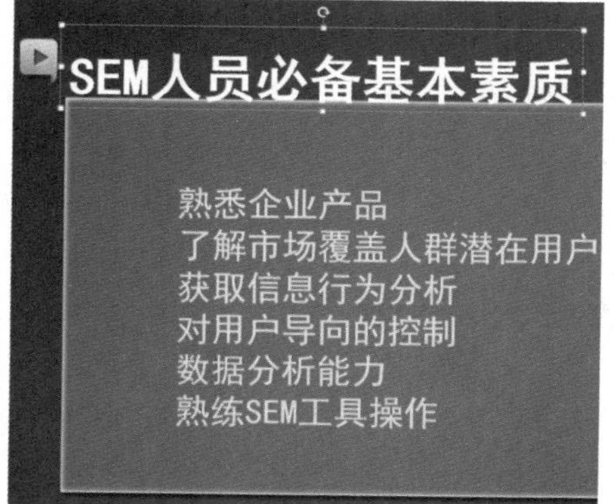

图 4-114 设置文本底端对齐效果

4.3.12 文字竖排

在 PowerPoint 2013 中，设置文字方向是指将水平排列的文本变成垂直排列的文本，也可以使垂直排列的文本变成水平排列。

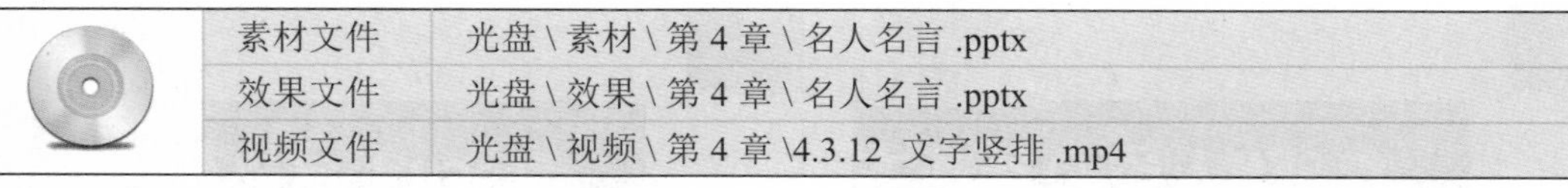

素材文件	光盘 \ 素材 \ 第 4 章 \ 名人名言 .pptx
效果文件	光盘 \ 效果 \ 第 4 章 \ 名人名言 .pptx
视频文件	光盘 \ 视频 \ 第 4 章 \4.3.12 文字竖排 .mp4

实战 名人名言

步骤 01 在 PowerPoint 2013 中，打开一个素材文件，如图 4-115 所示。

步骤 02 在编辑区中，选择需要设置方向为竖排的文本，如图 4-116 所示。

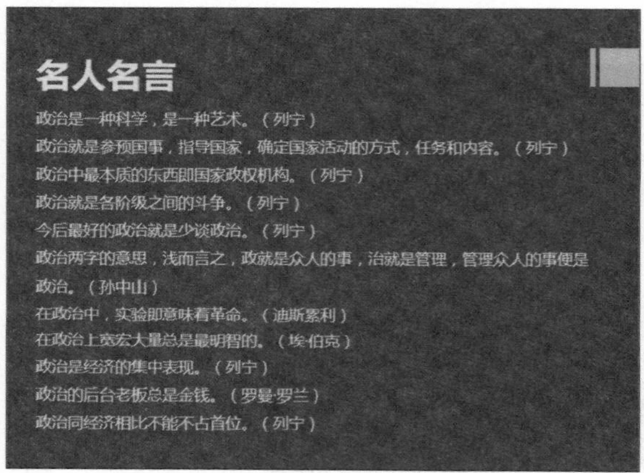

图 4-115 打开一个素材文件

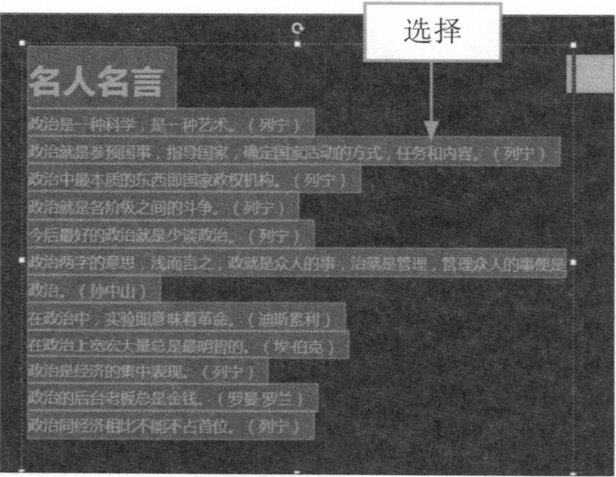

图 4-116 选择文本

步骤 03 在“开始”功能区，单击“段落”选项区中“文字方向”下拉按钮，在弹出的列表框中选择“竖排”选项，如图 4-117 所示。

步骤 04 执行操作后，即可设置文字方向为竖排显示，如图 4-118 所示。

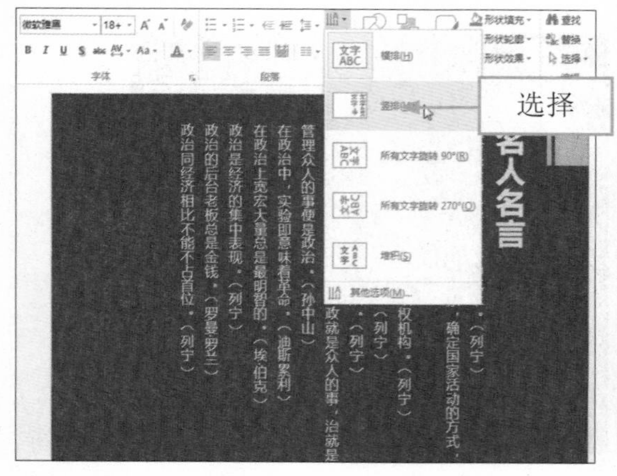

图 4-117 选择“竖排”选项

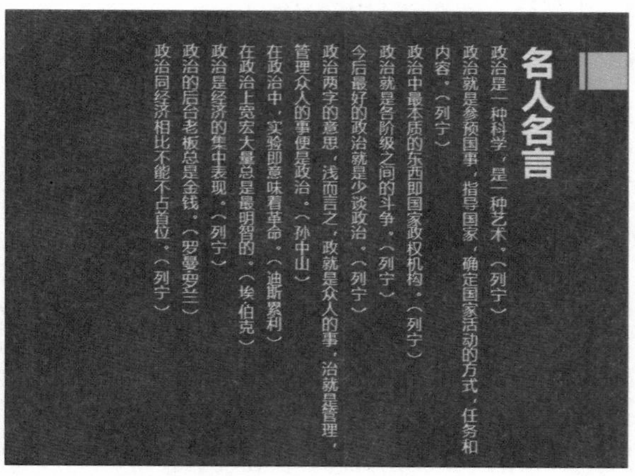

图 4-118 设置文字方向为竖排

4.3.13 文字旋转

在 PowerPoint 2013 中，设置所有文字旋转是指将文本框中的每个文字顺时针旋转相应的度数后按照从右到左、从上到下的方式排列。

1. 文字旋转 90°

设置所有文字旋转 90° 是指将文本框中的每个文字顺时针旋转 90° 后按照从右到左、从上到下的方式排列。

	素材文件	光盘 \ 素材 \ 第 4 章 \ 当下的力量 .pptx
	效果文件	光盘 \ 效果 \ 第 4 章 \ 当下的力量 .pptx
	视频文件	光盘 \ 视频 \ 第 4 章 \4.3.13 文字旋转 .mp4

实战 当下的力量

步骤 01 在 PowerPoint 2013 中，打开一个素材文件，如图 4-119 所示。

步骤 02 在编辑区中，选择需要设置旋转 90° 的文本，如图 4-120 所示。

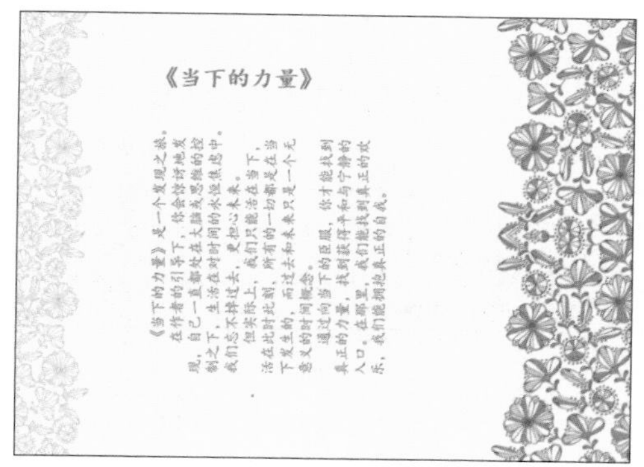

图 4-119 打开一个素材文件

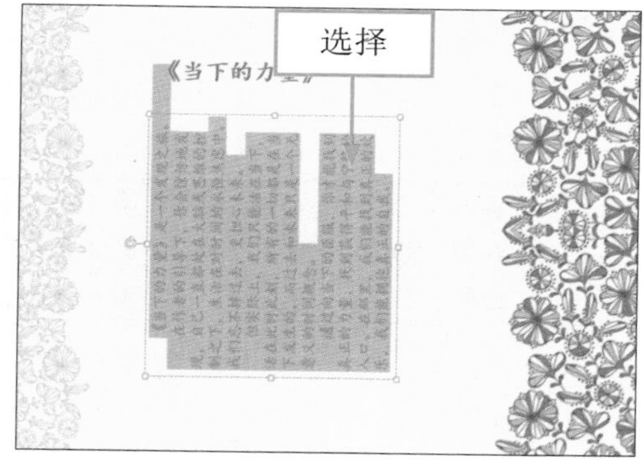

图 4-120 选择文本

步骤 03 在“开始”功能区，单击“段落”选项区中“文字方向”下拉按钮，在弹出的列表框中选择“所有文字旋转 90°”选项，如图 4-121 所示。

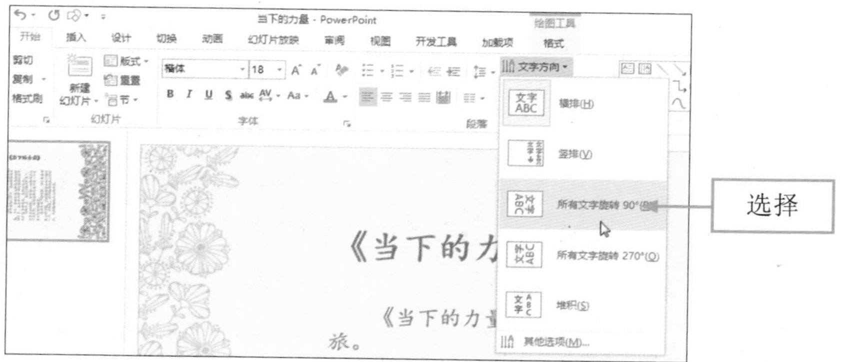

图 4-121 选择“所有文字旋转 90°”选项

步骤 04 执行操作后，即可设置所有文字旋转 90°，如图 4-122 所示。

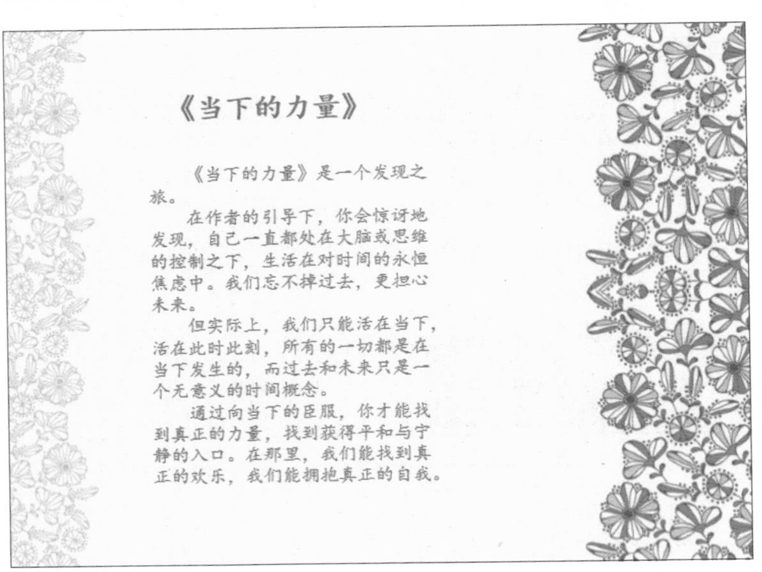

图 4-122 设置所有文字方旋转 90°

2．文字旋转 270°

设置所有文字旋转 270° 是指将文本框中的每个文字顺时针旋转 270° 后按照从右到左、从上到下的方式排列。

	素材文件	光盘 \ 素材 \ 第 4 章 \ 软文定义 .pptx
	效果文件	光盘 \ 效果 \ 第 4 章 \ 软文定义 .pptx
	视频文件	光盘 \ 视频 \ 第 4 章 \4.3.13 文字旋转 .mp4

实战 软文定义

步骤 01 在 PowerPoint 2013 中，打开一个素材文件，如图 4-123 所示。

步骤 02 在编辑区中，选择需要设置旋转 270° 的文本，如图 4-124 所示。

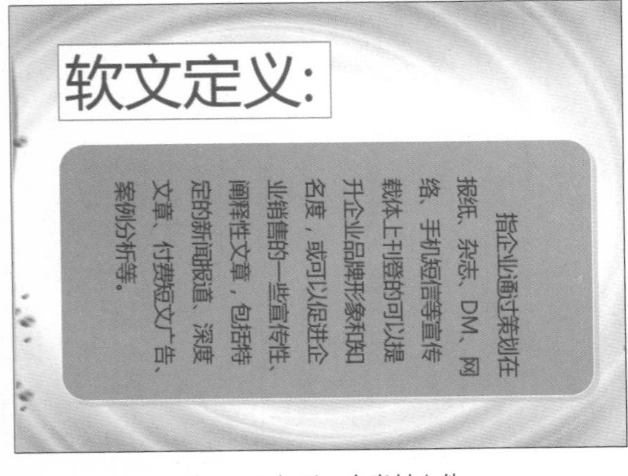

图 4-123 打开一个素材文件

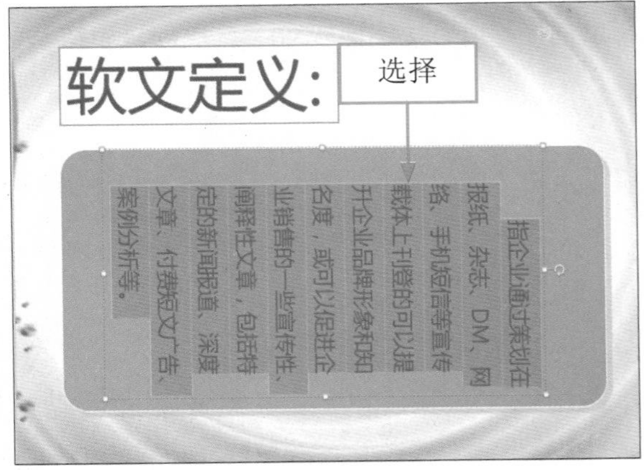

图 4-124 选择文本

步骤 03 在“开始”功能区中，单击“段落”选项区中“文字方向”下拉按钮，如图 4-125 所示。

步骤 04 在弹出的列表框中选择"所有文字旋转 270°"选项，如图 4-126 所示。

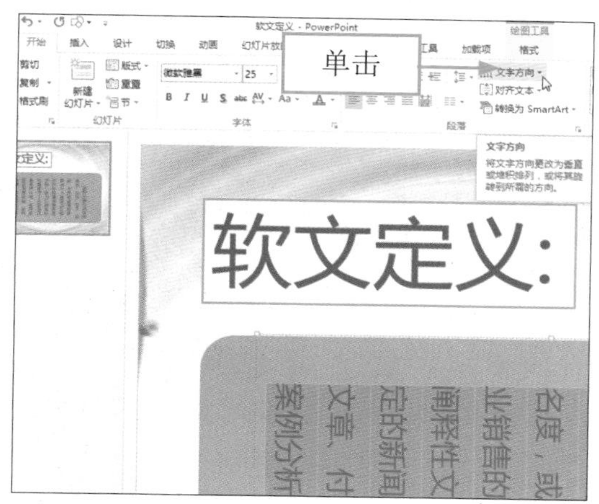

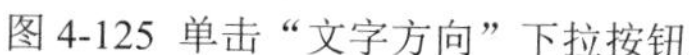

图 4-125 单击"文字方向"下拉按钮

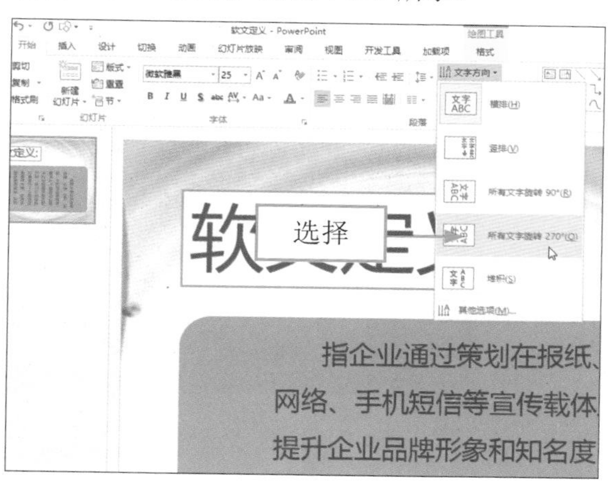

图 4-126 选择"所有文字旋转 270°"选项

步骤 05 执行操作后，即可设置文字旋转 270°，如图 4-127 所示。

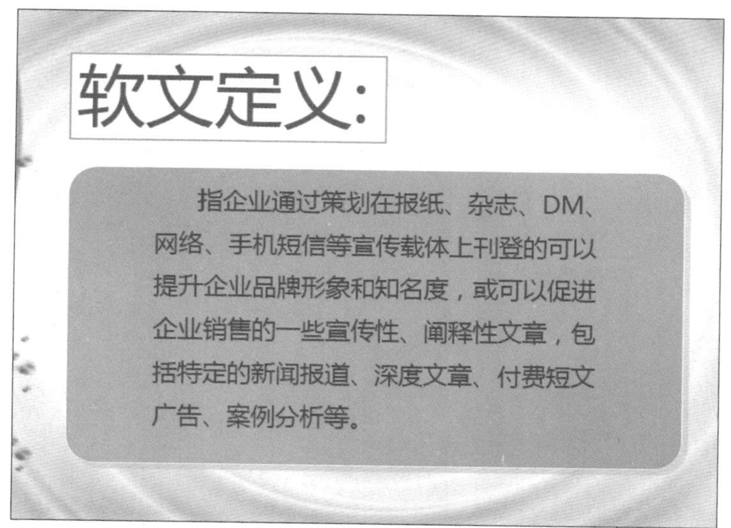

图 4-127 设置文字旋转 270°

4.3.14 文字堆积

在 PowerPoint 2013 中，堆积是指将文本框中的文字从左到右、从上到下的方式竖向排列，每一列中的文字数量与行高紧密相关。

	素材文件	光盘 \ 素材 \ 第 4 章 \ 内容简介 .pptx
	效果文件	光盘 \ 效果 \ 第 4 章 \ 内容简介 .pptx
	视频文件	光盘 \ 视频 \ 第 4 章 \4.3.14 文字堆积 .mp4

实战 内容简介

步骤 01 在 PowerPoint 2013 中，打开一个素材文件，如图 4-128 所示。

步骤 02 在编辑区中，选择需要设置堆积的文本，如图 4-129 所示。

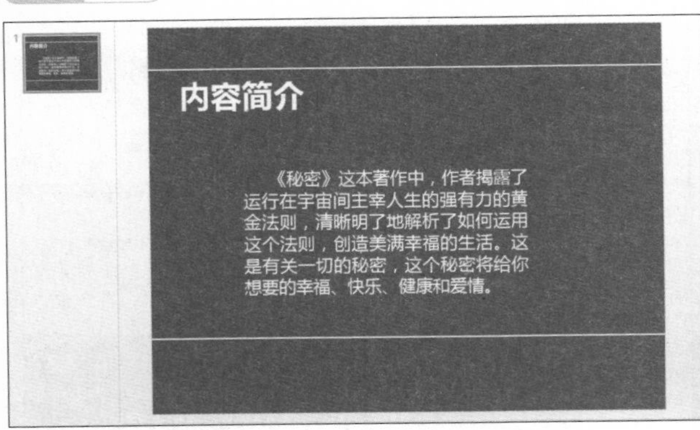

图 4-128 打开一个素材文件

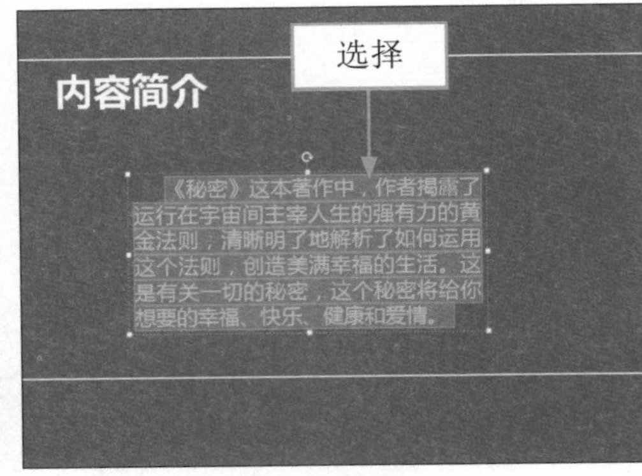

图 4-129 选择文本

步骤 03 在“开始”功能区中，单击“段落”选项区中的“文字方向”下拉按钮，在弹出的列表框中选择“堆积”选项，如图 4-130 所示。

步骤 04 执行操作后，即可设置文字堆积显示，调整文本位置，如图 4-131 所示。

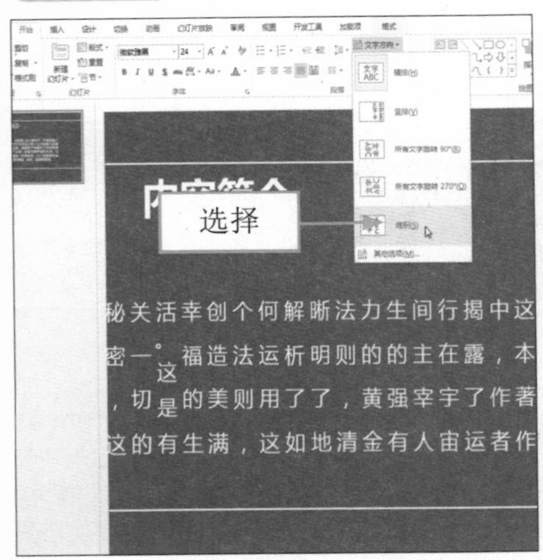

图 4-130 选择“堆积”选项

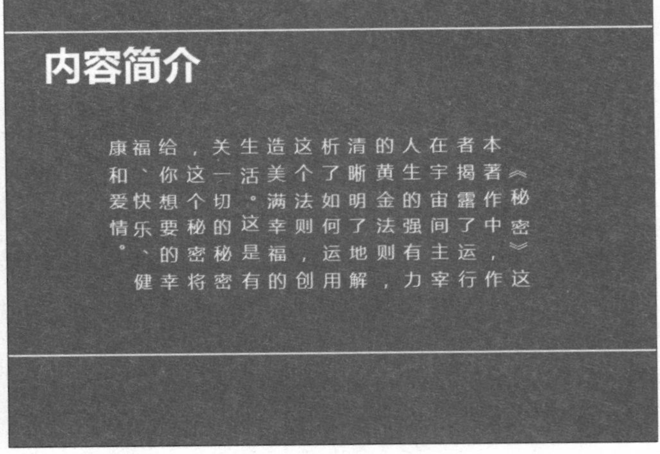

图 4-131 设置文字堆积

4.4 添加项目符号

在编辑文本时，为了表明文本的结构层次，用户可以为文本添加适当的项目符号来表明文本的顺序，项目符号是以段落为单位的，项目符号一般出现在层次小标题的开头位置，用于突出该层次小标题。

4.4.1 常用项目符号

项目符号用于强调一些特别重要的观点或条目，它可以使主题更加美观、突出。项目编号能使主题层次更加分明、有条理。

	素材文件	光盘 \ 素材 \ 第 4 章 \ 大洋洲音乐文化 .pptx
	效果文件	光盘 \ 效果 \ 第 4 章 \ 大洋洲音乐文化 .pptx
	视频文件	光盘 \ 视频 \ 第 4 章 \4.4.1 常用项目符号 .mp4

实战 大洋洲音乐文化

步骤 01 在 PowerPoint 2013 中，打开一个素材文件，如图 4-132 所示。

步骤 02 在编辑区中，选择需要设置项目符号的文本，如图 4-133 所示。

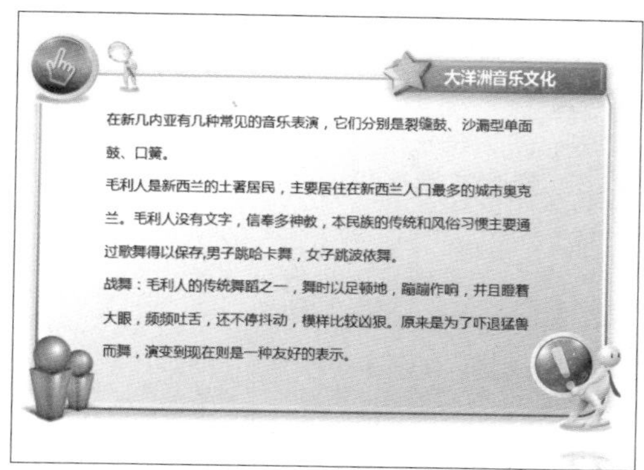

图 4-132 打开一个素材文件

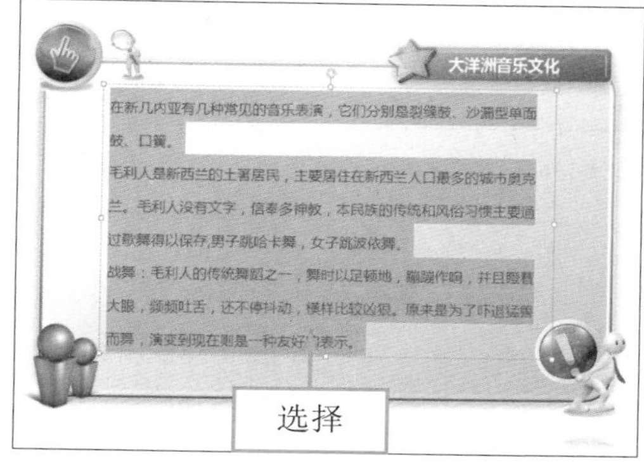

图 4-133 选择相应文本

步骤 03 在“开始”面板中的“段落”选项板中，单击“项目符号”下拉按钮，如图 4-134 所示。

步骤 04 在弹出的列表框中选择“项目符号和编号”选项，如图 4-135 所示。

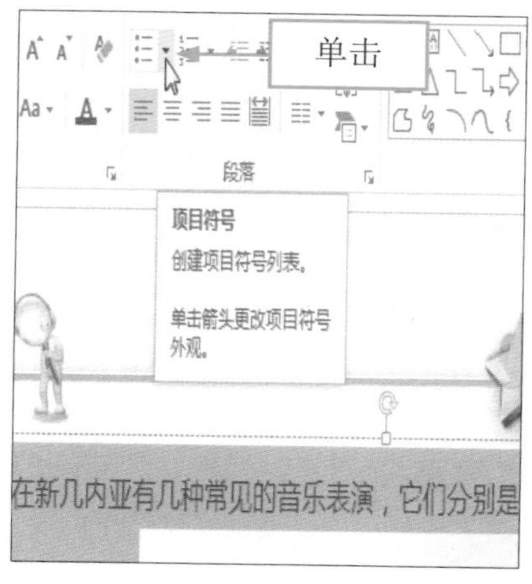

图 4-134 单击“项目符号”下拉按钮

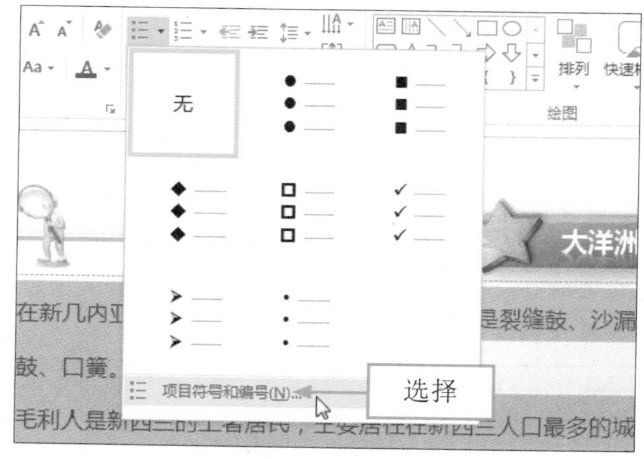

图 4-135 选择“项目符号和编号”选项

步骤 05 弹出“项目符号和编号”对话框，在“项目符号”选项卡中，选择“加粗空心方形项目符号”选项，如图 4-136 所示。

步骤 06 单击“颜色”右侧的下拉按钮，在弹出的列表框中的“标准色”选项区中，选择“浅蓝”选项，如图 4-137 所示。

步骤 07 单击“确定”按钮，即可添加项目符号，如图 4-138 所示。

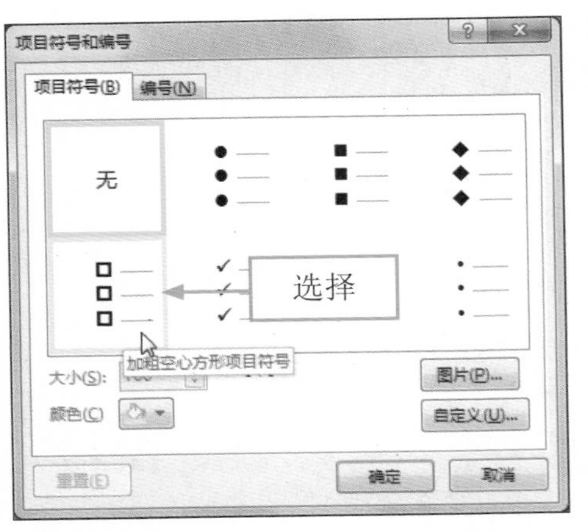

图 4-136 选择“加粗空心方形项目符号”选项

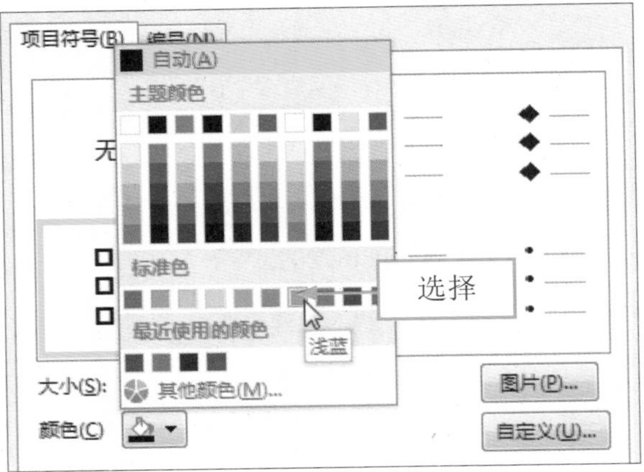

图 4-137 选择“浅蓝”选项

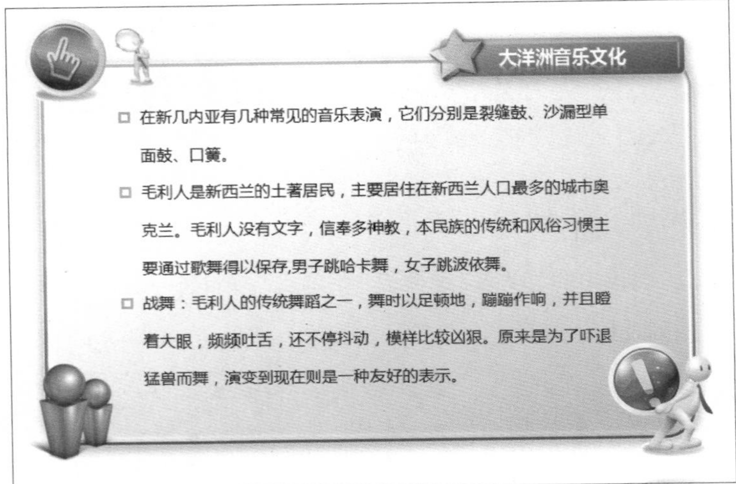

图 4-138 添加项目符号

4.4.2 图片项目符号

在“项目符号和编号”对话框中，可供选择的项目符号类有 4 种。PowerPoint 2013 还允许将图片设置为项目符号，使文本更加丰富多彩。

	素材文件	光盘 \ 素材 \ 第 4 章 \ 艺术学概论 .pptx、玫瑰 .jpg
	效果文件	光盘 \ 效果 \ 第 4 章 \ 艺术学概论 .pptx
	视频文件	光盘 \ 视频 \ 第 4 章 \4.4.2 图片项目符号 .mp4

实战 艺术学概论

步骤 01 在 PowerPoint 2013 中，打开一个素材文件，如图 4-139 所示。

步骤 02 在编辑区中，选择需要设置图片项目符号的文本，如图 4-140 所示。

步骤 03 在“开始”面板中的“段落”选项板中，单击“项目符号”下拉按钮，在弹出的列表框中，选择“项目符号和编号”选项，如图 4-141 所示。

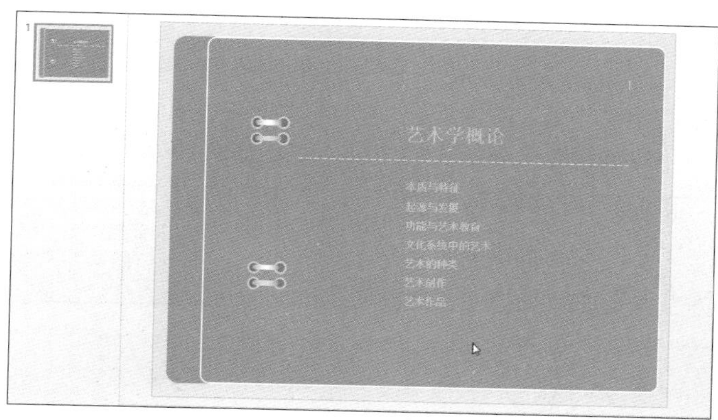

图 4-139 打开一个素材文件

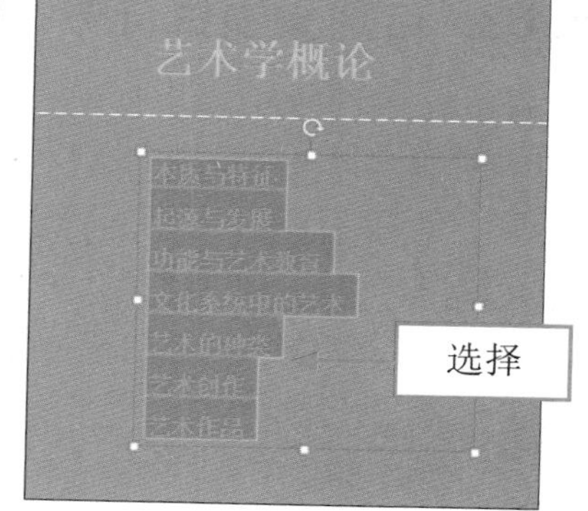

图 4-140 选择相应文本

步骤 04 弹出“项目符号和编号”对话框，在“项目符号”选项卡中单击“图片”按钮，如图 4-142 所示。

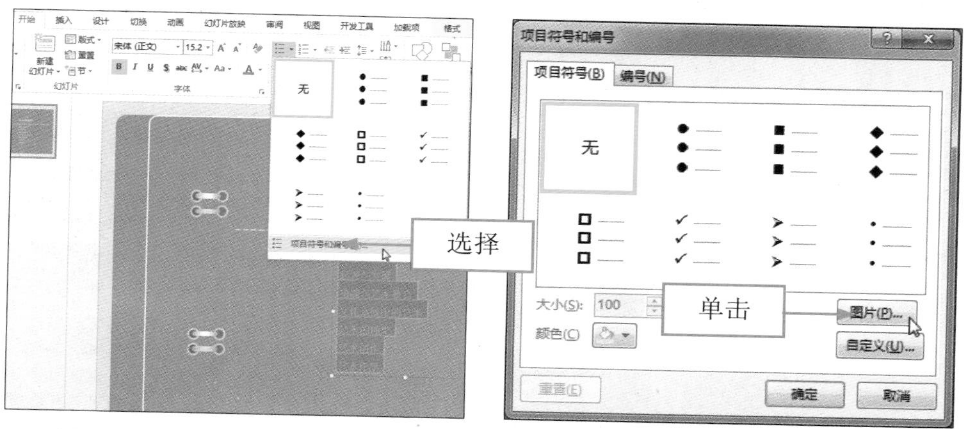

图 4-141 选择“项目符号和编号”选项

图 4-142 单击“图片”按钮

步骤 05 执行操作后，弹出相应窗口，在其中单击“脱机工作”按钮，弹出“插入图片”对话框，在计算机中的合适位置，选择相应图片，如图 4-143 所示。

步骤 06 单击“插入”按钮，即可添加图片项目符号，如图 4-144 所示。

图 4-143 选择相应图片

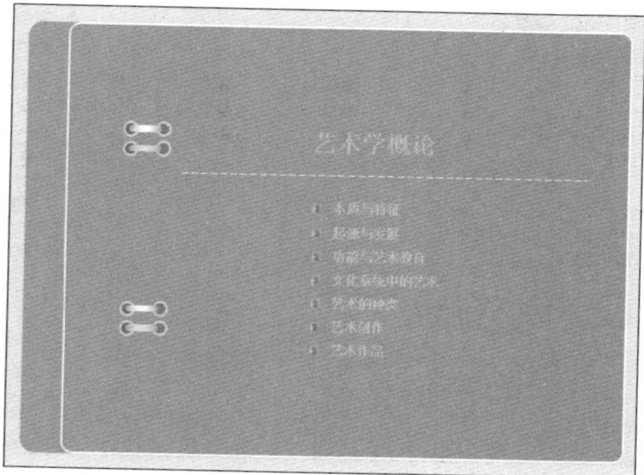

图 4-144 添加图片项目符号

4.4.3 自定义项目符号

自定项目符号对话框中包含了 Office 所有可插入的字符，用户可以在符号列表中选择需要的符号，而“近期使用过的符号”列表中将会列出最近在演示文稿中插入过的字符，以方便用户查找。

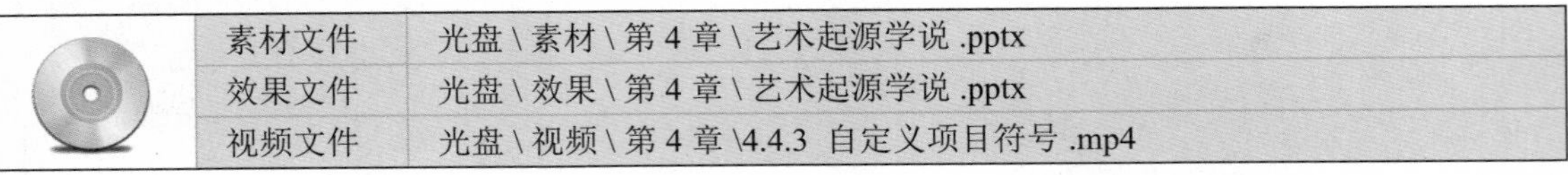

素材文件	光盘 \ 素材 \ 第 4 章 \ 艺术起源学说 .pptx
效果文件	光盘 \ 效果 \ 第 4 章 \ 艺术起源学说 .pptx
视频文件	光盘 \ 视频 \ 第 4 章 \4.4.3 自定义项目符号 .mp4

实战 艺术起源学说

步骤 01 在 PowerPoint 2013 中，打开一个素材文件，如图 4-145 所示。

步骤 02 在编辑区中，选择需要设置项目符号的文本，如图 4-146 所示。

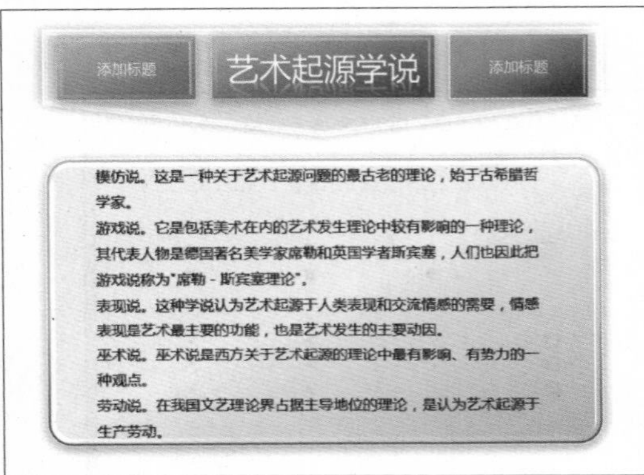

图 4-145 打开一个素材文件

图 4-146 选择相应文本

步骤 03 在“项目符号”列表框中选择“项目符号和编号”选项，弹出“项目符号和编号”对话框，单击“自定义”按钮，如图 4-147 所示。

步骤 04 弹出“符号”对话框，单击“子集”下拉按钮，在弹出的列表框中，选择“几何图形符”选项，如图 4-148 所示。

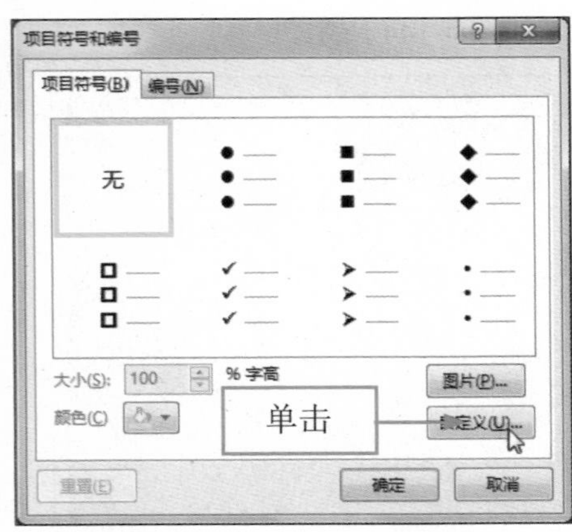

图 4-147 单击“自定义”按钮

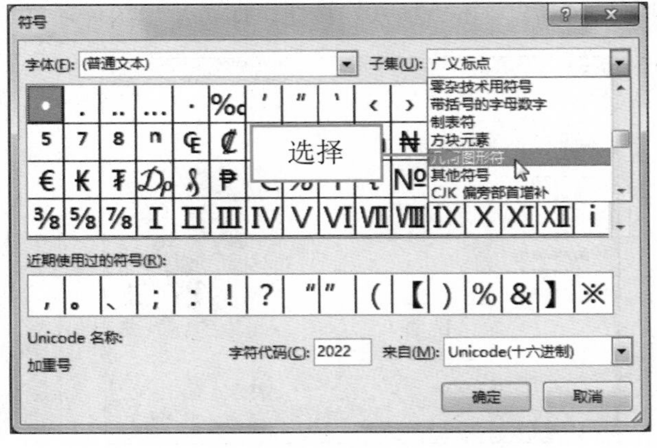

图 4-148 选择“几何图形符”选项

步骤 05 在中间的下拉列表框中选择相应选项，如图 4-149 所示。

步骤 06 依次单击“确定”按钮，即可添加自定义项目符号，如图 4-150 所示。

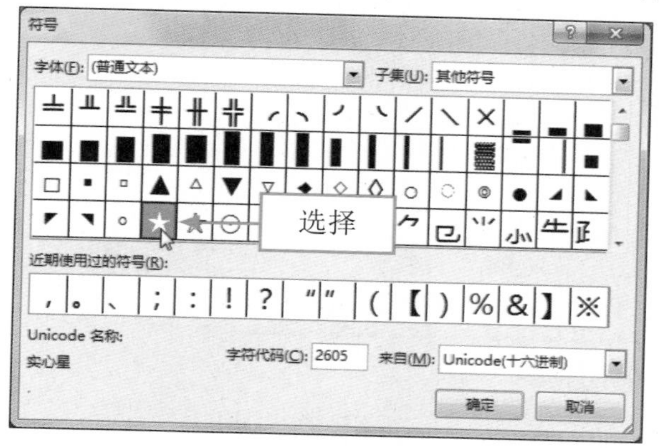

图 4-149 选择相应选项

图 4-150 添加自定义项目符号

4.4.4 常用项目编号

在 PowerPoint 2013 中，可以为不同级别的段落设置编号，在默认情况下，项目编号是由阿拉伯数字 1、2、3……构成。另外，PowerPoint 还允许用户自定义项目编号样式。

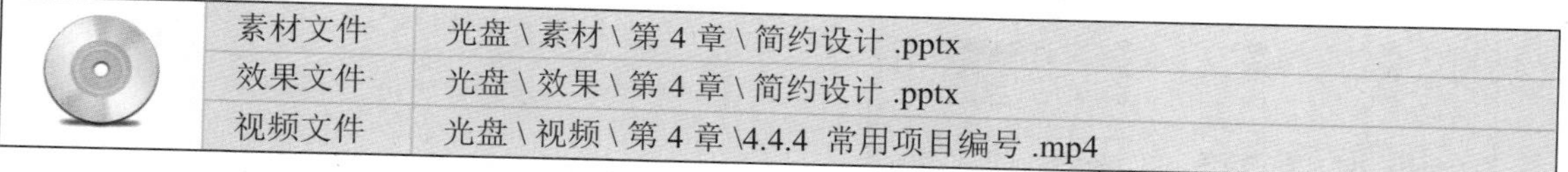

素材文件	光盘 \ 素材 \ 第 4 章 \ 简约设计 .pptx
效果文件	光盘 \ 效果 \ 第 4 章 \ 简约设计 .pptx
视频文件	光盘 \ 视频 \ 第 4 章 \4.4.4 常用项目编号 .mp4

实战 简约设计

步骤 01 在 PowerPoint 2013 中，打开一个素材文件，如图 4-151 所示。

步骤 02 在编辑区中，选择需要设置项目编号的文本，如图 4-152 所示。

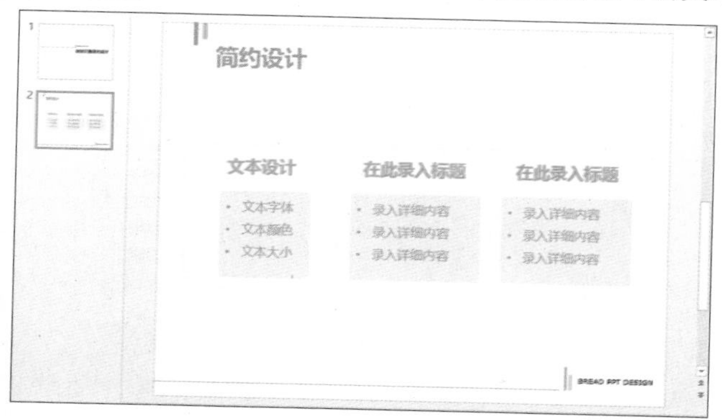

图 4-151 打开一个素材文件

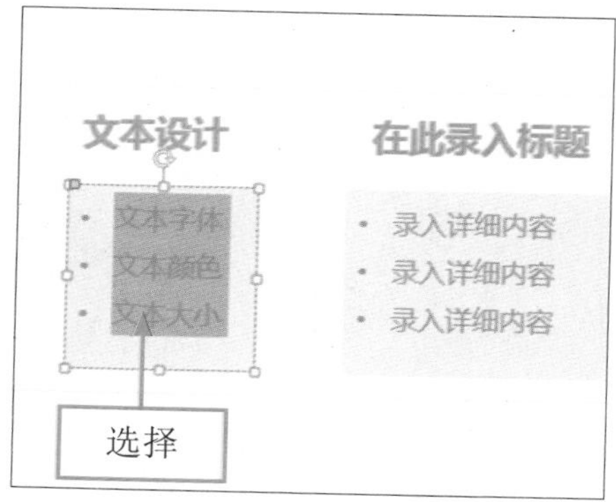

图 4-152 选择相应文本

步骤 03 在“开始”面板的“段落”选项板中，单击“编号”下拉按钮，弹出列表框，选择“项目符号和编号”选项，如图 4-153 所示。

步骤 04 弹出“项目符号和编号”对话框，在“编号”选项卡中选择相应选项，如图 4-154 所示。

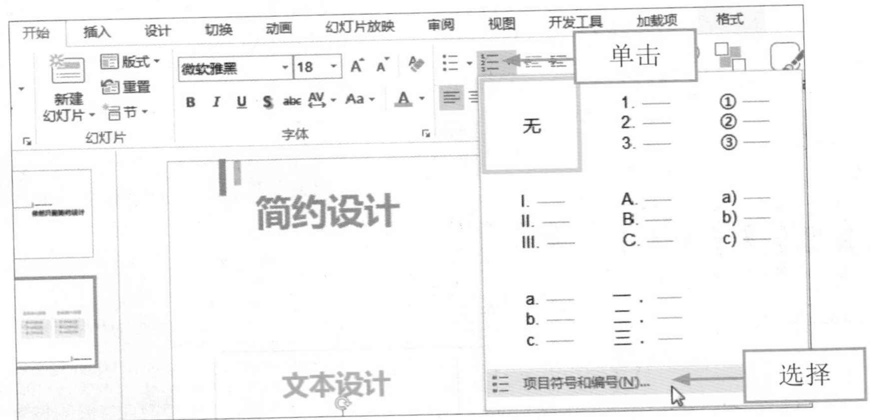

图 4-153 选择“项目符号和编号”选项

步骤 05 单击“确定”按钮，即可添加常用项目编号，如图 4-155 所示。

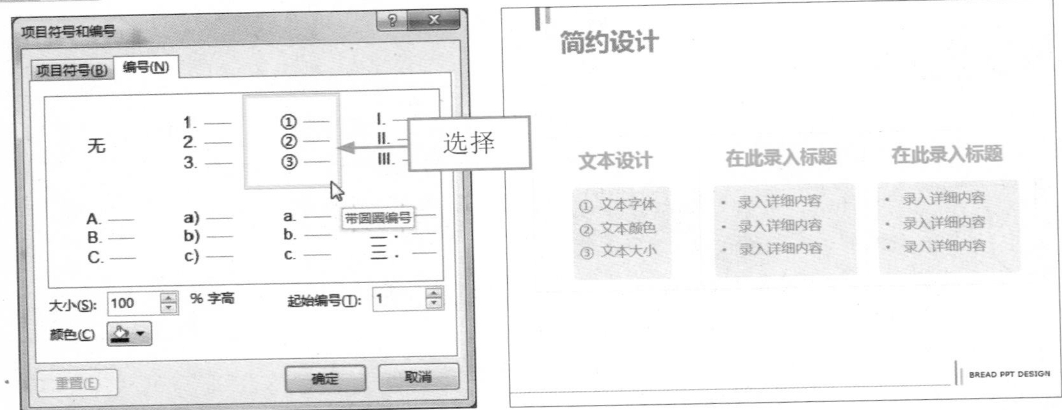

图 4-154 选择相应选项

图 4-155 添加常用项目编号

编辑与美化图形对象

学习提示

在 PowerPoint 2013 中，具有齐全的绘画和图形功能，用户可以利用自选图形来修饰文本和图形。幻灯片配有图形，不仅能使文本更容易理解，而且是十分有效的修饰方法。本章主要向读者介绍绘制、编辑与美化图形对象的操作方法。

本章案例导航

- 实战——任意复制图形
- 实战——随意跳转图形
- 实战——图形连线
- 实战——绘制箭头
- 实战——一条线绘出任意图形
- 实战——绘制矩形图形
- 实战——绘制笑脸
- 实战——相＋遇

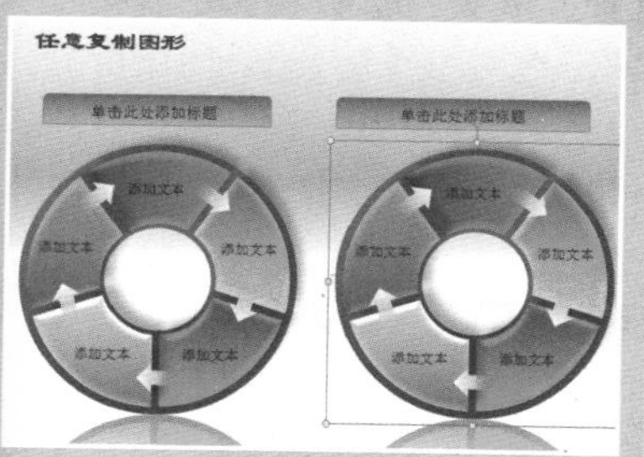

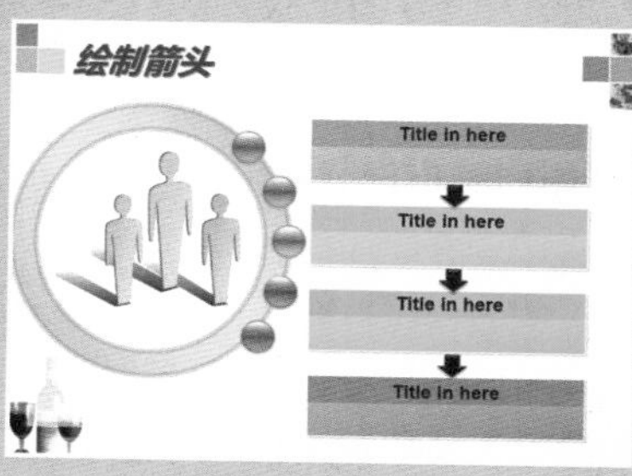

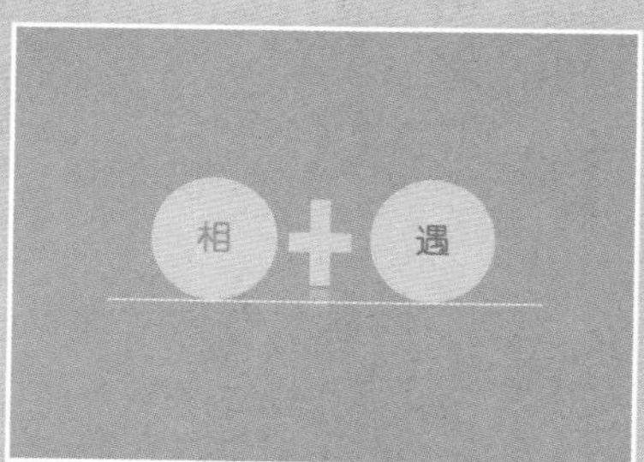

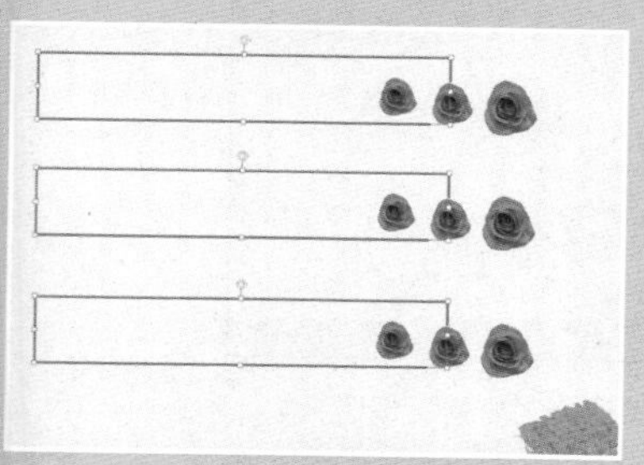

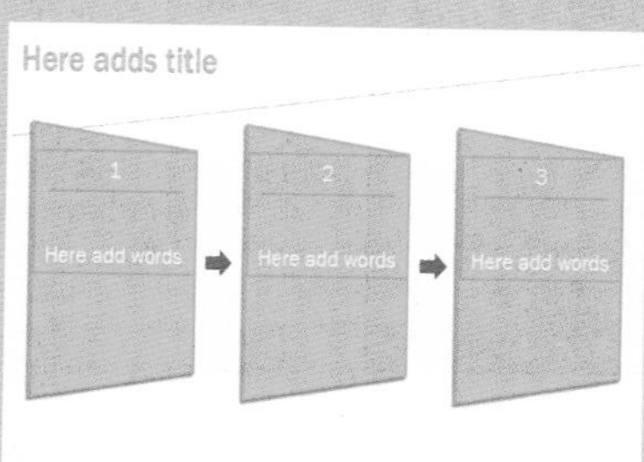

5.1 掌握 PPT 图形绘制技巧

在 PowerPoint 2013 中，自带有绘图的形状，基本涵盖了多数绘图软件常用的形状，熟练掌握这些形状，能自由绘制出丰富多彩的图表。

5.1.1 添加绘图工具到快速访问工具栏

如果需要经常使用绘图工具绘制图表，用户可以将“形状”按钮添加到快速访问工具栏中，使用起来也十分方便，下面介绍将绘图工具添加到快速访问工具栏。

	素材文件	无
	效果文件	无
	视频文件	光盘 \ 视频 \ 第 5 章 \5.1.1 添加绘图工具到快速访问工具栏 .mp4

实战 添加绘图工具到快速访问工具栏

步骤 01 在打开的空白演示文稿中，单击“文件”|“选项”命令，如图 5-1 所示。

步骤 02 弹出“PowerPoint 选项”对话框，切换至“快速访问工具栏”选项卡，如图 5-2 所示。

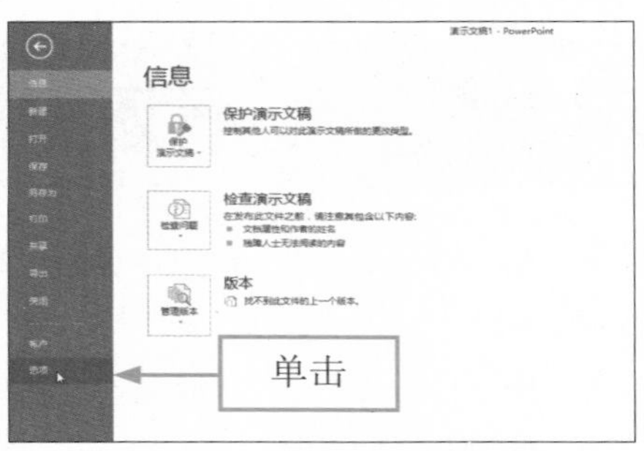

图 5-1 单击“选项”命令

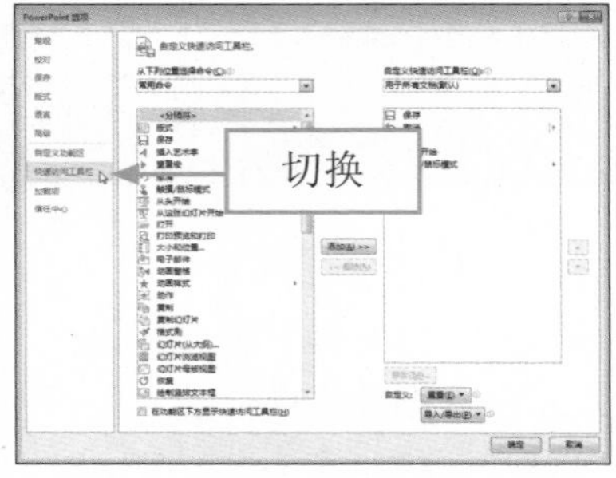

图 5-2 切换至“快速访问工具栏”选项卡

步骤 03 在“从下列位置选择命令”下方的下拉列表框中，选择“形状”选项，单击“添加”按钮，如图 5-3 所示。

步骤 04 执行操作后，即可在右侧列表框中显示添加的“形状”按钮，单击“确定”按钮，如图 5-4 所示。

图 5-3 单击“添加”按钮

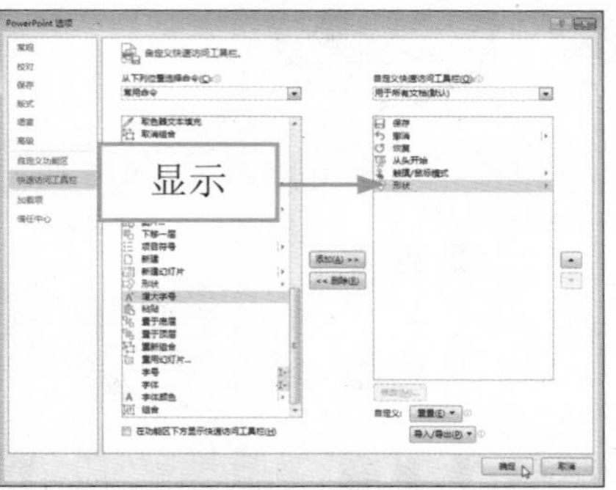

图 5-4 显示添加的“形状”按钮

步骤 05 返回演示文稿工作界面，在快速访问工具栏中已经添加了“形状”按钮，如图 5-5 所示。

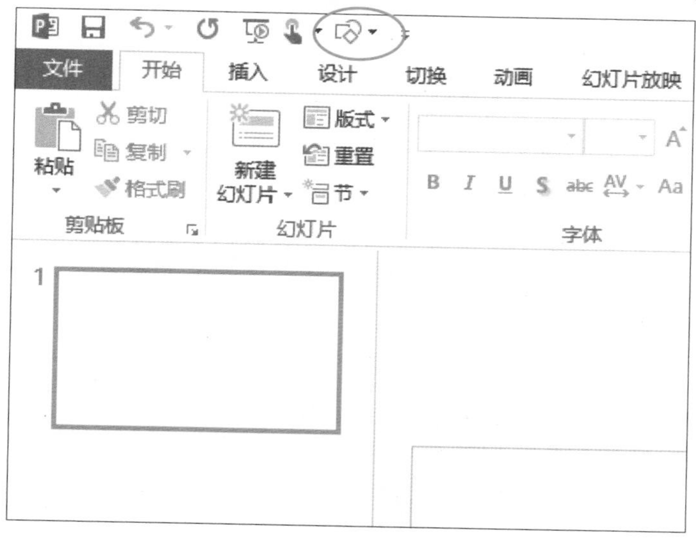

图 5-5 已经添加“形状”按钮

5.1.2 快速复制图形

复制图形是 PowerPoint 软件绘图中最常用的一个操作，那么复制图形有没有快速的方法和快捷键呢？下面就向用户介绍复制图形的一些技巧。

	素材文件	光盘 \ 素材 \ 第 5 章 \ 任意复制图形 .pptx
	效果文件	光盘 \ 效果 \ 第 5 章 \ 任意复制图形 .pptx
	视频文件	光盘 \ 视频 \ 第 5 章 \5.1.2 快速复制图形 .mp4

实战 任意复制图形

步骤 01 在 PowerPoint 2013 中，打开演示文稿，如图 5-6 所示。

步骤 02 按【Ctrl】键并拖曳图形，即可任意复制图形，如图 5-7 所示。

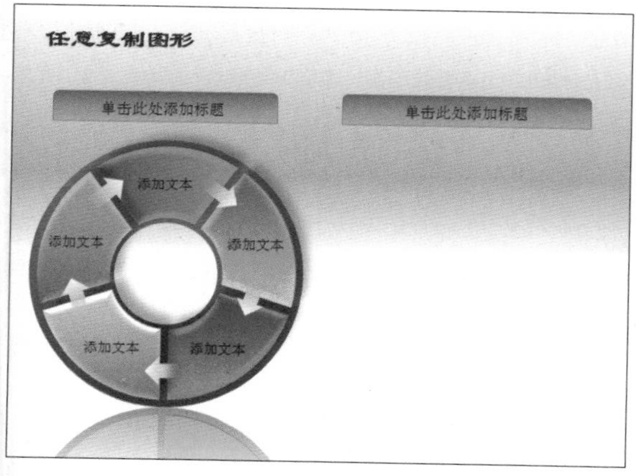

图 5-6 打开演示文稿

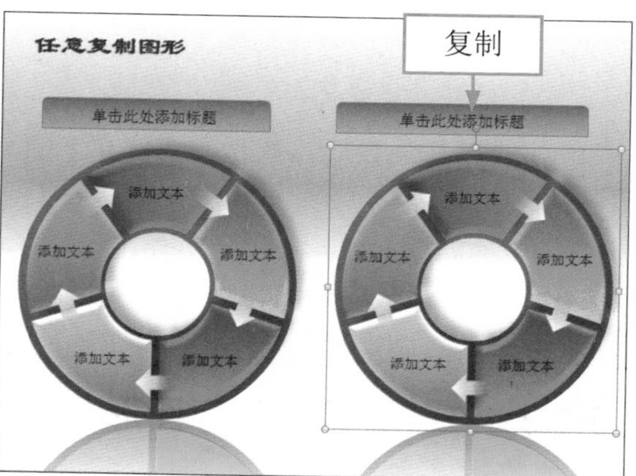

图 5-7 任意复制的图形

专家指点

选中对象，按下【Ctrl】键的同时，在图形上单击鼠标左键并拖曳，至任意位置，即可复制图形到该位置。此种方法的最大便利在于位置能够随心所欲。除了上述所说的复制图形操作方法外，用户还可以使用以下两种操作方法。

＊ 选中对象，连续按下【Ctrl ＋ D】组合键时，则会在对象的右下侧连续复制图形，而且保持相同的距离，如图 5-8 所示。

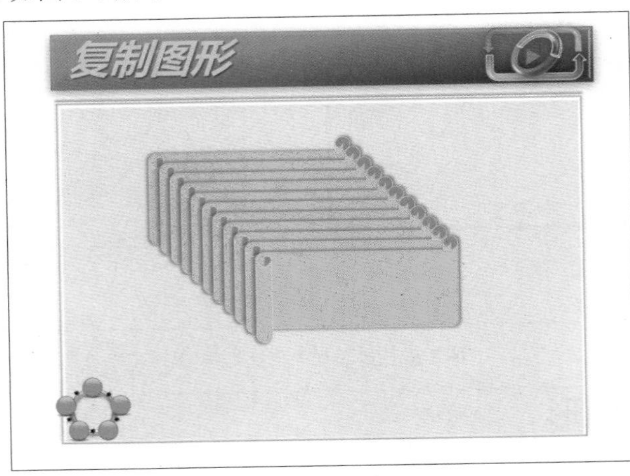

图 5-8 复制的图形

＊ 按【Ctrl ＋ D】组合键是一种最快的复制方法，但并不方便使用，因为一般情况下，位置还需要重新调整。

＊ 按【Ctrl】键＋【Shift】键＋拖曳对象，即可将图形对齐复制。如图 5-9 所示。

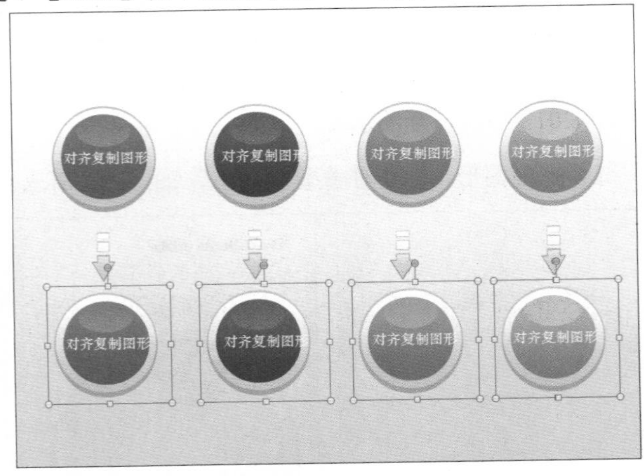

图 5-9 对齐复制的图形

5.1.3 一条线绘出任意图形

在 PowerPoint 2013 的自选图形库中列举了许多预设的形状和图形，如果用户觉得这些图形仍然无法满足绘图的需要，可以尝试使用绘制任意多边形来绘制任意形状。

素材文件	无
效果文件	光盘 \ 效果 \ 第 5 章 \ 一条线绘出任意图形 .pptx
视频文件	光盘 \ 视频 \ 第 5 章 \5.1.1 添加绘图工具到快速访问工具栏 .mp4

实战 一条线绘出任意图形

步骤 01 启动 PowerPoint 2013，在右侧模板区中，选择"空白演示文稿"选项，如图 5-10 所示。

步骤 02 在创建好的空白演示文稿里，鼠标右键单击第一张幻灯片缩略图，在弹出的快捷菜单中选择"版式"选项，在"版式"子菜单中选择"空白"选项，如图 5-11 所示。

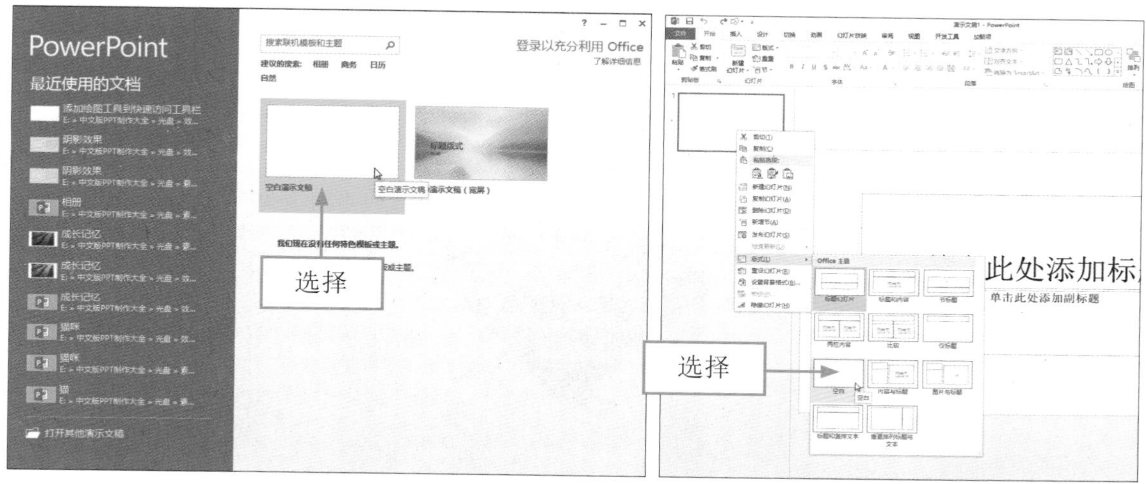

图 5-10 选择"空白演示文稿"选项　　图 5-11 选择"版式"选项

步骤 03 单击"插入"命令，切换至"插入"功能区，在"插图"选项区中单击"形状"按钮，如图 5-12 所示。

步骤 04 弹出列表框，在"线条"选项区中选择"任意多边形"选项，如图 5-13 所示。

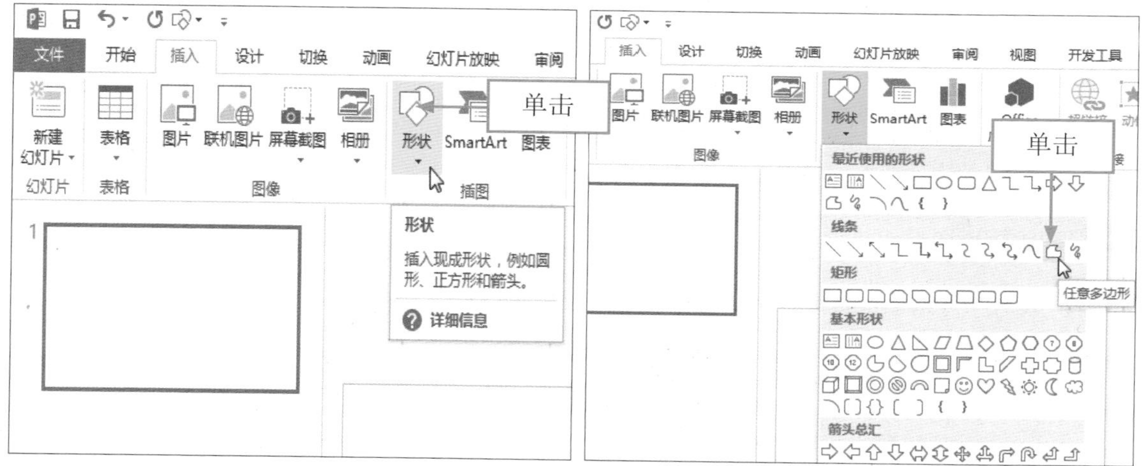

图 5-12 单击"形状"按钮　　图 5-13 单击"任意多边形"图标

专家指点

有时需要绘制一些简单的图形去表现思想，在“形状”列表框中的“线条”选项区中的后 3 种线条足以满足绘制需求。

* 任意多边形。在两点之间构成直线，这些直线连接在一起，拼合成任意多边形。用以绘制棱角分明的物体，如房屋、文件夹、桌椅的轮廓等。

* 曲线。在两点之间自动产生一定的弧度，用以绘制圆润的物体，如山的轮廓、人物轮廓、杯子的轮廓等。

* 自由曲线。连续不断地绘制而成，没有点的概念。形状随心所欲，没有规则。对绘画技术要求较高，较少使用，在 PPT 里主要用以绘制草图。

步骤 05 在幻灯片任意空白区域单击鼠标左键并拖曳，绘制一个不规则多边形，如图 5-14 所示。

图 5-14 绘制不规则多边形

5.1.4 在图形间随意跳转

通过绘图工具插入的图形很标准，但有时也需要将插入的图形进行变形或者根据内容的转换，需要将插入的图形转换成另外的形状。在 PowerPoint 中，用户可以借助图形转换功能轻易地实现基本图形之间、基本图形与任意多边形之间的转换。下面介绍在图形间随意跳转的操作方法。

	素材文件	光盘 \ 素材 \ 第 5 章 \ 随意跳转图形 .pptx
	效果文件	光盘 \ 效果 \ 第 5 章 \ 随意跳转图形 .pptx
	视频文件	光盘 \ 视频 \ 第 5 章 \5.1.4 在图形间随意跳转 .mp4

实战 随意跳转图形

步骤 01 在 PowerPoint 2013 中，打开演示文稿，如图 5-15 所示。

步骤 02 在编辑区中，选择正方体，如图 5-16 所示。

步骤 03 单击“绘图工具 - 格式”命令，切换至“绘图工具 - 格式”功能区，在“插入形状”选项区中单击“编辑形状”下拉按钮，如图 5-17 所示。

步骤 04 弹出列表框，选择“更改形状”|“太阳形”选项，如图 5-18 所示。

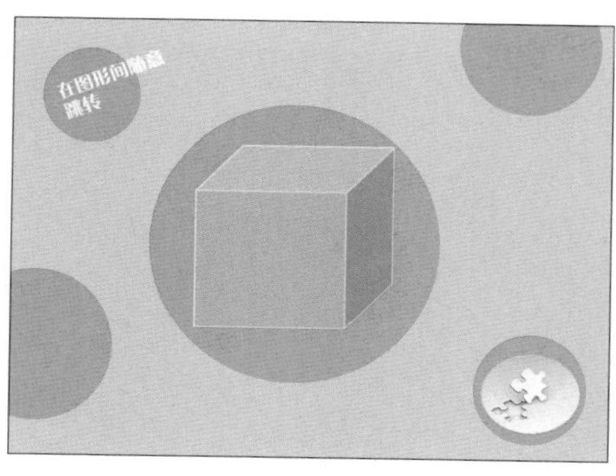

图 5-15 打开演示文稿

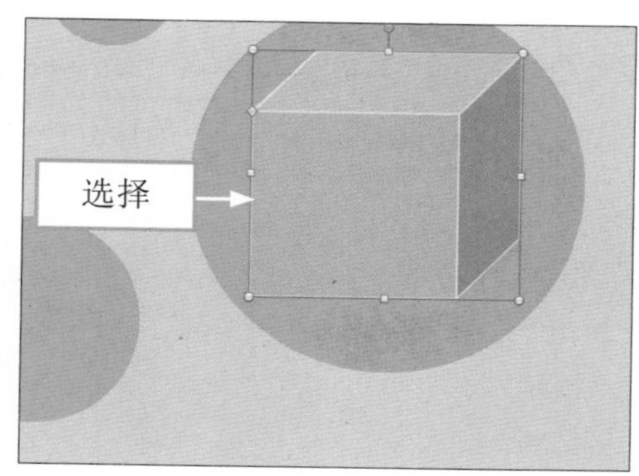

图 5-16 选择正方体

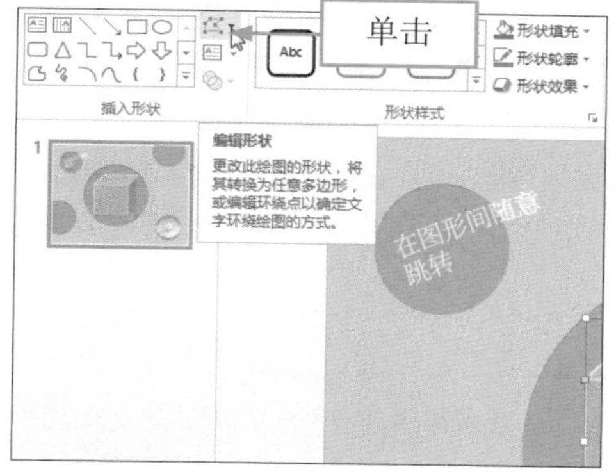

图 5-17 单击“编辑形状”下拉按钮

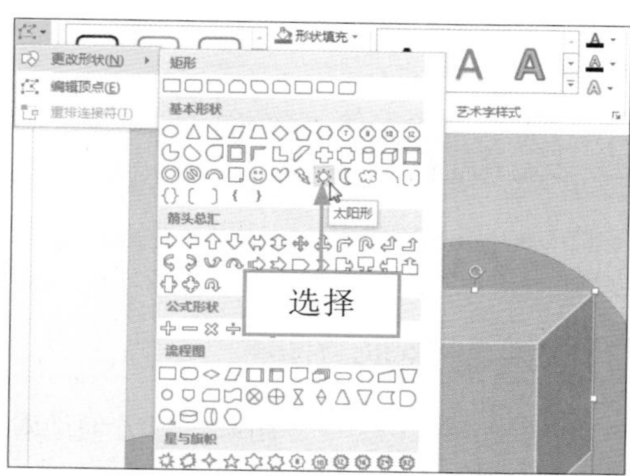

图 5-18 选择“太阳形”选项

步骤 05 执行操作后，即可将正方体转换为太阳形状，效果如图 5-19 所示。

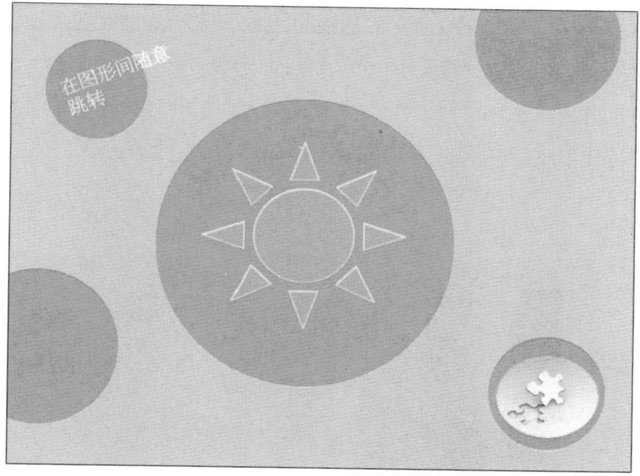

图 5-19 转换为太阳形状

专家指点

单击“插入形状”选项区中的“编辑形状”下拉按钮，在弹出的列表框中，用户还可以选择“编辑顶点”选项，如图 5-20 所示，对图形的顶点进行编辑，也可调整图形形状，如图 5-21 所示。

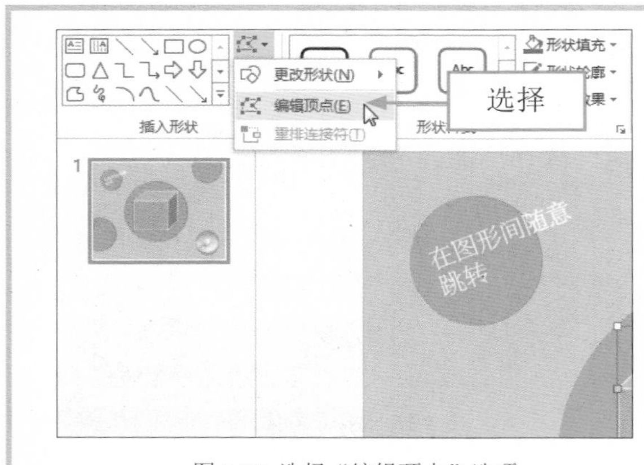

图 5-20 选择“编辑顶点”选项

图 5-21 调整图形形状

5.2 绘制自选图形

在 PowerPoint 2013 中，可以方便地绘制直线和矩形等基本图形，也可以方便地绘制笑脸、箭头、公式、标注、流程图和五角星等复杂图形。

5.2.1 绘制矩形图形

在 PowerPoint 2013 中，用户可以方便地对制作的文稿绘制矩形图形，以丰富文稿内容，使文稿效果条理更加分明。下面介绍绘制矩形图形的操作方法。

	素材文件	光盘 \ 素材 \ 第 5 章 \ 绘制矩形图形 .pptx
	效果文件	光盘 \ 效果 \ 第 5 章 \ 绘制矩形图形 .pptx
	视频文件	光盘 \ 视频 \ 第 5 章 \5.2.1 绘制矩形图形 .mp4

实战 绘制矩形图形

步骤 01 在 PowerPoint 2013 中，打开演示文稿，如图 5-22 所示。

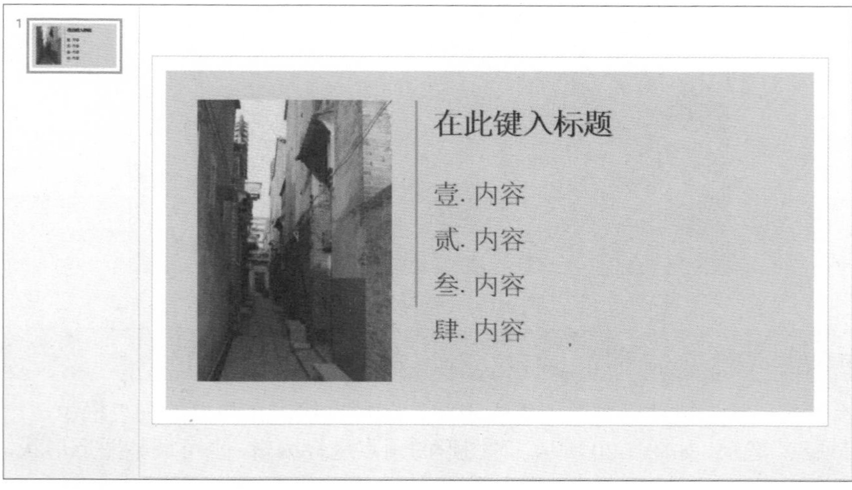

图 5-22 打开演示文稿

步骤 02 单击“插入”命令，切换至“插入”功能区，在“插图”选项区中，单击“形状”下拉按钮，在弹出的列表框中，选择“剪去对角的矩形”选项，如图 5-23 所示。

步骤 03 在幻灯片中鼠标呈“十”字形显示，在合适位置绘制相应的矩形图形，如图 5-24 所示。

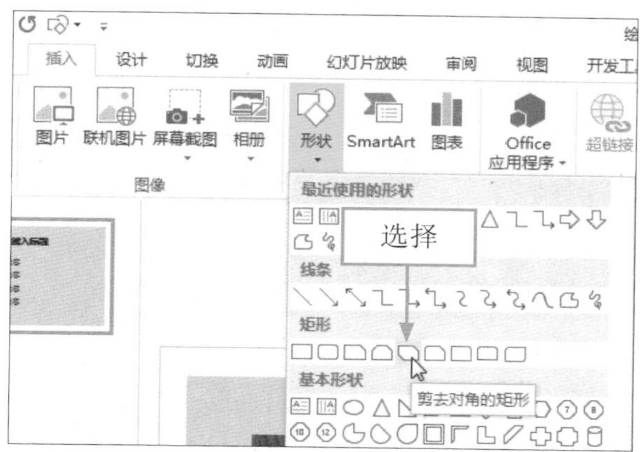

图 5-23 选择“剪去对角的矩形”选项

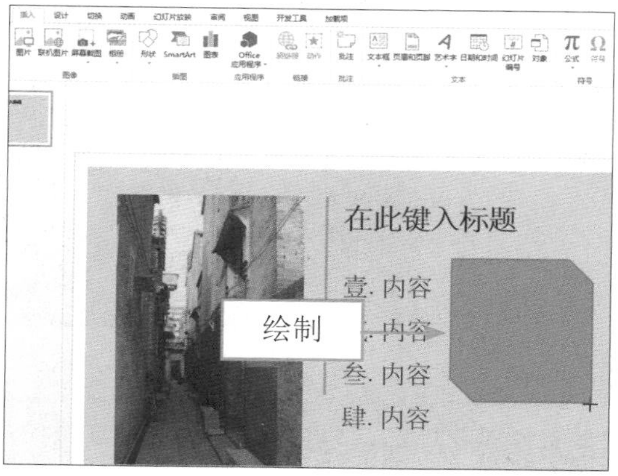

图 5-24 绘制图形

步骤 04 在绘制的图形上单击鼠标右键，弹出快捷菜单，选择“置于底层”|“置于底层”选项，如图 5-25 所示。

步骤 05 执行操作后，即可将图形调整至底层，再根据演示文稿的主题修改图形的大小和颜色，如图 5-26 所示。

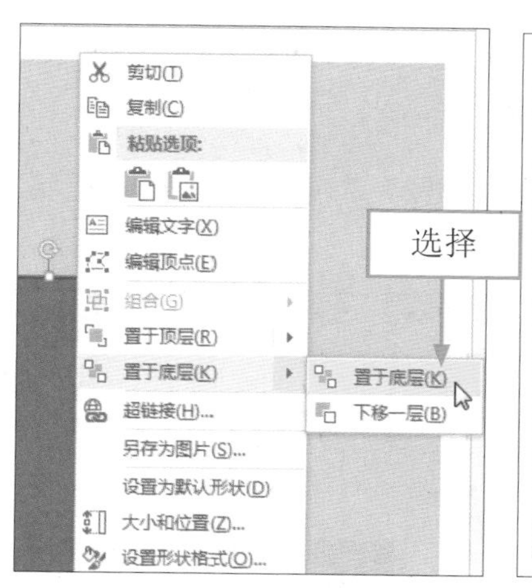

图 5-25 选择“置于底层”选项

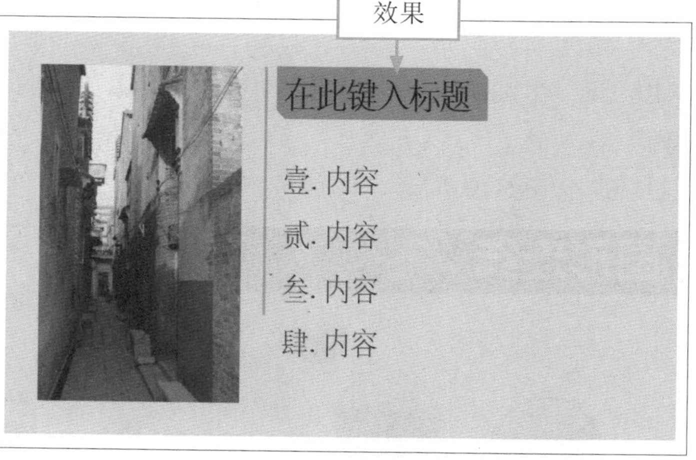

图 5-26 绘制矩形效果

专家指点

在“矩形”选项区中，包含有“圆角矩形”、“剪去单角的矩形”、“剪去同侧角的矩形”、“单圆角矩形”以及“同侧圆角矩形”等在内的 9 种矩形图形。

在绘制任何一种基本图形时，按住【Shift】键，得到的总是按照默认图形形状等比例放大或缩小的图形，不会发生扭曲或变形，如图 5-27 所示。

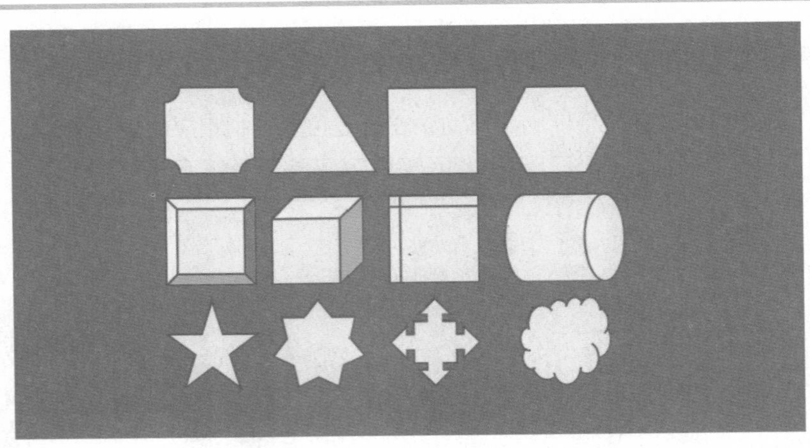

图 5-27 绘制的正图形

5.2.2 绘制直线图形

在幻灯片中各图形对象之间绘制直线，可以方便地将多个不相干的图形组合在一起，形成一个整体。下面介绍绘制直线图形的操作方法。

素材文件	光盘 \ 素材 \ 第 5 章 \ 图形连线 .pptx
效果文件	光盘 \ 效果 \ 第 5 章 \ 图形连线 .pptx
视频文件	光盘 \ 视频 \ 第 5 章 \5.2.2 绘制直线图形 .mp4

实战 图形连线

步骤 01 在 PowerPoint 2013 中，打开演示文稿，如图 5-28 所示。

步骤 02 单击“插入”命令，切换至“插入”功能区，在“插图”选项区中，单击“形状”下拉按钮，如图 5-29 所示。

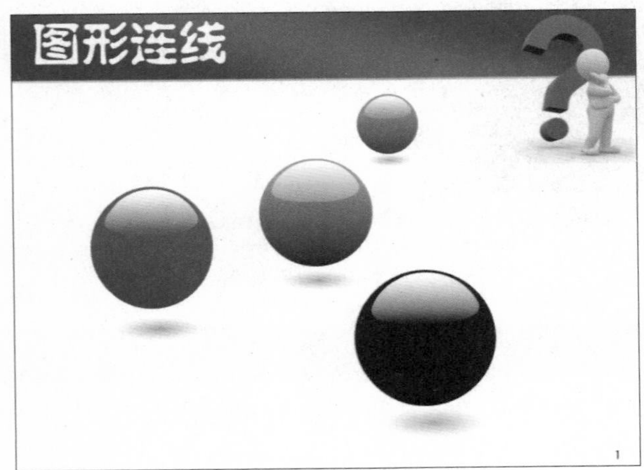

图 5-28 打开演示文稿

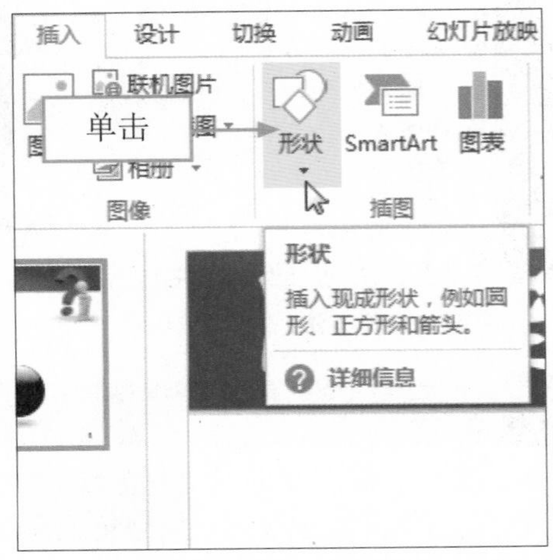

图 5-29 单击“形状”下拉按钮

步骤 03 弹出列表框，在“线条”选项区中，选择“直线”选项，如图 5-30 所示。

步骤 04 在编辑区中需要绘制直线的位置，单击鼠标左键并拖曳至合适位置后，释放鼠标左键，绘制直线，如图 5-31 所示。

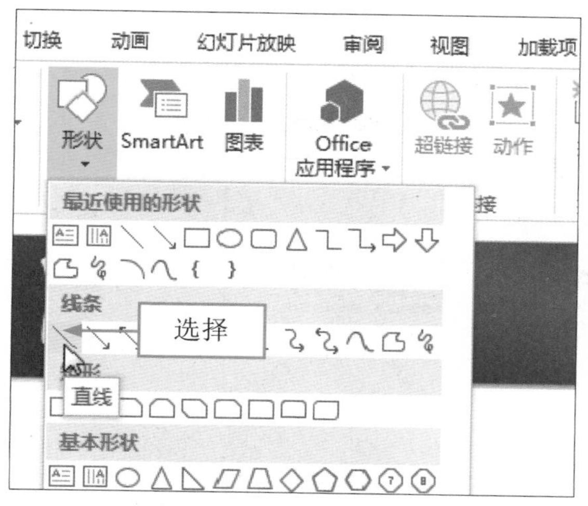

图 5-30 选择“直线”选项

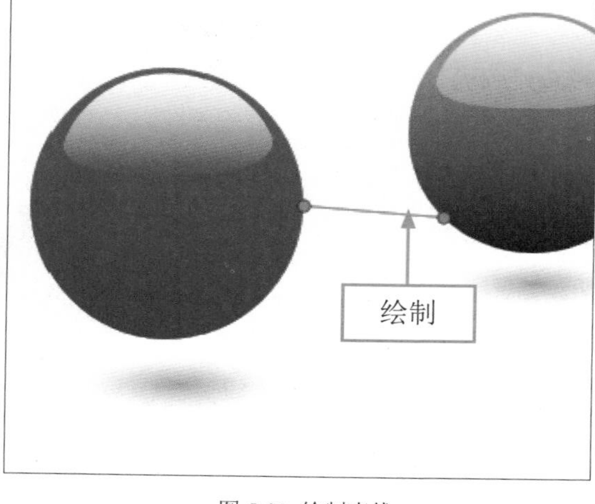

图 5-31 绘制直线

步骤 05 用与上同样的方法，在编辑区中的合适位置，绘制另外两条直线，效果如图 5-32 所示。

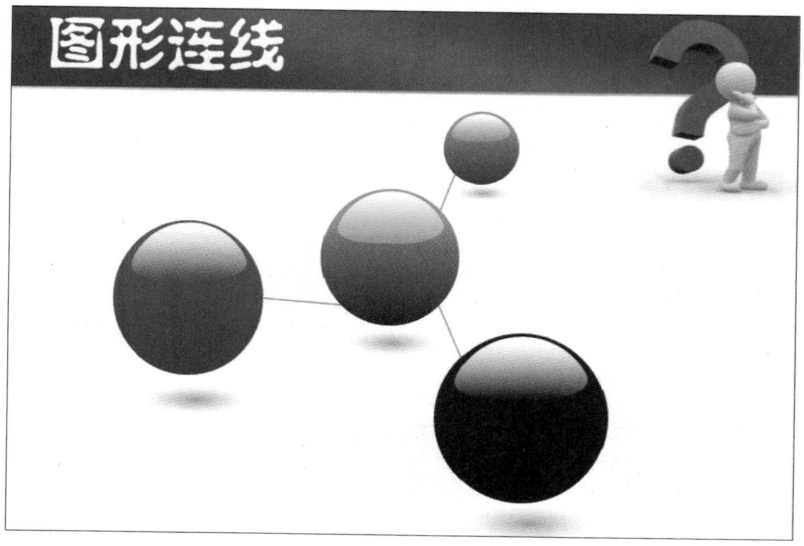

图 5-32 绘制另外两条直线

专家指点

单击“形状”下拉按钮，在弹出的列表框中包含有“线段”、“矩形”、“基本形状”、“箭头总汇”、“公式形状”、“流程图”、“星与旗帜”、“标注”以及“动作按钮”在内的 9 种形状选项区。

在绘制直线时，按住【Shift】键，能绘制出 3 种线条：水平线、垂直线以及 45° 直线。图 5-33 所示为绘制的直线。绘制 45° 直线时，如果觉得线不够长，需要延伸时，按下【Shift】键的同时，在线的一端，单击鼠标左键并拖曳，得到的还是 45° 倍数的延长线。

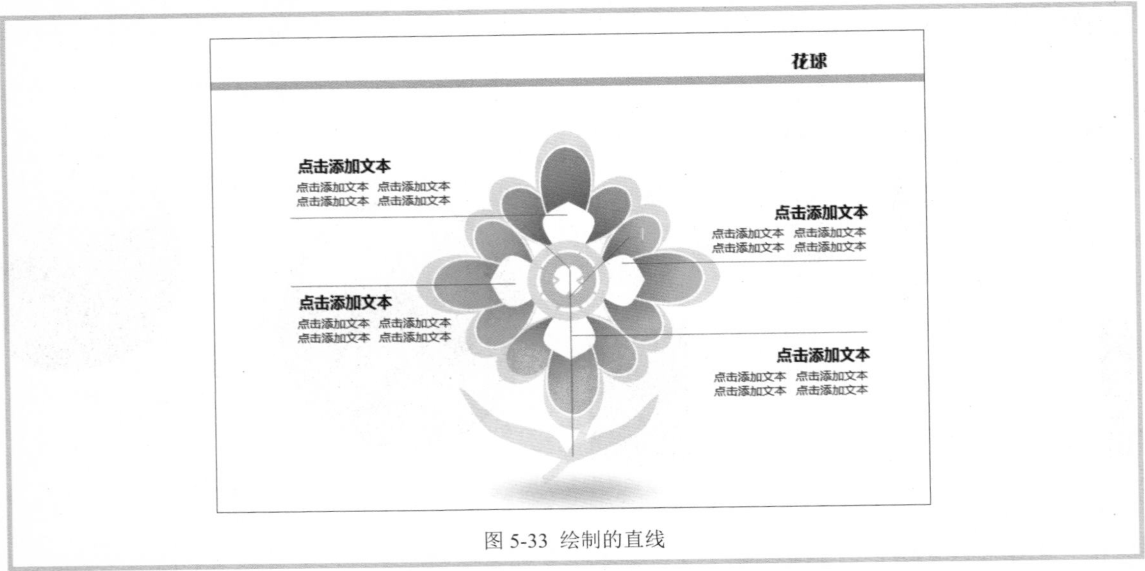

图 5-33 绘制的直线

5.2.3 绘制笑脸形状

在 PowerPoint 2013 中，用户可以根据实际需要绘制笑脸等复杂的图形。下面介绍绘制笑脸图形的操作方法。

	素材文件	光盘 \ 素材 \ 第 5 章 \ 绘制笑脸 .pptx
	效果文件	光盘 \ 效果 \ 第 5 章 \ 绘制笑脸 .pptx
	视频文件	光盘 \ 视频 \ 第 5 章 \5.2.3 绘制笑脸形状 .mp4

实战 绘制笑脸

步骤 01 在 PowerPoint 2013 中，打开演示文稿，如图 5-34 所示。

步骤 02 单击“插入”命令，切换至“插入”功能区，在“插图”选项区中，单击“形状”下拉按钮，如图 5-35 所示。

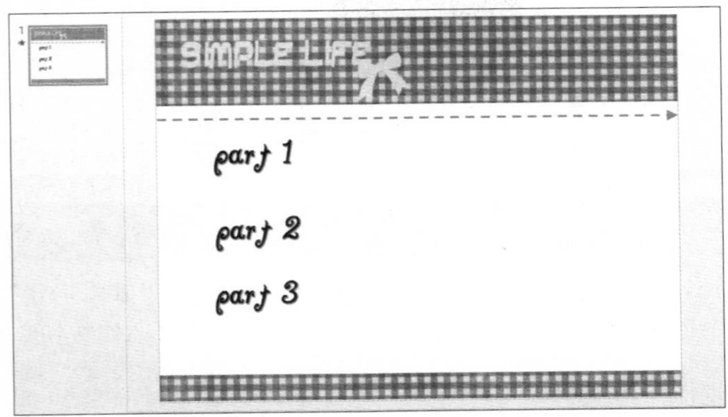

图 5-34 打开演示文稿

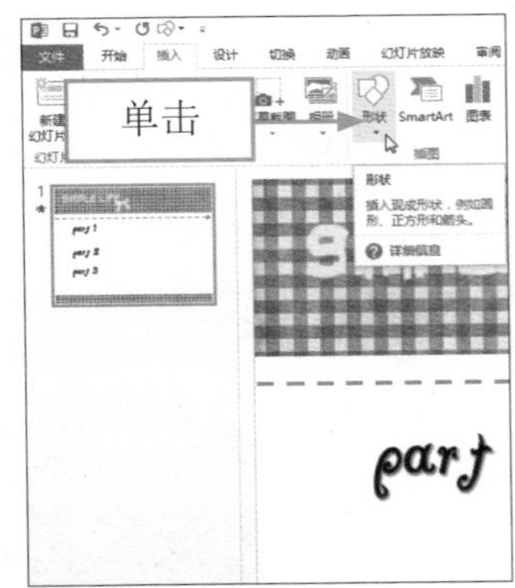

图 5-35 单击“形状”下拉按钮

步骤 03 弹出列表框，在“基本形状”选项区中选择“笑脸”选项，如图 5-36 所示。

步骤 04 在编辑区的合适位置，单击鼠标左键并拖曳，即可绘制笑脸形状，如图 5-37 所示。

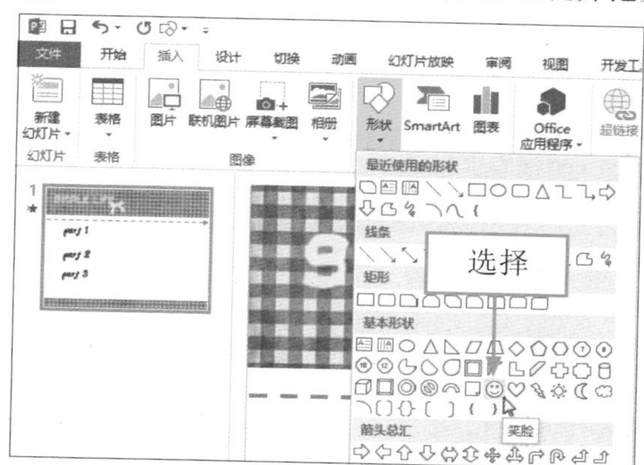

图 5-36 选择“笑脸”选项

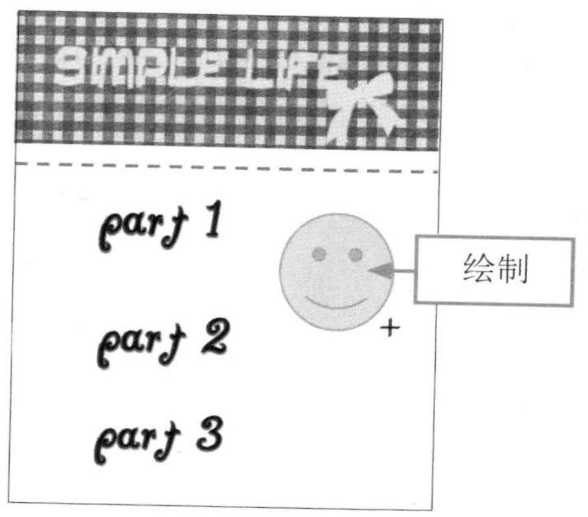

图 5-37 绘制笑脸形状

步骤 05 其他笑脸的绘制方法是相同的，最后根据演示文稿的风格调整笑脸的颜色和大小，如图 5-38 所示。

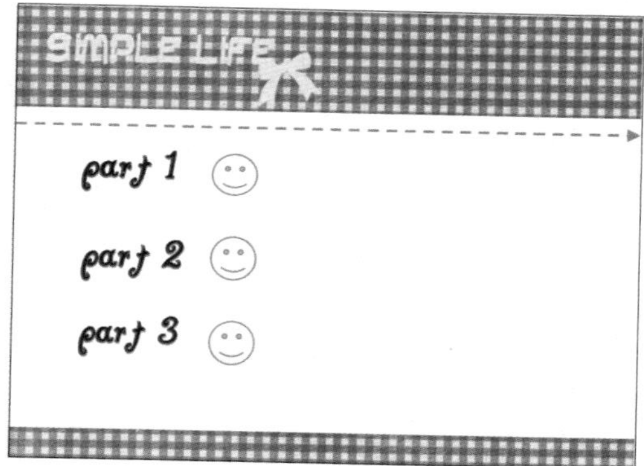

图 5-38 绘制其他笑脸形状

专家指点

在绘制完图形后，用户还可以根据需要，在“格式”功能区中的“大小”选项区中调整图形大小，如图 5-39 所示。

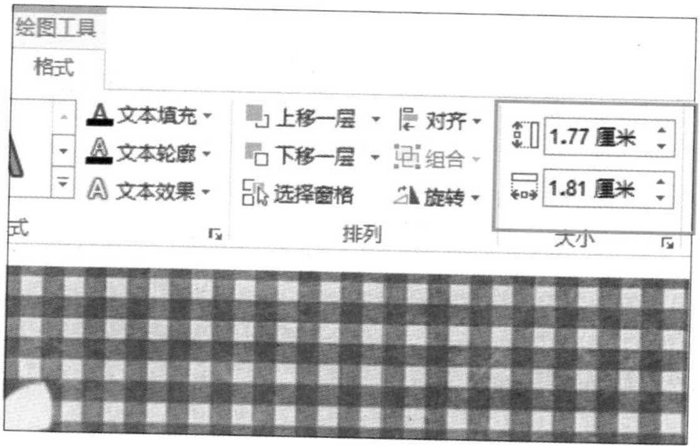

图 5-39 调整图形大小

5.2.4 绘制箭头形状

在 PowerPoint 2013 中，绘制的以箭头形状连接的两个图形对象之间，一般都存在着递进的关系。

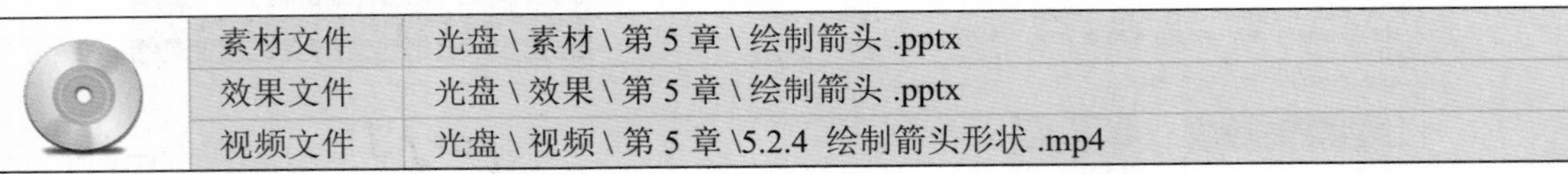

	素材文件	光盘 \ 素材 \ 第 5 章 \ 绘制箭头 .pptx
	效果文件	光盘 \ 效果 \ 第 5 章 \ 绘制箭头 .pptx
	视频文件	光盘 \ 视频 \ 第 5 章 \5.2.4 绘制箭头形状 .mp4

实战 绘制箭头

步骤 01 在 PowerPoint 2013 中，打开演示文稿，如图 5-40 所示。

步骤 02 单击“插入”命令，切换至“插入”功能区，在“插图”选项区中单击“形状”下拉按钮，如图 5-41 所示。

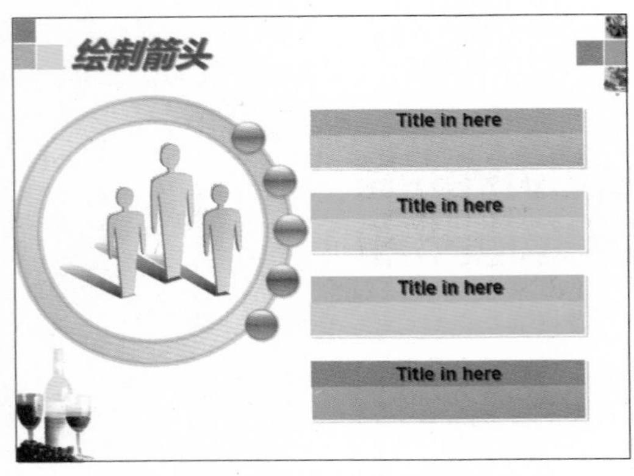

图 5-40 打开演示文稿

图 5-41 单击“形状”下拉按钮

步骤 03 弹出列表框，在“箭头总汇”选项区中选择“下箭头”选项，如图 5-42 所示。

步骤 04 在编辑区的合适位置，单击鼠标左键并拖曳，至合适位置后释放鼠标左键，绘制箭头形状，如图 5-43 所示。

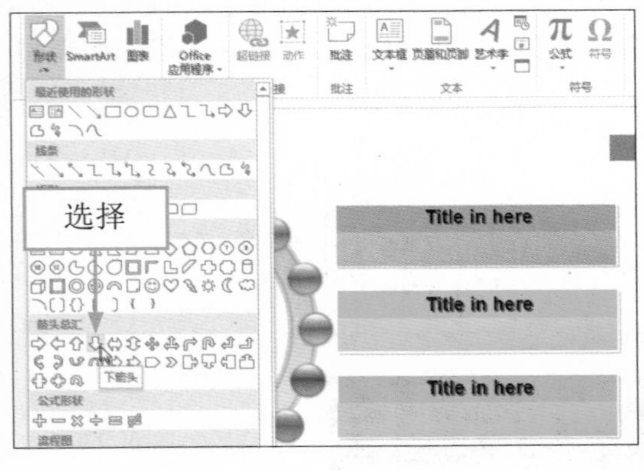

图 5-42 选择“下箭头”选项

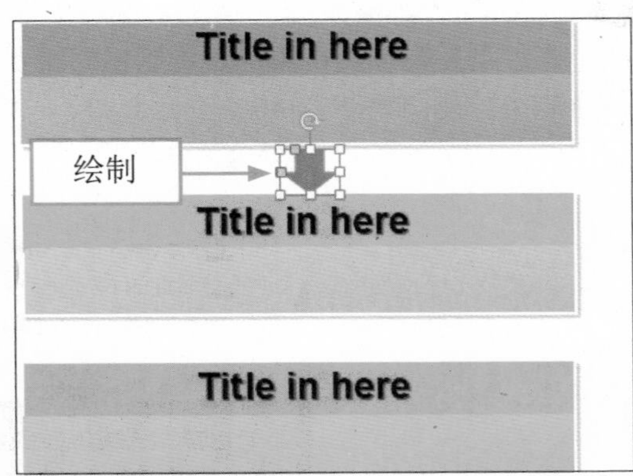

图 5-43 绘制箭头形状

步骤 05 选中绘制的箭头形状，单击“绘图工具 - 格式”命令，切换至“绘图工具 - 格式”功能区，单击“形状样式”选项区中的“其他”按钮，效果如图 5-44 所示。

步骤 06 在弹出的列表框中选择“强烈效果 - 黑色，深色 1”选项，效果如图 5-45 所示。

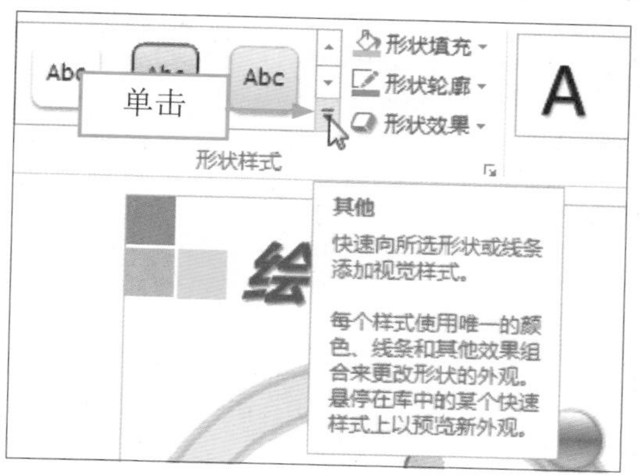

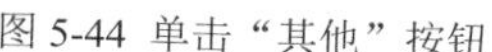
图 5-44 单击“其他”按钮

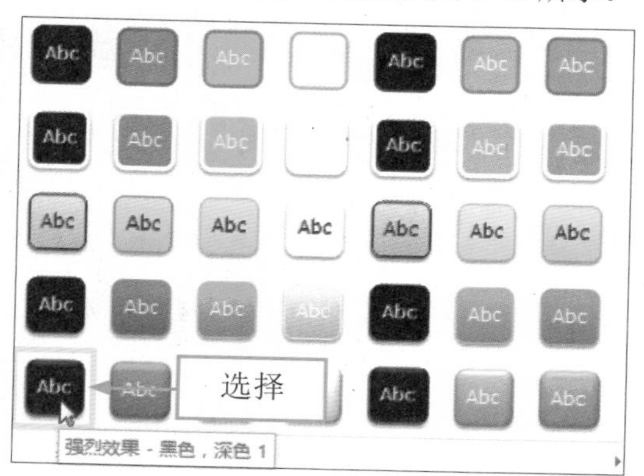

图 5-45 选择“强烈效果 - 黑色，深色 1”选项

步骤 07 执行操作后，即可设置箭头形状样式，如图 5-46 所示。

步骤 08 按住【Ctrl + Shift】组合键的同时拖曳箭头形状，执行操作后，即可复制多个对象，并调整其位置，效果如图 5-47 所示。

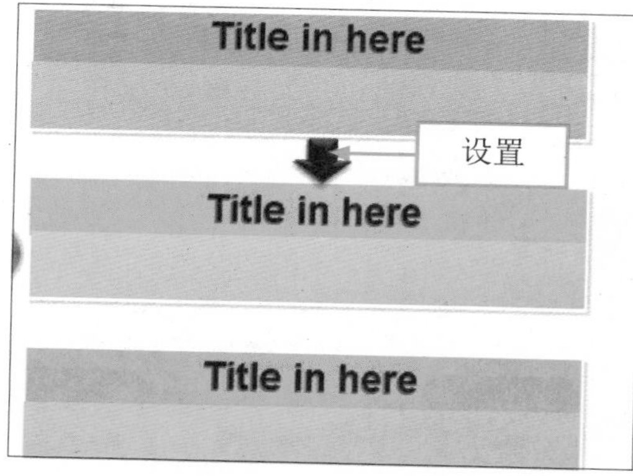

图 5-46 设置箭头形状样式

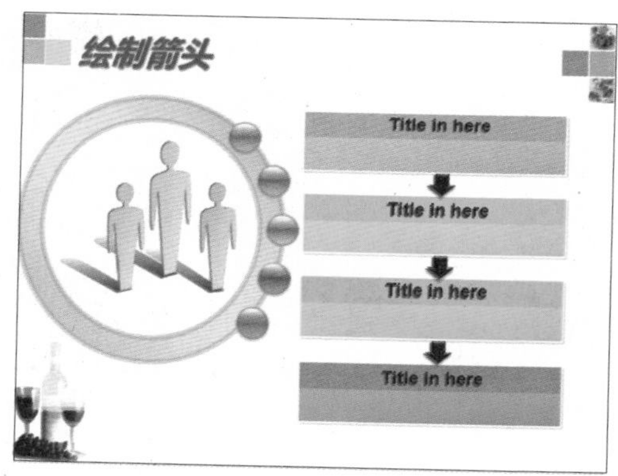

图 5-47 绘制其他箭头形状

5.2.5 绘制公式形状

在 PowerPoint 2013 中，运用形状工具绘制公式，能够快速将多个图文对象之间的复杂关系简单化。下面介绍绘制公式形状的操作方法。

素材文件	光盘 \ 素材 \ 第 5 章 \ 相+遇 .pptx
效果文件	光盘 \ 效果 \ 第 5 章 \ 相+遇 .pptx
视频文件	光盘 \ 视频 \ 第 5 章 \5.2.5 绘制公式形状 .mp4

实战 相+遇

步骤 01 在 PowerPoint 2013 中，打开演示文稿，如图 5-48 所示。

步骤 02 单击“插入”命令，切换至“插入”功能区，在“插图”选项区中，单击“形状”下拉按钮，在弹出的列表框中选择“公式形状”|“加号”选项，如图 5-49 所示。

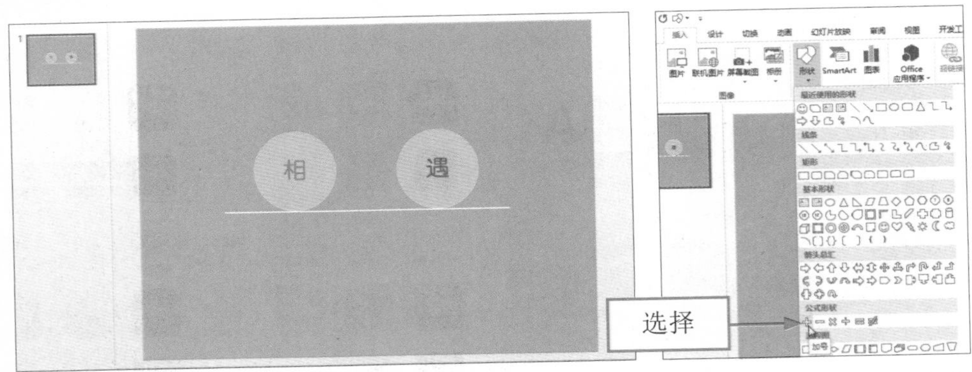

图 5-48 打开演示文稿　　图 5-49 选择“加号”选项

步骤 03 在编辑区的合适位置，单击鼠标左键并拖曳，即可绘制加号形状，如图 5-50 所示。

步骤 04 在“绘图工具 - 格式”功能区中，单击“形状样式”选项区中的“形状填充”下拉按钮，如图 5-51 所示。

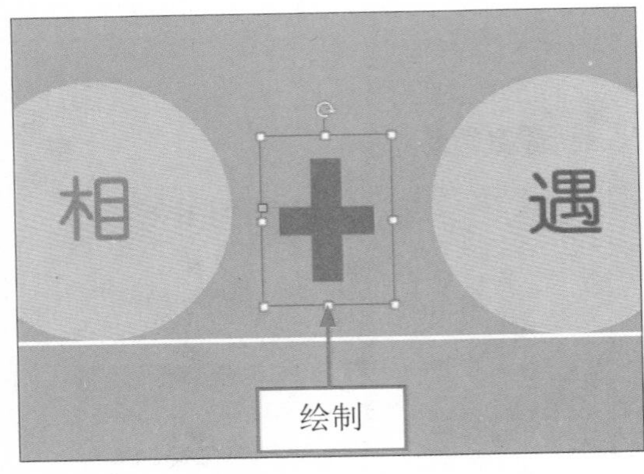

图 5-50 绘制加号形状

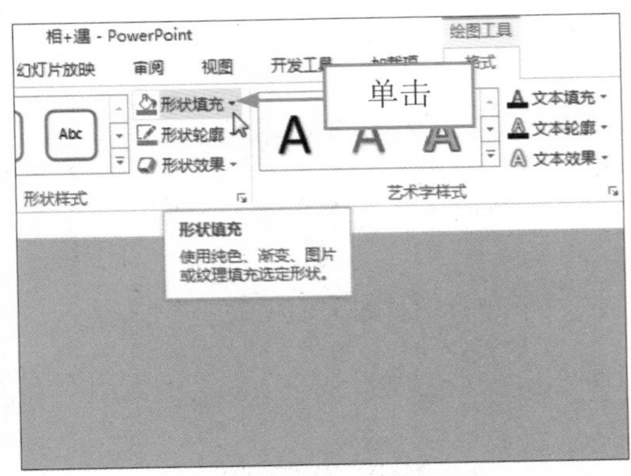

图 5-51 单击“形状填充”下拉按钮

步骤 05 弹出列表框，用拾色器选择“茶色”，如图 5-52 所示。

步骤 06 在“形状样式”选项区中单击“形状轮廓”下拉按钮，弹出列表框，设置“轮廓”为“无轮廓”，如图 5-53 所示。

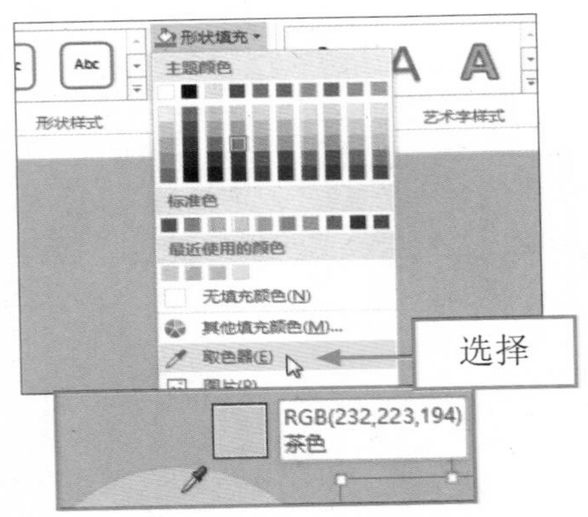

图 5-52 选择“茶色”选项

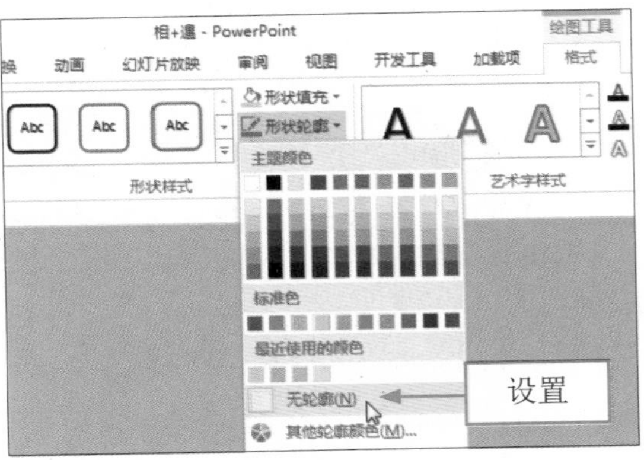

图 5-53 设置为无轮廓

步骤 07 在“形状样式”选项区中单击“形状效果”下拉按钮，弹出列表框，选择“映像”|“紧密映像，4pt 偏移量”选项，如图 5-54 所示。

步骤 08 执行操作后，即可设置公式形状效果，如图 5-55 所示。

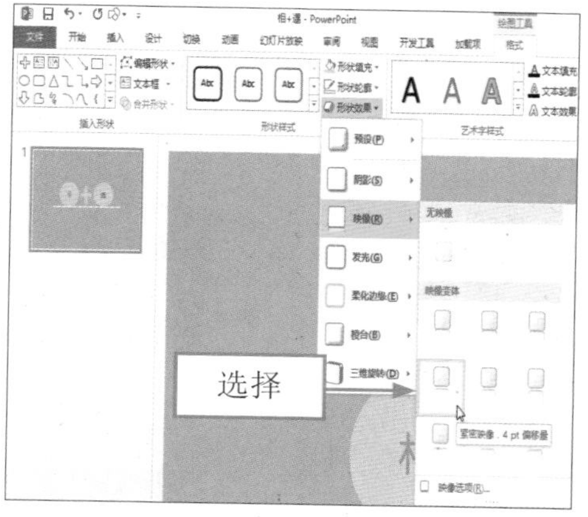

图 5-54 选择“紧密映像，4pt 偏移量”选项

图 5-55 设置形状效果

5.2.6 绘制标注形状

在 PowerPoint 2013 中，在制作带有图片类型的幻灯片时，可以通过在幻灯片中绘制形状对象的方式来美化幻灯片。形状对象给幻灯片的制作提供了更多表达的可能性，用户可以为幻灯片中的图片和文字等对象添加标注形状，可以丰富幻灯片中的内容。

	素材文件	光盘 \ 素材 \ 第 5 章 \ 绘制标注形状 .pptx
	效果文件	光盘 \ 效果 \ 第 5 章 \ 绘制标注形状 .pptx
	视频文件	光盘 \ 视频 \ 第 5 章 \5.2.6 绘制标注形状 .mp4

实战 绘制标注形状

步骤 01 在 PowerPoint 2013 中，打开演示文稿，如图 5-56 所示。

步骤 02 单击“插入”命令，切换至“插入”功能区，单击“形状”下拉按钮，如图 5-57 所示。

图 5-56 打开演示文稿

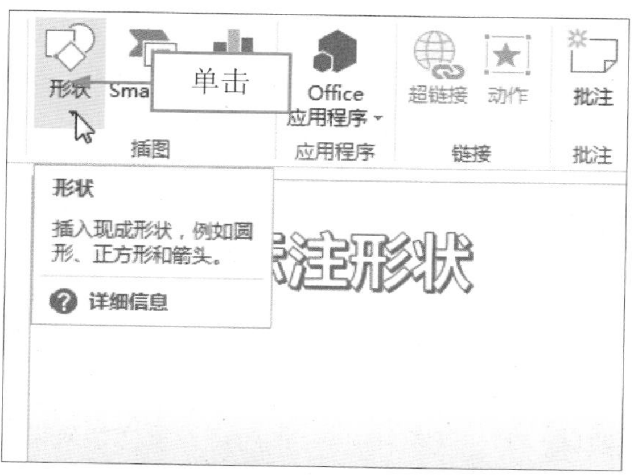

图 5-57 单击“形状”下拉按钮

步骤 03 在弹出列表框的“标注”选项区中，选择“圆角矩形标注”选项，如图 5-58 所示。

步骤 04 在编辑区的合适位置，单击鼠标左键并拖曳至合适位置后释放鼠标左键，即可绘制“圆角矩形标注”形状，如图 5-59 所示。

图 5-58 选择“圆角矩形标注”选项

图 5-59 绘制标注

步骤 05 在“绘图工具 - 格式”功能区，单击“形状样式”选项区中的“其他”下拉按钮，如图 5-60 所示。

步骤 06 弹出列表框，选择“细微效果 - 红色，强调颜色 6”选项，如图 5-61 所示。

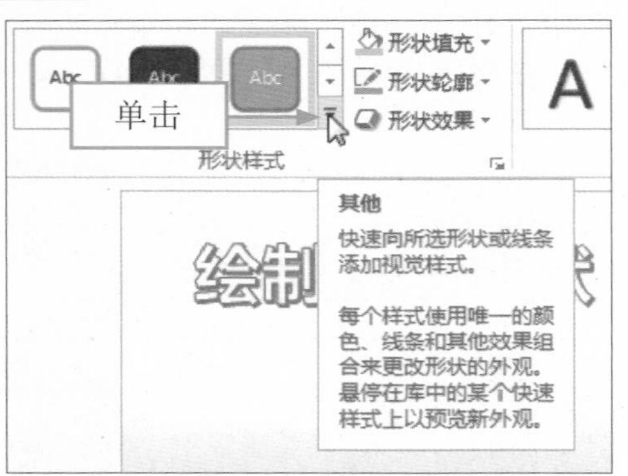

图 5-60 单击“其他”下拉按钮

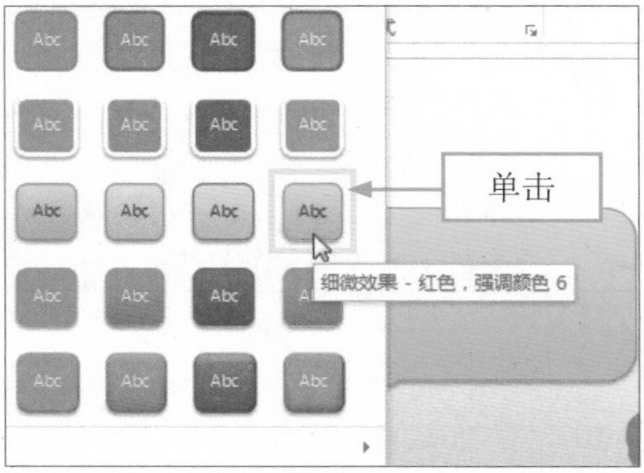

图 5-61 选择“细微效果 - 红色，强调颜色 6”选项

步骤 07 执行操作后，即可设置形状样式，效果如图 5-62 所示。

步骤 08 在绘制的标注上单击鼠标右键，在弹出的快捷菜单中选择“编辑文字”选项，如图 5-63 所示。

步骤 09 在标注中输入文字，选中输入的文字，在“绘图工具 - 格式”功能区中，单击“艺术字样式”选项区中的“其他”下拉按钮，如图 5-64 所示。

步骤 10 在弹出的列表框中，选择“填充 - 白色，轮廓 - 着色 2，清晰阴影 - 着色 2”选项，如图 5-65 所示。

步骤 11 执行操作后，即可设置文字效果，如图 5-66 所示。

步骤 12 调整文本字体大小，并适当调整标注形状的大小，效果如图 5-67 所示。

图 5-62 设置形状样式

图 5-63 选择“编辑文字”选项

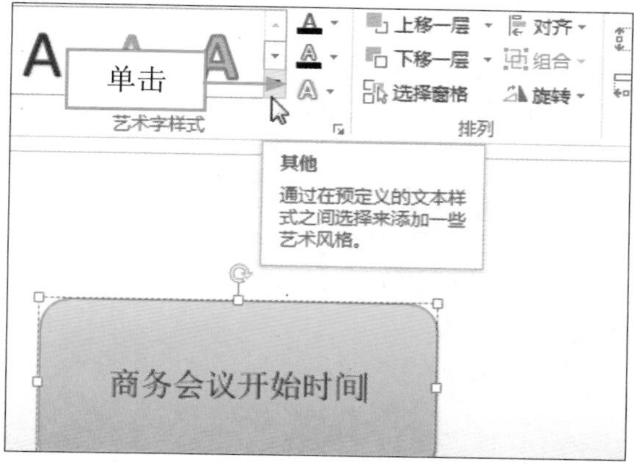

图 5-64 单击“其他”下拉按钮

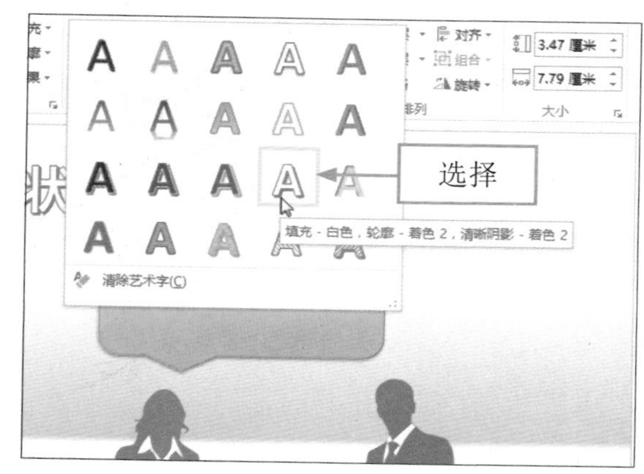

图 5-65 选择相应选项

图 5-66 设置文字效果

图 5-67 设置字体属性

5.3 修饰自选图形

为了使插入在幻灯片中的图形对象更加美观，用户可以对自选图形进行修饰，如添加渐变填充效果、添加图案填充效果、添加纹理填充效果、运用纯色填充图形和设置图形轮廓颜色等。

5.3.1 添加图案填充效果

在制作幻灯片过程中，一个图形形状的填充效果决定了整个图像的主色调。在 PowerPoint 2013 中，除了能够对形状填充纯色以外，还可以对图形图案填充，下面向用户介绍图案填充的操作方法。

	素材文件	光盘 \ 素材 \ 第 5 章 \ 花枝 .pptx
	效果文件	光盘 \ 效果 \ 第 5 章 \ 花枝 .pptx
	视频文件	光盘 \ 视频 \ 第 5 章 \5.3.1 添加图案填充效果 .mp4

实战 花枝

步骤 01 在 PowerPoint 2013 中，打开演示文稿，如图 5-68 所示。

图 5-68 打开演示文稿

步骤 02 在幻灯片中，选择需要填充图案效果的形状，如图 5-69 所示。

图 5-69 选择幻灯片中的图形

步骤 03 单击“绘图工具 - 格式”命令，切换至“绘图工具 - 格式”功能区，在“形状样式”选项区中单击“设置形状格式”按钮，如图 5-70 所示。

步骤 04 弹出“设置形状格式”窗格，在“填充线条”选项卡中选中“填充”选项区中的“图案填充”单选按钮，如图 5-71 所示。

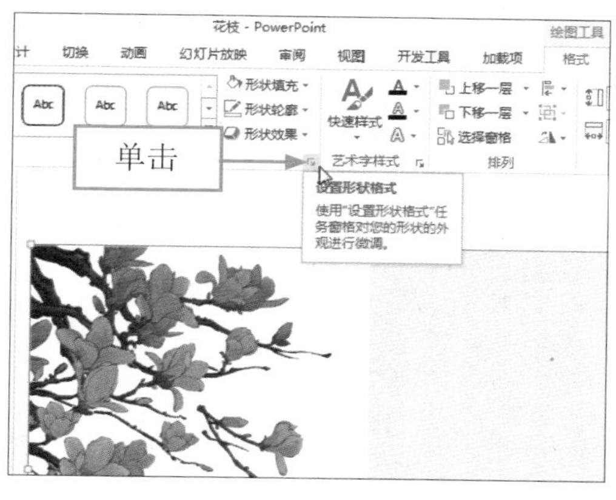

图 5-70 单击“设置形状格式”按钮

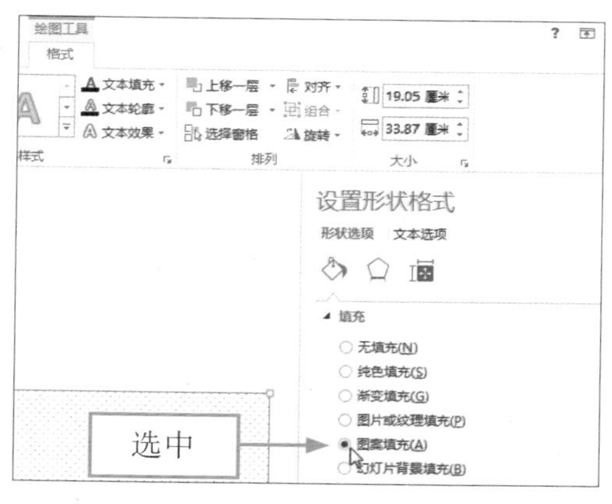

图 5-71 选中“图案填充”按钮

步骤 05 弹出“图案”列表框，选择“窄横线”选项，如图 5-72 所示。

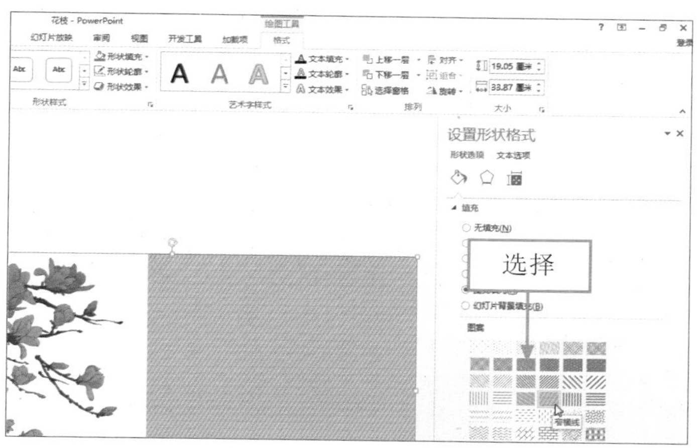

图 5-72 选择“窄横线”选项

步骤 06 执行操作后，关闭“设置形状格式”窗格，即可添加图案填充，如图 5-73 所示。

图 5-73 添加图案填充

专家指点

使用图案填充的方式可以在形状对象中填充一些规则图案效果。选中“设置形状格式”窗格中的“图案填充”选项，在图案填充列表中列出了图案库，还可以对已有的样式进行前景和背景的设置，如图 5-74 所示。

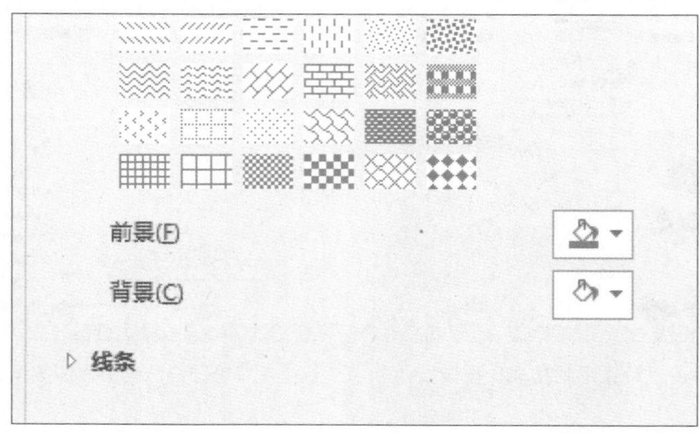

图 5-74 前景和背景选项区

5.3.2 添加形状填充效果

在演示文稿中，用户可以根据需要为绘制的图形添加形状填充效果，美化幻灯片效果。

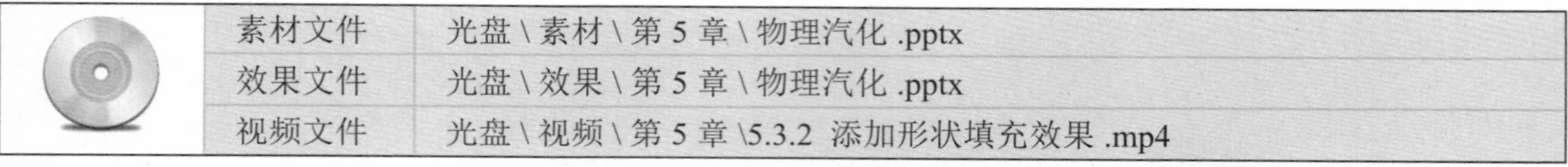

素材文件	光盘 \ 素材 \ 第 5 章 \ 物理汽化 .pptx
效果文件	光盘 \ 效果 \ 第 5 章 \ 物理汽化 .pptx
视频文件	光盘 \ 视频 \ 第 5 章 \5.3.2 添加形状填充效果 .mp4

实战 物理汽化

步骤 01 在 PowerPoint 2013 中，打开演示文稿，如图 5-75 所示。

步骤 02 在幻灯片中，按【Ctrl】键依次选择需要添加形状填充的图形，如图 5-76 所示。

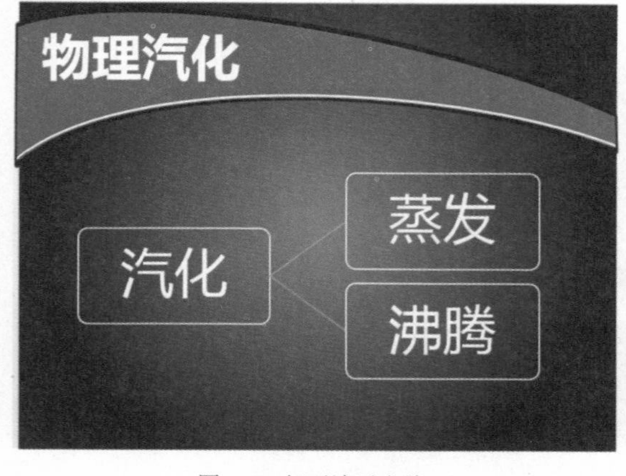

图 5-75 打开演示文稿

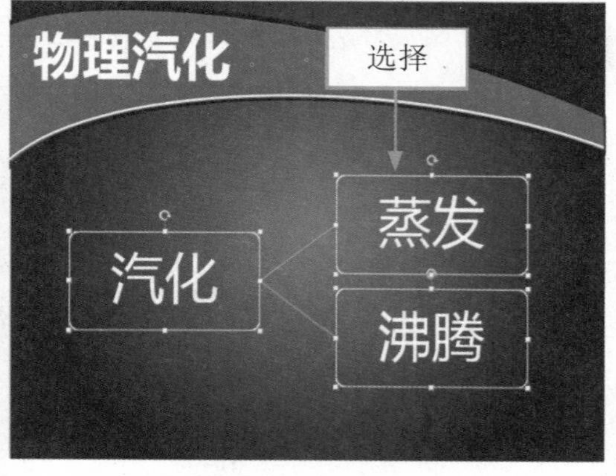

图 5-76 选择幻灯片中的图形

步骤 03 单击“绘图工具 - 格式”命令，切换至“绘图工具 - 格式”功能区，在“形状样式”

选项区中单击“形状填充”下拉按钮，如图 5-77 所示。

步骤 04 弹出列表框，在“主题颜色”选项区中选择“金色，着色 2，深色 25%”选项，如图 5-78 所示。

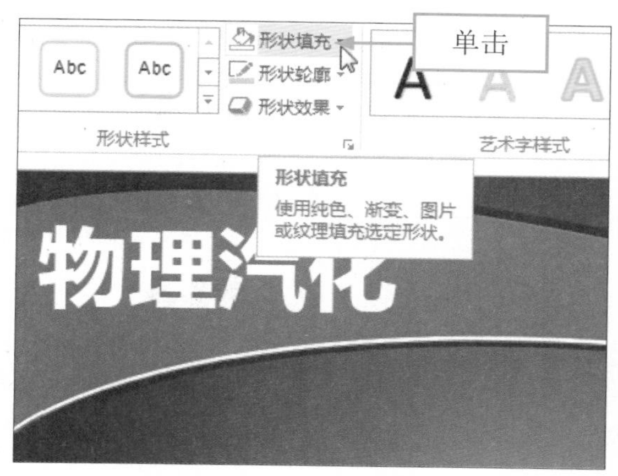

图 5-77 单击“形状填充”下拉按钮

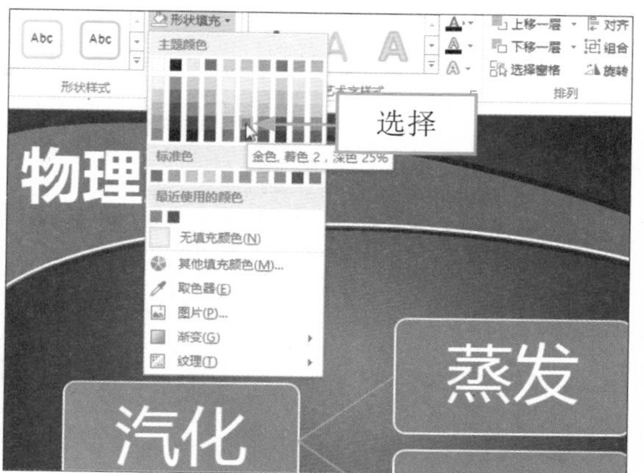

图 5-78 选择“金色，着色 2，深色 25%”选项

步骤 05 执行操作后，即可添加形状填充效果，如图 5-79 所示。

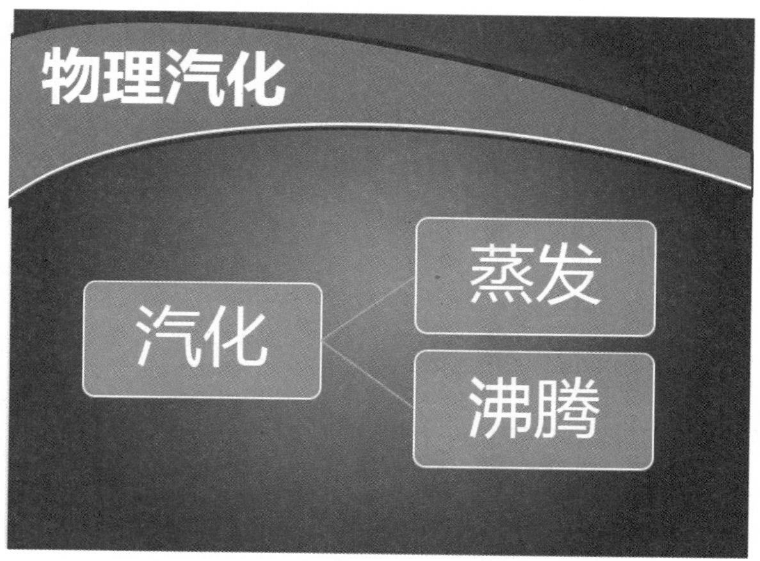

图 5-79 添加形状填充效果

5.3.3 添加纹理填充效果

在 PowerPoint 2013 中，可以利用在图形中填充纹理效果，把重点文字凸显，下面向用户介绍添加纹理填充效果的方法。

	素材文件	光盘 \ 素材 \ 第 5 章 \ 玫瑰物语 .pptx
	效果文件	光盘 \ 效果 \ 第 5 章 \ 玫瑰物语 .pptx
	视频文件	光盘 \ 视频 \ 第 5 章 \5.3.3 添加纹理填充效果 .mp4

实战 玫瑰物语

步骤 01 在 PowerPoint 2013 中，打开演示文稿，如图 5-80 所示。

步骤 02 在幻灯片中，按【Ctrl】键依次选择需要添加纹理填充的形状，如图 5-81 所示。

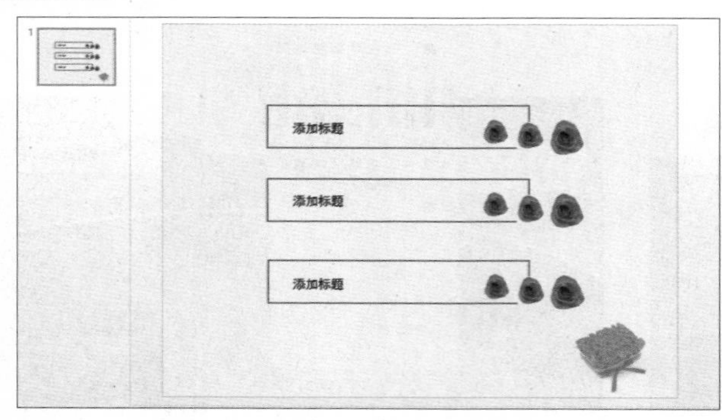

图 5-80 打开演示文稿

选择

图 5-81 选择幻灯片中的图形

步骤 03 在图形上单击鼠标右键，在弹出的快捷菜单中选择“设置对象格式”选项，如图 5-82 所示。

步骤 04 弹出“设置形状格式”窗格，在展开“填充”的选项区中选中“图片或纹理填充”单选按钮，如图 5-83 所示。

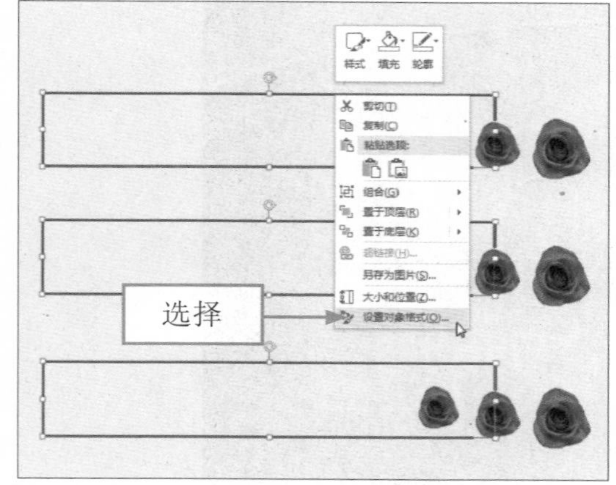

图 5-82 选择“设置形状格式”选项

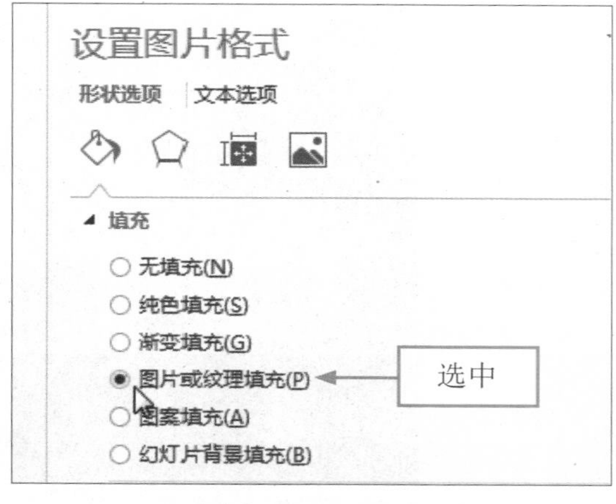

图 5-83 选中“图片或纹理填充”按钮

步骤 05 弹出“图片或纹理填充”选项区，单击“纹理”下拉按钮，如图 5-84 所示。

步骤 06 执行操作后，在弹出的列表框中选择“白色大理石”选项，如图 5-85 所示。

步骤 07 关闭“设置图片格式”窗格，即可添加纹理填充，效果如图 5-86 所示。

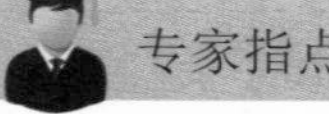

专家指点

使用图片或纹理填充可以统一形状的填充风格，还可以方便地将一些已有图片的样式直接填充进形状对象中。

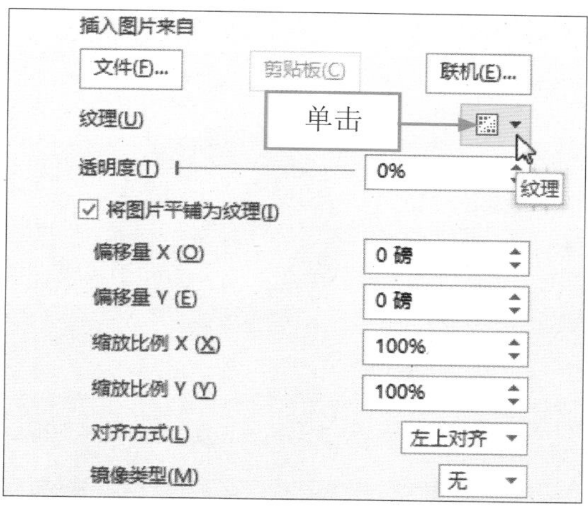

图 5-84 单击“纹理”下拉按钮

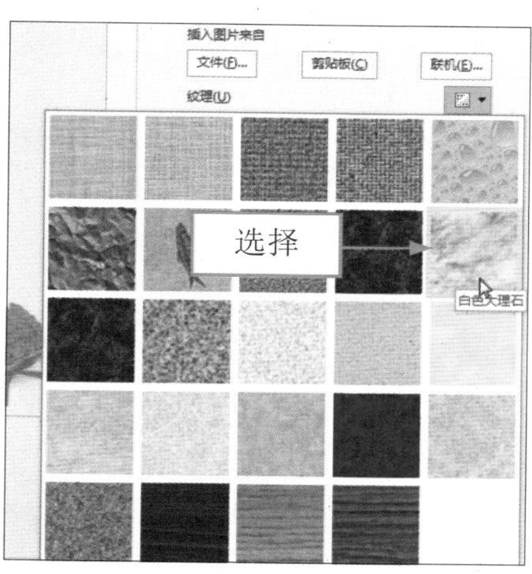

图 5-85 选择“白色大理石”选项

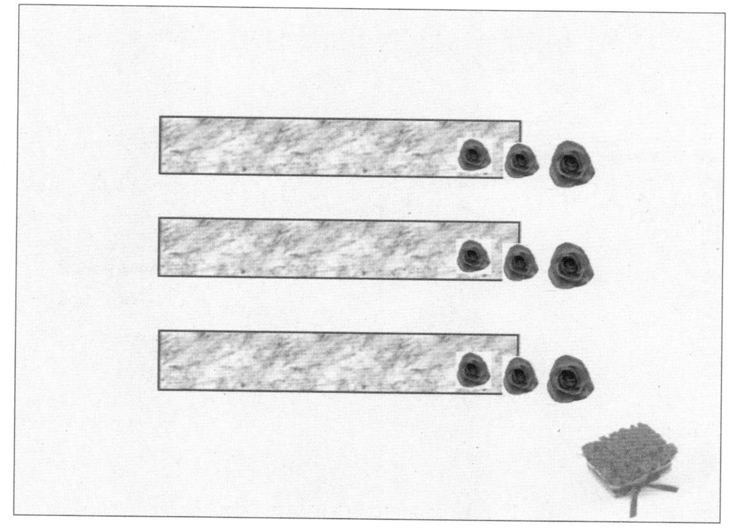

图 5-86 添加纹理填充

5.3.4 设置图形轮廓颜色

在演示文稿中，不仅可以为图形填充颜色，还可以设置图形轮廓颜色、粗细等，使得图形与背景的分界线更加明确。

形状的轮廓线样式包括了轮廓颜色、轮廓宽度和轮廓线型。一个合理规范的形状对象应该具有形状填充搭配得当的形状轮廓。形状轮廓线包括：无线条、实线和渐变线。

	素材文件	光盘 \ 素材 \ 第 5 章 \ 图形轮廓颜色 .pptx
	效果文件	光盘 \ 效果 \ 第 5 章 \ 图形轮廓颜色 .pptx
	视频文件	光盘 \ 视频 \ 第 5 章 \5.3.4 设置图形轮廓颜色 .mp4

实战 图形轮廓颜色

步骤 01 在 PowerPoint 2013 中，打开演示文稿，如图 5-87 所示。

步骤 02 在幻灯片中，选择需要设置轮廓颜色的图形，如图 5-88 所示。

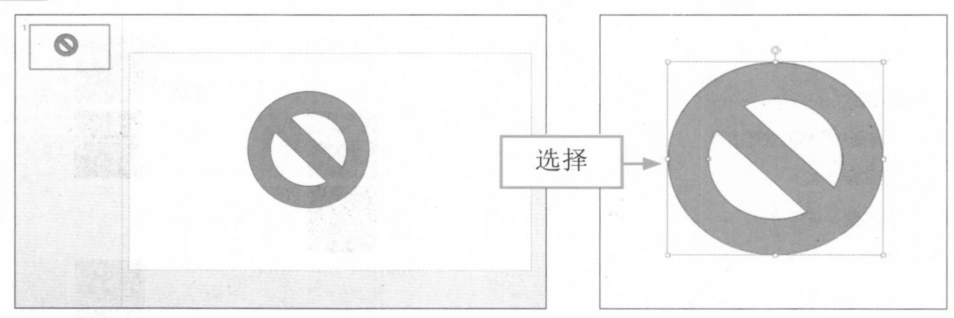

图 5-87 打开演示文稿

图 5-88 选择需要设置轮廓颜色的图形

步骤 03 单击“绘图工具 - 格式”命令，切换至“绘图工具 - 格式”功能区，在“形状样式”选项区中单击“形状轮廓”下拉按钮，如图 5-89 所示。

步骤 04 弹出列表框，在“主题颜色”选项区中选择“蓝色，着色 5，深色 25%”选项，如图 5-90 所示。

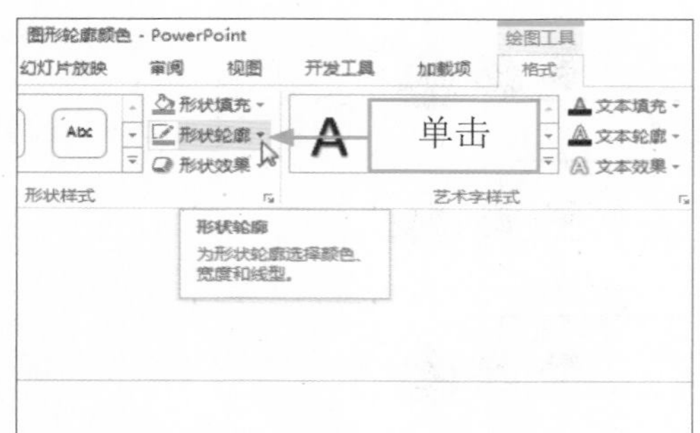

图 5-89 单击“形状轮廓”下拉按钮

图 5-90 选择“蓝色，着色 5，深色 25%”选项

步骤 05 在“形状样式”选项区中单击“形状轮廓”下拉按钮，在弹出的列表框中选择“粗细”|“2.25 磅”选项，如图 5-91 所示。

步骤 06 在“形状样式”选项区中单击“形状轮廓”下拉按钮，在弹出的列表框中选择“虚线”|“圆点”选项，如图 5-92 所示。

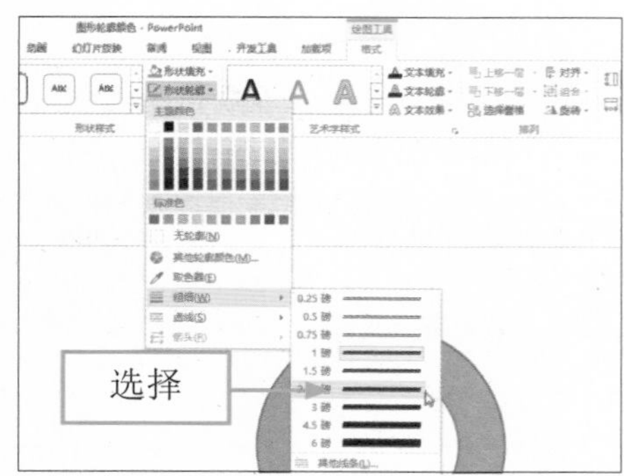

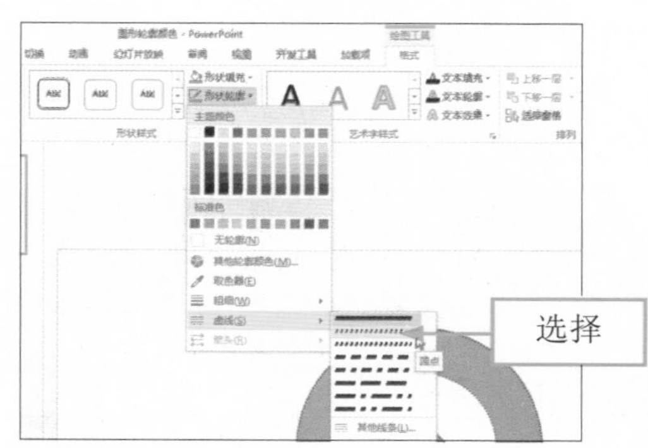

图 5-91 选择“2.25 磅”选项

图 5-92 选择“圆点”选项

步骤 07 执行操作后，即可设置图形轮廓，如图 5-93 所示。

图 5-93 设置图形轮廓

5.4 合并图形

在 PowerPoint 2013 中，通过图形之间的搭配以及合并还能产生更多符合实际设计要求的图片。合并形状功能给用户提供了一个非常方便的制图方式，包括了联合、组合、拆分、相交和剪除 5 种类型的合并方式。

5.4.1 联合图形

在 PowerPoint 2013 中，联合图形是将多个形状进行叠加的一种合并操作，下面向用户介绍联合图形的操作方法。

	素材文件	光盘 \ 素材 \ 第 5 章 \ 童真 .pptx
	效果文件	光盘 \ 效果 \ 第 5 章 \ 童真 .pptx
	视频文件	光盘 \ 视频 \ 第 5 章 \5.4.1 联合图形 .mp4

实战 童真

步骤 01 在 PowerPoint 2013 中，打开演示文稿，如图 5-94 所示。

步骤 02 在幻灯片中，按【Ctrl】键依次选择需要联合的图形对象，如图 5-95 所示。

图 5-94 打开演示文稿

图 5-95 选择图形

步骤 03 单击“绘图工具 - 格式”命令，切换至“绘图工具 - 格式”功能区，在“插入形状”选项区中单击“合并形状”下拉按钮，如图 5-96 所示。

步骤 04 弹出列表框，选择“联合”选项，如图 5-97 所示。

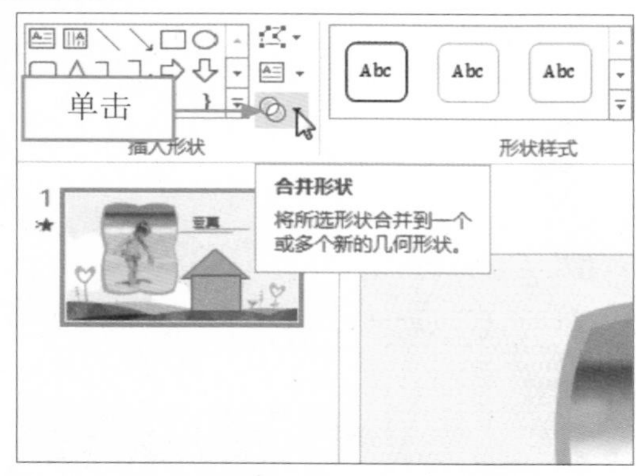

图 5-96 单击“合并形状”下拉按钮

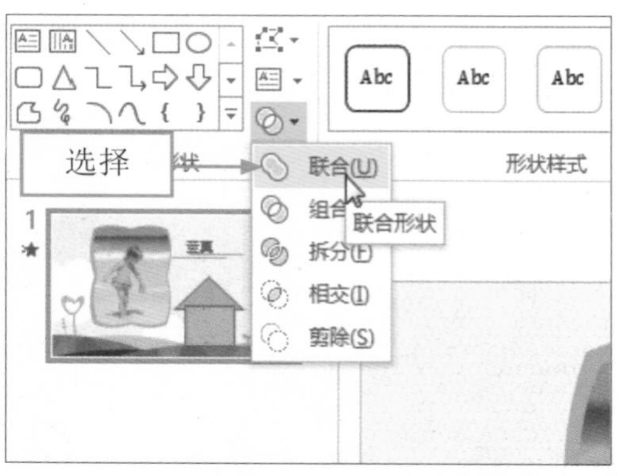

图 5-97 选择“联合”选项

步骤 05 执行操作后，即可将选中的图形联合，如图 5-98 所示。

图 5-98 联合图形

专家指点

如果进行联合的两个对象的颜色不相同，则合并图片的颜色是由选定合并对象时首先选中的对象颜色决定的。两个对象颜色不相同，如图 5-99 所示，在操作中首先选中的是橙色的圆形，合并之后的图片就以橙色填充，如图 5-100 所示。

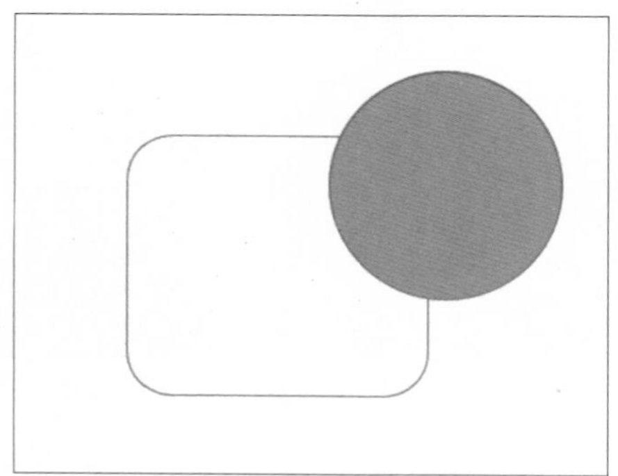

图 5-99 颜色不相同的两个对象

图 5-100 以橙色填充对象

5.4.2 组合图形

组合形状是将多个形状进行叠加之后，消去公共部分的一种合并操作，下面向用户介绍组合图形的操作方法。

	素材文件	光盘 \ 素材 \ 第 5 章 \ 成功秘诀 .pptx
	效果文件	光盘 \ 效果 \ 第 5 章 \ 成功秘诀 .pptx
	视频文件	光盘 \ 视频 \ 第 5 章 \5.4.2 组合图形 .mp4

实战 成功秘诀

步骤 01 在 PowerPoint 2013 中，打开演示文稿，如图 5-101 所示。

步骤 02 在幻灯片中，按【Ctrl】键依次选择需要组合的图形对象，如图 5-102 所示。

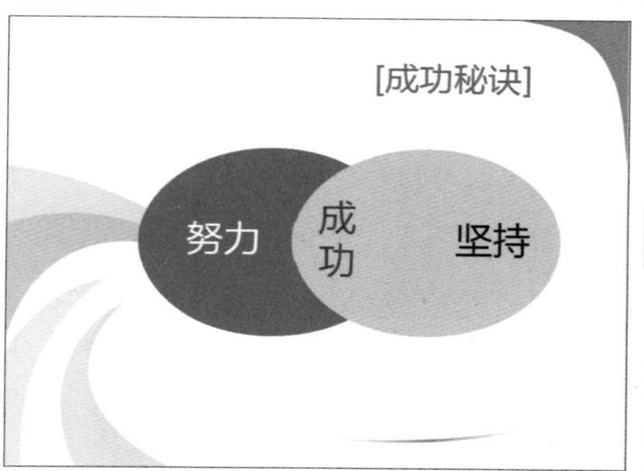

图 5-101 打开演示文稿

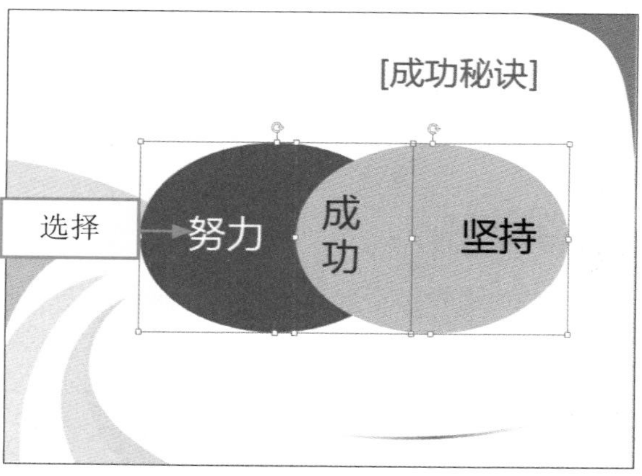

图 5-102 选择图形

步骤 03 单击“绘图工具 - 格式”命令，切换至“绘图工具 - 格式”功能区，在“插入形状”选项区中单击“合并形状”下拉按钮，如图 5-103 所示。

步骤 04 弹出列表框，选择“组合”选项，如图 5-104 所示。

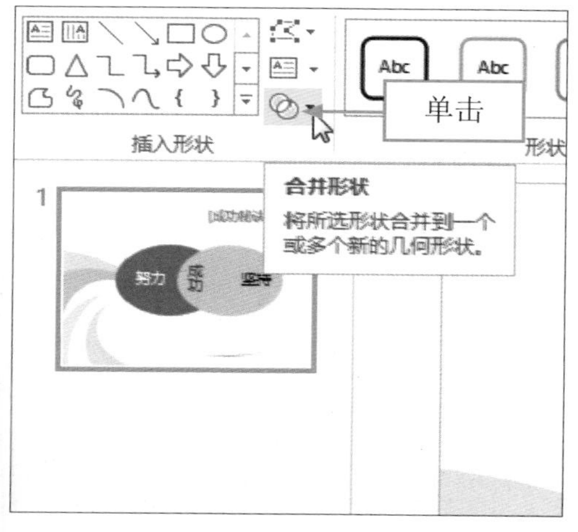

图 5-103 单击“合并形状”下拉按钮

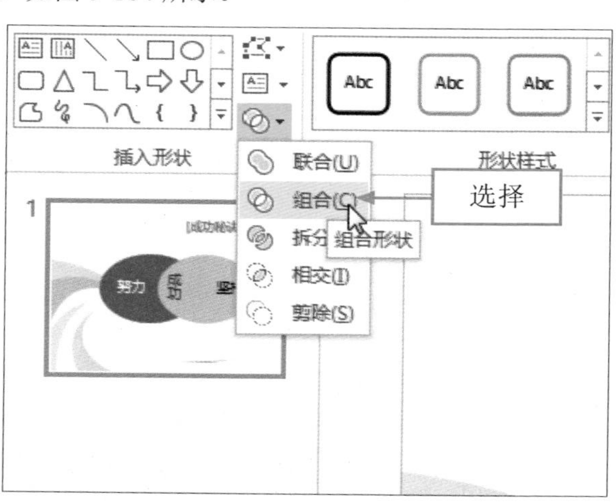

图 5-104 选择“组合”选项

步骤 05 执行操作后，即可将选中的图形组合，如图 5-105 所示。

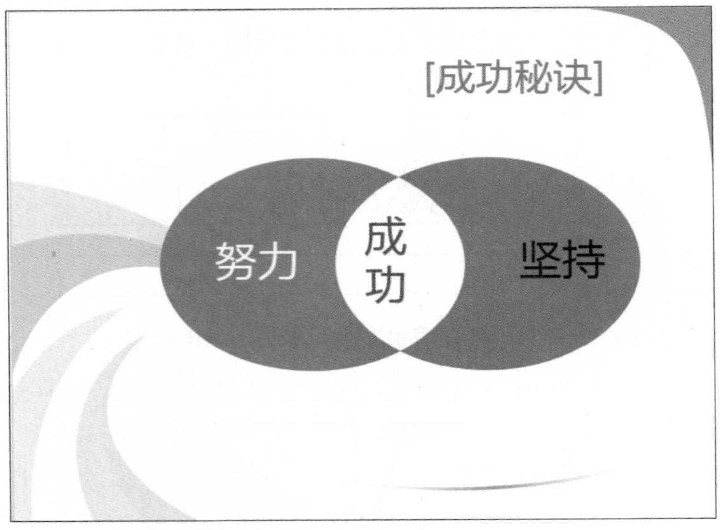

图 5-105 组合图形

专家指点

如果进行组合操作的对象有两个以上，那么此时所有对象之间都相交的公共部分并不会单纯地被消去，而是出现一种“镂空”样式的图形，如图 5-106 所示。进行组合操作的对象总共有 4 个不同形状的图形对象，并且对象之间的相交部分并不只有一块。

图 5-106 组合图形

5.4.3 拆分图形

拆分图形是将多个形状进行叠加之后，将相交的公共部分与原来的对象拆开的一种操作，下面向用户介绍拆分图形的操作方法。

素材文件	光盘 \ 素材 \ 第 5 章 \ 科技环保 .pptx
效果文件	光盘 \ 效果 \ 第 5 章 \ 科技环保 .pptx
视频文件	光盘 \ 视频 \ 第 5 章 \5.4.3 拆分图形 .mp4

实战 科技环保

步骤 01 在 PowerPoint 2013 中，打开演示文稿，如图 5-107 所示。

步骤 02 在幻灯片中，按【Ctrl】键依次选择需要拆分的图形对象，如图 5-108 所示。

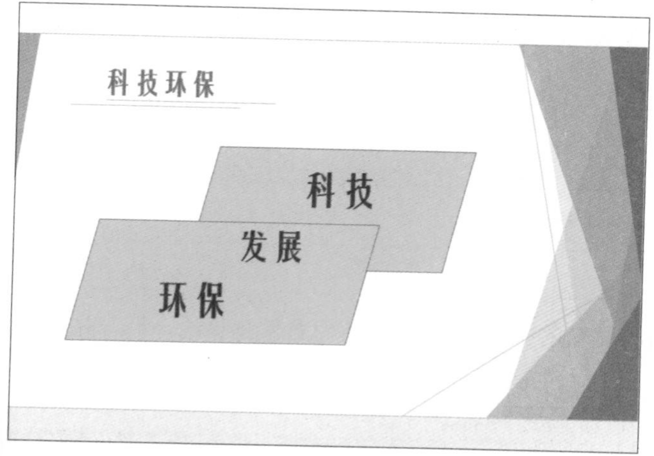

图 5-107 打开演示文稿

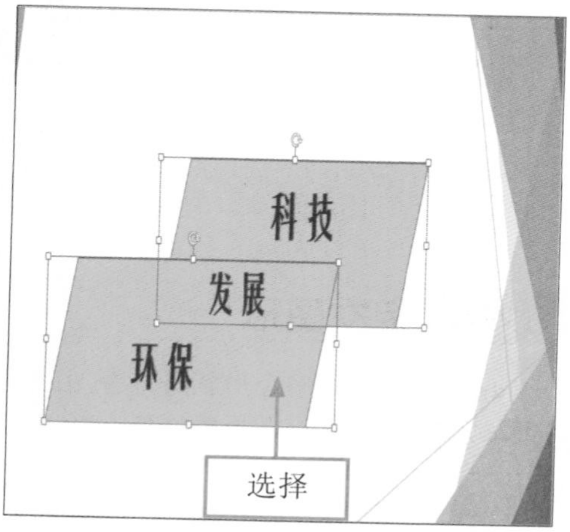

图 5-108 选择需要拆分的图形对象

步骤 03 单击“绘图工具 - 格式”命令，切换至“绘图工具 - 格式”功能区，在“插入形状”选项区中单击“合并形状”下拉按钮，如图 5-109 所示。

步骤 04 弹出列表框，选择“拆分”选项，如图 5-110 所示。

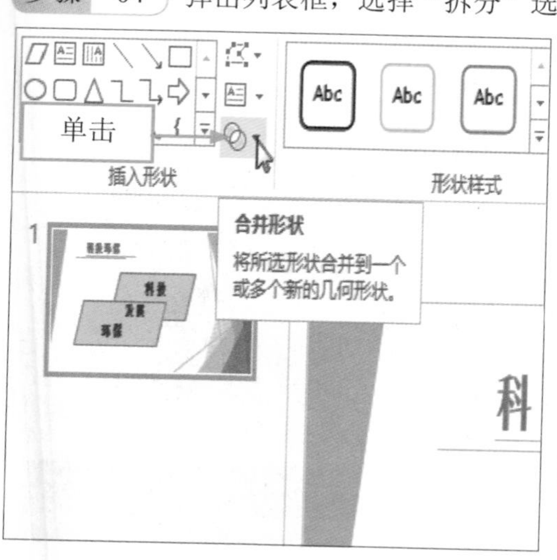

图 5-109 单击“合并形状”下拉按钮

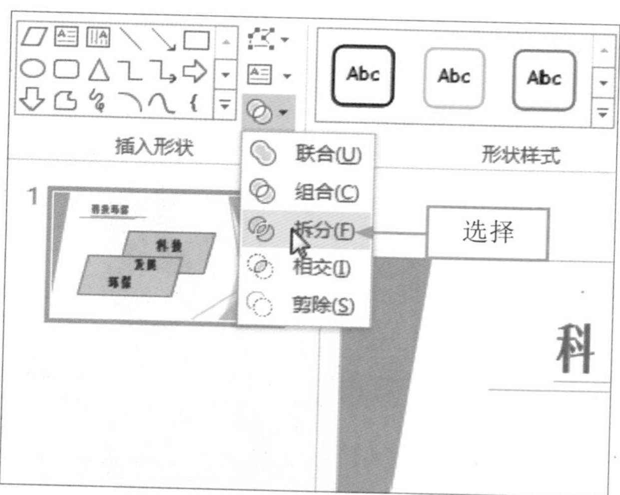

图 5-110 选择“拆分”选项

步骤 05 执行操作后，即可将选中的图形拆分，如图 5-111 所示。

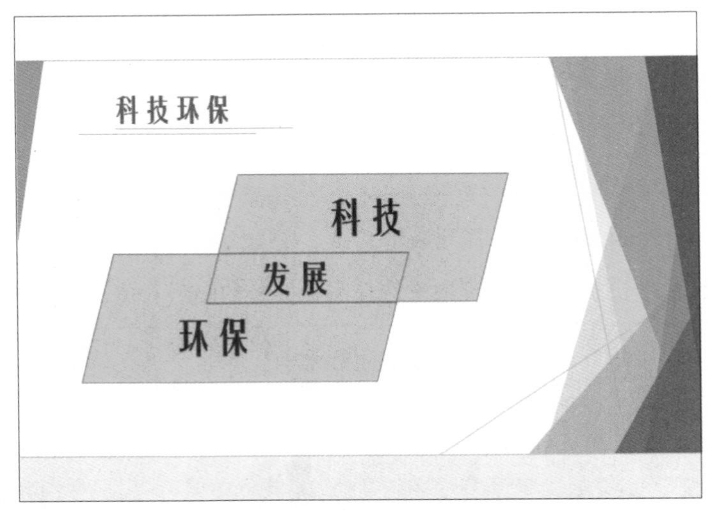

图 5-111 拆分图形

5.4.4 相交图形

相交形状是将多个形状进行叠加之后，将相交的公共部分保留，将原对象删除的一种合并操作，下面向用户介绍相交图形的操作方法。

	素材文件	光盘 \ 素材 \ 第 5 章 \ 相交图形 .pptx
	效果文件	光盘 \ 效果 \ 第 5 章 \ 相交图形 .pptx
	视频文件	光盘 \ 视频 \ 第 5 章 \5.4.3 相交图形 .mp4

实战 相交图形

步骤 01 在 PowerPoint 2013 中，打开演示文稿，如图 5-112 所示。

步骤 02 在幻灯片中，按【Ctrl】键依次选择需要相交的图形对象，如图 5-113 所示。

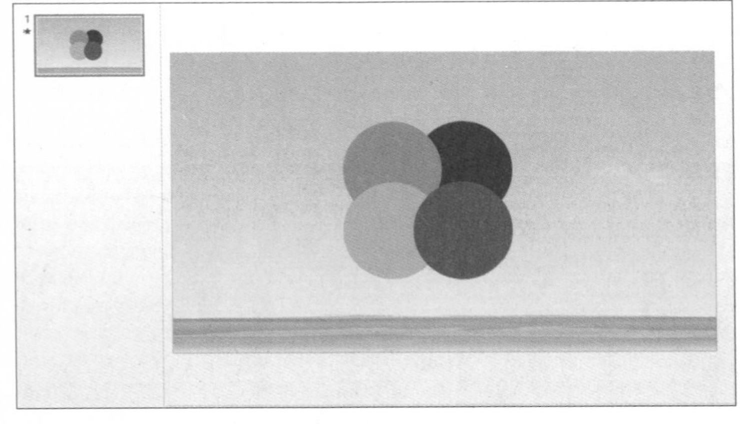

图 5-112 打开演示文稿

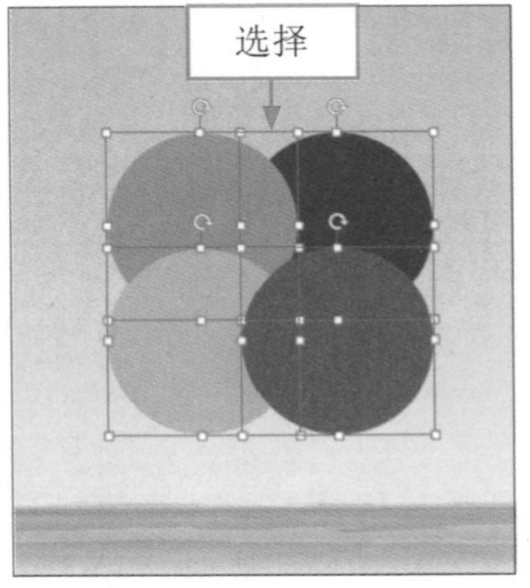

图 5-113 选择图形对象

步骤 03 单击“绘图工具 - 格式”命令，切换至“绘图工具 - 格式”功能区，在“插入形状”选项区中单击“合并形状”下拉按钮，如图 5-114 所示。

步骤 04 弹出列表框，选择“相交”选项，如图 5-115 所示。

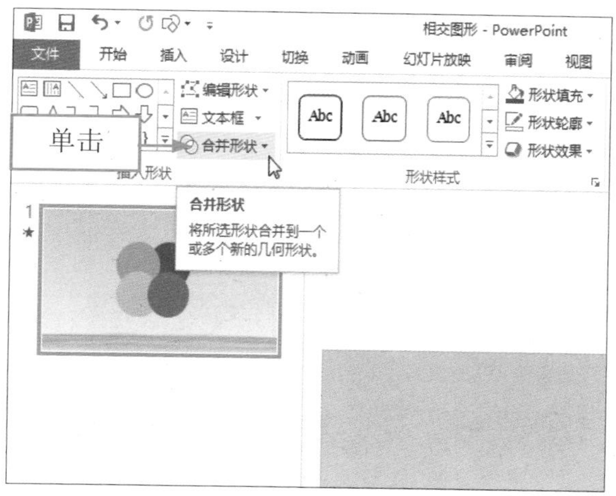

图 5-114 单击“合并形状”下拉按钮

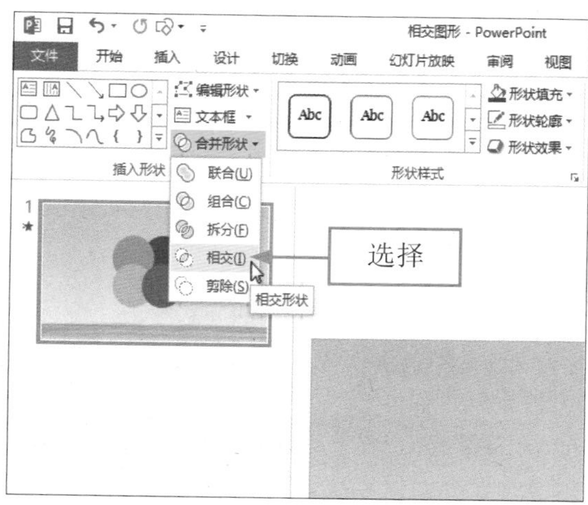

图 5-115 选择“相交”选项

步骤 05 执行操作后，即可将选中的图形相交，如图 5-116 所示。

图 5-116 相交图形

5.4.5 剪除图形

自选图形库中的图形样式种类繁多，仅通过对图形的简单绘制和编辑常常不能满足用户的设计需求。剪除形状是将多个形状进行叠加之后，将对象的公共部分和后选对象全都删除，留下首选对象消去公共部分的操作，类似于用后选对象去“剪掉”首选对象的概念，下面向用户介绍剪除图形的操作方法。

	素材文件	光盘 \ 素材 \ 第 5 章 \ 任务说明 .pptx
	效果文件	光盘 \ 效果 \ 第 5 章 \ 任务说明 .pptx
	视频文件	光盘 \ 视频 \ 第 5 章 \5.4.5 剪除图形 .mp4

实战 任务说明

步骤 01 在 PowerPoint 2013 中，打开演示文稿，如图 5-117 所示。

步骤 02 在幻灯片中，按【Ctrl】键依次选择需要剪除的图形对象，如图 5-118 所示。

图 5-117 打开演示文稿

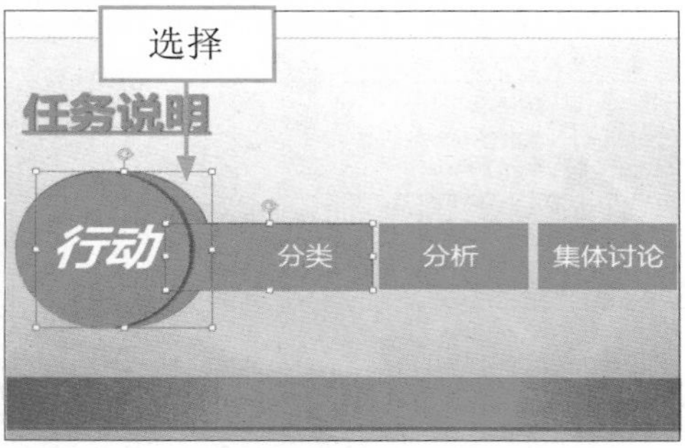

图 5-118 选择图形对象

步骤 03 单击“绘图工具 - 格式”命令，切换至“绘图工具 - 格式”功能区，在“插入形状”选项区中单击“合并形状”下拉按钮，如图 5-119 所示。

步骤 04 弹出列表框，选择“剪除”选项，如图 5-120 所示。

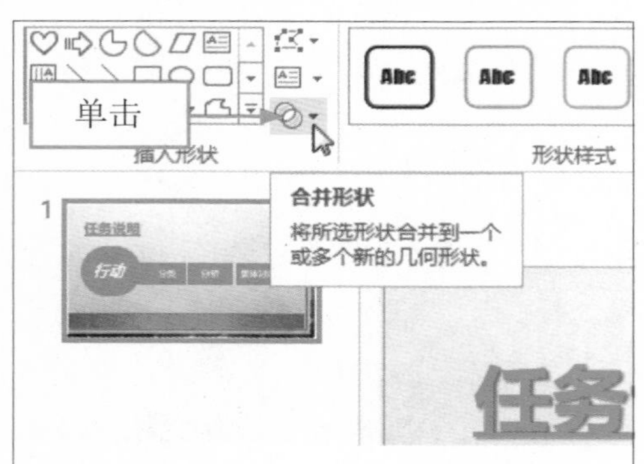

图 5-119 单击“合并形状”下拉按钮

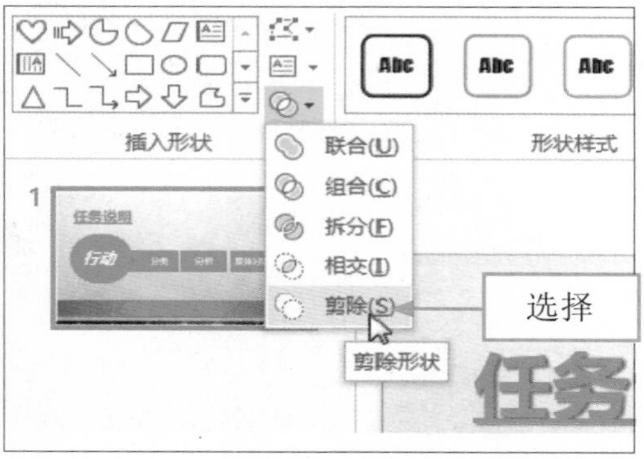

图 5-120 选择“剪除”选项

步骤 05 执行操作后，即可将选中的图形剪除，如图 5-121 所示。

图 5-121 剪除图形

5.5 设置图形三维效果

在 PowerPoint 2013 中插入图形后，可以为绘制的图形设置阴影、映像、发光、柔化边缘和三维旋转等效果。

5.5.1 设置图形阴影效果

在 PowerPoint 2013 中，可以为图像添加阴影效果，使得图形更具有立体感。

素材文件	光盘 \ 素材 \ 第 5 章 \ 阴影效果 .pptx
效果文件	光盘 \ 效果 \ 第 5 章 \ 阴影效果 .pptx
视频文件	光盘 \ 视频 \ 第 5 章 \5.5.1 设置图形阴影效果 .mp4

实战 阴影效果

步骤 01 在 PowerPoint 2013 中，打开演示文稿，如图 5-122 所示。

步骤 02 在幻灯片中，选择需要设置阴影效果的图形，如图 5-123 所示。

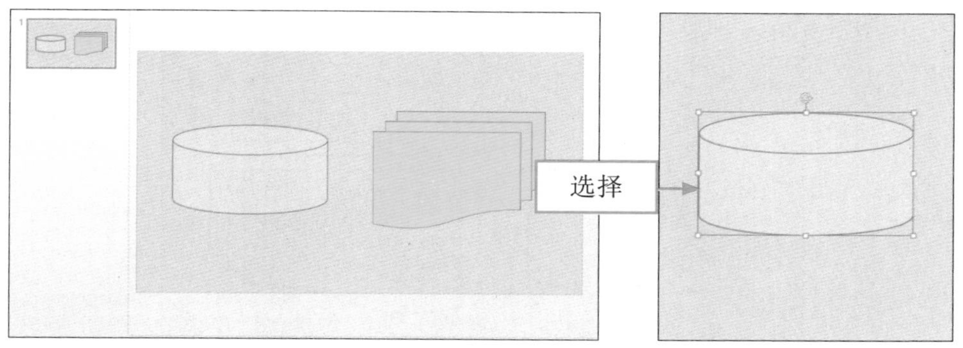

图 5-122 打开演示文稿

图 5-123 选择需要设置三维效果的图形

步骤 03 单击“绘图工具 - 格式”命令，切换至“绘图工具 - 格式”功能区，在“形状样式”选项区中单击“形状效果”下拉按钮，如图 5-124 所示。

步骤 04 弹出列表框，选择“阴影”|“阴影选项”选项，如图 5-125 所示。

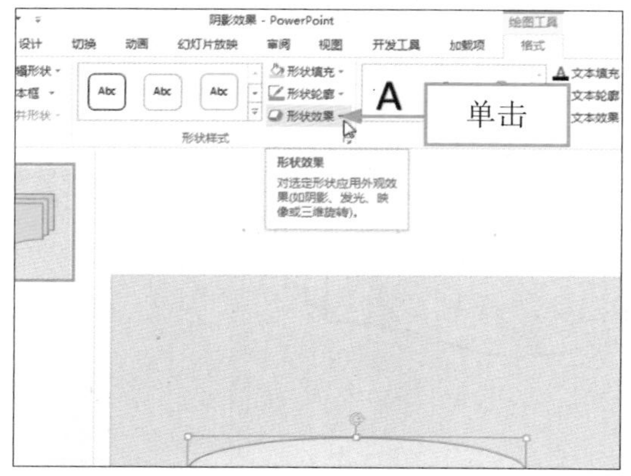

图 5-124 单击“形状效果”下拉按钮

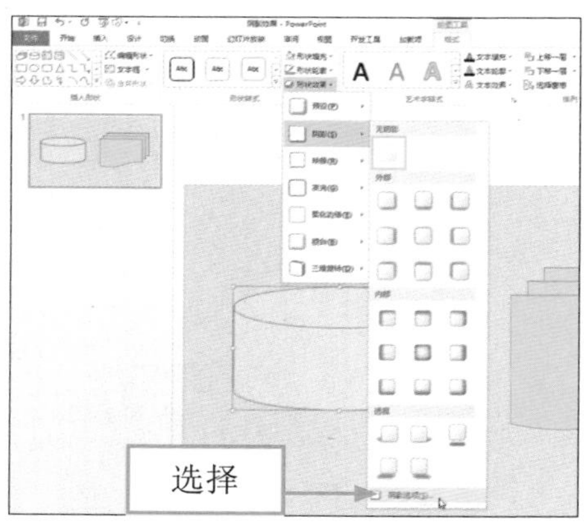

图 5-125 选择“阴影选项”选项

步骤 05　弹出"设置形状格式"窗格，在展开的"阴影"选项区中单击"预设"按钮，弹出列表框，选择"右下斜偏移"选项，如图 5-126 所示。

步骤 06　在"阴影"选项区中，设置"模糊"为 4 磅、"距离"为 3 磅，如图 5-127 所示。

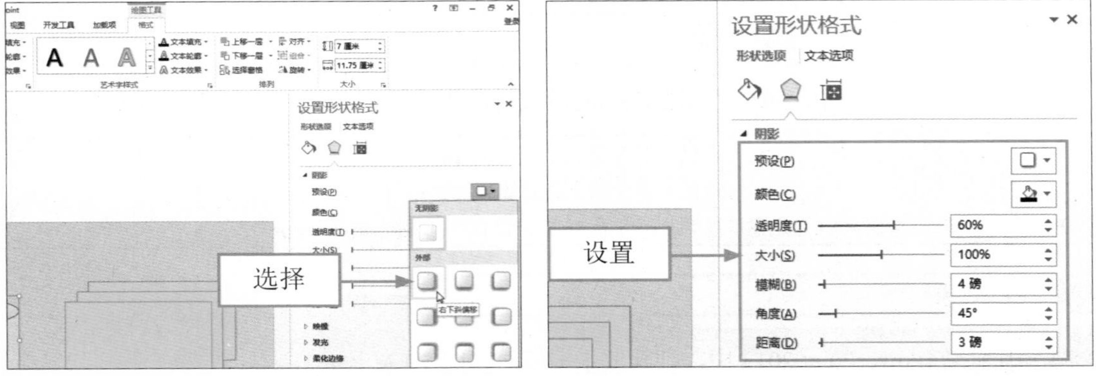

图 5-126 选择"右下斜偏移"选项

图 5-127 设置各参数

步骤 07　执行操作后，即可设置图形阴影效果，如图 5-128 所示。

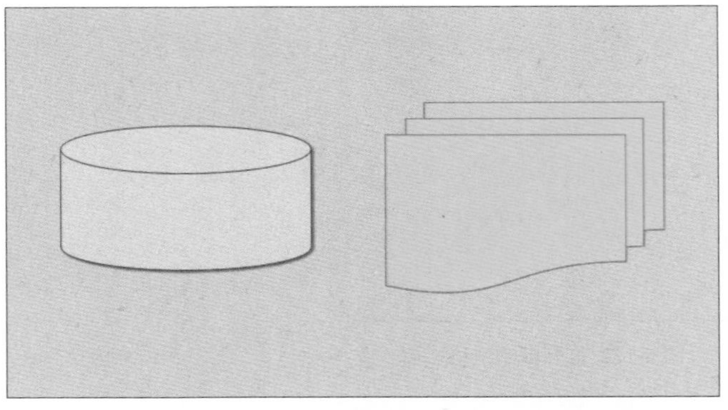

图 5-128 设置图形阴影

步骤 08　用与上同样的方法，为另外一个图形添加阴影效果，关闭"设置形状格式"窗格，如图 5-129 所示。

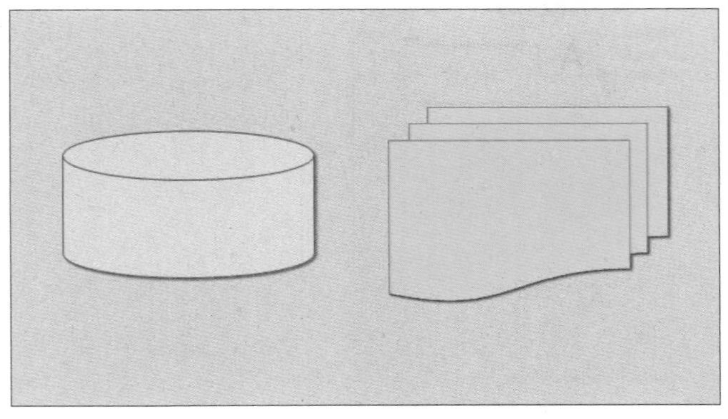

图 5-129 设置图形阴影

5.5.2 设置图形映像效果

在 PowerPoint 2013 中，用户可以为图形制作映像效果，映像效果可以使平面上的物体有立体感，使整个幻灯片看起来更加生动，就像湖里倒映岸边的柳树，半透明的餐桌上倒映精美的餐具，映像效果就是模拟这种生活中的真实现象，增加画面的真实感。

	素材文件	光盘 \ 素材 \ 第 5 章 \ 美食推荐 .pptx
	效果文件	光盘 \ 效果 \ 第 5 章 \ 美食推荐 .pptx
	视频文件	光盘 \ 视频 \ 第 5 章 \5.5.2 设置图形映像效果 .mp4

实战 美食推荐

步骤 01 在 PowerPoint 2013 中，打开演示文稿，如图 5-130 所示。

步骤 02 在幻灯片中，按【Ctrl】键依次选择需要设置映像效果的图片，如图 5-131 所示。

图 5-130 打开演示文稿

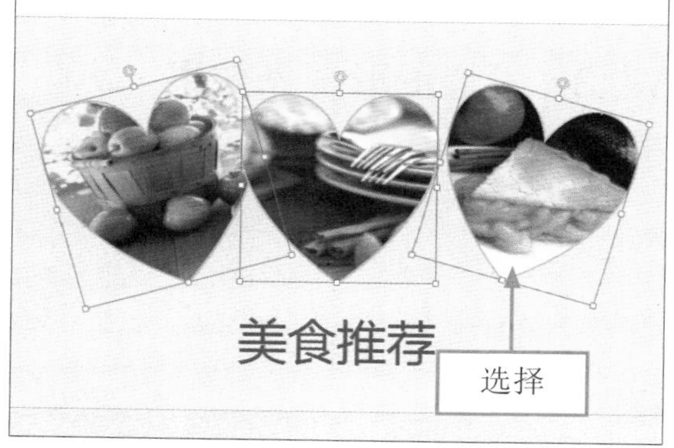

图 5-131 选择幻灯片中的图形

步骤 03 单击“图片工具 - 格式”命令，切换至“图片工具 - 格式”功能区，在“图片样式”选项区中单击“图片效果”下拉按钮，如图 5-132 所示。

步骤 04 弹出列表框，选择“映像”|“半映像 - 接触”选项，如图 5-133 所示。

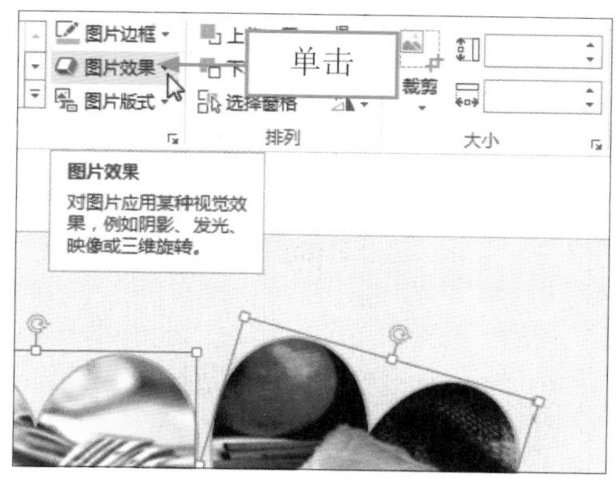

图 5-132 单击“图片效果”下拉按钮

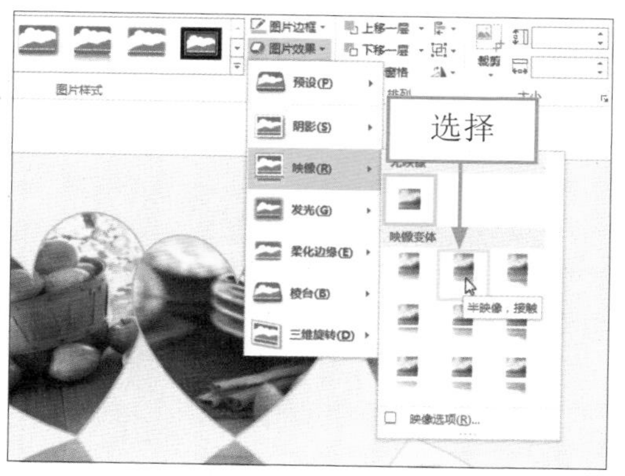

图 5-133 选择“半映像 - 接触”选项

步骤 05 执行操作后，即可为图片添加映像效果，如图 5-134 所示。

图 5-134 设置图形映像

5.5.3 设置图形发光效果

在 PowerPoint 2013 中，用户可以根据需要设置图形发光效果，使主体更加突出。

	素材文件	光盘 \ 素材 \ 第 5 章 \ 发光效果 .pptx
	效果文件	光盘 \ 效果 \ 第 5 章 \ 发光效果 .pptx
	视频文件	光盘 \ 视频 \ 第 5 章 \5.5.3 设置图形发光效果 .mp4

实战 发光效果

步骤 01 在 PowerPoint 2013 中，打开演示文稿，如图 5-135 所示。

步骤 02 在幻灯片中，按【Ctrl】键依次选择需要设置发光效果的图形，如图 5-136 所示。

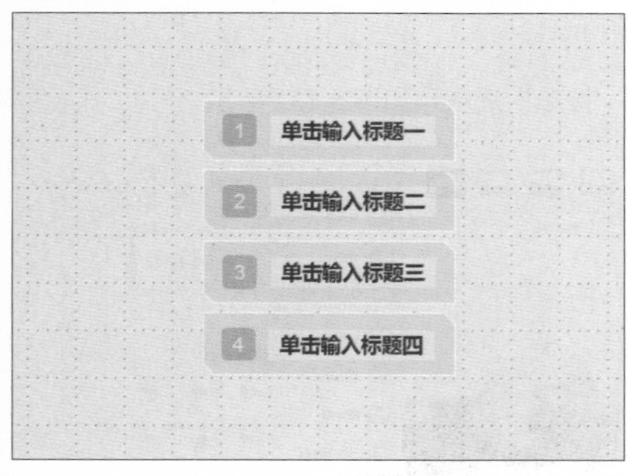

图 5-135 打开演示文稿

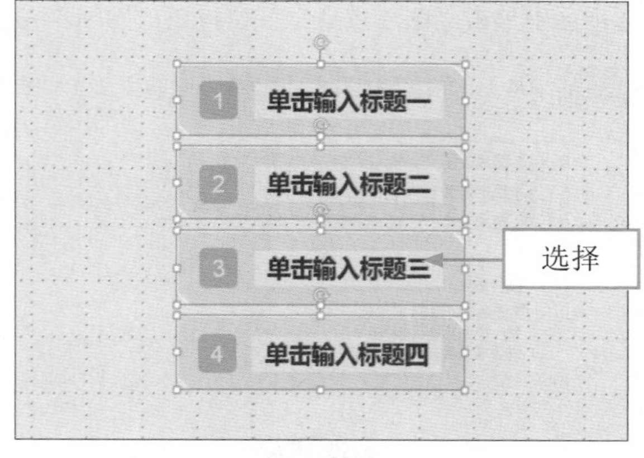

图 5-136 选择需要设置发光效果的图形

步骤 03 单击“绘图工具 - 格式”命令，切换至“绘图工具 - 格式”功能区，在“形状样式”选项区中单击“形状效果”下拉按钮，如图 5-137 所示。

步骤 04 弹出列表框，选择“发光”|“黑色，8pt 发光，着色 4”选项，如图 5-138 所示。

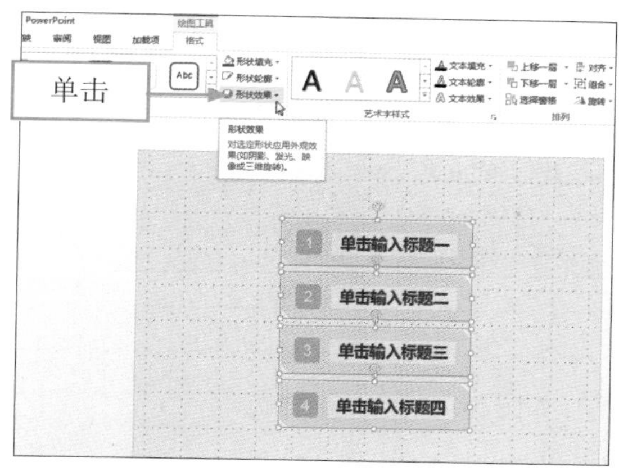

图 5-137 单击“形状效果”下拉按钮

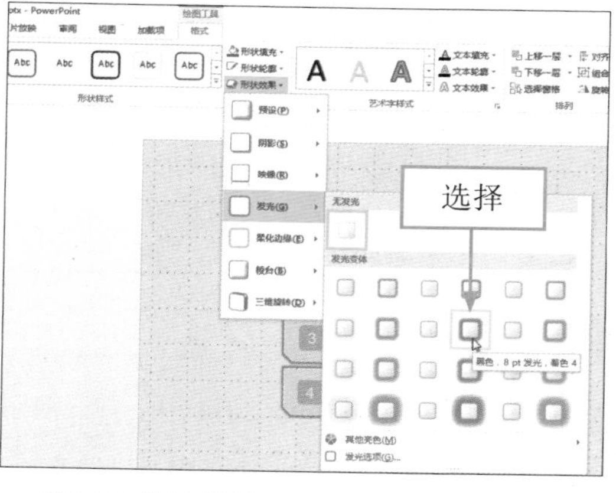

图 5-138 选择“黑色，8pt 发光，着色 4”选项

步骤 05 执行操作后，即可设置图形发光效果，如图 5-139 所示。

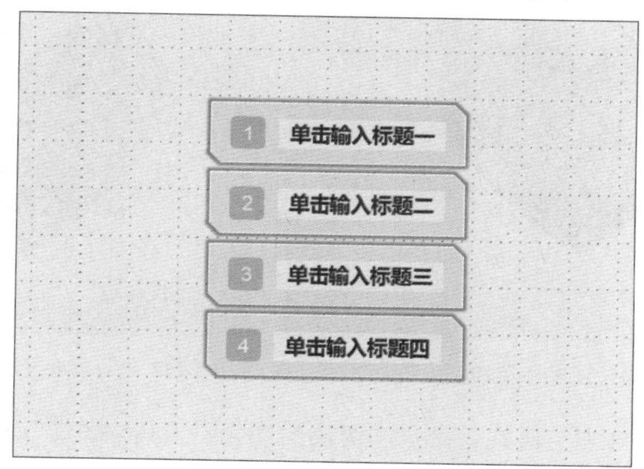

图 5-139 设置图形发光效果

专家指点

在“形状效果”下拉列表框中选择“发光”选项，在弹出的列表框中用户可以选择“其他亮色”选项，如图 5-140 所示，然后在弹出的列表框中，用户可以选择合适的颜色。

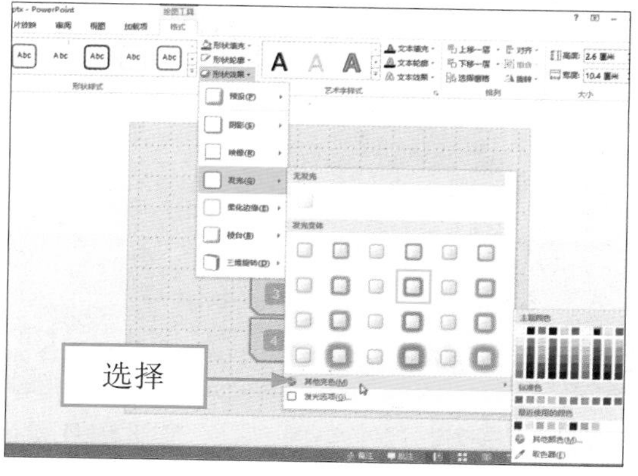

图 5-140 选择“其他亮色”选项

5.5.4 设置柔化边缘效果

将幻灯片中的图形边缘进行柔化，能够使得图形与演示文稿中的其他元素更好地融合在一起。

	素材文件	光盘 \ 素材 \ 第 5 章 \ 设置柔化边缘 .pptx
	效果文件	光盘 \ 效果 \ 第 5 章 \ 设置柔化边缘 .pptx
	视频文件	光盘 \ 视频 \ 第 5 章 \5.5.4 设置柔化边缘效果 .mp4

实战 设置柔化边缘

步骤 01 在 PowerPoint 2013 中，打开演示文稿，如图 5-141 所示。

步骤 02 在幻灯片中，选择需要设置柔化边缘效果的图形，如图 5-142 所示。

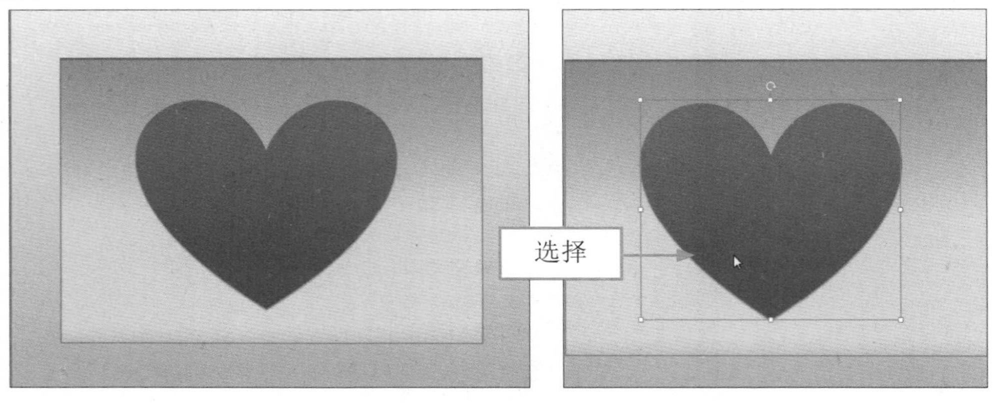

图 5-141 打开演示文稿　　图 5-142 选择需要设置柔化边缘效果的图形

步骤 03 单击“绘图工具 - 格式”命令，切换至“绘图工具 - 格式”功能区，在“形状样式”选项区中单击“形状效果”下拉按钮，如图 5-143 所示。

步骤 04 弹出列表框，选择“柔化边缘”|“10 磅”选项，如图 5-144 所示。

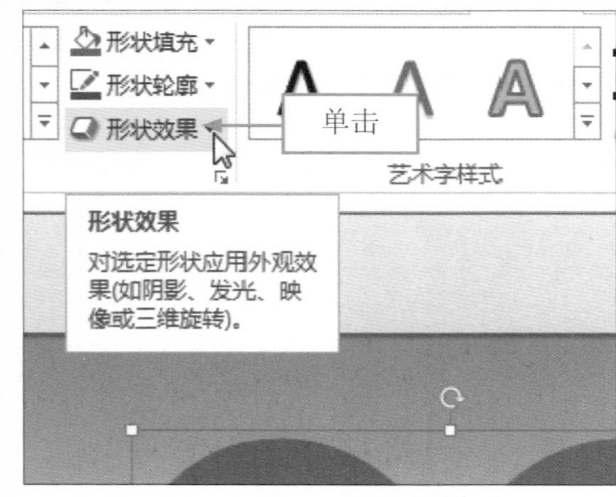

图 5-143 单击“形状效果”下拉按钮

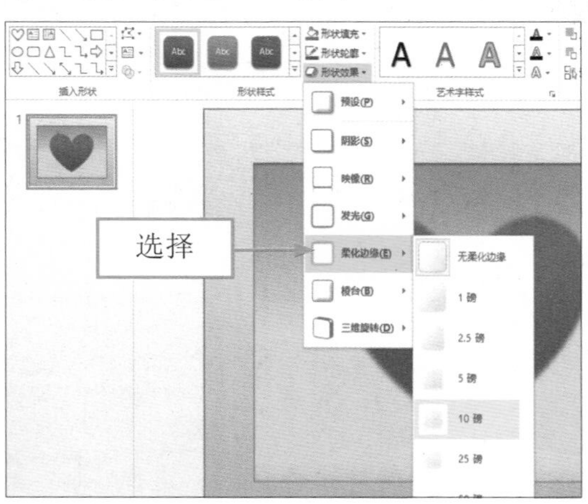

图 5-144 选择“10 磅”选项

步骤 05 执行操作后，即可设置图形柔化边缘效果，如图 5-145 所示。

图 5-145 设置柔化边缘效果

专家指点

在很多地方，我们为了使幻灯片图片更好看，一般会将图片的边缘进行柔化处理，柔化边缘可以使图像具有梦幻般的效果。默认的图形边缘中规中矩，比较生硬，不太适合于某些非正式的场合。通过柔化边缘，使图形的边缘具有朦胧感，产生若隐若现的效果。

5.5.5 设置三维旋转效果

在 PowerPoint 2013 中，为图像应用三维效果，可以在平面的幻灯片中体现出三维立体感。在适当的环境中使用三维效果，可以在视觉上形成变化，给观众留下较为深刻的印象。但是要注意，同一份演示文稿，特别是同一页幻灯片中的图像必须保持同样的风格，如果使用三维效果则尽量统一使用三维效果。

	素材文件	光盘 \ 素材 \ 第 5 章 \ 三维旋转效果 .pptx
	效果文件	光盘 \ 效果 \ 第 5 章 \ 三维旋转效果 .pptx
	视频文件	光盘 \ 视频 \ 第 5 章 \5.5.5 设置三维旋转效果 .mp4

实战 三维旋转效果

步骤 01 在 PowerPoint 2013 中，打开演示文稿，如图 5-146 所示。

图 5-146 打开演示文稿

步骤 02 在幻灯片中，选择需要设置三维旋转效果的图片，如图 5-147 所示。

图 5-147 选择幻灯片中的图形

步骤 03 单击“图片工具 - 格式”命令，切换至“图片工具 - 格式”功能区，在“图片样式”选项区中单击“图片效果”下拉按钮，如图 5-148 所示。

步骤 04 弹出列表框，选择“棱台”|“冷色斜面”选项，如图 5-149 所示。

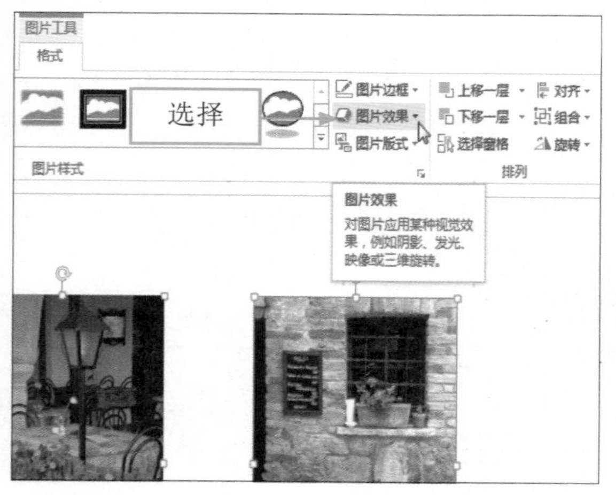

图 5-148 单击“图片效果”下拉按钮

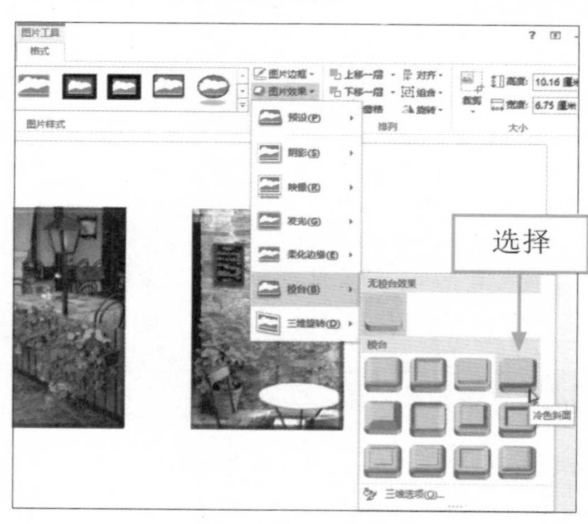

图 5-149 选择“冷色斜面”选项

步骤 05 在“图片样式”选项区中单击“图片效果”下拉按钮，在弹出的列表框中选择“棱台”|“三维选项”选项，如图 5-150 所示。

步骤 06 弹出“设置图片格式”窗格，在“三维格式”|“顶部棱台”选项区中设置“宽度”值为 16 磅，如图 5-151 所示。

步骤 07 在“深度”选项区中，单击“深度”下拉按钮，弹出列表框，在“主题颜色”选项区中选择“黑色”选项，设置“大小”为 25 磅，如图 5-152 所示。

步骤 08 在“图片样式”选项区中单击“图片效果”下拉按钮，在弹出的列表框中选择“三维旋转”|“离轴 1 右”选项，如图 5-153 所示。

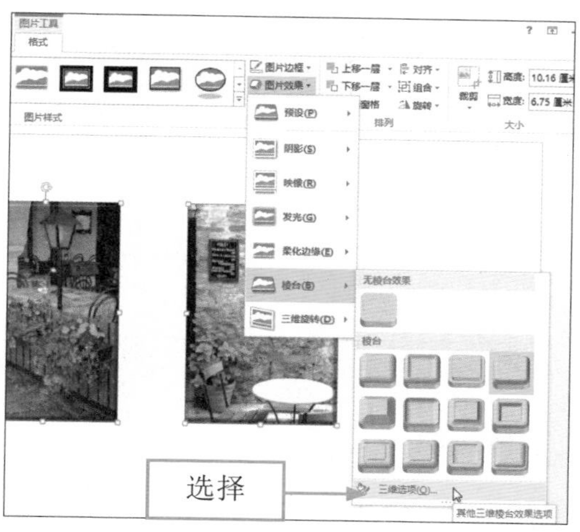

图 5-150 选择“三维选项”选项

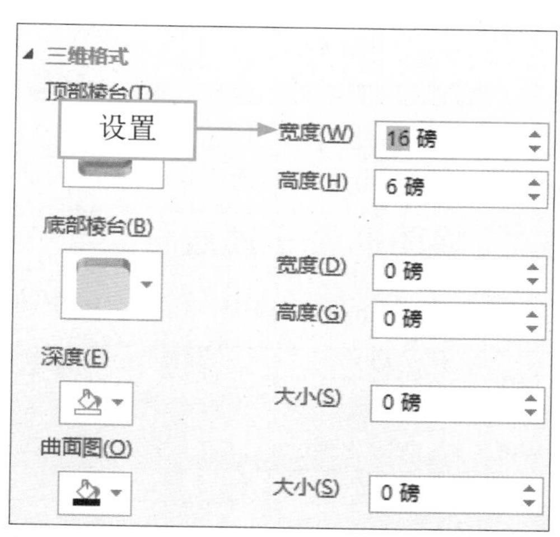

图 5-151 设置“宽度”值为 16 磅

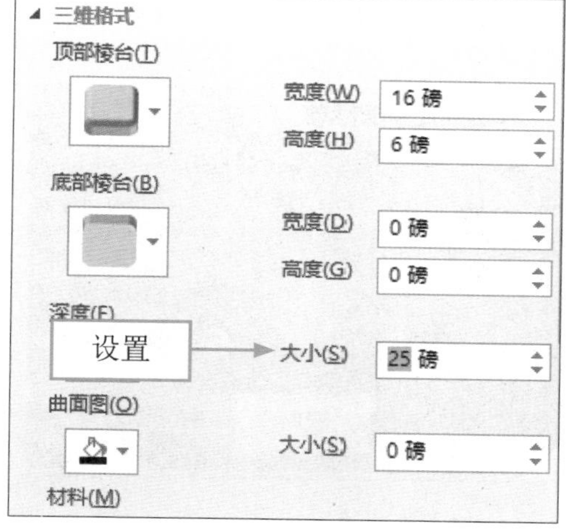

图 5-152 设置“大小”为 25 磅

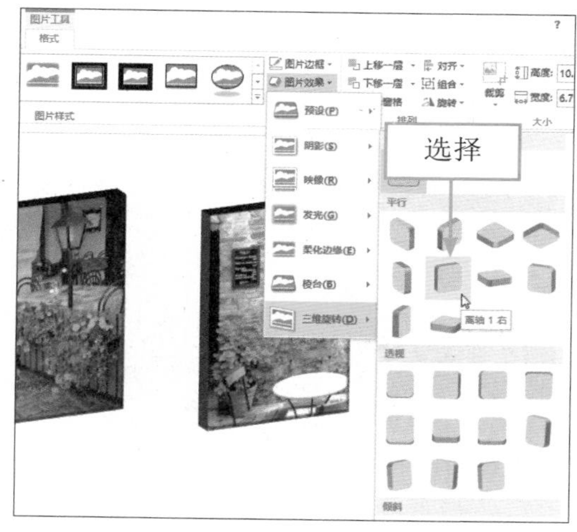

图 5-153 选择“离轴 1 右”选项

步骤 09 执行操作后，即可设置三维旋转效果，如图 5-154 所示。

图 5-154 设置三维旋转效果

5.6 设置图形排序

在同一个区域绘制多个图形时，最后绘制的图形的部分或全部将自动覆盖前面图形的部分或全部，即重叠的部分会被遮掩，在 PowerPoint 中，用户可以将绘制的图形进行排序。

5.6.1 将图形置于顶层

在 PowerPoint 演示文稿中，用户可以快速对绘制的图形进行调整。

素材文件	光盘 \ 素材 \ 第 5 章 \ 图形中的文字效果 .pptx
效果文件	光盘 \ 效果 \ 第 5 章 \ 图形中的文字效果 .pptx
视频文件	光盘 \ 视频 \ 第 5 章 \5.6.1 将图形置于顶层 .mp4

实战 图形中的文字效果

步骤 01 在 PowerPoint 2013 中，打开演示文稿，如图 5-155 所示。

步骤 02 选中幻灯片中的图形对象，如图 5-156 所示。

图 5-155 打开演示文稿

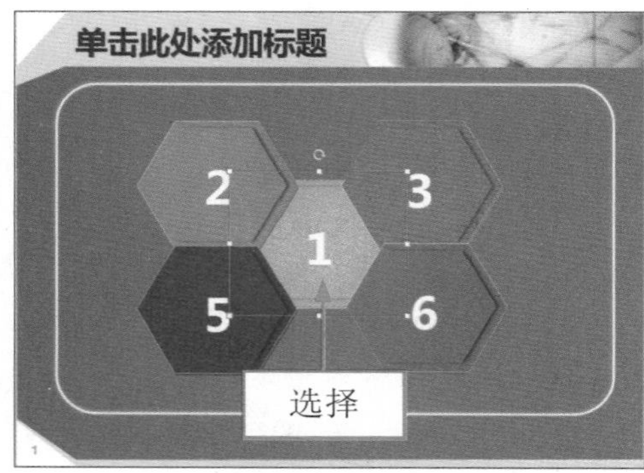

图 5-156 选中图形对象

步骤 03 单击“绘图工具 - 格式”命令，切换至“绘图工具 - 格式”功能区，在“排列”选项区中单击“上移一层”下拉按钮，如图 5-157 所示。

步骤 04 在弹出的列表框中选择“置于顶层”选项，如图 5-158 所示。

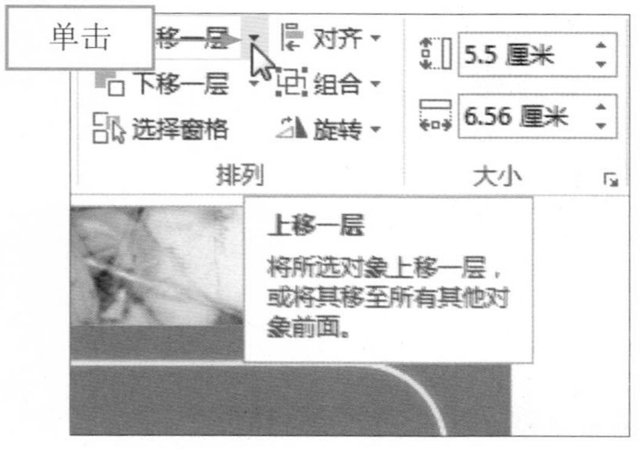

图 5-157 单击“上移一层”下拉按钮

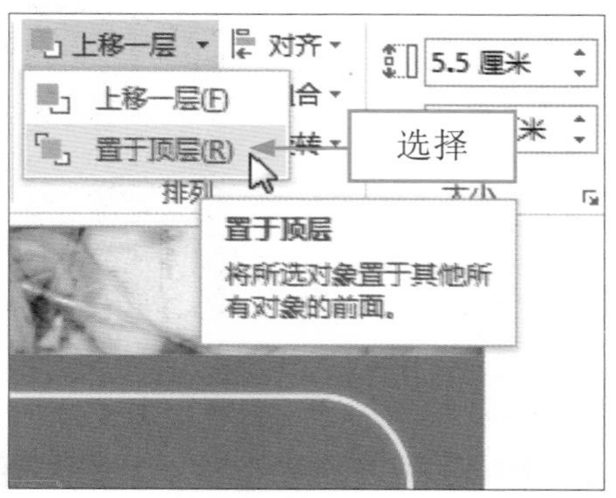

图 5-158 选择“置于顶层”选项

步骤 05 执行操作后，即可将选中的图形置于顶层，效果如图 5-159 所示。

图 5-159 将选中的图形对象置于顶层

专家指点

除了上述方法外，用户还可以选择需要调整顺序的图形，单击鼠标右键，在弹出的快捷菜单中选择“置于顶层”|“置于顶层”选项，如图 5-160 所示，执行操作后，即可将图形置于顶层。

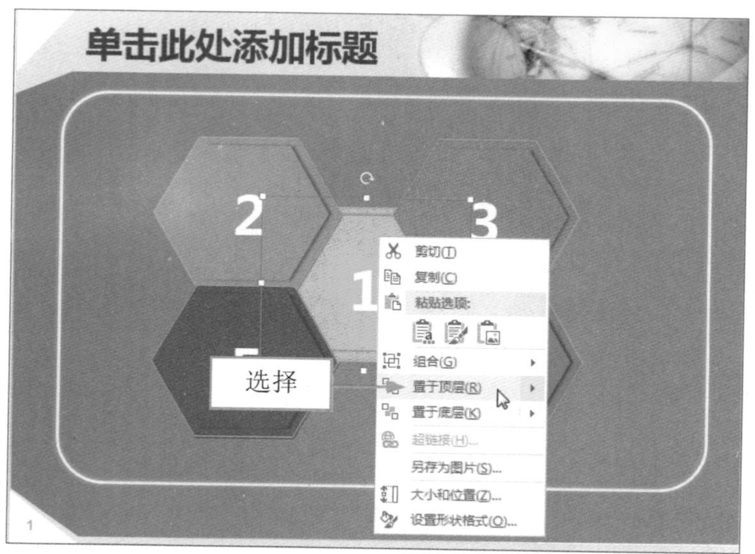

图 5-160 将选中的图形对象置于顶层

5.6.2 将图形上移一层

在 PowerPoint 演示文稿中，用户可以运用快捷菜单将图形上移，快速调整图像排列位置。

	素材文件	光盘 \ 素材 \ 第 5 章 \ 望月怀远 .pptx
	效果文件	光盘 \ 效果 \ 第 5 章 \ 望月怀远 .pptx
	视频文件	光盘 \ 视频 \ 第 5 章 \5.6.2 将图形上移一层 .mp4

实战 望月怀远

步骤 01 在 PowerPoint 2013 中，打开演示文稿，如图 5-161 所示。

图 5-161 打开演示文稿

步骤 02 选中幻灯片中的图形对象，如图 5-162 所示。

图 5-162 选中图形对象

步骤 03 单击“绘图工具 - 格式”命令，切换至“绘图工具 - 格式”功能区，在“排列”选项区中单击“上移一层”下拉按钮，如图 5-163 所示。

步骤 04 在弹出的列表框中选择“上移一层”选项，如图 5-164 所示。

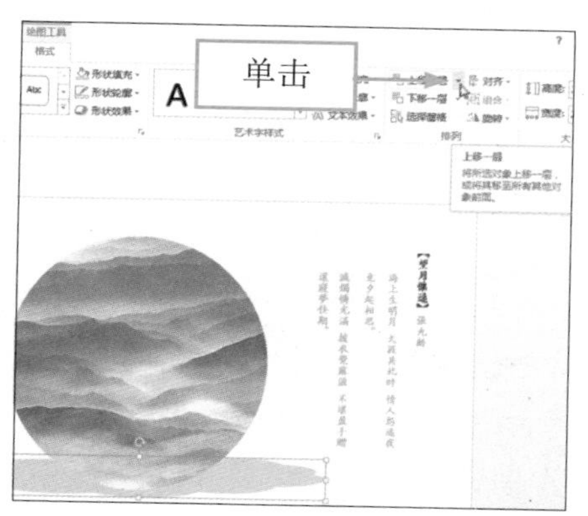

图 5-163 单击“上移一层”下拉按钮

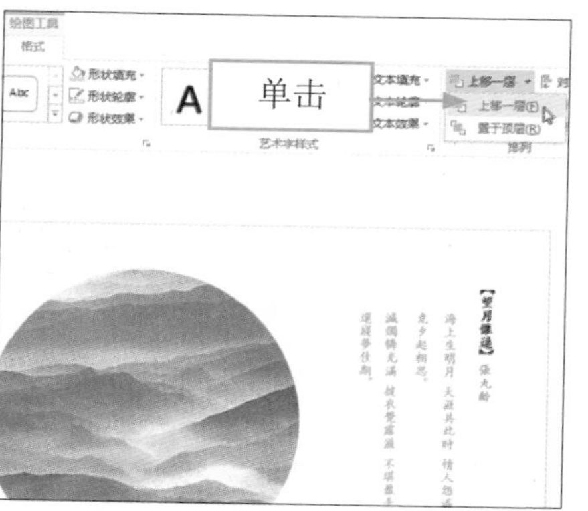

图 5-164 选择“上移一层”选项

步骤 05 执行操作后，即可将选中的图形移上一层，效果如图 5-165 所示。

图 5-165 将图形上移一层

专家指点

除了上述方法外，用户还可以选择需要调整顺序的图形，单击鼠标右键，在弹出的快捷菜单中选择“置于顶层”|“上移一层”选项，如图 5-166 所示，执行操作后，即可将图形上移一层。

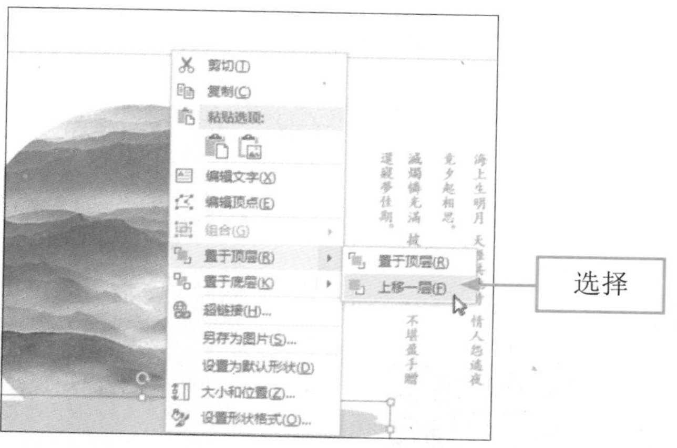

图 5-166 选择“上移一层”选项

5.6.3 将图形置于底层

由于最后绘制的图形将自动覆盖前面对象的部分或全部，如果用户需要将覆盖的对象放置到最上面，可以将绘制的图形置于底层。

	素材文件	光盘 \ 素材 \ 第 5 章 \ 顶尖 .pptx
	效果文件	光盘 \ 效果 \ 第 5 章 \ 顶尖 .pptx
	视频文件	光盘 \ 视频 \ 第 5 章 \5.6.3 将图形置于底层 .mp4

实战 顶尖

步骤 01 在 PowerPoint 2013 中，打开演示文稿，如图 5-167 所示。

步骤 02 选中幻灯片中的图形对象，如图 5-168 所示。

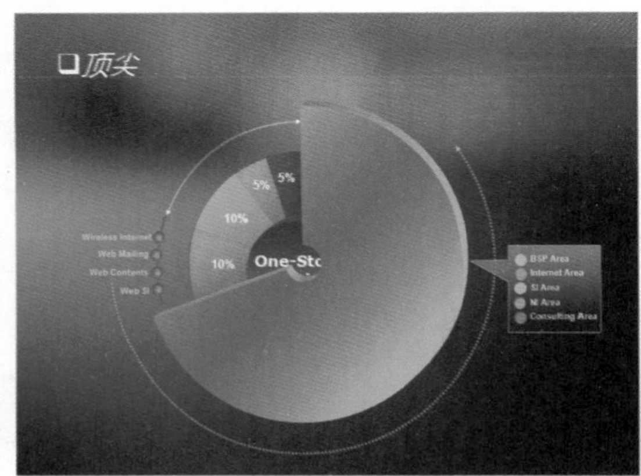

图 5-167 打开演示文稿

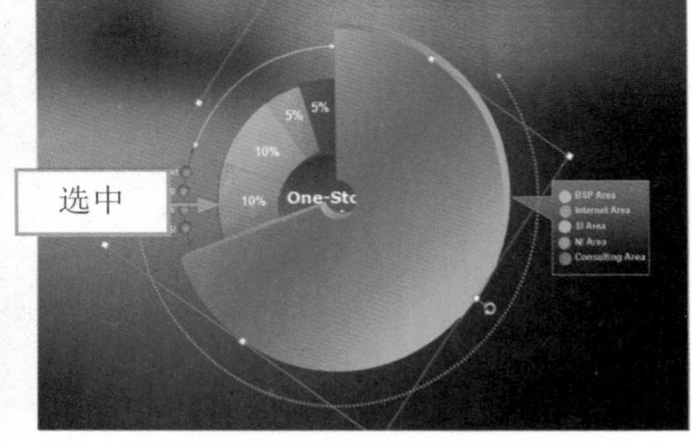

图 5-168 选中图形对象

步骤 03 单击“绘图工具 - 格式”命令，切换至“绘图工具 - 格式”功能区，在“排列”选项区中单击“下移一层”下拉按钮，如图 5-169 所示。

步骤 04 在弹出的列表框中选择“置于底层”选项，如图 5-170 所示。

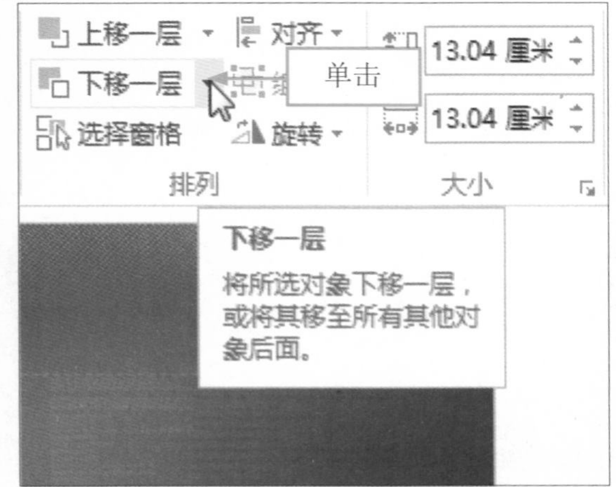

图 5-169 单击“下移一层”下拉按钮

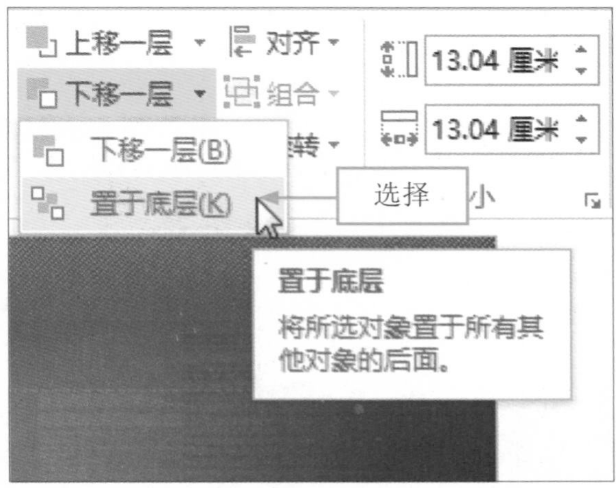

图 5-170 选择“置于底层”选项

步骤 05 执行操作后，即可将选中的图形置于底层，如图 5-171 所示。

步骤 06 切换至“开始”功能区，选中相应文本，在“字体”选项区中设置“字体颜色”为白色，效果如图 5-172 所示。

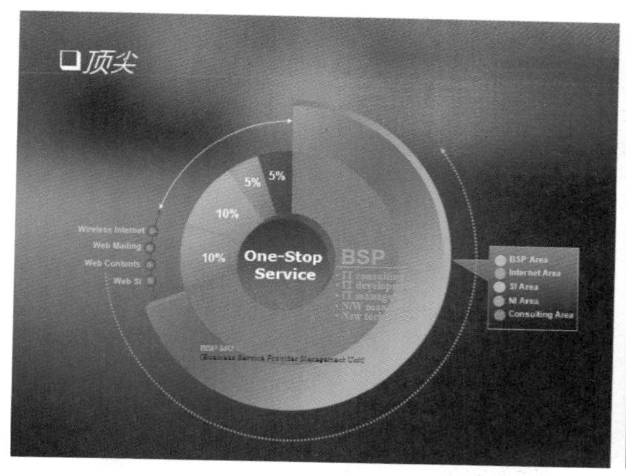

图 5-171 将图形置于底层

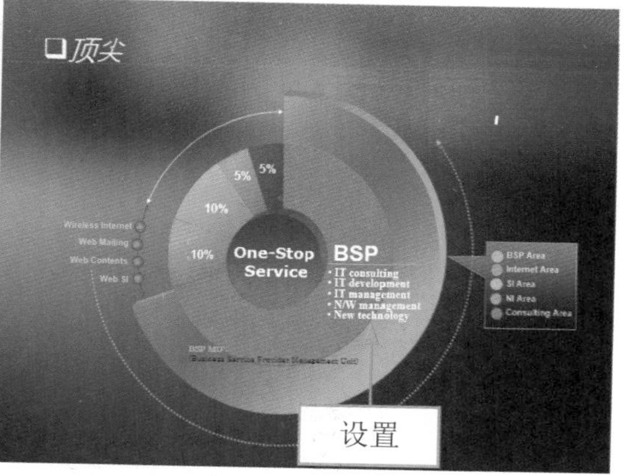

图 5-172 设置“字体颜色”

专家指点

除了上述方法外，用户还可以选择需要调整顺序的图形，单击鼠标右键，在弹出的快捷菜单中选择“置于底层”|“置于底层”选项，如图 5-173 所示，执行操作后，即可将图形置于底层。

图 5-173 选择“置于底层”选项

5.6.4 将图形下移一层

在幻灯片中添加对象，按照对象的添加先后顺序，对象的层叠不同。通常情况下，先添加的对象在下层，后添加的对象在上层。下面向用户介绍将图形下移一层的操作方法。

	素材文件	光盘 \ 素材 \ 第 5 章 \ 春天 .pptx
	效果文件	光盘 \ 效果 \ 第 5 章 \ 春天 .pptx
	视频文件	光盘 \ 视频 \ 第 5 章 \5.6.4 将图形下移一层 .mp4

实战 春天

步骤 01 在 PowerPoint 2013 中，打开演示文稿，如图 5-174 所示。

图 5-174 打开一个素材

步骤 02 选中幻灯片中的图形对象，如图 5-175 所示。

图 5-175 选中图形对象

步骤 03 单击“图片工具 - 格式”命令，切换至“图片工具 - 格式”功能区，在“排列”选项区中单击“下移一层”下拉按钮，如图 5-176 所示。

步骤 04 在弹出的列表框中选择“下移一层”选项，如图 5-177 所示。

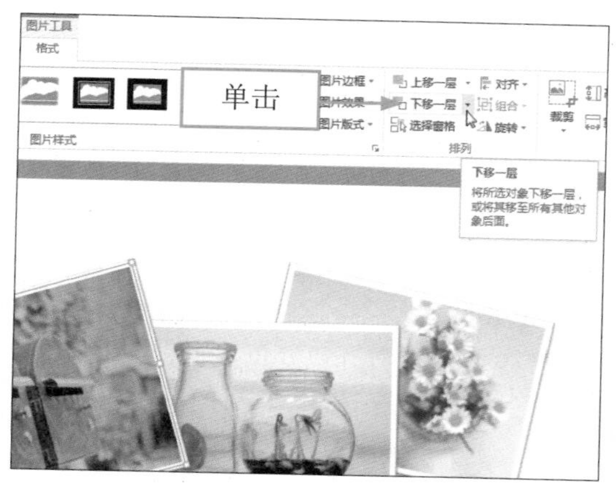

图 5-176 单击“下移一层”下拉按钮

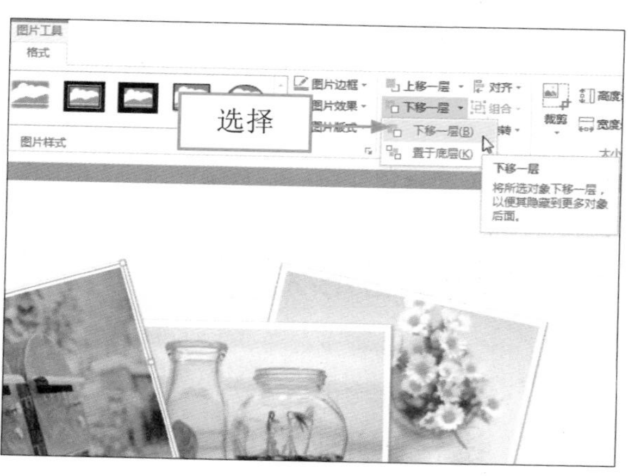

图 5-177 选择“下移一层”选项

步骤 05 执行操作后，即可将选中的图形下移一层，如图 5-178 所示。

图 5-178 将图形下移一层

专家指点

在“绘图工具 - 格式”功能区中，单击“排列”选项区中的“选择窗格”按钮，在右侧显示“选择”窗格，如图 5-179 所示。

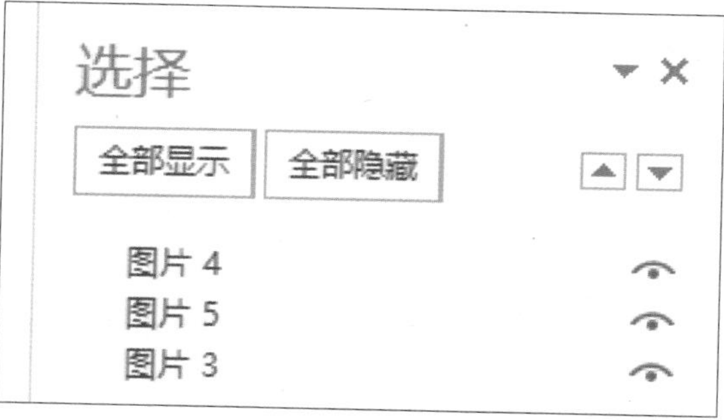

图 5-179 “选择”窗格

在“选择”窗格中罗列了幻灯片中绘制的各对象的名称，用户可以通过窗格快速选择幻灯片中的对象，选择对象后单击窗格中的上移一层或下移一层按钮，还可以更改对象的显示顺序。还可以更改对象的可见性，单击右侧的眼睛图标即可隐藏；单击“全部显示”或“全部隐藏”按钮可快速将所有对象显示或隐藏。

5.7 编辑图形对象

为了得到更好的视觉效果，还可以调整形状的格式，如设置图形对齐与分布、旋转与翻转图形、组合与取消，以及为图形设置样式等。

5.7.1 设置图形对齐与分布

在幻灯片中绘制多个图形时，可能会出现多个形状排列不整齐的情况，影响画面的整体效果，用户可以通过设置图形对齐与分布进行调整。

素材文件	光盘 \ 素材 \ 第 5 章 \ 网盟推广 .pptx
效果文件	光盘 \ 效果 \ 第 5 章 \ 网盟推广 .pptx
视频文件	光盘 \ 视频 \ 第 5 章 \5.7.1 设置图形对齐与分布 .mp4

实战 网盟推广

步骤 01 在 PowerPoint 2013 中，打开演示文稿，如图 5-180 所示。

步骤 02 选中幻灯片中的多个图形对象，如图 5-181 所示。

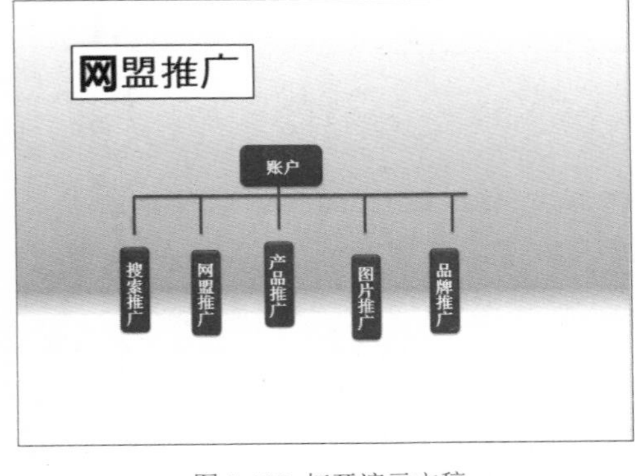

图 5-180 打开演示文稿

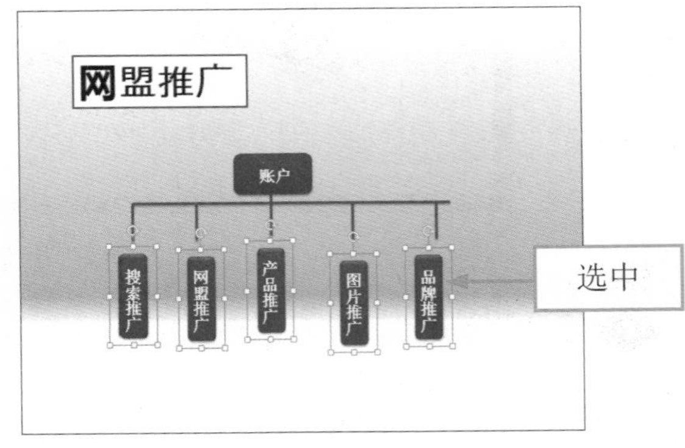

图 5-181 选中多个图形

专家指点

如果在幻灯片中需要选择多个图形，可以用以下方法。

* 用鼠标进行框选，将鼠标放置在幻灯片的空白处，然后单击鼠标左键并拖曳，在拖曳的过程中完全框选的形状即被选中。

* 先选中一个图形对象，按住【Ctrl】键的同时，单击其他图形对象，即可选中多个图形。

步骤 03 单击“绘图工具 - 格式”命令，切换至“绘图工具 - 格式”功能区，在“排列”选项区中单击“对齐对象”下拉按钮，如图 5-182 所示。

步骤 04 在弹出的列表框中选择“顶端对齐”选项，如图 5-183 所示。

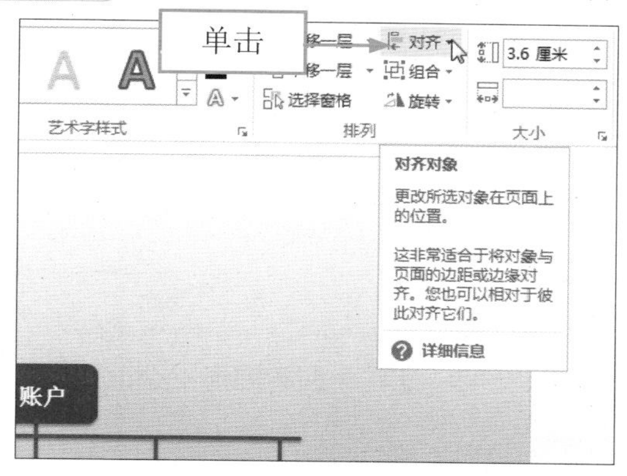

图 5-182 单击“对齐”下拉按钮

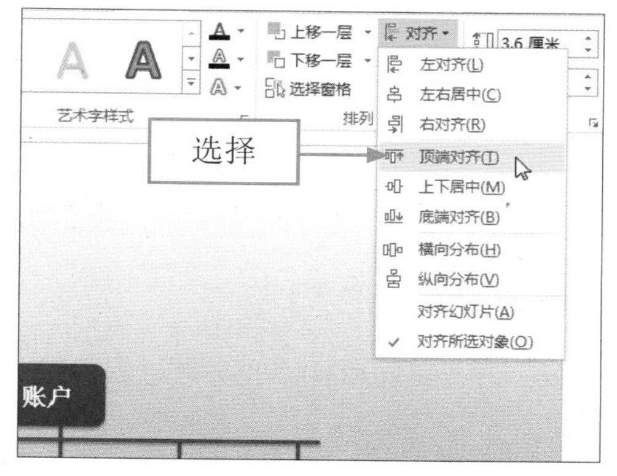

图 5-183 选择“顶端对齐”选项

步骤 05 执行操作后，即可设置图形顶端对齐，效果如图 5-184 所示。

步骤 06 单击“对齐对象”下拉按钮，在弹出的列表框中，选择“横向分布”选项，如图 5-185 所示。

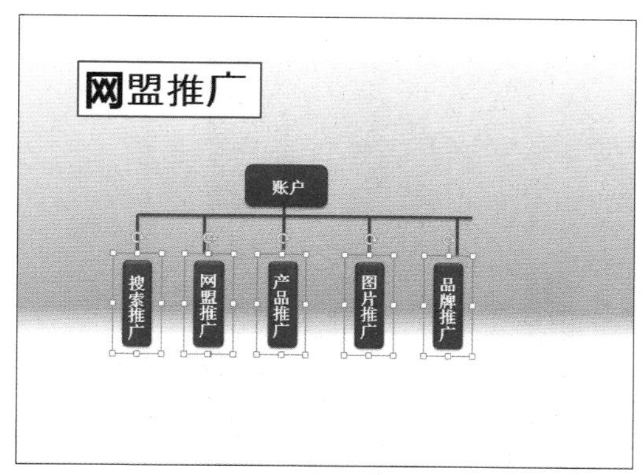

图 5-184 设置图形顶端对齐

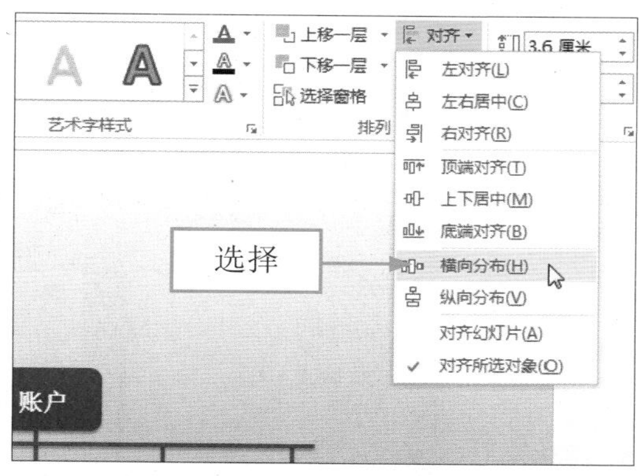

图 5-185 选择“横向分布”选项

步骤 07 执行操作后，即可设置图形横向分布，效果如图 5-186 所示。

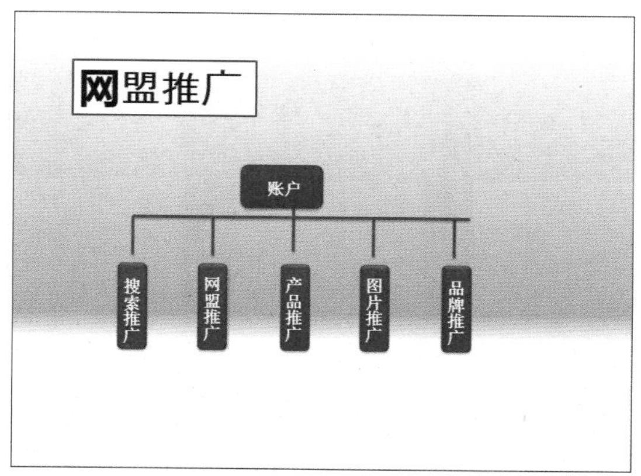

图 5-186 设置图形横向分布

专家指点

在“对齐”下拉列表中除了几个“对齐”选项，还有两个分布选项：横向分布和纵向分布，使用这两个选项可以让对象均匀的排列，即等间距排列。

* 横向分布：以最两端的对象为总长度，使选择的对象水平等间距排列。
* 纵向分布：以最两端的对象为总长度，使选择的对象垂直等间距排列。

5.7.2 设置图形翻转

在 PowerPoint 2013 中，用户可以根据需要对图形进行翻转操作，翻转图形不会改变图形的整体形状。

	素材文件	光盘 \ 素材 \ 第 5 章 \ 图形翻转 .pptx
	效果文件	光盘 \ 效果 \ 第 5 章 \ 图形翻转 .pptx
	视频文件	光盘 \ 视频 \ 第 5 章 \5.7.2 设置图形翻转 .mp4

实战 图形翻转

步骤 01 在 PowerPoint 2013 中，打开演示文稿，如图 5-187 所示。

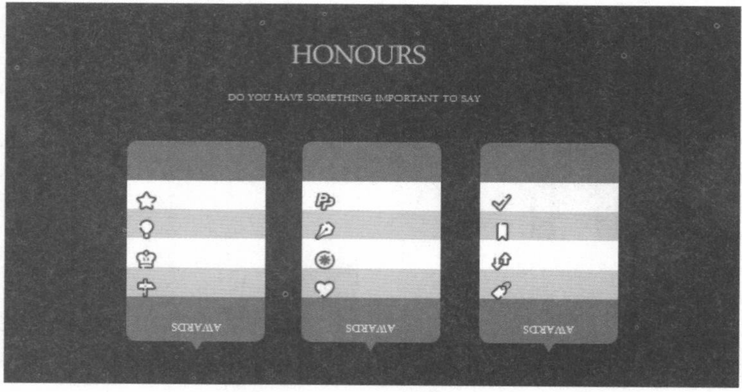

图 5-187 打开演示文稿

步骤 02 选中幻灯片中的多个图形对象，如图 5-188 所示。

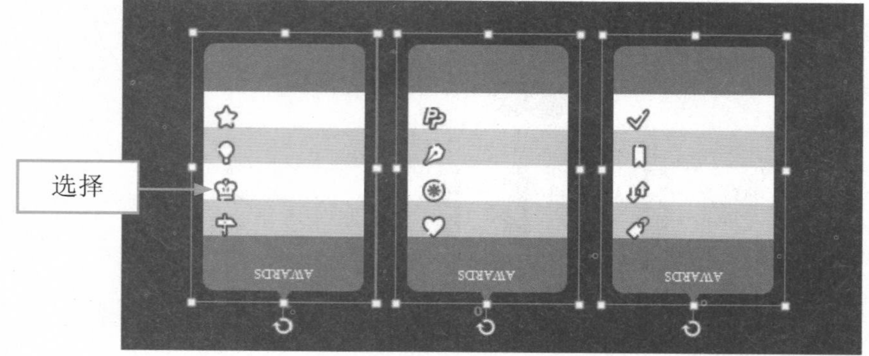

图 5-188 选择幻灯片中的图形

步骤 03 单击“绘图工具 - 格式”命令，切换至“绘图工具 - 格式”功能区，在“排列”选项区中单击“旋转”下拉按钮，如图 5-189 所示。

步骤 04 在弹出的列表框中选择“垂直翻转”选项，如图 5-190 所示。

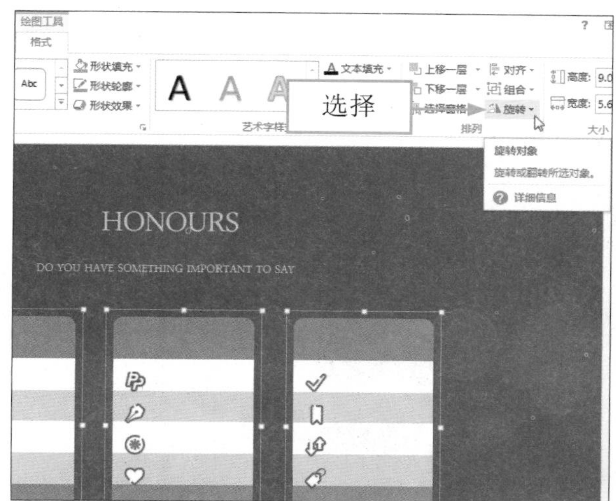

图 5-189 单击“旋转”下拉按钮

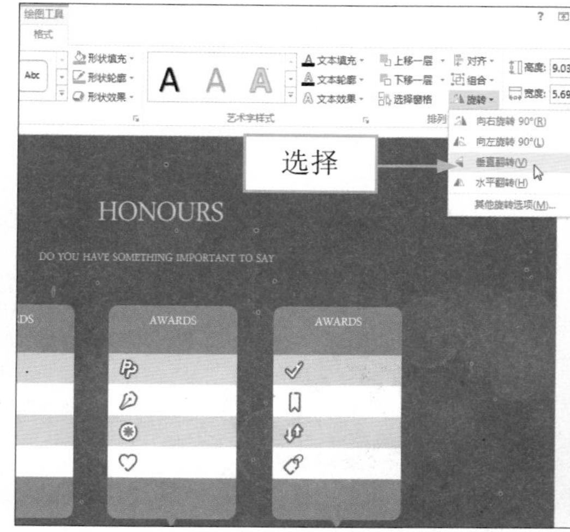

图 5-190 选择“垂直翻转”选项

步骤 05 执行操作后，即可设置图形翻转，效果如图 5-191 所示。

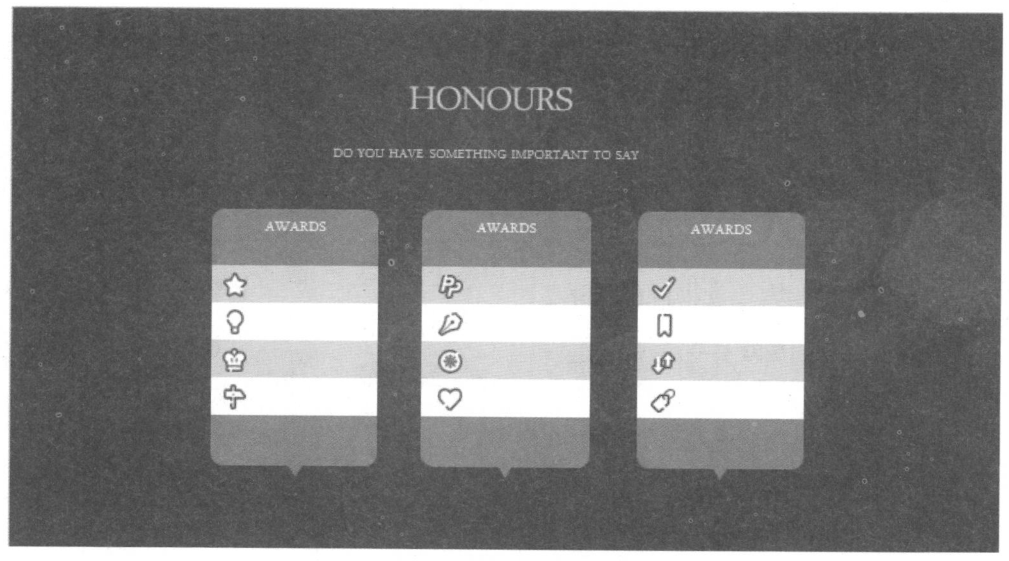

图 5-191 设置图形翻转

5.7.3 设置图形旋转

在 PowerPoint 2013 中，用户可以根据需要对图形进行任意角度的自由旋转操作。

旋转图形对象的方法很简单，只需在幻灯片中选择需要进行旋转的图片，然后根据需要进行如下操作即可。

素材文件	光盘 \ 素材 \ 第 5 章 \ 项目管理计划组成 .pptx
效果文件	光盘 \ 效果 \ 第 5 章 \ 项目管理计划组成 .pptx
视频文件	光盘 \ 视频 \ 第 5 章 \5.7.3 设置图形旋转 .mp4

实战 项目管理计划组成

步骤 01 在 PowerPoint 2013 中，打开演示文稿，如图 5-192 所示。

步骤 02 选中幻灯片中的图形对象，如图 5-193 所示。

图 5-192 打开演示文稿

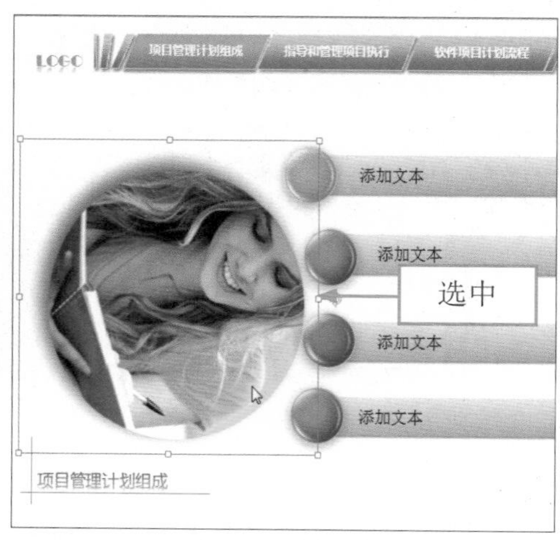

图 5-193 选中图形

步骤 03 单击“图片工具 - 格式”命令，切换至“图片工具 - 格式”功能区，在“排列”选项板中单击“旋转对象”下拉按钮，如图 5-194 所示。

步骤 04 弹出下拉列表框，选择“向左旋转 90°”选项，如图 5-195 所示。

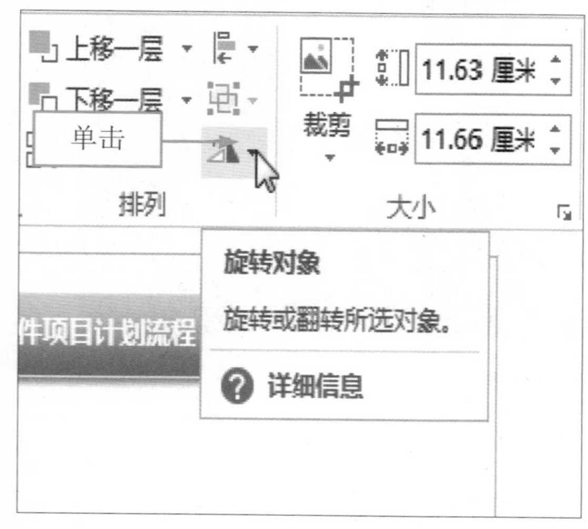

图 5-194 单击“旋转对象”下拉按钮

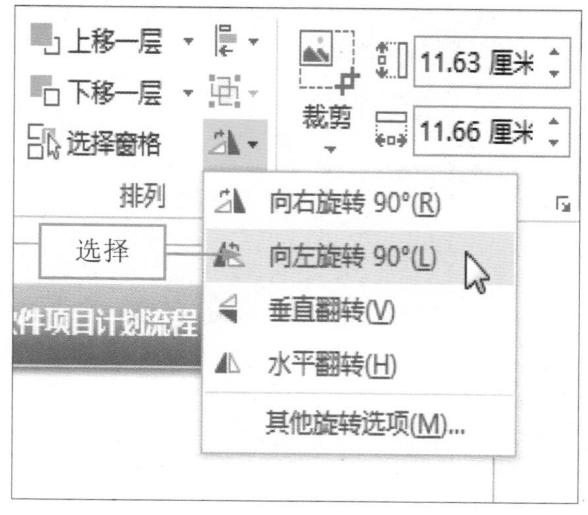

图 5-195 选择“向左旋转 90°”选项

步骤 05 执行操作后，即可将图形向左旋转 90°，如图 5-196 所示。

图 5-196 向左旋转 90°

专家指点

除了上述所说的操作方法外，用户还可以单击“排列”选项区中的“旋转”按钮，在弹出的列表框中选择“其他旋转选项”选项，如图 5-197 所示；弹出“设置图片格式”窗格，设置“大小”选项区中“旋转”的数值，如图 5-198 所示，即可旋转图形。

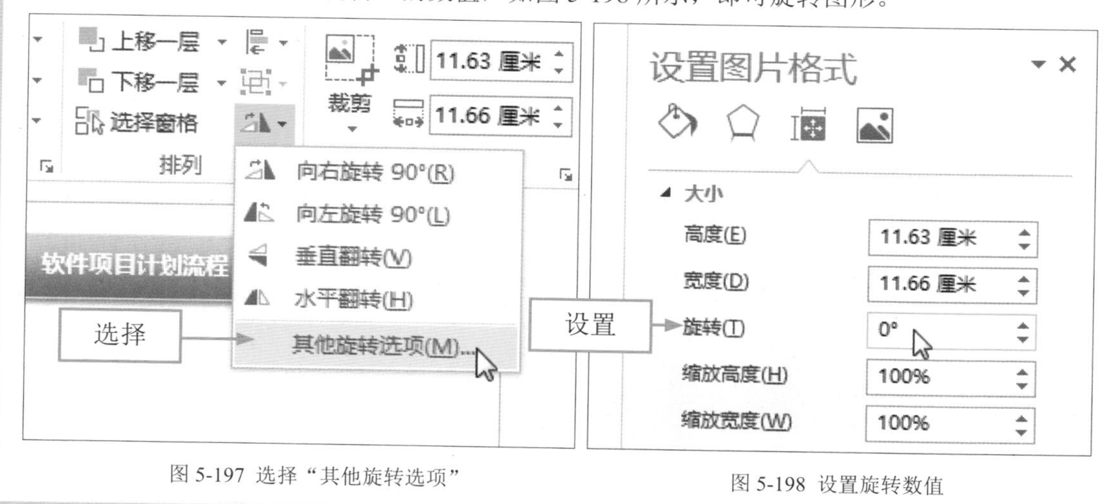

图 5-197 选择“其他旋转选项”

图 5-198 设置旋转数值

5.7.4 设置图形组合与取消

如果经常对图形对象进行同种操作，可将这些图形对象组合到一起，组合在一起的图形对象称为组合对象。

	素材文件	光盘 \ 素材 \ 第 5 章 \ 图形组合 .pptx
	效果文件	光盘 \ 效果 \ 第 5 章 \ 图形组合 .pptx
	视频文件	光盘 \ 视频 \ 第 5 章 \5.7.4 设置图形组合与取消 .mp4

实战 图形组合

步骤 01 在 PowerPoint 2013 中，打开演示文稿，如图 5-199 所示。

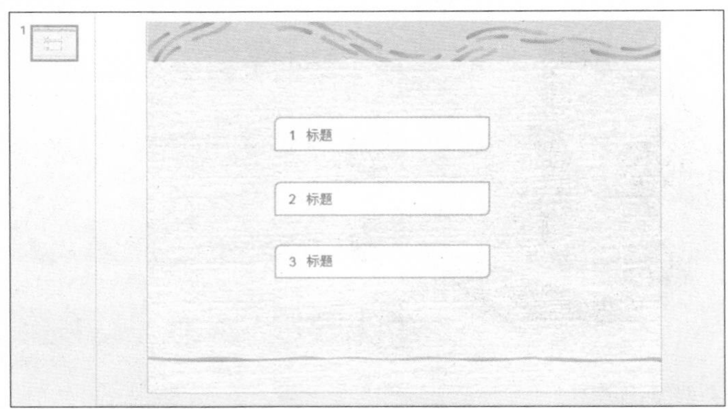

图 5-199 打开演示文稿

步骤 02 选中幻灯片中的多个图形对象，如图 5-200 所示。

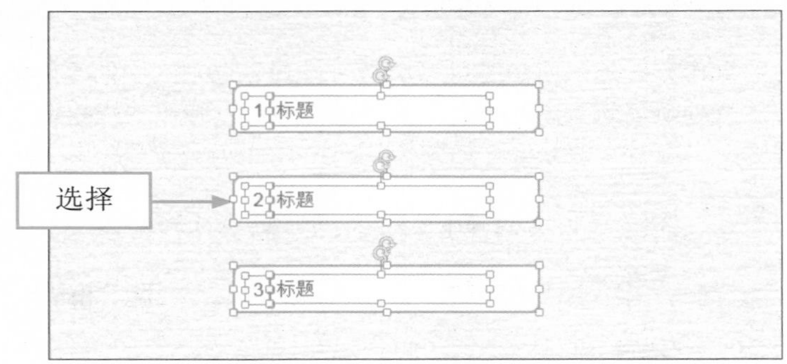

图 5-200 选择幻灯片中的图形对象

步骤 03 在图形上单击鼠标右键，在弹出的快捷菜单中选择“组合”|“组合”选项，如图 5-201 所示。

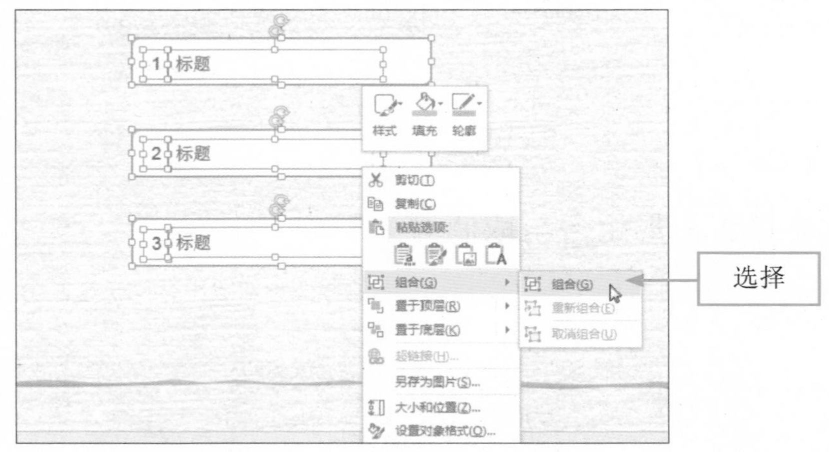

图 5-201 选择“组合”选项

步骤 04 执行操作后，即可组合图形，效果如图 5-202 所示。

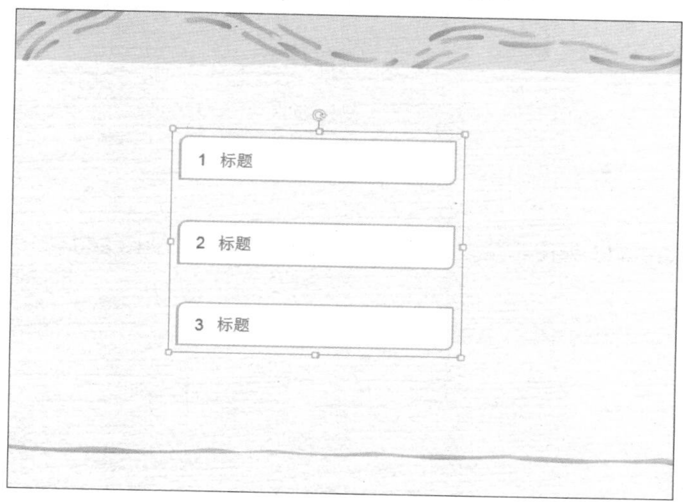

图 5-202 组合图形

专家指点

用户如果需要将组合的图片进行分散，只需选中组合的图片，然后单击鼠标右键，在弹出的快捷菜单中选择“组合”|“取消组合”选项即可。

5.7.5 设置图形样式

用户可以为幻灯片中绘制的图形设置形状填充、形状轮廓、形状效果和样式。

	素材文件	光盘 \ 素材 \ 第 5 章 \ 指路标 .pptx
	效果文件	光盘 \ 效果 \ 第 5 章 \ 指路标 .pptx
	视频文件	光盘 \ 视频 \ 第 5 章 \5.7.5 设置图形样式 .mp4

实战 指路标

步骤 01 在 PowerPoint 2013 中，打开演示文稿，如图 5-203 所示。

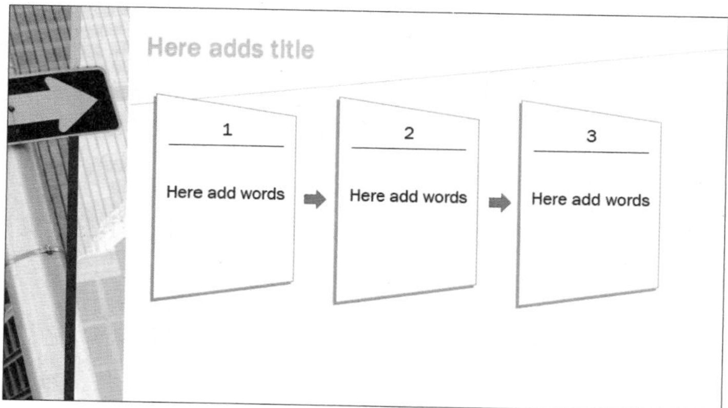

图 5-203 打开演示文稿

步骤 02 选中幻灯片中的多个图形对象，如图 5-204 所示。

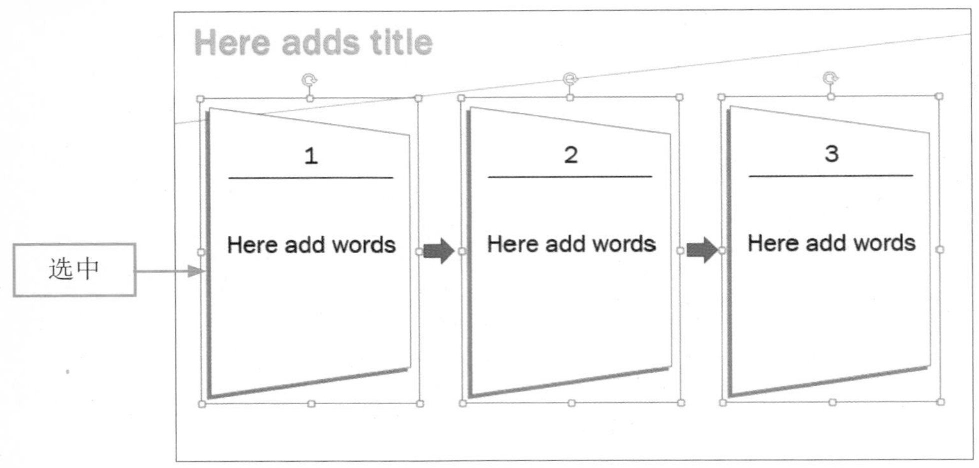

图 5-204 选中图形

步骤 03 单击“绘图工具 - 格式”命令，切换至“绘图工具 - 格式”功能区，在“形状样式”选项区中单击“其他”下拉按钮，如图 5-205 所示。

步骤 04 弹出列表框，选择“浅色 1 轮廓，彩色填充，金色，强调色 1”选项，如图 5-206 所示。

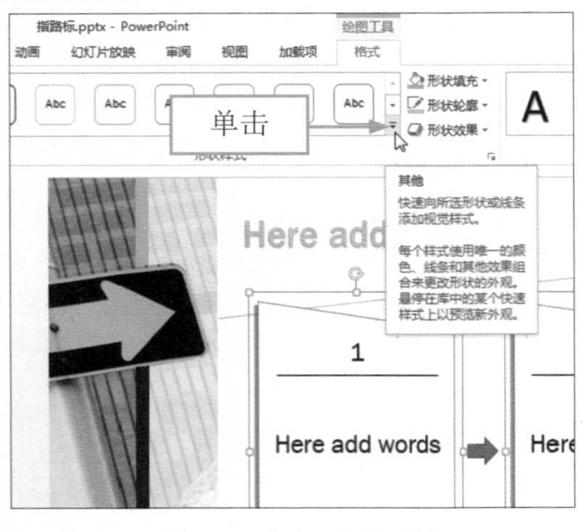

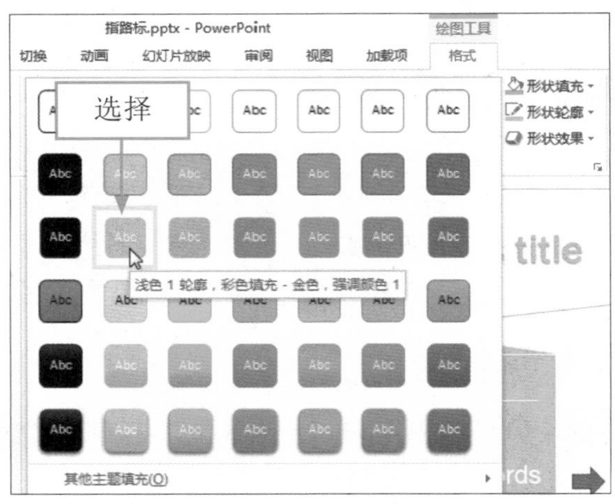

图 5-205 单击“其他”按钮

图 5-206 选择“金色，强调色 1”选项

步骤 05 在“形状样式”选项区中单击“形状轮廓”下拉按钮，弹出列表框，在“主题颜色”选项区中选择“橙色，着色 2”选项，如图 5-207 所示。

步骤 06 在“形状样式”选项板中单击“形状轮廓”下拉按钮，在弹出的列表框中选择“粗细”|“3 磅”选项，如图 5-208 所示。

步骤 07 在“形状样式”选项板中单击“形状效果”下拉按钮，在弹出的列表框中选择“阴影”|“向右偏移”选项，如图 5-209 所示。

步骤 08 执行操作后，即可设置图形样式，效果如图 5-210 所示。

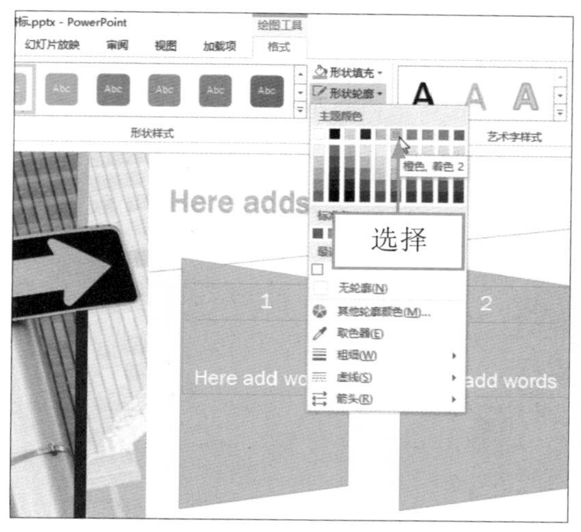

图 5-207 选择“橙色，着色 2”选项

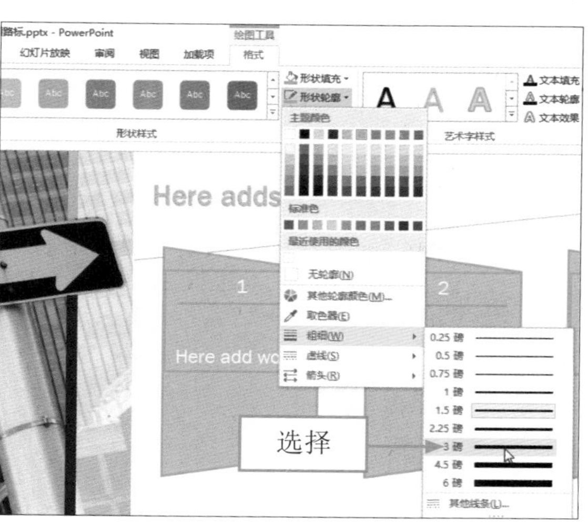

图 5-208 选择“3 磅”选项

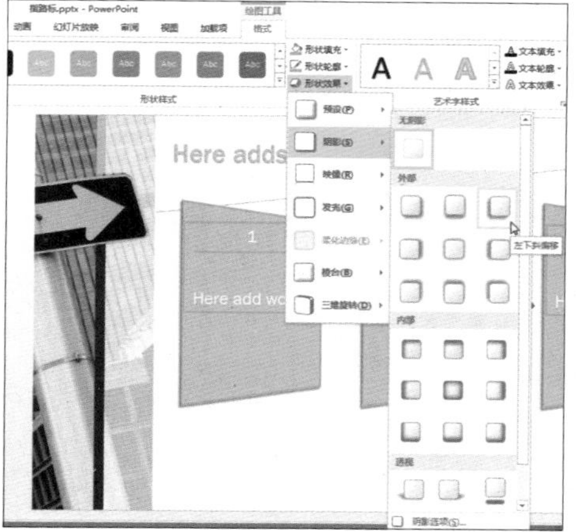

图 5-209 选择“左下斜偏移”选项

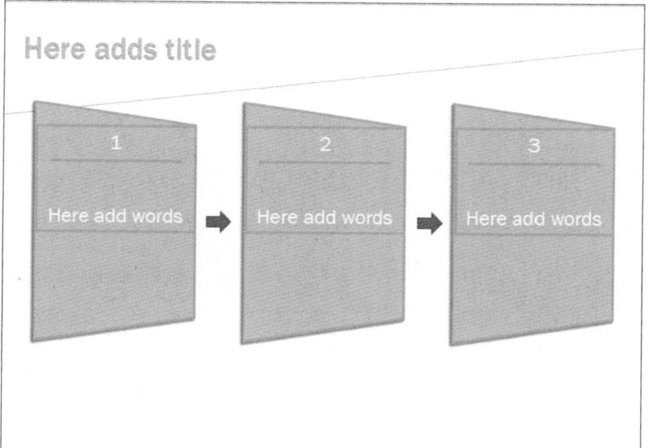

图 5-210 设置图形样式

5.8 创建和编辑相册

随着科技的创新，数码相机的发展，电子相册也越来越大众化，运用 PowerPoint 也能够轻松制作出电子相册。在不同领域的应用中，电子相册可以用于介绍公司的产品目录，或者分享图像数据及研究成果。

5.8.1 创建相册

在 PowerPoint 2013 中可以通过创建相册来展示个人照片或企业照片。只需要运用“插图”选项区中的“相册”按钮，即可创建漂亮的电子相册。

	素材文件	光盘 \ 素材 \ 第 5 章 \ 武汉明信片（文件夹）
	效果文件	光盘 \ 效果 \ 第 5 章 \ 武汉明信片 .pptx
	视频文件	光盘 \ 视频 \ 第 5 章 \5.8.1 创建相册

实战 武汉明信片

步骤 01 启动 PowerPoint 2013，在右侧的模板区中，选择“空白演示文稿”选项，如图 5-211 所示。

步骤 02 在创建好的空白演示文稿里，鼠标右键单击第一张幻灯片缩略图，在弹出的快捷菜单中选择“版式”选项，在“版式”子菜单中选择“空白”选项，如图 5-212 所示。

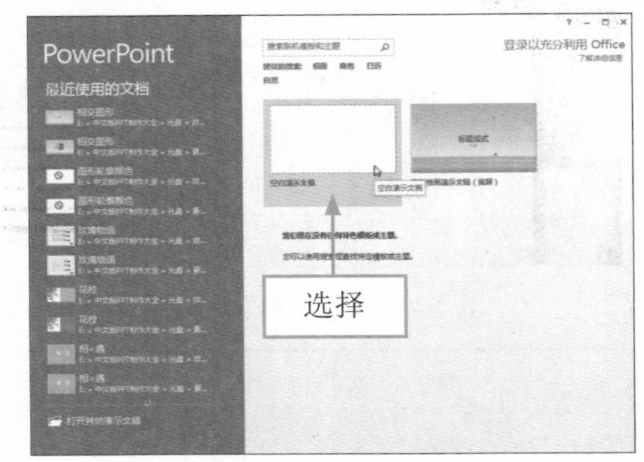

图 5-211 选择“空白演示文稿”选项

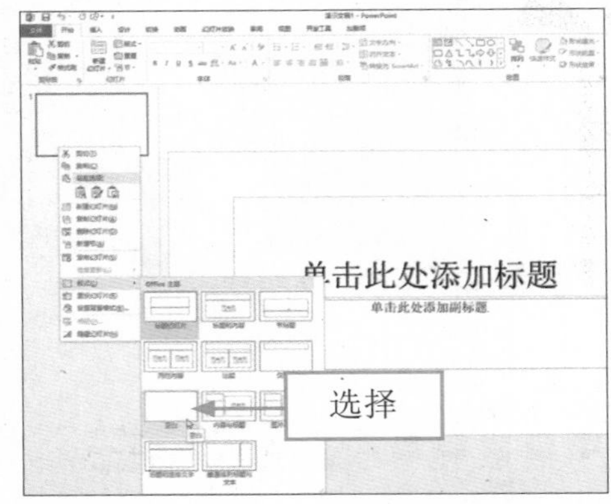

图 5-212 选择“空白”选项

步骤 03 单击“插入”命令，切换至“插入”功能区，在“图像”选项区中单击“相册”下拉按钮，如图 5-213 所示。

步骤 04 在弹出的列表框中选择“新建相册”选项，如图 5-214 所示。

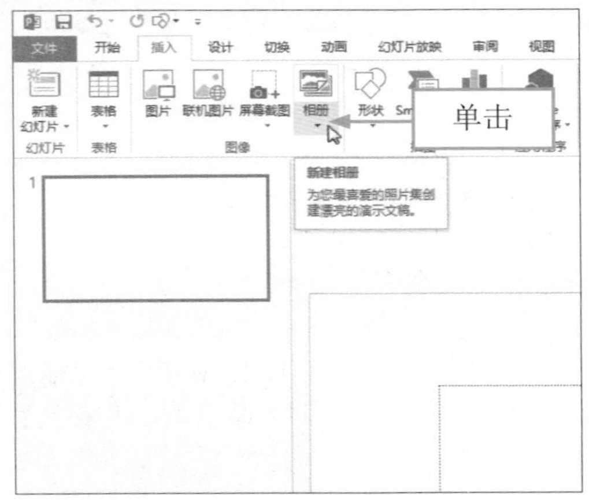

图 5-213 单击“相册”下拉按钮

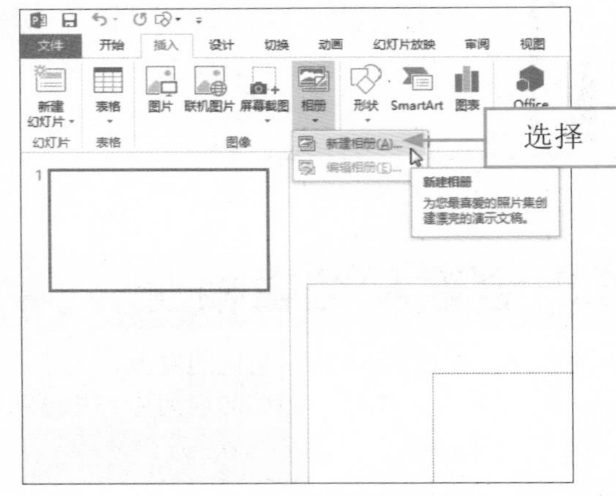

图 5-214 选择“新建相册”选项

步骤 05 弹出“相册”对话框，在“相册内容”选项区中单击“文件 / 磁盘”按钮，如图 5-215 所示。

步骤 06 弹出“插入新图片”对话框，在相应的文件夹中选择需要的图片，单击“插入”按钮，如图 5-216 所示。

步骤 07 返回“相册”对话框，即可在“相册中的图片”列表框中查看到所插入的图片，如图 5-217 所示。

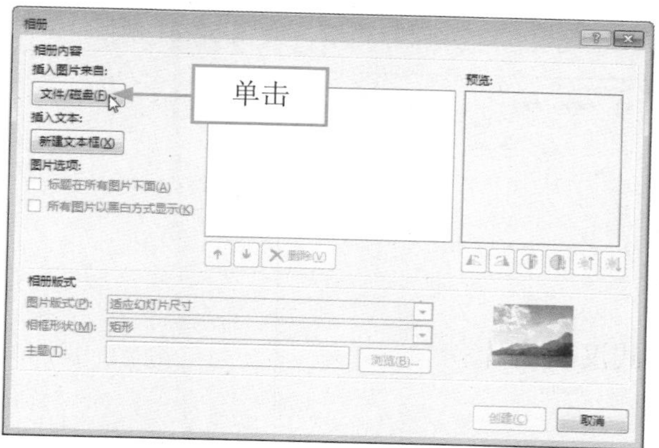

图 5-215 单击“文件 / 磁盘”按钮

图 5-216 单击“插入”按钮

步骤 08 在“相册版式”选项区中单击“图片版式”右侧的下拉按钮，在弹出的列表框中选择“1张图片（带标题）”选项，单击“浏览”按钮，如图 5-218 所示。

图 5-217 查看所插入的图片

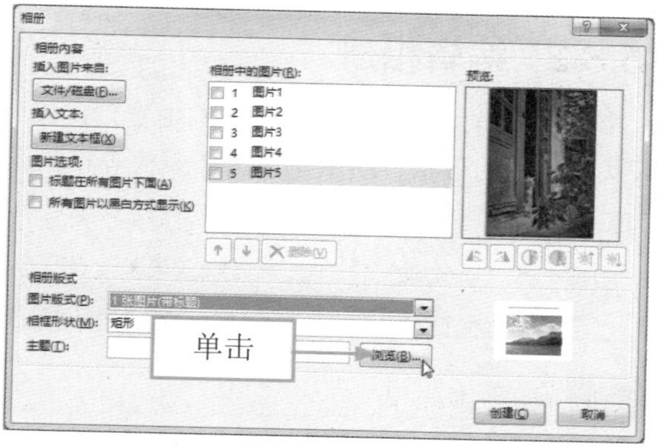

图 5-218 单击“浏览”按钮

步骤 09 弹出“选择主题”对话框，选择需要的主题单击“选择”按钮，如图 5-219 所示。

步骤 10 返回“相册”对话框，单击“创建”按钮，即可创建相册，如图 5-220 所示。

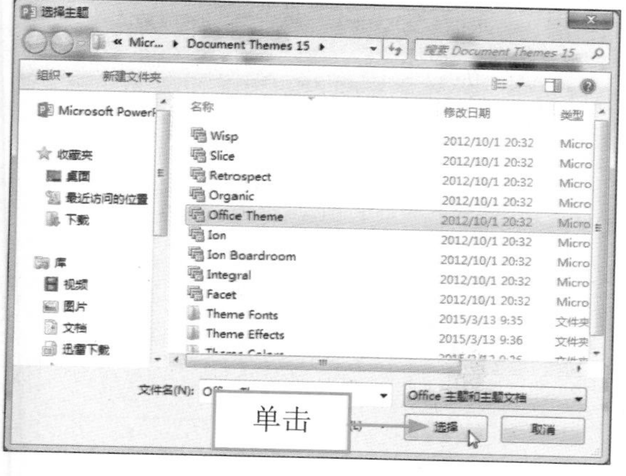

图 5-219 单击“选择”按钮

图 5-220 创建相册

步骤 11 选择带标题的幻灯片，输入相册名及主题文字，并保存相册，如图 5-221 所示。

图 5-221 输入相册名及主题文字

5.8.2 编辑相册

用户如果对创建的相册效果不满意，可以对相册进行编辑，如重新修改相册的顺序、图片的版式、相框的形状、演示文稿设计模板等相关属性。

	素材文件	光盘 \ 素材 \ 第 5 章 \ 武汉明信片 .pptx
	效果文件	光盘 \ 效果 \ 第 5 章 \ 武汉明信片 2.pptx
	视频文件	光盘 \ 视频 \ 第 5 章 \5.8.2 编辑相册 .mp4

实战 武汉明信片 2

步骤 01 在 PowerPoint 2013 中，打开演示文稿，如图 5-222 所示。

步骤 02 单击“插入”命令，切换至“插入”功能区，在“插图”选项板中单击“相册”下拉按钮，如图 5-223 所示。

图 5-222 打开演示文稿

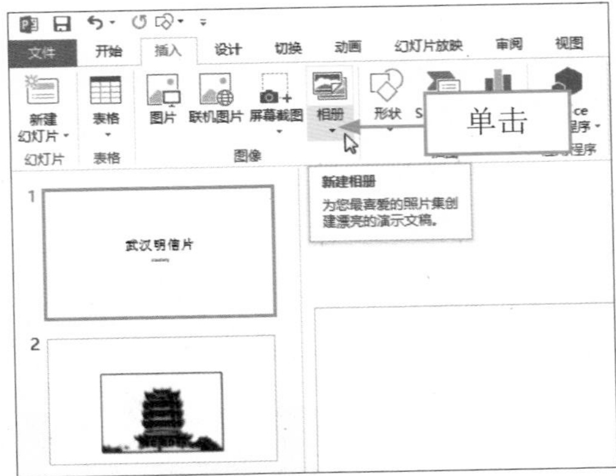

图 5-223 单击“相册”下拉按钮

步骤 03 弹出列表框，选择“编辑相册”选项，如图 5-224 所示。

步骤 04 弹出“编辑相册”对话框，在“相册版式”选项区中设置“图片版式”为“4 张图片”，单击“相框形状”右侧的下拉按钮，在弹出的列表框中选择“简单框架，白色”选项，如图 5-225 所示。

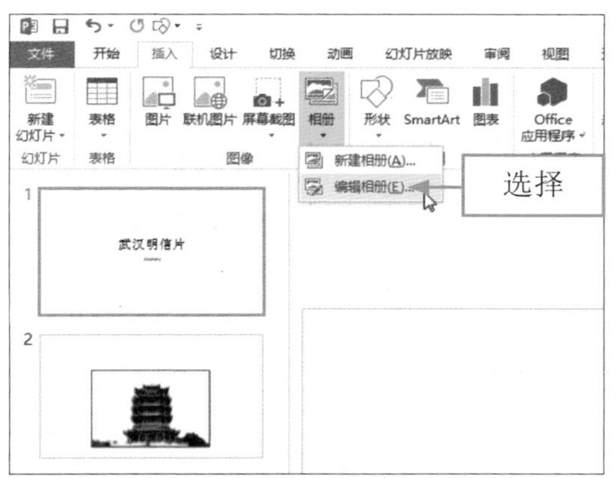

图 5-224 选择“编辑相册”选项

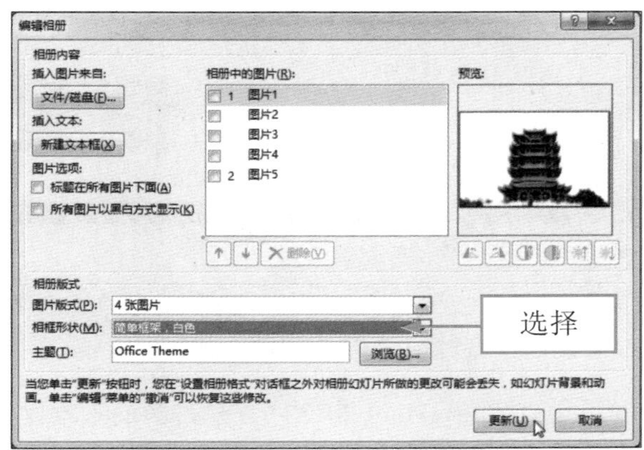

图 5-225 选择“简单框架，白色”选项

步骤 05 单击“更新”按钮，即可编辑相册，如图 5-226 所示。

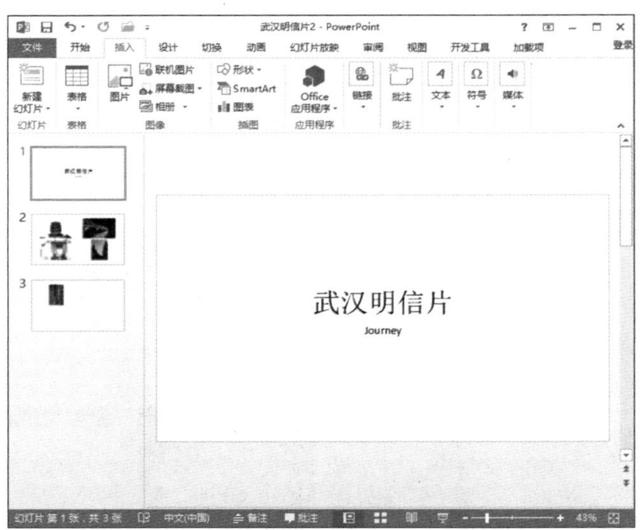

图 5-226 编辑相册

06 精美图片效果制作

学习提示

在 PowerPoint 2013 中，幻灯片的基本操作主要包括插入幻灯片和编辑幻灯片，在对幻灯片的操作过程中，用户还可以修改幻灯片的版式。本章主要向读者介绍插入幻灯片、编辑幻灯片和设置幻灯片段落的基本操作。

本章案例导航

- 实战——财务基本理论
- 实战——橙色电子商务
- 实战——家庭理财
- 实战——答谢会
- 实战——策划方案
- 实战——课后习题
- 实战——美食
- 实战——中国元素
- 实战——员工职业规划
- 实战——酒店开业庆典

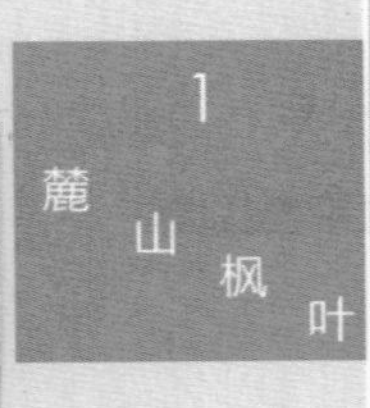

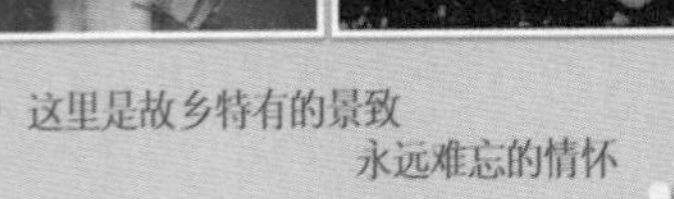

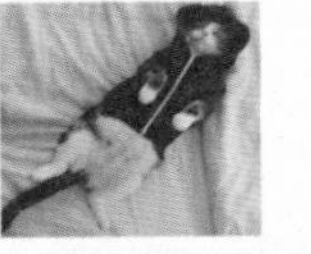

6.1 插入与编辑图片

在 PowerPoint 2013 中，如果软件自带的图片不能满足用户制作课件的需求，则可以将外部图片插入到演示文稿中，并且可以对插入的图片进行相应编辑。

6.1.1 插入图片

在演示文稿中插入图片，可以生动形象地阐述主题和思想，在插入图片时，需充分考虑幻灯片的主题，使图片和主题和谐一致。

素材文件	光盘 \ 素材 \ 第 6 章 \ 插画 .pptx
效果文件	光盘 \ 效果 \ 第 6 章 \ 插画 .pptx
视频文件	光盘 \ 视频 \ 第 6 章 \6.1.1 插入图片 .mp4

实战 插画

步骤 01 在 PowerPoint 2013 中，打开一个素材文件，如图 6-1 所示。

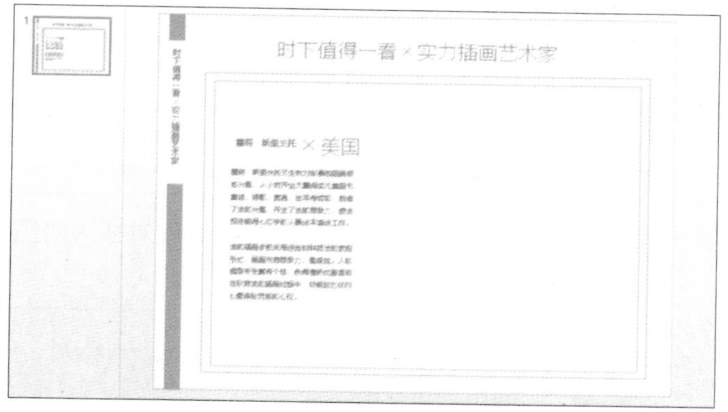

图 6-1 打开一个素材文件

步骤 02 切换至“插入”面板，在“图像”选项板中，单击“图片”按钮，如图 6-2 所示。

步骤 03 弹出“插入图片”对话框，在相应文件夹中选择需要插入的图片，如图 6-3 所示。

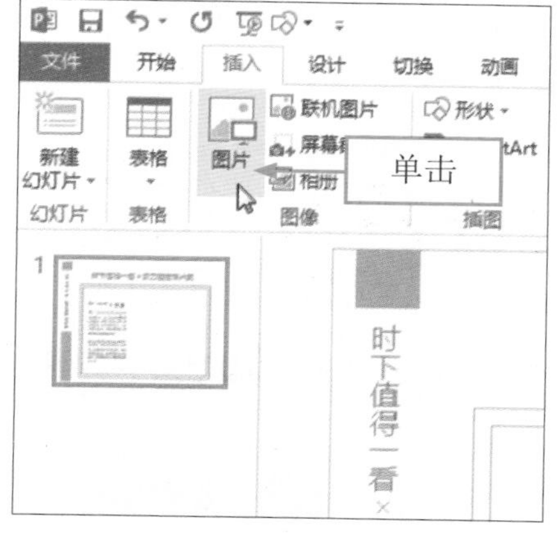

图 6-2 单击“图片”按钮

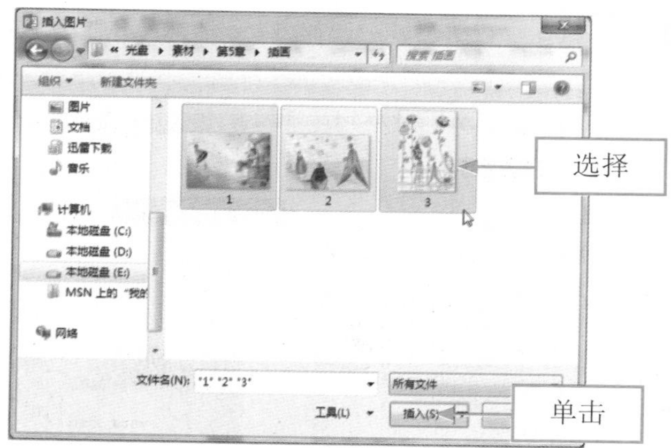

图 6-3 选择需要插入的图片

步骤 04 单击“插入”按钮，即可在幻灯片中插入图片，然后根据版式调整图片的位置和大小，如图 6-4 所示。

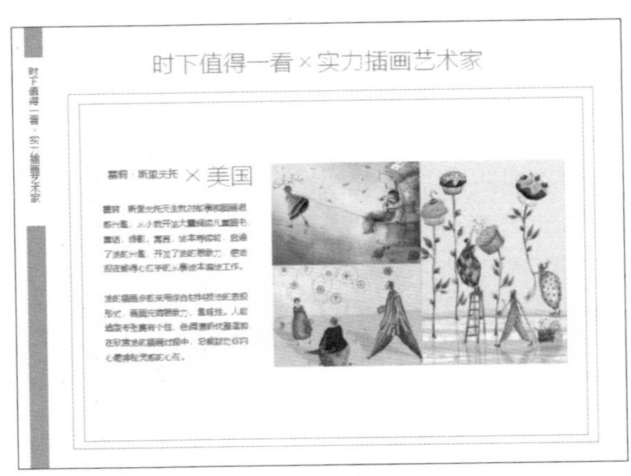

图 6-4 插入并调整图片

专家指点

在调出的“插入图片”对话框中，按住【Ctrl】键的同时单击鼠标左键，可以选择多张图片。

6.1.2 调整图片大小

在 PowerPoint 2013 中，用户在编辑窗口插入图片后，便可以对插入的图片进行大小的调整。下面向读者介绍调整图片大小的操作方法。

	素材文件	光盘 \ 素材 \ 第 6 章 \ 泰国建筑 .pptx
	效果文件	光盘 \ 效果 \ 第 6 章 \ 泰国建筑 .pptx
	视频文件	光盘 \ 视频 \ 第 6 章 \6.1.2 调整图片大小 .mp4

实战 泰国建筑

步骤 01 在 PowerPoint 2013 中，打开一个素材文件，如图 6-5 所示。

步骤 02 在编辑区中选择需要设置大小的图片，切换至“图片工具”中的“格式”面板，如图 6-6 所示。

图 6-5 打开一个素材文件

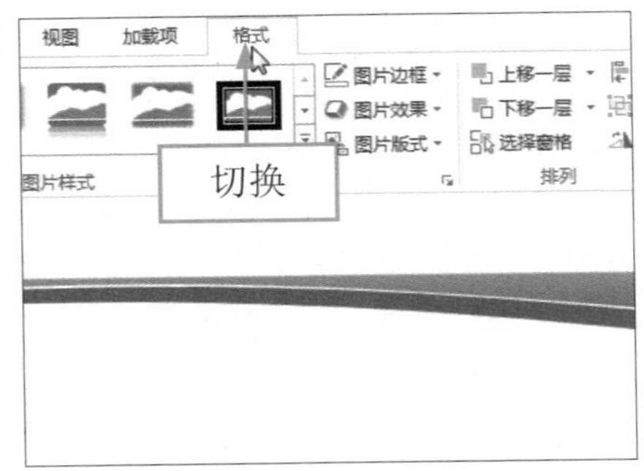

图 6-6 切换至“格式”面板

步骤 03 在“大小”选项板中，单击右下角的“大小和位置”按钮，如图 6-7 所示。

步骤 04 执行操作后，弹出“设置图片格式”窗格，如图 6-8 所示。

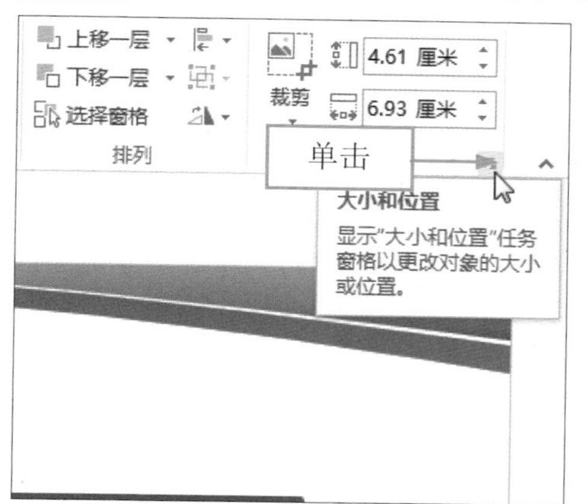

图 6-7 单击“大小和位置”按钮

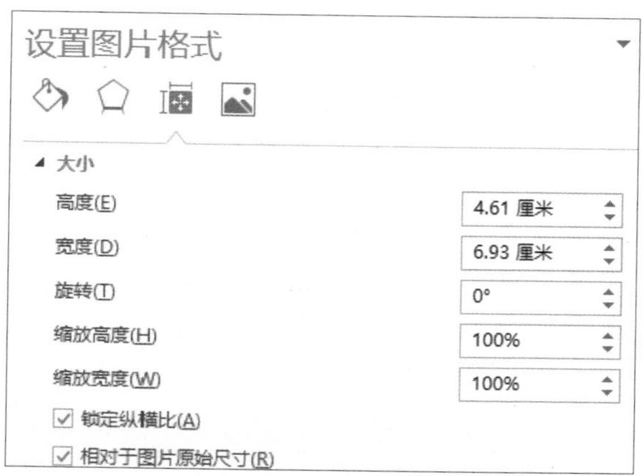

图 6-8 弹出“设置图片格式”窗格

专家指点

在调出的“设置图片格式”窗格中，在各选项区的上方，显示出 4 个大的选项区，分别是“填充线条”选项区、“效果”选项区、“大小属性”选项区以及“图片”选项区。

步骤 05 在“大小”选项区中，取消选中“锁定纵横比”复选框，设置“高度”为“7.04 厘米”、“宽度”为“10.6 厘米”，如图 6-9 所示。

步骤 06 在“设置图片格式”窗格中的右上角，单击“关闭”按钮，即可调整图片大小，适当调整图片位置，如图 6-10 所示。

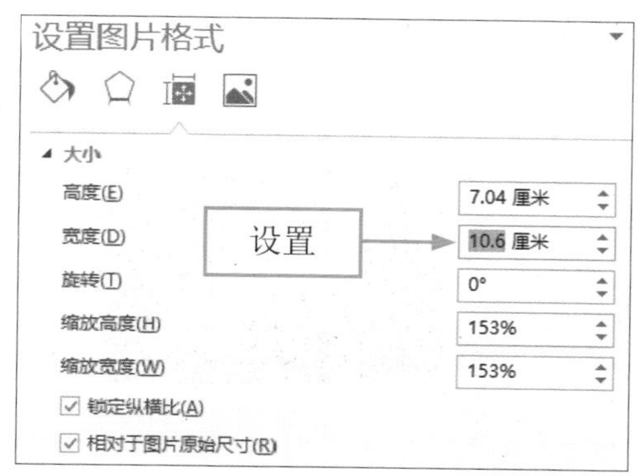

图 6-9 设置各选项

图 6-10 调整图片大小

专家指点

除了运用以上方法设置图片大小以外，还有以下两种方法。

* 拖曳：打开演示文稿，选择图片，在图片上单击鼠标左键并拖曳控制点即可。

* 选项：打开演示文稿，选择图片，切换至“图片工具”中的“格式”面板，在“大小”选项板中设置“高度”和“宽度”的值，即可设置图片的大小。

6.1.3 设置图片样式

为插入幻灯片中的图片设置图片样式，可以使图片更加美观，从而增添整个幻灯片的美感。下面向读者介绍设置图片样式的操作方法。

素材文件	光盘 \ 素材 \ 第 6 章 \ 故乡·印象 .pptx
效果文件	光盘 \ 效果 \ 第 6 章 \ 故乡·印象 .pptx
视频文件	光盘 \ 视频 \ 第 6 章 \6.1.3 设置图片样式 .mp4

实战 故乡·印象

步骤 01 在 PowerPoint 2013 中，打开一个素材文件，如图 6-11 所示。

步骤 02 在编辑区中选择左边的图片，切换至“图片工具”中的“格式”面板，在“图片样式”选项板中，单击“其他”下拉按钮，如图 6-12 所示。

图 6-11 打开一个素材文件

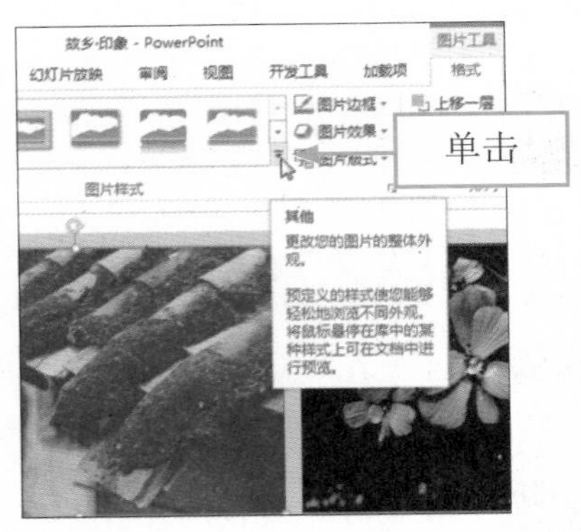

图 6-12 单击“其他”下拉按钮

步骤 03 弹出列表框，选择“简单框架，白色”选项，如图 6-13 所示。

步骤 04 执行操作后，即可设置图片样式，如图 6-14 所示。

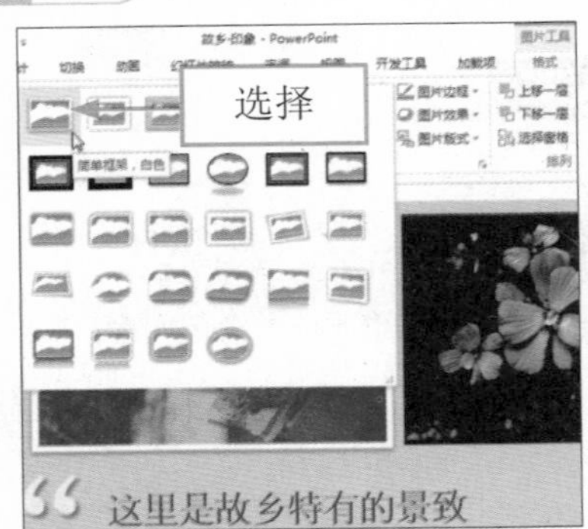

图 6-13 选择“简单框架，白色”选项

图 6-14 设置图片样式

专家指点

在弹出的“图片样式”列表框中，包含有“棱台亚光，白色”、“金属框架”、“柔化边缘矩形”、“厚重亚光，黑色”以及“金属椭圆”在内的 28 种图片样式。

步骤 05 用与上同样的方法，为幻灯片中的其他图片设置与上相同的图片样式，效果如图 6-15 所示。

图 6-15 设置其他图片样式

6.1.4 设置图片效果

在 PowerPoint 2013 中，用户可以为图片设置“预设”、“阴影”、“映像”、“发光”、“柔化边缘”、“棱台”和“三维旋转”等效果。

	素材文件	光盘 \ 素材 \ 第 6 章 \ 麓山枫叶 .pptx
	效果文件	光盘 \ 效果 \ 第 6 章 \ 麓山枫叶 .pptx
	视频文件	光盘 \ 视频 \ 第 6 章 \6.1.4 设置图片效果 .mp4

实战 麓山枫叶

步骤 01 在 PowerPoint 2013 中，打开一个素材文件，如图 6-16 所示。

步骤 02 在编辑区中，选择需要设置效果的图片，如图 6-17 所示。

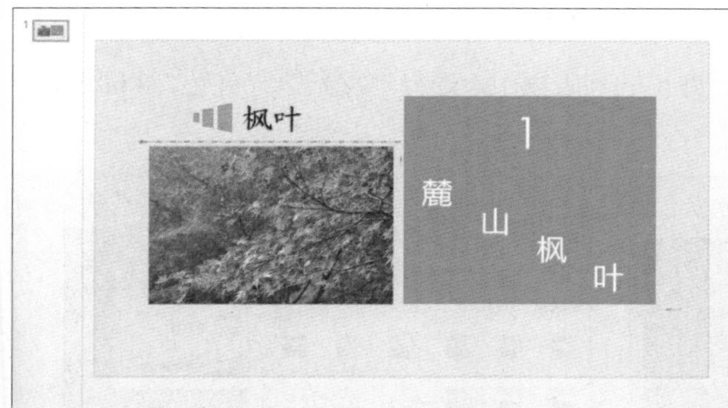

图 6-16 打开一个素材文件

图 6-17 选择需要设置效果的图片

步骤 03 切换至“图片工具”中的“格式”面板，在“图片样式”选项板中，单击“图片效果”下拉按钮，如图 6-18 所示。

步骤 04 弹出列表框，选择“预设”|“预设 1”选项，如图 6-19 所示。

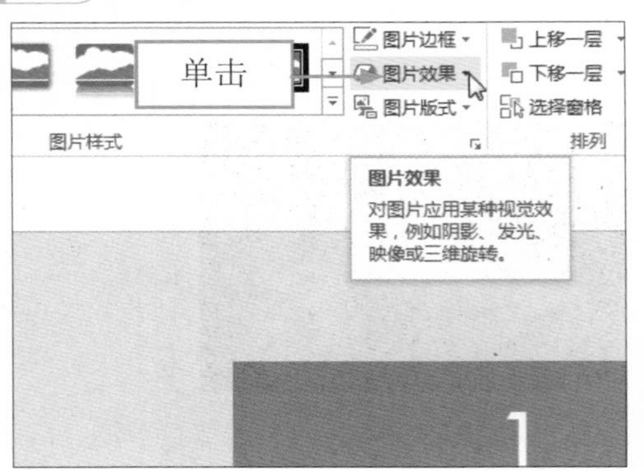

图 6-18 单击“图片效果”下拉按钮

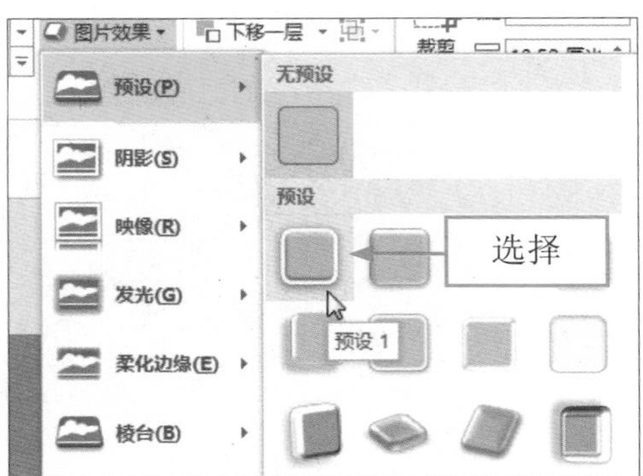

图 6-19 选择“预设 1”选项

步骤 05 执行操作后，即可设置图片预设效果，效果如图 6-20 所示。

步骤 06 单击“图片效果”下拉按钮，在弹出的列表框中，选择“映像”|“紧密映像，接触”选项，如图 6-21 所示。

图 6-20 设置图片预设效果

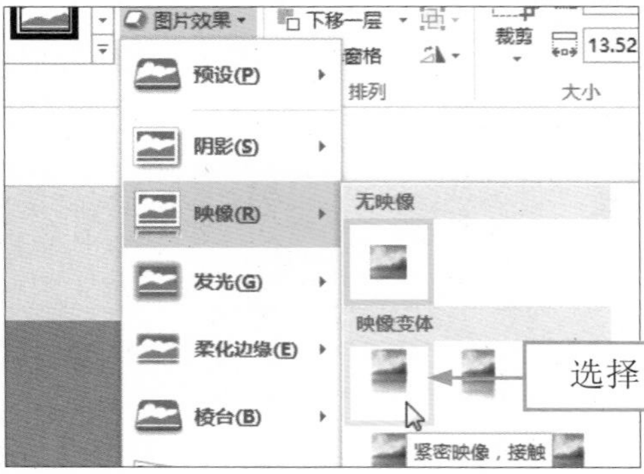

图 6-21 选择“紧密映像，接触”选项

步骤 07 执行操作后，即可设置图片紧密映像，效果如图 6-22 所示。

步骤 08 单击“图片效果”下拉按钮，在弹出的列表框中，选择“发光”|“红色，8 pt 发光，着色 2”选项，如图 6-23 所示。

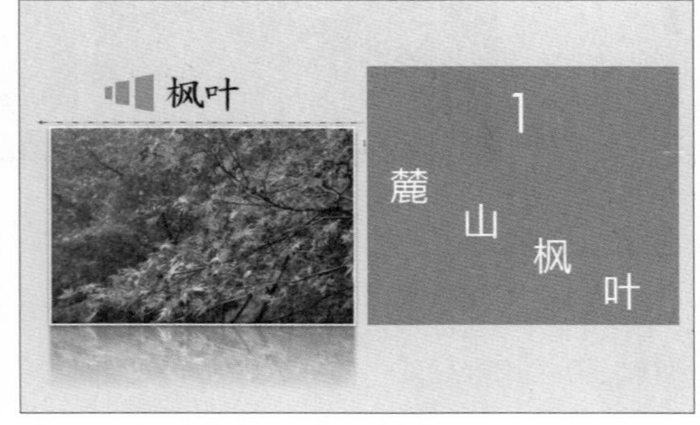

图 6-22 设置图片紧密映像

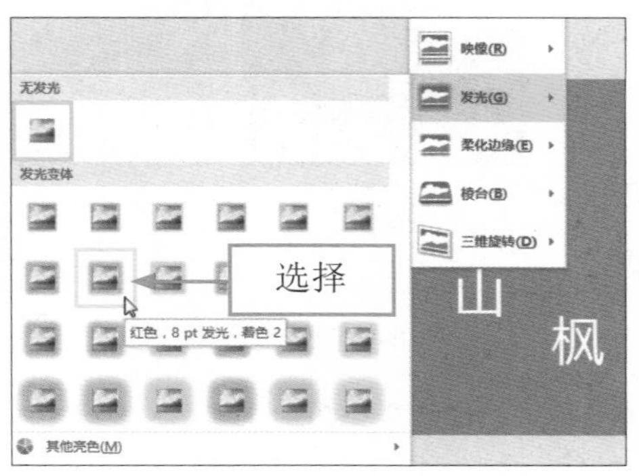

图 6-23 选择相应选项

步骤 09 执行操作后，即可设置图片发光效果，如图 6-24 所示。

图 6-24 设置图片发光效果

6.1.5 设置图片边框

在设置好图片形状以后，为使图片与背景和演示文稿中的其他元素区分开来，用户还可以为图片添加边框。

	素材文件	光盘 \ 素材 \ 第 6 章 \ 插画人物 .pptx
	效果文件	光盘 \ 效果 \ 第 6 章 \ 插画人物 .pptx
	视频文件	光盘 \ 视频 \ 第 6 章 \6.1.5 设置图片边框 .mp4

实战 插画人物

步骤 01 在 PowerPoint 2013 中，打开一个素材文件，如图 6-25 所示。

图 6-25 打开一个素材文件

步骤 02 在编辑区中，选择需要设置边框效果的图片，如图 6-26 所示。

步骤 03 切换至“格式”面板，在“图片样式”选项板中，单击“图片边框”下拉按钮，如图 6-27 所示。

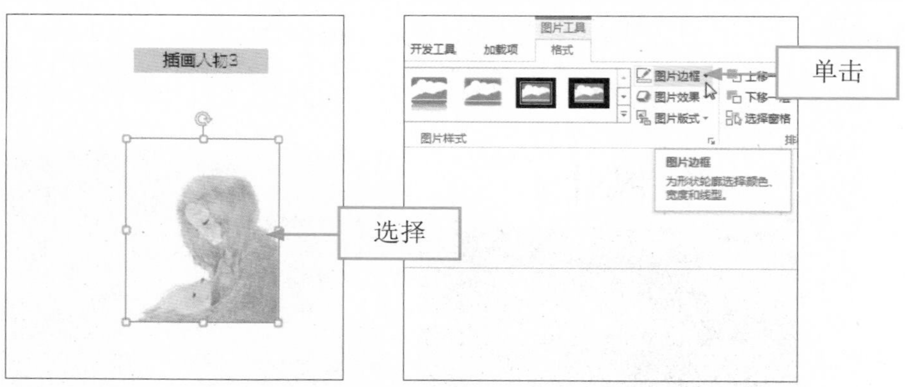

图 6-26 选择需要设置边框效果的图片　　图 6-27 单击“图片边框”下拉按钮

步骤 04 在弹出的列表框中的“主题颜色”选项区中，选择“深色 35%”选项，如图 6-28 所示。

步骤 05 执行操作后，即可设置边框颜色，单击“图片边框”下拉按钮，在弹出的列表框中选择“粗细”|“1 磅”选项，如图 6-29 所示。

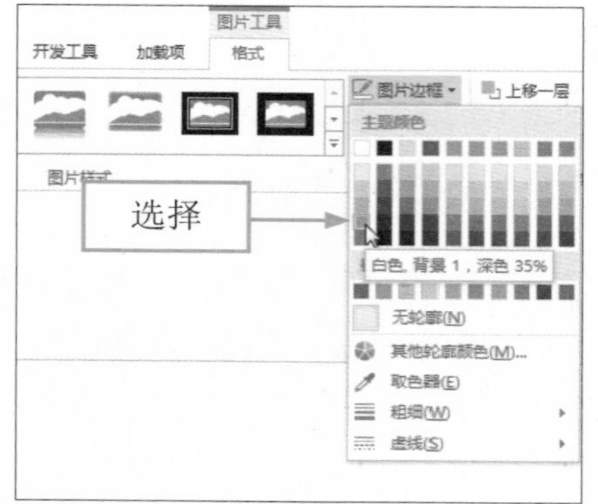

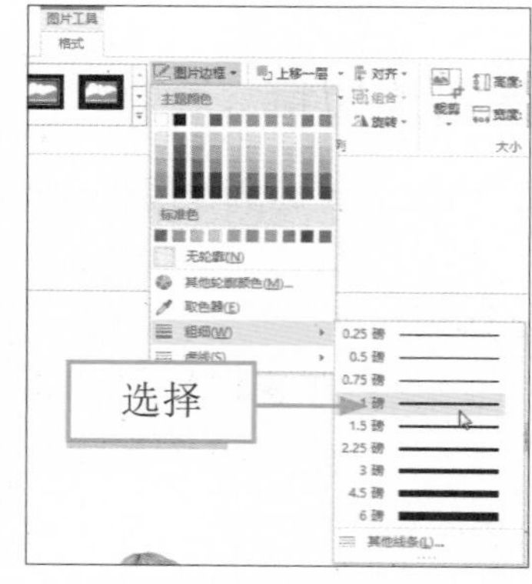

图 6-28 选择“深色 35%”主题颜色　　图 6-29 选择“1 磅”选项

步骤 06 执行操作后，即可设置图片边框效果，其他两张图也是使用同样的方法设置边框效果，如图 6-30 所示。

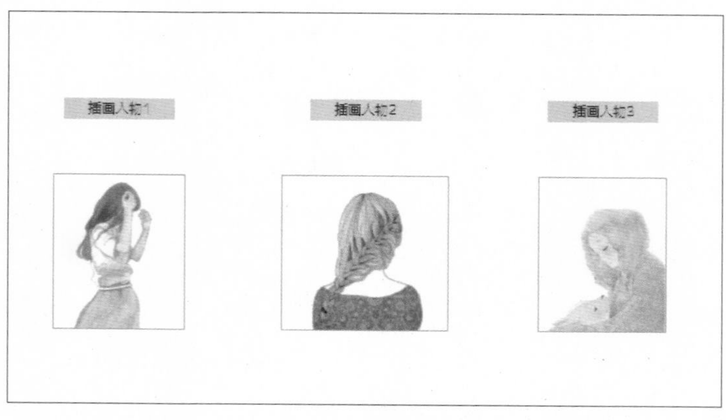

图 6-30 设置图片边框效果

专家指点

在“图片边框”列表框中，除了可以为图片设置颜色与边框线的粗细以外，用户还可以将边框线设置为虚线。

6.1.6 设置图片亮度和对比度

对于 PowerPoint 2013 中插入的颜色偏暗的图片，用户可以通过“更正”按钮，对图片的亮度和对比度进行相应调整，使插入的图片更加明亮。

素材文件	光盘 \ 素材 \ 第 6 章 \ 设置亮度和对比度 .pptx
效果文件	光盘 \ 效果 \ 第 6 章 \ 设置亮度和对比度 .pptx
视频文件	光盘 \ 视频 \ 第 6 章 \6.1.6 设置图片亮度和对比度 .mp4

实战 设置亮度和对比度

步骤 01 在 PowerPoint 2013 中，打开一个素材文件，如图 6-31 所示。

步骤 02 在编辑区中，选择需要调整亮度和对比度的图片，如图 6-32 所示。

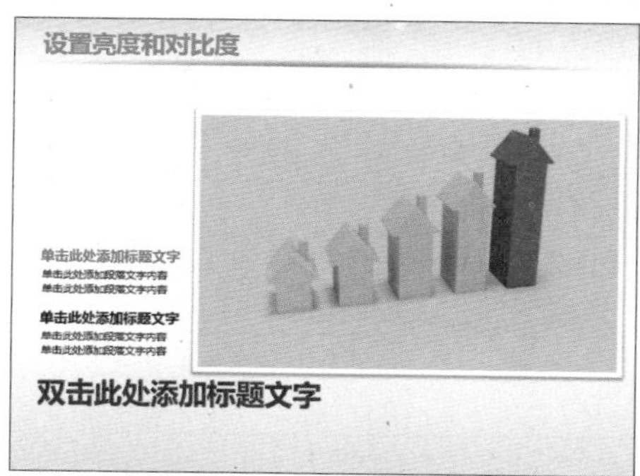

图 6-31 打开一个素材文件

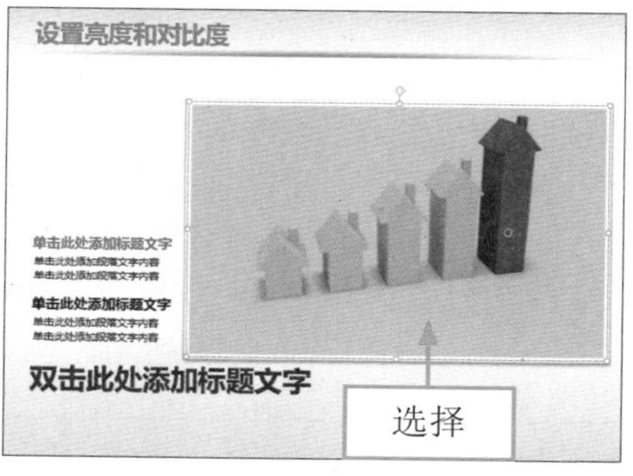

图 6-32 选择需要调整亮度和对比度的图片

步骤 03 切换至“图片工具”中的“格式”面板，在“调整”选项板中，单击“更正”下拉按钮，如图 6-33 所示。

步骤 04 弹出列表框，在“亮度和对比度”选项区中，选择相应选项，如图 6-34 所示。

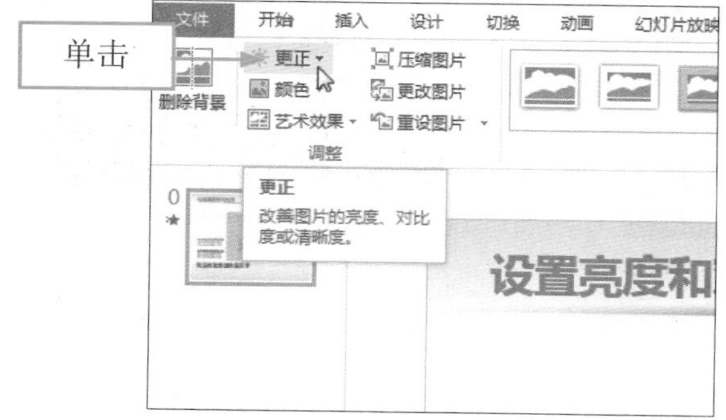

图 6-33 单击“更正”下拉按钮

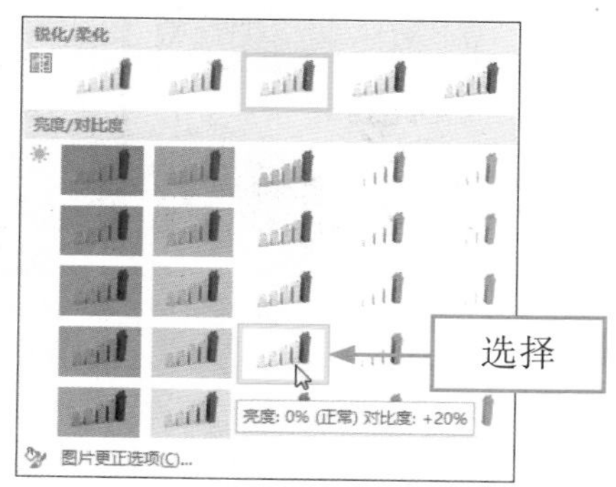

图 6-34 选择相应选项

步骤 05 执行操作后，即可调整图片亮度和对比度，如图 6-35 所示。

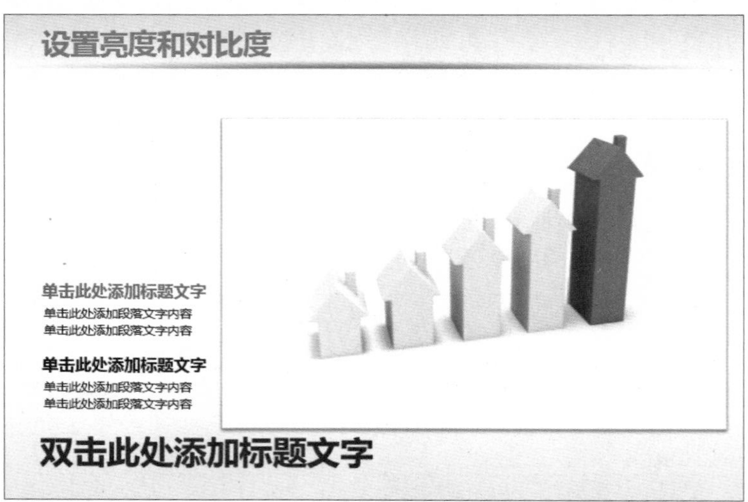

图 6-35 调整图片亮度和对比度

6.1.7 设置图片艺术效果

在 PowerPoint 2013 中的“艺术效果”列表框中，为用户提供了 20 多种艺术效果，选择不同的选项，即可制作出不同的艺术效果。

	素材文件	光盘 \ 素材 \ 第 6 章 \ 圣马河路灯 .pptx
	效果文件	光盘 \ 效果 \ 第 6 章 \ 圣马河路灯 .pptx
	视频文件	光盘 \ 视频 \ 第 6 章 \6.1.7 设置图片艺术效果 .mp4

实战 圣马河路灯

步骤 01 在 PowerPoint 2013 中，打开一个素材文件，如图 6-36 所示。

步骤 02 在编辑区中，选择需要调整艺术效果的图片，如图 6-37 所示。

图 6-36 打开一个素材文件

图 6-37 选择需要调整艺术效果的图片

步骤 03 切换至“格式”面板，在“调整”选项板中，单击“艺术效果”下拉按钮，如图 6-38 所示。

步骤 04 在弹出的列表框中，选择“胶片颗粒”选项，如图 6-39 所示。

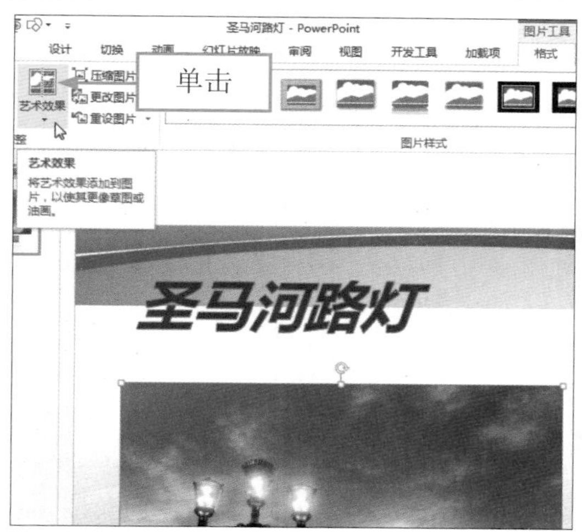

图 6-38 单击“艺术效果”下拉按钮

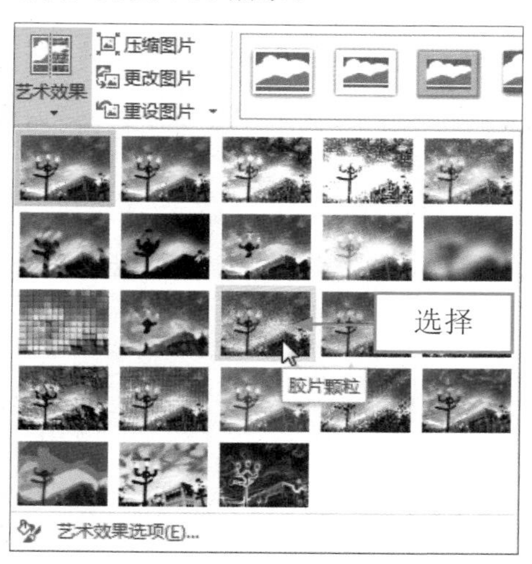

图 6-39 选择“胶片颗粒”选项

步骤 05 执行操作后，即可设置图片艺术效果，另一张图片的艺术效果设置方法是相同的，如图 6-40 所示。

图 6-40 设置图片艺术效果

6.1.8 设置图片颜色

PowerPoint 2013 不但能够调整图片“亮度”和“对比度”，同时也能够更换图片本身的颜色。下面向读者介绍设置图片颜色的操作方法。

	素材文件	光盘 \ 素材 \ 第 6 章 \ 人才补充 .pptx
	效果文件	光盘 \ 效果 \ 第 6 章 \ 人才补充 .pptx
	视频文件	光盘 \ 视频 \ 第 6 章 \6.1.8 设置图片颜色 .mp4

实战 人才补充

步骤 01 在 PowerPoint 2013 中，打开一个素材文件，如图 6-41 所示。

步骤 02 在编辑区中，选择需要重新调整颜色的图片，如图 6-42 所示。

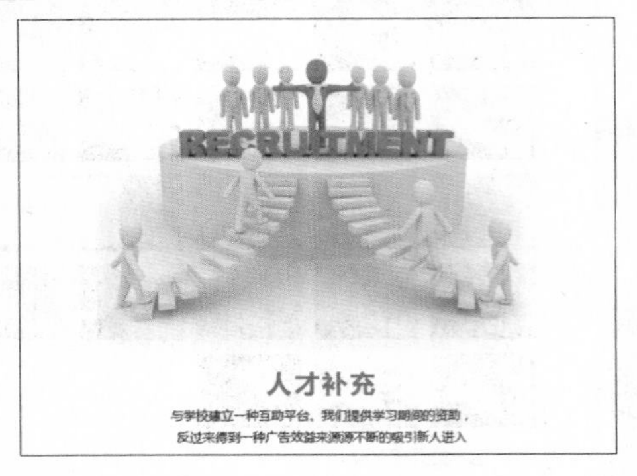

图 6-41 打开一个素材文件

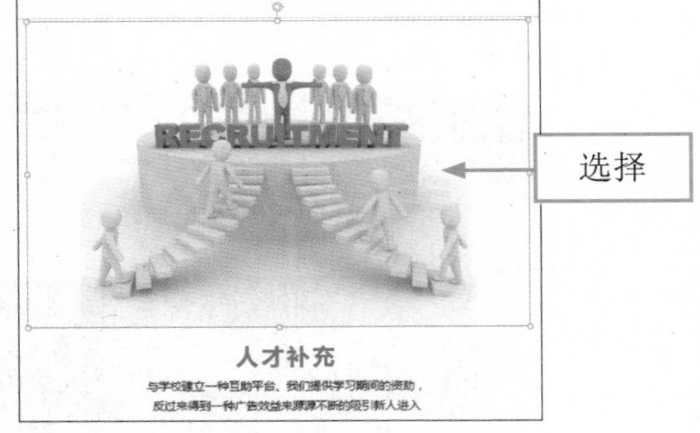

图 6-42 选择需要重新调整颜色的图片

步骤 03 切换至“格式”面板，在“调整”选项板中，单击“颜色”下拉按钮，如图 6-43 所示。

步骤 04 弹出列表框，在“颜色饱和度”选项区中，选择相应选项，如图 6-44 所示。

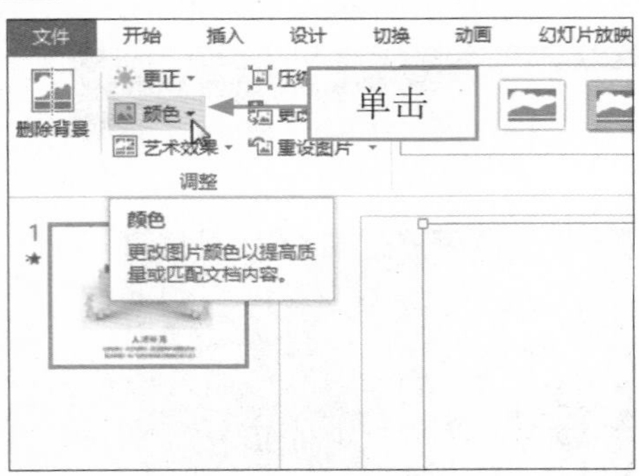

图 6-43 单击“颜色”下拉按钮

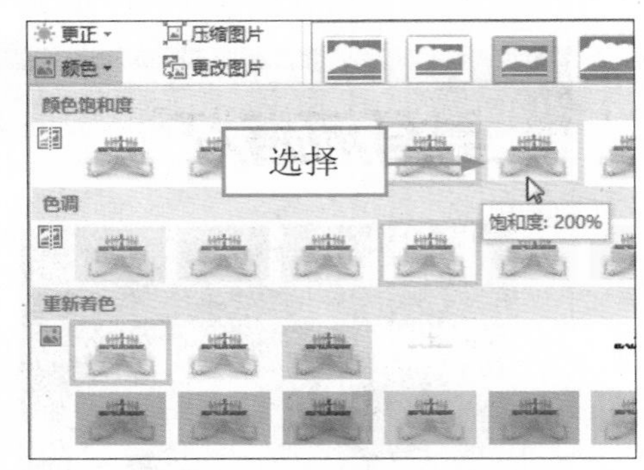

图 6-44 选择相应选项

步骤 05 执行操作后，即可设置图片颜色饱和度，效果如图 6-45 所示。

步骤 06 单击“颜色”下拉按钮，在弹出的“色调”选项区中，选择相应选项，如图 6-46 所示。

图 6-45 设置图片颜色饱和度

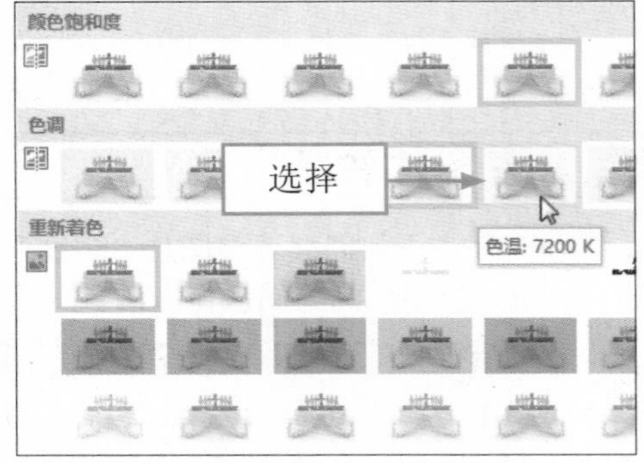

图 6-46 选择相应选项

步骤 07 执行操作后，即可设置图片颜色，效果如图 6-47 所示。

图 6-47 设置图片颜色

6.2 插入与编辑剪贴画

在 PowerPoint 2013 中，用户可以根据需要在幻灯片中添加软件自带的剪贴画，并可以对添加的剪贴画进行相应的编辑。

6.2.1 插入剪贴画

PowerPoint 2013 的剪贴画库内容非常丰富，所有的图片都经过专业设计，它们能够表达不同的主题，并适合于制作各种不同风格的演示文稿。

1. 在非占位符中插入剪贴画

在 PowerPoint 2013 中，用户可以运用“联机图片”按钮，在幻灯片中插入剪贴画。下面向读者介绍在非占位符中插入剪贴画的操作方法。

素材文件	光盘 \ 素材 \ 第 6 章 \ 餐桌上的装饰 .pptx
效果文件	光盘 \ 效果 \ 第 6 章 \ 餐桌上的装饰 .pptx
视频文件	光盘 \ 视频 \ 第 6 章 \6.2.1 插入剪贴画 .mp4

实战 餐桌上的装饰

步骤 01 在 PowerPoint 2013 中，打开一个素材文件，如图 6-48 所示。

步骤 02 切换至“插入”面板，在“图像”选项板中，单击“联机图片”按钮，如图 6-49 所示。

步骤 03 执行操作后，弹出相应窗口，在“插入图片”选项区中的“Office.com 剪贴画”右侧的搜索文本框中，输入关键字，如图 6-50 所示。

图 6-48 打开一个素材文件

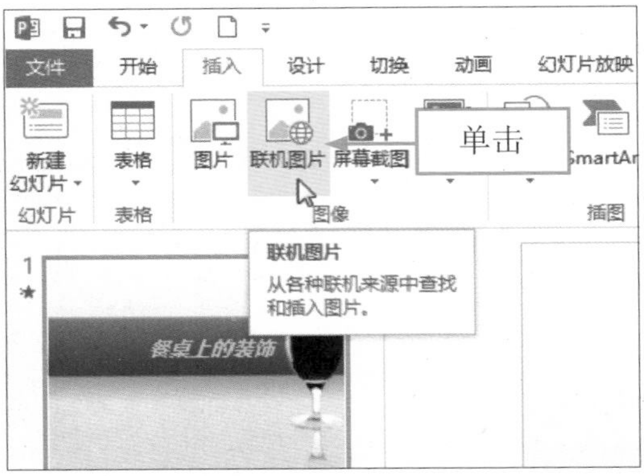

图 6-49 单击“联机图片”按钮

步骤 04 单击“搜索”按钮，在下方的下拉列表框中，将显示搜索出来的相关剪贴画，选择“花瓶中的插花”剪贴画，如图 6-51 所示。

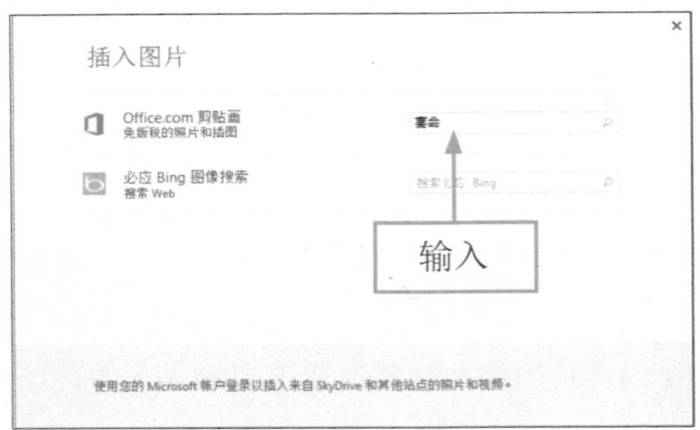

图 6-50 输入关键字

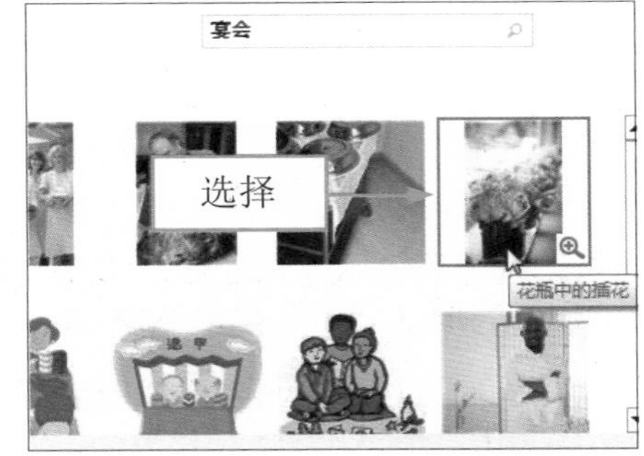

图 6-51 选择“花瓶中的插花”剪贴画

步骤 05 单击“插入”按钮，即可将该剪贴画下载并插入至幻灯片中，如图 6-52 所示。

步骤 06 调整剪贴画的大小和位置，效果如图 6-53 所示。

图 6-52 插入剪贴画

图 6-53 调整剪贴画

2．在占位符中插入剪贴画

PowerPoint 2013 的很多版式中都提供了插入联机图片、形状、图片、表格和图表等，利用这些图表可以快速插入相应的对象。

	素材文件	光盘 \ 素材 \ 第 6 章 \ 财务管理 .pptx
	效果文件	光盘 \ 效果 \ 第 6 章 \ 财务管理 .pptx
	视频文件	光盘 \ 视频 \ 第 6 章 \6.2.1 插入剪贴画 .mp4

实战 财务管理

步骤 01 在 PowerPoint 2013 中，打开一个素材文件，如图 6-54 所示。

步骤 02 单击“幻灯片”选项板中的“新建幻灯片”下拉按钮，在弹出的列表框中，选择“标题和内容”选项，如图 6-55 所示。

图 6-54 打开一个素材文件

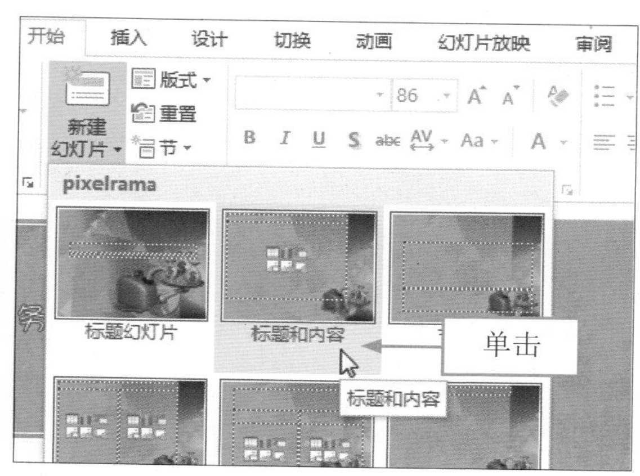

图 6-55 选择“标题和内容”选项

步骤 03 执行操作后，新建一张“标题和内容”的幻灯片，在“单击此处添加文本”占位符中，单击“联机图片”按钮，如图 6-56 所示。

步骤 04 弹出相应窗口，在“插入图片”选项区中的“Office.com 剪贴画”右侧的搜索文本框中，输入关键字“财务”，单击“搜索”按钮，如图 6-57 所示。

图 6-56 单击“联机图片”按钮

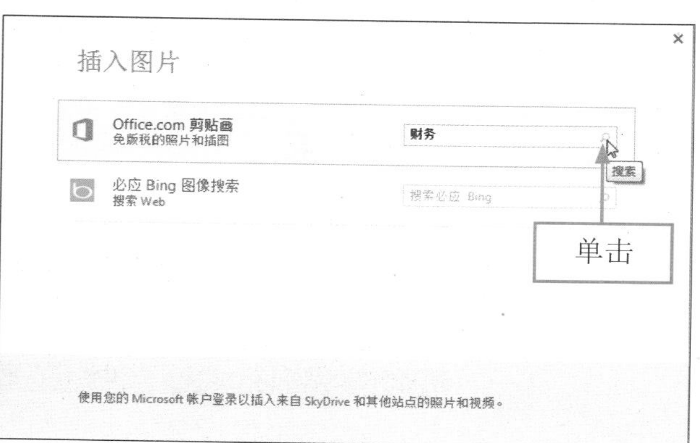

图 6-57 单击“搜索”按钮

步骤 05 执行操作后，在下方的下拉列表框中，将显示搜索出来的相关剪贴画，选择相应选项，如图 6-58 所示。

步骤 06 单击“插入”按钮，即可将该剪贴画下载并插入至幻灯片中，调整剪贴画的大小和位置，效果如图 6-59 所示。

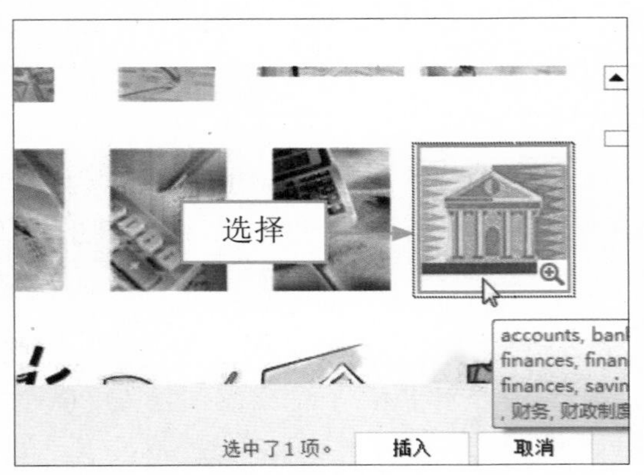

图 6-58 选择相应选项

图 6-59 调整剪贴画

6.2.2 编辑剪贴画

在 PowerPoint 2013 中，插入剪贴画以后，用户可以根据需要设置剪贴画的颜色、样式以及效果等。下面向读者介绍编辑剪贴画的操作方法。

	素材文件	光盘 \ 素材 \ 第 6 章 \ 旅行 .pptx
	效果文件	光盘 \ 效果 \ 第 6 章 \ 旅行 .pptx
	视频文件	光盘 \ 视频 \ 第 6 章 \6.2.2 编辑剪贴画 .mp4

实战 旅行

步骤 01 在 PowerPoint 2013 中，打开一个素材文件，如图 6-60 所示。

步骤 02 在编辑区中，选择需要进行编辑的剪贴画，如图 6-61 所示。

图 6-60 打开一个素材文件

图 6-61 选择剪贴画

步骤 03 切换至“图片工具”中的“格式”面板，在“调整”选项板中，单击“颜色”下拉按钮，如图 6-62 所示。

步骤 04 弹出列表框，在“色调”选项区中，选择相应选项，如图 6-63 所示。

图 6-62 单击“颜色”下拉按钮

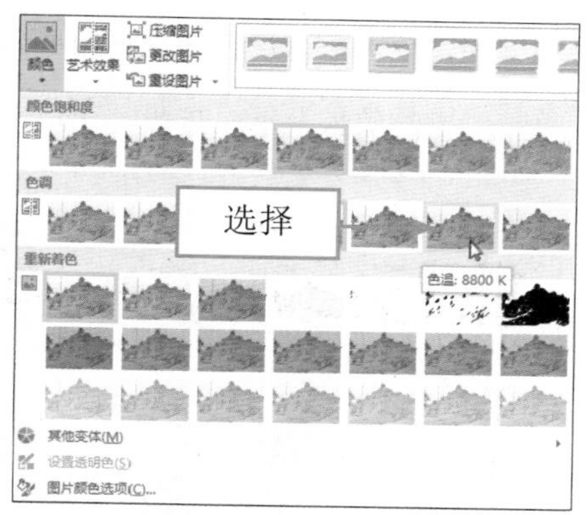

图 6-63 选择相应选项

步骤 05 执行操作后，即可设置剪贴画的颜色，如图 6-64 所示。

步骤 06 在“图片样式”选项板中，单击“其他”下拉按钮，效果如图 6-65 所示。

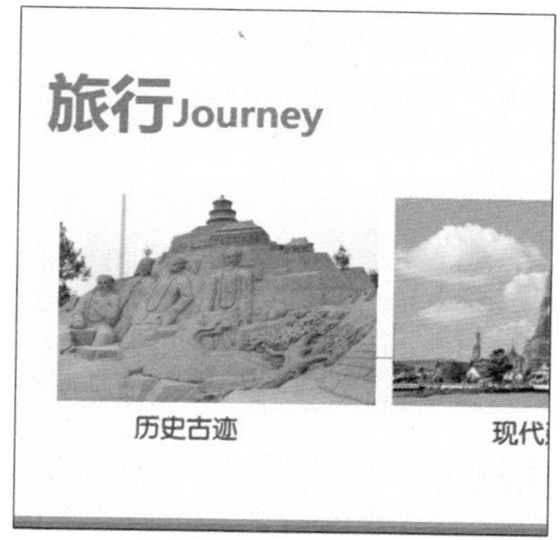

图 6-64 设置剪贴画的颜色

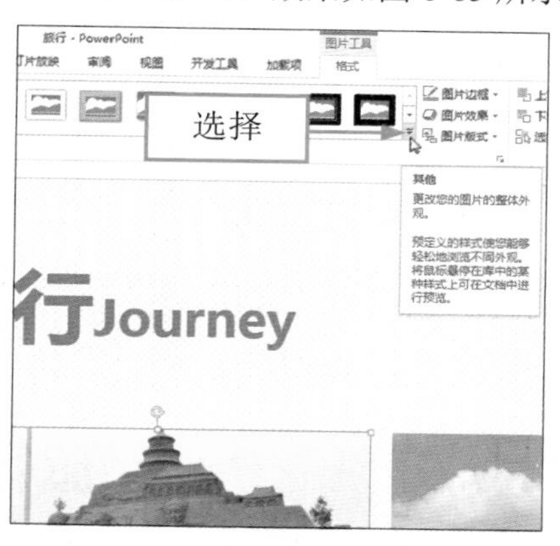

图 6-65 单击“其他”下拉按钮

步骤 07 弹出列表框，选择“映像右透视”选项，如图 6-66 所示。

步骤 08 在“图片样式”选项板中，单击“图片边框”下拉按钮，在“标准色”选项区中，选择“浅绿”选项，单击“图片边框”下拉按钮，选择“粗细”|“2.25 磅”选项，如图 6-67 所示。

图 6-66 选择“映像右透视”选项

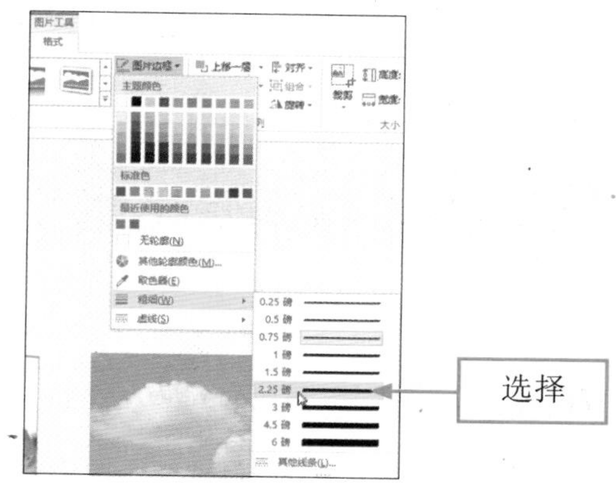

图 6-67 选择“2.25 磅”选项

步骤 09 执行操作后，即可设置剪贴画边框，如图 6-68 所示。

步骤 10 单击“图片效果”下拉按钮，在弹出的列表框中，选择“发光”|“绿色，8pt 发光，着色 2”选项，如图 6-69 所示。

图 6-68 设置剪贴画边框

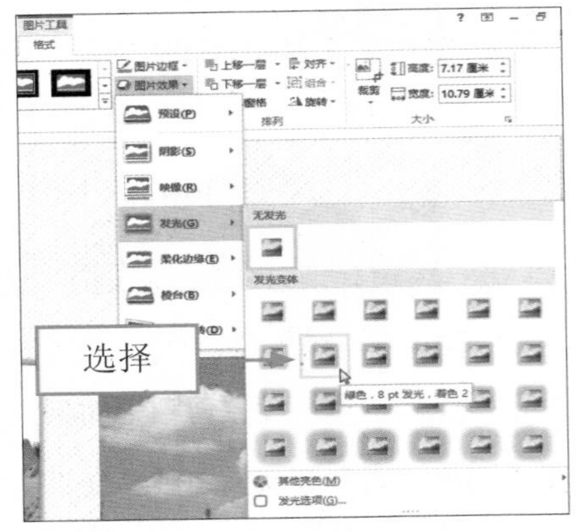

图 6-69 选择相应选项

步骤 11 再次单击“图片效果”下拉按钮，在弹出的列表框中，选择“棱台”|“圆”选项，如图 6-70 所示。

步骤 12 执行操作后，即可完成剪贴画的编辑效果，另一张图也是同样的设置步骤，如图 6-71 所示。

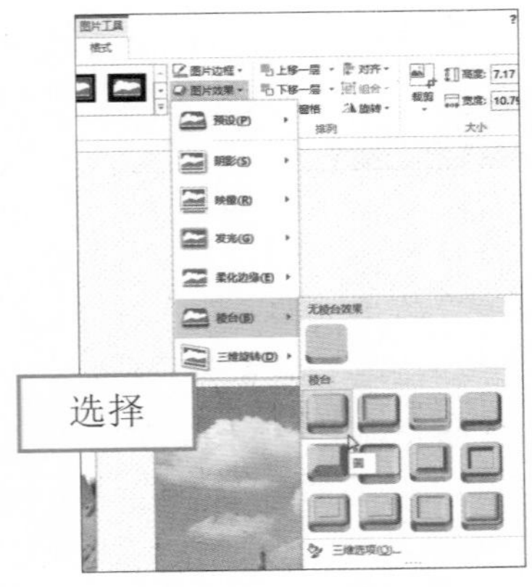

图 6-70 选择“圆”选项

图 6-71 完成剪贴画的编辑

6.3 插入与编辑艺术字

艺术字是一种特殊的图形文字，常用来表现幻灯片的标题文字，用户可以对艺术字进行大小调整、旋转和添加三维效果等。

6.3.1 插入艺术字

为了使演示文稿的标题或某个文字能够更加突出，用户可以运用艺术字来达到自己想要的效果。下面将向读者介绍插入艺术字的操作方法。

素材文件	光盘 \ 素材 \ 第 6 章 \ 知识的分层比较 .pptx
效果文件	光盘 \ 效果 \ 第 6 章 \ 知识的分层比较 .pptx
视频文件	光盘 \ 视频 \ 第 6 章 \6.3.1 插入艺术字 .mp4

实战 知识的分层比较

步骤 01 在 PowerPoint 2013 中，打开一个素材文件，如图 6-72 所示。

步骤 02 切换至“插入”面板，在“文本”选项板中，单击“艺术字”下拉按钮，如图 6-73 所示。

图 6-72 打开一个素材文件

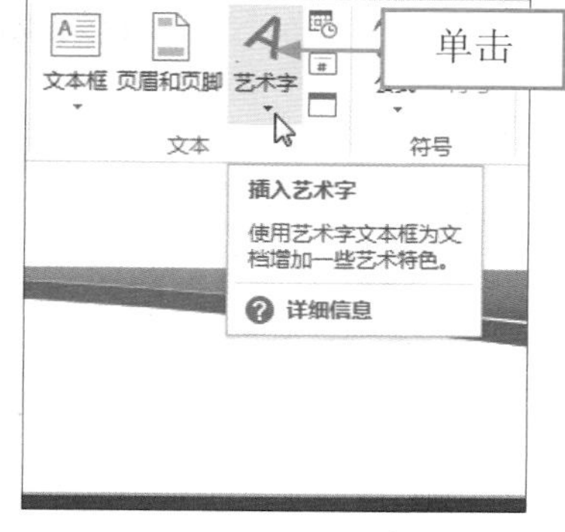

图 6-73 单击“艺术字”下拉按钮

步骤 03 弹出列表框，选择相应选项，如图 6-74 所示。

步骤 04 执行操作后，即可在幻灯片中插入艺术字，调整至合适位置，删除文本框中的内容，重新输入文本，效果如图 6-75 所示。

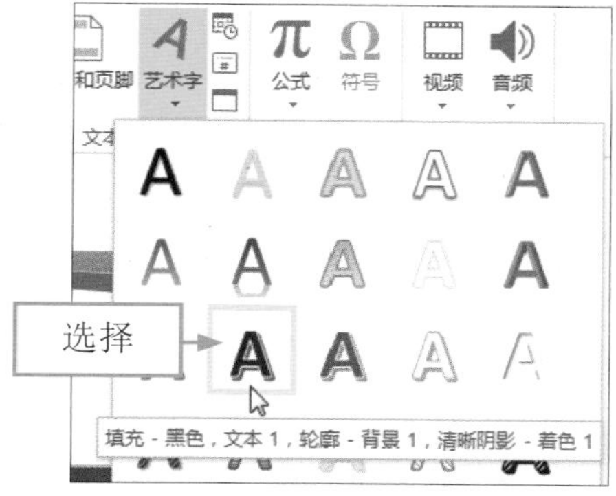

图 6-74 选择相应选项

图 6-75 插入艺术字

6.3.2 设置艺术字形状填充

为艺术字添加形状填充颜色，是指在一个封闭的对象中加入填充效果，这种效果可以是单色、过渡色、纹理，还可以是图片。下面向读者介绍设置艺术字形状填充的操作方法。

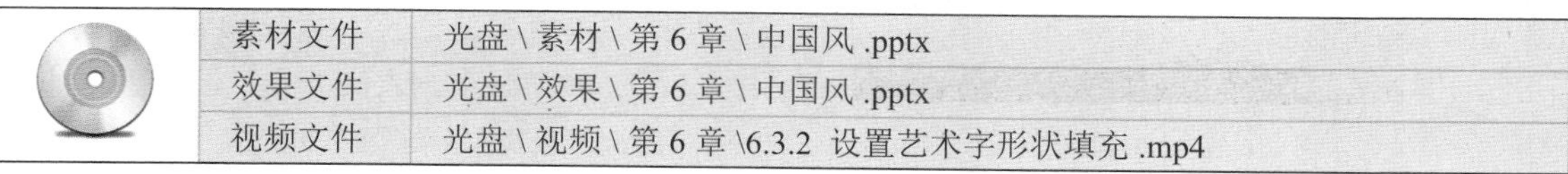

素材文件	光盘 \ 素材 \ 第 6 章 \ 中国风 .pptx
效果文件	光盘 \ 效果 \ 第 6 章 \ 中国风 .pptx
视频文件	光盘 \ 视频 \ 第 6 章 \6.3.2 设置艺术字形状填充 .mp4

实战 中国风

步骤 01 在 PowerPoint 2013 中，打开一个素材文件，如图 6-76 所示。

步骤 02 在编辑区中选择需要设置形状填充的艺术字，如图 6-77 所示。

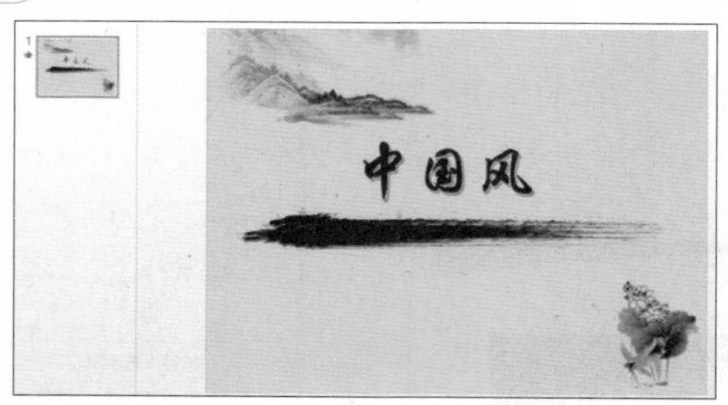

图 6-76 打开一个素材文件

图 6-77 选择艺术字

步骤 03 切换至“绘图工具”中的“格式”面板，单击“形状样式”选项板中的“形状填充”下拉按钮，如图 6-78 所示。

步骤 04 弹出列表框，选择“取色器”选项，如图 6-79 所示。

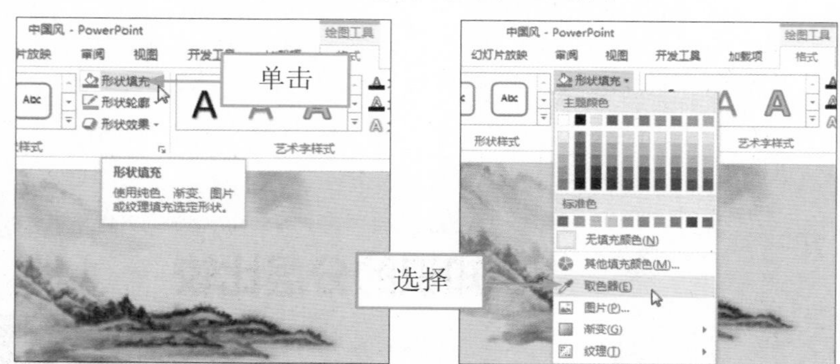

图 6-78 单击“形状填充”下拉按钮

图 6-79 选择“取色器”选项

步骤 05 鼠标指针呈吸管状，单击鼠标左键，拾取相应位置的颜色，如图 6-80 所示。

步骤 06 执行操作后，即可设置艺术字形状填充，效果如图 6-81 所示。

图 6-80 拾取颜色

图 6-81 设置艺术字形状填充

专家指点

在弹出的“形状填充”列表框中，用户不仅可以直接选择颜色进行填充，另外还可以图片、渐变色和纹理进行填充。

6.3.3 设置艺术字效果

在 PowerPoint 2013 中，用户在插入艺术字后，如果对艺术字的效果不满意，还可以对其进行相应的编辑操作。下面向读者介绍设置艺术字效果的操作方法。

	素材文件	光盘 \ 素材 \ 第 6 章 \ 知识管理 .pptx
	效果文件	光盘 \ 效果 \ 第 6 章 \ 知识管理 .pptx
	视频文件	光盘 \ 视频 \ 第 6 章 \6.3.3 设置艺术字效果 .mp4

实战 知识管理

步骤 01 在 PowerPoint 2013 中，打开一个素材文件，如图 6-82 所示。

步骤 02 在编辑区中选择需要进行更改的艺术字，如图 6-83 所示。

图 6-82 打开一个素材文件

图 6-83 选择艺术字

步骤 03 切换至“绘图工具”中的“格式”面板，在“艺术字样式”选项板中，单击“其他”下拉按钮，如图 6-84 所示。

步骤 04 弹出列表框，选择相应选项，如图 6-85 所示。

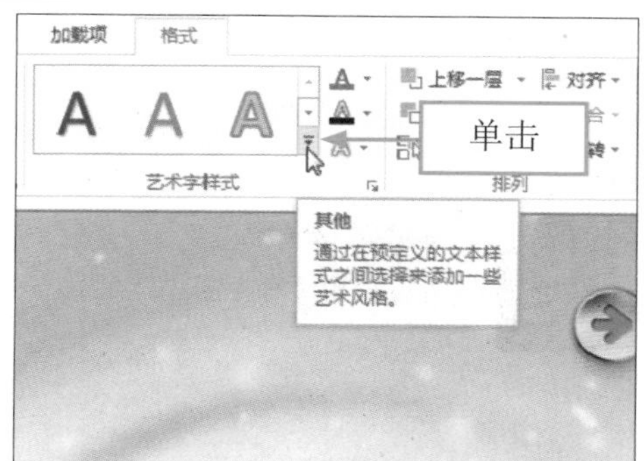

图 6-84 单击“其他”下拉按钮

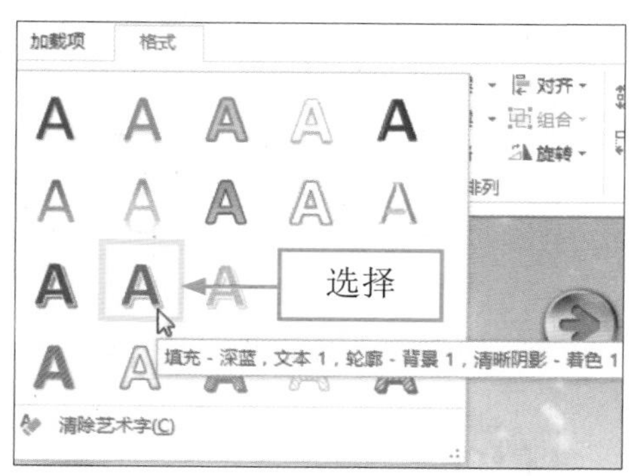

图 6-85 选择相应选项

步骤 05 执行操作后，即可设置艺术字样式，单击“艺术字样式”选项板中的“文本填充”下拉按钮，如图 6-86 所示。

步骤 06 弹出列表框，在“标准色”选项区中，单击“紫色”按钮，如图 6-87 所示。

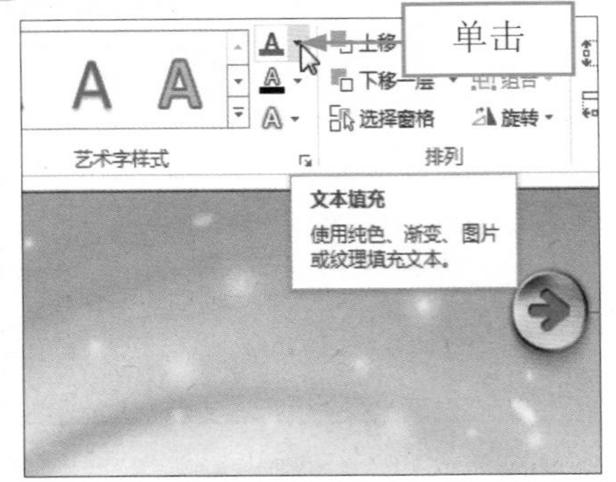

图 6-86 单击“文本填充”下拉按钮

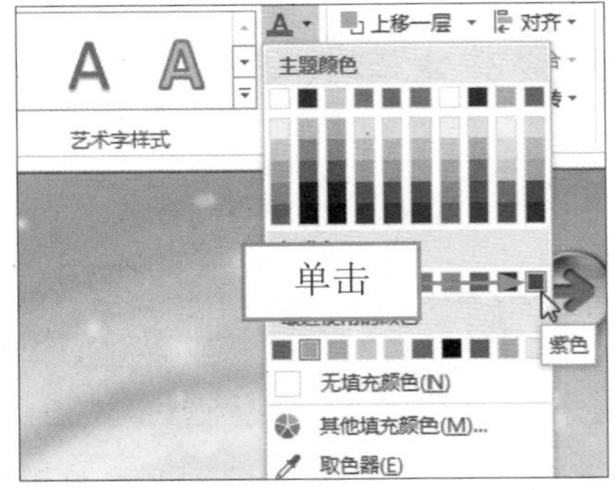

图 6-87 单击“紫色”按钮

步骤 07 执行操作后，即可设置艺术字颜色，如图 6-88 所示。

步骤 08 单击“文本轮廓”下拉按钮，弹出列表框，选择“粗细”|“1.5 磅”选项，如图 6-89 所示。

图 6-88 设置艺术字颜色

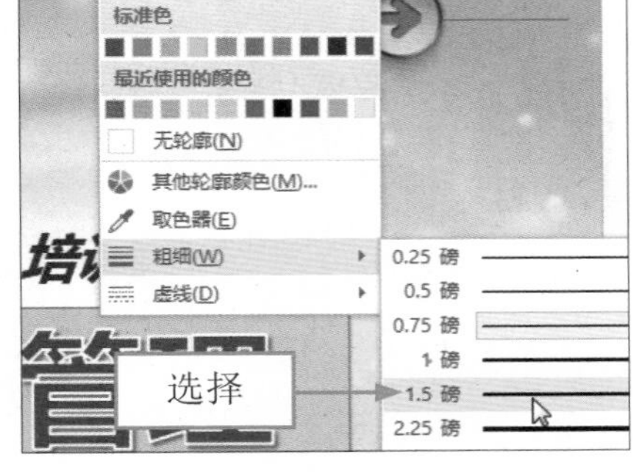

图 6-89 选择“1.6 磅”选项

步骤 09 单击“文字效果”下拉按钮，弹出列表框，选择“映像”|“紧密映像，接触”选项，如图 6-90 所示。

步骤 10 执行操作后，即可完成艺术字效果的设置，如图 6-91 所示。

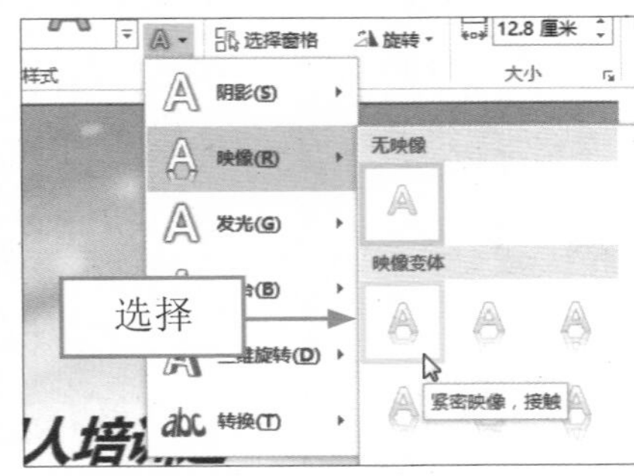

图 6-90 选择“紧密映像，接触”选项

图 6-91 设置艺术字效果

6.3.4 设置艺术字形状样式

在幻灯片中绘制的艺术字轮廓是默认的颜色，用户可以根据制作的课件整体风格，对艺术字轮廓样式进行相应设置。

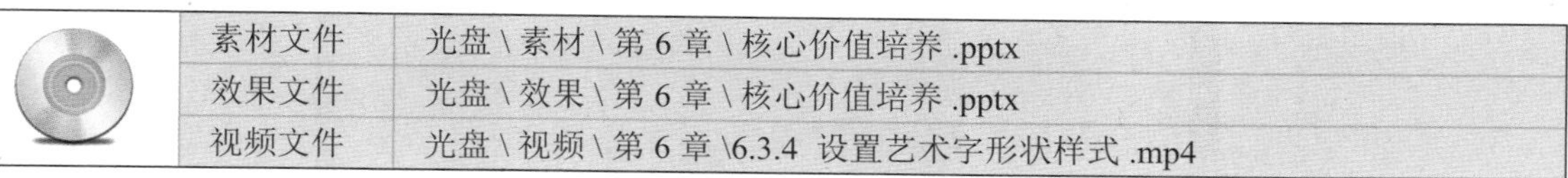

	素材文件	光盘 \ 素材 \ 第 6 章 \ 核心价值培养 .pptx
	效果文件	光盘 \ 效果 \ 第 6 章 \ 核心价值培养 .pptx
	视频文件	光盘 \ 视频 \ 第 6 章 \6.3.4 设置艺术字形状样式 .mp4

实战 核心价值培养

步骤 01 在 PowerPoint 2013 中，打开一个素材文件，如图 6-92 所示。

步骤 02 在编辑区中选择需要设置形状样式的艺术字，如图 6-93 所示。

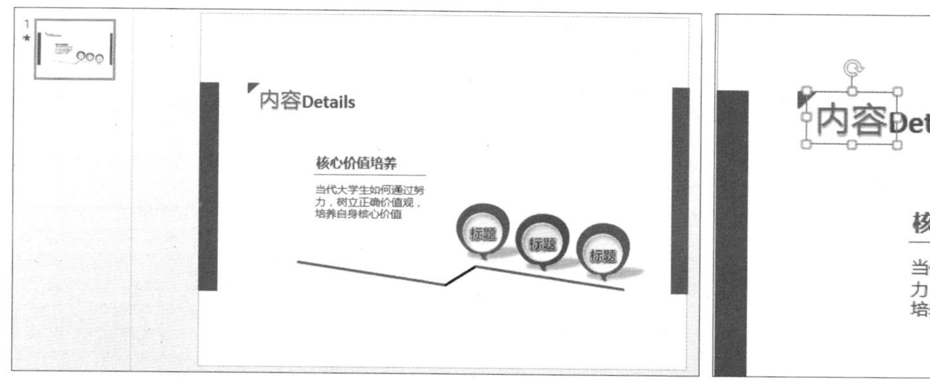

图 6-92 打开一个素材文件

图 6-93 选择艺术字

步骤 03 切换至“绘图工具”中的“格式”面板，在“形状样式”选项板中，单击“其他”下拉按钮，如图 6-94 所示。

步骤 04 弹出列表框，选择“中等效果 - 橙色，强调颜色 6”选项，如图 6-95 所示。

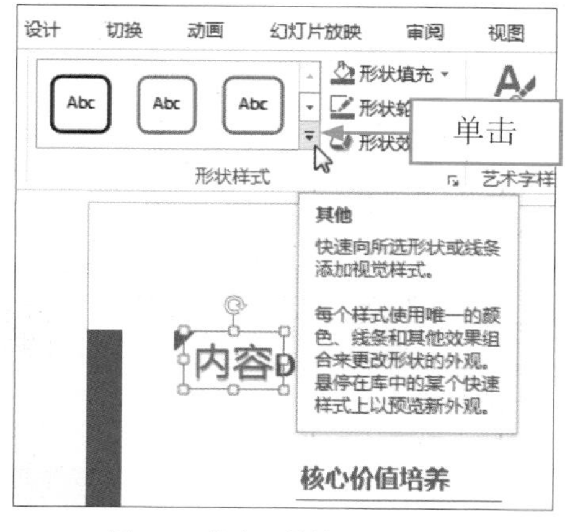

图 6-94 单击“其他”下拉按钮

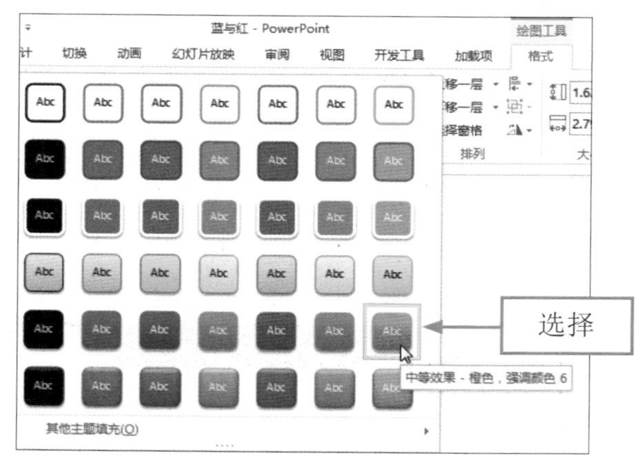

图 6-95 选择“中等效果 - 橙色，强调颜色 6”选项

步骤 05 执行操作后，即可设置艺术字形状样式，如图 6-96 所示。

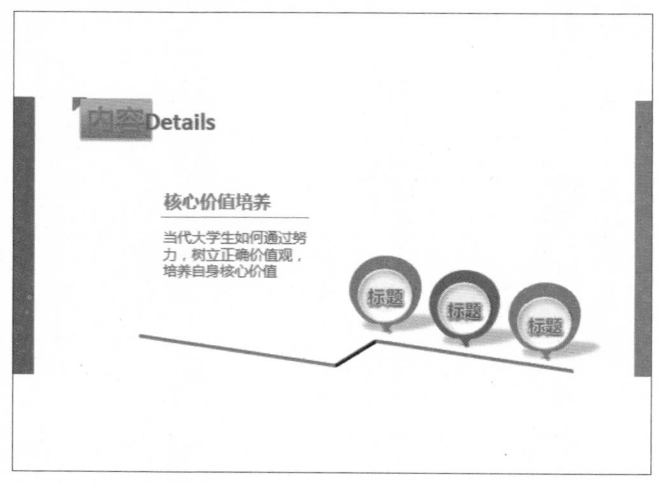

图 6-96 设置艺术字形状样式

专家指点

如果用户对“其他”列表框中的形状样式不满意，还可以选择“其他主题填充”选项，在弹出的列表框中，软件自带有 12 种样式供用户选择。

6.3.5 设置艺术字形状效果

在 PowerPoint 2013 中，为艺术字设置形状填充和形状轮廓以后，接下来可以为艺术字设置形状效果，使添加的艺术字更加美观。

	素材文件	光盘 \ 素材 \ 第 6 章 \ 投资计划书 .pptx
	效果文件	光盘 \ 效果 \ 第 6 章 \ 投资计划书 .pptx
	视频文件	光盘 \ 视频 \ 第 6 章 \6.3.5 设置艺术字形状效果 .mp4

实战 投资计划书

步骤 01 在 PowerPoint 2013 中，打开一个素材文件，如图 6-97 所示。

步骤 02 在编辑区中选择需要设置形状效果的艺术字，如图 6-98 所示。

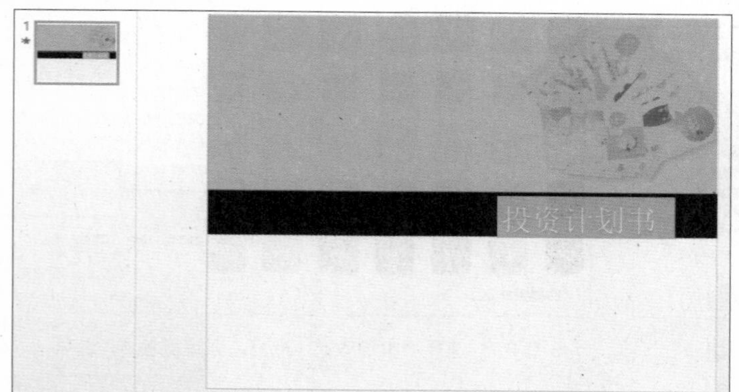

图 6-97 打开一个素材文件

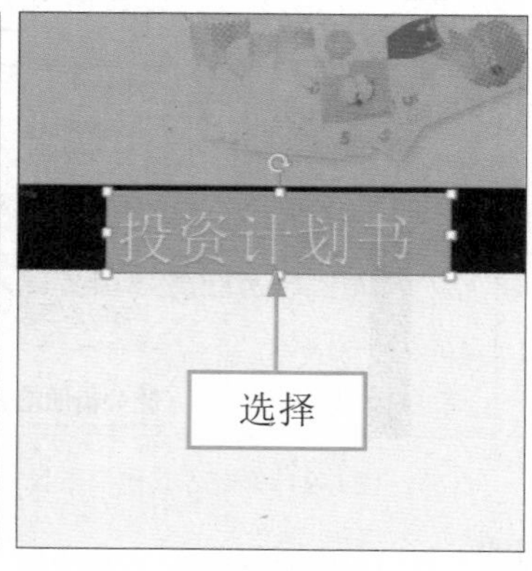

图 6-98 选择艺术字

步骤 03 切换至“格式”面板，在“形状样式”选项板中，单击“形状效果”下拉按钮，如图 6-99 所示。

步骤 04 弹出列表框，选择“预设”|“预设 12”选项，如图 6-100 所示。

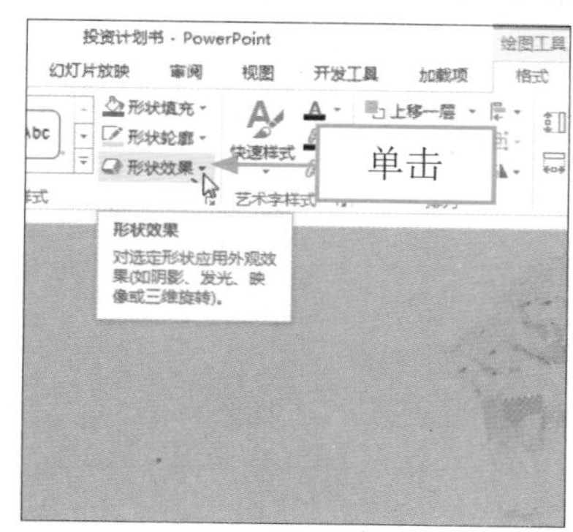

图 6-99 单击“形状效果”下拉按钮

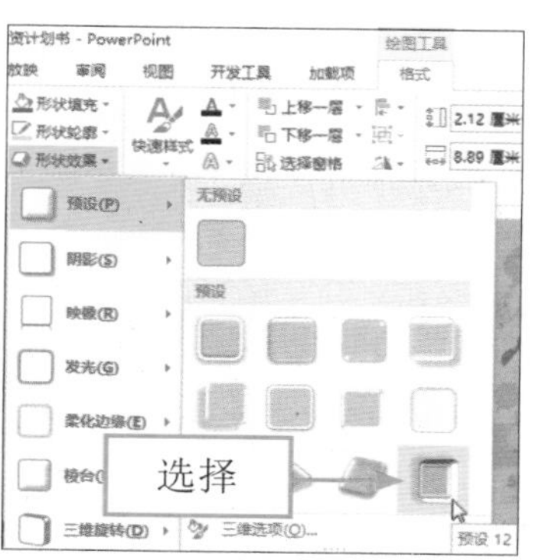

图 6-100 选择“预设 12”选项

步骤 05 执行操作后，即可设置艺术字形状预设效果，如图 6-101 所示。

步骤 06 单击“形状效果”下拉按钮，弹出列表框，选择“棱台”|“松散嵌入”选项，如图 6-102 所示。

图 6-101 设置艺术字形状预设效果

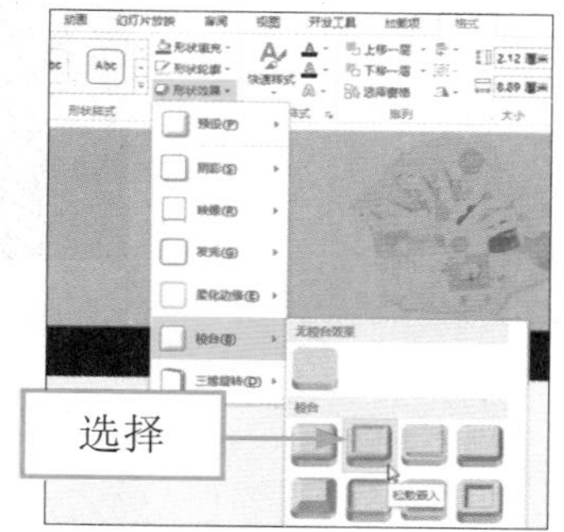

图 6-102 选择“松散嵌入”选项

步骤 07 执行操作后，即可设置艺术字效果，如图 6-103 所示。

图 6-103 设置艺术字效果

6.4 PPT 图片设计技巧

合适的图片插入 PPT 以后，还需要进行设计，把图片作为页面元素的一部分进行编排，对图片进行必要的裁切、修正图片色彩、进行修饰等，这样才能充分发挥图片的作用。

6.4.1 让图片变得明亮

PPT 中的图片应当保持一种明亮、积极的画面感，相反昏暗、灰沉的图片会大大降低画面感，连带着影响观众对演示内容的厌烦情绪。下面介绍调整图片亮度和对比度的操作方法。

	素材文件	光盘 \ 素材 \ 第 6 章 \ 成长记忆 .pptx
	效果文件	光盘 \ 效果 \ 第 6 章 \ 成长记忆 .pptx
	视频文件	光盘 \ 视频 \ 第 6 章 \6.4.1 让图片变得明亮 .mp4

实战 成长记忆

步骤 01 在 PowerPoint 2013 中，打开一个素材文件，如图 6-104 所示。

图 6-104 打开一个素材文件

步骤 02 在编辑区中，选择需要调整亮度和对比度的图片，如图 6-105 所示。

图 6-105 选择图片

步骤 03 单击“图片工具 - 格式”命令，切换至“图片工具 - 格式”功能区，在“调整”选项区中，单击“更正”下拉按钮，如图 6-106 所示。

步骤 04 弹出列表框，在“亮度和对比度”选项区中选择相应选项，如图 6-107 所示。

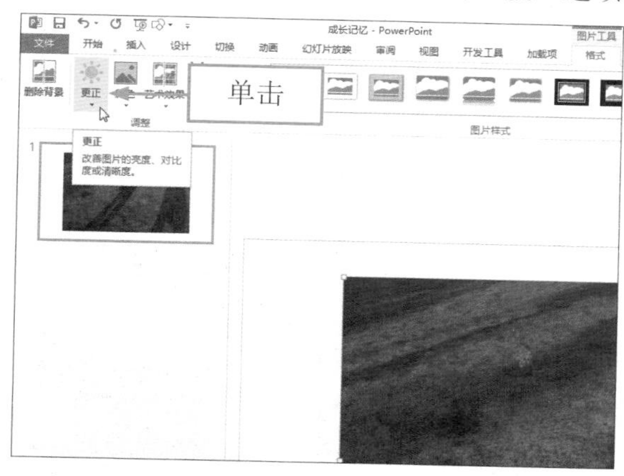

图 6-106 单击“更正”下拉按钮

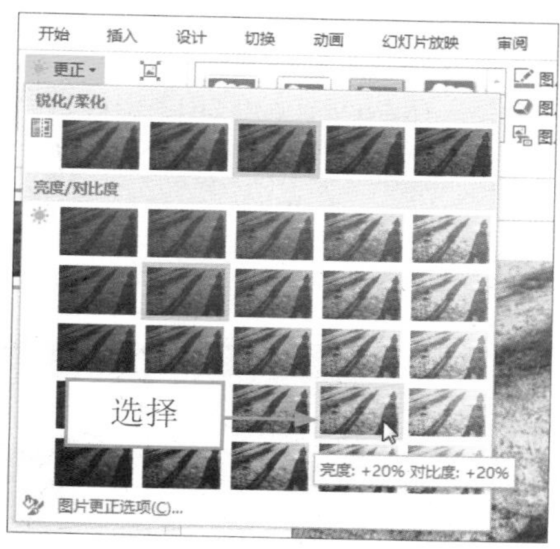

图 6-107 选择相应选项

步骤 05 执行操作后，即可调整图片的亮度和对比度，如图 6-108 所示。

图 6-108 调整图片的亮度和对比度

专家指点

在 PowerPoint 2013 中，可以直接进行一些比较专业的图片处理功能，这使得在 PowerPoint 中应用图片更加方便，即使对一些原始图片效果很不满意，直接使用 PowerPoint 软件也能进行处理，而不需要再借助于专业的图片处理软件。

6.4.2 改变图片形状

在 PowerPoint 2013 中可以根据需要对原始图片进行裁剪，只保留图片中需要保留的部分，裁减掉多出的部分，能够快速实现图片的图形化修改，改变图片形状，对画面整体美感进行深化。下面介绍改变图片形状的操作方法。

	素材文件	光盘 \ 素材 \ 第 6 章 \ 木头人 .pptx
	效果文件	光盘 \ 效果 \ 第 6 章 \ 木头人 .pptx
	视频文件	光盘 \ 视频 \ 第 6 章 \6.4.2 改变图片形状 .mp4

实战 木头人

步骤 01 在 PowerPoint 2013 中，打开一个素材文件，如图 6-109 所示。

步骤 02 在编辑区中，选择一张图片，如图 6-110 所示。

图 6-109 打开一个素材文件

图 6-110 选择一张图片

步骤 03 单击“图片工具 - 格式”命令，切换至“图片工具 - 格式”功能区，单击“大小”选项区中的“裁剪”下拉按钮，如图 6-111 所示。

步骤 04 弹出列表框，选择“裁剪为形状”|“椭圆”选项，如图 6-112 所示。

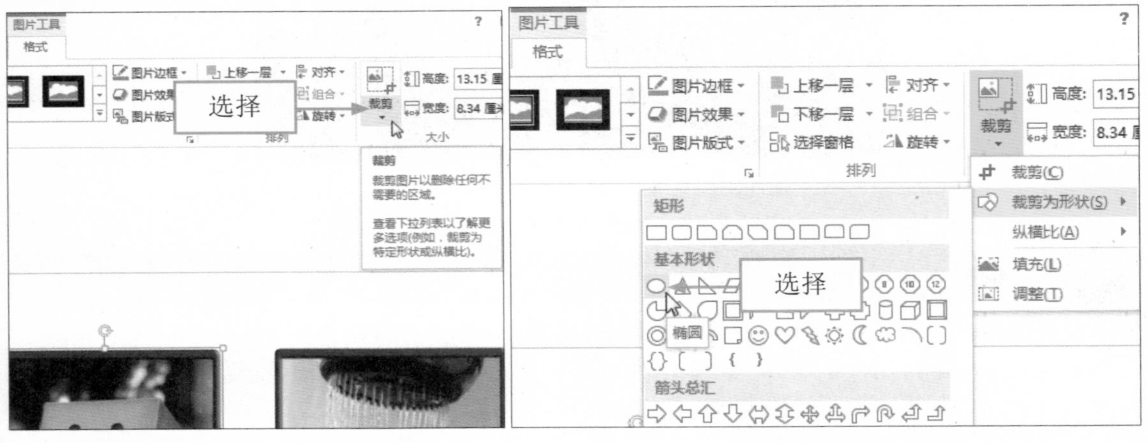

图 6-111 单击“裁剪”下拉按钮

图 6-112 选择“椭圆”选项

步骤 05 执行操作后，即可改变图片形状，如图 6-113 所示。

步骤 06 用与上同样的方法，修改其他图片的形状，效果如图 6-114 所示。

图 6-113 改变图片形状

图 6-114 修改其他图片形状效果

专家指点

在“裁剪为形状”弹出的选项框中，主要有“矩形”、“基本形状”、“箭头总汇”、“公式形状”、“流程图”、“星与旗帜”、“标注”、“动作按钮”8 种类型，如图 6-115 所示。

图 6-115 其他裁剪形状效果

6.4.3 添加图片立体效果

PowerPoint 2013 提供了丰富的图片立体化效果，包括三维预设、阴影、映像、发光、柔化边缘、棱台、三维旋转等，而其中的预设、边缘、棱台、旋转效果比文字效果要明显许多，其余的基本相似。下面介绍为图片添加立体效果的操作方法。

	素材文件	光盘 \ 素材 \ 第 6 章 \ 水果 .pptx
	效果文件	光盘 \ 效果 \ 第 6 章 \ 水果 .pptx
	视频文件	光盘 \ 视频 \ 第 6 章 \6.4.3 添加图片立体效果 .mp4

实战 水果

步骤 01 在 PowerPoint 2013 中，打开一个素材文件，如图 6-116 所示。

步骤 02 在编辑区中，选择需要添加立体效果的图片，如图 6-117 所示。

图 6-116 打开一个素材文件

图 6-117 选择相应图片

步骤 03 单击“图片工具 - 格式”命令，切换至“图片工具 - 格式”功能区，单击“图片样式”选项区中的“图片效果”下拉按钮，如图 6-118 所示。

步骤 04 在弹出的列表框中，选择“预设”|“预设 1”选项，如图 6-119 所示。

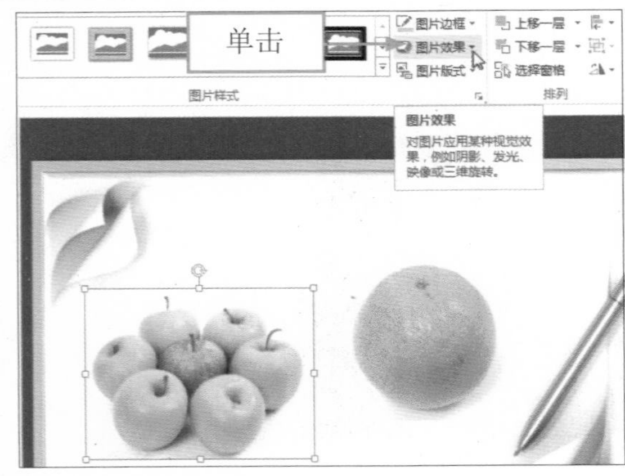

图 6-118 单击“图片效果”下拉按钮

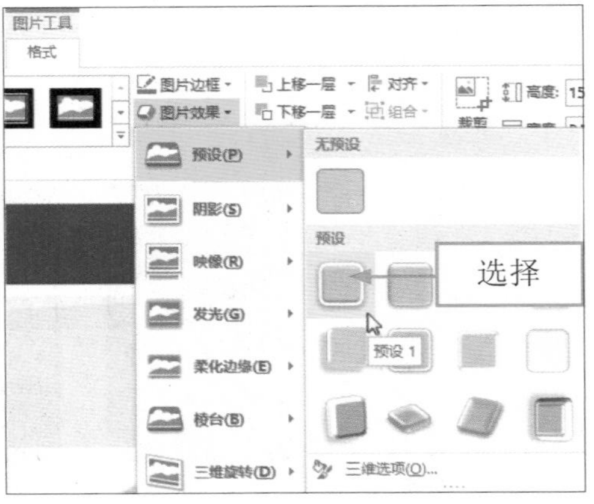

图 6-119 选择“预设 1”选项

专家指点

在“预设”列表框中，提供了 12 种风格迥异的预设效果，前面 6 种在边框、阴影、棱台效果方面有所差异。

步骤 05 执行操作后，即可为幻灯片中的图片添加“预设 1”效果，如图 6-120 所示。

步骤 06 单击“图片样式”选项区中的“图片效果”下拉按钮，在弹出的列表框中，选择“发光”|“红色，8 pt 发光，着色 2”选项，如图 6-121 所示。

图 6-120 添加预设 1 效果

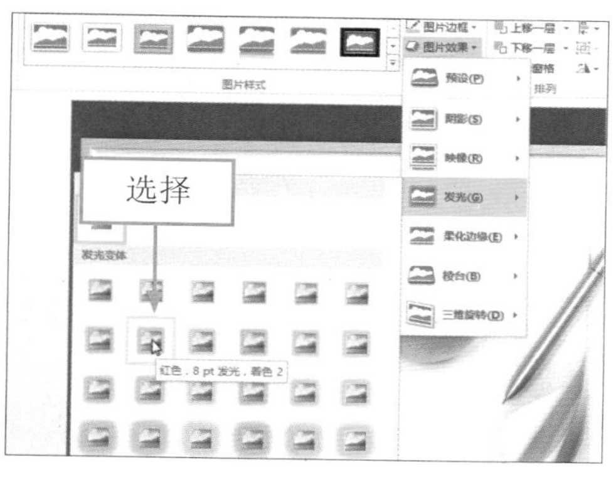

图 6-121 选择相应选项

步骤 07 执行操作后，即可设置图片发光效果，如图 6-122 所示。

步骤 08 单击“图片样式”选项区中的“图片效果”下拉按钮，在弹出的列表框中，选择“棱台”|“松散嵌入”选项，如图 6-123 所示。

图 6-122 设置图片发光效果

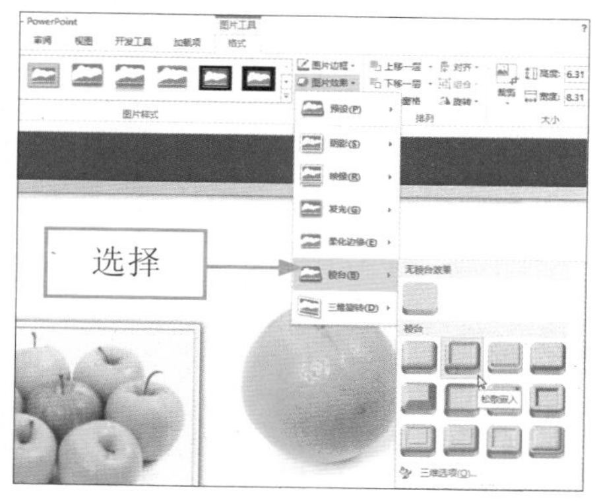

图 6-123 选择“松散嵌入”选项

步骤 09 执行操作后，即可设置图片“棱台”效果，如图 6-124 所示。

步骤 10 单击“图片样式”选项区中的“图片效果”下拉按钮，在弹出的列表框中，选择“三维旋转”|“极右极大透视”选项，如图 6-125 所示。

专家指点

旋转的作用在于从不同角度观看图片，从而强化立体感。

图 6-124 设置图片棱台效果

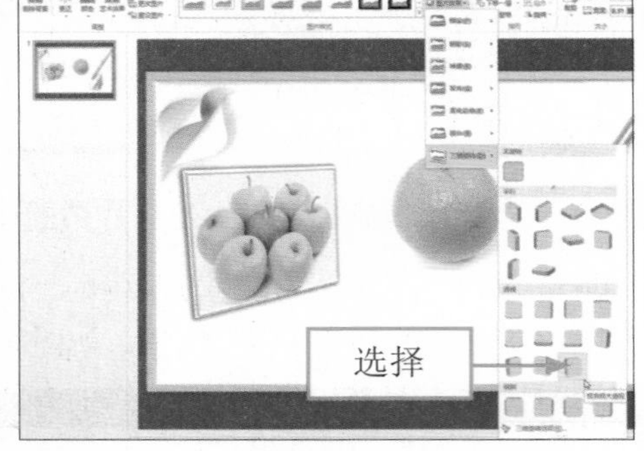

图 6-125 选择“极右极大透视”选项

步骤 11 执行操作后，即可设置图片透视效果，如图 6-126 所示。

步骤 12 用与上同样的方法，为其他图片添加同样的立体效果，如图 6-127 所示。

图 6-126 设置图片透视效果

图 6-127 为其他图片添加立体效果

专家指点

在立体效果中，旋转、棱台效果都会导致图片模糊，降低图片的可视效果。如果图片内容比较重要时，尽量少添加这些效果。

6.4.4 压缩图片

运用图片提升 PPT 美观性的同时也会让 PPT 的文件变得庞大，打开与编辑图片都需要漫长的等待时间，适时对图片进行压缩很有必要。下面介绍压缩图片的操作方法。

	素材文件	光盘 \ 素材 \ 第 6 章 \ 铅笔 .pptx
	效果文件	光盘 \ 效果 \ 第 6 章 \ 铅笔 .pptx
	视频文件	光盘 \ 视频 \ 第 6 章 \6.4.4 压缩图片 .mp4

实战 铅笔

步骤 01 在 PowerPoint 2013 中，打开一个素材文件，如图 6-128 所示。

步骤 02 在编辑区中，选择背景图片，如图 6-129 所示。

图 6-128 打开一个素材文件

图 6-129 选择背景图片

步骤 03 单击“图片工具 - 格式”命令，切换至“图片工具 - 格式”功能区，单击“调整”选项区中的“压缩图片”按钮，如图 6-130 所示。

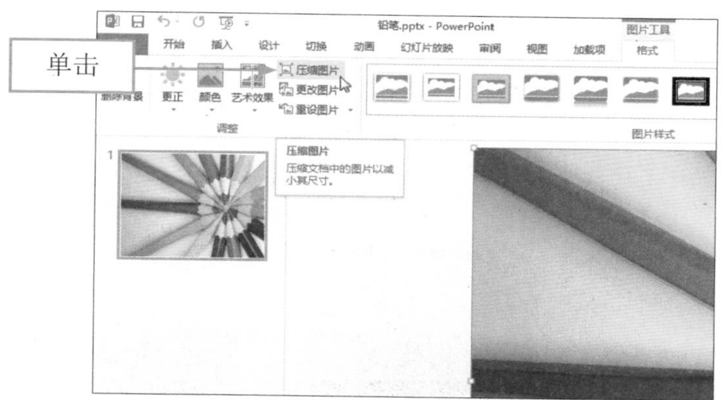

图 6-130 单击“压缩图片”按钮

步骤 04 弹出“压缩图片”对话框，在“压缩选项”选项区中，选中“仅应用于此图”和“删除图片的剪裁区域”复选框，在“目标输出”选项区中，选中“屏幕（150 ppi）：适用于网页和投影仪”单选按钮，如图 6-131 所示。

步骤 05 单击“确定”按钮，如图 6-132 所示，即可完成图片的压缩。

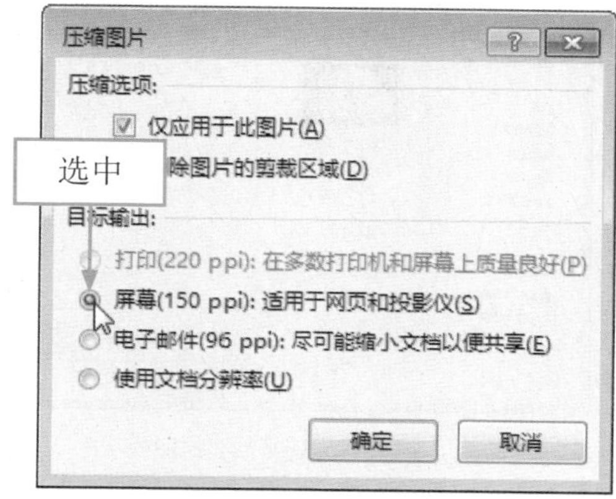

图 6-131 选中相应单选按钮

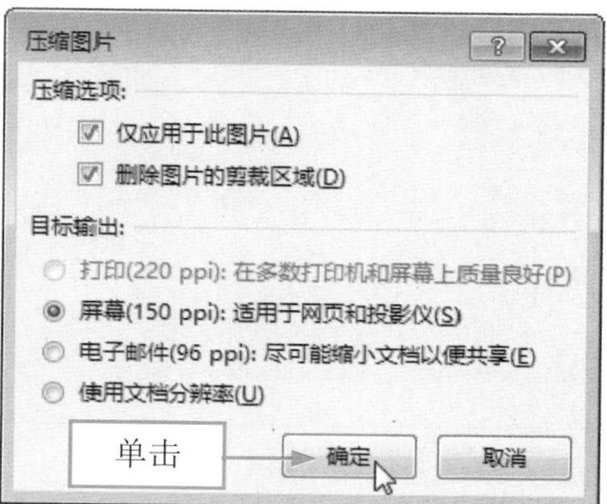

图 6-132 单击“确定”按钮

6.4.5 替换图片

在 PPT 中，对于已插入的图片，如果用户觉得不够漂亮、不够恰当，又恰好看到一张更好、更适合的图片，用户可以将其快速替换。下面介绍替换图片的操作方法。

	素材文件	光盘 \ 素材 \ 第 6 章 \ 花香宜人 .pptx、花 .jpg
	效果文件	光盘 \ 效果 \ 第 6 章 \ 花香宜人 .pptx
	视频文件	光盘 \ 视频 \ 第 6 章 \6.4.5 替换图片 .mp4

实战 花香宜人

步骤 01 在 PowerPoint 2013 中，打开一个素材文件，如图 6-133 所示。

步骤 02 在编辑区中，选择相应图片，单击鼠标右键，在弹出的快捷菜单中，选择“更改图片”选项，如图 6-134 所示。

图 6-133 打开一个素材文件

图 6-134 选择“更改图片”选项

步骤 03 弹出“插入图片”对话框，单击“浏览”按钮，如图 6-135 所示。

步骤 04 在计算机中的相应位置，选择需要的图片，如图 6-136 所示。

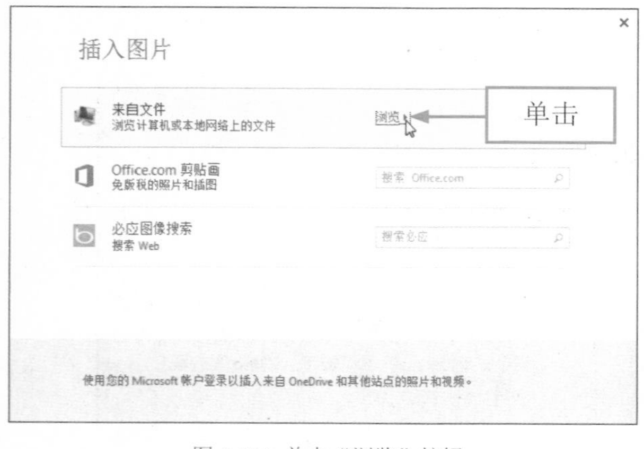

图 6-135 单击“浏览”按钮

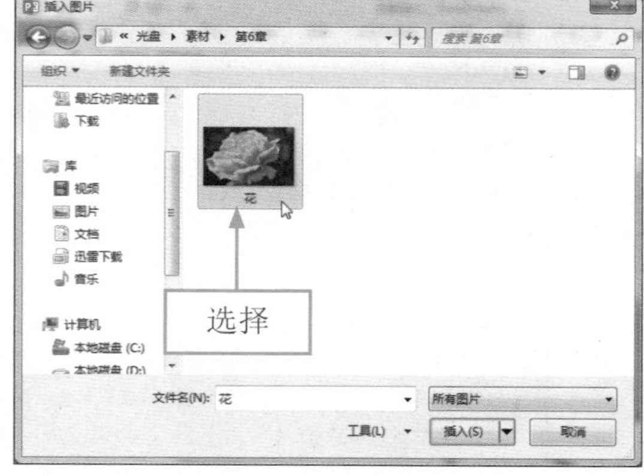

图 6-136 选择需要的图片

步骤 05 单击“插入”按钮，就可以快速替换图片，适当调整图片大小，效果如图 6-137 所示。

图 6-137 替换并调整图片

6.4.6 裁剪图片

需要添加到 PowerPoint 文稿中的图片，可能有大有小，统一性是 PowerPoint 文稿好不好看、专不专业的重要标准之一，对大小不同的图片进行裁剪，能让页面更加整齐、统一。因此，在制作 PPT 文档时，必须根据页面的实际需要对搜集的图片进行裁剪。

素材文件	光盘 \ 素材 \ 第 6 章 \ 猫咪 .pptx
效果文件	光盘 \ 效果 \ 第 6 章 \ 猫咪 .pptx
视频文件	光盘 \ 视频 \ 第 6 章 \6.4.6 裁剪图片 .mp4

实战 猫咪

步骤 01 在 PowerPoint 2013 中，打开一个素材文件，如图 6-138 所示。

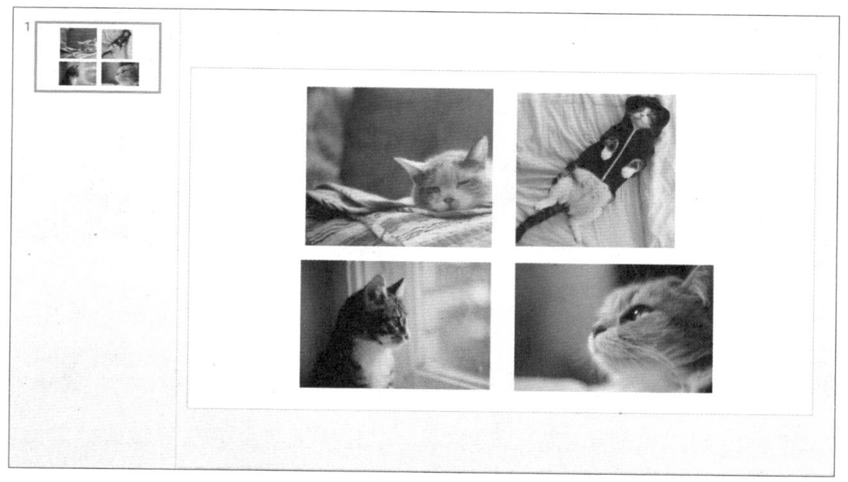

图 6-138 打开一个素材文件

步骤 02 在编辑区中，选择相应图片，单击“图片工具 - 格式”命令，切换至“图片工具 - 格式”功能区，在“大小”选项区中单击“裁剪”下拉按钮，如图 6-139 所示。

步骤 03 弹出列表框，选择“纵横比”|“5∶4”选项，如图 6-140 所示。

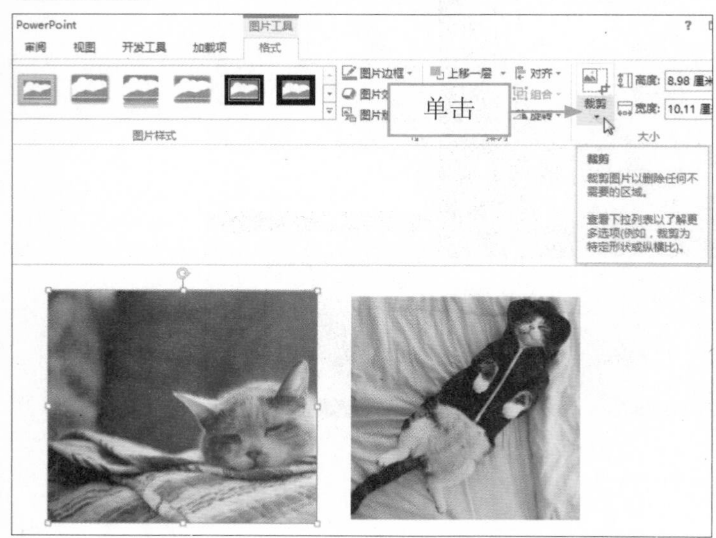

图 6-139 单击“裁剪”下拉按钮

图 6-140 选择“纵横比”|“5∶4”

步骤 04 执行操作后，系统将自动按指定比例来裁剪图片，如图 6-141 所示。

步骤 05 调整好需要裁剪的图片位置，单击幻灯片中的空白位置，图中暗色区域将被裁剪掉，如图 6-142 所示。

图 6-141 自动按指定比例来裁剪图片

图 6-142 裁剪暗色区域

专家指点

PowerPoint 2013 提供了简单的裁剪功能，可以直接把多余的部分裁剪掉，但要注意不要把重要内容裁剪掉，要区分哪些是必须保留的，哪些是需要果断去除掉的。在裁切时，可以使用“Ctrl＋滚轴”的方法把画面放到最大，再进行裁剪。

步骤 06 用与上同样的方法，裁剪其他图片，并调整大小和位置，效果如图 6-143 所示。

图 6-143 调整大小和位置

专家指点

由于各种原因的限制，有可能拍摄的画面中会增加一些没有用的画面，这时可以通过裁剪图片的方法，去掉不必要的内容，让主题画面更加突出，如图 6-144 所示。

图 6-144 裁剪画面

通过裁剪操作，可以改变图片的版式，对画面进行重新构图，如图 6-145 所示。

图 6-145 重新构图

在 PowerPoint 文稿中，通过裁剪图片，放大局部，可以达到强化视觉冲击力的效果。图 6-146 所示为强化图片的视觉冲击力。

裁剪时需要注意的是，要根据需要对图片进行裁剪，即裁切前首先确定采用身体的局部还是全身图像。

图 6-146 强化图片

6.4.7 纯色美化图形

纯色给人的感觉是简洁、质朴、严谨。在欧美风格的 PowerPoint 文稿中，大面积的纯色填充应用较多。从专业上讲，纯色填充比较简单；但从美观上来讲，需要将图形填充的美观则会是一种较难的事情，下面介绍运用纯色美化图形的操作方法。

	素材文件	光盘 \ 素材 \ 第 6 章 \ 纯色填充 .pptx
	效果文件	光盘 \ 效果 \ 第 6 章 \ 纯色填充 .pptx
	视频文件	光盘 \ 视频 \ 第 6 章 \6.4.7 巧用纯色美化图形 .mp4

实战 纯色填充

步骤 01 在 PowerPoint 2013 中，打开一个素材文件，如图 6-147 所示。

步骤 02 在编辑区中，按【Ctrl】键依次选择需要填充色彩的图形，如图 6-148 所示。

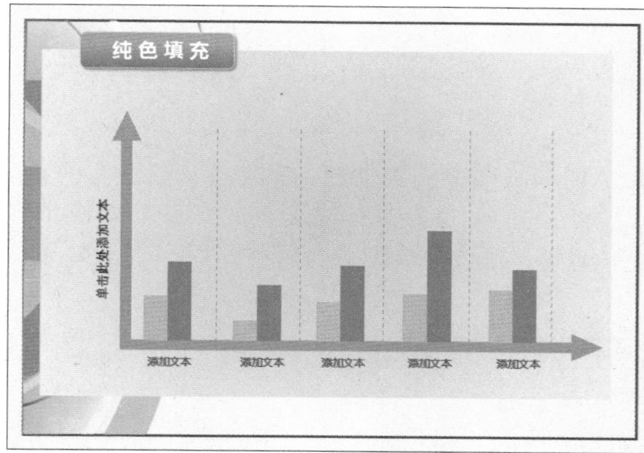

图 6-147 打开演示文稿

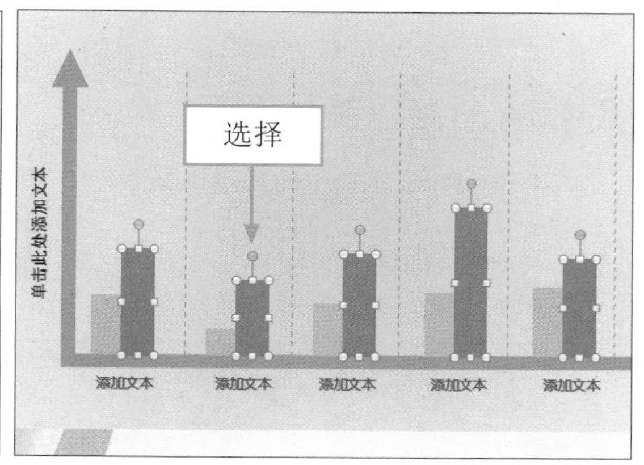

图 6-148 选择图形

步骤 03 单击“绘图工具 - 格式”命令，切换至“绘图工具 - 格式”功能区，单击“形状样式”选项区中的“形状填充”下拉按钮，如图 6-149 所示。

步骤 04 弹出列表框，在“标准色”选项区中，选择“浅蓝”选项，如图 6-150 所示。

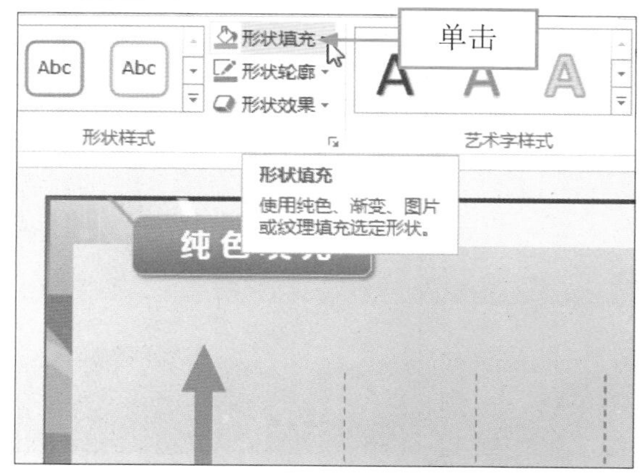

图 6-149 单击“形状填充”下拉按钮

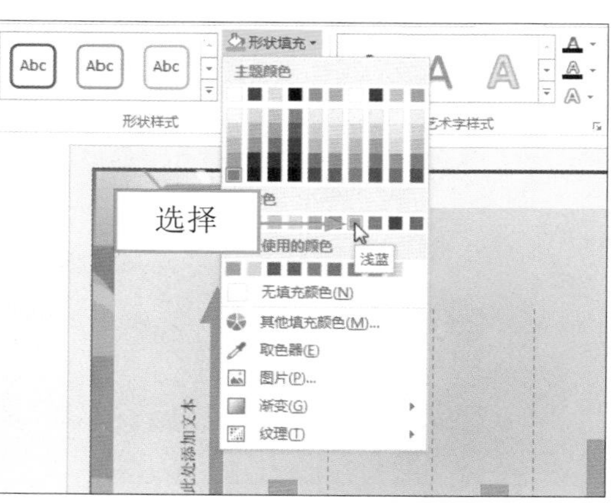

图 6-150 选择“浅蓝”选项

步骤 05 执行操作后，即可填充颜色，如图 6-151 所示。

步骤 06 用与上同样的方法，填充其他图形，效果如图 6-152 所示。

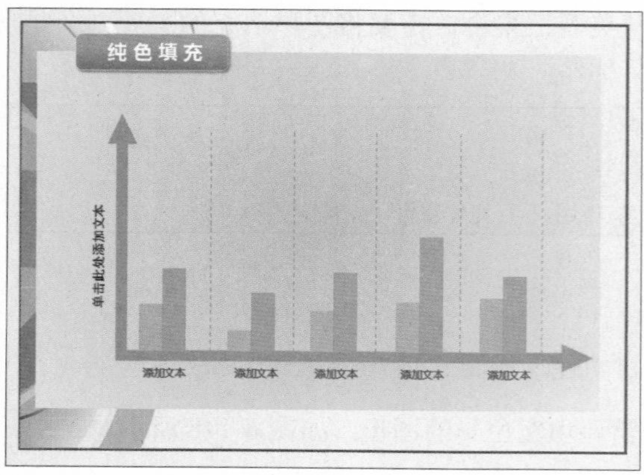

图 6-151 填充颜色

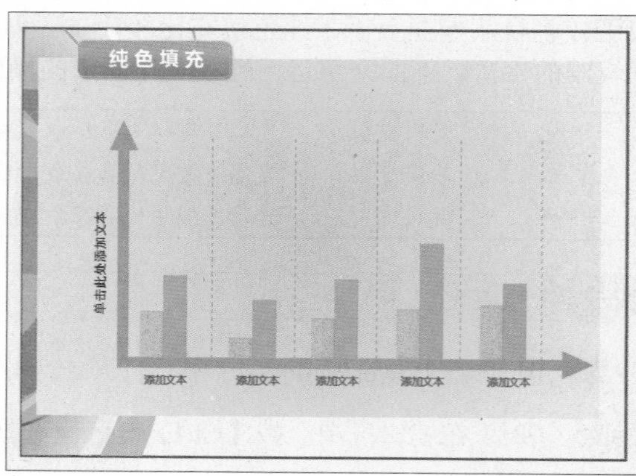

图 6-152 填充其他图形

6.4.8 渐变色美化图形

为 PowerPoint 文稿中的图形填充渐变色，有利于增加画面中的生动性、立体感。渐变有两种：一是异色渐变，即图形本身有两种以上不同颜色的变化，如七色彩虹；二是同色渐变，即图形本身仅一种颜色，但这种颜色由浅入深或由深到浅发生渐变，类似光线在不同角度照射产生的效果。下面介绍运用渐变填充图形的操作方法。

素材文件	光盘 \ 素材 \ 第 6 章 \ 渐变美化 .pptx
效果文件	光盘 \ 效果 \ 第 6 章 \ 渐变美化 .pptx
视频文件	光盘 \ 视频 \ 第 6 章 \6.4.8 渐变色美化图形 .mp4

实战 渐变美化

步骤 01 在 PowerPoint 2013 中，打开一个素材文件，如图 6-153 所示。

步骤 02 在编辑区中，选择需要填充渐变的图形，如图 6-154 所示。

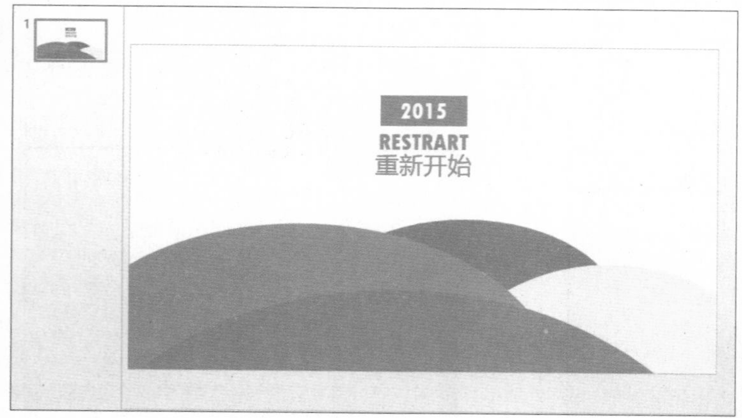

图 6-153 打开演示文稿

图 6-154 选择图形

步骤 03 在图形上单击鼠标右键，在弹出的快捷菜单中，选择“设置形状格式”选项，如图 6-155 所示。

步骤 04 弹出“设置形状格式”窗格，单击“填充”按钮，在展开的“填充”选项区中选中“渐变填充”单选按钮，如图 6-156 所示。

图 6-155 选择“设置形状格式”选项

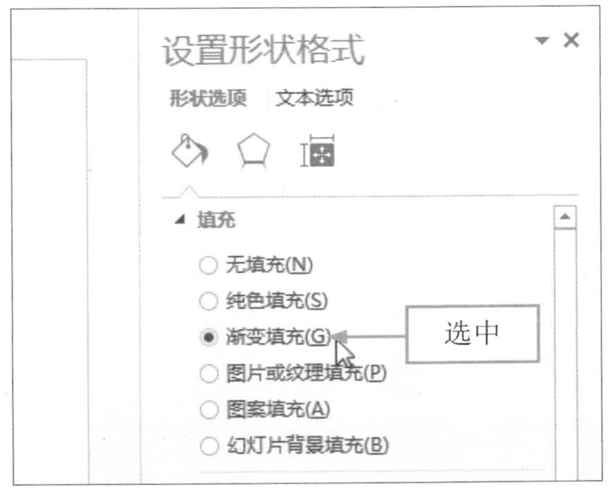

图 6-156 选中“渐变填充”单选按钮

步骤 05 单击“类型”下拉按钮，在弹出的列表框中选择“射线”选项，如图 6-157 所示。

步骤 06 在“渐变光圈”选项区中选择“停止点 1”色标，并单击颜色按钮，在弹出的颜色面板中设置“主题颜色”为“绿色，着色 6，深度 25%”，如图 6-158 所示。

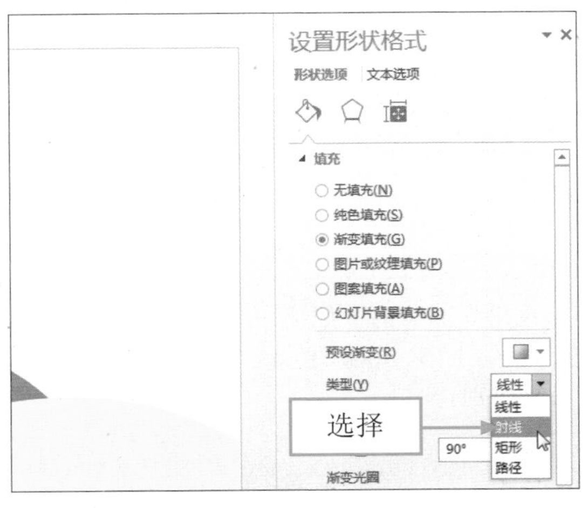

图 6-157 选择“射线”选项

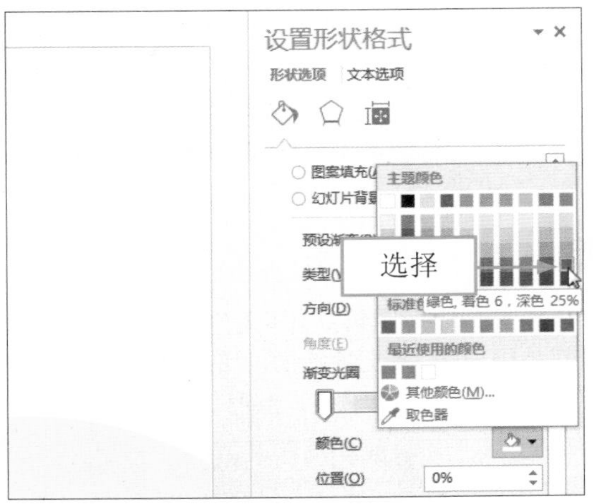

图 6-158 设置“主题颜色”为绿色，着色 6，深度 25%

步骤 07 选择“停止点 2”色标，并单击颜色按钮，在弹出的颜色面板中设置“标准色”为“绿色”，如图 6-159 所示。

步骤 08 选择“停止点 3”色标，并单击颜色按钮，在弹出的颜色面板中设置“主题颜色”为“绿色，着色 6，淡色 80%”，如图 6-160 所示。

步骤 09 单击“关闭”按钮，即可运用渐变色填充图形，效果如图 6-161 所示。

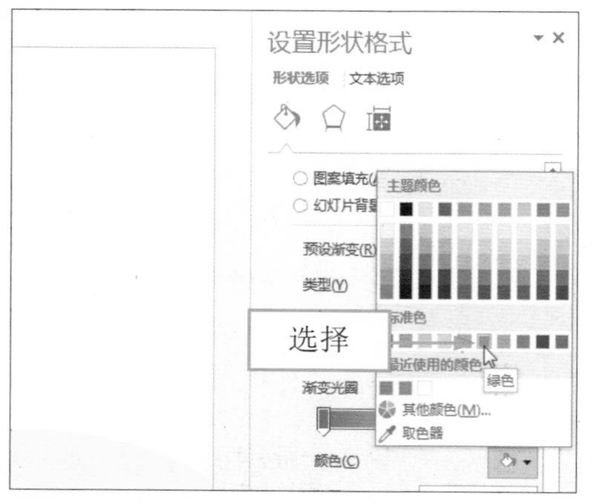

图 6-159 设置“标准色”为绿色

图 6-160 设置“主题颜色”为绿色，着色 6，淡色 80%

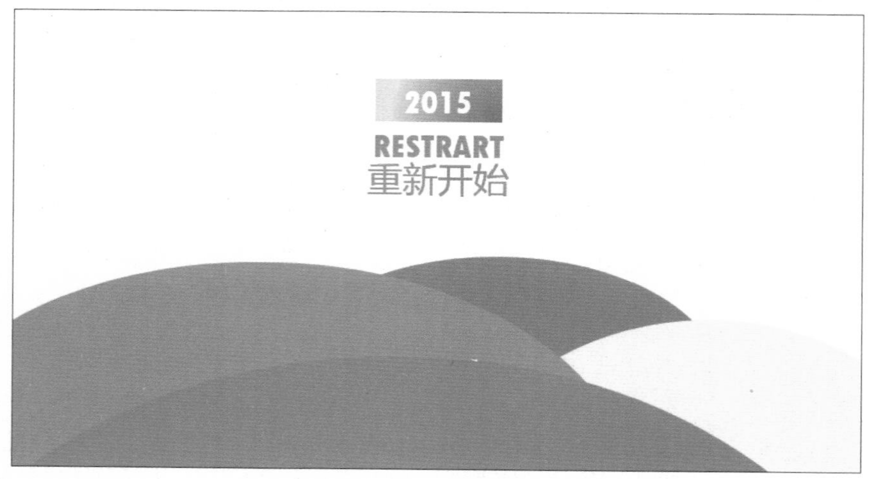

图 6-161 运用渐变色填充图形

6.4.9 高光效果

高光是体现图形立体化的重要标志，高光主要是在平面图形的上层加一个半透明的 U 形，一般都是由白色、半透明到透明的一个渐变。根据图形形状的不同、光源的形状、强弱的不同而不同，有圆形、矩形、月牙形、星形、无规则形以及组合形等类别。

	素材文件	光盘 \ 素材 \ 第 6 章 \ 球体 .pptx
	效果文件	光盘 \ 效果 \ 第 6 章 \ 球体 .pptx
	视频文件	光盘 \ 视频 \ 第 6 章 \6.4.9 高光效果 .mp4

实战 球体

步骤 01 在 PowerPoint 2013 中，打开一个素材文件，如图 6-162 所示。

步骤 02 单击“插入”命令，切换至“插入”功能区，在“插图”选项区中单击“形状”下拉按钮，弹出列表框，在“基本形状”选项区中选择“椭圆”选项，如图 6-163 所示。

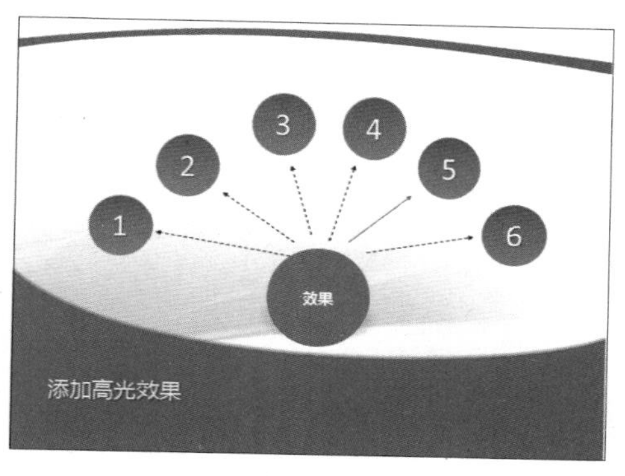

图 6-162 打开演示文稿

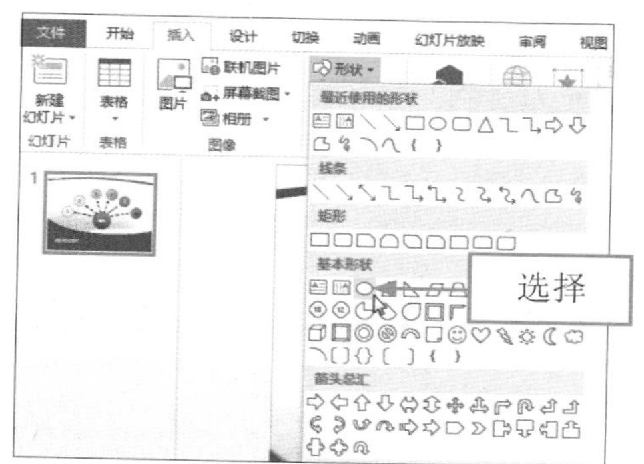

图 6-163 选择“椭圆”选项

步骤 03 在合适位置绘制一个椭圆，在“绘图工具 - 格式”功能区中单击“形状样式”选项区的“形状轮廓”按钮，如图 6-164 所示。

步骤 04 弹出列表框，选择“无轮廓”选项，如图 6-165 所示。

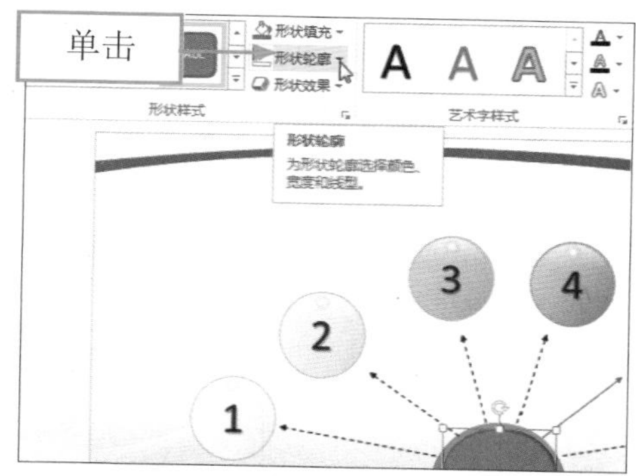

图 6-164 单击“形状轮廓”按钮

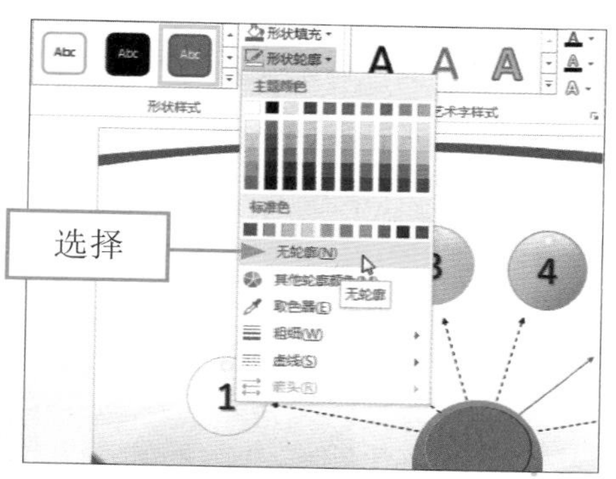

图 6-165 选择“无轮廓”选项

步骤 05 在“形状样式”选项区中单击“形状填充”下拉按钮，在弹出的列表框中选择“渐变”|“其他渐变”选项，如图 6-166 所示。

步骤 06 弹出“设置形状格式”窗格，在“填充”选项区中，选中“渐变填充”单选按钮，如图 6-167 所示。

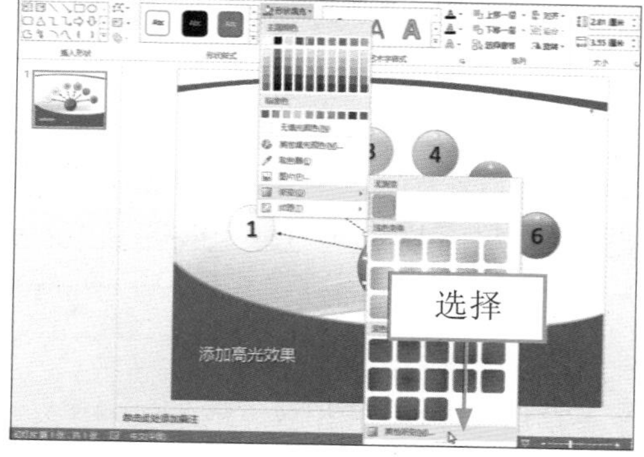

图 6-166 选择“其他渐变”选项

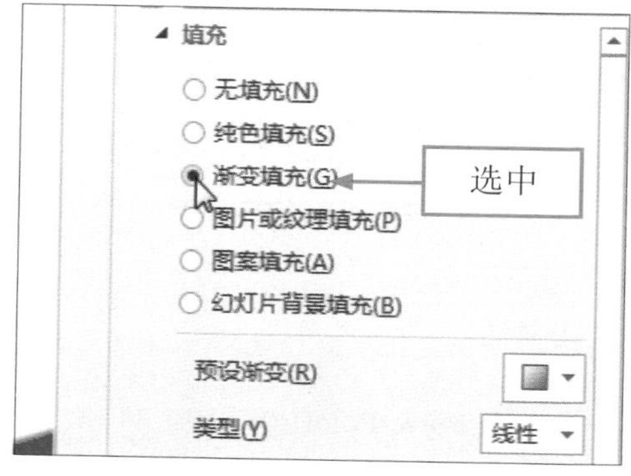

图 6-167 选中“渐变填充”单选按钮

步骤 07 弹出“渐变填充”列表框，将渐变光圈调整为两个，将“停止点 1”色标和“停止点 2”色标都填充为白色，并将第二个色标透明度调整为 90%，如图 6-168 所示。

步骤 08 关闭“设置形状格式”窗格，即可为图形添加高光效果，如图 6-169 所示。

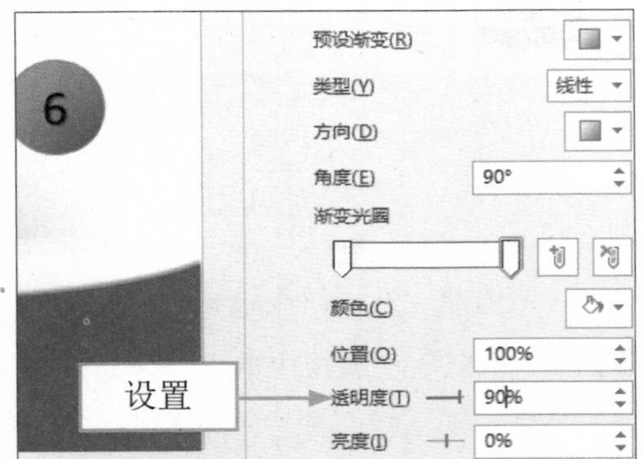

图 6-168 设置参数

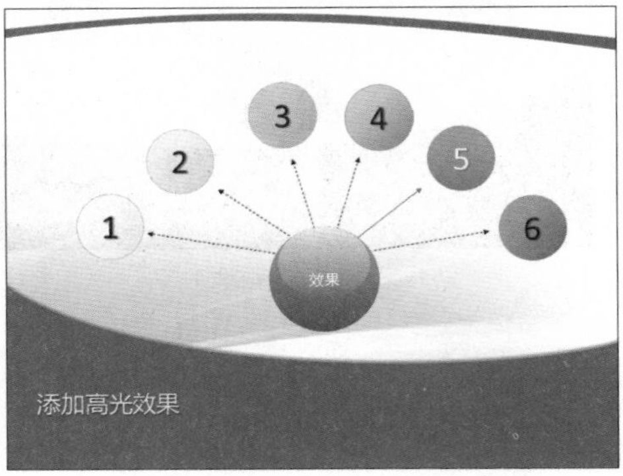

图 6-169 添加高光效果

步骤 09 复制椭圆，调整其大小，为其他图形添加高光效果，如图 6-170 所示。

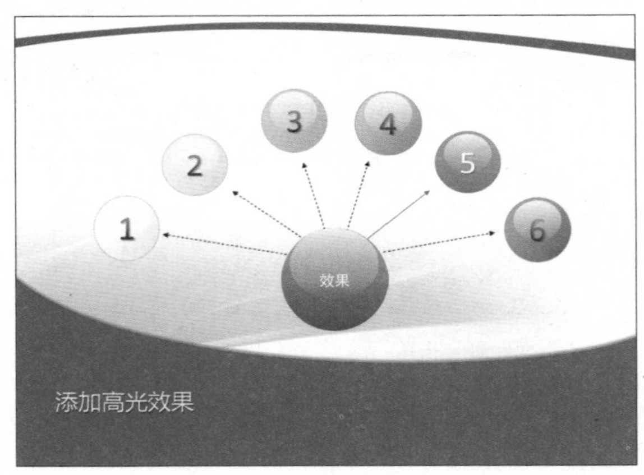

图 6-170 添加高光效果

6.4.10 更改图形样式

PowerPoint 2013 为图片添加了更丰富、更自然、更精美的艺术化效果，实现起来既简单又快捷，下面向用户介绍快速更改图形样式的方法。

素材文件	光盘 \ 素材 \ 第 6 章 \ 通用简洁 .pptx
效果文件	光盘 \ 效果 \ 第 6 章 \ 通用简洁 .pptx
视频文件	光盘 \ 视频 \ 第 6 章 \6.4.10 更改图形样式 .mp4

实战 通用简洁

步骤 01 在 PowerPoint 2013 中，打开一个素材文件，如图 6-171 所示。

步骤 02 在幻灯片中，按【Ctrl】键依次选择需要更改的图形样式对象，如图 6-172 所示。

步骤 03 单击“绘图工具 - 格式”命令，切换至“绘图工具 - 格式”功能区，在“形状样式”选项区中，单击“形状效果”下拉按钮，如图 6-173 所示。

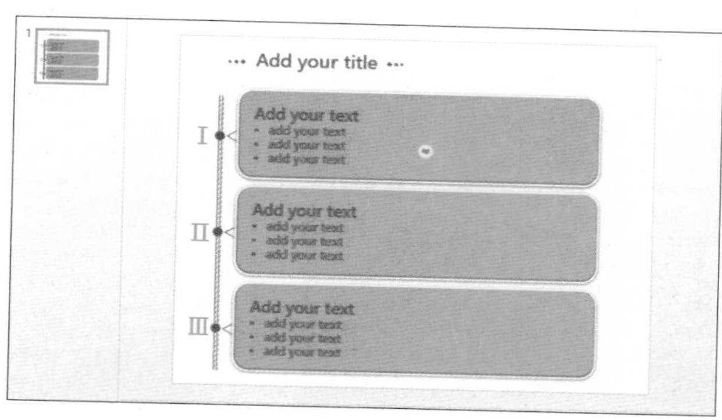

图 6-171 打开演示文稿

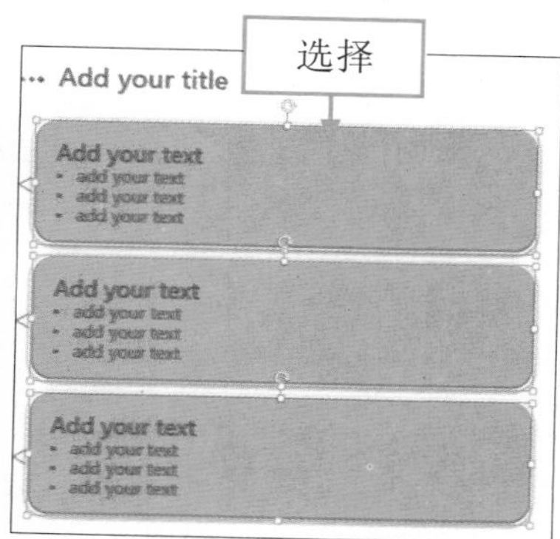

图 6-172 选择图形

步骤 04 弹出列表框，选择“预设”|“无”选项，如图 6-174 所示。

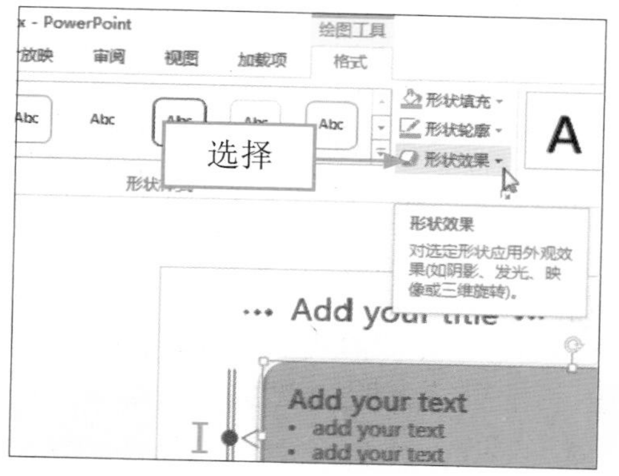

图 6-173 单击“形状效果”下拉按钮

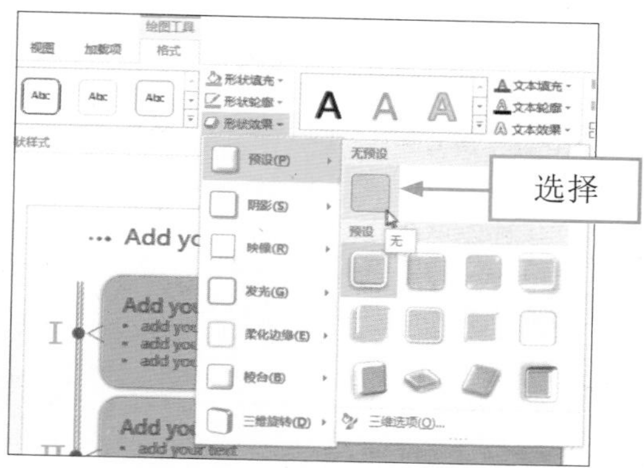

图 6-174 选择“无”选项

步骤 05 执行操作后，即可取消原有的图形样式，如图 6-175 所示。

步骤 06 单击“形状样式”选项区中的“形状效果”下拉按钮，弹出列表框，选择“棱台”|“棱纹”选项，如图 6-176 所示。

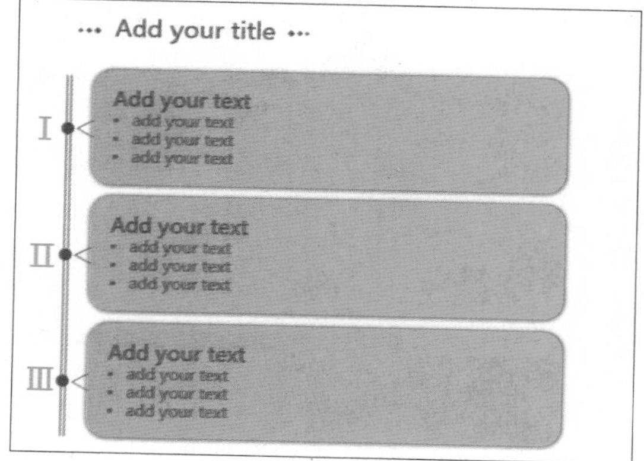

图 6-175 取消原有的图形样式

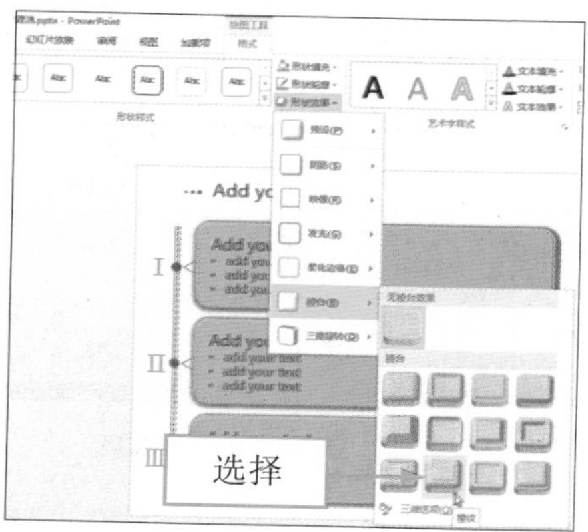

图 6-176 选择“棱纹”选项

步骤 07 执行操作后，即可更改图形样式，如图 6-177 所示。

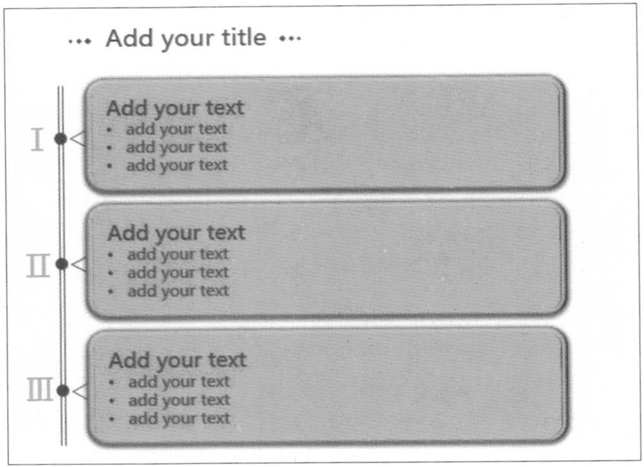

图 6-177 更改图形样式

6.4.11 添加图形渐变轮廓

在 PowerPoint 2013 中，渐变线轮廓可以理解为是在实线轮廓的基础上，为实线轮廓添加了渐变效果的线条，所以在“设置形状格式”窗格中的“渐变线”列表中包含了“实线”列表中的一些功能，并且还增加了一些设置渐变效果的指令。

	素材文件	光盘 \ 素材 \ 第 6 章 \ 个人与团队管理关系 .pptx
	效果文件	光盘 \ 效果 \ 第 6 章 \ 个人与团队管理关系 .pptx
	视频文件	光盘 \ 视频 \ 第 6 章 \6.4.11 添加图形渐变轮廓 .mp4

实战 个人与团队管理关系

步骤 01 在 PowerPoint 2013 中，打开一个素材文件，如图 6-178 所示。

步骤 02 在编辑区中，按【Ctrl】键依次选择图形对象，如图 6-179 所示。

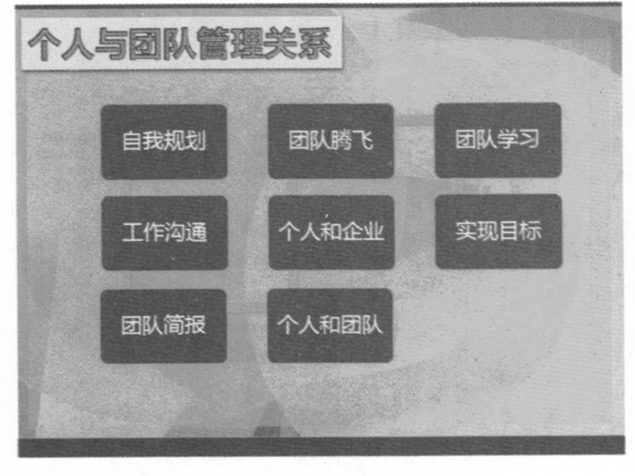

图 6-178 打开演示文稿

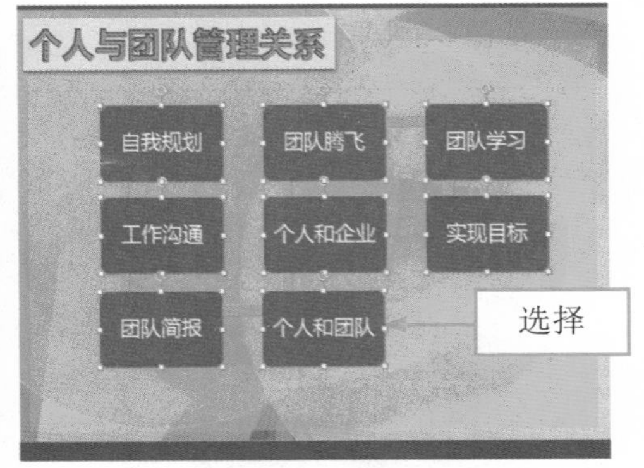

图 6-179 选择图形

步骤 03 单击“SmartArt 工具 - 格式”命令，切换至“SmartArt- 格式”功能区，在“形状样式”选项区中单击“形状轮廓”下拉按钮，如图 6-180 所示。

步骤 04 在弹出的列表框中，选择“粗细”|“3 磅”选项，如图 6-181 所示。

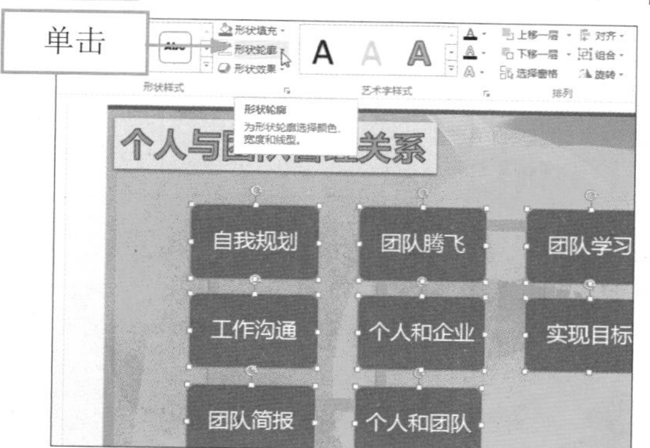

图 6-180 单击“形状轮廓”下拉按钮

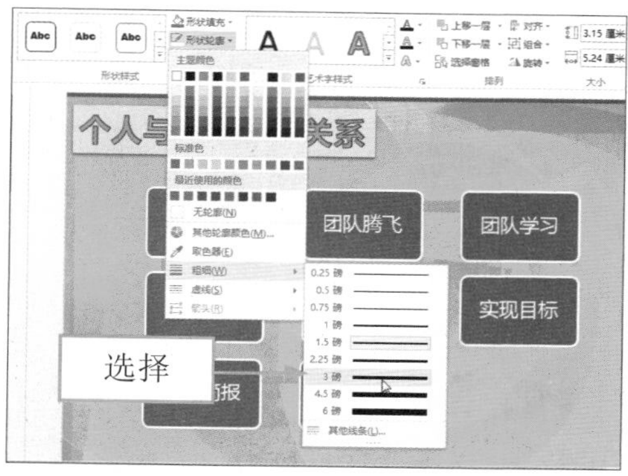

图 6-181 选择“3 磅”选项

步骤 05 在“形状样式”选项区中单击“形状轮廓”下拉按钮，在弹出的列表框中选择“粗细”|“其他线条”选项，如图 6-182 所示。

步骤 06 弹出“设置形状格式”窗格，在“线条”选项区中，选中“渐变线”单选按钮，如图 6-183 所示。

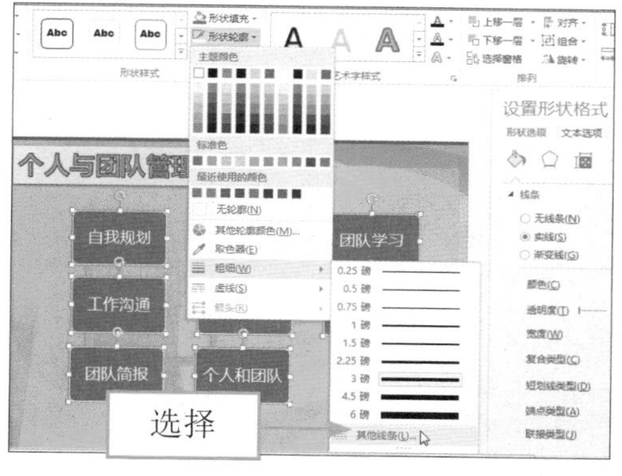

图 6-182 选择“其他线条”选项

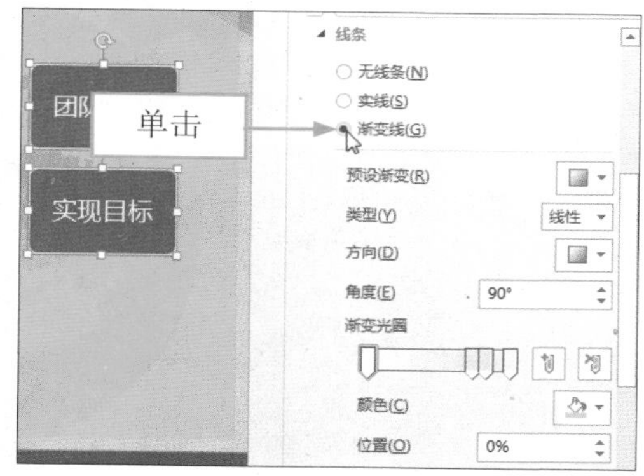

图 6-183 单击“渐变线”单选按钮

步骤 07 单击“类型”下拉按钮，在弹出列表框中选择“射线”选项，如图 6-184 所示。

步骤 08 将渐变光圈调整为两个，如图 6-185 所示。

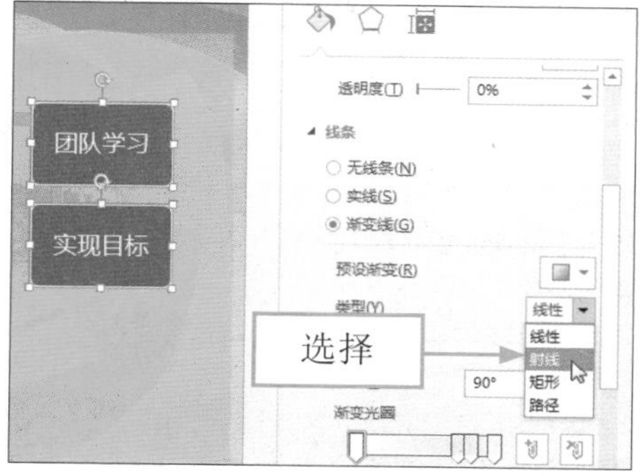

图 6-184 选择“射线”选项

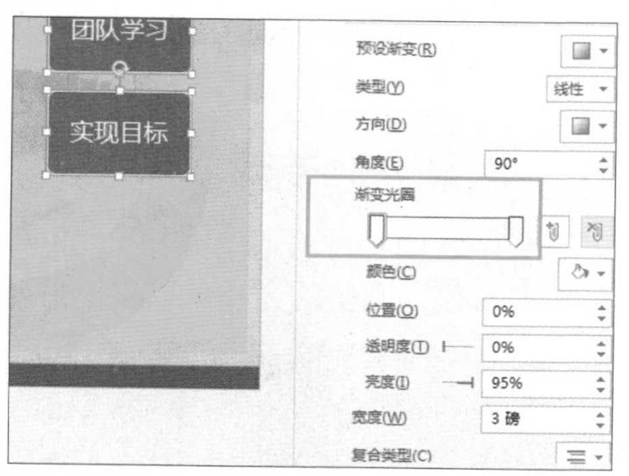

图 6-185 将渐变光圈调整为两个

步骤 09 在“渐变光圈”选项区中选择“停止点 1”色标，并单击颜色按钮，在弹出的颜色面板中设置“标准色”为“黄色”，如图 6-186 所示。

步骤 10 在“渐变光圈”选项区中选择“停止点 2”色标，并单击颜色按钮，在弹出的颜色面板中设置“标准色”为“绿色”，如图 6-187 所示。

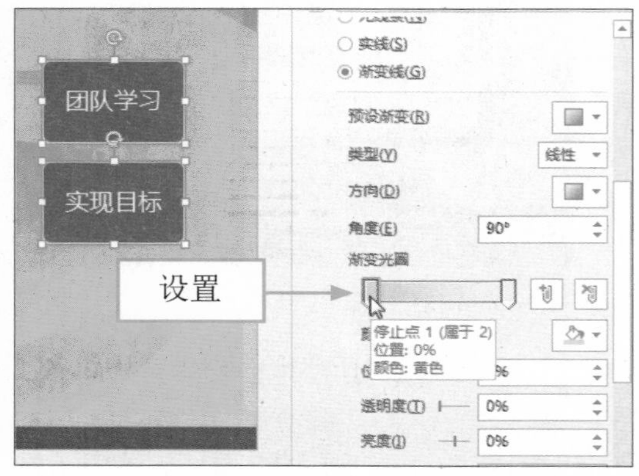

图 6-186 设置“标准色”为黄色

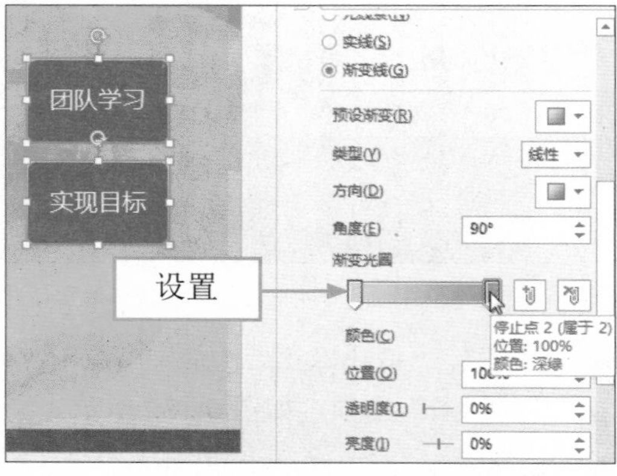

图 6-187 设置“标准色”为绿色

步骤 11 执行操作后，单击“关闭”按钮，即可添加渐变轮廓，如图 6-188 所示。

图 6-188 添加渐变轮廓

6.4.12 网格线和参考线应用

网格是一种网状的正方形格子参考线，在制作幻灯片时，可使用网络等距离分布的特点快速绘制对象、对齐对象。网格的大小可以根据需要进行调整。

素材文件	光盘 \ 素材 \ 第 6 章 \ 爱心 .pptx
效果文件	光盘 \ 效果 \ 第 6 章 \ 爱心 .pptx
视频文件	光盘 \ 视频 \ 第 6 章 \6.4.12 网格线和参考线应用 .mp4

实战 爱心

步骤 01 在 PowerPoint 2013 中，打开一个素材文件，如图 6-189 所示。

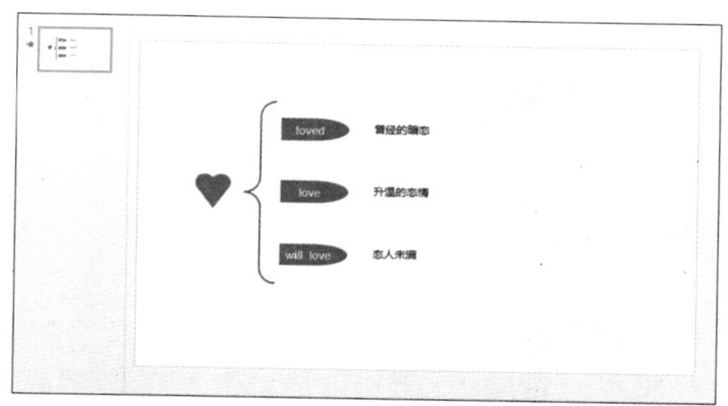

图 6-189 打开演示文稿

步骤 02 单击“视图”命令，切换至“视图”功能区，单击“显示”选项区中的“网格设置”按钮，如图 6-190 所示。

步骤 03 弹出“网格和参考线”对话框，单击“网格设置”选项区中的“间距”下拉按钮，选择“每厘米 4 个网格”选项，如图 6-191 所示。

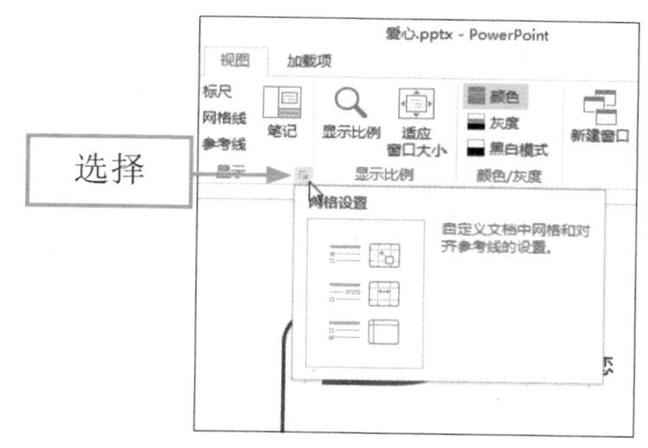

图 6-190 单击“网络设置”按钮

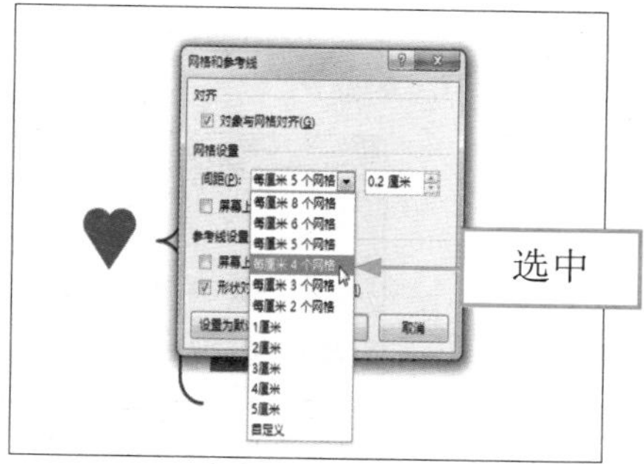

图 6-191 选择“每厘米 4 个网格”选项

步骤 04 在“网格设置”选项区选中“在屏幕上显示网格”复选框，在“参考线设置”选项区选中“屏幕上显示绘图参考线”复选框，如图 6-192 所示。

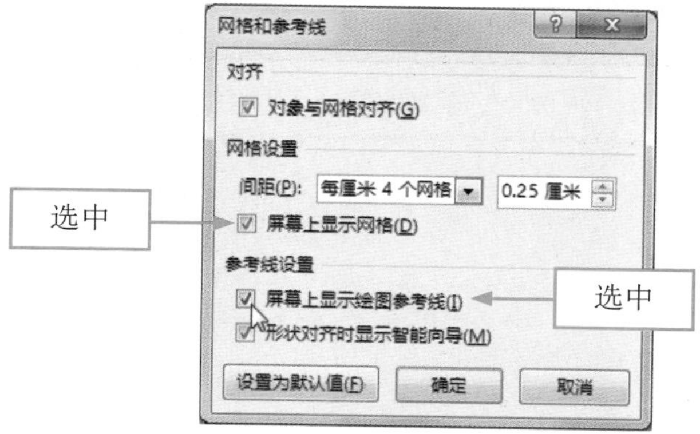

图 6-192 选中“屏幕上显示绘图参考线”选项

步骤 05 单击“确定”按钮，即可显示网格线和参考线，如图 6-193 所示。

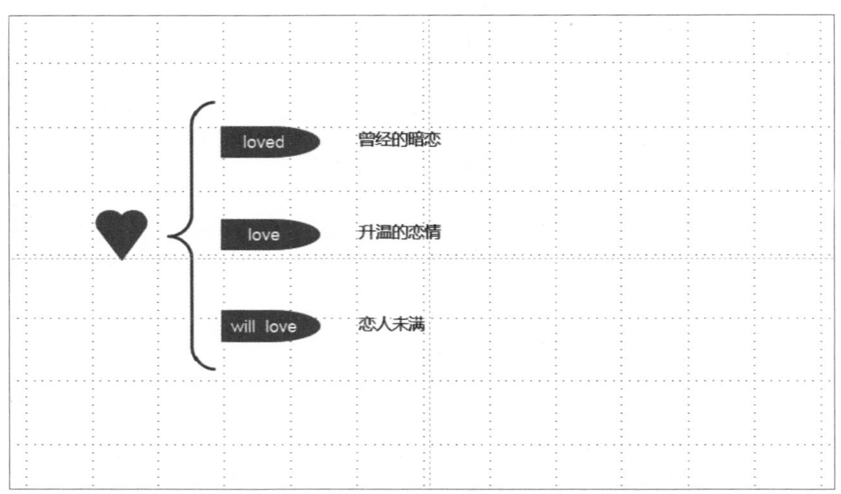

图 6-193 显示网格线和参考线

专家指点

PowerPoint 为用户提供了“对象与网格对齐”功能，选择该功能可以使形状或者对象与最近的网格交点对齐。要启动该功能，在“网格和参考线”对话框中选中“对象与网格对齐”复选框即可，如图 6-194 所示。

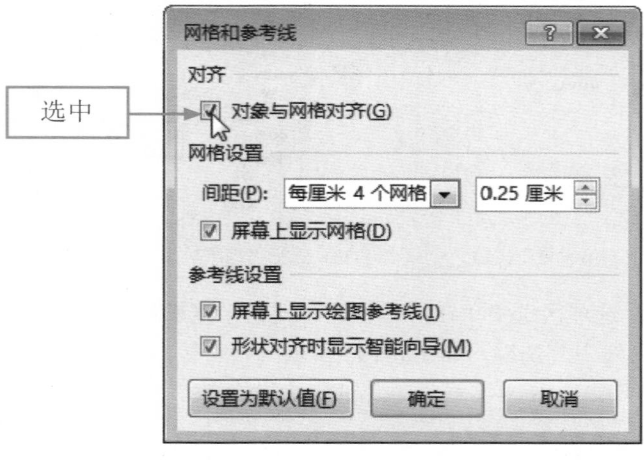

图 6-194 选中“对象与网格对齐”复选框

07 Smart Art 图形对象的应用

学习提示

为了使制作的幻灯片元素更加丰富，讲解更加形象，可以在制作幻灯片的过程中，应用部分图形或 SmartArt 对象。本章主要向读者介绍绘制自选图形、调整自选图形、插入与编辑 SmartArt 图形以及管理 SmartArt 图形等内容。

本章案例导航

- 实战——列表图形
- 实战——矩阵类型
- 实战——媒介策略
- 实战——学习周期
- 实战——流程图形
- 实战——平衡关系
- 实战——组织关系
- 实战——深度调查

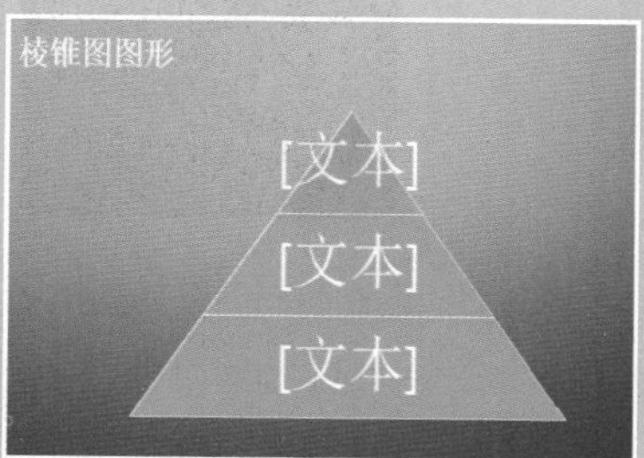

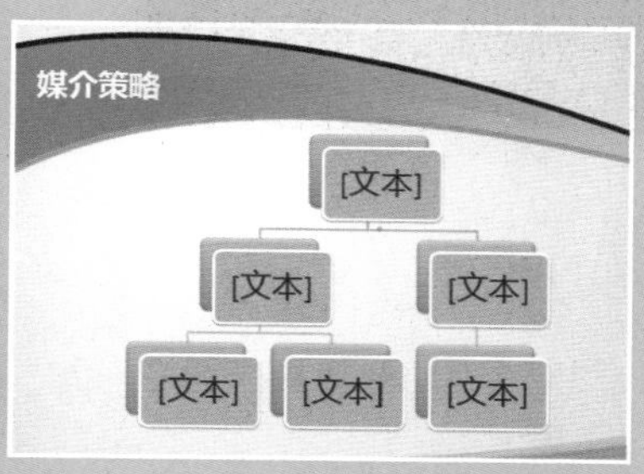

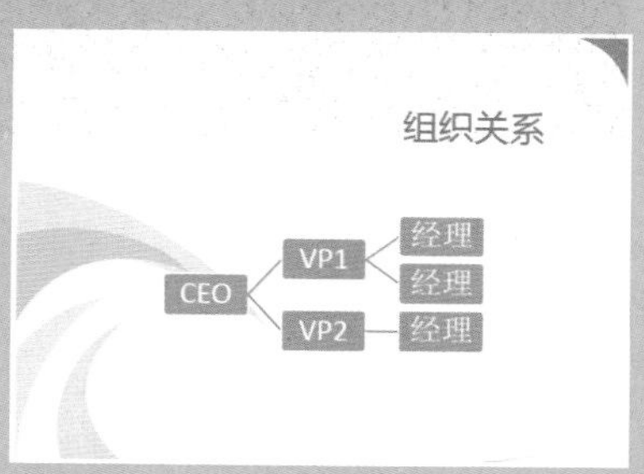

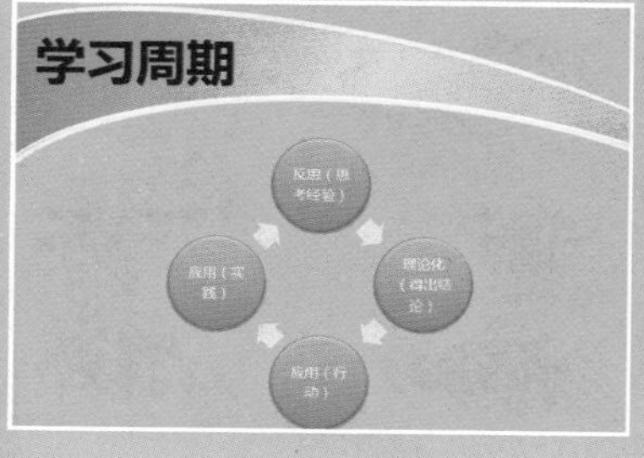

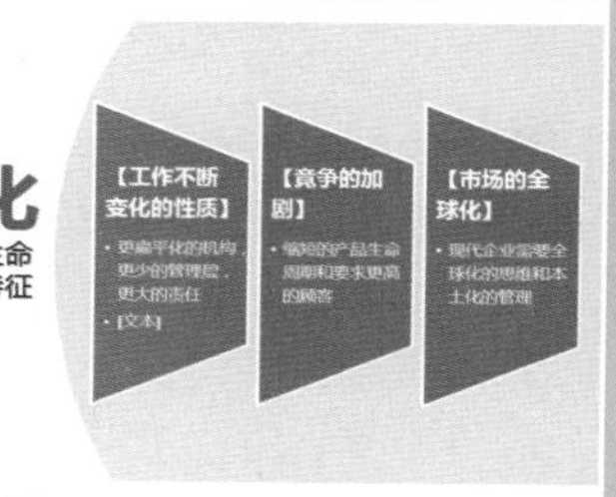

7.1 插入与编辑 SmartArt 图形

SmartArt 图形是信息和观点的视觉表示形式。创建 SmrartArt 图形可以非常直观地说明层级关系、附属关系、并列关系、以及循环关系等各种常见的关系，而且制作出来的图形漂亮精美，具有很强的立体感和画面感。

7.1.1 插入列表类型

在 PowerPoint 2013 中，插入列表图形课件可以将分组信息或相关信息显示出来，接下来将介绍制作列表图形的操作方法。

素材文件	光盘 \ 素材 \ 第 7 章 \ 列表图形 .pptx
效果文件	光盘 \ 效果 \ 第 7 章 \ 列表图形 .pptx
视频文件	光盘 \ 视频 \ 第 7 章 \7.1.1 插入列表类型 .mp4

实战 列表图形

步骤 01 在 PowerPoint 2013 中，打开一个素材文件，如图 7-1 所示。

步骤 02 切换至“插入”面板，在“插图”选项板中，单击 SmartArt 按钮，如图 7-2 所示。

图 7-1 打开一个素材文件

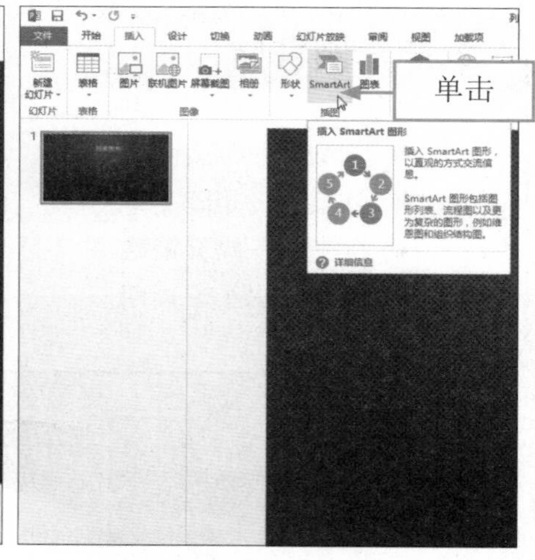

图 7-2 单击 SmartArt 按钮

步骤 03 弹出“选择 SmartArt 图形”对话框，切换至“列表”选项卡，在中间的下拉列表框中，选择“垂直框列表”选项，如图 7-3 所示。

步骤 04 单击“确定”按钮，即可插入列表图形，再调整图形大小，如图 7-4 所示。

专家指点

将 SmartArt 图形保存为图片格式，只需要选中 SmartArt 图形并单击鼠标右键，在弹出的快捷菜单中选择“另存为图片”选项，在弹出的“另存为”对话框中选择要保存的图片格式，再单击“保存”按钮即可。

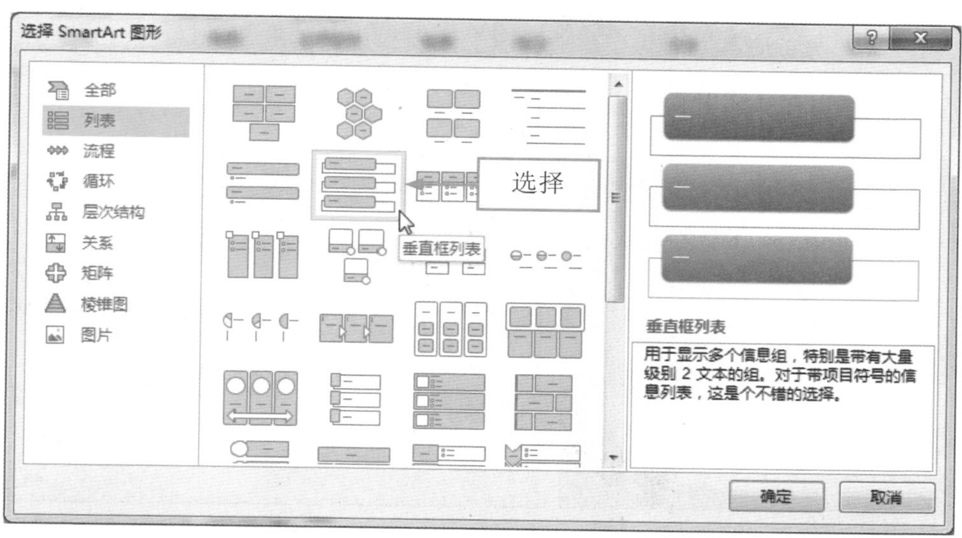

图 7-3 选择“垂直框列表”选项

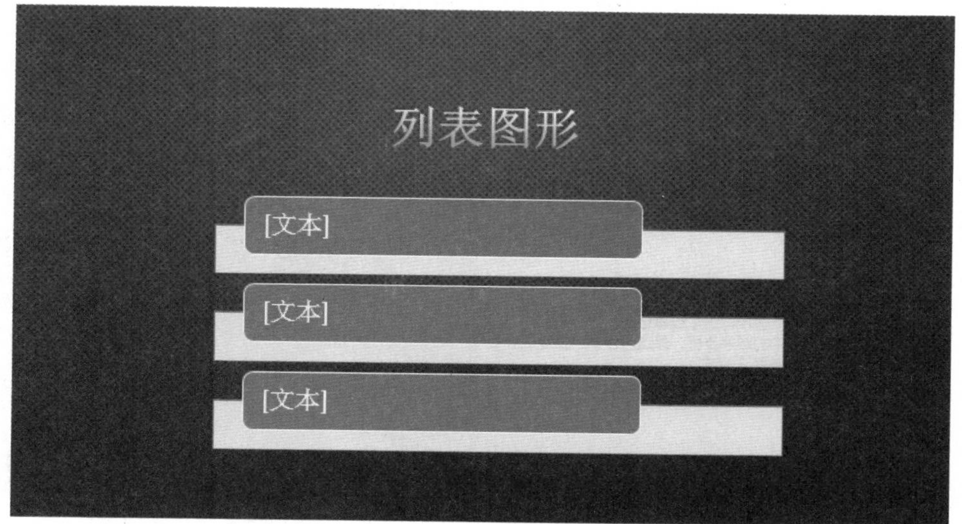

图 7-4 插入列表图形

7.1.2 插入流程类型

在 PowerPoint 2013 中，流程图形主要用于显示非有序信息块或者分组信息块，可将形状的水平和垂直显示空间最大化。

	素材文件	光盘 \ 素材 \ 第 7 章 \ 流程图形 .pptx
	效果文件	光盘 \ 效果 \ 第 7 章 \ 流程图形 .pptx
	视频文件	光盘 \ 视频 \ 第 7 章 \7.1.2 插入流程类型 .mp4

实战 流程图形

步骤 01 在 PowerPoint 2013 中，打开一个素材文件，如图 7-5 所示。

步骤 02 切换至“插入”面板，在“插图”选项板中，单击 SmartArt 按钮，弹出“选择 SmartArt 图形”对话框，切换至“流程”选项卡，在中间的下拉列表框中，选择“连续块状流程”选项，如图 7-6 所示。

图 7-5 打开一个素材文件

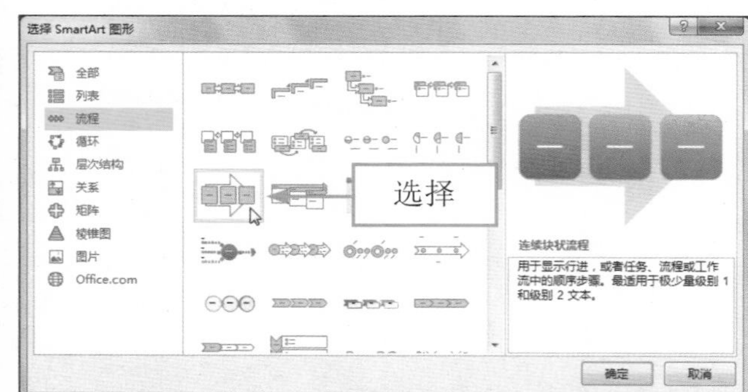

图 7-6 选择“连续块状流程”选项

步骤 03 在右侧列表框中，单击“确定”按钮，如图 7-7 所示。

步骤 04 执行操作后，即可插入流程图形，效果如图 7-8 所示。

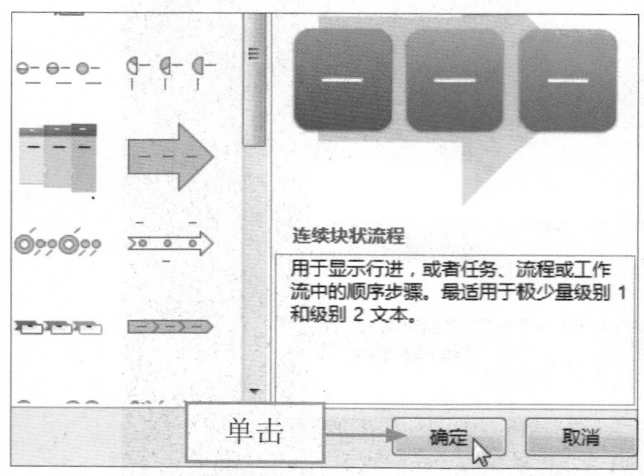

图 7-7 单击“确定”按钮

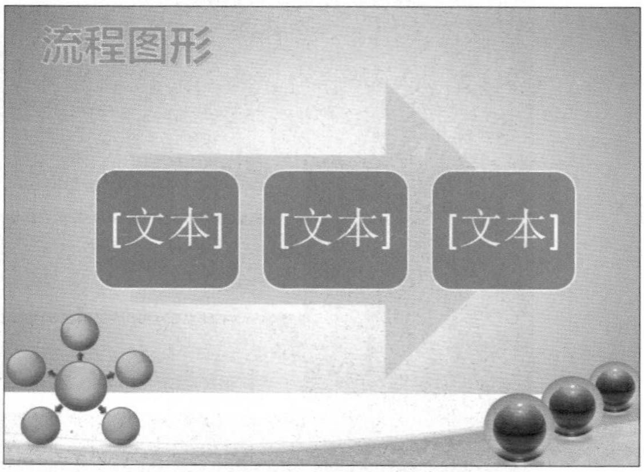

图 7-8 插入流程图形

7.1.3 插入矩阵类型

循环矩阵图形主要用于显示其他观点与中央观点的关系。级别 1 是指文本前四行的每一行均与某一个楔形或饼形相对应，并且每行的级别 2 文本，将显示在楔形或饼形旁边的矩形中，未使用的文本不会显示，但是如果切换布局，这些文本仍将可用。

	素材文件	光盘 \ 素材 \ 第 7 章 \ 矩阵类型 .pptx
	效果文件	光盘 \ 效果 \ 第 7 章 \ 矩阵类型 .pptx
	视频文件	光盘 \ 视频 \ 第 7 章 \77.1.3 插入矩阵类型 .mp4

实战 矩阵类型

步骤 01 在 PowerPoint 2013 中，打开一个素材文件，如图 7-9 所示。

步骤 02 调出“选择 SmartArt 图形”对话框，切换至“矩阵”选项卡，如图 7-10 所示。

图 7-9 打开一个素材文件

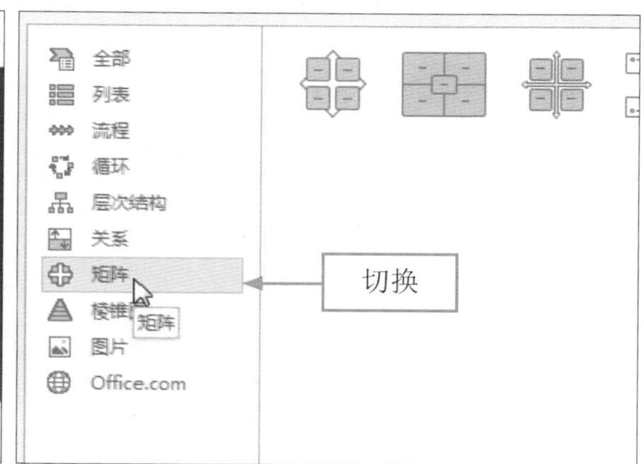

图 7-10 切换至“矩阵”选项卡

步骤 03 在中间的列表框中，选择“基本矩阵”选项，如图 7-11 所示。

步骤 04 单击“确定”按钮，即可插入矩阵图形，再调整至合适位置，如图 7-12 所示。

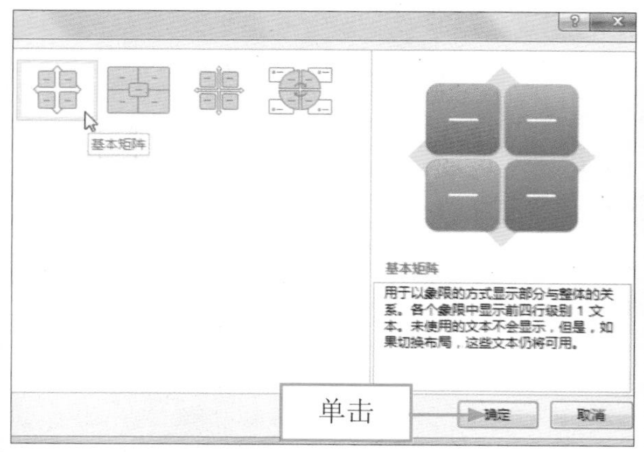

图 7-11 选择“基本矩阵”选项

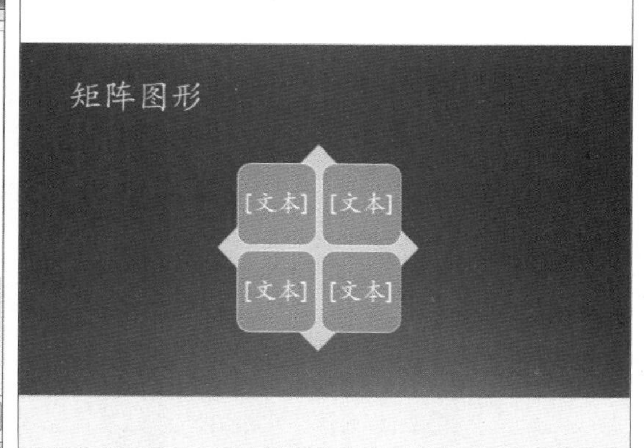

图 7-12 插入矩阵图形

7.1.4 插入循环图形

循环图形常用于以循环流程表示阶段、任务或事件的连续序列，另外基本射线循环图形则用于显示循环中与中心观点的关系，在制作演示文稿过程中，用户可以根据演示文稿主题的需要，适当插入循环图形。

	素材文件	光盘 \ 素材 \ 第 7 章 \ 循环 .pptx
	效果文件	光盘 \ 效果 \ 第 7 章 \ 循环 .pptx
	视频文件	光盘 \ 视频 \ 第 7 章 \7.1.4 插入循环图形 .mp4

实战 循环

步骤 01 在 PowerPoint 2013 中，打开演示文稿，如图 7-13 所示。

步骤 02 单击“插入”命令，切换至“插入”功能区，在“插图”选项区中单击 SmartArt 按钮，如图 7-14 所示。

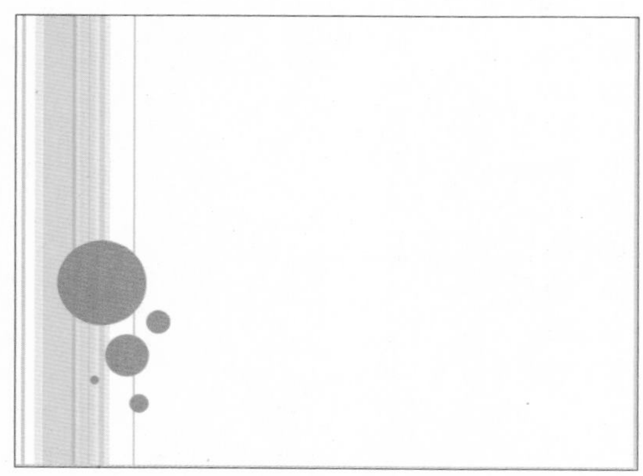

图 7-13 打开演示文稿

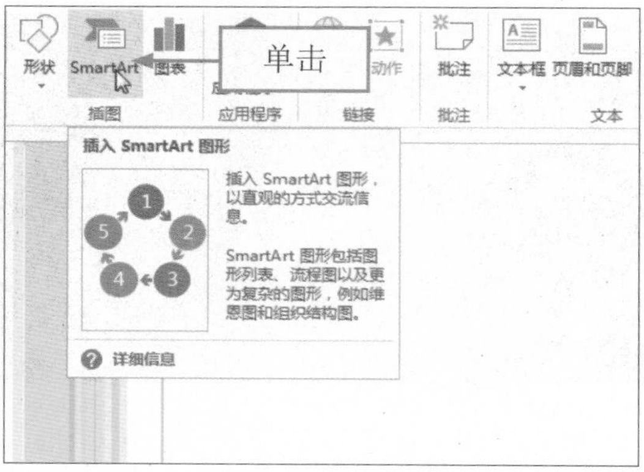

图 7-14 单击 SmartArt 按钮

步骤 03 弹出“选择 SmartArt 图形”对话框，切换至“循环”选项卡，在中间的列表框中选择“不定向循环”选项，如图 7-15 所示。

步骤 04 在右侧列表框中，单击“确定”按钮，如图 7-16 所示。

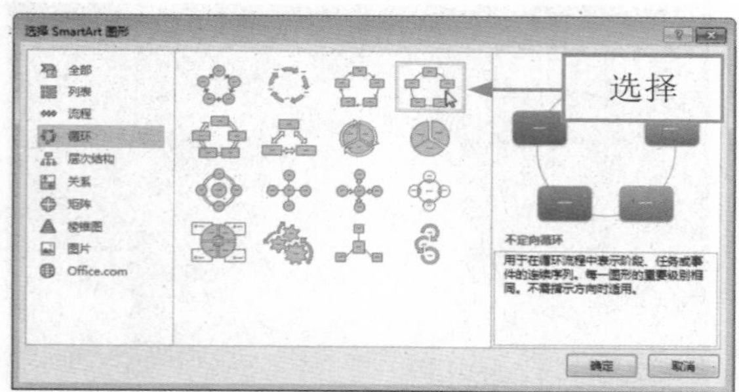

图 7-15 选择“不定向循环”选项

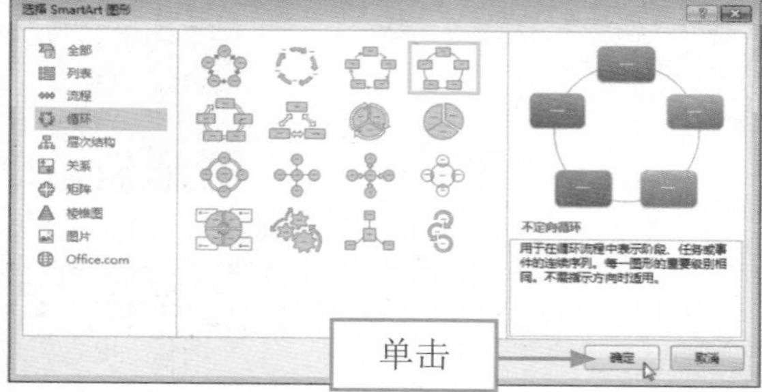

图 7-16 单击“确定”按钮

步骤 05 执行操作后，即可插入循环图形，效果如图 7-17 所示。

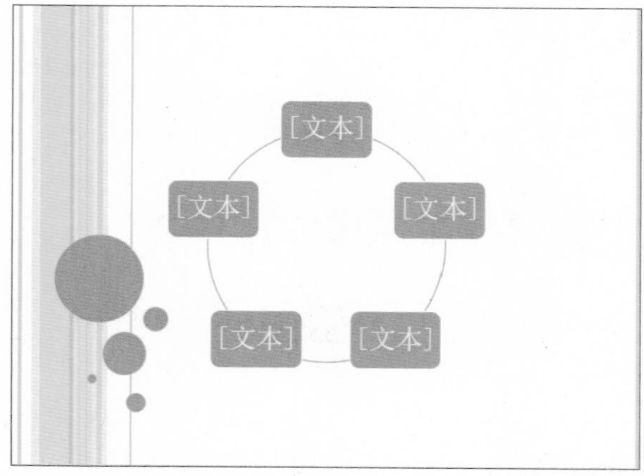

图 7-17 插入循环图形

7.1.5 插入关系类型

SmartArt 图形中的平衡关系图形主要用于显示与中心观点的关系，级别 2 文本以非连续方式添加且限于五项，只能有一个级别 1 项目。

素材文件	光盘 \ 素材 \ 第 7 章 \ 平衡关系 .pptx
效果文件	光盘 \ 效果 \ 第 7 章 \ 平衡关系 .pptx
视频文件	光盘 \ 视频 \ 第 7 章 \7.1.5 插入关系类型 .mp4

实战 平衡关系

步骤 01 在 PowerPoint 2013 中，打开一个素材文件，如图 7-18 所示。

步骤 02 切换至“插入”面板，在“插图”选项板中，单击 SmartArt 按钮，如图 7-19 所示。

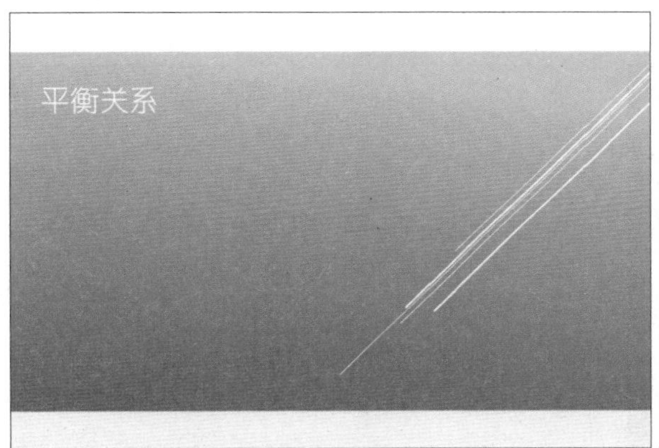

图 7-18 打开一个素材文件

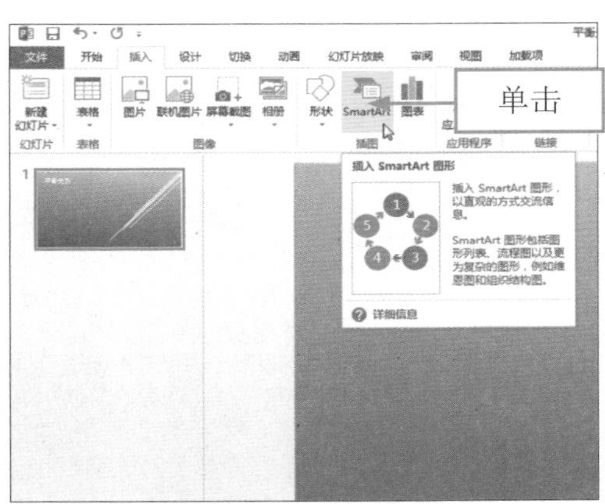

图 7-19 单击 SmartArt 按钮

步骤 03 弹出“选择 SmartArt 图形”对话框，切换至“关系”选项卡，在中间的列表框中，选择“平衡关系”选项，如图 7-20 所示。

步骤 04 单击“确定”按钮，即可插入平衡关系图形，调整图形的大小和位置，效果如图 7-21 所示。

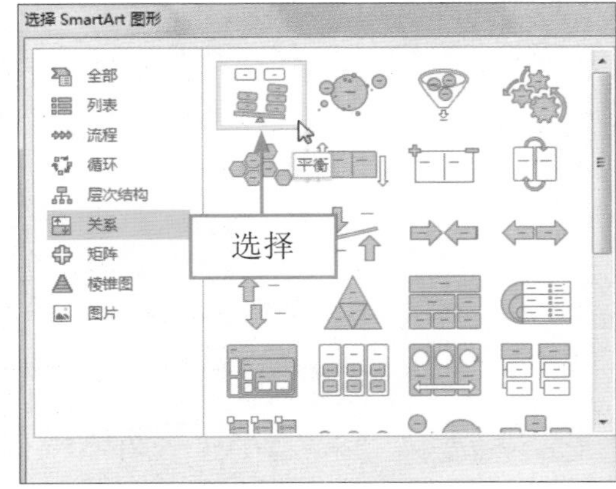

图 7-20 选择“平衡关系”选项

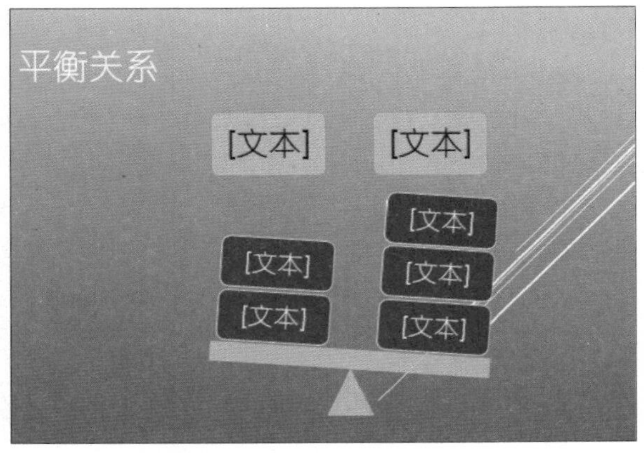

图 7-21 插入平衡关系图形

7.1.6 插入层次结构类型

在 PowerPoint 2013 中，水平层次结构图形主要用于水平显示层次关系递进，最适用于决策树。下面介绍插入层次结构类型的操作方法。

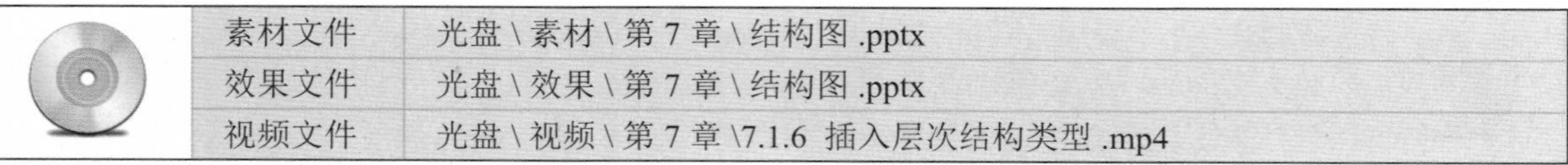

素材文件	光盘 \ 素材 \ 第 7 章 \ 结构图 .pptx
效果文件	光盘 \ 效果 \ 第 7 章 \ 结构图 .pptx
视频文件	光盘 \ 视频 \ 第 7 章 \7.1.6 插入层次结构类型 .mp4

实战 结构图

步骤 01 在 PowerPoint 2013 中，打开一个素材文件，如图 7-22 所示。

步骤 02 在“插图”选项板中，调出“选择 SmartArt 图形”对话框，切换至“层次结构”选项卡，如图 7-23 所示。

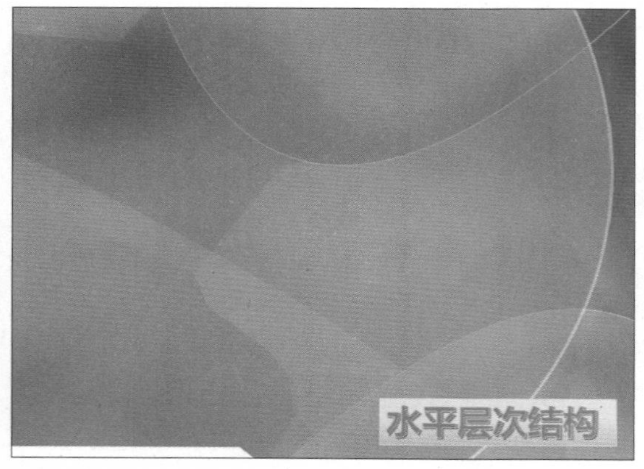

图 7-22 打开一个素材文件

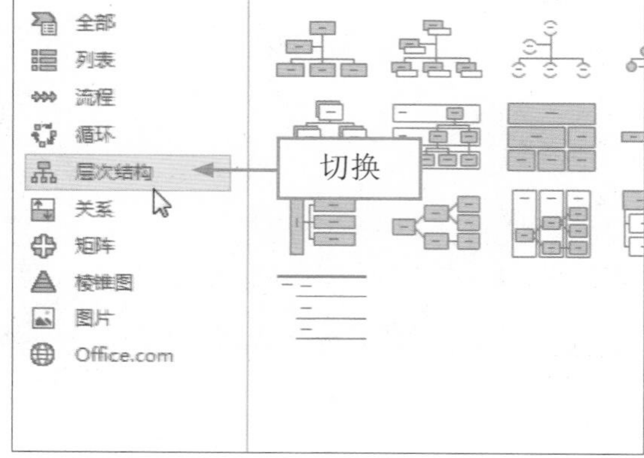

图 7-23 切换至“层次结构”选项卡

步骤 03 在中间的列表框中，选择“水平层次结构”选项，如图 7-24 所示。

步骤 04 单击“确定”按钮，即可制作水平层次结构图形，调整图形的大小和位置，效果如图 7-25 所示。

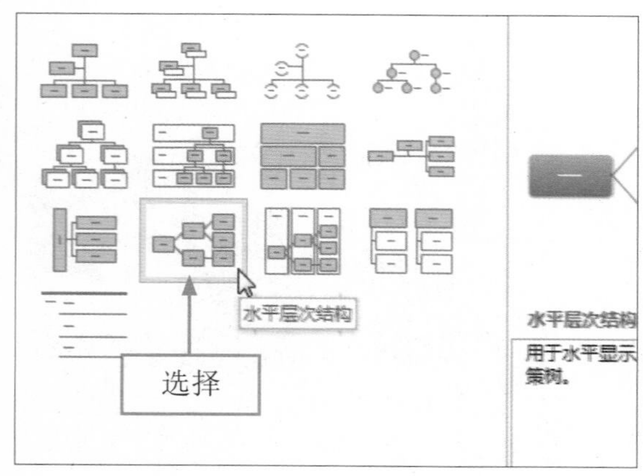

图 7-24 选择“水平层次结构”选项

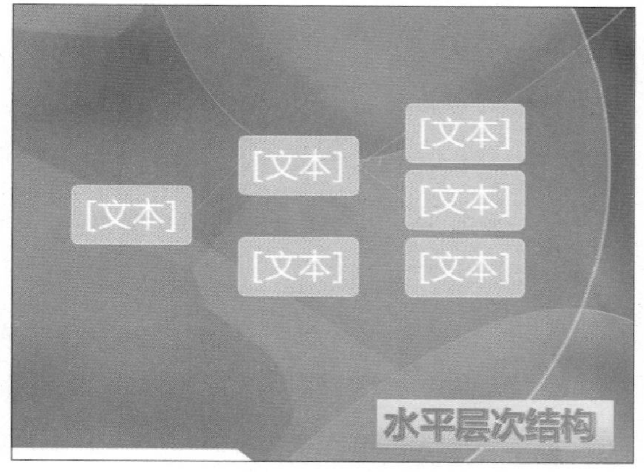

图 7-25 制作水平层次结构图形

7.1.7 插入棱锥图图形

棱锥图图形常用于显示比例关系、互联关系或层次关系。

	素材文件	光盘 \ 素材 \ 第 7 章 \ 棱锥图图形 .pptx
	效果文件	光盘 \ 效果 \ 第 7 章 \ 棱锥图图形 .pptx
	视频文件	光盘 \ 视频 \ 第 7 章 \7.1.7 插入棱锥图图形 .mp4

实战 棱锥图图形

步骤 01 在 PowerPoint 2013 中，打开演示文稿，如图 7-26 所示。

步骤 02 单击“插入”命令，切换至“插入”功能区，在“插图”选项区中单击 SmartArt 按钮，如图 7-27 所示。

图 7-26 切换至“棱锥图”选项卡

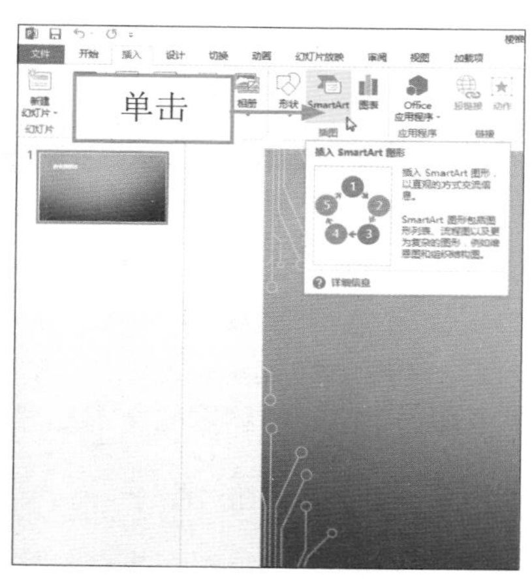

图 7-27 单击 SmartArt 按钮

步骤 03 弹出“选择 SmartArt 图形”对话框，切换至“棱锥图”选项卡，在中间的列表框中，选择“基本棱锥图”选项，如图 7-28 所示。

步骤 04 在右侧列表框中，单击“确定”按钮，如图 7-29 所示。

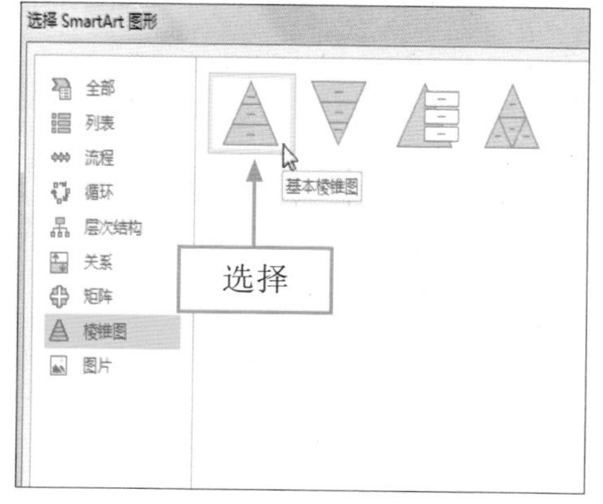

图 7-28 选择“基本棱锥图”选项

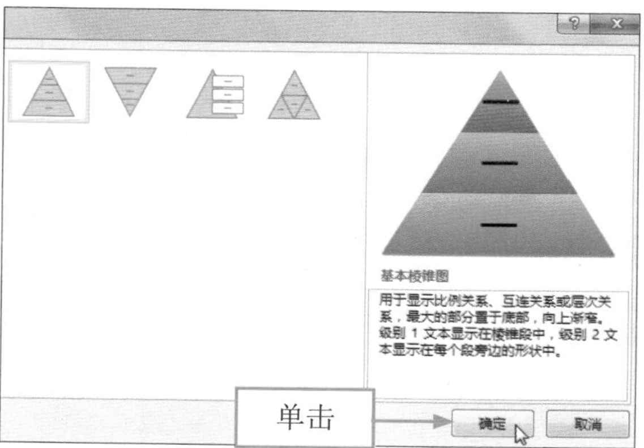

图 7-29 单击“确定”按钮

步骤 05 执行操作后，即可插入棱锥图图形，效果如图 7-30 所示。

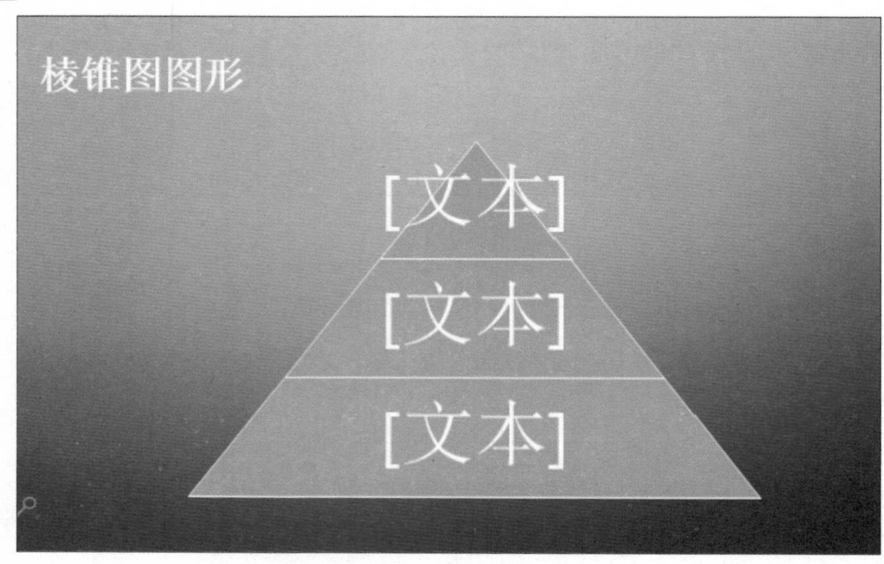

图 7-30 插入棱锥图图形

7.2 编辑 SmartArt 文本框

在幻灯片中插入 SmartArt 图形后，用户可以在图形的文本框中输入相应内容，PowerPoint 2013 中加强了组织结构图的文本处理功能，使用此功能可以更方便地编辑文本内容。

7.2.1 在文本窗格中输入文本

插入 SmartArt 图形后，图形上会出现相应的文本框，用户可以直接在文本框中输入文本内容，还可以通过文本窗格输入文本。

	素材文件	光盘 \ 素材 \ 第 7 章 \ 媒介策略 .pptx
	效果文件	光盘 \ 效果 \ 第 7 章 \ 媒介策略 .pptx
	视频文件	光盘 \ 视频 \ 第 7 章 \7.2.1 在文本窗格中输入文本 .mp4

实战 媒介策略

步骤 01 在 PowerPoint 2013 中，打开演示文稿，如图 7-31 所示。

步骤 02 在编辑区中，选择 SmartArt 图形，如图 7-32 所示。

步骤 03 单击“SmartArt 工具 - 设计”命令，切换至“SmartArt 工具 - 设计”功能区，在“创建图形”选项区中单击“文本窗格”按钮，如图 7-33 所示。

步骤 04 弹出“在此处键入文字”窗格，在下方文本框中输入文本“广告讯息”，如图 7-34 所示。

步骤 05 执行上述操作后，插入的相对应 SmartArt 图形占位符中将显示输入的文本，如图 7-35 所示。

步骤 06 用与上同样的方法，输入其他文本，效果如图 7-36 所示。

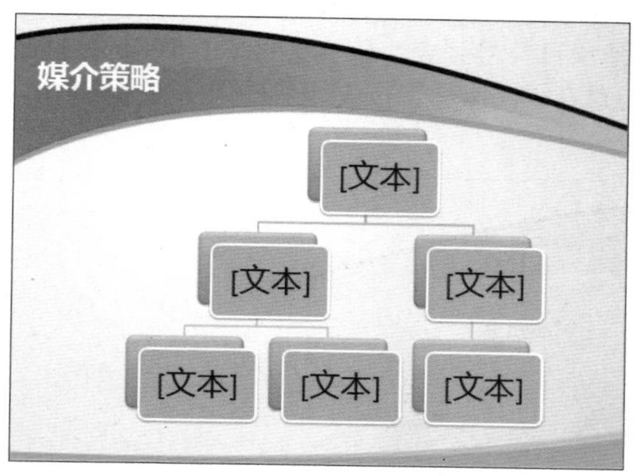

图 7-31 打开演示文稿

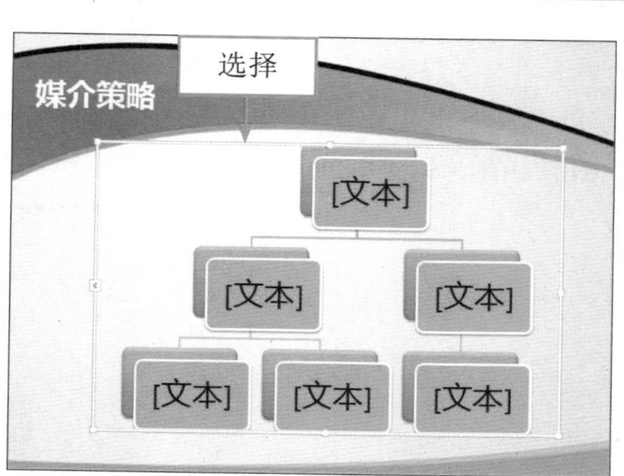

图 7-32 选择 SmartArt 图形

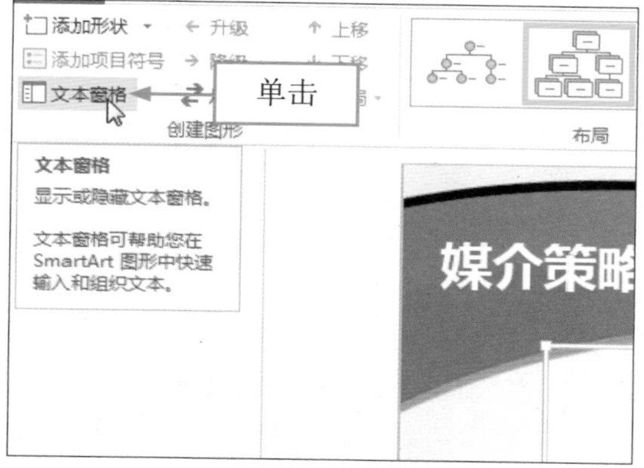

图 7-33 单击“文本窗格”按钮

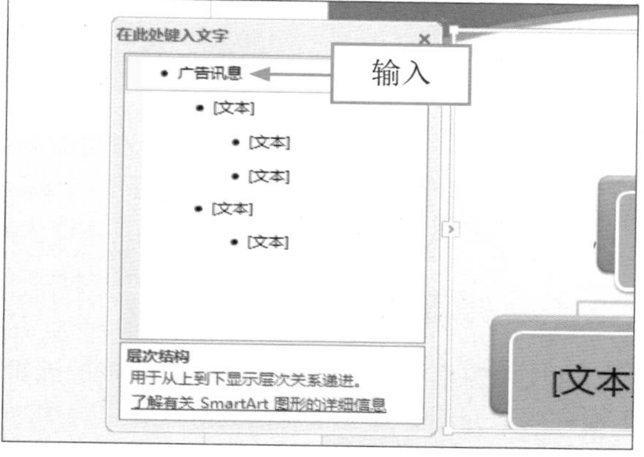

图 7-34 输入文本

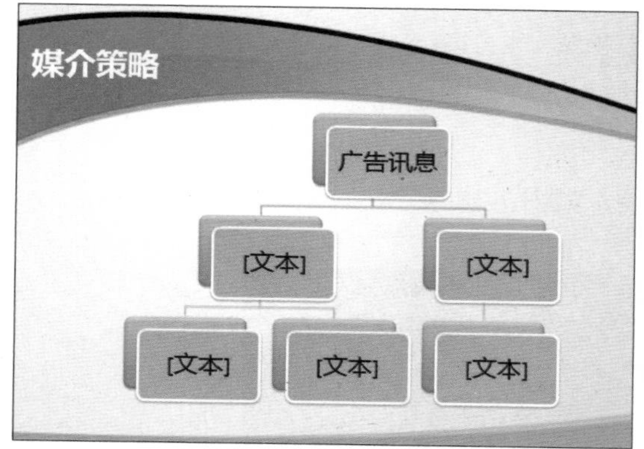

图 7-35 显示输入的文本

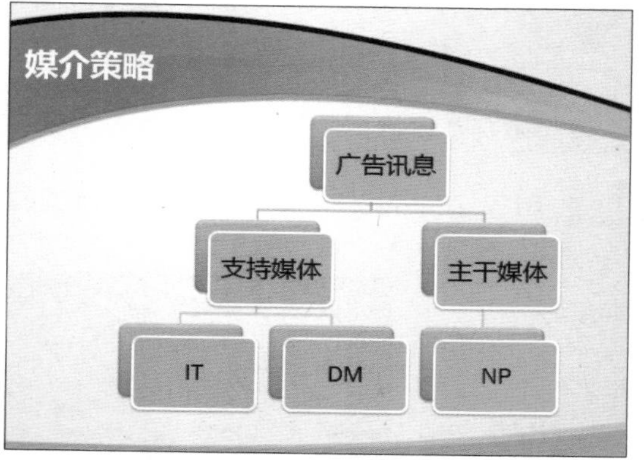

图 7-36 最终效果图

专家指点

了解了“文本”窗格的使用原理后，就可以在“文本”窗格添加文字了。在“文本”窗格中添加和编辑内容的时候 SmartArt 图形会自动跟随输入的文字更新，有些类型的 SmartArt 图形包含的形状个数是固定的，因此 SmartArt 图形中只显示“文本”窗格中的部分文字，未显示的文字、图片或其他内容在“文本”窗格中用一个红色的 X 来标识。

"文本"窗格的工作方式类似于大纲或者是项目符号列表，该窗格将信息直接映射到 SmartArt 图形中。每个 SmartArt 图形定义了它自己在"文本"窗格中的项目符号与 SmartArt 图形中的一组形状之间的映射，如图 7-37 所示。

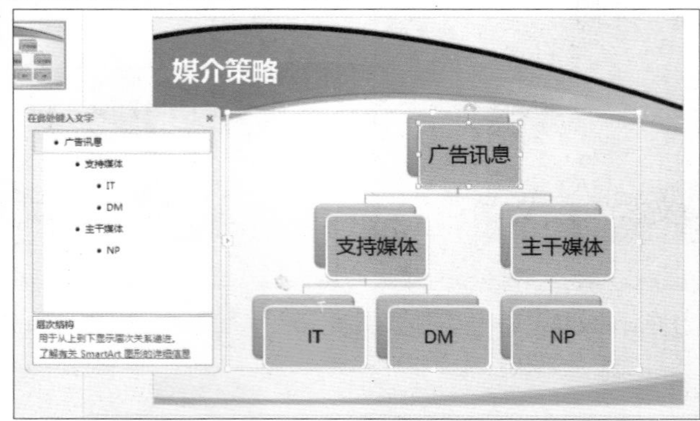

图 7-37 "文本"映射

按【Enter】键可以在"文本"窗格中新建一行带有项目符号的文本。在"文本"窗格中按【Tab】键可以对项目符号进行"降级"操作，按【Shift + Tab】组合键可以对项目符号进行"升级"操作。

7.2.2 隐藏文本窗格

在文本窗格中完成了对 SmartArt 图形的编辑之后，"文本"窗格在幻灯片中就显得有些多余了，下面向用户介绍隐藏文本窗格的方法。

	素材文件	光盘 \ 素材 \ 第 7 章 \ 隐藏文本窗格 .pptx
	效果文件	光盘 \ 效果 \ 第 7 章 \ 隐藏文本窗格 .pptx
	视频文件	光盘 \ 视频 \ 第 7 章 \7.2.2 隐藏文本窗格 .mp4

实战 隐藏文本窗格

步骤 01 在 PowerPoint 2013 中，打开演示文稿，如图 7-38 所示。

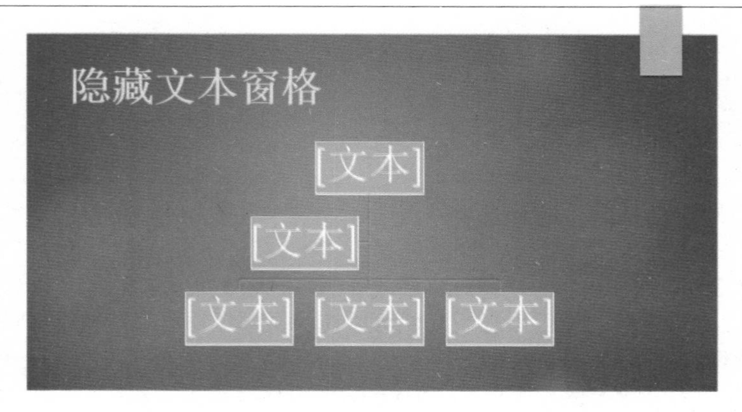

图 7-38 打开演示文稿

步骤 02 在编辑区中选择 SmartArt 图形，在“文本”窗格中对应的 SmartArt 图形上单击鼠标右键，在弹出的列表框中选择“隐藏文本窗格”选项，如图 7-39 所示。

步骤 03 执行操作后，即可隐藏文本窗格，如图 7-40 所示。

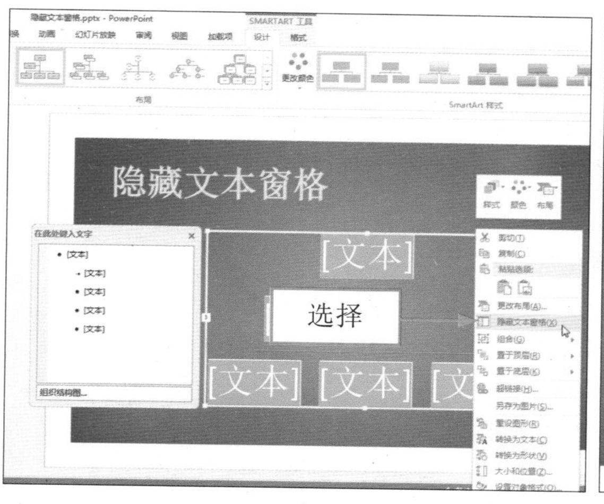

图 7-39 选择“隐藏文本窗格”选项

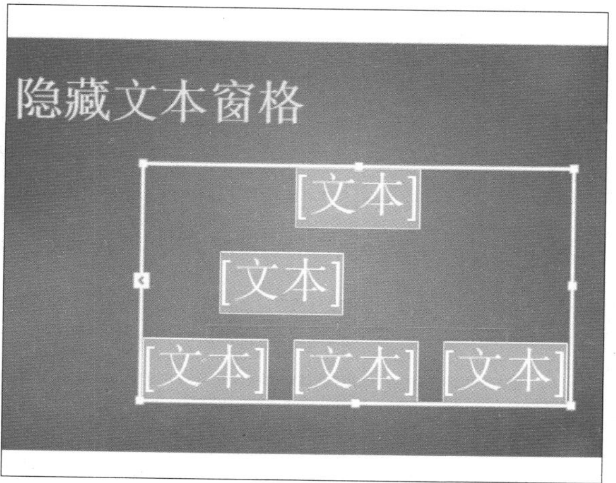

图 7-40 隐藏文本窗格

专家指点

除了上述所说的方法外，用户还可以直接单击“文本”窗格右上角的“关闭”按钮，如图 7-41 所示，即可将文本窗格隐藏；在需要重新显示“文本”窗格的时候，可以在“创建图形”选项区中单击“文本窗格”按钮，如图 7-42 所示，即可显示文本窗格。

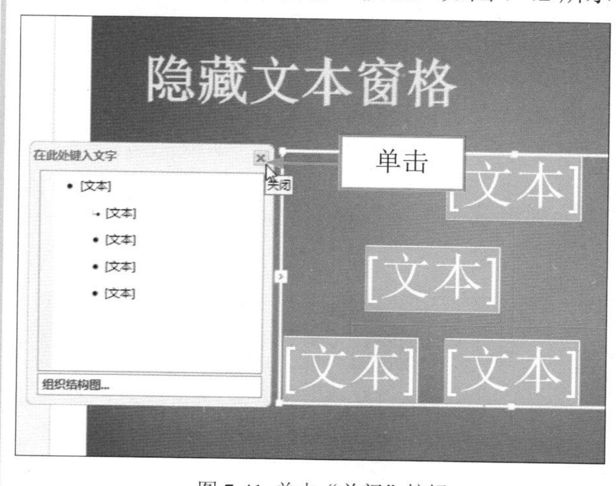

图 7-41 单击“关闭”按钮

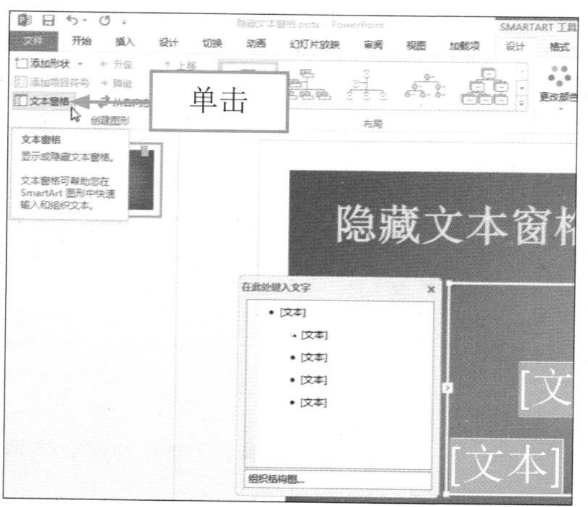

图 7-42 单击“文本窗格”按钮

7.3 管理 Smart Art 图形

在 SmartArt 图形中输入文字后，用户还可以对 SmartArt 图形进行编辑，如添加形状、设置级别、更改图形布局、设置 SmartArt 样式、更改 SmartArt 图形形状、设置形状样式以及将文本转换为 SmartArt 图形等。

7.3.1 添加形状

在 PowerPoint 2013 中，用户可以在已经创建好了的 SmartArt 图形布局类型中添加形状，添加形状包括从后面添加形状、从前面添加形状、从上方添加形状和从下方添加形状。

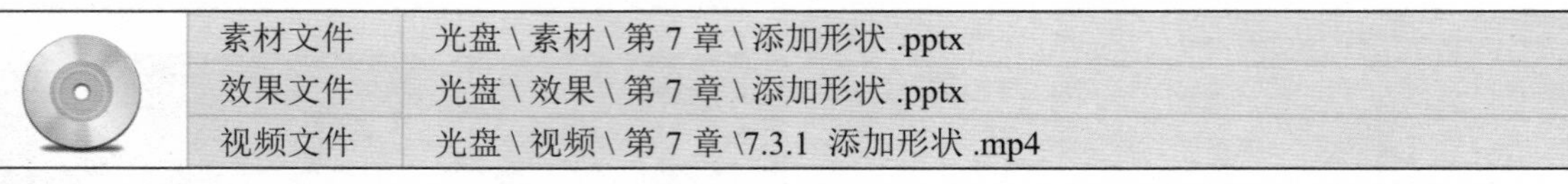

素材文件	光盘 \ 素材 \ 第 7 章 \ 添加形状 .pptx
效果文件	光盘 \ 效果 \ 第 7 章 \ 添加形状 .pptx
视频文件	光盘 \ 视频 \ 第 7 章 \7.3.1 添加形状 .mp4

实战 添加形状

步骤 01 在 PowerPoint 2013 中，打开演示文稿，如图 7-43 所示。

步骤 02 选择 SmartArt 图形，切换至“SmartArt 工具”中的“设计”面板，如图 7-44 所示。

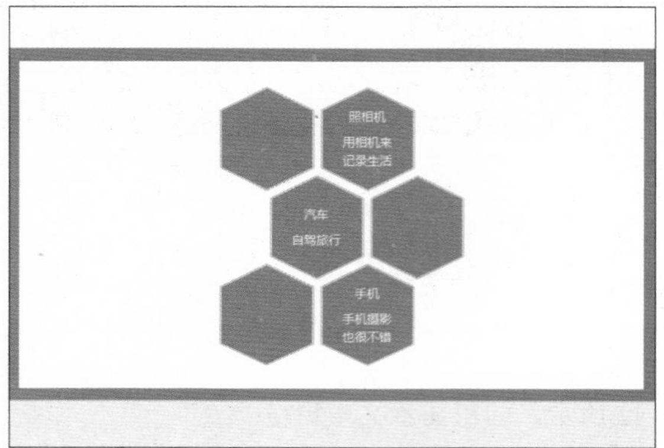

图 7-43 打开一个素材文件

图 7-44 切换至“设计”面板

步骤 03 在“创建图形”选项板中单击“添加形状”下拉按钮，弹出列表框，选择“在后面添加形状”选项，如图 7-45 所示。

步骤 04 执行操作后，即可添加形状，在添加的形状上单击鼠标右键，在弹出的快捷菜单中选择“编辑文字”选项，效果如图 7-46 所示。

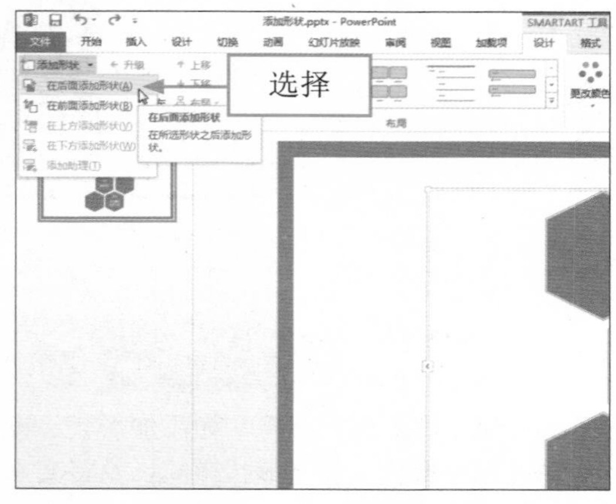

图 7-45 选择“在后面添加形状”选项

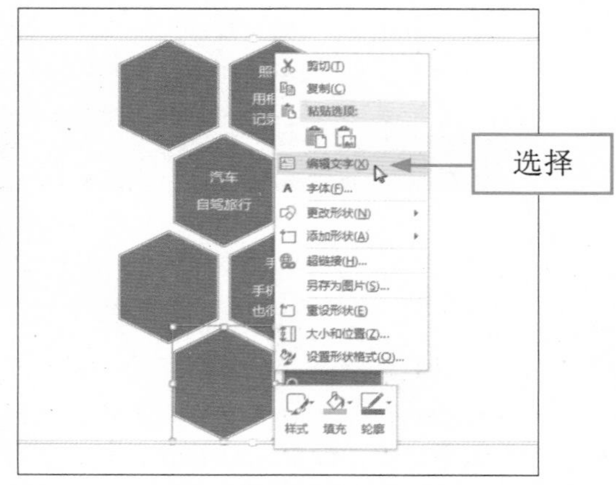

图 7-46 选择“编辑文字”选项

步骤 05 在添加的形状上，输入相应文本，如图 7-47 所示。

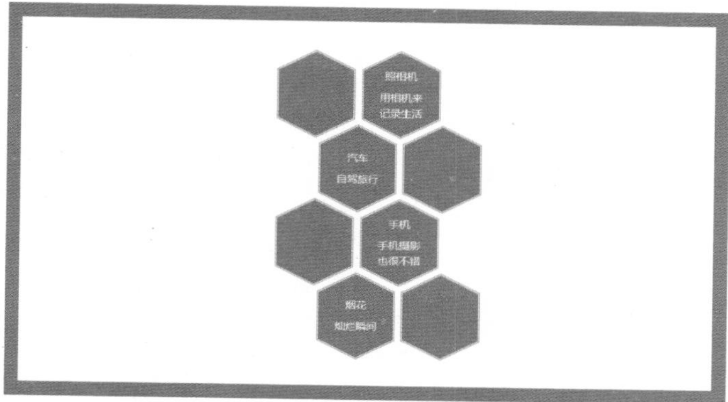

图 7-47 输入相应文本

专家指点

用户也可以在选中的图形上单击鼠标右键，在弹出的快捷菜单中选择“添加形状”选项，在弹出的子菜单中选择添加形状的位置。

7.3.2 设置级别

把文本项目或形状升级，就会变成扩大项目或形状的级别，对所选取的文本项目以上的文本项目，不会因形状的建立而改变，而对于所选取的文本项目以下的文本项目，则会自动分配到新形状之下。把文本项目或形状降级，就会变成减小项目或形状的级别，如果原本就是文本项目，降级后就会比以前的文本项目级别还小。

素材文件	光盘 \ 素材 \ 第 7 章 \ 综合学科 .pptx
效果文件	光盘 \ 效果 \ 第 7 章 \ 综合学科 .pptx
视频文件	光盘 \ 视频 \ 第 7 章 \7.3.2 设置级别 .mp4

实战 综合学科

步骤 01 在 PowerPoint 2013 中，打开演示文稿，如图 7-48 所示。

步骤 02 在幻灯片中，选择 SmartArt 图形中需要降级的单个图形，如图 7-49 所示。

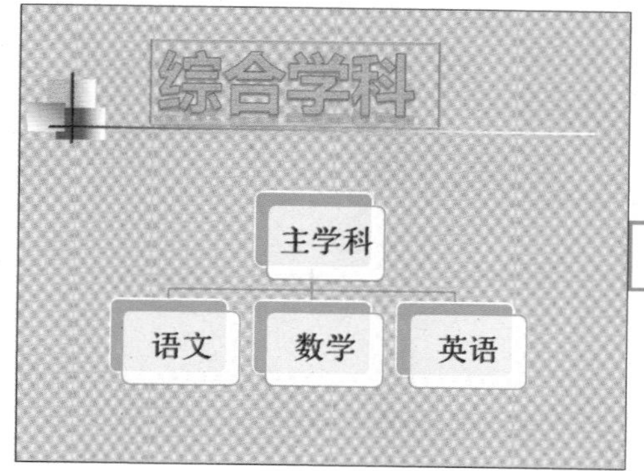

图 7-48 打开演示文稿

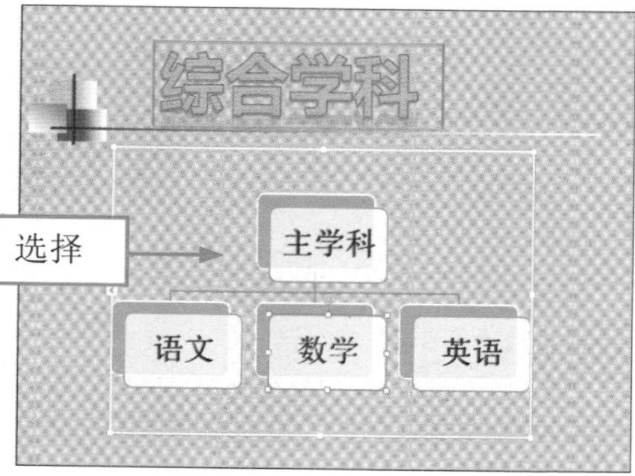

图 7-49 选择 SmartArt 图形中需要降级的图形

步骤 03 单击“SmartArt 工具 - 设计”命令，切换至“SmartArt 工具 - 设计”功能区，在“创建图形”选项区中单击“降级”按钮，如图 7-50 所示。

步骤 04 执行操作后，即可将图形降级，效果如图 7-51 所示。

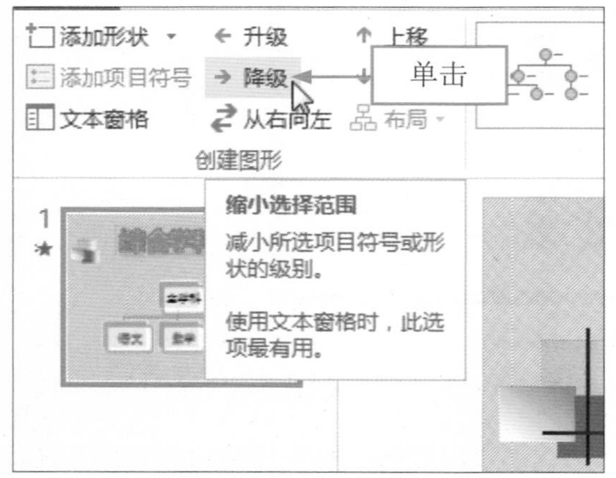

图 7-50 单击“降级”按钮

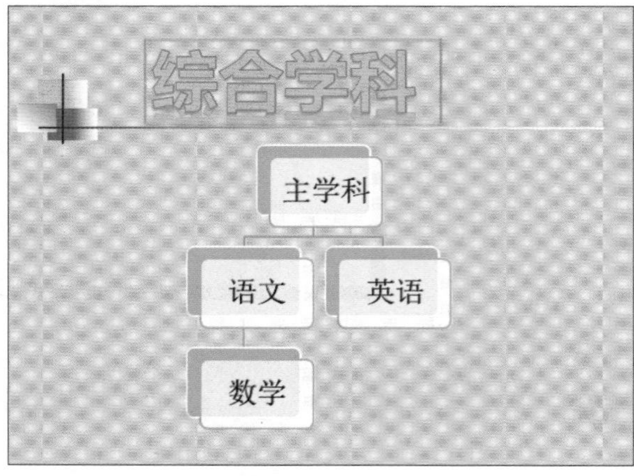

图 7-51 降级图形

专家指点

SmartArt 图形中输入的文字字号大小是根据输入的文字多少自动调节的，在保证图形形状大小不变的情况下，输入的文字越多相应的文字字号也就越小。相同 SmartArt 图形形状中的文字字号是相同的，它取决于相同 SmartArt 图形形状中的最小字号。

如果用户需要对 SmartArt 图形中的单个图形进行升级的话，可以在“SmartArt 工具 - 设计”功能区，单击“创建图形”选项区中的“升级”按钮；执行操作后，即可快速地对所选中的对象进行升级，如图 7-52 所示。

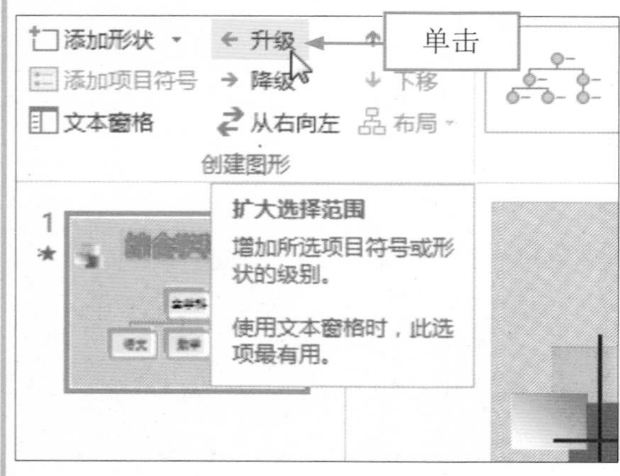

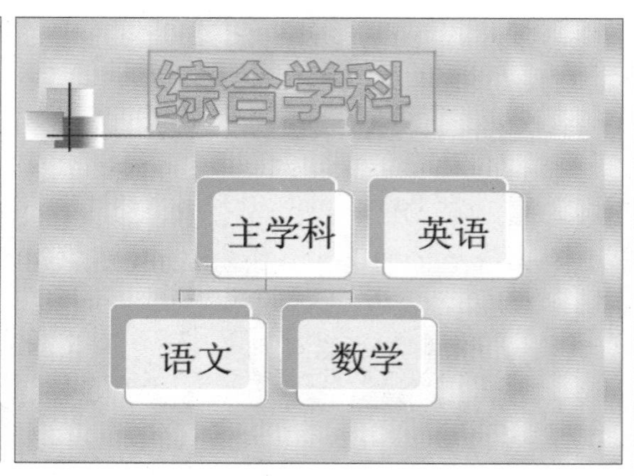

图 7-52 升级图形

7.3.3 更改图形布局

在 PowerPoint 2013 中，用户可以更改已经创建好的 SmartArt 图形布局。

素材文件	光盘 \ 素材 \ 第 7 章 \ 组织关系 .pptx
效果文件	光盘 \ 效果 \ 第 7 章 \ 组织关系 .pptx
视频文件	光盘 \ 视频 \ 第 7 章 \7.3.3 更改图形布局 .mp4

实战 组织关系

步骤 01 在 PowerPoint 2013 中，打开一个素材文件，如图 7-53 所示。

步骤 02 选择幻灯片中的 SmartArt 图形，切换至“SmartArt 工具”中的“设计”面板，在“布局”选项板中，单击“其他”下拉按钮，如图 7-54 所示。

图 7-53 打开一个素材文件

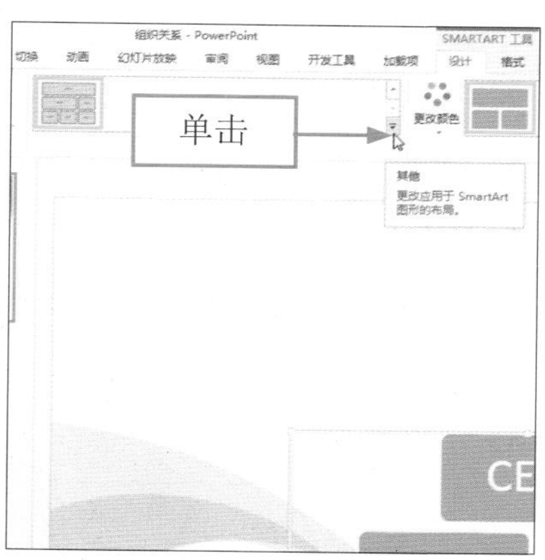

图 7-54 单击“其他”下拉按钮

步骤 03 弹出列表框，选择“其他布局”选项，如图 7-55 所示。

步骤 04 弹出“选择 SmartArt 图形”对话框，在“层次结构”选项卡的中间下拉列表框中选择“水平层次结构”选项，如图 7-56 所示。

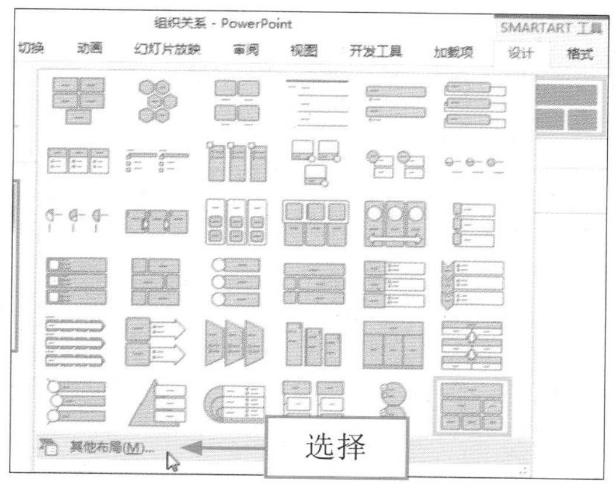

图 7-55 选择“其他布局”选项

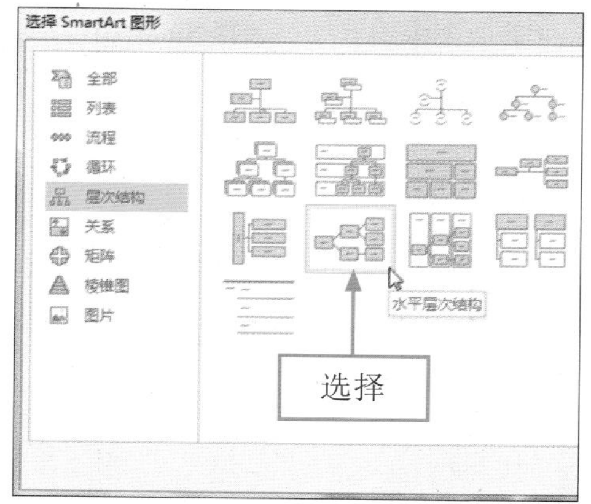

图 7-56 选择“水平层次结构”选项

专家指点

用户还可以在图形上单击鼠标右键，在弹出的快捷菜单中选择“更改布局”命令，在弹出的“选择 SmartArt 图形”对话框中，选择所需的样式，然后单击“确定”按钮，即可更改图形布局。

步骤 05 单击“确定”按钮，即可更改图形布局，如图 7-57 所示。

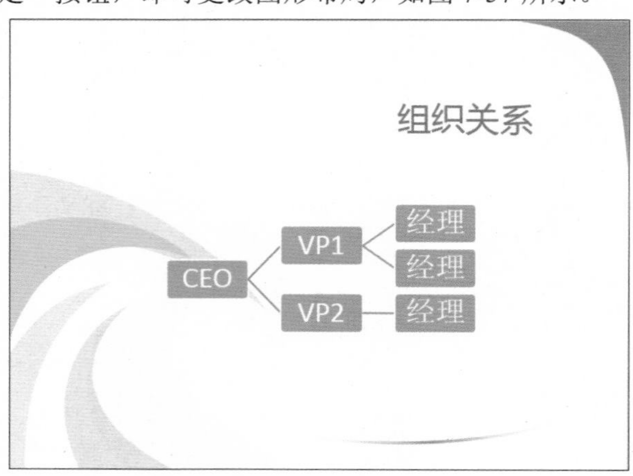

图 7-57 更改图形布局

7.3.4 设置 Smart Art 图形样式

在创建 SmartArt 图形之后，图形本身带了一定的样式，用户也可以根据需要更改 SmartArt 图形的样式。

	素材文件	光盘 \ 素材 \ 第 7 章 \ 设置 SmartArt 图形样式 .pptx
	效果文件	光盘 \ 效果 \ 第 7 章 \ 设置 SmartArt 图形样式 .pptx
	视频文件	光盘 \ 视频 \ 第 7 章 \7.3.4 设置 SmartArt 图形样式 .mp4

实战 设置 SmartArt 图形样式

步骤 01 在 PowerPoint 2013 中，打开一个素材文件，如图 7-58 所示。

步骤 02 在编辑区中，选择 SmartArt 图形，按住【Ctrl】键选择所有单个图形，如图 7-59 所示。

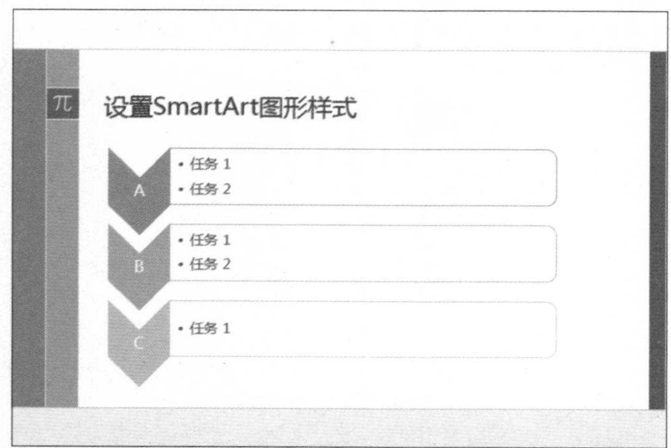

图 7-58 打开一个素材文件

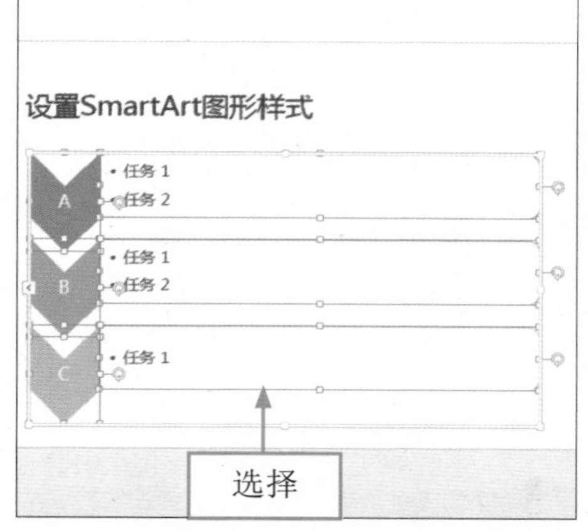

图 7-59 选择所有单个图形

步骤 03 切换至“SmartArt 工具”中的“格式”面板，在“形状样式”选项板中单击“其他”下拉按钮，如图 7-60 所示。

步骤 04 弹出列表框，选择“浅色 1 轮廓，彩色填充 - 灰色 25%，强调颜色 6”选项，效果如图 7-61 所示。

图 7-60 单击“其他”下拉按钮

图 7-61 选择“灰色 25%，强调颜色 6”选项

步骤 05 执行操作后，即可应用形状样式，如图 7-62 所示。

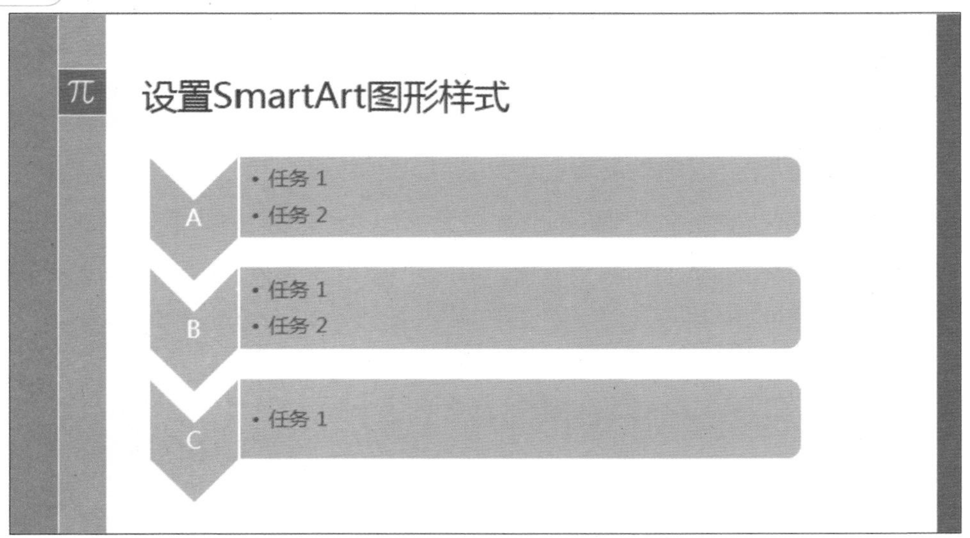

图 7-62 应用形状样式

专家指点

在 PowerPoint 2013 中，在编辑区中选择形状后，在“形状样式”选项板中，用户还可以设置“形状轮廓”和“形状效果”。

7.3.5 将文本转换为 Smart Art 图形

在 PowerPoint 2013 中，用户可以将文本直接转为 SmartArt 图形，使用这个功能可以方便地处理图形。

	素材文件	光盘 \ 素材 \ 第 7 章 \ 学习周期 .pptx
	效果文件	光盘 \ 效果 \ 第 7 章 \ 学习周期 .pptx
	视频文件	光盘 \ 视频 \ 第 7 章 \7.3.5 将文本转换为 SmartArt 图形 .mp4

实战 学习周期

步骤 01 在 PowerPoint 2013 中，打开一个素材文件，如图 7-63 所示。

步骤 02 在编辑区中，选择幻灯片中的文本，在“开始”面板中的“段落”选项板中，单击“转换为 SmartArt”下拉按钮，如图 7-64 所示。

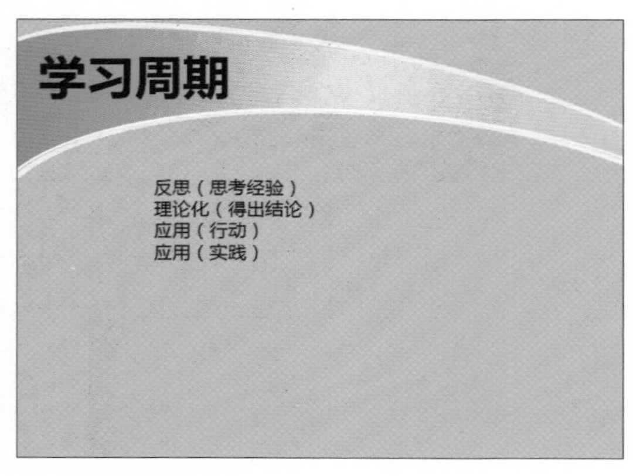

图 7-63 打开一个素材文件

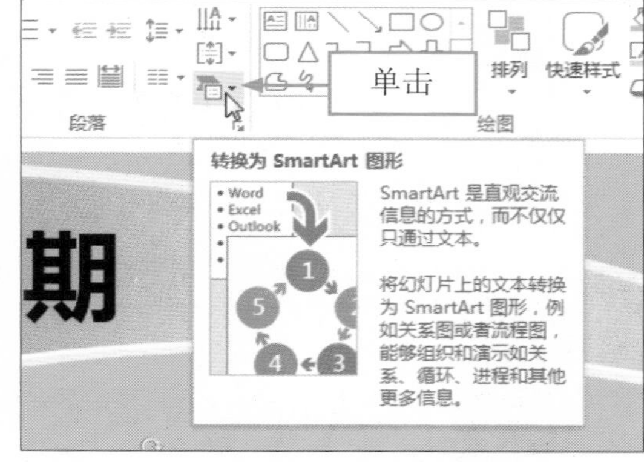

图 7-64 单击“转换为 SmartArt”下拉按钮

步骤 03 弹出列表框，选择“其他 SmartArt 图形”选项，如图 7-65 所示。

步骤 04 弹出“选择 SmartArt 图形”对话框，切换至“循环”选项卡，在中间的列表框中选择“基本循环”选项，如图 7-66 所示。

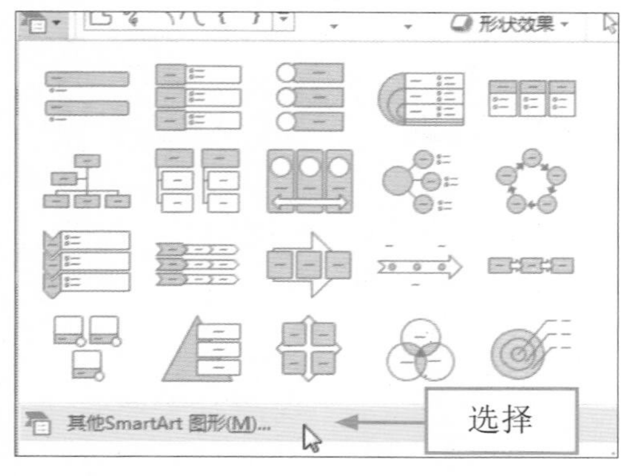

图 7-65 选择“其他 SmartArt 图形”选项

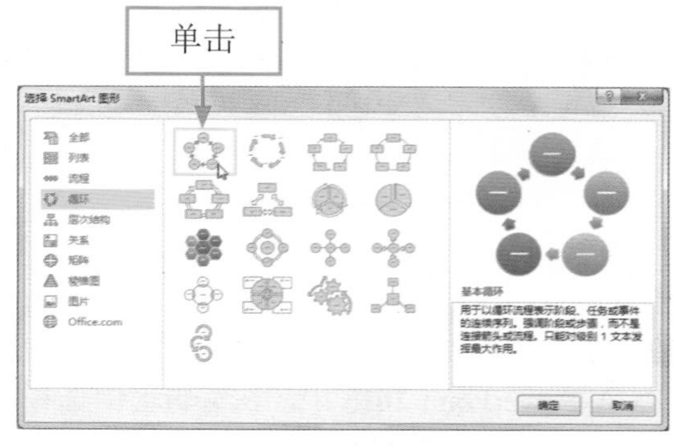

图 7-66 选择“基本循环”选项

步骤 05 单击“确定”按钮，即可将文本转换为SmartArt图形，调整图形的大小和位置，如图7-67所示。

步骤 06 选择SmartArt图形中的形状，切换至“SmartArt工具”中的“格式”面板，在“形状样式”选项板中，单击“其他”下拉按钮，在弹出的列表框中，选择“强烈效果 - 水绿色，强调颜色 5”选项，如图 7-68 所示。

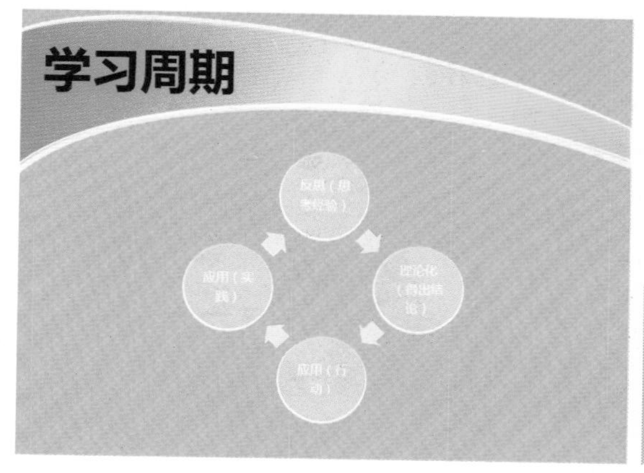

图 7-67 调整图形的大小和位置

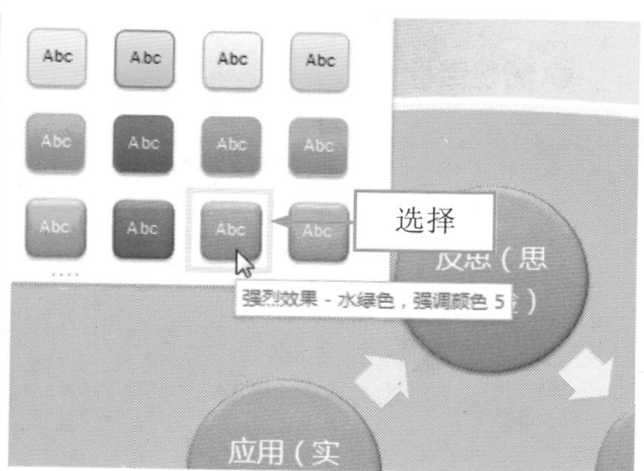

图 7-68 选择“强烈效果 - 水绿色，强调颜色 5”选项

步骤 07 执行操作后，即可将文本转换为 SmartArt 图形，效果如图 7-69 所示。

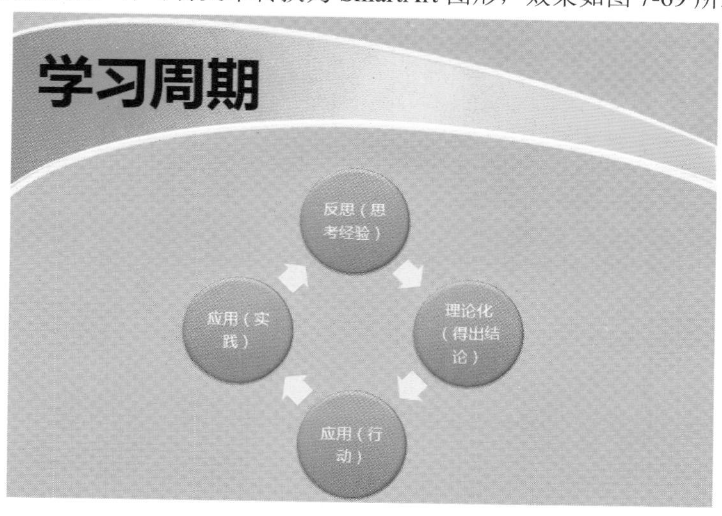

图 7-69 将文本转换为 SmartArt 图形

7.3.6 将 Smart Art 转换为文本

在 PowerPoint 2013 中还可以将 SmartArt 图形重新转换为文本。

	素材文件	光盘 \ 素材 \ 第 7 章 \ 清楚目标 .pptx
	效果文件	光盘 \ 效果 \ 第 7 章 \ 清楚目标 .pptx
	视频文件	光盘 \ 视频 \ 第 7 章 \7.3.6 将 SmartArt 转换为文本 .mp4

实战 清楚目标

步骤 01 在 PowerPoint 2013 中，打开一个素材文件，如图 7-70 所示。

步骤 02 在幻灯片中，选择需要转换为文本的 SmartArt 图形，如图 7-71 所示。

步骤 03 单击“SmartArt 工具 - 设计”命令，切换至“SmartArt 工具 - 设计”功能区，在“重置”选项区中单击“转换”按钮，如图 7-72 所示。

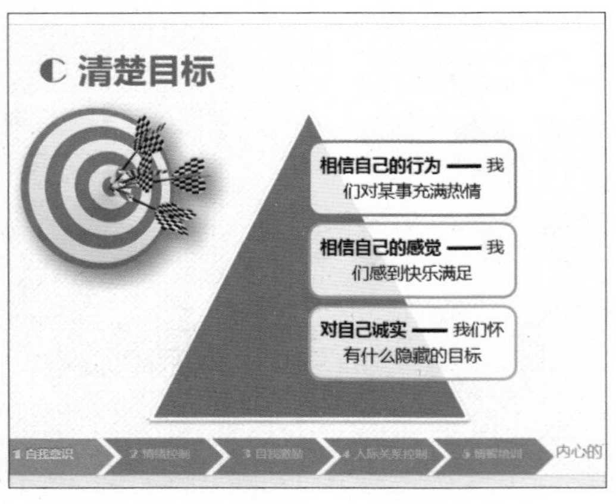

图 7-70 打开演示文稿

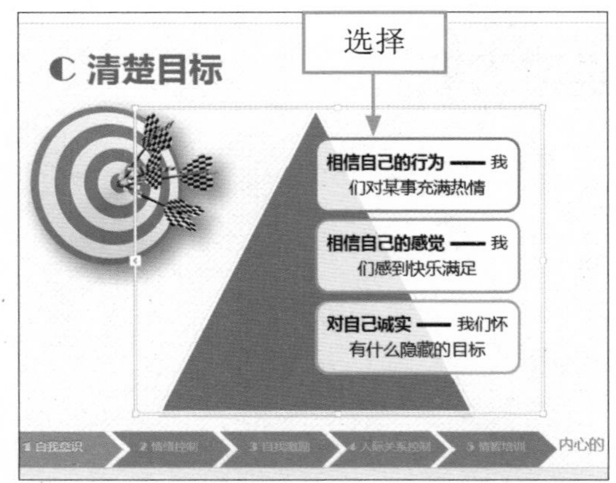

图 7-71 选择需要转换为文本的 SmartArt 图形

步骤 04 弹出列表框，选择“转换为文本”选项，如图 7-73 所示。

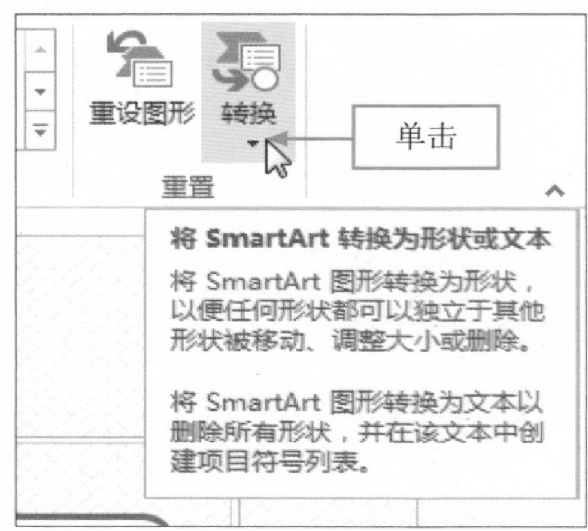

图 7-72 单击“转换”按钮

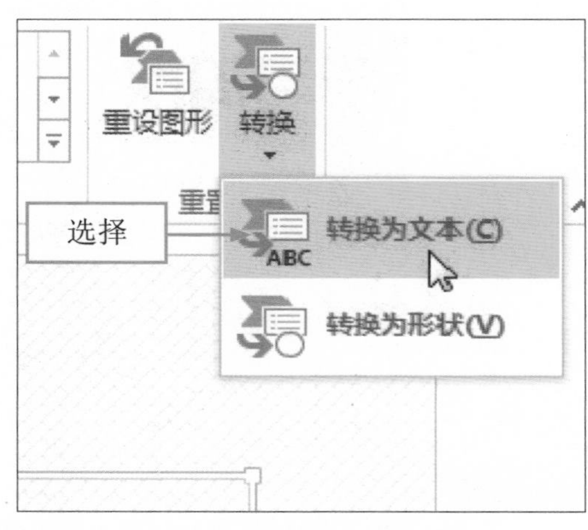

图 7-73 选择“转换为文本”选项

步骤 05 执行上述操作后，SmartArt 图形即可转换为带有项目符号的文本，如图 7-74 所示。

步骤 06 在编辑区中，适当调整文本的行距及位置，如图 7-75 所示。

图 7-74 转换为带有项目符号的文本

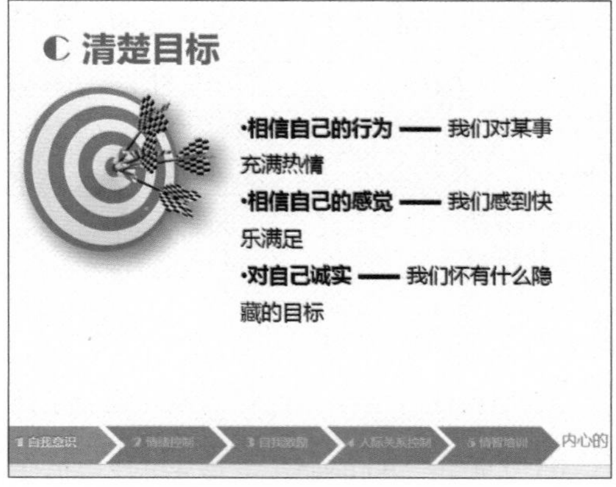

图 7-75 最终效果

7.3.7 更改 SmartArt 图形形状

在演示文稿中创建的 SmartArt 图形的形状一般比较单一，不能够精确、生动地传达用户所要传达的信息，因此，常常需要对其进行更改。

	素材文件	光盘 \ 素材 \ 第 7 章 \ 深度调查 .pptx
	效果文件	光盘 \ 效果 \ 第 7 章 \ 深度调查 .pptx
	视频文件	光盘 \ 视频 \ 第 7 章 \7.3.7 更改 SmartArt 图形形状 .mp4

实战 深度调查

步骤 01 在 PowerPoint 2013 中，打开一个素材文件，如图 7-76 所示。

步骤 02 在编辑区中，按住【Ctrl】键依次选择需要更改形状的 SmartArt 图形，如图 7-77 所示。

图 7-76 打开演示文稿

图 7-77 选择需要更改形状的 SmartArt 图形

步骤 03 单击“SmartArt 工具 - 格式”命令，切换至“SmartArt 工具 - 格式”功能区，单击“更改形状”下拉按钮，如图 7-78 所示。

步骤 04 弹出列表框，选择“五边形”选项，如图 7-79 所示。

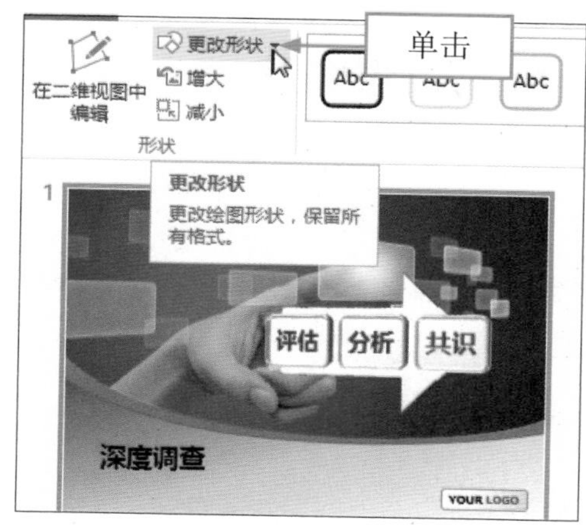

图 7-78 单击“更改形状”下拉按钮

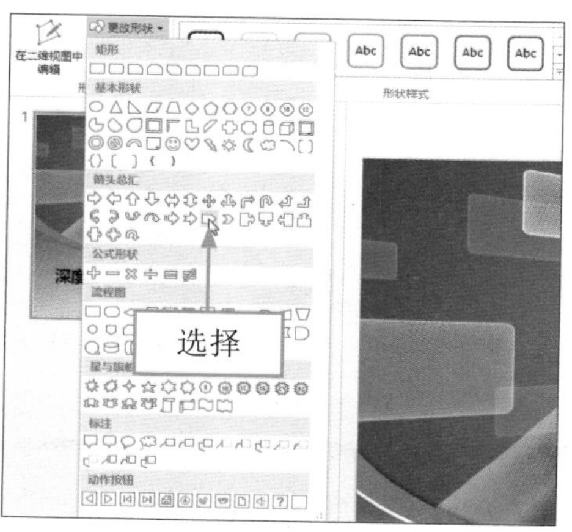

图 7-79 选择“五边形”选项

步骤 05 执行操作后，即可更改 SmartArt 图形中的形状，如图 7-80 所示。

图 7-80 最终效果图

7.3.8 调整 SmartArt 图形形状大小

在 PowerPoint 2013 中，除了可以快速调整整个 SmartArt 图形的大小外，用户还可以通过“增大”或“减小”命令调整单个形状的大小。

	素材文件	光盘 \ 素材 \ 第 7 章 \ 项目日程与里程碑 .pptx
	效果文件	光盘 \ 效果 \ 第 7 章 \ 项目日程与里程碑 .pptx
	视频文件	光盘 \ 视频 \ 第 7 章 \7.3.8 调整 SmartArt 图形形状大小 .mp4

实战 项目日程与里程碑

步骤 01 在 PowerPoint 2013 中，打开一个素材文件，如图 7-81 所示。

步骤 02 在幻灯片中，选择需要调整大小的图形，如图 7-82 所示。

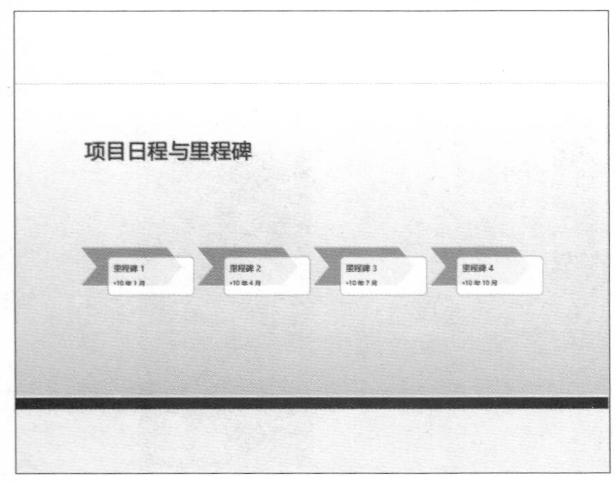

图 7-81 打开演示文稿

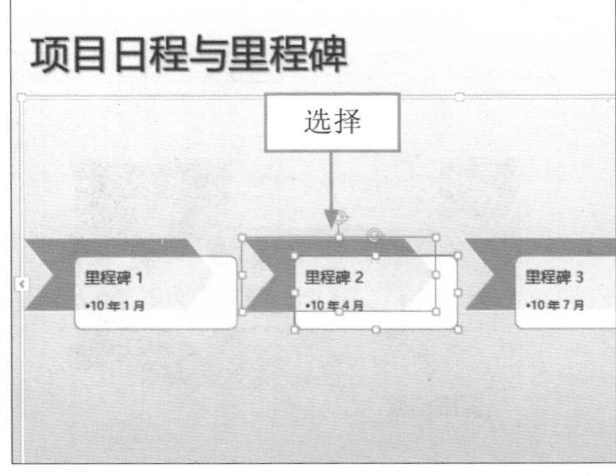

图 7-82 选择需要调整大小的图形

步骤 03 单击“SmartArt 工具 - 格式”命令，切换至“SmartArt 工具 - 格式”功能区，在“形状”选项区中单击“增大”按钮，如图 7-83 所示。

步骤 04 执行上述操作后，即可增大 SmartArt 图形中的形状，如图 7-84 所示。

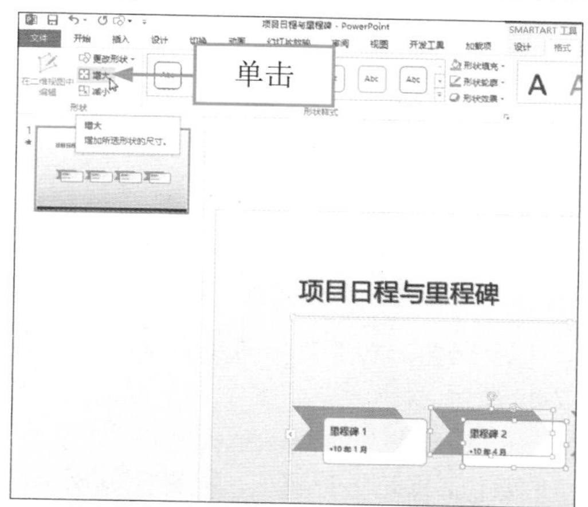

图 7-83 单击“增大”按钮

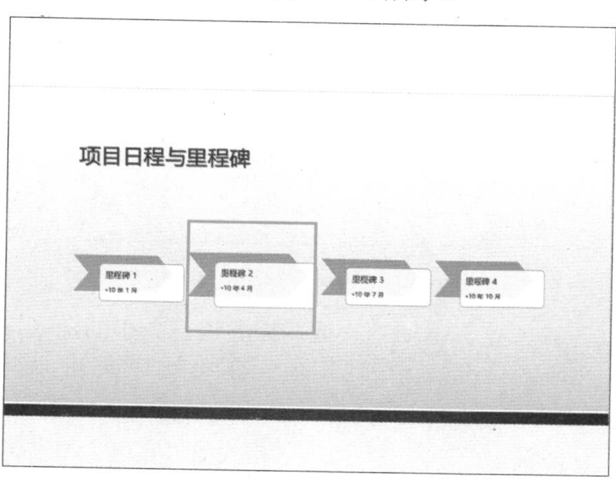

图 7-84 增大 SmartArt 图形中的形状

专家指点

除了上述所说的操作方法外，用户还可以使用以下操作方法。

* 对话框调整法：

（1）单击“SmartArt 工具 - 格式”功能区中的“大小和位置”按钮，如图 7-85 所示。

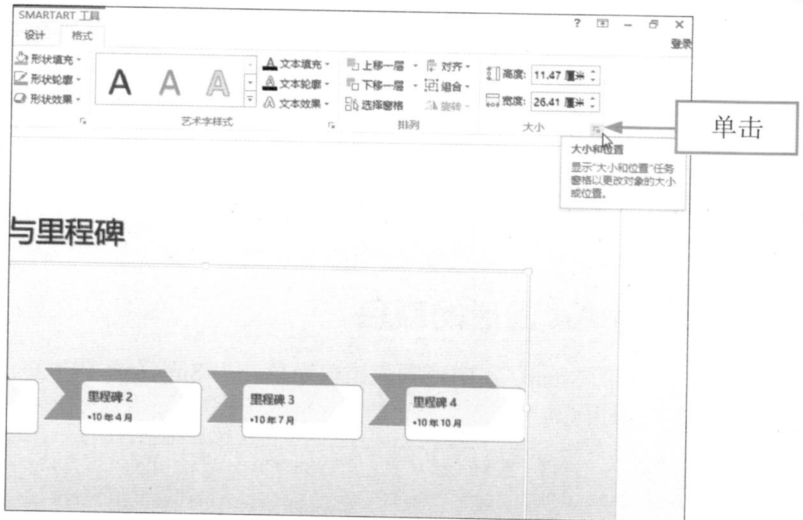

图 7-85 单击“大小和位置”按钮

（2）弹出“设置形状格式”，在展开的“大小”选项区中，设置“宽度”和“高度”的数值，如图 7-86 所示。

（3）执行上述操作后，即可调整 SmartArt 图形中形状的大小，如图 7-87 所示。

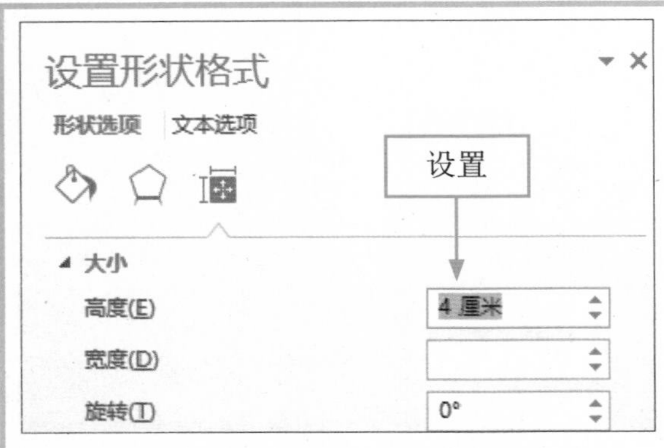

图 7-86 设置各选项

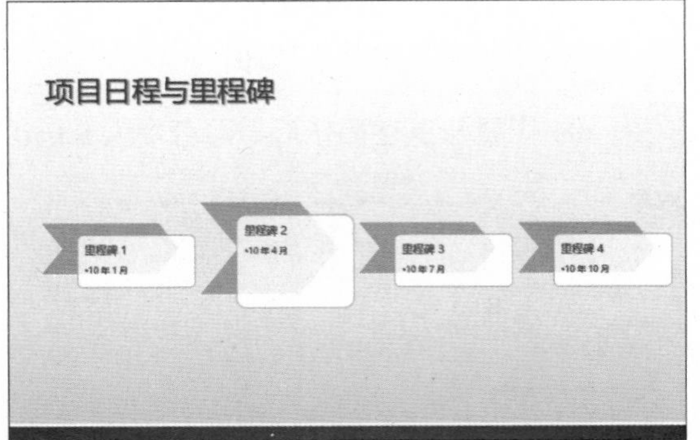

图 7-87 调整 SmartArt 图形中形状的大小

＊ 鼠标拖动法：选择需要调整大小的图形，将光标移至图形右上角，当其变为斜向的箭头时，单击鼠标左键并拖曳图形控制框即可，如图 7-88 所示。

＊ 数值框调整法：单击“SmartArt 工具 - 格式”命令，切换至“SmartArt 工具 - 格式”功能区，在“大小”选项区中设置“宽度”和“高度”的数值，即可进行调整，如图 7-89 所示。

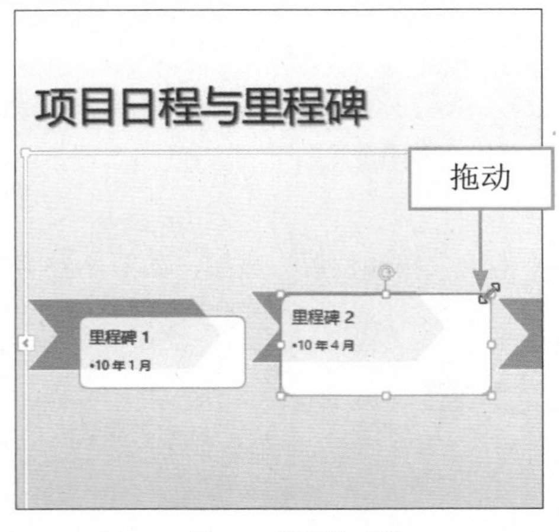

图 7-88 鼠标拖动法

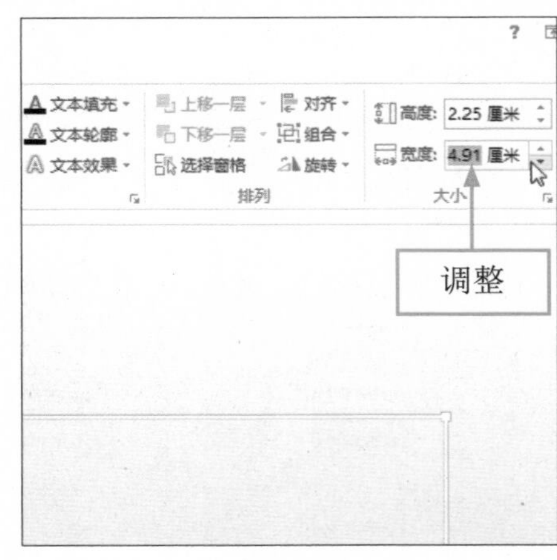

图 7-89 数值框调整法

7.3.9 更改 SmartArt 图形的颜色

在幻灯片中首次插入的 SmartArt 图形颜色比较简单，为 SmartArt 图形更改更加丰富的颜色可以让 SmartArt 图形的表现更好。

	素材文件	光盘 \ 素材 \ 第 7 章 \ 更改 SmartArt 图形的颜色 .pptx
	效果文件	光盘 \ 效果 \ 第 7 章 \ 更改 SmartArt 图形的颜色 .pptx
	视频文件	光盘 \ 视频 \ 第 7 章 \7.3.9 更改 SmartArt 图形的颜色 .mp4

实战 更改 SmartArt 图形的颜色

步骤 01 在 PowerPoint 2013 中，打开一个素材文件，如图 7-90 所示。

步骤 02 在幻灯片中，选择需要更改颜色的 SmartArt 图形，如图 7-91 所示。

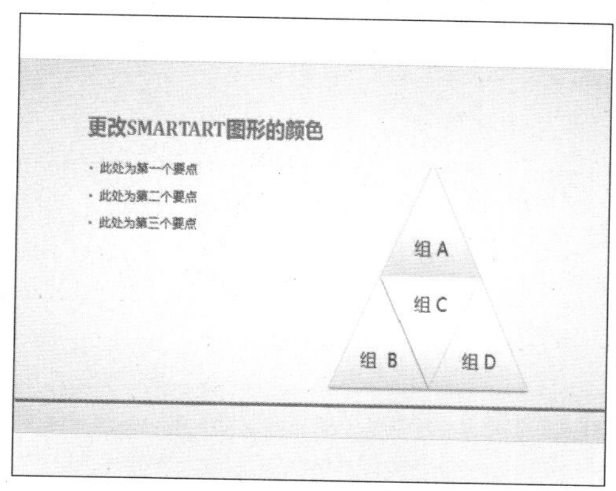

图 7-90 打开演示文稿

图 7-91 选择需要更改颜色的 SmartArt 图形

步骤 03 单击“SmartArt 工具 - 设计”命令，切换至“SmartArt 工具 - 设计”功能区，在“SmartArt 样式”选项区中，单击“更改颜色”按钮，如图 7-92 所示。

步骤 04 弹出列表框，选择“彩色”选项区中的“彩色 - 着色”选项，如图 7-93 所示。

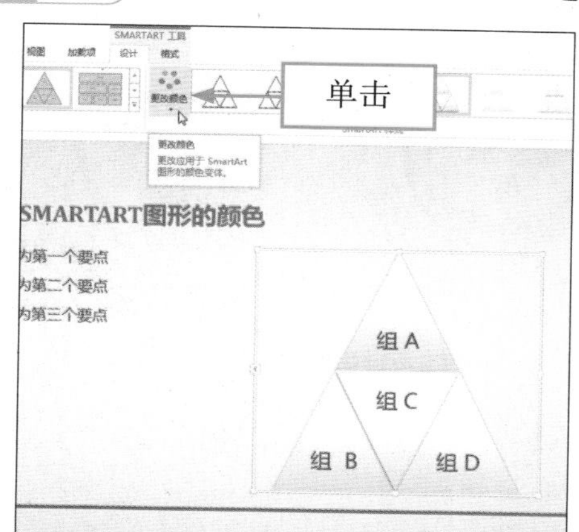

图 7-92 单击“更改颜色”按钮

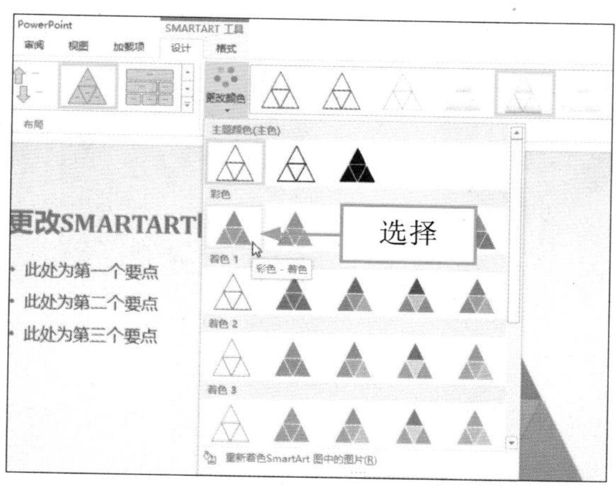

图 7-93 选择相应选项

步骤 05 执行上述操作后，即可更改 SmartArt 图形的颜色，如图 7-94 所示。

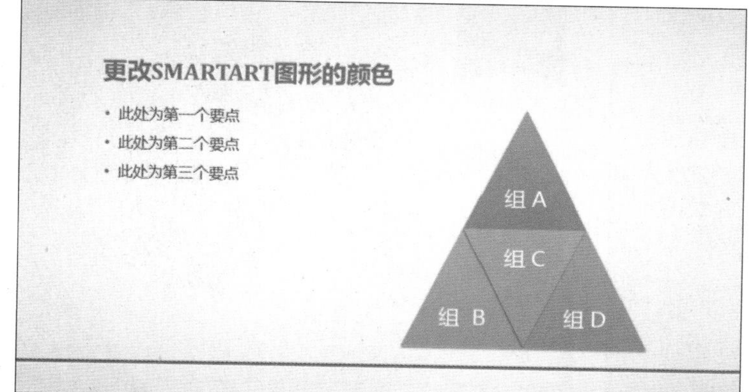

图 7-94 最终效果图

在 PowerPoint 2013 中，将 SmartArt 图形插入演示文稿的时候，如果未指定主题，SmartArt 图形将与演示文稿中的其他内容所使用的图形主题相匹配。如果更改了演示文稿的主题，则 SmartArt 图形的外观也将自动更新。

7.3.10 还原被更改的 SmartArt 图形

SmartArt 图形中的形状对象也可以被还原。

	素材文件	光盘 \ 素材 \ 第 7 章 \ 情感动力图 .pptx
	效果文件	光盘 \ 效果 \ 第 7 章 \ 情感动力图 .pptx
	视频文件	光盘 \ 视频 \ 第 7 章 \7.3.10 还原被更改的 SmartArt 图形 .mp4

实战 情感动力图

步骤 01 在 PowerPoint 2013 中，打开一个素材文件，如图 7-95 所示。

步骤 02 在幻灯片中，选择需要还原的 SmartArt 图形，如图 7-96 所示。

图 7-95 打开演示文稿

图 7-96 选择需要还原的 SmartArt 图形

步骤 03 单击“SmartArt 工具 - 设计”命令，切换至“SmartArt 工具 - 设计”功能区，在“重置”选项区中，单击“重设图形”按钮，如图 7-97 所示。

步骤 04 执行上述操作后，即可还原被更改的 SmartArt 图形，如图 7-98 所示。

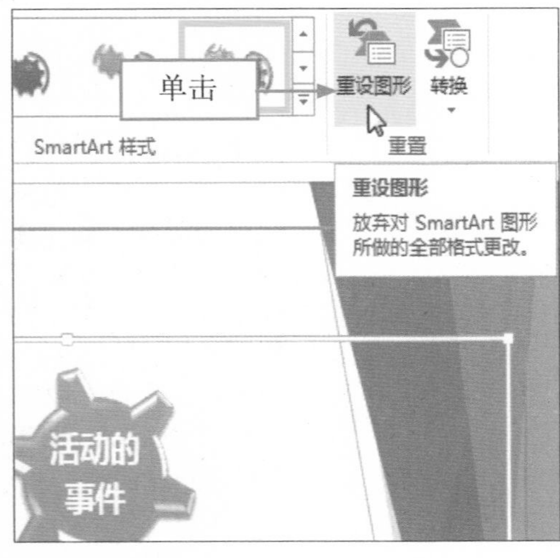

图 7-97 单击“重设图形”按钮

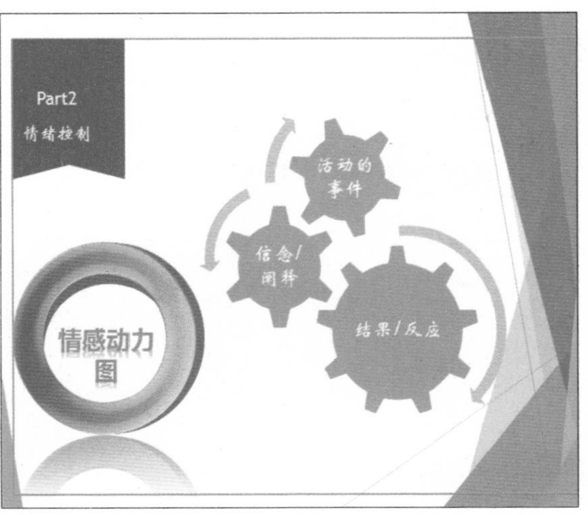

图 7-98 还原被更改的 SmartArt 图形

专家指点

除上述所说的还原被更改 SmartArt 图形的方法外，用户还可以选中被更改的图形，单击鼠标右键，弹出快捷菜单，在快捷菜单中选择“重设图形”选项，即可还原被更改 SmartArt 图形，如图 7-99 所示。

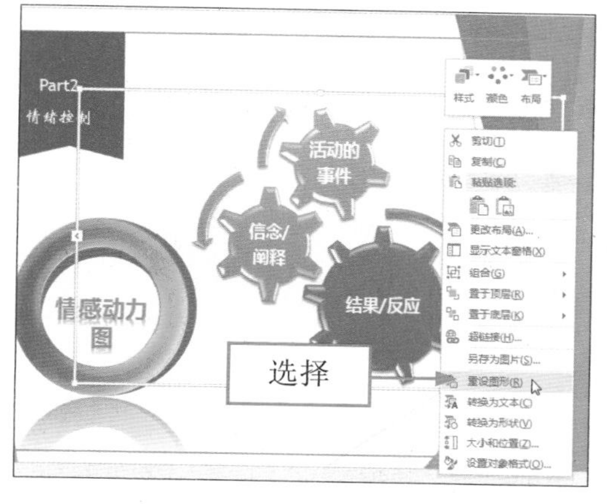

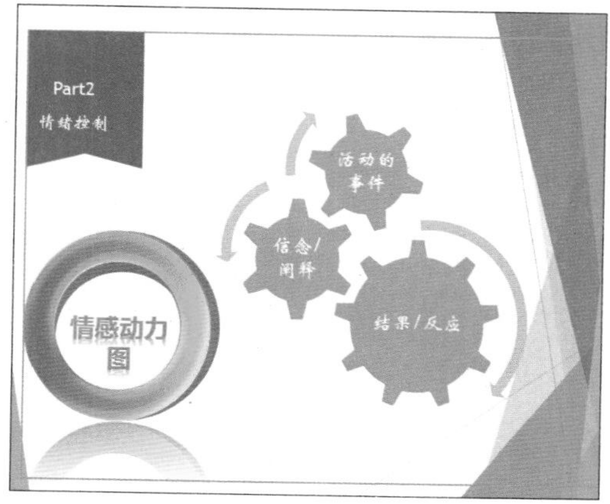

图 7-99 还原被更改 SmartArt 图形

7.3.11 SmartArt 图形改为从右向左显示

对于 PowerPoint 2013 中的 SmartArt 图形而言，大部分都可以改变其原始布局方向。下面向用户介绍具体的操作方法。

	素材文件	光盘 \ 素材 \ 第 7 章 \ 变化 .pptx
	效果文件	光盘 \ 效果 \ 第 7 章 \ 变化 .pptx
	视频文件	光盘 \ 视频 \ 第 7 章 \7.3.11 SmartArt 图形改为从右向左显示 .mp4

实战 变化

步骤 01 在 PowerPoint 2013 中，打开一个素材文件，如图 7-100 所示。

步骤 02 在幻灯片中，选择需要改变显示方向的 SmartArt 图形，如图 7-101 所示。

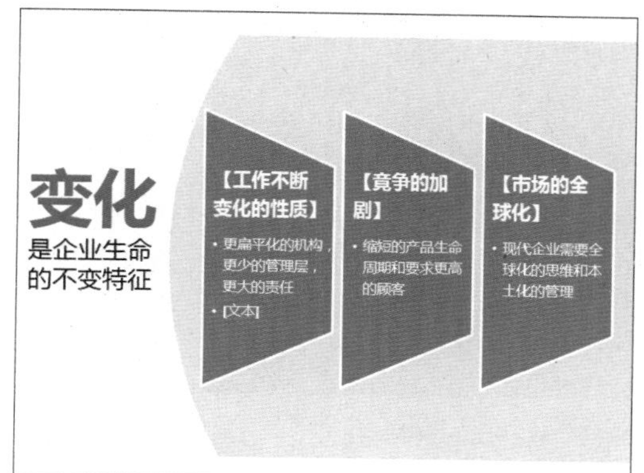

图 7-100 打开演示文稿

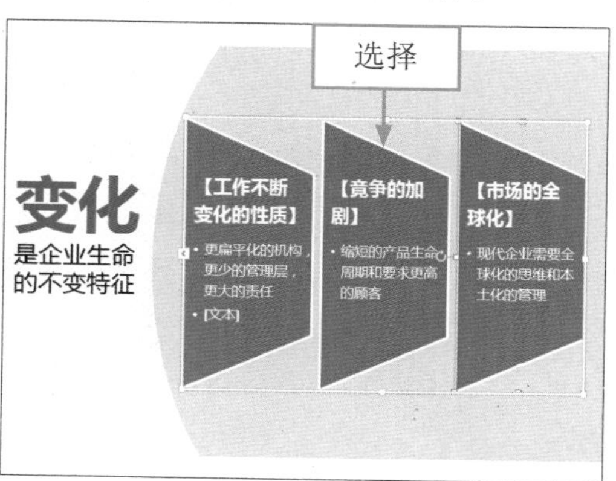

图 7-101 选择需要改变显示方向的 SmartArt 图形

步骤 03 单击“SmartArt 工具 - 设计”命令，切换至“SmartArt 工具 - 设计”功能区，在“创建图形”功能区，单击“从右向左”按钮，如图 7-102 所示。

步骤 04 执行上述操作后，即可将 SmartArt 图形改为从右向左显示，如图 7-103 所示。

图 7-102 单击“从右向左”按钮

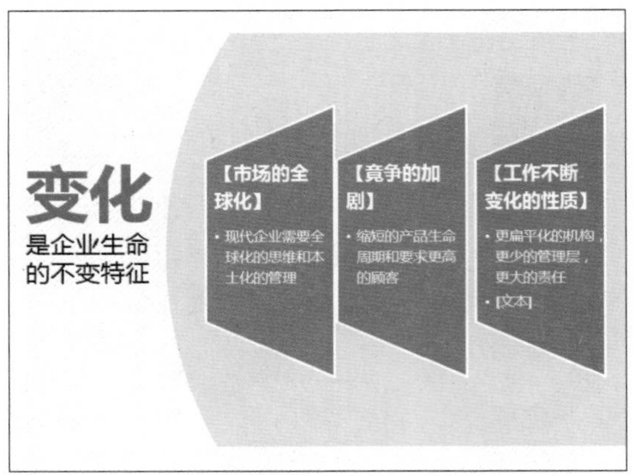

图 7-103 将 SmartArt 图形改为从右向左显示

7.3.12 将 SmartArt 转换为形状

SmartArt 图形是信息和观点的视觉表示形式，它十分精美，也正因为如此使用相当广泛，我们可以把现有 SmartArt 图形转换为形状，这样毫无疑问会给幻灯片增色，提高用户体验。下面向大家介绍 SmartArt 图形转换为形状的操作方法。

	素材文件	光盘 \ 素材 \ 第 7 章 \ 成功的秘诀 .pptx
	效果文件	光盘 \ 效果 \ 第 7 章 \ 成功的秘诀 .pptx
	视频文件	光盘 \ 视频 \ 第 7 章 \7.3.12 将 SmartArt 转换为形状 .mp4

实战 成功的秘诀

步骤 01 在 PowerPoint 2013 中，打开一个素材文件，如图 7-104 所示。

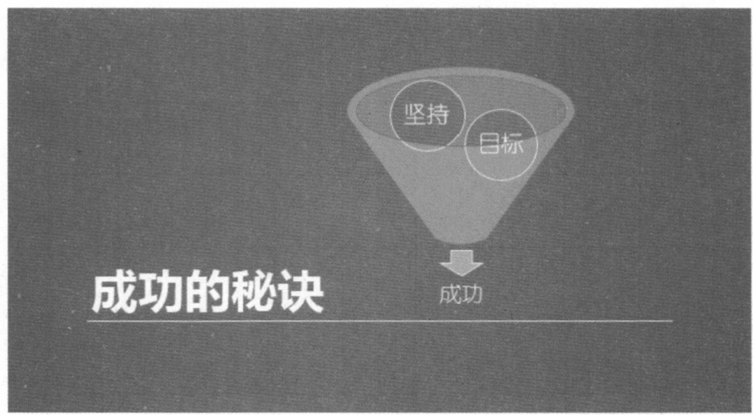

图 7-104 打开演示文稿

步骤 02 在编辑区中，选择需要转换为形状的 SmartArt 图形，如图 7-105 所示。

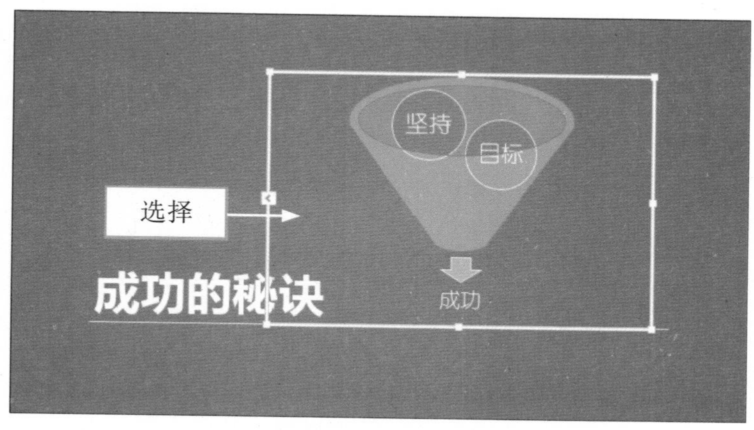

图 7-105 选择需要转换为形状的 SmartArt 图形

步骤 03 单击“SmartArt 工具 - 设计”命令，切换至“SmartArt 工具 - 设计”功能区，在“重置”选项区中单击“转换”按钮，如图 7-106 所示。

步骤 04 弹出列表框，选择“转换为形状”选项，如图 7-107 所示。

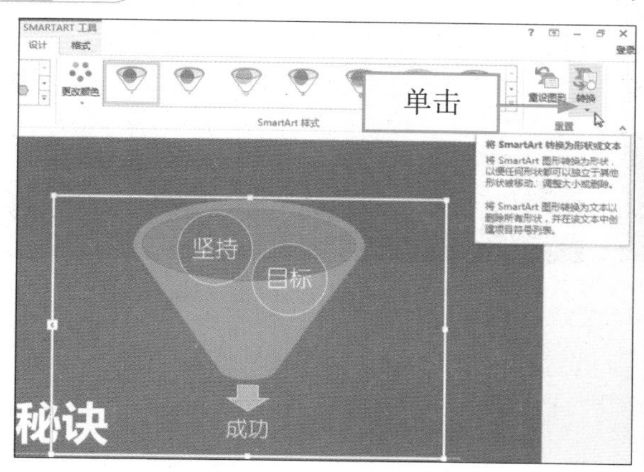

图 7-106 单击“转换”按钮

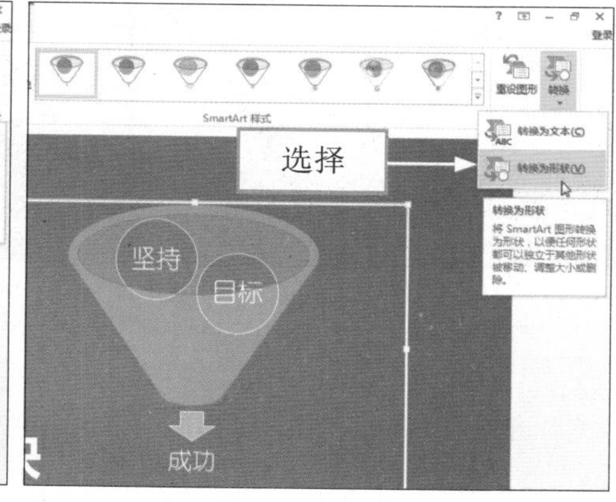

图 7-107 选择“转换为形状”选项

步骤 05 执行上述操作后，SmartArt 图形即可转换为形状，如图 7-108 所示。

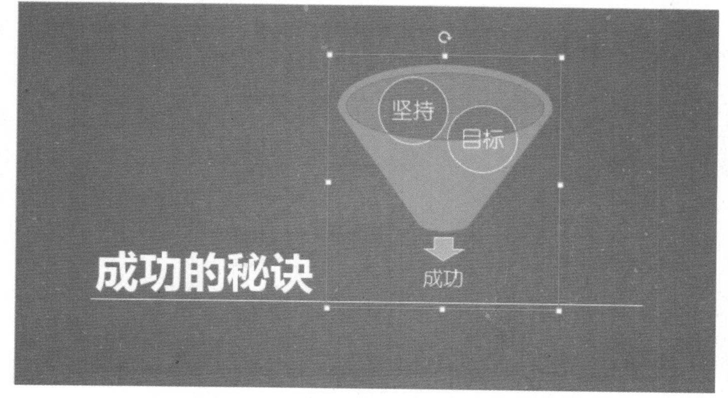

图 7-108 最终效果图

在 SmartArt 图形中编辑和移动形状的时候，各个形状之间有一定的联系，在调整和编辑形状的时候，无法方便快速地对形状进行操作。将 SmartArt 图形转化为形状来编辑就要方便很多，用户可以在转换为形状之后对形状进行移动、调整或删除。

7.3.13 使用图片对形状进行填充

除了直接在 SmartArt 图形的图片占位符中插入图片以外，还可以直接对 SmartArt 图形的形状添加图片填充效果，也可以达到对 SmartArt 图形进行图像编辑的作用。

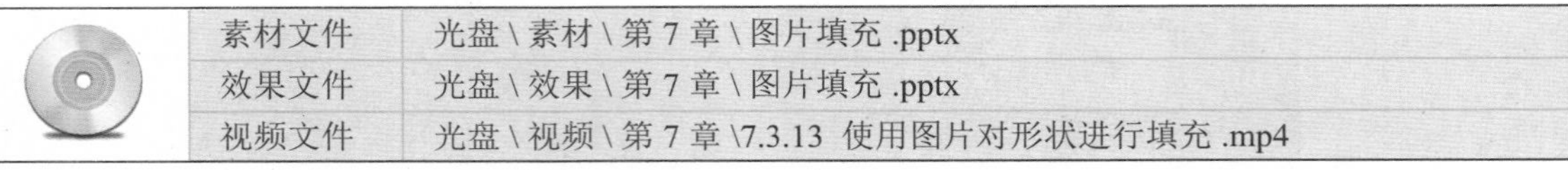

	素材文件	光盘 \ 素材 \ 第 7 章 \ 图片填充 .pptx
	效果文件	光盘 \ 效果 \ 第 7 章 \ 图片填充 .pptx
	视频文件	光盘 \ 视频 \ 第 7 章 \7.3.13 使用图片对形状进行填充 .mp4

实战 图片填充

步骤 01 在 PowerPoint 2013 中，打开一个素材文件，如图 7-109 所示。

步骤 02 在幻灯片中，选择需要使用图片填充的 SmartArt 图形形状，如图 7-110 所示。

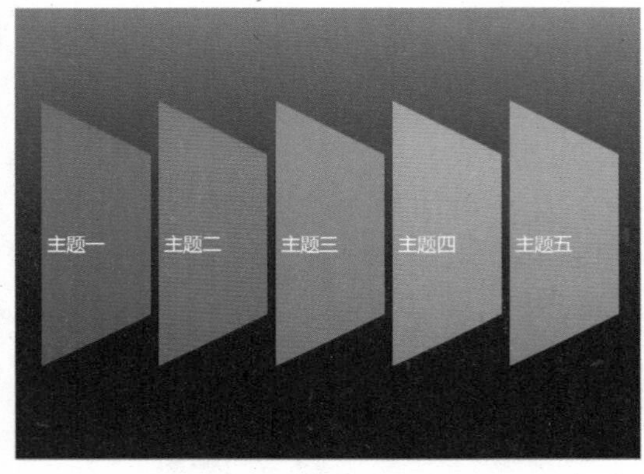

图 7-109 打开演示文稿

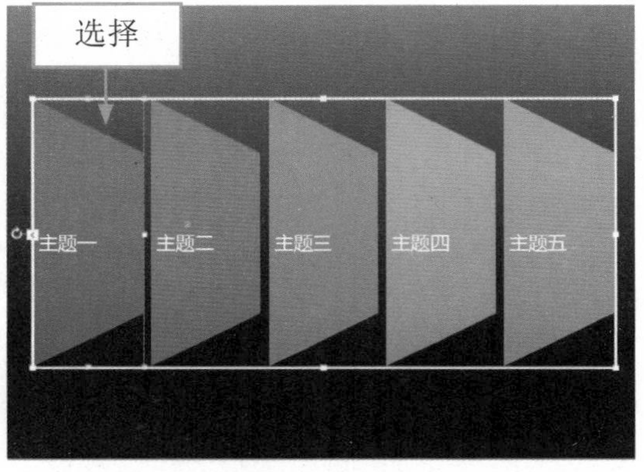

图 7-110 选择需使用图片填充的 SmartArt 图形形状

步骤 03 单击“SmartArt 工具 - 格式”命令，切换至“SmartArt 工具 - 格式”功能区，在“形状样式”选项区中单击“形状填充”按钮，如图 7-111 所示。

步骤 04 弹出列表框，选择“图片”选项，如图 7-112 所示。

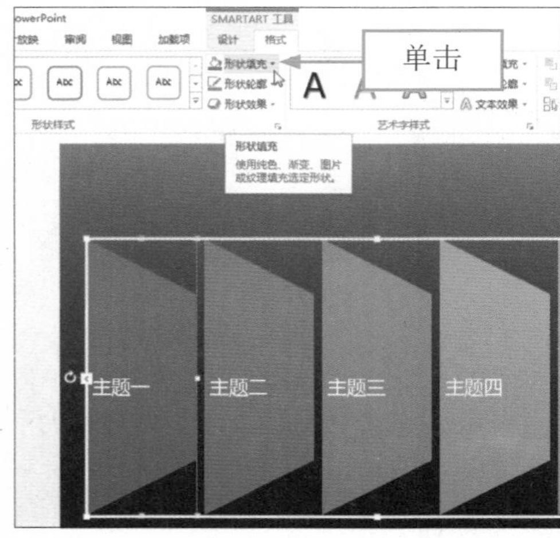

图 7-111 单击“形状填充”按钮

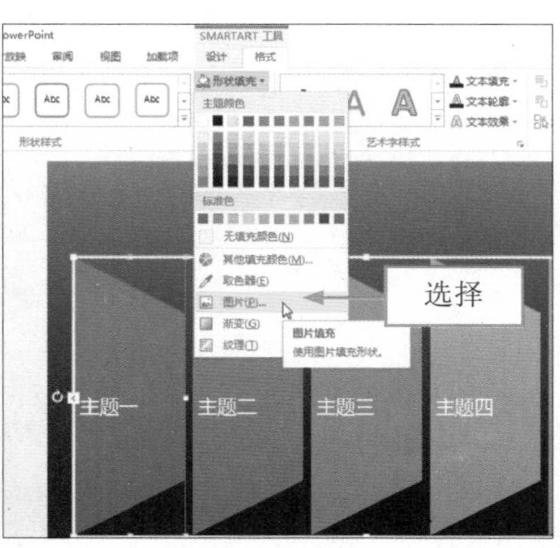

图 7-112 选择“图片”选项

步骤 05 弹出“插入图片”对话框，单击“浏览”按钮，如图 7-113 所示。

步骤 06 弹出“插入图片”对话框，选择相应图片，单击“插入”按钮，如图 7-114 所示。

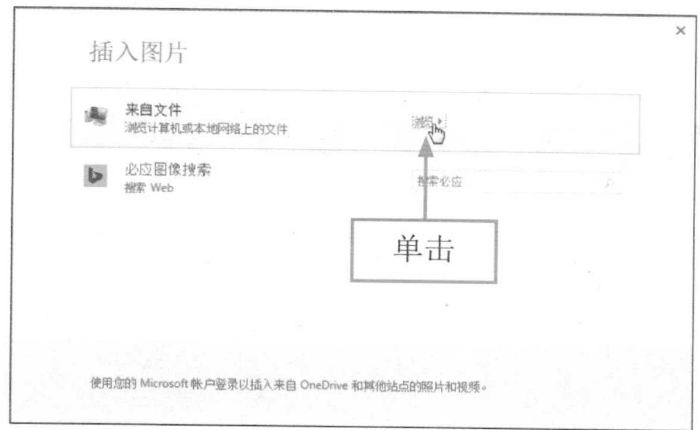

图 7-113 单击“浏览”按钮

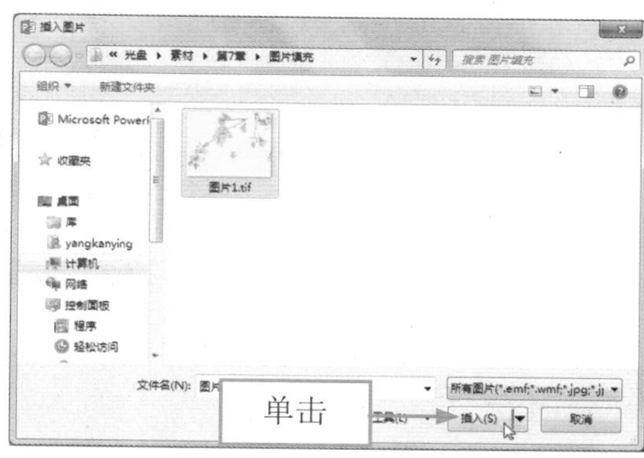

图 7-114 单击“插入”按钮

步骤 07 执行上述操作后，即可在 SmartArt 图形形状中填充图片，如图 7-115 所示。

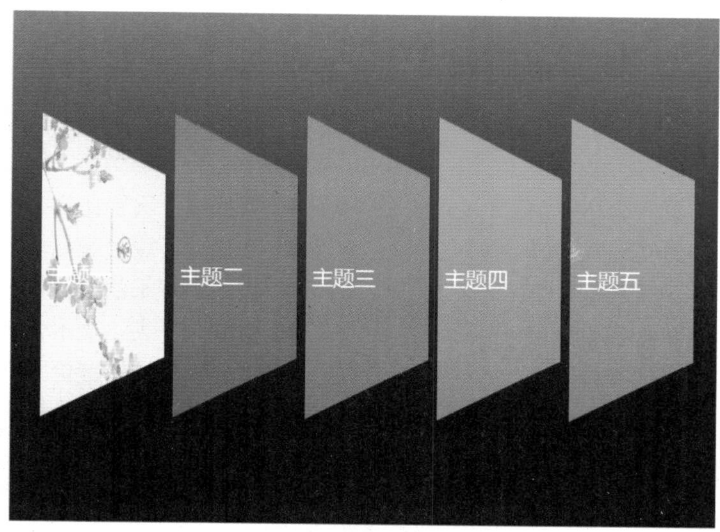

图 7-115 在 SmartArt 图形形状中填充图片

专家指点

通过 SmartArt 图形形状添加图片填充的操作可以看出，将形状视为一个普通的自选图形形状，可以对其进行更多的操作，例如添加形状轮廓、设置形状效果，以及快速添加形状样式等。

表格对象特效的设计

学习提示

在 PowerPoint 中，可以制作仅包含表格的幻灯片，也可将一个表格插入到已存在的幻灯片中，通常可以使用表格制作财务报表等。本章主要向读者介绍创建表格对象、导入外部表格、设置表格效果以及设置表格文本样式等内容。

本章案例导航

- 实战——插入表格
- 实战——日历
- 实战——销售数据
- 实战——年度销售比例
- 实战——时间安排
- 实战——飞镖比赛命中率
- 实战——成绩表
- 实战——乘法表
- 实战——表格文本对齐方式
- 实战——市场竞价

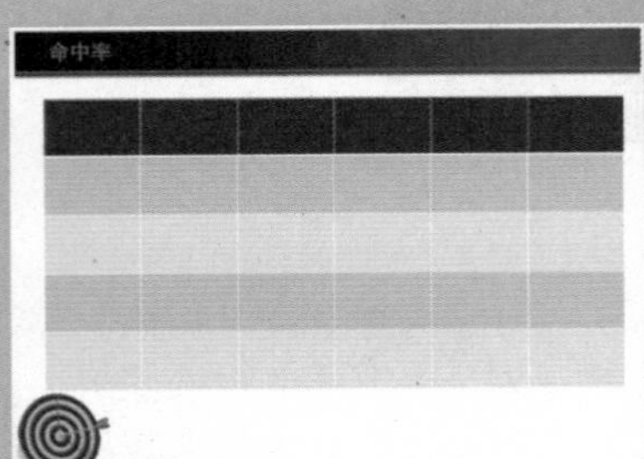

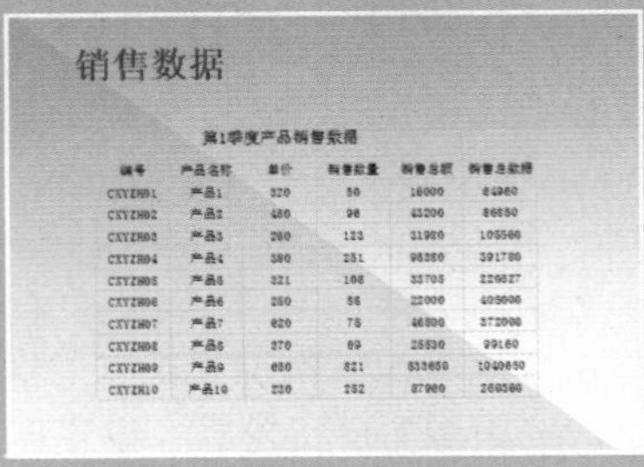

月份	橙汁（元）	柠檬（元）	可乐（元）	七喜（元）
7月	8000	2500	1500	1000
8月	1100	900	1400	1200
9月	1240	1800	1300	1600
10月	1300	800	2000	1200
11月	1000	950	1900	1400
12月	1050	950	1900	1400

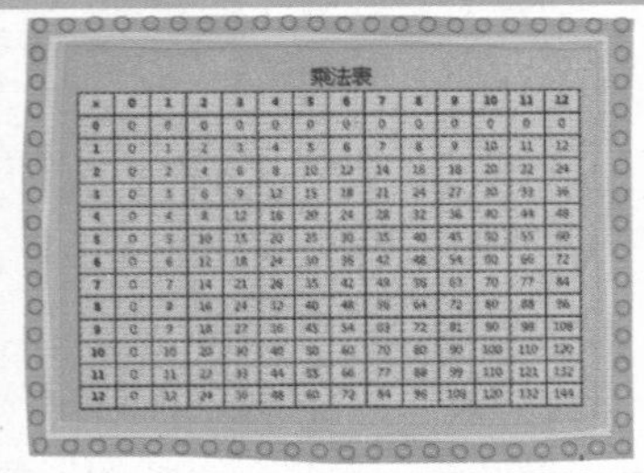

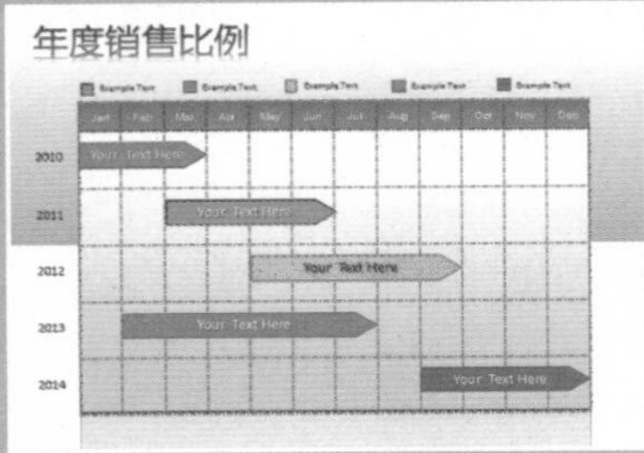

空调生产情况表

项目 台数 月份	计划生产台数	实际生产台数	完成计划的百分数
合计	116000	125200	107.9%
一月份	40000	42000	105%
二月份	36000	40000	111.1%
三月份	40000	43200	108%

8.1 创建表格对象

表格是由行列交错的单元格组成的，在每一个单元格中，用户可以输入文字或数据，并对表格进行编辑。PowerPoint 中支持多种插入表格的方式，可以在幻灯片中直接插入，也可以利用占位符插入。

8.1.1 在幻灯片内插入表格

在 PowerPoint 2013 中，自动插入表格功能，能够方便用户完成表格的创建，提高在幻灯片中添加表格的效率。

	素材文件	光盘 \ 素材 \ 第 8 章 \ 插入表格 .pptx
	效果文件	光盘 \ 效果 \ 第 8 章 \ 插入表格 .pptx
	视频文件	光盘 \ 视频 \ 第 8 章 8.1.1 在幻灯片内插入表格 .mp4

实战 插入表格

步骤 01 在 PowerPoint 2013 中，打开一个素材文件，如图 8-1 所示。

步骤 02 切换至“插入”面板，在“表格”选项板中，单击“表格”下拉按钮，如图 8-2 所示。

图 8-1 打开一个素材文件

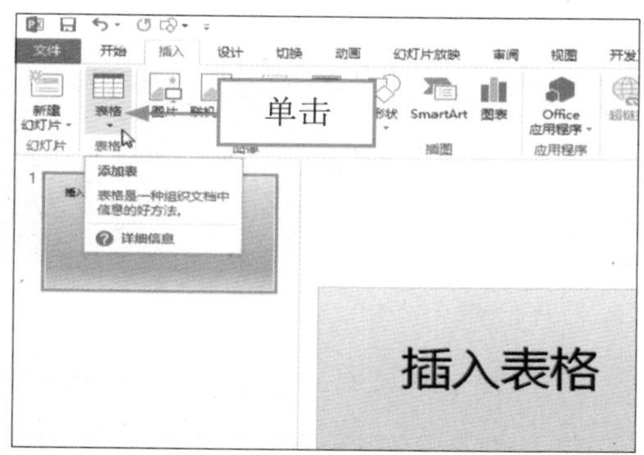

图 8-2 单击“表格”下拉按钮

步骤 03 在弹出的网格区域中，拖曳鼠标，选择需要创建表格的行和列，如图 8-3 所示。

步骤 04 执行操作后，即可插入表格，调整表格大小和位置，如图 8-4 所示。

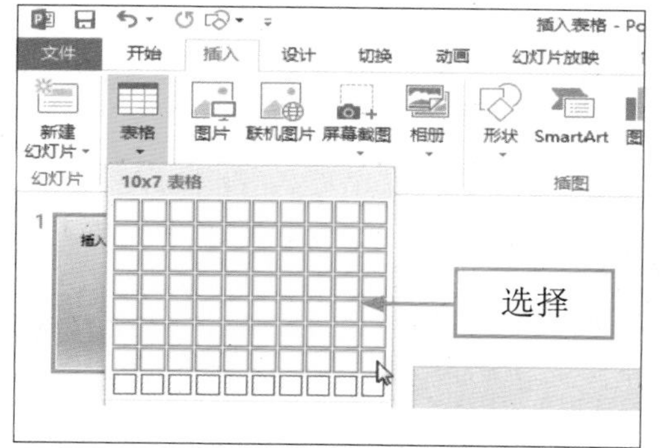

图 8-3 选择需要创建表格的行和列

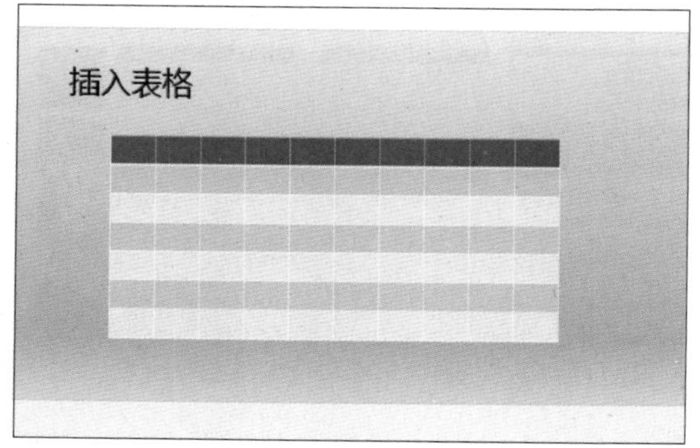

图 8-4 插入表格

8.1.2 运用占位符插入表格

在 PowerPoint 2013 中，用户还可以运用占位符插入表格。下面向读者介绍运用占位符插入表格的操作方法。

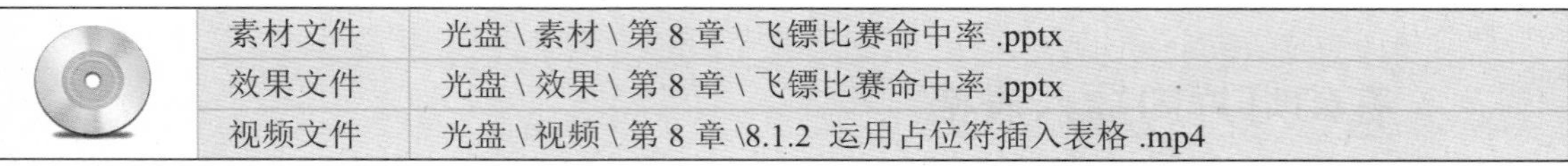

素材文件	光盘 \ 素材 \ 第 8 章 \ 飞镖比赛命中率 .pptx
效果文件	光盘 \ 效果 \ 第 8 章 \ 飞镖比赛命中率 .pptx
视频文件	光盘 \ 视频 \ 第 8 章 \8.1.2 运用占位符插入表格 .mp4

实战 飞镖比赛命中率

步骤 01 在 PowerPoint 2013 中，打开一个素材文件，如图 8-5 所示。

步骤 02 在“开始”面板中的“幻灯片”选项板中，单击“新建幻灯片”下拉按钮，如图 8-6 所示。

图 8-5 打开一个素材文件

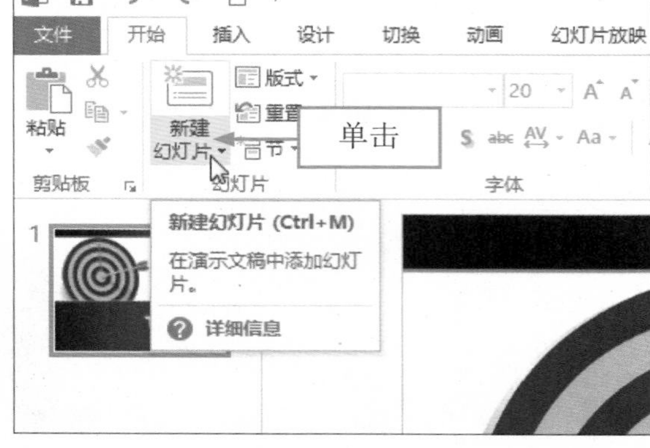

图 8-6 单击“新建幻灯片”下拉按钮

步骤 03 弹出列表框，选择“标题和内容”选项，如图 8-7 所示。

步骤 04 执行操作后，即可新建一张标题和内容的幻灯片，如图 8-8 所示。

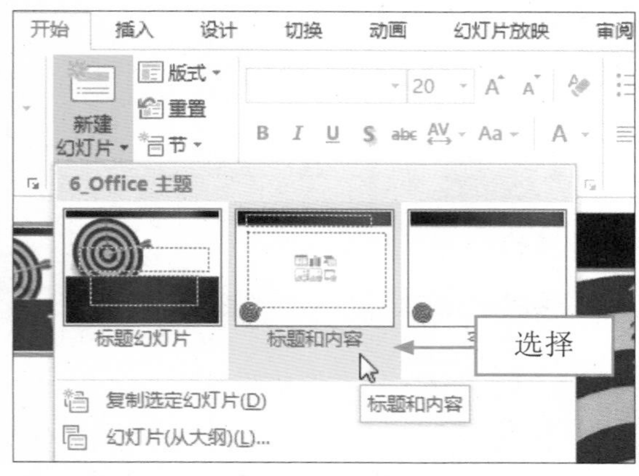

图 8-7 选择“标题和内容”选项

图 8-8 新建一张标题和内容的幻灯片

步骤 05 选中“单击此处添加标题”文本，在其中输入文本“命中率”，在下方的占位符中单击“插入表格”按钮，如图 8-9 所示。

步骤 06 弹出“插入表格”对话框，设置“列数”为 6、“行数”为 5，如图 8-10 所示。

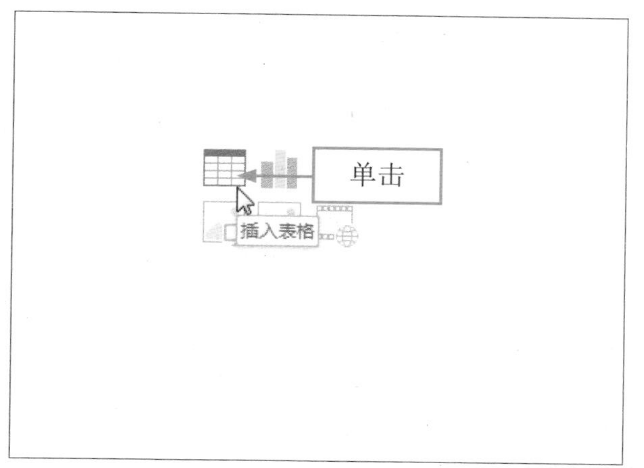

图 8-9 单击“插入表格”按钮

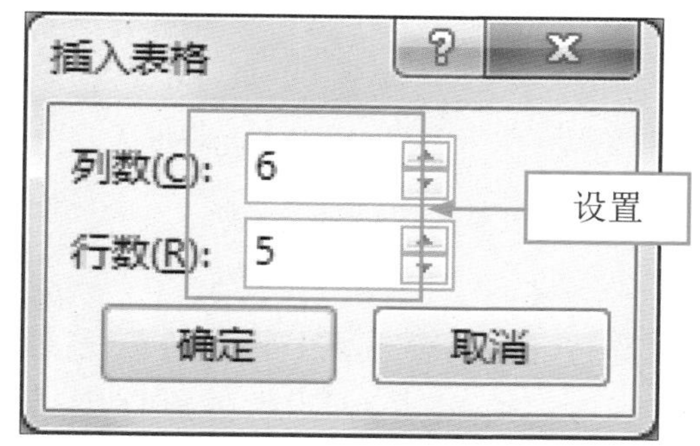

图 8-10 设置各选项

步骤 07 单击“确定”按钮，即可在编辑区中插入表格，如图 8-11 所示。

步骤 08 选中插入的表格，调整其大小和位置，如图 8-12 所示。

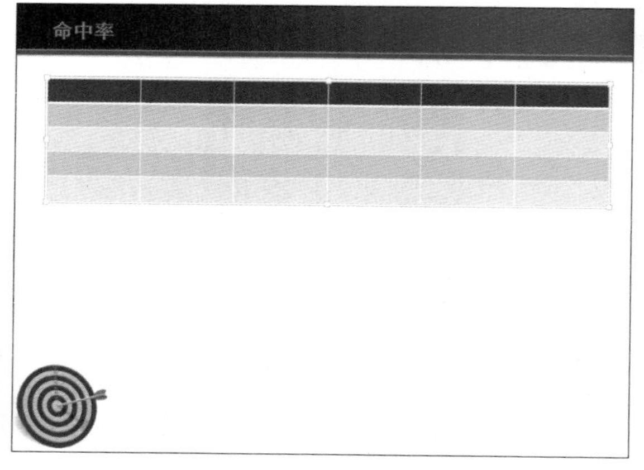

图 8-11 插入表格

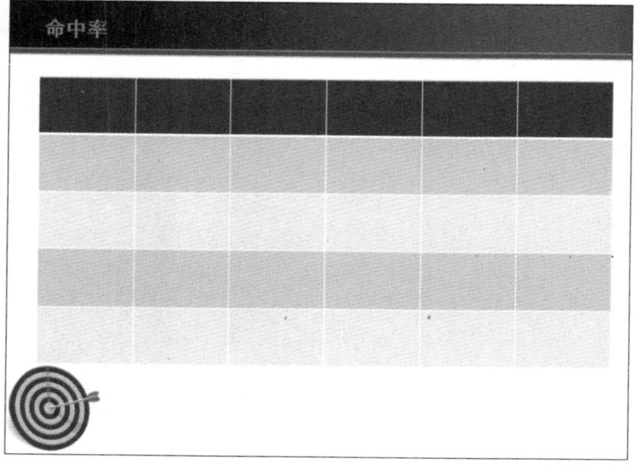

图 8-12 调整表格大小和位置

8.1.3 输入文本

在 PowerPoint 2013 中，用户在幻灯片中建立了表格的基本结构以后，则可以进行文本的输入。下面将介绍输入文本的操作方法。

	素材文件	光盘 \ 素材 \ 第 8 章 \ 日历 .pptx
	效果文件	光盘 \ 效果 \ 第 8 章 \ 日历 .pptx
	视频文件	光盘 \ 视频 \ 第 8 章 \8.1.3 输入文本 .mp4

实战 日历

步骤 01 在 PowerPoint 2013 中，打开一个素材文件，如图 8-13 所示。

步骤 02 将鼠标放置在第一个单元格内，单击鼠标左键，在单元格中显示插入点，如图 8-14 所示。

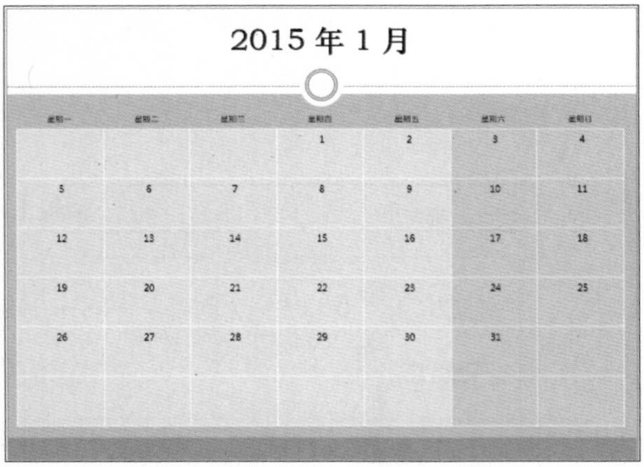

图 8-13 打开一个素材文件

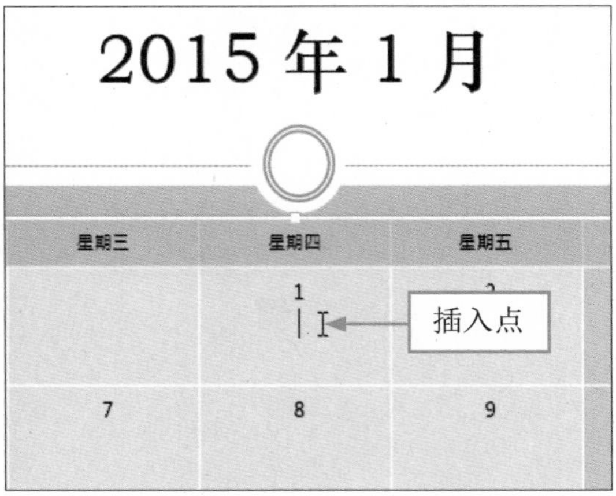

图 8-14 显示插入点

步骤 03 在插入点输入文本“元旦”，并设置相应字体属性，如图 8-15 所示。

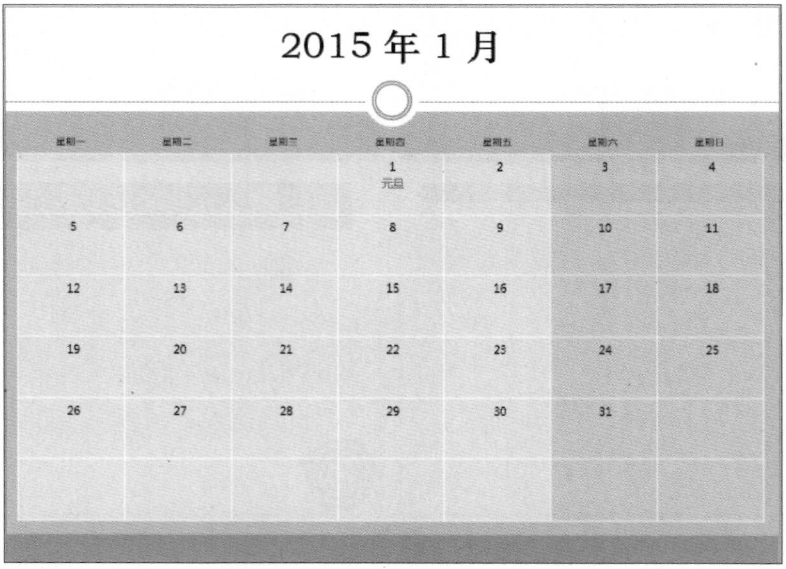

图 8-15 输入文本

专家指点

用户在向单元格输入数据时，可以按【Enter】键结束一个段落并开始一个新段落，如未按【Enter】键，当输入的数据将要超出单元格时，输入的数据会在当前单元格的宽度范围内自动换行，即下一个汉字或英文单词自动移到该单元格的下一行。

8.2 导入外部表格

PowerPoint 不仅可以创建表格、插入表格、手绘表格，还可以从外部导入或者复制表格，如从 Word 或 Excel 中导入或复制表格。

8.2.1 复制 Word 表格

在 Word 文档中复制表格后，可直接粘贴至 PowerPoint 中，然后在 PowerPoint 中根据需要进行编辑与处理。

素材文件	光盘 \ 素材 \ 第 8 章 \ 成绩表 .pptx、成绩表 .doc
效果文件	光盘 \ 效果 \ 第 8 章 \ 成绩表 .pptx
视频文件	光盘 \ 视频 \ 第 8 章 \8.2.1 复制 Word 表格 .mp4

实战 成绩表

步骤 01 打开 Word 文档，选择需要复制的表格，如图 8-16 所示。

步骤 02 单击鼠标右键，在弹出的快捷菜单中，选择“复制”选项，如图 8-17 所示。

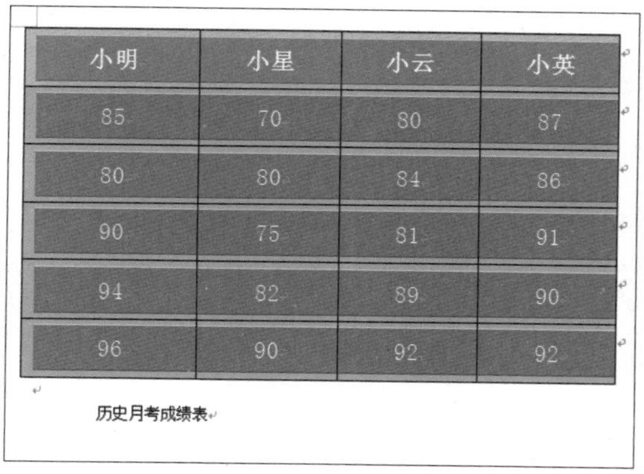

小明	小星	小云	小英
85	70	80	87
80	80	84	86
90	75	81	91
94	82	89	90
96	90	92	92

历史月考成绩表

图 8-16 选择需要复制的表格

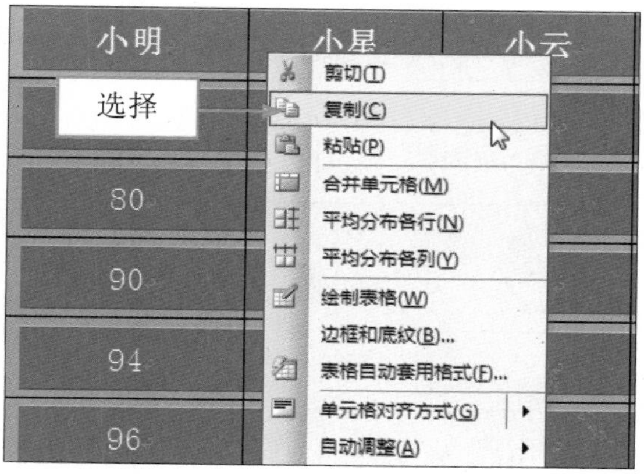

图 8-17 选择“复制”选项

步骤 03 在 PowerPoint 2013 中，打开一个素材文件，如图 8-18 所示。

步骤 04 在“开始”面板中的“剪贴板”选项板中，单击“粘贴”按钮，在弹出的列表框中，选择“保留源格式”选项，如图 8-19 所示。

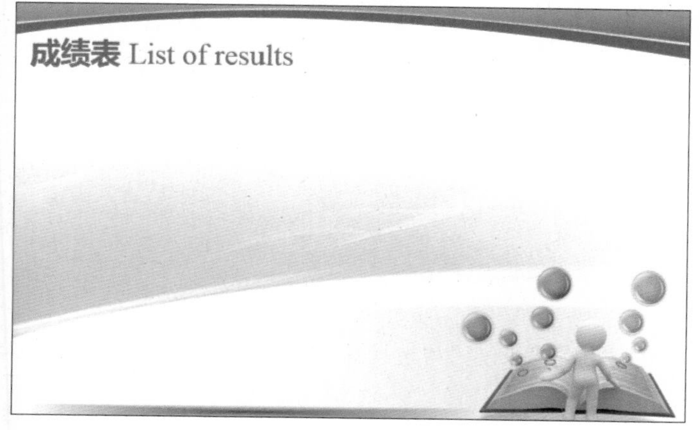

图 8-18 打开一个素材文件

图 8-19 选择“保留源格式”选项

步骤 05 执行操作后，即可粘贴表格，如图 8-20 所示。

步骤 06 拖曳表格边框，调整表格大小和位置，并设置“字号”为 30，如图 8-21 所示。

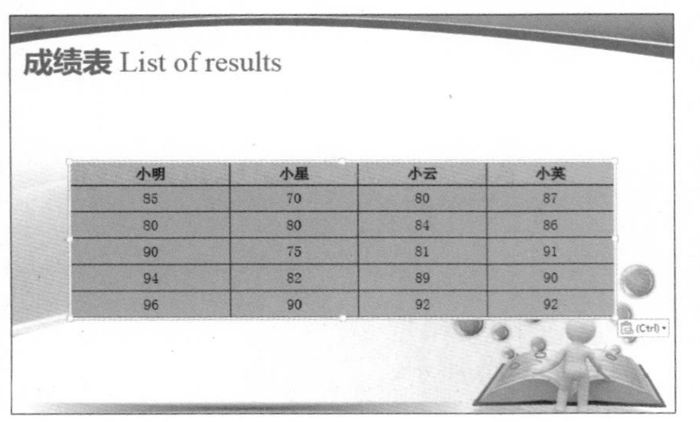

图 8-20 粘贴表格

成绩表 List of results

小明	小星	小云	小英
85	70	80	87
80	80	84	86
90	75	81	91
94	82	89	90
96	90	92	92

图 8-21 调整表格

8.2.2 导入 Excel 表格

在 PowerPoint 2013 中还可以导入 Excel 表格，用户可以根据需要对导入的表格进行编辑与处理。下面介绍导入 Excel 表格的操作方法。

	素材文件	光盘 \ 素材 \ 第 8 章 \ 销售数据 .pptx、销售数据 .xls
	效果文件	光盘 \ 效果 \ 第 8 章 \ 销售数据 .pptx
	视频文件	光盘 \ 视频 \ 第 8 章 \8.2.2 导入 Excel 表格 .mp4

实战 销售数据

步骤 01 在 PowerPoint 2013 中，打开一个素材文件，如图 8-22 所示。

步骤 02 切换至“插入”面板，在“文本”选项板中，单击“对象”按钮，如图 8-23 所示。

图 8-22 打开一个素材文件

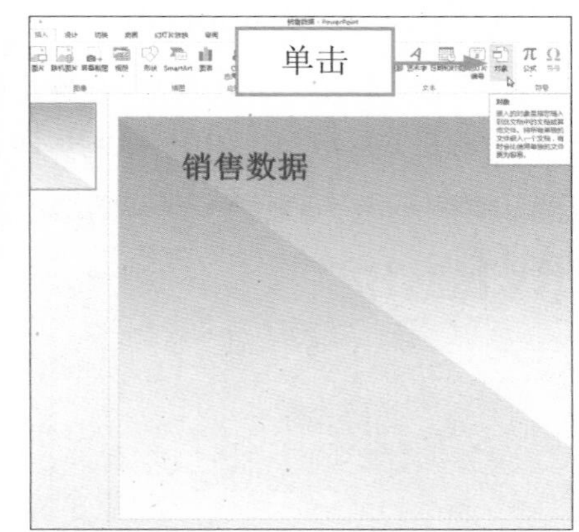

图 8-23 单击“对象”按钮

步骤 03 弹出“插入对象”对话框，选中“由文件创建”单选按钮，单击“浏览”按钮，如图 8-24 所示。

步骤 04 弹出“浏览”对话框后，在计算机中的合适位置，选择相应表格文件，如图 8-25 所示。

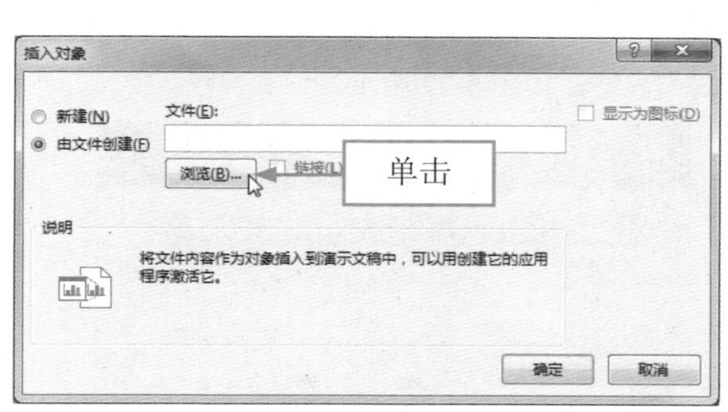

图 8-24 单击“浏览”按钮　　图 8-25 选择相应表格文件

步骤 05 依次单击“确定”按钮，在幻灯片中插入表格，如图 8-26 所示。

步骤 06 拖曳表格边框，调整表格的大小和位置，效果如图 8-27 所示。

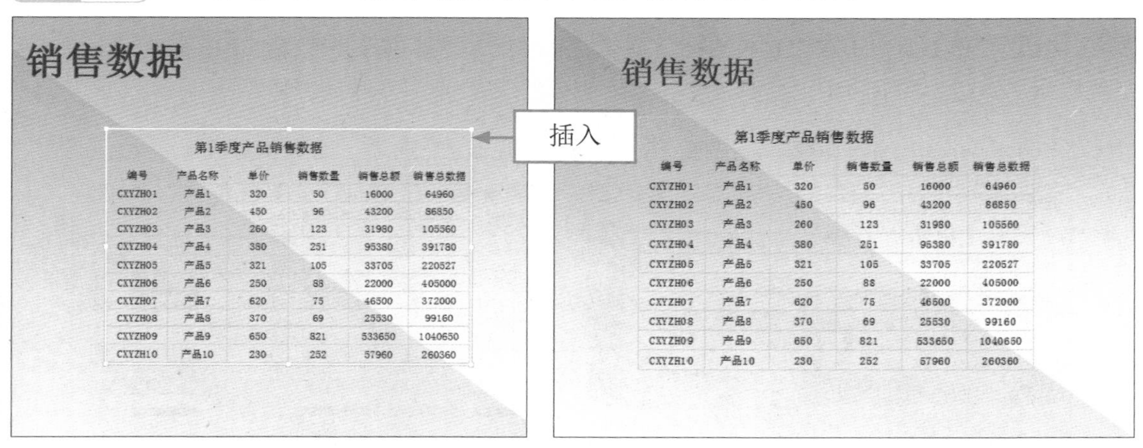

编号	产品名称	单价	销售数量	销售总额	销售总数据
CXYZH01	产品1	320	50	16000	64960
CXYZH02	产品2	450	96	43200	86850
CXYZH03	产品3	260	123	31980	105560
CXYZH04	产品4	380	251	95380	391780
CXYZH05	产品5	321	105	33705	220527
CXYZH06	产品6	250	88	22000	405000
CXYZH07	产品7	620	75	46500	372000
CXYZH08	产品8	370	69	25530	99160
CXYZH09	产品9	650	821	533650	1040650
CXYZH10	产品10	230	252	57960	260360

图 8-26 插入表格　　图 8-27 调整表格

8.3 设置表格效果

插入到幻灯片中的表格，不仅可以像文本框和占位符一样被选中、移动、调整大小，还可以为其添加底纹、边框样式、边框颜色以及表格特效等。

8.3.1 设置主题样式

在“设计”面板中的“表格样式”选项板中，提供了多种表格的样式图案，它能够快速更改表格的主题样式。

素材文件	光盘 \ 素材 \ 第 8 章 \ 饮料销售表 .pptx
效果文件	光盘 \ 效果 \ 第 8 章 \ 饮料销售表 .pptx
视频文件	光盘 \ 视频 \ 第 8 章 \8.3.1 设置主题样式 .mp4

实战 饮料销售表

步骤 01 在 PowerPoint 2013 中，打开一个素材文件，如图 8-28 所示。

步骤 02 在编辑区中，选择需要设置主题样式的表格，如图 8-29 所示。

饮料下半年销售业绩表

月份	橙汁（元）	柠檬（元）	可乐（元）	七喜（元）
7月	8000	2500	1500	1000
8月	1100	900	1400	1200
9月	1240	1800	1300	1600
10月	1300	800	2000	1200
11月	1000	950	1900	1400
12月	1050	950	1900	1400

图 8-28 打开一个素材文件

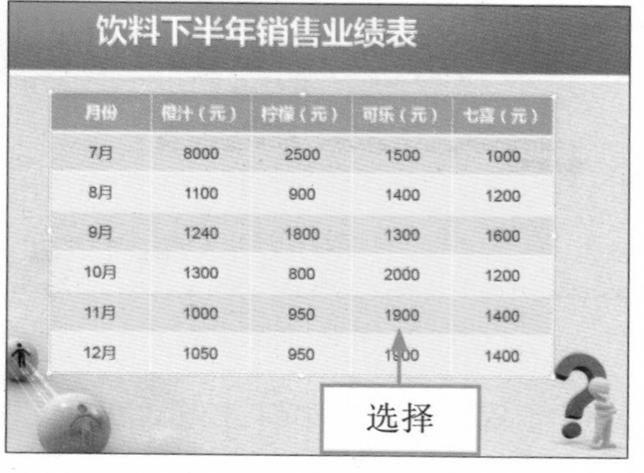
饮料下半年销售业绩表

月份	橙汁（元）	柠檬（元）	可乐（元）	七喜（元）
7月	8000	2500	1500	1000
8月	1100	900	1400	1200
9月	1240	1800	1300	1600
10月	1300	800	2000	1200
11月	1000	950	1900	1400
12月	1050	950	1900	1400

图 8-29 选择需要设置主题样式的表格

步骤 03 切换至“表格工具”中的“设计”面板，在“表格样式”选项板中，单击“其他”下拉按钮，如图 8-30 所示。

步骤 04 在弹出的列表框中，选择“主题样式 1- 强调 2”选项，如图 8-31 所示。

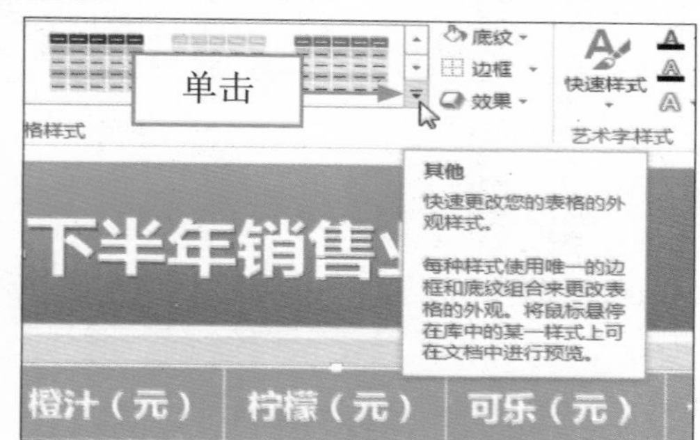

图 8-30 单击“其他”下拉按钮

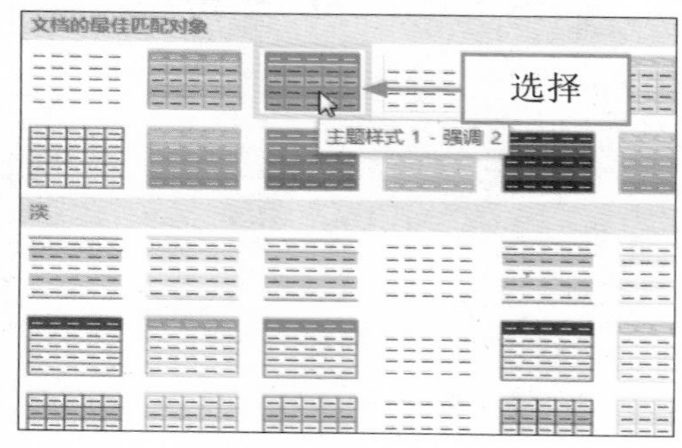

图 8-31 选择“主题样式 1- 强调 2”选项

步骤 05 执行操作后，即可设置主题样式，如图 8-32 所示。

饮料下半年销售业绩表

月份	橙汁（元）	柠檬（元）	可乐（元）	七喜（元）
7月	8000	2500	1500	1000
8月	1100	900	1400	1200
9月	1240	1800	1300	1600
10月	1300	800	2000	1200
11月	1000	950	1900	1400
12月	1050	950	1900	1400

图 8-32 设置主题样式

8.3.2 设置表格底纹

在“设计”面板中的“表格样式”选项板中，可以迅速设置表格底纹。

	素材文件	光盘 \ 素材 \ 第 8 章 \ 乘法表 .pptx
	效果文件	光盘 \ 效果 \ 第 8 章 \ 乘法表 .pptx
	视频文件	光盘 \ 视频 \ 第 8 章 \8.3.2 设置表格底纹 .mp4

实战 乘法表

步骤 01 在 PowerPoint 2013 中，打开一个素材文件，如图 8-33 所示。

步骤 02 在编辑区中，选择需要设置底纹的表格，如图 8-34 所示。

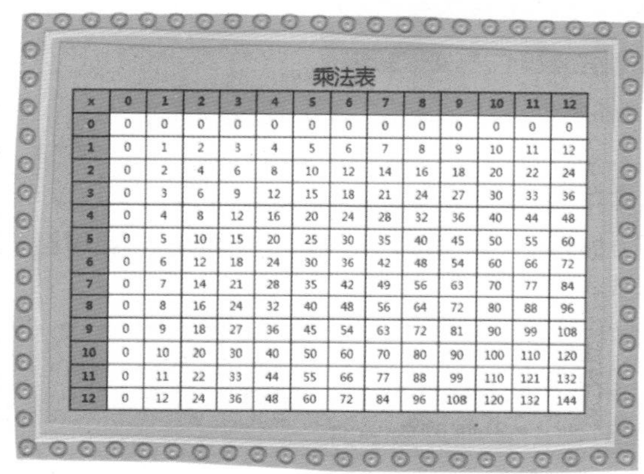

x	0	1	2	3	4	5	6	7	8	9	10	11	12
0	0	0	0	0	0	0	0	0	0	0	0	0	0
1	0	1	2	3	4	5	6	7	8	9	10	11	12
2	0	2	4	6	8	10	12	14	16	18	20	22	24
3	0	3	6	9	12	15	18	21	24	27	30	33	36
4	0	4	8	12	16	20	24	28	32	36	40	44	48
5	0	5	10	15	20	25	30	35	40	45	50	55	60
6	0	6	12	18	24	30	36	42	48	54	60	66	72
7	0	7	14	21	28	35	42	49	56	63	70	77	84
8	0	8	16	24	32	40	48	56	64	72	80	88	96
9	0	9	18	27	36	45	54	63	72	81	90	99	108
10	0	10	20	30	40	50	60	70	80	90	100	110	120
11	0	11	22	33	44	55	66	77	88	99	110	121	132
12	0	12	24	36	48	60	72	84	96	108	120	132	144

图 8-33 打开一个素材文件

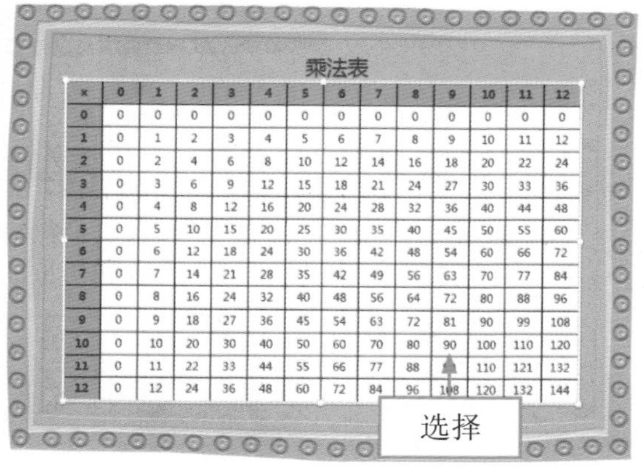

图 8-34 选择需要设置底纹的表格

步骤 03 切换至“表格工具”中的“设计”面板，单击“表格样式”选项板中的“底纹”下拉按钮，如图 8-35 所示。

步骤 04 弹出列表框，在“主题颜色”选项区中，选择“金色，背景 2，淡色 40%”选项，如图 8-36 所示。

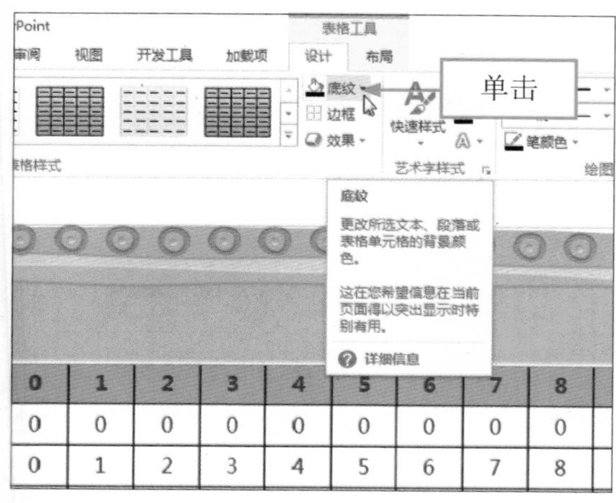

图 8-35 单击“底纹”下拉按钮

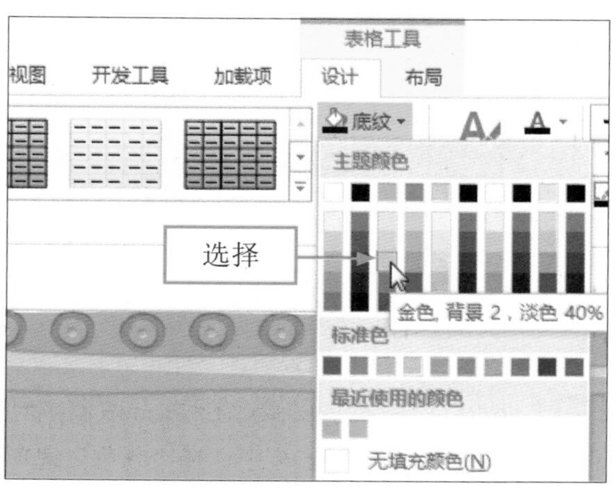

图 8-36 选择“金色，背景 2，淡色 40%”选项

步骤 05 执行操作后，即可设置表格底纹，如图 8-37 所示。

乘法表

x	0	1	2	3	4	5	6	7	8	9	10	11	12
0	0	0	0	0	0	0	0	0	0	0	0	0	0
1	0	1	2	3	4	5	6	7	8	9	10	11	12
2	0	2	4	6	8	10	12	14	16	18	20	22	24
3	0	3	6	9	12	15	18	21	24	27	30	33	36
4	0	4	8	12	16	20	24	28	32	36	40	44	48
5	0	5	10	15	20	25	30	35	40	45	50	55	60
6	0	6	12	18	24	30	36	42	48	54	60	66	72
7	0	7	14	21	28	35	42	49	56	63	70	77	84
8	0	8	16	24	32	40	48	56	64	72	80	88	96
9	0	9	18	27	36	45	54	63	72	81	90	99	108
10	0	10	20	30	40	50	60	70	80	90	100	110	120
11	0	11	22	33	44	55	66	77	88	99	110	121	132
12	0	12	24	36	48	60	72	84	96	108	120	132	144

图 8-37 设置表格底纹

8.3.3 设置表格边框颜色、线型和宽度

在 PowerPoint 2013 的表格中，可以设置表格的边框颜色，它能够单独使表格的一边或多边加上边框线，以及更改边框的颜色、大小和边框的样式。

	素材文件	光盘 \ 素材 \ 第 8 章 \ 年度销售比例 .pptx
	效果文件	光盘 \ 效果 \ 第 8 章 \ 年度销售比例 .pptx
	视频文件	光盘 \ 视频 \ 第 8 章 \8.3.3 设置表格边框颜色 .mp4

实战 年度销售比例

步骤 01 在 PowerPoint 2013 中，打开一个素材文件，如图 8-38 所示。

步骤 02 在编辑区中，选择需要设置边框颜色的表格对象，如图 8-39 所示。

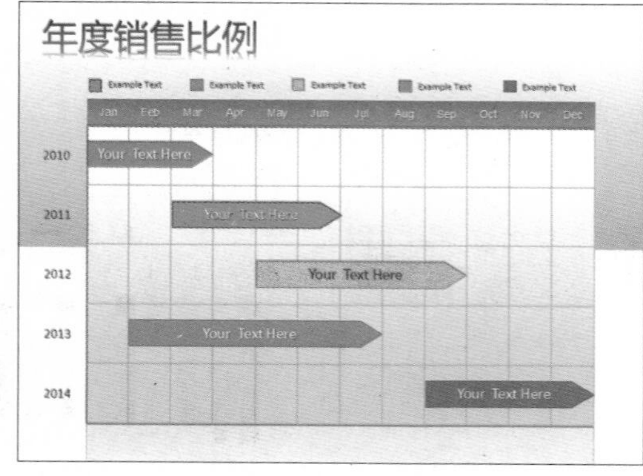

图 8-38 打开一个素材文件

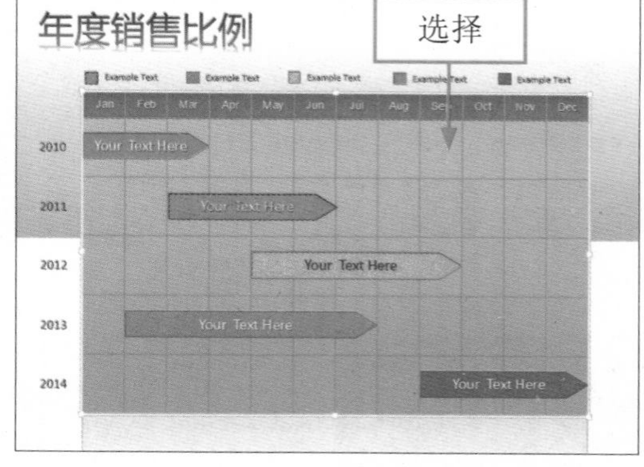

图 8-39 选择需要设置边框颜色的表格对象

步骤 03 切换至“表格工具”中的“设计”面板，在“绘图边框”选项板中，单击“笔颜色”下拉按钮，在弹出的列表框中选择“红色”选项，如图 8-40 所示。

步骤 04 单击“表格样式”选项板中的“边框”下拉按钮，如图 8-41 所示。

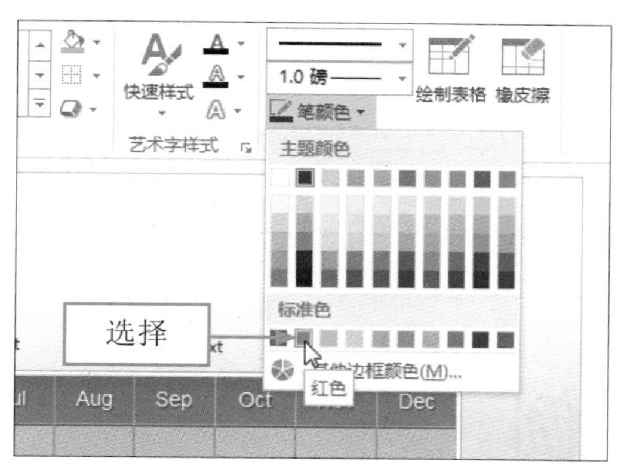

图 8-40 选择“红色”选项

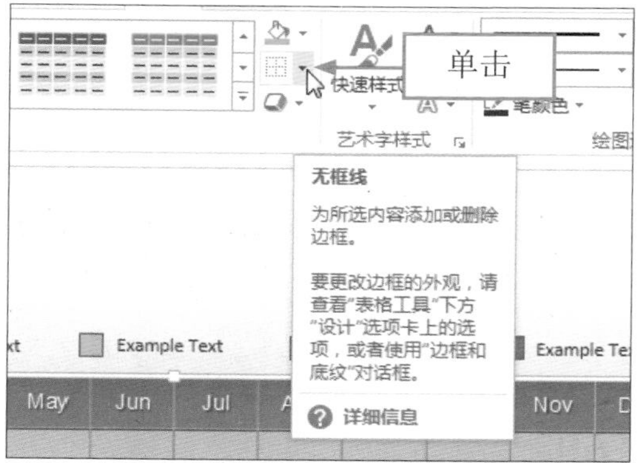

图 8-41 单击“边框”下拉按钮

步骤 05 弹出列表框，选择“所有框线”选项，如图 8-42 所示。

步骤 06 执行操作后，即可设置表格线框颜色，如图 8-43 所示。

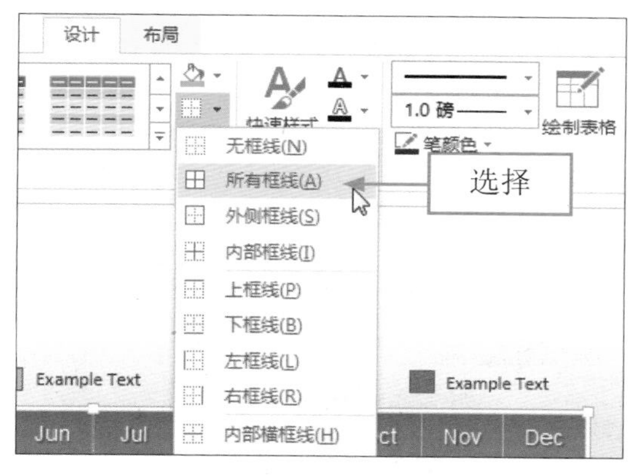

图 8-42 选择“所有框线”选项

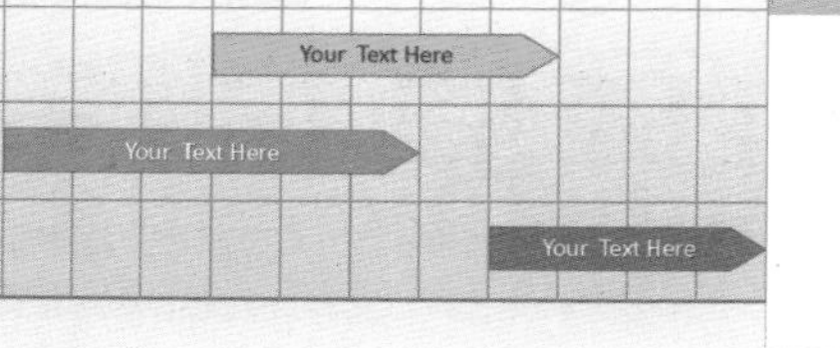

图 8-43 设置表格线框颜色

步骤 07 选择需要设置边框线型和宽度的表格对象，切换至“表格工具”中的“设计”面板，单击“绘图边框”选项板中的“笔划粗细”右侧的下拉按钮，如图 8-44 所示。

步骤 08 在弹出的列表框中，选择“2.25 磅”选项，如图 8-45 所示。

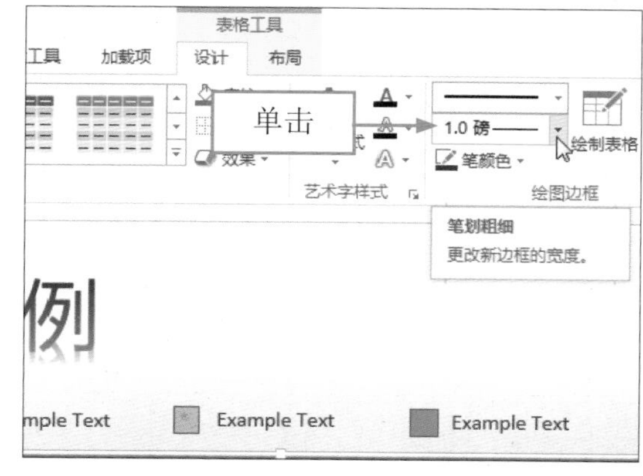

图 8-44 单击“笔划粗细”下拉按钮

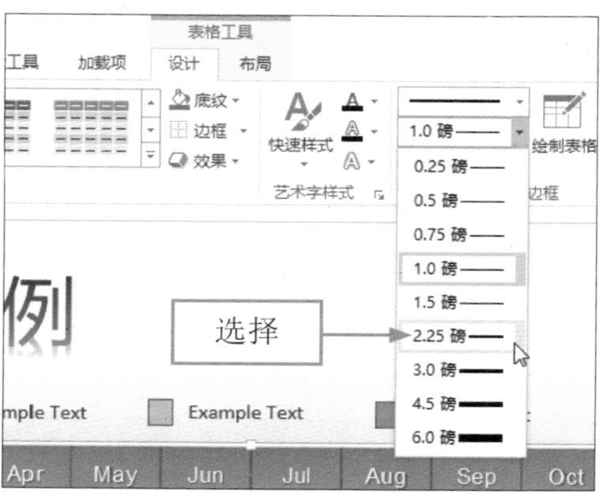

图 8-45 选择“2.25 磅”选项

步骤 09 单击“笔样式”右侧的下拉按钮，如图 8-46 所示。

步骤 10 在弹出的列表框中，选择合适的线型选项，如图 8-47 所示。

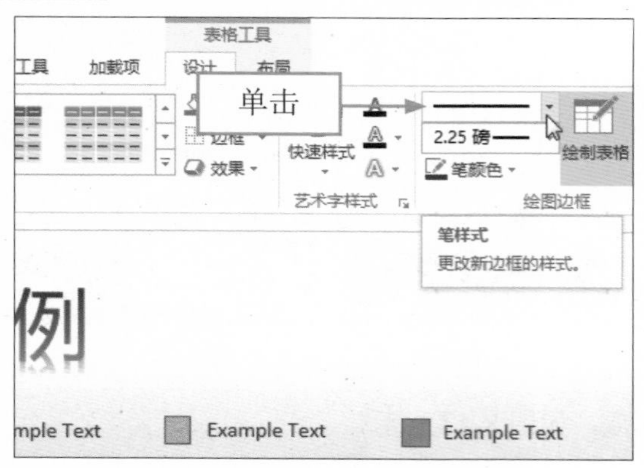

图 8-46 单击“笔样式”下拉按钮

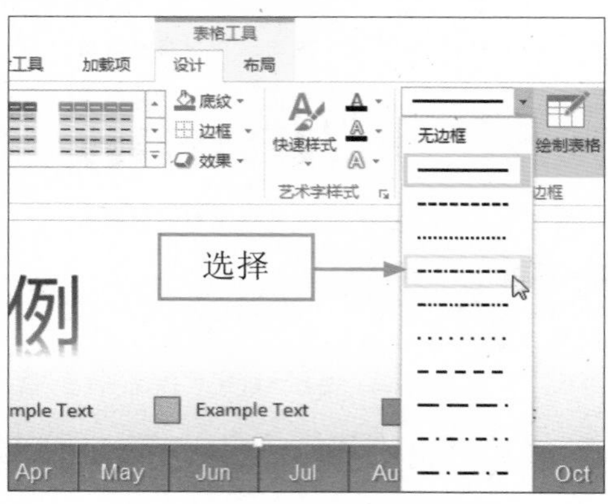

图 8-47 选择合适的线型选项

步骤 11 单击“表格样式”选项板中的“边框”按钮，在弹出的列表框中选择“所有框线”选项，如图 8-48 所示。

步骤 12 执行操作后，即可设置表格的线型和宽度，如图 8-49 所示。

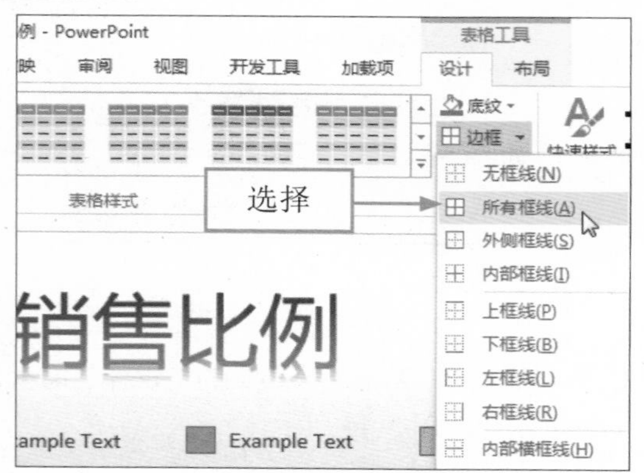

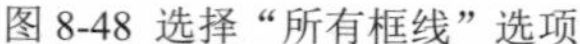
图 8-48 选择“所有框线”选项

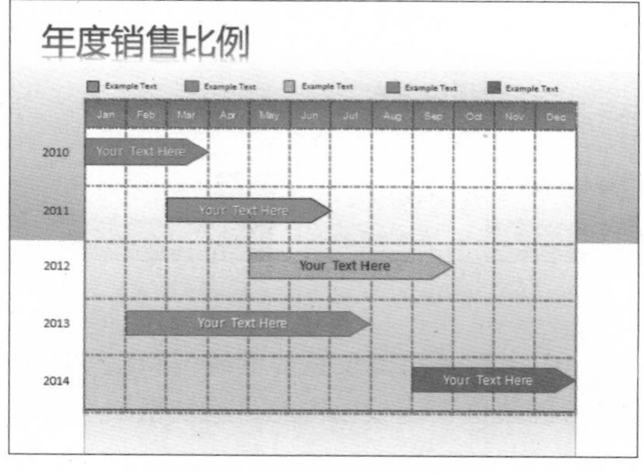

图 8-49 设置表格的宽度和线型

专家指点

在“绘图边框”选项板中，单击“擦除”按钮或者当指针变为铅笔形状时，按住【Shift】键的同时，单击要删除的边框即可。

8.3.4 设置文本对齐方式

用户可以根据自己的需求对表格中的文本进行设置，如设置表格中文本的对齐方式，使其看起来与表格更加协调。

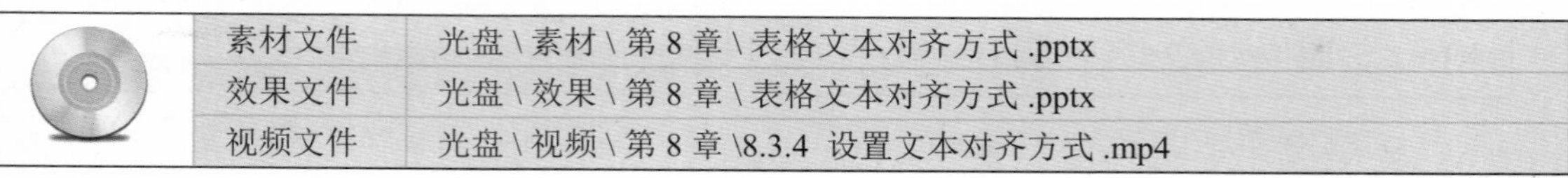

素材文件	光盘 \ 素材 \ 第 8 章 \ 表格文本对齐方式 .pptx
效果文件	光盘 \ 效果 \ 第 8 章 \ 表格文本对齐方式 .pptx
视频文件	光盘 \ 视频 \ 第 8 章 \8.3.4 设置文本对齐方式 .mp4

实战 表格文本对齐方式

步骤 01 在 PowerPoint 2013 中，打开一个素材文件，如图 8-50 所示。

步骤 02 在编辑区中，选择表格中的文本，如图 8-51 所示。

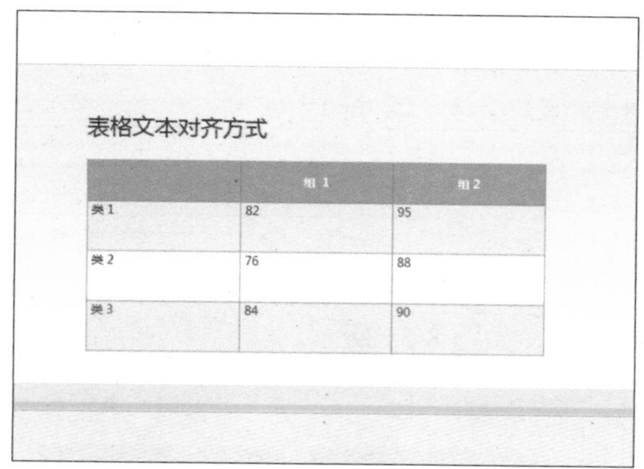

图 8-50 打开一个素材文件

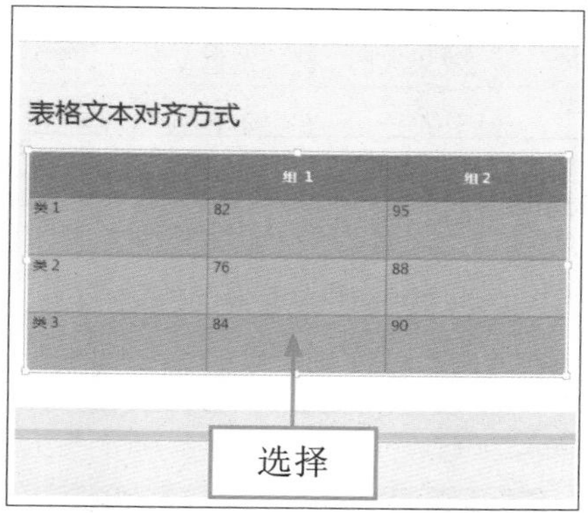

图 8-51 选择表格中的文本

步骤 03 切换至“表格工具”中的“布局”面板，在“对齐方式”选项板中，单击“居中”和“垂直居中”按钮，如图 8-52 所示。

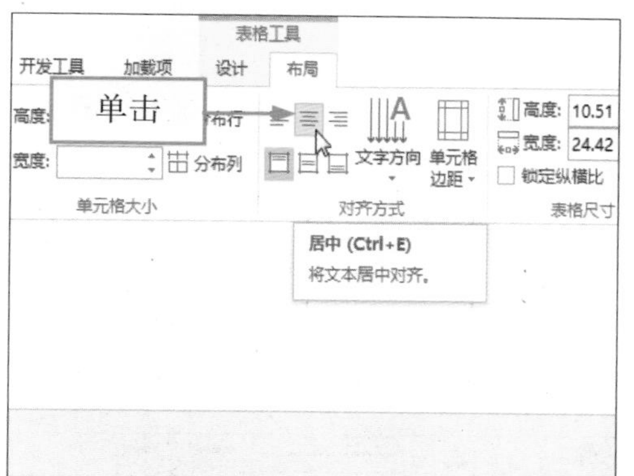

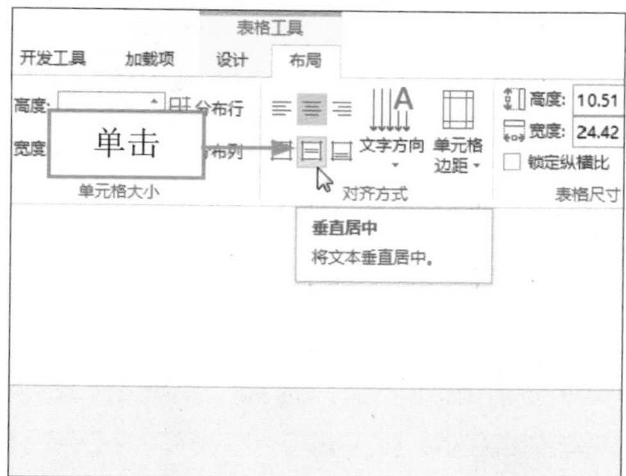

图 8-52 单击“居中”和“垂直居中”按钮

步骤 04 执行操作后，即可设置文本的对齐方式，如图 8-53 所示。

表格文本对齐方式

	组 1	组 2
类 1	82	95
类 2	76	88
类 3	84	90

图 8-53 设置文本的对齐方式

8.3.5 设置表格特效

在 PowerPoint 2013 中，在幻灯片中插入表格以后，用户可以对表格进行与艺术字图形一样的特效的设置。

素材文件	光盘 \ 素材 \ 第 8 章 \ 时间安排 .pptx
效果文件	光盘 \ 效果 \ 第 8 章 \ 时间安排 .pptx
视频文件	光盘 \ 视频 \ 第 8 章 \8.3.5 设置表格特效 .mp4

实战 时间安排

步骤 01 在 PowerPoint 2013 中，打开一个素材文件，如图 8-54 所示。

步骤 02 在编辑区中，选择需要设置特效的表格，如图 8-55 所示。

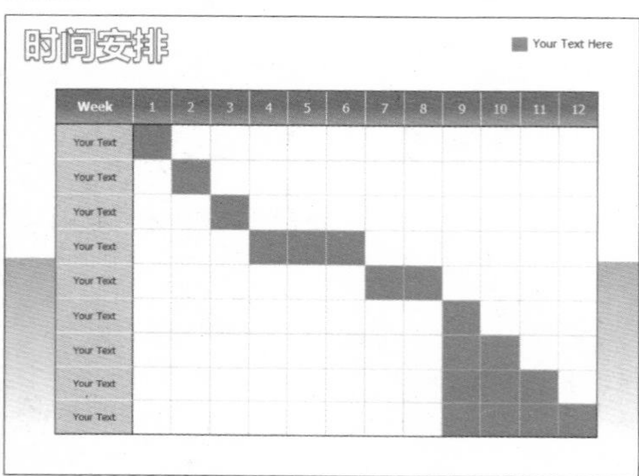

图 8-54 打开一个素材文件

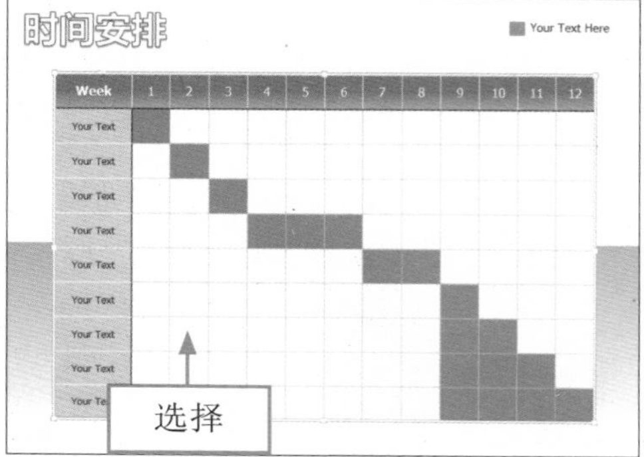

图 8-55 选择表格

步骤 03 切换至“表格工具”中的“设计”面板，在“表格样式”选项板中，单击“效果”下拉按钮，如图 8-56 所示。

步骤 04 弹出列表框，选择“单元格凹凸效果”|“松散嵌入”选项，如图 8-57 所示。

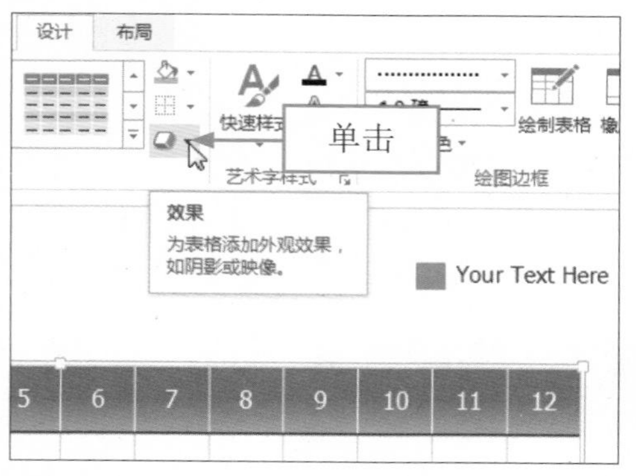

图 8-56 单击“效果”下拉按钮

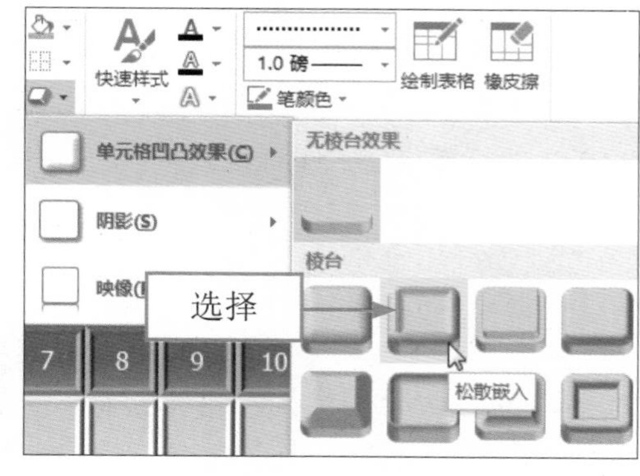

图 8-57 选择“松散嵌入”选项

步骤 05 执行操作后，即可设置表格凹凸效果，如图 8-58 所示。

步骤 06 单击“效果”下拉按钮，在弹出的列表框中，选择“阴影”|“向下偏移”选项，如图 8-59 所示。

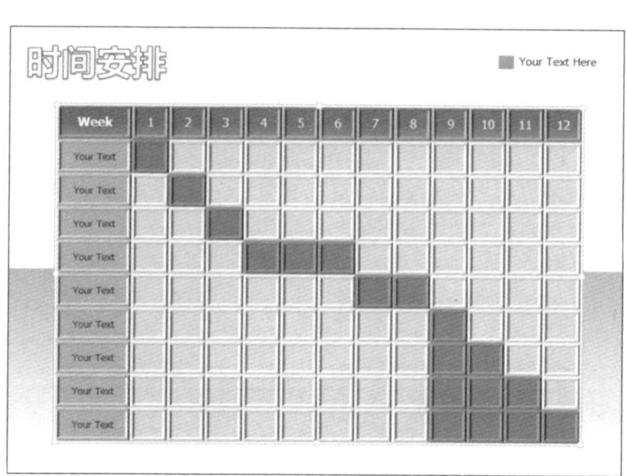

图 8-58 设置表格凹凸效果

图 8-59 选择“向上偏移”选项

步骤 07 执行操作后，即可设置表格阴影效果，再次单击“效果”下拉按钮，在弹出的列表框中，选择“映像”|“紧密映像，接触”选项，如图 8-60 所示。

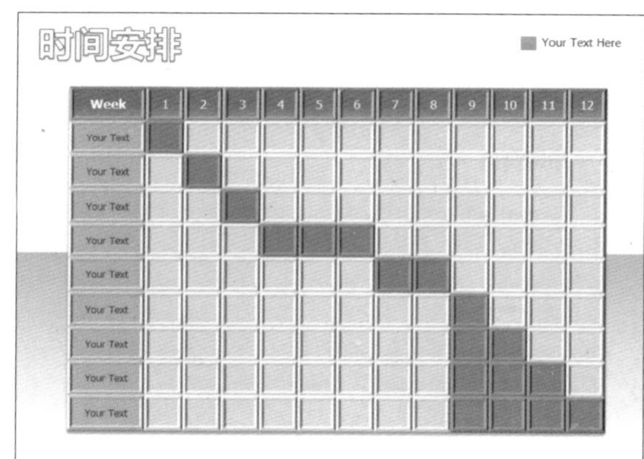

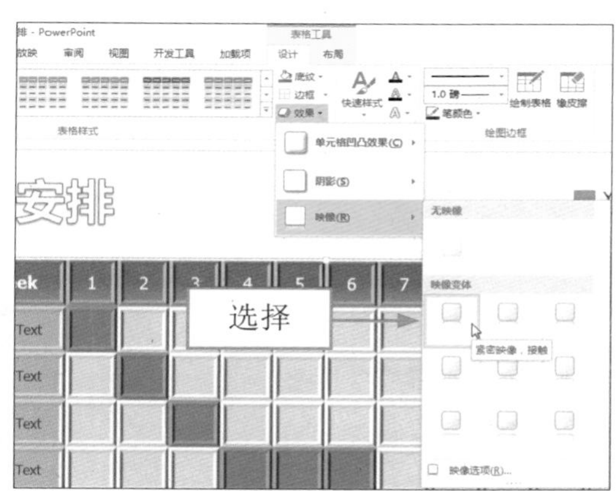

图 8-60 表格阴影效果（左）和单击“紧密映像，接触”选项（右）

步骤 08 执行操作后，即可设置表格映像效果，如图 8-61 所示。

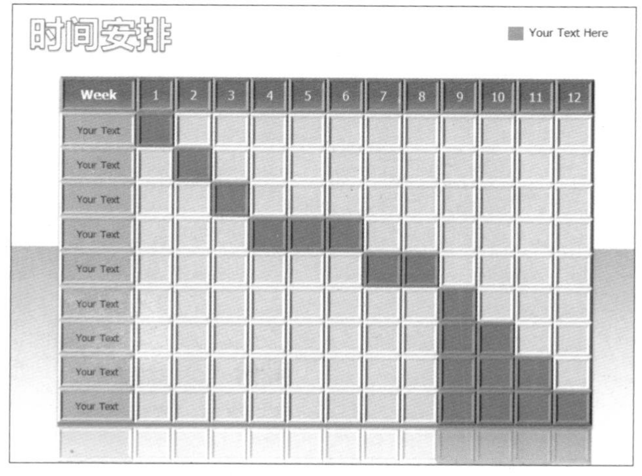

图 8-61 设置表格效果

8.4 设置表格文本样式

在 PowerPoint 中，可以为表格中的文字设置艺术样式，包括设置快速样式、文本填充、文本轮廓和文本效果等。

8.4.1 设置表格文本填充

在 PowerPoint 2013 中，表格可以使用纯色、渐变、图片或纹理填充，图片填充可支持多种图片格式。

	素材文件	光盘 \ 素材 \ 第 8 章 \ 市场竞价 .pptx
	效果文件	光盘 \ 效果 \ 第 8 章 \ 市场竞价 .pptx
	视频文件	光盘 \ 视频 \ 第 8 章 \8.4.1 设置表格文本填充 .mp4

实战 市场竞价

步骤 01 在 PowerPoint 2013 中，打开一个素材文件，如图 8-62 所示。

步骤 02 在编辑区中，选择需要设置填充的表格文本，如图 8-63 所示。

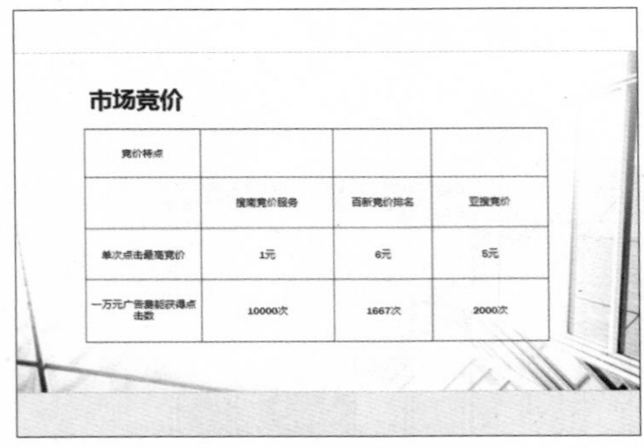

图 8-62 打开一个素材文件

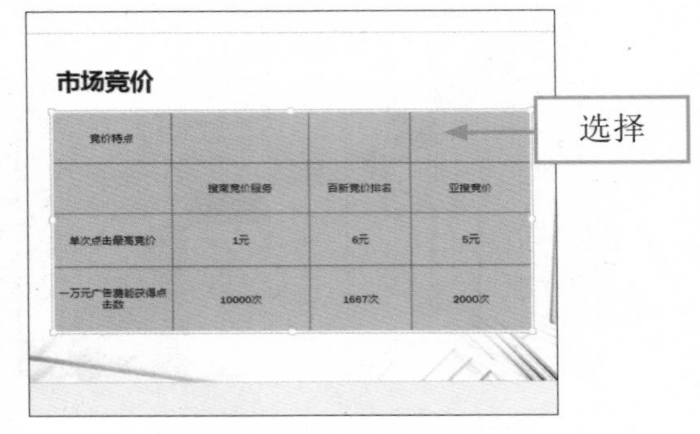

图 8-63 选择表格文本

步骤 03 切换至“表格工具”中的“设计”面板，在“艺术字样式”选项板中，单击“文本填充”下拉按钮，如图 8-64 所示。

步骤 04 弹出列表框，在“主题颜色”选项区中，选择“粉色”选项，如图 8-65 所示。

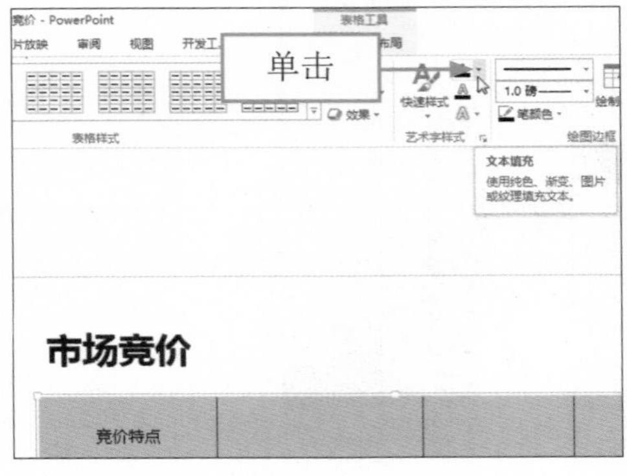

图 8-64 单击“文本填充”下拉按钮

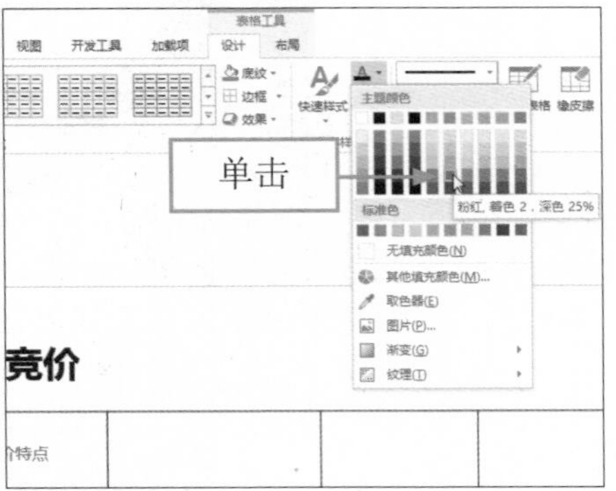

图 8-65 选择“粉色”选项

步骤 05 执行操作后，即可设置表格文本填充，如图 8-66 所示。

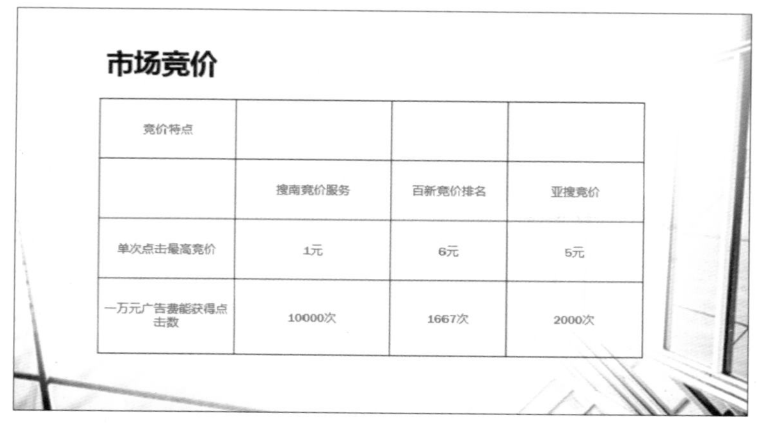

竞价特点			
	搜南竞价服务	百新竞价排名	亚搜竞价
单次点击最高竞价	1元	6元	5元
一万元广告费能获得点击数	10000次	1667次	2000次

图 8-66 设置表格文本填充

专家指点

表格中的文本除了运用纯色填充外，用户还可以根据需要，设置文本填充为渐变、图片或纹理等。

8.4.2 设置快速样式

在 PowerPoint 2013 中，用户可以设置快速样式。

素材文件	光盘 \ 素材 \ 第 8 章 \ 空调生产情况表 .pptx
效果文件	光盘 \ 效果 \ 第 8 章 \ 空调生产情况表 .pptx
视频文件	光盘 \ 视频 \ 第 8 章 \8.4.2 设置快速样式 .mp4

实战 空调生产情况表

步骤 01 在 PowerPoint 2013 中，打开一个素材文件，如图 8-67 所示。

步骤 02 在编辑区中，选择需要设置快速样式的表格文本，如图 8-68 所示。

空调生产情况表

项目 台数 月份	计划生产台数	实际生产台数	完成计划的百分数
合计	116000	125200	107.9%
一月份	40000	42000	105%
二月份	36000	40000	111.1%
三月份	40000	43200	108%

图 8-67 打开一个素材文件

空调生产情况表

项目 台数 月份	计划生产台数	实际生产台数	完成计划的百分数
合计	116000	125200	107.9%
一月份	40000	42000	105%
二月份	36000	40000	111.1%
三月份	40000	43200	108%

选择

图 8-68 选择表格文本

步骤 03 切换至“表格工具”中的“设计”面板，在“艺术字样式”选项板中，单击“快速样式”下拉按钮，如图 8-69 所示。

步骤 04 弹出列表框，选择“填充 - 白色，轮廓 - 着色 2，清晰阴影 - 着色 2”选项，如图 8-70 所示。

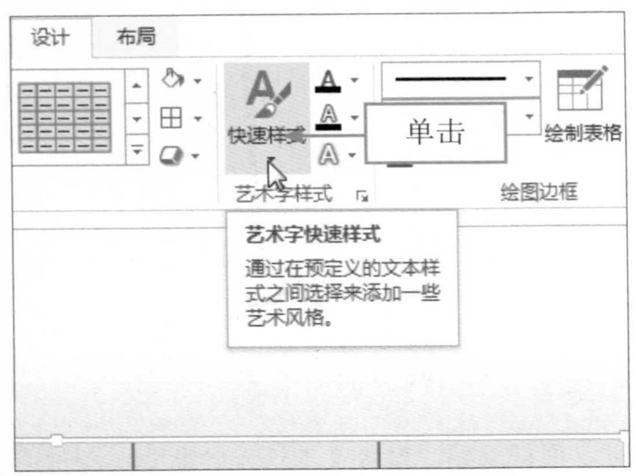

图 8-69 单击“快速样式”下拉按钮

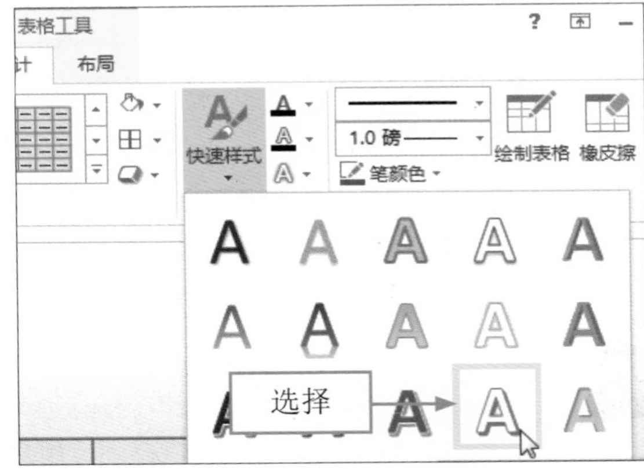

图 8-70 选择相应选项

步骤 05 执行操作后，即可设置表格文本快速样式，如图 8-71 所示。

空调生产情况表

项目 台数 月份	计划生产台数	实际生产台数	完成计划的百分数
合计	116000	125200	107.9%
一月份	40000	42000	105%
二月份	36000	40000	111.1%
三月份	40000	43200	108%

图 8-71 设置表格文本快速样式

8.4.3 设置表格文本效果

在 PowerPoint 2013 中，用户可以设置表格文本效果。

素材文件	光盘 \ 素材 \ 第 8 章 \ 学生成绩 .pptx
效果文件	光盘 \ 效果 \ 第 8 章 \ 学生成绩 .pptx
视频文件	光盘 \ 视频 \ 第 8 章 \8.4.3 设置表格文本效果 .mp4

实战 学生成绩

步骤 01 在 PowerPoint 2013 中，打开一个素材文件，如图 8-72 所示。

步骤 02 在编辑区中，选择需要设置效果的表格文本，如图 8-73 所示。

学生成绩

	姓名	语文	数学	英语
1001	杨刚	60	70	50
1002	孙涵	70	80	60
1003	维丹	90	65	80
1004	李丽	80	60	70
1005	孙韵	85	90	80
1006	刘雁	90	60	80

图 8-72 打开一个素材文件

学生成绩

	姓名	语文	数学	英语
1001	杨刚	60	70	50
1002	孙涵	70	80	60
1003	维丹	90	65	80
1004	李丽	80	60	70
1005	孙韵	85	90	80
1006	刘雁	90	60	80

选择

图 8-73 选择表格文本

步骤 03 切换至“表格工具”中的“设计”面板，单击“艺术字样式”选项板中的“文字效果”下拉按钮，如图 8-74 所示。

步骤 04 在弹出的列表框中，选择“阴影”|“向下偏移”选项，如图 8-75 所示，执行操作后，即可设置文本阴影效果。

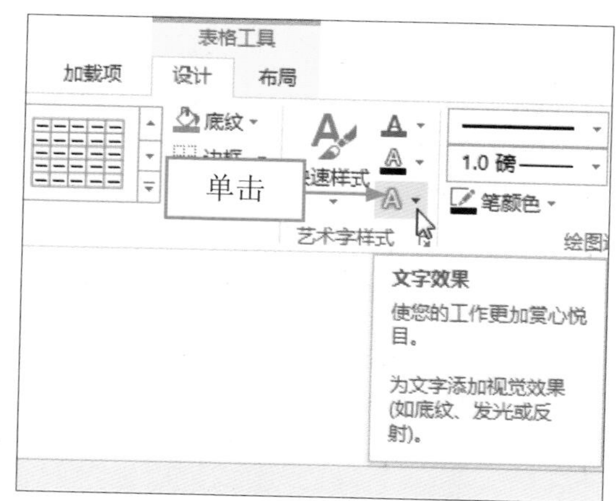

图 8-74 单击“文字效果”下拉按钮

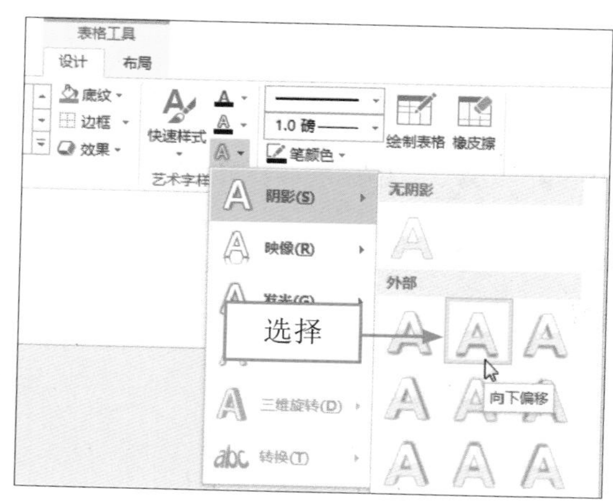

图 8-75 选择“向下偏移”选项

步骤 05 单击“文字效果”下拉按钮，在弹出的列表框中，选择“映像”|“紧密映像，接触”选项，如图 8-76 所示。

步骤 06 执行操作后，即可设置文本映像效果，如图 8-77 所示。

步骤 07 单击“文字效果”下拉按钮，在弹出的列表框中，选择“发光”|“金色，8pt 发光，着色 5”选项，如图 8-78 所示。

步骤 08 执行操作后，即可设置文本发光效果，用与上同样的方法，设置其他需设置效果的文本，如图 8-79 所示。

表格工具
设计
布局
底纹
边框
效果
快速样式
1.0 磅
笔颜色
绘制表格
橡皮擦
艺术字样
边框
阴影(S)
映像(R)
发光(G)
转换(T)
无映像
映像变体
选择
紧密映像，接触

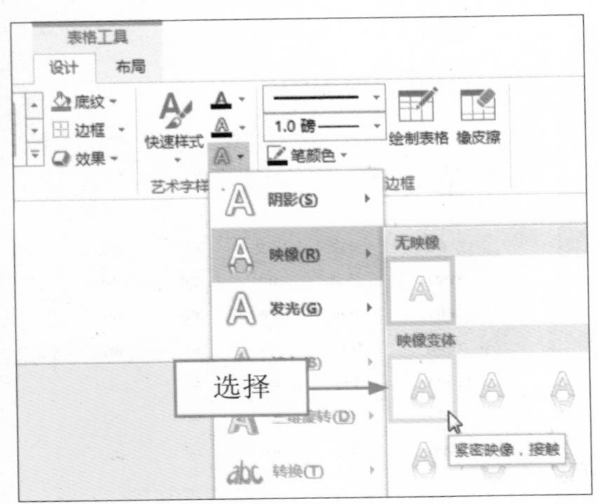

图 8-76 选择“紧密映像，接触”选项

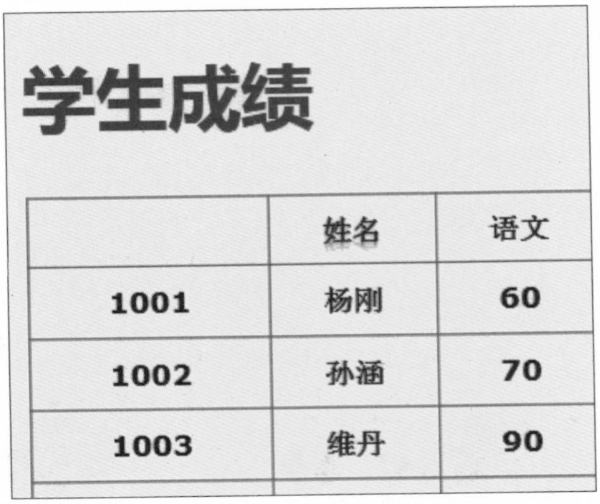

学生成绩
姓名
语文
1001
杨刚
60
1002
孙涵
70
1003
维丹
90

图 8-77 设置文本紧密映像

选择
绩
姓名
语文
数学
杨刚
60
70
孙涵
70
80

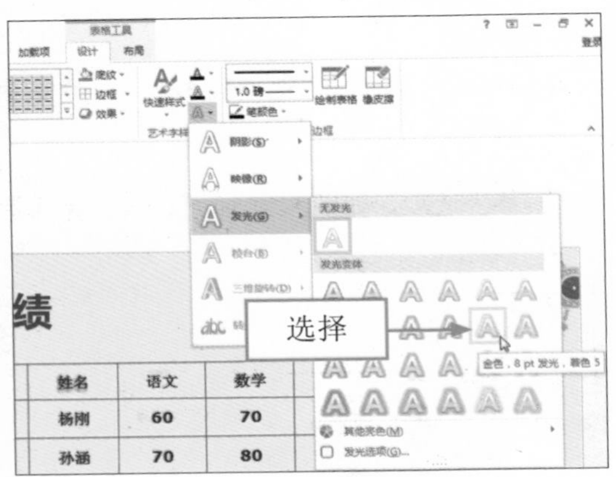

图 8-78 选择“金色，8 pt 发光，着色 5”选项

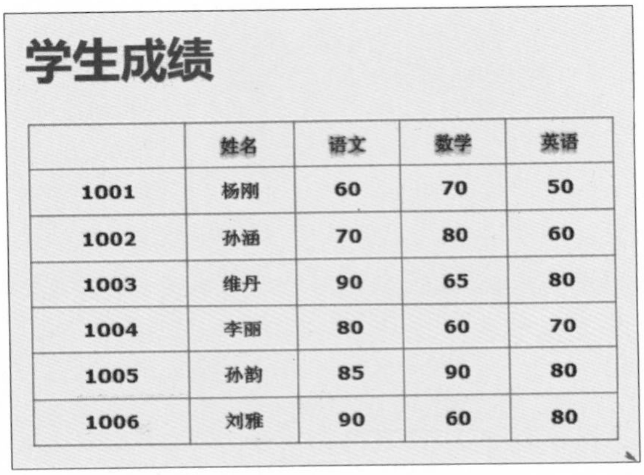

学生成绩
姓名
语文
数学
英语
1001
杨刚
60
70
50
1002
孙涵
70
80
60
1003
维丹
90
65
80
1004
李丽
80
60
70
1005
孙韵
85
90
80
1006
刘雅
90
60
80

图 8-79 设置表格文本效果

专家指点

在 PowerPoint 2013 中，用户还可以将表格中的文本轮廓颜色进行相应设置，只需在“艺术字样式”选项板中，单击“文本轮廓”下拉按钮，在弹出的列表框中，选择合适的颜色即可。

09 创建与编辑图表对象

学习提示

在幻灯片中创建与编辑图表对象，可以更生动形象地阐述主题和表达思想，在创建编辑图表对象时，应注意图表对象与幻灯片之间的联系，使图表对象与主题统一。本章主要向读者介绍创建图表对象、编辑图表以及设置图表布局，希望读者可以熟练掌握本章内容。

本章案例导航

- 实战——柱形图
- 实战——条形图
- 实战——面积图
- 实战——雷达图
- 实战——折线图
- 实战——饼图
- 实战——曲面图
- 实战——数据表

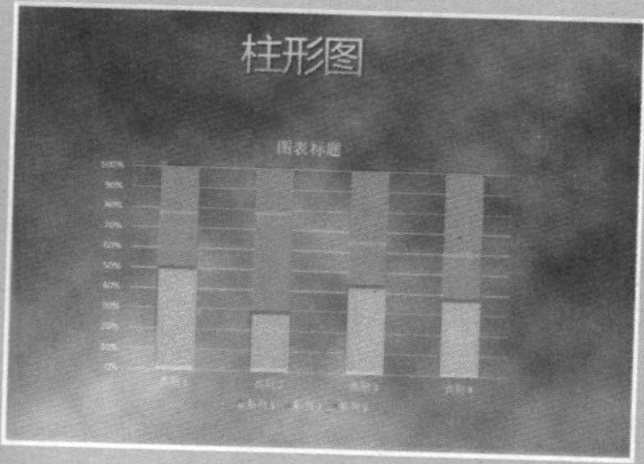

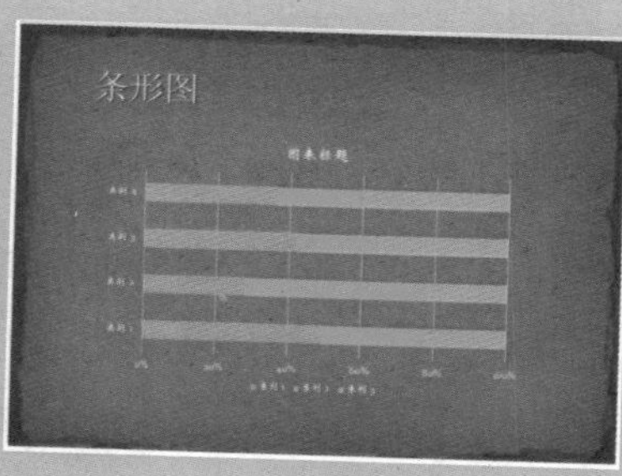

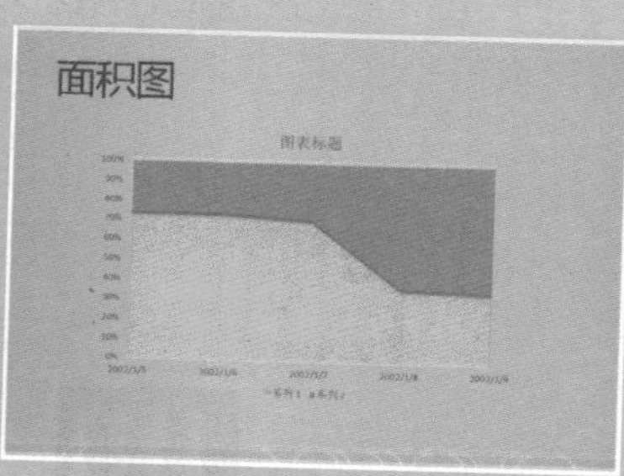

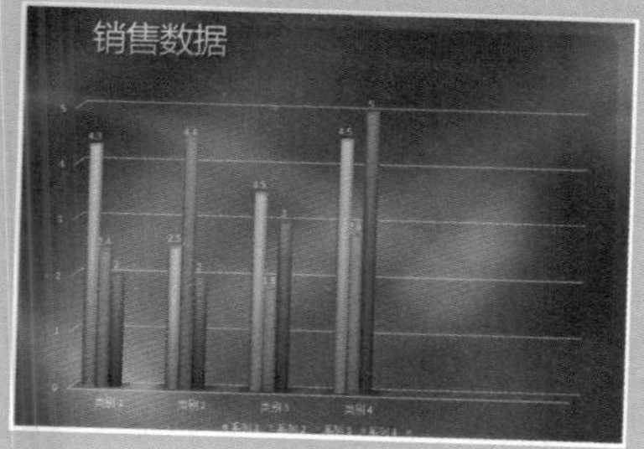

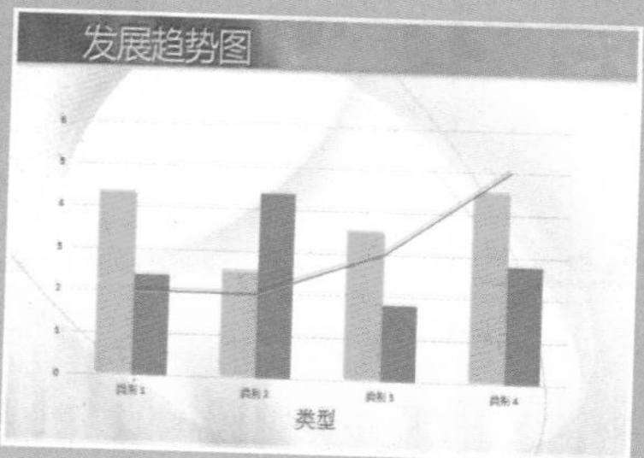

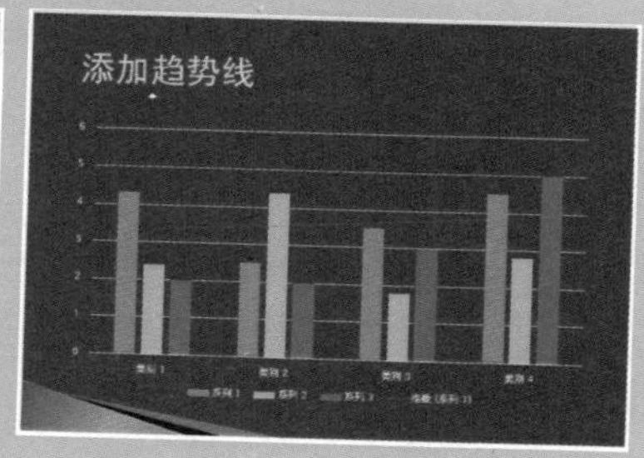

9.1 创建图表对象

图表具有较好的视觉效果，便于用户查看和分析数据，与文字内容相比，形象直观的图表更容易让人了解。

9.1.1 创建柱形图

柱形图是在垂直方向绘制出的长条图，可以包含多组的数据系列，其中分类为 X 轴，数值为 Y 轴。下面介绍创建柱形图的操作方法。

	素材文件	光盘 \ 素材 \ 第 9 章 \ 柱形图 .pptx
	效果文件	光盘 \ 效果 \ 第 9 章 \ 柱形图 .pptx
	视频文件	光盘 \ 视频 \ 第 9 章 \9.1.1 创建柱形图 .mp4

实战 柱形图

步骤 01 在 PowerPoint 2013 中，打开一个素材文件，如图 9-1 所示。

步骤 02 切换至“插入”面板，在“插图”选项板中，单击“图表”按钮，如图 9-2 所示。

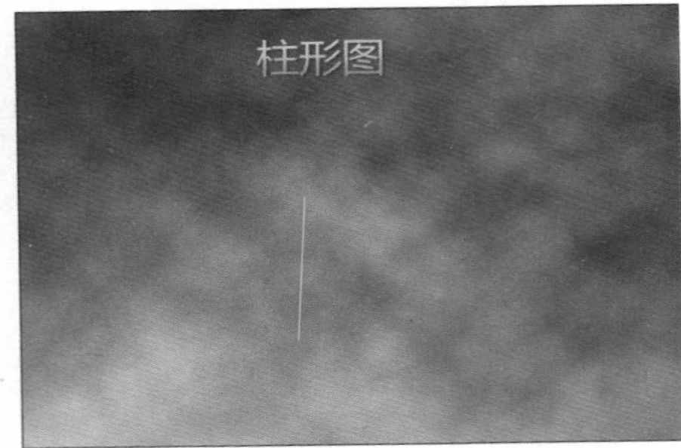

图 9-1 打开一个素材文件

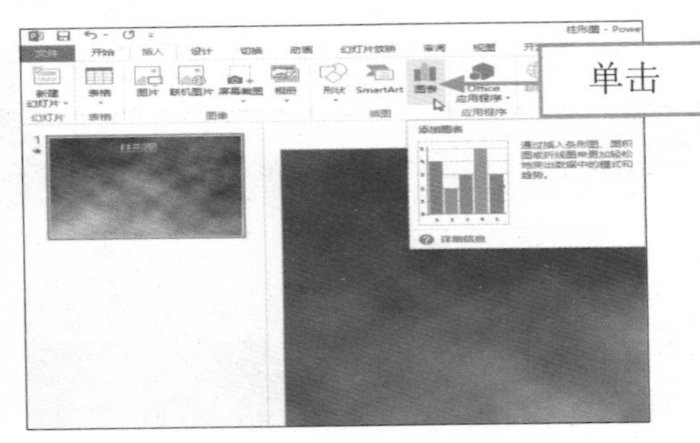

图 9-2 单击“图表”按钮

步骤 03 弹出“插入图表”对话框，选择“柱形图”选项，在“柱形图”选项区中，选择“百分比堆积柱形图”选项，如图 9-3 所示。

步骤 04 单击“确定”按钮，在幻灯片中插入图表，显示 Excel 应用程序，如图 9-4 所示。

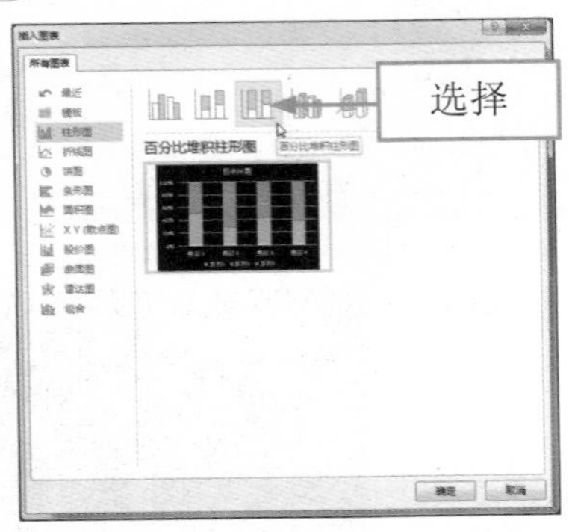

图 9-3 选择“百分比堆积柱形图”选项

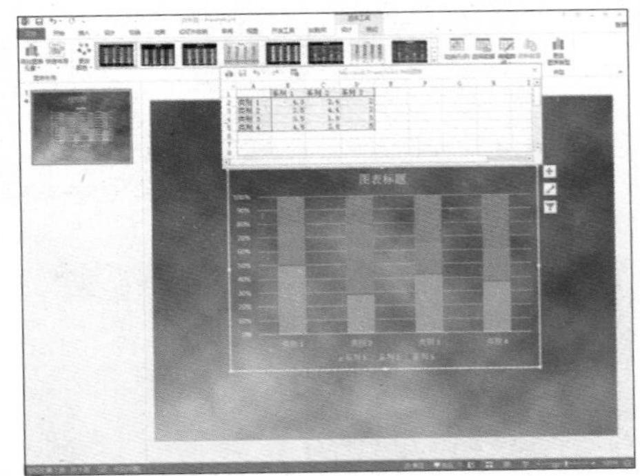

图 9-4 插入图表

步骤 05 关闭 Excel 应用程序，在幻灯片中调整图表的大小与位置，如图 9-5 所示。

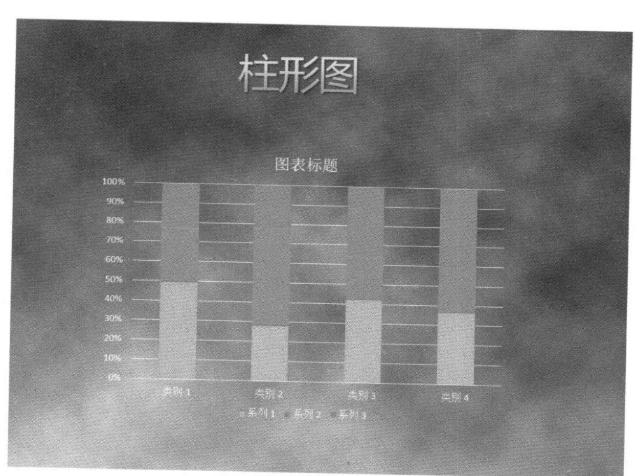

图 9-5 调整图表的大小与位置

9.1.2 创建折线图

折线图主要是显示数据按均匀时间间隔变化的趋势，折线图包括普通折线图、堆积折线图、百分比堆积折线图、带数据标记的折线图、带数据标记的堆积折线图、带数据标记的百分比堆积折线图和三维折线图。

	素材文件	光盘 \ 素材 \ 第 9 章 \ 折线图 .pptx
	效果文件	光盘 \ 效果 \ 第 9 章 \ 折线图 .pptx
	视频文件	光盘 \ 视频 \ 第 9 章 \9.1.2 创建折线图 .mp4

实战 折线图

步骤 01 在 PowerPoint 2013 中，打开一个素材文件，如图 9-6 所示。

步骤 02 切换至“插入”面板，在“插图”选项板中，单击“图表”按钮，如图 9-7 所示。

图 9-6 打开一个素材文件

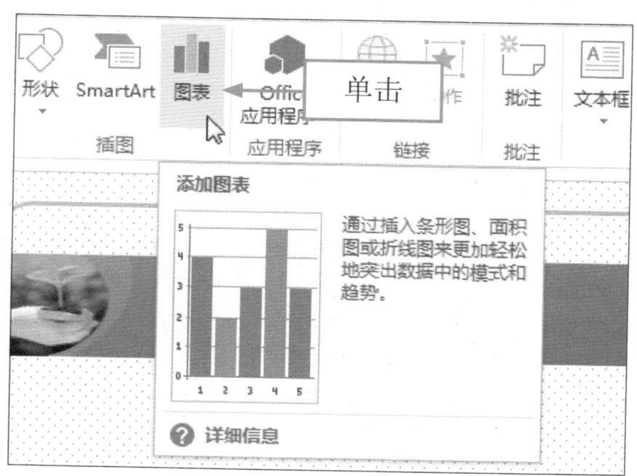

图 9-7 单击“图表”按钮

步骤 03 弹出“插入图表”对话框，选择“折线图”选项，在“折线图”选项区中，选择“带数据标记的折线图”选项，如图 9-8 所示。

步骤 04 单击“确定”按钮，在幻灯片中插入图表，并显示 Excel 应用程序，关闭 Excel 应用程序，在幻灯片中调整图表的大小与位置，效果如图 9-9 所示。

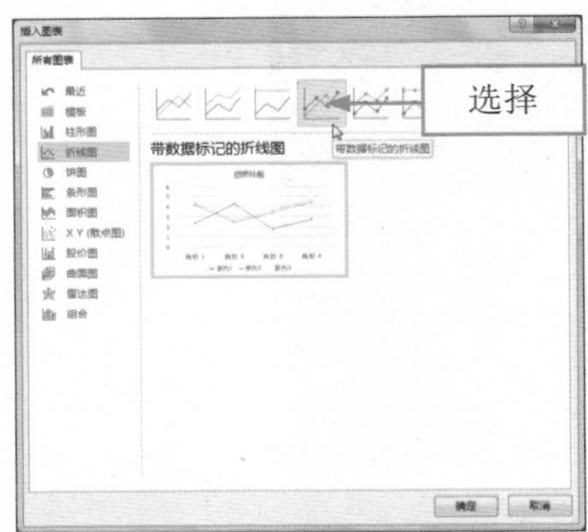

图 9-8 选择“带数据标记的折线图”选项

图 9-9 插入并调整图表

专家指点

在“插入图表”对话框中，用户可以将经常用到的图表设置为默认图表。

9.1.3 创建条形图

条形图是指在水平方向绘出的长条图，同柱形图相似，也可以包含多组数据系列，但其分类名称在 Y 轴，数值在 X 轴，用来强调不同分类之间的差别。

	素材文件	光盘 \ 素材 \ 第 9 章 \ 条形图 .pptx
	效果文件	光盘 \ 效果 \ 第 9 章 \ 条形图 .pptx
	视频文件	光盘 \ 视频 \ 第 9 章 \9.1.3 创建条形图 .mp4

实战 条形图

步骤 01 在 PowerPoint 2013 中，打开一个素材文件，如图 9-10 所示。

步骤 02 调出“插入图表”对话框，选择“条形图”选项，在“条形图”选项区中，选择“百分比堆积条形图”选项，如图 9-11 所示。

图 9-10 打开一个素材文件

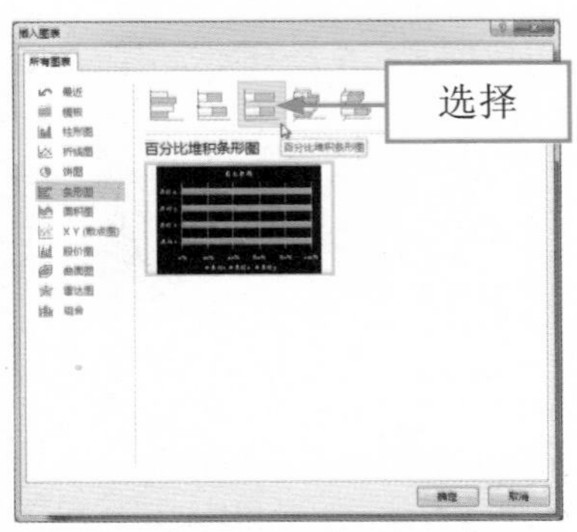

图 9-11 选择“百分比堆积条形图”选项

步骤 03 单击“确定”按钮，在幻灯片中插入图表，并将显示 Excel 应用程序，如图 9-12 所示。

步骤 04 关闭 Excel 应用程序，在幻灯片中调整图表的大小与位置，如图 9-13 所示。

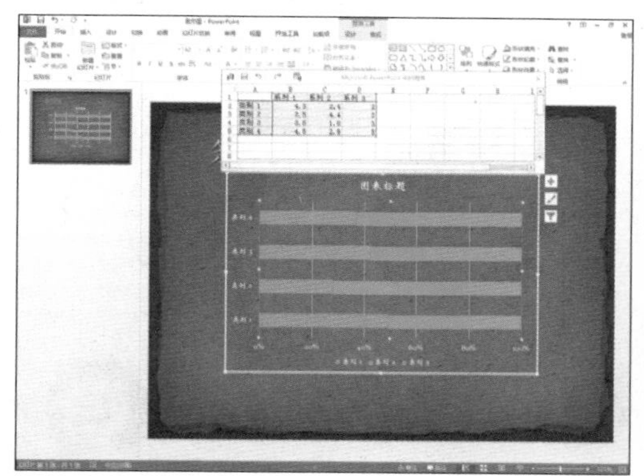

图 9-12 显示 Excel 应用程序

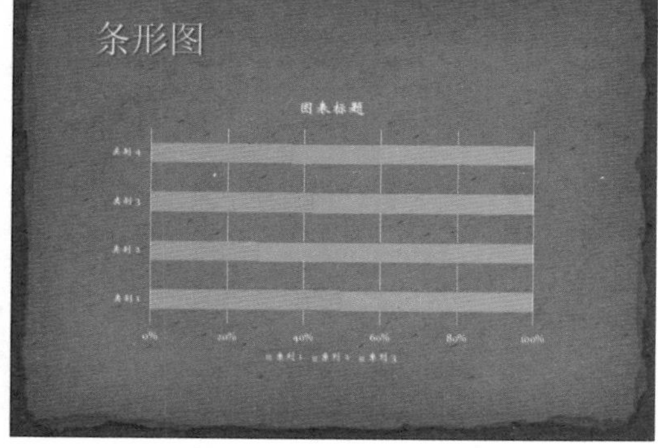

图 9-13 调整图表

9.1.4 创建饼图

饼图是一个划分为几个扇形的圆形统计图表，用于描述量、频率或百分比之间的相对关系。在饼图中，每个扇区的弧长（以及圆心角和面积）大小为其所表示的数量的比例。

	素材文件	光盘 \ 素材 \ 第 9 章 \ 饼图 .pptx
	效果文件	光盘 \ 效果 \ 第 9 章 \ 饼图 .pptx
	视频文件	光盘 \ 视频 \ 第 9 章 \9.1.4 创建饼图 .mp4

实战 饼图

步骤 01 在 PowerPoint 2013 中，打开一个素材文件，如图 9-14 所示。

步骤 02 切换至“插入”面板，在“插图”选项板中单击“图表”按钮，弹出“插入图表”对话框，如图 9-15 所示。

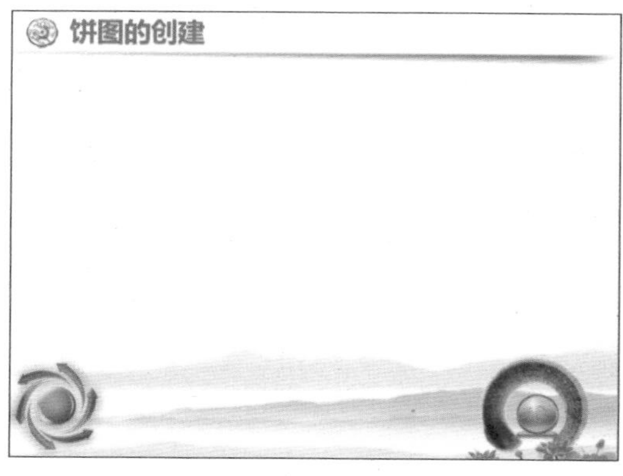

图 9-14 打开一个素材文件

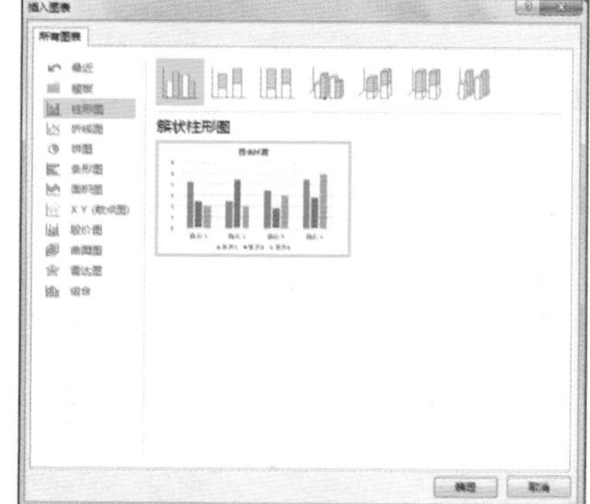

图 9-15 弹出“插入图表”对话框

步骤 03 在“所有图表”选项卡中，选择“饼图”选项，在右侧的选项区中选择“复合饼图”选项，如图 9-16 所示。

步骤 04 单击“确定”按钮，在幻灯片中插入图表，并显示 Excel 应用程序，关闭 Excel 应用程序，在幻灯片中调整图表的大小与位置，如图 9-17 所示。

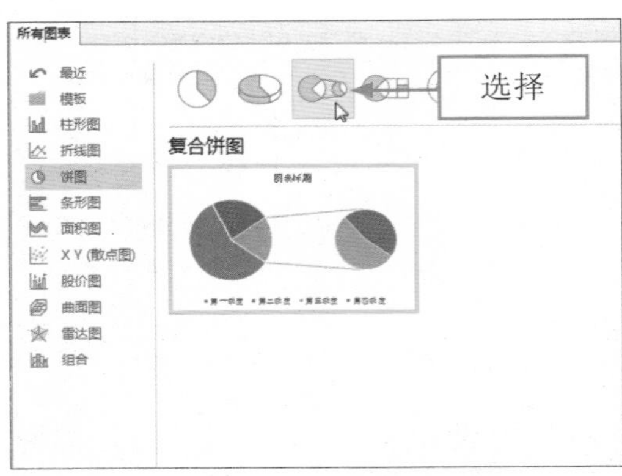

图 9-16 选择“复合饼图”选项

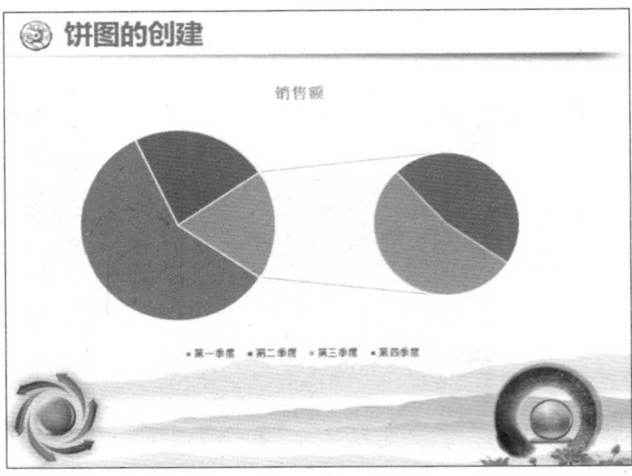

图 9-17 插入并调整图表

9.1.5 创建面积图

面积图与折线图相似，只是将连线与分类轴之间用图案填充，可以显示多组数据系列，主要用来显示不同数据系列之间的关系，以及其中一个序列占总和的份额，但面积图强调的是数据的变动量，而不是时间的变动率。

	素材文件	光盘 \ 素材 \ 第 9 章 \ 面积图 .pptx
	效果文件	光盘 \ 效果 \ 第 9 章 \ 面积图 .pptx
	视频文件	光盘 \ 视频 \ 第 9 章 \9.1.5 创建面积图 .mp4

实战 面积图

步骤 01 在 PowerPoint 2013 中，打开一个素材文件，如图 9-18 所示。

步骤 02 切换至“插入”面板，调出“插入图表”对话框，在“所有图表”选项卡中，选择“面积图”选项，在右侧的选项区中，选择“百分比堆积面积图”选项，如图 9-19 所示。

图 9-18 打开一个素材文件

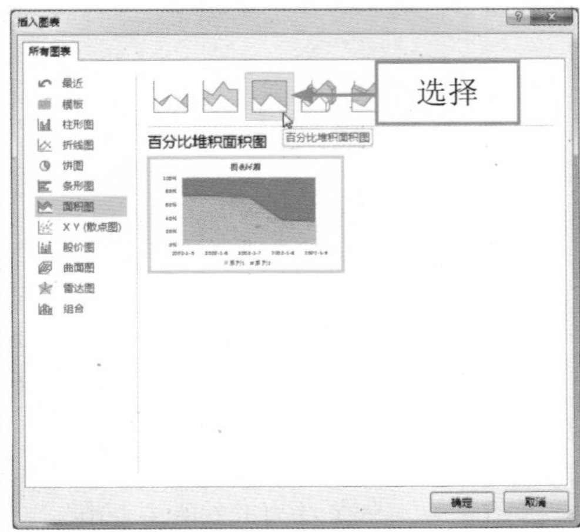

图 9-19 选择“百分比堆积面积图”选项

步骤 03 单击“确定”按钮，在幻灯片中插入图表，并显示 Excel 应用程序，关闭 Excel 应用程序，在幻灯片中调整图表的大小与位置，如图 9-20 所示。

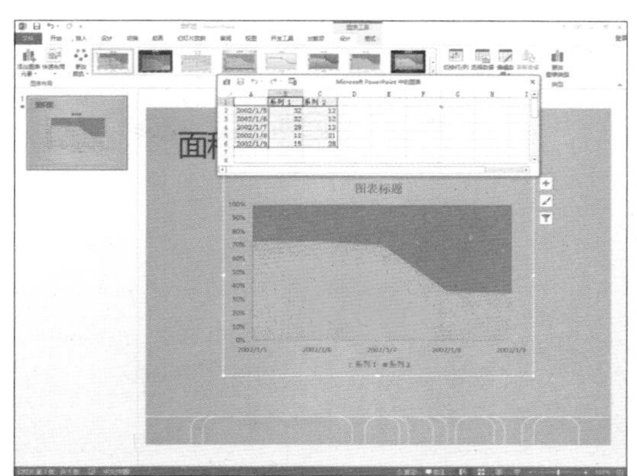

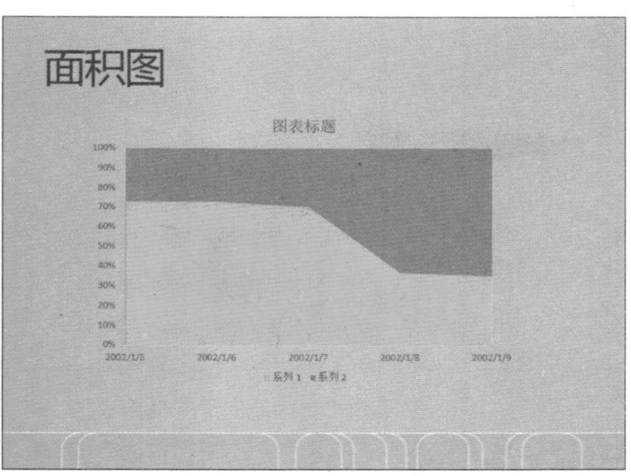

图 9-20 插入并调整图表

9.1.6 创建曲面图

在连续的曲面上显示数值的趋势，其中三维曲面图较为特殊，主要是用来寻找两组数据之间的最佳组合。

	素材文件	光盘 \ 素材 \ 第 9 章 \ 曲面图 .pptx
	效果文件	光盘 \ 效果 \ 第 9 章 \ 曲面图 .pptx
	视频文件	光盘 \ 视频 \ 第 9 章 \9.1.6 创建曲面图 .mp4

实战 曲面图

步骤 01 在 PowerPoint 2013 中，打开一个素材文件，如图 9-21 所示。

步骤 02 调出“插入图表”对话框，选择“曲面图”选项，如图 9-22 所示。

图 9-21 打开一个素材文件

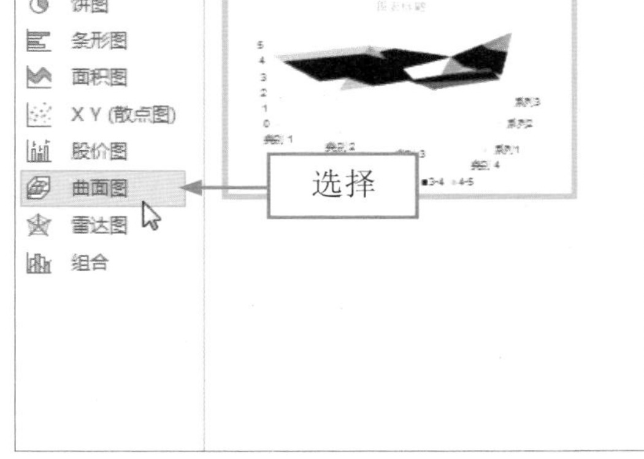

图 9-22 选择“曲面图”选项

步骤 03 在“曲面图”选项区中，选择“三维曲面图”选项，如图 9-23 所示。

步骤 04 单击“确定”按钮，在幻灯片中插入图表，并显示 Excel 应用程序，关闭 Excel 应用程序，在幻灯片中调整图表的大小与位置，如图 9-24 所示。

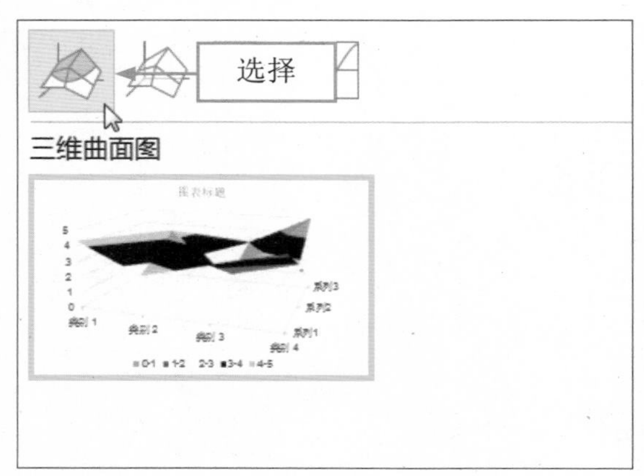

图 9-23 选择“三维曲面图”选项

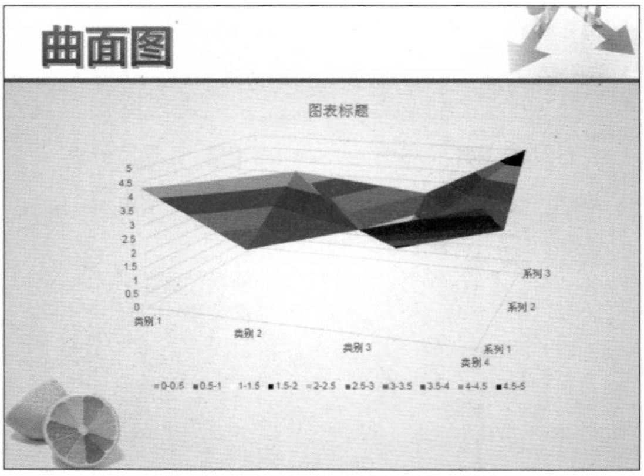

图 9-24 插入并调整图表

9.1.7 创建雷达图

雷达图主要应用于企业经营状况，它是财务分析报表的一种，是将一个公司的各项财务分析所得的数字或比例，就其比较重要的项目集中划在一个圆形的固表上，来表现一个公司各项财务比率的情况。

素材文件	光盘 \ 素材 \ 第 9 章 \ 雷达图 .pptx
效果文件	光盘 \ 效果 \ 第 9 章 \ 雷达图 .pptx
视频文件	光盘 \ 视频 \ 第 9 章 \9.1.7 创建雷达图 .mp4

实战 雷达图

步骤 01 在 PowerPoint 2013 中，打开一个素材文件，如图 9-25 所示。

步骤 02 切换至“插入”面板，在“插图”选项板中，单击“图表”按钮，如图 9-26 所示。

图 9-25 打开一个素材文件

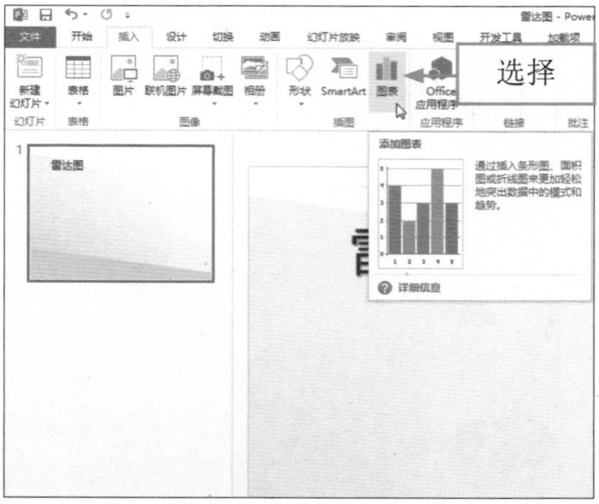

图 9-26 单击“图表”按钮

步骤 03 弹出“插入图表”对话框，在“所有图表”选项卡中，选择“雷达图”选项，在右侧选项区中，选择“填充雷达图”选项，如图 9-27 所示。

步骤 04 单击“确定”按钮，在幻灯片中插入图表，并将显示 Excel 应用程序，如图 9-28 所示。

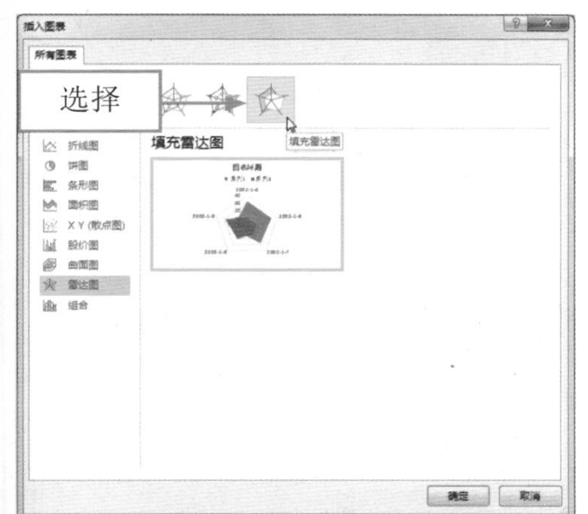

图 9-27 选择“填充雷达图”选项

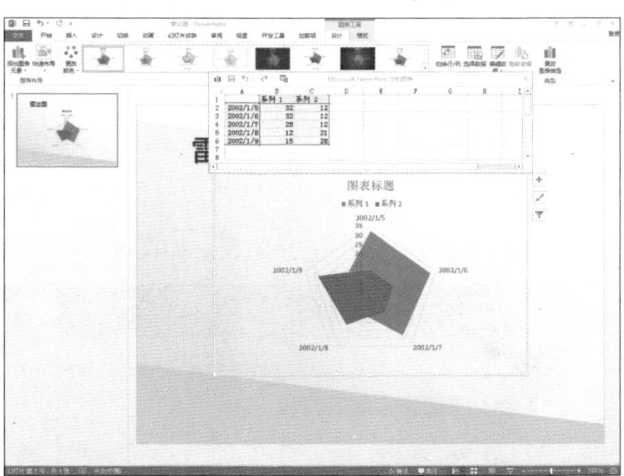

图 9-28 插入图表

步骤 05 关闭 Excel 应用程序，在幻灯片中调整图表的大小与位置，如图 9-29 所示。

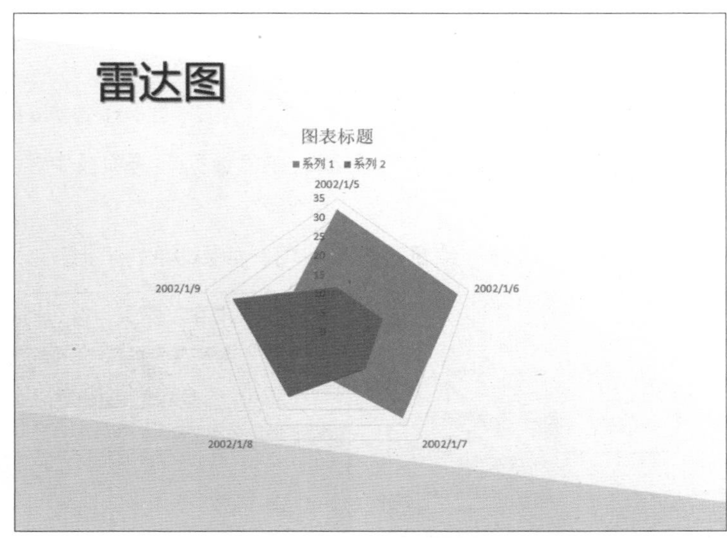

图 9-29 调整图表

9.2 编辑图表

当样本数据表及其对应的图表出现后，用户可在系统提供的样本数据表中完全按自己的需要重新输入图表数据。

9.2.1 输入数据

定义完数据系列以后，即可向数据表中输入数据，输入的数据可以是标签（即分类名和数据系列名），也可以是创建图表用的实际数值。

素材文件	光盘 \ 素材 \ 第 9 章 \ 数据表 .pptx
效果文件	光盘 \ 效果 \ 第 9 章 \ 数据表 .pptx
视频文件	光盘 \ 视频 \ 第 9 章 \9.2.1 输入数据 .mp4

实战 数据表

步骤 01 在 PowerPoint 2013 中，打开一个素材文件，如图 9-30 所示。

步骤 02 在编辑区中选择图表，如图 9-31 所示。

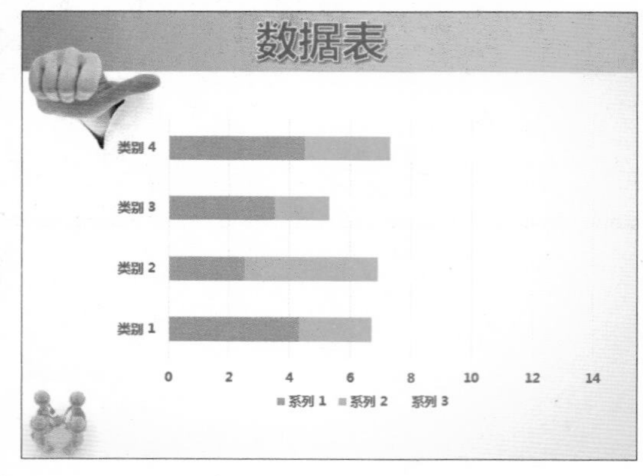

图 9-30 打开一个素材文件

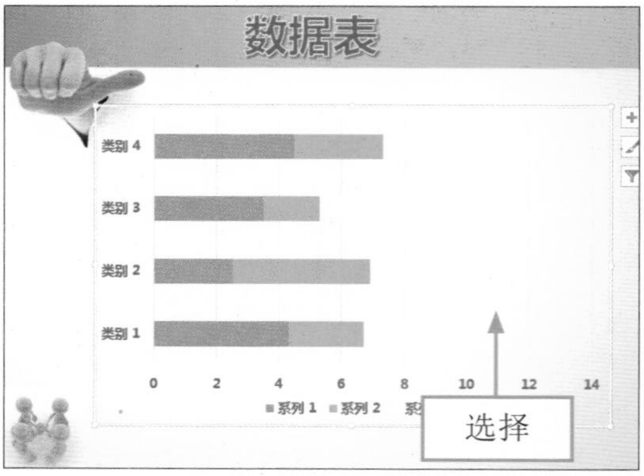

图 9-31 选择图表

步骤 03 切换至“图表工具”中的“设计”面板，在“数据”选项板中，单击“编辑数据”下拉按钮，如图 9-32 所示。

步骤 04 在弹出的列表框中，选择“编辑数据”选项，如图 9-33 所示。

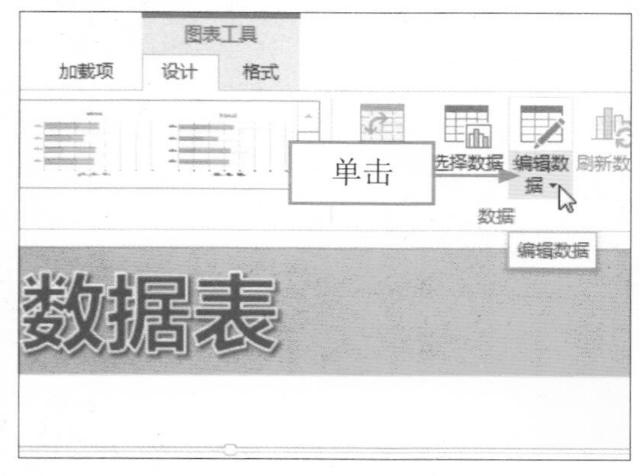

图 9-32 单击“编辑数据”下拉按钮

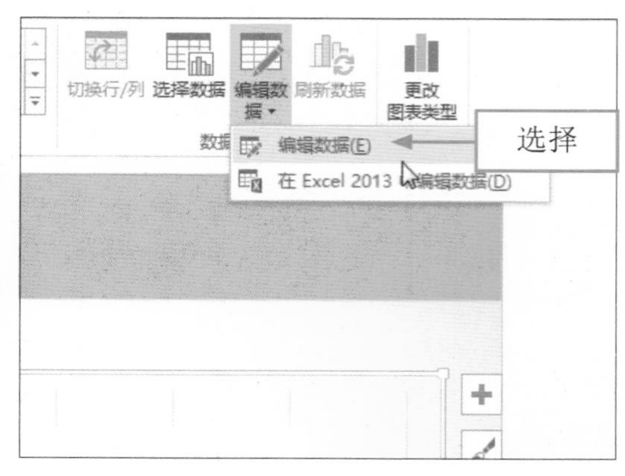

图 9-33 选择“编辑数据”选项

专家指点

如果输入的数据太长，单元格中排列不下则尾部字符被隐藏，对过大的数值，将以指数形式显示，对过多的小数位，将依据当时的列宽进行舍入，可拖动列标题右边线扩充列宽以便查阅该数据。

步骤 05 弹出数据编辑表，在数据表中输入修改的数据，如图 9-34 所示。

步骤 06 按【Enter】键进行确认，关闭数据编辑表，即可在幻灯片中显示输入的数据，如图 9-35 所示。

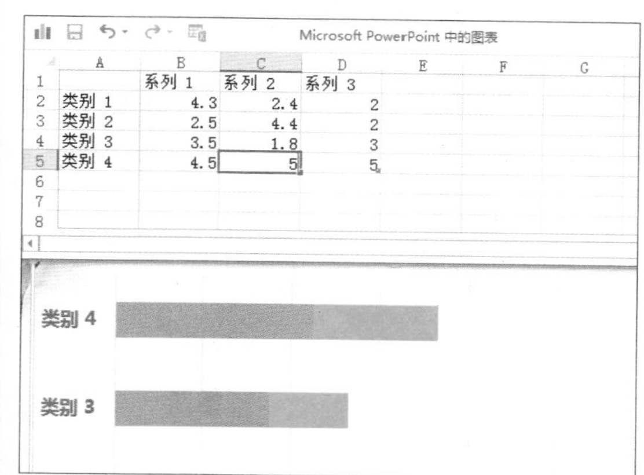

图 9-34 输入修改的数据

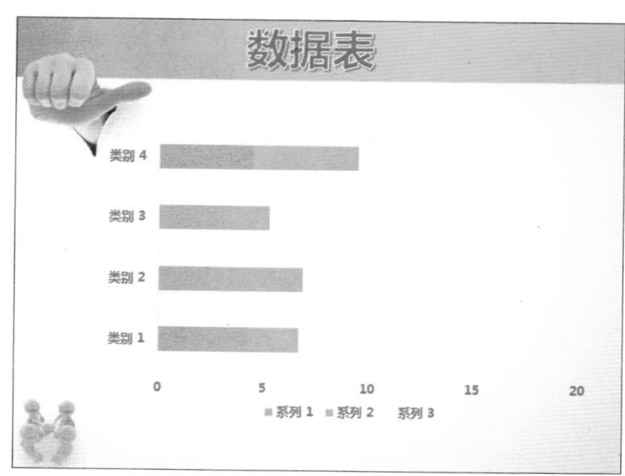

图 9-35 显示图表

9.2.2 设置数字格式

数字是图表中最重要的元素之一，用户可以在 PowerPoint 中直接设置数字格式，也可以在 Excel 中进行设置。

	素材文件	光盘 \ 素材 \ 第 9 章 \ 系列数据 .pptx
	效果文件	光盘 \ 效果 \ 第 9 章 \ 系列数据 .pptx
	视频文件	光盘 \ 视频 \ 第 9 章 \9.2.2 设置数字格式 .mp4

实战 系列数据

步骤 01 在 PowerPoint 2013 中，打开一个素材文件，如图 9-36 所示。

步骤 02 在编辑区中选择图表，如图 9-37 所示。

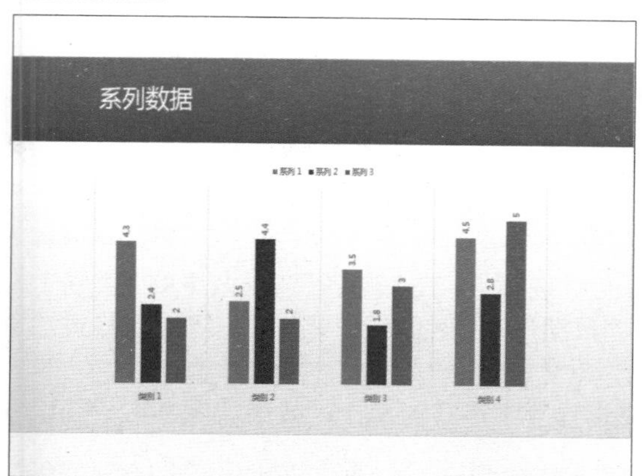

图 9-36 打开一个素材文件

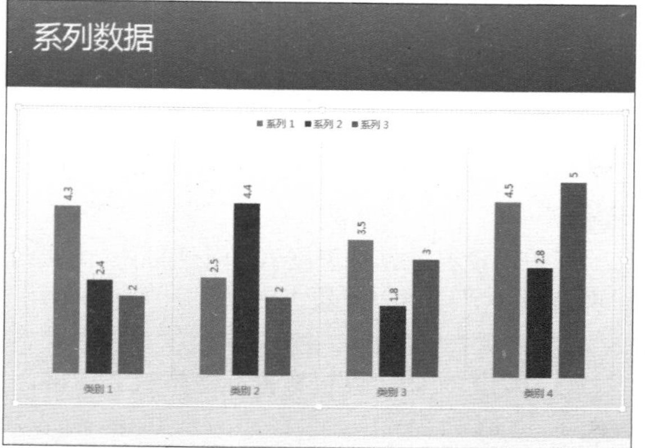

图 9-37 选择图表

步骤 03 切换至“图表工具”中的“设计”面板，在“图表布局”选项板中，单击“添加图表元素”下拉按钮，如图 9-38 所示。

步骤 04 在弹出的列表框中，选择“数据标签”|“其他数据标签选项”选项，如图 9-39 所示。

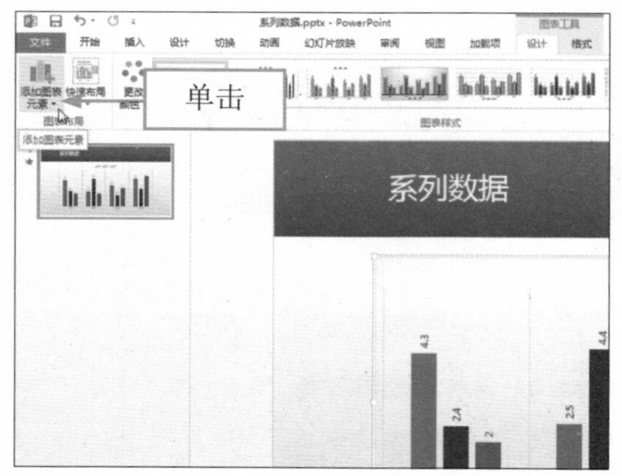

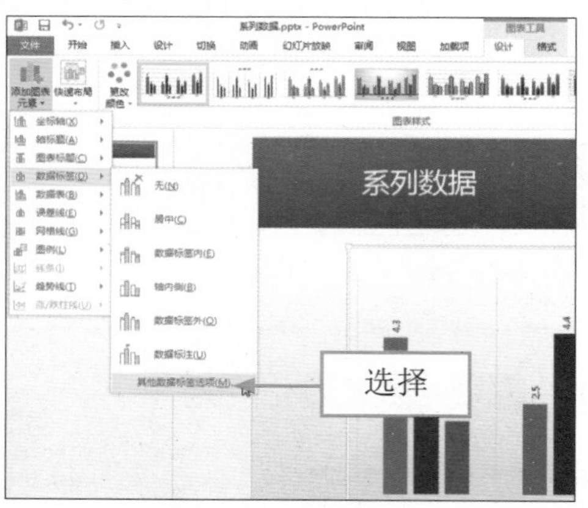

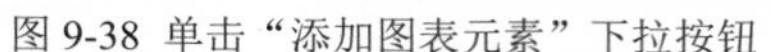
图 9-38 单击“添加图表元素”下拉按钮

图 9-39 选择“其他数据标签选项”选项

步骤 05 弹出“设置数据标签格式”窗格，在“标签选项”选项区中，选中“值”、“显示引导线”以及“图例项标示”复选框，如图 9-40 所示。

步骤 06 展开“数字”选项区，在“类别”列表框中选择“数字”选项，设置“小数位数”的值为 2，如图 9-41 所示。

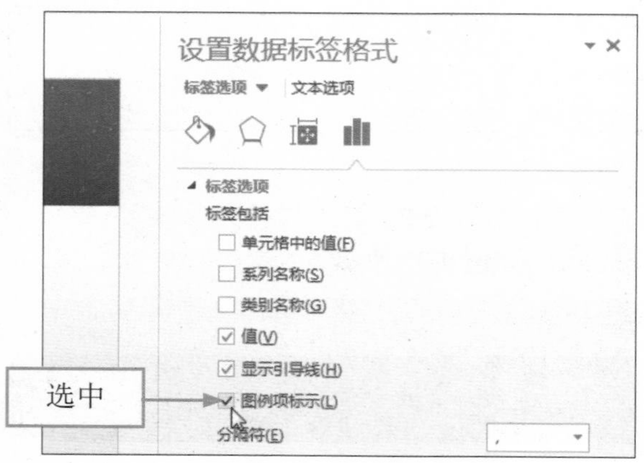

图 9-40 选中相应复选框

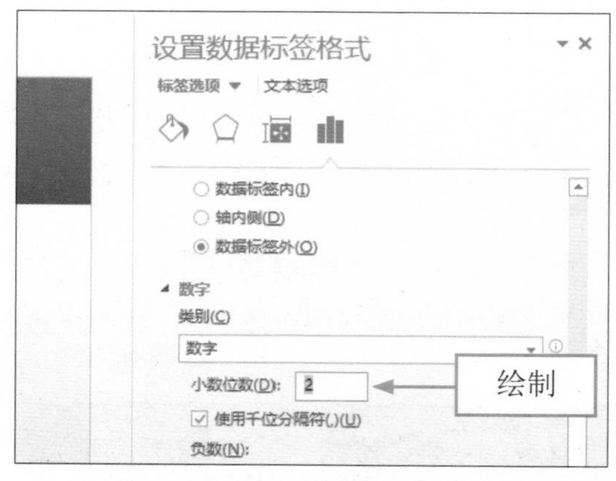

图 9-41 设置相应选项

专家指点

在“设置数据标签格式”对话框中，切换至“数字”选项卡，在“数字”选项区中的“类别”列表框中，还可以设置“货币”、“会计专用”、“日期”、“时间”和“分数”等标签格式。

步骤 07 关闭“设置数据标签格式”窗格，完成设置数字格式的操作，效果如图 9-42 所示。

专家指点

除了运用以上方法设置数字格式以外，用户还可以通过选择图表数据，然后单击图表右上角的“加号”按钮，在左侧弹出的列表框中，选中“数据标签”复选框即可。

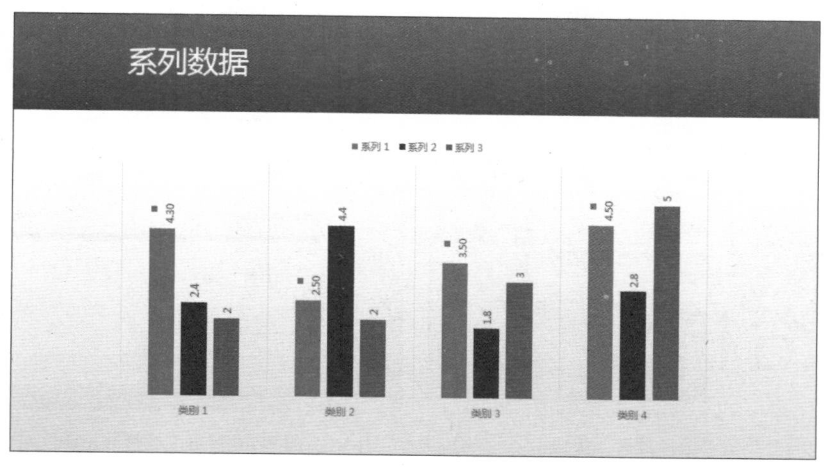

图 9-42 设置数字格式

9.2.3 插入行或列

在 PowerPoint 2013 中，用户可以根据制作课件的实际需求，向图表添加或删除数据系列和分类信息。

素材文件	光盘 \ 素材 \ 第 9 章 \ 系列数据分析 .pptx
效果文件	光盘 \ 效果 \ 第 9 章 \ 系列数据分析 .pptx
视频文件	光盘 \ 视频 \ 第 9 章 \9.2.3 插入行或列 .mp4

实战 系列数据分析

步骤 01 在 PowerPoint 2013 中，打开一个素材文件，如图 9-43 所示。

步骤 02 在编辑区中选择图表，如图 9-44 所示。

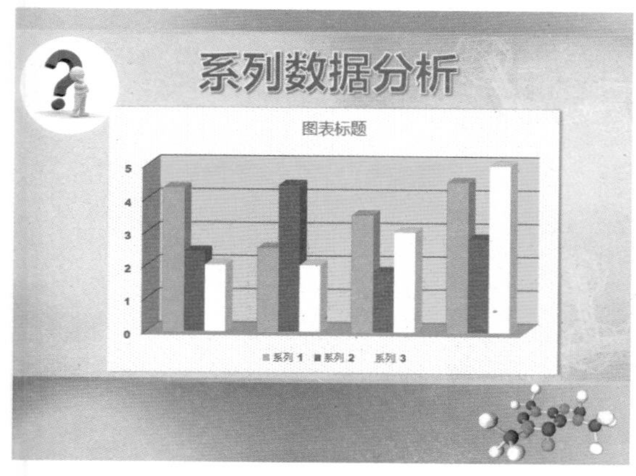

图 9-43 打开一个素材文件

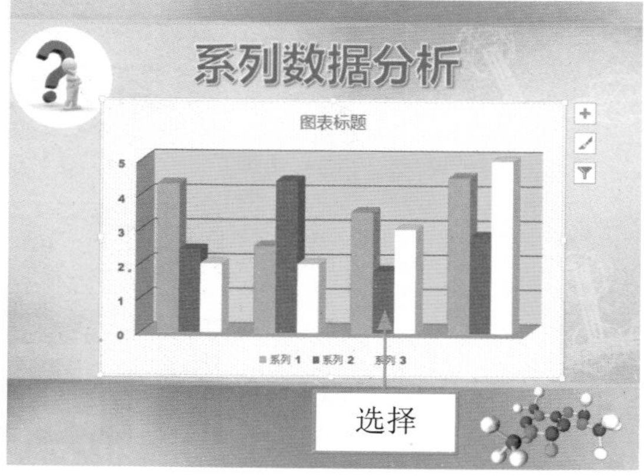

图 9-44 选择图表

步骤 03 切换至“图表工具”中的“设计”面板，在“数据”选项板中，单击“选择数据”按钮，如图 9-45 所示。

步骤 04 启动数据编辑表，并弹出“选择数据源”对话框，如图 9-46 所示。

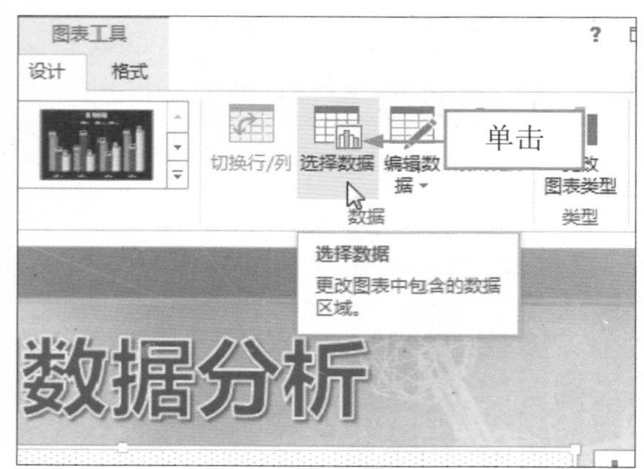

图 9-45 单击“选择数据”按钮

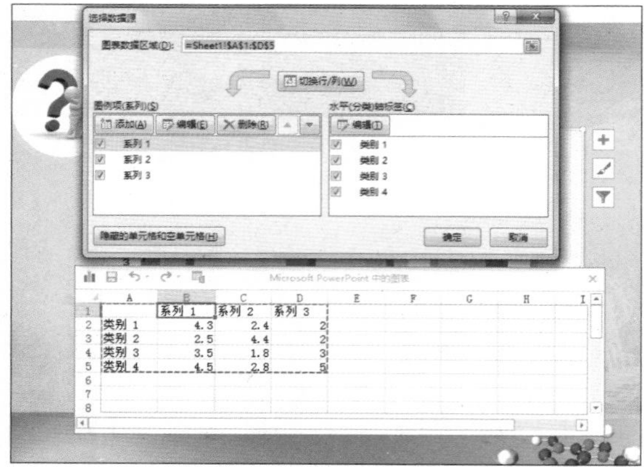

图 9-46 弹出“选择数据源”对话框

步骤 05 在“图例项（系列）”列表框中，单击“添加”按钮，如图 9-47 所示。

步骤 06 弹出“编辑数据系列”对话框，在“系列名称”文本框中输入“类别 5”，如图 9-48 所示。

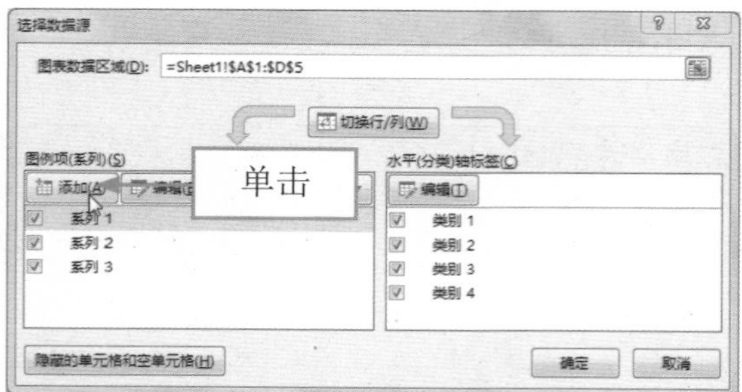

图 9-47 单击“添加”按钮

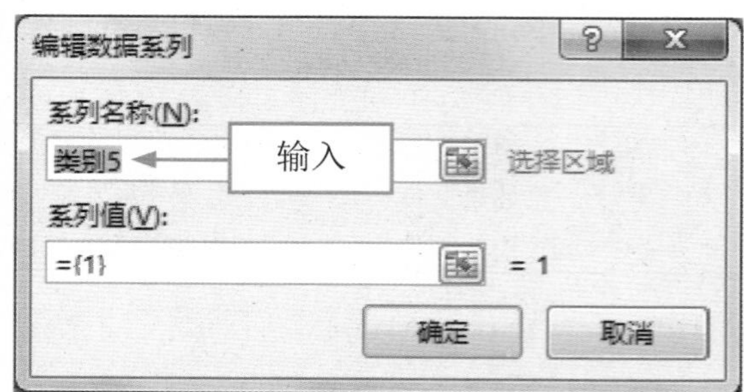

图 9-48 输入“类别 5”

步骤 07 依次单击“确定”按钮，关闭数据编辑表，即可插入新行或列，如图 9-49 所示。

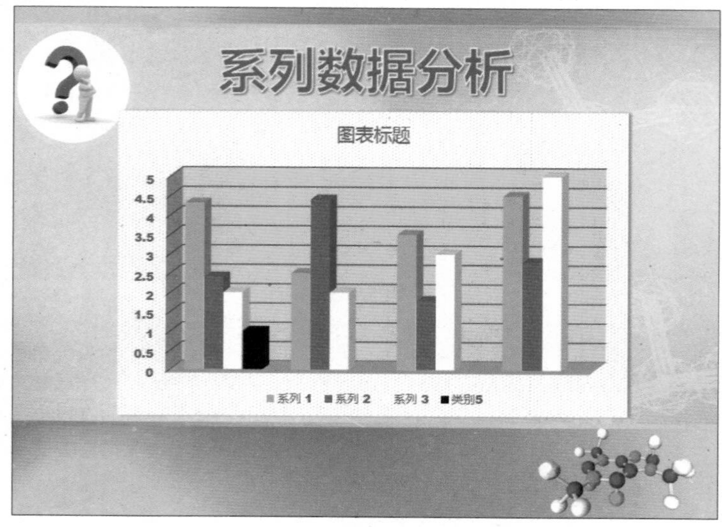

图 9-49 插入新行或列

9.2.4 删除行或列

在 PowerPoint 2013 中，运用在数据表中弹出的快捷菜单，可以将电脑销售分析中的行或列进行删除操作。

	素材文件	光盘 \ 素材 \ 第 9 章 \ 电脑销售表 .pptx
	效果文件	光盘 \ 效果 \ 第 9 章 \ 电脑销售表 .pptx
	视频文件	光盘 \ 视频 \ 第 9 章 \9.2.4 删除行或列 .mp4

实战 电脑销售表

步骤 01 在 PowerPoint 2013 中，打开一个素材文件，如图 9-50 所示。

步骤 02 在编辑区中选择图表，如图 9-51 所示。

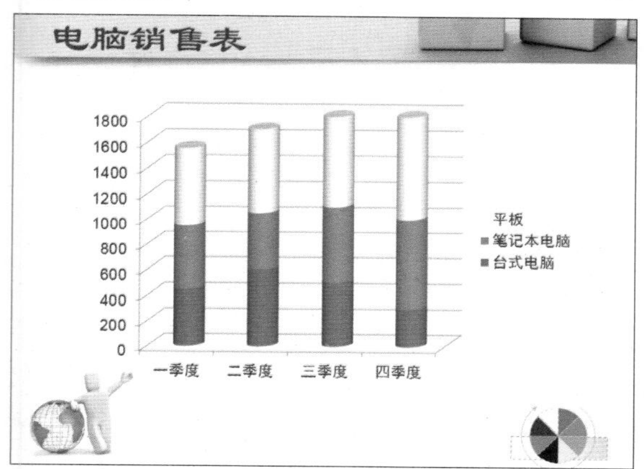

图 9-50 打开一个素材文件

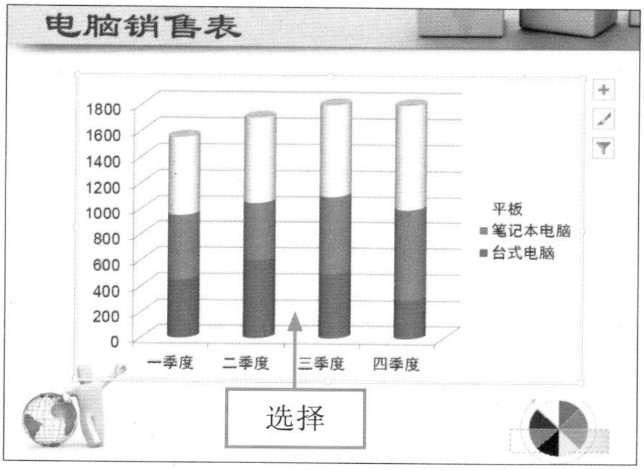

图 9-51 选择图表

步骤 03 在“图表工具”中的“设计”面板中，单击“数据”选项板中的“编辑数据”下拉按钮，在弹出的列表框中，选择“在 Excel 2013 中编辑数据”选项，如图 9-52 所示。

步骤 04 执行操作后，即可启动 Excel 应用程序，在数据表中选中“四季度”一行，如图 9-53 所示。

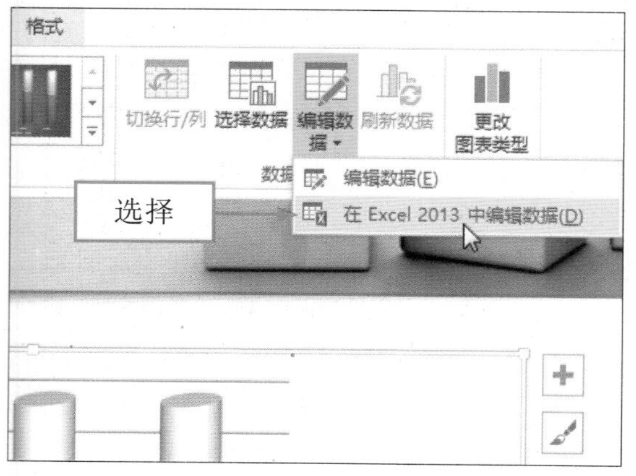

图 9-52 选择“在 Excel 2013 中编辑数据”选项

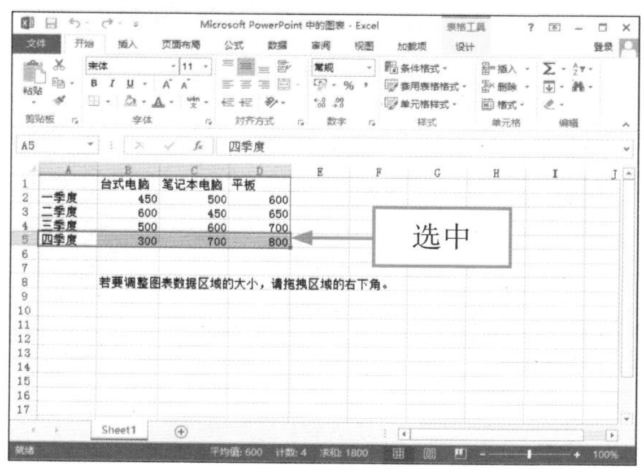

图 9-53 选中“四季度”一行

步骤 05 单击鼠标右键，在弹出的快捷菜单中，选择“删除”|“表行”选项，如图 9-54 所示。

步骤 06 执行操作后，即可删除选中的一行，关闭 Excel 应用程序，如图 9-55 所示。

图 9-54 选择“表行”选项

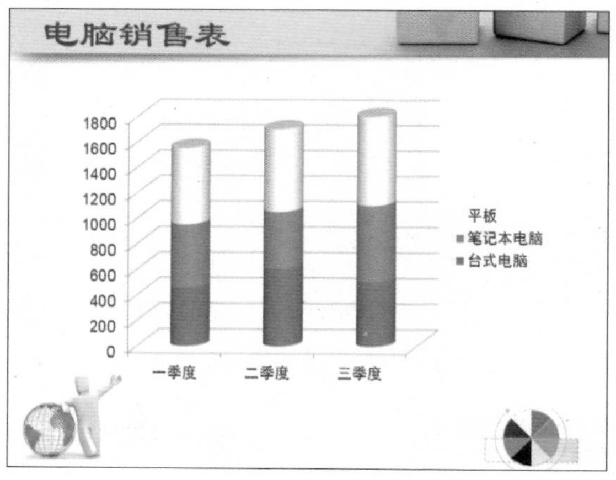

图 9-55 删除行

9.2.5 调整数据表的大小

在 PowerPoint 2013 中，用户还可以直接在 Excel 中调整数据表的大小，设置完成后，将显示在幻灯片中。

	素材文件	光盘 \ 素材 \ 第 9 章 \ 销售数据 .pptx
	效果文件	光盘 \ 效果 \ 第 9 章 \ 销售数据 .pptx
	视频文件	光盘 \ 视频 \ 第 9 章 \9.2.5 调整数据表的大小 .mp4

实战 销售数据

步骤 01 在 PowerPoint 2013 中，打开一个素材文件，如图 9-56 所示。

步骤 02 在编辑区中选择图表，如图 9-57 所示。

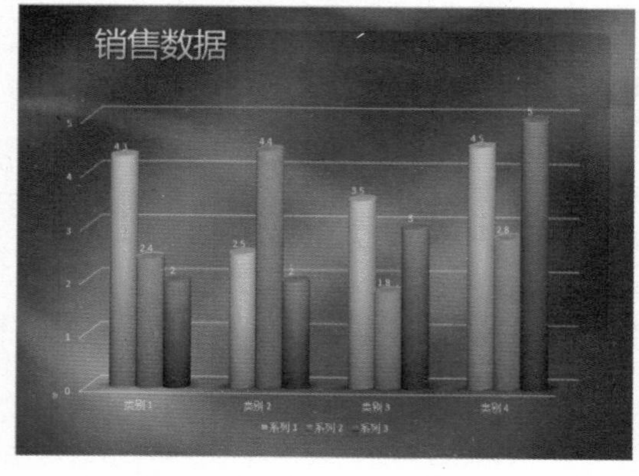

图 9-56 打开一个素材文件

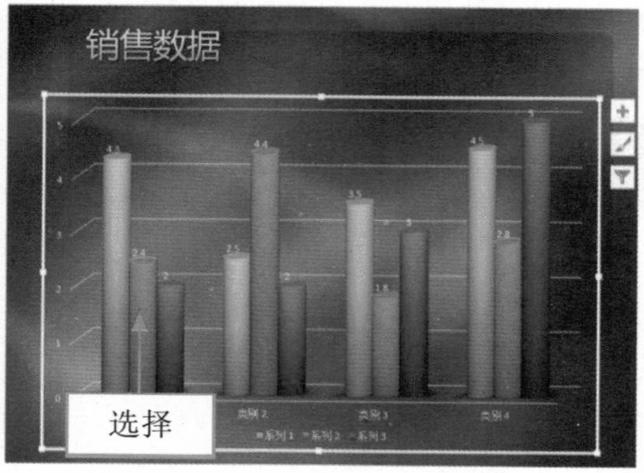

图 9-57 选择图表

步骤 03 切换至“图表工具”中的“设计”面板，单击“数据”选项板中的“编辑数据”下拉按钮，弹出列表框，选择“编辑数据”选项，如图 9-58 所示。

步骤 04 执行操作后，弹出“Microsoft Power Point 中的图表”对话框，拖曳数据表右下角的蓝色边框线，如图 9-59 所示。

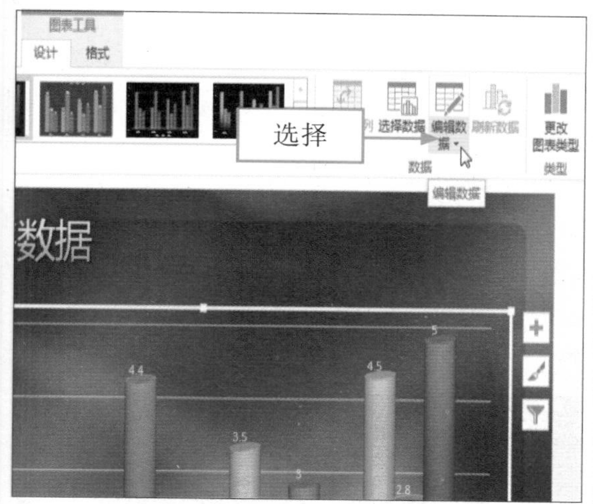

图 9-58 单击“编辑数据”按钮

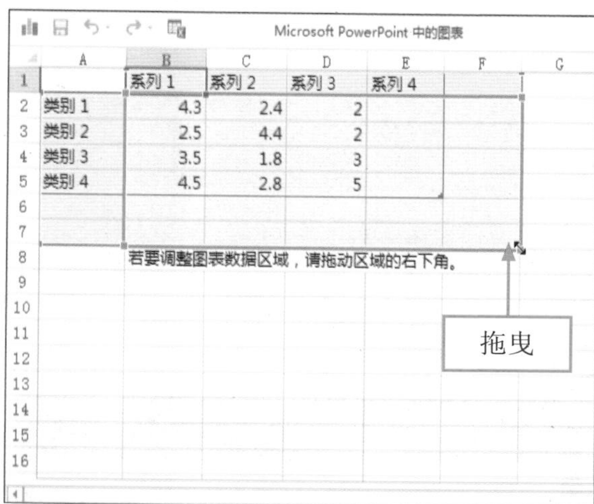

图 9-59 拖曳蓝色边框线

步骤 05 设置完成后，即可调整数据表的大小，关闭 Excel 应用程序，如图 9-60 所示。

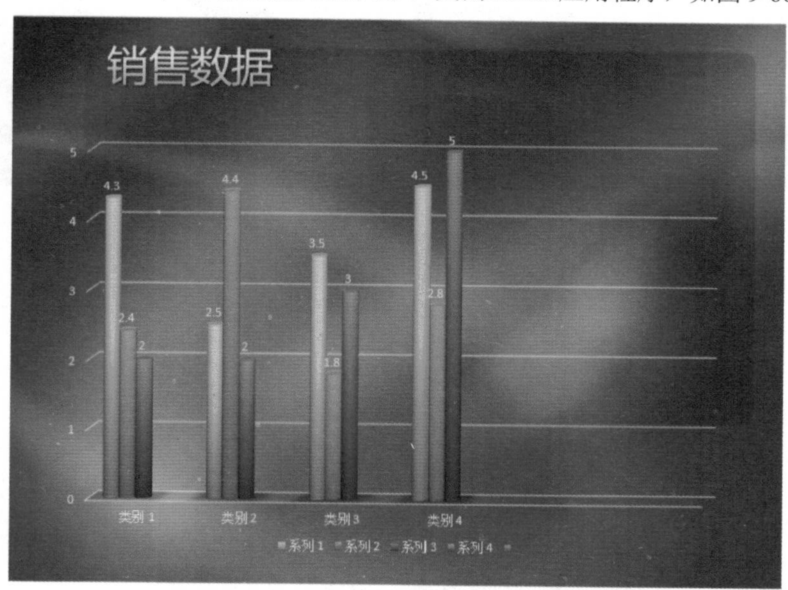

图 9-60 调整数据表的大小

9.3 设置图表布局

创建图表后，用户可以更改图表的外观，可以快速将一个预定义布局和图表样式应用到现有的图表中，而无需手动添加或更改图表元素或设置图表格式，PowerPoint 提供了多种预定的布局和样式（或快速布局、快速样式），用户可以从中选择。

9.3.1 添加图表标题

在 PowerPoint 2013 中，用户在创建完图表后，可以添加或更改图表标题。下面介绍添加图表标题的方法。

	素材文件	光盘 \ 素材 \ 第 9 章 \ 市场调研分析 .pptx
	效果文件	光盘 \ 效果 \ 第 9 章 \ 市场调研分析 .pptx
	视频文件	光盘 \ 视频 \ 第 9 章 \9.3.1 添加图表标题 .mp4

实战 市场调研分析

步骤 01 在 PowerPoint 2013 中，打开一个素材文件，如图 9-61 所示。

步骤 02 在编辑区中，选择需要添加标题的图表，如图 9-62 所示。

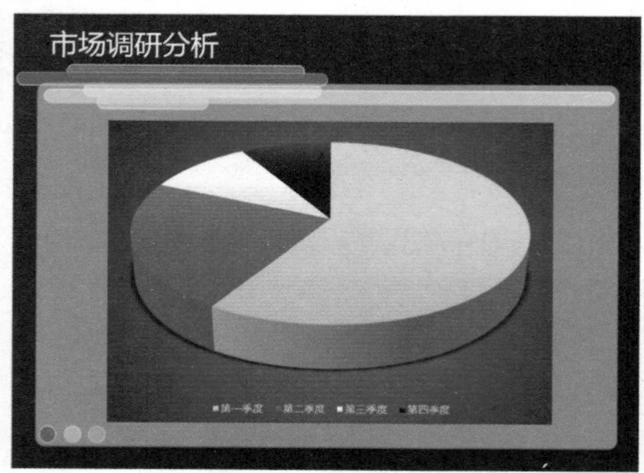

图 9-61 打开一个素材文件

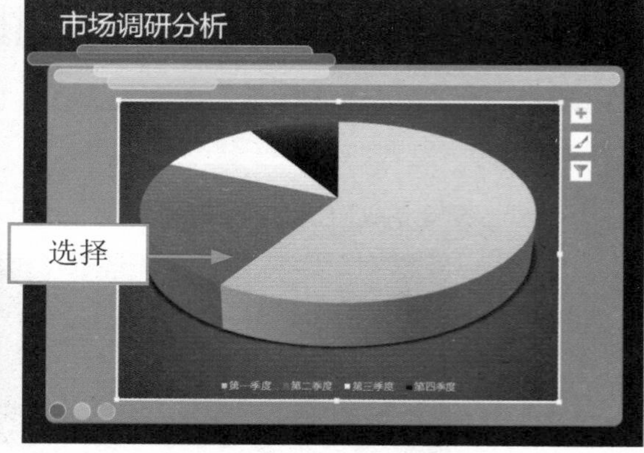

图 9-62 选择需要添加标题的图表

步骤 03 切换至“图表工具”中的“设计”面板，在“图表布局”选项板中，单击“添加图表元素”下拉按钮，如图 9-63 所示。

步骤 04 在弹出的列表框中，选择“图表标题”|“图表上方”选项，如图 9-64 所示。

图 9-63 单击“添加图表元素”下拉按钮

图 9-64 选择“图表上方”选项

步骤 05 执行操作后，即可显示标题，更改标题文本，调整标题位置，如图 9-65 所示。

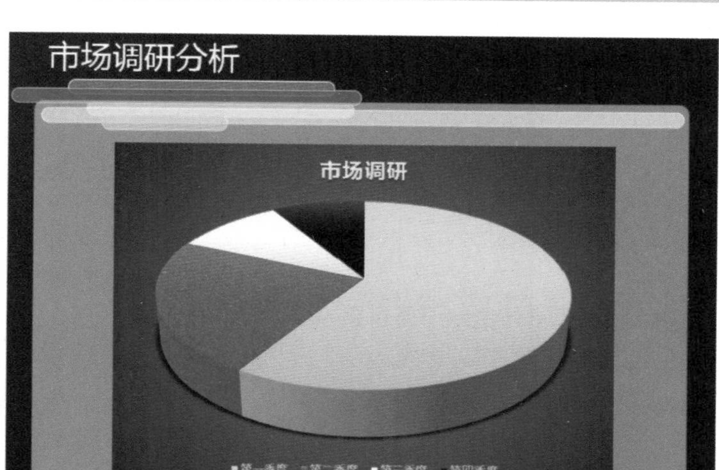

图 9-65 显示标题

9.3.2 添加坐标轴标题

在 PowerPoint 2013 中，用户在创建图表后，可以通过“坐标轴标题”按钮，对弹出的列表框中的各选项进行设置。

	素材文件	光盘 \ 素材 \ 第 9 章 \ 发展趋势图 .pptx
	效果文件	光盘 \ 效果 \ 第 9 章 \ 发展趋势图 .pptx
	视频文件	光盘 \ 视频 \ 第 9 章 \9.3.2 添加坐标轴标题 .mp4

实战 发展趋势图

步骤 01 在 PowerPoint 2013 中，打开一个素材文件，如图 9-66 所示。

步骤 02 在编辑区中，选择需要添加坐标轴标题的图表，如图 9-67 所示。

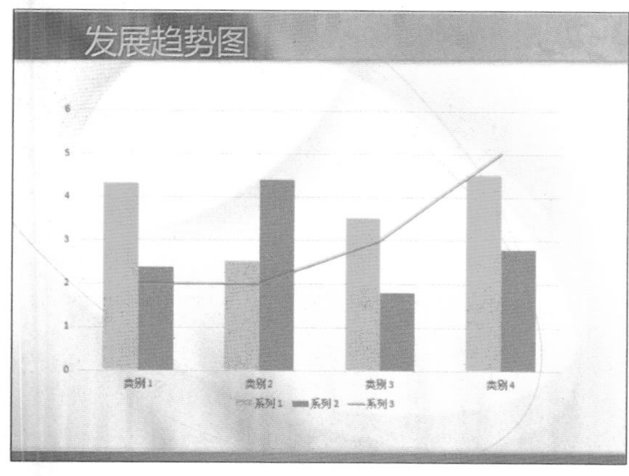

图 9-66 打开一个素材文件

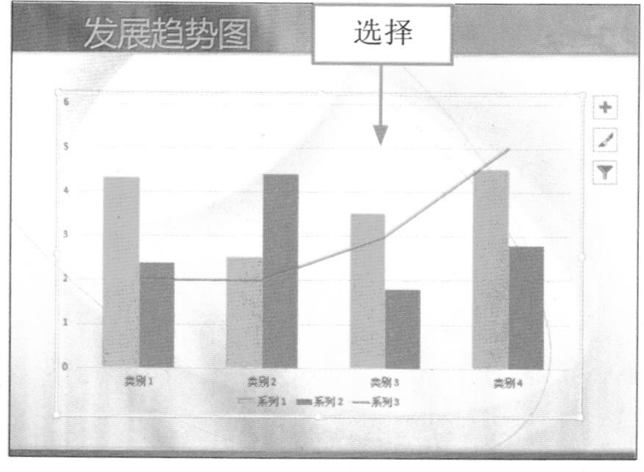

图 9-67 选择需要添加坐标轴标题的图表

步骤 03 切换至“图表工具”中的“设计”面板，在“图表布局”选项板中，单击“添加图表元素”下拉按钮，在弹出的列表框中，选择“轴标题”|“主要横坐标轴”选项，如图 9-68 所示。

步骤 04 执行操作后，即可添加坐标轴标题，在坐标轴文本框中输入文字，并设置文本“字号”为 24，如图 9-69 所示。

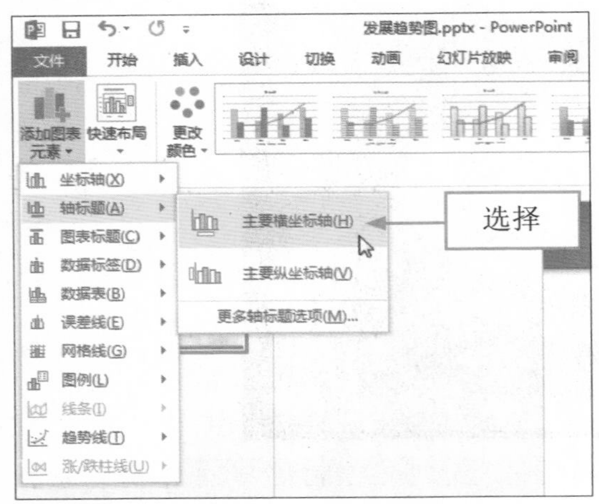

图 9-68 选择“主要横坐标轴”选项

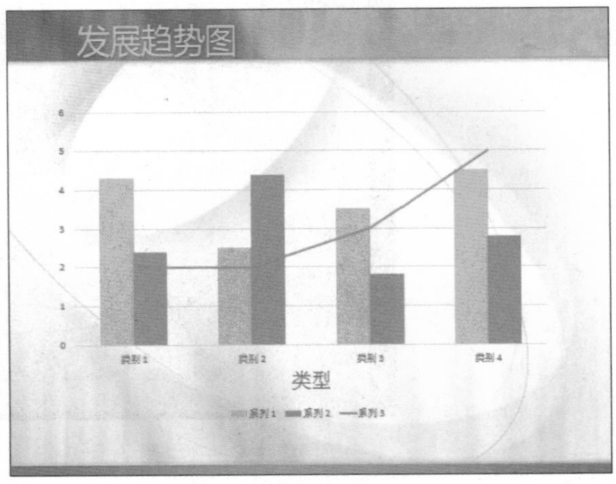

图 9-69 添加坐标轴标题

9.3.3 设置图例

图例是位于图表中适当位置的一个方框，内含各个数据系列名，数据系列名称左侧有一个标识数据系列的小方块，称为图例项标识。

	素材文件	光盘 \ 素材 \ 第 9 章 \ 季度销量统计表 .pptx
	效果文件	光盘 \ 效果 \ 第 9 章 \ 季度销量统计表 .pptx
	视频文件	光盘 \ 视频 \ 第 9 章 \9.3.3 设置图例 .mp4

实战 季度销量统计表

步骤 01 在 PowerPoint 2013 中，打开一个素材文件，如图 9-70 所示。

步骤 02 在编辑区中，选择需要设置图例的图表，如图 9-71 所示。

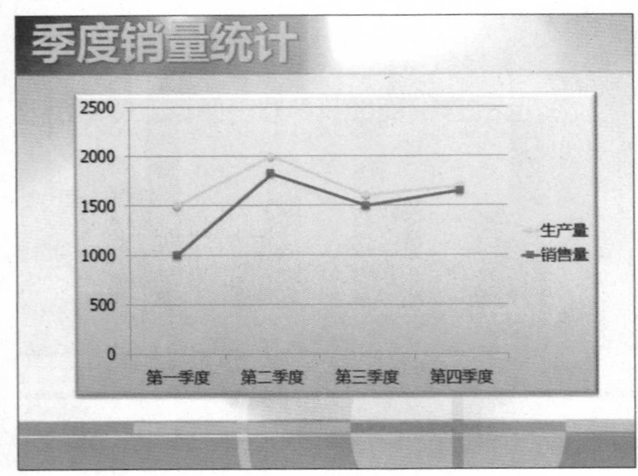

图 9-70 打开一个素材文件

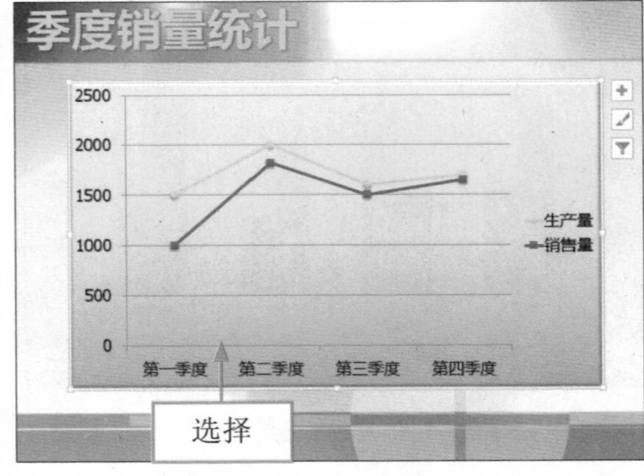

图 9-71 选择需要设置图例的图表

步骤 03 切换至“图表工具”中的“设计”面板，在“图表布局”选项板中，单击“添加图表元素”下拉按钮，在弹出的列表框中，选择“图例”|“左侧”选项，如图 9-72 所示。

步骤 04 执行操作后，即可在图表左侧显示图例，如图 9-73 所示。

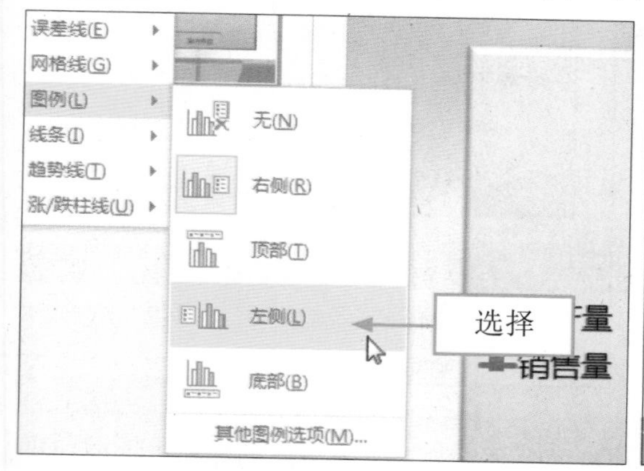

图 9-72 选择“左侧”选项

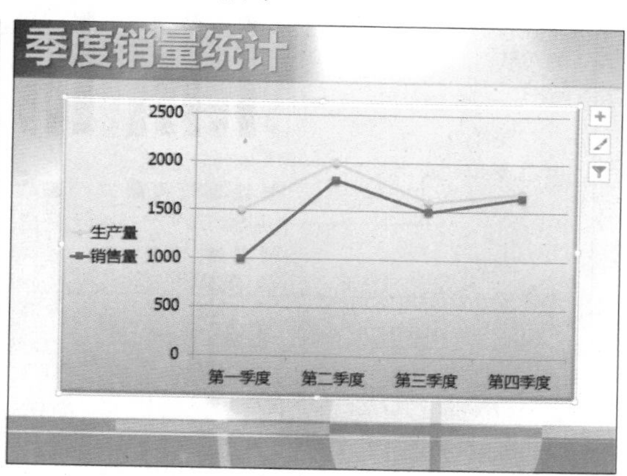

图 9-73 在左侧显示图例

步骤 05 双击图例，弹出“设置图例格式”窗格，如图 9-74 所示。

步骤 06 选中“纯色填充”单选按钮，在下方展开的“填充”选项区中，选中“纯色填充”单选按钮，如图 9-75 所示。

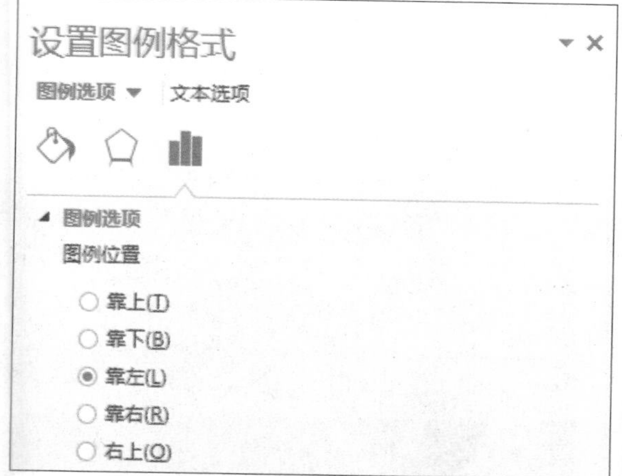

图 9-74 弹出“设置图例格式”窗格

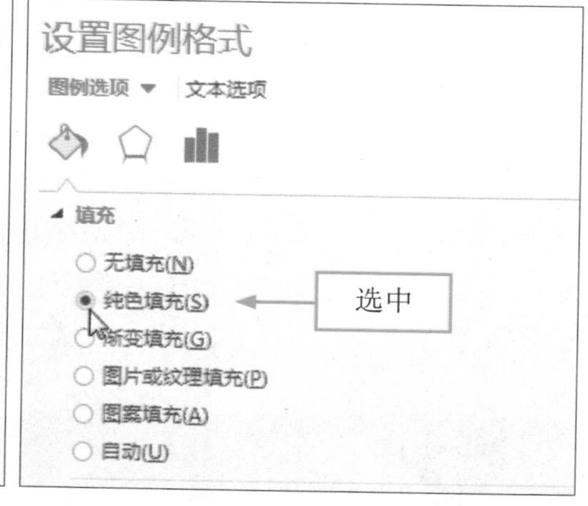

图 9-75 选中“纯色填充”单选按钮

专家指点

在 PowerPoint 2013 中，用户还可以通过选择幻灯片中的表格，单击鼠标右键，在弹出的快捷菜单中，选择“设置图表区域格式”选项，也可弹出“设置图表区格式”窗格，然后在其中对图例进行相应设置。

步骤 07 单击“颜色”右侧的下拉按钮，在弹出的列表框中，选择“黄色”选项，如图 9-76 所示。

步骤 08 执行操作后，关闭“设置图例格式”窗格，完成图例的设置，效果如图 9-77 所示。

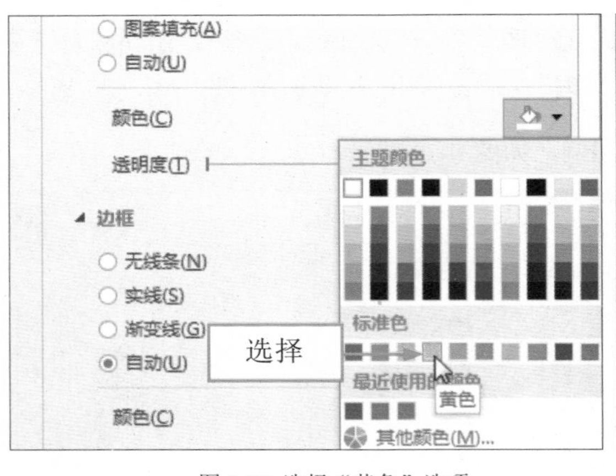

图 9-76 选择“黄色”选项

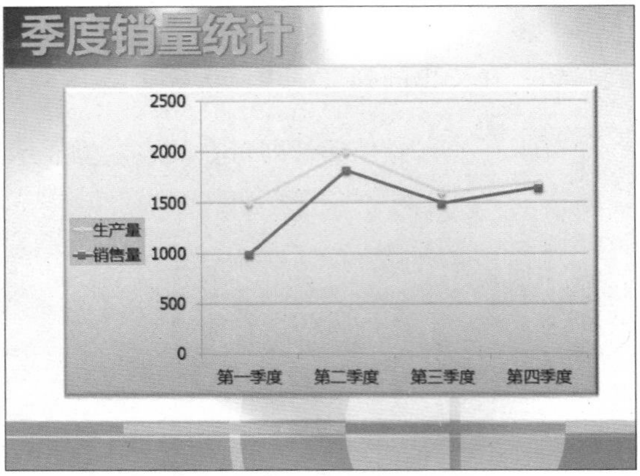

图 9-77 设置图例效果

9.3.4 添加数据标签

数据标签是指将数据表中具体的数值添加到图表的分类系列上，使用此功能可以方便地设置坐标轴上的显示内容。

	素材文件	光盘 \ 素材 \ 第 9 章 \ 添加数据标签 .pptx
	效果文件	光盘 \ 效果 \ 第 9 章 \ 添加数据标签 .pptx
	视频文件	光盘 \ 视频 \ 第 9 章 \9.3.4 添加数据标签 .mp4

实战 添加数据标签

步骤 01 在 PowerPoint 2013 中，打开一个素材文件，如图 9-78 所示。

步骤 02 在编辑区中，选择需要添加数据标签的图表，如图 9-79 所示。

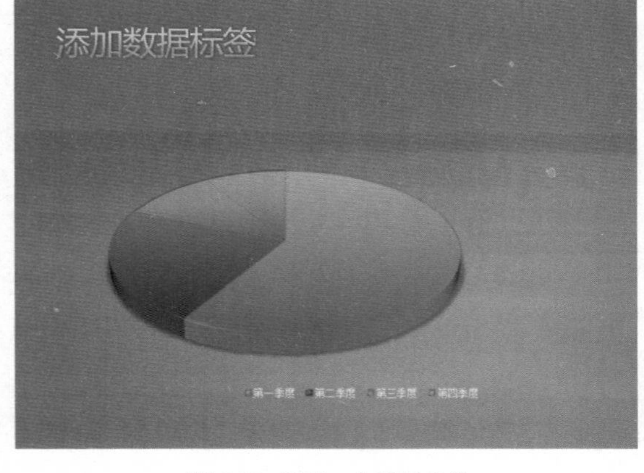

图 9-78 打开一个素材文件

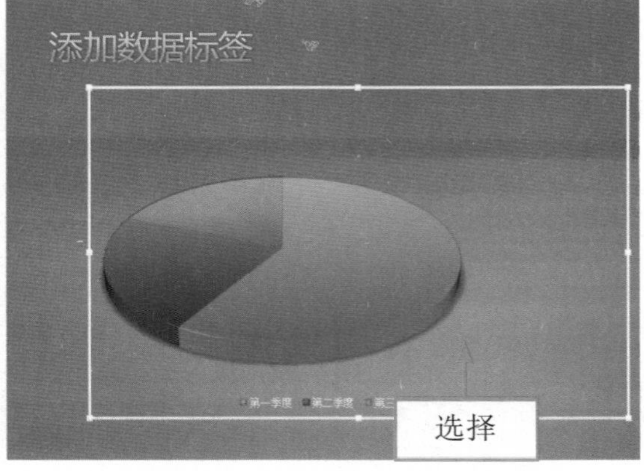

图 9-79 选择需要添加数据标签的图表

步骤 03 切换至“图表工具”中的“设计”面板，单击“图表布局”选项板中的“添加图表元素”下拉按钮，弹出列表框，选择“数据标签”|“其他数据标签选项”选项，如图 9-80 所示。

步骤 04 弹出“设置数据标签格式”窗格，在“标签选项”选项区中，选中“系列名称”、“值”以及“显示引导线”复选框，如图 9-81 所示。

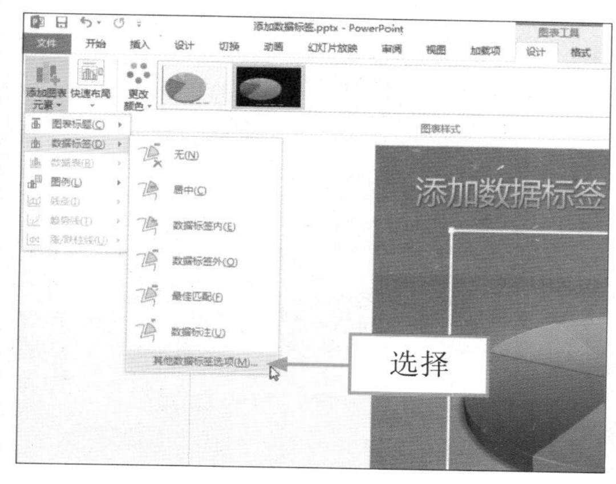

图 9-80 选择“其他数据标签选项”选项

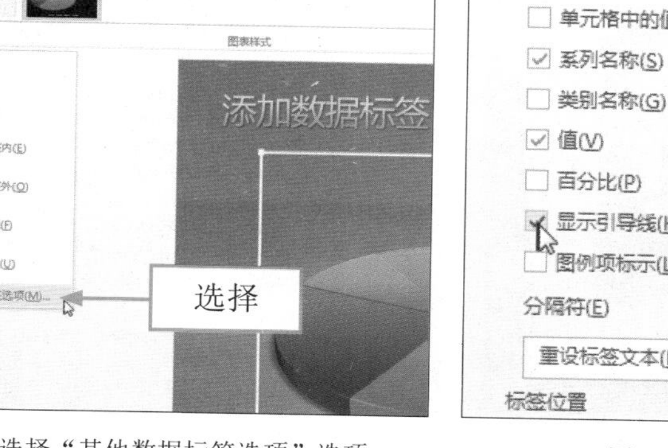

图 9-81 选中“显示引导线”复选框

步骤 05 执行操作后，关闭“设置数据标签格式”窗格，将添加的数据、文字进行相应调整，如图 9-82 所示。

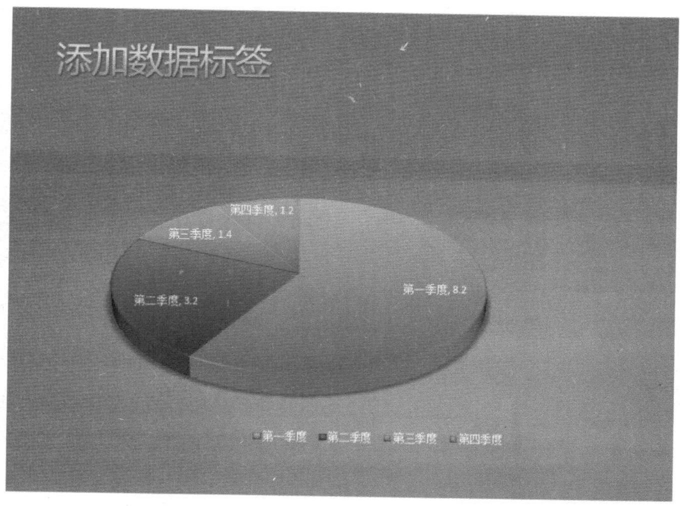

图 9-82 添加数据标签

9.3.5 添加运算图表

在 PowerPoint 2013 中，用户可以将 Excel 中的数据表添加到图表中，以便于用户查看图表信息和数据。

素材文件	光盘 \ 素材 \ 第 9 章 \ 各书籍价格 .pptx
效果文件	光盘 \ 效果 \ 第 9 章 \ 各书籍价格 .pptx
视频文件	光盘 \ 视频 \ 第 9 章 \9.3.5 添加运算图表 .mp4

实战 各书籍价格

步骤 01 在 PowerPoint 2013 中，打开一个素材文件，如图 9-83 所示。

步骤 02 在编辑区中，选择需要添加运算图表的图表，如图 9-84 所示。

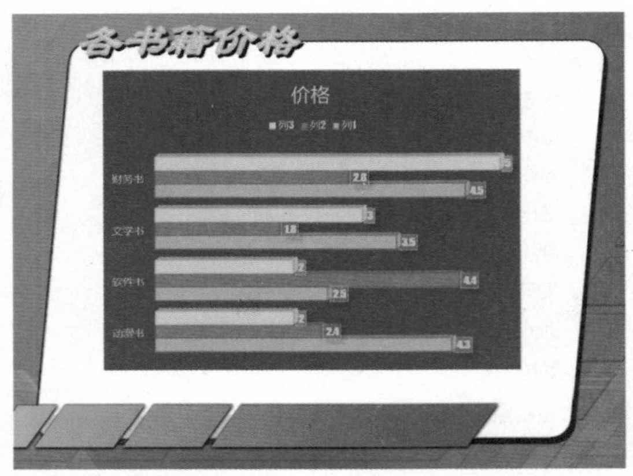

图 9-83 打开一个素材文件

图 9-84 选择图表

步骤 03 单击图表右侧的“图表元素”按钮，在弹出的列表框中，选中“数据表”复选框，如图 9-85 所示。

步骤 04 执行操作后，即可添加运算图表，效果如图 9-86 所示。

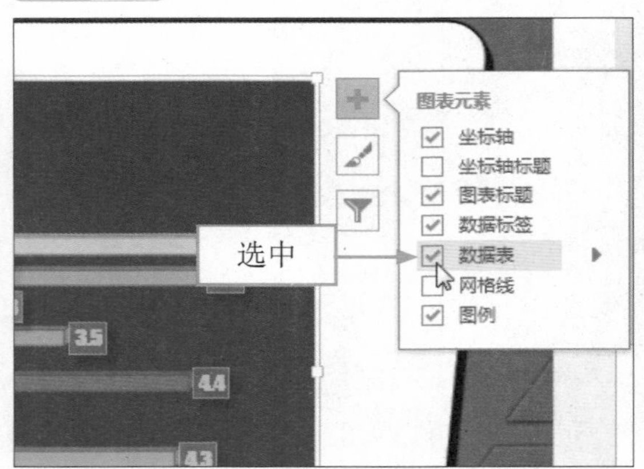

图 9-85 选中“数据表”复选框

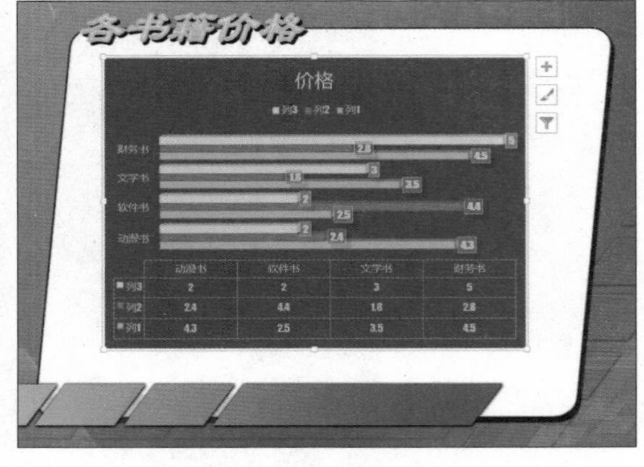

图 9-86 添加运算图表

9.3.6 添加趋势线

在二维面积图、条形图、柱形图、折线图以及 XY 散点图中，可以增加趋势线，用以描述数据系列中数据值的总趋势，并可基于已存在的数据预见最近的将来数据点的情况。趋势线是数据趋势的图形表示形式，可用于分析、预测数据变化趋势。

	素材文件	光盘 \ 素材 \ 第 9 章 \ 添加趋势线 .pptx
	效果文件	光盘 \ 效果 \ 第 9 章 \ 添加趋势线 .pptx
	视频文件	光盘 \ 视频 \ 第 9 章 \9.3.6 添加趋势线 .mp4

实战 添加趋势线

步骤 01 在 PowerPoint 2013 中，打开一个素材文件，如图 9-87 所示。

步骤 02 在编辑区中，选择需要添加趋势线的图表，如图 9-88 所示。

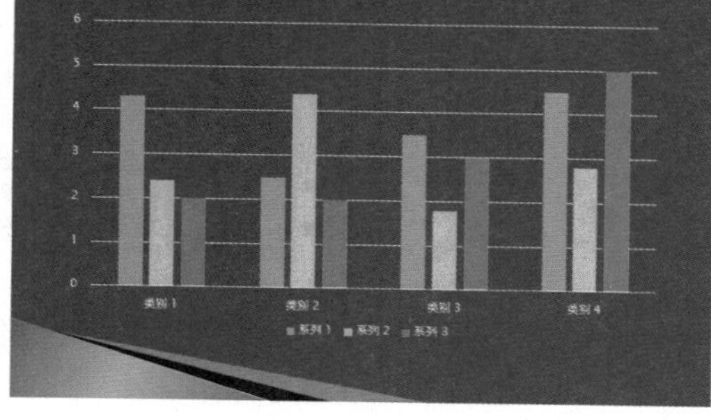

图 9-87 打开一个素材文件

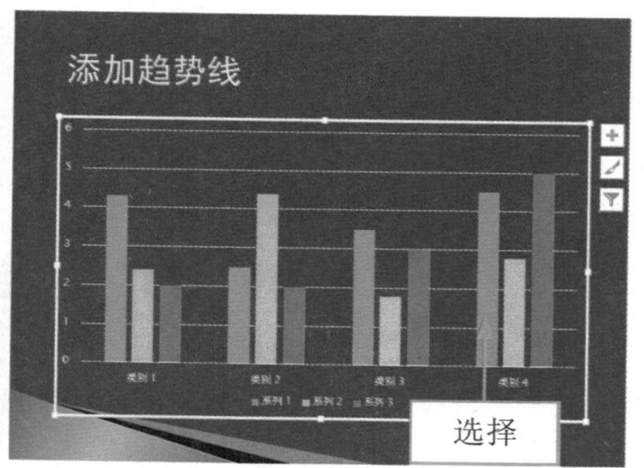

图 9-88 选择需要添加趋势线的图表

步骤 03 切换至“图表工具”中的“设计”面板，单击“图表布局”选项板中的“添加图表元素”下拉按钮，在弹出的列表框中，选择“趋势线”|“指数”选项，如图 9-89 所示。

步骤 04 弹出“添加趋势线”对话框，单击“确定”按钮，如图 9-90 所示。

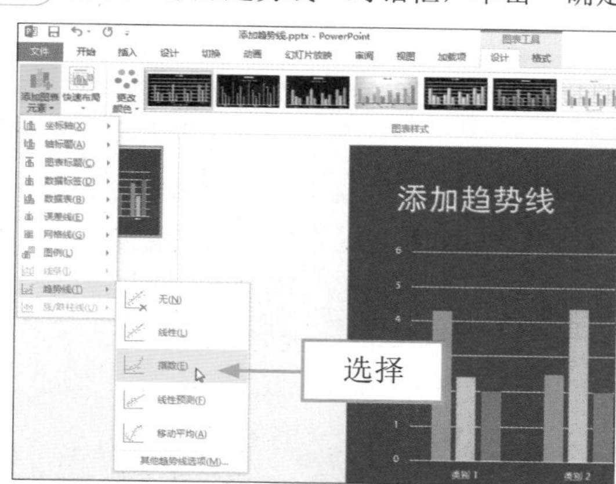

图 9-89 选择“指数”选项

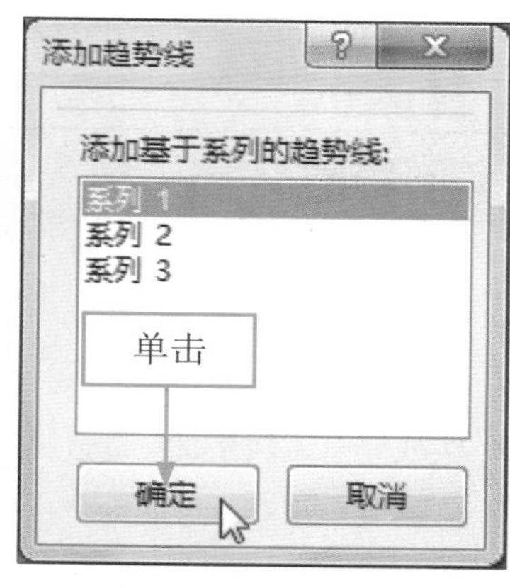

图 9-90 单击“确定”按钮

步骤 05 执行操作后，即可在图表中添加趋势线，如图 9-91 所示。

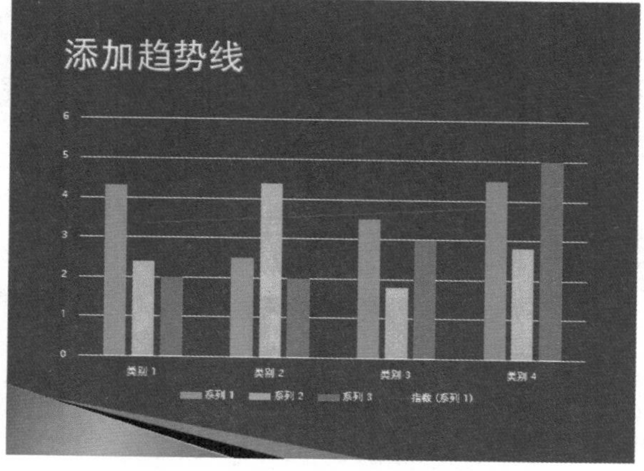

图 9-91 在图表中添加趋势线

外部媒体文件的应用

学习提示

在 PowerPoint 2013 中，除了在演示文稿中插入图片、形状以及表格以外，还可以在演示文稿中插入声音和视频。本章主要向读者介绍添加各类声音、设置声音属性、添加视频、设置视频属性以及插入和剪辑动画等内容。

本章案例导航

- 实战——商业思维
- 实战——商业金字塔
- 实战——科技时代
- 实战——家居生活
- 实战——壁画
- 实战——人力资源管理
- 实战——向日葵
- 实战——动漫之家
- 实战——旅游经济
- 实战——深秋金菊

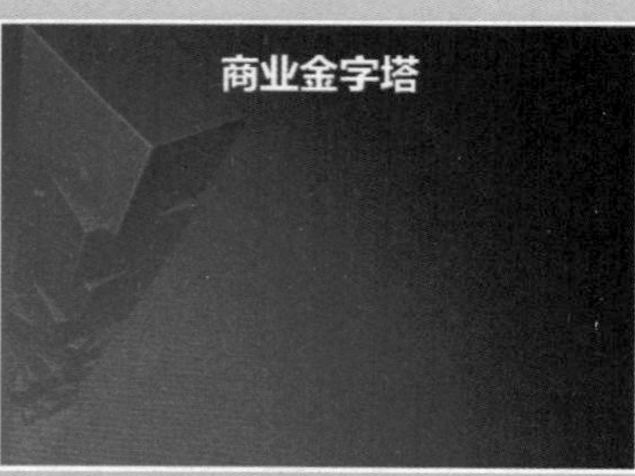

10.1 添加各类声音

在制作演示文稿的过程中，特别是在制作宣传演示文稿时，可以为幻灯片添加一些适当的声音，添加的声音可以配合图文，使演示文稿变得有声有色，更具感染力。

10.1.1 添加文件中的声音

添加文件中的声音就是将电脑中已存在的声音插入到演示文稿中，也可以从其他的声音文件中添加用户需要的声音。

	素材文件	光盘 \ 素材 \ 第 10 章 \ 商业思维 .pptx
	效果文件	光盘 \ 效果 \ 第 10 章 \ 商业思维 .pptx
	视频文件	光盘 \ 视频 \ 第 10 章 \10.1.1 添加文件中的声音 .mp4

实战 商业思维

步骤 01 在 PowerPoint 2013 中，打开一个素材文件，如图 10-1 所示。

步骤 02 切换至“插入”面板，在“媒体”选项板中，单击“音频”下拉按钮，在弹出的列表框中选择“PC 上的音频”选项，如图 10-2 所示。

图 10-1 打开一个素材文件

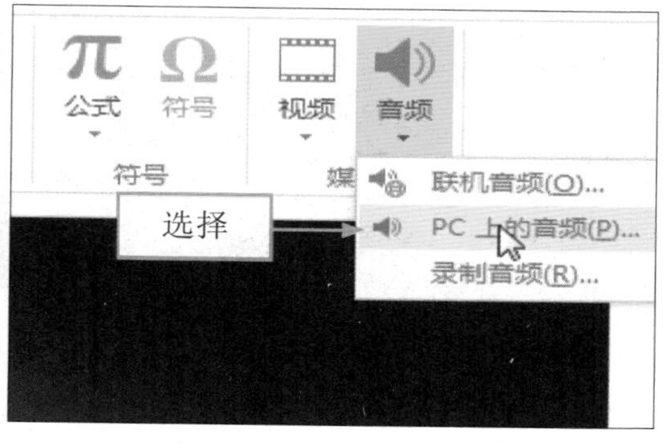

图 10-2 选择“PC 上的音频”选项

步骤 03 弹出“插入音频”对话框，选择需要插入的声音文件，如图 10-3 所示。

步骤 04 单击“插入”按钮，即可插入声音，调整声音图标至合适位置，如图 10-4 所示。

图 10-3 选择需要创建表格的行、列数据

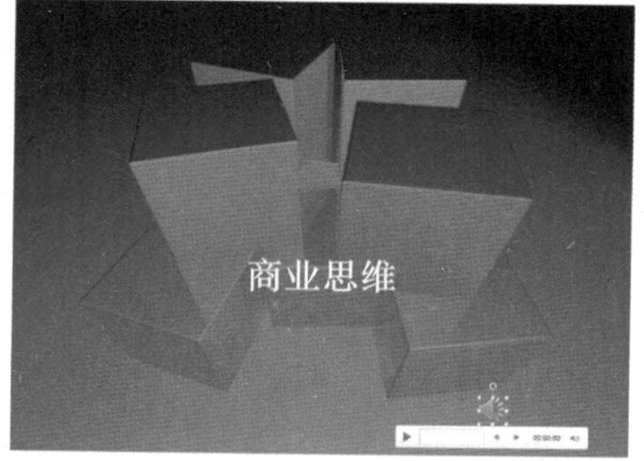

图 10-4 插入声音

10.1.2 插入联机音频

在 PowerPoint 2013 中，用户除了添加文件中的声音外，还可以插入联机音频。下面向读者介绍插入联机音频的操作方法。

素材文件	光盘 \ 素材 \ 第 10 章 \ 人力资源管理 .pptx
效果文件	光盘 \ 效果 \ 第 10 章 \ 人力资源管理 .pptx
视频文件	光盘 \ 视频 \ 第 10 章 \10.1.2 插入联机音频 .mp4

实战 人力资源管理

步骤 01 在 PowerPoint 2013 中，打开一个素材文件，如图 10-5 所示。

步骤 02 切换至“插入”面板，在“媒体”选项板中，单击“音频”下拉按钮，在弹出的列表框中选择“联机音频”选项，如图 10-6 所示。

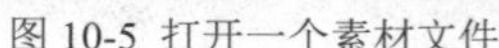

图 10-5 打开一个素材文件

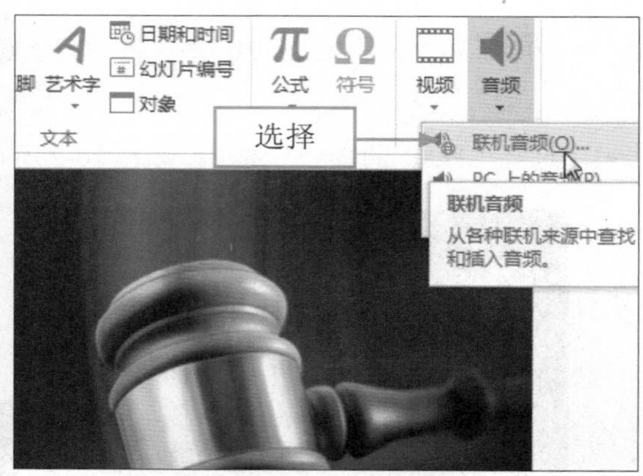

图 10-6 选择“联机音频”选项

步骤 03 弹出“插入音频”窗口，在“搜索”文本框中输入文本“铃声”，单击“搜索”按钮，如图 10-7 所示。

步骤 04 在下方将显示搜索出的音频文件，选择相应铃声，如图 10-8 所示。

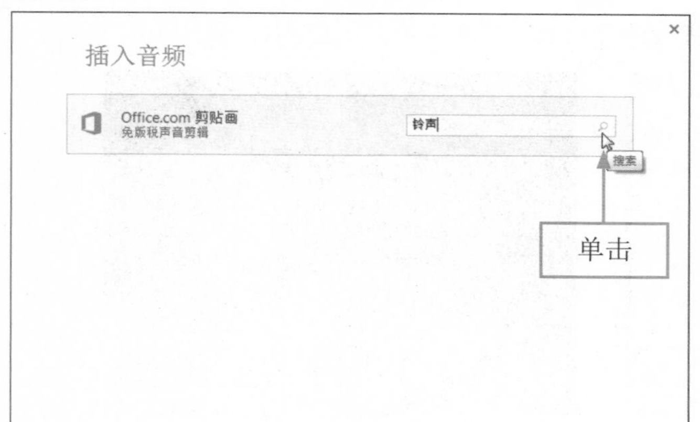

图 10-7 单击“搜索”按钮

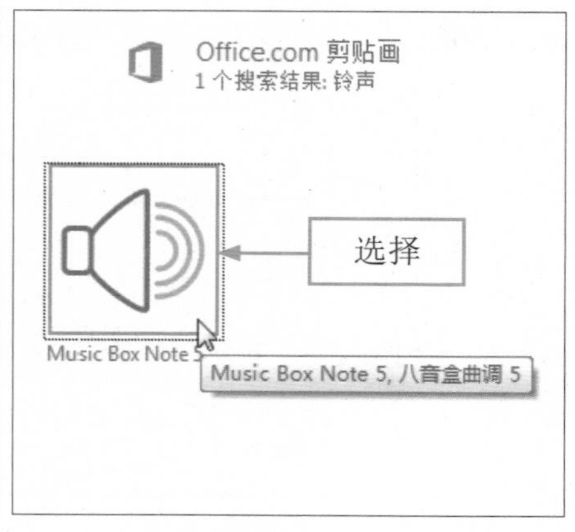

图 10-8 选择相应铃声

步骤 05 单击“插入”按钮，即可将音频文件插入至幻灯片中，调整至合适位置，如图10-9所示。

图 10-9 插入音频文件

10.1.3 添加录制声音

如果用户对计算机中自带的声音文件感到不满意，也可以通过录制外来的声音，将其插入至幻灯片中。下面向读者介绍添加录制声音的操作方法。

	素材文件	光盘 \ 素材 \ 第 10 章 \ 商业金字塔 .pptx
	效果文件	光盘 \ 效果 \ 第 10 章 \ 商业金字塔 .pptx
	视频文件	光盘 \ 视频 \ 第 10 章 \10.1.3 添加录制声音 .mp4

实战 商业金字塔

步骤 01 在 PowerPoint 2013 中，打开一个素材文件，如图 10-10 所示。

步骤 02 切换至“插入”面板，在“媒体”选项板中，单击“音频”下拉按钮，在弹出的列表框中选择“录制音频”选项，如图 10-11 所示。

图 10-10 打开一个素材文件

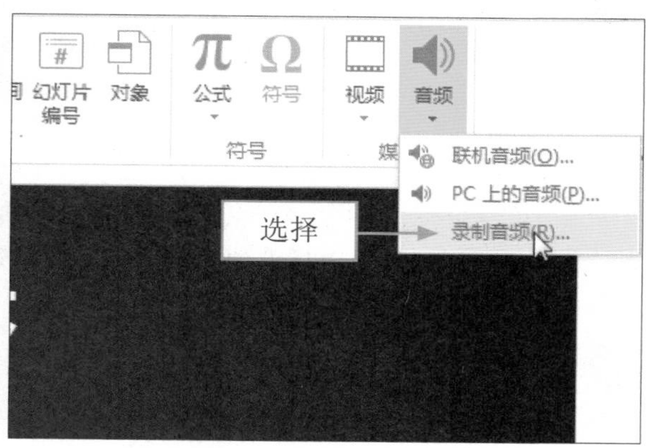

图 10-11 选择“录制音频”选项

步骤 03 弹出“录制声音”对话框，在“名称”文本框中，输入名称“外来声音”，单击“开始录制”按钮，如图 10-12 所示。

步骤 04 录制声音完成后，单击“停止”按钮，然后单击“确定”按钮，如图 10-13 所示。

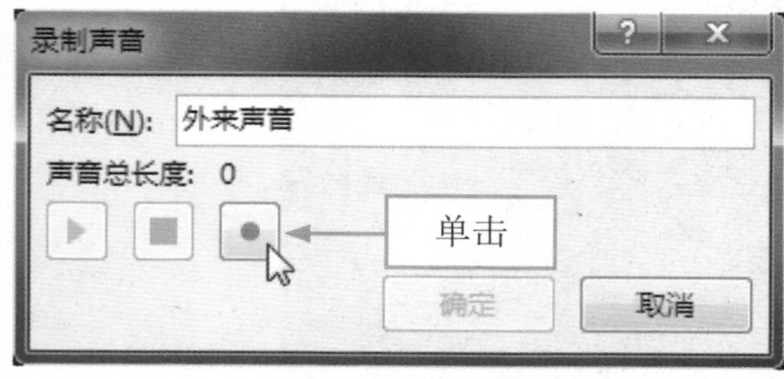

图 10-12 单击“录制”按钮

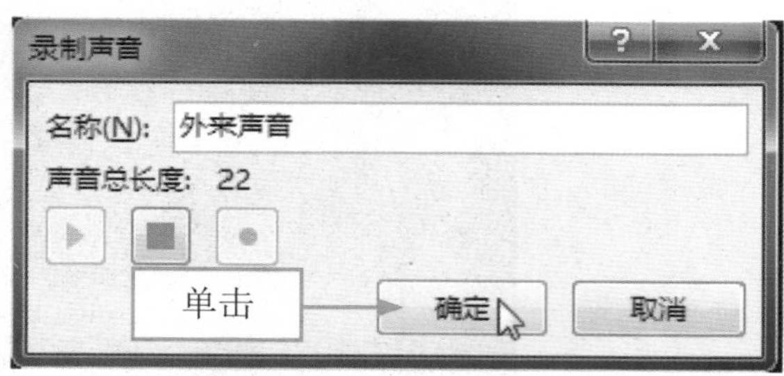

图 10-13 单击“确定”按钮

步骤 05 执行操作后，即可在幻灯片中添加录制的声音，效果如图 10-14 所示。

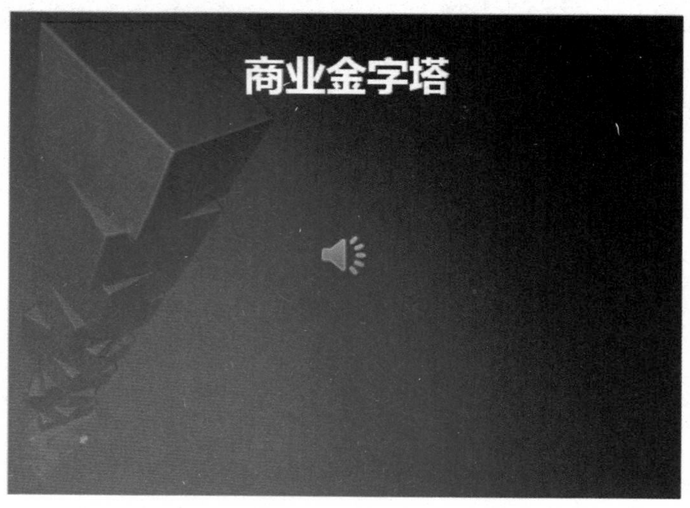

图 10-14 添加录制的声音

专家指点

当录音完成后，在幻灯片中也将会出现声音图标，与插入剪辑中的声音一样，可以调整图标的大小与位置，还可以切换到“播放”面板，对插入的声音进行播放设置。

10.2 设置声音属性

在 PowerPoint 中，对插入到幻灯片中的声音文件，用户可以对其进行音量、播放模式等属性进行设置。

10.2.1 设置声音音量

添加到幻灯片中的声音文件，用户可以根据播放的实际需要，对声音音量进行升高或降低操作。下面向读者介绍设置声音音量的操作方法。

	素材文件	光盘 \ 素材 \ 第 10 章 \ 向日葵 .pptx
	效果文件	光盘 \ 效果 \ 第 10 章 \ 向日葵 .pptx
	视频文件	光盘 \ 视频 \ 第 10 章 \10.2.1 设置声音音量 .mp4

实战 向日葵

步骤 01 在 PowerPoint 2013 中，打开一个素材文件，如图 10-15 所示。

步骤 02 在编辑区中，选择插入的声音图标，如图 10-16 所示。

图 10-15 打开一个素材文件

图 10-16 选择声音图标

步骤 03 切换至“音频工具”中的“播放”面板，单击“音频”选项板中的“音量”下拉按钮，在弹出的列表框中，选择“中”选项，如图 10-17 所示。

图 10-17 选择“中”选项

步骤 04 执行操作后，即可设置声音音量。

10.2.2 设置声音淡入和淡出时间

在 PowerPoint 2013 中，对插入的声音文件使用淡入和淡出效果，可以使声音文件在播放时，更加流畅、有节奏。

素材文件	光盘 \ 素材 \ 第 10 章 \ 科技时代 .pptx
效果文件	光盘 \ 效果 \ 第 10 章 \ 科技时代 .pptx
视频文件	光盘 \ 视频 \ 第 10 章 \10.2.2 设置声音淡入和淡出时间 .mp4

实战 科技时代

步骤 01 在 PowerPoint 2013 中，打开一个素材文件，如图 10-18 所示。

步骤 02 在编辑区中，选择声音文件，如图 10-19 所示。

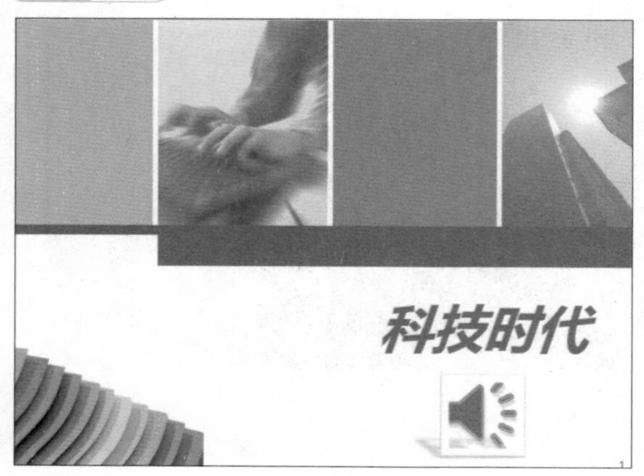

图 10-18 打开一个素材文件

图 10-19 选择声音文件

步骤 03 切换至“音频工具”中的“播放”面板，在“编辑”选项板中的“淡化持续时间”下方，设置“淡入”和“淡出”都为 2 秒，执行操作后，即可设置声音淡入和淡出时间，如图 10-20 所示。

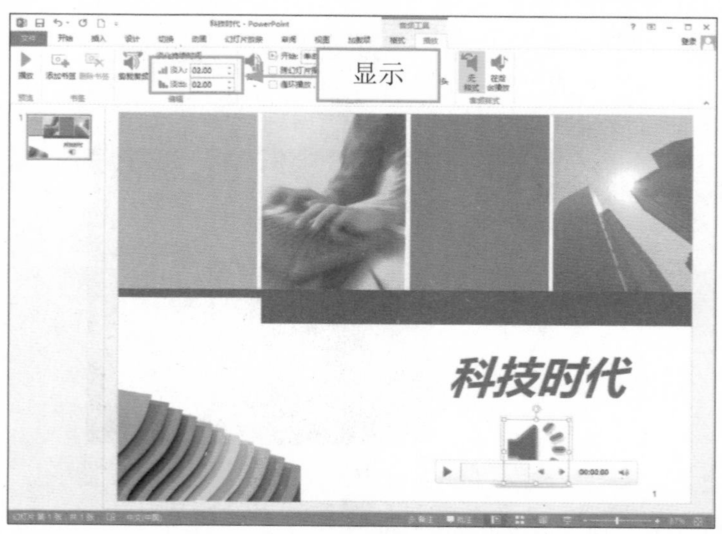

图 10-20 设置各选项

10.2.3 设置声音连续播放

在 PowerPoint 2013 中，在幻灯片中选中声音图标，切换至“播放”面板，选中“音频选项”

选项板中的“循环播放，直到停止”复选框，如图 10-21 所示。在放映幻灯片的过程中会自动循环播放，直到放映下一张幻灯片或停止放映为止。

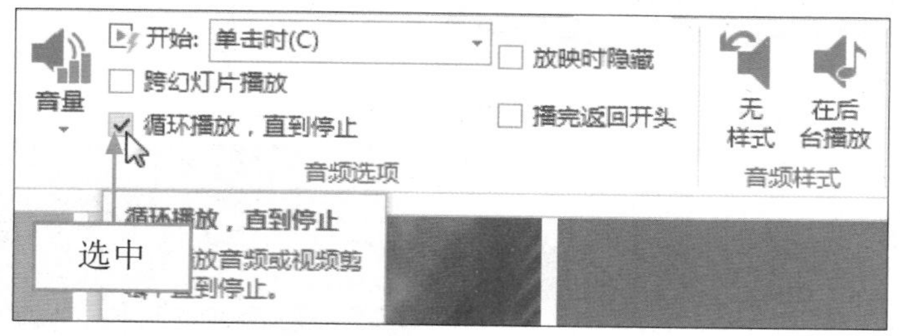

图 10-21 选中“循环播放，直到停止”复选框

10.2.4 设置播放声音模式

单击“开始”下拉按钮，在弹出的列表框中包括“自动”和“单击时”2 个选项，如图 10-22 所示，在“音频选项”选项板中选中“跨幻灯片播放”复选框时，声音文件不仅在插入的幻灯片中有效，在演示文稿的所有幻灯片中均有效。

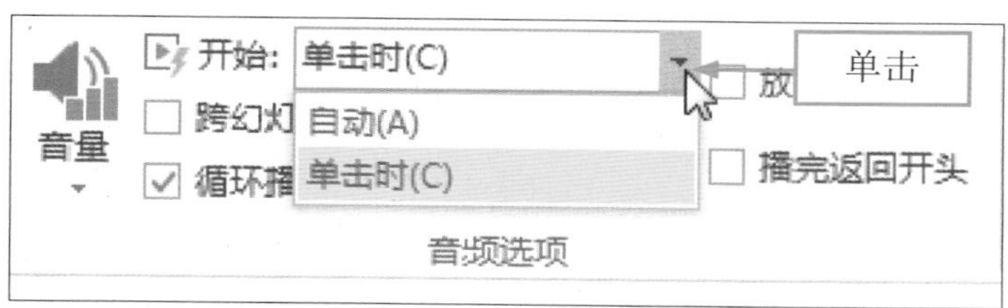

图 10-22 单击“开始”下拉列表

10.3 添加视频

PowerPoint 中的视频包括视频和动画，可以在幻灯片中插入的视频格式有 10 多种，PowerPoint 支持的视频格式会随着媒体播放器的不同而不同，用户可根据剪辑管理器或是从外部文件夹中添加视频。

10.3.1 添加联机视频

在 PowerPoint 2013 中，用户可以通过互联网，插入联机视频。下面向读者介绍添加联机视频的操作方法。

素材文件	光盘 \ 素材 \ 第 10 章 \ 动漫之家 .pptx
效果文件	光盘 \ 效果 \ 第 10 章 \ 动漫之家 .pptx
视频文件	光盘 \ 视频 \ 第 10 章 10.3.1 添加联机视频 .mp4

实战 动漫之家

步骤 01 在 PowerPoint 2013 中，打开一个素材文件，如图 10-23 所示。

步骤 02 切换至“插入”面板，在“媒体”选项板中，单击“视频”下拉按钮，如图 10-24 所示。

图 10-23 打开一个素材文件

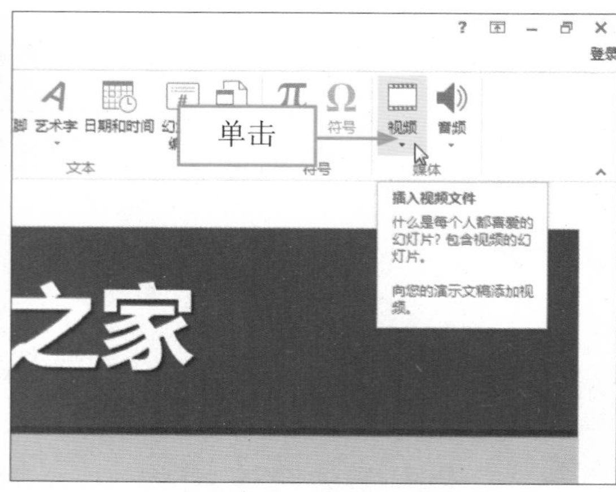

图 10-24 单击“视频”下拉按钮

步骤 03 弹出列表框，选择“联机视频”选项，如图 10-25 所示。

步骤 04 执行操作后，弹出“插入视频”窗口，在下方的视频搜索文本框中，输入关键字“动漫”，如图 10-26 所示。

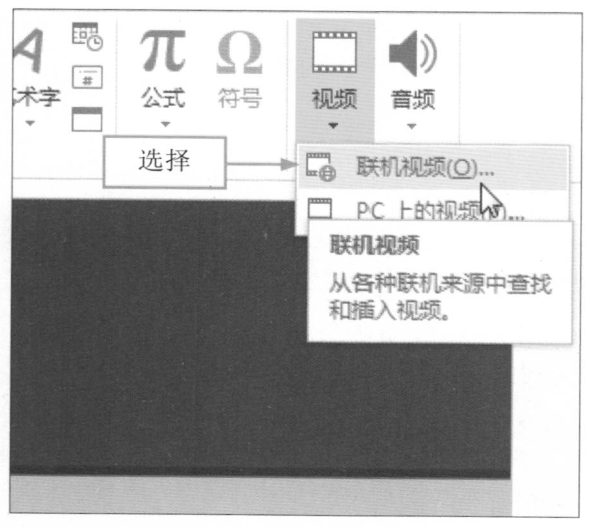

图 10-25 选择“联机视频”选项

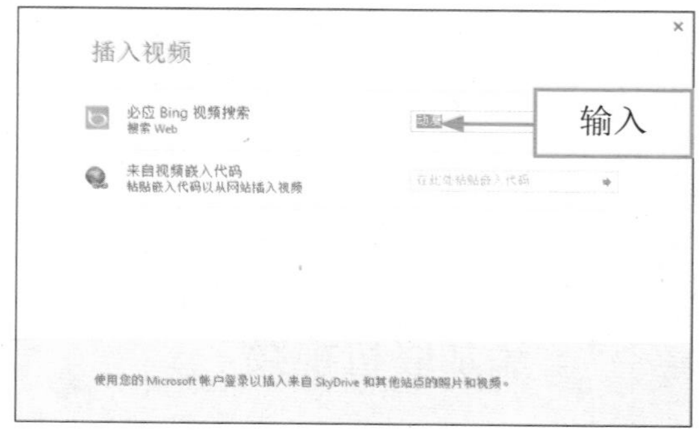

图 10-26 输入关键字

步骤 05 单击“搜索”按钮，在下方显示的视频文件中，选择相应视频文件，如图 10-27 所示。

步骤 06 单击“插入”按钮，即可将视频文件插入至幻灯片中，如图 10-28 所示。

步骤 07 调整视频文件的大小，切换至“视频工具”中的“播放”面板，在“预览”选项板中，单击“播放”按钮，如图 10-29 所示。

步骤 08 执行操作后，即可播放视频文件，效果如图 10-30 所示。

图 10-27 选择相应视频文件

图 10-28 插入视频文件

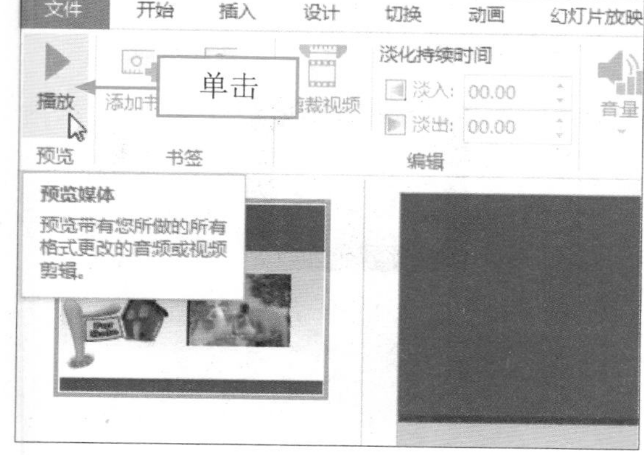

图 10-29 单击“播放”按钮

图 10-30 播放视频文件

10.3.2 添加文件中的视频

大多数情况下，PowerPoint 剪辑管理器中的视频不能满足用户的需求，此时就可以选择插入来自文件中的视频。

	素材文件	光盘 \ 素材 \ 第 10 章 \ 家居生活 .pptx
	效果文件	光盘 \ 效果 \ 第 10 章 \ 家居生活 .pptx
	视频文件	光盘 \ 视频 \ 第 10 章 \10.3.2 添加文件中的视频 .mp4

实战 家居生活

步骤 01 在 PowerPoint 2013 中，打开一个素材文件，如图 10-31 所示。

步骤 02 切换至“插入”面板，单击“媒体”选项板中的“视频”下拉按钮，弹出列表框，选择“PC 上的视频”选项，如图 10-32 所示。

步骤 03 弹出“插入视频文件”对话框，在计算机上的合适位置，选择视频文件，如图 10-33 所示。

步骤 04 单击“插入”按钮，即可将视频文件插入到幻灯片中，调整视频大小，如图 10-34 所示。

图 10-31 打开一个素材文件

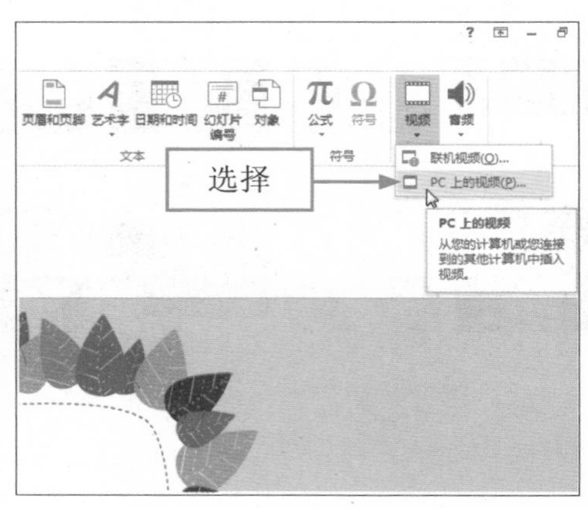

图 10-32 选择“PC 上的视频”选项

图 10-33 选择视频文件

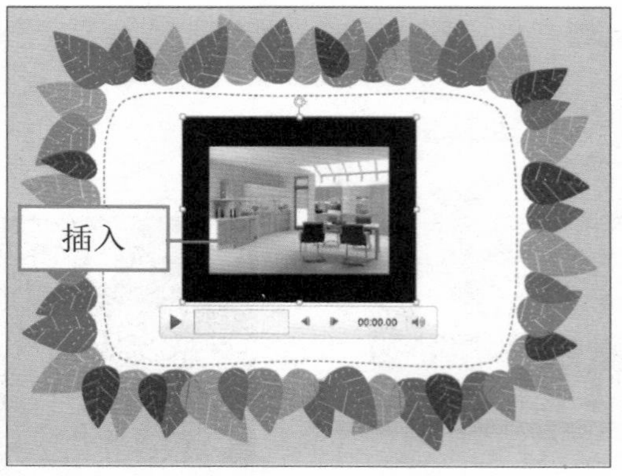

图 10-34 插入视频文件

步骤 05 切换至“视频工具”中的“播放”面板，在“预览”选项板中，单击“播放”按钮，播放视频文件，如图 10-35 所示。

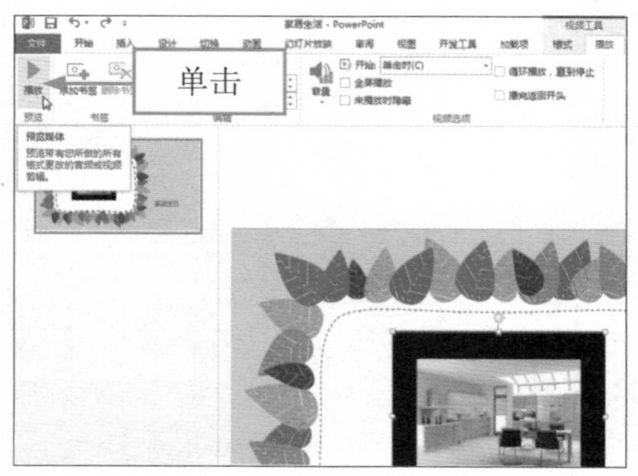

图 10-35 播放视频文件

专家指点

播放视频文件，除了单击“预览”选项板中的“播放”按钮以外，还可以单击“视频文件”下方播放导航条上的“播放 / 暂停”按钮，也可播放视频。

10.4 设置视频属性

在幻灯片中选中插入的影片，功能区就将出现“影片选项”选项板，在该选项板中用户可以根据自己的需求对插入的影片进行相关的设置。

10.4.1 设置视频选项

选中视频，切换至“播放”面板，在“视频选项”选项板中，用户可以根据自己的需要对插入的视频进行相关的设置操作。

＊ 设置播放和暂停效果用于自动或单击时

设置播放和暂停效果为自动播放，只需要单击“视频选项”选项板中的“开始”下拉按钮，在弹出的列表框中选择“自动”选项，如图 10-36 所示，即可设置自动播放视频。

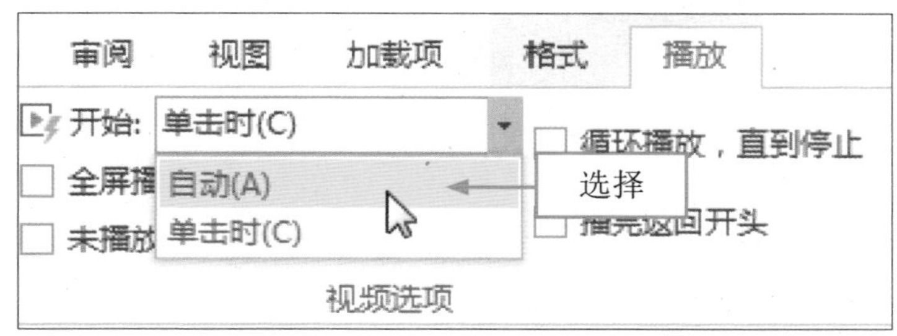

图 10-36 选择“自动”选项

设置播放和暂停效果为单击时播放，只需要单击“视频选项”选项板中的“开始”下拉按钮，在弹出的列表框中选择“单击时”选项即可，如图 10-37 所示。

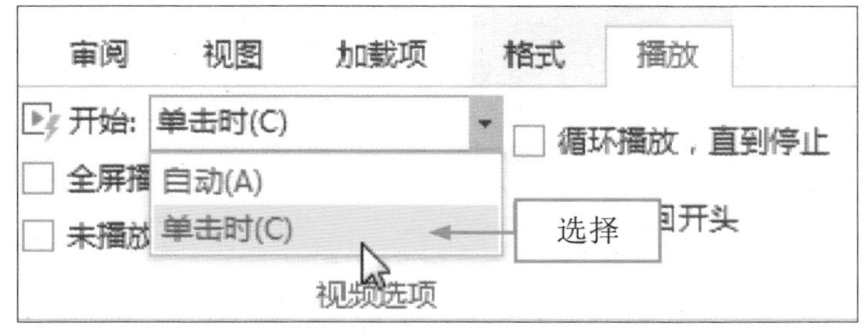

图 10-37 选择“单击时”选项

＊ 调整视频尺寸

调整视频尺寸的方法有两种：选中视频，切换至“格式”面板，在“大小”选项板中直接输入宽度和高度的具体数值，即可设置视频的大小，如图 10-38 所示。单击“大小”选项板右下角的扩展按钮，弹出“设置视频格式”对话框，在“大小”选项区中，输入宽度和高度的具体数值，即可设置视频的大小。

＊ 设置全屏播放视频

在“视频选项”选项板中，选中“全屏播放”复选框，如图 10-39 所示，在播放时 PowerPoint 会自动将视频显示为全屏模式。

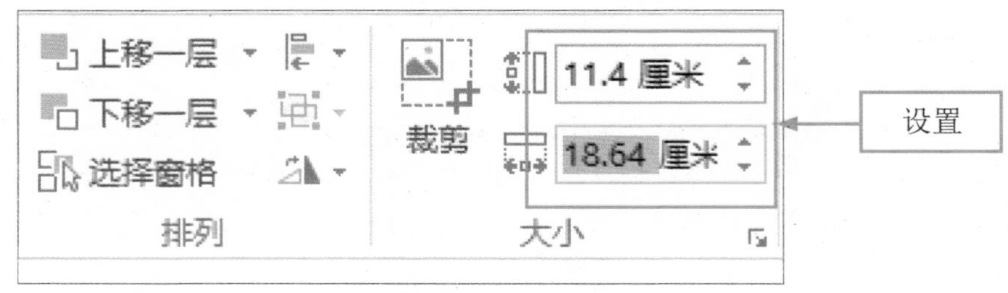

图 10-38 设置视频大小

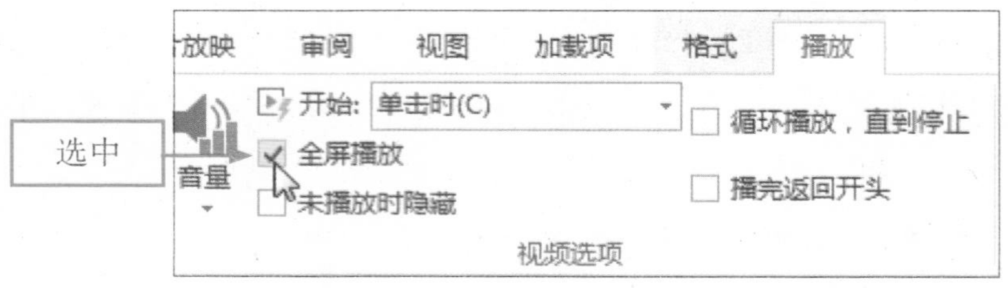

图 10-39 选中“全屏播放”复选框

＊ 设置视频音量

在“音量”列表框中，用户可以根据需要选择“低”、“中”、“高”和“静音”4 个选项，对音量进行设置，如图 10-40 所示。

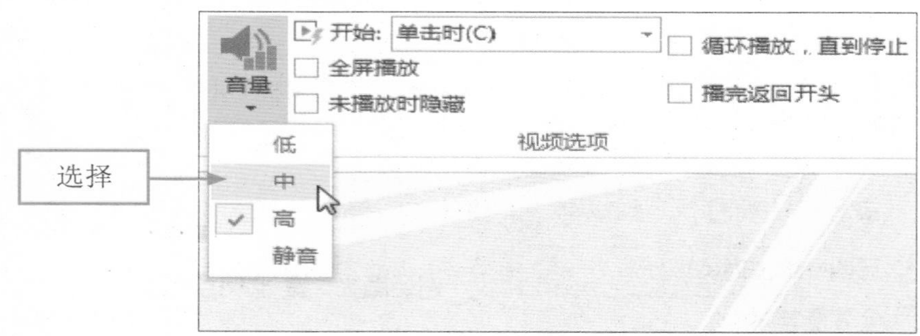

图 10-40 “音量”列表框

＊ 设置视频倒带

将视频设置为播放后倒带，视频将自动返回到第一张幻灯片，并在播放一次后停止，只需要选中“视频选项”选项板中的“播完返回开头”复选框即可，如图 10-41 所示。

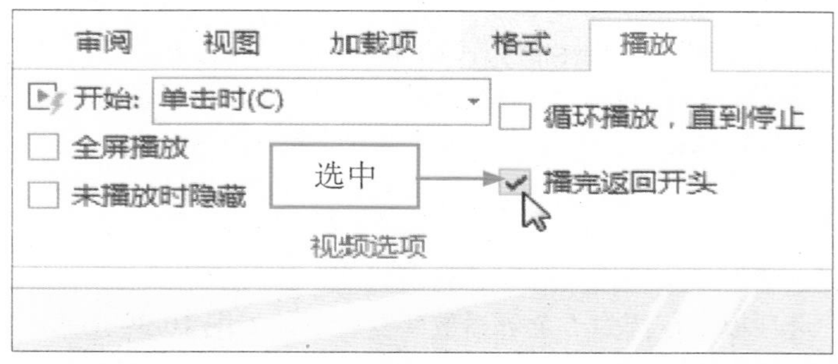

图 10-41 选中“播完返回开头”复选框

* 快速设置视频循环播放

在“视频选项”选项板中，选中“循环播放，直到停止”复选框，在放映幻灯片时，视频会自动循环播放，直到下一张幻灯片才停止放映。

10.4.2 设置视频样式

与图表及其他对象一样，PowerPoint 也为视频提供了视频样式，视频样式可以使视频应用不同的视频样式效果、视频形状和视频边框等。下面向读者介绍设置视频样式的操作方法。

	素材文件	光盘\素材\第 10 章\旅游经济.pptx
	效果文件	光盘\效果\第 10 章\旅游经济.pptx
	视频文件	光盘\视频\第 10 章\10.4.2 设置视频样式.mp4

实战 旅游经济

步骤 01 在 PowerPoint 2013 中，打开一个素材文件，在编辑区中，选择需要设置样式的视频，如图 10-42 所示。

步骤 02 切换至“视频工具”中的“格式”面板，在“视频样式”选项板中，单击“其他”下拉按钮，如图 10-43 所示。

图 10-42 选择视频

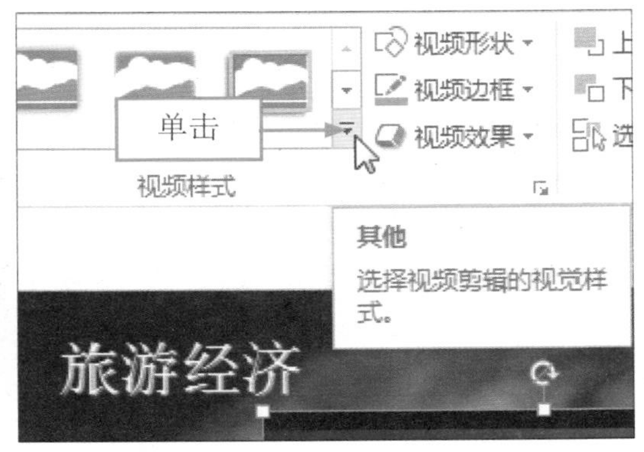

图 10-43 单击“其他”下拉按钮

步骤 03 在弹出的列表框中的“中等”选项区中，选择“圆形对角，白色”选项，如图 10-44 所示。

步骤 04 执行操作后，即可应用视频样式，如图 10-45 所示。

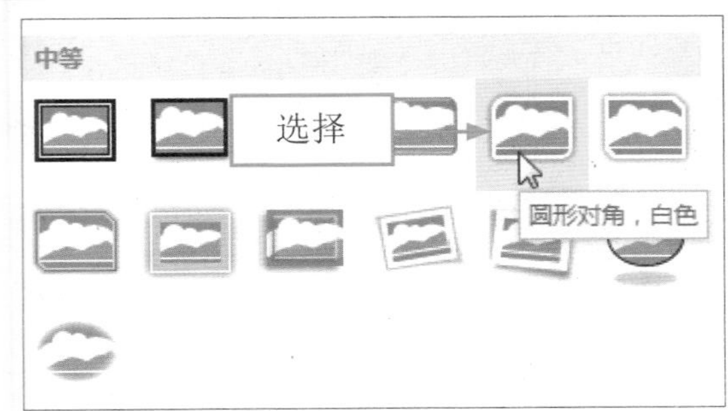

图 10-44 选择“圆形对角，白色”选项

图 10-45 应用视频样式

步骤 05 在“视频样式”选项板中，单击“视频边框”右侧的下拉按钮，弹出列表框，在“标准色”选项区中，选择“橙色”选项，如图 10-46 所示。

步骤 06 设置完成后，视频将以设置的样式显示，效果如图 10-47 所示。

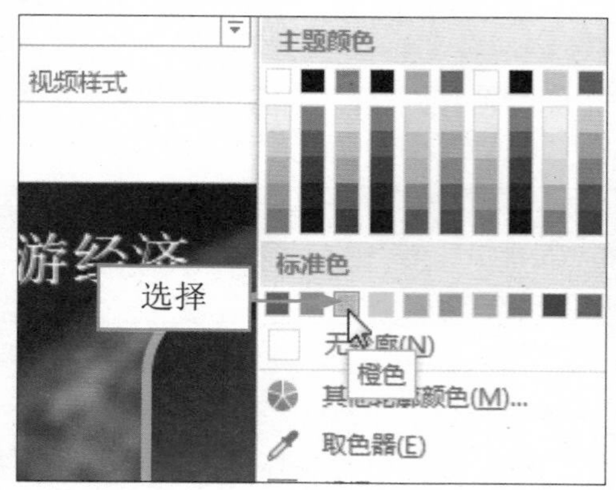

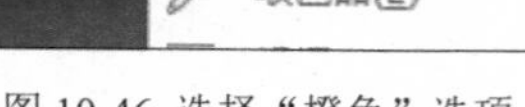

图 10-46 选择“橙色”选项

图 10-47 设置视频样式效果

专家指点

影片都是以链接的方式插入的，如果要在另一台计算机上播放，则需要在复制演示文稿的同时复制它所链接的影片文件。

10.4.3 调整视频亮度和对比度

当导入的视频在拍摄过程中太暗或太亮时，用户可以运用“调整”选项板中的相关操作对视频进行修复处理。

	素材文件	光盘 \ 素材 \ 第 10 章 \ 壁画 .pptx
	效果文件	光盘 \ 效果 \ 第 10 章 \ 壁画 .pptx
	视频文件	光盘 \ 视频 \ 第 10 章 \10.4.3 调整视频亮度和对比度 .mp4

实战 壁画

步骤 01 在 PowerPoint 2013 中，打开一个素材文件，如图 10-48 所示。

步骤 02 在编辑区中，选择需要调整亮度和对比度的视频，如图 10-49 所示。

图 10-48 打开一个素材文件

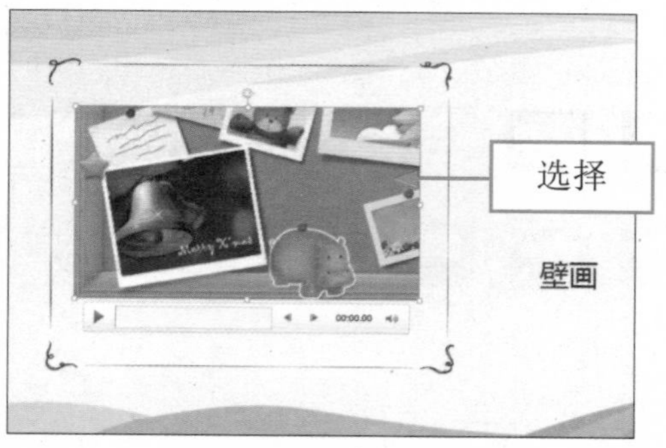

图 10-49 选择视频

步骤 03 切换至“视频工具”中的“格式”面板，单击“调整”选项板中的“更正”下拉按钮，如图 10-50 所示。

步骤 04 在弹出的列表框中，选择相应选项，如图 10-51 所示。

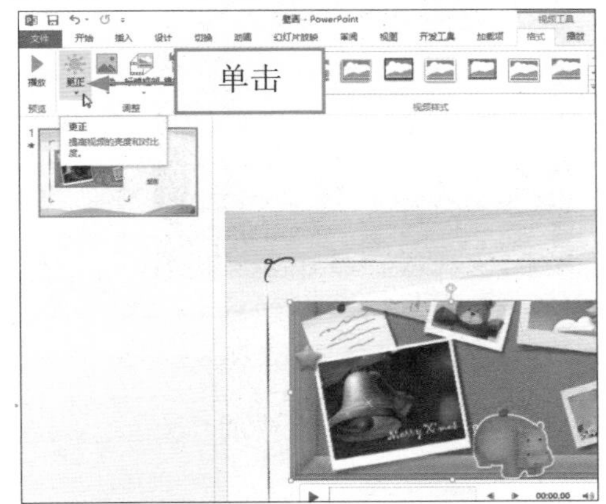

图 10-50 单击“更正”下拉按钮

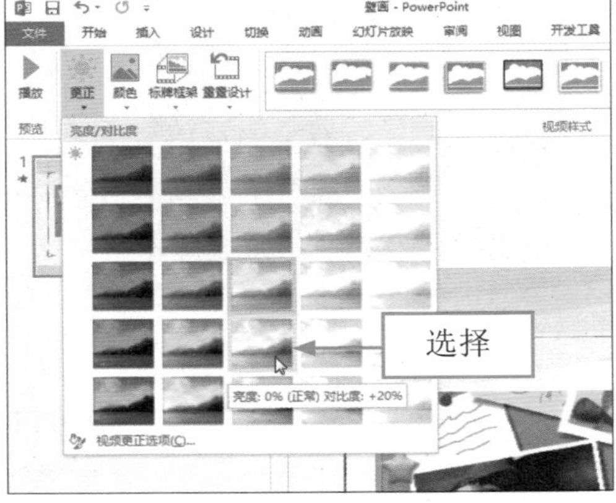

图 10-51 选择相应选项

步骤 05 执行操作后，即可调整视频的亮度和对比度，如图 10-52 所示。

步骤 06 在视频的下方，单击悬浮面板中的“播放 / 暂停”按钮播放视频，如图 10-53 所示。

图 10-52 调整视频的亮度和对比度

图 10-53 播放视频

10.4.4 设置视频颜色

在 PowerPoint 2013 中，若用户需要改变视频颜色，可通过“重新着色”列表框中的各选项进行设置。下面向读者介绍设置视频颜色的操作方法。

	素材文件	光盘 \ 素材 \ 第 10 章 \ 深秋金菊 .pptx
	效果文件	光盘 \ 效果 \ 第 10 章 \ 深秋金菊 .pptx
	视频文件	光盘 \ 视频 \ 第 10 章 \10.4.4 设置视频颜色 .mp4

实战 深秋金菊

步骤 01 在 PowerPoint 2013 中，打开一个素材文件，如图 10-54 所示。

步骤 02 在编辑区中，选择需要设置颜色的视频，如图 10-55 所示。

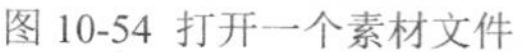
图 10-54 打开一个素材文件

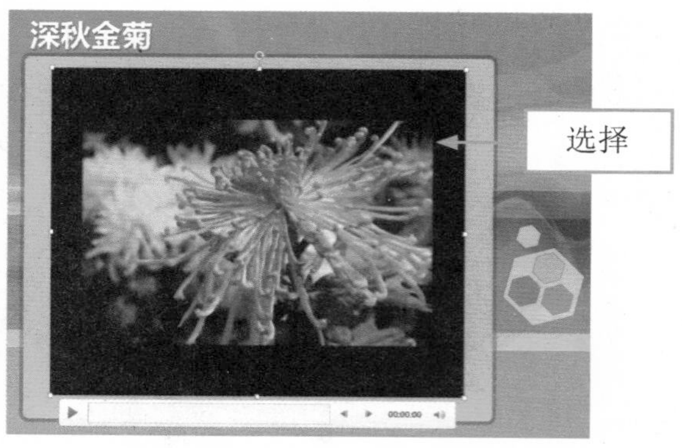

图 10-55 选择视频

步骤 03 切换至“视频工具”中的“格式”面板，单击“调整”选项板中的“颜色”下拉按钮，如图 10-56 所示。

步骤 04 在弹出的列表框中，选择“褐色”选项，如图 10-57 所示。

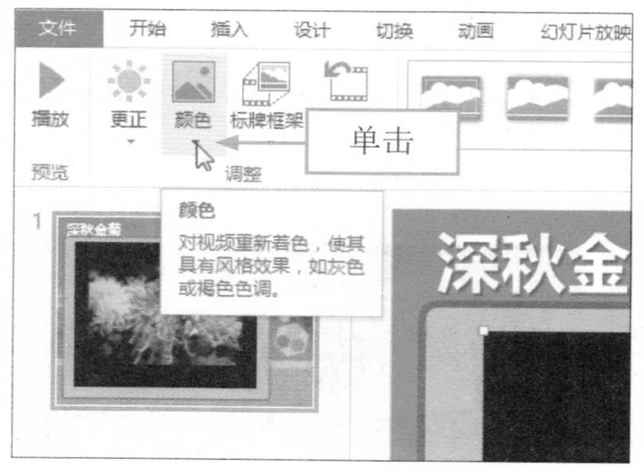

图 10-56 单击“颜色”下拉按钮

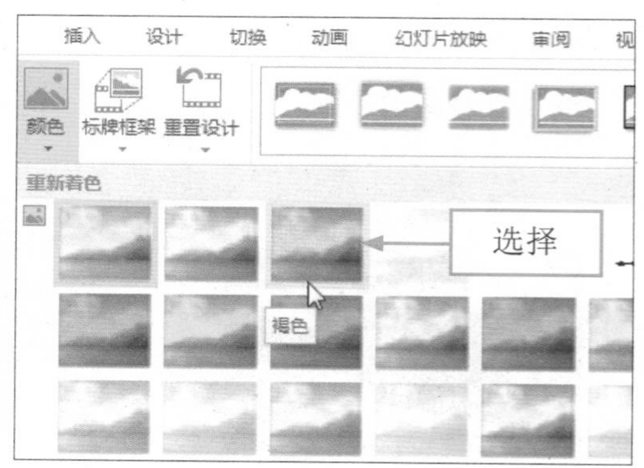

图 10-57 选择“褐色”选项

步骤 05 执行操作后，即可设置视频的颜色，如图 10-58 所示。

步骤 06 在视频的下方，单击悬浮面板中的“播放 / 暂停”按钮，即可播放视频，如图 10-59 所示。

图 10-58 设置视频的颜色

图 10-59 播放视频

专家指点

在弹出的“颜色”列表框中，用户还可以选择“视频颜色选项”选项，在弹出的“设置视频格式”对话框中，用户可以对视频的属性进行设置。

10.5 插入和剪辑动画

在 PowerPoint 2013 演示文稿中还可以插入 SWF 格式的 Flash 文件。能正确插入和播放 Flash 动画的前提是电脑中应安装最新版本的 Flash Player 软件，以便注册 Shockware Flash Object。

10.5.1 添加 Flash 动画

插入 Flash 动画的基本方法是先在演示文稿中添加一个 ActiveX 控件，然后创建一个从该控件指向 Flash 动画文件的链接。下面向读者介绍添加 Flash 动画的操作方法。

素材文件	光盘 \ 素材 \ 第 10 章 \ 公司年报 .pptx
效果文件	光盘 \ 效果 \ 第 10 章 \ 公司年报 .pptx
视频文件	光盘 \ 视频 \ 第 10 章 \10.5.1 添加 Flash 动画 .mp4

实战 公司年报

步骤 01 在 PowerPoint 2013 中，打开一个素材文件，在“开始”面板中的功能区上单击鼠标右键，在弹出的快捷菜单中，选择“自定义功能区”选项，如图 10-60 所示。

步骤 02 在弹出的“PowerPoint 选项”对话框中，选中“开发工具”复选框，如图 10-61 所示。

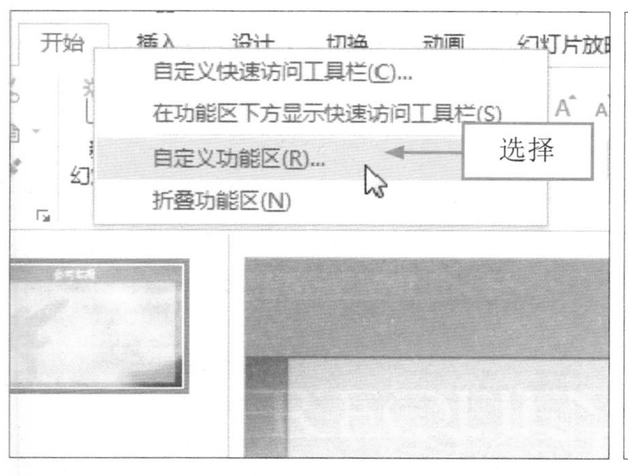

图 10-60 选择“自定义功能区”选项

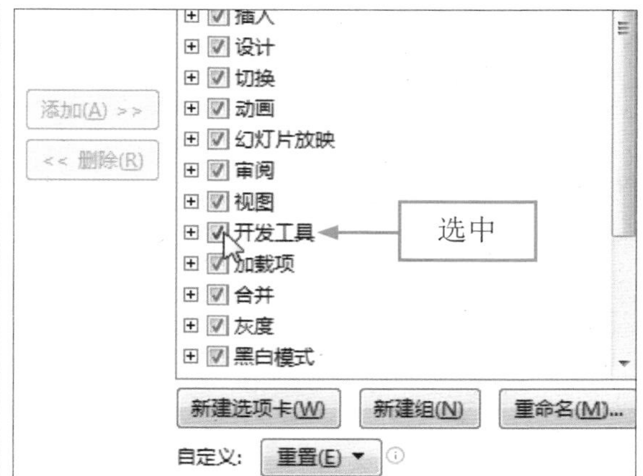

图 10-61 选中“开发工具”复选框

步骤 03 单击“确定”按钮，即可在功能区中，显示“开发工具”面板，如图 10-62 所示。

步骤 04 新建一张空白幻灯片，切换至“开发工具”面板，在“开发工具”面板中，单击“控件”选项板中的“其他控件”按钮，如图 10-63 所示。

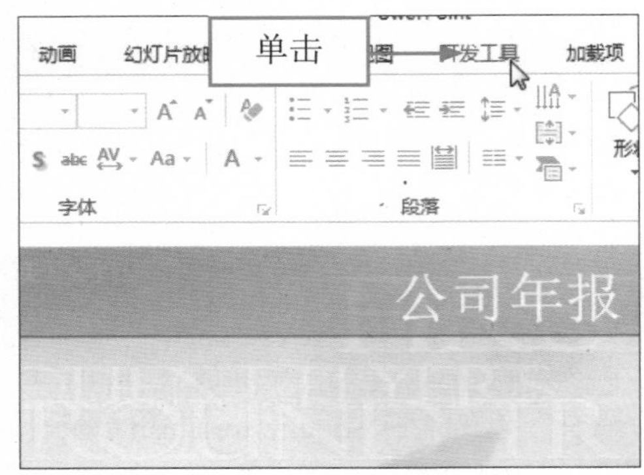

图 10-62 显示“开发工具”面板

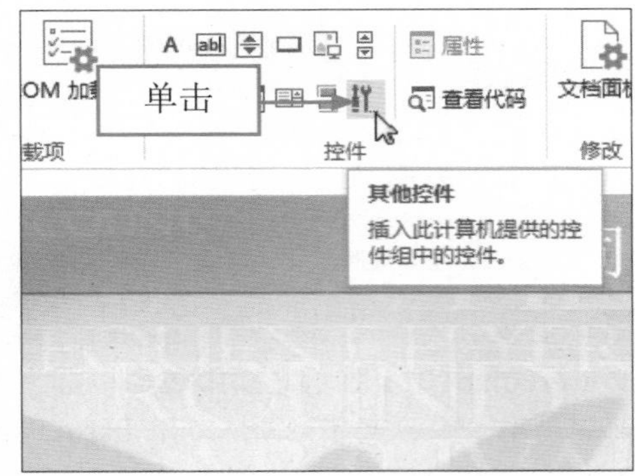

图 10-63 单击“其他控件”按钮

步骤 05 弹出“其他控件”对话框，在该对话框中选择相应选项，如图 10-64 所示。

步骤 06 单击“确定”按钮，然后在幻灯片上拖曳鼠标，绘制一个长方形的 Shockware Flash Object 控件，如图 10-65 所示。

图 10-64 选择相应选项

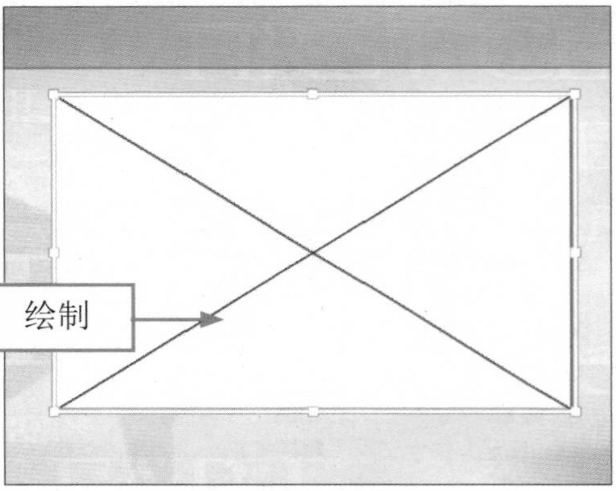

图 10-65 绘制一个长方形

步骤 07 在绘制的Shockware Flash Object控件上，单击鼠标右键，在弹出的快捷菜单中选择“属性表”选项，如图 10-66 所示。

步骤 08 执行操作后，弹出“属性”对话框，选择 Movie 选项，如图 10-67 所示。

图 10-66 选择“属性表”选项

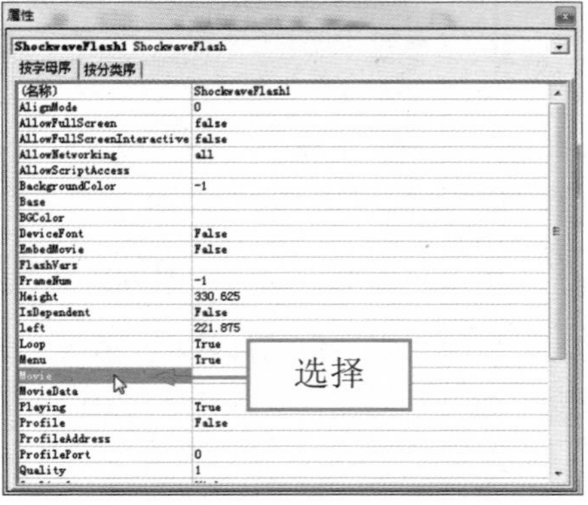

图 10-67 选择 Movie 选项

步骤 09 在 Movie 选项右侧的空白文本框中，输入需要插入的 Flash 文件路径和文件名，如图 10-68 所示。

步骤 10 关闭“属性”对话框，即可插入 Flash 动画，如图 10-69 所示。

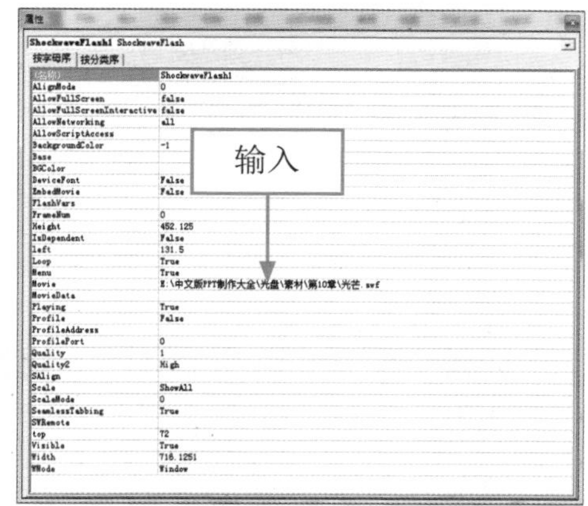

图 10-68 输入文件路径和文件名

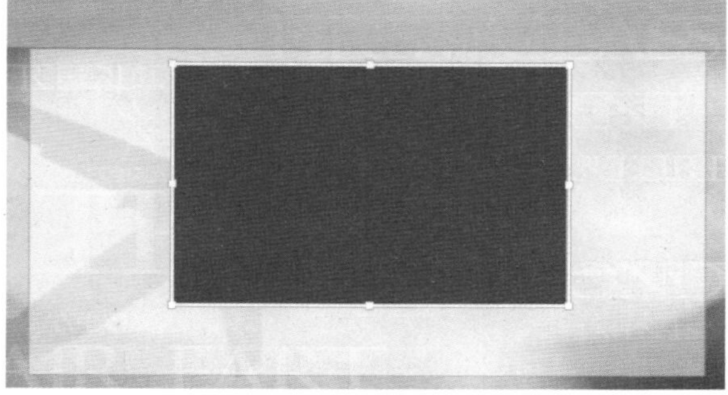

图 10-69 插入 Flash 动画

专家指点

在“开发工具”面板，“控件”选项板中还有：

* “标签”按钮 A：单击“标签”按钮，即可在幻灯片中插入标签控件。
* “文本框”按钮 abl：单击“文本框”按钮，即可在幻灯片中插入文本框控件。
* “数值调节钮”：单击“数值调节钮”即可在幻灯片中插入数值调节钮控件。
* “命令”按钮：单击“命令”按钮，即可在幻灯片中插入命令控件。
* “图像”按钮：单击“图像”按钮，即可在幻灯片中插入图像控件。
* “滚动条”按钮：单击“滚动条”按钮，即可在幻灯片中插入滚动条控件。
* “复选框”按钮：单击“复选框”按钮，即可在幻灯片中插入复选框控件。
* “选顶按钮”按钮：单击“选顶按钮”，即可在幻灯片中插入选顶按钮控件。
* “组合框”按钮：单击“组合框”按钮，即可在幻灯片中插入组合框控件。
* “列表框”按钮：单击“列表框”按钮，即可在幻灯片中插入列表框控件。
* “切换”按钮：单击“切换”按钮，即可在幻灯片中插入切换按钮控件。

10.5.2 放映 Flash 动画

在幻灯片中插入 Flash 动画以后，用户还可以在“幻灯片放映”面板中设置 Flash 动画的放映。

	素材文件	光盘 \ 效果 \ 第 10 章 \ 公司年报 .pptx
	效果文件	无
	视频文件	光盘 \ 视频 \ 第 10 章 \10.5.2 放映 Flash 动画 .mp4

实战 公司年报

步骤 01 打开上一例的效果文件，进入第 2 张幻灯片，如图 10-70 所示。

步骤 02 在幻灯片底部的备注栏中，单击“幻灯片放映”按钮，如图 10-71 所示。

图 10-70 进入第 2 张幻灯片

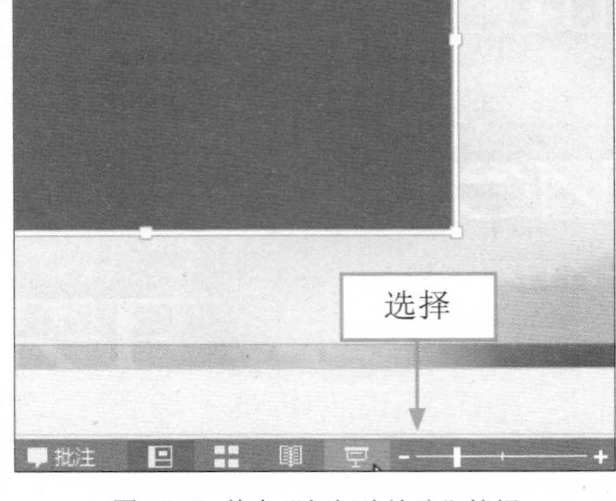

图 10-71 单击“幻灯片放映”按钮

步骤 03 执行操作后，即可放映 Flash 动画，如图 10-72 所示。

图 10-72 放映 Flash 动画

专家指点

如果要退出幻灯片放映状态并返回到普通视图，只需要按【Esc】键，预览动画效果后，Shockware Flash Object 控件将显示为动画的一帧动画。

11 幻灯片的主题设置

学习提示

主题是一组统一的设计元素，是用颜色、字体和图形来设置文档的外观。用户可以根据需要选择不同的颜色来设计演示文稿，通过应用幻灯片主题，可以快速而轻松地设置文档的格式，赋予它专业和时尚的外观。本章主要向读者介绍设置幻灯片主题、设置主题模板颜色以及设置主题字体特效的基本操作。

本章案例导航

- 实战——返校
- 实战——樱花
- 实战——四季
- 实战——公司利润
- 实战——智慧背囊
- 实战——业务增长趋势
- 实战——自我激励
- 实战——自我意识尺度
- 实战——情商
- 实战——自然生态

欢迎返校！

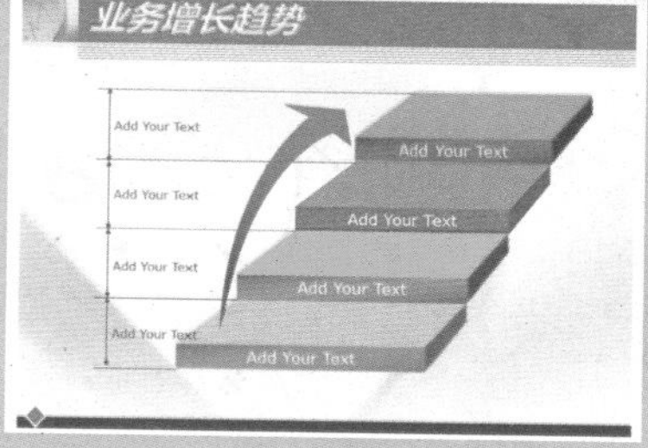

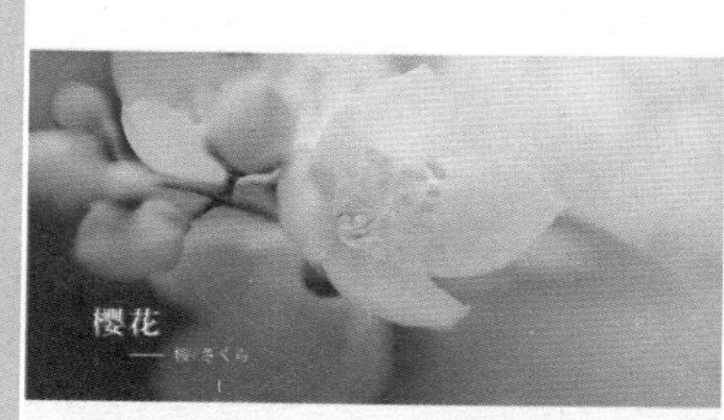

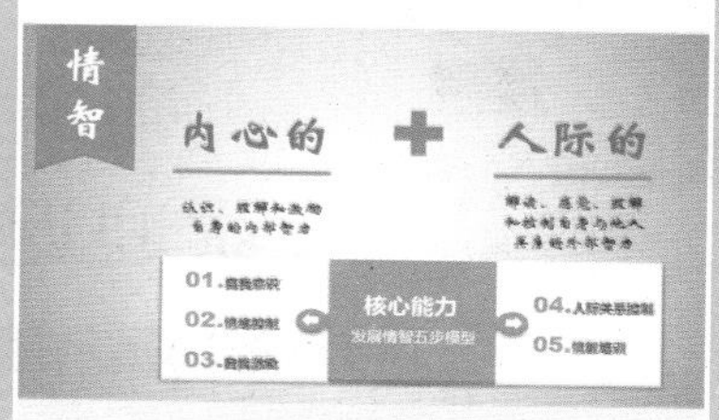

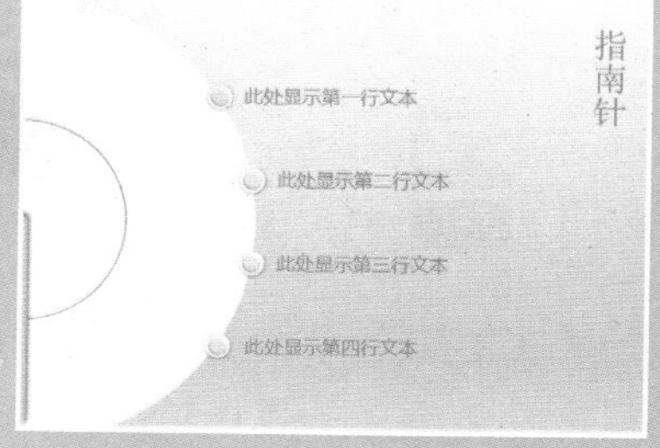

11.1 设置幻灯片主题

在 PowerPoint 2013 中提供了很多种幻灯片主题，用户可以直接在演示文稿中应用这些主题，色彩漂亮且与演示文稿内容协调是评判幻灯片是否成功的标准之一，所以用幻灯片配色来烘托主题是制作演示文稿的一个重要操作。

11.1.1 设置内置主题模板

在制作演示文稿时，用户如果需要快速设置幻灯片的主题，可以直接使用 PowerPoint 中自带的主题效果。

素材文件	光盘 \ 素材 \ 第 11 章 \ 返校 .pptx
效果文件	光盘 \ 效果 \ 第 11 章 \ 返校 .pptx
视频文件	光盘 \ 视频 \ 第 11 章 \11.1.1 设置内置主题模板 .mp4

实战 返校

步骤 01 在 PowerPoint 2013 中，打开一个素材文件，如图 11-1 所示。

步骤 02 切换至“设计”面板，单击“主题”选项板的“其他”下拉按钮，如图 11-2 所示。

图 11-1 打开一个素材文件

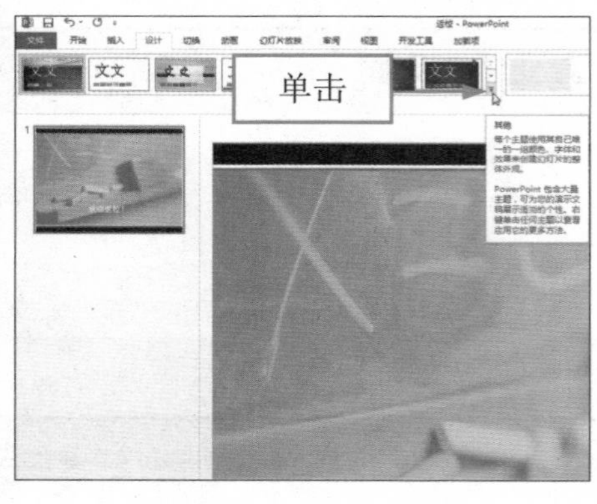

图 11-2 单击“其他”下拉按钮

步骤 03 在弹出的列表框中，选择“回顾”选项，如图 11-3 所示。

步骤 04 执行操作后，即可应用内置主题，如图 11-4 所示。

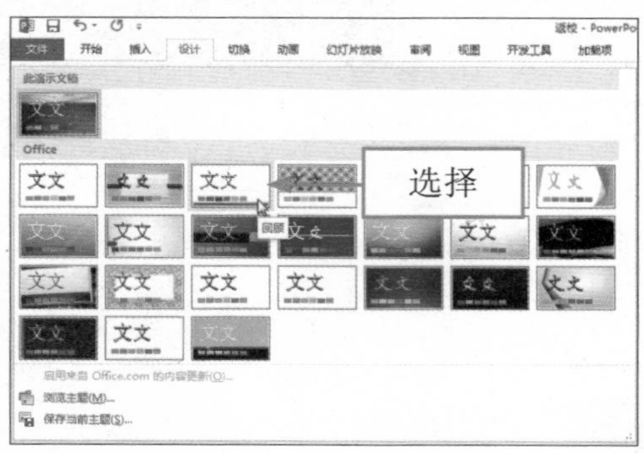

图 11-3 选择“回顾”选项

图 11-4 应用内置主题

11.1.2 浏览硬盘主题模板

在制作演示文稿时，用户还可以选择存储在硬盘中的幻灯片模板。下面将向读者介绍浏览硬盘中主题模板的操作方法。

	素材文件	光盘 \ 素材 \ 第 11 章 \ 业务增长趋势 .pptx
	效果文件	无
	视频文件	光盘 \ 视频 \ 第 11 章 \11.1.2 浏览硬盘主题模板 .mp4

实战 业务增长趋势

步骤 01 在打开的 PowerPoint 2013 空白窗口中，切换至“设计”面板，如图 11-5 所示。

步骤 02 在“主题”选项板中单击“其他”下拉按钮，在弹出的列表框中，选择“浏览主题”选项，如图 11-6 所示。

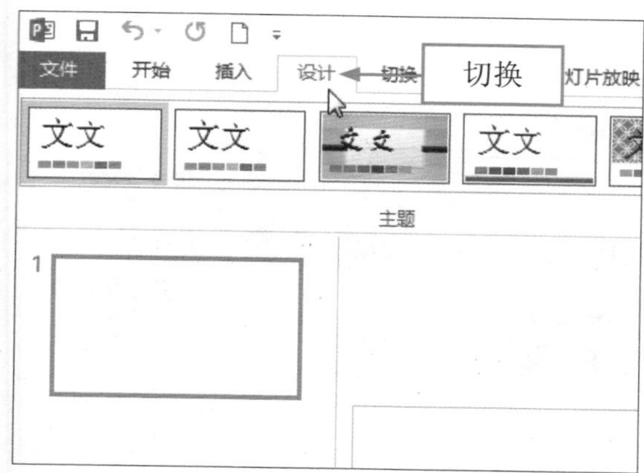

图 11-5 切换至“设计”面板

图 11-6 选择“浏览主题”选项

步骤 03 弹出“选择主题或主题文档”对话框，在计算机中的合适位置，选择相应选项，如图 11-7 所示。

步骤 04 单击“应用”按钮，即可应用硬盘中的模板，如图 11-8 所示。

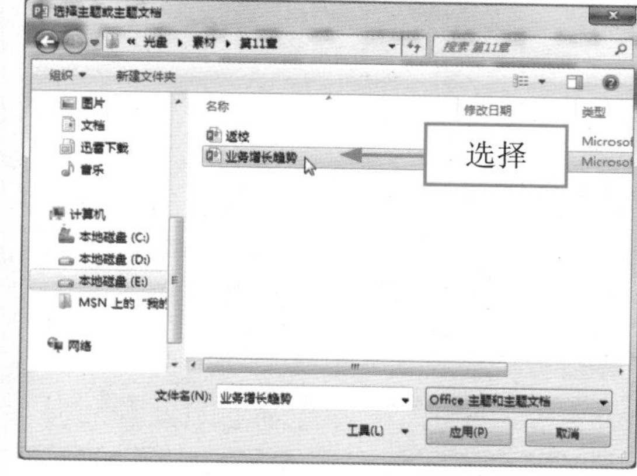

图 11-7 选择相应选项

图 11-8 应用硬盘中的模板

11.1.3 保存当前主题模板

在 PowerPoint 2013 中，对于一些比较漂亮的主题，用户可以将其保存下来，方便以后再次使用。下面向读者介绍保存当前主题模板的操作方法。

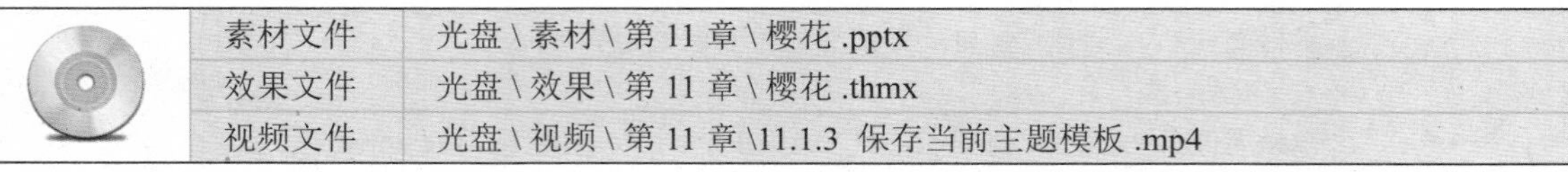

素材文件	光盘 \ 素材 \ 第 11 章 \ 樱花 .pptx
效果文件	光盘 \ 效果 \ 第 11 章 \ 樱花 .thmx
视频文件	光盘 \ 视频 \ 第 11 章 \11.1.3 保存当前主题模板 .mp4

实战 樱花

步骤 01 在 PowerPoint 2013 中，打开一个素材文件，如图 11-9 所示。

步骤 02 切换至“设计”面板，单击“主题”选项板中的“其他”下拉按钮，在弹出的列表框中，选择“保存当前主题”选项，如图 11-10 所示。

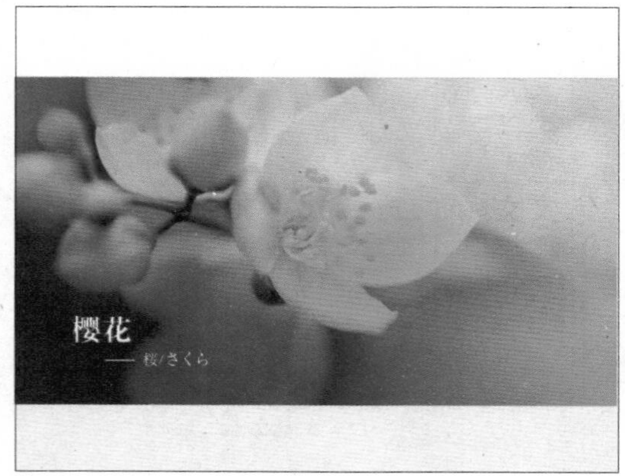

图 11-9 打开一个素材文件

图 11-10 选择“保存当前主题”选项

步骤 03 弹出“保存当前主题”对话框，选择文件的保存路径，并在“文件名”右侧的文本框中，输入保存的主题名称，如图 11-11 所示。

步骤 04 单击“保存”按钮，如图 11-12 所示，即可保存当前主题模板。

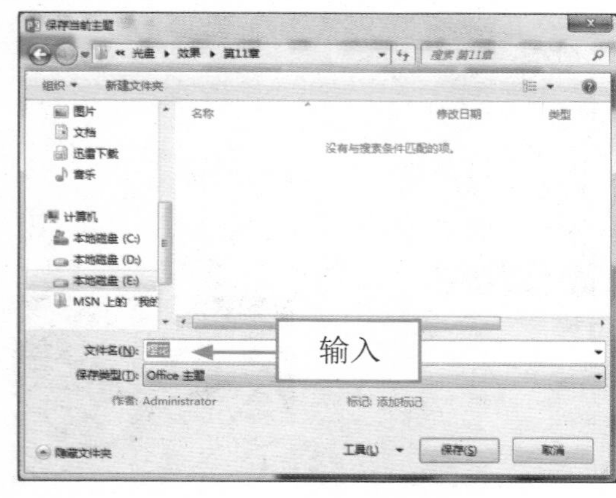

图 11-11 输入保存的主题名称

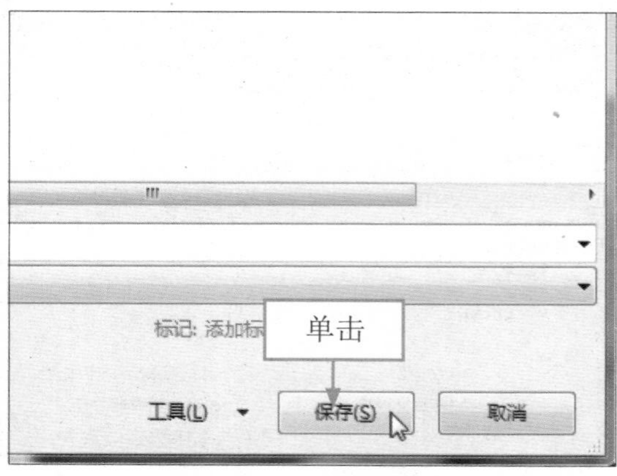

图 11-12 单击“保存”按钮

11.2 设置主题模板及颜色

PowerPoint 为每种设计模板提供了几十种颜色，用户可以根据自己的要求设置主题模板以后，接着对主题颜色进行设置。

11.2.1 设置主题为环保

在 PowerPoint 2013 中，用户可以通过设置主题模式，迅速改变主题。下面向读者介绍设置主题为环保的操作方法。

素材文件	光盘 \ 素材 \ 第 11 章 \ 自我激励 .pptx
效果文件	光盘 \ 效果 \ 第 11 章 \ 自我激励 .pptx
视频文件	光盘 \ 视频 \ 第 11 章 \11.2.1 设置主题为环保 .mp4

实战 自我激励

步骤 01 在 PowerPoint 2013 中，打开一个素材文件，如图 11-13 所示。

步骤 02 切换至“设计”面板，在“主题”选项板中，单击“其他”下拉按钮，如图 11-14 所示。

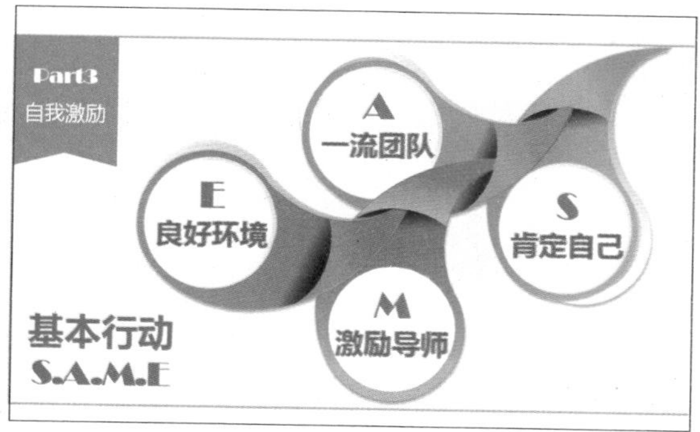

图 11-13 打开一个素材文件

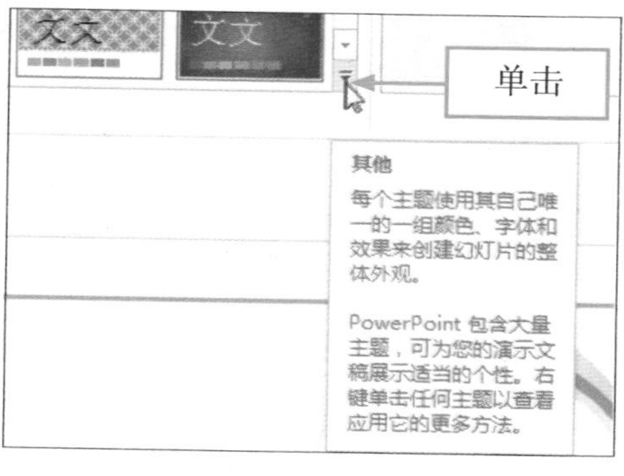

图 11-14 单击“其他”下拉按钮

步骤 03 弹出列表框，在其中选择“环保”选项，如图 11-15 所示。

步骤 04 执行操作后，即可将主题设置为环保，如图 11-16 所示。

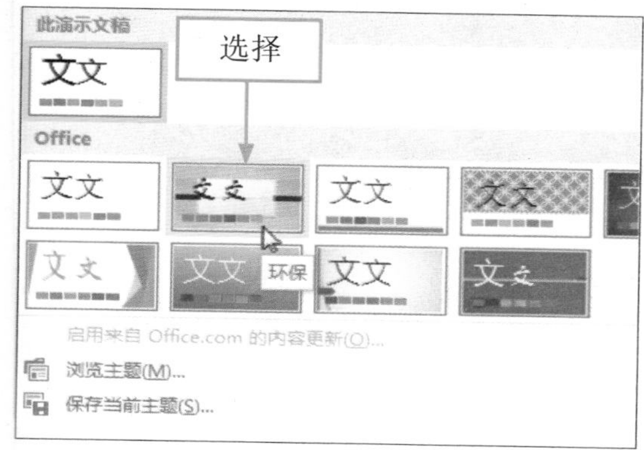

图 11-15 选择“环保”选项

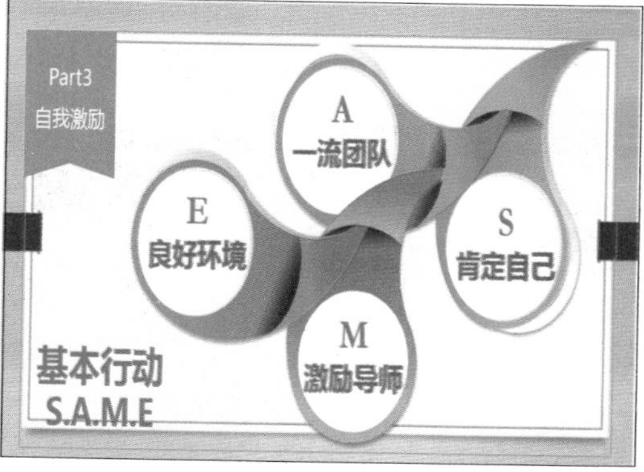

图 11-16 将主题设置为环保

11.2.2 设置主题为积分

在 PowerPoint 2013 中，将主题设置为积分，可以使整个主题呈现一种带布纹的复古样式。下面向读者介绍设置主题为积分的操作方法。

	素材文件	光盘 \ 素材 \ 第 11 章 \ 四季 .pptx
	效果文件	光盘 \ 效果 \ 第 11 章 \ 四季 .pptx
	视频文件	光盘 \ 视频 \ 第 11 章 \11.2.2 设置主题为积分 .mp4

实战 四季

步骤 01 在 PowerPoint 2013 中，打开一个素材文件，如图 11-17 所示。

步骤 02 切换至“设计”面板，在“主题”选项板中，单击“其他”下拉按钮，如图 11-18 所示。

图 11-17 打开一个素材文件

图 11-18 单击“其他”下拉按钮

步骤 03 弹出列表框，在其中选择“积分”选项，如图 11-19 所示。

步骤 04 执行操作后，即可将主题设置为积分，如图 11-20 所示。

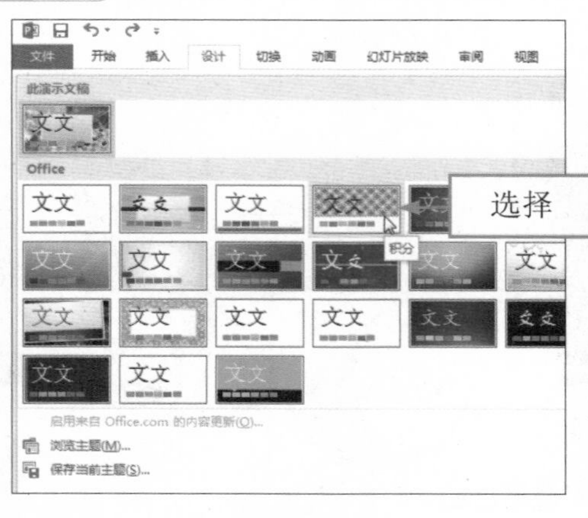

图 11-19 选择“积分”选项

图 11-20 设置幻灯片中的文本效果

步骤 05 在“变体”选项板中，单击“其他”下拉按钮，如图 11-21 所示。

步骤 06 弹出列表框，选择相应选项，如图 11-22 所示。

图 11-21 单击“其他”下拉按钮

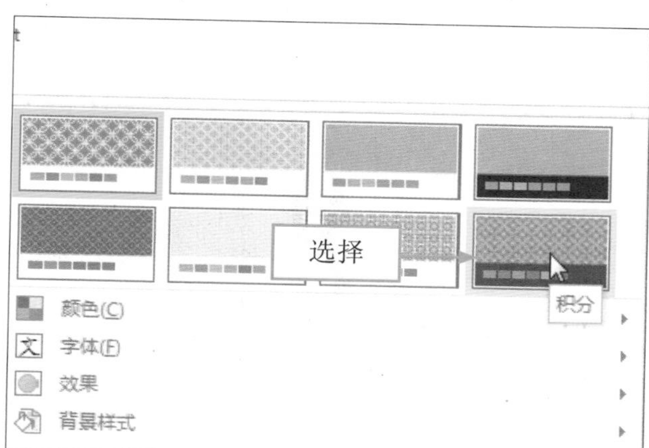

图 11-22 选择相应选项

步骤 07 执行操作后，即可设置主题为积分，效果如图 11-23 所示。

图 11-23 设置主题为积分

11.2.3 设置主题颜色为博大精深

在 PowerPoint 2013 中，用户可以根据需要将主题颜色设置为博大精深。下面向读者介绍设置主题颜色为博大精深的操作方法。

	素材文件	光盘 \ 素材 \ 第 11 章 \ 自我意识尺度 .pptx
	效果文件	光盘 \ 效果 \ 第 11 章 \ 自我意识尺度 .pptx
	视频文件	光盘 \ 视频 \ 第 11 章 \11.2.3 设置主题颜色为博大精深 .mp4

实战 自我意识尺度

步骤 01 在 PowerPoint 2013 中，打开一个素材文件，如图 11-24 所示。

步骤 02 切换至“设计”面板，在“主题”选项板中，单击“其他”下拉按钮，在弹出的列表框中，选择“丝状”选项，如图 11-25 所示。

图 11-24 打开一个素材文件

图 11-25 选择“丝状”选项

步骤 03 执行操作后，即可将主题设置为丝状，如图 11-26 所示。

步骤 04 在“变体”选项板中，选择相应选项，如图 11-27 所示。

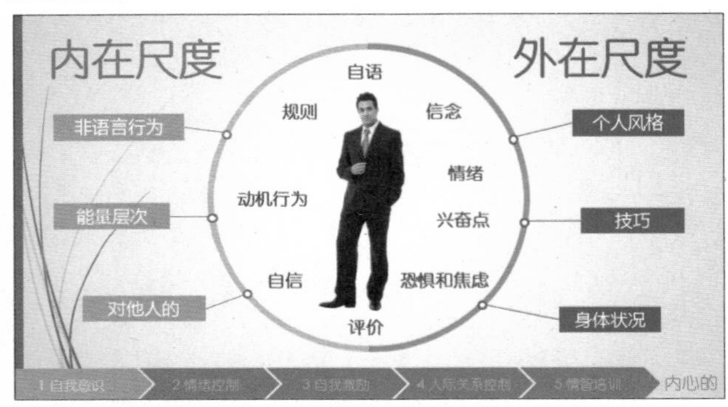

图 11-26 设置主题为丝状

图 11-27 选择相应选项

步骤 05 执行操作后，即可设置主题变体，效果如图 11-28 所示。

步骤 06 单击“变体”右侧的下拉按钮，弹出列表框，选择“颜色”|“博大精深”选项，如图 11-29 所示。

图 11-28 设置主题变体

图 11-29 选择“博大精深”选项

步骤 07　执行操作后，即可设置主题颜色，效果如图 11-30 所示。

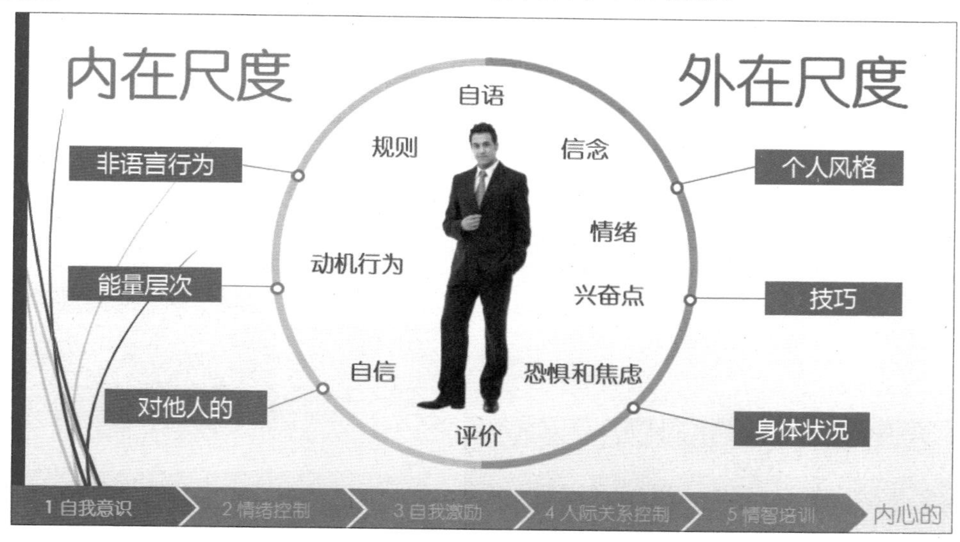

图 11-30　设置主题颜色

11.2.4　设置主题颜色为视点

在 PowerPoint 2013 中，将主题颜色设置为视点，可以让主题颜色呈现出不同的风格。下面向读者介绍设置主题颜色为视点的操作方法。

	素材文件	光盘 \ 素材 \ 第 11 章 \ 公司利润 .pptx
	效果文件	光盘 \ 效果 \ 第 11 章 \ 公司利润 .pptx
	视频文件	光盘 \ 视频 \ 第 11 章 \11.2.4　设置主题颜色为视点 .mp4

实战　公司利润

步骤 01　在 PowerPoint 2013 中，打开一个素材文件，如图 11-31 所示。

步骤 02　切换至“设计”面板，在“主题”选项板中，单击“其他”下拉按钮，在弹出的列表框中，选择“离子”选项，如图 11-32 所示。

图 11-31　打开一个素材文件

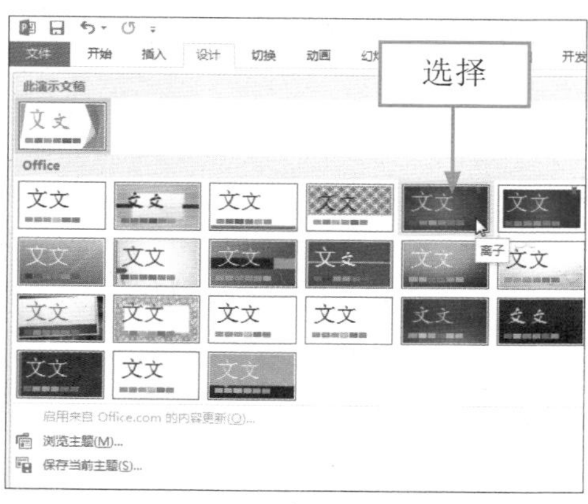

图 11-32　选择“离子”选项

步骤 03 执行操作后，即可将主题设置为离子，在“变体”选项板中，单击“其他”下拉按钮，如图 11-33 所示。

步骤 04 弹出列表框，在其中选择“颜色”|“视点”选项，如图 11-34 所示。

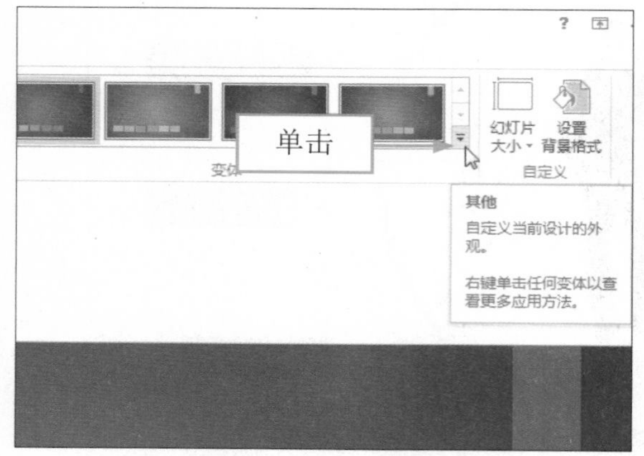

图 11-33 单击“其他”下拉按钮

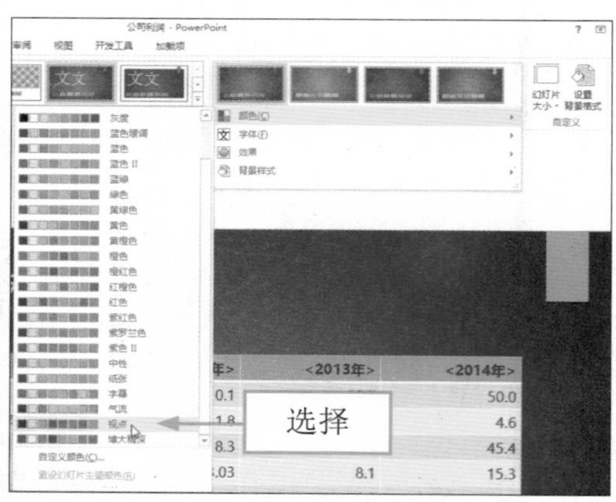

图 11-34 选择“视点”选项

步骤 05 执行操作后，即可将主题颜色设置为视点，效果如图 11-35 所示。

公司利润（单位百万）

	<2012年>	<2013年>	<2014年>
收入	10.1	27.7	50.0
货物成本	1.8	3.1	4.6
毛利润	8.3	24.6	45.4
总费用	3.03	8.1	15.3
税前利润	5.27	16.5	30.1
税前利润 占收入的百分比	64.6%	59.6%	60.2%

图 11-35 设置主题颜色为视点

专家指点

如果用户对幻灯片中自带的主题颜色不满意，则可以通过单击“变体”列表框中的“颜色”下拉按钮，在弹出的下拉列表框中，选择“自定义颜色”选项，在弹出的“新建主题颜色”对话框中，对主题颜色重新进行设置，还可以对设置的主题颜色进行命名操作。

11.3 设置主题各种特效

在 PowerPoint 2013 的“主题”选项板中用户可以设置幻灯片中的各种字体特效，其中包括沉稳型的方正姚体、暗香扑面型的微软雅黑和活力型的幼圆等，另外用户还可以对幻灯片中的主题设置效果。

11.3.1 设置主题字体为方正姚体

在幻灯片中，用户可以根据需要将主题字体设置为方正姚体。下面向读者介绍设置主题字体为方正姚体的操作方法。

素材文件	光盘\素材\第 11 章\情商 .pptx
效果文件	光盘\效果\第 11 章\情商 .pptx
视频文件	光盘\视频\第 11 章\11.3.1 设置主题字体为方正姚体 .mp4

实战 情商

步骤 01 在 PowerPoint 2013 中，打开一个素材文件，如图 11-36 所示。

步骤 02 切换至“设计”面板，在“变体”选项板中，单击右侧的“其他”下拉按钮，如图 11-37 所示。

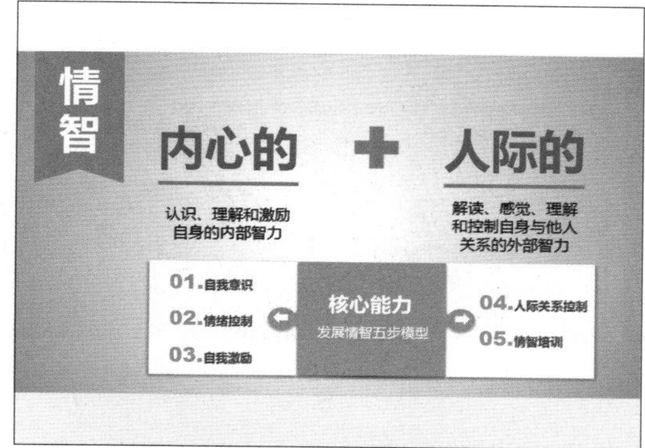

图 11-36 打开一个素材文件

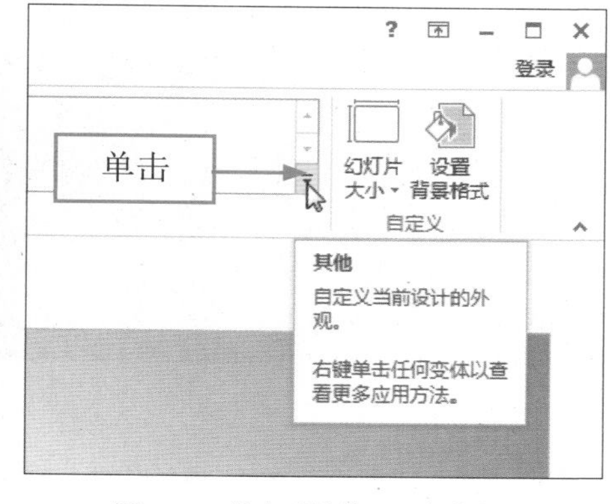

图 11-37 单击“其他”下拉按钮

步骤 03 弹出列表框，选择“字体”|“方正姚体”选项，如图 11-38 所示。

步骤 04 执行操作后，即可设置主题字体为方正姚体，效果如图 11-39 所示。

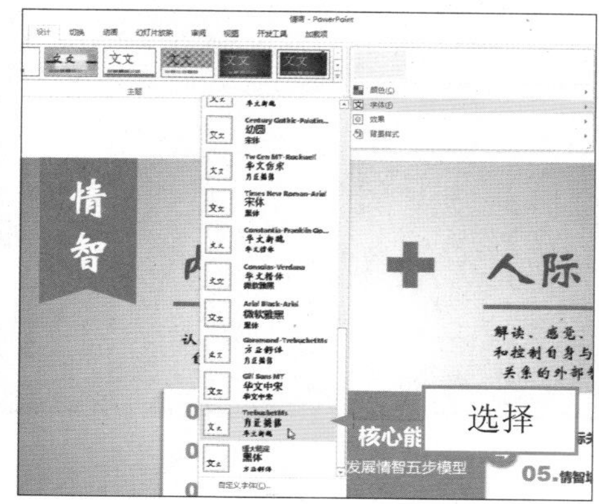

图 11-38 选择“方正姚体”选项

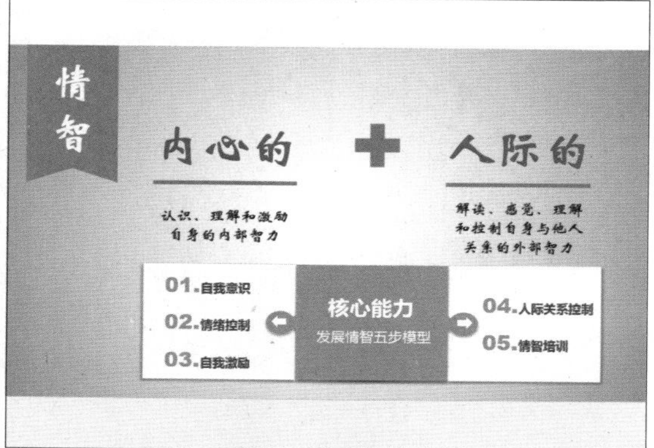

图 11-39 设置主题字体

11.3.2 设置主题效果为插页

在幻灯片中，用户可以为设置好的主题添加合适的效果。下面向读者介绍设置主题效果为插页的操作方法。

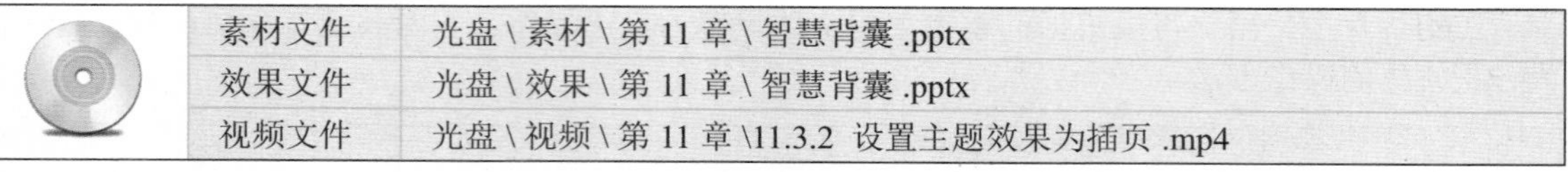

素材文件	光盘 \ 素材 \ 第 11 章 \ 智慧背囊 .pptx
效果文件	光盘 \ 效果 \ 第 11 章 \ 智慧背囊 .pptx
视频文件	光盘 \ 视频 \ 第 11 章 \11.3.2 设置主题效果为插页 .mp4

实战 智慧背囊

步骤 01 在 PowerPoint 2013 中，打开一个素材文件，如图 11-40 所示。

步骤 02 切换至“设计”面板，在“变体”选项板中，单击“其他”下拉按钮，如图 11-41 所示。

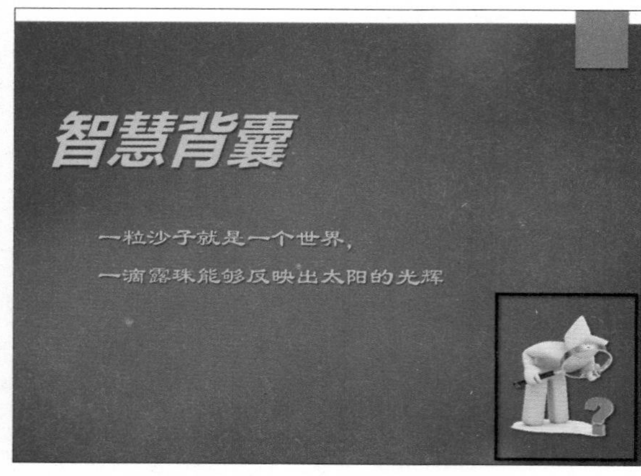

图 11-40 打开一个素材文件

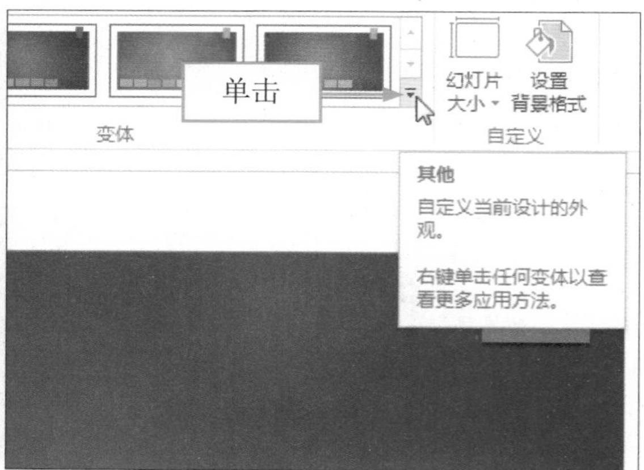

图 11-41 单击“其他”下拉按钮

步骤 03 弹出列表框，选择“效果”|“插页”选项，如图 11-42 所示。

步骤 04 执行操作后，即可设置主题效果为插页，效果如图 11-43 所示。

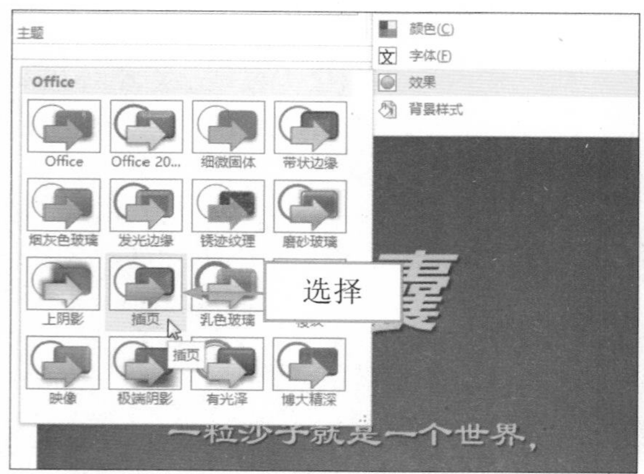

图 11-42 选择“插页”选项

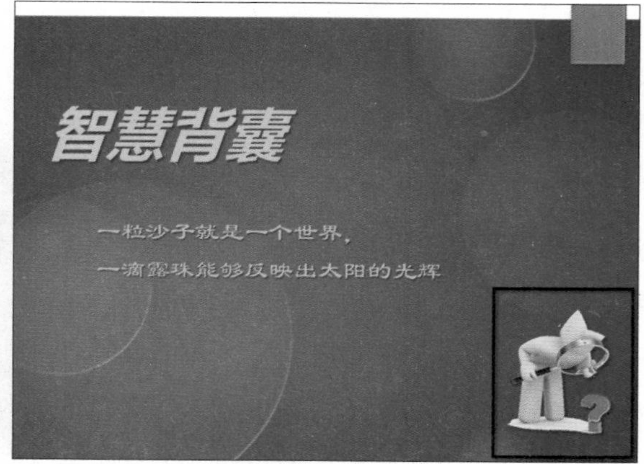

图 11-43 设置主题效果

11.4 设置幻灯片背景

在设计演示文稿时，除了通过使用主题来美化演示文稿以外，还可以通过设置演示文稿的背景来制作具有观赏性的演示文稿。

11.4.1 设置纯色背景

设置幻灯片母版的背景可以统一演示文稿中幻灯片的版式，应用主题后，用户还可以根据自己的喜好更改主题背景颜色。

素材文件	光盘 \ 素材 \ 第 11 章 \ 自然生态 .pptx
效果文件	光盘 \ 效果 \ 第 11 章 \ 自然生态 .pptx
视频文件	光盘 \ 视频 \ 第 11 章 \11.4.1 设置纯色背景 .mp4

实战 自然生态

步骤 01 在 PowerPoint 2013 中，打开一个素材文件，如图 11-44 所示。

步骤 02 切换至“设计”面板，单击“变体”选项板中的“其他”下拉按钮，弹出列表框，选择“背景样式”|“设置背景格式”选项，如图 11-45 所示。

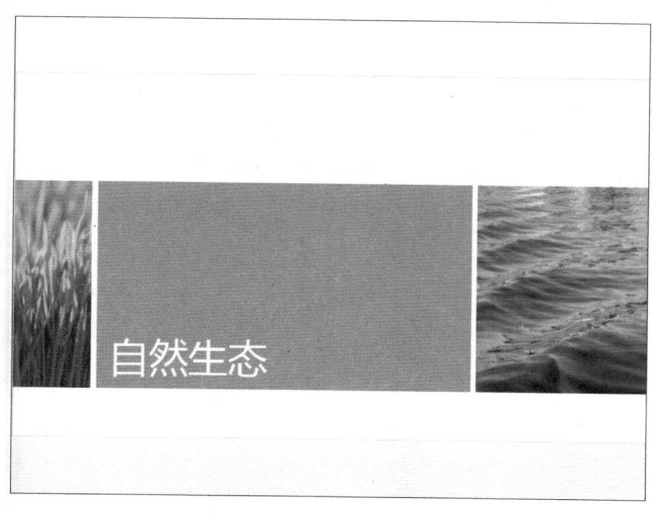

图 11-44 打开一个素材文件

图 11-45 选择“设置背景格式”选项

步骤 03 弹出“设置背景格式”窗格，在“填充”选项区中，选中“纯色填充”单选按钮，如图 11-46 所示。

步骤 04 在“填充”选项区下方，单击“颜色”右侧的下拉按钮，在弹出的列表框中选择“灰色 -25%，背景 2”选项，如图 11-47 所示。

步骤 05 执行操作后，即可设置纯色背景，关闭“设置背景格式”窗格，效果如图 11-48 所示。

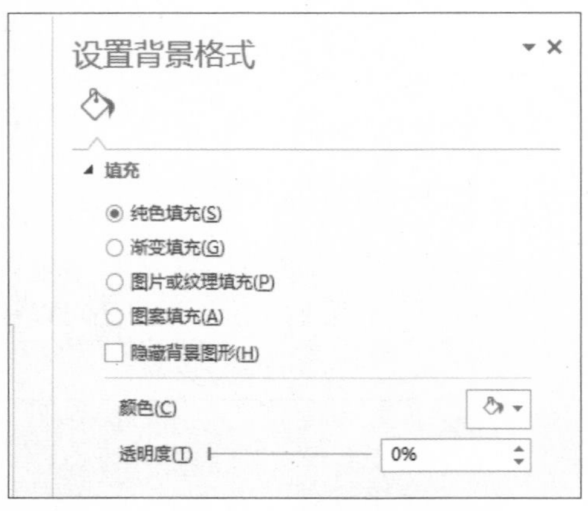

图 11-46 选中“纯色填充”单选按钮

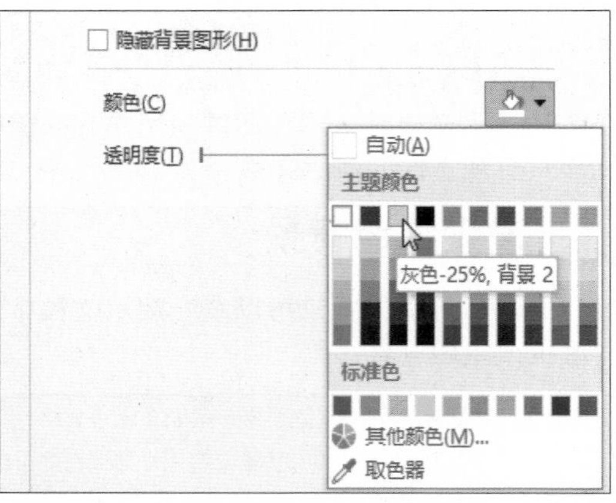

图 11-47 选择“灰色 -25%，背景 2”选项

图 11-48 设置纯色背景

11.4.2 设置渐变背景

背景主题不仅能运用纯色背景，还可以运用渐变色对幻灯片进行填充，应用渐变填充可以丰富幻灯片的视觉效果。

素材文件	光盘 \ 素材 \ 第 11 章 \ 指南针 .pptx
效果文件	光盘 \ 效果 \ 第 11 章 \ 指南针 .pptx
视频文件	光盘 \ 视频 \ 第 11 章 \11.4.2 设置渐变背景 .mp4

实战 指南针

步骤 01 在 PowerPoint 2013 中，打开一个素材文件，如图 11-49 所示。

步骤 02 切换至“设计”面板，单击“变体”选项板中的“其他”下拉按钮，弹出列表框，选择“背景样式”|“设置背景格式”选项，如图 11-50 所示。

步骤 03 弹出“设置背景格式”窗格，在“填充”选项区中，选中“渐变填充”单选按钮，在下方单击“预设渐变”右侧的下拉按钮，在弹出的列表框中，选择“浅色渐变 - 着色 3”选项，如图 11-51 所示。

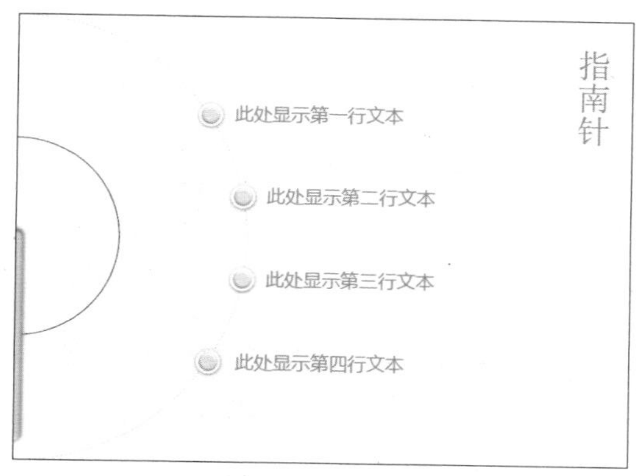

图 11-49 打开一个素材文件

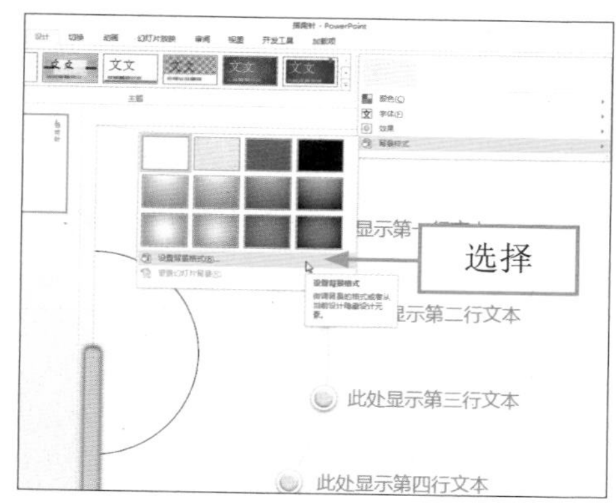

图 11-50 选择“设置背景格式”选项

步骤 04 执行操作后，即可设置渐变背景，关闭“设置背景格式”窗格，效果如图 11-52 所示。

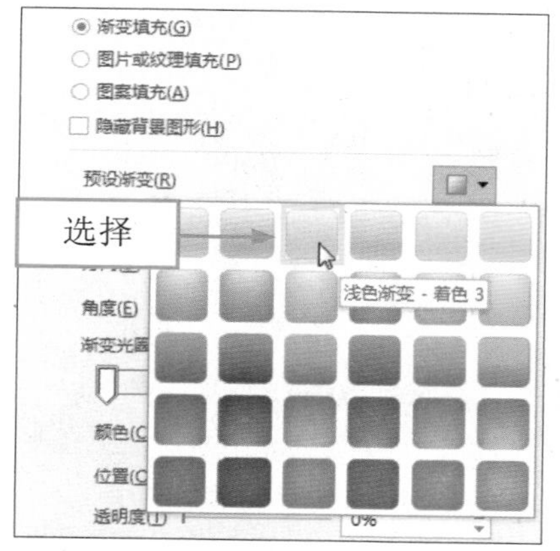

图 11-51 选择“浅色渐变 - 着色 3”选项

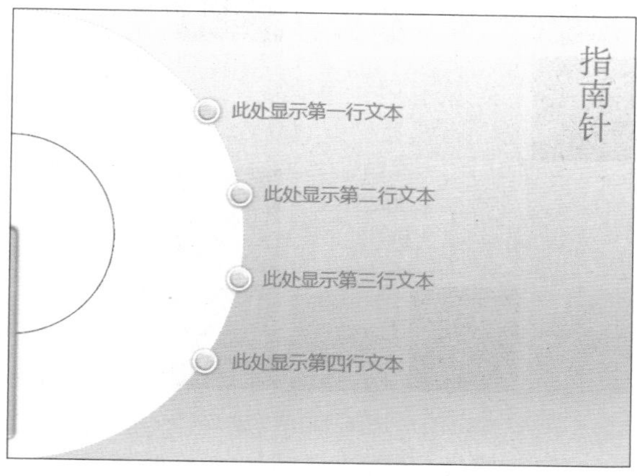

图 11-52 设置渐变背景

11.4.3 设置纹理背景

在 PowerPoint 2013 中，除了以上几种方法来设置幻灯片的背景以外，还可以使用纹理作为背景。下面向读者介绍设置纹理背景的操作方法。

	素材文件	光盘 \ 素材 \ 第 11 章 \ 镂空球形关系 .pptx
	效果文件	光盘 \ 效果 \ 第 11 章 \ 镂空球形关系 .pptx
	视频文件	光盘 \ 视频 \ 第 11 章 \11.4.3 设置纹理背景 .mp4

实战 镂空球形关系

步骤 01 在 PowerPoint 2013 中，打开一个素材文件，如图 11-53 所示。

步骤 02 在幻灯片编辑窗口中，单击鼠标右键，在弹出的快捷菜单中，选择“设置背景格式”选项，如图 11-54 所示。

步骤 03 弹出“设置背景格式”窗格，在“填充”选项区中，选中“图片或纹理填充”单选按钮，在下方单击“纹理”右侧的下拉按钮，在弹出的列表框中，选择“信纸”选项，如图 11-55 所示。

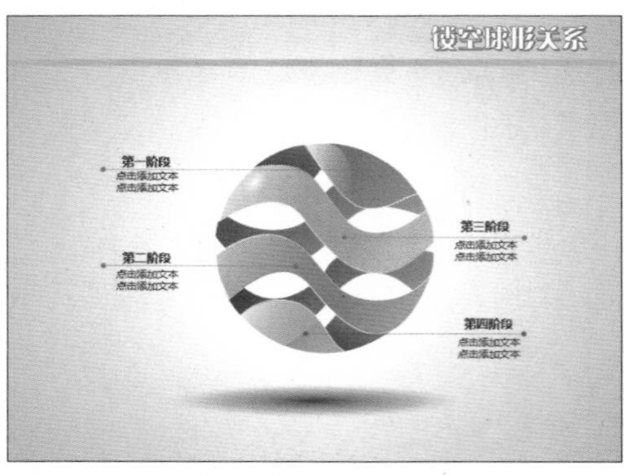

图 11-53 打开一个素材文件

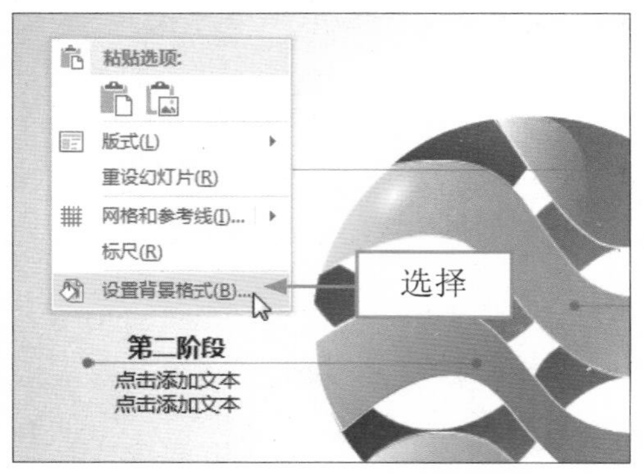

图 11-54 选择“设置背景格式”选项

步骤 04 执行操作后，即可设置纹理背景，关闭“设置背景格式”窗格，效果如图 11-56 所示。

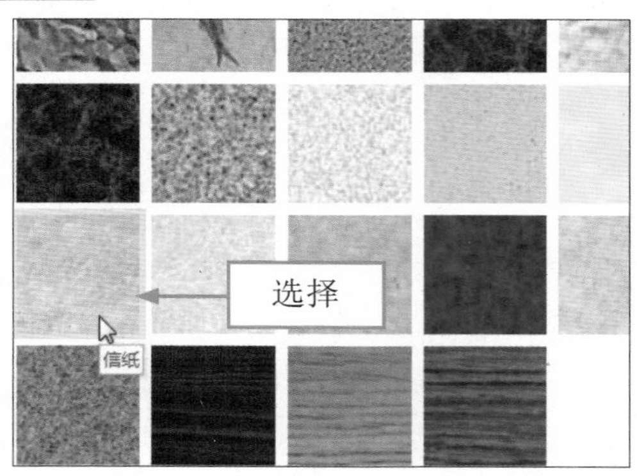

图 11-55 选择“信纸”选项

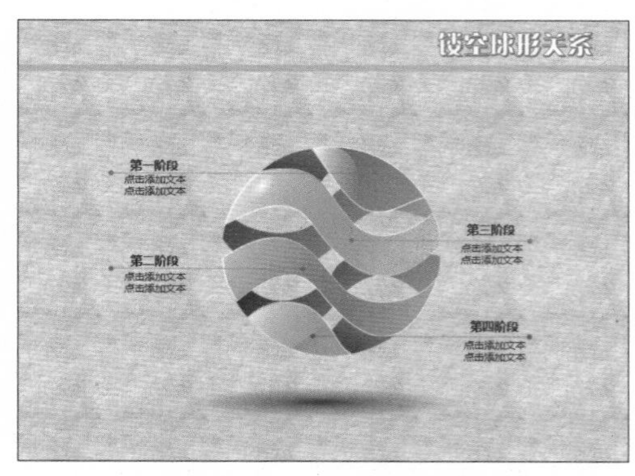

图 11-56 设置纹理背景

专家指点

在“纹理”列表框中，包括有“花束”、“斜纹布”、“编织物”、“水滴”、“纸袋”、“鱼类化石”、“沙滩”、“绿色大理石”以及“粉色面巾纸”等在内的多种纹理填充效果，用户可以根据制作的实际需要，选择合适的纹理。

11.4.4 设置图案背景

在 PowerPoint 2013 中，用户可以通过选中“图案填充”单选按钮，将背景设置为图案填充。下面向读者设置图案背景的操作方法。

素材文件	光盘 \ 素材 \ 第 11 章 \ 粉色花雨 .pptx
效果文件	光盘 \ 效果 \ 第 11 章 \ 粉色花雨 .pptx
视频文件	光盘 \ 视频 \ 第 11 章 \11.4.4 设置图案背景 .mp4

实战 粉色花雨

步骤 01 在 PowerPoint 2013 中，打开一个素材文件，如图 11-57 所示。

步骤 02 在幻灯片编辑窗口中，单击鼠标右键，在弹出的快捷菜单中，选择“设置背景格式”选项，如图 11-58 所示。

图 11-57 打开一个素材文件

图 11-58 选择“设置背景格式”选项

步骤 03 弹出“设置背景格式”窗格，在“填充”选项区中，选中“图案填充”单选按钮，如图 11-59 所示。

步骤 04 单击下方“前景”右侧的下拉按钮，在弹出的列表框中，选择“玫瑰红”选项，如图 11-60 所示。

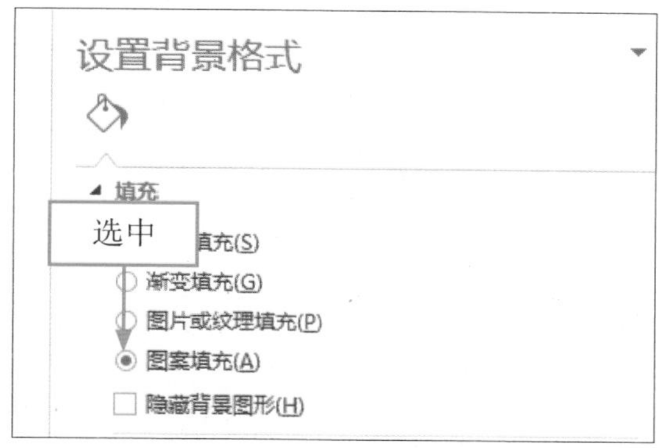

图 11-59 选中“图案填充”单选按钮

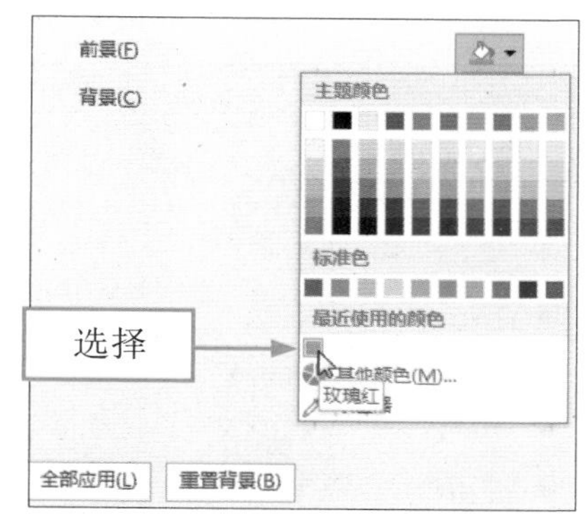

图 11-60 选择“玫瑰红”选项

步骤 05 在“图案”选项区中，选择相应选项，如图 11-61 所示。

步骤 06 执行操作后，即可设置图案背景，关闭“设置背景格式”窗格，效果如图 11-62 所示。

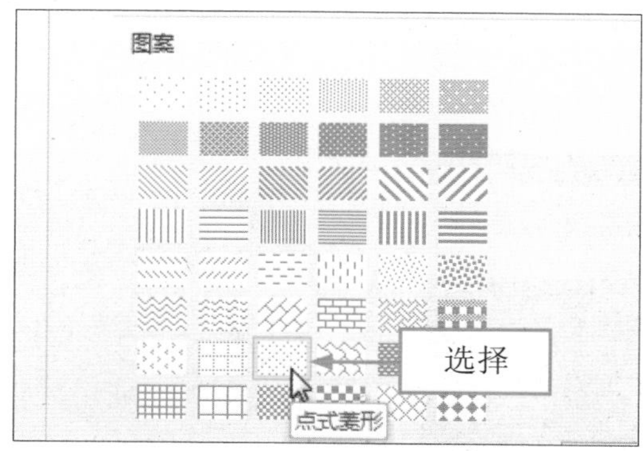

图 11-61 选择相应选项

图 11-62 设置图案背景

12 幻灯片母版设置与超链接

学习提示

如果需要对幻灯片整体风格进行改动，应用母版则十分方便；如果需要让演示文稿更好地配合演讲者，则可以在演示文稿中插入超链接。本章主要向读者介绍编辑幻灯片母版、应用母版视图、创建超链接以及链接到其他对象等内容。

本章案例导航

- 实战——翻滚吧
- 实战——新主意
- 实战——全新系列
- 实战——毕业论文
- 实战——策划分析
- 实战——PPT 模板的制作
- 实战——星城图书公司
- 实战——合作愉快
- 实战——苹果图形
- 实战——图表与图形的合成

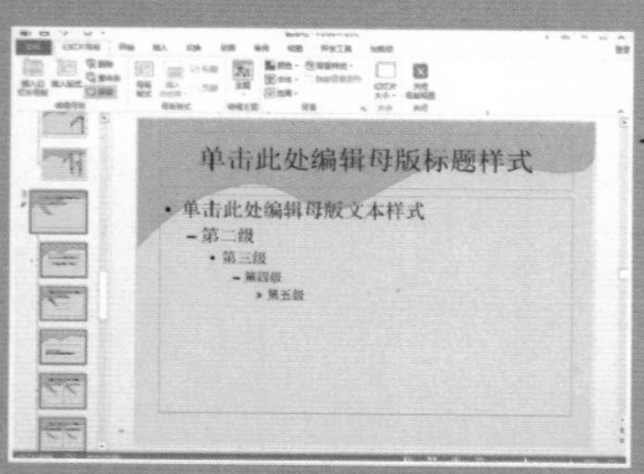

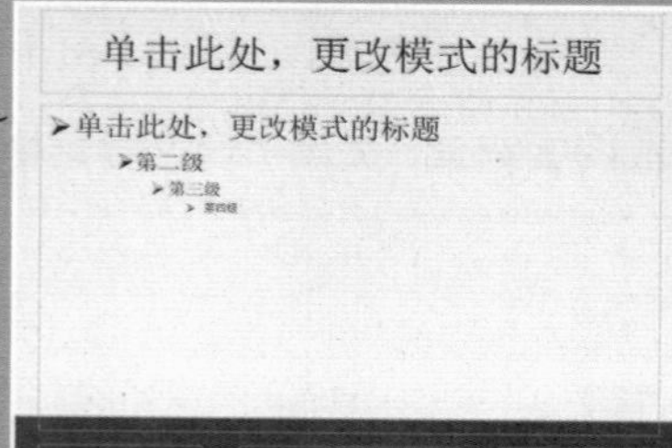

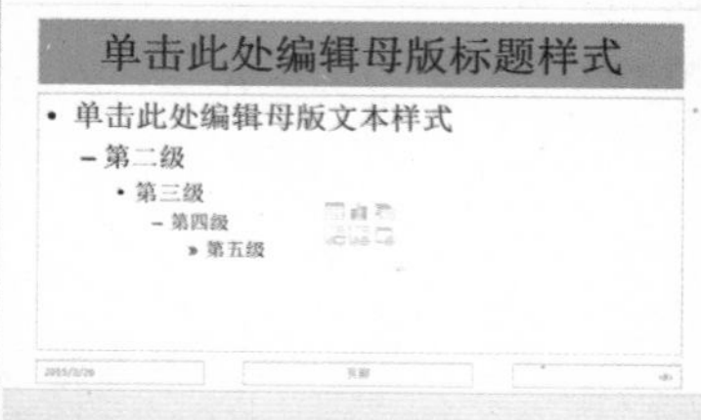

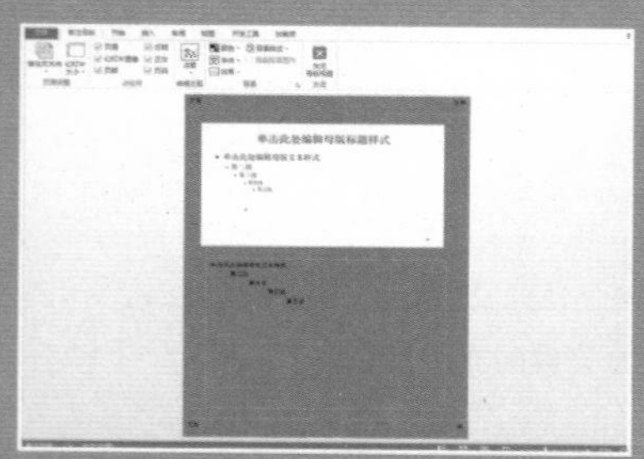

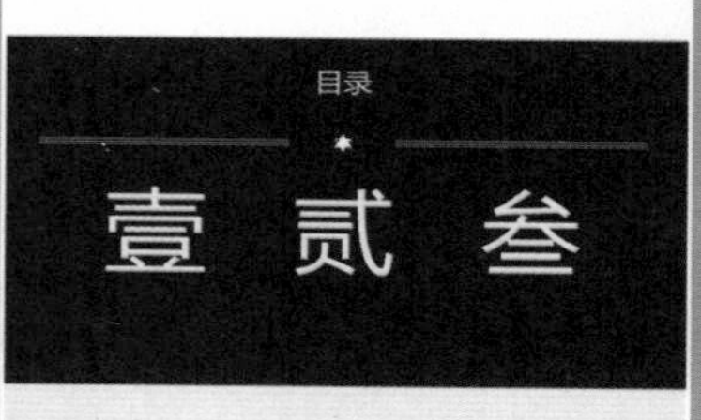

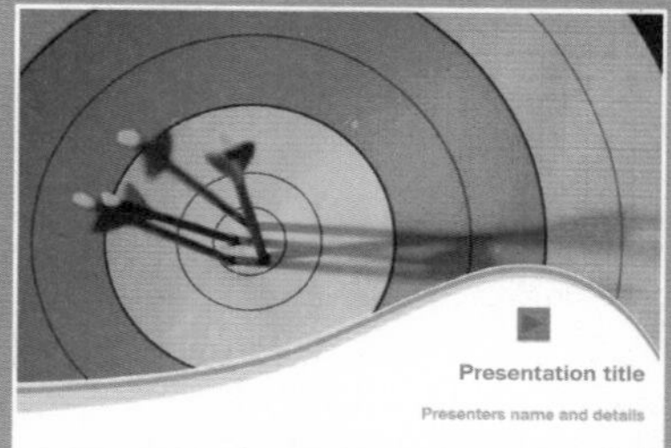

12.1 编辑幻灯片母版

幻灯片母版用于设置幻灯片的样式，可供用户设定各种标题文字、背景、属性等，只需更改一项内容就可更改所有幻灯片的设计。本节将向读者介绍复制幻灯片母版、插入幻灯片母版、设置项目符号、在母版中插入占位符、设置占位符属性、设置母版背景以及设置页眉和页脚等内容。

12.1.1 复制幻灯片母版

在 PowerPoint 2013 中的幻灯片母版面板中，通过运用选项可以复制幻灯片母版。下面将向读者介绍复制幻灯片母版的操作方法。

	素材文件	光盘 \ 素材 \ 第 12 章 \ 翻滚吧 .pptx
	效果文件	光盘 \ 效果 \ 第 12 章 \ 翻滚吧 .pptx
	视频文件	光盘 \ 视频 \ 第 12 章 \12.1.1 复制幻灯片母版 .mp4

实战 翻滚吧

步骤 01 在 PowerPoint 2013 中，打开一个素材文件，如图 12-1 所示。

步骤 02 切换至“视图”面板，在“母版视图”选项板中单击“幻灯片母版”按钮，如图 12-2 所示。

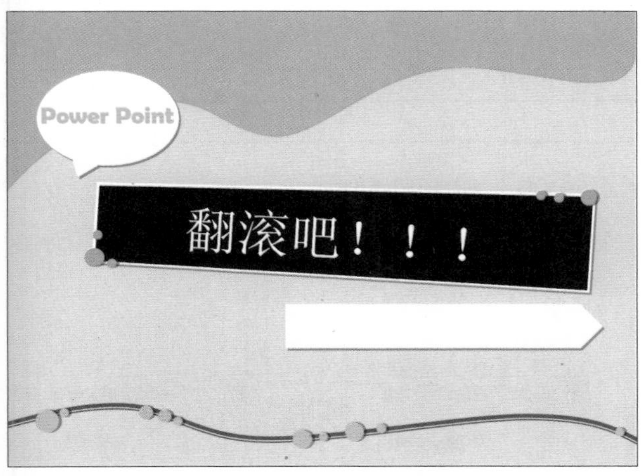

图 12-1 打开一个素材文件

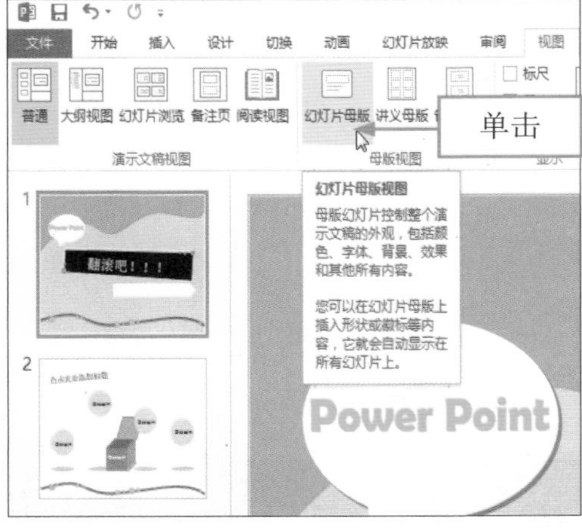

图 12-2 单击“幻灯片母版”按钮

步骤 03 进入“幻灯片母版”面板，在第 1 张幻灯片的缩略图上单击鼠标右键，在弹出的快捷菜单中选择“复制幻灯片母版”选项，如图 12-3 所示。

步骤 04 执行操作后，即可复制幻灯片母版，如图 12-4 所示。

专家指点

除了运用以上方法复制幻灯片母版外，用户还可以通过单击鼠标左键，选中幻灯片母版，运用【Ctrl ＋ C】和【Ctrl ＋ V】组合键来实现幻灯片母版的复制和粘贴操作。

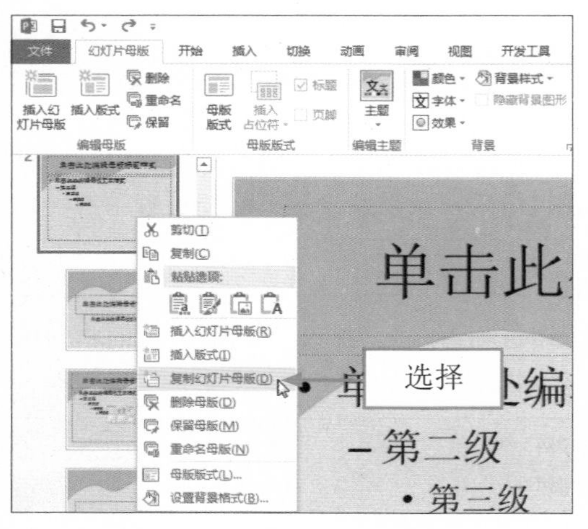

图 12-3 选择“复制幻灯片母版”选项

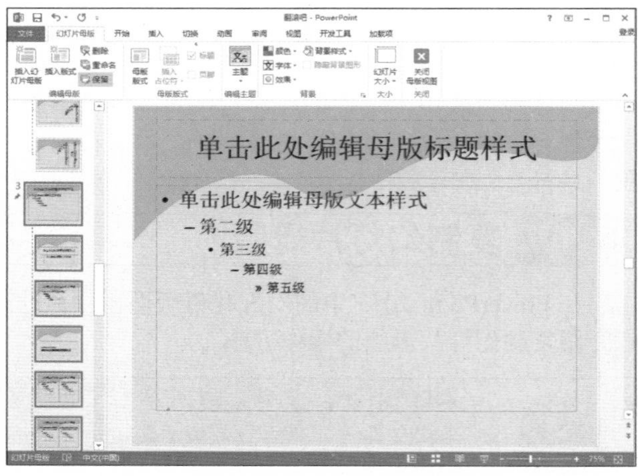

图 12-4 复制幻灯片母版

12.1.2 插入幻灯片母版

进入幻灯片母版编辑面板中，用户可以根据实际情况插入幻灯片母版。下面向读者介绍插入幻灯片母版的操作方法。

	素材文件	光盘 \ 素材 \ 第 12 章 \PPT 模板的制作 .pptx
	效果文件	光盘 \ 效果 \ 第 12 章 \PPT 模板的制作 .pptx
	视频文件	光盘 \ 视频 \ 第 12 章 \12.1.2 插入幻灯片母版 .mp4

实战 PPT 模板的制作

步骤 01 在 PowerPoint 2013 中，打开一个素材文件，如图 12-5 所示。

步骤 02 切换至“视图”面板，在“母版视图”选项板中单击“幻灯片母版”按钮，如图 12-6 所示。

图 12-5 打开一个素材文件

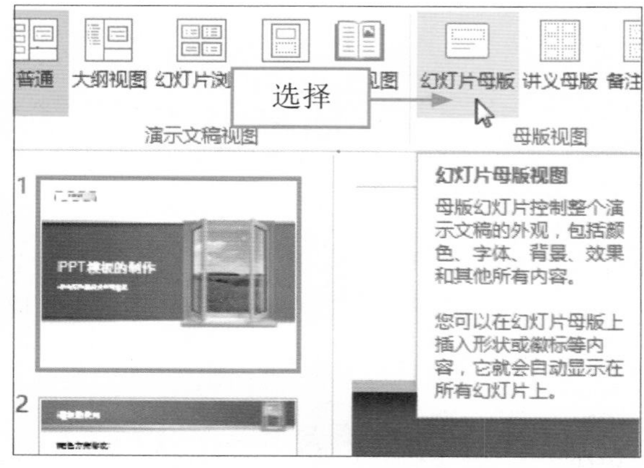

图 12-6 单击“幻灯片母版”按钮

步骤 03 进入“幻灯片母版”面板，在“编辑母版”选项板中，单击“插入幻灯片母版”按钮，如图 12-7 所示。

步骤 04 执行操作后，即可插入幻灯片母版，如图 12-8 所示。

图 12-7 单击“插入幻灯片母版”按钮

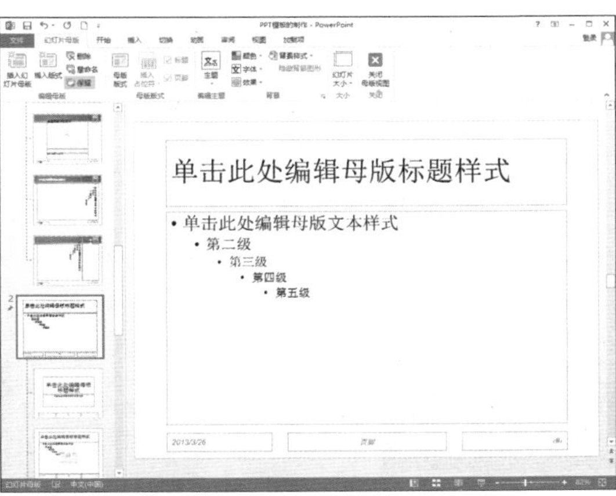

图 12-8 插入幻灯片母版

12.1.3 设置项目符号

项目符号是文本中经常用到的，在幻灯片母版中同样可以设置项目符号。下面向读者介绍设置项目符号的操作方法。

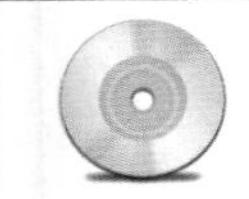	素材文件	光盘 \ 素材 \ 第 12 章 \ 新主意 .pptx
	效果文件	光盘 \ 效果 \ 第 12 章 \ 新主意 .pptx
	视频文件	光盘 \ 视频 \ 第 12 章 \12.1.3 设置项目符号 .mp4

实战 新主意

步骤 01 在 PowerPoint 2013 中，打开一个素材文件，如图 12-9 所示。

步骤 02 切换至“视图”面板，单击“母版视图”选项板中的“幻灯片母版”按钮，进入“幻灯片母版”面板，在左侧结构图中，选择相应幻灯片，如图 12-10 所示。

图 12-9 打开一个素材文件

图 12-10 选择相应幻灯片

步骤 03 选中幻灯片中的文本，单击鼠标右键，在弹出的快捷菜单中，选择“项目符号”选项，在弹出的子菜单中选择“箭头项目符号”选项，如图 12-11 所示。

步骤 04 执行操作后，即可设置项目符号，如图 12-12 所示。

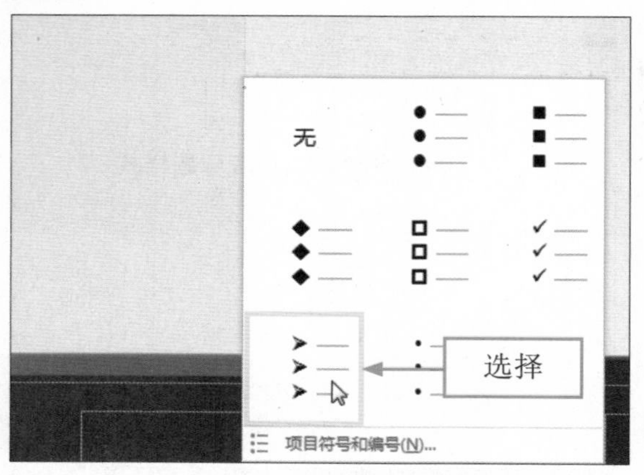

图 12-11 选择“箭头项目符号”选项

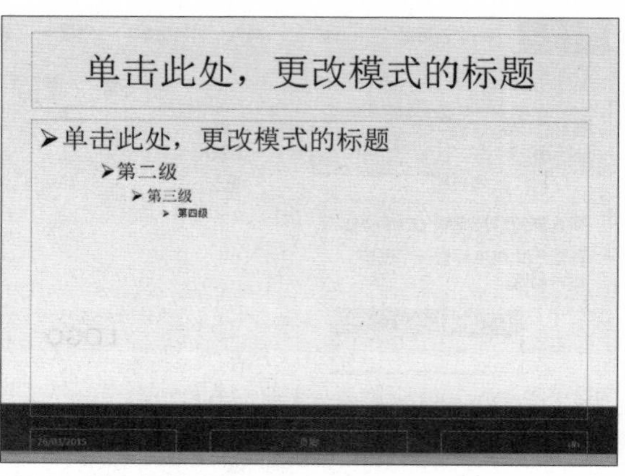

图 12-12 设置项目符号

12.1.4 在母版中插入占位符

在幻灯片母版中，当用户选择了母版版式以后，会发现母版都是自带了占位符格式的，如果用户不满意程序所带的占位符格式，则可以选择自行插入占位符。

	素材文件	光盘 \ 素材 \ 第 12 章 \ 星城图书公司 .pptx
	效果文件	光盘 \ 效果 \ 第 12 章 \ 星城图书公司 .pptx
	视频文件	光盘 \ 视频 \ 第 12 章 \12.1.4 在母版中插入占位符 .mp4

实战 星城图书公司

步骤 01 在 PowerPoint 2013 中，打开一个素材文件，如图 12-13 所示。

步骤 02 切换至“视图”面板，单击“母版视图”选项板中的“幻灯片母版”按钮，进入“幻灯片母版”面板，选择需要插入占位符的幻灯片母版，如图 12-14 所示。

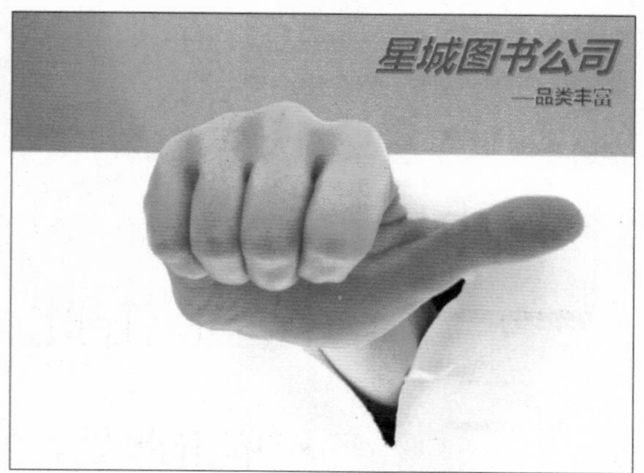

图 12-13 打开一个素材文件

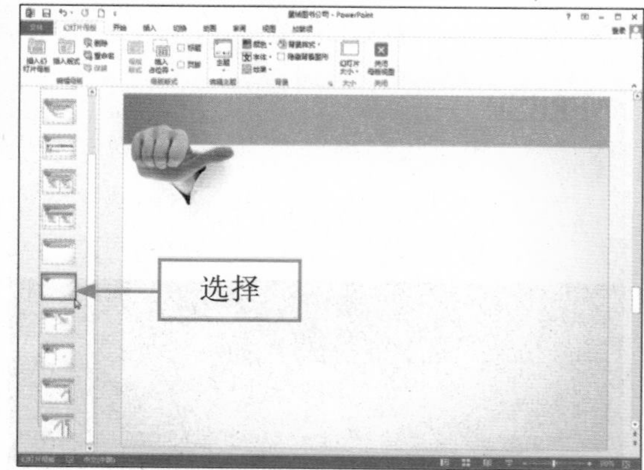

图 12-14 选择需要插入占位符的幻灯片母版

步骤 03 在“母版版式”选项板中，单击“插入占位符”下拉按钮，如图 12-15 所示。

步骤 04 弹出列表框，选择“表格”选项，如图 12-16 所示。

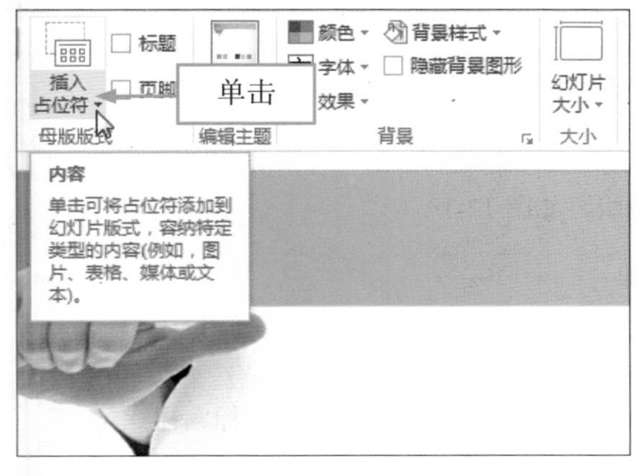

图 12-15 单击“插入占位符”下拉按钮

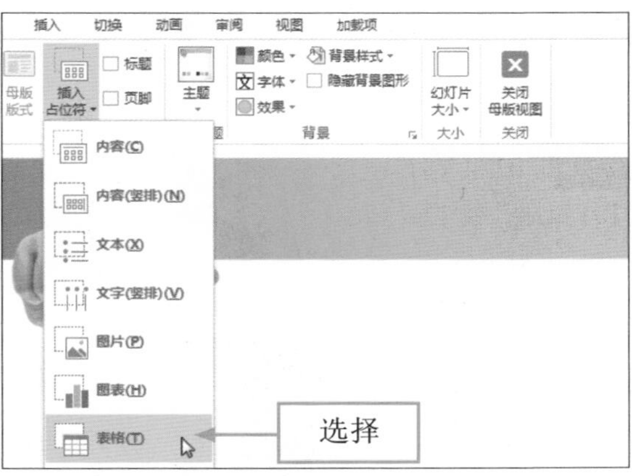

图 12-16 选择“表格”选项

步骤 05 此时鼠标指针呈十字状，在幻灯片中的合适位置，单击鼠标左键并拖曳，至合适位置后，释放鼠标左键，即可插入相应大小的占位符，如图 12-17 所示。

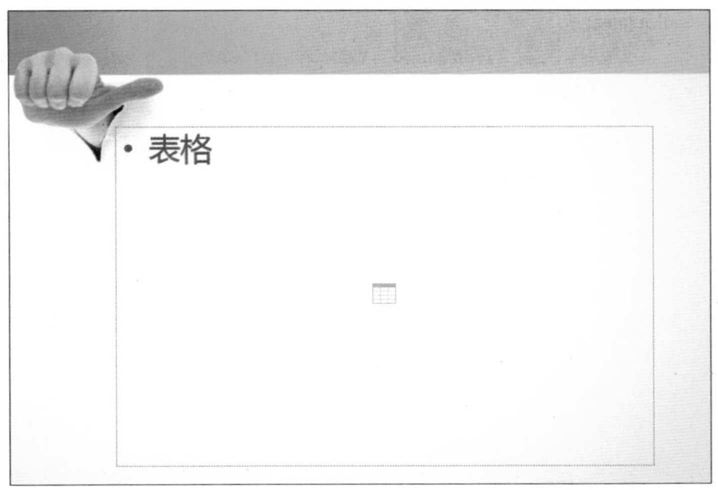

图 12-17 插入占位符

专家指点

如果要忽略其中的背景图形，可以通过在“幻灯片母版”选项卡的“背景”组中，选中“隐藏背景图形”复选框即可。

12.1.5 设置占位符属性

在 PowerPoint 2013 中，占位符、文本框及自选图形对象具有相似的属性，如大小、填充颜色以及线型等，设置它们的属性操作是相似的。

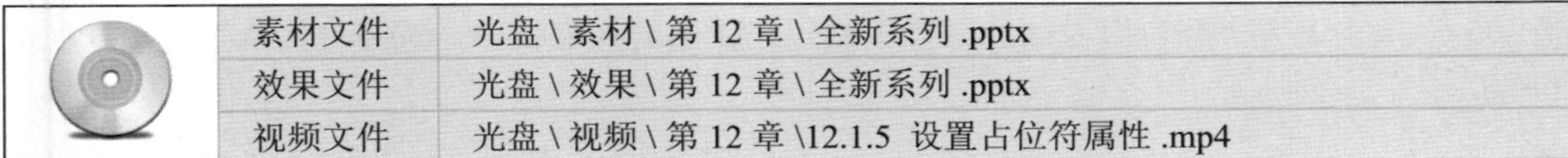

素材文件	光盘 \ 素材 \ 第 12 章 \ 全新系列 .pptx
效果文件	光盘 \ 效果 \ 第 12 章 \ 全新系列 .pptx
视频文件	光盘 \ 视频 \ 第 12 章 \12.1.5 设置占位符属性 .mp4

实战 全新系列

步骤 01 在 PowerPoint 2013 中，打开一个素材文件，如图 12-18 所示。

步骤 02 切换至“视图”面板，单击“母版视图”选项板中的“幻灯片母版”按钮，进入“幻灯片母版”面板，选择需要编辑占位符的幻灯片母版，如图 12-19 所示。

图 12-18 打开一个素材文件

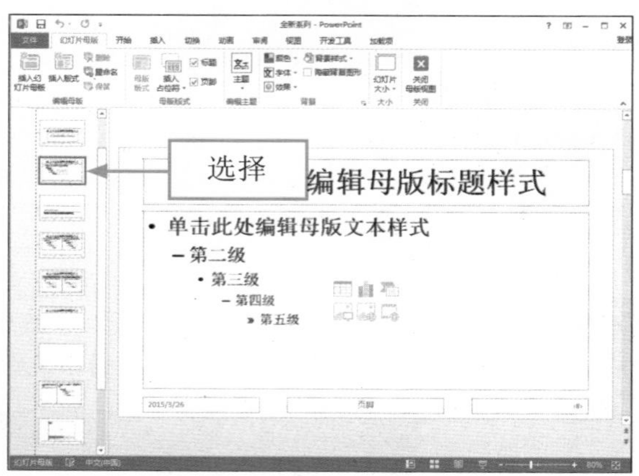

图 12-19 选择需要编辑占位符的幻灯片母版

步骤 03 在标题占位符中单击鼠标右键，在弹出的快捷菜单中，选择“设置形状格式”选项，如图 12-20 所示。

步骤 04 弹出“设置形状格式”窗格，在“填充”选项区中，选中“纯色填充”单选按钮，如图 12-21 所示。

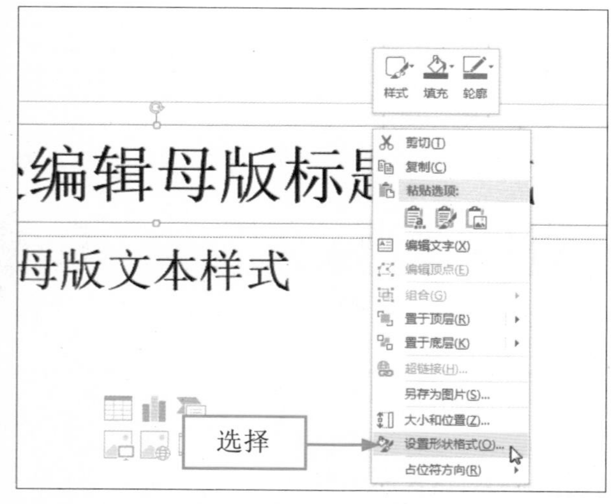

图 12-20 选择“设置形状格式”选项

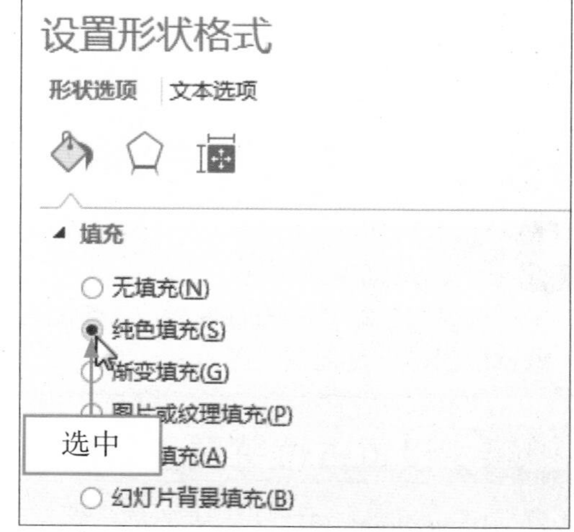

图 12-21 选中“纯色填充”单选按钮

步骤 05 单击下方“颜色”右侧的下拉按钮，在弹出的列表框中，选择“红色”选项，如图 12-22 所示。

步骤 06 关闭“设置形状格式”窗格，即可设置占位符属性，如图 12-23 所示。

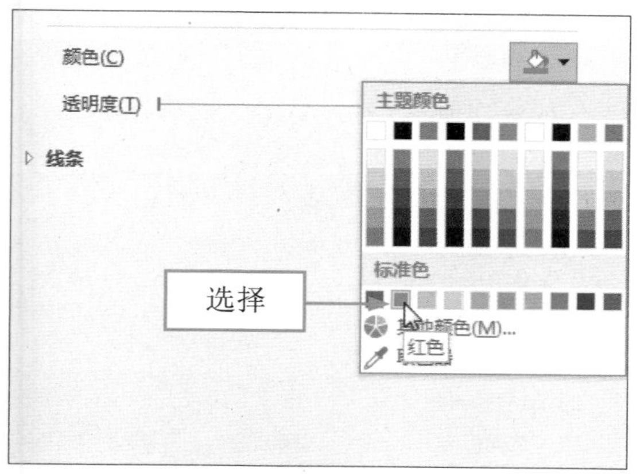

图 12-22 选择“红色”选项

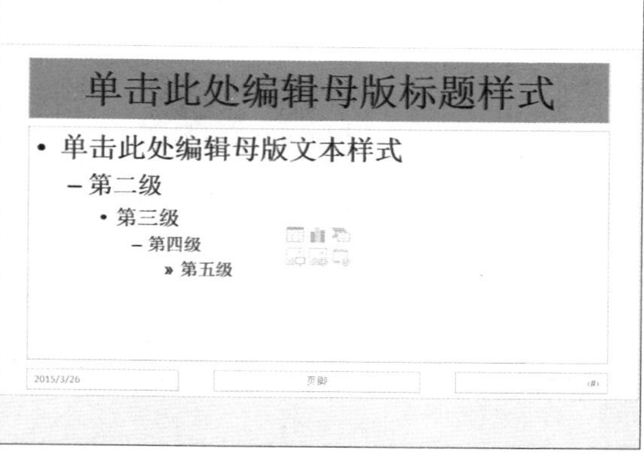

图 12-23 设置占位符属性

12.1.6 设置母版背景

设置母版背景包括纯色填充、渐变填充、纹理填充和图片填充。下面向读者介绍设置母版背景的操作方法。

	素材文件	光盘 \ 素材 \ 第 12 章 \ 合作愉快 .pptx
	效果文件	光盘 \ 效果 \ 第 12 章 \ 合作愉快 .pptx
	视频文件	光盘 \ 视频 \ 第 12 章 \12.1.6 设置母版背景 .mp4

实战 合作愉快

步骤 01 在 PowerPoint 2013 中，打开一个素材文件，如图 12-24 所示。

步骤 02 切换至“视图”面板，单击“母版视图”选项板中的“幻灯片母版”按钮，进入“幻灯片母版”面板，单击“背景”选项板中的“背景样式”下拉按钮，如图 12-25 所示。

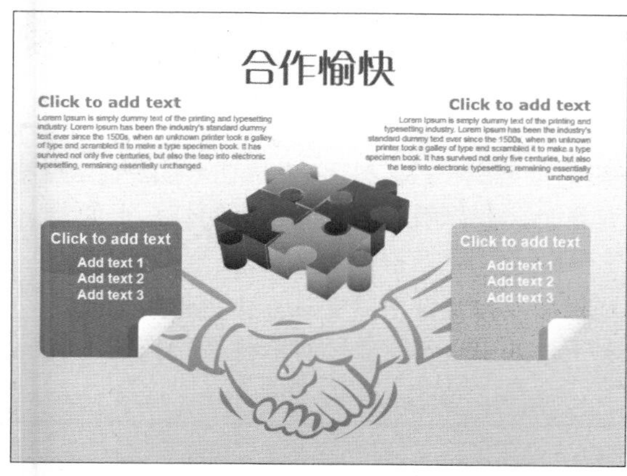

图 12-24 打开一个素材文件

图 12-25 单击“背景样式”下拉按钮

步骤 03 弹出列表框，选择“设置背景格式”选项，如图 12-26 所示。

步骤 04 弹出“设置背景格式”窗格，在“填充”选项区中，选中“图片或纹理填充”单选按钮，如图 12-27 所示。

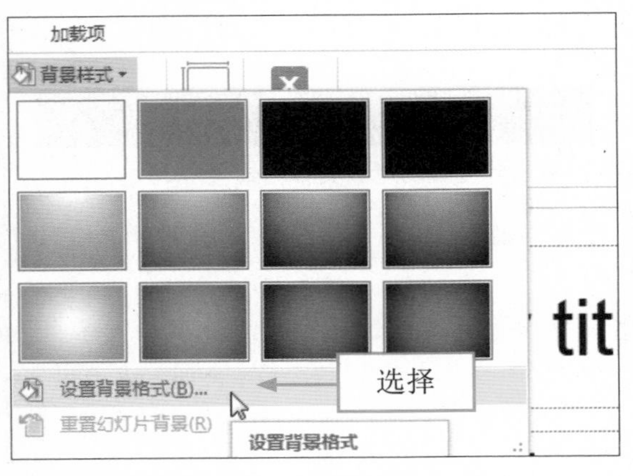

图 12-26 选择“设置形状格式”选项

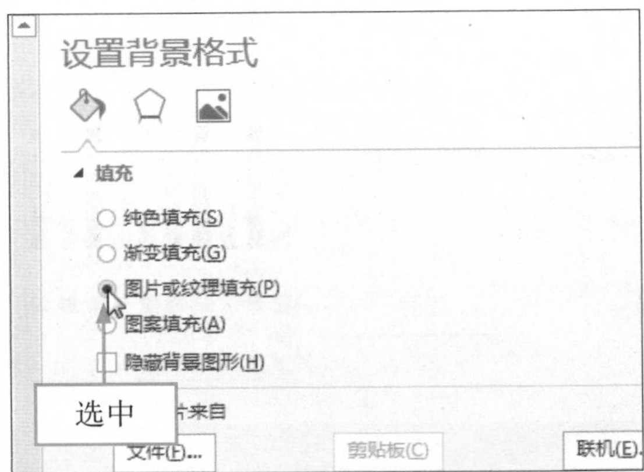

图 12-27 选中“图片或纹理填充”单选按钮

步骤 05 单击“纹理”右侧的下拉按钮，在弹出的列表框中选择“粉色面巾纸”选项，如图 12-28 所示。

步骤 06 关闭“设置形状格式”窗格，即可设置幻灯片母版背景，如图 12-29 所示。

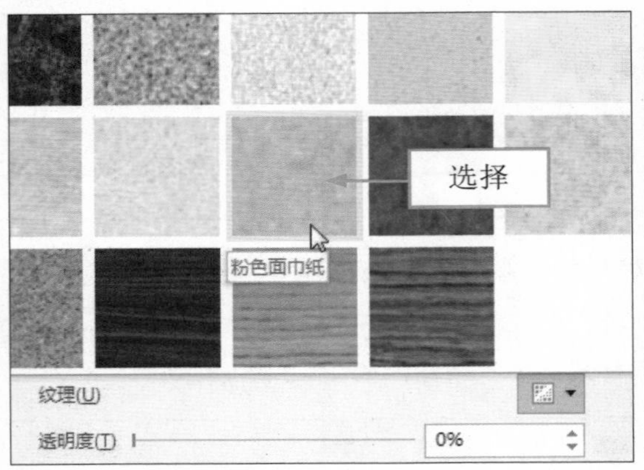

图 12-28 选择“粉色面巾纸”选项

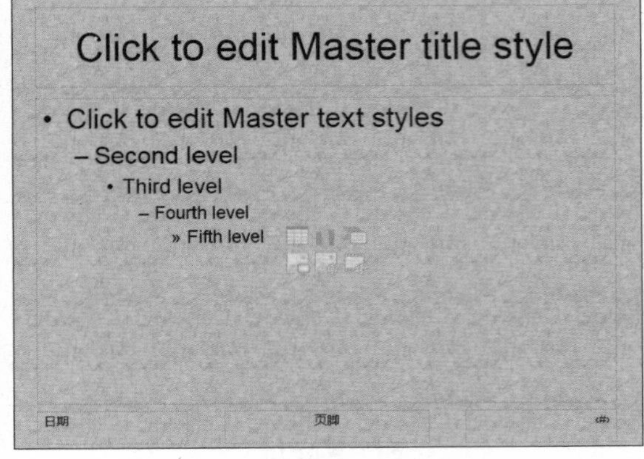

图 12-29 设置幻灯片母版背景

专家指点

在母版中增加背景对象将出现在所有幻灯片背景上，在母版中可删除所有幻灯片上的背景对象。

在弹出的“设置背景格式”窗格，用户可以选择插入自文件中的图片，作为母版背景，但要注意的是在“幻灯片母版”中插入图片的情况下，如果单击“关闭母版视图”按钮，就不能对幻灯片背景进行编辑。

12.1.7 设置页眉和页脚

在幻灯片母版中，可以添加页眉和页脚，页眉是幻灯片文本内容上方的信息，页脚是指在幻灯片文本内容下方的信息，用户可以利用页眉和页脚来为每张幻灯片添加日期、时间、编号和页码等。下面向读者介绍设置页眉和页脚的操作方法。

素材文件	光盘 \ 素材 \ 第 12 章 \ 毕业论文 .pptx
效果文件	光盘 \ 效果 \ 第 12 章 \ 毕业论文 .pptx
视频文件	光盘 \ 视频 \ 第 12 章 \12.1.7 设置页眉和页脚 .mp4

实战 毕业论文

步骤 01 在 PowerPoint 2013 中，打开一个素材文件，如图 12-30 所示。

步骤 02 切换至“视图”面板，单击“母版视图”选项板中的“幻灯片母版”按钮，进入“幻灯片母版”面板，单击“插入”面板中的“页眉和页脚”按钮，如图 12-31 所示。

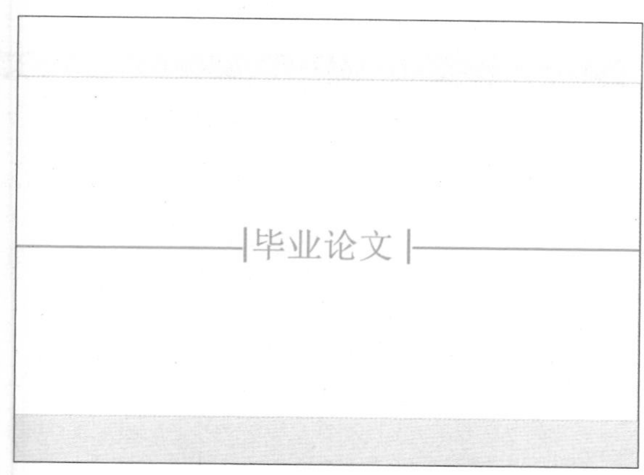

图 12-30 打开一个素材文件

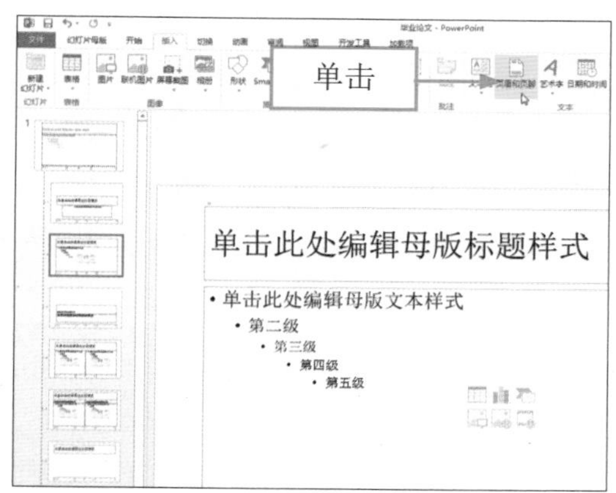

图 12-31 单击“页眉和页脚”按钮

步骤 03 弹出“页眉和页脚”对话框，选中“日期和时间”复选框，选中“自动更新”单选按钮，如图 12-32 所示。

步骤 04 选中“幻灯片编号”和“页脚”复选框，在页脚文本框中输入“毕业论文”，然后选中“标题幻灯片中不显示”复选框，如图 12-33 所示。

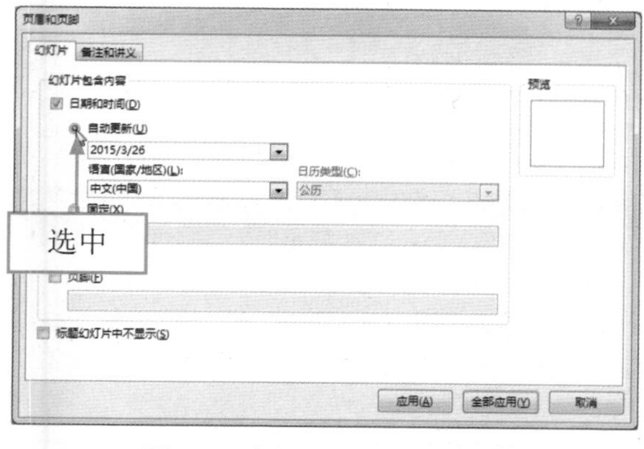

图 12-32 选中“自动更新”单选按钮

图 12-33 选中“标题幻灯片中不显示”复选框

步骤 05 单击“全部应用”按钮，所有的幻灯片中都将添加页眉和页脚，如图 12-34 所示。

步骤 06 选中页脚，在自动浮出的工具栏中，设置“字体”为“黑体”、“字号”为 24 号，如图 12-35 所示。

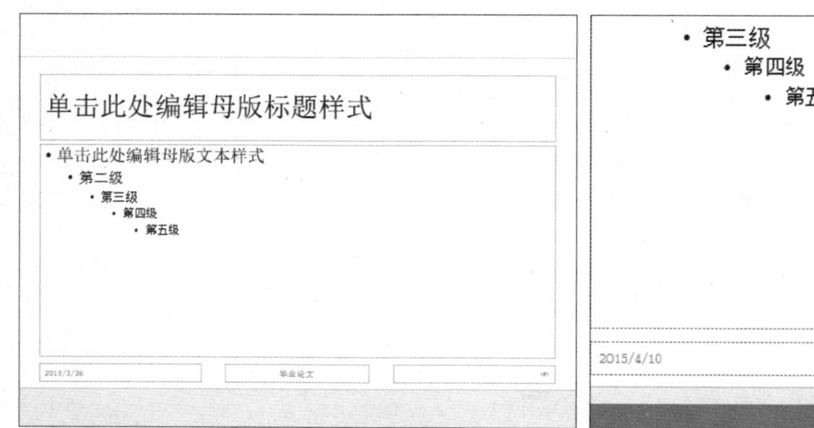

图 12-34 添加页眉和页脚

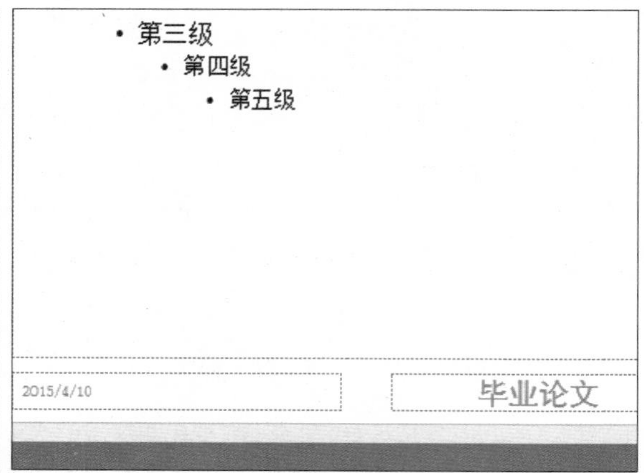

图 12-35 设置字体属性

步骤 07 切换至“幻灯片母版”面板，单击“关闭”选项板中的“关闭母版视图”按钮，将页眉和页脚调整至合适位置，效果如图 12-36 所示。

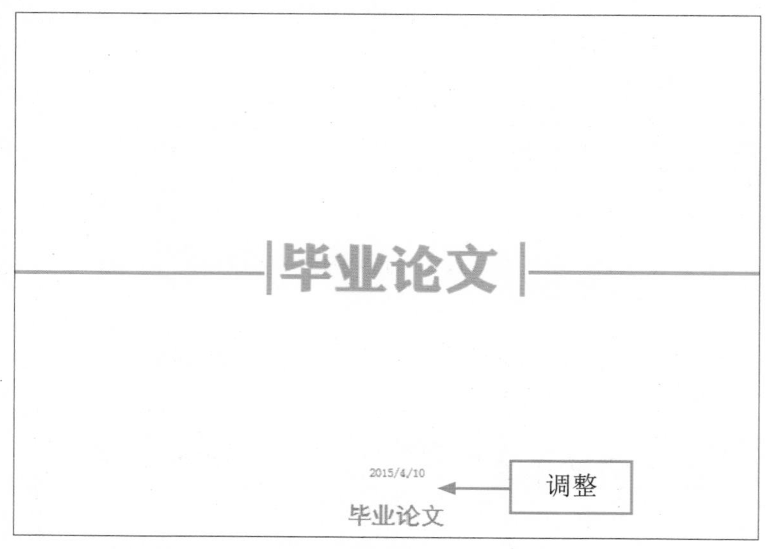

图 12-36 设置页眉和页脚

专家指点

“页眉和页脚”对话框中的“日期和时间”复选框：如果用户想让所加的日期与幻灯片放映的日期一致，则选中“自动更新”单选按钮；如果想显示演示文稿完成日期，则选中“固定”单选按钮，并输入日期。在每一张幻灯片的“页脚”文本框中，用户都可以添加需要显示的文本信息内容。

12.2 应用母版视图

母版是一种特殊的幻灯片，它用于设置演示文稿中每张幻灯片的预设格式，母版控制演示文稿中的所有元素，如字体、字行和背景等。

12.2.1 应用讲义母版

讲义母版用来控制讲义的打印格式，它允许在一张讲义中设置几张幻灯片，并设置页眉、页脚和页码等基本信息。

	素材文件	光盘 \ 素材 \ 第 12 章 \ 苹果图形 .pptx
	效果文件	光盘 \ 效果 \ 第 12 章 \ 苹果图形 .pptx
	视频文件	光盘 \ 视频 \ 第 12 章 \12.2.1 应用讲义母版 .mp4

实战 苹果图形

步骤 01 在 PowerPoint 2013 中，打开一个素材文件，如图 12-37 所示。

步骤 02 切换至“视图”面板，单击“母版视图”选项板中的“讲义母版”按钮，如图 12-38 所示。

图 12-37 打开一个素材文件

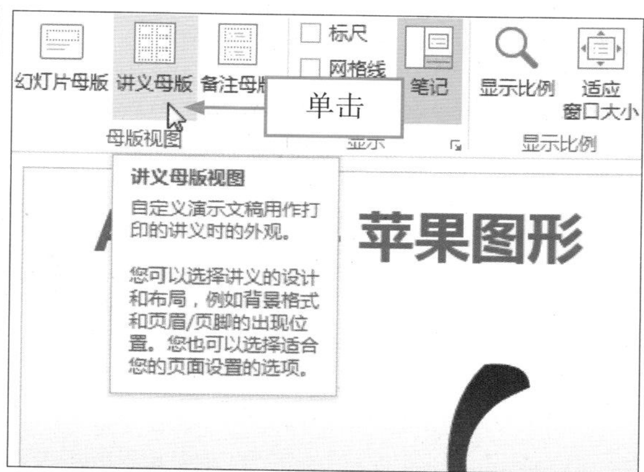

图 12-38 单击“讲义母版”按钮

步骤 03 执行操作后，将展开“讲义母版”面板，如图 12-39 所示。

步骤 04 在“页面设置”选项板中单击“讲义方向”下拉按钮，在弹出的列表框中选择“横向”选项，如图 12-40 所示。

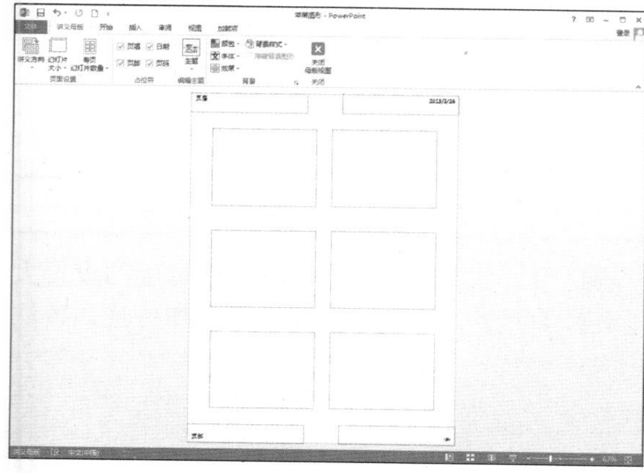

图 12-39 展开“讲义母版”面板

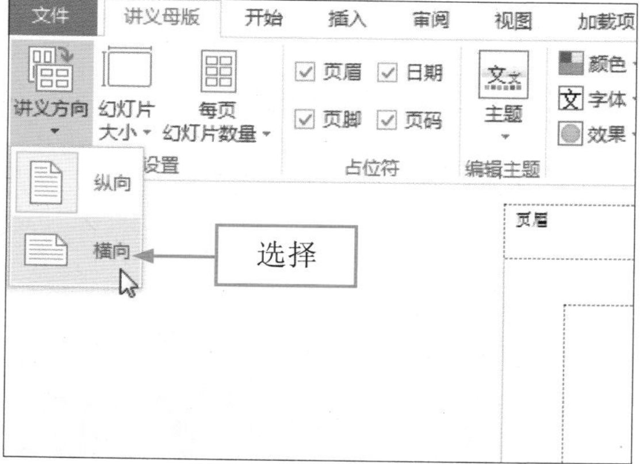

12-40 选择“横向”选项

步骤 05 执行操作后，即可设置讲义方向，如图 12-41 所示。

步骤 06 单击“页面设置”选项板中的“每页幻灯片数量”下拉按钮，在弹出的列表框中选择“4 张幻灯片”选项，如图 12-42 所示。

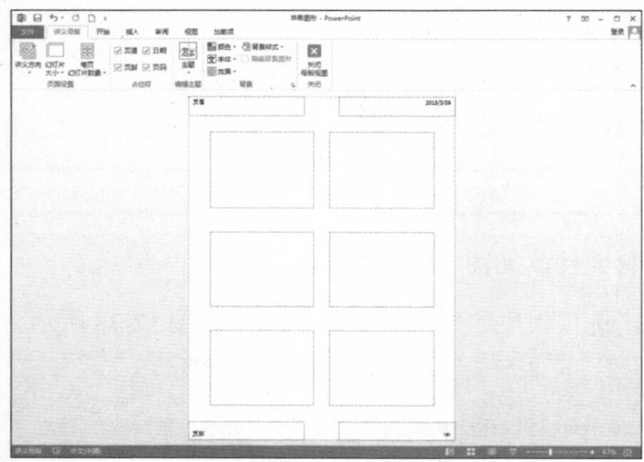

图 12-41 设置讲义方向

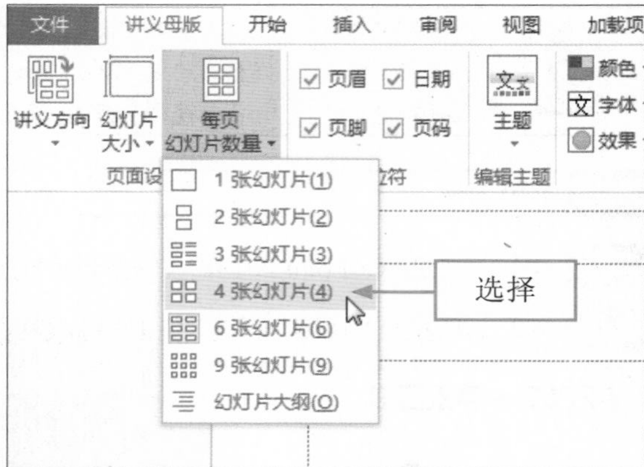

图 12-42 选择“4 张幻灯片”选项

步骤 07 执行操作后，即可设置每页幻灯片数量，如图 12-43 所示。

步骤 08 在“关闭”选项板中，单击“关闭母版视图”按钮，如图 12-44 所示，即可退出“讲义母版”视图。

图 12-43 设置每页幻灯片数量

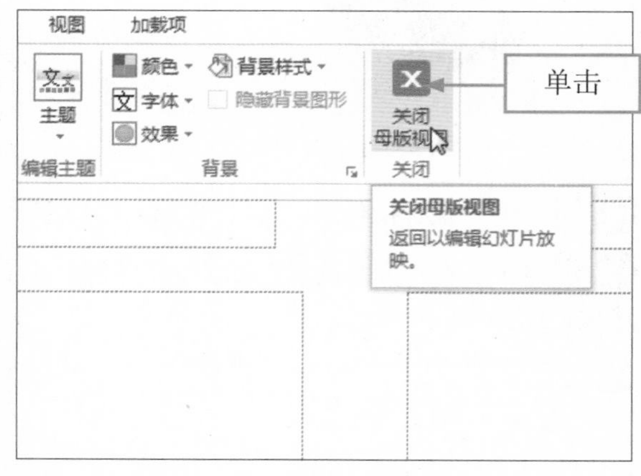

图 12-44 单击“关闭母版视图”按钮

12.2.2 应用备注母版

备注母版主要用来设置幻灯片的备注格式，一般是用于打印输出的，所以备注母版的设置大多也和打印页面相关。PowerPoint 为每张幻灯片都设置了一个备注页，供演讲人添加备注，备注母版用于控制报告人注释的显示内容和格式，使多数注释有统一的外观。

	素材文件	光盘 \ 素材 \ 第 12 章 \ 策划分析 .pptx
	效果文件	光盘 \ 效果 \ 第 12 章 \ 策划分析 .pptx
	视频文件	光盘 \ 视频 \ 第 12 章 \12.2.2 应用备注母版 .mp4

实战 策划分析

步骤 01 在 PowerPoint 2013 中，打开一个素材文件，如图 12-45 所示。

步骤 02 切换至“视图”面板，单击“母版视图”选项板中的“备注母版”按钮，如图 12-46 所示。

图 12-45 打开一个素材文件

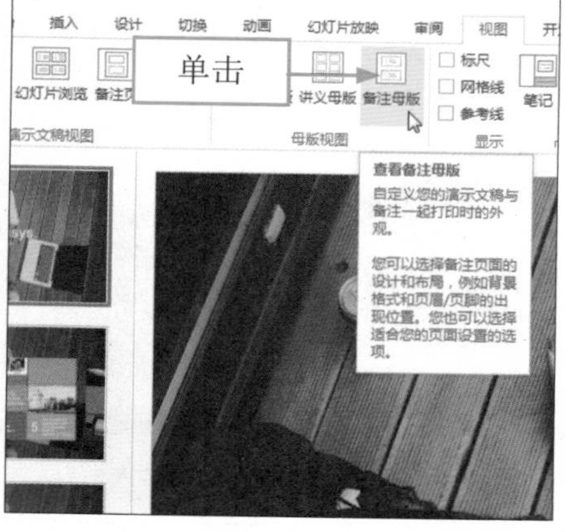

图 12-46 单击“备注母版”按钮

步骤 03 执行操作后，将展开“备注母版”面板，如图 12-47 所示。

步骤 04 在“页面设置”选项板中，单击“幻灯片大小”下拉按钮，在弹出的列表框中选择“宽屏（16∶9）”选项，如图 12-48 所示。

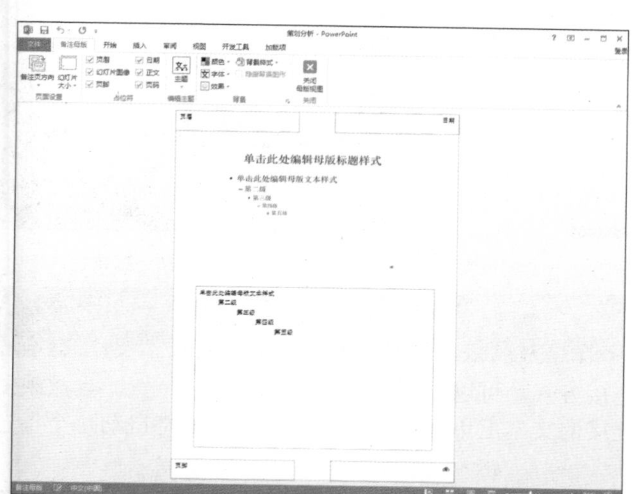

图 12-47 展开“备注母版”面板

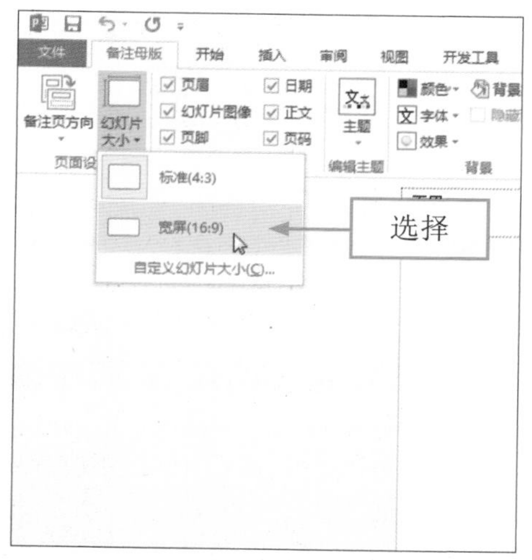

图 12-48 选择“宽屏（16∶9）”选项

步骤 05 执行操作后，即可设置幻灯片的大小，如图 12-49 所示。

步骤 06 单击“背景”选项板中的“背景样式”下拉按钮，在弹出的列表框中，选择“样式 2”选项，如图 12-50 所示。

步骤 07 执行操作后，即可设置备注母版背景，如图 12-51 所示。

步骤 08 在“关闭”选项板中，单击“关闭母版视图”按钮，如图 12-52 所示，即可退出“备注母版”视图。

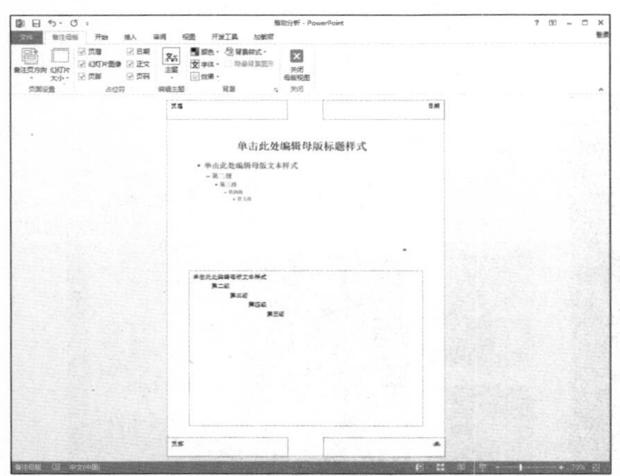

图 12-49 设置幻灯片大小

图 12-50 选择“样式 2”选项

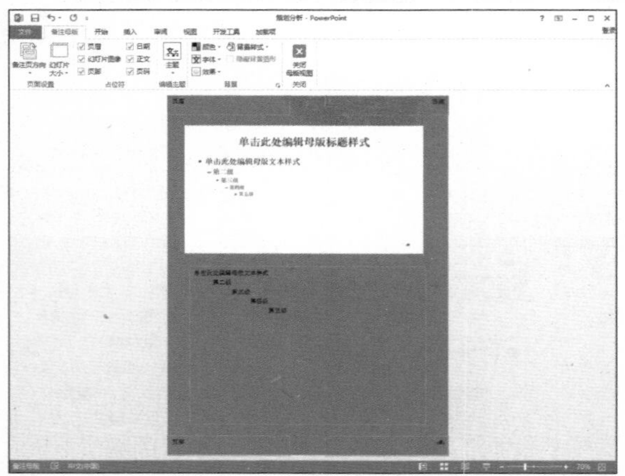

图 12-51 设置备注母版背景

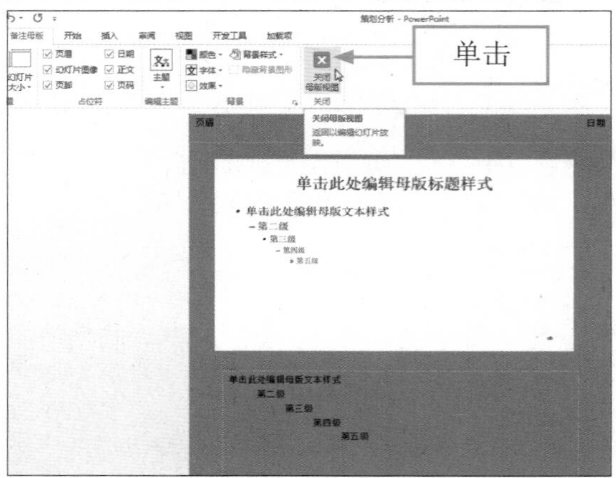

图 12-52 单击“关闭母版视图”按钮

12.3 创建超链接

超链接是指向特定位置或文件的一种链接方式，可以利用它指定程序的跳转位置。当放映幻灯片时，就可以在添加了动作按钮或者超链接的文本上单击该动作按钮，程序就将自动跳至指定的幻灯片页面。

12.3.1 插入超链接

在 PowerPoint 2013 中放映演示文稿时，为了方便切换到目标幻灯片中，可以在演示文稿中插入超链接。下面向读者介绍插入超链接的操作方法。

	素材文件	光盘 \ 素材 \ 第 12 章 \ 图表与图形的合成 .pptx
	效果文件	光盘 \ 效果 \ 第 12 章 \ 图表与图形的合成 .pptx
	视频文件	光盘 \ 视频 \ 第 12 章 \12.3.1 插入超链接 .mp4

实战 图表与图形的合成

步骤 01 在 PowerPoint 2013 中，打开一个素材文件，如图 12-53 所示。

步骤 02 在编辑区中选择“图表的构成”文本，如图 12-54 所示。

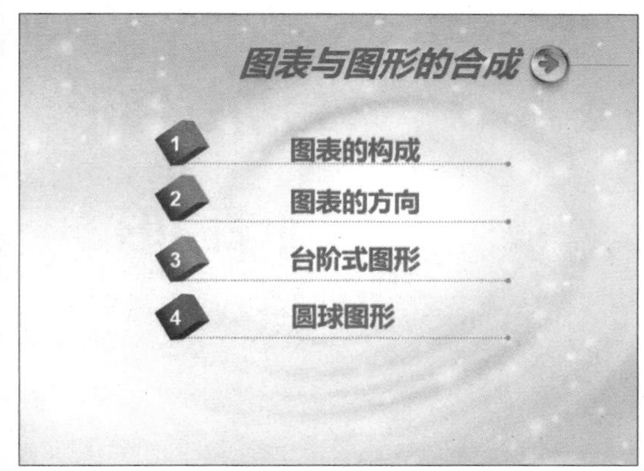

图 12-53 打开一个素材文件

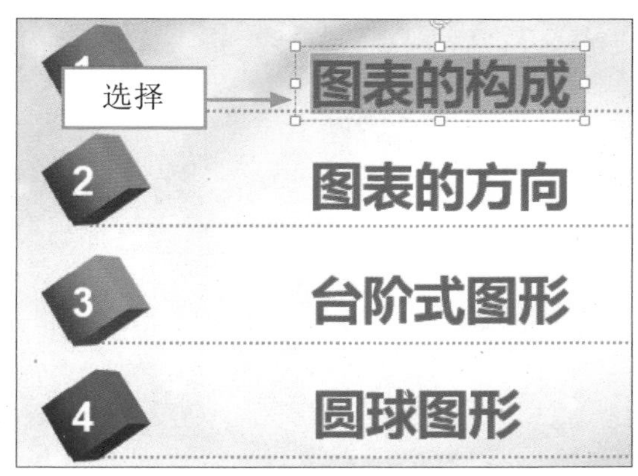

图 12-54 选择“图表的构成”文本

步骤 03 切换至“插入”面板，在“链接”选项板中，单击“超链接”按钮，如图 12-55 所示。

步骤 04 弹出“插入超链接”对话框，在“链接到”列表框中，单击“本文档中的位置”按钮，效果如图 12-56 所示。

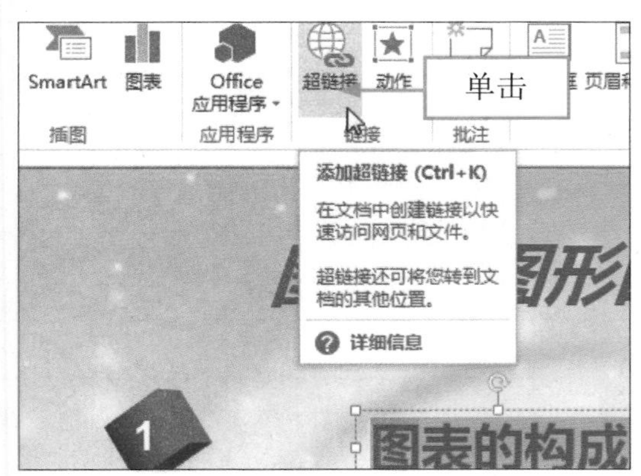

图 12-55 单击“超链接”按钮

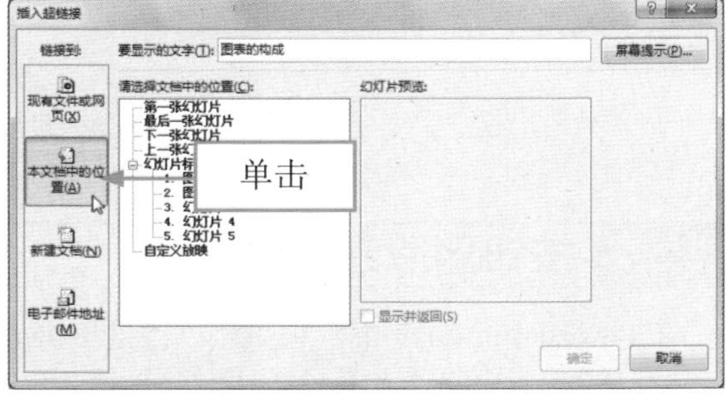

图 12-56 单击“本文档中的位置”按钮

步骤 05 然后在“请选择文档中的位置”选项区中的“幻灯片标题”下方，选择“图表的构成”选项，如图 12-57 所示。

步骤 06 单击“确定”按钮，即可在幻灯片中插入超链接，效果如图 12-58 所示。

步骤 07 用与上同样的方法，为幻灯片中的其他内容添加超链接，效果如图 12-59 所示。

专家指点

除了运用以上方法弹出“插入超链接”对话框以外，用户还可以在选中的文本上单击鼠标右键，在弹出的快捷菜单中，选择“超链接”选项，即可弹出“插入超链接”对话框。

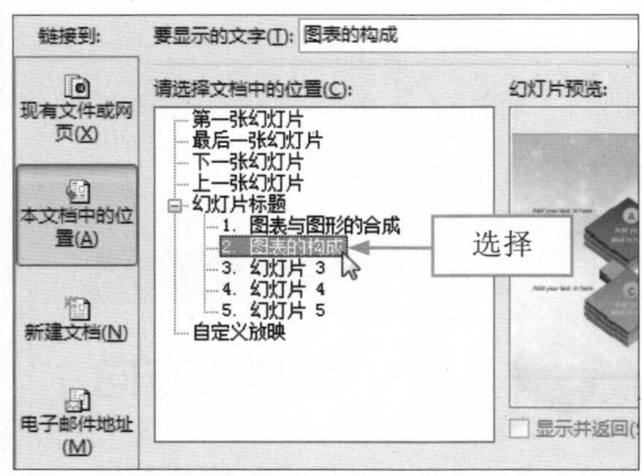

图 12-57 选择“图表的构成”选项

图 12-58 在幻灯片中插入超链接

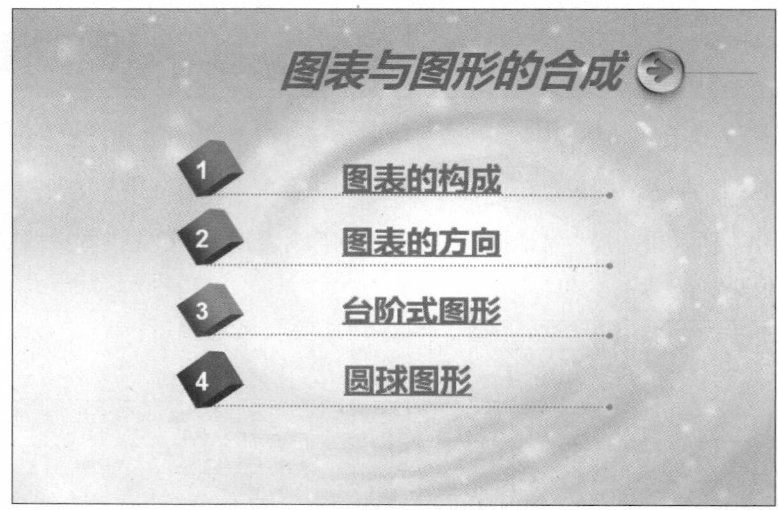

图 12-59 添加超链接

12.3.2 按钮删除超链接

在 PowerPoint 2013 中，用户可以通过单击“链接”选项板中的“超链接”按钮，达到删除超链接的目的。下面向读者介绍按钮删除超链接的操作方法。

素材文件	光盘 \ 素材 \ 第 12 章 \ 黑白 .pptx
效果文件	光盘 \ 效果 \ 第 12 章 \ 黑白 .pptx
视频文件	光盘 \ 视频 \ 第 12 章 \12.3.2 按钮删除超链接 .mp4

实战 黑白

步骤 01 在 PowerPoint 2013 中，打开一个素材文件，如图 12-60 所示。

步骤 02 在编辑区中，选择“壹”文本，如图 12-61 所示。

步骤 03 切换至“插入”面板，在“链接”选项板中，单击“超链接”按钮，弹出“编辑超链接”对话框，如图 12-62 所示。

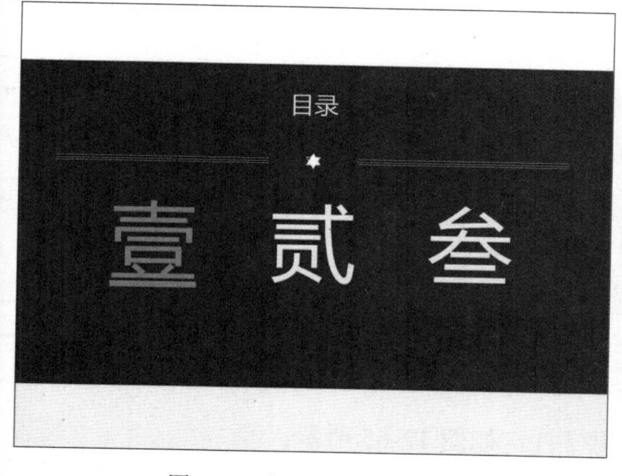

图 12-60 打开一个素材文件

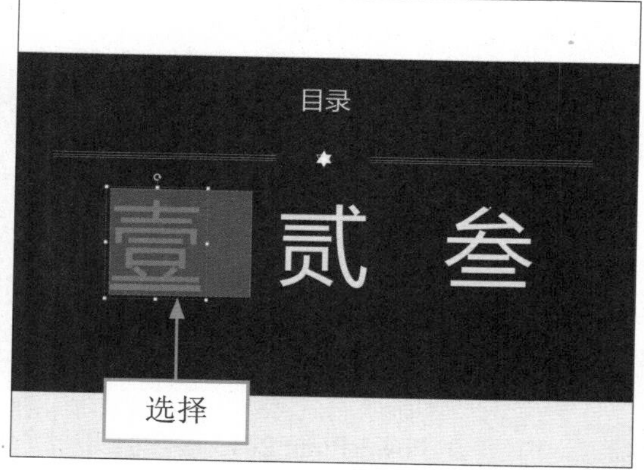

图 12-61 选择“壹”文本

步骤 04 执行操作后，在该对话框中，单击“删除链接”按钮，如图 12-63 所示。

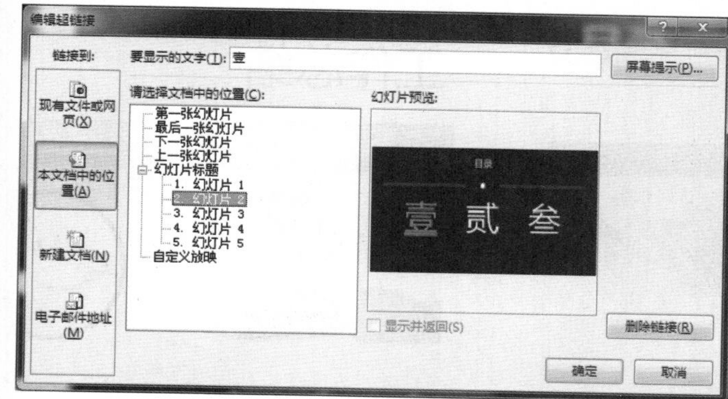

图 12-62 弹出“编辑超链接”对话框

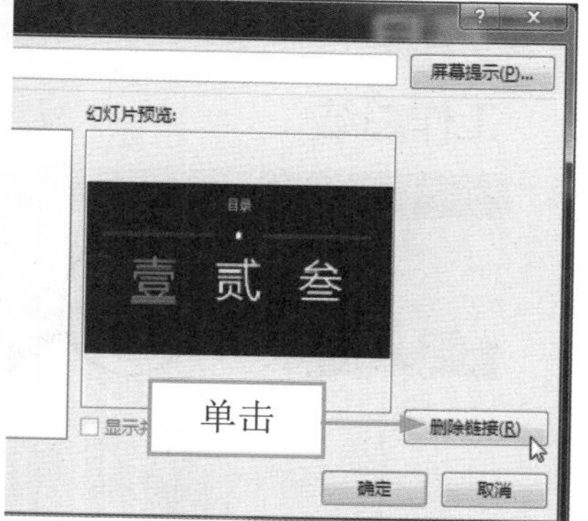

图 12-63 单击“删除超链接”按钮

步骤 05 单击“删除链接”按钮后，即可删除超链接，如图 12-64 所示。

图 12-64 删除超链接

12.3.3 选项取消超链接

在 PowerPoint 2013 中，除了运用按钮删除超链接以外，用户还可以通过选择“取消超链接”选项，删除超链接。下面向读者介绍运用选项取消超链接的操作方法。

	素材文件	光盘 \ 素材 \ 第 12 章 \ 工作总结 .pptx
	效果文件	光盘 \ 效果 \ 第 12 章 \ 工作总结 .pptx
	视频文件	光盘 \ 视频 \ 第 12 章 \12.3.3 选项取消超链接 .mp4

实战 工作总结

步骤 01 在 PowerPoint 2013 中，打开一个素材文件，如图 12-65 所示。

步骤 02 在编辑区中，选择“2015 年工作内容”文本，如图 12-66 所示。

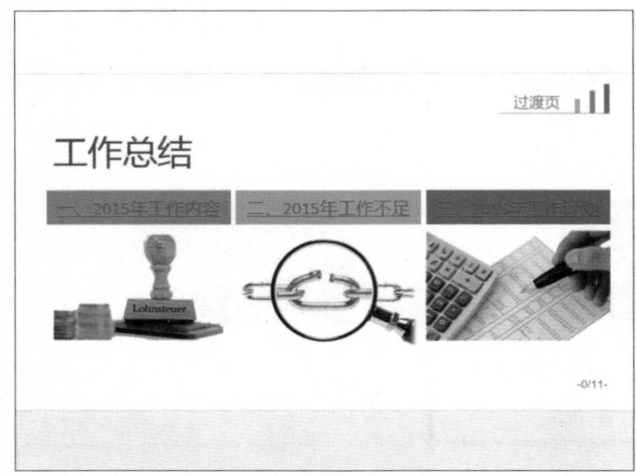

图 12-65 打开一个素材文件

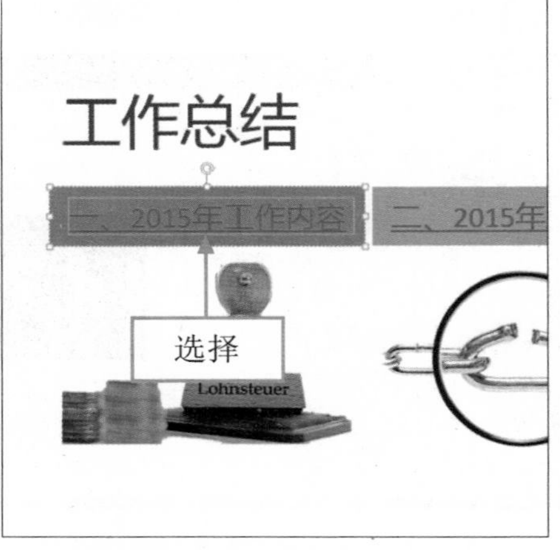

图 12-66 选择“2012 年工作内容”文本

步骤 03 单击鼠标右键，在弹出的快捷菜单中选择“取消超链接”选项，如图 12-67 所示。

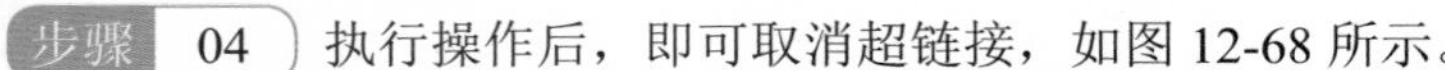

步骤 04 执行操作后，即可取消超链接，如图 12-68 所示。

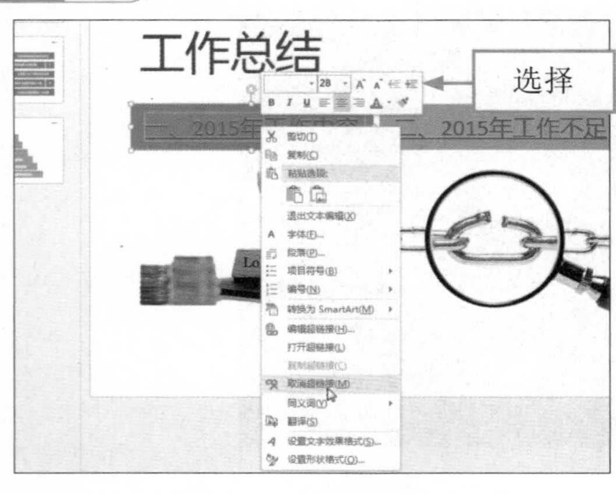

图 12-67 选择“取消超链接”选项

图 12-68 取消超链接

步骤 05 用与上同样的方法，取消其他超链接，如图 12-69 所示。

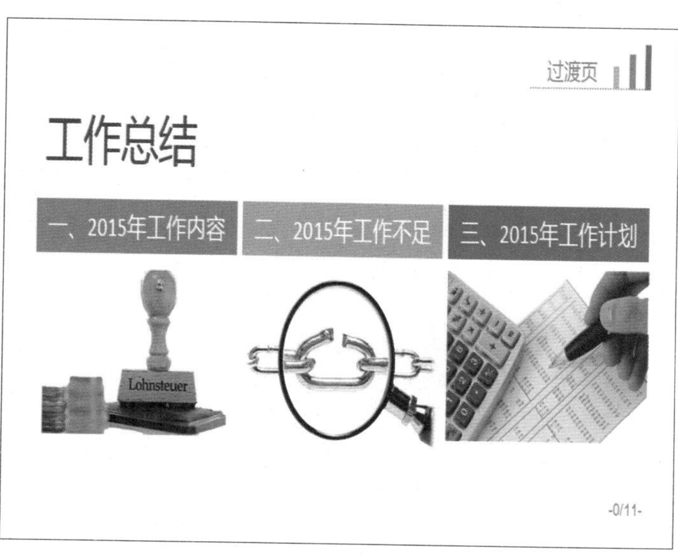

图 12-69 取消其他超链接

12.3.4 添加动作按钮

动作按钮是一种带有特定动作的图形按钮，应用这些按钮，可以快速实现在放映幻灯片时跳转的目的。下面向读者介绍添加动作按钮的操作方法。

	素材文件	光盘 \ 素材 \ 第 12 章 \ 市场定位分析 .pptx
	效果文件	光盘 \ 效果 \ 第 12 章 \ 市场定位分析 .pptx
	视频文件	光盘 \ 视频 \ 第 12 章 \12.3.4 添加动作按钮 .mp4

实战 市场定位分析

步骤 01 在 PowerPoint 2013 中，打开一个素材文件，如图 12-70 所示。

步骤 02 切换至“插入”面板，在“插图”选项板中，单击“形状”下拉按钮，如图 12-71 所示。

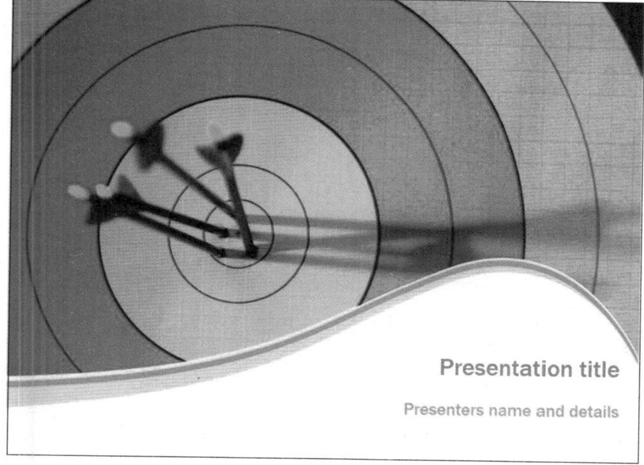

图 12-70 打开一个素材文件

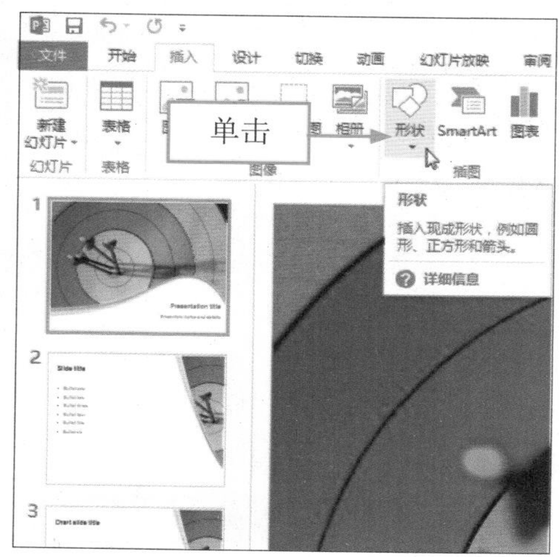

图 12-71 单击“形状”下拉按钮

步骤 03 弹出列表框，在“动作按钮”选项区中，单击“前进或下一项”按钮，如图 12-72 所示。

步骤 04 鼠标指针呈十字形，在幻灯片的右下角绘制图形，释放鼠标左键，弹出“操作设置”对话框，如图 12-73 所示。

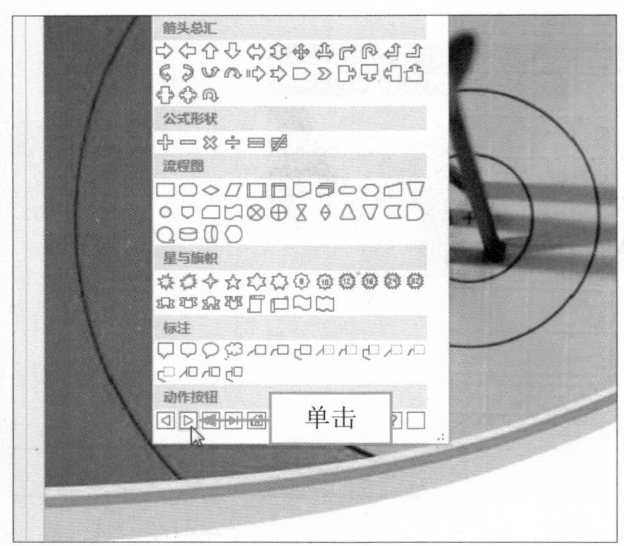

图 12-72 单击“前进或下一项”按钮

图 12-73 弹出“操作设置”对话框

步骤 05 各选项为默认设置，单击“确定”按钮，插入形状，并调整形状的大小和位置，如图 12-74 所示。

步骤 06 选中添加的动作按钮，切换至“绘图工具”中的“格式”面板，如图 12-75 所示。

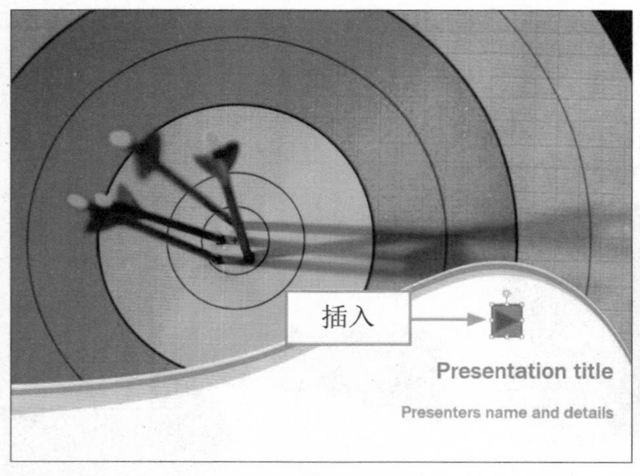

图 12-74 插入形状

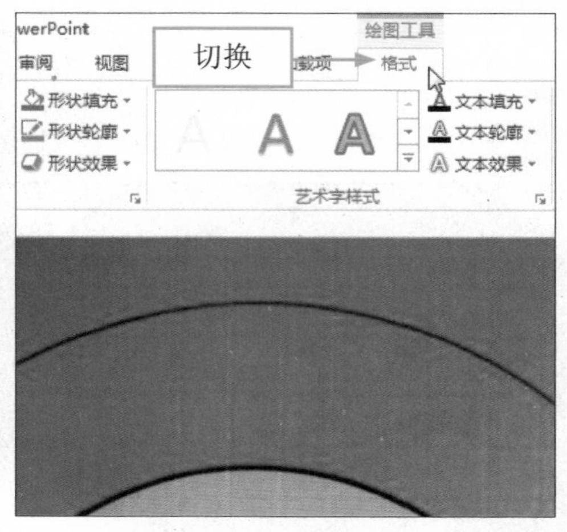

图 12-75 切换至“格式”面板

步骤 07 在“形状样式”选项板中，单击“其他”下拉按钮，在弹出的列表框中，选择“中等效果 - 蓝色，强调颜色 6”选项，如图 12-76 所示。

步骤 08 执行操作后，即可添加动作按钮，如图 12-77 所示。

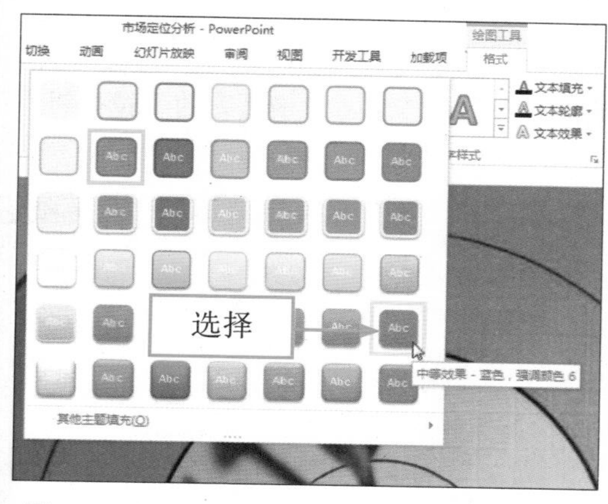

图 12-76 选择“中等效果 - 蓝色，强调颜色 6”选项

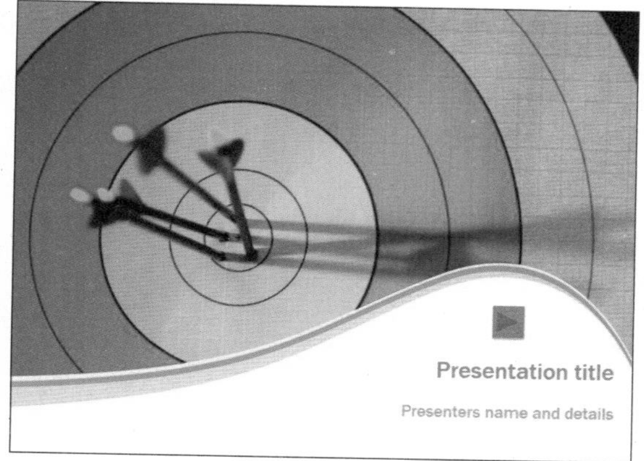

图 12-77 添加动作按钮

专家指点

动作与超链接的区别：超链接是将幻灯片中的某一部分与另一部分链接起来，它可以与本文档中的幻灯片链接，也可以链接到其他文件；插入动作只能与指定的幻灯片进行链接，它突出的是完成某一个动作。

12.3.5 “动作”按钮添加动作

在 PowerPoint 2013 中，除了运用形状添加动作按钮以外，还可以选中对象，再插入“动作”按钮。下面向读者介绍运用“动作”按钮添加动作的操作方法。

素材文件	光盘 \ 素材 \ 第 12 章 \ 多种关系图形 .pptx
效果文件	无
视频文件	光盘 \ 视频 \ 第 12 章 \12.3.5 “动作”按钮添加动作 .mp4

实战 多种关系图形

步骤 01 在 PowerPoint 2013 中，打开一个素材文件，如图 12-78 所示。

步骤 02 在编辑区中，选择需要添加动作的文本，如图 12-79 所示。

图 12-78 打开一个素材文件

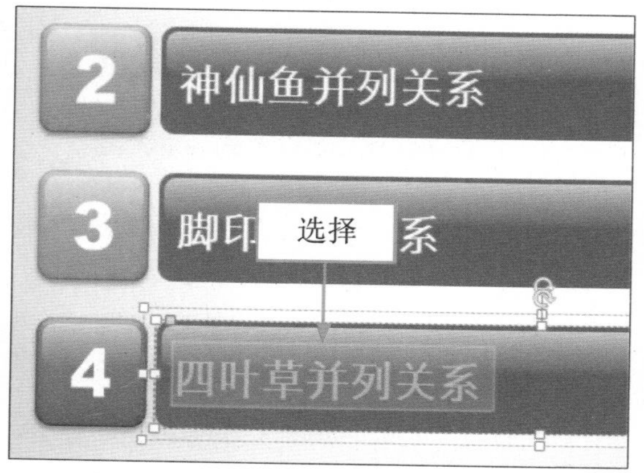

图 12-79 选择需要添加动作的文本

步骤 03 切换至“插入”面板，在“链接”选项板中单击“动作”按钮，如图 12-80 所示。

步骤 04 弹出“动作设置”对话框，选中“超链接到”单选按钮，单击下方的下拉按钮，在弹出的下拉列表框中，选择“最后一张幻灯片”选项，如图 12-81 所示。

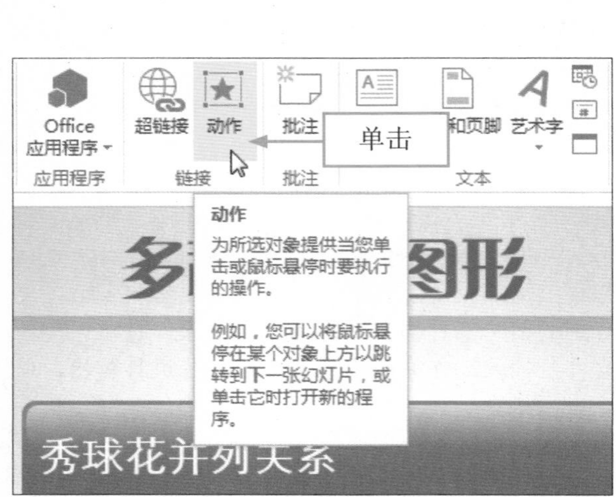

图 12-80 单击“动作”按钮

图 12-81 选择“最后一张幻灯片”选项

步骤 05 单击“确定”按钮，即可为选中的文本添加动作链接，如图 12-82 所示。

步骤 06 在放映演示文稿时，只需要单击幻灯片中的动作对象，即可跳转到最后一张幻灯片，如图 12-83 所示。

图 12-82 添加动作链接

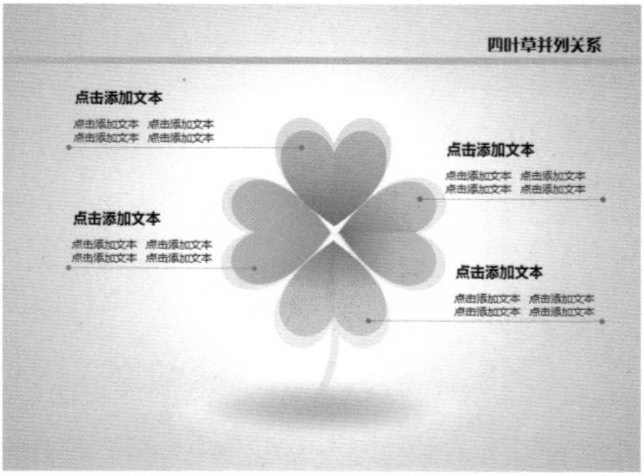

图 12-83 跳转到最后一张幻灯片

12.4 链接到其他对象

在幻灯片中，除了链接文本和图形以外，还可以设置链接到其他的对象，例如网页、电子邮件、其他的演示文稿等。

12.4.1 链接到演示文稿

在 PowerPoint 2013 中，用户可以在选择的对象上，添加超链接到文件或其他演示文稿中。下面向读者介绍链接到演示文稿的操作方法。

素材文件	光盘 \ 素材 \ 第 12 章 \ 商界 .pptx、商务着装 .pptx
效果文件	光盘 \ 效果 \ 第 12 章 \ 商界 .pptx
视频文件	光盘 \ 视频 \ 第 12 章 \12.4.1 链接到演示文稿 .mp4

实战 商界

步骤 01 在 PowerPoint 2013 中，打开一个素材文件，如图 12-84 所示。

步骤 02 在编辑区中，选择需要进行超链接的对象文本，如图 12-85 所示。

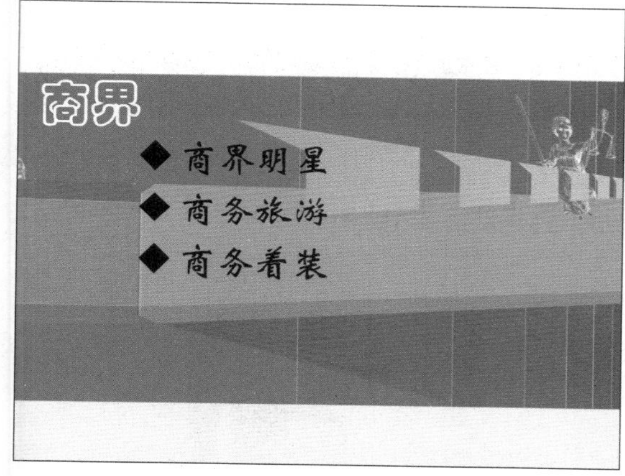

图 12-84 打开一个素材文件

图 12-85 选择需要进行超链接的对象文本

步骤 03 切换至“插入”面板，在“链接”选项板中单击“超链接”按钮，弹出“插入超链接”对话框，如图 12-86 所示。

步骤 04 在“链接到”选项区中，单击“现有文件或网页”按钮，在“查找范围”下拉列表框中，选择需要链接演示文稿的位置，选择相应的演示文稿，如图 12-87 所示。

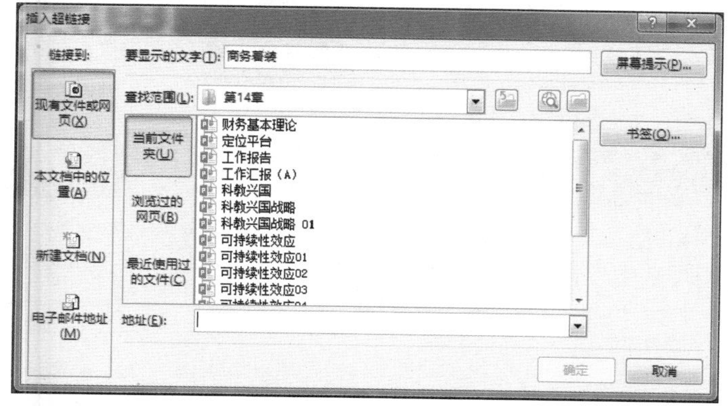

图 12-86 弹出“插入超链接”对话框

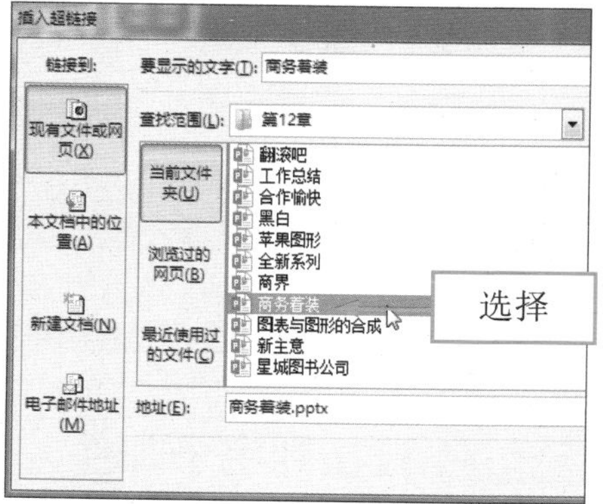

图 12-87 选择相应的演示文稿

步骤 05 单击“确定”按钮，即可插入超链接，如图 12-88 所示。

步骤 06 切换至“幻灯片放映”面板，在“开始放映幻灯片”选项板中，单击“从头开始”按钮，将鼠标移至“商务着装”文本对象时，鼠标呈形状，如图 12-89 所示。

图 12-88 插入超链接

图 12-89 定位鼠标位置

步骤 07 在文本上单击鼠标左键，即可链接到相应演示文稿，如图 12-90 所示。

图 12-90 链接到相应演示文稿

专家指点

只有在幻灯片中的对象才能添加超链接，讲义和备注等内容不能添加超链接。添加或修改超链接的操作只有在普通视图中的幻灯片中才能进行编辑。

12.4.2 链接到电子邮件

用户可以在幻灯片中加入电子邮件的链接，在放映幻灯片时，可以直接发送到对方的邮箱中。

在打开的演示文稿中，选中需要设置超链接的对象，切换至“插入”面板，在“链接”选项板中单击“超链接”按钮，弹出“编辑超链接”对话框，在“插入超链接”对话框中，选择“电子邮件地址”选项，在“电子邮件地址”文本框中输入邮件地址，然后在“主题”文本框中输入演示文稿的主题，如图 12-91 所示，单击“确定”按钮即可。

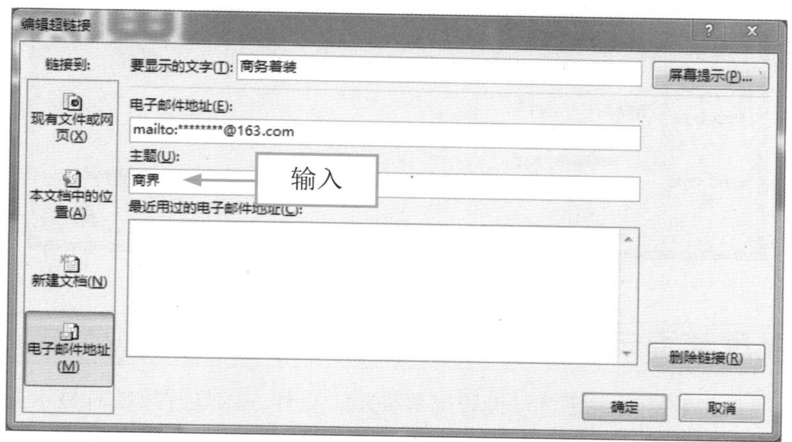

图 12-91 输入演示文稿的主题

12.4.3 链接到网页

用户可以在幻灯片中加入指向 Internet 的链接，在放映幻灯片时可直接打开网页。

在打开的演示文稿中，选中需要超链接的对象，切换至“插入”面板，单击“超链接”按钮，弹出“编辑超链接”对话框，选择“现有文件或网页”链接类型，如图 12-92 所示。在“地址”文本框中输入网页地址，单击“确定”按钮即可。

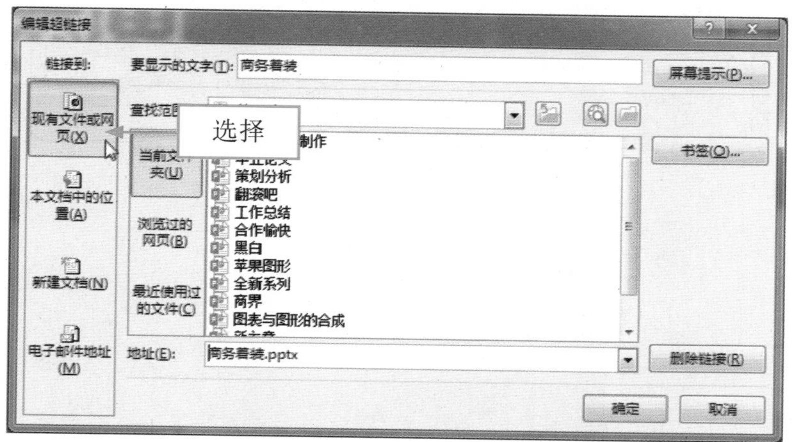

图 12-92 选择“现有文件或网页”链接类型

12.4.4 链接到新建文档

用户可以添加超链接到新建的文档，在调出的“插入超链接”对话框中，选择“新建文档”选项，如图 12-93 所示，在“新建文档名称”文本框中输入名称，单击“更改”按钮，即可更改文件路径，单击“确定”按钮，即可链接到新建文档。

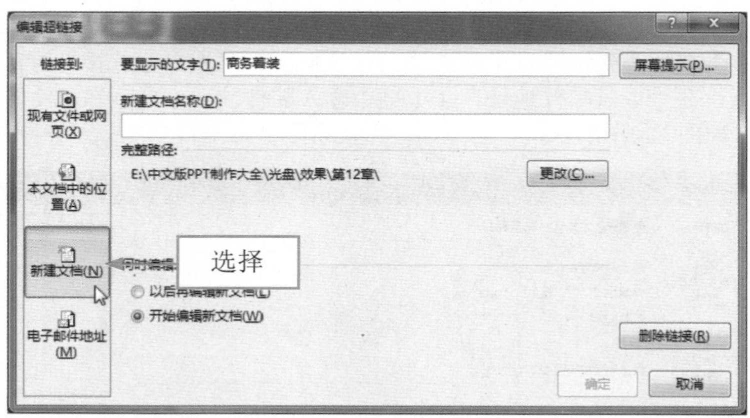

图 12-93 选择“新建文档”选项

12.4.5 设置屏幕提示

在幻灯片中插入超链接后，还可以设置屏幕提示，以便在幻灯片放映时显示提供。

选中需要超链接的对象，切换至“插入”面板，单击“超链接”按钮，弹出“插入超链接”对话框，单击“屏幕提示”按钮，弹出“设置超链接屏幕提示”对话框，在文本框中输入文字，如图 12-94 所示。单击“确定”按钮，返回到“插入超链接”对话框，选择插入超链接对象，即可插入屏幕提示文字。

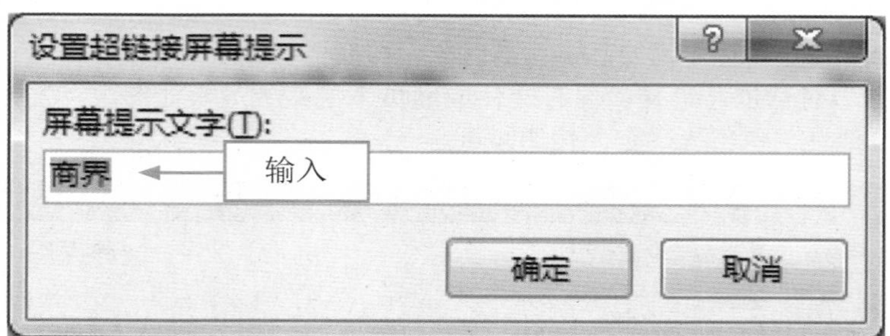

图 12-94 输入文字

幻灯片的动画设计与放映

学习提示

在幻灯片中添加动画和切换效果可以增加演示文稿的趣味性和观赏性，同时也能带动演讲气氛。PowerPoint 2013 中提供了多种放映和控制幻灯片的方法，用户可以选择最为理想的放映速度与放映方式，使幻灯片在放映时结构清晰、流畅。本章主要向读者介绍添加动画、编辑动画效果、制作切换效果、切换效果选项设置以及幻灯片放映设置等内容。

本章案例导航

- 实战——快乐工作
- 实战——书法
- 实战——拯救地球
- 实战——绯红印象
- 实战——名言名句
- 实战——情绪智慧
- 实战——立体图形
- 实战——室内设计

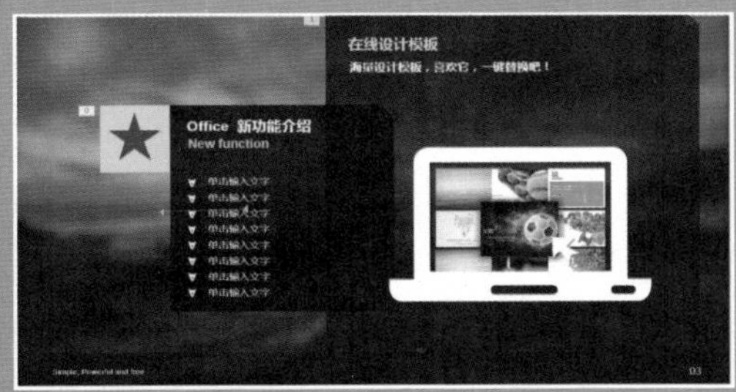

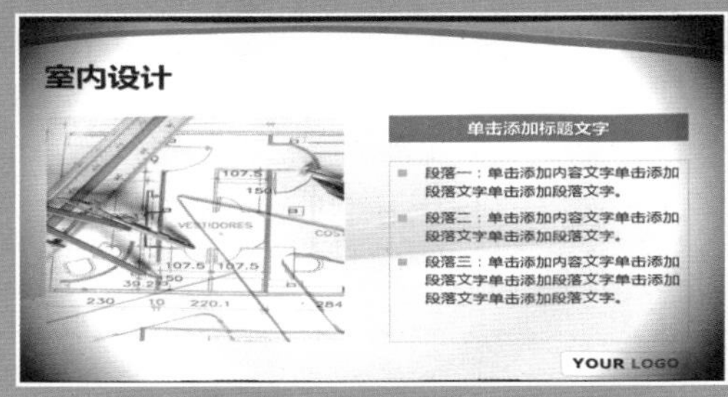

13.1 添加动画

PowerPoint 中动画效果繁多，用户可以运用提供的动画效果，将幻灯片中的标题、文本、图表或图片等对象设置以动态的方式进行播放。

13.1.1 添加飞入动画效果

动画是演示文稿的精华，在 PowerPoint 2013 中，“飞入”动画是最为常用的“进入”动画效果中的一种方式。下面介绍添加飞入动画效果的操作方法。

素材文件	光盘 \ 素材 \ 第 13 章 \ 快乐工作 .pptx
效果文件	光盘 \ 效果 \ 第 13 章 \ 快乐工作 .pptx
视频文件	光盘 \ 视频 \ 第 13 章 \13.1.1 添加飞入动画效果 .mp4

实战 快乐工作

步骤 01 在 PowerPoint 2013 中，打开一个素材文件，如图 13-1 所示。

步骤 02 在编辑窗口中，选择需要设置动画的对象，如图 13-2 所示。

图 13-1 打开一个素材文件

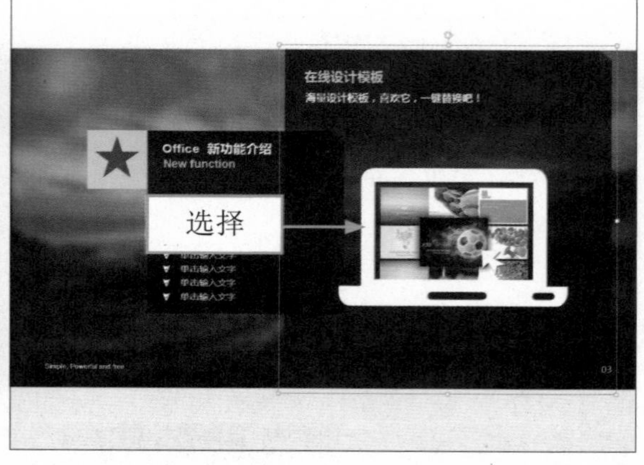

图 13-2 选择相应对象

步骤 03 切换至“动画”面板，在“动画”选项板中，单击“其他”下拉按钮，如图 13-3 所示。

步骤 04 弹出列表框，在“进入”选项区中，选择“飞入”动画效果，如图 13-4 所示。

步骤 05 执行操作后，即可为幻灯片中的对象添加飞入动画效果，如图 13-5 所示。

专家指点

用户如果对“动画”列表框中的“进入”动画效果不满意，还可以选择“更多进入效果”，在弹出的“更改进入效果”对话框中，选择合适的进入动画效果。

除了运用以上方法可以预览动画效果以外，用户还可以切换至“幻灯片放映”面板，在“开始放映幻灯片”选项板中，单击“从头开始”按钮，也可预览动画效果。

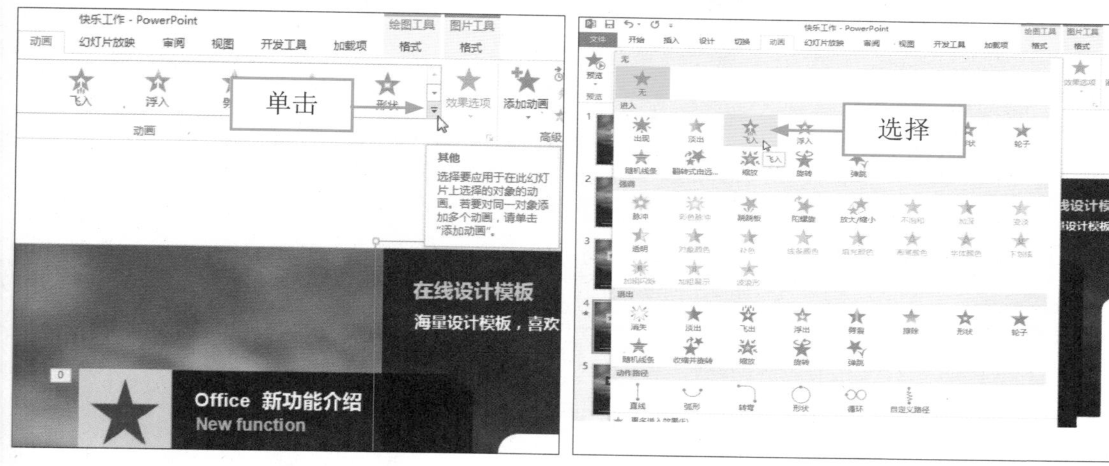

图 13-3 单击“其他”下拉按钮

图 13-4 选择“飞入”动画效果

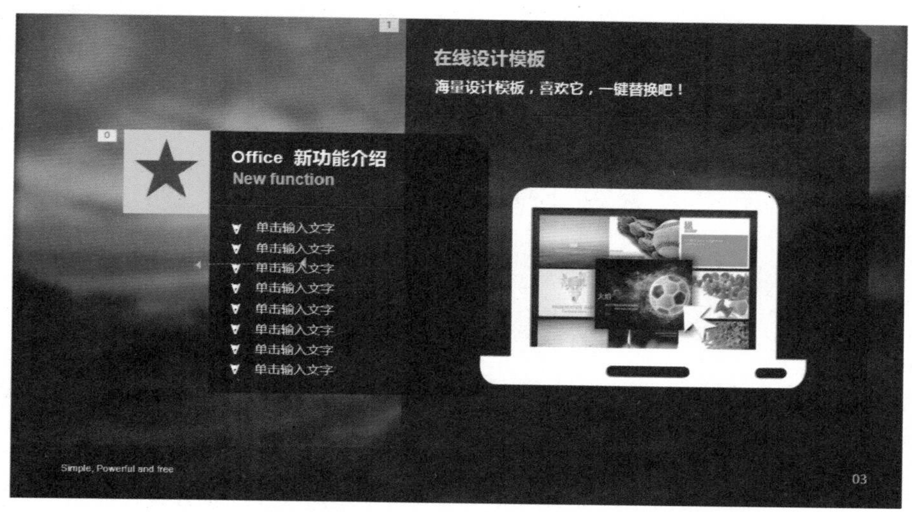

图 13-5 添加飞入动画效果

13.1.2 添加上浮动画效果

为幻灯片中的对象添加“进入”动画效果中的“上浮”动画后，该对象在进行放映时，将会以浮动的形式逐渐显示出来。

	素材文件	光盘 \ 素材 \ 第 13 章 \ 名言名句 .pptx
	效果文件	光盘 \ 效果 \ 第 13 章 \ 名言名句 .pptx
	视频文件	光盘 \ 视频 \ 第 13 章 \13.1.2 添加上浮动画效果 .mp4

实战 名言名句

步骤 01 在 PowerPoint 2013 中，打开一个素材文件，如图 13-6 所示。

步骤 02 在编辑区中，选择需要添加上浮动画的对象，如图 13-7 所示。

步骤 03 切换至“动画”面板，单击“动画”选项板的“其他”下拉按钮，如图 13-8 所示。

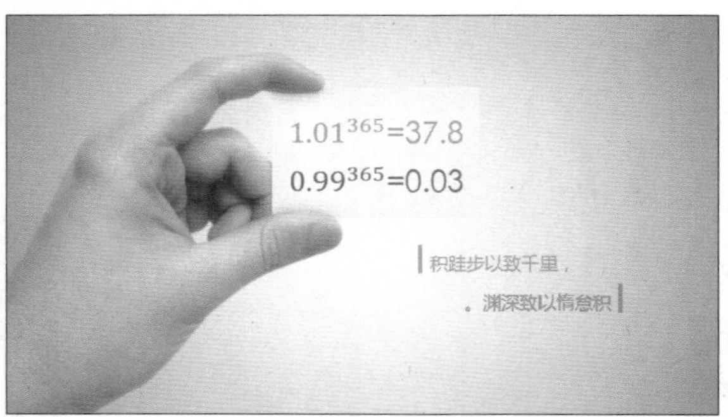

图 13-6 打开一个素材文件

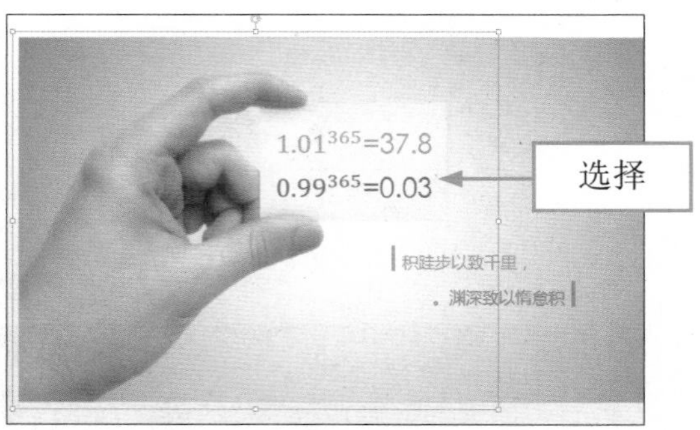

图 13-7 选择需要添加上浮动画的对象

步骤 04 弹出列表框，选择“更多进入效果”选项，如图 13-9 所示。

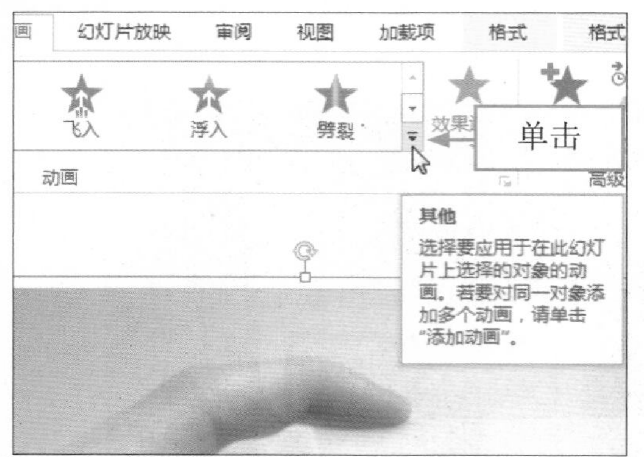

图 13-8 单击“其他”下拉按钮

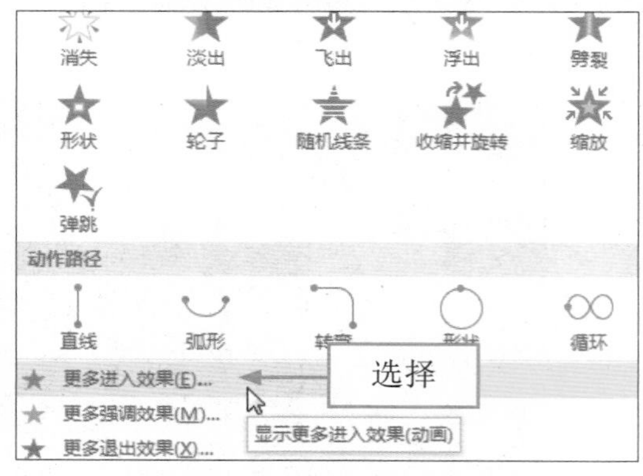

图 13-9 选择“更多进入效果”选项

步骤 05 弹出“更改进入效果”对话框，在“温和型”选项区中，选择“上浮”选项，如图 13-10 所示。

步骤 06 单击“确定”按钮，即可为幻灯片中的对象添加上浮动画效果，如图 13-11 所示。

图 13-10 选择“上浮”选项

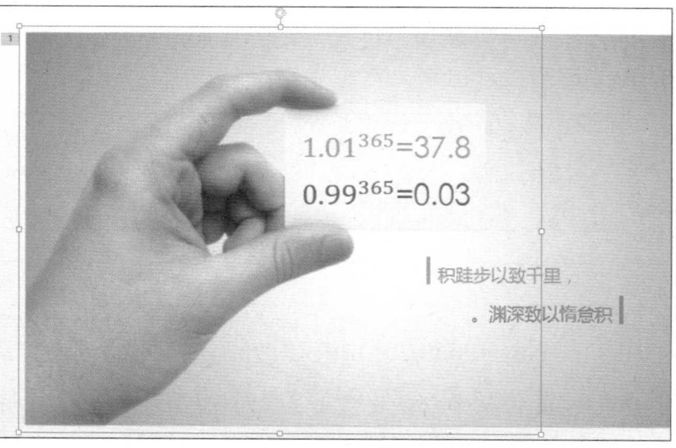

图 13-11 添加上浮动画效果

步骤 07 在“预览”选项板中，单击“预览”按钮，即可预览上浮动画效果，如图 13-12 所示。

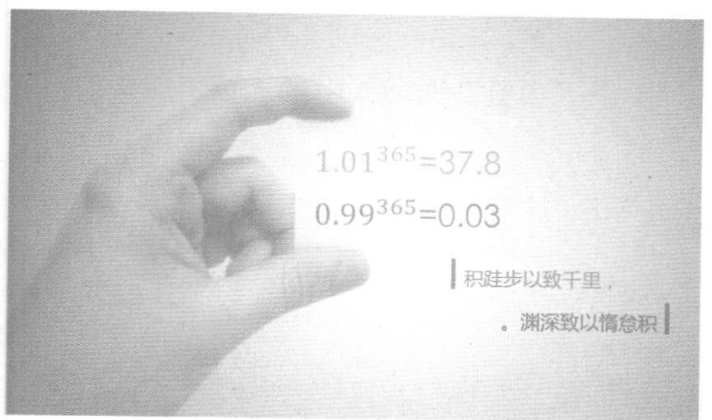

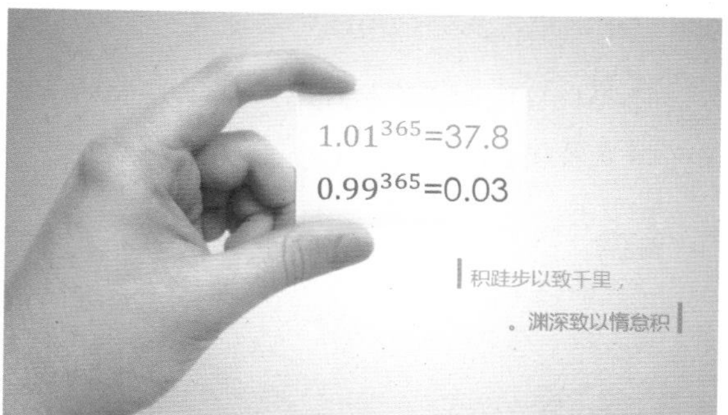

图 13-12 预览上浮动画效果

专家指点

在“更改进入效果”对话框中的“温和型”选项区中，用户不仅可以将幻灯片中的对象设置为“上浮”动画，同样还可以将其设置为“下浮”动画。“下浮”动画与“上浮”动画的区别主要在于对象出现的方向为相反方向。

13.1.3 添加缩放动画效果

运用进入动画中的缩放动画效果，是指应用该动画效果的对象，在进行幻灯片放映时，以由小变大的方式显示出来。

	素材文件	光盘 \ 素材 \ 第 13 章 \ 书法 .pptx
	效果文件	光盘 \ 效果 \ 第 13 章 \ 书法 .pptx
	视频文件	光盘 \ 视频 \ 第 13 章 \13.1.3 添加缩放动画效果 .mp4

实战 书法

步骤 01 在 PowerPoint 2013 中，打开一个素材文件，如图 13-13 所示。

步骤 02 在编辑区中，选择需要添加缩放动画的对象，如图 13-14 所示。

图 13-13 打开一个素材文件

图 13-14 选择需要添加缩放动画的对象

步骤 03 切换至“动画”面板，单击“动画”选项板中的“其他”下拉按钮，在弹出的下拉列表框中的“进入”选项区中，选择“缩放”选项，如图 13-15 所示。

步骤 04 执行操作后，即可添加缩放动画效果，单击“预览”选项板中的“预览”按钮，预览动画效果，如图 13-16 所示。

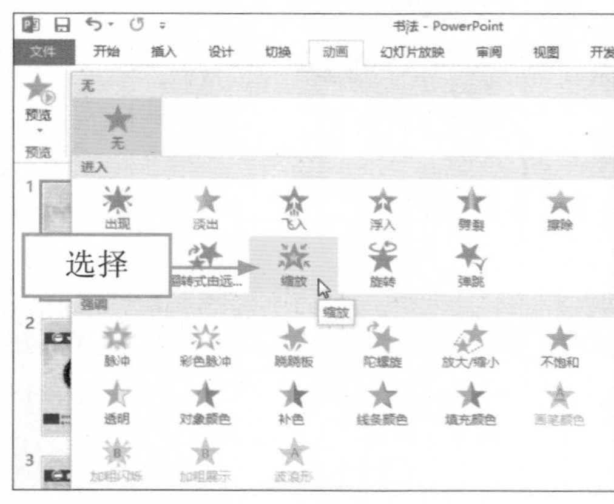

图 13-15 选择“缩放”选项

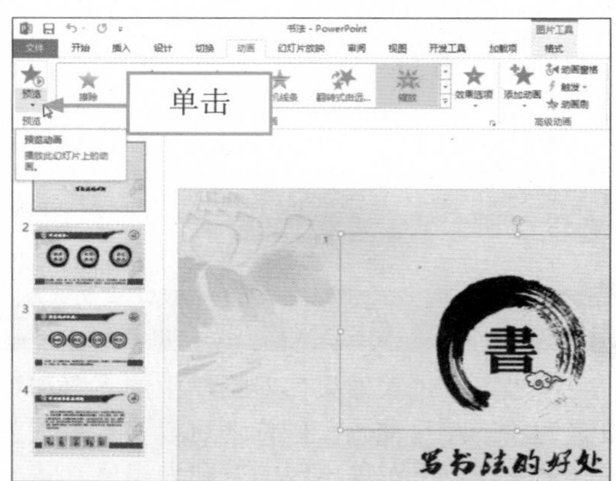

图 13-16 单击“预览”按钮

13.2 编辑动画效果

当为对象添加动画效果之后，该对象就应用了默认的动画格式，这些动画格式主要包括动画开始运行的方式、变化方向、运行速度、延时方案及重复次数等属性。用户可以根据幻灯片内容设置相应属性。

13.2.1 修改动画效果

在 PowerPoint 2013 中，如果用户需要修改已设置的动画效果，可以在动画窗格中完成。下面向读者介绍修改动画效果的操作方法。

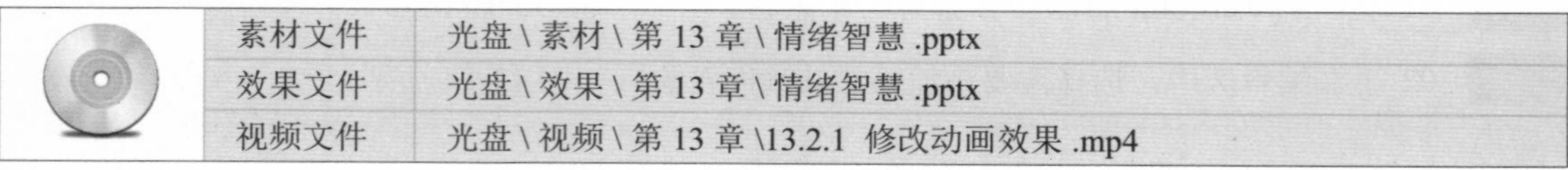

素材文件	光盘 \ 素材 \ 第 13 章 \ 情绪智慧 .pptx
效果文件	光盘 \ 效果 \ 第 13 章 \ 情绪智慧 .pptx
视频文件	光盘 \ 视频 \ 第 13 章 \13.2.1 修改动画效果 .mp4

实战 情绪智慧

步骤 01 在 PowerPoint 2013 中，打开一个素材文件，如图 13-17 所示。

步骤 02 在编辑区中，选择幻灯片中的图片，如图 13-18 所示。

步骤 03 切换至“动画”面板，在“高级动画”选项板中单击“动画窗格”按钮，如图 13-19 所示。

步骤 04 弹出“动画窗格”窗口，在下方的列表框中，单击“图片 2”右侧的下拉按钮，在弹出的列表框中选择“从上一项开始”选项，如图 13-20 所示。

步骤 05 执行操作后，即可修改动画效果。

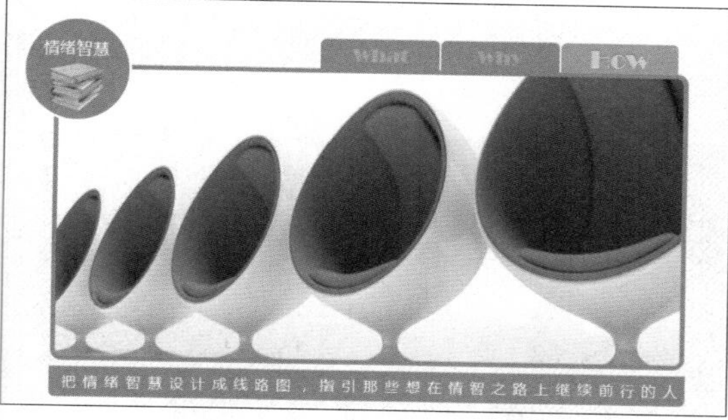

图 13-17 打开一个素材文件

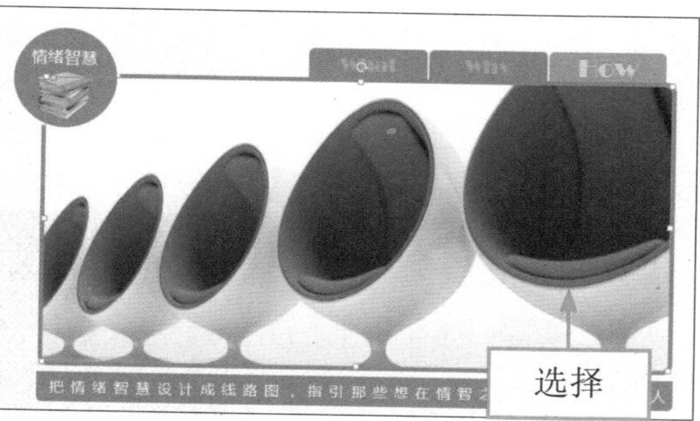

图 13-18 选择图片

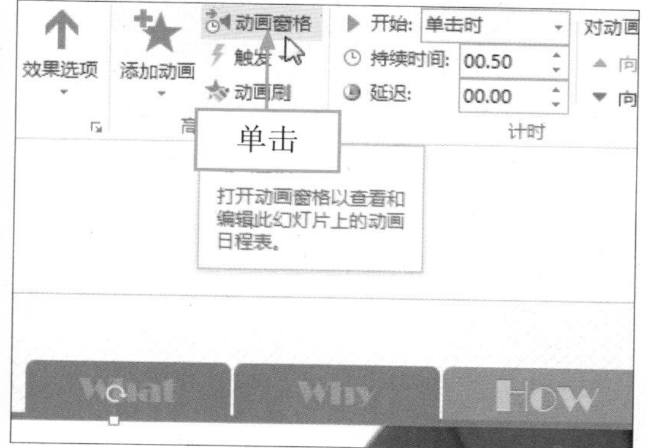

图 13-19 单击“动画窗格”按钮

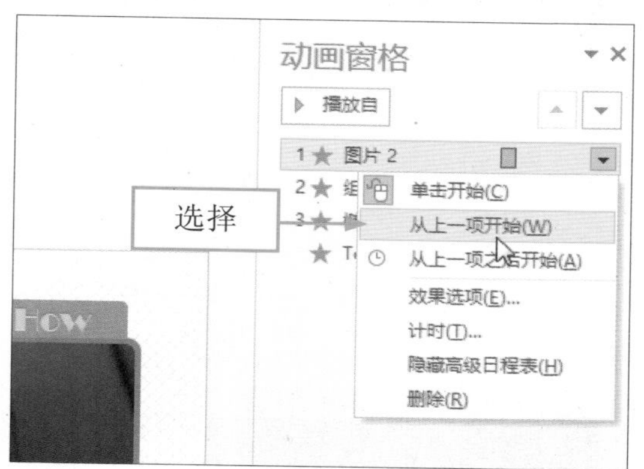

图 13-20 选择“从上一项开始”选项

专家指点

在“动画窗格”任务窗格中，用户还可以设置动画变换方向、运行速度。

13.2.2 添加动画效果

在每张幻灯片中的各个对象都可以设置不同的动画效果，对同一个对象也可添加两种不同的动画效果。下面向读者介绍添加动画效果的操作方法。

素材文件	光盘 \ 素材 \ 第 13 章 \ 拯救地球 .pptx
效果文件	光盘 \ 效果 \ 第 13 章 \ 拯救地球 .pptx
视频文件	光盘 \ 视频 \ 第 13 章 \13.2.2 添加动画效果 .mp4

实战 拯救地球

步骤 01 在 PowerPoint 2013 中，打开一个素材文件，如图 13-21 所示。

步骤 02 在编辑区中，选择需要添加动画效果的对象，如图 13-22 所示。

步骤 03 切换至“动画”面板，单击“高级动画”选项板中的“添加动画”下拉按钮，如图 13-23 所示。

步骤 04 弹出列表框，选择“更多退出效果”选项，如图 13-24 所示。

步骤 05 弹出“添加退出效果”对话框，在“温和型”选项区中，选择“收缩并旋转”选项，如图 13-25 所示。

图 13-21 打开一个素材文件

图 13-22 选择需要添加动画效果的对象

图 13-23 单击“添加动画”下拉按钮

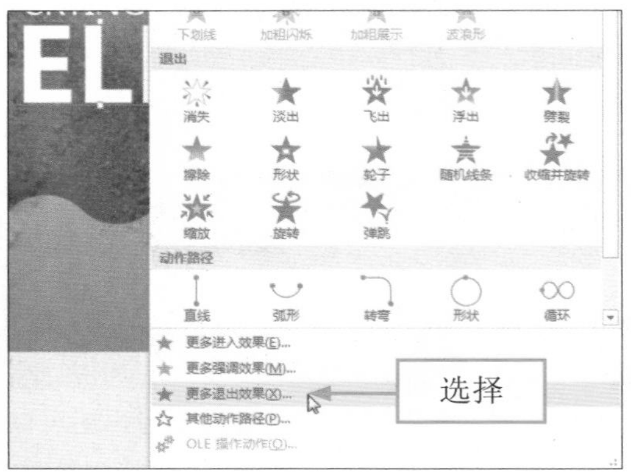

图 13-24 选择“更多退出”选项

步骤 06 单击“确定”按钮，即可再次为文本对象添加动画效果，如图 13-26 所示。

图 13-25 选择“收缩并旋转”选项

图 13-26 添加动画效果

步骤 07 单击“预览”选项板中的“预览”按钮，即可按添加效果的顺序预览动画效果，如图 13-27 所示。

图 13-27 预览动画效果

13.2.3 添加动作路径动画

PowerPoint 为用户提供了几种常用幻灯片对象的动画效果，除此之外用户还可以自定义较复杂的动画效果，使画面更生动。

	素材文件	光盘 \ 素材 \ 第 13 章 \ 立体图形 .pptx
	效果文件	光盘 \ 效果 \ 第 13 章 \ 立体图形 .pptx
	视频文件	光盘 \ 视频 \ 第 13 章 \13.2.3 添加动作路径动画 .mp4

实战 立体图形

步骤 01 在 PowerPoint 2013 中，打开一个素材文件，如图 13-28 所示。

步骤 02 在编辑区中，选择需要绘制动画的对象，如图 13-29 所示。

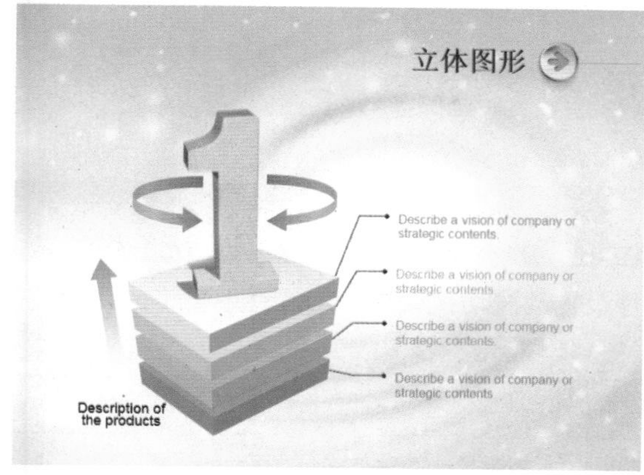

图 13-28 打开一个素材文件

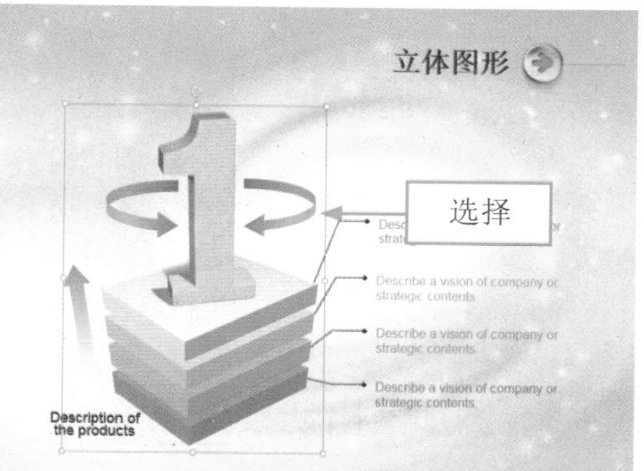

图 13-29 选择相应对象

步骤 03 切换至“动画”面板，单击“动画”选项板中的“其他”下拉按钮，在弹出的列表框中，选择“其他动作路径”选项，如图 13-30 所示。

步骤 04 弹出“更改动作路径”对话框，在“基本”选项区中选择“心形”选项，如图 13-31 所示。

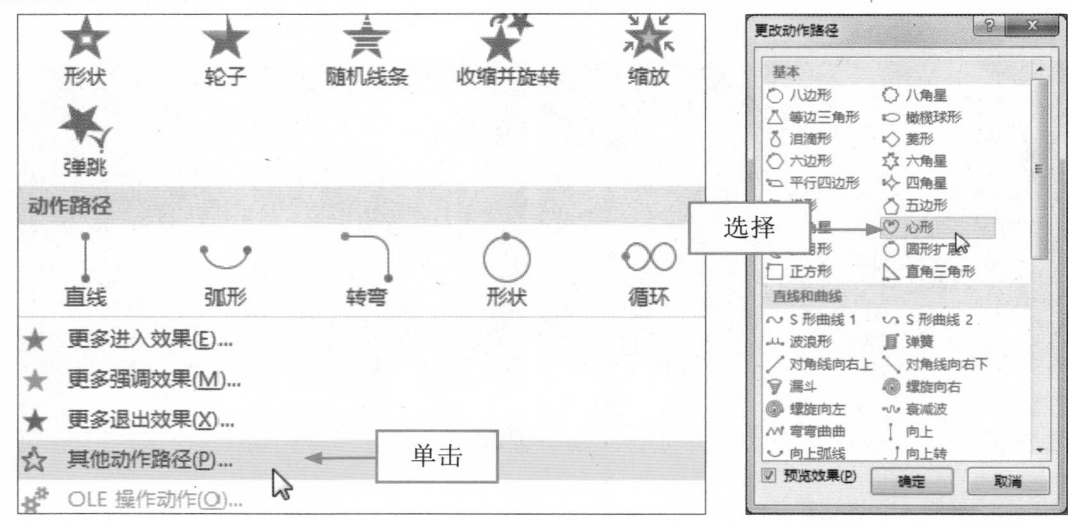

图 13-30 单击“其他动作路径”按钮　　图 13-31 选择“心形”选项

步骤 05 单击“确定”按钮，即可添加动作路径动画，单击“预览”选项板中的“预览”按钮，预览动画效果，如图 13-32 所示。

图 13-32 预览动作路径动画

13.3 制作切换效果

在 PowerPoint 2013 中，用户可以为多张幻灯片设置动画切换效果，幻灯片中自带的切换效果主要包括“细微型”、“华丽型”以及“动态内容”在内的 3 大类型。

13.3.1 添加淡出切换效果

幻灯片中的淡出切换效果，是将某张幻灯片以一个特定的分界线向特定的两个方向进行淡出的动画效果。下面向读者介绍添加淡出切换效果的操作方法。

	素材文件	光盘 \ 素材 \ 第 13 章 \ 绯红印象 .pptx
	效果文件	光盘 \ 效果 \ 第 13 章 \ 绯红印象 .pptx
	视频文件	光盘 \ 视频 \ 第 13 章 \13.3.1 添加淡出切换效果 .mp4

实战 绯红印象

步骤 01 在 PowerPoint 2013 中，打开一个素材文件，如图 13-33 所示。

步骤 02 进入第 4 张幻灯片，切换至“切换”面板，单击“切换到此幻灯片”选项板中的“其他”下拉按钮，如图 13-34 所示。

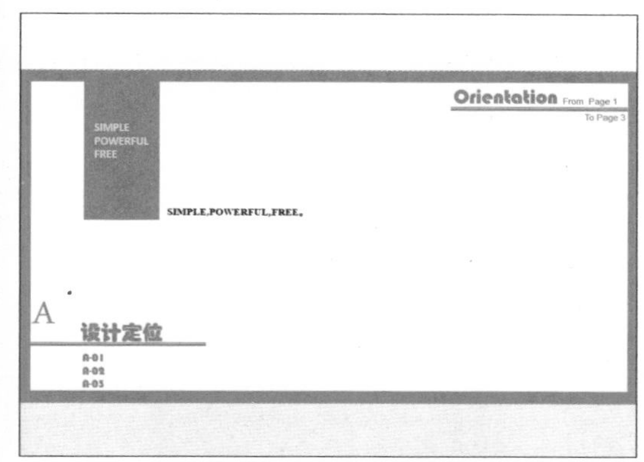

图 13-33 打开一个素材文件

单击

图 13-34 单击“其他”下拉按钮

步骤 03 弹出列表框，在“细微型”选项区中，选择“淡出”选项，如图 13-35 所示。

步骤 04 执行操作后，即可添加淡出切换效果，在“预览”选项板中单击“预览”按钮，如图 13-36 所示。

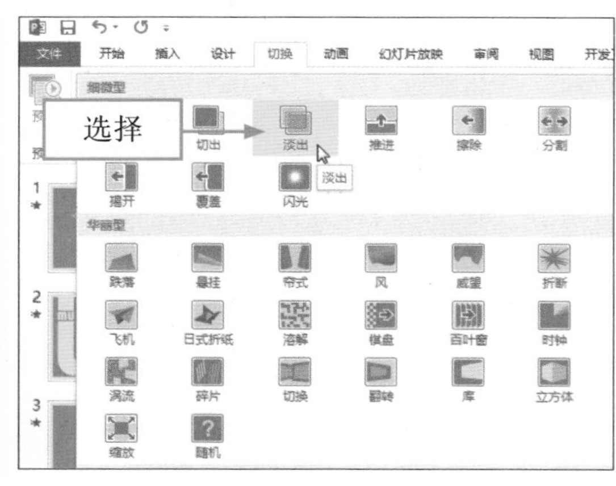

图 13-35 选择“淡出”选项

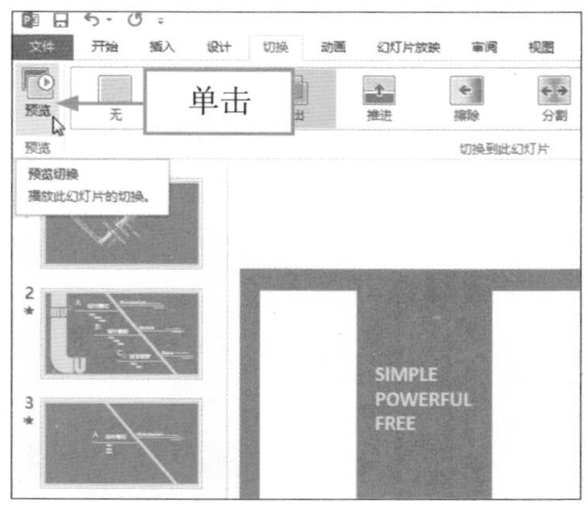

图 13-36 单击“预览”按钮

专家指点

在“细微型”选项区中，用户还可以将幻灯片的切换效果设置为“闪光”、“形状”、“揭开”以及“覆盖”等，每一种切换方式都有其独特的特征，用户可以根据制作课件的实际需要，选择合适的细微型切换效果。

步骤 05 执行操作后，即可预览淡出切换效果，如图 13-37 所示。

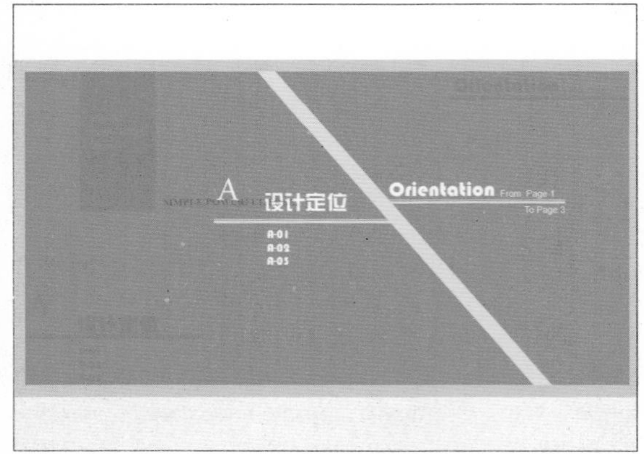

图 13-37 预览淡出切换效果

13.3.2 添加涟漪切换效果

在 PowerPoint 2013 中，涟漪切换特效，可以让幻灯片在放映时，以水波流动的形式显示出来。下面向读者介绍添加涟漪切换效果的操作方法。

	素材文件	光盘 \ 素材 \ 第 13 章 \ 室内设计 .pptx
	效果文件	光盘 \ 效果 \ 第 13 章 \ 室内设计 .pptx
	视频文件	光盘 \ 视频 \ 第 13 章 \13.3.2 添加涟漪切换效果 .mp4

实战 室内设计

步骤 01 在 PowerPoint 2013 中，打开一个素材文件，如图 13-38 所示。

步骤 02 切换至“切换”面板，单击“切换到此幻灯片”选项板中的“其他”下拉按钮，弹出列表框，在“华丽型”选项区中，选择“涟漪”选项，如图 13-39 所示。

图 13-38 打开一个素材文件

图 13-39 选择“涟漪”选项

步骤 03 执行操作后，即可添加涟漪切换效果，在“预览”选项板中单击“预览”按钮，预览涟漪切换效果，如图 13-40 所示。

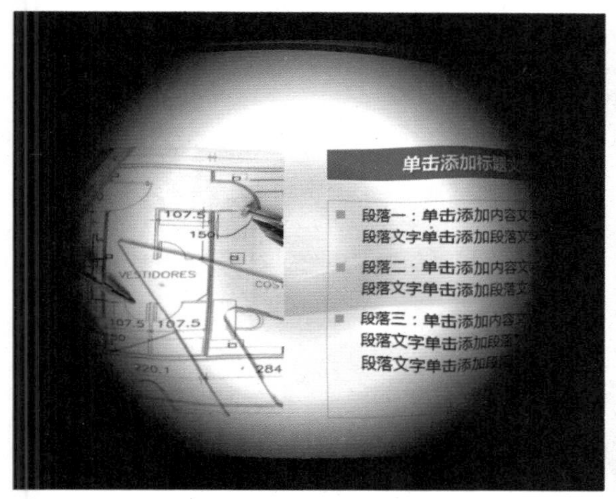

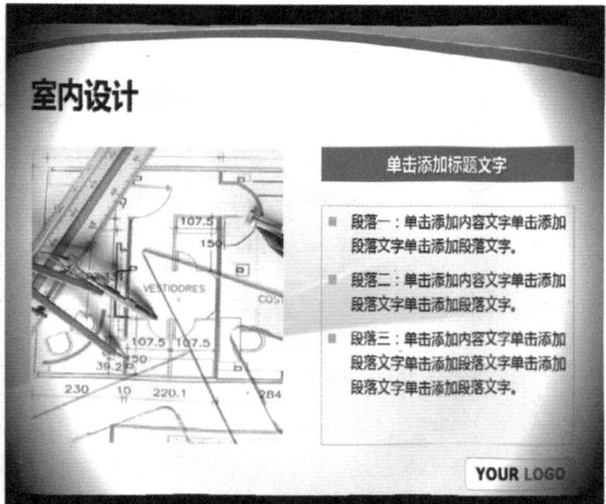

图 13-40 预览涟漪切换效果

13.3.3 添加轨道切换效果

轨道切换效果是指幻灯片在放映时，整张幻灯片在淡出的同时，幻灯片中的其他对象则是以轨道切换的方式显示出来。

	素材文件	光盘 \ 素材 \ 第 13 章 \ 金字塔 .pptx
	效果文件	光盘 \ 效果 \ 第 13 章 \ 金字塔 .pptx
	视频文件	光盘 \ 视频 \ 第 13 章 \13.3.3 添加轨道切换效果 .mp4

实战 金字塔

步骤 01 在 PowerPoint 2013 中，打开一个素材文件，如图 13-41 所示。

步骤 02 切换至“切换”面板，单击“切换到此幻灯片”选项板中的“其他”下拉按钮，弹出列表框，在“动态内容”选项区中，选择“轨道”选项，如图 13-42 所示。

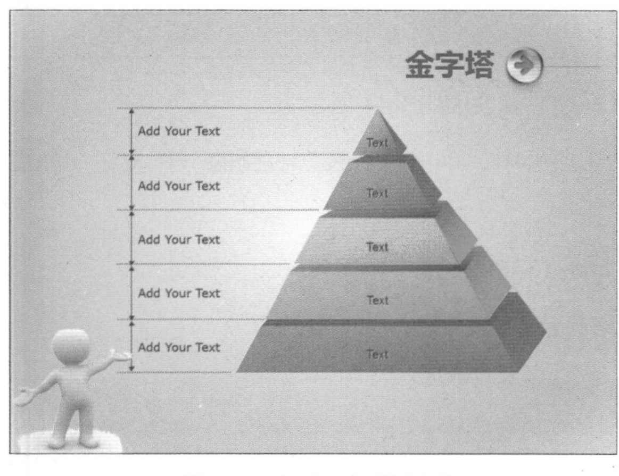

图 13-41 打开一个素材文件

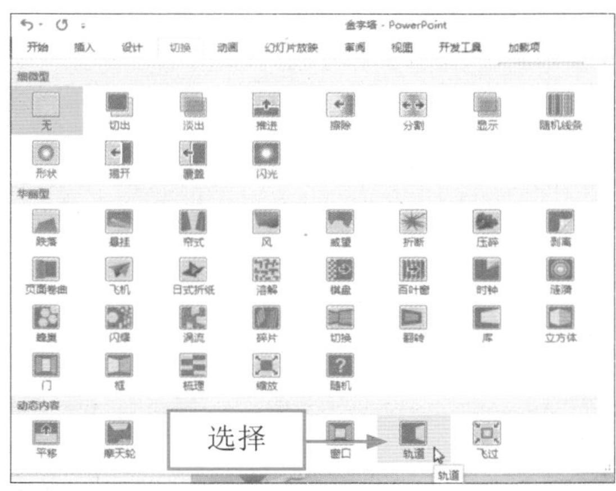

图 13-42 选择“轨道”选项

步骤 03 执行操作后，即可添加轨道切换效果，在“预览”选项板中单击“预览”按钮，预览轨道切换效果，如图 13-43 所示。

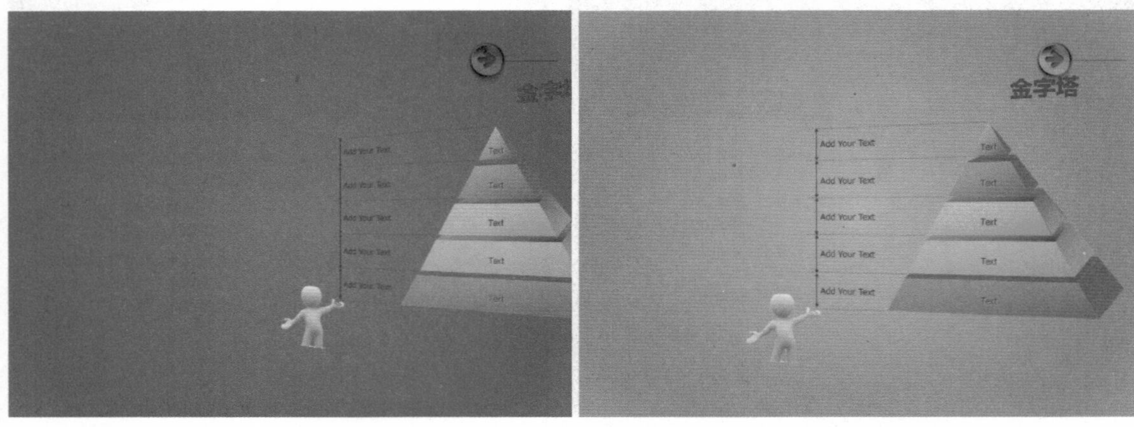

图 13-43 预览轨道切换效果

13.4 切换效果选项设置

PowerPoint 2013 为用户提供了多种切换声音，用户可以从“声音”下拉列表框中选择一种声音作为动画播放时的伴音，添加切换效果后，用户还可以根据需要设置切换声音以及切换效果选项等内容。

13.4.1 设置切换声音

PowerPoint 2013 为用户提供了多种切换声音，用户可以根据制作课件的实际需要，选择合适的切换声音。

	素材文件	光盘 \ 素材 \ 第 13 章 \ 公司的发展 .pptx
	效果文件	光盘 \ 效果 \ 第 13 章 \ 公司的发展 .pptx
	视频文件	光盘 \ 视频 \ 第 13 章 \13.4.1 设置切换声音 .mp4

实战 公司的发展

步骤 01 在 PowerPoint 2013 中，打开一个素材文件，如图 13-44 所示。

步骤 02 切换至“切换”面板，在“计时”选项板中，单击“声音”右侧的下拉按钮，如图 13-45 所示。

步骤 03 弹出列表框，选择“风铃”选项，如图 13-46 所示。

步骤 04 执行操作后，即可在幻灯片中设置切换声音。

专家指点

当用户在幻灯片中设置第 1 张幻灯片的切换声音效果后，在“切换到此幻灯片”选项板中单击“全部应用”按钮，将应用于演示文稿中的所有幻灯片。

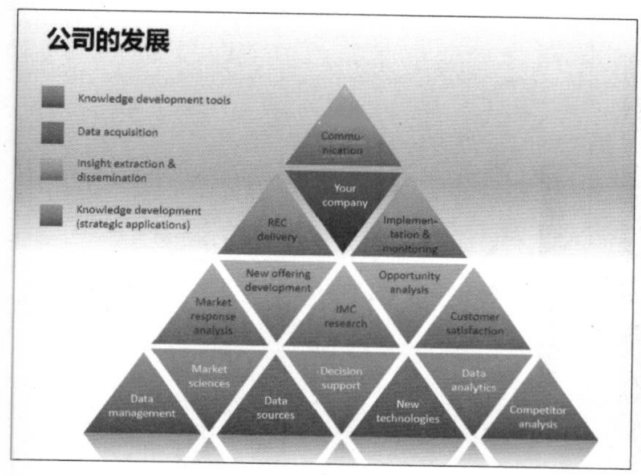

图 13-44 打开一个素材文件

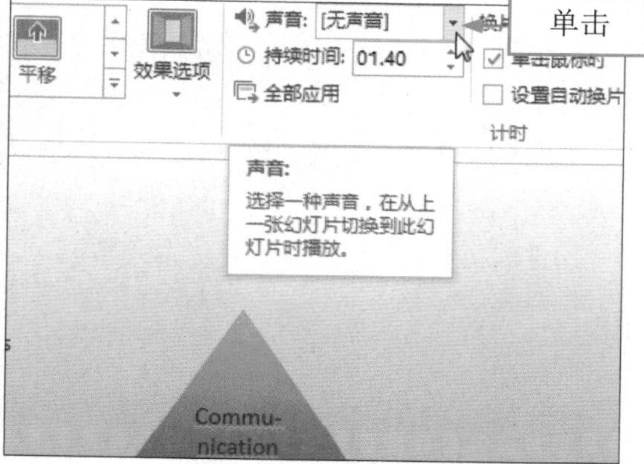

图 13-45 单击“声音”下拉按钮

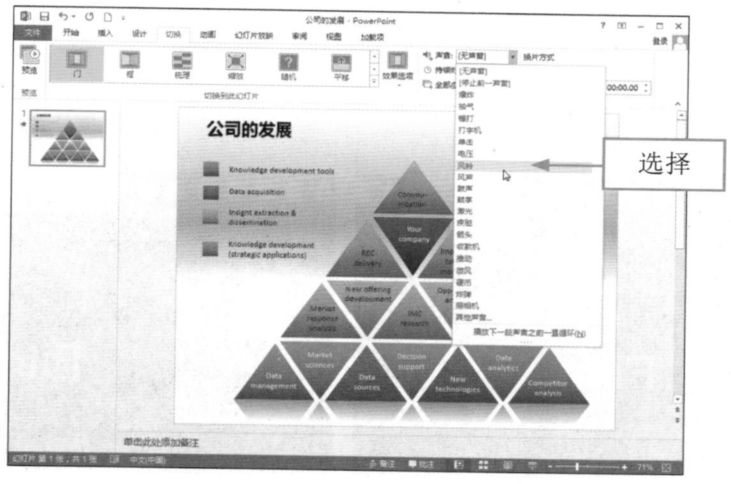

图 13-46 选择“风铃”选项

13.4.2 设置切换效果选项

在 PowerPoint 2013 中添加相应的切换效果以后，用户可以在“效果选项”列表框中，选择合适的切换方向。

素材文件	光盘 \ 素材 \ 第 13 章 \ 电影胶片 .pptx
效果文件	光盘 \ 效果 \ 第 13 章 \ 电影胶片 .pptx
视频文件	光盘 \ 视频 \ 第 13 章 \13.4.2 设置切换效果选项 .mp4

实战 电影胶片

步骤 01 在 PowerPoint 2013 中，打开一个素材文件，如图 13-47 所示。

步骤 02 切换至“切换”面板，单击“切换到此幻灯片”选项板中的“其他”下拉按钮，弹出列表框，在“华丽型”选项区中，选择“库”选项，如图 13-48 所示。

步骤 03 执行操作后，即可添加切换效果，单击“切换到此幻灯片”选项板中的“效果选项”下拉按钮，如图 13-49 所示。

图 13-47 打开一个素材文件

图 13-48 选择“库”选项

步骤 04 弹出列表框，选择“自左侧”选项，如图 13-50 所示。

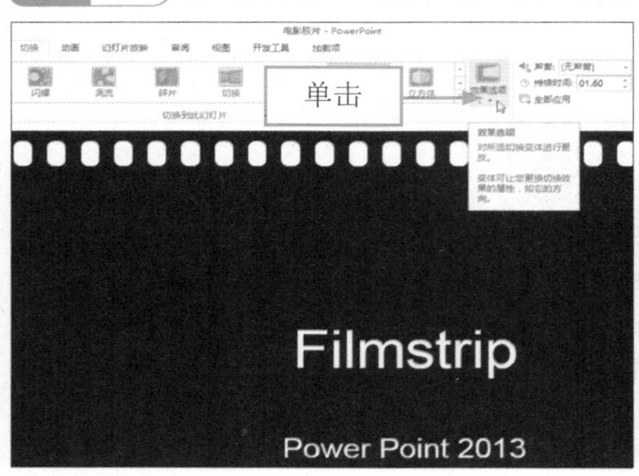

图 13-49 单击“效果选项”按钮

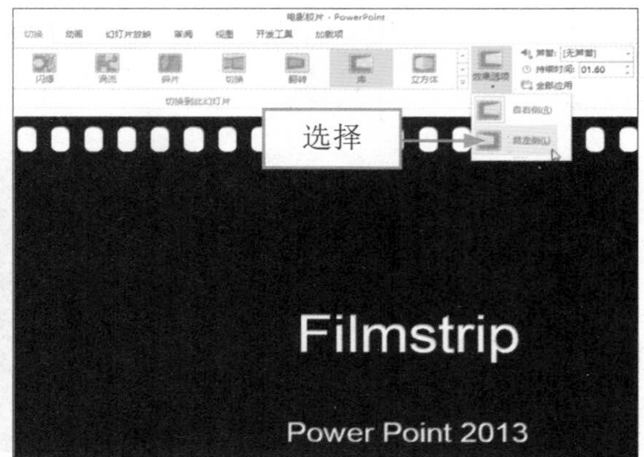

图 13-50 选择“自左侧”选项

步骤 05 执行操作后，即可设置效果选项，单击“预览”选项板中的“预览”按钮，预览动画效果，如图 13-51 所示。

图 13-51 预览动画效果

13.4.3 设置切换时间

设置幻灯片切换速度，只需要单击“计时”选项板中的“持续时间”右侧的三角按钮，即可设置幻灯片切换时间，如图 13-52 所示。

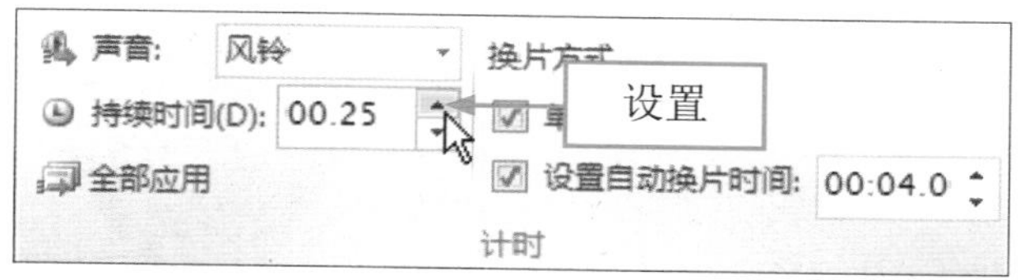

图 13-52 设置幻灯片切换时间

13.5 幻灯片放映设置

在 PowerPoint 中启动幻灯片放映就是打开要放映的演示文稿，在“幻灯片放映”面板中执行操作来启动幻灯片的放映，启动放映的方法有 3 种：第 1 种是从头开始放映幻灯片；第 2 种是从当前幻灯片开始播放；第 3 种是自定义幻灯片放映。

13.5.1 从头开始放映

如果希望在演示文稿中从第 1 张开始依次进行放映，可以按【F5】键或单击“开始放映幻灯片”选项板中的“从头开始”按钮即可。

	素材文件	光盘 \ 素材 \ 第 13 章 \ 商务培训 .pptx
	效果文件	无
	视频文件	光盘 \ 视频 \ 第 13 章 \13.5.1 从头开始放映 .mp4

实战 商务培训

步骤 01 在 PowerPoint 2013 中，打开一个素材文件，如图 13-53 所示。

步骤 02 切换至“幻灯片放映”面板，单击“开始放映幻灯片”选项板中的“从头开始”按钮，如图 13-54 所示。

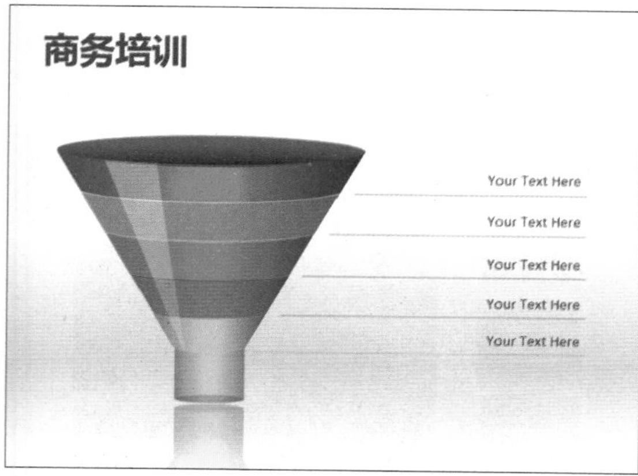

图 13-53 打开一个素材文件

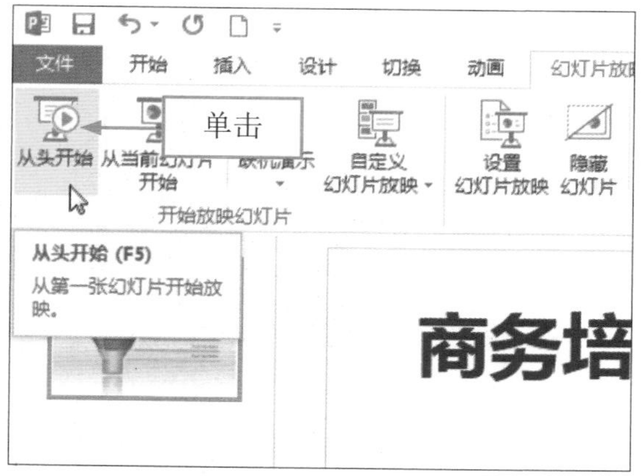

图 13-54 单击“从头开始”按钮

步骤 03 执行操作后，即可从头开始放映幻灯片，如图 13-55 所示。

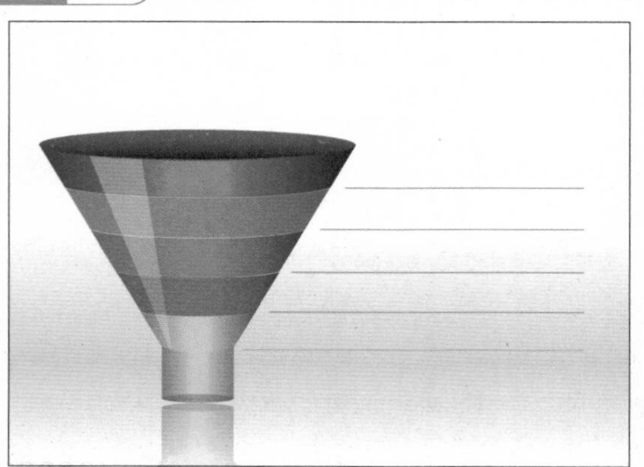

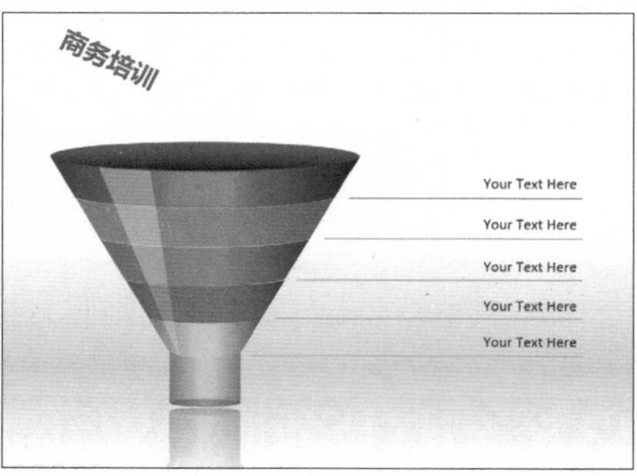

图 13-55 放映幻灯片

专家指点

如果是从桌面上打开的放映文件，放映退出时，PowerPoint 会自动关闭并回到桌面上，如果从 PowerPoint 中启动，放映退出时，演示文稿仍然会保持打开状态，并可进行编辑。

13.5.2 从当前幻灯片开始放映

若用户需要从当前选择的幻灯片处开始放映，可以按【Shift + F5】组合键，或单击“开始放映幻灯片”选项板中的“从当前幻灯片开始”按钮。

	素材文件	光盘 \ 素材 \ 第 13 章 \ 个性演绎 .pptx
	效果文件	无
	视频文件	光盘 \ 视频 \ 第 13 章 \13.5.2 从当前幻灯片开始放映 .mp4

实战 个性演绎

步骤 01 在 PowerPoint 2013 中，打开一个素材文件，如图 13-56 所示。

步骤 02 进入第 2 张幻灯片，切换至“幻灯片放映”面板，单击“开始放映幻灯片”选项板中的“从当前幻灯片开始”按钮，如图 13-57 所示。

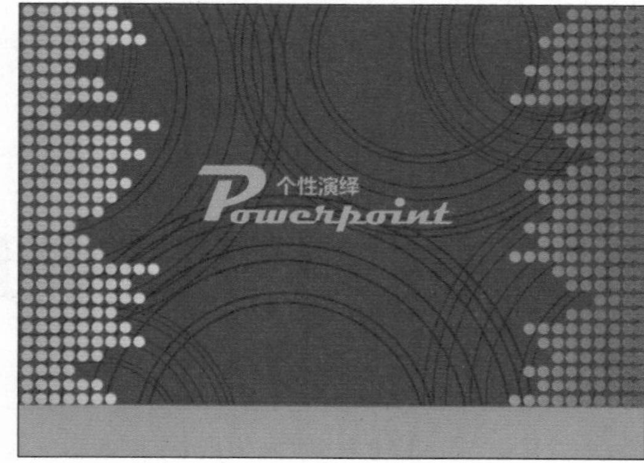

图 13-56 打开一个素材文件

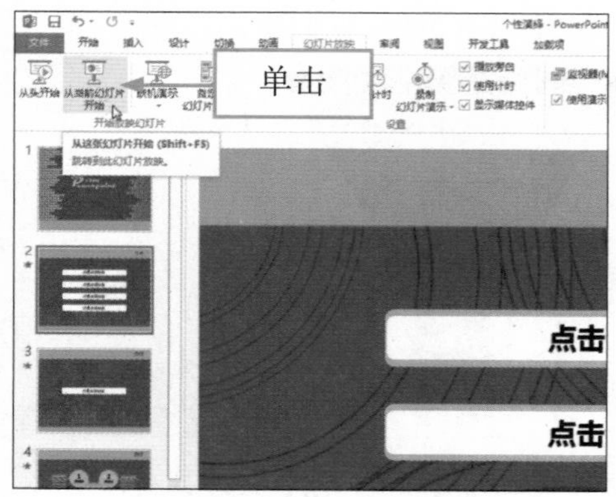

图 13-57 单击“从当前幻灯片开始”按钮

步骤 03 执行操作后，即可从当前幻灯片处开始放映，如图 13-58 所示。

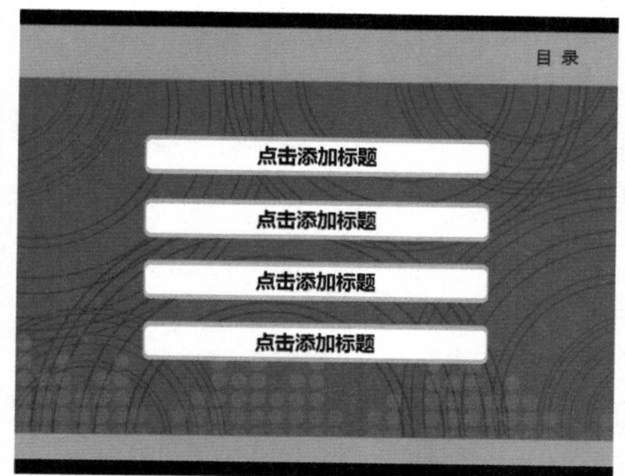

图 13-58 从当前幻灯片处开始放映

13.5.3 自定义幻灯片放映

自定义幻灯片放映是按设定的顺序播放，而不会按顺序依次放映每一张幻灯片，用户可在“定义自定义放映”对话框中设置幻灯片的放映顺序。

	素材文件	光盘 \ 素材 \ 第 13 章 \ 目标定位 .pptx
	效果文件	光盘 \ 效果 \ 第 13 章 \ 目标定位 .pptx
	视频文件	光盘 \ 视频 \ 第 13 章 \13.5.3 自定义幻灯片放映 .mp4

实战 目标定位

步骤 01 在 PowerPoint 2013 中，打开一个素材文件，如图 13-59 所示。

步骤 02 切换至“幻灯片放映”面板，单击“开始放映幻灯片”选项板中的“自定义幻灯片放映”下拉按钮，在弹出的列表框中选择“自定义放映”选项，如图 13-60 所示。

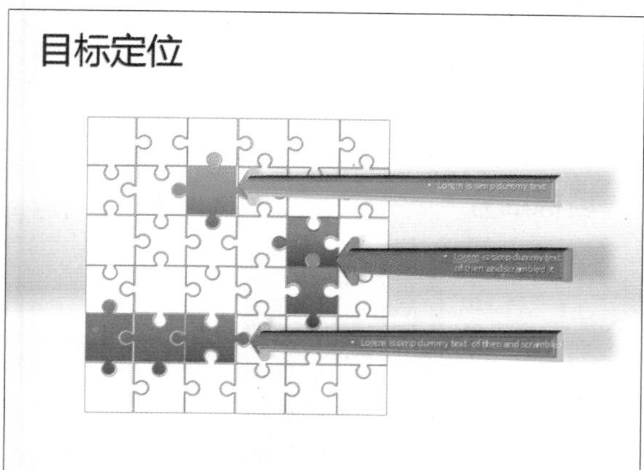

图 13-59 打开一个素材文件

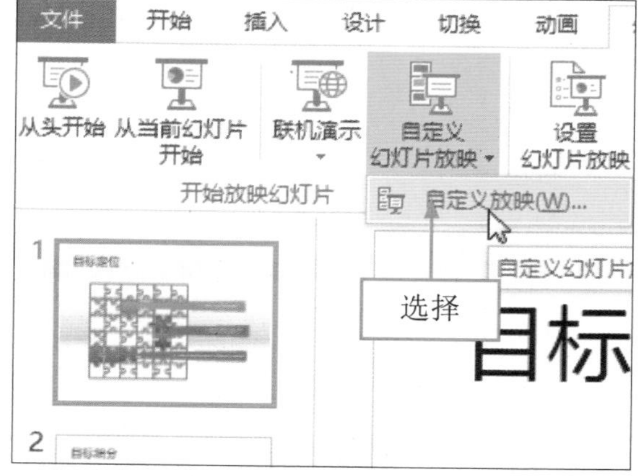

图 13-60 选择“自定义放映”选项

步骤 03 弹出“自定义放映”对话框，单击“新建”按钮，如图 13-61 所示。

步骤 04 弹出“定义自定义放映”对话框，在“在演示文稿中的幻灯片”列表框中，选中“幻灯片 2”复选框，单击“添加”按钮，如图 13-62 所示。

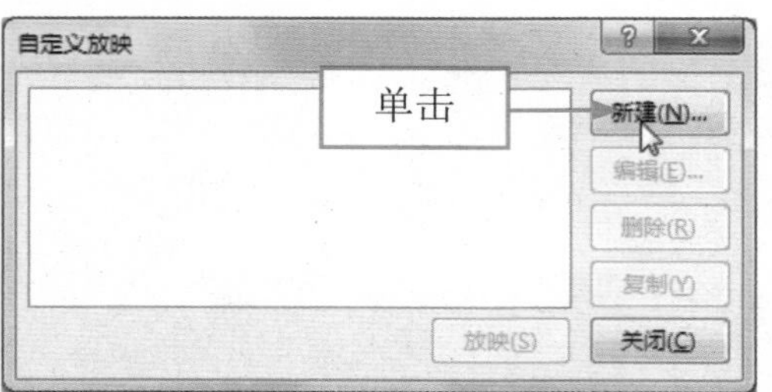

图 13-61 单击“新建”按钮

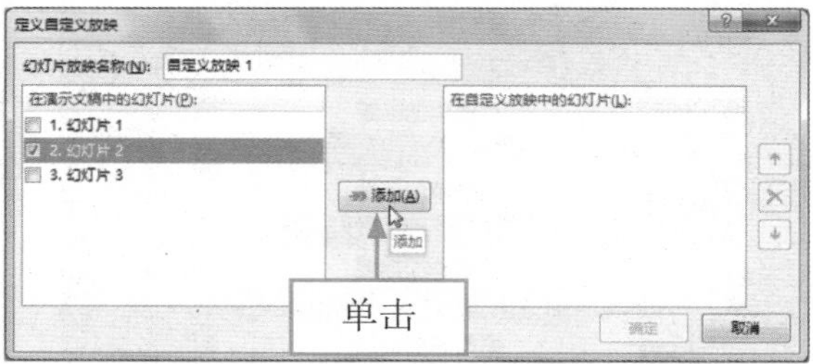

图 13-62 单击“添加”按钮

步骤 05 用与上同样的方法，依次选中“幻灯片 3”、“幻灯片 1”复选框，添加相应幻灯片，如图 13-63 所示。

步骤 06 选择“幻灯片 3”选项，单击右侧的“向上”按钮，如图 13-64 所示，将“幻灯片 3”移至“幻灯片 2”上方。

图 13-63 添加相应幻灯片

图 13-64 单击右侧的向上按钮

步骤 07 单击“确定”按钮，返回“自定义放映”对话框，单击“放映”按钮，即可按自定义幻灯片顺序放映，如图 13-65 所示。

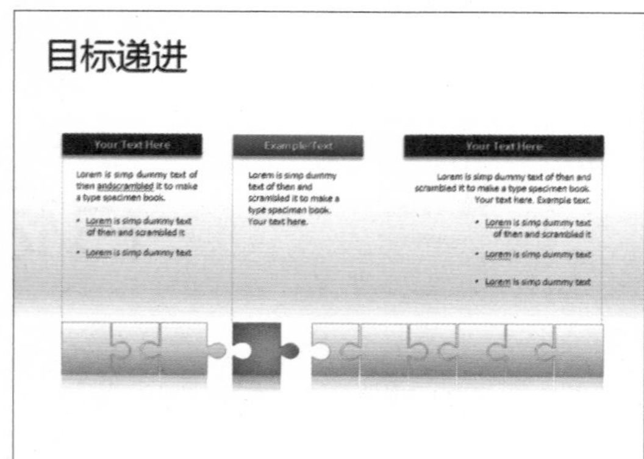

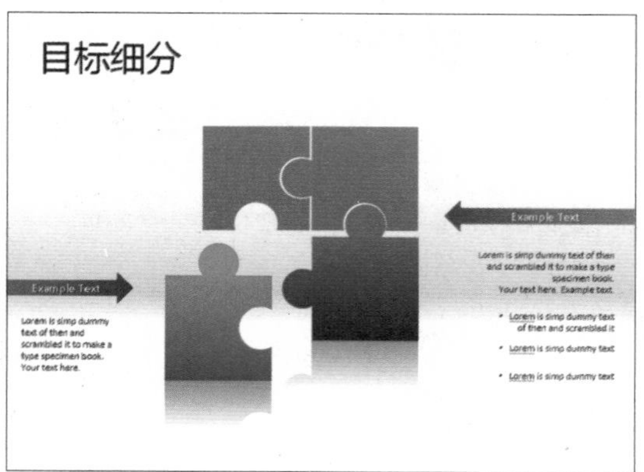

图 13-65 按自定义幻灯片顺序放映

打包与打印演示文稿

学习提示

在 PowerPoint 2013 中，演示文稿制作好以后，可以将整个演示文稿中的部分幻灯片、讲义、备注页和大纲等打印出来。本章主要向读者介绍设置打印页面、打包演示文稿以及打印演示文稿等内容。

本章案例导航

- 实战——清楚目标
- 实战——运动极限
- 实战——三个方面
- 实战——火红的秋
- 实战——植物
- 实战——市场分析
- 实战——网络的运输
- 实战——水晶圆角柱形
- 实战——世界货币
- 实战——变革与创新

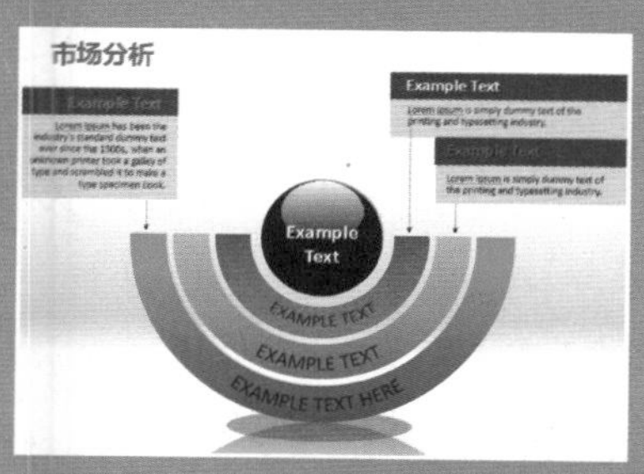

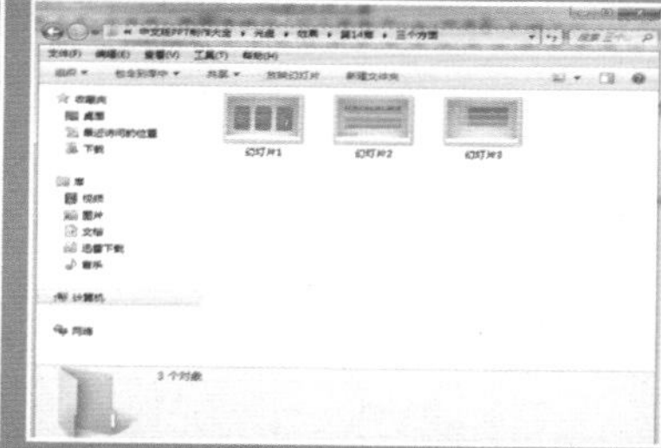

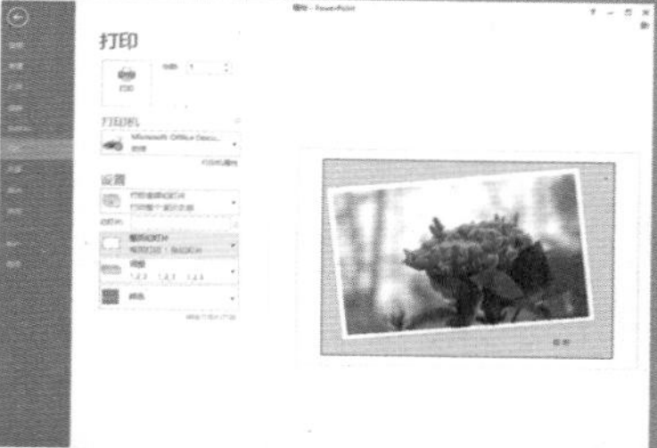

14.1 设置打印页面

通过“自定义幻灯片大小”对话框，可以设置用于打印的幻灯片大小、方向和其他版式。幻灯片每页只打印一张，在打印前，应先调整好它的大小以适合各种纸张大小，还可以自定义打印的方式和方向。

14.1.1 设置幻灯片大小

在 PowerPoint 2013 中打印演示文稿前，用户可以根据自己的需要，对打印页面大小进行设置。下面向读者介绍设置幻灯片大小的操作方法。

素材文件	光盘 \ 素材 \ 第 14 章 \ 清楚目标 .pptx
效果文件	光盘 \ 效果 \ 第 14 章 \ 清楚目标 .pptx
视频文件	光盘 \ 视频 \ 第 14 章 \14.1.1 设置幻灯片大小 .mp4

实战 清楚目标

步骤 01 在 PowerPoint 2013 中，打开一个素材文件，如图 14-1 所示。

步骤 02 切换至“设计”面板，单击“自定义”选项板中的“幻灯片大小”下拉按钮，弹出列表框，选择“自定义幻灯片大小”选项，如图 14-2 所示。

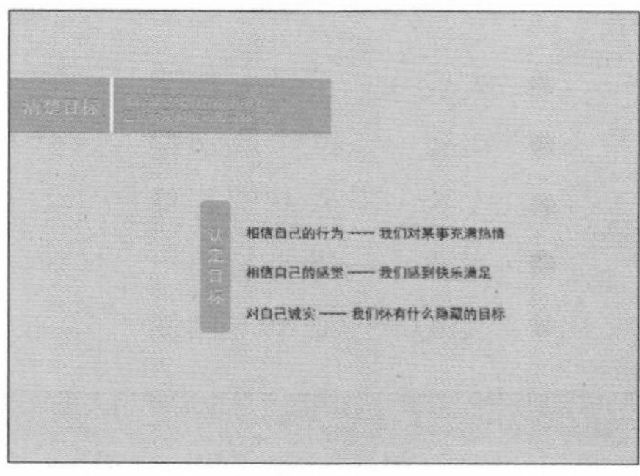

图 14-1 打开一个素材文件

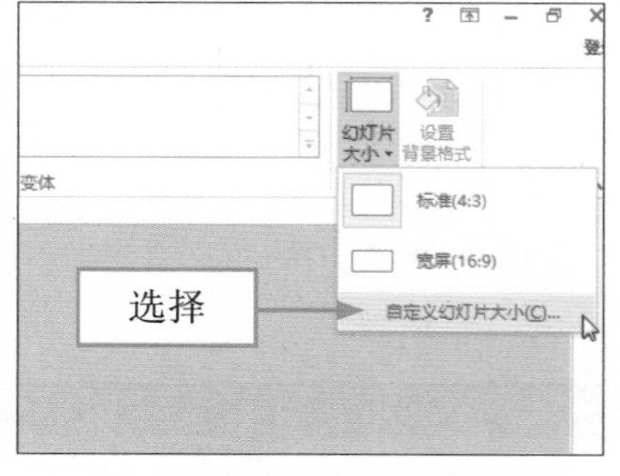

图 14-2 选择“自定义幻灯片大小”选项

步骤 03 弹出“幻灯片大小”对话框，单击“幻灯片大小”下拉按钮，在弹出的列表框中，选择“A4 纸张（210×297 毫米）”选项，如图 14-3 所示。

步骤 04 单击“确定”按钮，弹出提示信息框，单击“确保适合”按钮，如图 14-4 所示。

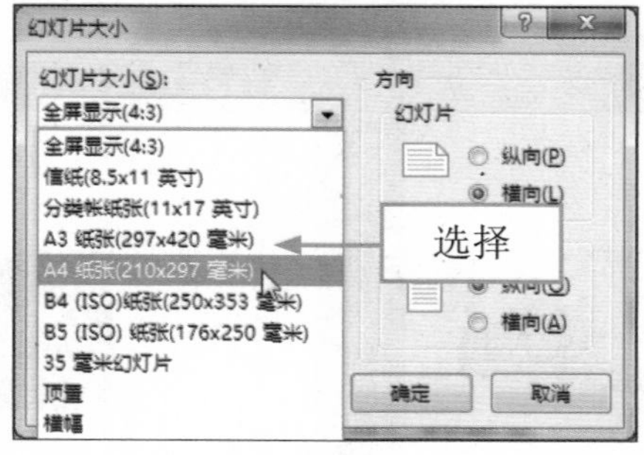

图 14-3 选择“A4 纸张（210×297 毫米）”选项

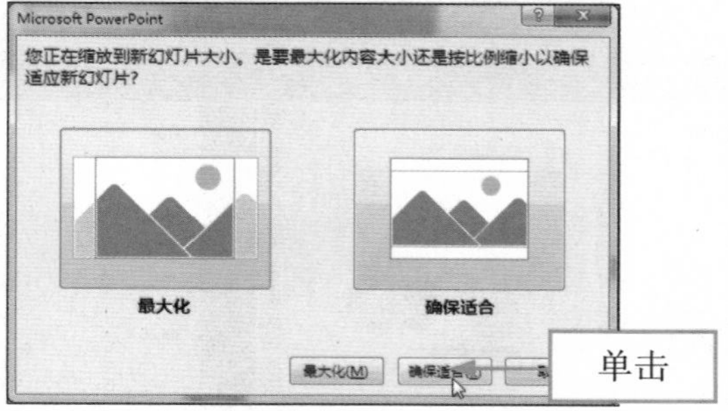

图 14-4 单击“确保适合”按钮

步骤 05 执行操作后，即可设置幻灯片大小，效果如图 14-5 所示。

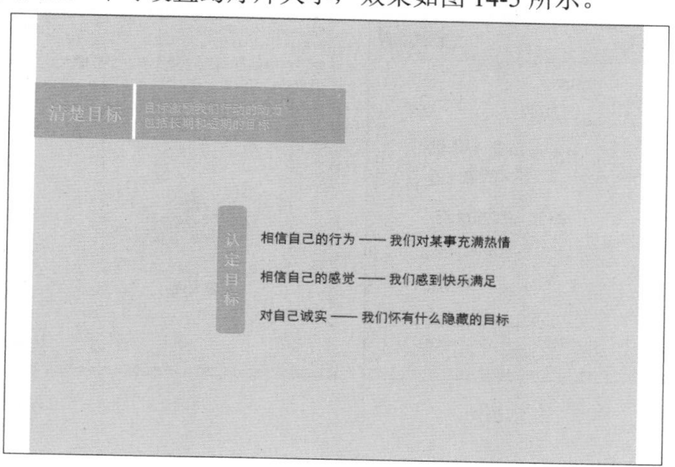

图 14-5 设置幻灯片大小

14.1.2 设置幻灯片方向

设置文稿中幻灯片的方向，只需要单击“页面设置”对话框中“方向”选项区中的“横向”或“纵向”单选按钮。

	素材文件	光盘 \ 素材 \ 第 14 章 \ 市场分析 .pptx
	效果文件	光盘 \ 效果 \ 第 14 章 \ 市场分析 .pptx
	视频文件	光盘 \ 视频 \ 第 14 章 \14.1.2 设置幻灯片方向 .mp4

实战 市场分析

步骤 01 在 PowerPoint 2013 中，打开一个素材文件，如图 14-6 所示。

步骤 02 切换至“设计”面板，单击“自定义”选项板中的“幻灯片大小”下拉按钮，弹出列表框，选择“自定义幻灯片大小”选项，如图 14-7 所示。

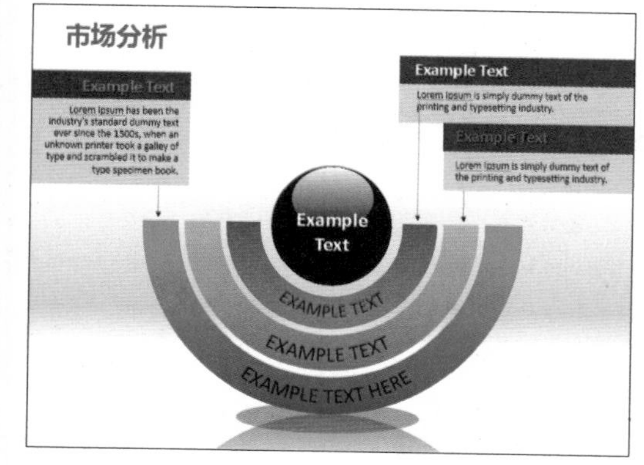

图 14-6 打开一个素材文件

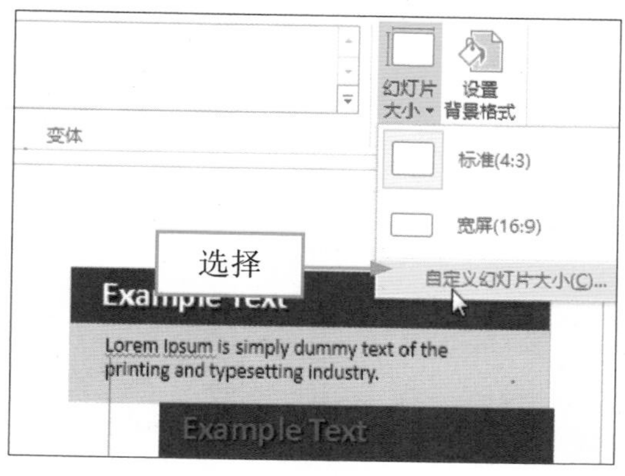

图 14-7 选择“自定义幻灯片大小”选项

步骤 03 弹出“幻灯片大小”对话框，在“方向”选项区中，选中“幻灯片”选项区中的“纵向”单选按钮，如图 14-8 所示。

步骤 04 单击“确定”按钮，弹出提示信息框，单击“确保适合”按钮，如图 14-9 所示。

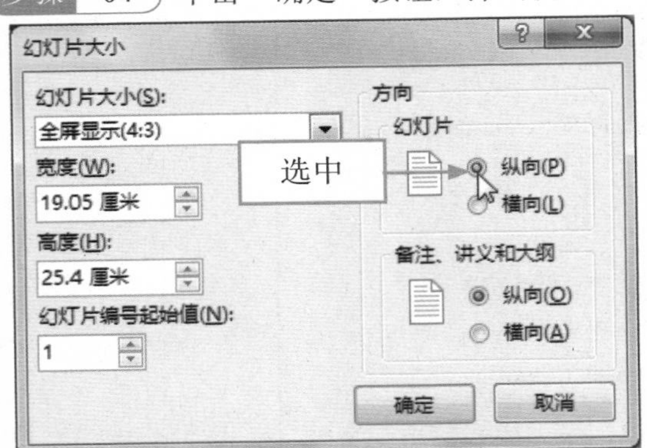

图 14-8 选中“纵向”单选按钮

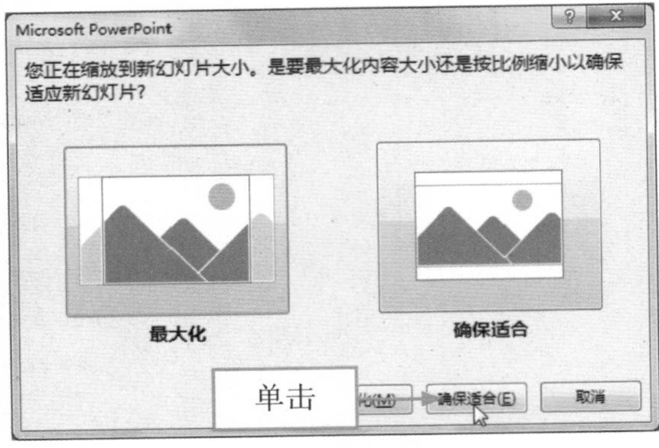

图 14-9 单击“确保适合”按钮

步骤 05 执行操作后，即可设置幻灯片方向，如图 14-10 所示。

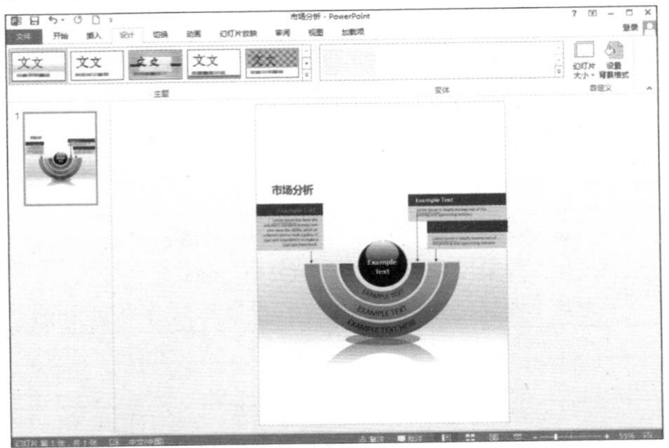

图 14-10 设置幻灯片方向

14.1.3 设置幻灯片编号起始值

设置文稿中幻灯片编号起始值，只需要打开“幻灯片大小”对话框，在“幻灯片编号起始值”数值框中输起始入幻灯片的编号，即可设置幻灯片编号的起始值，如图 14-11 所示。

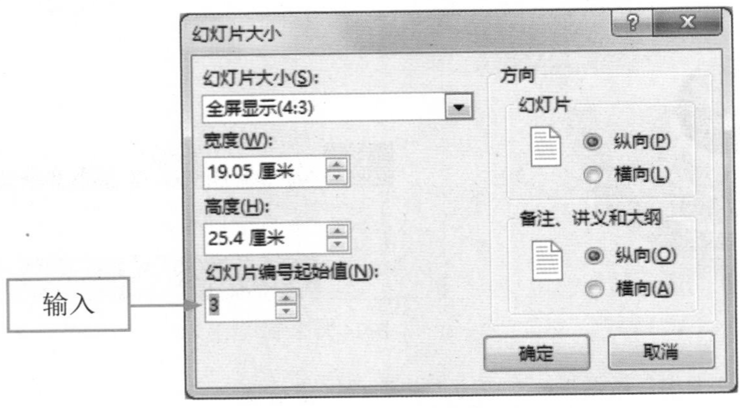

图 14-11 输入起始编号

专家指点

在"幻灯片大小"对话框中设置的起始编号，对整个演示文稿中的所有幻灯片、备注、讲义和大纲均有效。

14.1.4 设置幻灯片宽度和高度

在 PowerPoint 2013 中，用户还可以在调出的"页面设置"对话框中，设置幻灯片的宽度和高度。下面向读者介绍设置幻灯片宽度和高度的操作方法。

	素材文件	光盘 \ 素材 \ 第 14 章 \ 运动极限 .pptx
	效果文件	光盘 \ 效果 \ 第 14 章 \ 运动极限 .pptx
	视频文件	光盘 \ 视频 \ 第 14 章 \14.1.4 设置幻灯片宽度和高度 .mp4

实战 运动极限

步骤 01 在 PowerPoint 2013 中，打开一个素材文件，如图 14-12 所示。

步骤 02 切换至"设计"面板，单击"自定义"选项板中的"幻灯片大小"下拉按钮，在弹出的列表框中，选择"自定义幻灯片大小"选项，弹出"幻灯片大小"对话框，设置"宽度"为 28 厘米、"高度"为 16 厘米，如图 14-13 所示。

图 14-12 打开一个素材文件

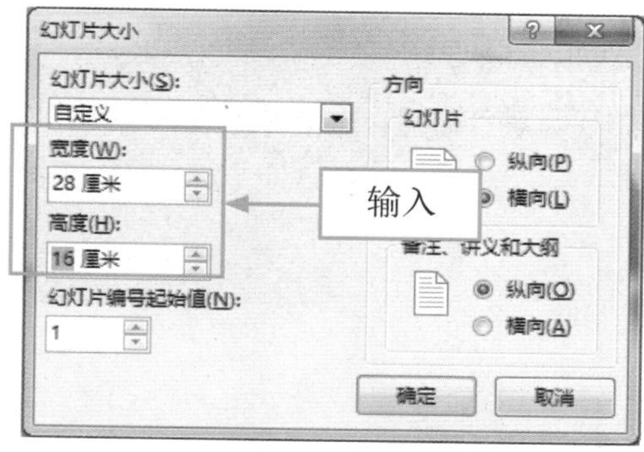

图 14-13 设置数值

步骤 03 单击"确定"按钮，弹出提示信息框，单击"确保适合"按钮，即可设置幻灯片宽度和高度，效果如图 14-14 所示。

图 14-14 设置幻灯片宽度和高度

14.2 打包演示文稿

PowerPoint 提供了多种保存、输出演示文稿的方法。用户可以将制作出来的演示文稿输出为多种样式，如将演示文稿打包，以网页、文件的形式输出等。

14.2.1 将演示文稿打包

要在没有安装 PowerPoint 的电脑上运行演示文稿，需要 Microsoft Office PowerPoint Viewer 的支持。默认情况下，在安装 PowerPoint 时，将自动安装 PowerPoint Viewer，因此可以直接使用“将演示文稿打包 CD”功能，从而将演示文稿以特殊的形式复制到可刻录光盘、网络或本地磁盘驱动器中，并在其中集成一个 PowerPoint Viewer，以便在任何电脑上都能进行演示。

	素材文件	光盘 \ 素材 \ 第 14 章 \ 网络的传输 .pptx
	效果文件	光盘 \ 效果 \ 第 14 章 \ 演示文稿 CD\ 网络的传输 .pptx
	视频文件	光盘 \ 视频 \ 第 14 章 \14.2.1 将演示文稿打包 .mp4

实战 网络的传输

步骤 01 在 PowerPoint 2013 中，打开一个素材文件，如图 14-15 所示。

步骤 02 单击“文件”|“导出”|“将演示文稿打包成 CD”|“打包成 CD”命令，如图 14-16 所示。

图 14-15 打开一个素材文件

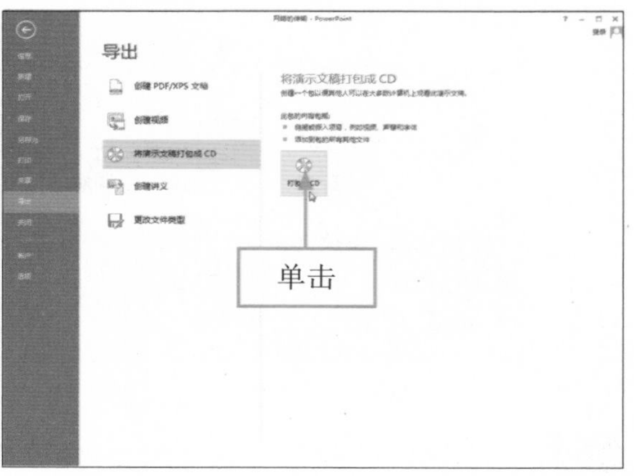

图 14-16 单击“打包成 CD”命令

步骤 03 弹出“打包成 CD”对话框，单击“复制到文件夹”按钮，如图 14-17 所示。

步骤 04 弹出“复制到文件夹”对话框，单击“浏览”按钮，如图 14-18 所示。

步骤 05 执行操作后，弹出“选择位置”对话框，在该对话框中选择需要保存的位置，如图 14-19 所示。

步骤 06 单击“选择”按钮，返回到“复制到文件夹”对话框，单击“确定”按钮，在弹出的信息提示框中，单击“是”按钮，弹出“正在将文件复制到文件夹”对话框，待演示文稿中的文件复制完成后，单击“打包成 CD”对话框中的“关闭”按钮，即可完成演示文稿的打包操作，在保存位置可查看打包 CD 的文件。

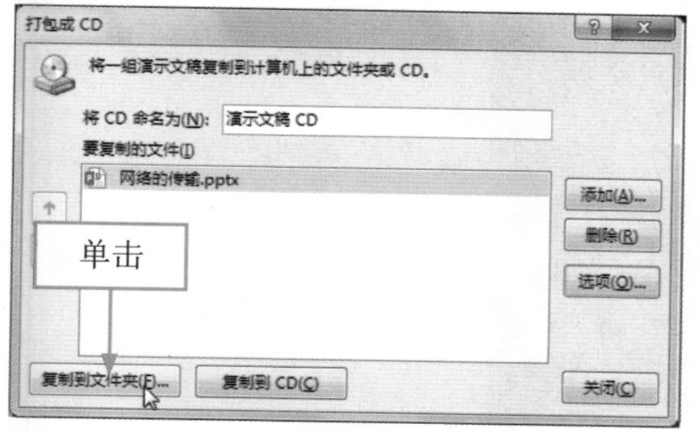

图 14-17 单击“复制到文件夹”按钮

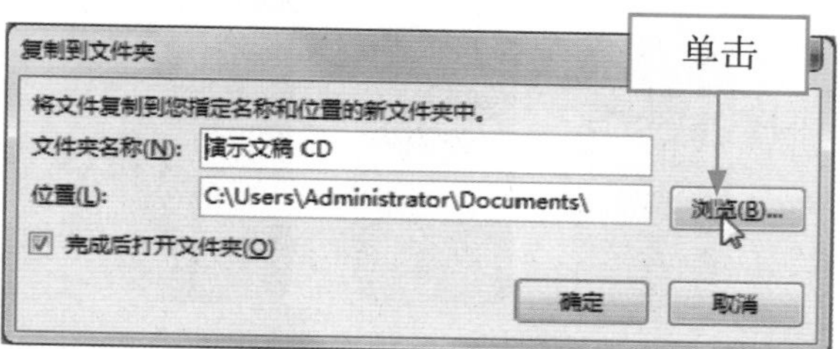

图 14-18 单击“浏览”按钮

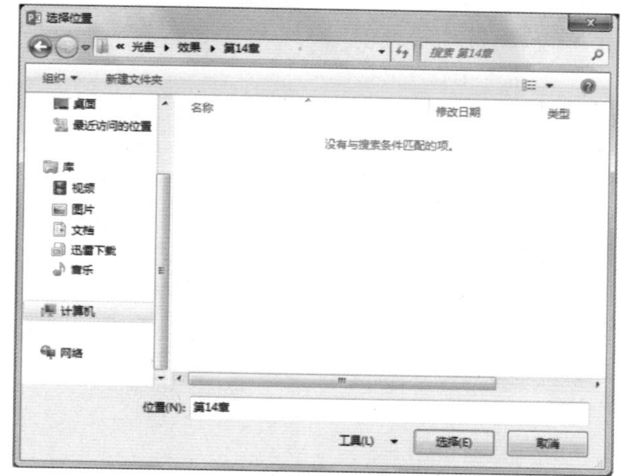

图 14-19 选择需要保存的位置

14.2.2 输出为图形文件

PowerPoint 支持将演示文稿中的幻灯片输出为 GIF、JPG、TIFF、BMP、PNG 以及 WMF 等格式的图形文件。

	素材文件	光盘 \ 素材 \ 第 14 章 \ 三个方面 .pptx
	效果文件	光盘 \ 效果 \ 第 14 章 \ 三个方面 \ 幻灯片 1.jpg、幻灯片 2.jpg、幻灯片 3.jpg
	视频文件	光盘 \ 视频 \ 第 14 章 \14.2.2 输出为图形文件 .mp4

实战 三个方面

步骤 01 在 PowerPoint 2013 中，打开一个素材文件，如图 14-20 所示。

步骤 02 单击“文件” | “导出” | “更改文件类型”命令，如图 14-21 所示。

步骤 03 在“更改文件类型”列表框中的“图片文件类型”选项区中，选择“JPEG 文件交换格式”选项，如图 14-22 所示。

步骤 04 单击“另存为”按钮，在弹出的“另存为”对话框中，选择相应的保存文件类型，如图 14-23 所示。

图 14-20 打开一个素材文件

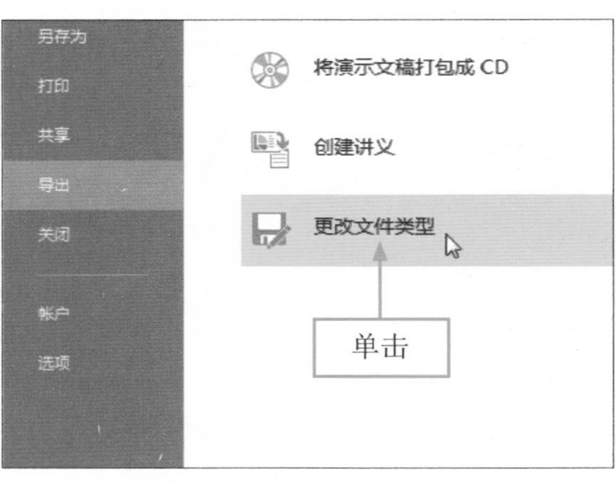

图 14-21 单击“更改文件类型”命令

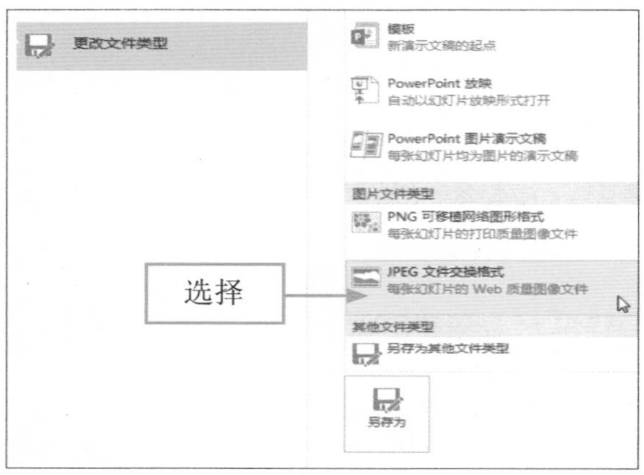

图 14-22 选择“JPEG 文件交换格式”选项

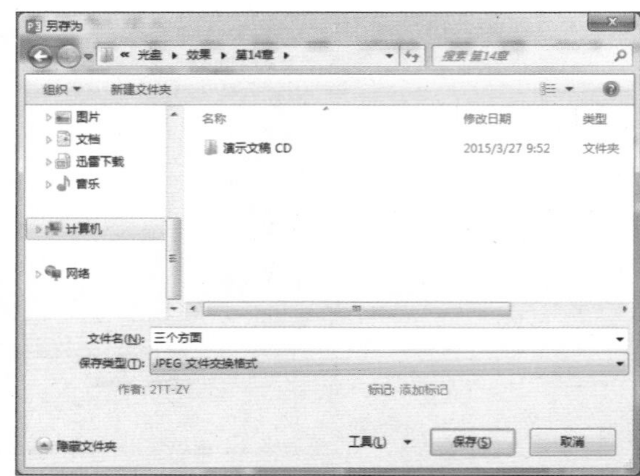

图 14-23 选择相应的保存文件类型

步骤 05 单击“保存”按钮后，弹出信息提示框，单击“所有幻灯片”按钮，如图 14-24 所示。

图 14-24 单击“所有幻灯片”按钮

步骤 06 执行操作后，弹出信息提示框，单击“确定”按钮，如图 14-25 所示。

图 14-25 单击“确定”按钮

步骤 07 执行操作后，即可输出演示文稿为图形文件，打开所存储的文件夹，可查看输出的图像文件，如图 14-26 所示。

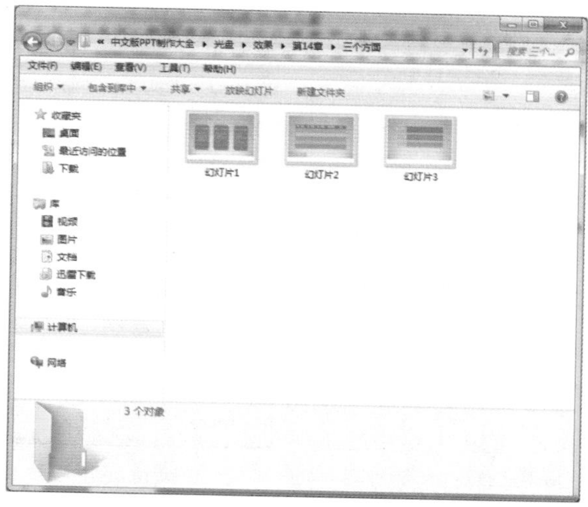

图 14-26 查看输出的图像文件

14.2.3 输出为放映文件

在 PowerPoint 中经常用到的输出格式还有幻灯片放映文件格式。幻灯片放映是将演示文稿保存为总是以幻灯片放映的形式打开的演示文稿，每当打开该类型文件，PowerPoint 将自动切换到幻灯片放映状态，而不会出现 PowerPoint 编辑窗口。

素材文件	光盘 \ 素材 \ 第 14 章 \ 水晶圆角柱形 .pptx
效果文件	光盘 \ 效果 \ 第 14 章 \ 水晶圆角柱形 .ppsx
视频文件	光盘 \ 视频 \ 第 14 章 \14.2.3 输出为放映文件 .mp4

实战 水晶圆角柱形

步骤 01 在 PowerPoint 2013 中，打开一个素材文件，如图 14-27 所示。

步骤 02 单击“文件”|“导出”|“更改文件类型”命令，如图 14-28 所示。

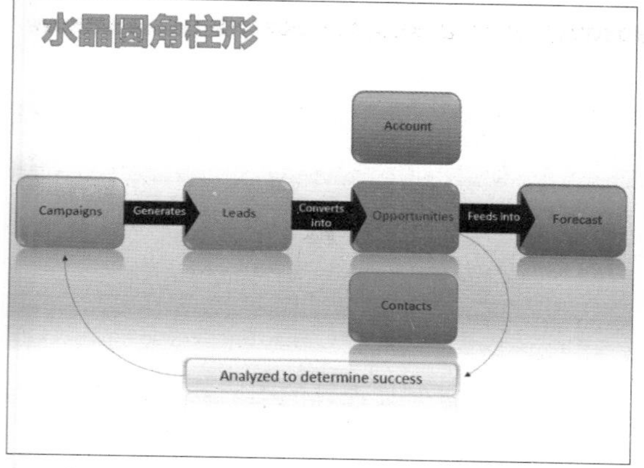

图 14-27 打开一个素材文件

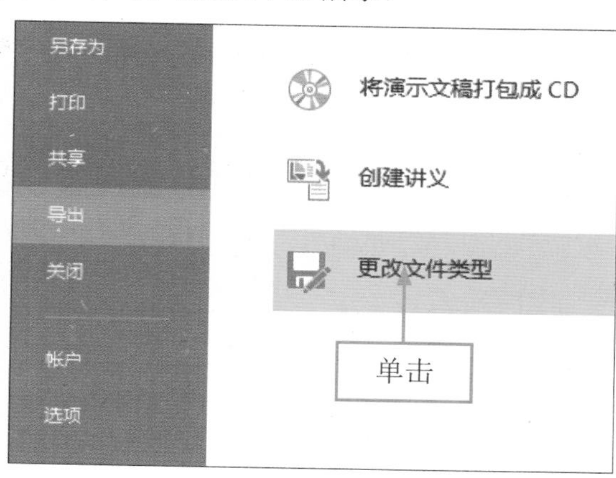

图 14-28 单击“更改文件类型”命令

步骤 03 在“更改文件类型”列表框中的“演示文稿文件类型”选项区中，选择“PowerPoint 放映”选项，如图 14-29 所示。

步骤 04 单击“另存为”按钮，弹出“另存为”对话框，选择需存储的文件类型，如图 14-30 所示。

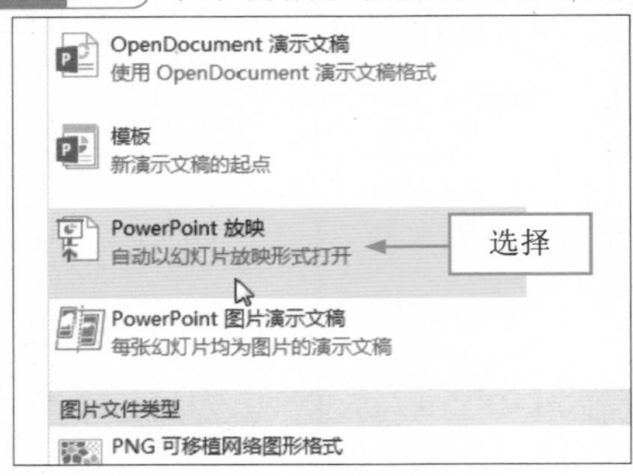

图 14-29 选择“JPEG 文件交换格式”选项

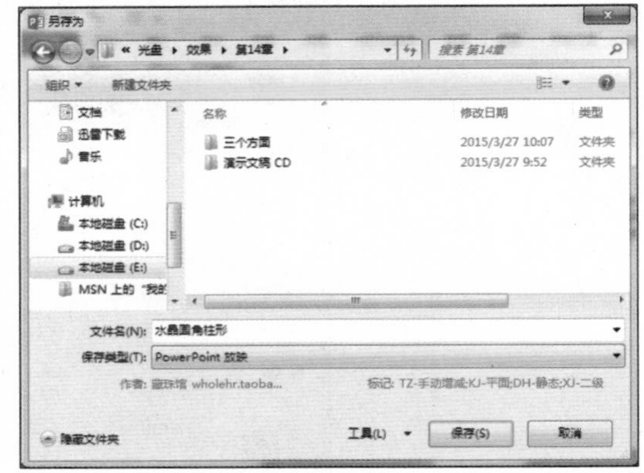

图 14-30 选择需存储的文件类型

步骤 05 单击“保存”按钮，即可输出文件，打开所存储的文件夹，可查看输出的图像文件，如图 14-31 所示。

步骤 06 在保存的文件夹中双击文件，即可放映文件，如图 14-32 所示。

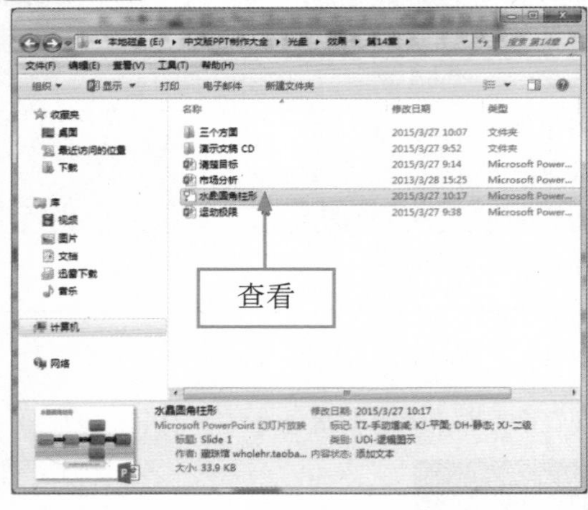

图 14-31 查看输出的图像文件

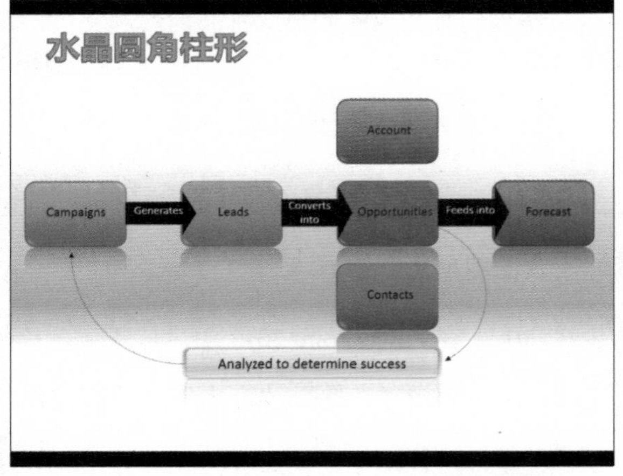

图 14-32 放映文件

14.3 打印演示文稿

在 PowerPoint 2013 中，可以将制作好的演示文稿打印出来。在打印时，根据不同的目的将演示文稿打印为不同的形式，常用的打印稿形式有幻灯片、讲义、备注和大纲视图。

14.3.1 设置打印选项

在 PowerPoint 2013 中的“打印预览”面板中，用户可以根据制作课件的实际需要设置打印选项。下面向读者介绍设置打印选项的操作方法。

	素材文件	光盘 \ 素材 \ 第 14 章 \ 火红的秋 .pptx
	效果文件	无
	视频文件	光盘 \ 视频 \ 第 14 章 \14.3.1 设置打印选项 .mp4

实战 火红的秋

步骤 01 在 PowerPoint 2013 中，打开一个素材文件，如图 14-33 所示。

步骤 02 单击“文件”|“打印”命令，如图 14-34 所示。

图 14-33 打开一个素材文件

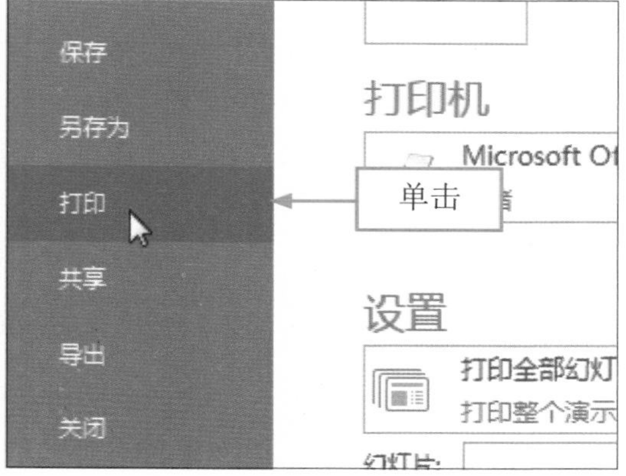

图 14-34 单击“打印”命令

步骤 03 切换至“打印”选项卡，即可预览打印效果，如图 14-35 所示。

步骤 04 在“设置”选项区中，单击“打印全部幻灯片”下拉按钮，在弹出的列表框中，选择“打印全部幻灯片”选项，如图 14-36 所示。

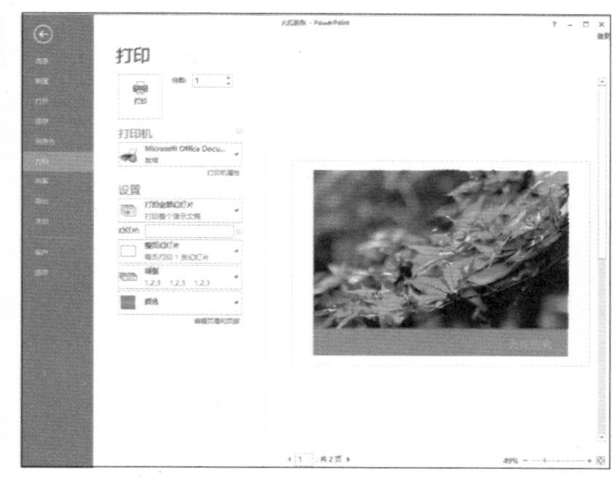

图 14-35 预览打印效果

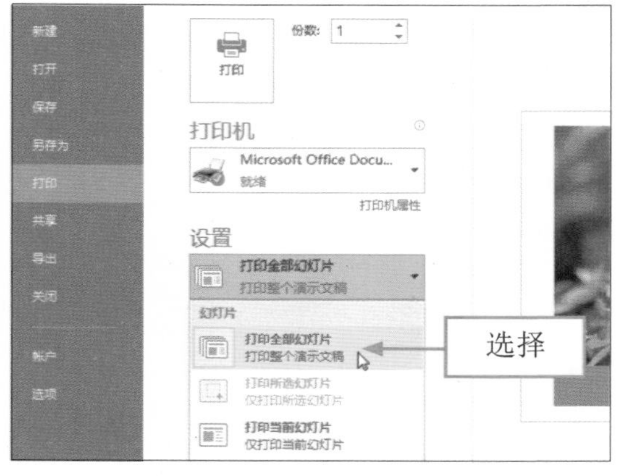

图 14-36 选择“打印全部幻灯片”选项

专家指点

单击“打印全部幻灯片”下拉按钮，在弹出的列表框中，用户还可以选择“自定义范围”，将需要的某一特定的幻灯片进行打印。

步骤 05 单击“打印”按钮，即可打印幻灯片。

14.3.2 设置打印内容

设置打印内容是指打印幻灯片、讲义、备注或是大纲视图，单击“页面设置”选项板中的“打印内容”按钮，在弹出的列表框中用户可以根据自己的需求选择打印的内容。

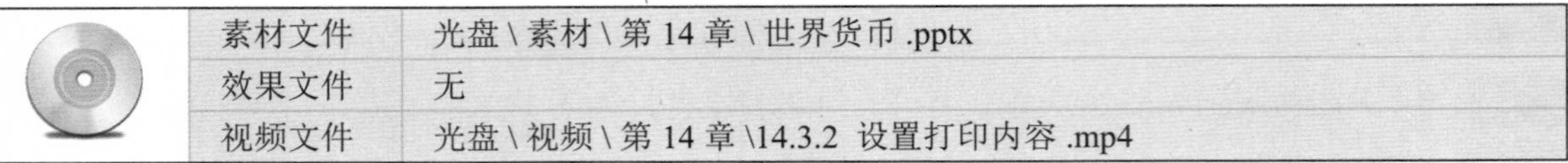

	素材文件	光盘 \ 素材 \ 第 14 章 \ 世界货币 .pptx
	效果文件	无
	视频文件	光盘 \ 视频 \ 第 14 章 \14.3.2 设置打印内容 .mp4

实战 世界货币

步骤 01 在 PowerPoint 2013 中，打开一个素材文件，如图 14-37 所示。

步骤 02 单击“文件”|“打印”命令，切换至“打印”选项卡，如图 14-38 所示。

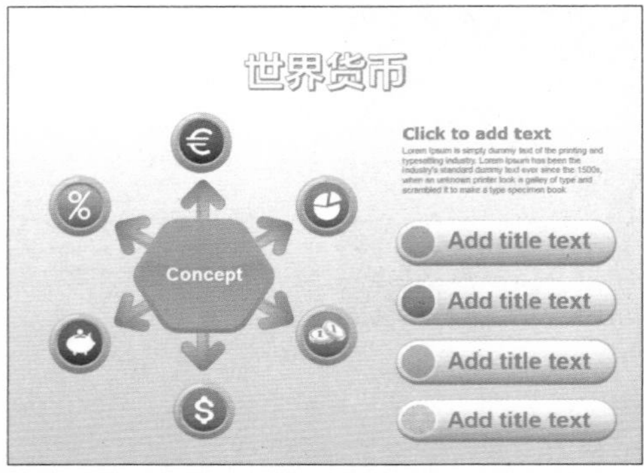

图 14-37 打开一个素材文件

图 14-38 切换至“打印”选项卡

步骤 03 在“设置”选项区中，单击“整页幻灯片”下拉按钮，弹出列表框，在“讲义”选项区中，选择“2 张幻灯片”选项，如图 14-39 所示。

步骤 04 执行操作后，即可显示 2 张竖排放置的幻灯片，如图 14-40 所示。

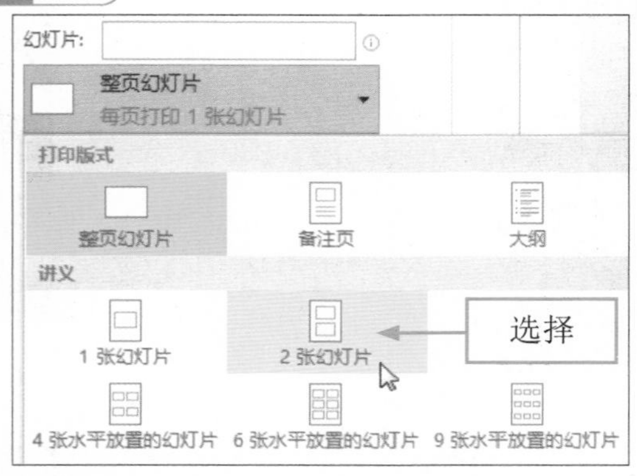

图 14-39 选择“2 张幻灯片”选项

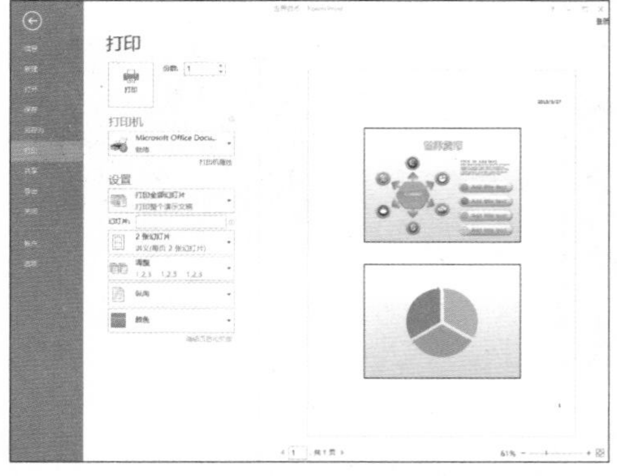

图 14-40 显示预览

专家指点

单击“整页幻灯片”下拉按钮，弹出列表框，打印页面会根据用户选择的幻灯片数量，自行设置好版式。

14.3.3 设置幻灯片边框

设置打印边框是指给需要打印的内容添加边框。

	素材文件	光盘 \ 素材 \ 第 14 章 \ 植物 .pptx
	效果文件	无
	视频文件	光盘 \ 视频 \ 第 14 章 \14.3.3 设置幻灯片边框 .mp4

实战 植物

步骤 01 在 PowerPoint 2013 中，打开一个素材文件，如图 14-41 所示。

步骤 02 单击“文件”|“打印”命令，切换至“打印”选项卡，单击“整页幻灯片”下拉按钮，在弹出的列表框中，选择“幻灯片加框”选项，如图 14-42 所示。

图 14-41 打开一个素材文件

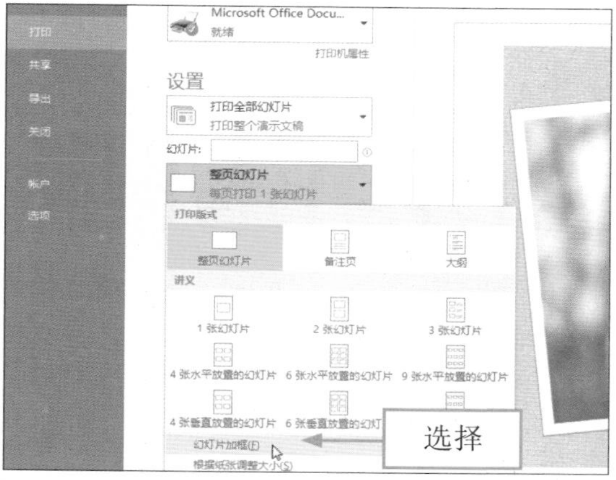

图 14-42 选择“幻灯片加框”选项

步骤 03 执行操作后，即可为幻灯片添加边框，如图 14-43 所示。

图 14-43 为幻灯片添加边框

14.3.4 打印当前演示文稿

在 PowerPoint 2013 中，用户可以根据需要，打印当前演示文稿。下面向读者介绍打印当前演示文稿的操作方法。

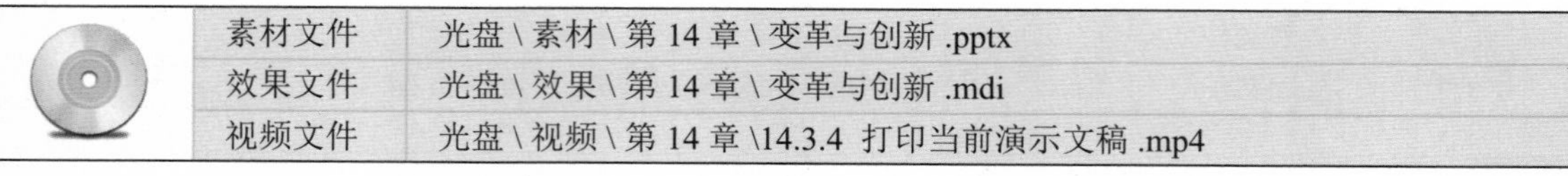

素材文件	光盘 \ 素材 \ 第 14 章 \ 变革与创新 .pptx
效果文件	光盘 \ 效果 \ 第 14 章 \ 变革与创新 .mdi
视频文件	光盘 \ 视频 \ 第 14 章 \14.3.4 打印当前演示文稿 .mp4

实战 变革与创新

步骤 01 在 PowerPoint 2013 中，打开一个素材文件，如图 14-44 所示。

步骤 02 单击“文件”|“打印”命令，切换至“打印”选项卡，单击“打印全部幻灯片”下拉按钮，在弹出的列表框中，选择“打印当前幻灯片”选项，如图 14-45 所示。

图 14-44 打开一个素材文件

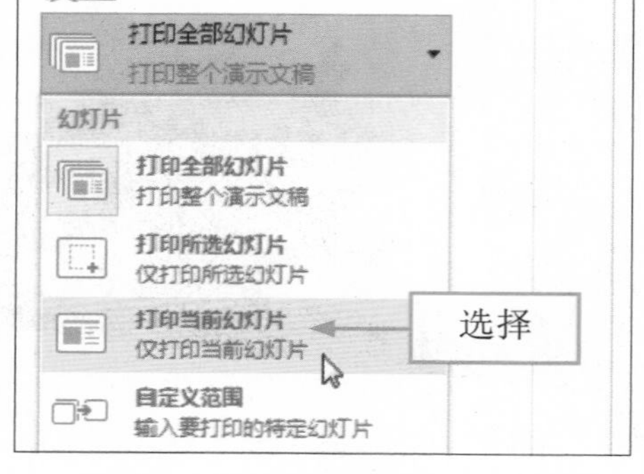

图 14-45 选择“打印当前幻灯片”选项

步骤 03 执行操作后，在“打印”选项区中，单击“打印”按钮，如图 14-46 所示。

步骤 04 弹出“另存为”对话框，单击“保存”按钮，即可将打印的演示文稿进行保存，如图 14-47 所示。

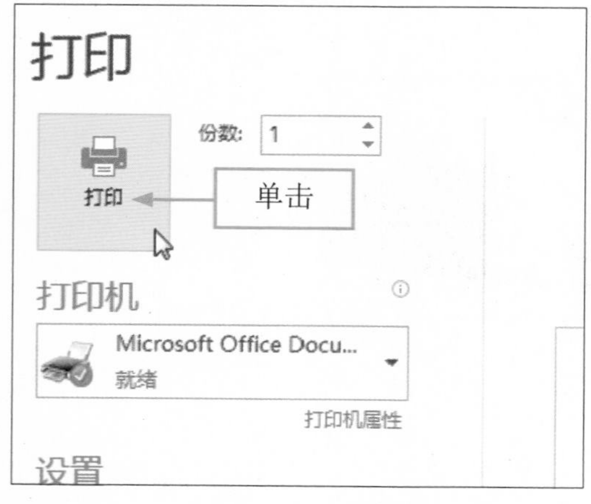

图 14-46 单击“打印”按钮

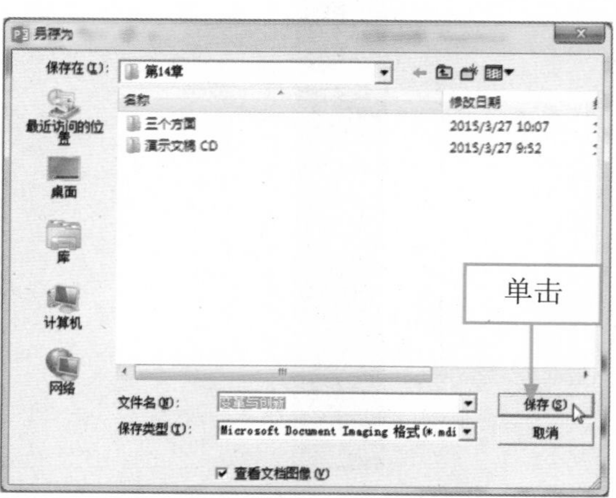

图 14-47 单击“保存”按钮

14.3.5 打印多份演示文稿

在 PowerPoint 2013 中，用户如果需要将在幻灯片中制作的课件打印多份，则可以在“副本”右侧的文本框中，设置相应的数值即可，具体操作方法如下。

	素材文件	光盘 \ 素材 \ 第 14 章 \ 立体效果 .pptx
	效果文件	无
	视频文件	光盘 \ 视频 \ 第 14 章 \14.3.5 打印多份演示文稿 .mp4

实战 立体效果

步骤 01 在 PowerPoint 2013 中，打开一个素材文件，如图 14-48 所示。

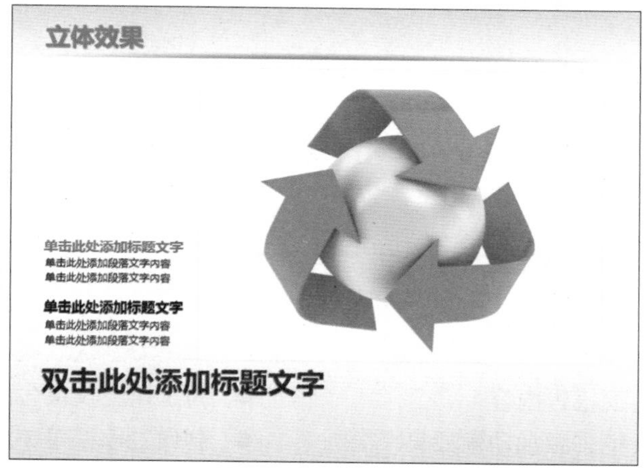

图 14-48 打开一个素材文件

步骤 02 单击“文件”|“打印”命令，切换至“打印”选项卡，单击“份数”右侧的三角形按钮，即可设置打印份数，如图 14-49 所示。

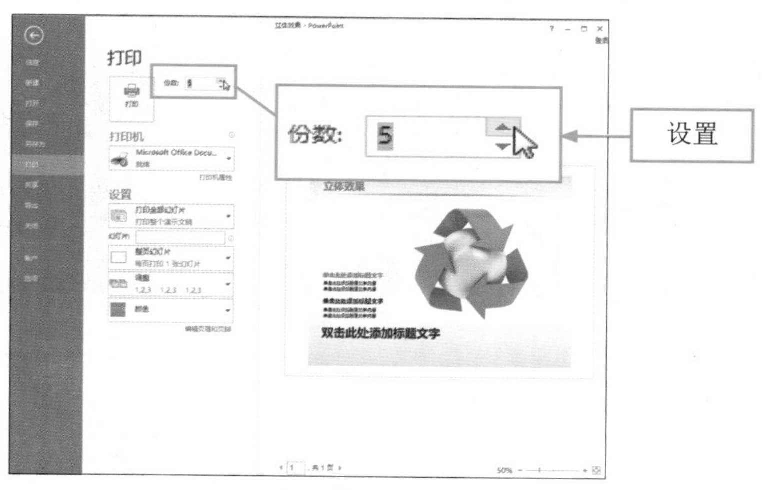

图 14-49 设置打印份数

步骤 03 单击“打印”按钮，即可打印多份演示文稿。

工作应用案例

学习提示

运用 PPT 制作精美的工作应用模板，可以让职场白领们更加清晰、有秩序地安排每日的工作，系统化、条理化地制定计划、总结等。本章主要向读者介绍工作会议、汇报模板以及公司简介的操作方法。

本章案例导航

- 制作工作会议报告内容
- 为工作会议报告添加动画效果
- 制作工作汇报模板其他幻灯片
- 制作公司简介首页
- 为公司简介添加动画效果
- 为工作会议报告添加超链接
- 制作工作汇报模板首页
- 为工作汇报模板添加动画效果
- 制作公司简报其他幻灯片

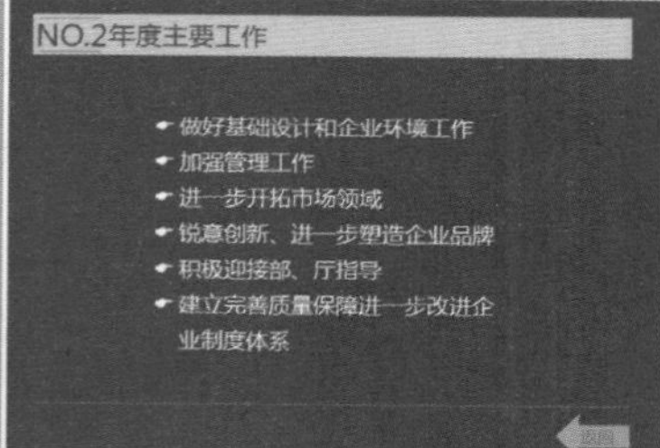

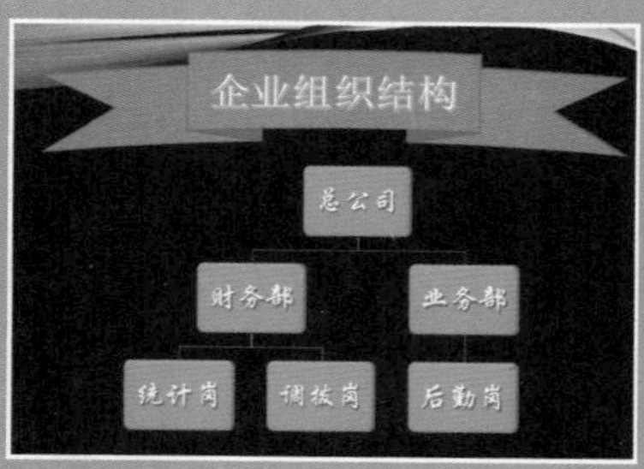

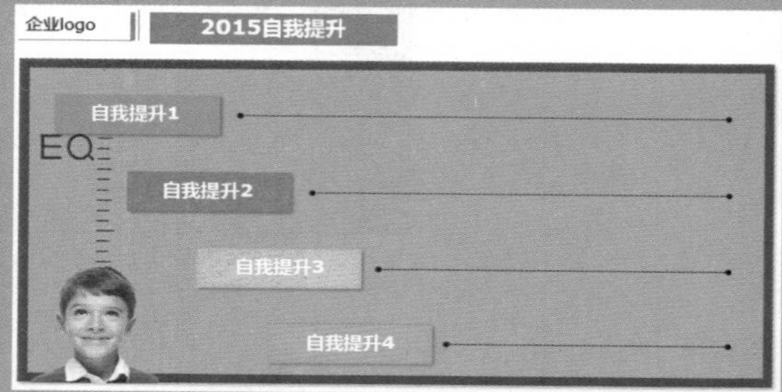

15.1 工作会议报告

工作会议报告是日常办公中最常见的办公应用，本实例的最终效果如图 15-1 所示。

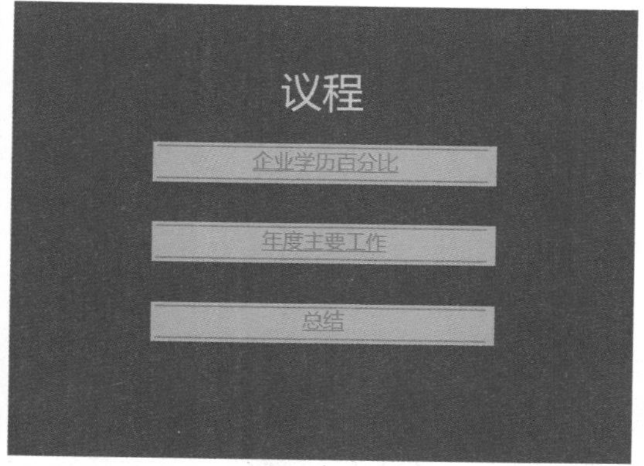

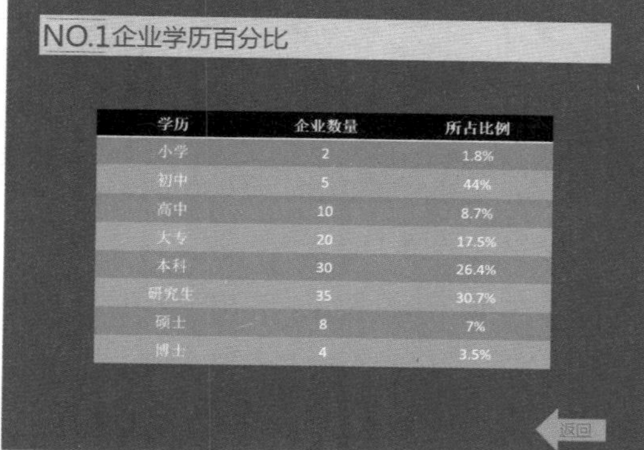

学历	企业数量	所占比例
小学	2	1.8%
初中	5	44%
高中	10	8.7%
大专	20	17.5%
本科	30	26.4%
研究生	35	30.7%
硕士	8	7%
博士	4	3.5%

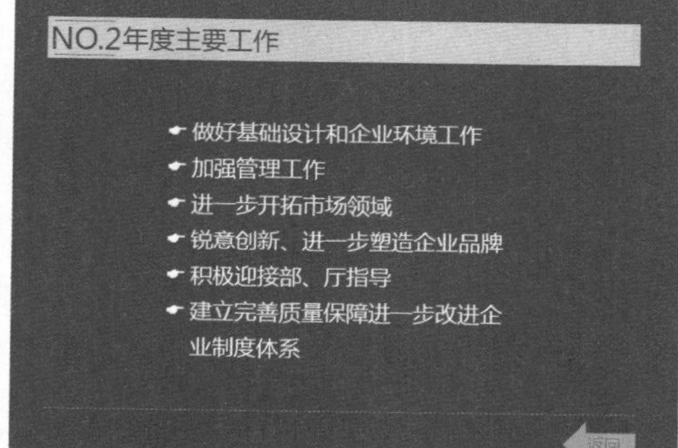

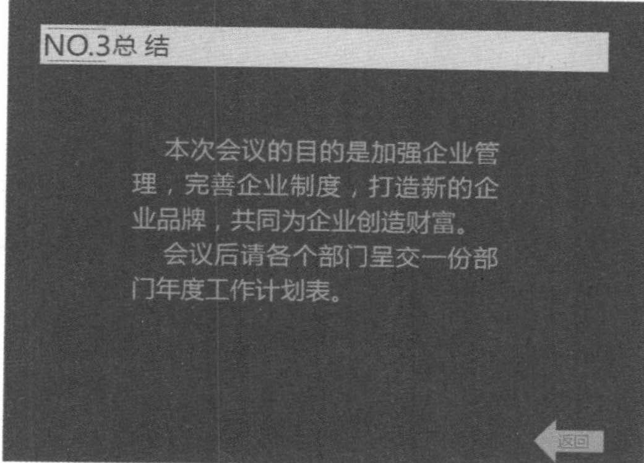

图 15-1 工作会议报告

	素材文件	光盘 \ 素材 \ 第 15 章 \ 工作会议报告 \ 演示文稿 .pptx、2015.tif、美康集团 .tif
	效果文件	光盘 \ 效果 \ 第 15 章 \ 工作会议报告 .pptx
	视频文件	光盘 \ 视频 \ 第 15 章 \15.1.1 制作工作会议报告内容 .mp4、15.1.2 为工作会议报告添加超链接 .mp4、15.1.3 为工作会议报告添加动画效果 .mp4

15.1.1 制作工作会议报告内容

制作工作汇报模板首页的具体操作步骤如下。

步骤 01 在 Power Point 2013 中，打开演示文稿，如图 15-2 所示。

步骤 02 进入第 1 张幻灯片，切换至“插入”面板，在“图像”选项板中单击“图片”按钮，在弹出的“插入图片”对话框中选择相应图片，单击“插入”按钮，并调整图片的大小和位置，如图 15-3 所示。

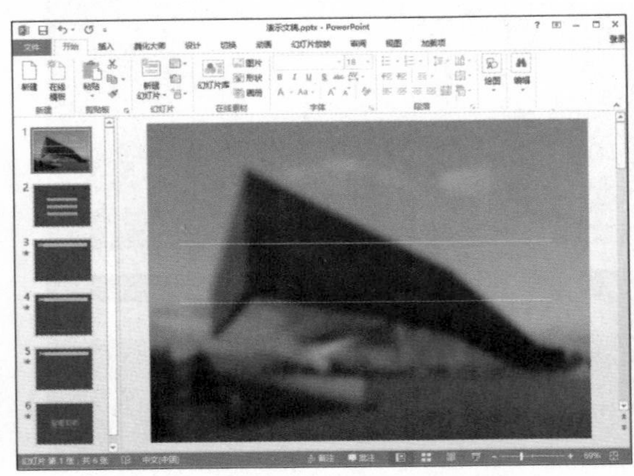

图 15-2 打开演示文稿

图 15-3 插入图片

步骤 03 在“插入”面板的“文本”选项板中单击“文本框”下拉按钮，弹出列表框，选择“横排文本框”选项，如图 15-4 所示。

步骤 04 在幻灯片中的合适位置绘制一个文本框，输入文本“美康集团”，并设置“字体”为“隶书”、“字号”为 42、“字体颜色”为“白色”、“段落”为居中；用与上相同的方法，再输入文本“工作会议报告”，并设置“字体”为“微软雅黑”、“字号”为 48、“字体颜色”为“浅黄”（R：253；G：214；B：103）、“段落”为居中，如图 15-5 所示。

图 15-4 选择“横排文本框”选项

图 15-5 输入相应文本

步骤 05 在“插入”面板的“图像”选项板中，单击“图片”按钮，在弹出的“插入图片”对话框中选择相应图片，单击“插入”按钮，并调整图片的大小和位置，如图 15-6 所示。

步骤 06 进入第 2 张幻灯片，在幻灯片中的合适位置绘制一个文本框，输入文本“议程”，并设置“字体”为“微软雅黑”、“字号”为 48、“字体颜色”为“浅黄”（R：253；G：214；B：103）、“段落”为居中，如图 15-7 所示。

图 15-6 插入图片

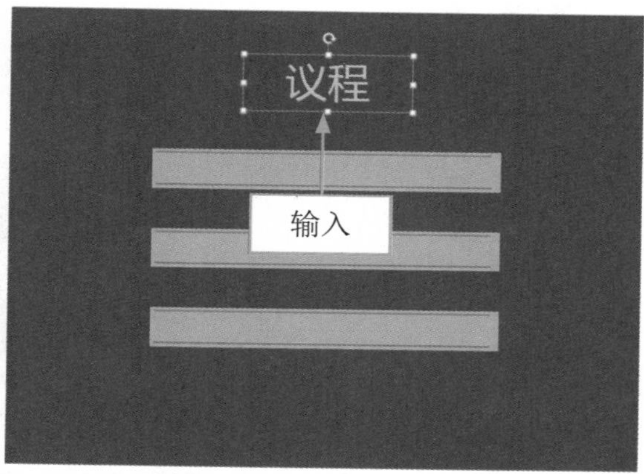

图 15-7 输入相应文本

步骤 07 在绿色区域上分别绘制文本框，输入文本“企业学历百分比”、“年度主要工作”、“总结”，并设置“字体”为“微软雅黑”、“字号”为 24、“字体颜色”为“白色”、“段落”为居中，如图 15-8 所示。

步骤 08 进入第 3 张幻灯片，在幻灯片的合适位置，绘制一个文本框，输入文本“企业学历百分比”，并设置“字体”为“微软雅黑”、“字号”为 28、“字体颜色”为“蓝灰”（R：43；G：62；B：77），如图 15-9 所示。

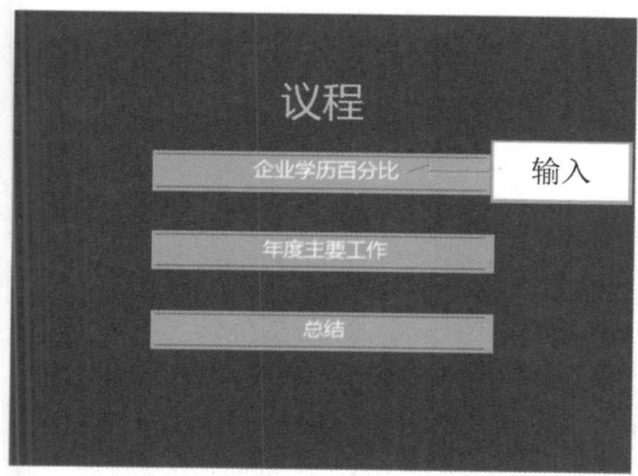

图 15-8 输入文本

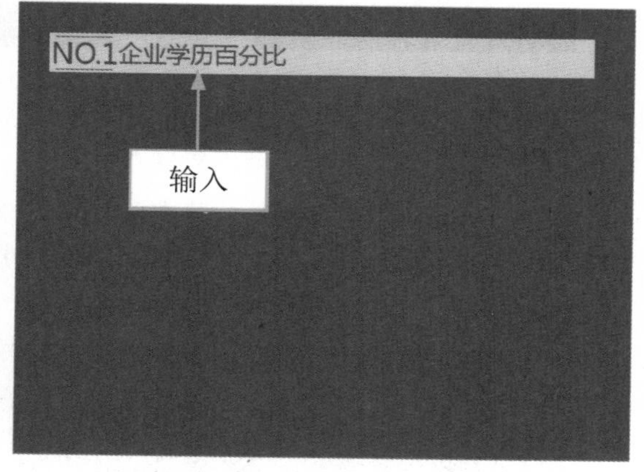

图 15-9 输入文本

步骤 09 切换至“插入”面板，在“表格”选项板中单击“表格”下拉按钮，在弹出的列表框中选择“插入表格”选项，如图 15-10 所示。

步骤 10 弹出“插入表格”对话框，设置“列数”为 3、“行数”为 9，如图 15-11 所示。

步骤 11 单击“确定”按钮，即可在幻灯片中插入表格，如图 15-12 所示，在单元格中输入相应内容，设置表格的“字体”为“微软雅黑”、“字号”为 15、“段落”为“居中”。

步骤 12 双击表格，切换至“表格工具”中的“设计”面板，单击“表格样式”选项板中的“其他”下拉按钮，在弹出的列表框中选择“深色样式 1- 强调 3”选项，如图 15-13 所示。

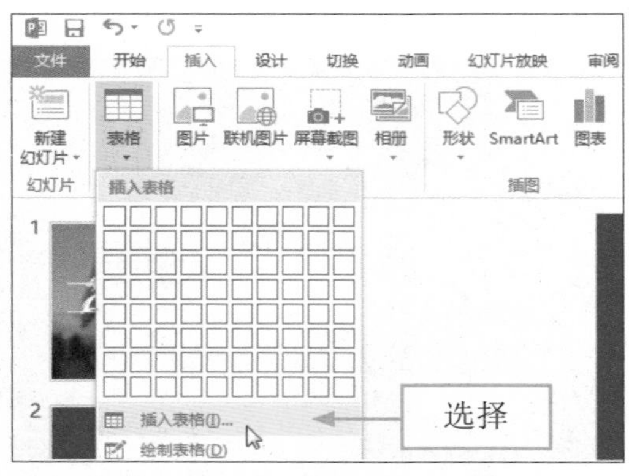

图 15-10 选择“插入表格”选项

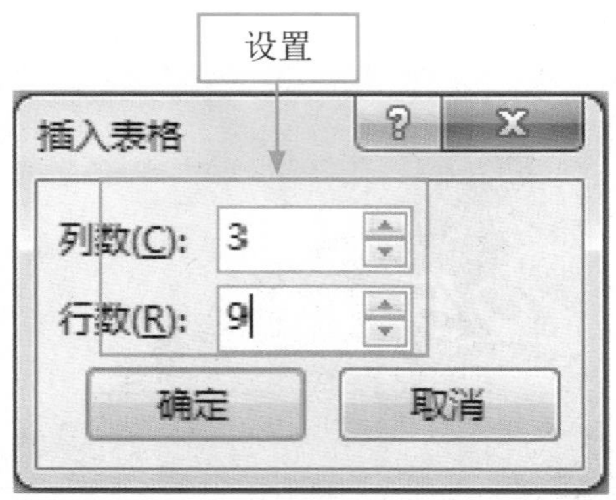

图 15-11 输入各数值

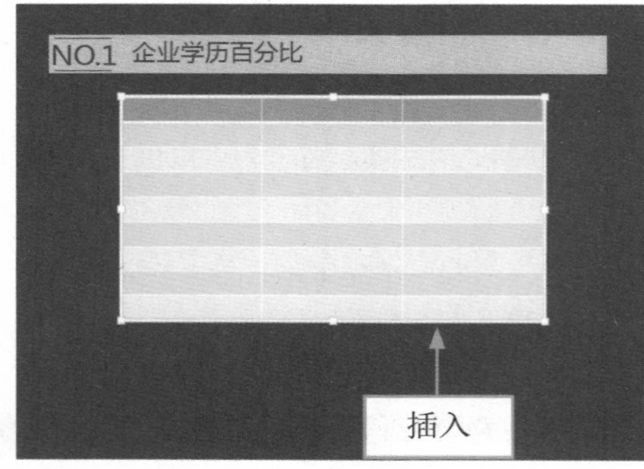

图 15-12 插入表格

图 15-13 选择“深色样式 1- 强调 3”选项

步骤 13 执行操作后，即可设置表格样式，效果如图 15-14 所示。

步骤 14 进入第 4 张幻灯片，在幻灯片的合适位置，绘制一个文本框，输入文本“年度主要工作”，并设置“字体”为“微软雅黑”、“字号”为 28、“字体颜色”为“蓝灰”（R：43；G：62；B：77），如图 15-15 所示。

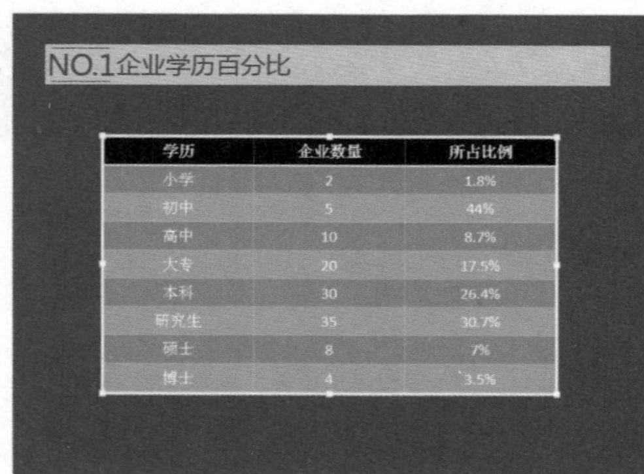

学历	企业数量	所占比例
小学	2	1.8%
初中	5	44%
高中	10	8.7%
大专	20	17.5%
本科	30	26.4%
研究生	35	30.7%
硕士	8	7%
博士	4	3.5%

图 15-14 设置表格样式

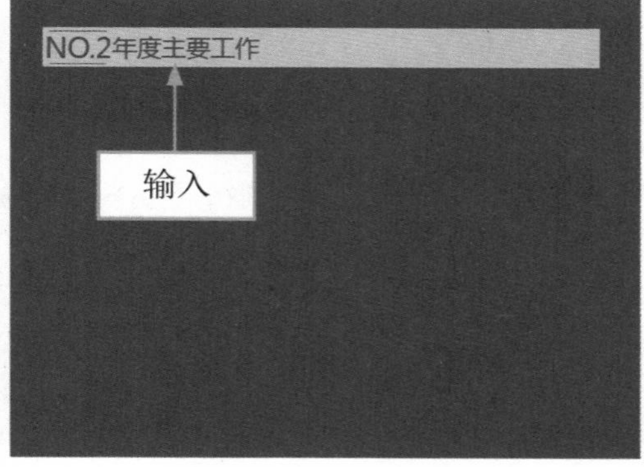

图 15-15 输入文本

步骤 15 在幻灯片中的合适位置，绘制一个横排文本框，输入相应文本，设置“字体”为“微软雅黑”、“字号”为24、“字体颜色”为“白色”，选中文本，在“段落”选项板中单击“项目符号”右侧的下拉按钮，选择“项目符号和编号”选项，在弹出的对话框中，选择自定义符号，如图15-16所示。

步骤 16 执行操作后，即可添加项目符号，效果如图15-17所示。

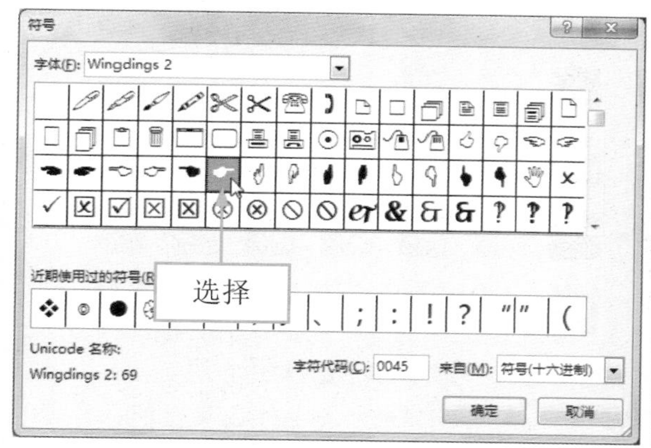

图15-16 选择相应选项

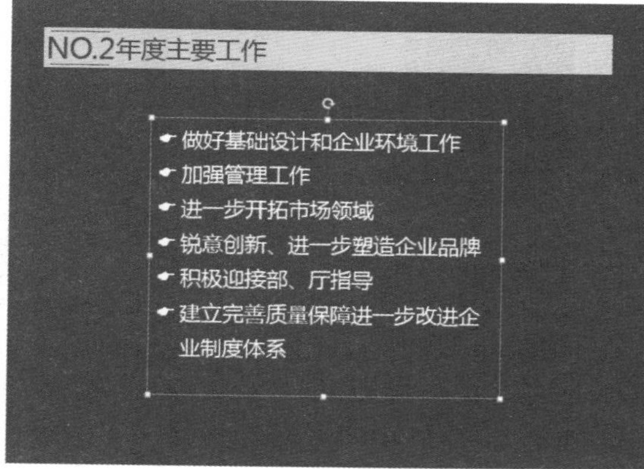

图15-17 添加项目符号

步骤 17 进入第5张幻灯片，在幻灯片的合适位置，绘制一个文本框，输入文本“总结”，并设置“字体”为“微软雅黑”、“字号”为28、“字体颜色”为“蓝灰”（R：43；G：62；B：77），如图15-18所示。

步骤 18 绘制一个横排文本框，输入相应文本，并设置“字体”为“微软雅黑”、“字号”为28、“字体颜色”为“水绿色”（R：73G：188B：207）；单击“段落”按钮，弹出“段落”对话框，设置“特殊格式”为“首行缩进，1.27厘米”、“行距”为“固定值，40磅”，单击“确定”按钮，效果如图15-19所示。

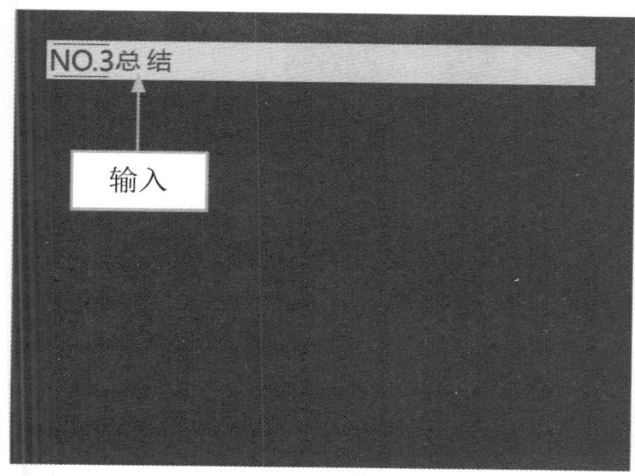

图15-18 输入文本

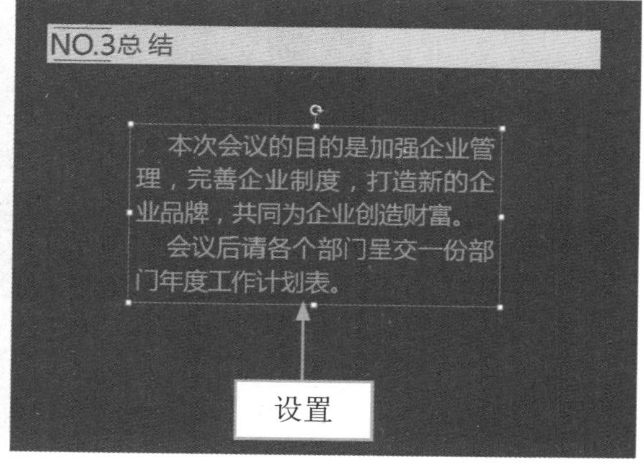

图15-19 设置文本属性

步骤 19 进入第3张幻灯片，切换至“插入”面板，在“插图”选项板中单击“形状”下拉按钮，在弹出的列表框中选择“左箭头”选项，如图15-20所示。

步骤 20 在幻灯片中的合适位置绘制一个箭头形状，双击箭头形状，切换至“绘图工具”中的“格式”面板，在“形状样式”选项板中单击“其他”下拉按钮，在弹出的列表框中选择“彩色填充 - 灰度 50%，强调颜色 3”选项，如图 15-21 所示。

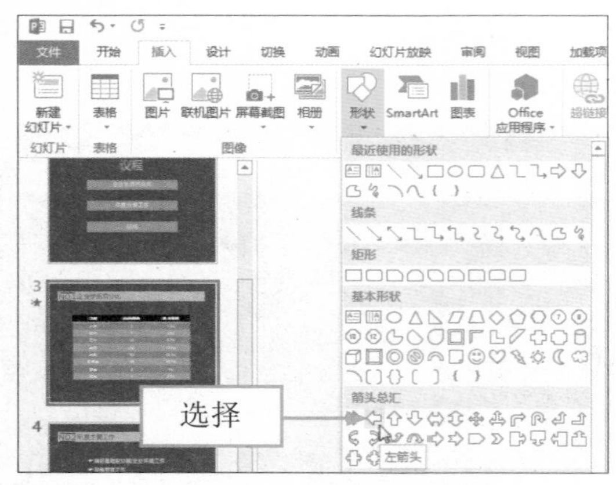

图 15-20 选择“左箭头”选项

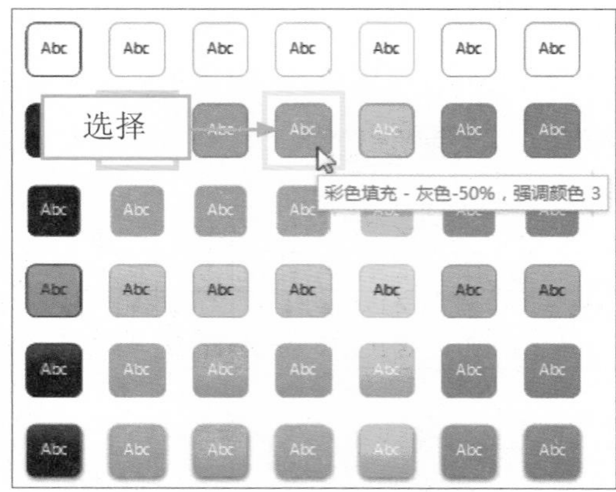

图 15-21 选择相应选项

步骤 21 执行操作后，即可设置形状样式，在形状上单击鼠标右键，在弹出的快捷菜单中选择“编辑文字”选项，在形状上输入“返回”文本，并设置“字体”为“微软雅黑”、“字号”为 18、“字体颜色”为“白色”，如图 15-22 所示。

步骤 22 执行操作后，即可在图形中添加文本。

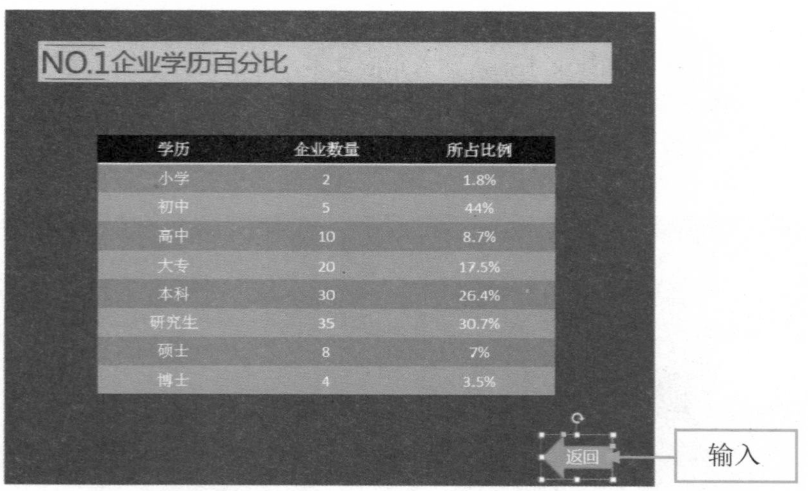

图 15-22 输入“返回”文本

15.1.2 为工作会议报告添加超链接

为工作会议报告添加超链接的具体操作步骤如下。

步骤 01 进入第 3 张幻灯片，选中“返回”文本，切换至“插入”面板，在“链接”选项板中单击“超链接”按钮，弹出“插入超链接”对话框，在“链接到”选项区中单击“本文档中的位置”按钮，在中间的“请选择文档中的位置”列表框中选择相应选项，如图 15-23 所示。

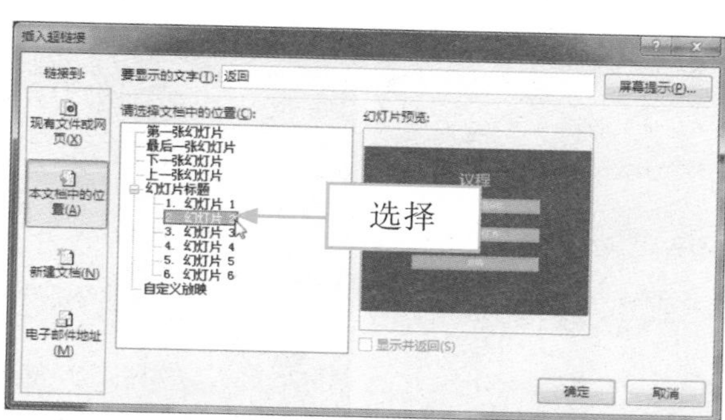

图 15-23 选择相应选项

步骤 02 单击“确定”按钮，即可添加链接，将第 3 张幻灯片中的形状分别复制到第 4 张和第 5 张幻灯片中合适的位置，如图 15-24 所示。

步骤 03 进入第 2 张幻灯，在选中的“企业学历百分比”文本中单击鼠标右键，在弹出的快捷菜单中选择“超链接”选项，如图 15-25 所示。

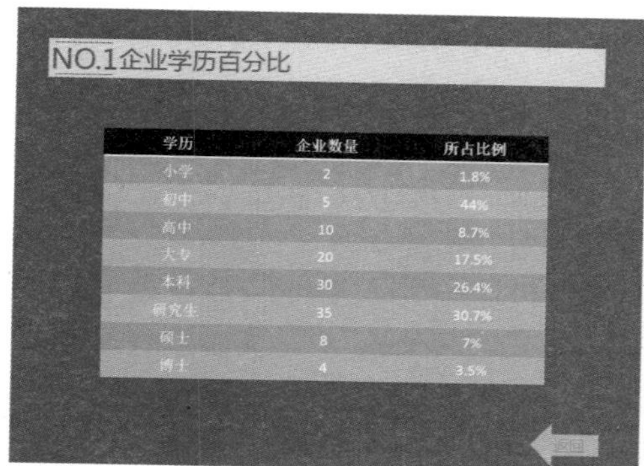

学历	企业数量	所占比例
小学	2	1.8%
初中	5	44%
高中	10	8.7%
大专	20	17.5%
本科	30	26.4%
研究生	35	30.7%
硕士	8	7%
博士	4	3.5%

图 15-24 添加超链接

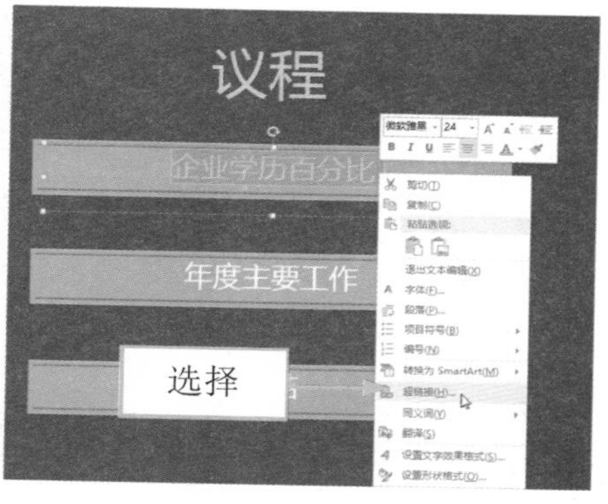

图 15-25 选择“超链接”选项

步骤 04 弹出“插入超链接”对话框，在“请选择文档中的位置”列表框中选择相应选项，如图 15-26 所示。

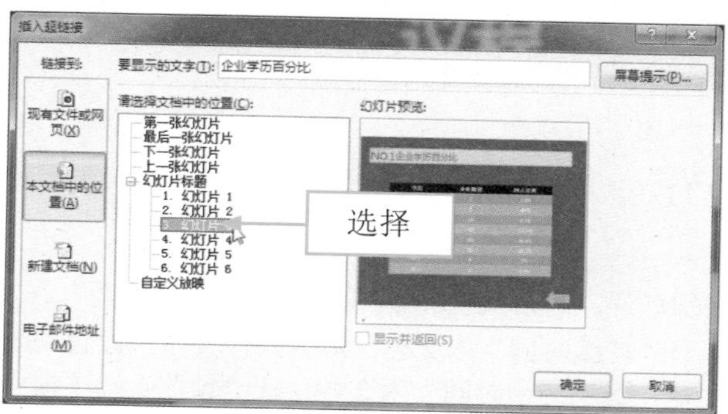

图 15-26 选择相应选项

步骤 05 单击“确定”按钮，即可添加超链接，如图 15-27 所示。

步骤 06 用与上同样的方法，为幻灯片中的其他文本设置超链接，效果如图 15-28 所示。

图 15-27 添加超链接

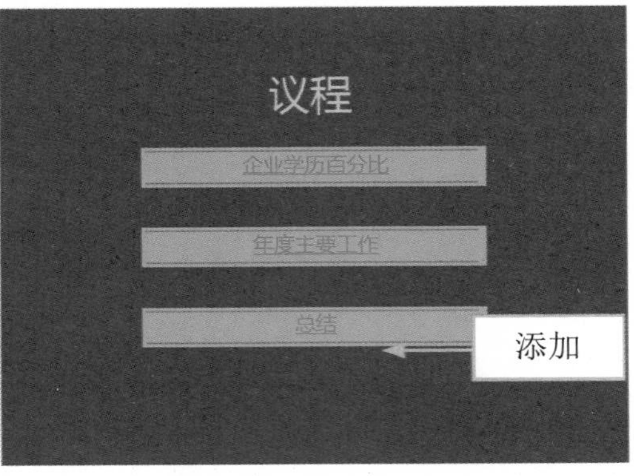

图 15-28 设置超链接

15.1.3 为工作会议报告添加动画效果

为工作会议报告添加动画效果的具体操作步骤如下。

步骤 01 进入第 1 张幻灯片，选中幻灯片中的文本，切换至“动画”面板，在“动画”选项板中单击“其他”下拉按钮，如图 15-29 所示。

步骤 02 在弹出的列表框中选择“更多进入效果”选项，在弹出的“更改进入效果”对话框中的“基本型”选项区中选择“圆形扩展”选项，如图 15-30 所示。

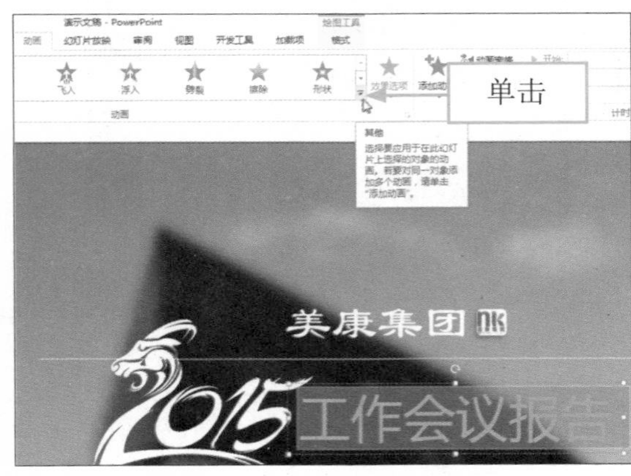

图 15-29 单击“其他”下拉按钮

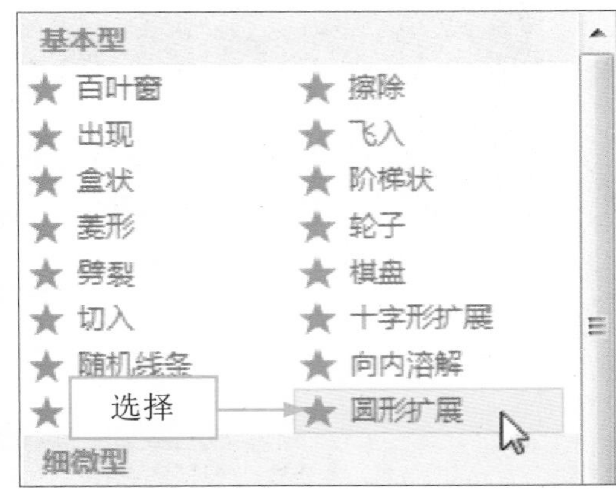

图 15-30 选择“圆形扩展”选项

步骤 03 单击“确定”按钮，即可添加动画效果，在“计时”选项板中设置“持续时间”为 2 秒，如图 15-31 所示。

步骤 04 进入第 2 张幻灯片，设置标题文本动画效果为“圆形扩展”，在“计时”选项板中设置“开始”为“上一动画之后”、“持续时间”为 2 秒，选中其他文本，设置动画效果为“随机线条”、“开始”为“上一动画之后”、“持续时间”为 2 秒，在“预览”选项板中，单击“预览”按钮，即可预览幻灯片，效果如图 15-32 所示。

步骤 05 进入第 3 张幻灯片，设置标题文本动画效果为“圆形扩展”、“开始”为“上一动画之后”、“持续时间”为 2 秒，设置表格动画效果为“浮入”、“开始”为“上一动画之后”、“持续时间”为 2 秒，在“预览”选项板中，单击“预览”按钮，即可预览幻灯片，效果如图 15-33 所示。

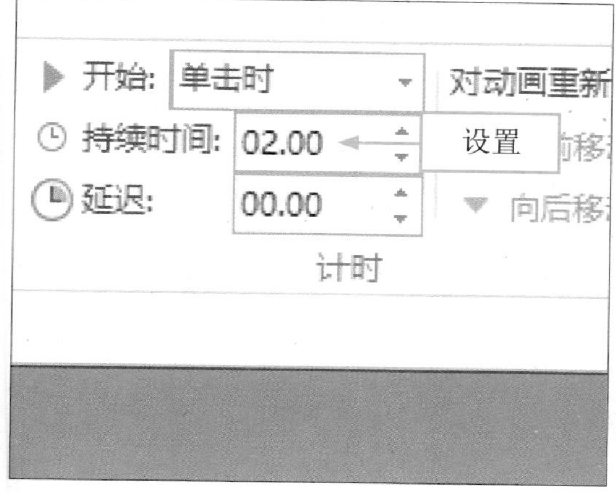

图 15-31 设置“持续时间”为 2 秒

图 15-32 预览幻灯片

步骤 06 进入第 4 张幻灯片，设置标题文本动画效果为“圆形扩展”、“开始”为“上一动画之后”、“持续时间”为 2 秒，设置其他文本的动画效果为“向内溶解”、“开始”为“上一动画之后”、“持续时间”为 2 秒，在“预览”选项板中，单击“预览”按钮，即可预览幻灯片，效果如图 15-34 所示。

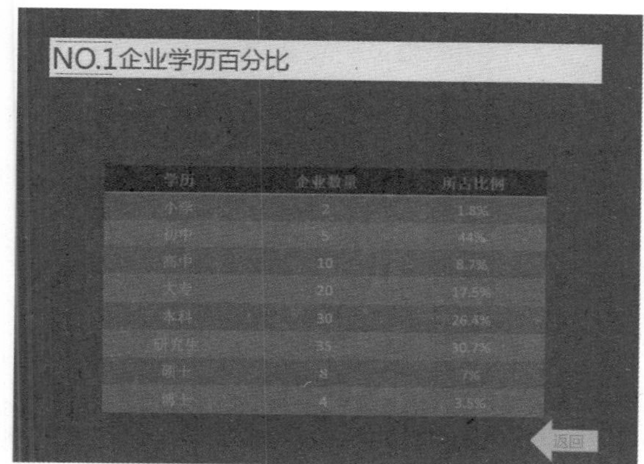

图 15-33 预览第 3 张幻灯片动画效果

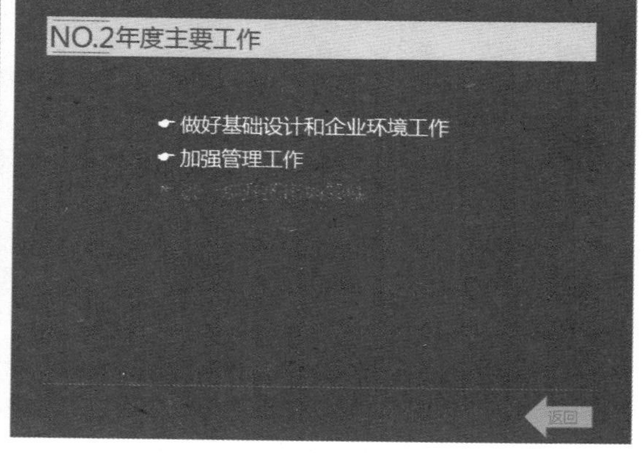

图 15-34 预览第 4 张幻灯片动画效果

步骤 07 进入第 5 张幻灯片，设置标题文本动画效果为“圆形扩展”、“开始”为“上一动画之后”、“持续时间”为 2 秒，设置其他文本动画效果为“百叶窗”、“开始”为“上一动画之后”、“持续时间”为 2 秒，在“预览”选项板中，单击“预览”按钮，即可预览幻灯片，效果如图 15-35 所示。

步骤 08 进入第 6 张幻灯片，设置文本动画效果为“楔入”、“开始”为“上一动画之后”、“持续时间”为 2 秒，在“预览”选项板中，单击“预览”按钮，即可预览幻灯片，效果如图 15-36 所示。

步骤 09 进入第 1 张幻灯片，切换至“切换”面板，在“切换到此幻灯片”选项板中单击“其他”下拉按钮，在弹出的列表框中选择“剥离”选项，如图 15-37 所示。

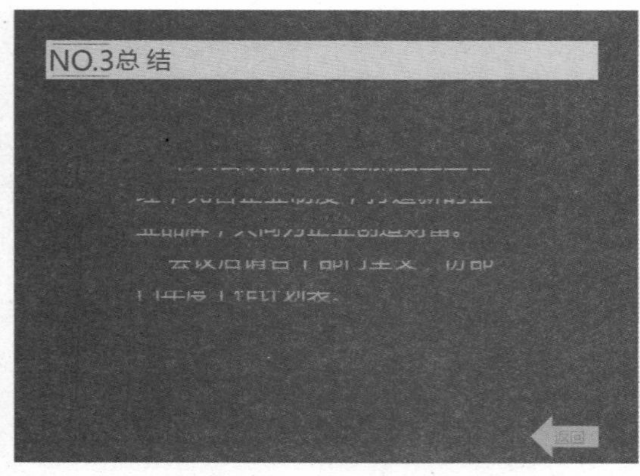

图 15-35 预览第 5 张幻灯片动画效果

图 15-36 预览第 6 张幻灯片动画效果

步骤 10 在“计时”选项板中，设置“持续时间”为 4 秒，选中“设置自动换片时间”复选框，并设置时间为 5 秒，如图 15-38 所示。

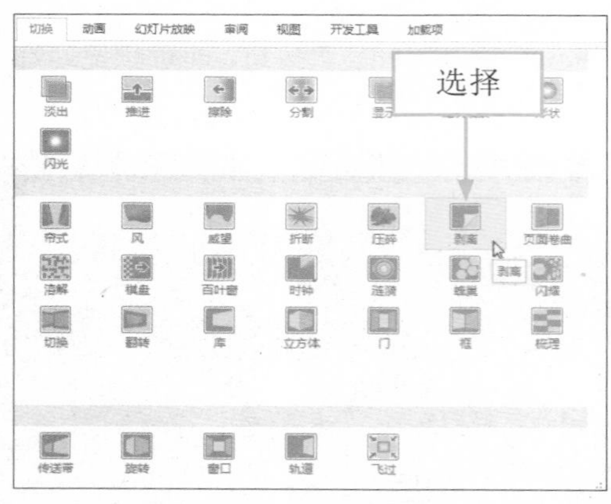

图 15-37 选择“梳理”选项

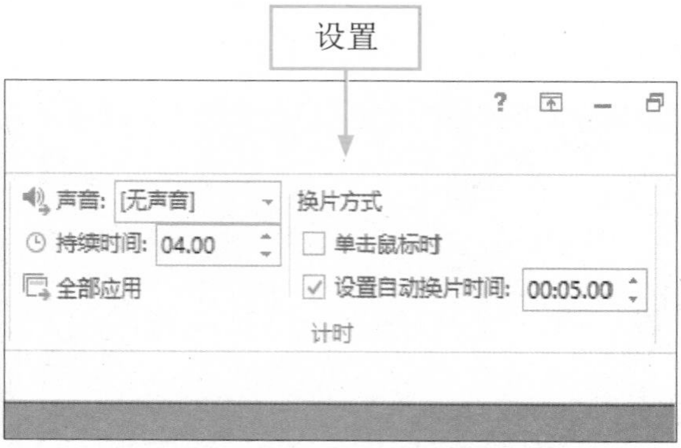

图 15-38 设置时间为 5 秒

步骤 11 单击“全部应用”按钮，即可为所有幻灯片添加“剥离”切换效果，效果如图 15-39 所示。

步骤 12 在“幻灯片放映”面板，单击“从头开始”按钮，即可放映幻灯片，效果如图 15-40 所示。

图 15-39 预览切换效果

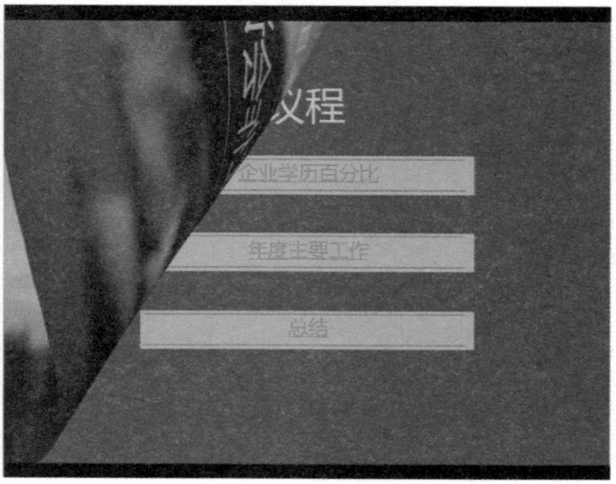

图 15-40 放映幻灯片

15.2 工作汇报模板

本实例介绍的是工作汇报模板的制作，最终效果如图 15-41 所示。

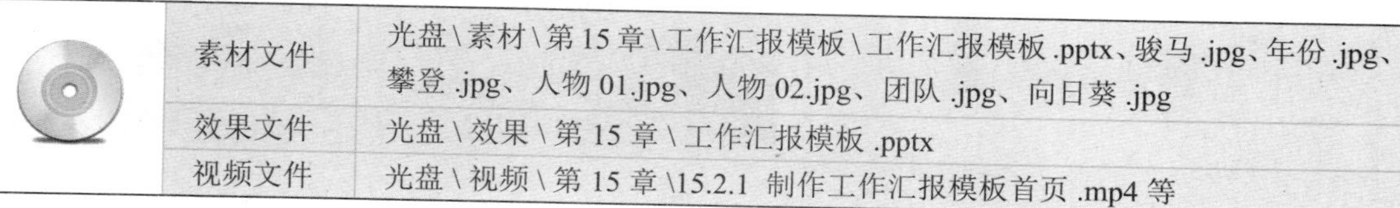

	素材文件	光盘\素材\第 15 章\工作汇报模板\工作汇报模板 .pptx、骏马 .jpg、年份 .jpg、攀登 .jpg、人物 01.jpg、人物 02.jpg、团队 .jpg、向日葵 .jpg
	效果文件	光盘\效果\第 15 章\工作汇报模板 .pptx
	视频文件	光盘\视频\第 15 章\15.2.1 制作工作汇报模板首页 .mp4 等

图 15-41 工作汇报模板效果

15.2.1 制作工作汇报模板首页

制作工作汇报模板首页的具体操作步骤如下。

步骤 01 在 PowerPoint 2013 中，打开演示文稿，如图 15-42 所示。

步骤 02 进入第 1 张幻灯片，切换至“插入”面板，单击“图像”选项板中的“图片”按钮，如图 15-43 所示。

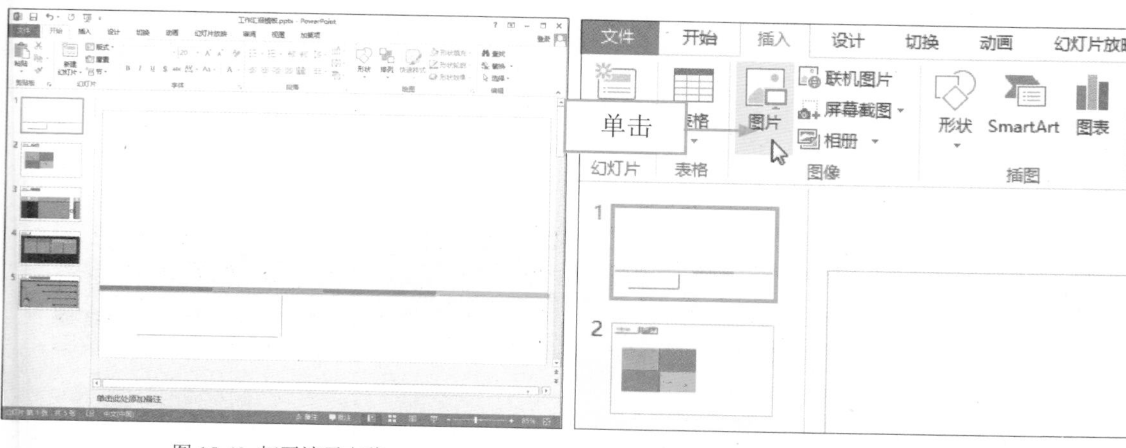

图 15-42 打开演示文稿

图 15-43 单击“图片”按钮

步骤 03 弹出“插入图片”对话框，在计算机中的相应位置，选择需要的图片，如图 15-44 所示。

步骤 04 单击“插入”按钮，即可插入图片，调整图片的大小和位置，如图 15-45 所示。

图 15-44 选择需要的图片

图 15-45 插入图片

步骤 05 在幻灯片中绘制一条直线，切换至“绘图工具”中的“格式”面板，单击“形状样式”选项板中的“其他”下拉按钮，如图 15-46 所示。

步骤 06 弹出列表框，选择“粗线 - 强调颜色 1”选项，如图 15-47 所示。

图 15-46 单击“其他”下拉按钮

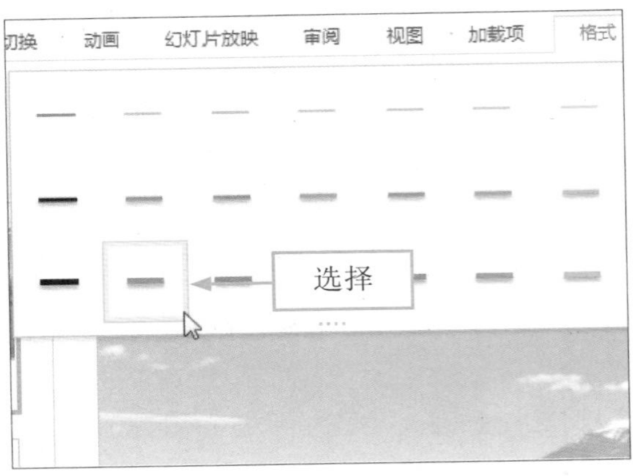

图 15-47 选择“粗线 - 强调颜色 1”选项

步骤 07 单击“形状样式”选项板中的“形状轮廓”下拉按钮，弹出列表框，选择“粗细”|“6 磅”选项，如图 15-48 所示。

步骤 08 执行操作后，即可设置线条样式，如图 15-49 所示。

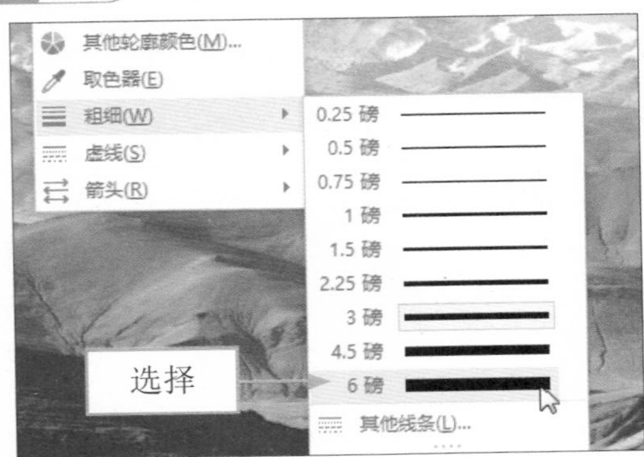

图 15-48 选择“6 磅”选项

图 15-49 设置线条样式

步骤 09 切换至“插入”面板，单击“文本”选项板中的“文本框”下拉按钮，弹出列表框，选择“横排文本框”选项，如图 15-50 所示。

步骤 10 在幻灯片中绘制文本框，输入文本，如图 15-51 所示。

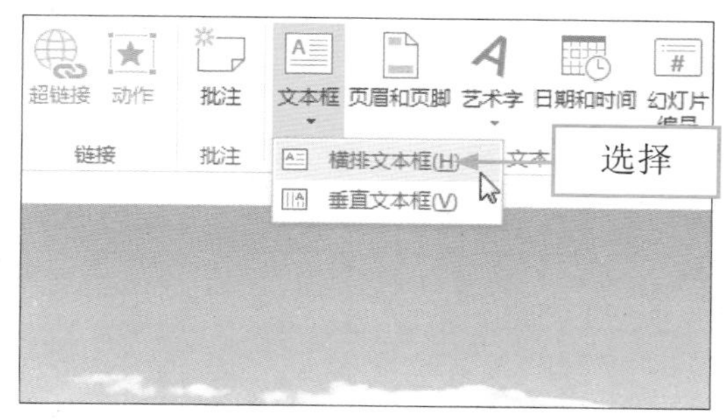

图 15-50 选择“横排文本框”选项

图 15-51 输入文本

步骤 11 选择文本，在“字体”选项板中，设置“字体”为“微软雅黑”、“字号”为 35，单击“加粗”和“文字阴影”按钮，效果如图 15-52 所示。

步骤 12 切换至“绘图工具”中的“格式”面板，在“艺术字样式”选项板中，设置“文本填充”为“蓝色”、“文本轮廓”为“白色，背景 1”、“轮廓粗细”为“1 磅”，效果如图 15-53 所示。

图 15-52 设置文本属性

图 15-53 设置文本样式

步骤 13 用与上同样的方法，在幻灯片中添加其他文本内容，效果如图 15-54 所示。

图 15-54 添加其他文本内容

15.2.2 制作工作汇报模板其他幻灯片

制作工作汇报模板其他幻灯片的具体操作步骤如下。

步骤 01 进入第 2 张幻灯片，在绿色色块和蓝色色块上分别绘制文本框，并输入文本，设置相应属性，效果如图 15-55 所示。

步骤 02 切换至“插入”面板，单击“图像”选项板中的“图片”按钮，弹出“插入图片”对话框，在计算机中的相应位置，选择需要的图片，如图 15-56 所示。

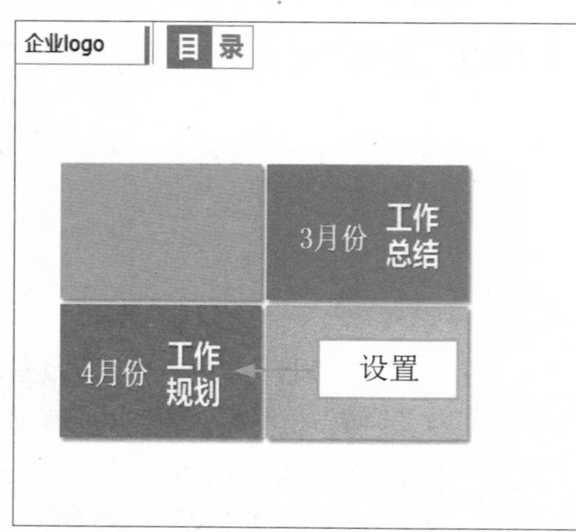

图 15-55 输入文本并设置文本属性

图 15-56 选择需要的图片

步骤 03 单击“插入”按钮，即可插入图片，将两张图片分别调整至合适位置，如图 15-57 所示。

步骤 04 选择其中一张图片以及相应的色块，如图 15-58 所示。

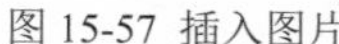

图 15-57 插入图片

图 15-58 选择图片及色块

步骤 05 切换至“图片工具”中的“格式”面板，单击“排列”选项板中的“对齐”下拉按钮，弹出列表框，选择“左右居中”选项，如图 15-59 所示。

步骤 06 再次单击“对齐”下拉按钮，在弹出的列表框中，选择“上下居中”选项，如图 15-60 所示。

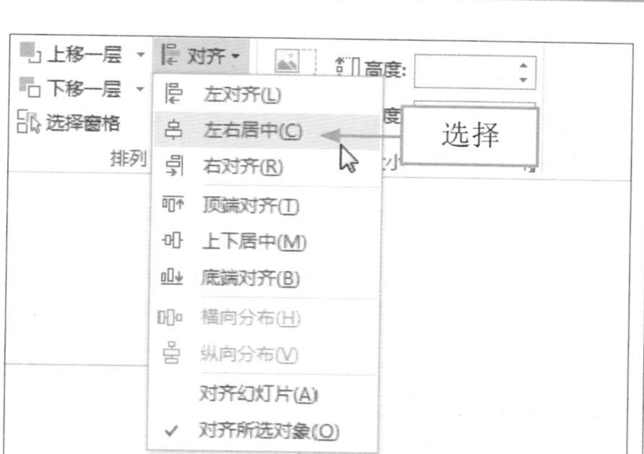

图 15-59 选择“左右居中”选项

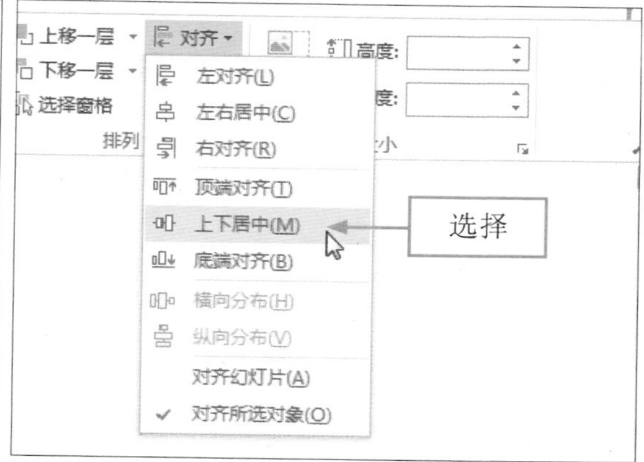

图 15-60 选择“上下居中”选项

步骤 07 执行操作后，即可设置图片对齐方式，如图 15-61 所示。

步骤 08 用与上同样的方法，为另外一张图片设置与上相同的对齐方式，如图 15-62 所示。

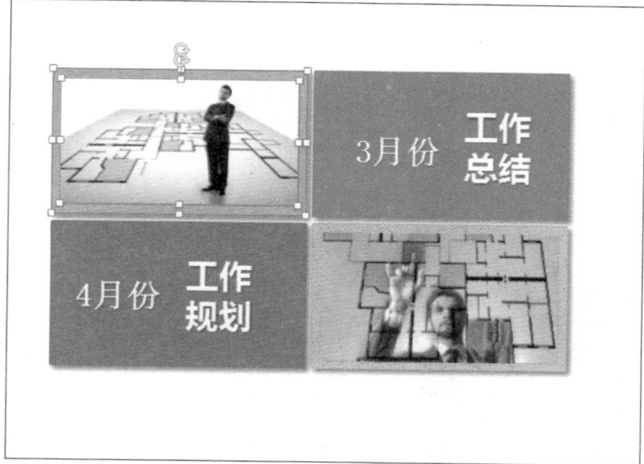

图 15-61 设置图片对齐

图 15-62 设置图片对齐方式

步骤 09 用与上同样的方法，再次在幻灯片中插入一张图片，并调整至合适位置，如图 15-63 所示。

步骤 10 选择图片，切换至“图片工具”中的“格式”面板，单击“图片样式”选项板中的“其他”按钮，在弹出的列表框中选择“简单框架，白色”选项，如图 15-64 所示。

图 15-63 插入一张图片

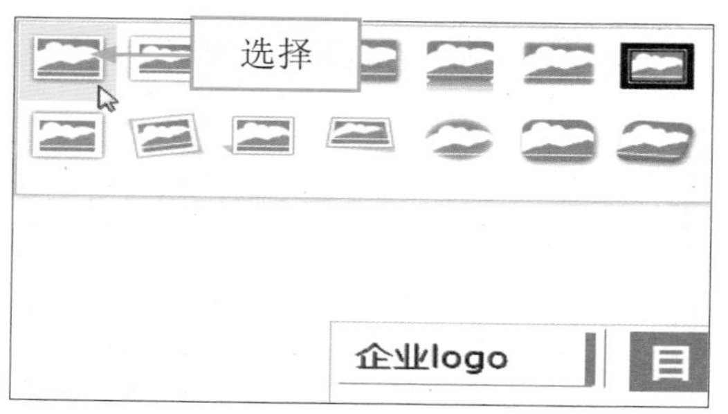

图 15-64 选择“简单框架，白色”选项

步骤 11 执行操作后，即可设置图片样式，单击“图片样式”选项板中的“图片边框”下拉按钮，弹出列表框，选择“红色”选项，如图 15-65 所示。

步骤 12 执行操作后，即可设置图片边框颜色，效果如图 15-66 所示。

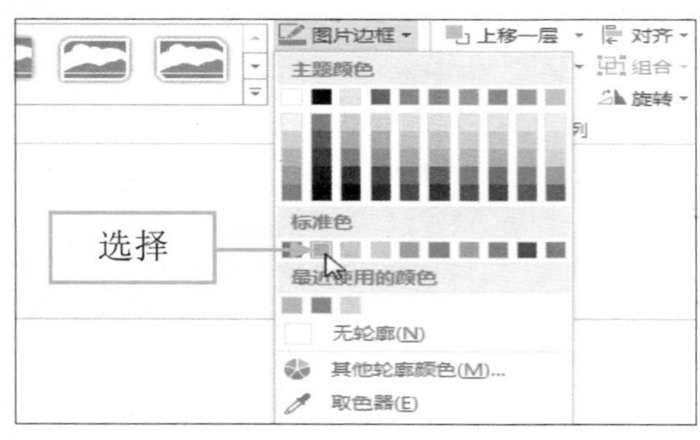

图 15-65 选择“红色”选项

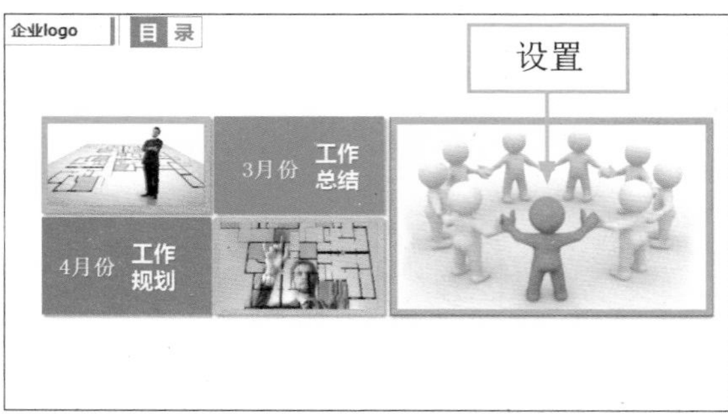

图 15-66 设置图片边框颜色

步骤 13 进入第 3 张幻灯片，选择幻灯片上方的蓝色色块，单击鼠标右键，弹出快捷菜单，选择“编辑文字”选项，如图 15-67 所示。

步骤 14 在色块上输入相应文本，如图 15-68 所示。

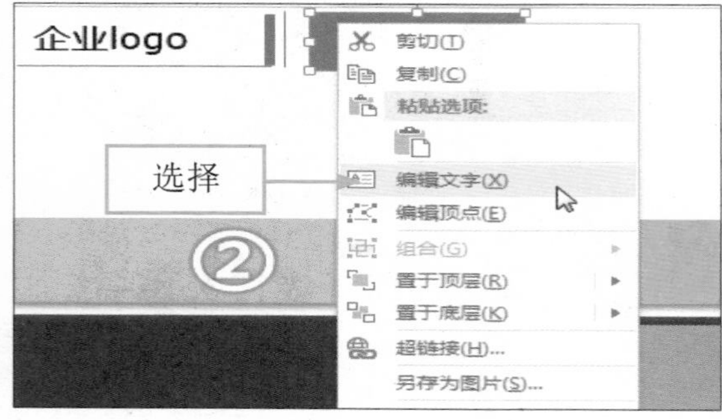

图 15-67 选择“编辑文字”选项

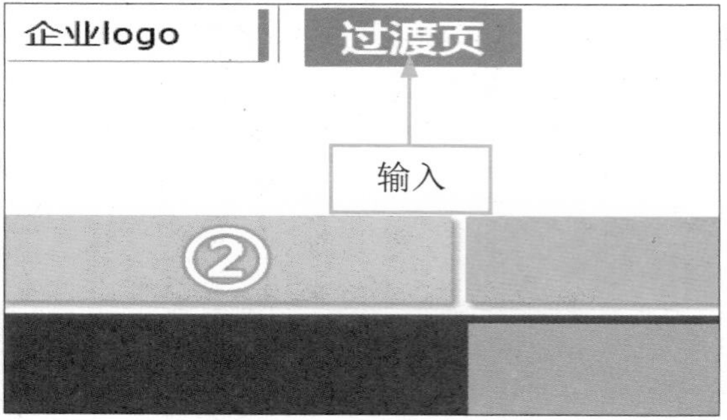

图 15-68 输入文本

步骤 15 在橙色色块上，绘制文本框，输入相应文本，如图 15-69 所示。

步骤 16 选中文本，在“字体”选项板中，设置“字体”为“微软雅黑”、“字号”为 25，单击“加粗”和“文字阴影”按钮，设置“字体颜色”为白色，效果如图 15-70 所示。

图 15-69 输入相应文本

图 15-70 设置字体颜色

步骤 17 用与上同样的方法，在幻灯片中的其他位置添加文本内容，如图 15-71 所示。

步骤 18 切换至“插入”面板，在调出的“插入图片”对话框中选择两张需要的图片，如图 15-72 所示。

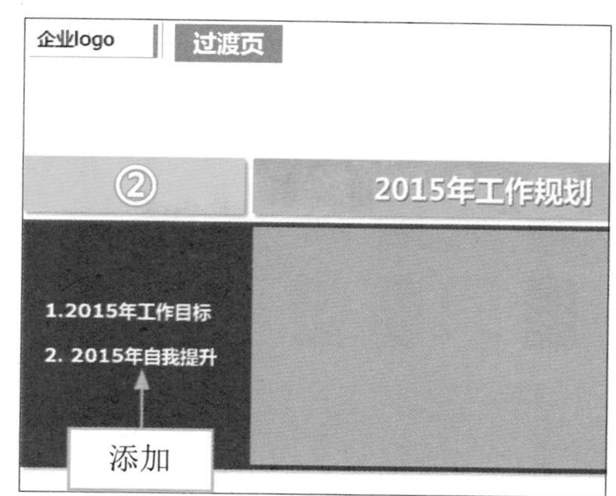

图 15-71 添加文本内容

图 15-72 选择需要的图片

步骤 19 单击“插入”按钮，即可插入图片，调整图片大小和位置，如图 15-73 所示。

步骤 20 切换至“插入”面板，单击“插图”选项板中的“形状”下拉按钮，弹出列表框，选择“右箭头”选项，如图 15-74 所示。

图 15-73 插入图片

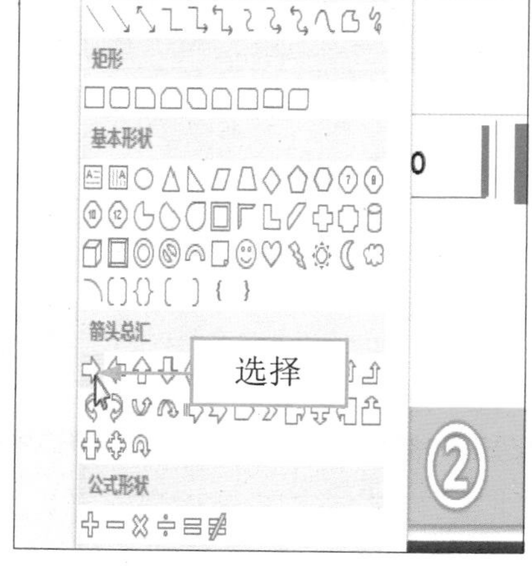

图 15-74 选择“右箭头”选项

步骤 21 在幻灯片中的圆圈内绘制一个右箭头，如图 15-75 所示。

步骤 22 双击箭头形状，切换至“绘图工具”中的“形状样式”选项板，单击“其他”下拉按钮，弹出列表框，选择“强烈效果 - 红色，强调颜色 2”选项，如图 15-76 所示。

步骤 23 执行操作后，即可设置形状样式，效果如图 15-77 所示。

步骤 24 进入第 4 张幻灯片，用与上同样的方法，在幻灯片中插入图片，并调整其大小和位置，如图 15-78 所示。

图 15-75 绘制一个右箭头

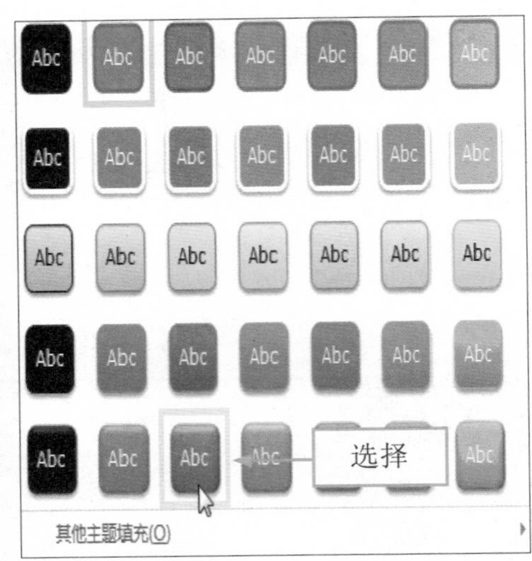

图 15-76 选择“强烈效果 - 红色，强调颜色 2”选项

图 15-77 设置形状样式

图 15-78 插入图片

步骤 25 复制第 3 张幻灯片中的蓝色色块及文本，粘贴至第 4 张幻灯片中的相应位置，更改文本内容，如图 15-79 所示。

步骤 26 在幻灯片中的其他色块上，绘制文本框，并输入文本，如图 15-80 所示。

图 15-79 更改文本内容

图 15-80 输入文本

步骤 27 进入第 5 张幻灯片，在上方的蓝色色块上输入文本，如图 15-81 所示。

步骤 28 复制第 4 张幻灯片中的四色色块，粘贴至第 5 张幻灯片中，调整至合适位置，并更改文本内容，如图 15-82 所示。

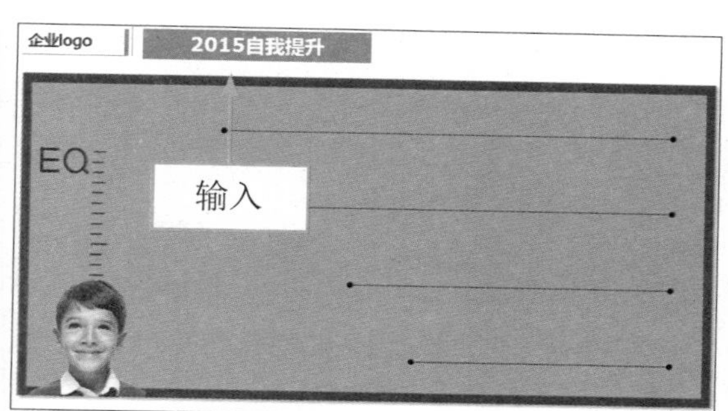

图 15-81 输入文本

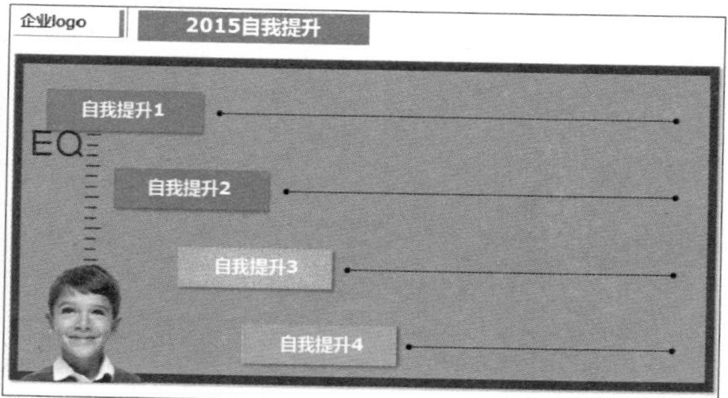

图 15-82 更改文本内容

15.2.3 为工作汇报模板添加动画效果

为工作汇报模板添加动画效果的具体操作步骤如下。

步骤 01 进入第 1 张幻灯片，切换至“切换”面板，如图 15-83 所示。

步骤 02 单击“切换到此幻灯片”选项板中的“其他”下拉按钮，弹出列表框，在“细微型”选项区中选择“闪光”选项，如图 15-84 所示。

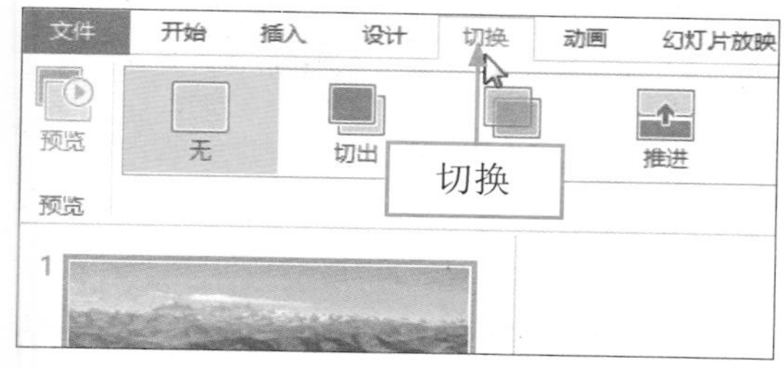

图 15-83 切换至“切换”面板

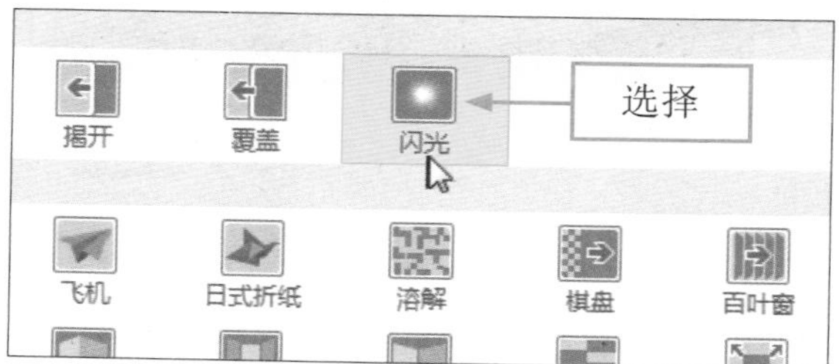

图 15-84 选择“闪光”选项

步骤 03 单击“计时”选项板中“声音”右侧的下拉按钮，如图 15-85 所示。

步骤 04 弹出列表框，选择“风铃”选项，如图 15-86 所示。

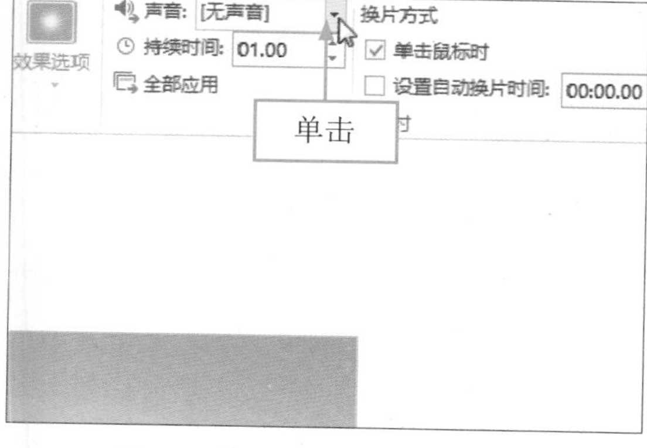

图 15-85 单击“声音”右侧的下拉按钮

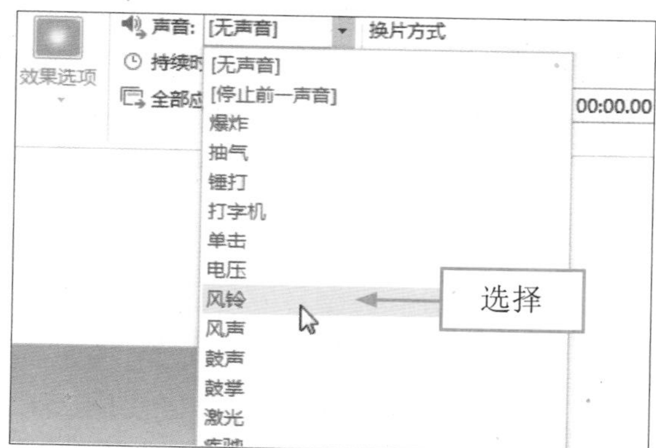

图 15-86 选择“风铃”选项

步骤 05 执行操作后，即可设置切换效果，单击“预览”选项板中的“预览”按钮，即可预览切换效果，如图 15-87 所示。

图 15-87 预览切换效果

步骤 06 进入第 2 张幻灯片，在“切换到此幻灯片”选项板中单击“其他”下拉按钮，选择“华丽型”选项区中的“梳理”选项，设置切换效果，单击“预览”选项板中的“预览”按钮，即可预览梳理切换效果，如图 15-88 所示。

图 15-88 预览梳理切换效果

步骤 07 进入第 3 张幻灯片，设置切换效果为“溶解”，单击“预览”选项板中的“预览”按钮，即可预览溶解切换效果，如图 15-89 所示。

图 15-89 预览溶解切换效果

步骤 08 进入第 4 张幻灯片，设置切换效果为“门”，单击“预览”选项板中的“预览”按钮，即可预览门切换效果，如图 15-90 所示。

步骤 09 进入第 5 张幻灯片，单击“切换到此幻灯片”选项板中的“其他”下拉按钮，弹出列表框，选择“动态平移”选项区中的“轨道”选项，单击“切换到此幻灯片”选项板中的“效果选项”下拉按钮，弹出列表框，选择“自左侧”选项，如图 15-91 所示。

步骤 10 执行操作后，即可为第 5 张幻灯片添加轨道切换效果，单击“预览”选项板中的“预览”按钮，预览轨道切换效果，如图 15-92 所示。

图 15-90 预览门切换效果

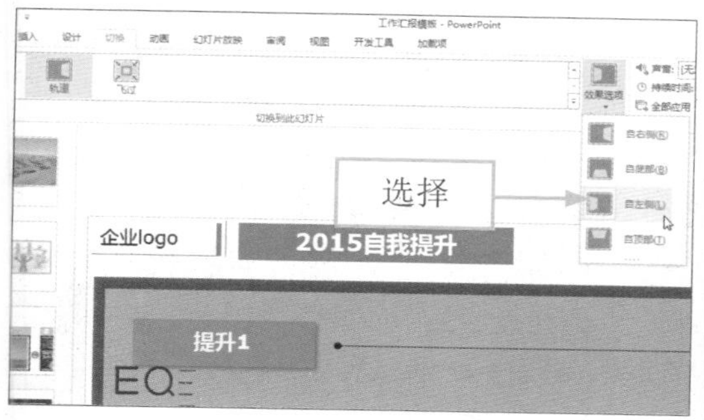

图 15-91 选择“自左侧”选项

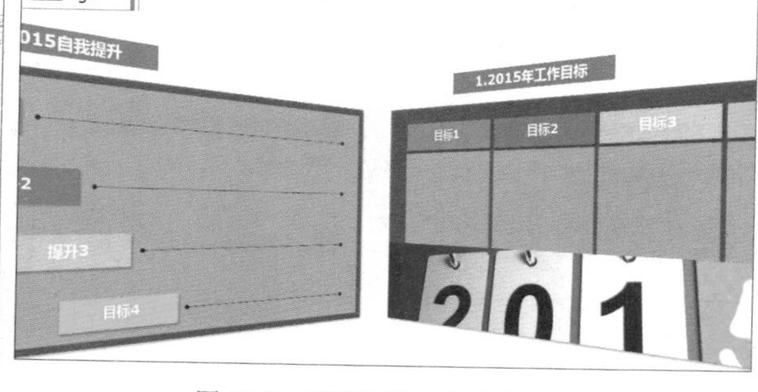

图 15-92 预览轨道切换效果

15.3 公司简介

本实例通过制作公司简介演示文稿，向用户介绍在 PowerPoint 2013 中如何插入图表和设置切换效果等操作，本实例最终效果如图 15-93 所示。

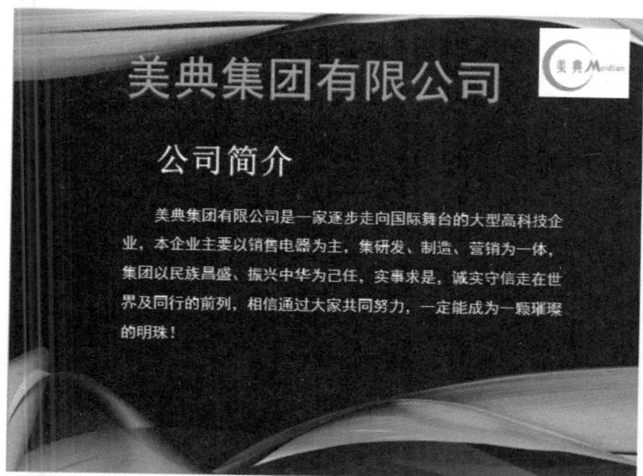

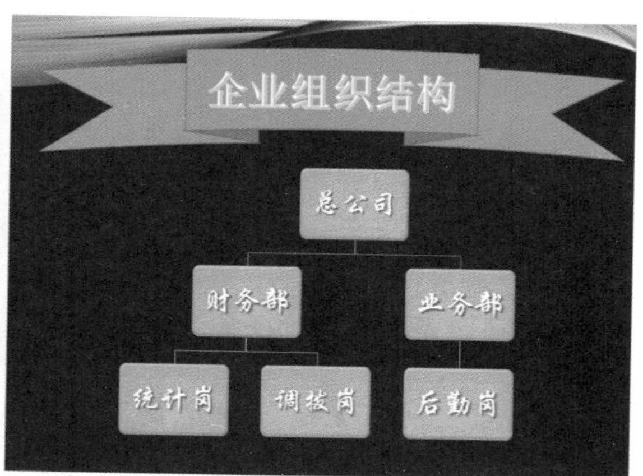

图 15-93 公司简介

	素材文件	光盘 \ 素材 \ 第 15 章 \ 美典标识 .jpg
	效果文件	光盘 \ 效果 \ 第 15 章 \ 公司简介 .pptx
	视频文件	光盘 \ 视频 \ 第 15 章 \15.3.1 制作公司简介首页 .mp4 等

15.3.1 制作公司简介首页

制作公司简介首页的具体操作步骤如下。

步骤 01 启动 PowerPoint 2013，创建“空白演示文稿”，切换至“设计”面板，在“主题”选项板中单击“其他”下拉按钮，在弹出的列表框中选择相应选项，如图 15-94 所示。

步骤 02 单击“单击此处添加标题”文本框，输入文本“美典集团有限公司”，设置“字体”为“黑体”、“字号”为 54，单击“加粗”按钮，调整文本至合适位置，效果如图 15-95 所示。

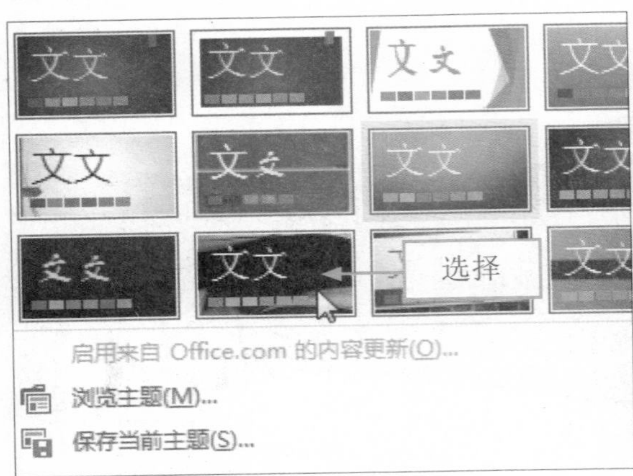

图 15-94 选择相应选项

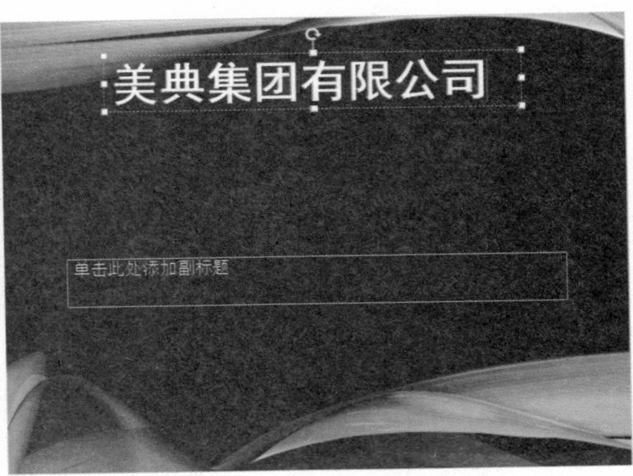

图 15-95 调整文本至合适位置

步骤 03 选中标题文本框，切换至“绘图工具”中的“格式”面板，单击“艺术字样式”选项板中的“其他”下拉按钮，在弹出的列表框中选择相应选项，如图 15-96 所示。

步骤 04 执行操作后，即可设置文本样式，单击“单击此处添加副标题”文本框，输入相应文本，调整文本至合适位置，如图 15-97 所示。

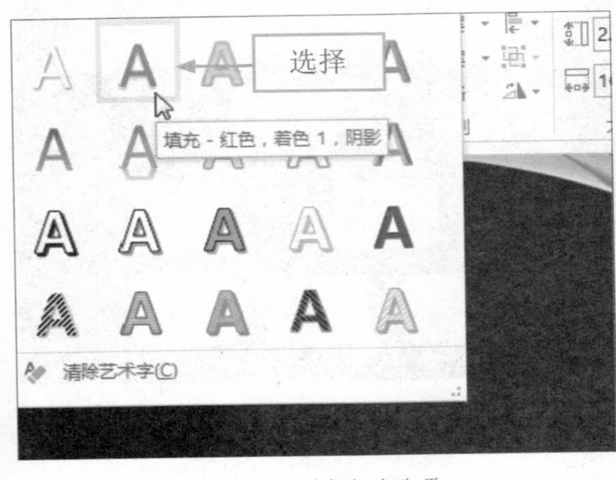

图 15-96 选择相应选项

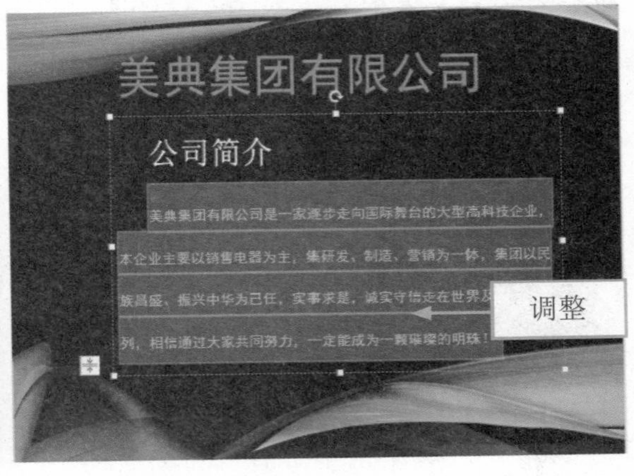

图 15-97 调整文本至合适位置

步骤 05 选中“公司简介”文本，设置“字体”为“宋体”、“字号”为 40，单击“阴影”和“加粗”按钮，选中其他文本，设置“字体”为“黑体”、“字号”为 18，效果如图 15-98 所示。

步骤 06 选中副标题文本框中的文本，单击鼠标右键，在弹出的快捷菜单中选择“段落”选项，弹出“段落”对话框，设置“对齐方式”为“左对齐”、“特殊格式”为“首行缩进”、“段前”和“段后”都为“6 磅”、“行距”为“1.5 倍行距”，单击“确定”按钮，即可设置文本段落格式，效果如图 15-99 所示。

图 15-98 设置文本属性

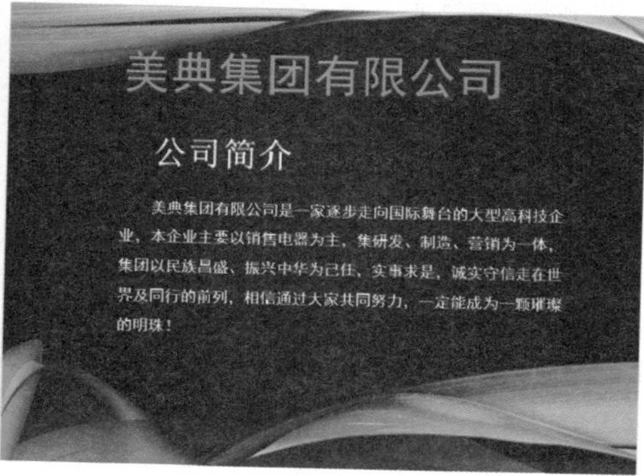

图 15-99 设置文本段落格式

步骤 07 切换至“插入”面板，在“图像”选项板中单击“图片”按钮，在弹出的“插入图片”对话框中的合适位置，选择相应选项，如图 15-100 所示。

步骤 08 单击“插入”按钮，即可在幻灯片中插入图片，调整至合适大小和位置，效果如图 15-101 所示。

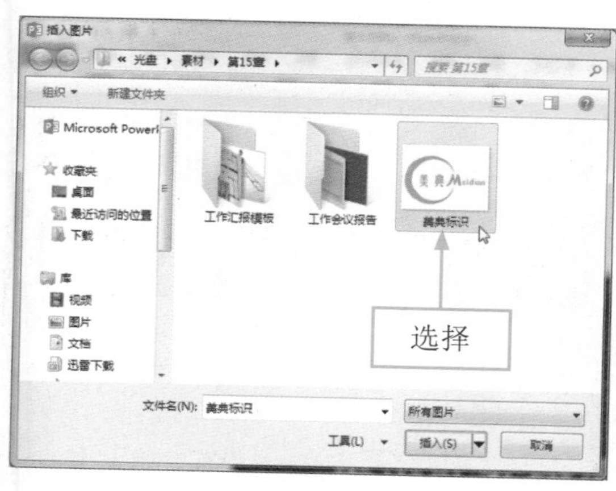

图 15-100 选择相应选项

图 15-101 调整至合适大小和位置

15.3.2 制作公司简报其他幻灯片

制作公司简介其他幻灯片的具体操作步骤如下。

步骤 01 在“开始”面板中的“幻灯片”选项板中单击“新建幻灯片”下拉按钮，在弹出的列表框中选择“空白”选项，如图 15-102 所示。

步骤 02 执行操作后，即可新建一张幻灯片，效果如图 15-103 所示。

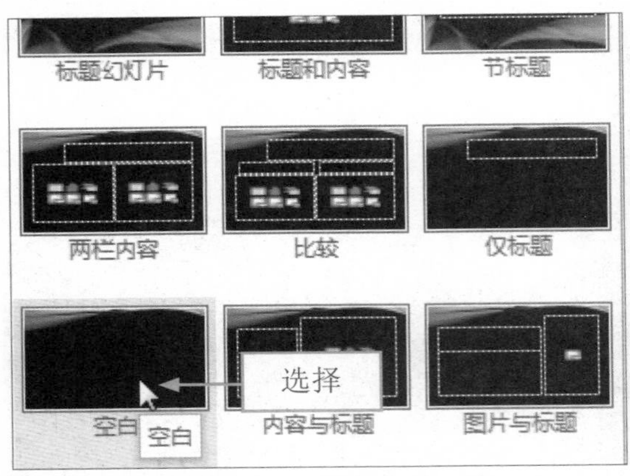

图 15-102 选择“标题幻灯片”选项

图 15-103 新建幻灯片

步骤 03 切换至“插入”面板，在“插图”选项板中单击“形状”下拉按钮，在弹出的列表框中选择“上凸弯带形”选项，如图 15-104 所示。

步骤 04 在幻灯片中的合适位置绘制形状，双击绘制的形状，切换至“绘图工具”中的“格式”面板，单击“形状样式”选项板中的“其他”下拉按钮，在弹出的列表框中选择相应选项，如图 15-105 所示。

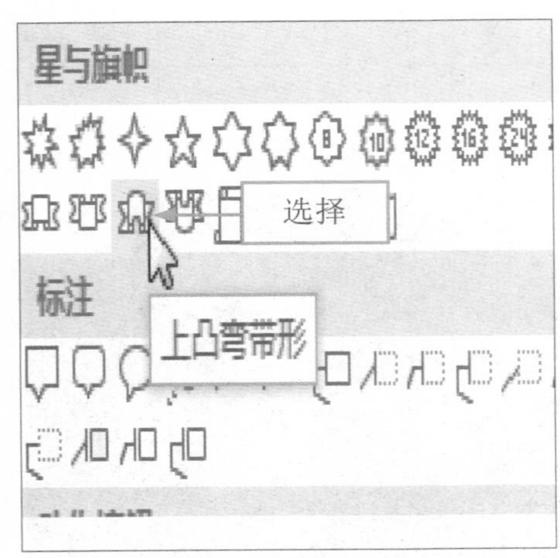

图 15-104 选择“上凸弯带形”选项

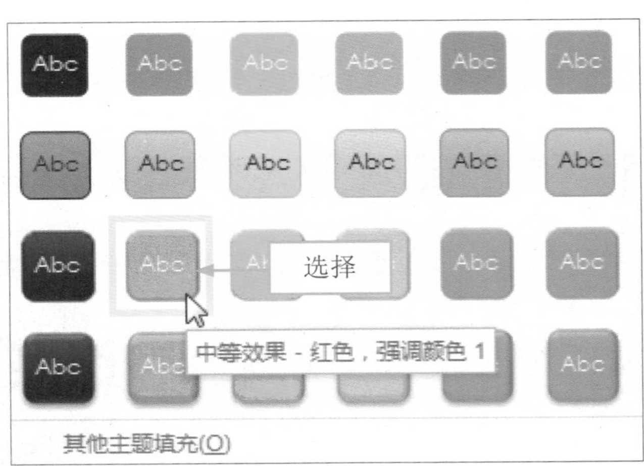

图 15-105 选择相应选项

步骤 05 在形状上单击鼠标右键，在弹出的快捷菜单中选择“编辑文字”选项，输入文本“企业组织结构”，选中文本，设置“字体”为“宋体”，“字号”为 48，单击“加粗”和“文字阴影”按钮，切换至“绘图工具”中的“格式”面板，在“艺术字样式”选项板中单击“其他”下拉按钮，在弹出的列表框中选择相应选项，如图 15-106 所示。

步骤 06 执行操作后，即可在形状上添加文本，效果如图 15-107 所示。

步骤 07 切换至“插入”面板，在“插图”选项板中单击 SmartArt 按钮，弹出“选择 SmartArt 图形”对话框，切换至“层次结构”选项卡，在中间的面板中选择“层次结构”选项，如图 15-108 所示。

步骤 08 单击“确定”按钮，即可插入SmartArt图形，并调整图形大小和位置，如图15-109所示。

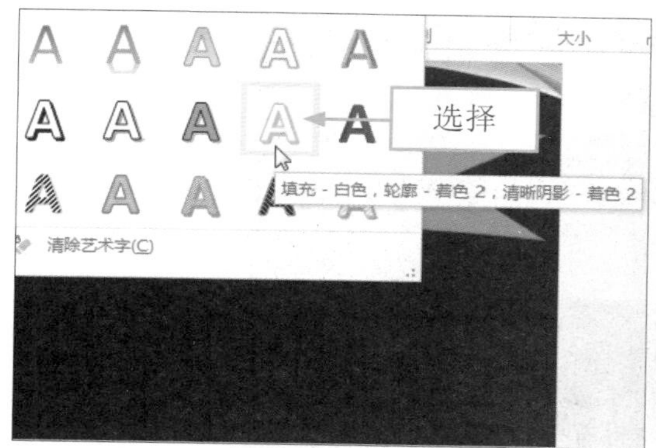

图 15-106 选择相应选项

图 15-107 添加文本

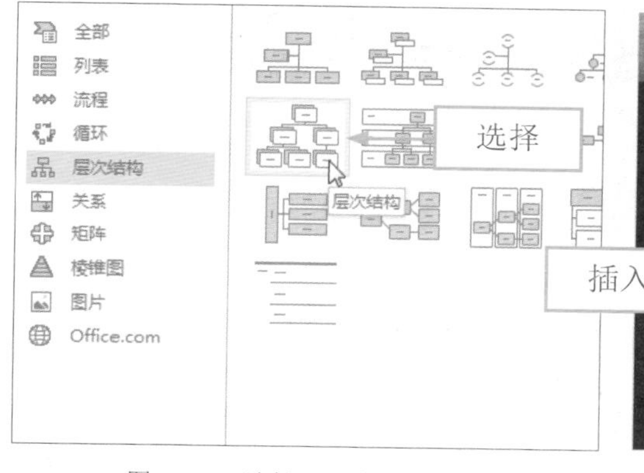

图 15-108 选择“层次结构”选项

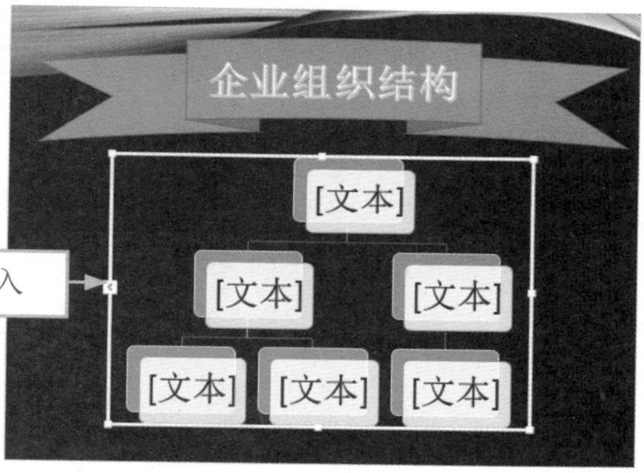

图 15-109 插入 SmartArt 图形

步骤 09 在文本框中输入文本，设置“字体”为“华文行楷”，单击“文字阴影”按钮，如图15-110所示。

步骤 10 切换至“SmartArt工具”中的“设计”面板，在“布局”选项板中单击“其他”下拉按钮，在弹出的列表框中选择“标记的层次结构”选项，单击“SmartArt样式”选项板中的“其他”下拉按钮，在弹出的列表框中选择“强烈效果”选项，如图15-111所示。

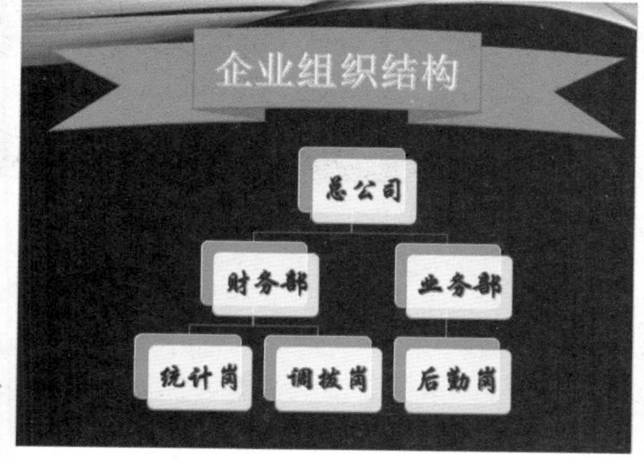

图 15-110 设置文本属性

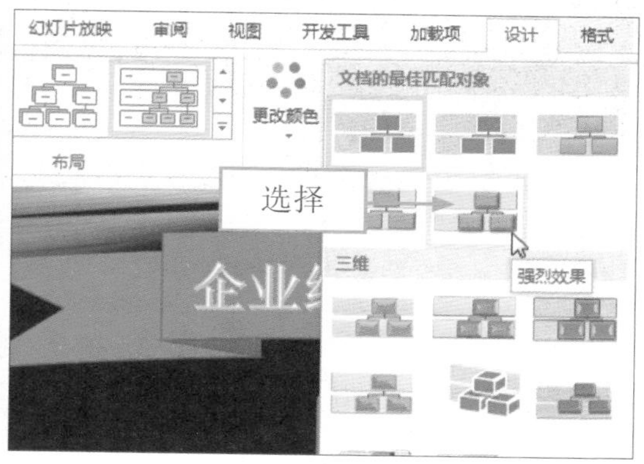

图 15-111 选择“强烈效果”选项

步骤 11 执行操作后，即可设置图形样式，如图 15-112 所示。

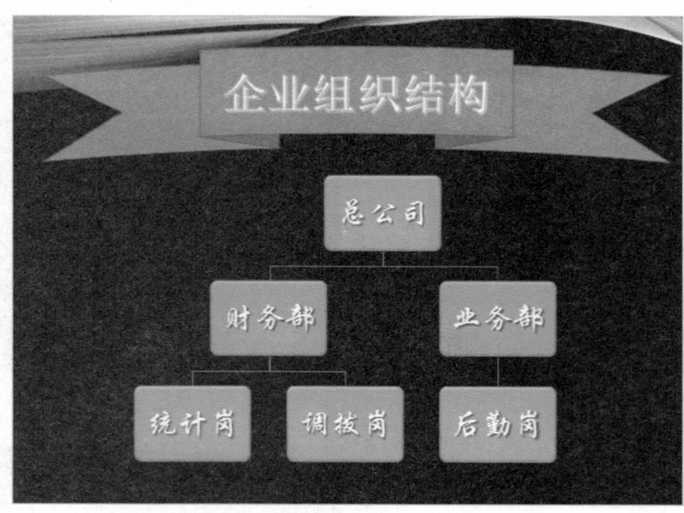

图 15-112 设置图形样式

15.3.3 为公司简介添加动画效果

为公司简介添加动画效果的具体操作步骤如下。

步骤 01 进入第 1 张幻灯片，切换至“动画”面板，选中标题文本，单击“动画”选项板中的“其他”下拉按钮，在弹出的列表框中设置“标题文本”的动画效果为“飞入”、“持续时间”为 2 秒，设置其他文本动画效果为“螺旋飞入”、“开始”为“上一动画之后”、“持续时间”为 2 秒，单击“预览”选项板中的“预览”按钮，即可预览动画效果，如图 15-113 所示。

图 15-113 预览动画效果

步骤 02 进入第 2 张幻灯片，设置标题形状的动画效果为“菱形”、“开始”为“单击时”、“持续时间”为 2 秒，设置 SmartArt 图形的动画效果为“翻转式由远及近”、“开始”为“上一动画之后”、“持续时间”为 2 秒，单击“预览”选项板中的“预览”按钮，即可预览动画效果，如图 15-114 所示。

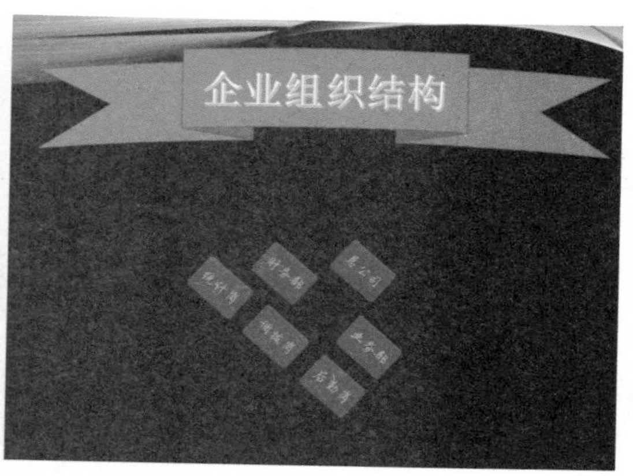

图 15-114 预览动画效果

步骤 03 进入第 1 张幻灯片，切换至“切换”面板，在“切换到此幻灯片”选项板中单击“其他”下拉按钮，在弹出的列表框中选择“涡流”选项，如图 15-115 所示。

步骤 04 在“计时”选项板中，选中“设置自动换片时间”复选框，并设置时间为 5 秒，如图 15-116 所示。

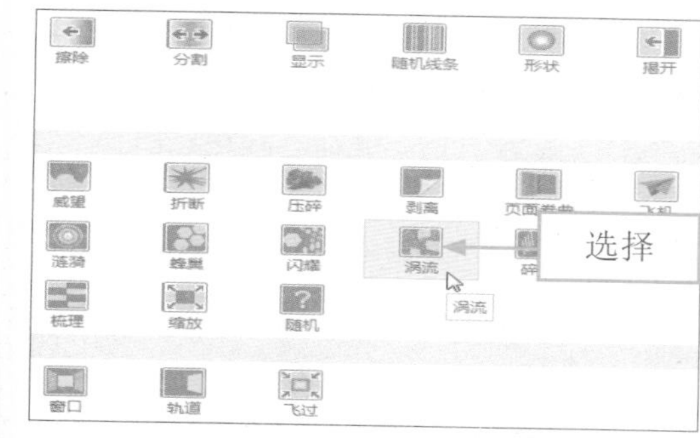

图 15-115 选择“涡流”选项

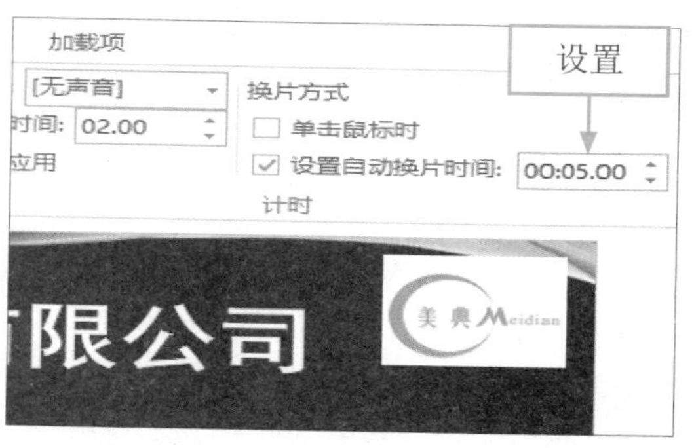

图 15-116 设置时间为 5 秒

步骤 05 单击“全部应用”按钮，即可为幻灯片设置切换效果，在“幻灯片放映”面板，单击“从头开始”按钮，即可放映幻灯片，效果如图 15-117 所示。

图 15-117 放映幻灯片

16 生活应用案例

学习提示

运用 PowerPoint 能够在亲朋好友的生日或者特殊节日来临之际，为他们制作精美的生日祝福、纪念相册、贺卡等。本章主要向读者介绍制作生日模板、旅游相册以及情人节贺卡的操作方法。

本章案例导航

- 制作生日模版首页
- 为生日模版添加动画效果
- 制作旅游相册首页
- 制作情人节贺卡首页效果
- 为情人节贺卡添加动画效果
- 制作生日模板其他幻灯片
- 新建旅游相册
- 为旅游相册添加动画效果
- 制作情人节贺卡其他幻灯片

16.1 制作生日模板

在本实例的制作过程中，主要运用到了设置艺术字样式、文本填充效果、插入图片和设置动画效果等内容。本实例的最终效果如图 16-1 所示。

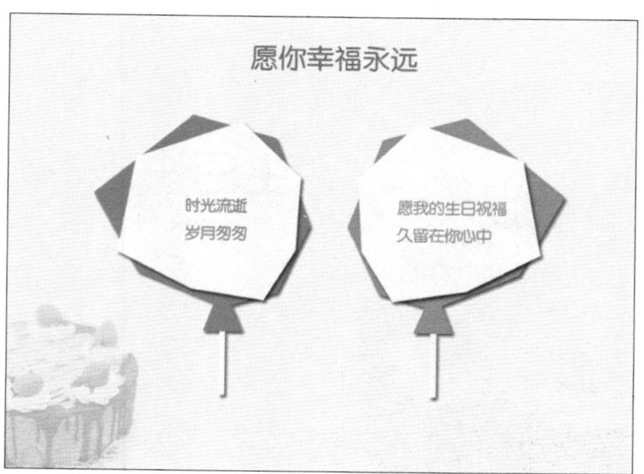

图 16-1 生日贺卡

	素材文件	光盘 \ 素材 \ 第 16 章 \ 生日模板 .pptx
	效果文件	光盘 \ 效果 \ 第 16 章 \ 生日模板 .pptx
	视频文件	光盘 \ 视频 \ 第 16 章 \16.1.1 制作生日模板首页 .mp4 等

16.1.1 制作生日模板首页

制作生日模板首页效果的具体操作步骤如下。

步骤 01 在 PowerPoint 2013 中，打开一个素材文件，如图 16-2 所示。

步骤 02 进入第 1 张幻灯片，在“添加标题”文本框内，输入标题文本“生日快乐”，如图 16-3 所示。

图 16-2 打开素材文件

图 16-3 输入标题文本

步骤 03 选中文本，在“开始”面板中的“字体”选项板中设置“字体”为“方正准圆简体”、

“字号”为 60、“字体颜色”为“红色”（R：151，G：80，B：78），单击“文字阴影”按钮，如图 16-4 所示。

步骤 04 在“添加副标题”文本框内，输入副标题文本“Happy Birthday”，选中文本，在“开始”面板中的“字体”选项板中设置“字体”为“Tahoma”、“字号”为 20、“字体颜色”为“红色”（R：151，G：80，B：78），单击“加粗”按钮，如图 16-5 所示。

图 16-4 设置标题文本属性

图 16-5 设置副标题文本属性

步骤 05 双击标题文本和副标题文本之间的直线，切换到“格式”面板，单击“形状轮廓”下拉按钮，选择“最近使用颜色”选项板中的“红色”选项，如图 16-6 所示。

步骤 06 执行操作后，即可设置直线的颜色，如图 16-7 所示。

图 16-6 选择“红色”选项

图 16-7 设置直线颜色

步骤 07 按住【Ctrl】键，单击鼠标左键，将标题文本框、直线、副标题文本框全部选中，如图 16-8 所示。

步骤 08 切换到“格式”面板，在“排列”选项板中单击“对齐”下拉按钮，在弹出的列表框中选择“左右居中”选项，如图 16-9 所示。

步骤 09 执行操作后，即可设置对齐效果，如图 16-10 所示。

图 16-8 选中文本框和直线

图 16-9 选择“左右居中”选项

图 16-10 设置对齐效果

16.1.2 制作生日模板其他幻灯片

制作生日模板其他幻灯片的具体操作步骤如下。

步骤 01 进入第 2 张幻灯片，在“添加文本”文本框内，输入文本“愿你幸福永远”，如图 16-11 所示。

步骤 02 选中文本，在“开始”面板中的“字体”选项板中设置“字体”为“方正准圆简体”、“字号”为 32、“字体颜色”为“红色”，调整文本框的位置，如图 16-12 所示。

图 16-11 输入文本

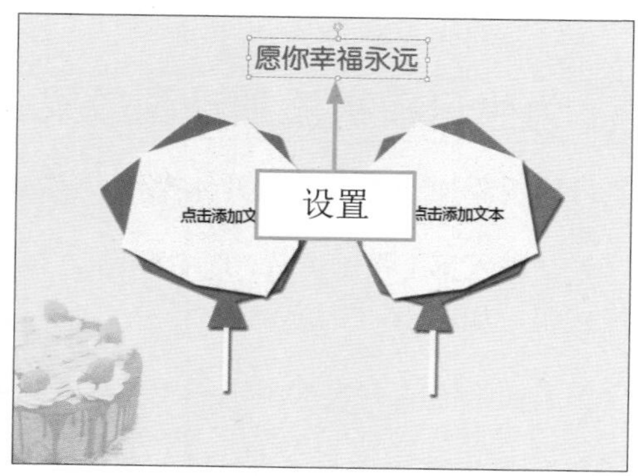

图 16-12 设置文本属性

步骤 03 分别在两个“点击添加文本”文本框内，输入文本，如图 16-13 所示。

步骤 04 选中文本，设置“字体”为“方正准圆简体”、“字号”为 18，左边文本框的“字体颜色”为“褐色”（R：160，G：151，B：92），右边文本框的“字体颜色”为“红色”（R：221，G：56，B：62），效果如图 16-14 所示。

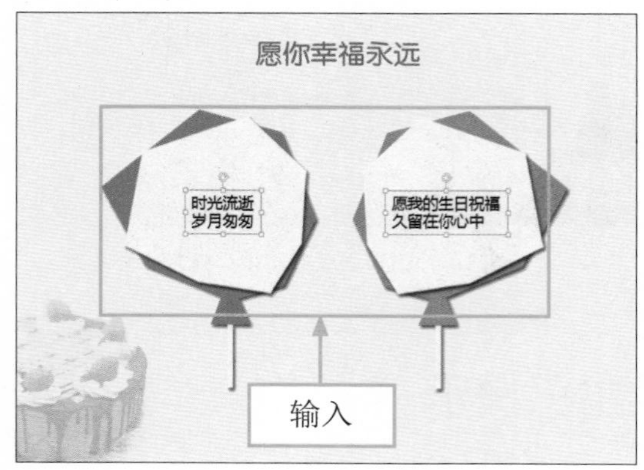

图 16-13 输入文本

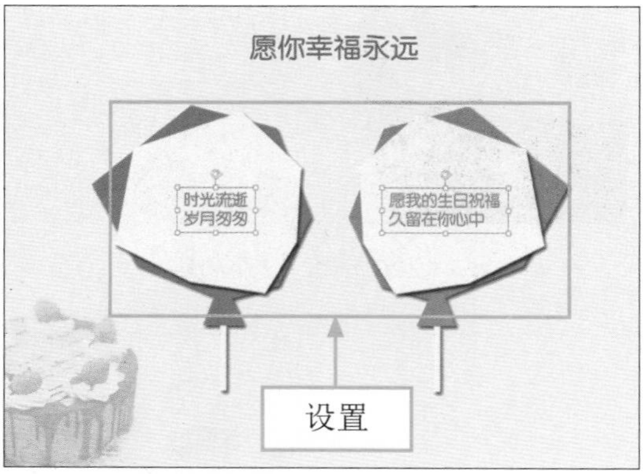

图 16-14 设置文本属性

步骤 05 选中两个文本框，单击“段落”按钮，弹出“段落”对话框，设置“行距”为“1.5 倍行距”，单击“确定”按钮，如图 16-15 所示。

步骤 06 执行操作后，即可设置文本行距，再对文本框的位置进行调整，如图 16-16 所示。

图 16-15 单击“确定”按钮

图 16-16 设置文本属性

16.1.3 为生日模板添加动画效果

为生日模板添加动画效果的具体操作步骤如下。

步骤 01 进入第 1 张幻灯片，选中标题文本，切换至“动画”面板，在“动画”选项板中单击“其他”下拉按钮，如图 16-17 所示。

步骤 02 在弹出的列表框中选择“更多进入效果”选项，如图 16-18 所示。

步骤 03 弹出“更改进入效果”对话框，在“华丽型”选项区中选择“空翻”选项，如图 16-19 所示。

图 16-17 单击“其他”下拉按钮

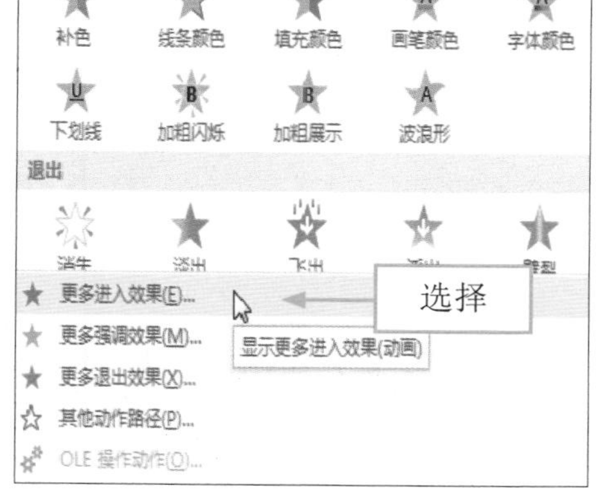

图 16-18 选择“更多进入效果”选项

步骤 04 单击“确定”按钮，在“计时”选项板中设置“开始”为“单击时”、“持续时间”为 2 秒，如图 16-20 所示。

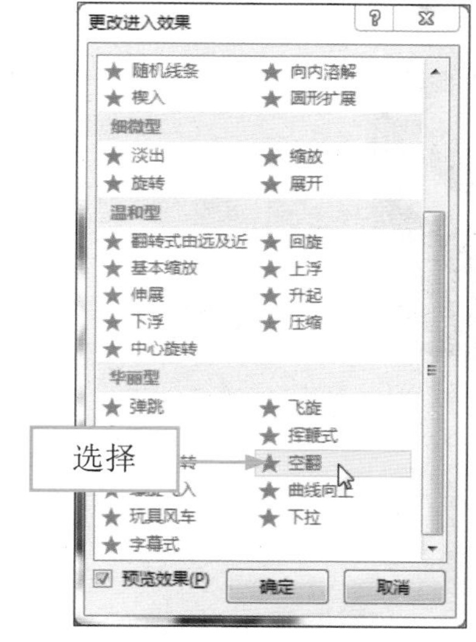

图 16-19 选择“空翻”选项

图 16-20 设置标题动画效果

步骤 05 设置直线的动画效果为“形状”，在“计时”选项板中设置“开始”为“上一动画之后”、“持续时间”为 2 秒，如图 16-21 所示。

步骤 06 设置副标题文本的动画效果为“百叶窗”，在“计时”选项板中设置“开始”为“上一动画之后”、“持续时间”为 2 秒，如图 16-22 所示。

步骤 07 在“预览”选项板中单击“预览”按钮，即可预览动画效果，如图 16-23 所示。

步骤 08 进入第 2 张幻灯片，设置“愿你幸福永远”文本的动画效果为“挥鞭式”，在“计时”选项板中设置“开始”为“上一动画之后”、“持续时间”为 2 秒，如图 16-24 所示。

步骤 09 设置另外两个文本的动画效果为“展开”，在“计时”选项板中设置“开始”为“上一动画之后”、“持续时间”为 2 秒，如图 16-25 所示。

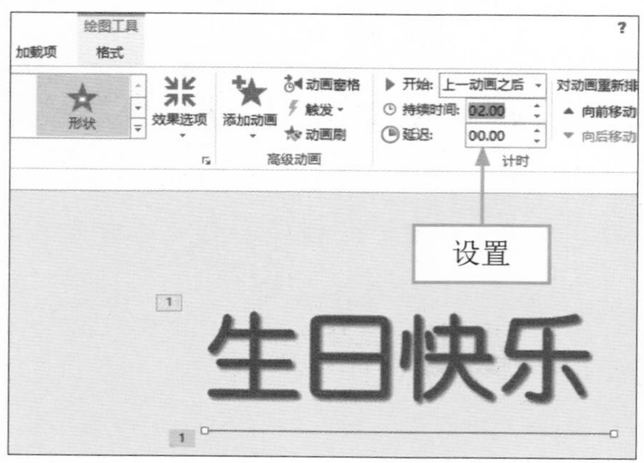

图 16-21 设置直线动画效果

图 16-22 设置副标题动画效果

图 16-23 预览动画效果

图 16-24 设置文本动画效果

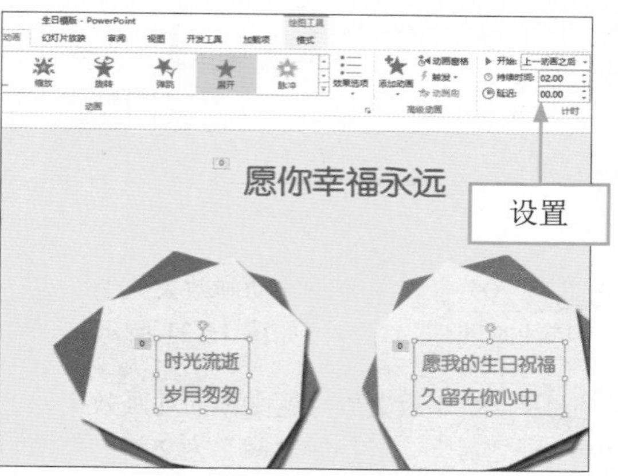

图 16-25 设置副标题动画效果

步骤 10 在“预览”选项板中单击“预览”按钮，即可预览动画效果，如图 16-26 所示。

步骤 11 进入第 1 张幻灯片，切换至“切换”面板，在“切换到此幻灯片”选项板中设置切换效果为“风”、“切换声音”为“微风”，在“换片方式”选项区中选中“设置自动换片时间”复选框，并设置时间为 12 秒，如图 16-27 所示。

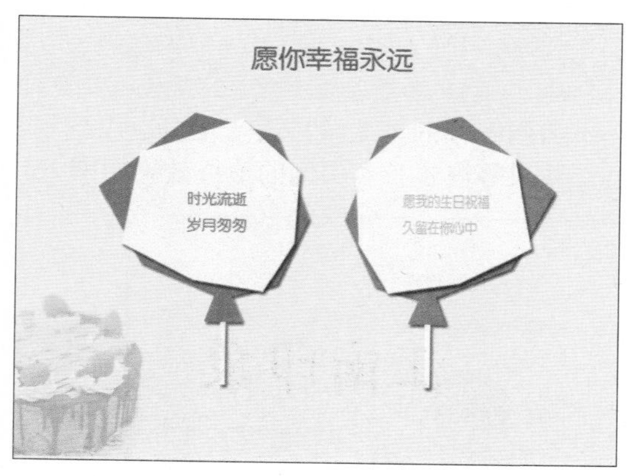

图 16-26 预览动画效果

步骤 12 进入第 2 张幻灯片，切换至“切换”面板，在“切换到此幻灯片”选项板中设置切换效果为“溶解”、“切换声音”为“风铃”，如图 16-28 所示。

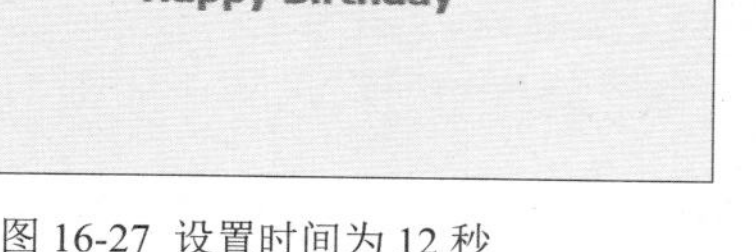

图 16-27 设置时间为 12 秒

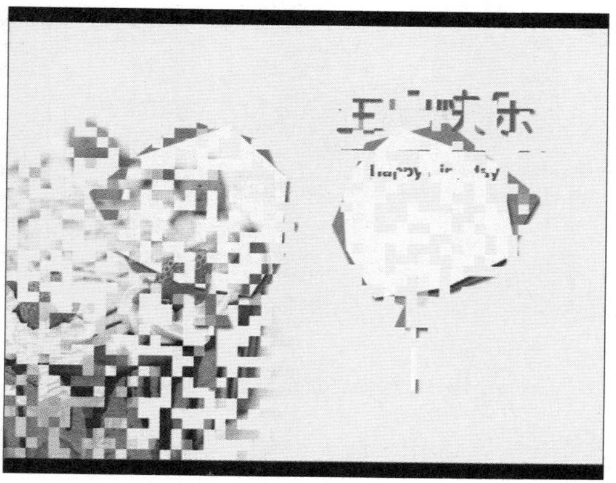

图 16-28 设置切换效果

步骤 13 切换至“幻灯片放映”面板，单击“开始放映幻灯片”选项板中的“从头开始”按钮，即可从头开始放映幻灯片，效果如图 16-29 所示。

图 16-29 放映幻灯片

16.2 制作旅游相册

本实例制作的是旅游相册，主要运用到了新建相册、输入文本、设置文本艺术字样式以及设置动画效果等内容。本实例的最终效果如图 16-30 所示。

图 16-30 旅游相册

	素材文件	光盘 \ 素材 \ 第 16 章 \ 旅游相册模板 \ 图片 1.jpg、图片 2.jpg、图片 3.jpg、图片 4.jpg、图片 5.jpg、图片 6.jpg、图片 7.jpg、图片 8.jpg、旅游相册背景 .jpg
	效果文件	光盘 \ 效果 \ 第 16 章 \ 旅游相册模板 .pptx
	视频文件	光盘 \ 视频 \ 第 16 章 \16.2.1 新建旅游相册 .mp4 等

16.2.1 新建旅游相册

新建旅游相册的具体操作步骤如下。

步骤 01 启动 PowerPoint 2013，创建“空白演示文稿”，切换至“插入”面板，在“插图”选项板中单击“相册”下拉按钮，弹出列表框，选择“新建相册”选项，如图 16-31 所示。

步骤 02 弹出“相册”对话框，单击“文件 / 磁盘”按钮，如图 16-32 所示。

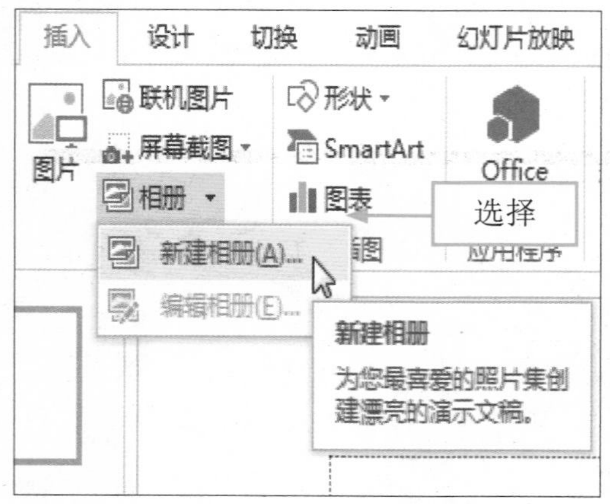

图 16-31 选择“新建相册”选项

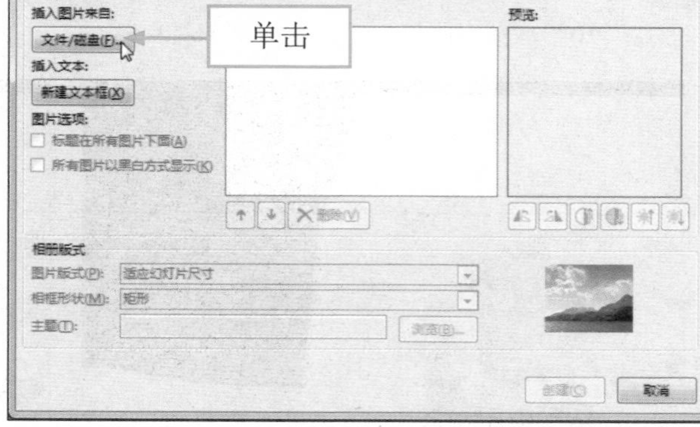

图 16-32 单击“文件 / 磁盘”按钮

步骤 03 弹出“插入新图片”对话框，在对话框中的合适位置，选择需要的图片，单击“插入”按钮，如图 16-33 所示。

步骤 04 返回到“相册”对话框，在“相册版式”选项区中设置“图片版式”为“4 张图片”，单击“相框形状”右侧的下拉按钮，在弹出的下拉列表框中选择“居中矩形阴影”选项，如图 16-34 所示，单击“创建”按钮。

图 16-33 单击“插入”按钮

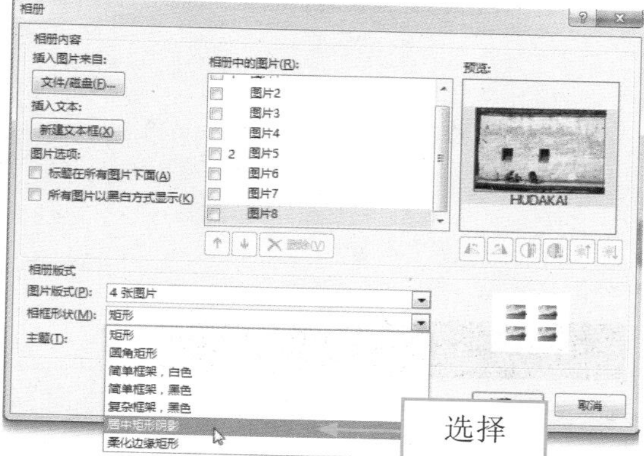

图 16-34 选择“居中矩形阴影”选项

步骤 05 执行操作后，即可创建相册，如图 16-35 所示。

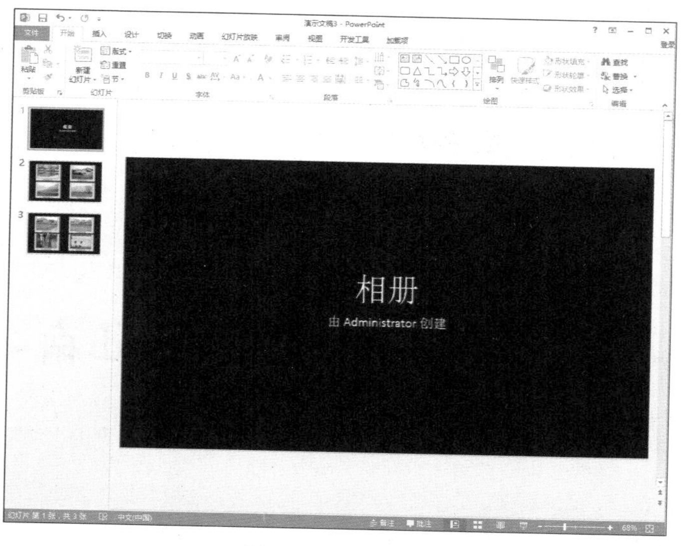

图 16-35 创建相册

16.2.2 制作旅游相册首页

制作旅游相册首页的具体操作步骤如下。

步骤 01 选择第 1 张幻灯片，切换至“设计”面板，在“自定义”选项板中单击“设置背景格式”按钮，如图 16-36 所示。

步骤 02 弹出“设置背景格式”窗格，在“填充”选项卡中选中“图片或纹理填充”单选按钮，单击“文件”按钮，在弹出的“插入图片”对话框中，选择需要的图片，如图 16-37 所示。

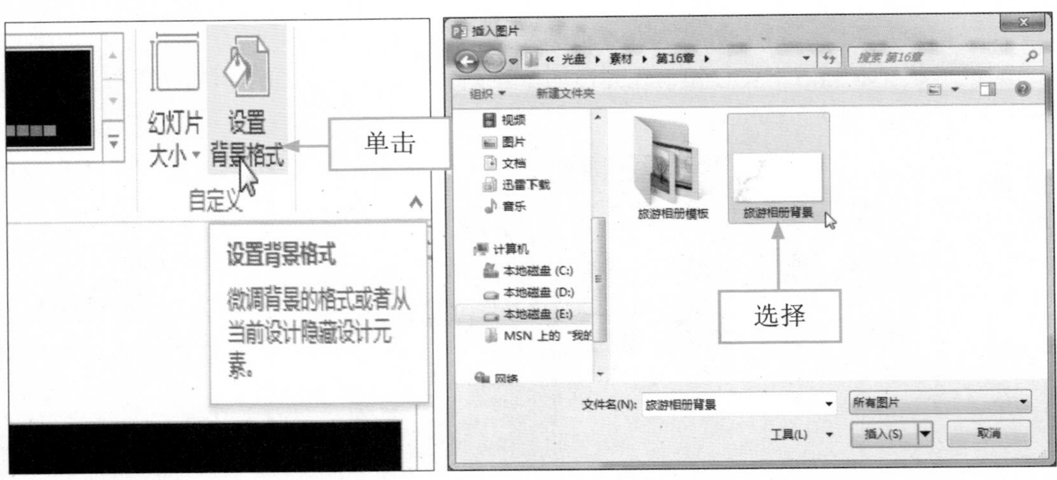

图 16-36 单击“设置背景格式”按钮　　　图 16-37 选择需要的图片

步骤 03 单击“插入”按钮，返回到“设置背景格式”窗格，依次单击“全部应用”和“关闭”按钮，效果如图 16-38 所示。

步骤 04 绘制横排文本框中输入文本“江南印象”，选中文本，设置“字体”为“康熙字典体”、“字号”为 96、“字体颜色”为“黑色”，如图 16-39 所示。

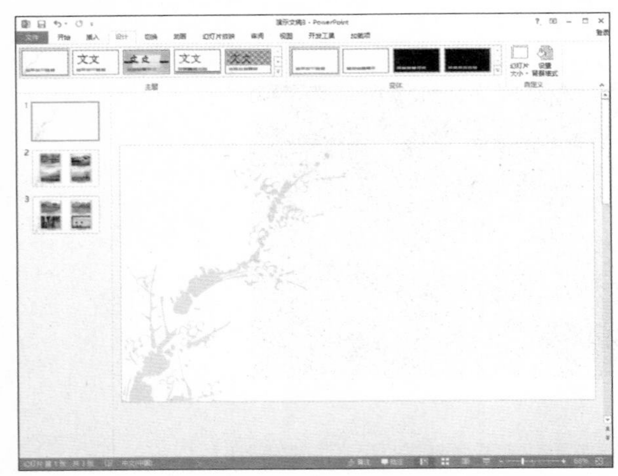

图 16-38 设置背景格式

图 16-39 设置文本属性

步骤 05 切换至“插入”面板，单击“图像”选项板中的“图片”按钮，在弹出的对话框中选择相应图片，如图 16-40 所示。

步骤 06 单击“插入”按钮，即可插入图片，在图片上单击鼠标右键，将图片置于底层，切换至“格式”面板，单击“调整”选项板中的“艺术效果”下拉按钮，选择“十字图案蚀刻”效果，再调整图片以及文本框的位置，如图 16-41 所示。

步骤 07 在合适的位置绘制横排文本框，输入文本“JiangNan Impression”，设置相应的“字体”、“字号”、“字体颜色”，如图 16-42 所示。

步骤 08 执行操作后，再调整文本框之间的位置，如图 16-43 所示。

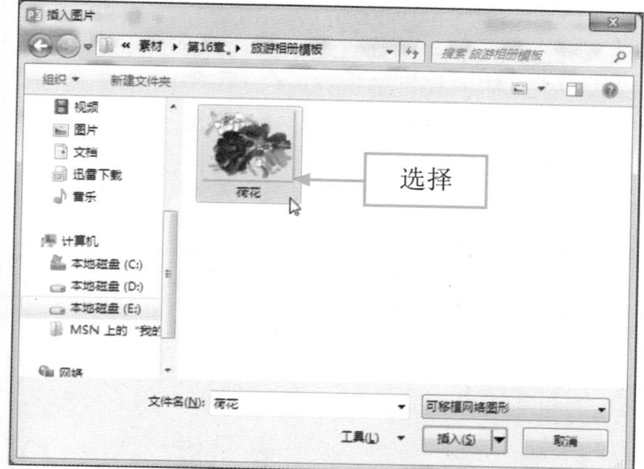

图 16-40 选择相应选项

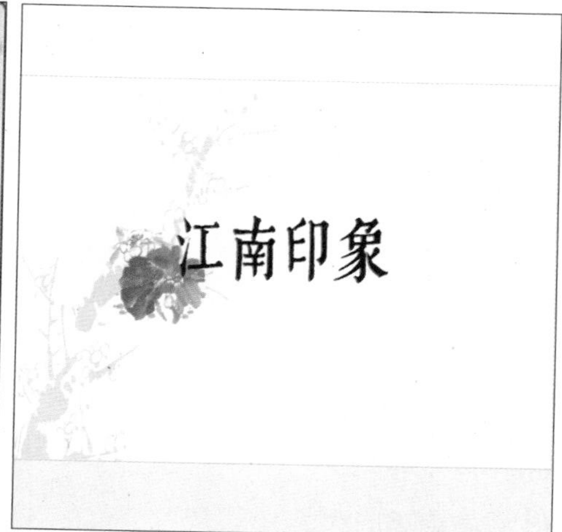

图 16-41 设置图片效果

图 16-42 输入文本

图 16-43 调整位置

16.2.3 为旅游相册添加动画效果

为旅游相册添加动画效果的具体操作步骤如下。

步骤 01 进入第 1 张幻灯片，选中“江南印象”文本，切换至“动画”面板，在“动画”选项板中单击“其他”下拉按钮，在弹出的列表框中选择“更多进入效果”选项，如图 16-44 所示。

步骤 02 弹出“更改进入效果”对话框，在“温和型”选项区中选择“下浮”选项，在“计时”选项板中设置“开始”为“单击时”、“持续时间”为 2 秒，如图 16-45 所示。

步骤 03 设置“JiangNan Impression”文本动画效果为“下浮”、“开始”为“上一动画之后”、“持续时间”为 2 秒，在“预览”选项板中单击“预览”按钮，即可预览动画效果，如图 16-46 所示。

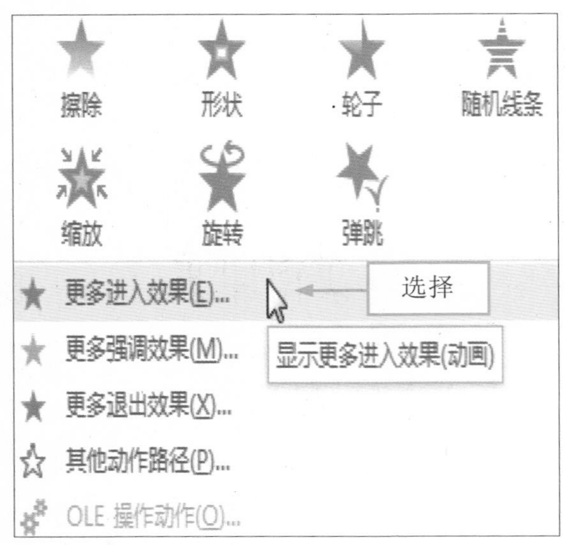

图 16-44 选择“更多进入效果”选项

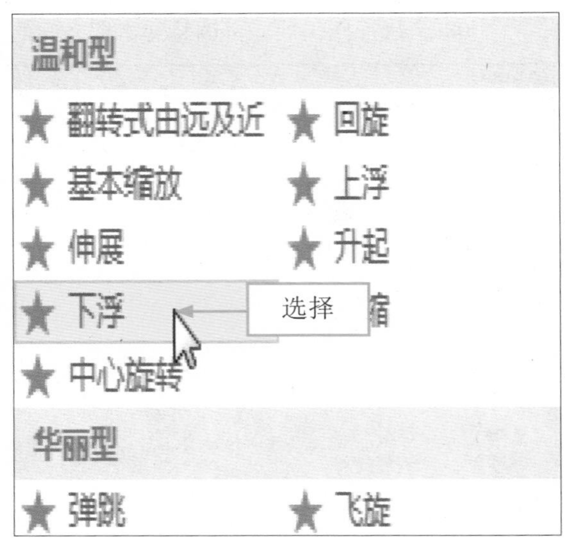

图 16-45 选择“下浮”选项

图 16-46 预览第 1 张幻灯片动画效果

步骤 04 进入第 2 张幻灯片，设置 4 张图片的动画效果都为“菱形”，单击“效果选项”下拉按钮，选择“缩小”选项，在“计时”选项板中将 4 张图片都设置“开始”为“上一动画之后”、“持续时间”为 2 秒，在“预览”选项板中单击“预览”按钮，即可预览动画效果，如图 16-47 所示。

步骤 05 进入第 3 张幻灯片，设置 4 张图片的动画效果都为“百叶窗”，在“计时”选项板中将 4 张图片都设置“开始”为“上一动画之后”、“持续时间”为 2 秒，在“预览”选项板中单击“预览”按钮，即可预览动画效果，如图 16-48 所示。

步骤 06 进入第 1 张幻灯片，切换至“切换”面板，单击“切换到此幻灯片”选项板中的“其他”下拉按钮，在弹出的列表框中选择“飞机”选项，如图 16-49 所示。

步骤 07 设置“持续时间”为 2 秒，“声音”为“微风”，在“换片方式”选项区中选中“设置自动换片时间”复选框，并设置时间为 10 秒，在“预览”选项板中单击“预览”按钮，即可预览切换效果，如图 16-50 所示。

图 16-47 预览第 2 张幻灯片动画效果

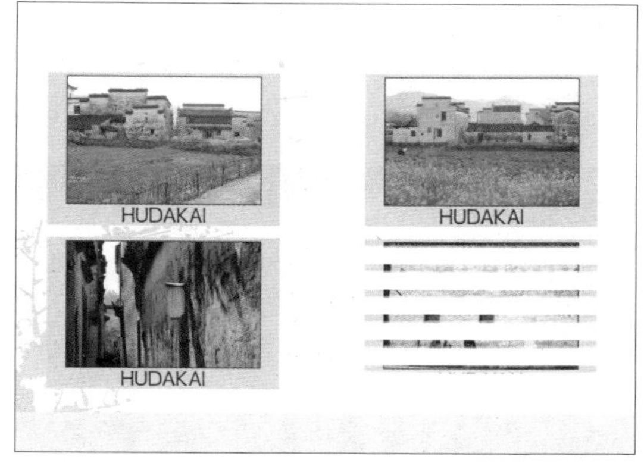

图 16-48 预览第 3 张幻灯片动画效果

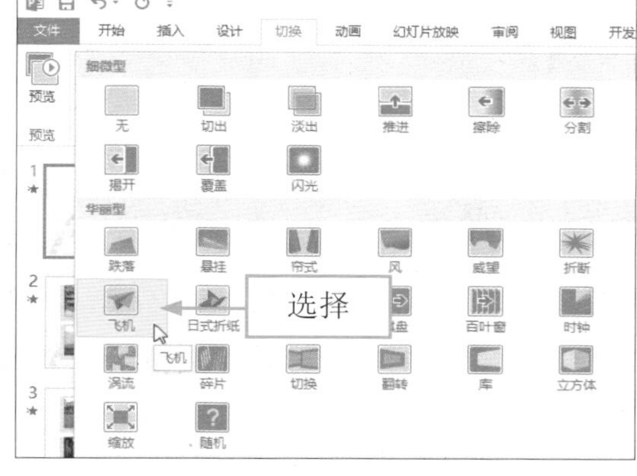

图 16-49 选择“飞机”选项

图 16-50 预览第 1 张幻灯片切换效果

步骤 08 进入第 2 张幻灯片，设置切换效果为“随机线条”、“切换声音”为“风铃”，在“换片方式”选项区中选中“设置自动换片时间”复选框，并设置时间为 12 秒，在“预览”选项板中单击“预览”按钮，即可预览切换效果，如图 16-51 所示。

步骤 09 进入第 3 张幻灯片，设置切换效果为“悬挂”、“切换声音”为“疾驰”，在“换片方式”选项区中选中“设置自动换片时间”复选框，并设置时间为 8 秒，在“预览”选项板中单击“预览”按钮，即可预览切换效果，如图 16-52 所示。

图 16-51 预览第 2 张幻灯片切换效果

图 16-52 预览第 3 张幻灯片切换效果

16.3 制作情人节贺卡

本实例介绍的是情人节贺卡的制作，效果如图 16-53 所示。

图 16-53 情人节贺卡效果

	素材文件	光盘 \ 素材 \ 第 16 章 \ 情人节贺卡 \ 情人节贺卡模板 .pptx、标语 .jpg、插花 .jpg、可爱熊 .jpg、心形图案 .jpg
	效果文件	光盘 \ 效果 \ 第 16 章 \ 情人节贺卡 .pptx
	视频文件	光盘 \ 视频 \ 第 16 章 \16.3.1 制作情人节贺卡首页效果 .mp4 等

16.3.1 制作情人节贺卡首页效果

制作贺卡首页效果的具体操作步骤如下。

步骤 01 在 PowerPoint 2013 中，打开一个素材文件，如图 16-54 所示。

步骤 02 进入第 1 张幻灯片，切换至“插入”面板，单击“图像”选项板中的“图片”按钮，如图 16-55 所示。

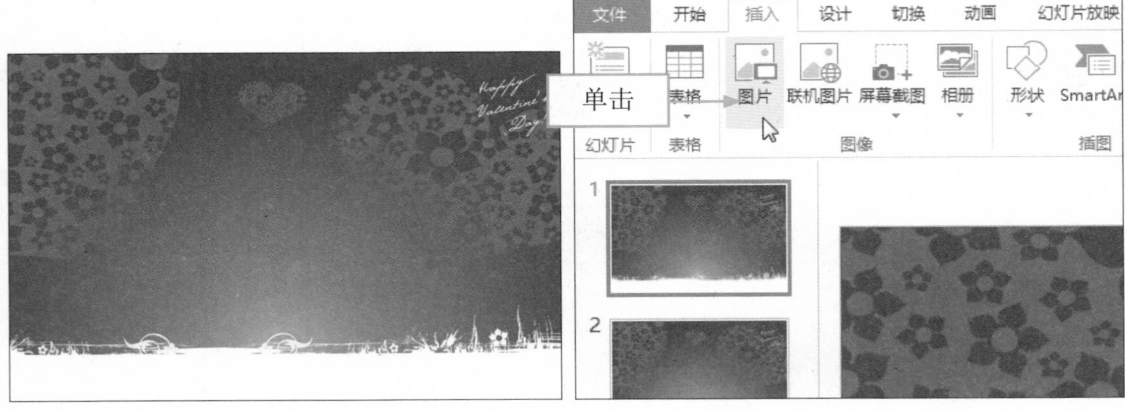

图 16-54 打开一个素材文件　　图 16-55 单击“图片”按钮

步骤 03 弹出“插入图片”对话框，在计算机中的相应位置，选择需要的图片，如图 16-56 所示。

步骤 04 单击“插入”按钮，即可插入图片，分别调整至合适位置，如图 16-57 所示。

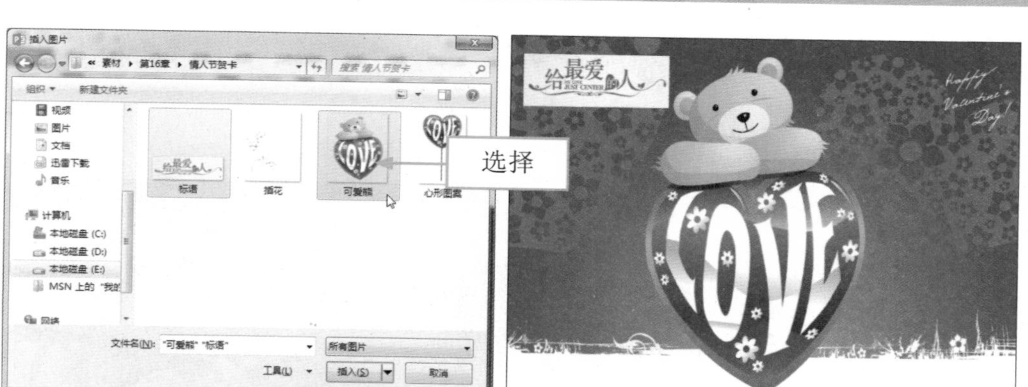

图 16-56 选择需要的图片

图 16-57 插入图片

步骤 05 选择插入的文本图片，切换至“图片工具”中的“格式”面板，单击“调整”选项板中的“艺术效果”下拉按钮，如图 16-58 所示。

步骤 06 弹出列表框，选择“混凝土”选项，如图 16-59 所示。

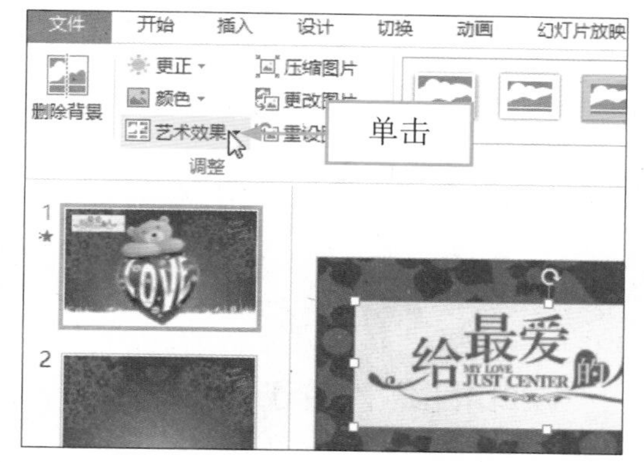

图 16-58 单击“艺术效果”下拉按钮

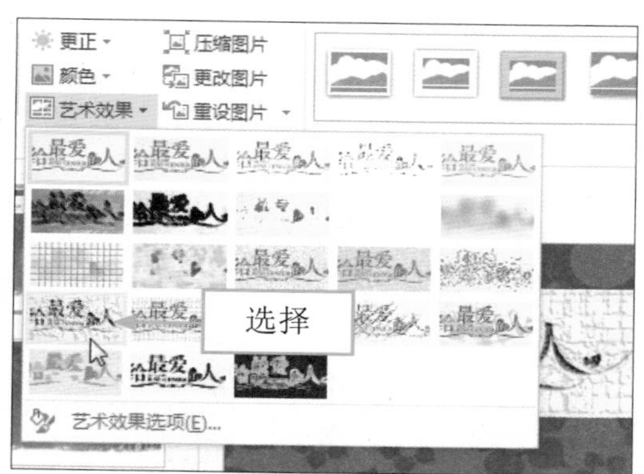

图 16-59 选择“混凝土”选项

步骤 07 在“图片样式”选项板中，单击“图片效果”下拉按钮，弹出列表框，选择“预设”|“预设 2”选项，效果如图 16-60 所示。

步骤 08 执行操作后，即可设置图片预设效果，如图 16-61 所示。

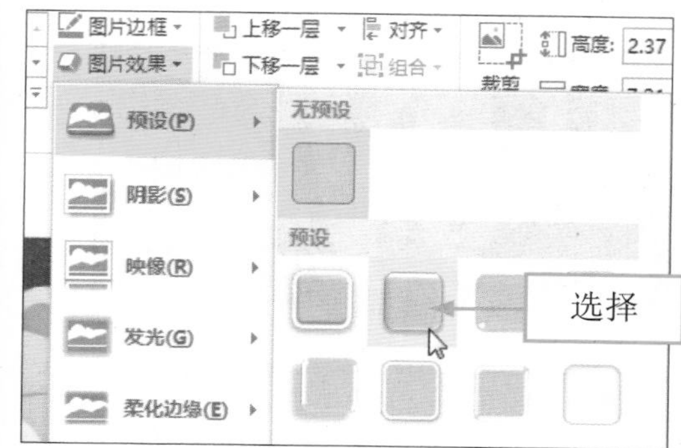

图 16-60 选择“预设 2”选项

图 16-61 设置图片预设效果

步骤 09 再次单击“图片效果”下拉按钮，弹出列表框，选择“映像”|“紧密映像，接触”选项，如图 16-62 所示。

步骤 10 执行操作后，即可设置图片映像效果，如图 16-63 所示。

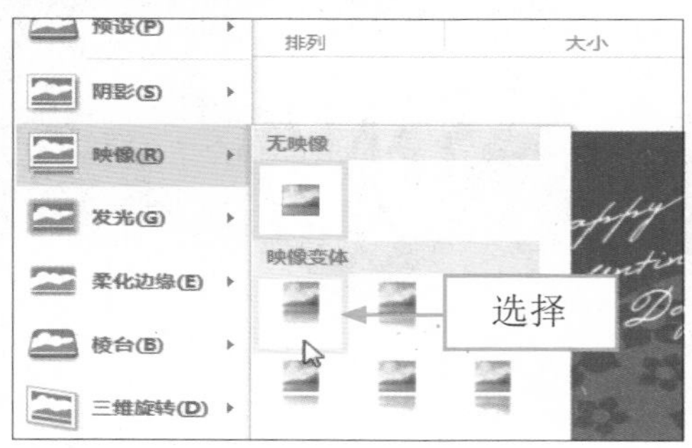

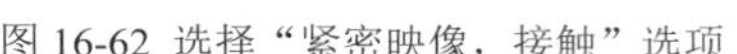
图 16-62 选择“紧密映像，接触”选项

图 16-63 设置图片映像效果

步骤 11 切换至“插入”面板，单击“文本”选项板中的“文本框”下拉按钮，弹出列表框，选择“横排文本框”选项，如图 16-64 所示。

步骤 12 在幻灯片中绘制文本框，输入文本，设置“字体”为“微软雅黑”、“字号”为 30，效果如图 16-65 所示。

图 16-64 选择“横排文本框”选项

图 16-65 输入文本

步骤 13 切换至“绘图工具”中的“格式”面板，单击“形状样式”选项板中的“其他”下拉按钮，弹出列表框，选择“强烈效果 - 橙色，强调颜色 6”选项，如图 16-66 所示。

步骤 14 执行操作后，即可设置文本形状效果，效果如图 16-67 所示。

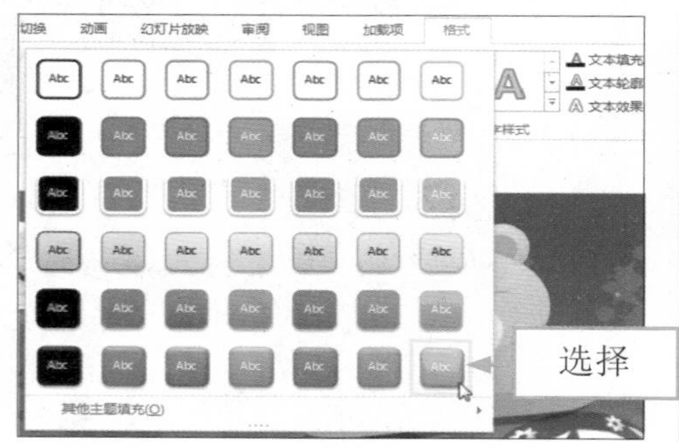

图 16-66 选择“强烈效果 - 橙色，强调颜色 6”选项

图 16-67 设置文本形状效果

步骤 15 单击“艺术字样式”选项板中的“其他”下拉按钮，弹出列表框，选择相应选项，如图 16-68 所示。

步骤 16 执行操作后，即可设置艺术字效果，再调整文本框位置，如图 16-69 所示。

图 16-68 选择相应选项

图 16-69 设置艺术字效果

16.3.2 制作情人节贺卡其他幻灯片

制作贺卡其他幻灯片的具体操作步骤如下。

步骤 01 进入第 2 张幻灯片，绘制文本框，输入文本，设置“字体”为“华康少女文字”、“字号”为 28，单击“加粗”按钮，设置“字体颜色”为白色，效果如图 16-70 所示。

步骤 02 进入第 1 张幻灯片，复制相应图片，粘贴至第 2 张幻灯片中的合适位置，如图 16-71 所示。

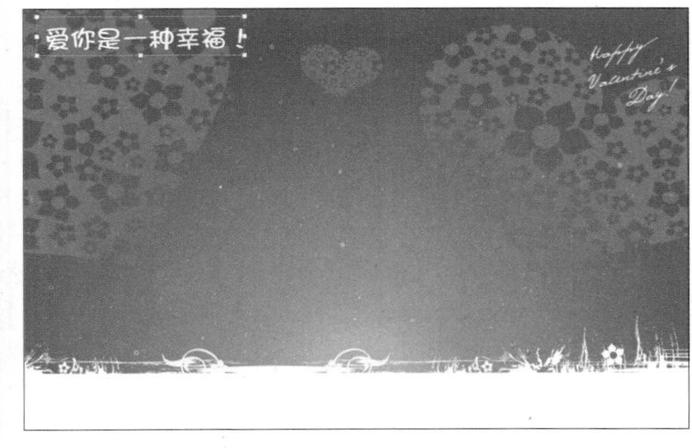

图 16-70 输入文本并设置文本属性

图 16-71 复制图片

步骤 03 切换至“插入”面板，调出“插入图片”对话框，在计算机中的相应位置，选择需要的图片，如图 16-72 所示。

步骤 04 单击“插入”按钮，即可插入图片，调整图片顺序及位置，效果如图 16-73 所示。

图 16-72 选择需要的图片

图 16-73 插入图片

步骤 05 进入第 3 张幻灯片，将第 2 张幻灯片中的部分图片，复制到第 3 张幻灯片中，调整至合适位置，如图 16-74 所示。

步骤 06 切换至“插入”面板，单击“图像”选项板中的“图片”按钮，弹出“插入图片”对话框，在计算机中的相应位置，选择需要的图片，如图 16-75 所示。

步骤 07 单击“插入”按钮，即可插入图片，调整图片的位置，如图 16-76 所示。

图 16-74 复制图片

图 16-75 选择需要的图片

步骤 08 切换至“插入”面板，单击“文本”选项板中的“文本框”下拉按钮，弹出列表框，选择“垂直文本框”选项，如图 16-77 所示。

图 16-76 插入图片

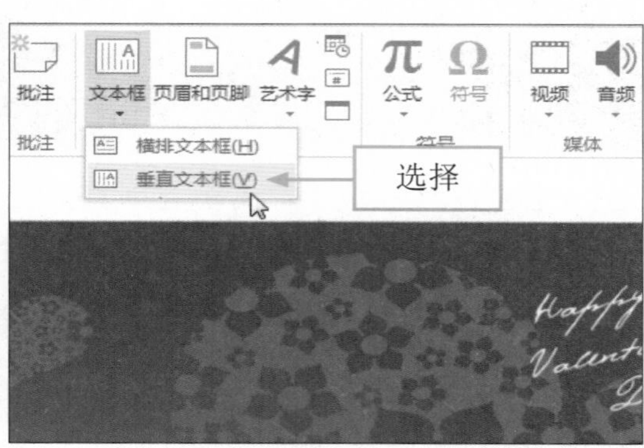

图 16-77 选择“垂直文本框”选项

步骤 09 在幻灯片中绘制文本框，输入文本，如图 16-78 所示。

步骤 10 选择文本，在“字体”选项板中，设置“字体”为“华康少女文字”、“字号”为20、“字体颜色”为白色，单击“加粗”按钮，在“段落”选项板中设置“行距”为“1.5 倍行距”，如图 16-79 所示。

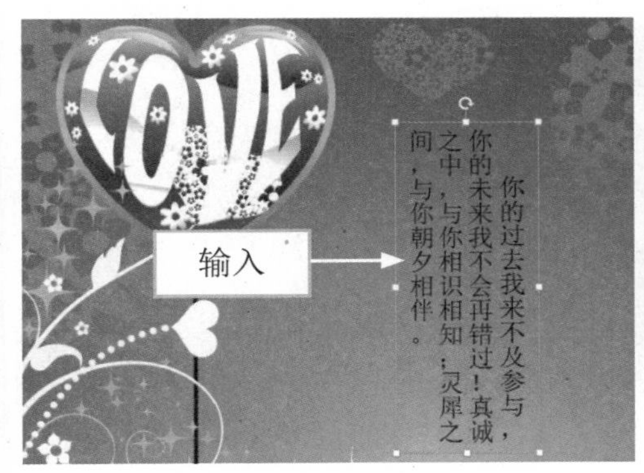

图 16-78 输入文本

图 16-79 设置各选项

16.3.3 为情人节贺卡添加动画效果

为贺卡添加动画效果的具体操作步骤如下。

步骤 01 进入第 1 张幻灯片，选择左上方的标题文本，如图 16-80 所示。

步骤 02 切换至“动画”面板，单击“动画”选项板中的“其他”下拉按钮，弹出列表框，选择“更多进入效果”选项，如图 16-81 所示。

图 16-80 选择标题文本

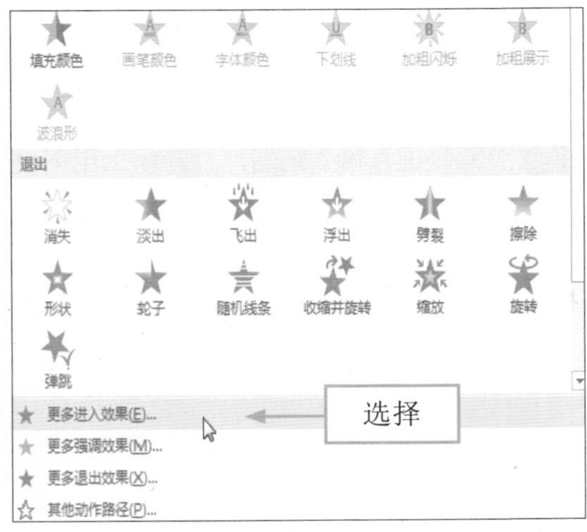

图 16-81 选择“更多进入效果”选项

步骤 03 弹出“更改进入效果”对话框，在“华丽型”选项区中，选择“飞旋”选项，如图 16-82 所示。

步骤 04 单击“确定”按钮，即可为标题文本添加动画效果，如图 16-83 所示。

步骤 05 用与上同样的方法，设置可爱熊图片的动画效果为“轮子”，下方文本的动画效果为“下拉”，单击“预览”选项板中的“预览”按钮，即可预览第 1 张动画效果，如图 16-84 所示。

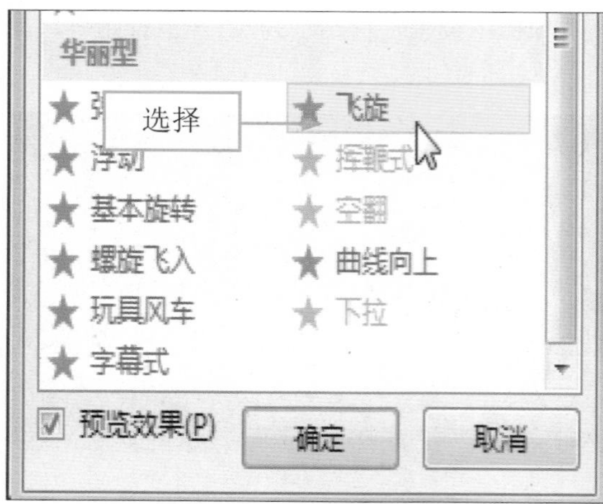

图 16-82 选择“飞旋”选项

图 16-83 为标题文本添加动画效果

图 16-84 预览第 1 张幻灯片动画效果

步骤 06 进入第 2 张幻灯片，由上至下设置文本动画效果分别为“浮入”、“缩放”，可爱熊图片动画效果为“轮子”，装饰花的动画效果为“旋转”，单击“预览”选项板中的预览按钮，即可预览第 2 张幻灯片动画效果，如图 16-85 所示。

图 16-85 预览第 2 张幻灯片动画效果

步骤 07 进入第 3 张幻灯片，设置左边的装饰花的动画效果为“展开”、下方的文本动画效果为“缩放”，设置中间的文本动画效果为“空翻”，单击“预览”选项板中的“预览”按钮，预览第 3 张幻灯片动画效果，如图 16-86 所示。

图 16-86 预览第 3 张幻灯片动画效果

步骤 08 进入第 1 张幻灯片，切换至“切换”面板，单击“切换到此幻灯片”选项板中的“其他”下拉按钮，如图 16-87 所示。

步骤 09 弹出列表框，在“华丽型”选项区中，选择“涡流”选项，如图 16-88 所示。

图 16-87 单击“其他”下拉按钮

图 16-88 选择“涡流”选项

步骤 10 执行操作后，即可为第 1 张幻灯片添加涡流切换效果，单击“预览”选项板中的“预览”按钮，预览涡流切换效果，如图 16-89 所示。

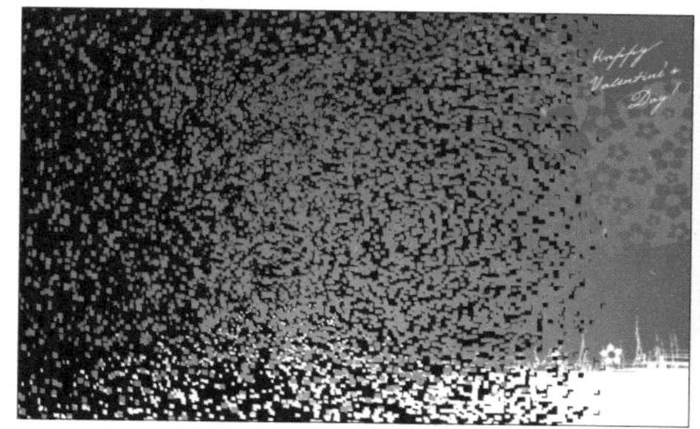

图 16-89 预览涡流切换效果

步骤 11 进入第2张幻灯片，单击“切换到此幻灯片”选项板中的“其他”下拉按钮，弹出列表框，在“华丽型”选项区中，选择“飞机”选项，如图 16-90 所示。

步骤 12 执行操作后，即可为第 2 张幻灯片添加飞机切换效果，单击“预览”选项板中的“预览”按钮，预览飞机切换效果，如图 16-91 所示。

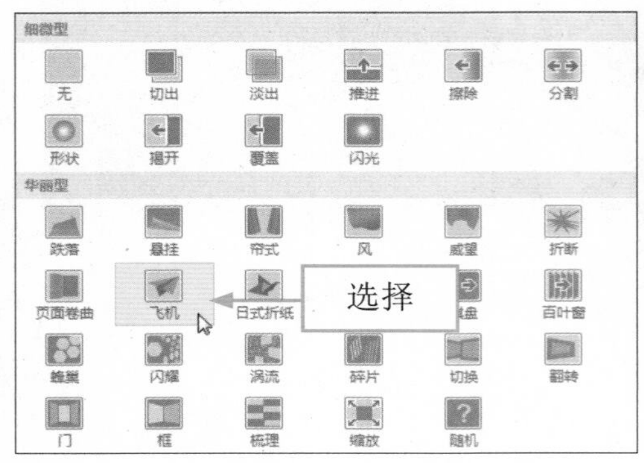

图 16-90 选择“飞机”选项

图 16-91 预览飞机切换效果

步骤 13 进入第 3 张幻灯片，用与上同样的方法，设置切换效果为“帘式”，单击“预览”选项板中的“预览”按钮，预览帘式切换效果，如图 16-92 所示。

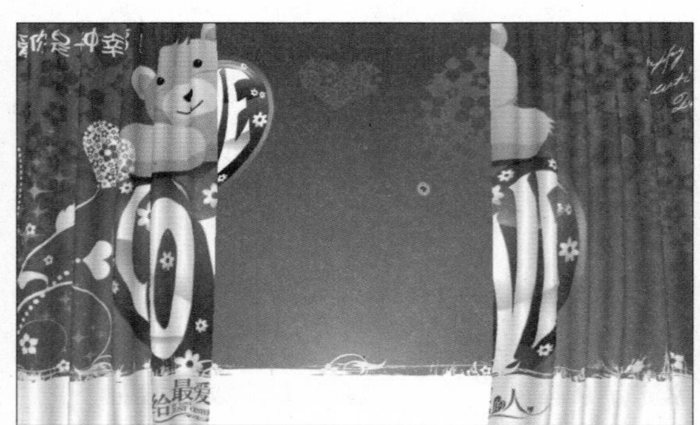

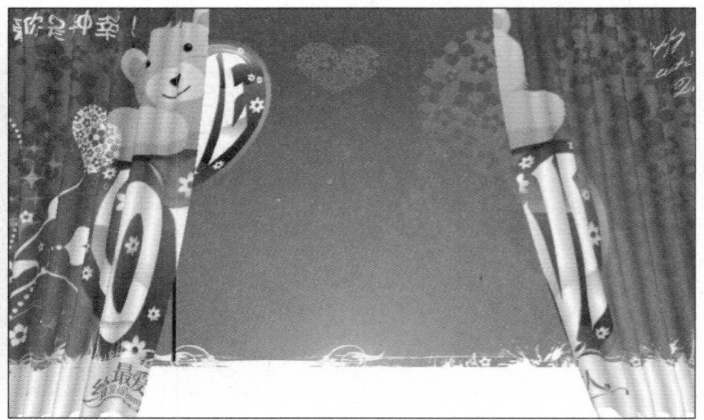

图 16-92 预览帘式切换效果

教学应用案例

学习提示

随着科学的不断发展，教师备课、授课无纸化将不再是遥远的事，利用 PowerPoint 可以制作出富有个性化的界面和动态超链接，使课件图文并茂、生动形象，同时适合教学需求。本章主要向读者介绍语文课件、教学课件模板及软件教学课件的操作方法。

本章案例导航

- 制作语文课件首页
- 制作语文课件其他幻灯片
- 为语文教学课件添加音频
- 为语文教学课件添加动画效果
- 制作教学课件模板首页
- 制作教学课件模板其他幻灯片
- 为教学课件模板添加动画效果
- 制作软件教学课件模板首页
- 制作软件教学课件模板其他幻灯片
- 为软件教学课件模板添加动画效果

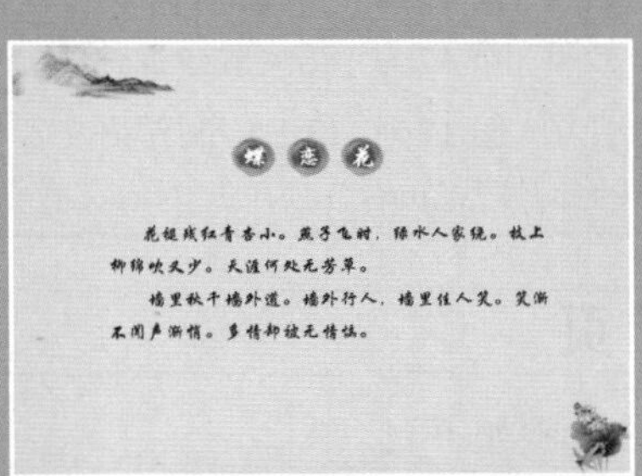

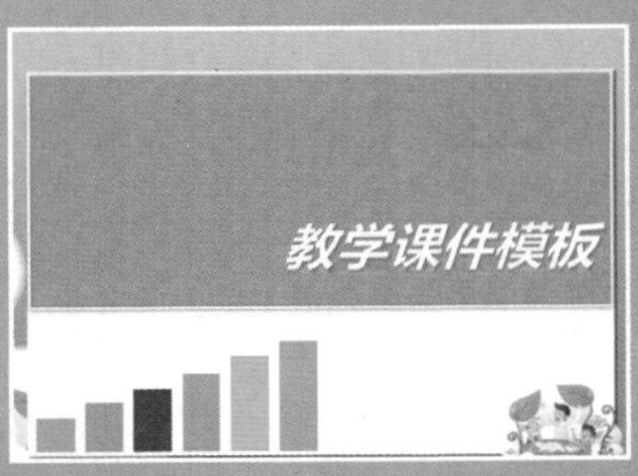

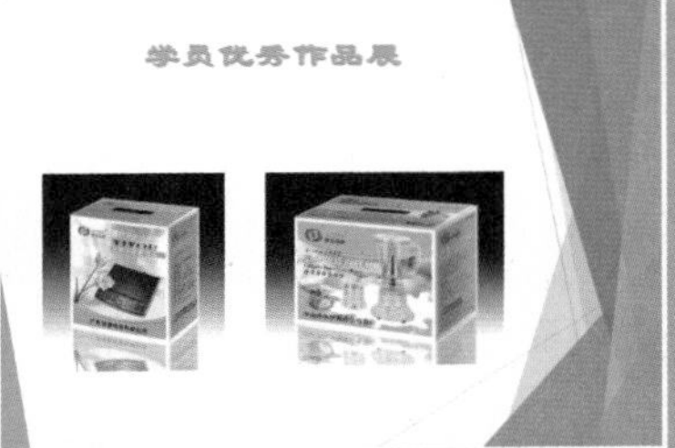

17.1 语文教学课件制作

本实例介绍的是语文教学课件的制作，效果如图 17-1 所示。

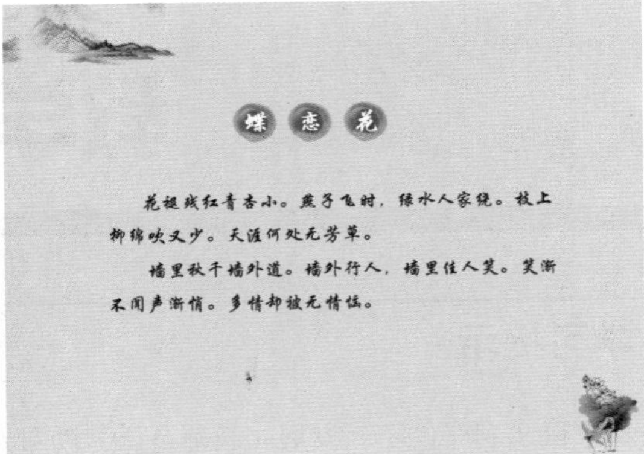

图 17-1 古诗词欣赏

	素材文件	光盘 \ 素材 \ 第 17 章 \ 古诗词欣赏 \ 古诗词欣赏模板 .pptx、音乐 .mp3
	效果文件	光盘 \ 效果 \ 第 17 章 \ 语文教学课件 .pptx
	视频文件	光盘 \ 视频 \ 第 17 章 \17.1.1 制作语文教学课件首页 .mp4、17.1.2 制作语文课件其他幻灯片 .mp4、17.1.3 为语文教学课件添加音频 .mp4 等

17.1.1 制作语文课件首页

制作语文课件首页的具体操作步骤如下。

步骤 01 在 PowerPoint 2013 中，打开一个素材文件，如图 17-2 所示。

步骤 02 进入第 1 张幻灯片，切换至“插入”面板，单击“文本”选项板中的“文本框”下拉按钮，弹出列表框，选择“横排文本框”选项，如图 17-3 所示。

步骤 03 在幻灯片中绘制文本框，输入文本“古诗词欣赏”，如图 17-4 所示。

步骤 04 选择文本，在“字体”选项板中，设置“字体”为“华文行楷”、“字号”为 60，单击“文字阴影”按钮，效果如图 17-5 所示。

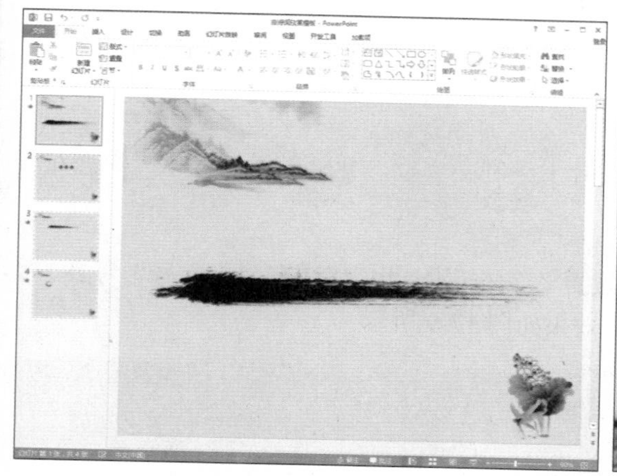

图 17-2 打开一个素材文件

图 17-3 选择“横排文本框”选项

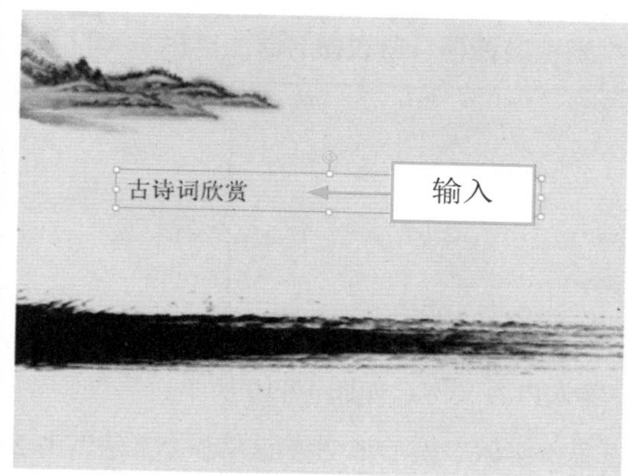

图 17-4 输入文本

图 17-5 设置文本属性

步骤 05 用与上同样的方法，在幻灯片中绘制文本框，输入文本“——语文课件”，如图 17-6 所示。

步骤 06 选择文本，在“字体”选项板中，设置“字体”为“华文行楷”、“字号”为 36，如图 17-7 所示。

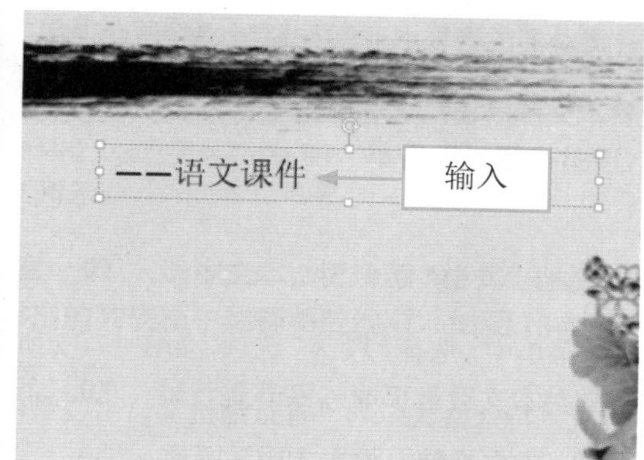

图 17-6 输入文本

图 17-7 设置文本属性

17.1.2 制作语文课件其他幻灯片

制作语文课件其他幻灯片的具体操作步骤如下。

步骤 01 进入第 2 张幻灯片，在黑色墨迹图片上绘制文本框，并输入标题文本“蝶恋花”，如图 17-8 所示。

步骤 02 选择文本，在“字体”选项板中，设置“字体”为“华文行楷”、“字号”为 28、“字体颜色”为“白色”，并对文本进行相应调整，效果如图 17-9 所示。

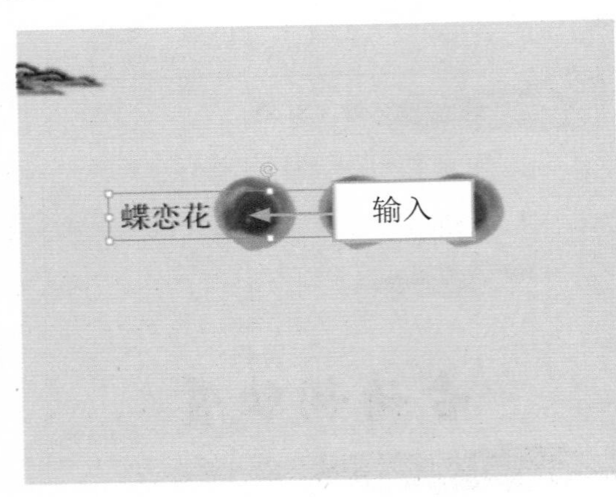

图 17-8 输入标题文本

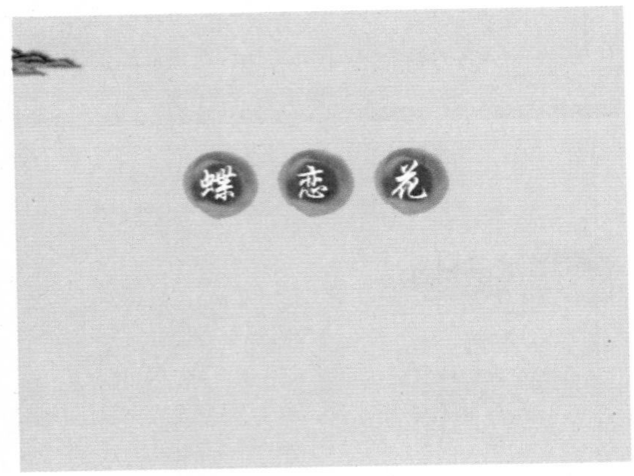

图 17-9 设置文本属性

步骤 03 在“蝶恋花”文本下方绘制文本框，输入内容文本，如图 17-10 所示。

步骤 04 选择文本，在“字体”选项板中，设置“字体”为“华文行楷”、“字号”为 22，如图 17-11 所示。

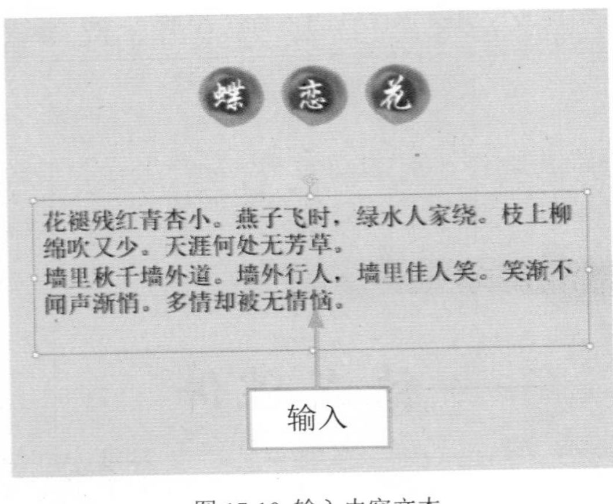

图 17-10 输入内容文本

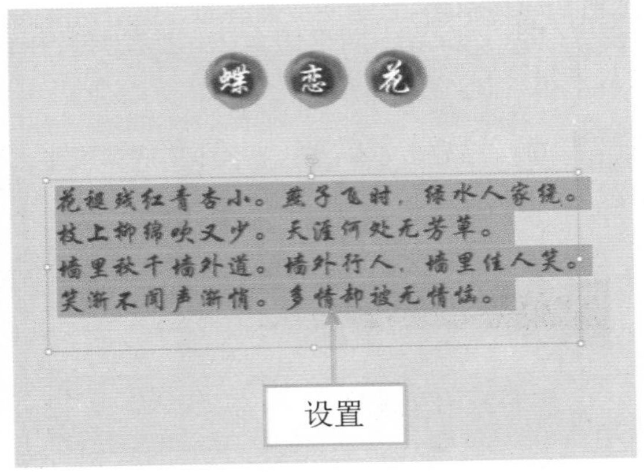

图 17-11 设置文本属性

步骤 05 选中文本，单击鼠标右键，在弹出的快捷菜单中，选择“段落”选项，如图 17-12 所示。

步骤 06 执行操作后，弹出“段落”对话框，设置“特殊格式”为“首行缩进”、“度量值”为“1.27 厘米”、“行距”为“1.5 倍行距”，单击“确定”按钮，如图 17-13 所示。

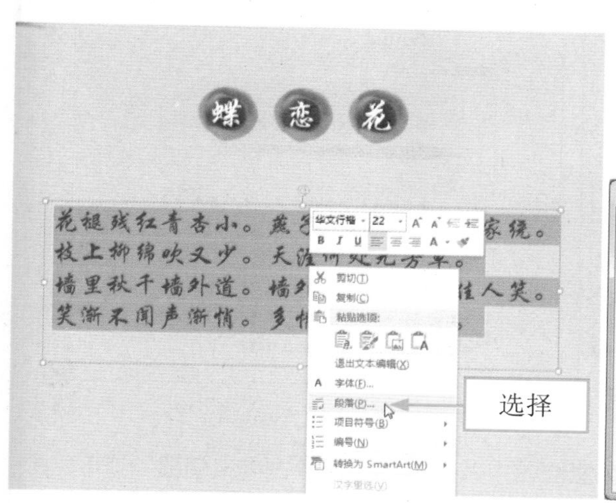

图 17-12 选择“段落”选项

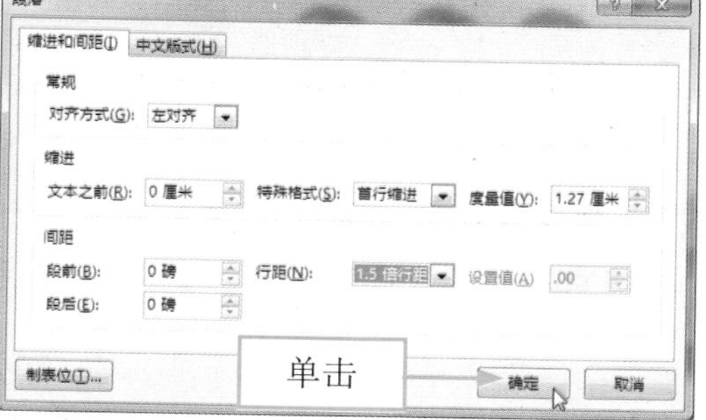

图 17-13 单击“确定”选项

步骤 07 执行操作后，即可设置文本段落格式，再对文本框进行调整，如图 17-14 所示。

步骤 08 用与上相同的方法设置第 3 张和第 4 张幻灯片的内容文本，如图 17-15 所示。

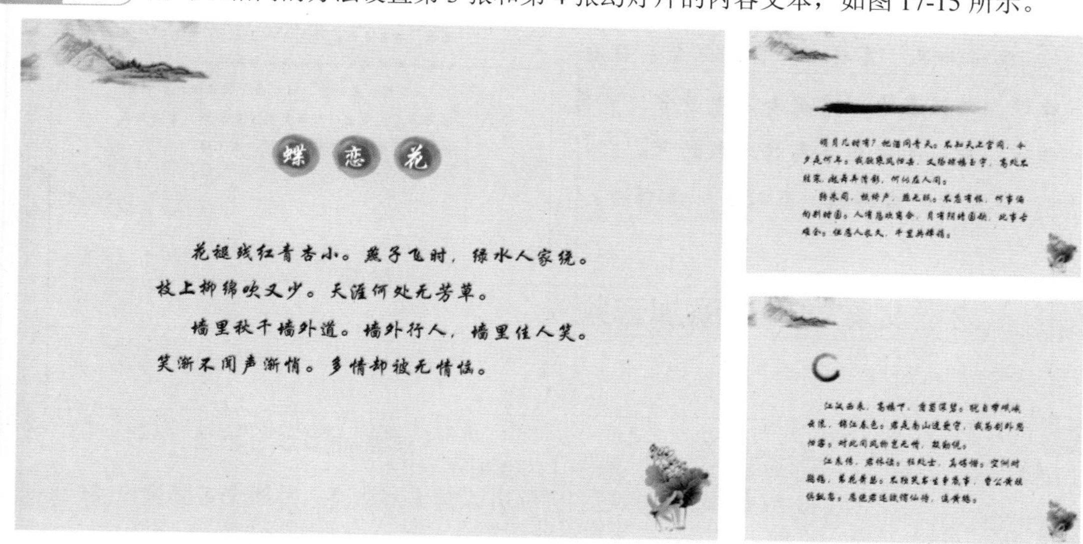

图 17-14 设置文本段落格式

图 17-15 设置内容文本属性

步骤 09 进入第 3 张幻灯片，在黑色墨迹图片上方绘制文本框，并输入标题文本“水调歌头·明月几时有”，如图 17-16 所示。

步骤 10 选择文本，在“字体”选项板中，设置“字体”为“华文行楷”、“字号”为 28，并对文本进行相应调整，如图 17-17 所示。

步骤 11 进入第 4 张幻灯片，在黑色墨迹图片右侧绘制文本框，并输入标题文本“满江红·寄鄂州朱使君寿昌”，如图 17-18 所示。

步骤 12 选择文本，在“字体”选项板中，设置“字体”为“华文行楷”、“字号”为 28，并对文本进行相应调整，如图 17-19 所示。

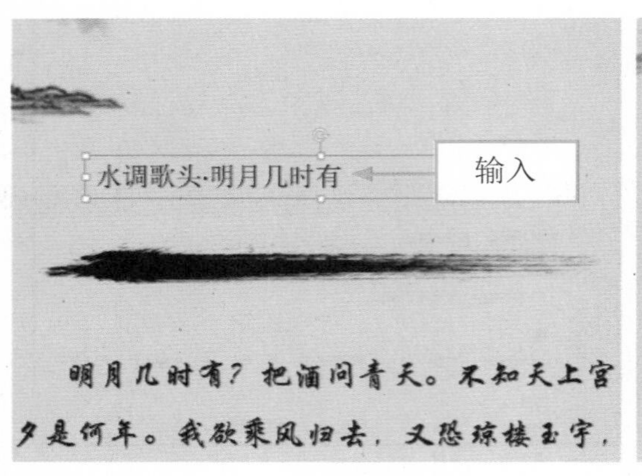

图 17-16 输入标题文本

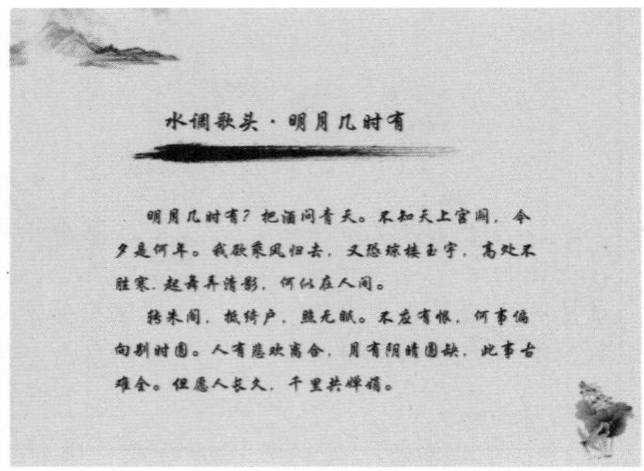

图 17-17 设置文本属性

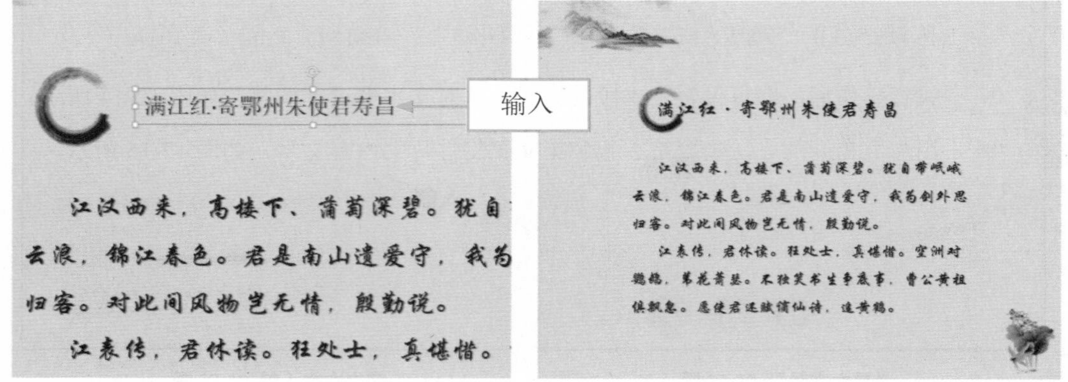

图 17-18 输入标题文本　　图 17-19 设置文本属性

17.1.3 为语文教学课件添加音频

为语文教学课件添加音频的具体操作步骤如下。

步骤 01 进入第 1 张幻灯片，切换至“插入”面板，单击“媒体”选项板中的“音频”下拉按钮，弹出列表框，选择“PC 上的音频”选项，如图 17-20 所示。

步骤 02 弹出“插入音频”对话框，选择需要的声音文件，如图 17-21 所示。

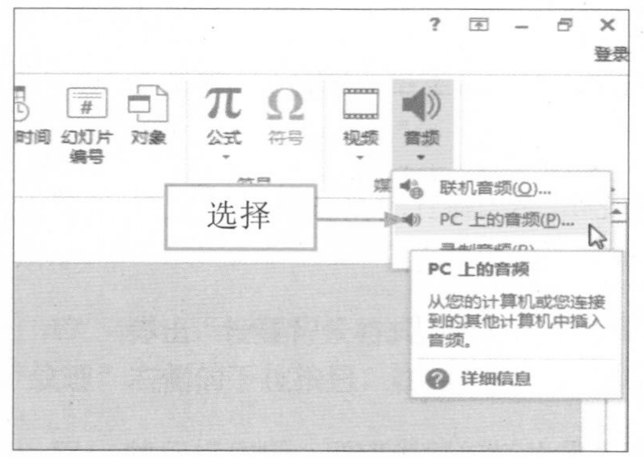

图 17-20 选择“文件中的音频”选项

图 17-21 选择声音文件

步骤 03 单击“插入”按钮，在幻灯片中插入声音，如图 17-22 所示。

步骤 04 选择插入的声音文件，调整至合适位置，如图 17-23 所示。

图 17-22 插入声音

图 17-23 调整声音文件的位置

17.1.4 为语文教学课件添加动画效果

为语文教学课件添加动画效果的具体操作步骤如下。

步骤 01 进入第 1 张幻灯片，在编辑区中，选择标题文本，切换至“动画”面板中的“动画”选项板，单击“其他”下拉按钮，如图 17-24 所示。

步骤 02 弹出列表框，在“进入”选项区中，选择“浮入”选项，在“计时”选项板中的设置“开始”为“上一动画之后”、“持续时间”为 2 秒，如图 17-25 所示。

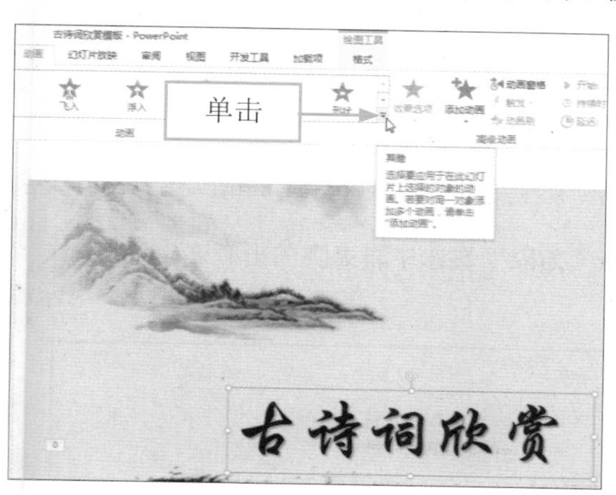

图 17-24 单击“其他”下拉按钮

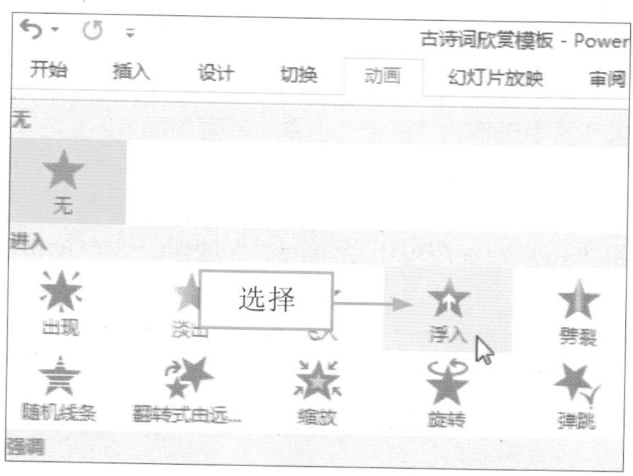

图 17-25 选择“浮入”选项

步骤 03 执行操作后，即可设置文本动画效果，用与上同样的方法，设置第 1 张幻灯片中的副标题文本、音频图标的动画效果为“浮入”，在“计时”选项板中的设置“开始”为“上一动画之后”、“持续时间”为 2 秒，如图 17-26 所示。

步骤 04 执行操作后，单击“预览”选项板中的“预览”按钮，预览动画效果，如图 17-27 所示。

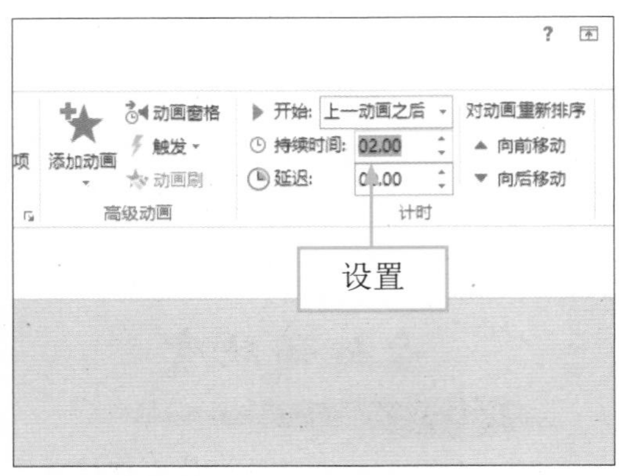

图 17-26 设置“持续时间”为 2 秒

图 17-27 预览第 1 张幻灯片动画效果

步骤 05 切换至第 2 张幻灯片，设置标题动画效果为“菱形”、内容文本动画效果为“百叶窗”，在“计时”选项板中的设置“开始”为“上一动画之后”、“持续时间”为 2 秒，单击“预览”选项板中的“预览”按钮，即可预览动画效果，如图 17-28 所示。

图 17-28 预览第 2 张幻灯片动画效果

步骤 06 切换至第 3 张幻灯片，设置标题动画效果为“擦除”、内容文本动画效果为“十字形扩展”，在“计时”选项板中的设置“开始”为“上一动画之后”、“持续时间”为 2 秒，单击“预览”选项板中的“预览”按钮，即可预览动画效果，如图 17-29 所示。

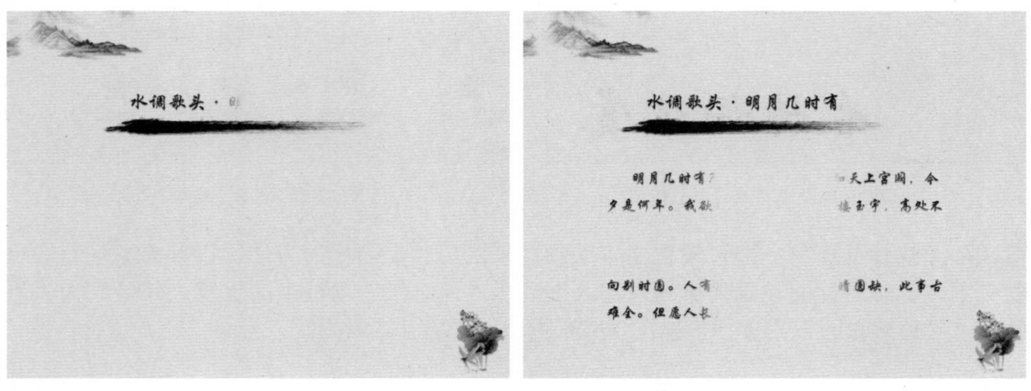

图 17-29 预览第 3 张幻灯片动画效果

步骤 07 切换至第 4 张幻灯片，设置标题动画效果为“盒状”、内容文本动画效果为“圆形扩展”，在“计时”选项板中的设置“开始”为“上一动画之后”、“持续时间”为 2 秒，单击“预览”选项板中的“预览”按钮，即可预览动画效果，如图 17-30 所示。

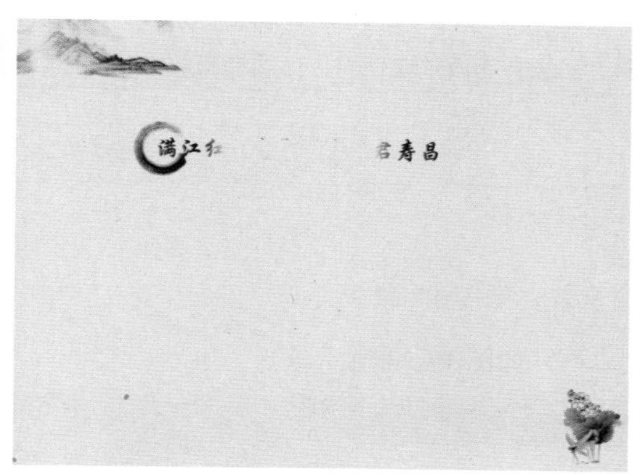

图 17-30 预览第 4 张幻灯片动画效果

17.2 教学课件模板制作

本实例介绍教学课件模板的制作，效果如图 17-31 所示。

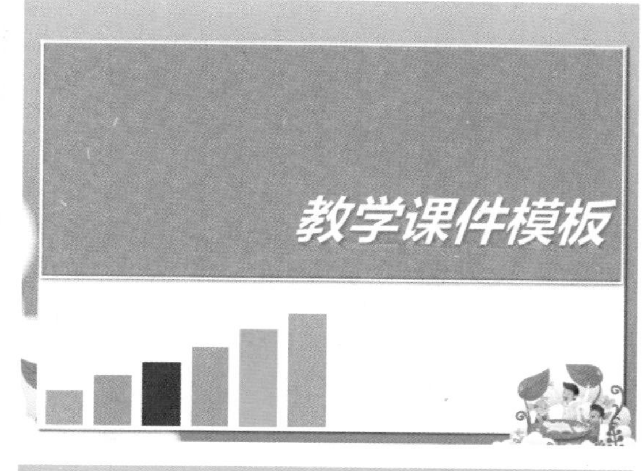

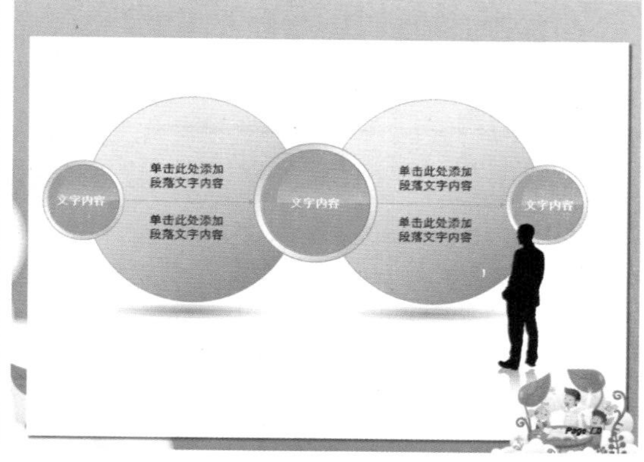

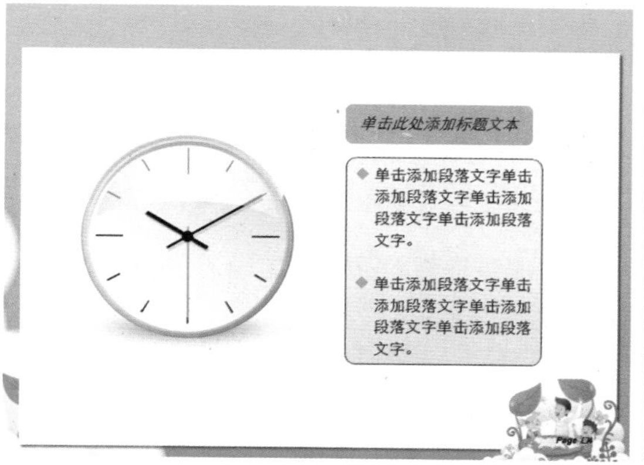

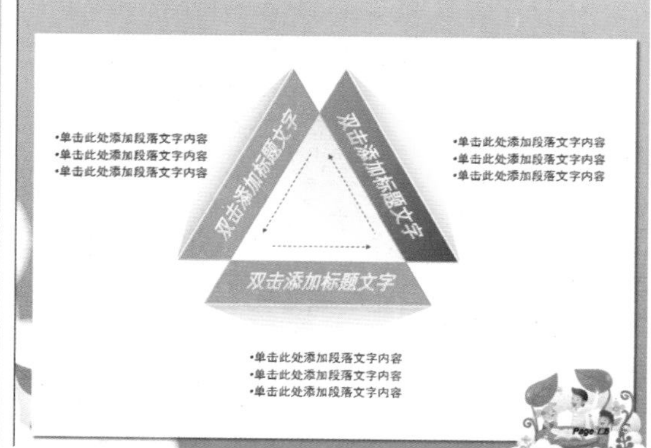

图 17-31 教学课件模板效果

	素材文件	光盘 \ 素材 \ 第 17 章 \ 教学课件模板 \ 教学课件 .pptx、灰色圆形 .png、人物 .png、三角图形 .png、时钟 .png、圆形 .png
	效果文件	光盘 \ 效果 \ 第 17 章 \ 教学课件模板 .pptx
	视频文件	光盘 \ 视频 \ 第 17 章 \17.2.1 制作教学课件模板首页 .mp4、17.2.2 制作教学课件模板其他幻灯片 .mp4、17.2.3 为教学课件模板添加动画效果 .mp4

17.2.1 制作教学课件模板首页

制作教学课件模板首页的具体操作步骤如下。

步骤 01 在 PowerPoint 2013 中，打开一个素材文件，如图 17-32 所示。

步骤 02 在编辑区中的合适位置，绘制一个文本框，如图 17-33 所示。

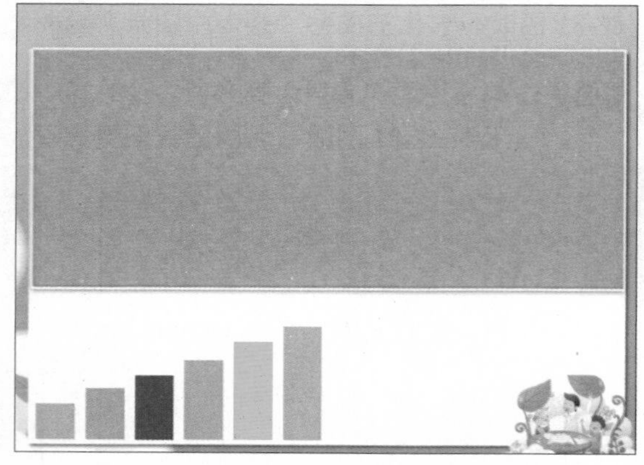

图 17-32 打开一个素材文件

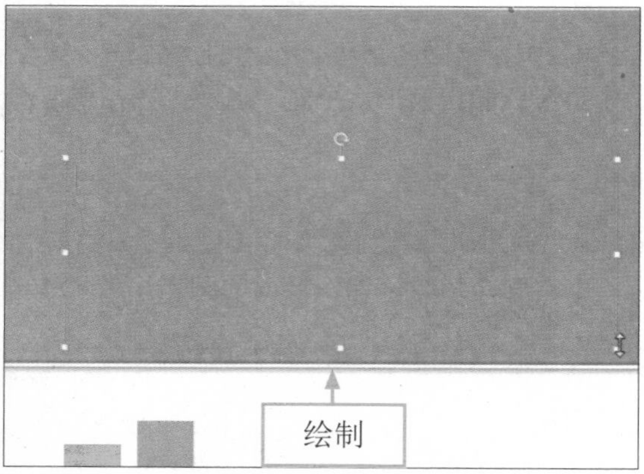

图 17-33 绘制文本框

步骤 03 在文本框中输入文本，选中文本，在“字体”选项板中，设置文本“字体”为“微软雅黑”、“字号”为 60，单击“加粗”和“文字阴影”按钮，设置“字体颜色”为“白色”，“段落”为“右对齐”，如图 17-34 所示。

步骤 04 切换至“绘图工具”中的“格式”面板，单击“艺术字样式”选项板中的“文本效果”下拉按钮，如图 17-35 所示。

图 17-34 输入文本

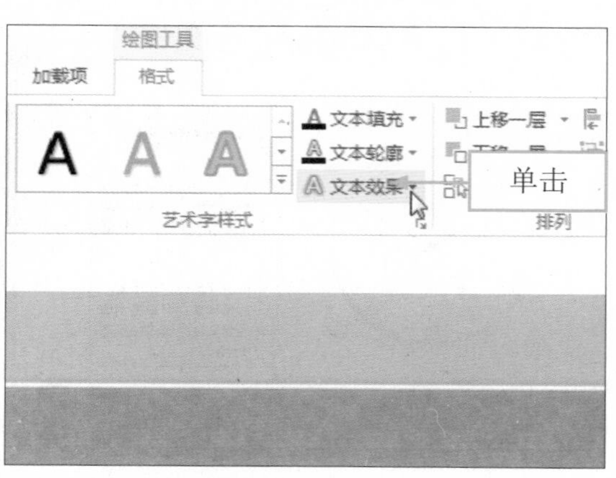

图 17-35 单击“文本效果”下拉按钮

步骤 05 弹出列表框，选择相应选项，如图 17-36 所示。

步骤 06 执行操作后，即可设置文本效果，如图 17-37 所示。

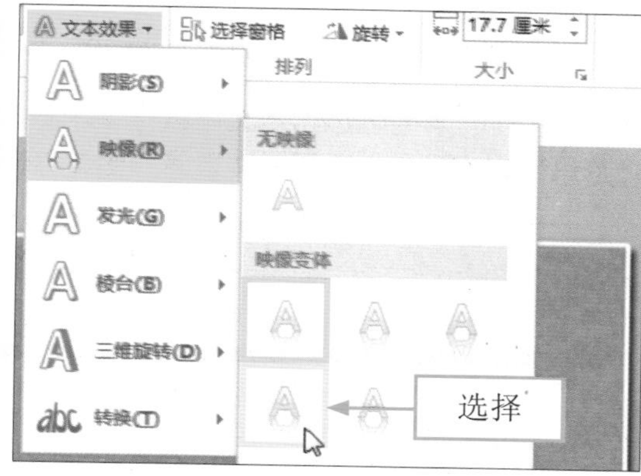

图 17-36 选择相应选项

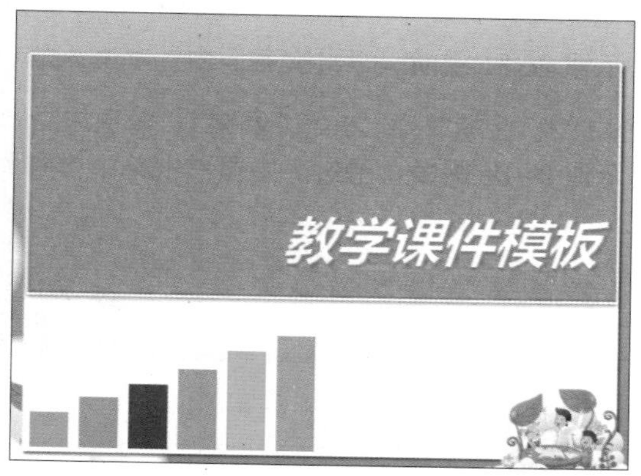

图 17-37 设置文本效果

17.2.2 制作教学课件模板其他幻灯片

制作教学课件模板其他幻灯片的具体操作步骤如下。

步骤 01 在“幻灯片”选项板中，单击“新建幻灯片”下拉按钮，如图 17-38 所示。

步骤 02 弹出列表框，选择“仅标题”选项，如图 17-39 所示。

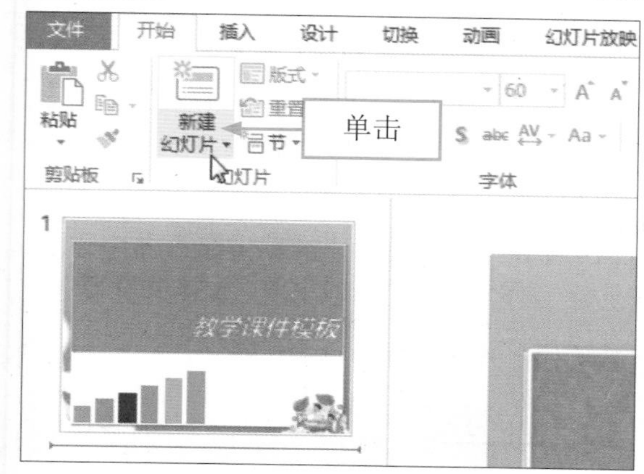

图 17-38 单击“新建幻灯片”下拉按钮

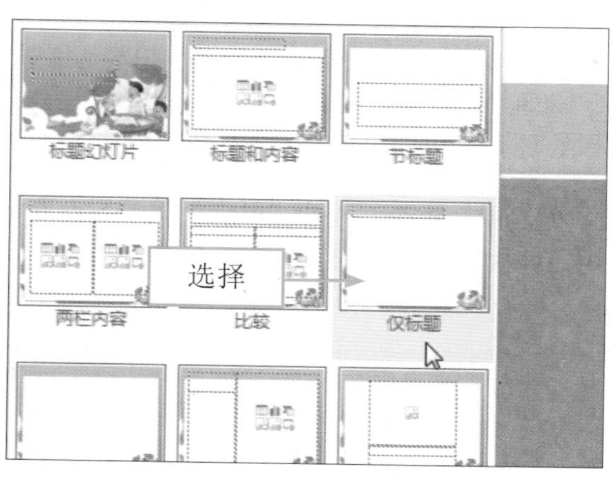

图 17-39 选择“仅标题”选项

步骤 03 执行操作后，即可新建 1 张幻灯片，如图 17-40 所示。

步骤 04 用与上相同的方法，再次新建 3 张幻灯片，效果如图 17-41 所示。

步骤 05 进入第 2 张幻灯片，切换至“插入”面板，单击“插图”选项板中的“形状”下拉按钮，如图 17-42 所示。

步骤 06 弹出列表框，在“矩形”选项区中，选择“矩形”选项，如图 17-43 所示。

步骤 07 执行操作后，在幻灯片中绘制矩形，单击鼠标右键，弹出快捷菜单，选择“设置形状格式”选项，如图 17-44 所示。

图 17-40 新建 1 张幻灯片

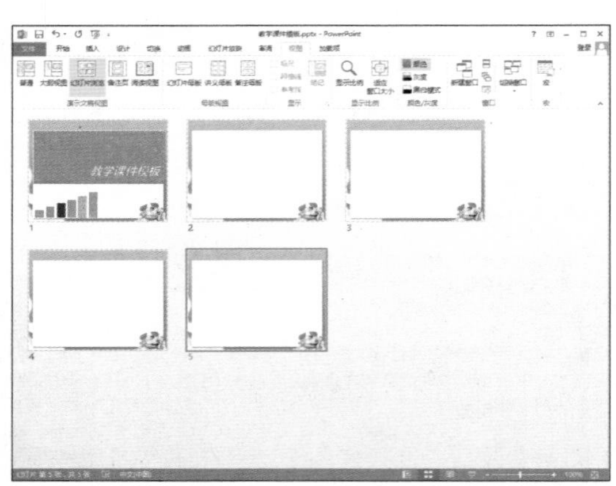
图 17-41 再次新建 3 张幻灯片

图 17-42 单击“形状”下拉按钮

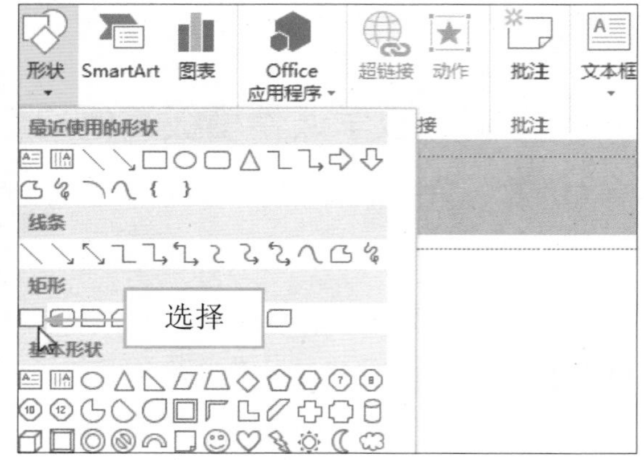

图 17-43 选择“矩形”选项

步骤 08 展开“设置形状格式”窗格，在展开的“填充”选项区中，选中“渐变填充”单选按钮，如图 17-45 所示。

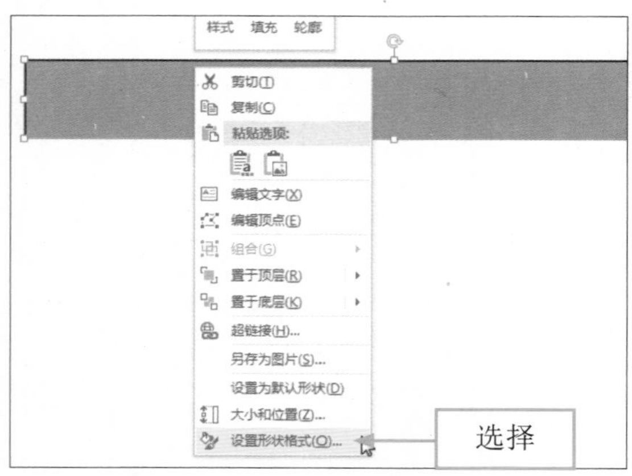

图 17-44 选择“设置形状格式”选项

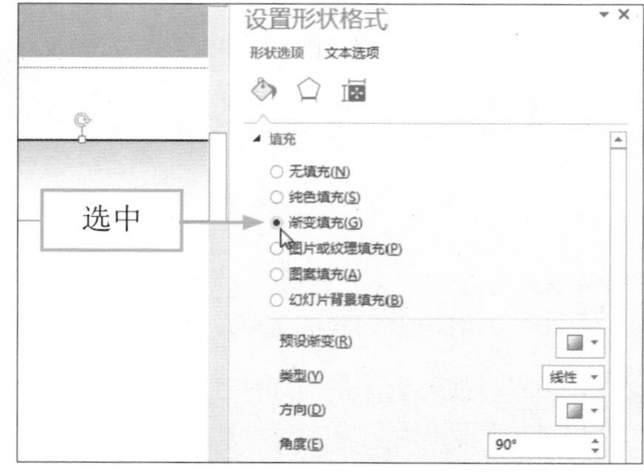

图 17-45 选中“渐变填充”单选按钮

步骤 09 关闭“设置形状格式”窗格，在“绘图”选项板中，单击“形状轮廓”下拉按钮，弹出列表框，选择相应选项，如图 17-46 所示。

步骤 10 执行操作后，即可设置形状轮廓，效果如图 17-47 所示。

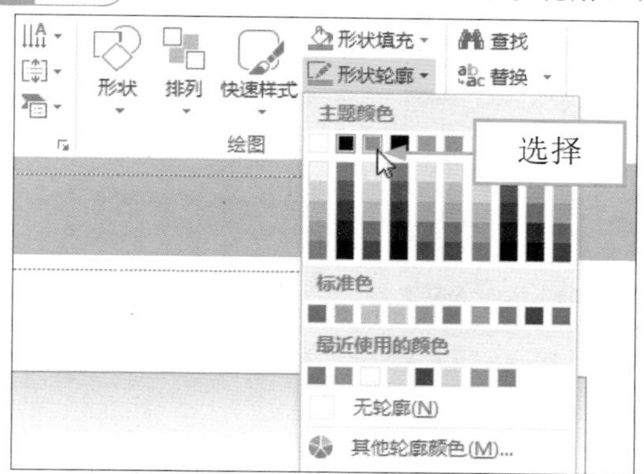

图 17-46 选择相应选项

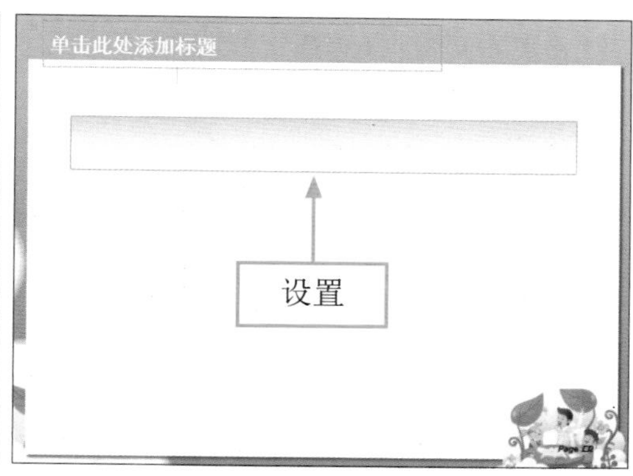

图 17-47 设置形状轮廓

步骤 11 用与上相同的方法，在矩形图形上绘制一个小矩形，如图 17-48 所示。

步骤 12 在小矩形上单击鼠标右键，弹出快捷菜单，选择“编辑文字”选项，输入数字 1，如图 17-49 所示。

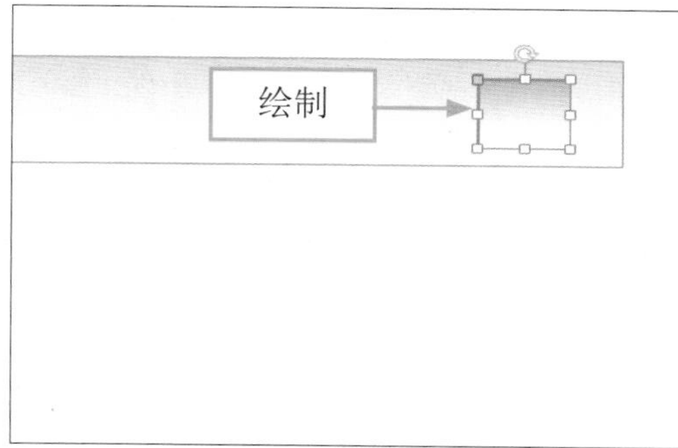

图 17-48 绘制小矩形

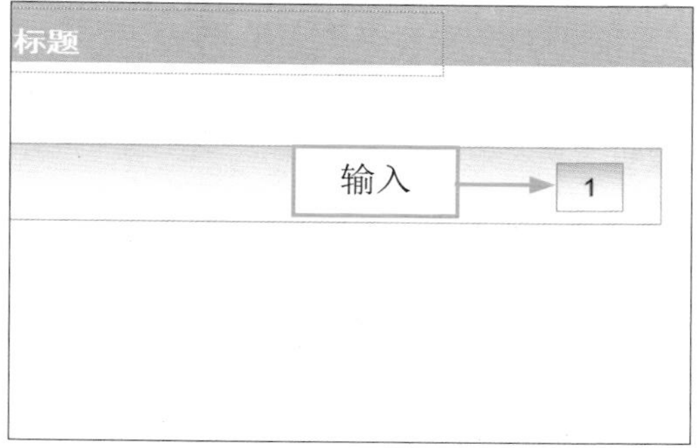

图 17-49 输入数字

步骤 13 选中大小矩形，复制 3 份，并修改数字序号，效果如图 17-50 所示。

步骤 14 双击第 2 个矩形，切换至“绘图工具”中的“格式”面板，单击“形状样式”选项板中的“形状填充”下拉按钮，弹出列表框，选择“粉色，着色 1”选项，如图 17-51 所示。

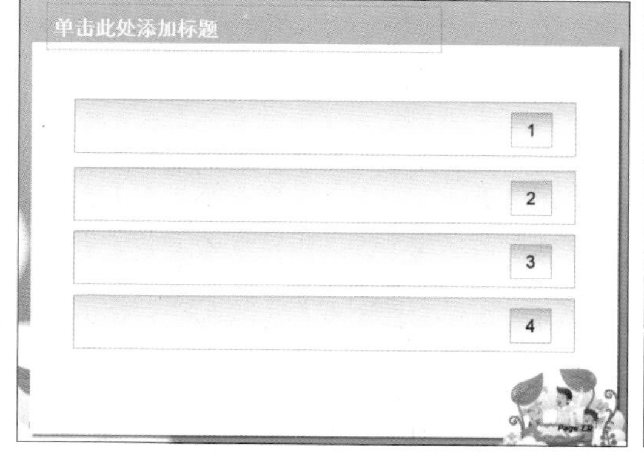

图 17-50 复制大小矩形

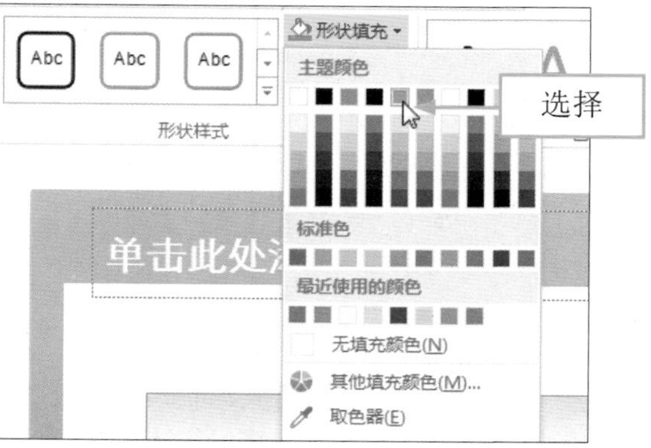

图 17-51 选择“粉色，着色 1”选项

步骤 15 执行操作后，即可填充形状，效果如图 17-52 所示。

步骤 16 用户可以在矩形上添加需要的课件内容，效果如图 17-53 所示。

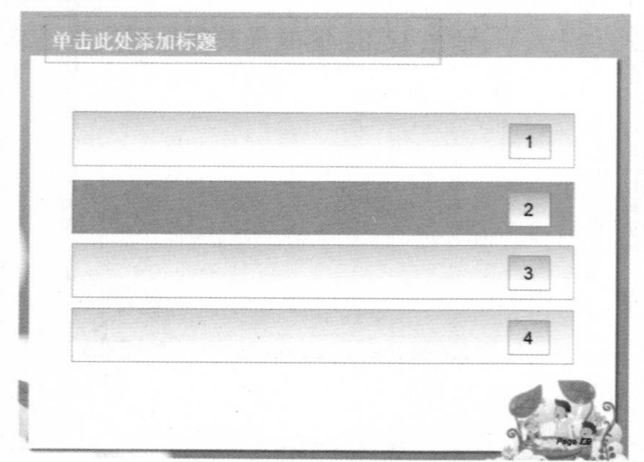

图 17-52 填充形状

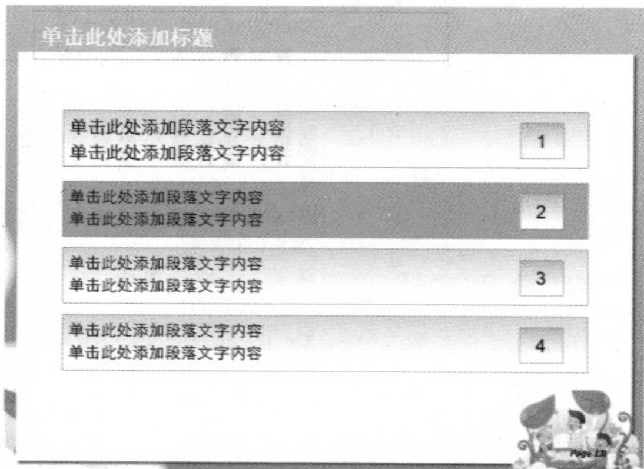

图 17-53 添加需要的课件内容

步骤 17 进入第 3 张幻灯片，切换至“插入”面板，单击“图像”选项板中的“图片”按钮，如图 17-54 所示。

步骤 18 弹出“插入图片”对话框，在计算机中的相应位置，选择需要的图片，如图 17-55 所示。

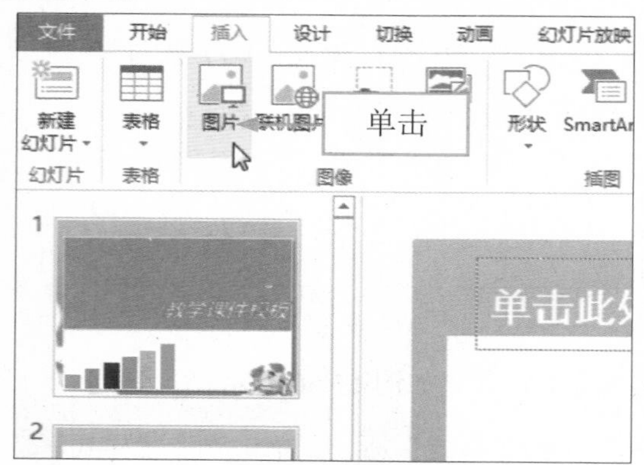

图 17-54 单击“图片”按钮

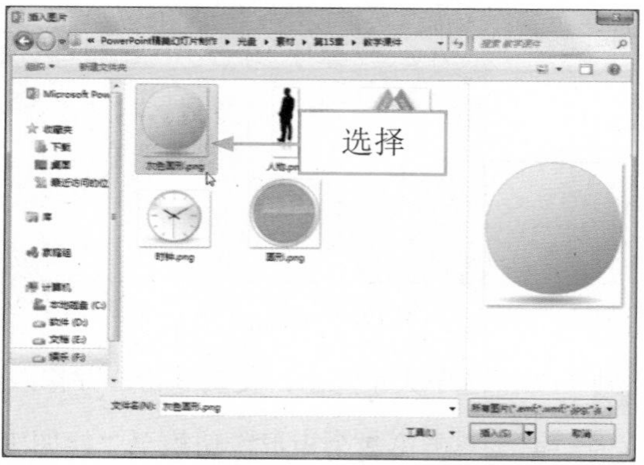

图 17-55 选择需要的图片

步骤 19 单击“插入”按钮，即可插入图片，复制一个圆形，调整至合适位置，如图 17-56 所示。

步骤 20 用与上相同的方法，分别在幻灯片中插入“圆形”和“人物”图片，调整至合适位置，如图 17-57 所示。

步骤 21 选择“圆形”图片，复制 2 次，调整至相应位置，选择中间的圆形，等比例放大，效果如图 17-58 所示。

步骤 22 在“形状”列表框中运用“箭头”形状绘制箭头，如图 17-59 所示。

步骤 23 双击绘制的箭头形状，切换至“绘图工具”中的“格式”面板，单击“形状样式”选项板中的“其他”下拉按钮，弹出列表框，选择“细线—强调颜色 1”选项，执行操作后，即可设置形状样式，如图 17-60 所示。

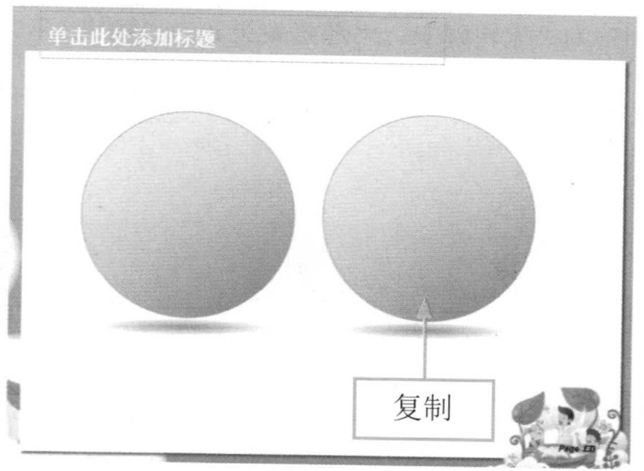

图 17-56 插入并复制圆形

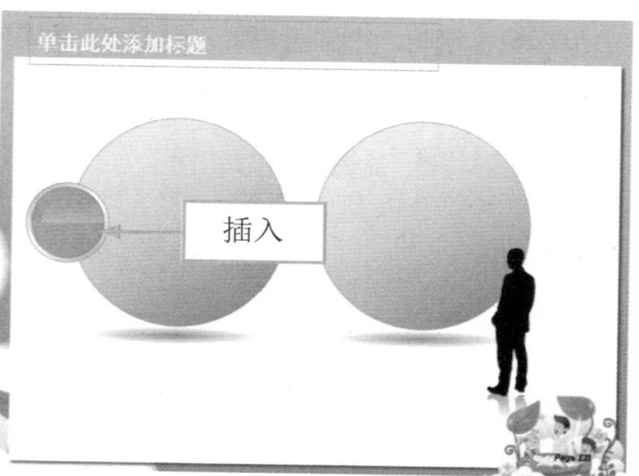

图 17-57 插入图片

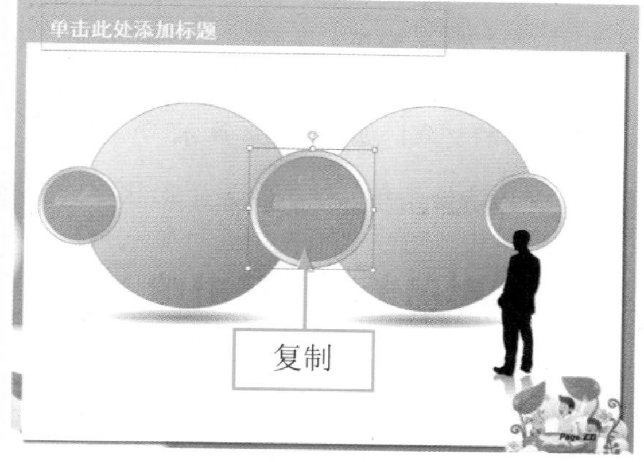

图 17-58 复制圆形

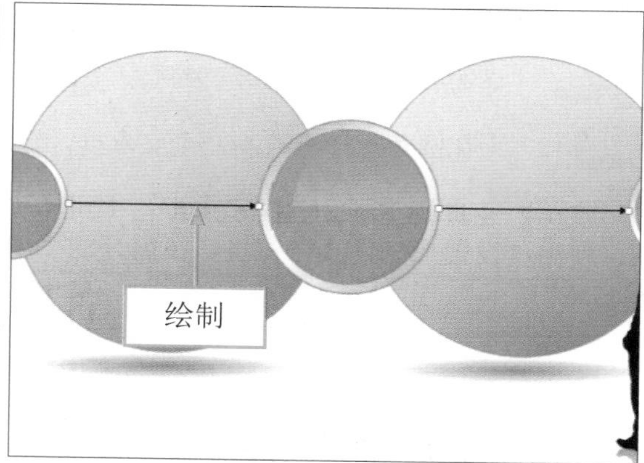

图 17-59 绘制箭头

步骤 24 在图形上的合适位置添加文本框，输入相应文本，如图 17-61 所示。

图 17-60 设置形状样式

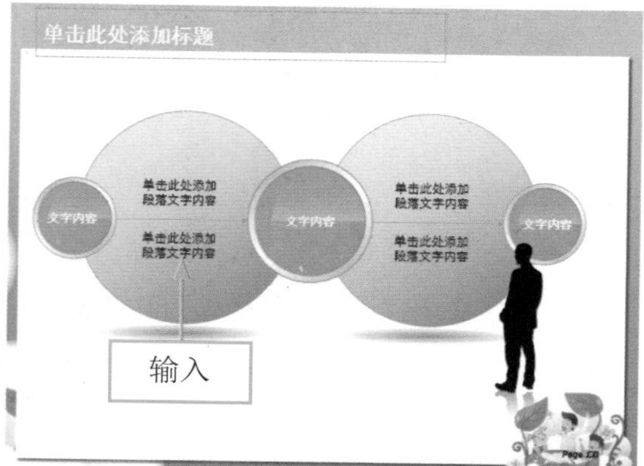

图 17-61 输入相应图形文本

步骤 25 进入第 4 张幻灯片，切换至“插入”面板，单击“插图”选项板中的“形状”下拉按钮，弹出列表框，选择“圆角矩形”选项，如图 17-62 所示。

步骤 26 绘制一个圆角矩形，设置“形状轮廓”为“无轮廓”、“形状效果”为“预设 3”，效果如图 17-63 所示。

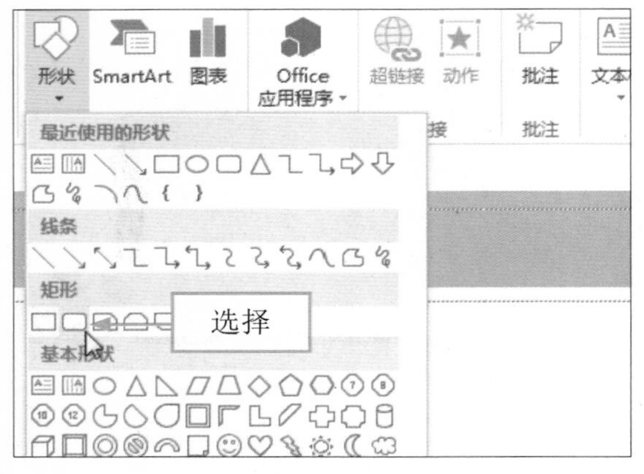

图 17-62 选择“圆角矩形”选项

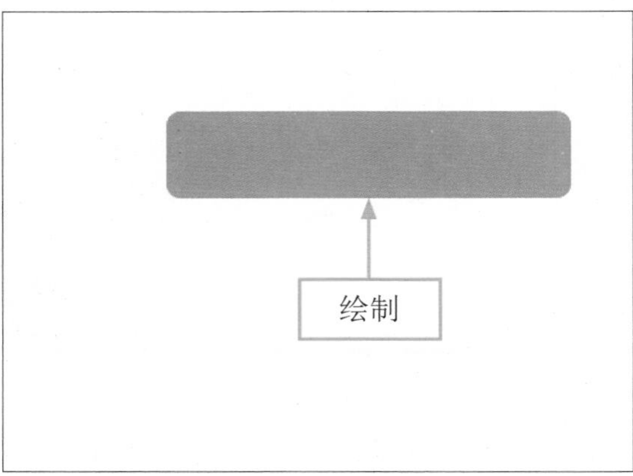

图 17-63 绘制圆角矩形

步骤 27 在圆角矩形上绘制一个文本框，输入需要添加的文本，如图 17-64 所示。

步骤 28 再次绘制一个圆角矩形，单击鼠标右键，弹出快捷菜单，选择“设置形状格式”选项，弹出“设置形状格式”窗格，在展开的“填充”选项区中，选中“渐变填充”单选按钮，如图 17-65 所示。

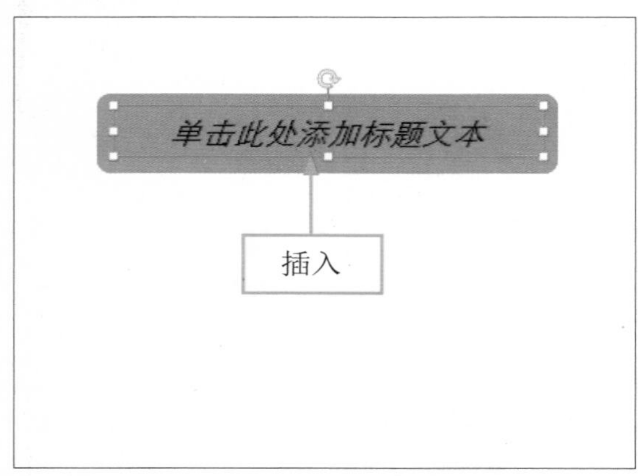

图 17-64 插入并复制圆形

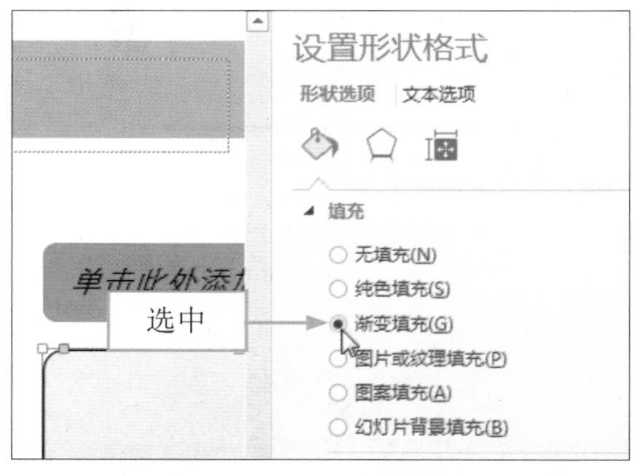

图 17-65 选中“渐变填充”单选按钮

步骤 29 关闭“设置形状格式”窗格，即可设置形状样式，如图 17-66 所示。

步骤 30 在矩形中添加文本，选中文本，单击“段落”选项板中的“项目符号”下拉按钮，弹出列表框，选择“带填充效果的钻石形项目符号”选项，如图 17-67 所示。

步骤 31 执行操作后，即可为文本添加项目符号，效果如图 17-68 所示。

步骤 32 用与第 3 张幻灯片相同的操作方法，在第 4 张幻灯片中插入一个时钟图片，调整至合适位置，效果如图 17-69 所示。

步骤 33 进入第 5 张幻灯片，用与上相同的方法，在幻灯片中插入一个三角图形，如图 17-70 所示。

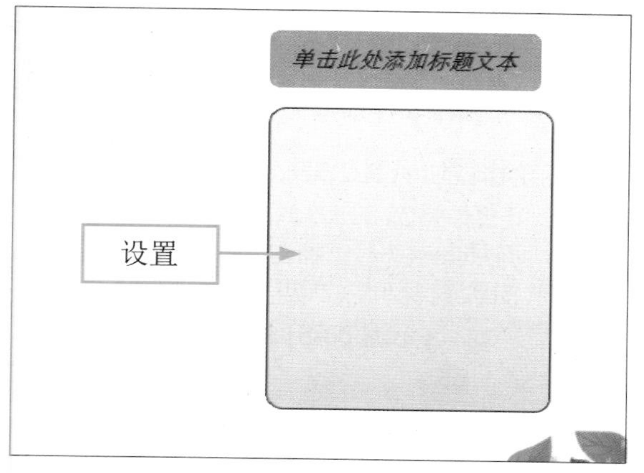

图 17-66 设置形状样式

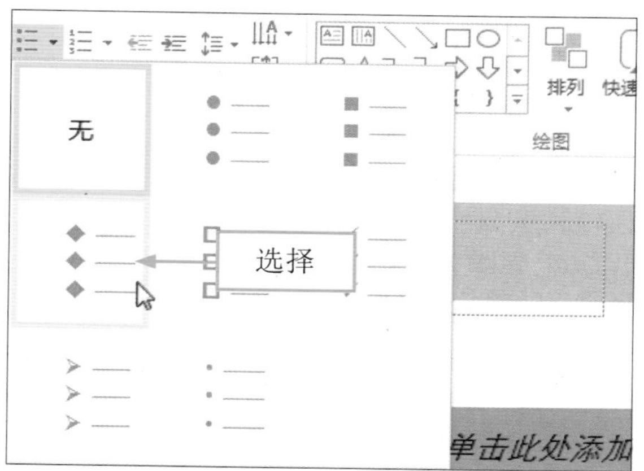

图 17-67 选择“带填充效果的钻石形项目符号”选项

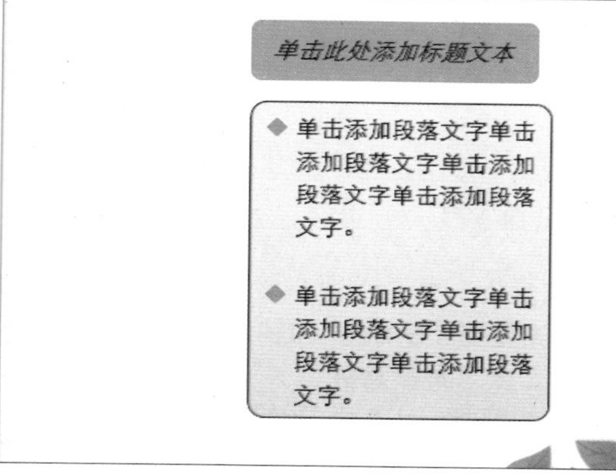

图 17-68 添加项目符号

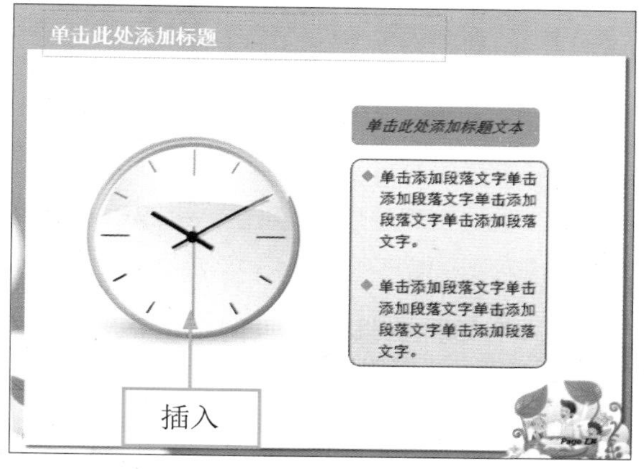

图 17-69 插入图片

步骤 34 将三角图形调整至合适位置，在图形周边绘制文本框，输入相应文本，如图 17-71 所示。

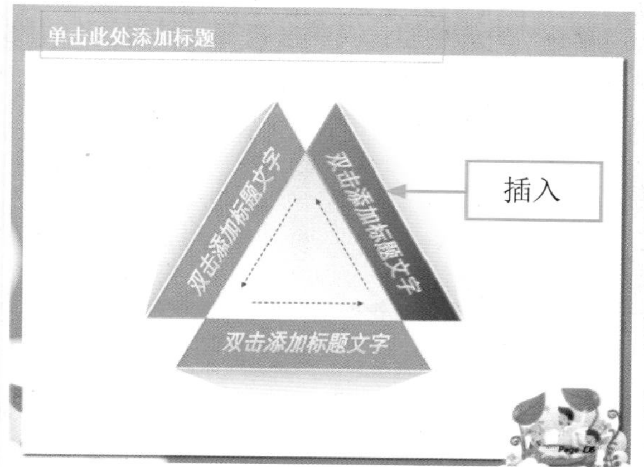

图 17-70 插入一个三角图形

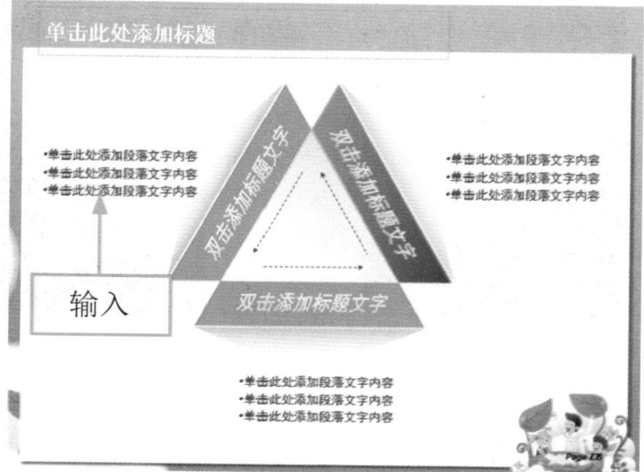

图 17-71 输入文本

17.2.3 为教学课件模板添加动画效果

为教学课件模板添加动画效果的具体操作步骤如下。

步骤 01 进入第 1 张幻灯片，切换至“切换”面板，单击“切换到此幻灯片”选项板中的“其他”下拉按钮，如图 17-72 所示。

步骤 02 弹出列表框，在“细微型”选项区中，选择“形状”选项，如图 17-73 所示。

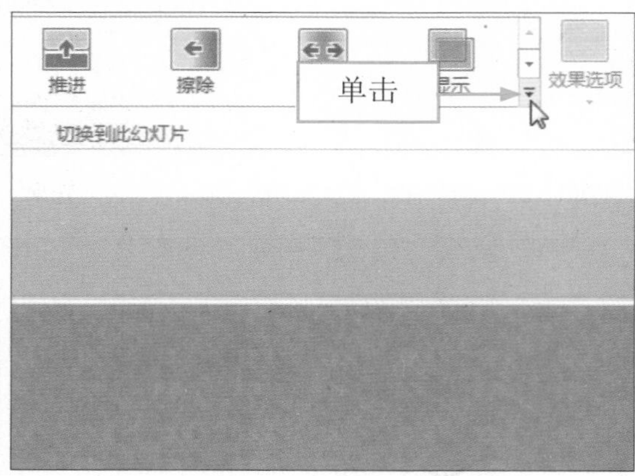

图 17-72 选择标题文本

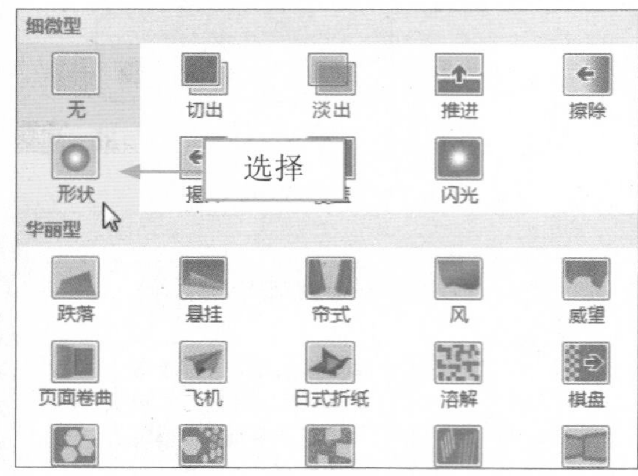

图 17-73 选择“形状”选项

步骤 03 单击“切换到此幻灯片”选项板中的“效果选项”下拉按钮，弹出列表框，选择“菱形”选项，单击“预览”选项板中的“预览”按钮，即可预览菱形切换效果，如图 17-74 所示。

步骤 04 进入第 2 张幻灯片，设置切换效果为“页面卷曲”，单击“预览”选项板中的“预览”按钮，即可预览页面卷曲切换效果，如图 17-75 所示。

图 17-74 预览菱形切换效果

图 17-75 预览页面卷曲切换效果

步骤 05 进入第 3 张幻灯片，设置切换效果为“风”，单击“预览”选项板中的“预览”按钮，即可预览风切换效果，如图 17-76 所示。

步骤 06 进入第 4 张幻灯片，设置切换效果为“折断”，单击“预览”选项板中的“预览”按钮，即可预览折断切换效果，如图 17-77 所示。

图 17-76 预览风切换效果

图 17-77 预览折断切换效果

步骤 07 进入第 5 张幻灯片，设置切换效果为“蜂巢”，单击“预览”选项板中的“预览”按钮，即可预览蜂巢切换效果，如图 17-78 所示。

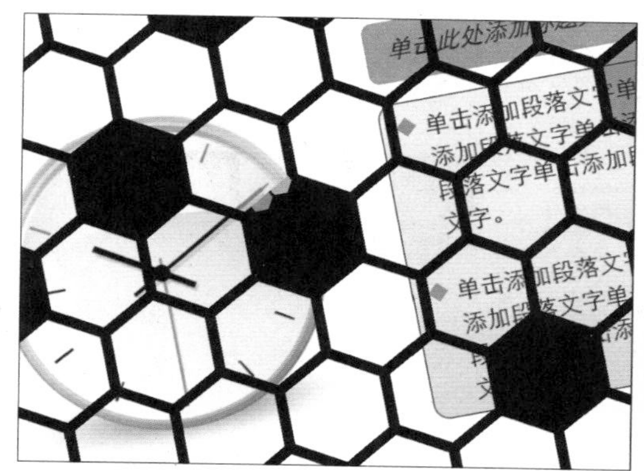

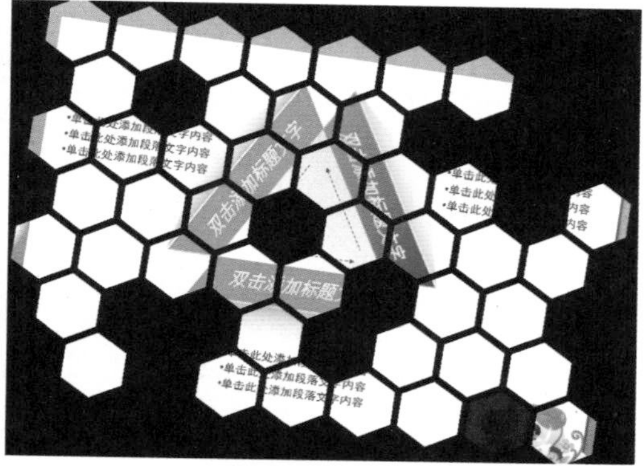

图 17-78 预览蜂巢切换效果

17.3 制作软件教学课件

本实例制作的是软件教学课件，主要运用到了设置主题样式、插入图片、设置图片样式、绘制动作按钮以及设置动画效果等内容。本实例最终效果如图 17-79 所示。

图 17-79 软件教学课件

	素材文件	光盘 \ 素材 \ 第 17 章 \ 软件教学课件 \ 产品 .jpg、产品包装 1.jpg、产品包装 2.jpg
	效果文件	光盘 \ 效果 \ 第 17 章 \ 软件教学课件 .pptx
	视频文件	光盘 \ 视频 \ 第 17 章 \17.3.1 制作软件教学课件首页 .mp4、17.3.2 制作软件教学课件其他幻灯片 .mp4、17.3.3 为软件教学课件添加动画效果 .mp4

17.3.1 制作软件教学课件首页

制作教学课件模板首页的具体操作步骤如下。

步骤 01 启动 PowerPoint 2013，创建一个“空白演示文稿”，在“幻灯片”选项板中设置“版式”为“仅标题”，输入标题文本，设置“字体”为“隶书”、“字号”为 48、“字体颜色”为“浅绿”，单击“加粗”、“文字阴影”和“居中”按钮，如图 17-80 所示。

步骤 02 切换至“插入”面板，单击“图像”选项板中的“图片”按钮，在弹出的“插入图片”对话框中的合适位置，选择需要的图片，如图 17-81 所示。

图 17-80 输入标题文本

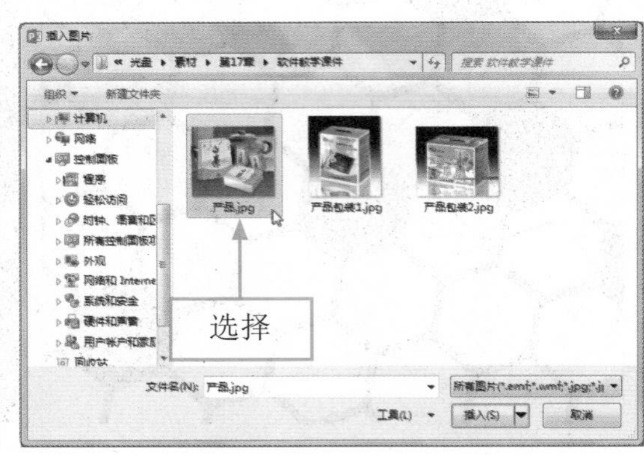

图 17-81 选择需要的图片

步骤 03 单击“插入”按钮，即可在幻灯片中插入图片，调整图片大小，如图 17-82 所示。

步骤 04 切换至“图片工具”中的“格式”面板，设置“图片样式”为“柔化边缘椭圆”，效果如图 17-83 所示。

图 17-82 调整图片大小

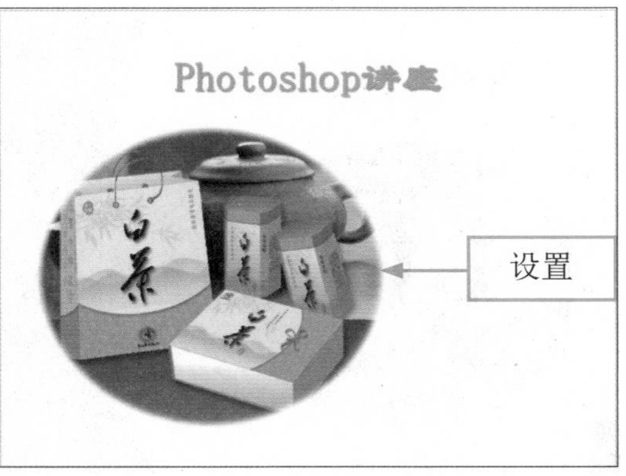

图 17-83 设置图片样式

步骤 05 在幻灯片中的合适位置绘制文本框，输入相应文字，设置“字体”为“华文楷体”、“字号”为 24，在“段落”选项板中单击“项目符号”下拉按钮，在弹出的列表框中选择“箭头项目符号”选项，设置“行距”为“1.5 倍行距”，如图 17-84 所示。

步骤 06 切换至“设计”面板，设置“主题”为“平面”，效果如图 17-85 所示。

图 17-84 输入文本

图 17-85 设置主题

17.3.2 制作软件教学课件其他幻灯片

制作软件教学课件其他幻灯片的具体操作步骤如下。

步骤 01 新建一张“标题和内容”的幻灯片，输入标题文本内容，设置标题文本属性和第 1 张幻灯片文本属性相同，效果如图 17-86 所示。

步骤 02 在“单击此处添加文本”文本框中输入文本内容，设置“字体”为“华文楷体”、“字号”为 28，效果如图 17-87 所示。

图 17-86 输入标题文本

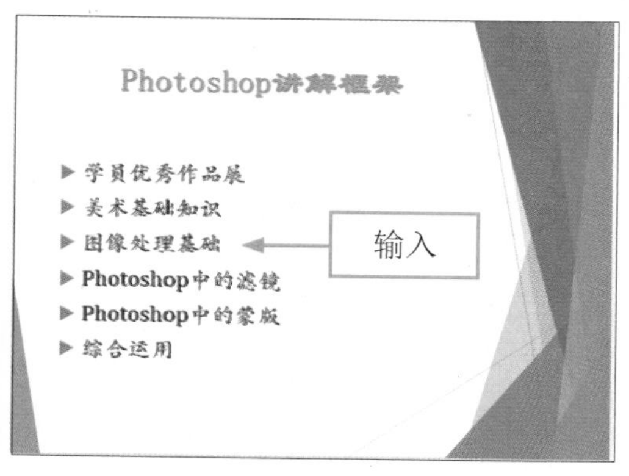

图 17-87 输入文本内容

步骤 03 新建一张“标题和内容”的幻灯片，输入标题内容，设置标题文本属性和第 1 张幻灯片文本属性相同，在文本占位符中单击“插入来自文件的图片”按钮，在弹出的“插入图片”对话框中的合适位置，选择需要的图片，如图 17-88 所示。

步骤 04 单击“插入”按钮，即可在幻灯片中插入两张图片，调整图片的大小和位置，如图 17-89 所示。

图 17-88 选择需要的图片

图 17-89 调整图片位置

17.3.3 为软件教学课件添加动画效果

为软件教学课件添加动画效果的具体操作步骤如下。

步骤 01 进入第 1 张幻灯片，选中标题文本，切换至“动画”面板，单击“动画”选项板中的“其他”下拉按钮，如图 17-90 所示。

步骤 02 在弹出的列表框中选择“飞入”选项，如图 17-91 所示。

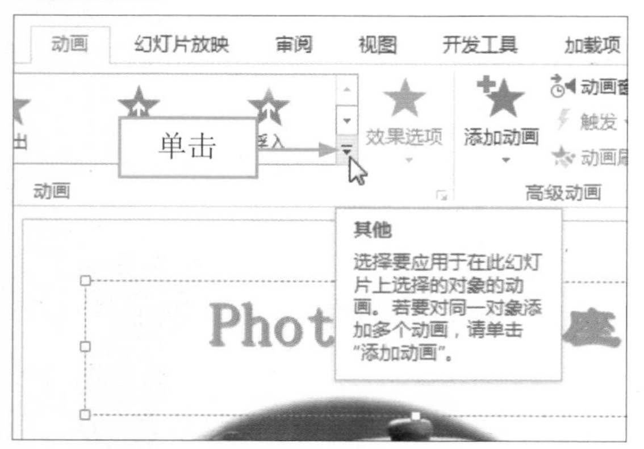

图 17-90 单击“其他”下拉按钮

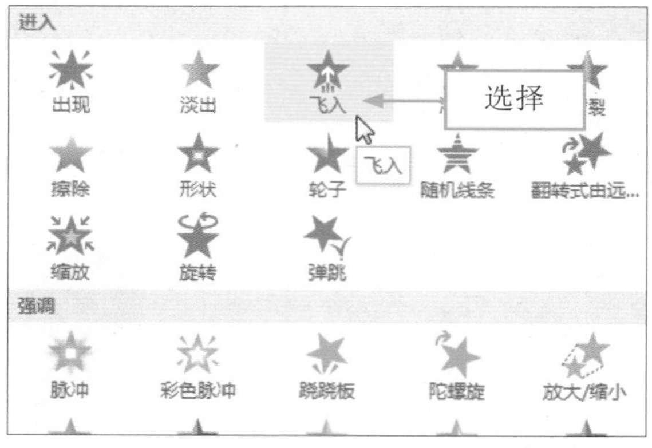

图 17-91 选择“飞入”选项

步骤 03 执行操作后即可添加动画效果，设置幻灯片中其他文本的动画效果为“切入”、“开始”为“上一动画之后”，设置图片动画效果为“翻转式由远及近”、“开始”为“上一动画之后”、“持续时间”为 2 秒，在“预览”选项板中单击“预览”按钮，即可预览幻灯片动画效果，如图 17-92 所示。

步骤 04 切换至“切换”面板，在“切换到此幻灯片”选项板中，设置切换效果为“涡流”、“持续时间”为 9 秒，在“预览”选项板中单击“预览”按钮，即可预览切换效果，如图 17-93 所示。

步骤 05 进入第 2 张幻灯片，设置标题文本动画效果为“飞入”、“开始”为“单击时”，设置文本内容的动画效果为“楔入”、“开始”为“上一动画之后”，在“预览”选项板中单击“预览”按钮，即可预览动画效果，如图 17-94 所示。

图 17-92 预览动画效果

图 17-93 预览切换效果

图 17-94 预览动画效果

步骤 06 切换至“切换”面板，在“切换到此幻灯片”选项板中，设置切换效果为“闪耀”，选中“设置自动换片时间”复选框，并设置时间为 10 秒，如图 17-95 所示。

步骤 07 单击“预览”按钮，即可预览切换效果，如图 17-96 所示。

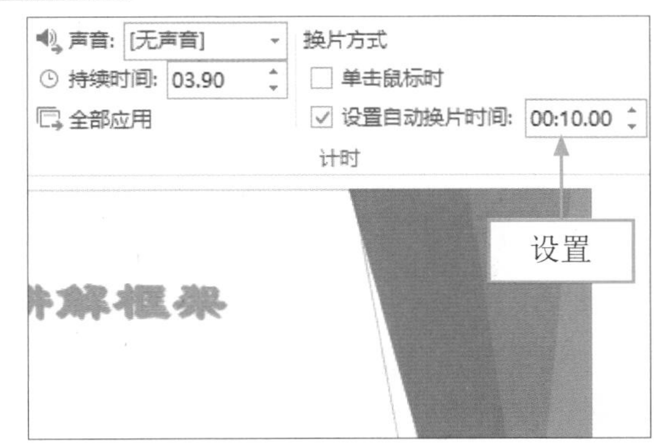

图 17-95 设置时间为 10 秒

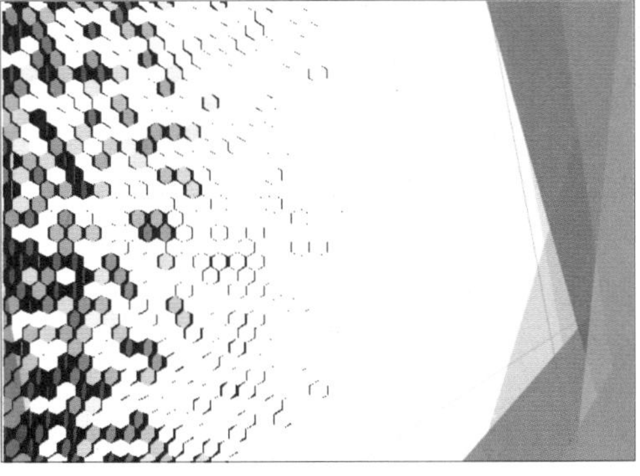

图 17-96 预览切换效果

步骤 08 进入第 3 张幻灯片，设置标题文本动画效果为“飞入”、“开始”为“单击时”，选中两张图片，设置动画效果为“升起”、“开始”为“上一动画之后”，在“预览”选项板中单击“预览”按钮，即可预览动画效果，如图 17-97 所示。

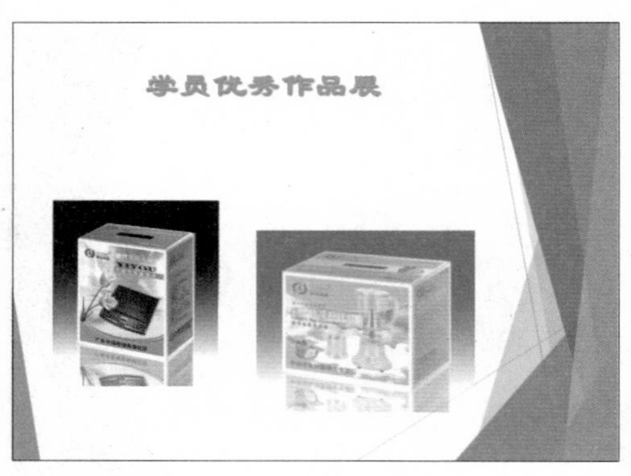

图 17-97 预览动画效果

步骤 09 切换至“切换”面板，在“切换到此幻灯片”选项板中，单击“其他”下拉按钮，在弹出的列表框中选择“梳理”选项，如图 17-98 所示。

步骤 10 在“换片方式”中，选中“设置自动换片时间”复选框，并设置时间为 5 秒，如图 17-99 所示。

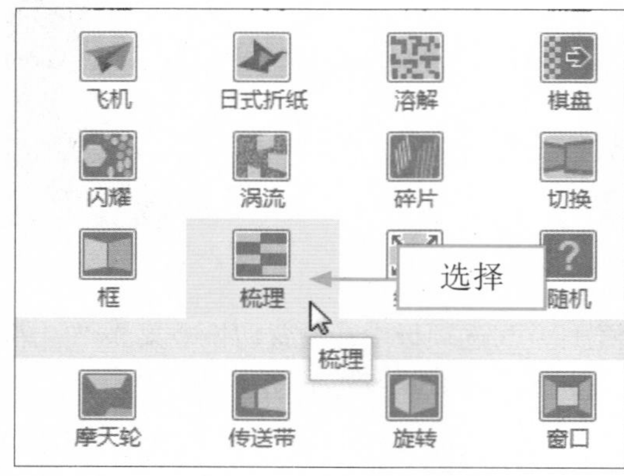

图 17-98 选择“向右上揭开”选项

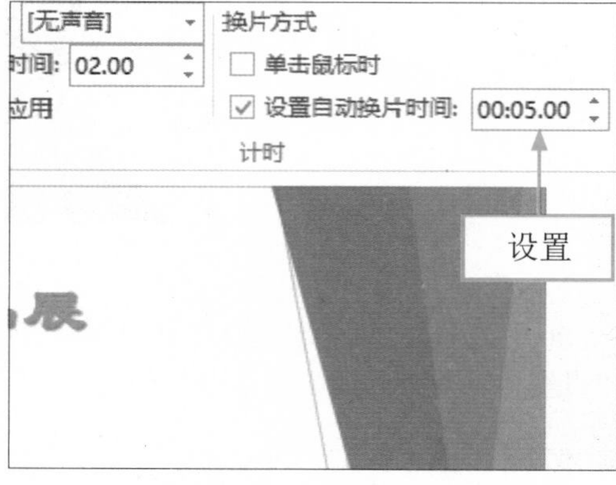

图 17-99 设置时间为 5 秒

步骤 11 在“预览”选项板中单击“预览”按钮，即可预览切换效果，如图 17-100 所示。

图 17-100 预览切换效果

营销宣传应用案例

学习提示

在企业经营过程中，经常需要根据市场制定出针对公司或产品的合适策划方案，还需要做一些企业文化、产品宣传。本章主要向读者介绍制作公司营销策划书、茶文化宣传、品牌宣传册提案的操作方法。

本章案例导航

- 添加幻灯片
- 制作公司营销策划书幻灯片内容
- 为公司营销策划书添加动画效果
- 制作茶文化宣传首页
- 制作茶文化宣传其他幻灯片
- 为茶文化宣传添加动画效果
- 制作品牌宣传册提案首页
- 制作品牌宣传册提案其他幻灯片
- 为品牌宣传册提案添加动画效果

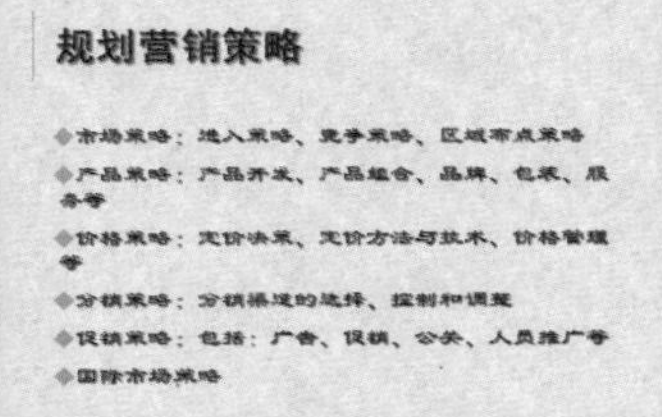

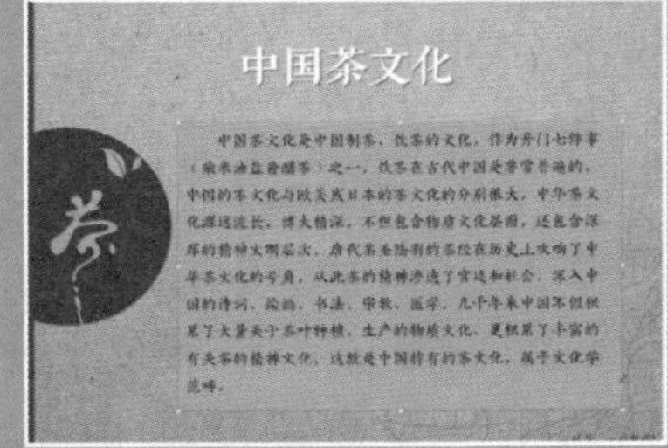

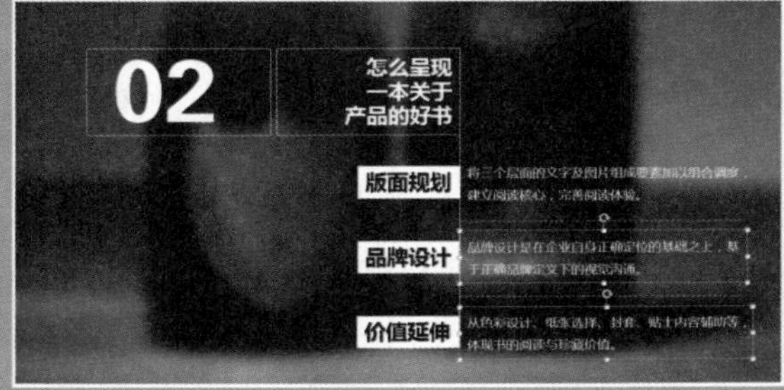

18.1 公司营销策划书

策划书可以将一个项目的合作方式，执行的过程清晰地展示出来，让客户快速了解合作内容，在制作实例的过程中主要运用到了应用主题、插入文本、设置文本格式以及设置幻灯片动画效果等内容。本实例最终效果如图 18-1 所示。

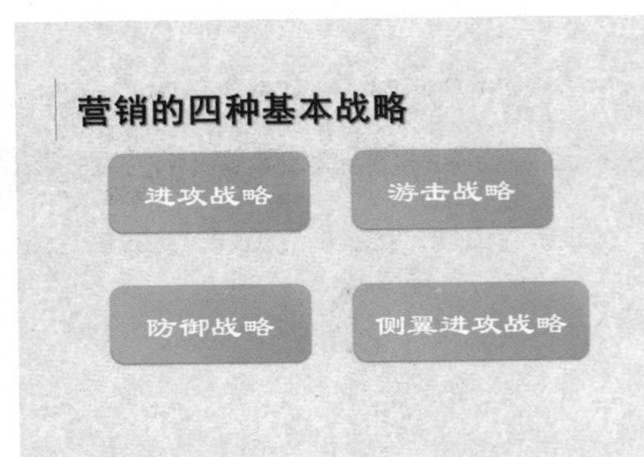

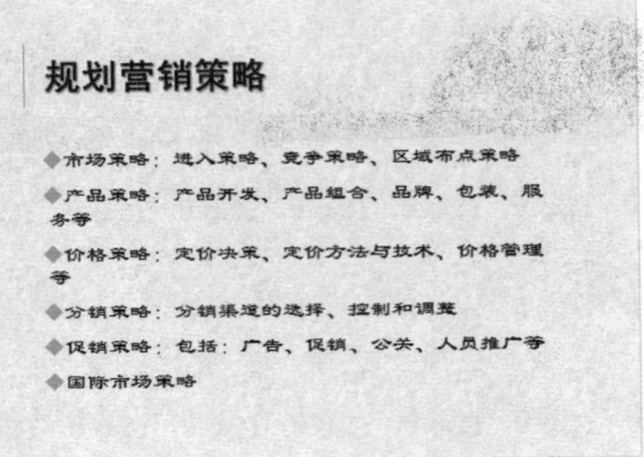

图 18-1 公司营销策划书

	素材文件	光盘 \ 素材 \ 第 18 章 \ 开会 .jpg
	效果文件	光盘 \ 效果 \ 第 18 章 \ 公司营销策划书 .pptx
	视频文件	光盘 \ 视频 \ 第 18 章 \18.1.1 添加幻灯片 .mp4 等

18.1.1 添加幻灯片

添加幻灯片的具体操作步骤如下。

步骤 01 启动 PowerPoint 2013，创建一个“空白演示文稿”，切换至“设计”面板，单击“主题”选项板中的“其他”下拉按钮，在弹出的列表框中选择相应选项，如图 18-2 所示。

步骤 02 执行操作后，即可应用该主题，如图 18-3 所示。

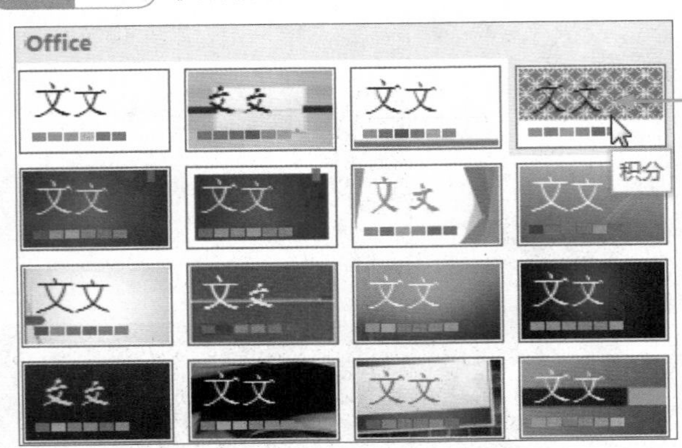

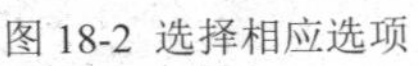
图 18-2 选择相应选项

图 18-3 应用该主题

步骤 03 切换至“开始”面板，单击“新建幻灯片”下拉按钮，在弹出的列表框中选择“标题和内容”选项，如图 18-4 所示。

步骤 04 执行操作后，即可新建一张幻灯片，如图 18-5 所示。

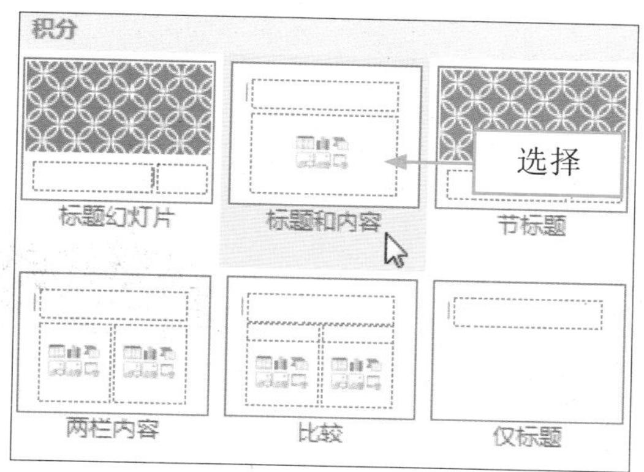

图 18-4 选择“标题和内容”选项

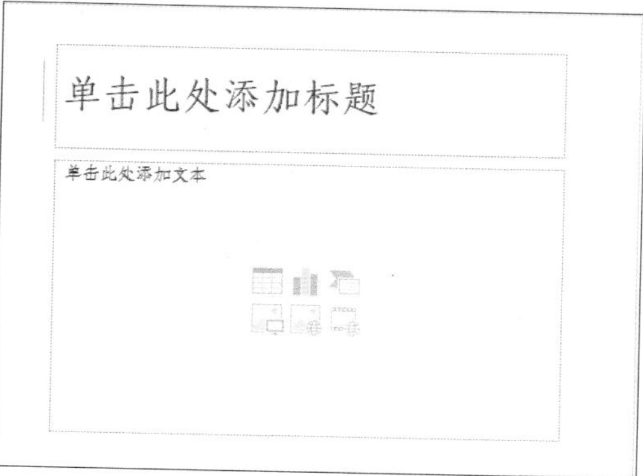

图 18-5 新建幻灯片

步骤 05 用与上同样的方法，再新建两张“标题和内容”幻灯片，如图 18-6 所示。

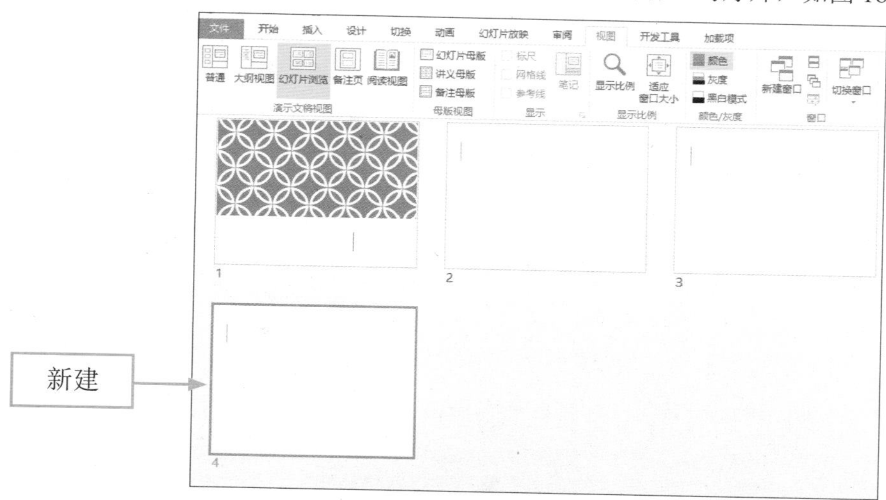

图 18-6 新建两张幻灯片

18.1.2 添加公司营销策划书幻灯片内容

添加公司营销策划书幻灯片内容的具体操作步骤如下。

步骤 01 进入第 1 张幻灯片，在标题文本框中输入文字“营销策划书”，设置“字体”为“方正舒体”、“字号”为 80，单击“加粗”按钮，在“段落”选项板中，单击“居中”按钮，如图 18-7 所示。

步骤 02 选中文本，切换至“格式”面板，单击“艺术字样式”选项板中的“其他”下拉按钮，在弹出的列表框中选择相应选项，如图 18-8 所示。

步骤 03 执行操作后，即可设置文本格式，效果如图 18-9 所示。

步骤 04 在副标题文本框中输入文字，设置“字体”为“方正舒体”、“字号”为 36、“字体颜色”为黑色、单击“加粗”和“文字阴影”按钮，效果如图 18-10 所示。

图 18-7 输入文字

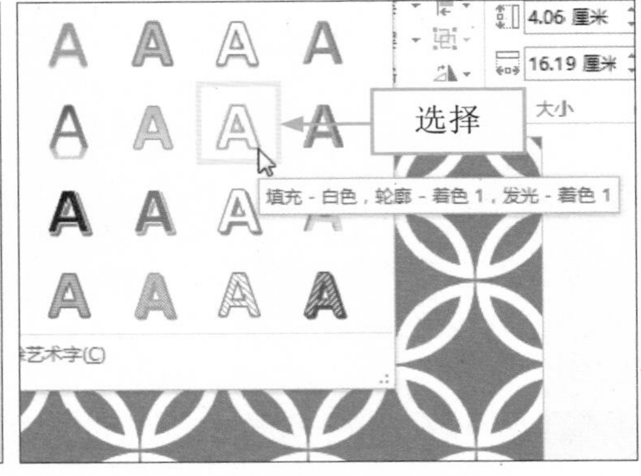

图 18-8 选择相应选项

图 18-9 设置文本格式

图 18-10 输入文字

步骤 05 切换至“插入”面板，在“图像”选项板中单击“图片”按钮，如图 18-11 所示。

步骤 06 弹出“插入图片”对话框，在计算机的相应位置，选择需要的图片，如图 18-12 所示。

图 18-11 单击“图片”按钮

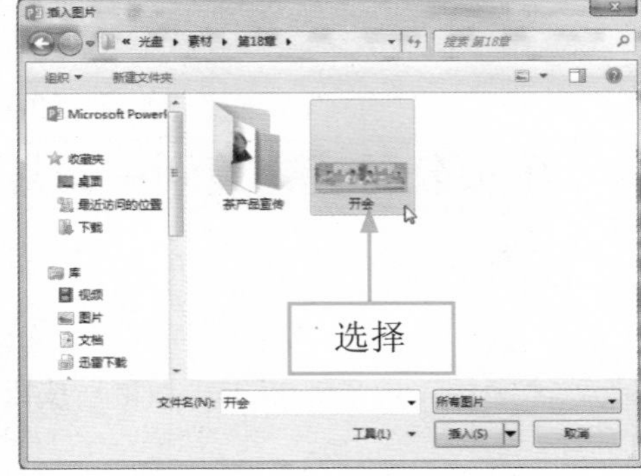

图 18-12 选择需要的图片

步骤 07 单击“插入”按钮，即可插入图片，将插入到幻灯片中的图片移至合适的位置，如图 18-13 所示。

步骤 08 进入第 2 张幻灯片，在标题文本框中输入文字，设置文本“字体”为“黑体”、“字号”为 40，单击“文字阴影”和“加粗”按钮，效果如图 18-14 所示。

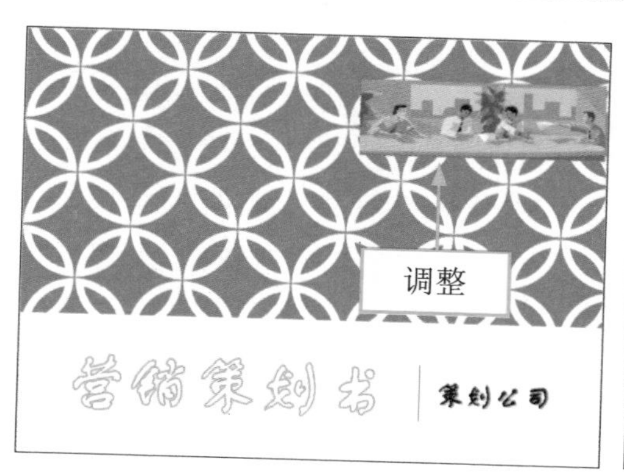

图 18-13 调整图片

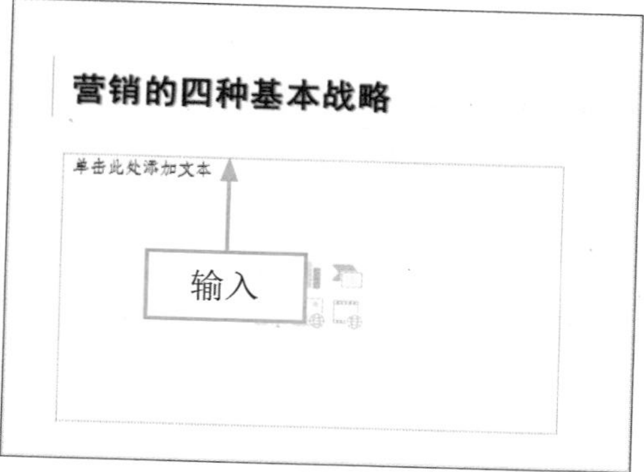

图 18-14 输入文字

步骤 09 删除文本占位符，在幻灯片中的合适位置绘制一个圆角矩形，切换至“绘图工具”中的“格式”面板，单击“形状样式”选项板中的“其他”下拉按钮，在弹出的列表框中选择相应选项，如图 18-15 所示。

步骤 10 执行操作后，即可设置形状样式，在形状上单击鼠标右键，在弹出的快捷菜单中选择“编辑文字”选项，在形状上输入文字，设置“字体”为“隶书”、“字号”为 36、“字体颜色”为白色，效果如图 18-16 所示。

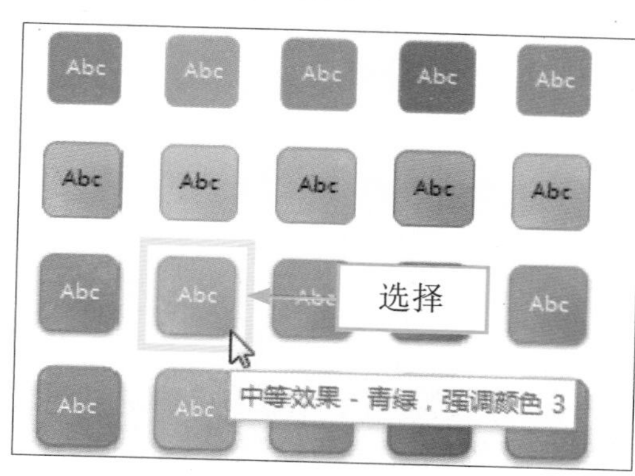

图 18-15 选择相应选项

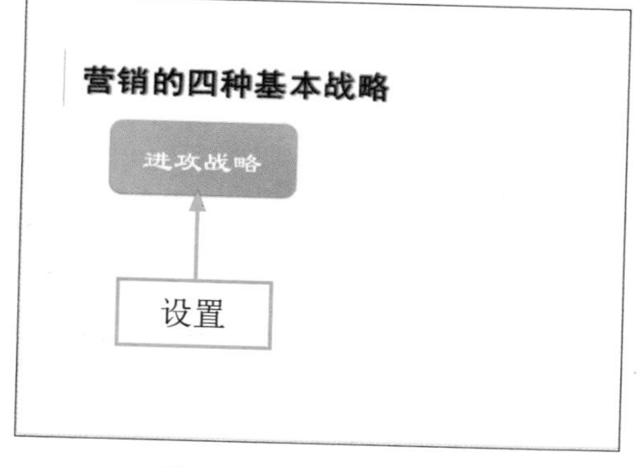

图 18-16 设置文本属性

步骤 11 复制 3 个形状，在形状上输入相应的内容，效果如图 18-17 所示。

步骤 12 进入第 3 张幻灯片，在标题文本框中输入文本“制定营销计划”，设置文本“字体”为“黑体”、“字号”为 40，单击“文字阴影”和“加粗”按钮，效果如图 18-18 所示。

步骤 13 在“单击此处添加文本”文本框中，输入文本内容，设置“字体”为“隶书”，“字号”为 28，单击“添加项目符号”按钮，选择“带填充效果的钻石形项目符号”选项，效果如图 18-19 所示。

步骤 14 进入第 4 张幻灯片，在标题文本框中输入文本“规划营销策略”，设置文本“字体”为“黑体”、“字号”为 40，单击“文字阴影”和“加粗”按钮，效果如图 18-20 所示。

步骤 15 在“单击此处添加文本”文本框中，输入文本内容，设置“字体”为“隶书”，“字号”为 24，单击“添加项目符号”按钮，选择“带填充效果的钻石形项目符号”选项，效果如图 18-21 所示。

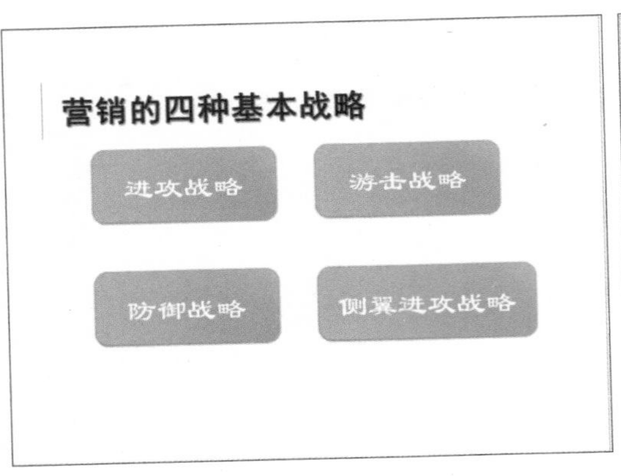

图 18-17 输入相应内容

图 18-18 设置文本属性

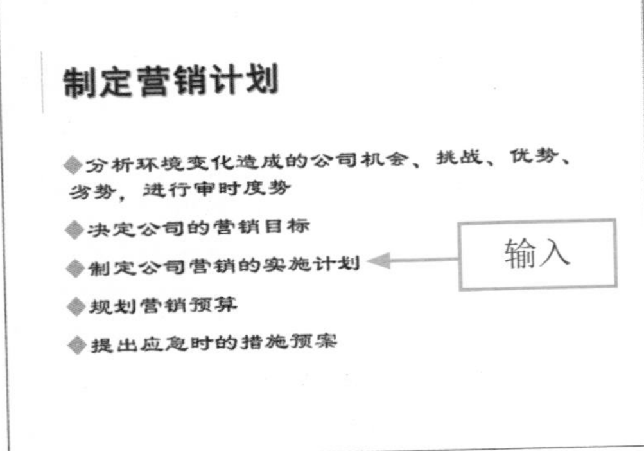

图 18-19 输入文本内容

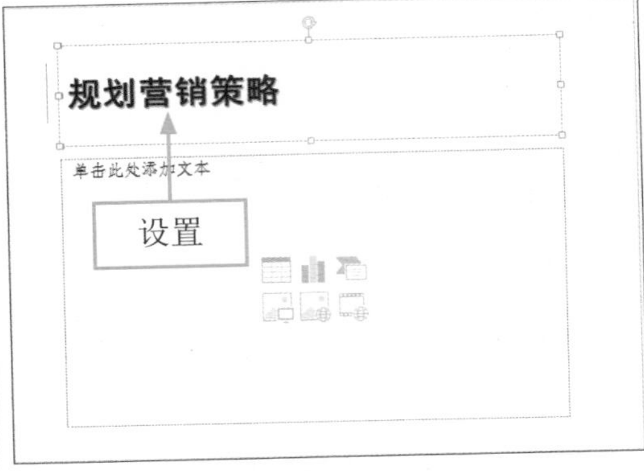

图 18-20 设置文本属性

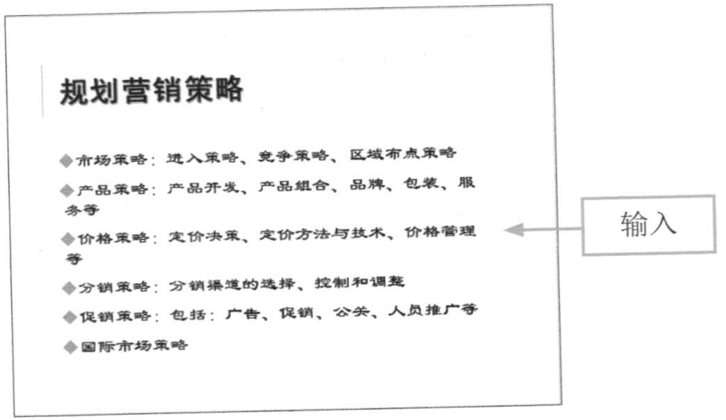

图 18-21 输入文本内容

步骤 16 在空白处单击鼠标右键，在弹出的快捷菜单中选择“设置背景格式”选项，如图 18-22 所示。

步骤 17 弹出“设置背景格式”窗格，在“填充”选项区中选中“图片或纹理填充”单选按钮，单击“纹理”右侧的下拉按钮，在弹出的列表框中选择“蓝色面巾纸”，如图 18-23 所示。

步骤 18 执行操作后，即可设置幻灯片背景为“蓝色面巾纸”，如图 18-24 所示。

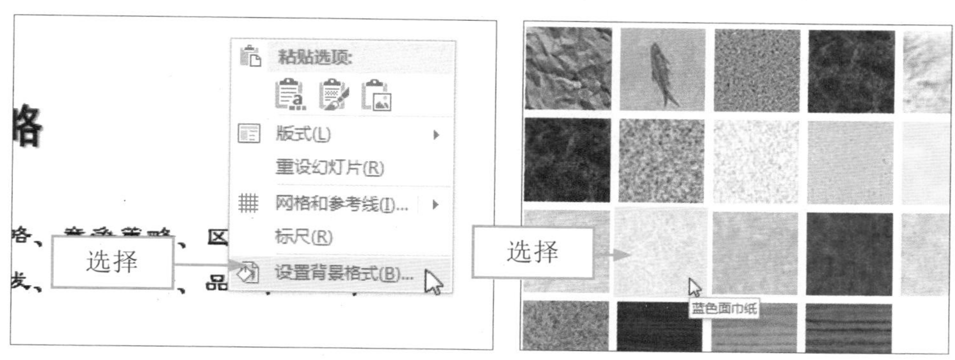

图 18-22 选择“设置背景格式”　　图 18-23 选择“蓝色面巾纸”

步骤 19 单击“全部应用”按钮，即可为所有幻灯片添加背景，如图 18-25 所示。

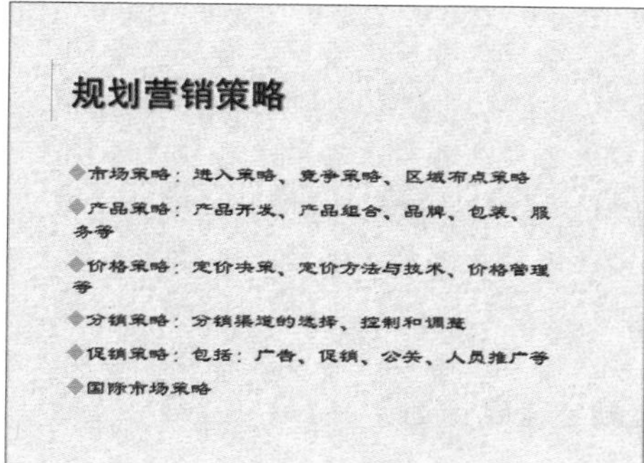

图 18-24 设置背景

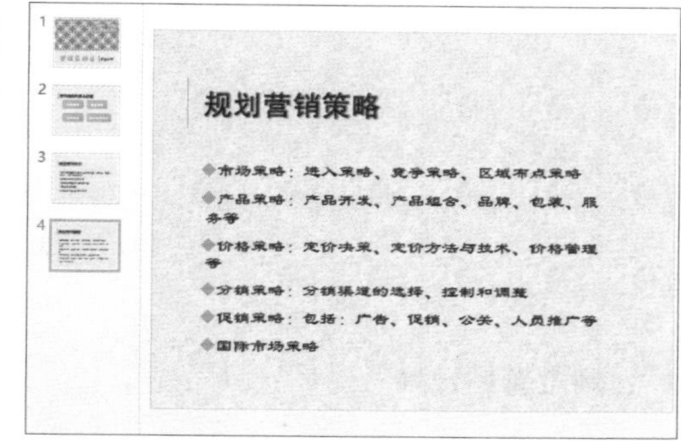

图 18-25 全部应用

18.1.3 为公司营销策划书添加动画效果

为公司营销策划书添加动画效果的具体操作步骤如下。

步骤 01 进入第 1 张幻灯片，选中标题文本，切换至“动画”面板，单击“动画”选项板中的“其他”下拉按钮，如图 18-26 所示。

步骤 02 在弹出的列表框中选择“缩放”选项，执行操作后，即可添加动画效果，如图 18-27 所示。

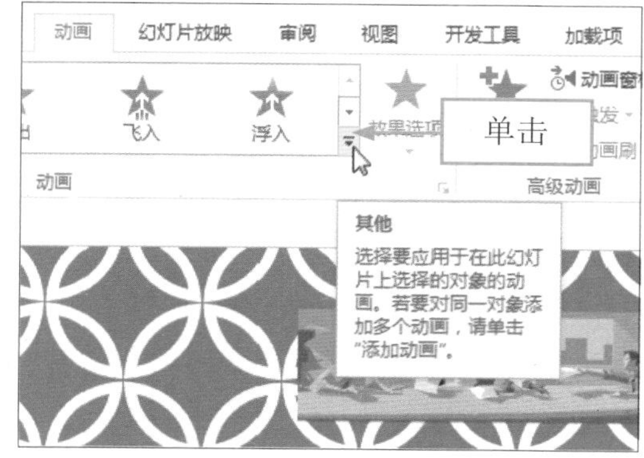

图 18-26 单击“其他”下拉按钮

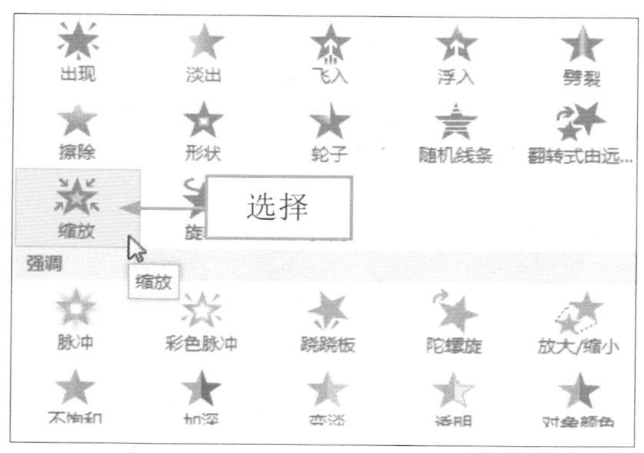

图 18-27 选择“缩放”选项

步骤 03 进入第 2 张幻灯片，设置标题文本动画效果为“切入”、“持续时间”为 2 秒，选中 4 个形状样式，设置动画效果为“菱形”、“持续时间”为 2 秒，在“预览”选项板中单击“预览”按钮，即可预览动画效果，如图 18-28 所示。

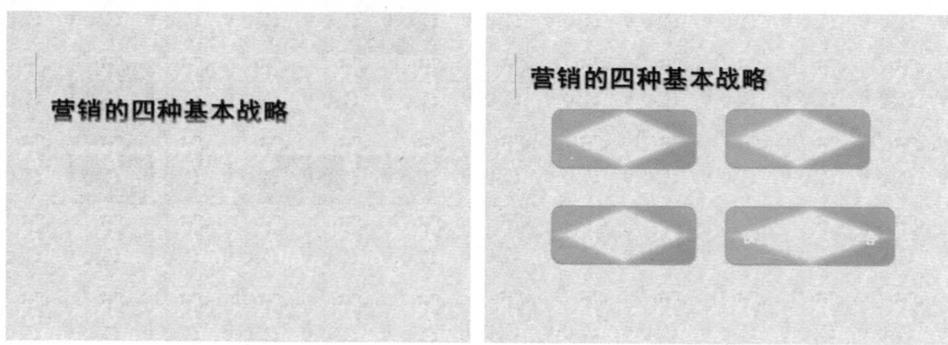

图 18-28 预览动画效果

步骤 04 进入第 3 张幻灯片，设置标题文本动画效果为“切入”、“开始”为“单击时”、“持续时间”为 1 秒，选中文本内容，设置动画效果为“升起”、“开始”为“上一动画之后”、“持续时间”为 2 秒，在“预览”选项板中单击“预览”按钮，即可预览动画效果，如图 18-29 所示。

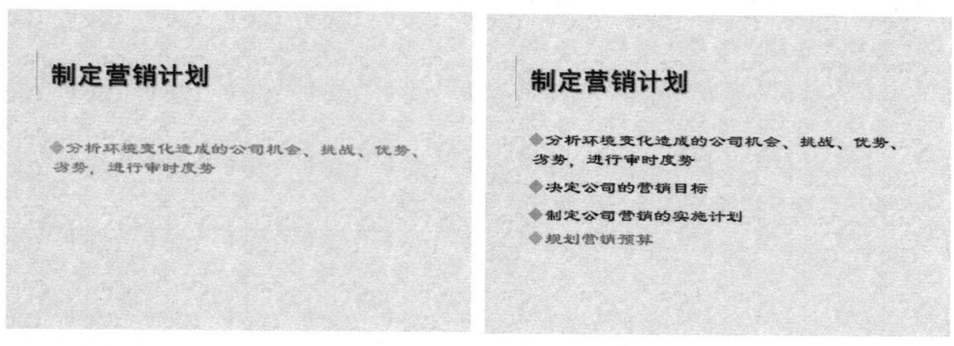

图 18-29 预览动画效果

步骤 05 进入第 4 张幻灯片，设置标题文本动画效果为“楔入”、“持续时间”为 2 秒，选中文本内容，设置动画效果为“十字形扩展”，在“预览”选项板中单击“预览”按钮，即可预览动画效果，如图 18-30 所示。

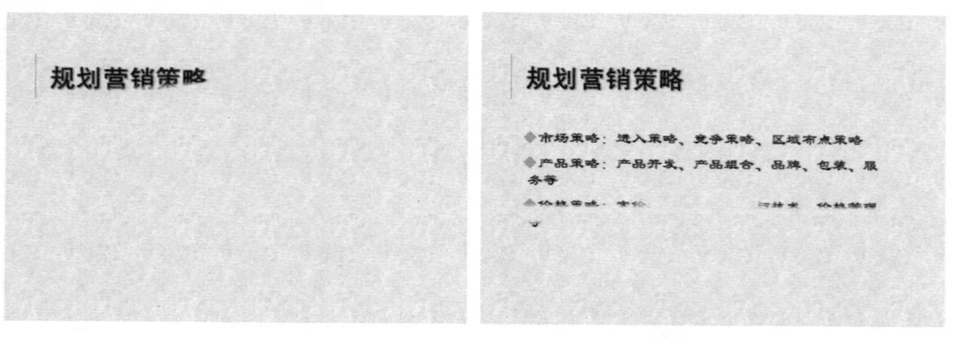

图 18-30 预览动画效果

步骤 06 进入第 1 张幻灯片，切换至“切换”面板，在“切换到此幻灯片”选项板中，设置切换效果为“折断”，单击“全部应用”按钮，单击“预览”按钮，即可预览切换效果，如图 18-31 所示。

图 18-31 预览切换效果

18.2 茶文化宣传

本实例制作的是茶文化宣传案例，主要运用到了输入文本、设置形状样式、设置艺术字样式、插入图片、设置图片样式以及设置动画效果等内容。本实例最终效果如图 18-32 所示。

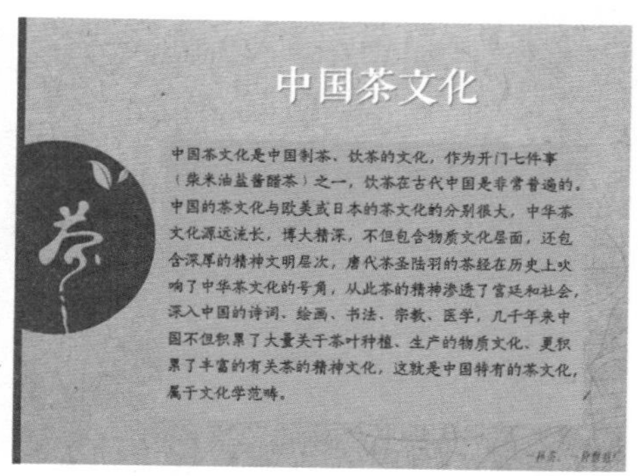

图 18-32 茶文化宣传

	素材文件	光盘 \ 素材 \ 第 18 章 \ 茶文化宣传 \ 茶文化宣传 .pptx、茶具 .png
	效果文件	光盘 \ 效果 \ 第 18 章 \ 茶文化宣传 .pptx
	视频文件	光盘 \ 视频 \ 第 18 章 \18.2.1 制作茶文化宣传首页 .mp4 等

18.2.1 制作茶文化宣传首页

制作茶文化宣传首页的具体操作步骤如下。

步骤 01 在 PowerPoint 2013 中，打开一个素材文件，如图 18-33 所示。

步骤 02 进入第 1 张幻灯片，在标题占位符中输入文本“知天下”，设置“字体”为“康熙字典体”、“字号”为 80、“字体颜色”为“褐色”（R：78，G：66，B：44），单击“阴影”按钮，将标题占位符移动至背景图中“茶”字的右侧，如图 18-34 所示。

图 18-33 打开一个素材文件

图 18-34 在标题占位符中输入文本

步骤 03 绘制一个横排文本框，输入文本“品”，设置“字体”为“康熙字典体”、“字号”为 80、“字体颜色”为“茶色”（R：198，G：184，B：158），单击“阴影”按钮，将文本框移动至背景图中“茶”字的左上方，如图 18-35 所示。

步骤 04 切换到“插入”面板，单击“图像”选项板中的“图片”按钮，在弹出的对话框中，选择需要插入的图片，如图 18-36 所示。

图 18-35 输入文本

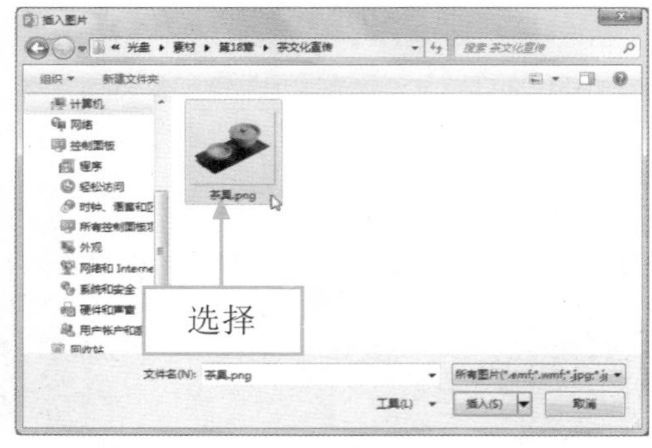

图 18-36 选择图片

步骤 05 执行操作后，即可插入图片，然后对图片的位置进行调整，如图 18-37 所示。

步骤 06 在副标题文本占位符中输入文本“品味人生”，设置“字体”为“康熙字典体”、“字号”为 16、“字体颜色”为“褐色”、“文字方向”为“竖排”，将副标题文本占位符调整至图片的右上角，如图 18-38 所示。

图 18-37 插入图片

图 18-38 输入并设置文本属性

18.2.2 制作茶文化宣传其他幻灯片

制作茶文化宣传其他幻灯片的具体操作步骤如下。

步骤 01 进入第 2 张幻灯片，在标题占位符中输入文本“中国茶文化”，如图 18-39 所示。

步骤 02 选中文本，设置“字体”为“方正清刻本悦宋简体”、“字号”为48、“字体颜色”为“白色”，单击“加粗”和“文字阴影”按钮，在“段落”选项板中单击“居中”按钮，如图 18-40 所示。

图 18-39 输入文本

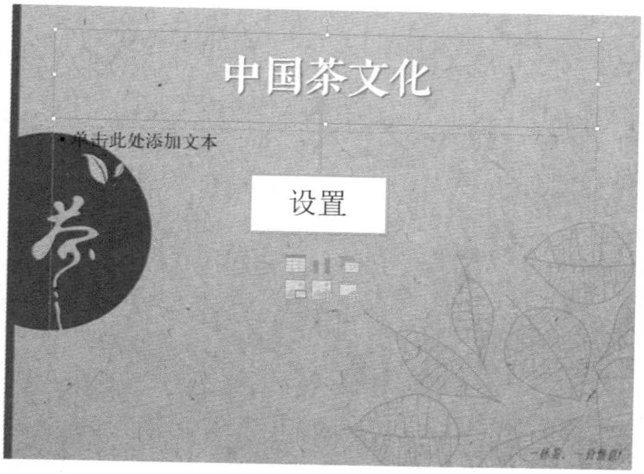

图 18-40 设置文本属性

步骤 03 在文本占位符中输入相应文本，删除项目符号，设置“字体”为“方正宋刻本秀楷简体”、“字号”为 18，单击“段落”选项板中的“段落”按钮，弹出“段落”对话框，设置“对齐方式”为“左对齐”，在“缩进”选项区中“特殊格式”为“首行缩进”、“度量值”为“1.27 厘米”，在“间距”选项中，“段前”和“段后”都为“6 磅”、“行距”为“1.5 倍行距”，如图 18-41 所示。

步骤 04 单击“确定”按钮，即可设置段落格式，切换至“格式”面板，单击“形状样式”选项板中的“形状填充”下拉按钮，在弹出的列表框中选择“茶色”（R：198，G：183，B：160）填充文本框，效果如图 18-42 所示。

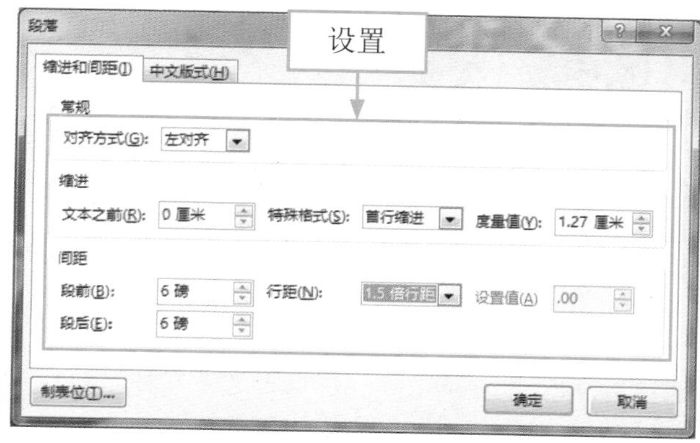

图 18-41 设置各选项

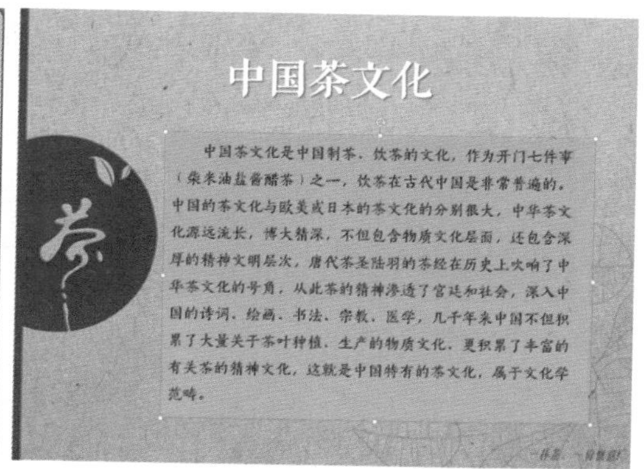

图 18-42 设置段落格式

18.2.3 为茶文化宣传添加动画效果

为茶文化宣传添加动画效果的具体操作步骤如下。

步骤 01 进入第 1 张幻灯片，选中所有文本框和图片，切换至“动画”面板，如图 18-43 所示。

步骤 02 在“动画”选项板中单击“其他”下拉按钮，单击“更多进入效果”，在弹出的对话框中，选择“温和型”里的“下浮”选项，如图 18-44 所示。

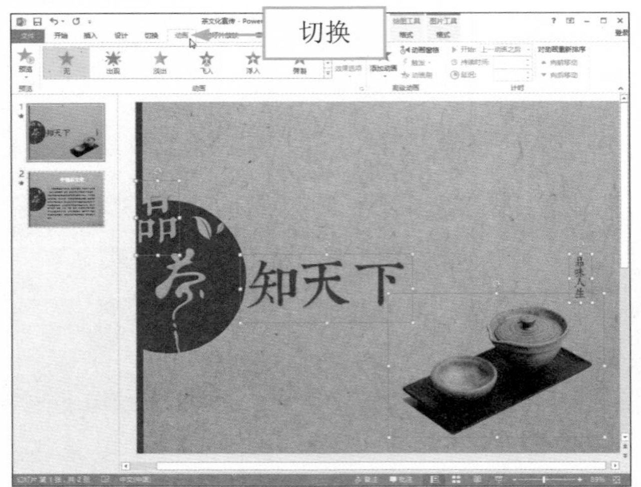

图 18-43 切换至“动画”面板

图 18-44 选择“下浮”选项

步骤 03 设置“开始”为“上一动画之后”、“持续时间”为 2 秒，在“预览”选项板中单击“预览”按钮，即可预览动画效果，如图 18-45 所示。

图 18-45 预览动画效果

步骤 04 进入第 2 张幻灯片，设置标题文本的动画效果为“下浮”，设置文本内容的动画效果为“空翻”，设置“开始”为“上一动画之后”、“持续时间”为 2 秒，在“预览”选项板中单击“预览”按钮，即可预览动画效果，如图 18-46 所示。

步骤 05 进入第 1 张幻灯片，切换至“切换”面板，单击“切换到此幻灯片”选项板中的“其他”下拉按钮，在弹出的列表框中选择“闪耀”选项，如图 18-47 所示。

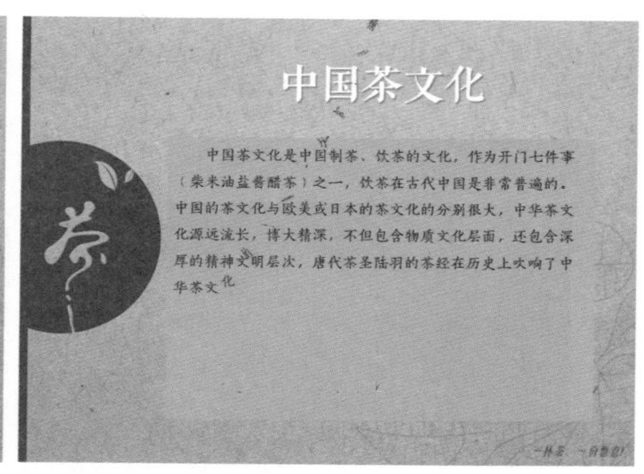

图 18-46 预览动画效果

步骤 06 设置“切换声音”为“风声”，选中“换片方式”选项区中的“设置自动换片时间”复选框，设置时间为 8 秒，如图 18-48 所示。

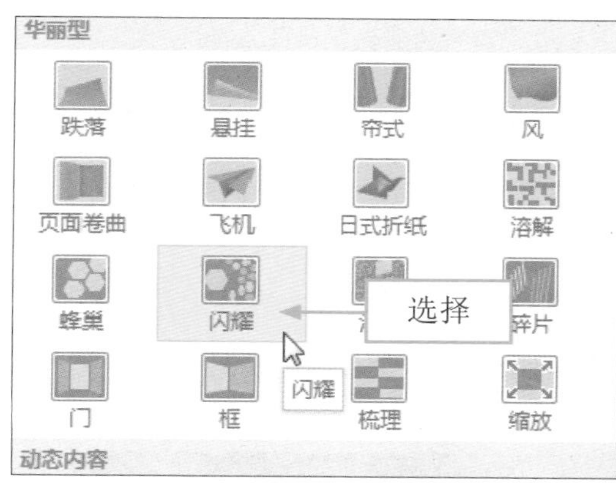

图 18-47 选择“随机水平条”选项

图 18-48 设置时间为 8 秒

步骤 07 在“预览”选项板中单击“预览”按钮，即可预览切换效果，如图 18-49 所示。

步骤 08 进入第 2 张幻灯片，设置切换效果为“碎片”，“持续时间”为 3 秒，在“预览”选项板中单击“预览”按钮，即可预览第 2 张幻灯片的切换效果，如图 18-50 所示。

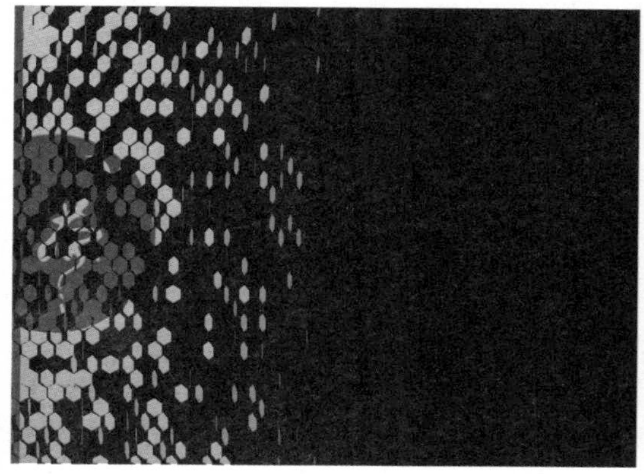

图 18-49 预览切换效果

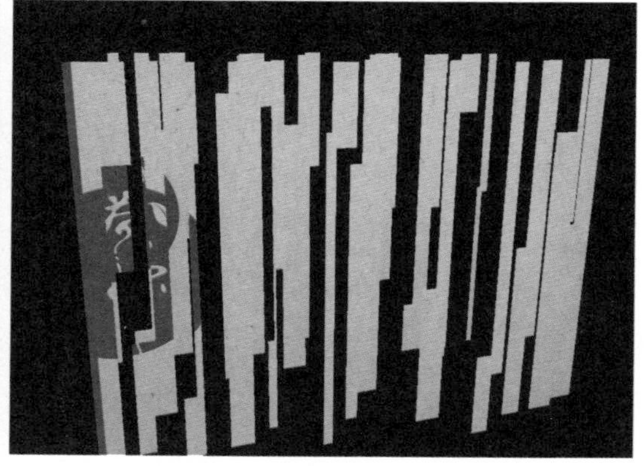

图 18-50 预览第 2 张幻灯片切换效果

18.3 品牌宣传册提案

本实例制作的是品牌宣传册提案，用户可以通过品牌宣传册帮助公司树立一个准确的品牌形象。本实例最终效果如图 18-51 所示。

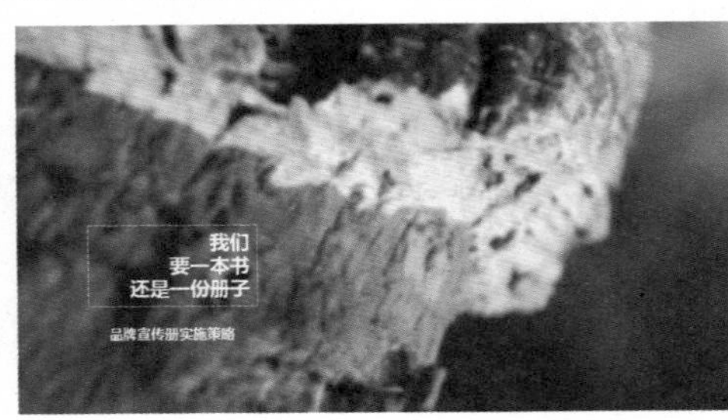

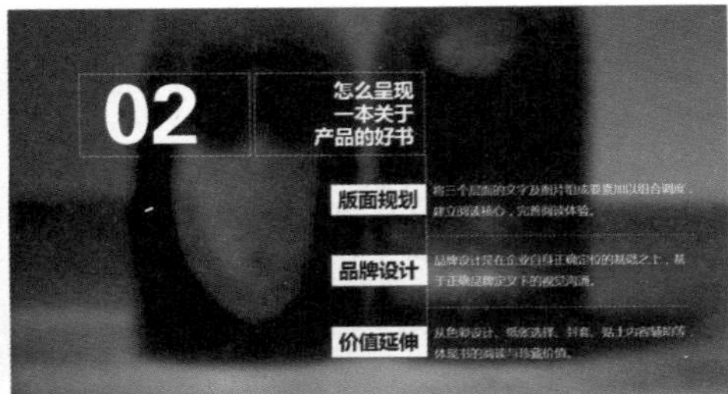

图 18-51 品牌宣传册提案

	素材文件	光盘 \ 素材 \ 第 18 章 \ 品牌宣传册提案模板 .pptx
	效果文件	光盘 \ 效果 \ 第 18 章 \ 品牌宣传册提案 .pptx
	视频文件	光盘 \ 视频 \ 第 18 章 \18.3.1 制作品牌宣传册提案首页 .mp4 等

18.3.1 制作品牌宣传册提案首页

制作品牌宣传册提案首页效果的具体操作步骤如下。

步骤 01 在 PowerPoint 2013 中，打开一个素材文件，如图 18-52 所示。

步骤 02 进入第 1 张幻灯片，在标题占位符中输入文本，设置“字体”为“微软雅黑”、“字号”为 20、“字体颜色”为白色，单击“加粗”按钮，在“段落”选项板中单击“右对齐”，调整至合适的位置，如图 18-53 所示。

图 18-52 打开一个素材文件

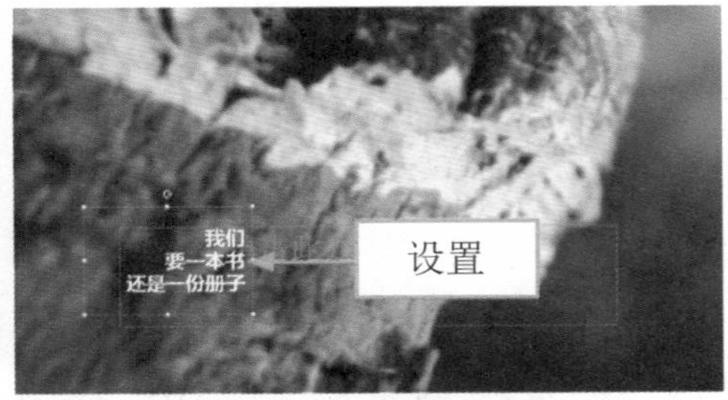

图 18-53 设置标题文本属性

步骤 03 切换至“格式”面板，在“大小”选项板中设置文本框的“形状高度”为 3 厘米，“形状宽度”为 6 厘米，如图 18-54 所示。

步骤 04 在“形状样式”选项板中单击“形状轮廓”下拉按钮，在“主题颜色”中选择“白色，背景 1”，如图 18-55 所示。

步骤 05 执行操作后，即可设置文本框的边框颜色，如图 18-56 所示。

步骤 06 在副标题占位符中输入文本，设置“字体”为“微软雅黑”、“字号”为 14、“字体颜色”为白色，单击“加粗”按钮，在“段落”选项板中单击“居中”，调整至合适的位置，如图 18-57 所示。

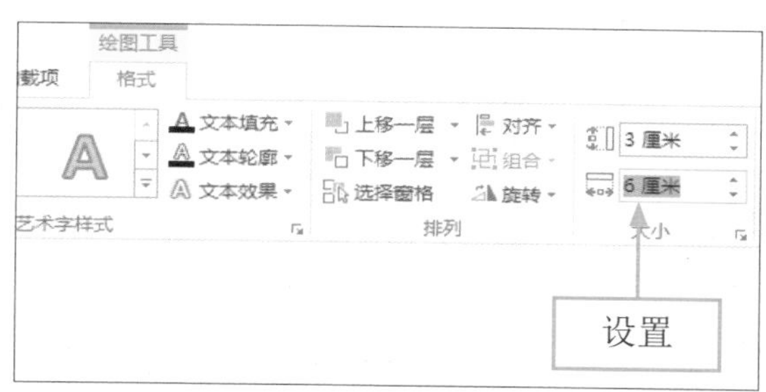

图 18-54 设置文本框的大小

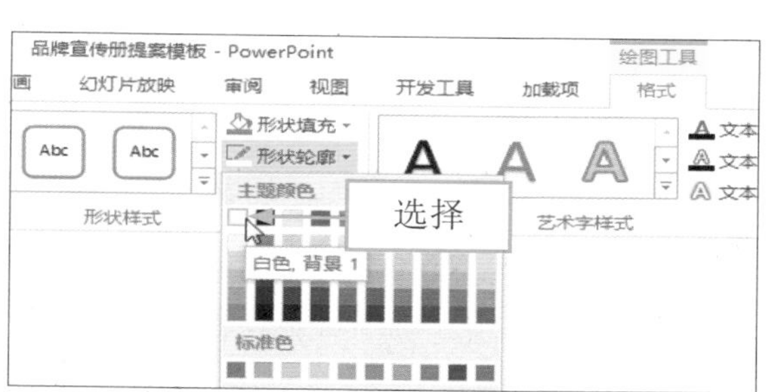

图 18-55 选择“白色，背景 1”

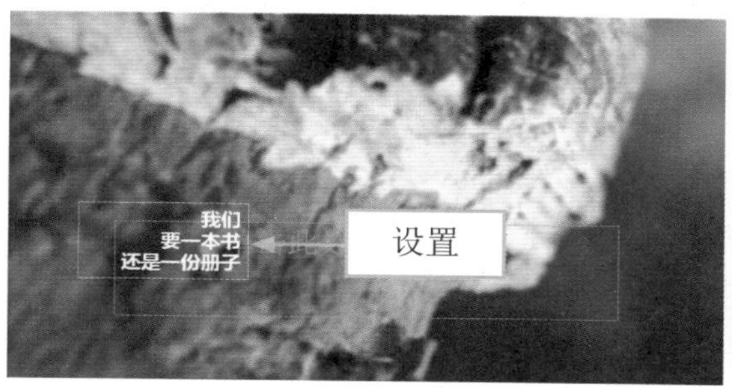

图 18-56 设置文本框的边框颜色

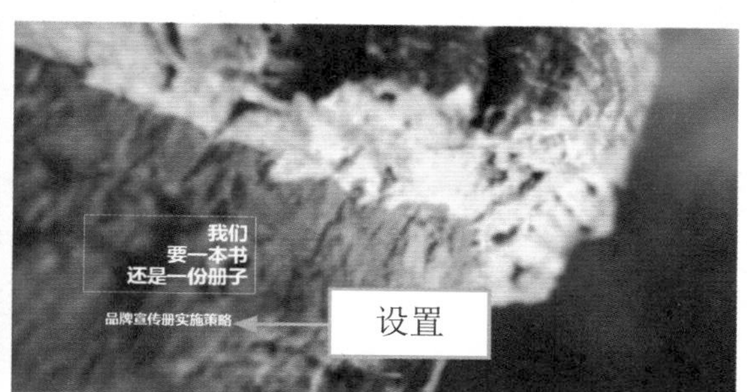

图 18-57 设置副标题文本属性

18.3.2 制作品牌宣传册提案其他幻灯片

制作品牌宣传册提案其他幻灯片的具体操作步骤如下。

步骤 01 进入第 2 张幻灯片，绘制一个文本框，输入文本“01”，设置“字体”为“方正综艺简体”、“字号”为 88、“字体颜色”为“白色”，调整文本框至左边第 1 个白色方框内，如图 18-58 所示。

步骤 02 绘制一个横排文本框，输入文本“书 对你 意味着什么”，设置“字体”为“微软雅黑”、“字号”为 20、“字体颜色”为“白色”，单击“段落”选项板中的“右对齐”，调整文本框至左边第 2 个白色方框内，如图 18-59 所示。

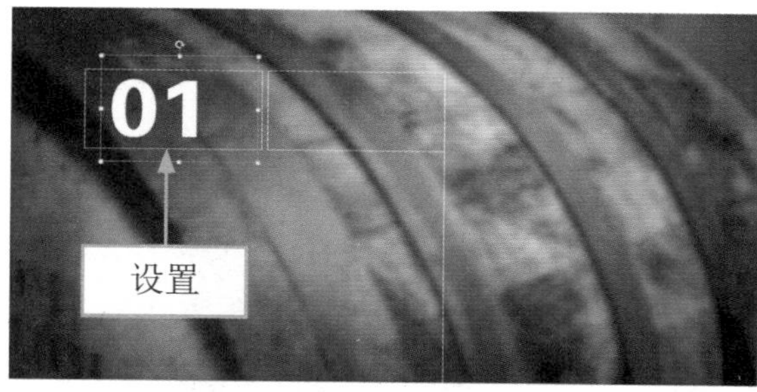

图 18-58 输入并设置文本属性

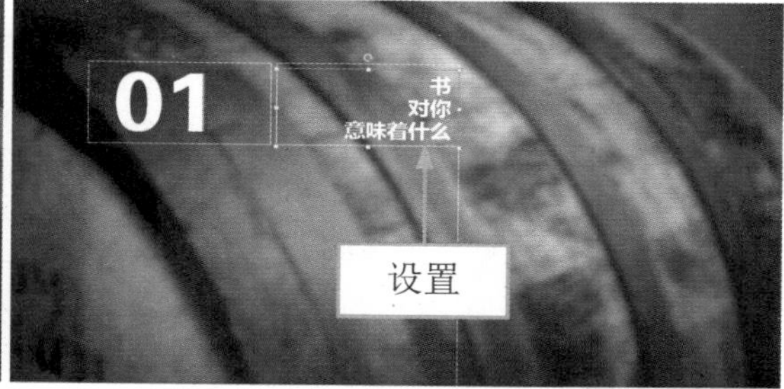

图 18-59 输入并设置文本属性

步骤 03 绘制一个横排文本框，输入文本“朋友 共同生活、哲人 指导生活、仓库 生活依托”，设置“字体”为“微软雅黑”、“字号”为 18、“字体颜色”为“白色”，将文本内容中的“朋友”、“哲人”、“仓库”加粗，调整文本框的位置，如图 18-60 所示。

步骤 04 将第 2 张幻灯片的文本框“01”和“书对你意味着什么”复制到第 3 张幻灯片，将文本内容分别修改为“02”、“怎么呈现一本关于产品的好书”，如图 18-61 所示。

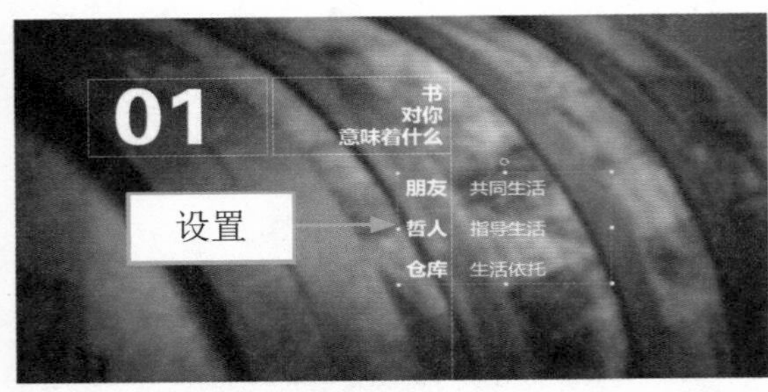

图 18-60 输入并设置文本属性

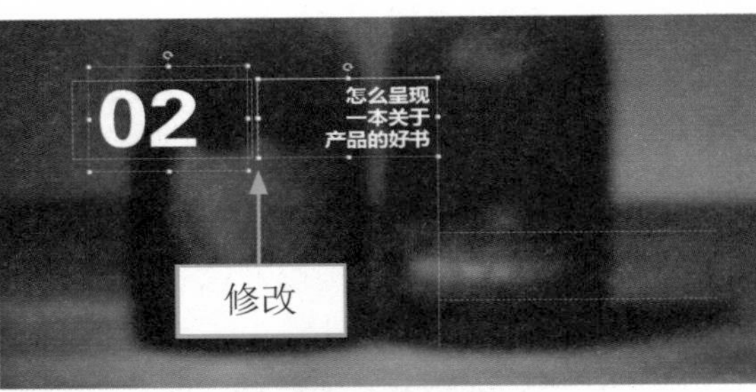

图 18-61 复制和修改文本框

步骤 05 绘制横排文本框，输入文本“版面规划”，设置“字体”为“微软雅黑”、“字号”为 20，切换到“格式”面板，单击“形状样式”选项板中的“形状填充”下拉按钮，选择“主题颜色”的“白色，背景 1”选项，执行操作后，即可填充文本框，调整文本框的大小和位置，如图 18-62 所示。

步骤 06 按住【Shift + Ctrl】组合键，拖曳鼠标，复制 2 个“版面规划”文本框至下方合适位置，修改复制文本框内容，如图 18-63 所示。

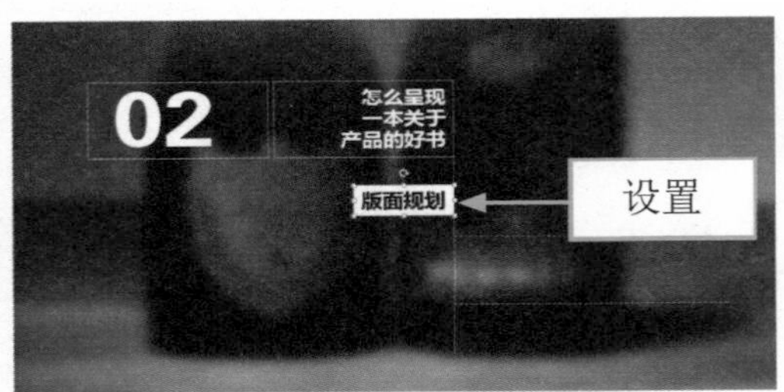

图 18-62 输入并设置文本属性

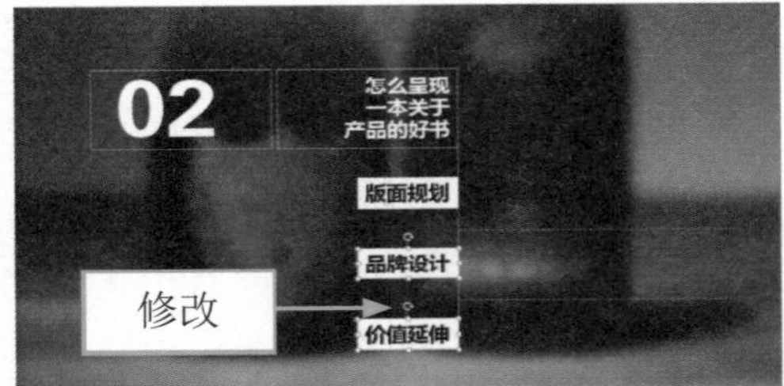

图 18-63 复制和修改文本框

步骤 07 在“版面规划”右侧绘制横排文本框，输入文本，设置“字体”为“微软雅黑”、“字号”为 12、“字体颜色”为“白色”，调整文本框的大小和位置，如图 18-64 所示。

步骤 08 按住【Shift + Ctrl】组合键，拖曳鼠标，复制 2 个文本框至下方合适位置，修改复制文本框内容，如图 18-65 所示。

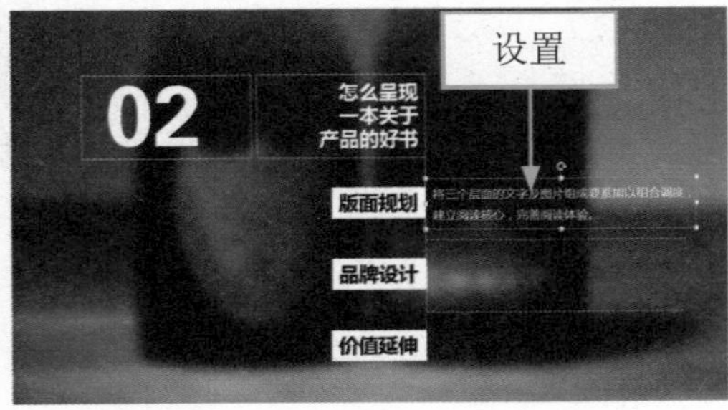

图 18-64 输入并设置文本属性

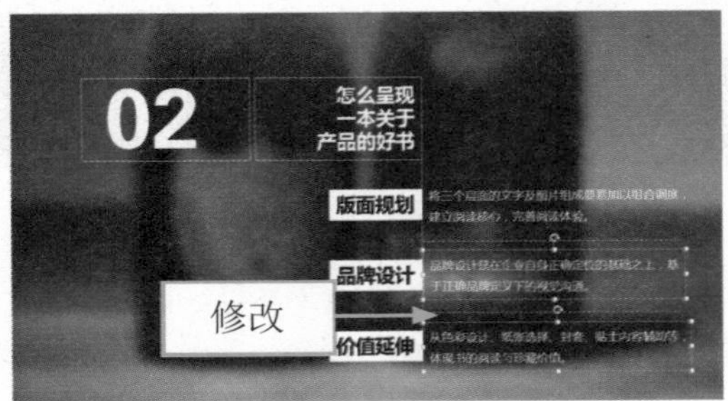

图 18-65 复制和修改文本框

18.3.3 为品牌宣传册提案添加动画效果

为品牌宣传册提案添加动画效果的具体操作步骤如下。

步骤 01 进入第1张幻灯片，选择标题文本框，切换至“动画”面板，在“动画”选项区中单击“其他”下拉按钮，弹出列表框，选择“更多进入效果”选项，在弹出的对话框中，选择“展开”选项，设置“开始”为“单击时”、“持续时间”为2秒。设置副标题文本框的动画效果为“缩放”、“开始”为“上一动画之后”、“持续时间”为2秒。在“预览”选项板中单击“预览”按钮，即可预览动画效果，如图18-66所示。

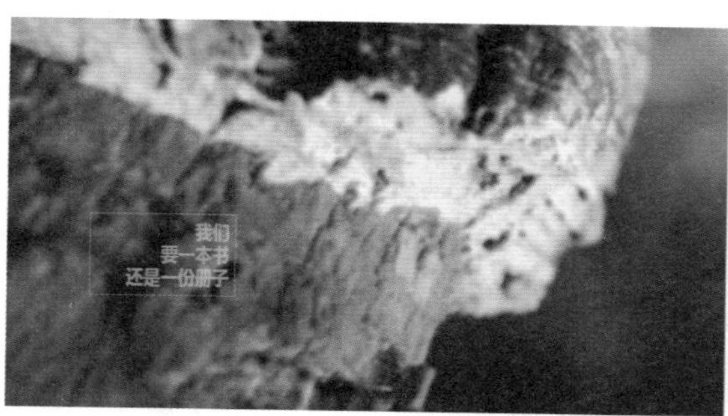

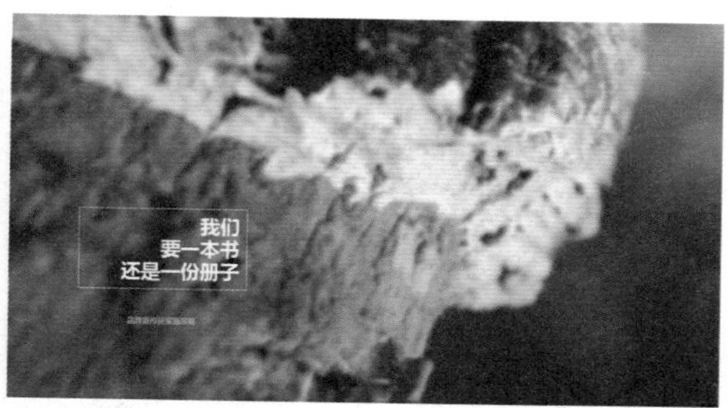

图18-66 预览第1张动画效果

步骤 02 进入第2张幻灯片，设置文本框“01”的动画效果为“压缩”、“开始”为“上一动画之后”、“持续时间”为2秒。设置文本框“书对你意味着什么”的动画效果为“楔入”、“开始”为“上一动画之后”、“持续时间”为2秒。设置下方文本框的动画效果为“擦除”、“效果选项”为“自顶部”、“开始”为“上一动画之后”、“持续时间”为2秒。在“预览”选项板中单击“预览”按钮，即可预览动画效果，如图18-67所示。

步骤 03 第3张幻灯片的设置方法与第2张幻灯片相同，在“预览”选项板中单击“预览”按钮，即可预览动画效果，如图18-68所示。

步骤 04 进入第1张幻灯片，切换至“切换”面板，单击“切换到此幻灯片”选项板中的“其他”下拉按钮，在弹出的列表框中选择“分割”选项，如图18-69所示。

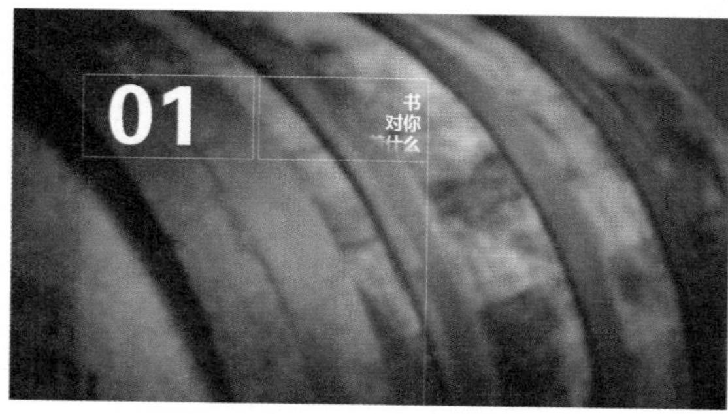

图18-67 预览第2张动画效果

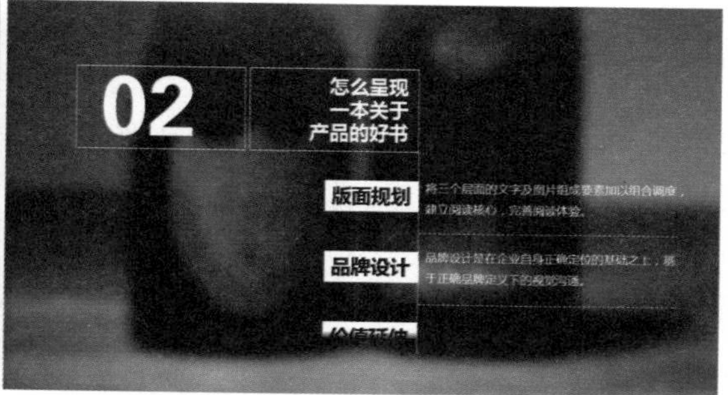

图18-68 预览第3张动画效果

步骤 05 设置“切换声音”为“推动”、“持续时间”为“5秒”，单击“全部应用”按钮，如图18-70所示。

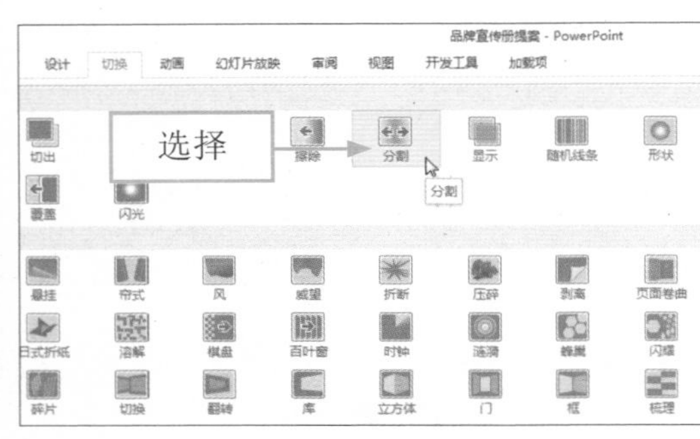

图 18-69 选择“溶解”选项

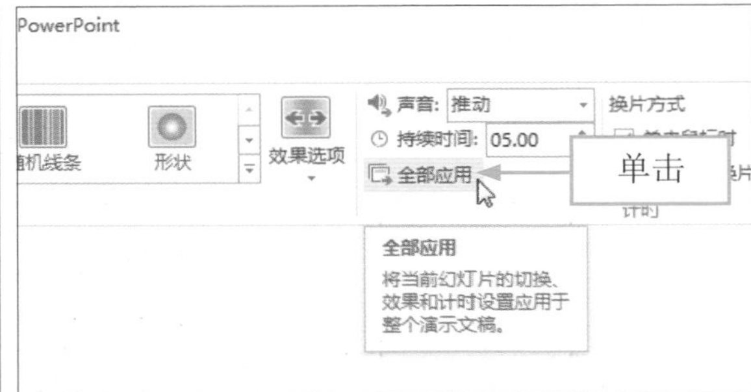

图 18-70 单击“全部应用”按钮

步骤 06 在“预览”选项板中单击“预览”按钮，即可预览切换效果，如图 18-71 所示。

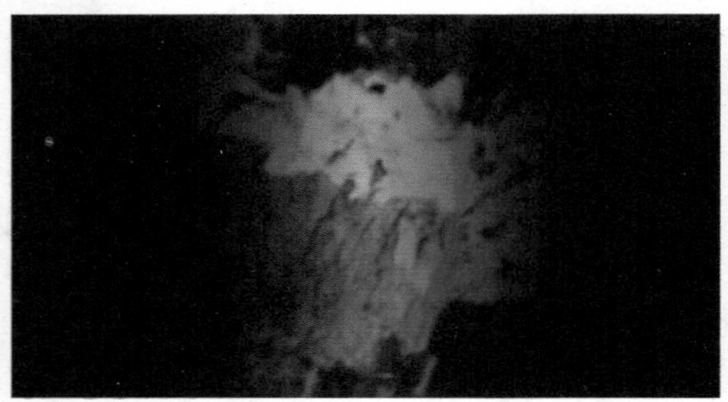

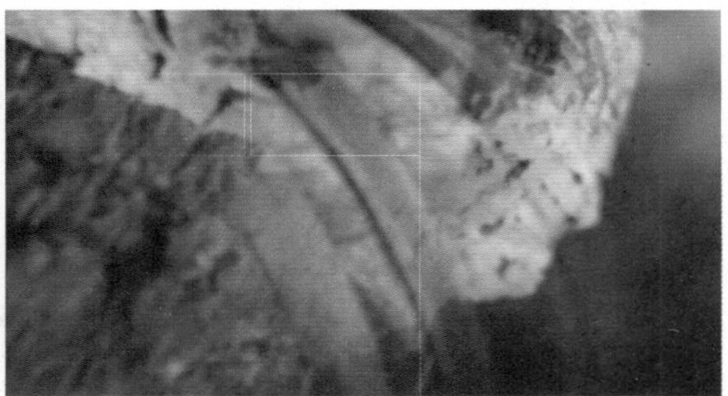

图 18-71 预览切换效果